日本産土壌動物

分類のための図解検索
【第二版】

青木淳一 編著

Pictorial Keys to Soil Animals of Japan
The second edition
Edited by Jun-ichi Aoki

東海大学出版部

Pictorial Keys to Soil Animals of Japan
The Second Edition

Edited by Jun-ichi AOKI
Copyright © 2015 by Jun-ichi AOKI

All right reserved, but the rights to each figure belong to the person stated in the caption.
No part of this book may be reproduced in any form by photostat, microfilm, or any other means, without the written permission of the publisher.

ISBN978-4-486-01945-9 C3645

Second edition February, 2015
Printed in Japan

Tokai University Press
3-10-35, Minamiyana, Hadano-shi, Kanagawa, 257-0003 Japan

日本産土壌動物 目次

昆虫亜門（六脚亜門） HEXAPODA

内顎綱　Entognatha —— 1091

トビムシ目（粘管目）　Collembola
（一澤　圭・伊藤良作・須摩靖彦・田中真悟・田村浩志・中森泰三・新島溪子・長谷川真紀子・長谷川元洋・古野勝久　K. Ichisawa, R. Ito, Y. Suma, S. Tanaka, H. Tamura, T. Nakamori, K. Niijima, M. Hasegawa, M. Hasegawa & K. Furuno）　1093

カマアシムシ目（原尾目）　Protura（中村修美　O. Nakamura）　1485

コムシ目（双尾目）　Diplura（中村修美　O. Nakamura）　1531

外顎綱（狭義の昆虫綱）　Entognatha

シミ目（総尾目）　Thysanura（町田龍一郎　R. Machida）　1541

バッタ型（直翅系）昆虫　Orthopteroids (Orthopteroidea)（山崎柄根　T. Yamasaki）　1555

ゴキブリ目　Blattodea（山崎柄根　T. Yamasaki）　1570

バッタ目（直翅目）　Orthoptera（山崎柄根　T. Yamasaki）　1572

ガロアムシ目　Grylloblattodea（山崎柄根　T. Yamasaki）　1575

シロアリモドキ目（紡脚目）　Embioptera（山崎柄根　T. Yamasaki）　1576

ハサミムシ目（革翅目）　Dermaptera（山崎柄根　T. Yamasaki）　1576

シロアリ目（等翅目）　Isoptera（森本　桂　K. Morimoto）　1581

アザミウマ目（総翅目）　Thysanoptera（芳賀和夫　K. Haga）　1591

カメムシ目（半翅目）　Hemiptera　1611

　セミ亜目（頸吻亜目）　Auchenorrhyncha
　　セミ科幼虫　Cicadidae（林　正美　M. Hayashi）　1612

　腹吻亜目　Sternorrhyncha
　　カイガラムシ上科　Coccoidea（高木貞夫　S. Takagi）　1631
　　アブラムシ上科　Aphidoidea（秋元信一　S. Akimoto）　1637

　カメムシ亜目（異翅亜目）　Heteroptera（友国雅章　M. Tomokuni）　1649

コウチュウ目（甲虫目、鞘翅目）成虫　Coleoptera (Adults)
（佐々治寛之・平野幸彦・野村周平・青木淳一　H. Sasaji, Y. Hirano, S. Nomura & J. Aoki）　1667

コウチュウ目（甲虫目、鞘翅目）幼虫　Coleoptera (Larvae)（林　長閑　N. Hayashi）　1669

ハエ目（双翅目）幼虫　Diptera (Larvae)（三井偉由　H. Mitsui）　1745

ハチ目（膜翅目）　Hymenoptera
　アリ科　Formicidae
　（寺山　守・江口克之・吉村正志　M. Terayama, K. Eguchi & M. Yoshimura）　1777

軟体動物門　MOLLUSCA —— 1831

マキガイ綱（腹足綱）　Gastropoda（湊　宏　H. Minato）—— 1833

環形動物門　ANNELIDA —— 1893

ミミズ綱（貧毛綱）　Oligochaeta（中村好男　Y. Nakamura）—— 1895

和名索引　1903

学名索引　1941

第二版の序　v
第一版の序　vii
本書の利用にあたって　xii
土壌動物とは　xiii

土壌動物の綱・目への検索（青木淳一　J. Aoki） — xxxv

扁形動物門　PLATYHELMINTHES — 1
ウズムシ類　Turbellaria（川勝正治　M. Kawakatsu） — 3

紐形動物門　NEMERTINEA — 11
針紐虫綱　Hoplonemertea（川勝正治　M. Kawakatsu） — 13

線形動物門　NEMATHELMINTHES — 15
線虫綱　Nematoda（宍田幸男　Y. Shishida） — 17

緩歩動物門　TARDIGRADA（宇津木和夫　K. Utsugi） — 77
異クマムシ綱　Heterotardigrada
中クマムシ綱　Mesotardigrada
真クマムシ綱　Eutardigrada

節足動物門　ARTHROPODA — 97
鋏角亜門　CHELICERATA
クモガタ綱　Arachnida
サソリ目　Scorpionida（下謝名松栄　M. Shimojana）　99
カニムシ目　Pseudoscorpiones（佐藤英文・坂寄 廣　H. Sato & H. Sakayori）　105
ザトウムシ目　Opiliones（鶴崎展巨・鈴木正將　N. Tsurusaki & S. Suzuki）　121
ダニ目　Acari　149
トゲダニ亜目　Gamasida（石川和男・高久 元　K. Ishikawa & G. Takaku）　153
ケダニ亜目　Prostigmata（芝 実　M. Shiba）　203
コナダニ亜目　Astigmata（岡部貴美子　K. Okabe）　317
ササラダニ亜目　Oribatida
　　　（大久保憲秀・島野智之・青木淳一　N. Ohkubo, S. Shimano & J. Aoki）　347
サソリモドキ目（ムチサソリ目）Thelyphonida（下謝名松栄　M. Shimojana）　721
ヤイトムシ目　Schizomida（下謝名松栄　M. Shimojana）　725
クモ目　Araneae（加村隆英・小野展嗣・西川喜朗　T. Kamura, N. Ono & Y. Nishikawa）　731

多足亜門　MYRIAPODA — 871
ムカデ綱（唇脚綱）Chilopoda
　　（篠原圭三郎・高野光男・石井 清　K. Shinohara, M. Takano & K. Ishii） — 873
コムカデ綱（結合綱）Symphyla（青木淳一　J. Aoki） — 913
エダヒゲムシ綱（少脚綱）Pauropoda（萩野康則　Y. Hagino） — 917
ヤスデ綱（倍脚綱）Diplopoda
　　（篠原圭三郎・田辺 力・Z. コルソス　K. Shinohara, T. Tanabe & Z. Korsós） — 943

甲殻亜門　CRUSTACEA — 985
軟甲綱　Malacostraca
ソコミジンコ目（ハルパクチクス目）Harpacticoida（菊地義昭　Y. Kikuchi）　987
ワラジムシ目（等脚目）Isopoda（布村 昇　N. Nunomura）　997
ヨコエビ目（端脚目）Amphipoda（森野 浩　H. Morino）　1069

節足動物門
ARTHROPODA

昆虫亜門（六脚亜門）HEXAPODA
内顎綱 Entognatha
トビムシ目（粘管目）Collembola

一澤　圭 K. Ichisawa・伊藤良作 R. Ito・
須摩靖彦 Y. Suma・田中真悟 S. Tanaka・
田村浩志 H. Tamura・中森泰三 T. Nakamori・
新島溪子 K. Niijima・長谷川真紀子 M. Hasegawa・
長谷川元洋 M. Hasegawa・古野勝久 K. Furuno

トビムシ目のはじめに

新島溪子

　トビムシ類は体長わずか 1 mm 前後の小さな虫だが，色，形，行動は変化に富む．生息域は森林土壌中が最も多いが，樹上，草地，洞穴，水面等，さまざまである．口絵写真に，その魅力ある姿を掲載した．種を同定するには，標本にして細部を確認しなければならないが，それはトビムシの生態や生理，進化，自然界における役割などを明らかにするために，避けることのできない最初の第 1 歩である．細かい形質の説明に入る前に，生きているトビムシについて，ほんの一部を紹介する．

　トビムシの食物は腐朽した落ち葉や菌類が主である．キノコの子実体を覗き込むと，ひだの奥にムラサキトビムシが無数にもぐりこんでいたり，マルトビムシが逆さにぶらさがっていたりする（写真 I c）．腸管内容物を見ると，不定形物質と菌糸や胞子がギッチリ詰まっているので（写真 III e, IV d），腐植物質やキノコを食べているに違いない．時に農作物を加害することもあるが，それはトビムシ類のごく一部にすぎない．

　移動するとき，平らな落ち葉の上で，トビムシは爪を直角に曲げ，爪の先が物体と接する状態で歩行している（写真 V a）．土壌の隙間などを移動する場合，爪をどう活用しているかは不明である．トビムシは，触角の片方を地面に近づけたり（写真 I a, II a, V a），左右に広げたり（写真 I c, e），斜め上方に伸ばしたり（写真 II b, IV a），折り曲げて垂直に立てたり（写真 VI a），いろいろな角度で周囲の情報を確認しているようにみえる．前肢を上に伸ばし，立ちあがるようなしぐさは，コシジマルトビムシではじめて観察された（写真 I d）．安全な場所で，オドリコトビムシの雄は，鉤状に曲がった触角で雌の触角をつかみ，精包を受け渡す儀式を行う．この様子は，まるでダンスを踊っているようなのでこの名がつけられた（写真 I b）．

　腹管は腹面にあるトビムシ目特有の器官である．腹管の先端は粘るので，以前は「粘管」と呼ばれ，トビムシ目は「粘管目」とされていた．トビムシ（跳虫）の名前の由来となった跳躍器は，移動能力を飛躍的に高めている．秋，ブナやナラの乾いた落ち葉の上を，ムラサキトビムシは集団で移動する（写真 IX e）．このときは主に跳躍器を使ってピョンピョン跳ねるので，無数のトビムシの跳ねる音が，かすかな雨音のように聞こえる．一方，跳躍器の長いアヤトビムシ科は，跳びあがった瞬間，空中で数回回転するので，着地点は予想できない．アリ，ムカデ，甲虫など，多くの捕食者から逃げる時，空中に跳びあがるのは有効な手段だが，それでも無数のトビムシが犠牲になっている（写真 II c）．跳躍器は腹部後半の腹側にある器官だが，これを尾にみなし，「オナガシオトビムシ」「オナシヒラタトビムシ」などの和名がつけられている．

　多数のトビムシが観察される場所として，雪の上と水面が挙げられる．冷たい雪の上をピンピン跳ね回る虫を総称してユキノミ（雪蚤）と言うが，日本産トビムシ目のうち 8 種が雪上で採集されている（写真 VI e）．ミズトビムシやカザリゲッチトビムシ属は水面に群がり（写真 VI f），イソツチトビムシ属やオナガシオトビムシ属は海岸から採集される．

　マルトビムシ類（写真 I），アヤトビムシ上科（ツチトビムシ科を除く）（写真 II-V）とイボトビムシ科（写真 VII）は比較的大きく，目立つ色や模様があるが，個体数は少ない種類が多い．一方，ツチトビムシ科（写真 VI），シロトビムシ科（写真 VIII），ムラサキトビムシ科（写真 IX）は地味な色で体は小さいが，生息密度は高い種類が多い．なお，標本にすると体の色が変わることがある（写真 III a）．赤いイボトビムシの色はアルコール中で脱色してしまうので，注意が必要である．

　光学顕微鏡では確認できない細部の構造について，SEM（走査型電子顕微鏡）の写真を X-XIV に示した．これらは，同じ名称の組織や器官であっても，科によって細部の構造が異なることを示している．現段階では分類同定作業と直接結びつくわけではないが，いずれトビムシ類の系統・進化の研究をはじめ，生理学，生態学等，多方面で役に立つ多くの情報を含んでいるので，簡単に触れておく．

　トビムシ類の表皮は基本的に網目状で（写真 X c, XI a4, XII b, XIII b, XIV a4），水生生物特有の構造をしている．陸上で生活するため，毛やウロコを発達させ，水分の蒸散を防いでいる．毛の中は中空で，生え際の構造が種によって異なり（写真 XII d, XIII f），毛の表面はトゲ状のこともある（写真 XII c, XIII d, e）．ウロコは無数の細い縦筋と薄膜で構成され，筋の先は薄膜より長く，トゲのように突き出している（写真 XIV a2-4）．特異なのはミジントビムシ亜目で，表皮はコンペイト状の微細顆粒で覆われている（写真 XIV b2）．

小眼のレンズ面は特に構造がみられない場合と（写真 X b, XIII b），表皮に似た構造の場合がある（写真 XIV a4）．触角後器の縁瘤表面も種により異なる．ヤツメシロトビムシの縁瘤には不規則な筋があり（写真 XI a5），ニッポンシロトビムシやオオアオイボトビムシ，ツチトビムシ科の一種の触角後器縁瘤には無数の小さな窪みがある（写真 XI b 右，XII f, XIII c）．何故このような構造になったのか，何故このような違いが生じたのか，見れば見るほど興味は尽きない．

日本産トビムシ類のリストは Critical check list of the Japanese species of Collembola（Yosii, 1977）を基本とし，その後公表された新種や新分布記録を追加するとともに，必要に応じて新知見を導入したものである．但し，種名を記録しただけで，日本産の標本に基づく形態記載のない種は除外した．また，形態の記載が不十分な種について，海外の標本に基づく形態の説明や図の補充は最小限にとどめた．日本初記録として報告された種の図を注意深く原記載と比較した結果，日本の種は別種または新種とされた例が複数あったからである．科ごとの分類に関しては，既に公表されている（古野ら，2014；長谷川・新島，2012；長谷川・田中，2013；一澤，2012；伊藤ら，2012；中森ら，2014；新島・長谷川，2011；須摩，2009；田中，2010）．この図鑑は上記の刊行物をまとめ，必要な修正を行ったものである．説明は次のような構成で作成した．

イ．概説と概説図（図 A-）
ロ．亜目，上科，科，属，種への検索図（各グループごとに①-）
ハ．科別の種の形質識別表（表 1-）
ニ．属，種の説明と種 No. に対応した番号の図

トビムシ以外の他の分類群においては，検索図のあとに全形図がまとめて入り，そのあとに解説文が続くが，トビムシ目の場合には，検索図の前に概説と形質識別表を入れ，部分図を伴なった全形図を種の解説文の中に入れ込んだ形をとっている点が異なっている．

また，採集法，標本作製法，飼育法，用語集などが入れられている点も，他の動物群の場合と異なっていることをお断りしておく．

概説では，各部の名称や毛の配列など，主な着眼点については概説図を，細部については各種図を参照しながら説明した．検索図では，できるだけ観察しやすい形質を優先させた．科別の種の形質識別表では，その科を構成する属や種相互の違いが理解しやすい形質を中心に取り上げた．属，種の説明では，属内で共通する特徴を示した後，種ごとの説明を述べた．図にはそれぞれの種の特徴を示す形質を中心に掲載した．複数の著者の記載が一致しない場合，変異の範囲とみなして併記した．体長は「最大」または「約」の記載を省略した．学名および命名者と記載年は，個別の説明文の見出しにのみ付け，それ以外の記述では，初出時に学名を入れたが，命名者名と記載年は省略した．複数の種を含む属について，種の順番は検索図と対応させ，類似点の多い種をまとめて表示し，相互に比較しやすいように配慮した．なお，科別の概説図，検索図および形質識別表は，取り扱う種群の特徴を理解しやすくするためのもので，内容の多くは各種の説明と重複する．文献は巻末にまとめ，本文中に引用した文献以外に，とりあげた分類群の記載論文も掲載した．但し，生態に関する文献は省略した．

トビムシ類は小さな体で，腹管や跳躍器等，特異な器官を発達させ，さまざまな環境にたくましく適応し，高密度に生息し続けている．この魅力あふれる分類群の図鑑の発行により，トビムシ類の研究が飛躍的に発展することを期待する．

この図鑑の作成に当たり，故吉井良三博士，故内田一博士，故伊藤良作博士をはじめとするトビムシ研究者の論文が掲載された出版物の図の使用を認めていただいた次の関係機関および担当者に厚く御礼申し上げる：京都大学生物学研究室紀要については同大学人間・環境学研究科の加藤　真教授，瀬戸臨海実験所紀要は所長の朝倉　彰教授，秋吉台科学博物館報告は同博物館，昭和大学教養部紀要は同大学および伊藤良作氏のご遺族，日本昆虫学会，日本甲虫学会，日本土壌動物学会．また，Institute of Systematics and Evolution of Animals, Polish Academy of Sciences のディレクター Dr. Z. M. Bocheński には The apterygotan fauna of Poland in relation to the world-fauna of this group of insects に掲載された故 Dr. J. Stach の図の使用を認めていただいた．Dr. K. Christiansen, Dr. J.-M. Betsch, Dr. L. Deharveng, Dr. J. Rusek および Dr. A. Fjellberg には，図の使用を快諾していただいた．皆越ようせい氏，永野昌博博士および大林隆司氏には貴重な写真を提供していただいた．ここに心より厚く御礼申し上げる．

概　説

長谷川元洋

トビムシは事実上陸上のいたる所に生存する，古生代から最も繁栄した節足動物のグループである．デヴォン紀（約4億年前）のトビムシの化石は，陸上動物の化石のうち最も古いものの一つである．トビムシの学名 Collembola は，「糊」を意味するラテン語の colla あるいはギリシャ語の kolla と，「くさび（のようなもの）」を意味するギリシャ語の embolon に由来するとされ（Bellinger et al. 1996-2012），腹管あるいは粘管（collophore, ventral tube；図A1, B3）があることがこの目の大きな特徴である．トビムシ目は体長が 0.3 mm から 7 mm 以上に達するものもあるが，通常は 1-2 mm である．トビムシは明瞭な頭部と1対の触角，3節の胸部と3対の肢，腹部に肢がないという点で狭義の羽のない昆虫綱（Insecta）とよく似ている（図A1, B1）．しかし，トビムシでは腹部は6節しかないのに対し，昆虫綱はより腹節の数が多い．また，トビムシの口器の大顎と小顎は頭部の中に隠されており，それが内顎綱と呼ばれる由縁となっている（検索図①上段）．同じ内顎綱のカマアシムシ目（Protura）は触角がなく，コムシ目（Diplura）は大きな尾角（cerci）がある事で区別される．和名の由来となった跳躍器（furca）（図A1, 7, B1, 5）も，多くの種にみられる特徴と言える．トビムシ目は，以前は昆虫綱（Insecta）の中の無翅亜綱（Apterygota）に属するとされてきたが，現在では節足動物門の中での配置について，さまざまな意見が提案されている．例えば，六脚亜門（Hexapoda）の中の内顎綱（Entognatha）に属するとする文献や（吉澤，2008），節足動物門の中にトビムシ綱として位置づけている場合もある（Bellinger et al., 1996-2012）．ここでは節足動物門六脚亜門内顎綱トビムシ目として扱うことにする．

トビムシ目の分類体系

トビムシ目の分類は未確定の部分が多いが，本書では日本産トビムシ目を3亜目3上科20科に分けた．各科はさらに13亜科119属16亜属404種に分かれるが，ここでは科までの分類について説明する．図A-Dおよび検索図（p.9-12）を参照しながら読んでいただきたい．

フシトビムシ亜目 Arthropleona

体が細長く，胸部と腹部の体節が分かれている．3上科に分かれる．

ミズトビムシ上科（Poduromorpha）は胸部の3節すべてに背毛があり，大顎には臼歯域がある（図C2a）．体形はズングリ型で，触角は短い．3科に分かれる．ミズトビムシ科（Poduridae，1属1種）だけ跳躍器が長い．ムラサキトビムシ科（Hypogastruridae，9属42種）の跳躍器は短い（図A）．背面の毛の配列などで種を識別する．シロトビムシ科（Onychiuridae，4亜科14属31種）には眼がなく，触角第3節感器と触角後器（PAO）が発達し，体表に擬小眼がある（図C4a, b；検索図①下段）．跳躍器のない種がほとんどである．

イボトビムシ上科（Neanuroidea）は，トビムシ研究会（2000）でヤマトビムシ科（Pseudachorutidae）およびイボトビムシ科（Neanuridae）とされていた属を3科に再編成したグループで，大顎がないか（サメハダトビムシ科 Brachystomellidae，1属1種とヒシガタトビムシ科 Odontellidae，3属8種），大顎の臼歯域がない（イボトビムシ科 Neanuridae，4亜科18属9亜属85種）ことが特徴である（図C2b；検索図①上段）．体形はズングリ型で，触角は短く，跳躍器は短いか，ない．体にイボがあるのはアオイボトビムシ亜科（Morurininae）とイボトビムシ亜科（Neanurinae）である．

アヤトビムシ上科（Entomobryomorpha）の胸部第1節は首状に退化し，背毛がない（図D2a）．7科に分かれる．体形がホッソリ型のツチトビムシ科（Isotomidae，3亜科28属79種）は腹部の6節がほぼ同じ長さだが，腹部第4-6節が融合し，第4節が長くみえることがある（図D2b）．小型で生息密度の高い種が多い．トゲトビムシ科（Tomoceridae，5属3亜属29種）とキヌトビムシ科（Oncopoduridae，2属5種）も腹部の6節はほぼ同じ長さだが，体形はスマート型で，体表にウロコがある（検索図② 3, 4段目）．アヤトビムシ科（Entomobryidae，9属4亜属46種）とその近縁群（ニシキトビムシ科 Orchesellidae，3属3種；オウギトビムシ科 Paronellidae，3属7種；アリノストビムシ科 Cyphoderidae，2属2種）の体形はスマート型で，いずれも腹部第4節が第3節より著しく長いのが特徴である（検索図② 2段目，③）．

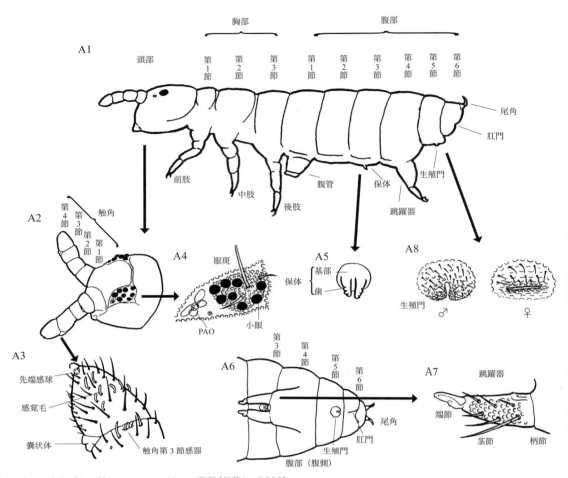

図A　ムラサキトビムシ科 Hypogastruridae の形態（伊藤ら，1999）
1, 全体図；2, 頭部；3, 触角先端；4, 眼と触角後器（PAO）；5, 保体；6, 腹部腹側；7, 跳躍器；8, 生殖器．

ミジントビムシ亜目 Neelipleona

体節が融合して体が丸い（検索図 p.9，1, 2 段目）．体毛の一部がコンペイトウ状微細顆粒（写真 XIV b2）に変形していることが特徴．小型で触角が短く，眼がない．1科2属2種．

マルトビムシ亜目 Symphypleona

体節が融合して体が丸い（図B，検索図 p.9，1, 2 段目）．触角は頭より長く，眼がある．6科に分かれる．オドリコトビムシ科（Sminthrididae，2属5種）の跳躍器端節にはひだ状の薄膜があり，後肢に脛付節器官がある（図B2）．また，雄の触角が把握器に変形している（図C3d）のが特徴．ヒトツメマルトビムシ科（Arrhopalitidae，1属7種）の小眼は 2 + 2 以下で，日本産の種はすべて 1 + 1．色素がないか，あっても薄い．ヒメマルトビムシ科（Katiannidae，2属8種）にはめだった特徴がなく，小眼は 8 + 8，触角第4節は亜分節せず，腹管は短くて表面は滑らかである．ボレーマルトビムシ科（Bourletiellidae，3属9種）とマルトビムシ科（Sminthuridae，6属11種）の腹管嚢状突起は長く，表面がコブ状である（図B3）．クモマルトビムシ科（Dicyrtomidae，2亜科5属23種）は触角第4節が短いことが特徴で（図C3c），色彩豊かな種が多い．

トビムシの形態と機能
頭部（Head）

フシトビムシ亜目の大部分の種では，頭部は，胴体の長軸に対して平行もしくはいくぶん下向き（図A1），ミズトビムシ科およびミジントビムシ亜目とマルトビムシ亜目では胴体の長軸に対して垂直になっている（図B1）．

口器（mouth part）は，上唇（labrum）の毛の配列，隆起の存在とその構造などが同定に用いられる（図C1）．大顎（mandibles）と小顎（maxillae）は外見か

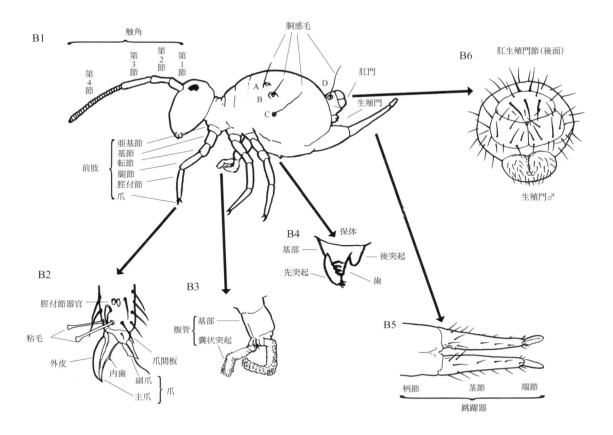

図B　マルトビムシ亜目 Symphypleona の形態(伊藤ら, 1999)
1, 全体図; 2, 肢; 3, 腹管; 4, 保体; 5, 跳躍器; 6, 肛生殖門節.

らはせいぜいその先端が見えている程度で，その構造は透明化した後か，解剖後にのみ見ることができる．大顎の基部には臼歯域（molar area）があり，末端に歯の列があるのが基本で，小顎にも先端に歯がある（図C2a）．イボトビムシ科の種では，大顎の臼歯域が失われ，先端の歯が変形する（図C2b）．小顎の形態は分類上重要で，総状や針状など，さまざまである（図C2c）．口器の形態はその種の摂食様式を反映しており，臼歯域のあるトビムシは咀嚼型，ないものは吸収型または捕食型である．咀嚼型のトビムシは，菌糸や胞子，土壌動物の糞，腐植，藻類等を食べると考えられており，吸収型のトビムシは，有機物層の間隙で水分を吸収し，水中のバクテリアや有機物を濾し取る事で栄養を得るとされている．一般に，通常の森林生態系においては，咀嚼型の種が優占し，8-9割の個体数を占めるとされている（武田, 1982）．

触角（Antennae）は4つの節からなるのが基本的な形である（図A2）．しかし，イボトビムシ上科とミジントビムシ科には第3, 4節がおおむね融合する種もいる（図C3a）．また，いくつかのグループでは各節に分節が見られ，ニシキトビムシ科では5-6節に分かれている（図C3b）．トゲトビムシ科や，マルトビムシ亜目の一部は第3, 4節は環状に小さく分節する（図B1, 検索図②下段）．通常，第4節が最も長いが，トゲトビムシ科とクモマルトビムシ科では，第4節が第3節よりもかなり短い（図C3c）．触角第4節には先端感球（apical sensory papilla）や感覚毛（sensillae）のほか，複数の感覚器官が存在することがある（図A3）．詳細はイボトビムシ上科を参照されたい．触角第3節には，触角第3節感器（3rd antennal sensory organ）がある．この器官は1対の感覚桿（sensory rod）と，その両側にある1対の保護毛（guard setae）で構成されるのが基本だが（図A3），シロトビムシ科では複雑な形態に変化している（検索図①下段）．オドリコトビムシ属（Sminthurides）の雄では触角第2, 3節が特殊化し，雌の触角を把握するのに用いられる（図C3d）．触角はしばしば捕食者の攻撃などによって失われるが，脱皮を繰り返すことにより再生する．しかし必ずしも

6 昆虫亜門・トビムシ目

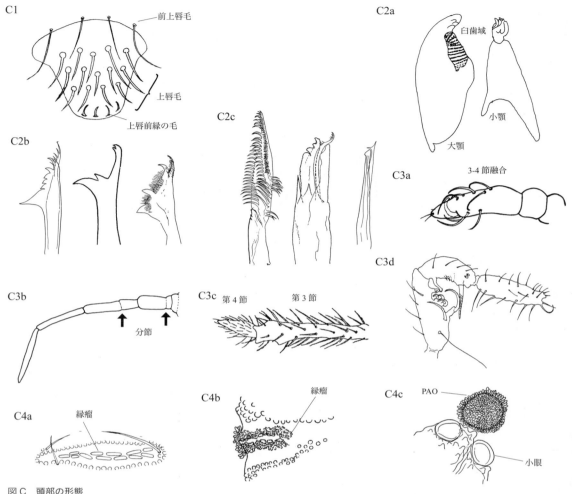

図C 頭部の形態
1: 上唇（キタトゲトビムシ）．2: 大顎と小顎；2a, 基本形（ベソッカキトビムシ）；2b, 白歯域のない大顎（イボトビムシ亜目）；2c, 変形した小顎（イボトビムシ亜目）．3: 触角；3a, 第3 - 4節融合（ケシトビムシ属）；3b, 亜分節あり（ニシキトビムシ属）；3c, 第4節が短い（クモマルトビムシ科）；3d, 把握器に変形した第2 - 3節（ビワコミズマルトビムシ）．4: 触角後器（PAO）；4a, 単純な縁瘤（シベリアシロトビムシ）；4b, 総状の縁瘤（ヤマシロトビムシ）；4c, 縁瘤は100個以上（アオイボトビムシ属）．(1, Suma, 1981; 2a, 武田 , 1982; 2b, c, 4c, 田中 , 2010; 3a, c, 伊藤ら , 1999; 3b, Fjellberg, 2007; 3d, Yosii, 1970; 4a, 須摩 1984; 4b, Yosii, 1954b)

完全な形で節が復元するわけではない．そのため，長い触角の場合，頂端の節が失われた後再生して，異常な分節となる場合がある．そのような場合，触角第3節感器の位置は各節の良い目印となる．

触角後器（post antennal organ, PAO）は多くのフシトビムシ亜目において，触角の基部と眼斑の間にみられる小胞状の構造で，化学的感覚器官であると考えられ，その形状が同定に使用される（図A4, C4）．PAOは最も単純な場合は円形もしくは楕円形の小胞であるが，シロトビムシ科の種では，多くの縁瘤が一つの溝の中に2列に並び，縁瘤は単純であったり，ぶどうの房状であったりする（図C4a, b）．また，アオイボトビムシ属（*Morulina*）のいくつかの種では，縁粒と中央瘤があわせて100個以上になるものもいる（図C4c）．

眼（eyes）は，最大8+8個の小眼からなる（図A4）．体色が濃く，暗色の眼斑上にある小眼は数を確認しにくい．一方，土壌性や洞穴性の種では，眼斑域の色，小眼数ともに減少する傾向がみられ，シロトビムシ科，アリノストビムシ科およびミジントビムシ科ではまったく眼がない．

胸部（thorax）

胸部は3節あり，ミズトビムシ上科とイボトビムシ上科には3節とも背板に毛がある（検索図 p. @下段）．アヤトビムシ上科では，第1節に背板と背毛がなく，落ち込んでいる（図D2a）．ミジントビムシ亜目とマ

昆虫亜門・トビムシ目 7

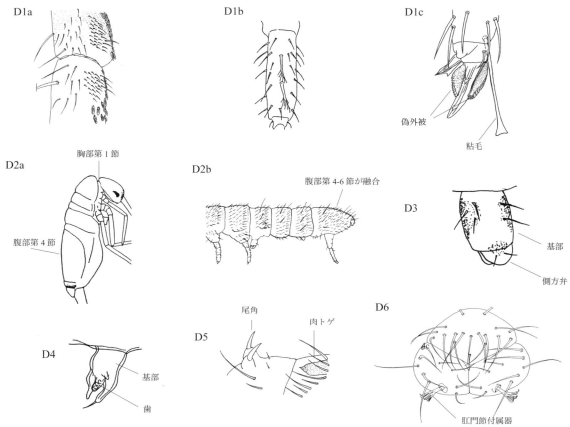

図D　胸部と腹部の形態
1: 肢；1a, 転節器官と腿節（キタトゲトビムシ）；1b, 脛付節の変形毛（ハマエダゲツチトビムシ）；1c, 粘毛と偽外被（サヤツメトビムシ）．
2: 腹部；2a, 腹部第4節が長い（アカボシトビムシ）；2b, 腹部第4-6節融合（シロフォルソムトビムシ）．3: 腹管（ハイイロツチトビムシ）．4: 保体（ハベマルトビムシ）．5: 腹部第5-6節の肉トゲと尾角（サハツチトビムシ）．6: 肛生殖門節（ミヤマヒメマルトビムシ）．
(1a, Suma, 1981; 1b, Yosii, 1971c; 1c, Yosii, 1939b; 2a, Yosii, 1965; 2b, 須摩・渡部, 2005; 3, 須摩・阿部, 2000; 4, Yosii, 1956b; 5, 須摩, 2008; 6, Itoh, 2000)

ルトビムシ亜目では節の境界は見つけにくく，胸部と腹部も分かれていない（図B1, 検索図 p. 9, 上段）．

肢 (leg) の節は基部から末端へ，亜基節 (precoxa), 基節 (coxa), 転節 (trochanter), 腿節 (femur), 脛付節 (tibiotarsus) で，脛付節には小さな爪間板もしくは先付節 (pretarsus) があり，その先に爪がある（図B1, 2）．多くのグループにおいて，特徴的な毛の配列と変形毛が転節と脛付節に多く見られる（図B2, D1）．脛付節末端の背面から1本もしくは複数の長い毛が主爪の背面に伸びていることがあり，これを粘毛 (tenent hair) と呼ぶ（図D1c）．粘毛は先が尖ったものや，太いもの，平べったいものなどがある．主爪 (unguis) は常に存在し，背側に凸で先細になっている．主爪の歯の構造と位置は分類学上重要である．ツチトビムシ科とマルトビムシ亜目の一部の種においては，背側にふくらんだ鞘 (sheath) もしくは外被 (tunica) がある（図B2）．また，側方や基部に歯のある薄膜もしくは偽外被 (pseudonychia) がある種もいる（図D1c）．副爪 (unguiculus or empodial appendage) は主爪より通常細く，2-4の薄膜があって，特徴的な歯がある場合もある．フシトビムシ亜目のいくつかの種では副爪がかなり退化したりなくなったりする種もいる．

腹部 (Abdomen)
腹部は6節に分かれるのが基本である．一般に跳躍器のある節は幅広く長くなり，アヤトビムシ科の第4腹節はその他の節よりかなり長くなる（図D2 a）．ミジントビムシ亜目の腹節は融合して節の境界がなくなっている．マルトビムシ亜目の種では腹部第1-4節が融合して大腹部になり，腹部第5-6節も融合して小腹部になるが（図B1），両者がさらに融合することもある．ツチトビムシ科の腹部第4-6節も融合することが

—1099—

ある（フォルソムトビムシ属 *Folsomia* 等）（図D2b）．

腹管（ventral tube or collophore）（図A1, B3, D3）は腹部第1節の腹側にある円筒状の付属器官で，先端には1対の小胞あるいは弁がある．腹管は，毛繕い（grooming）するための粘液を分泌したり，滑らかな表面に付着するのに用いられたり，体液の電解質バランスを整える役割があるとされる（Hopkin, 1997）．また，腹管は頭部の腹側にある下唇腎管（labial nephridia）によって生産された尿を，腹側の溝（linea ventralis）を通して受け取り，再吸収するとされている（Verhoef et al., 1983）．フシトビムシ亜目では腹管の弁はあまり目立たず，側方弁（lateral flap）と呼ぶ（図D3）．マルトビムシ亜目では，腹管の小胞を嚢状突起と呼び，マルトビムシ科とボレーマルトビムシ科では背中に届くほど長く，表面はコブ状である（図B3）．腹管基部の前面と後面，および側方弁の毛の数と配列は種の同定に用いられる．

跳躍器（furca）は跳ぶための器官で，通常は保体（tenaculum）で固定されている．保体は腹部第3節の腹側にあり，基部（corpus）と末端枝（rami）で構成される（図A5, B4）．末端枝は2本に分岐し，側面に2-4歯がある．マルトビムシ亜目の種では基部の形が非常に複雑になっており，グループによってその形が異なる（図B4, D4）．保体の毛の数はいくつかの科では分類に役立つ．跳躍器は腹部第4節の腹側にあるが，多くのアヤトビムシ上科の種では，腹部第5節にあるようにみえる．跳躍器は柄節（manubrium），茎節（dentes），端節（mucro）からなり，茎節より先で2つに分かれている．柄節末端と2叉した茎節内側の隆起部が保体の末端枝の形に対応しており，通常は跳躍器を腹側に折りたたんで固定している（図A6）．跳躍器が保体から離れた瞬間，バネのように地面を蹴ることにより，跳ね上がることができる．跳躍器3節の相対的な長さ，茎節と端節の構造，跳躍器上の毛の配列や形態は分類上有用な特徴である．アヤトビムシ上科やマルトビムシ亜目の種では，跳躍器の長い種が多く，体長の何倍も跳び上がることができる．一方，シロトビムシ科，イボトビムシ上科およびツチトビムシ科には跳躍器が退化したり，跳躍器と保体ともにない種がいる．退化は段階的で，末端部から融合したり，失われたりする．

腹部第5節には生殖門があり，雌では横向きのスリットが，雄では丘状の盛り上がりの上に縦のスリットがある（図A8, B6）．生殖領域の毛の配列は分類学上重要な場合もある（例えばアヤトビムシ属）．腹部第6節の腹側もしくは末端にある肛門はY字型になっている（図B6, D6）．肛門領域の毛の形や配列は同定に用いられることがある．多くのマルトビムシ亜目の種において，雌の腹側側面の弁には肛門節付属器（subanal appendage）がある（図D8）．腹部の末端には，キチン化した尾角（anal spines）がある種もいる（図A1）．ムラサキトビムシ科とシロトビムシ科のほとんどの種には2本，一部のイボトビムシ上科の種には2-7本ある．ツチトビムシ科のなかには，2本の尾角のほかに，キチン化していない肉トゲ（spin-like papillae）のある種がいる（図D5）．

色と模様ほか

トビムシの色素のうち，最も普通なのは青と茶色である．よく見られるトビムシの青や紫の色素は，アルカリ状態（例えば，水酸化カリウムにつけた場合）で薄まり，赤っぽくなる．イボトビムシ亜科の種でしばしば見られる赤やオレンジ色の色素はアルコールに溶けるため，液浸標本では白くなる．多くの種は一様な色か不規則な色素の分布のためにまだらになるが，背側では色が濃く，腹側では色が薄くなるものが多い．体色の発達は多くの種において光に依存しているので，洞穴内のような暗黒下では白っぽくなる．また，生息する土壌中の深度によって変化し，真土壌性の種ほど白っぽいものが多い．アヤトビムシ科やマルトビムシ亜目には明瞭な模様のある種がおり，その模様は同定に役立つが，個体変異があるので，注意が必要である．

毛の形態や配列（chaetotaxy）はしばしば同定に使用される．胴体背面の毛の名称と配列はムラサキトビムシ科，イボトビムシ亜科，ツチトビムシ科およびアヤトビムシ科の概説を参照されたい．口器，顔面，触角，肢，腹管，保体，跳躍器，生殖器および肛門節の毛の配列は，グループによって注目するポイントが異なるので，各科あるいは属の説明を参照されたい．イボの配列や名称はイボトビムシ上科，ウロコについてはトゲトビムシ科およびアヤトビムシ科とその近縁群の概説を参照されたい．

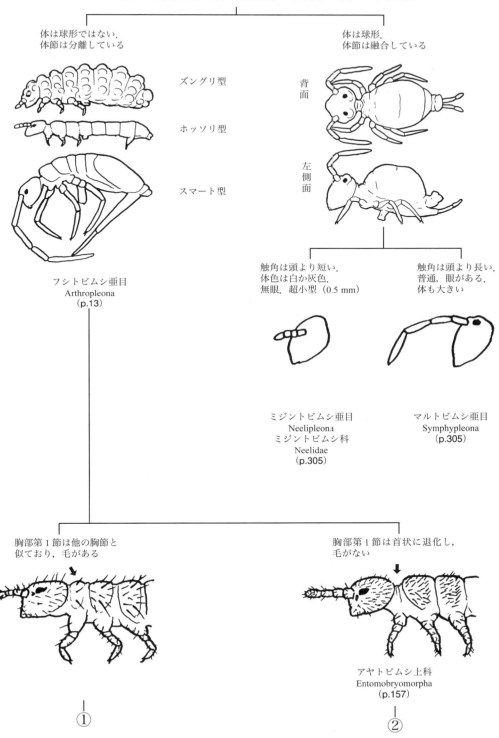

トビムシ目 Collembola の亜目・上科・科への検索

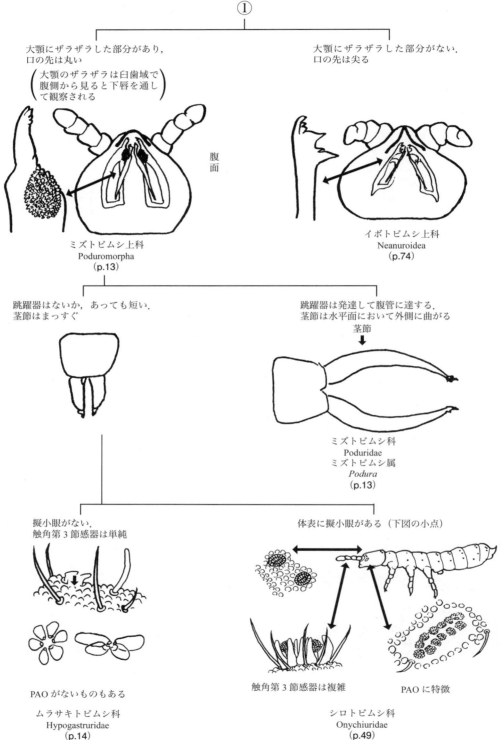

昆虫亜門・トビムシ目　11

アヤトビムシ上科 Entomobryomorpha の科への検索（1）

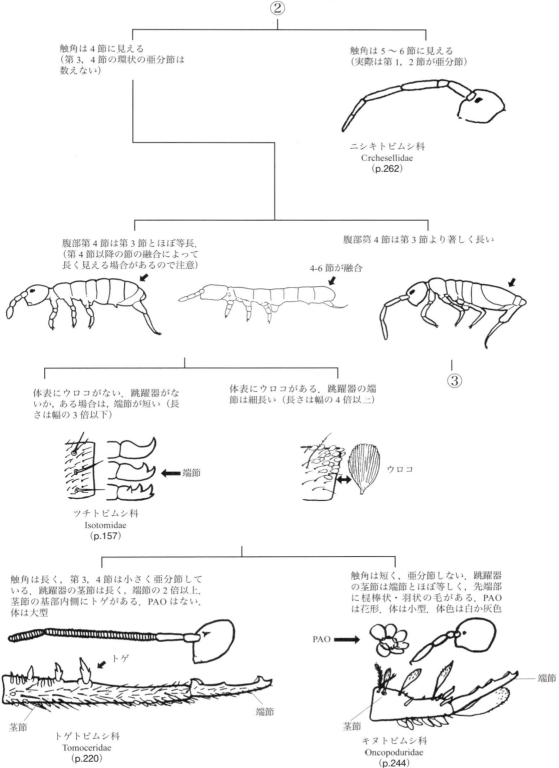

アヤトビムシ上科 Entomobryomorpha の科への検索（2）

③

跳躍器の茎節は先があまり細くならず，曲がらない．普通，背面に皺がない．端節は大きい

跳躍器の茎節は先細りで，背面に皺があり，曲がりやすい．端節は小さく，基部に1本の基棘がある

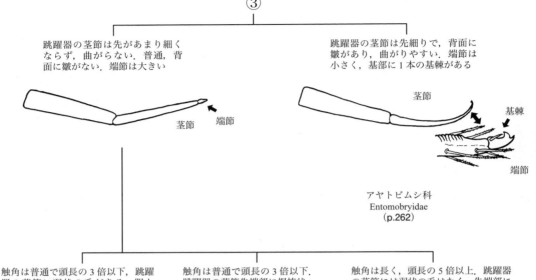

アヤトビムシ科
Entomobryidae
(p.262)

触角は普通で頭長の3倍以下．跳躍器の茎節に羽状の毛がある．眼とPAOはなく，体は白色で中型

触角は普通で頭長の3倍以下．跳躍器の茎節先端部に棍棒状・鋸歯状の毛がある．PAOは花形．体は小型．体色は白

触角は長く，頭長の5倍以上．跳躍器の茎節には羽状の毛はなく，先端部に扇状の嚢状付属物がある．眼はあり，体は大型

アリノストビムシ科
Cyphoderidae
(p.251)

キヌトビムシ科
Oncopoduridae
(p.244)

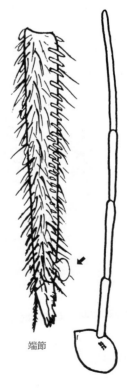

オウギトビムシ科
Paronellidae
(p.255)

フシトビムシ亜目 Arthropleona Börner, 1901
ミズトビムシ上科 Podromorpha Börner, 1913
ミズトビムシ科 Poduridae Latreille, 1804

一澤　圭

概説

　ミズトビムシ科はミズトビムシ属（*Podura*）のみによって構成され，世界で1属1種である．以下の記述はすべてミズトビムシ（*Podura aquatica* Linnaeus, 1758）にもとづくものである．

　体型はずんぐりとしていて触角や肢が短めであり，全体的な印象としてはムラサキトビムシ科（Hypogastruridae）に似るが，体が丸形で跳躍器が長く湾曲し，口器が腹面方向を向いていることで他と容易に区別できる（図1a）．体色は一様に濃褐色．体表は顆粒におおわれ，全身に短い単純毛が分布する．体毛の配列は変異が大きい．体表にウロコはない．

　頭部：口器には大顎と小顎があり，大顎の基部には臼歯域，先端には数個の歯がある．フシトビムシ亜目 Arthropleona の多くの種では口器が前方を向くのに対し，本科では口器が腹面を向く（図1a）．触角は頭部より短く，4節からなる．第4節には先端に感球があるが，先の鈍い感覚毛は見られない（図1b）．小眼は8+8．PAO はない（図1d）．

　胸部：第1節から3節まで発達し，第1節にも背板と背毛がある．脛付節には先端のとがった粘毛がある．主爪は長く，副爪はわずかに痕跡があるのみ（図1f）．

　腹部：第1節にある腹管は円柱状で，4-6対の毛がある．第3節にある保体は4+4歯で毛はない．第4節にある跳躍器は3節からなり，非常に長く，折りたたんだときに腹管に達する．茎節は中央部が弓なりに曲がって左右に張り出し，先端部で近接する（図1g）．茎節と端節は顆粒におおわれる（図1h）．尾角はない．

ミズトビムシ属
***Podura* Linnaeus, 1758**

　世界でミズトビムシ *Podura aquatica* 1種のみ．

1. ミズトビムシ *Podura aquatica* Linnaeus, 1758

　体長は約 2.0 mm．体色は青黒色で，触角，肢，跳躍器は赤紫色．上唇毛は 5/5, 5, 4．触角は頭部より短く，第4節には 2-3 個の先端感球があり，先の鈍い感覚毛はない．触角第3節感器は短く先端のとがった2本の感覚毛とその両脇の保護毛からなる（図1c）．小眼は8+8．PAO はない．主爪は非常に長く，脛付節とほぼ同長か，それを超える長さで，1個の内歯がある．副爪は退化する．脛付節先端には先のとがった粘毛がある．腹管端部の毛は 4+4 か 5+5 本．保体は 4 歯で毛はない．跳躍器柄節の前面は無毛．茎節は柄節の 2.5 倍から 3 倍以上の長さで，外側に弓状に曲がり向かいあう．茎節後面の毛はおよそ 20 本以上．端節は後肢主爪の約 1/5 で，1個の外葉と2個の内葉，および三角形の付属物がある．茎節と端節は顆粒におおわれ，茎節先端部では顆粒が環状に配列する．尾角はない．水際や水面上で生活する．　分布：本州；全北区．

a, 全体図；b, 触角先端；c, 触角第3節感器；d, 眼；e, 前肢；f, 前肢脛付節と爪；g, 跳躍器茎節と端節；h, 端節；i, 頭部, 胸部第1-2節, 腹部第4-6節（a: Chernova and Striganova, 1988; b-h: 木下, 1916a; i: Yosii, 1961a）.

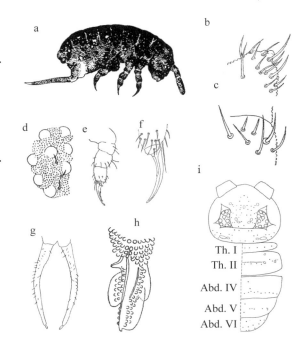

ムラサキトビムシ科 Hypogastruridae Börner, 1913

中森泰三・一澤　圭・田村浩志

概説

　ムラサキトビムシ科はやや小型（日本の種は 0.6 〜 2.5 mm）で，体型は背腹に平たく，紡錘形または円筒形で腹部が横にやや膨らむ（図 A 1a）．胸部第 1 節背面に毛があること（図 A 9），口器が前方を向き，大顎の臼歯域が発達していること（図 A 2）が特徴である．全体の印象がシロトビムシ科（Onychiuridae）と似る場合もあるが，擬小眼がないことによって区別される．サメハダトビムシ科（Brachystomellidae）やヤマトビムシ亜科（Pseudachorutinae）のなかにはそっくりなものもいるが，これらは大顎の臼歯域を欠くことで識別できる．多くの種では赤紫色や青黒色などのほぼ一様な体色だが，色素がない種もいる（ドウケツヒメトビムシ属（Pseudachorontides），シロヒメトビムシ属（Willemia），ホラムラサキトビムシ属（Mesogastrura）等）（図 A 1b，表 1）．真地中性および洞穴性のものでは白化傾向がある．表皮は顆粒状で，跳躍器茎節後面や体節の一部に顆粒が粗い領域がある（図 A 7c）．また，種によっては体表のさまざまな箇所に顆粒のない部分があり，窪（fovea）と呼ばれる（図 A 9）．体毛は平滑で単純であるが，鋸歯状になることもある．体表にウロコはない．体毛の配列（毛序：chaetotaxy）は属や種の識別に重要である（図 A 9）．
　頭部：口器には大顎と小顎があり，大顎の基部には臼歯域，先端には数個の歯があるが（図 A 2），コロトビムシ属（Microgastrura）では退化的である．触角は頭長とほぼ同じかやや短く，4 節からなる（図 A 1a, b）．触角第 4 節には伸縮性のある先端感球と，背面に 6 - 7 本の感覚毛がある（図 A 3a）．一方，触角第 4 節腹面には短い釘状の感覚毛（釘状毛）がある種や，第 4 節と第 3 節の間に反転性の嚢状体（図 A 3b）がある種があり，その有無は属の識別に役立つ．第 3 節感器は 2 本の微小感覚毛とその両側にある長い保護毛で構成される（図 A 3a）．触角後器（PAO）には数個の縁瘤があるものが多い．フクロムラサキトビムシ属（Ceratophysella）の縁瘤は 4 個で，前方の 2 個が細長く，後方の 2 個は小さい（図 A 4a, b，表 2）．PAO と眼の間に副瘤がある種が多く，一部の種は後方の 2 個の縁瘤が副瘤を取り囲む（図 A 4b）．ムラサキトビムシ属（Hypogastrura）の PAO は小さく，4 個の縁瘤はほぼ同じ大きさで，副瘤のない種が多い（図 A 4c，表 2）．このほか，シロヒメトビムシ属の縁瘤は 4 - 6 個，ホラムラサキトビムシ属やヒメヒラタトビムシ属（Choreutinula）の PAO はより単純な形状である（図 A 4d，表 1）．ドウケツヒメトビムシ属とヒラタトビムシ属（Xenylla）には PAO がない．小眼は一般に 8+8 個であるが（図 A 4a），減数するもの（ホラムラサキトビムシ属，マダラムラサキトビムシ属（Schaefferia），ヒラタトビムシ属，コロトビムシ属）（図 A 4d）や全くない種（ドウケツヒメトビムシ属，シロヒメトビムシ属）もある（表 1）．
　胸部：第 1 節は他の 2 節より小さいが，アヤトビムシ上科（Entomobryomorpha）の各科と違ってしっかりとした背板があり，数本の毛が生えている．一部の種では，肢の脛跗節に先端が丸い粘毛がある（図 A 5a）．主爪は長く，内歯（図 A 5a）や側歯のある種もいる．副爪は主爪より短い（図 A 5a, b）．ヒラタトビムシ属には副爪がない．
　腹部：第 1 節にある腹管は短い円柱状で，4+4 本前後の毛がある種がほとんどである（図 A 6）．第 3 節にある保体の歯は 3+3 または 4+4 であることが多い（図 A 7a）．第 4 節にある跳躍器は柄節，茎節，端節の 3 節からなる種がほとんどだが，折り畳んだときに腹管を越すほど長くはならない（図 A 1b）．茎節後面の毛は，多くの種では 7 本である（図 A 7a, c）が，マダラムラサキトビムシ属とヒメヒラタトビムシ属では 3 - 7 本，ホラムラサキトビムシ属では 4 本，ドウケツヒメトビムシ属とヒラタトビムシ属では 2 本である（図 A 7b，表 1）．跳躍器端節はトゲ状に先端がとがるもの（ドウケツヒメトビムシ属，ホラムラサキトビムシ属など，図 A 7b），スプーン形のもの（フクロムラサキトビムシ属の大部分，図 A 7a）あるいは薄板があるもの（ムラサキトビムシ属の一部，図 A 7c）などの種がある．保体も跳躍器もないのはシロヒメトビムシ属で，痕跡のみがあるのはヒラタトビムシ属のオナシヒラタトビムシ（Xenylla acauda）である．腹部第 6 節尾端には 2 本の尾角があるものが多く，フクロムラサキトビムシ属では細長く（図 A 9），ムラサキトビムシ属では小さい（図 A 8a）．また，サンボンムラサキトビムシ（Ceratophysella tergilobata）では腹部第 5 節の後端にトゲ状の突起物があり（図 A 8b），シホン

昆虫亜門・トビムシ目　15

表1. ムラサキトビムシ科の形質識別表（ドウケッヒメトビムシ属ほか）

属名 No.	和名	体長(mm)	体色	小眼	PAO	前, 中, 後肢の先の丸い粘毛	跳躍器 茎節後面毛	跳躍器 端節	尾角/主爪	その他
ドウケツヒメトビムシ属										
1	ホラヒメトビムシ	1.1	白色	0	なし	2,2,2	2	トゲ状	<<0.5	
シロヒメトビムシ属										
2	ヤマトシロヒメトビムシ	0.6	白色	0	縁瘤4	0	跳躍器なし		尾角なし	
3	ゴリンシロヒメトビムシ	0.7	白色	0	縁瘤4-6	0	跳躍器なし		0.5	
ヒラタトビムシ属										
4	オナシヒラタトビムシ	0.7	青灰色	5+5	なし	2,2,2	痕跡のみ		0.25	
5	ウミベヒラタトビムシ	2.0	黒緑色	5+5	なし	1,1,1	2	先細	尾角なし	胸部側方に円錐状突起
6	ウシオヒラタトビムシ	2.1	暗褐色, 青黒色	5+5	なし	2,2,2	2	トゲ状	比率不明	胸部側方に円錐状突起
7	キノボリヒラタトビムシ	1.5	黒青色	5+5	なし	2,2,2	2	トゲ状	0.2	
8	クロヒラタトビムシ	1.4	黒青色, 黒縦筋	5+5	なし	2,2,2	2	トゲ状	尾角なし	
ヒメヒラタトビムシ属										
9	ヒメヒラタトビムシ	1.5	青黒色	8+8	楕円～丸多角	2,2,2	4	トゲ状, 歯あり	尾角なし	
ホラムラサキトビムシ属										
10	ウスウホラムラサキトビムシ	1.1	白色に斑点状色素	3+3	歯車形	2,2,2	4	トゲ状	尾角なし	
コロトビムシ属										
11	ヒメコロトビムシ	0.6	褐色	6+6	星形	0	7	かぎ爪	尾角なし	触角第4節に釣状毛約10.
マダラムラサキトビムシ属										
12	フンガワチヒメトビムシ	1.0	白色	3+3~4+4	縁瘤4	0	6	スプーン型	2.3	
13	ヒダヒメトビムシ	1.4	白地に暗色の斑点	5+5(6+6)	縁瘤4	0	5-6	細短	比率不明	
14	マダラムラサキトビムシ	1.3	白地に青い斑点	5+5	縁瘤4	0	3	かぎ爪型	1.5	触角第3, 4節間に嚢状体
15	キタカミマダラムラサキトビムシ	2.5	白色	2+2	縁瘤4	0	3-4	細短	比率不明	

表2. ムラサキトビムシ科の形質識別表（フクロムラサキトビムシ属およびムラサキトビムシ属）

属名 No. 和名	体長(mm)	体色		小眼	触角第3,4節間の壺状体	PAOの副節	前,中,後肢の先の丸い粘毛	保体の歯	跳躍器 茎節後面の毛	跳躍器 端節	その他
フクロムラサキトビムシ属											
16 オニムラサキトビムシ	1.6	栗色に暗色の斑点		8+8	有	2縁縮に囲まれる	0	4+4	7	スプーン型	頭部に2+2本のトゲ. 多毛.
17 ツバサオニヒメトビムシ	1.3	暗褐色		8+8	有	2縁縮に囲まれる	0	4+4	7	スプーン型	頭部に3+3本のトゲ. 多毛.
18 オオオニムラサキトビムシ	1.8	茶黄地に黒青色の斑点		8+8	有	2縁縮に囲まれる	0	4+4	7	スプーン型	頭部のトゲ3+3. 著しく多毛.
19 ヤクシマフクロムラサキトビムシ	1.3	暗褐色		8+8	不明	有	0	4+4	7	細	
20 フジフクロムラサキトビムシ	1.5	赤褐色に灰色の斑点		8+8	有	有	3,3,3	4+4	7	スプーン型	
21 アケレイヒメトビムシ	1.3	紫		8+8	有	有	0	4+4	7	スプーン型	
22 サカヨリフクロムラサキトビムシ	1.5	暗青色		8+8	有	有	0	4+4	7	スプーン型	腹部第5節背面中央にトゲ.
23 サンボンムラサキトビムシ	1.8	暗褐色に斑点模様		8+8	有	有	0	4+4	7	スプーン型	腹部第5節のp1毛がトゲ状.
24 シホンムラサキトビムシ	1.5	褐色地に暗青色の斑点		8+8	有	有	0	4+4	7	スプーン型	頭部に2+2本のトゲ.
25 コオニムラサキトビムシ	0.9	褐色地に斑点模様		8+8	有	有	0	4+4	7	先尖	
26 キタワムラサキトビムシ	1.3	褐色に暗青褐色の斑点		8+8	有	有	0	4+4	7	スプーン型	
27 カッショクヒメトビムシ	1.5	白地に色素がない		7+7~8+8	有	有	0	4+4	6	細	
28 ケナガフクロムラサキトビムシ	1.3	青黒,黒紫,赤紫色		8+8	有	有	0	4+4	7	スプーン型	
29 フクロムラサキトビムシ	1.8	灰青色		8+8	有	有	0	4+4	7	スプーン型	
30 ウスズミトビムシ	1.8	白		8+8	なし	有	0	4+4	7	細	
31 ドウケツフクロムラサキトビムシ	1.5										
ムラサキトビムシ属											
32 ヤケシママラサキトビムシ	2.3	暗灰色に斑点模様		8+8	有	なし	1,1,1	4+4	7	楕型	多毛.
33 アミメムラサキトビムシ	2.5	黒		8+8	なし	なし	1,1,1	4+4	7	楕型	体表に網目構造.
34 イダヤムラサキトビムシ	1.2	暗青色		8+8	なし	なし	3,4,4	3+3	5	楕型	背面長毛の先が丸い.
35 エゾムラサキトビムシ	1.3	青黒		8+8	なし	なし	1,1,1	3+3	7	楕型	
36 ホソムラサキトビムシ	1.5	黒,青黒色		8+8	なし	なし	2,3,3	3+3	7	楕型	
37 ツクバネムラサキトビムシ	1.3	褐黒色		8+8	なし	有	1,1,1	4+4	7	楕型	
38 タンカクムラサキトビムシ	1.8	暗褐色		8+8	なし	なし	1,1,1	4+4	7	楕型	
39 イブムラサキトビムシ	2.5	暗褐色		8+8	なし	有	0	4+4	6	楕型	触角第4節に曲がった感覚毛.
40 ボクシヒメトビムシ	1.4	黒		8+8	なし	なし	0	4+4	6-7	楕型	
41 ホッポウムラサキトビムシ	1.6	黒灰色でまだら		8+8	なし	有	0	4+4	7	楕型	
42 ナガアシムラサキトビムシ	1.4	灰褐色,暗青色,赤紫色		8+8	なし	有	1,1,1	4+4	7	楕型	脛付節の粘毛の先は尖ることあり.

ムラサキトビムシ（*Ceratophysella duplicispinosa*）では第5節後端の毛のうち2本がトゲ状に変化していて，それぞれ3本，4本の尾角があるようにみえる．

毛序（図A9）：体毛の配列は種の識別に重要である．ここではおもに背面毛序についてのみ記述する．胸部第1節には1列の毛があり，3+3本であることがほとんどだが，2+2または4+4以上のこともある．胸部第2-3節と腹部第1-4節にはそれぞれ3列の毛があり，前方の列をa（anterior），中間の列をm（middle），後方の列をp（posterior）で表し，正中線に近い毛から1, 2, 3…と番号が付けられている．胸部第2節と第3節の毛序はほとんど同じであるため，第3節の図は省略されることが多い．腹部第1-3節の毛も同様，同じであるとみなされ，いずれかの節で代表されることが多い．体毛は概して短い単純毛だが，長く，鋸歯状あるいは棍棒状になっている種もある．通常毛（common setae）と異なる形態の毛は便宜的に感覚毛（sensory setae）と呼ばれ，触角第4節にある太くて先が鈍い毛や（図A 3a），短くて先がふくらんでいる釘状毛など（図A 3b）がある．胸部や腹部には，基部がソケット状で，通常毛より明らかに細い感覚毛があり，種によって位置や長さが決まっている．図A9に示したドウケツフクロムラサキトビムシ（*Ceratophysella troglodites*）では，胸部第2, 3節のp3とm6が感覚毛で，通常毛とほぼ同じ長さである．また，腹部では第1-4節のp5, 第5節のp3が感覚毛で，いずれも通常毛より細長い．Yosii（1956b）は，このムラサキトビムシ科の体毛に着目し，その配列が分類および系統進化の観点から重要であることをいち早く指摘した．

ムラサキトビムシ科の学名について，Achorutidae Börner, 1903やNeogastruridae Stach, 1949が使用されたこともあったが，現在はHypogastruridae Börner, 1913が定着している（Christiansen and Bellinger, 1992; Fjellberg, 1998; Thibaud, *et al*., 2004）．ムラサキトビムシ属の分割について，トビムシ研究会（2000）では，ムラサキトビムシ属をフクロムラサキトビムシ亜属（*Ceratophysella*），オニムラサキトビムシ亜属（*Cyclograna*）およびムラサキトビムシ亜属（*Hypogastrura*）の3亜属に分けていた．その後，3亜属とも属に昇格するとともに，顔面のトゲが特徴の一つである旧オニムラサキトビムシ亜属の学名が*Mitchellania*に変更された（Fjellberg, 1998; Thibaud, *et al*., 2004）．しかし，*Mitchellania*の区分はまだ不完全であるため（Skarżyński, 2007），ここではフクロムラサキトビムシ亜属とオニムラサキトビムシ亜属をまとめてフクロムラサキトビムシ属とし，ムラサキトビムシ亜属をムラサキトビムシ属とした．現在，日本では9属約40種が知られているが，今後，さらに種数が増加するものと思われる．

18 昆虫亜門・トビムシ目

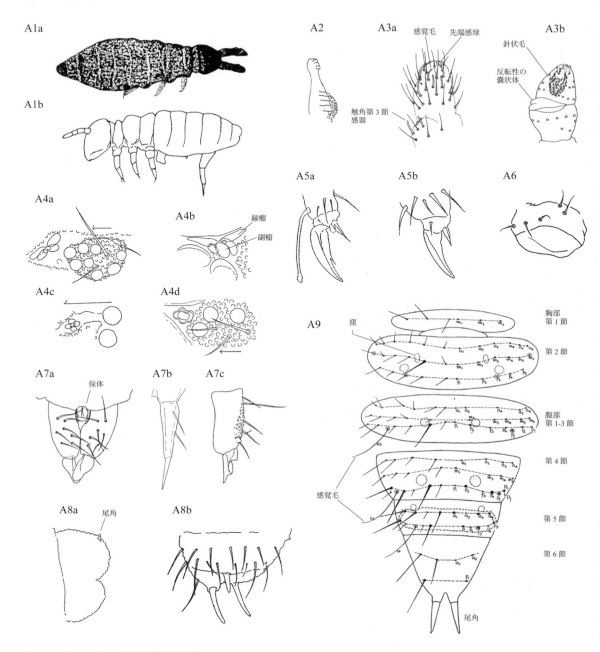

図A　ムラサキトビムシ科の形態用語図解
1, 全体図；1a, 色素あり（サカヨリフクロムラサキトビムシ）；1b, 色素なし（ホラヒメトビムシ）．2, 大顎（ヒメヒラタトビムシ）．3, 触角第3, 4節；3a, 背面の先端感球，感覚毛，第3節感器（サカヨリフクロムラサキトビムシ）；3b, 腹面の釘状毛と反転性の囊状体（アテルイヒメトビムシ）．4, 小眼とPAO；4a, 8個の小眼，PAOは前方の2縁瘤が細長い（ケナガフクロムラサキトビムシ）；4b, PAO後方の2縁瘤が副瘤を囲む（オオオニムラサキトビムシ）；4c, PAOの縁瘤はほぼ同じで副瘤なし（エゾムラサキトビムシ）；4d, 3個の小眼，PAOは歯車形（クズウホラムラサキトビムシ）．5, 脛付節と爪；5a, 副爪および先の丸い粘毛あり（アミメムラサキトビムシ）；5b, 先の丸い粘毛なし（ヤマトシロヒメトビムシ）．6, 腹管（ツバキオニヒメトビムシ）．7, 跳躍器；7a, 保体と跳躍器，茎節後面の毛は7本（コオニムラサキトビムシ）；7b, 茎節後面の毛は2本，端節はトゲ状（ホラヒメトビムシ）；7c, 端節に薄板あり（ボクシヒメトビムシ）．8, 尾角；8a, 小さい2本（エゾムラサキトビムシ）；8b, 長い3本（サンボンムラサキトビムシ）．9, 体毛の配列と名称および窪の配置（ドウケツフクロムラサキトビムシ）．（1a, 3a, Tamura, 1997; 1b, 吉井, 1970; 2, 須摩, 1993a; 3b, Tamura, 2001b; 4a, b, d, 9, Yosii, 1956b; 4c, 8a, Yosii, 1972; 5a, Yoshii, 1995b; 5b, Yosii, 1970; 6, Nakamori, 2013; 7a, Uchida and Tamura, 1968b; 7b, Yosii, 1956a; 7c, Yosii, 1961b; 8b, Yoshii and Suhardjono, 1989）

ムラサキトビムシ科 Hypogastruridae の属・種への検索

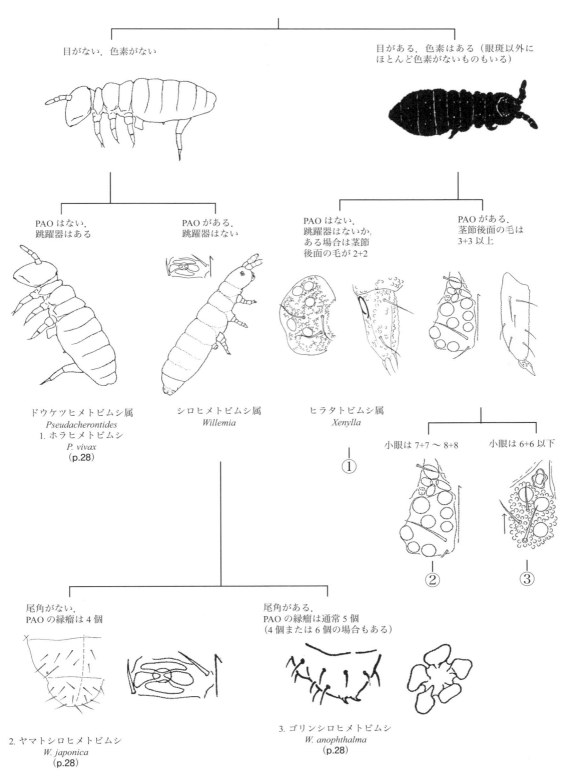

20　昆虫亜門・トビムシ目

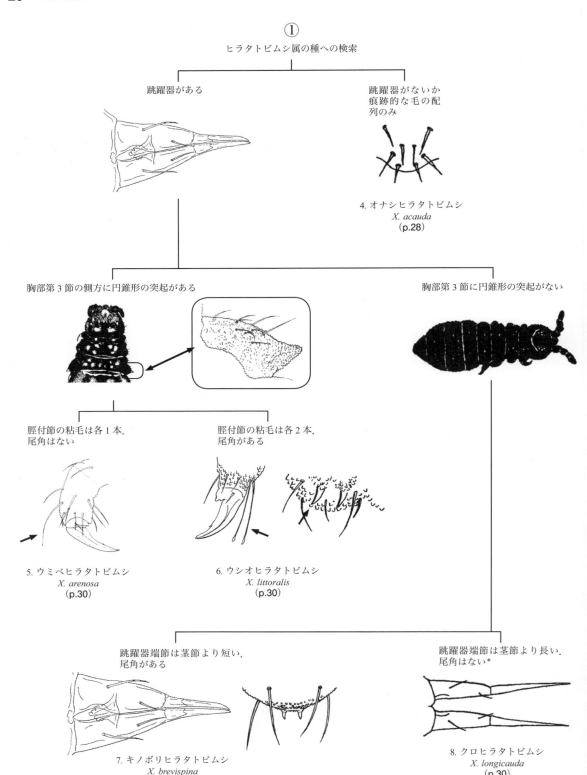

昆虫亜門・トビムシ目　21

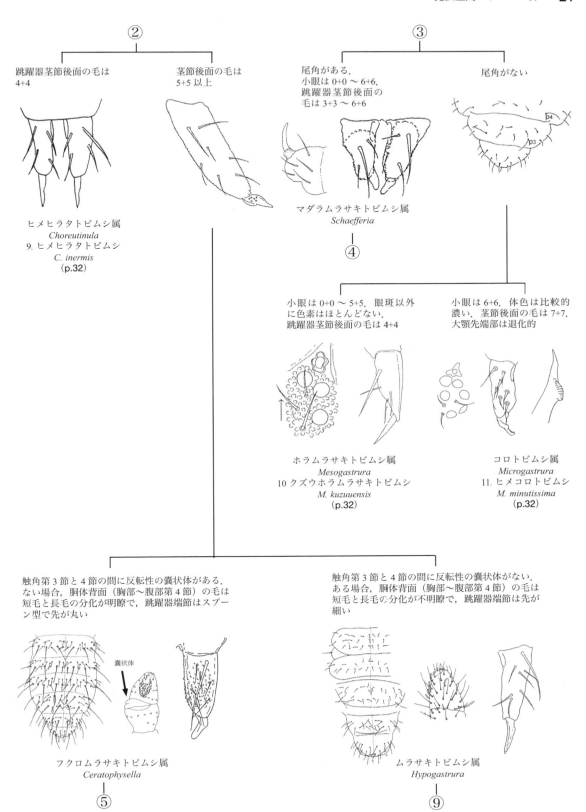

22　昆虫亜門・トビムシ目

④ マダラムラサキトビムシ属の種への検索

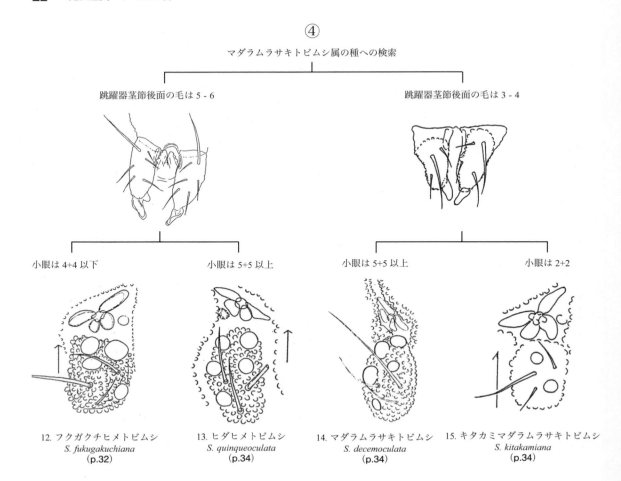

跳躍器茎節後面の毛は 5 - 6　　　　　　　　　跳躍器茎節後面の毛は 3 - 4

小眼は 4+4 以下　　　小眼は 5+5 以上　　　小眼は 5+5 以上　　　小眼は 2+2

12. フクガクチヒメトビムシ　　13. ヒダヒメトビムシ　　14. マダラムラサキトビムシ　　15. キタカミマダラムラサキトビムシ
　　S. fukugakuchiana　　　　　*S. quinqueoculata*　　　　*S. decemoculata*　　　　　*S. kitakamiana*
　　　（p.32）　　　　　　　　　　（p.34）　　　　　　　　（p.34）　　　　　　　　　（p.34）

昆虫亜門・トビムシ目　23

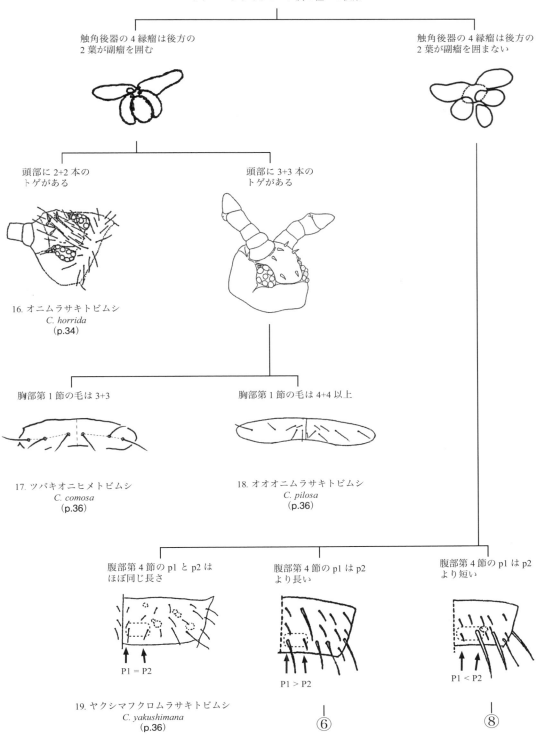

⑤
フクロムラサキトビムシ属の種への検索

触角後器の4縁瘤は後方の2葉が副瘤を囲む　／　触角後器の4縁瘤は後方の2葉が副瘤を囲まない

頭部に2+2本のトゲがある　／　頭部に3+3本のトゲがある

16. オニムラサキトビムシ
C. horrida
(p.34)

胸部第1節の毛は3+3　／　胸部第1節の毛は4+4以上

17. ツバキオニヒメトビムシ
C. comosa
(p.36)

18. オオオニムラサキトビムシ
C. pilosa
(p.36)

腹部第4節のp1とp2はほぼ同じ長さ　／　腹部第4節のp1はp2より長い　／　腹部第4節のp1はp2より短い

P1 = P2　　P1 > P2　　P1 < P2

19. ヤクシマフクロムラサキトビムシ
C. yakushimana
(p.36)

⑥　　⑧

— 1115 —

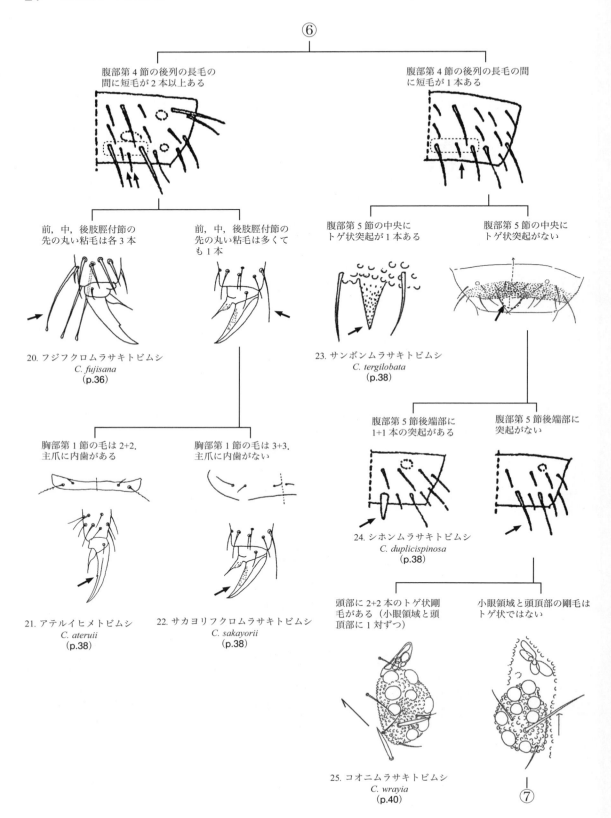

昆虫亜門・トビムシ目　25

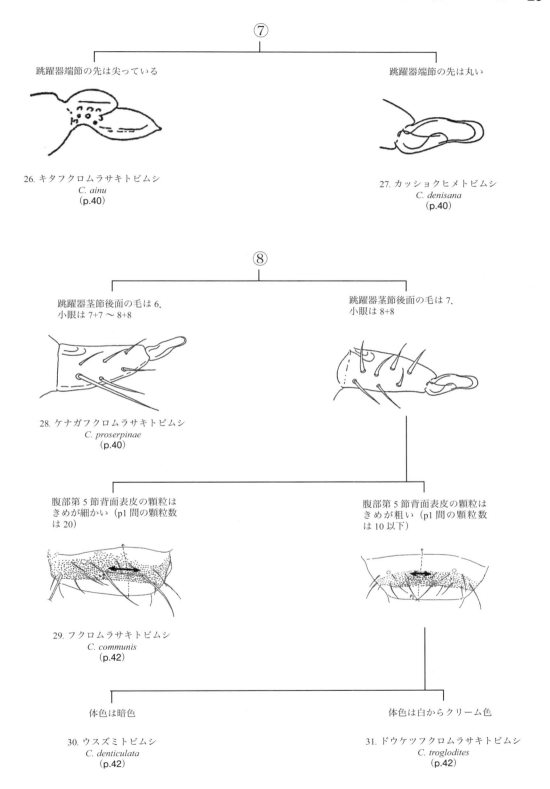

⑦
- 跳躍器端節の先は尖っている
  26. キタフクロムラサキトビムシ
  C. ainu
  (p.40)
- 跳躍器端節の先は丸い
  27. カッショクヒメトビムシ
  C. denisana
  (p.40)

⑧
- 跳躍器茎節後面の毛は6．小眼は 7+7 〜 8+8
  28. ケナガフクロムラサキトビムシ
  C. proserpinae
  (p.40)
- 跳躍器茎節後面の毛は7．小眼は 8+8

- 腹部第5節背面表皮の顆粒はきめが細かい（p1間の顆粒数は 20）
  29. フクロムラサキトビムシ
  C. communis
  (p.42)
- 腹部第5節背面表皮の顆粒はきめが粗い（p1間の顆粒数は 10 以下）

- 体色は暗色
  30. ウスズミトビムシ
  C. denticulata
  (p.42)
- 体色は白からクリーム色
  31. ドウケツフクロムラサキトビムシ
  C. troglodites
  (p.42)

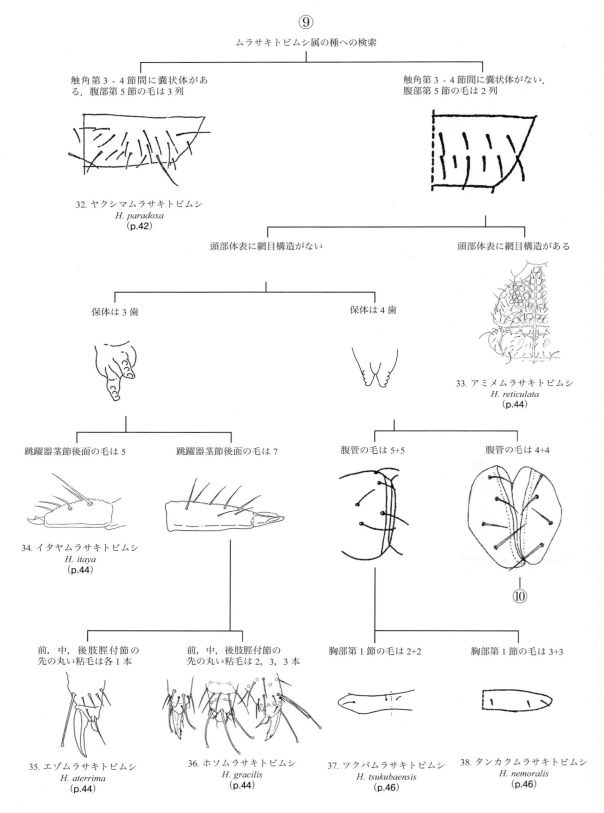

昆虫亜門・トビムシ目　27

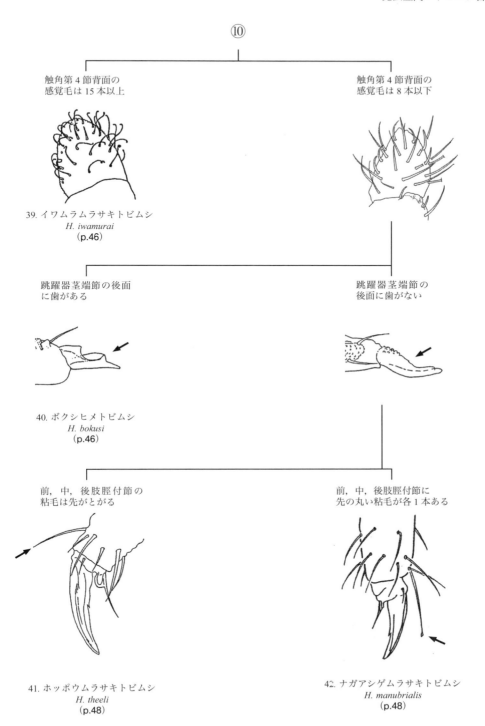

ムラサキトビムシ科
Hypogastruridae Börner, 1913
ドウケツヒメトビムシ属
Pseudacherontides Djanaschevili, 1971

　全身白色で眼，PAO，副爪ともにない．跳躍器茎節には1-2本の毛がある．触角第4節には円錐状または炎状のよく発達した感覚毛が3-5本あり，1個の先端感球がある．2本の小さな尾角があるが，それらが毛に置き換わるものもいる．日本からは1種のみが知られる．

1. ホラヒメトビムシ
Pseudacherontides vivax (Yosii, 1956)

　体長は約1.1 mm．触角第4節には炎状の感覚毛が4-5本ある．脛付節の先の丸い粘毛は各2本．主爪に内歯はない．保体は3+3歯．跳躍器柄節端部には4+4本の毛が1列に並ぶ．茎節後面の毛は2本．端節は茎節の約半分の長さでトゲ状に先端がとがる．尾角は短くて太く，表皮の顆粒1個よりわずかに大きく，同じ高さの乳頭状突起の上にある．洞穴性．トビムシ研究会（2000）では属名がホラヒメトビムシ属（*Acherontides*）とされていたが，跳躍器が発達しているので属名が変更された．　分布：福島，岩手（洞穴）．　a, 全体図; b, 触角第3節感器; c, 触角先端; d, 前肢脛付節と爪; e, 保体; f, 跳躍器茎節と端節; g, 尾角; h, 頭部; i, 胴体部（a: 吉井, 1970; b-g: Yosii, 1956a; h-i: Yosii, 1956b）．

シロヒメトビムシ属
Willemia Börner, 1901

　小さくて細く，全身白色．眼，跳躍器，保体ともにないが，PAOはある．脛付節の粘毛はない．副爪は小さく退化する傾向にある．日本からは2種が知られる．

2. ヤマトシロヒメトビムシ
Willemia japonica Yosii, 1970

　体長は約0.6 mm．上唇毛式は2/5, 5, 4．触角第3節感器は2本の長い保護毛があり，1本はまっすぐで1本は曲がっている．触角第4節には先端感球が1個ある．PAOの縁瘤は4個で，体表から盛り上がる．副爪は主爪の約1/3の長さ．腹管の毛は4+4．尾角はない．　分布：北海道，本州，九州．　a, 全体図; b, 上唇; c, 触角第3-4節; d, PAO; e, 中肢脛付節と爪; f, 腹部第3節の感覚毛; g, 腹部第4-6節（a: 須摩, 1984; b-g: Yosii, 1970）．

3. ゴリンシロヒメトビムシ
Willemia anophthalma Börner, 1901

　体長は約0.7 mm．上唇毛式は4/4, 5, 4．触角第4節は単純な先端感球が1個と先の鈍い感覚毛が5-6本ある．PAOの縁瘤は通常5個だが，4個または6個の場合もある．前，中，後肢の脛付節には，それぞれ17，17，16本の毛がある．副爪は主爪の1/2から1/3の長さ．尾角は2本あり，後肢主爪の約半分の長さ．　分布：北海道，本州；全北区，アルゼンチン．　a, 上唇; b, 触角第3, 4節; c-e, PAO; f, 脛付節と爪; g, 胸部; h, 腹部（Potapov, 1994）．

ヒラタトビムシ属
Xenylla Tullberg, 1869

　体色は濃青色のものが多い．PAO，副爪ともにない．小眼は日本産の種ではいずれも5+5．脛付節先端には先が丸い粘毛がある．跳躍器端節が茎節と融合した種や，完全に跳躍器を欠く種もいる．通常尾角があるが，ない種もいる．日本からは5種が知られる．

4. オナシヒラタトビムシ
Xenylla acauda Gisin, 1947

　体長は約0.7 mm．体色は青灰色．触角第4節には太い感覚毛が背外面に3本，背内面に1本，内面に2本ある．脛付節の先が丸い粘毛は各2本．主爪には通常内歯がない．跳躍器と保体はほぼ完全に退化しており，痕跡的な毛の配列が見られるのみ．尾角は後肢主爪の約1/4の長さで，小さな乳頭状突起の上にある．触角：頭部＝5：7．　分布：北海道；全北区．　a, 全体図; b, 上唇; c, 触角先端; d, 後肢脛付節と爪; e, 腹管; f, 跳躍器の痕跡; g, 腹部第6節と尾角（須摩, 1982）．

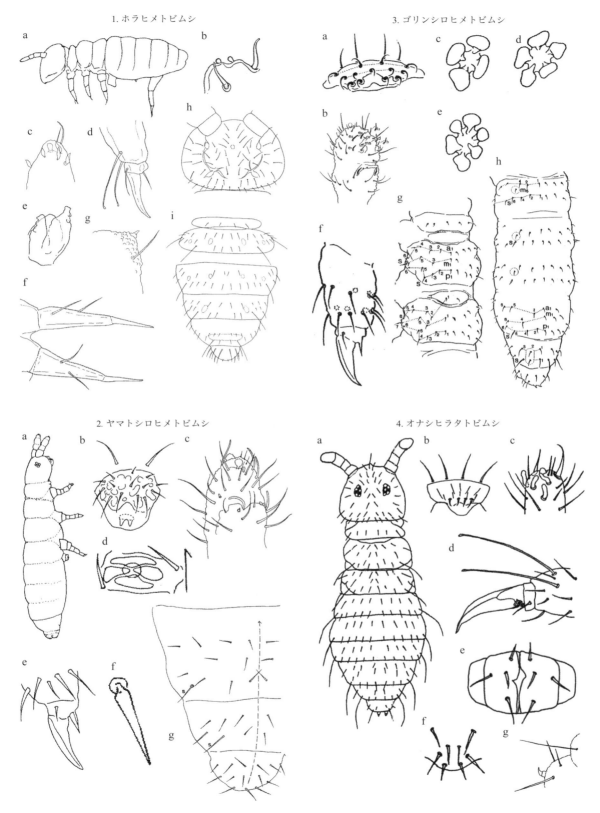

5. ウミベヒラタトビムシ
Xenylla arenosa Uchida & Tamura, 1967

　体長は約 2.0 mm．体色は黒緑色で，触角，頭部後半および胸部は色が濃く，体の腹面と肢は色が薄い．上唇毛式は 4 / 2, 5, 2．触角第 4 節には 3 つに分かれた先端感球があり，背面外側には 3 本，内側には 1 本の円筒状の感覚毛がある．脛付節の先が丸い粘毛は各 1 本．主爪には先端付近に 1 個の内歯がある．胸部第 3 節の側方に円錐状の突起がある．跳躍器茎節後面の毛は 2 本．端節は茎節と分離し，茎節より明らかに長く，先端に向かって細まり，基部には狭い薄片がある．保体は 3+3 歯．尾角はない．後頭部に p1 がなく，腹部第 4 節に p3 がある．潮間帯の砂中から発見された．　　分布：北海道．　　a, 全体図；b, 上唇；c, 触角先端；d, 眼；e, 胸部第 3 節側方の突起；f, 後肢脛付節と爪；g, 跳躍器茎節；h, 端節；i, 頭部，胸部第 1 - 2 節，腹部第 1, 4 - 6 節（a-h: Uchida and Tamura, 1967b; i: Gama, 1981）．

6. ウシオヒラタトビムシ
Xenylla littoralis Womersley, 1933

　体長は約 2.1 mm．体色は暗褐色～青黒色．触角第 4 節には 1 個の先端感球と 4 本の感覚毛がある．脛付節の先が丸い粘毛は各 2 本．主爪には 1 個の内歯がある．胸部第 3 節の側方に円錐状の突起がある．跳躍器茎節後面の毛は 2 本．端節は茎節とほぼ同長でトゲ状，内側に狭い薄片がある．保体は 3+3 歯．尾角と乳頭状突起はよく発達している．後頭部に p1 があり，腹部第 4 節に p3 がない．海岸，潮間帯の石の下からみつかる．　　分布：北海道，青森；オーストラリア．　　a, 全体図；b, 胸部第 2 節の側部；c, 胸部第 3 節の側部突起；d, 脛付節と爪；e, 跳躍器茎節と端節；f, 尾角；g, 頭部，胸部第 1 - 2 節，腹部第 1, 4 - 6 節（a, d-f: Womersley, 1933; b, c: Stebaeva and Potapov, 1994; g: Gama, 1980）．

7. キノボリヒラタトビムシ
Xenylla brevispina Kinoshita, 1916

　体長は約 1.5 mm．体色は黒青色で黄白色の斑点がある．腹面や肢は淡色．触角第 4 節には 1 個の長い先端感球と，背面外側に 3 本，背面内側に 1 本の太い感覚毛がある．脛付節の先が丸い粘毛は各 2 本．跳躍器茎節後面の毛は 2 本．端節はトゲ状で茎節より短く，その基部から約 1/4 の位置に 1 個の歯がある．保体は 3+3 歯．尾角は小さく，弱く発達した乳頭状突起の上にある．夏季に樹上に登ることが知られている．　　分布：日本；韓国，ネパール．　　a, 全体図；b, 触角先端；c, 眼；d, 前肢脛付節と爪；e, 保体；f, 跳躍器茎節と端節；g, 尾角；h, 頭部，胸部第 1 - 2 節，腹部第 3 - 6 節（a, g: 内田・小島, 1966; b, e: 木下, 1916b; c, d, f: Yosii, 1954b; h: Yosii, 1961a）．

8. クロヒラタトビムシ
Xenylla longicauda Folsom, 1897

　体長は約 1.4 mm．体色は黒青色で，黄白色の斑点がある．背側部に黒色の縦帯が 1 対ある．脛付節の先が丸い粘毛は各 2 本．主爪に内歯はない．跳躍器は長く，腹部末端を超える．茎節後面の毛は 2 本．端節はトゲ状で先端がとがり，茎節より明らかに長い．尾角はない．以上の記述は原記載に基づく．Salmon (1974) は Folsom のタイプ標本および Börner のコレクションに基づき再記載を行ったが，それによれば原記載とは異なり，主爪には 1 個の内歯があり，跳躍器端節は茎節と同長かやや短く，小さな尾角があるとされる．しかし端節と尾角については原記載において種の特徴として強調されている形質であり，単純な見誤りとは考えにくい．本種についてはキノボリヒラタトビムシとの識別も含め，さらなる検討が必要である．　　分布：東京．　　a, 全体図；b, 触角；c, 眼；d, 前肢脛付節と爪；e, 跳躍器茎節と端節（Folsom, 1897）．

ヒメヒラタトビムシ属
Choreutinula **Paclt, 1944**

　PAO は三角や四角，丸など，比較的単純な形状．小眼は 8+8．触角第 4 節には 1 個の先端感球と 6 - 7 本の感覚毛がある．副爪はないか，もしくは非常に小さい．保体は大部分が 3+3 歯で，毛がない．跳躍器はよく発達し，茎節後面の毛は 3 - 6 本．尾角はない．日本には 1 種のみ．

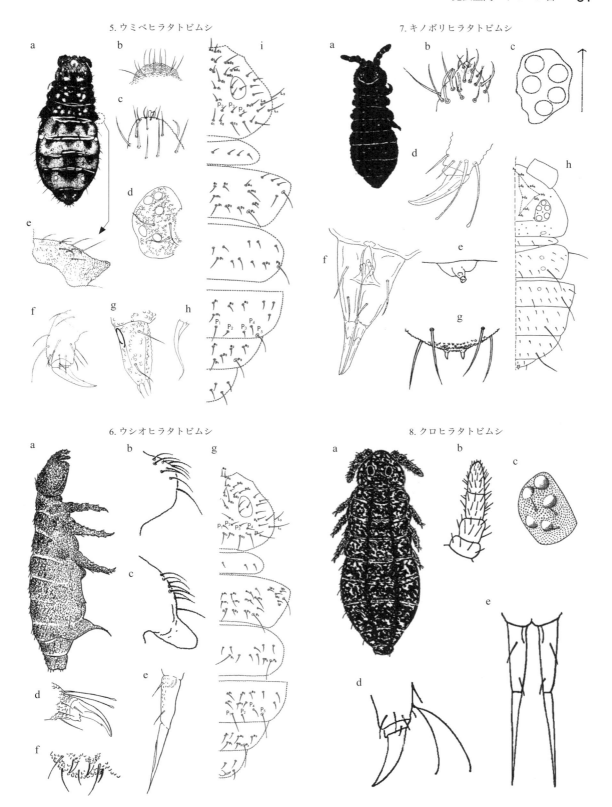

9. ヒメヒラタトビムシ
Choreutinula inermis (Tullberg, 1871)

体長は約 1.5 mm．体色は青黒色．上唇毛式は ?/5, 5, 4．PAO は楕円形または丸みのある多角形で，その直径は小眼とほぼ同じかわずかに小さい．脛付節の先が丸い粘毛は各肢とも 2 本．主爪には基部から 2/3 の位置に 1 個の内歯があり，基部に小さな側歯がある．副爪は小さく退化し，消失する場合もある．腹管の毛は 5+5 本．跳躍器茎節後面の毛は 4 本．茎節：端節＝1.5：1．端節はまっすぐでトゲ状，前面に小さな歯がある．　分布：北海道，本州；旧北区．　a, 全体図；b, 眼と PAO; c, 大顎；d, 後肢脛付節と爪；e, 保体；f, 跳躍器茎節と端節；g, 頭部，胸部第 1 - 2 節，腹部第 1, 4 - 6 節（a-f: 須摩，1993a; g: Yosii, 1961a）．

ホラムラサキトビムシ属
Mesogastrura Bonet, 1930

全身白色で，眼斑以外にほとんど色素はない．PAO は円形から楕円形で，縁に数個の凹凸があるものもいる．小眼は 5+5 以下．脛付節には先の丸い粘毛がある．副爪は退化的で，基部に薄膜はない．跳躍器は 3 節あり，茎節後面の毛は 4 本．端節の先端はとがる．尾角はない．日本には 1 種のみ．

10. クズウホラムラサキトビムシ
Mesogastrura kuzuuensis Yosii, 1956

体長は約 1.1 mm．ほぼ全身白色で，眼斑が濃く着色する他，頭部と胸部の背面に斑点状の色素がある．触角第 4 節には 1 個の先端感球と 4 本の小さな感覚毛がある．PAO は楕円の縁に 4 - 5 個の凹凸がある歯車形．小眼は 3+3．主爪は非常に細く，先端付近に 1 個の内歯がある．副爪は剛毛状で，主爪の約半分の長さ．脛付節の先が丸い粘毛は各 2 本．保体は 3+3 歯．茎節後面の毛は 4 本で，そのうち基部側の 1 本は他より長い．体毛は非常に小さく，単純．触角：頭部＝0.55：1．跳躍器茎節：端節＝2：1．なお Thibaud et al. (2004) は本種を *M. boneti* (Tarsia in Curia, 1941) のシノニムであるとしているが，詳細な検討が必要である．　分布：栃木（洞穴）．　a, 触角先端；b, 触角第 3 節感器；c, 眼と PAO; d, 中肢脛付節と爪；e, 保体；f, 跳躍器；g, 胸部第 1, 2 節，腹部第 1 - 3 節のいずれか，第 4 - 6 節（Yosii, 1956b）．

コロトビムシ属
Microgastrura Stach, 1922

体長 0.45 - 0.85 mm．体色は暗色．大顎の臼歯が発達していない．眼は 6+6．PAO の縁瘤は 4 片．主爪には 1 個の内歯がある．副爪は大爪の約 1/3 の長さ．跳躍器茎節の毛は 7 本．尾角はない．日本では 1 種が知られている．

11. ヒメコロトビムシ
Microgastrura minutissima (Mills, 1934)

体長 0.6 mm．褐色から灰色の斑点状の色素がある．大顎の臼歯は発達しておらず，わずかな小歯があるのみ．触角第 4 節の背面には単葉の先端感球と 6 - 10 本の太い感覚毛があり，腹側には約 10 本の釘状毛がある．PAO は 4 片の星形．眼は 6+6．主爪には 1 個の内歯があり，副爪は主爪の約 1/3 の長さで四角形の薄膜と短い糸からなる．保体は 4+4 歯．茎節後面の毛は 7 本．体毛は非常に短く，単純．　分布：千葉，長野；アメリカ，カナダ，メキシコ，スペイン．　a, 全体図；b, 触角第 4 節背面；c, 小顎；d, 眼と PAO; e, 後肢脛付節と爪；f, 跳躍器茎節と端節（Nakamori et al., 2009）．

マダラムラサキトビムシ属
Schaefferia Absolon, 1900

白色または体表に青ないし褐色の色素が斑点状に分布する．体毛は平滑．小眼は 2+2 から 6+6 で後方の 2 個は小さい．PAO の縁瘤は 4 片で前方の 2 片は大きい．主爪には内歯があり，副爪の基部には幅広の薄膜がある．跳躍器茎節の毛は 3 - 6 本で，端節の先は丸い．尾角は長い．胸部第 1 節の毛は 3+3．腹部第 4 節の p1 は p2 より短い．洞穴から採集されることが多い．本属はフクロムラサキトビムシ属に近く，触角第 3 - 4 節間に囊状体のある種を含む．後者との相違点は，体色が薄く，小眼数と跳躍器茎節の毛が少ないことなどである．日本では 4 種が知られている．

12. フクガクチヒメトビムシ
Schaefferia fukugakuchiana (Yosii, 1956)

体長 1.0 mm．白色で，眼のあたりには色素がある．触角第 4 節の先端には先端感球があり，背面には感覚毛が 7 本ある．眼は 3+3 または 4+4．主爪には 1 内歯がある．副爪は主爪の約半分の長さ．腹管の毛は 4+4．保体は 4+4 歯．跳躍器茎節後面の毛は 6 本で基部の 1 本は他より長い．端節はスプーン型．尾角は長く，後肢主爪の 2.3 倍．触角：頭部＝2：3．跳躍器茎節：端節＝25：10．洞穴性．　分布：新潟．　a, b, 眼と PAO; c, 触角第 3 節感器；d, 触角第 4 節先端；e, 後肢脛付節と爪；f, 胸部第 1 - 2 節；g, 跳躍器茎節と端節（Yosii, 1956b）．

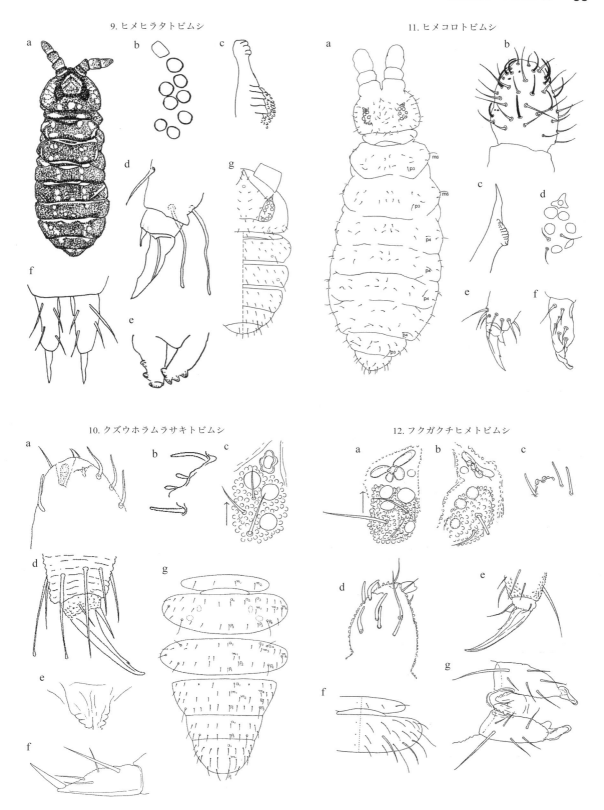

13. ヒダヒメトビムシ
Schaefferia quinqueoculata (Yosii, 1956)
　体長 1.4 mm．白色．各小眼に色素があり，背面や頭部に色素の斑点が散在する．小眼は 5+5，まれに 6+6．腹管の毛は 4+4．保体は 3+3 歯，まれに 4+4 歯．跳躍器茎節後面の毛は 5-6 本で基部の 1 本は他より長い．原記載には跳躍器端節，爪，尾角，毛序については「ドウケツフクロムラサキトビムシ（31）と同じ」とあり，具体的な記述はない．跳躍器茎節：端節 = 20：10．　分布：岩手，岐阜．　a, 眼と PAO; b, 保体，跳躍器茎節と端節（Yosii, 1956b）．

14. マダラムラサキトビムシ
Schaefferia decemoculata (Stach, 1939)
　体長 1.3 mm．青い斑点がまばらに存在し，全体的に淡青色にみえる．上唇毛式は 4/4, 4．触角第 4 節の背面の感覚毛は 7 本．触角第 3-4 節間に嚢状体がある．小眼は 5+5．主爪には 1 内歯と 2 側歯がある．副爪は主爪の約半分の長さ．腹管の毛は 3+3．保体は 3+3 歯．跳躍器茎節後面の毛は 3 本で基部の 1 本は他より長い．端節はかぎ爪型．尾角は長く，乳頭状突起上にあり，同突起は基部で互いに接する．尾角は後肢主爪の 1.5 倍の長さ．体毛は長毛と短毛の分化が明瞭であり，長い体毛は片側がわずかにケバ立つ．触角：頭部 = 15：19．跳躍器茎節：端節 = 3：1．洞穴や高標高の土壌から採集される．　分布：北海道；ヨーロッパ．　a, 全体図; b, 眼と PAO; c, 触角第 4 節背面; d, 腹管; e, 中肢脛付節と爪; f, 跳躍器; g, 保体; h, 後肢脛付節と爪（Uchida and Tamura, 1968a）．

15. キタカミマダラムラサキトビムシ
Schaefferia kitakamiana Yoshii, 1991
　体長 2.5 mm．白色．上唇毛式は 4/5, 5, 4．触角第 4 節の先端には先端感球があり，背面には先の鈍い感覚毛が 6 本，腹面には釘状感覚毛が少しある．小眼は 2+2．主爪には 1 内歯があり，副爪は主爪の約半分の長さ．腹管の毛は 4+4．保体は 3+3 歯．跳躍器茎節後面の毛は 3-4 本で基部の 1 本は他より長い．端節は小型で先が丸い．尾角は長く，乳頭状突起上にある．体毛は長毛と短毛の分化が明瞭．腹部第 4 節の p1 は p2 より短い．触角：頭部 = 10：10．跳躍器茎節：端節 = 4：1．洞穴性．　分布：岩手．　a, 触角第 4 節先端; b, 眼と PAO; c, 胸部第 2 節 - 腹部第 1 節，腹部第 3-5 節（腹部第 1 節の毛序は変異型）; d, 跳躍器茎節と端節; e, 保体; f, 尾角; g, 腹部第 1 節（通常型の毛序）（Yoshii, 1991b）．

フクロムラサキトビムシ属
Ceratophysella Börner, 1932
　通常，触角第 3-4 節間に嚢状体があるが，まれにないか不明瞭な種もある．体毛は長毛と短毛に分化し，腹部第 4 節の p1 と p2 の長さが異なるが，一部の種では体毛の分化が不明瞭．著しく多毛化した種も含まれる．体色は通常濃く，小眼は 8+8，まれに 7+7．PAO は 4 片の縁瘤と 1 個の副瘤からなる．副爪の基部に薄膜がある．腹管の毛は通常 4+4 で，それより多い種もある．保体は 4+4 歯．跳躍器茎節の毛は 7 本，まれに 6 本．端節は多くの種で先が丸く，外側の薄膜により幅広くスプーン状になる．尾角は長い種が多い．日本では 16 種が知られている．

16. オニムラサキトビムシ
Ceratophysella horrida (Yosii, 1960)
　体長 1.6 mm．栗色で背面に暗色の斑点がある．頭部に 2+2 本のトゲ状毛がある．触角第 4 節の先端には単葉の先端感球があり，背面には感覚毛が 5 本以上，腹面側には釘状毛が 50 本以上ある．PAO の縁瘤は後方の 2 片が副瘤を取り囲む．主爪には 1 内歯がある．跳躍器茎節後面の 7 毛のうち 5 本は他より太い．尾角は黄褐色で乳頭状突起の基部はやや離れている．胸部第 2 節から後部の背面には短い毛が不規則に密に生じる．胸部第 1 節の毛は 3+3．触角：頭部 = 17：15．跳躍器茎節：端節 = 2：1．　分布：日本；アメリカ．　a, 胸部第 1-2 節，腹部第 1-3 節のいずれか，腹部第 4-6 節; b, 頭部; c, 触角第 4 節腹面; d, PAO と小眼; e, 中肢脛付節と爪; f, 跳躍器茎節と端節（Yosii, 1960）．

昆虫亜門・トビムシ目 35

13. ヒダヒメトビムシ

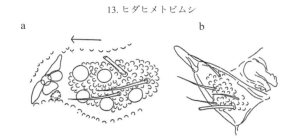

15. キタカミマダラムラサキトビムシ

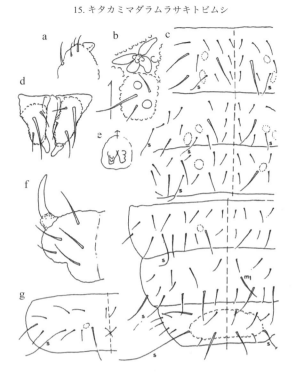

14. マダラムラサキトビムシ

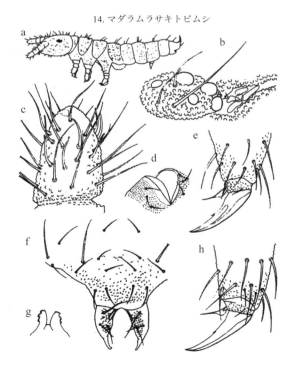

16. オニムラサキトビムシ

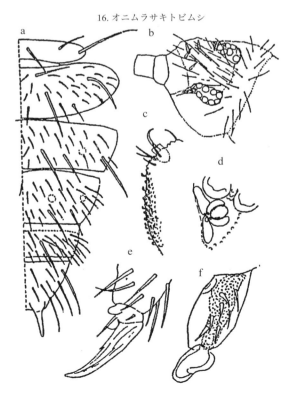

17. ツバキオニヒメトビムシ
Ceratophysella comosa Nakamori, 2013

体長 1.3 mm. 暗褐色. 頭部に 3+3 本のトゲ状毛がある. 上唇毛式は 4 / 5, 5, 4. 触角第 4 節の先端には単葉の先端感球, 背面には 5 - 7 本の感覚毛があり, 腹面には約 40 の釘状毛がある. PAO の縁瘤は後方の 2 片が副瘤を取り囲む. 主爪には 1 内歯と 2 対の側歯がある. 腹管の毛は 5+5. 跳躍器茎節後面の 7 毛のうちの 5 本は他より太い. 尾角は後肢主爪の 1.3 倍の長さ. 表皮の顆粒は粗く, 胸部第 2 節から腹部第 6 節の一部分で特に粗くなる. 腹部第 5 節の左右 p1 間の顆粒数は 12 - 15. 体毛は平滑あるいはわずかにケバ立つ. 胸部第 2 節背面, 胸部第 3 節側面, および腹部第 2 節背面の感覚毛は短い. 胸部第 2 節から腹部第 5 節ではやや多毛化している. 胸部第 1 節の毛は 3+3. 胸部第 2 節に m2 がある. 腹部第 4 節の p1 は p2 より短い. 跳躍器茎節:端節 = 2 : 1.　　分布:長崎. a, 触角第 3 - 4 節背面 ; b, 触角第 3 - 4 節腹面 ; c, 眼と PAO ; d, 腹管 ; e, 全体図 (Nakamori, 2013).

18. オオオニムラサキトビムシ
Ceratophysella pilosa (Yosii, 1956)

体長 1.8 mm. 地色は茶黄で背面には黒青色の斑点があり, 頭と触角は色が濃い. 頭部には 3+3 本のトゲ状毛がある. 触角第 4 節の先端には単葉の先端感球, 背面には 7 本の感覚毛があり, 腹面側には釘状毛が密にある. PAO の縁瘤は後方の 2 片が副瘤を取り囲む. 主爪の内歯は不明瞭. 跳躍器茎節後面の 7 毛のうち 5 本は他より太い. 尾角は小さく, 強く曲がり, 乳頭状突起は基部で接している. 頭部, 胸部, 腹部背面には短い毛が不規則に密にある. 胸部第 1 節の毛は 4+4 以上. 触角:頭部 = 15 : 17. 跳躍器茎節:端節 = 25 : 10.　　分布:西日本. a, 頭部 ; b, PAO と小眼 ; c, 胸部第 1 - 2 節 ; d, 頭部のトゲ ; e, 胸部第 1 - 2 節, 腹部第 1 - 3 節のいずれか, 腹部第 4 - 6 節 ; f, 跳躍器端節 ; g, 跳躍器茎節と端節 ; h, 尾角 (a-d, f-h, Yosii, 1956b; e, Yosii, 1960).

19. ヤクシマフクロムラサキトビムシ
Ceratophysella yakushimana Yosii, 1965

体長 1.3 mm. 暗褐色で腹部側と末端部ではやや淡い. 触角第 4 節の先端には 3 葉の先端感球, 背面には 7 本の感覚毛がある. 主爪には 1 内歯がある. 跳躍器茎節後面の 7 毛のうち基部の 1 本は他より長い. 端節は幅が狭く先が丸く, 外側に薄片がある. 尾角は短く, 乳頭状突起の基部は離れている. 腹部第 4 節の p1, p2 の長さはほぼ同じ. 跳躍器茎節:端節 = 5 : 2. 本種はフクロムラサキトビムシ属として記載されたが, 触角第 3 - 4 節間の囊状体についての記載はない.　　分布:屋久島. a, 胸部第 2 節, 腹部第 3 - 6 節 ; b, 触角第 4 節背面 ; c, 触角第 3 節感器 ; d, 後肢脛付節と爪 ; e, PAO と小眼 ; f, 跳躍器端節 ; g, 跳躍器茎節と端節 (Yosii, 1965).

20. フジフクロムラサキトビムシ
Ceratophysella fujisana Itoh, 1985

体長 1.5 mm. 赤褐色で淡い灰色の斑点状の模様がある. 触角, 脚, 腹部の色は淡い. 上唇毛式は 4 / 5, 5, 4. 触角第 4 節の先端には 3 葉の先端感球, 背面には 5 本の感覚毛がある. 主爪には 1 内歯がある. 各肢に先の丸い粘毛が 3 本ある. 腹管の毛は 4+4. 保体の歯は 4+4. 跳躍器茎節後面の 7 毛のうち 2 本は他より太い. 尾角は腹部第 6 節の中程にあり, 後肢主爪内側の約 2/3 の長さ. 表皮の顆粒はきめが細かい. 胸部第 2 節に m2 がない. 腹部第 4 節の p1 は p2 より長い. 跳躍器茎節:端節 = 3 : 2.　　分布:山梨. a, 頭部, 胸部第 1, 2 節, 腹部第 1, 4 - 6 節 ; b, 触角第 4 節背面 ; c, 触角第 3 節感器 ; d, PAO ; e, 後肢脛付節と爪 ; f, 尾角 ; g, 跳躍器茎節と端節 (Itoh, 1985b).

昆虫亜門・トビムシ目　**37**

17. ツバキオニヒメトビムシ

19. ヤクシマフクロムラサキトビムシ

18. オオオニムラサキトビムシ

20. フジフクロムラサキトビムシ

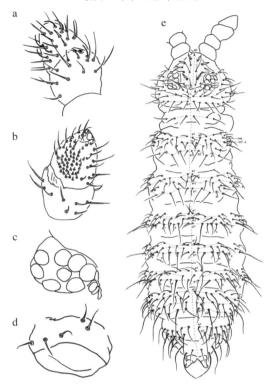
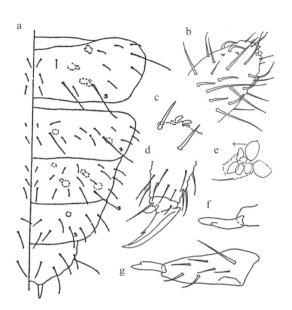
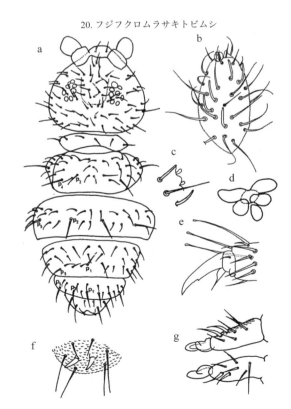

21. アテルイヒメトビムシ
Ceratophysella ateruii Tamura, 2001

体長 1.3 mm．全体的に紫色で体節間ではやや淡い．上唇毛式は 4 / 5, 5, 4．触角第 4 節の先端には 3 葉の先端感球，背面には 7 本の感覚毛，腹面には約 50 本の釘状毛がある．触角第 1, 2, 3 節にはそれぞれ 6, 12, 20 本の毛がある．主爪には 1 内歯がある．跳躍器茎節後面の 7 毛のうち 4 本は他より太い．尾角は細長い．体毛はケバ立ち，感覚毛は平滑．胸部第 1 節の毛は 2+2．腹部第 4 節の p1 毛は p2 毛より長い．腹部第 5 節の左右 p1 毛間の顆粒数は 19 - 20．跳躍器茎節：端節 = 10：6．　分布：岩手．　a, 背面毛序；b, 触角第 3 - 4 節背面；c, 触角第 3 - 4 節腹面；d, 眼と PAO；e, 跳躍器茎節と端節；f, 後肢脛付節と爪；g, 体毛 (Tamura, 2001b)．

22. サカヨリフクロムラサキトビムシ
Ceratophysella sakayorii Tamura, 1997

体長 1.5 mm．暗青色で頭部と腹節後方で濃く，腹側で淡い．上唇毛式は 4 / 6, 5, 4．触角第 4 節の先端には 3 葉の先端感球，背面には 7 本の感覚毛がある．触角第 1, 2 節にはそれぞれ 7, 11 本の毛がある．後肢の主爪には内歯がない．尾角は短く，後肢主爪の約 0.4 倍．胸部第 2 節に m2 がない．腹部第 1 節の感覚毛 p7 は短い．腹部第 4 節の p1 は p2 より長い．腹部第 5 節の左右 p1 間の顆粒数は 13 - 14．触角：頭部 = 1.3：1．跳躍器茎節：端節 = 10：4．　分布：茨城．　a, 頭部, 胸部第 1 - 3 節, 腹部第 1 節；b, 全体図；c, 触角第 3 - 4 節背面；d, 腹部第 2 - 3 節；e, 腹部第 4 - 6 節；f, 腹部第 5 節背面表皮の顆粒；g, 眼と PAO；h, 後肢脛付節と爪；i, 跳躍器茎節と端節；j, 尾角 (Tamura, 1997)．

23. サンボンムラサキトビムシ
Ceratophysella tergilobata (Cassagnau, 1954)

体長 1.8 mm．暗褐色で斑点状の模様がある．腹部第 5 節の中央に 1 本のトゲ状の突起があり，第 6 節後端の 2 本の尾角と合わせて，尾角が 3 本あるようにみえる．上唇毛式は 4 / 5, 5, 4．触角第 4 節の先端には先端感球，腹面には約 40 本の釘状毛がある．主爪には 1 内歯がある．跳躍器茎節後面の 7 毛のうち 3 本は他より太い．腹部第 4 節の p1 は p2 より長い．触角：頭部 = 40：45．　分布：日本；南ヨーロッパ，北アフリカ，インドネシア．　a, 触角第 3 節感器；b, PAO；c, 後肢先端；d, 跳躍器茎節と端節；e, 胸部第 1 - 3 節；f, 腹部第 5 - 6 節；g, 腹部第 5 節の突起 (Yoshii and Suhardjono, 1989)．

24. シホンムラサキトビムシ
Ceratophysella duplicispinosa (Yosii, 1954)

体長 1.5 mm．褐色で，腹部側と跳躍器を除く全身に暗色の斑点がある．触角第 4 節の先端には先が 3 つに分かれた先端感球があり，腹面には短い釘状感覚毛が 25 - 35 本ある．主爪に 1 内歯がある．跳躍器茎節後面の 7 毛のうちの 2 本は他より太い．尾角はその 1/4 の高さの乳頭状突起上にあり，突起の基部はやや離れている．尾角は後肢主爪の約 1.5 倍の長さ．腹部第 4 節の p1 は p2 より長い．腹部第 5 節の後端部に 1+1 本の突起がある．跳躍器茎節：端節 = 22：10．分布：日本；ロシア，韓国，中国．　a, 胸部第 1 - 2 節, 腹部第 1 - 3 節のいずれか，腹部第 4 - 6 節；b, 触角第 4 節；c, PAO；d, 跳躍器茎節と端節；e, 中肢脛付節と爪；f-g, 尾角と腹部第 5 節の突起 (a, Yosii, 1960; b-c, e-g, Yosii, 1954b; d, Yosii, 1956b)．

昆虫亜門・トビムシ目　39

21. アテルイヒメトビムシ

23. サンボンムラサキトビムシ

22. サカヨリフクロムラサキトビムシ

24. シホンムラサキトビムシ

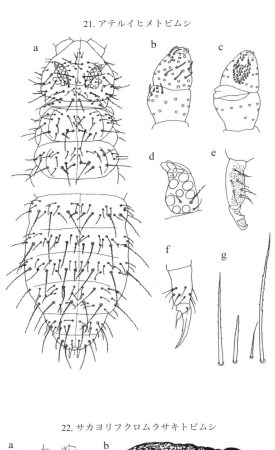
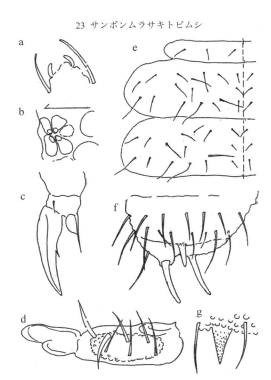
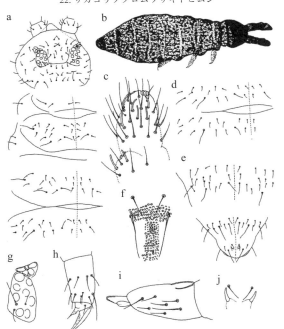
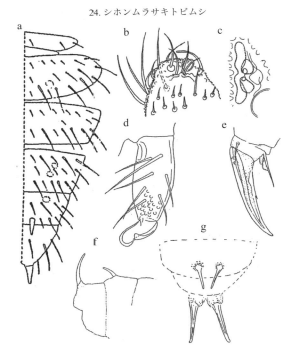

25. コオニムラサキトビムシ
Ceratophysella wrayia (Uchida & Tamura, 1968)

体長 0.9 mm. 褐色で青褐色の斑点がある. 体毛は長い. 頭部に 2+2 本のトゲ状毛がある（眼部と頭頂部）. 上唇毛式は 4/4, 4, 4. 触角第 4 節の背面には感覚毛が 6 本ある. 主爪に 1 内歯がある. 跳躍器茎節後面の 7 毛のうち基部の 1 本は他より長い. 尾角は後肢主爪より長い. 腹部第 4 節の p1 は p2 より長い. 触角：頭部＝ 9：11. 跳躍器茎節：端節＝ 17：10. 分布：北海道；ロシア. a, 全身背面；b, 全身側面；c, 眼と PAO；d, 触角第 3-4 節背面；e, 後肢脛付節と爪；f, 跳躍器 (Uchida and Tamura, 1968b).

26. キタフクロムラサキトビムシ
Ceratophysella ainu (Yosii, 1972)

体長 1.3 mm. 褐色で斑点状の模様がある. 上唇毛式は 4/5, 5, 4. 触角第 4 節の先端には 3 葉の先端感球がある. 主爪に 1 内歯がある. 跳躍器茎節後面の 7 毛のうち基部の 1 本は他より長い. 端節は小さく先が細い. 尾角は細長く, 腹部第 6 節の末端付近にある. 体毛は細く平滑で, 感覚毛と短毛は識別しにくい. 腹部第 4 節の p1 は p2 より長い. 腹部第 5 節の左右 p1 間の顆粒数は 20 - 23. 跳躍器茎節：端節＝ 35：10. 分布：北海道. a, 胸部第 2 節, 腹部第 1-3 節のいずれか, 腹部第 4-6 節；b, 眼と PAO；c, 触角第 3 節感器；d, 腹部第 6 節と尾角；e, 後肢脛付節と爪；f, 跳躍器茎節と端節 (Yosii, 1972).

27. カッショクヒメトビムシ
Ceratophysella denisana (Yosii, 1956)

体長 1.5 mm. 褐色で触角, 頭部, 体節の背面に暗青色の斑点がある. 触角第 4 節の先端には 3 葉の先端感球, 腹面には釘状毛が最大で約 50 本ある. 主爪には 1 内歯がある. 跳躍器茎節後面の 7 毛のうち 5 本は他より太い. 尾角は後肢主爪とほぼ同じ長さで, 基部の乳頭状突起はやや離れている. 腹部第 4 節の p1 は p2 より長い. 腹部第 5 節の左右 p1 間の顆粒数は 14 - 16（ときに 20）. 触角：頭部＝ 10：12. 跳躍器茎節：端節＝ 2：1. 分布：日本；ロシア. a, 胸部第 1-2 節, 腹部第 1-3 節のいずれか, 腹部第 4-6 節；b, 触角先端；c, PAO と小眼；d, 触角第 4 節腹面；e, 触角第 3 節感器；f, 跳躍器茎節と端節；g, 後肢脛付節と爪；h, 尾角 (a, Yosii, 1960; b-c, e, g-h, Yosii, 1954b; d, Babenko, 1994; f, Yosii, 1956b).

28. ケナガフクロムラサキトビムシ
Ceratophysella proserpinae (Yosii, 1956)

体長 1.3 mm. 体は白っぽく, 斑点状の色素が散在する. 上唇毛式は 4/5, 5, 4. 触角第 4 節の先端には先端感球, 背面には感覚毛が 7 本ある. 小眼は 8+8 あるいは 7+7. 主爪に 1 内歯がある. 跳躍器茎節後面の毛は 6 本で基部の 1 本は他より長い. 尾角は長く, 乳頭状突起の基部は離れる. 腹部第 4 節の p1 は p2 より短い. 触角：頭部＝ 5：8. 跳躍器茎節：端節＝ 5：2. 分布：岩手. a, 胸部第 1-2 節, 腹部第 1-3 節のいずれか, 腹部第 4-6 節；b, 触角；c, 触角第 4 節先端；d, PAO と小眼；e, 眼と PAO；f, 跳躍器茎節と端節 (a, Yosii, 1960; b-e, Yosii, 1956b).

昆虫亜門・トビムシ目　41

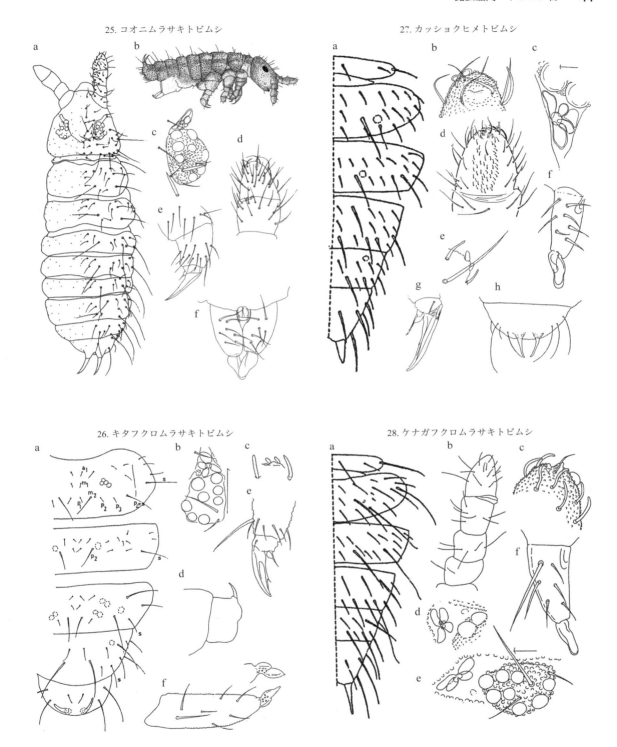

25. コオニムラサキトビムシ
26. キタフクロムラサキトビムシ
27. カッショクヒメトビムシ
28. ケナガフクロムラサキトビムシ

29. フクロムラサキトビムシ
Ceratophysella communis (Folsom, 1897)

体長 1.8 mm. 青黒から黒紫. 触角第 4 節の先端には 1 - 3 葉の先端感球がある. 主爪に 1 内歯がある. 尾角は後肢主爪とほぼ同じ長さ. 長毛はケバ立つ. 腹部第 4 節の p1 は p2 より短い. 腹部第 5 節の左右 p1 間の顆粒数は 20. 跳躍器茎節：端節＝ 2 : 1. ムラサキトビムシ科のなかで, 日本全土で最も普通に見られる種である. ユアサムラサキトビムシ（*Ceratophysella yuasai* (Yosii, 1954)）は本種のシノニム. 分布：コスモポリタン. a, 全体図；b, 胸部第 1 - 2 節, 腹部第 1, 4 - 6 節；c, 前肢脛付節と爪；d, 跳躍器端節；e, 長毛；f, 腹部第 5 節表皮の顆粒（a, Folsom, 1897; b, Yosii, 1960; c, 木下, 1916a; d-e, Yosii, 1954b; f, Yosii, 1962）.

30. ウスズミトビムシ
Ceratophysella denticulata (Bagnall, 1941)

体長 1.8 mm. 灰青色. 触角第 4 節の先端には単葉または 3 葉の先端感球, 背面には 7 本の感覚毛, 腹面には釘状毛が 10 - 15 本ある. 主爪に 1 内歯がある. 尾角は後肢主爪とほぼ同じ長さ. 腹部第 4 節の p1 は p2 より短い. 表皮の顆粒は粗く, 腹部第 5 節の左右 p1 間の顆粒数は 8 - 10. 跳躍器茎節：端節＝ 20 : 10. 分布：コスモポリタン. a, 頭部 - 腹部第 6 節；b, 眼と PAO；c, 尾角；d, 跳躍器茎節と端節；e, 後肢；f, 主爪；g, 腹部第 5 節表皮の顆粒（a-f, Lawrence, 1962; g, Yosii, 1962）.

31. ドウケツフクロムラサキトビムシ
Ceratophysella troglodites (Yosii, 1956)

体長 1.5 mm. エタノール中で白またはクリーム色. 眼には色素がある. 触角第 4 節の先端には先端感球, 背面には感覚毛が 7 本ある. 触角第 3 - 4 節間に囊状体がない. 主爪には 1 内歯がある. 跳躍器茎節後面の 7 毛のうち基部の 1 本は他より長い. 端節は細長く, 外側の薄膜は幅が狭い. 尾角は後肢主爪の 1.5 倍の長さで, 乳頭状突起の基部はわずかに離れている. 体毛は長毛と短毛の分化が明瞭. 長毛はわずかにケバ立つ. 腹部第 4 節の p1 は p2 より短い. 表皮の顆粒は粗い. 跳躍器茎節：端節＝ 25 : 10. 分布：日本（洞穴）；中国. a, 胸部第 1 - 2 節, 腹部第 1 - 3 節のいずれか, 腹部第 4 - 6 節；b, 触角第 4 節先端；c, 触角第 3 節感器；d, 触角第 4 節先端；e, 保体；f, 腹部第 5 節の表皮顆粒；g, 跳躍器茎節と端節；h, 尾角；i, 前肢脛付節と爪（a-e, g-i, Yosii, 1956b; f, Yosii, 1962）.

ムラサキトビムシ属
Hypogastrura Bourlet, 1839

触角第 3 - 4 節間に囊状体がないが, 例外もある. 体毛は平滑で, 長毛と短毛の分化が不明瞭で, 腹部第 4 節の p1 と p2 はほぼ同じ長さ. 体色は濃い. 眼は 8+8. PAO の縁瘤は 4 片でほぼ同じ大きさ. 副爪の基部に薄膜がある. 腹管の毛は 4+4 か 5+5. 保体は 3+3 か 4+4 歯. 跳躍器茎節の毛は 5 - 7 本. 端節の形はさまざまであるが, 先は細い. 尾角は短い. 日本では 11 種が知られている.

32. ヤクシマムラサキトビムシ
Hypogastrura paradoxa Yosii, 1965

体長 2.3 mm. 暗灰色で斑点状の模様があり, 末端部は色が薄い. 触角第 4 節の先端には単葉の先端感球, 背面には長い 8 本の感覚毛, 腹面には釘状毛が数本ある. 触角第 3 - 4 節間に囊状体がある. 各肢に先の広がった粘毛が 1 本ある. 主爪に 1 内歯がある. 腹管の毛は 4+4. 保体は 4+4 歯. 跳躍器茎節後面の毛は 7 本で基部の 1 本は他より長い. 端節は細く, 先が丸く, 両側に薄片があり, 外側のものは基部から 4/5 付近まで達する. 尾角は曲がり, 乳頭状突起上にあり, 突起の基部は顆粒 3 個分離れる. 表皮の顆粒はきめが細かい. 体毛は短く, 先が鈍い. 長毛はわずかにケバ立ち, 先端付近では皺状になる. 胸部第 2 節から腹部第 5 節まで多毛化している. 腹部第 4 節では 4 列の毛があり, 感覚毛は p6. 腹部第 5 節の感覚毛は p4. 跳躍器茎節：端節＝ 26 : 12. 分布：屋久島. a, 胸部第 2 - 3 節, 腹部第 4 - 6 節；b, 触角第 4 節背面；c, 触角第 3 節感器；d, PAO と小眼；e, 尾角；f, 前肢脛付節と爪；g, 跳躍器端節；h, 跳躍器茎節と端節（Yosii, 1965）.

昆虫亜門・トビムシ目　**43**

29. フクロムラサキトビムシ

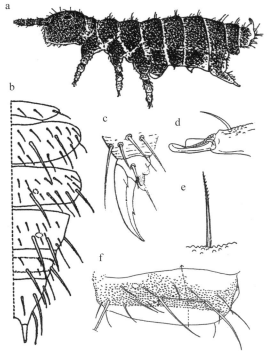

30. ウスズミトビムシ

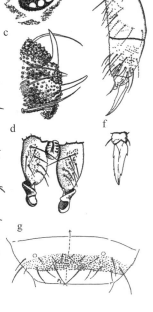

31. ドウケツフクロムラサキトビムシ

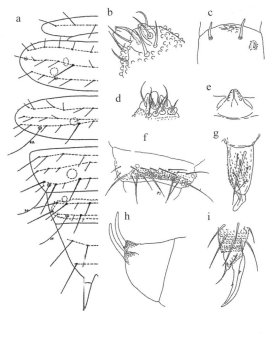

32. ヤクシマムラサキトビムシ

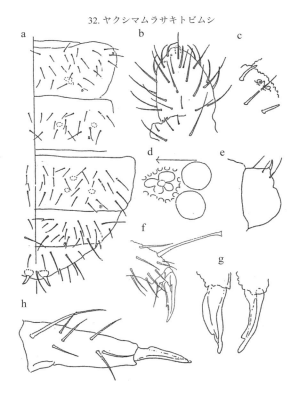

33. アミメムラサキトビムシ
Hypogastrura reticulata Börner, 1909

体長 2.5 mm. 黒色で腹部では淡くなる. 頭部では顆粒の粗い領域があり，その間の溝が網目状になる. 上唇毛式は 4/5, 5, 4. 上唇の縁に 4 つの丸い隆起がある. 触角第 4 節の先端には単葉の先端感球，背面には感覚毛が 12 本以上ある. 眼は 8+8. PAO は小眼より小さい. 各肢に先の広がった粘毛が 1 本ある. 主爪には 1 内歯がある. 腹管の毛は 4+4. 保体は 4+4 歯. 跳躍器茎節後面の毛は 7 本で基部の 1 本は他より長い. 端節は棒型で，先が丸く，両側に幅の狭い薄片がある. 尾角は小さく円錐型. 尾角基部の乳頭状突起は基部で互いに接しており，尾角と同じ高さ. 表皮の顆粒は粗い. 各体節には顆粒が粗い領域がある. 体毛は短く，単純. 感覚毛は長い. 胸部第 2 節に m2 がない. 腹部第 4 節の感覚毛は p4. 腹部第 5 節背面の感覚毛は p2. 触角：頭部 = 25：30. 跳躍器茎節：端節 = 10：3. 上記の記述は奈良で採集された標本に基づくものである (Yosii, 1960). 京都で採集された標本では胸部第 2 節の毛は 4 列あり，m2 があり，腹管の毛は 5+5 であり，形態に違いがみられる (Yoshii, 1995b). 分布：静岡，京都，奈良，福岡；カナダ. a, 触角第 4 節先端；b, 触角第 3 節感器；c, 頭部および PAO；d, 腹部第 3 - 6 節；e, 後肢先端；f, 尾角；g, 跳躍器茎節と端節；h, 跳躍器端節 (a-c, e, g-h, 京都産の標本，Yoshii, 1995b；d, f, 奈良産の標本，Yosii, 1960).

34. イタヤムラサキトビムシ
Hypogastrura itaya Kinoshita, 1916

体長 1.2 mm. 背面は暗青色，腹面は暗青色の斑点がまばらで淡黄色の地色がみえる. 触角第 4 節の先端には単葉の先端感球，背面には 4 本の感覚毛があり，腹面には 1 本の太く突き出た毛がある. PAO は小眼よりやや大きい. 主爪に 1 内歯がある. 前，中，後肢の先の丸い粘毛は 3, 4, 4 本. 腹管の毛は 4+4. 保体は 3+3 歯. 跳躍器茎節の毛は 5 本で，基部外側の 1 本は他より長い. 端節は小さく，先が尖り，薄片がある. 尾角は強く湾曲し鋭い. 尾角基部の乳頭状突起は基部で接し，上縁は前方が高い. 表皮の顆粒は細かい. 体毛は短くやや太い. 胸部第 2 節に m2 がない. 腹部第 5 節背面の毛は 3 列で，m 列が長く，先が丸い. 先の丸い長毛は図 34a にあるように他の体節にもある. 本種は *Hypogastrura distincta* (Axelson, 1902) のシノニムとの意見もある (Thibaud *et al.*, 2004). 触角：頭部 = 11：10. 跳躍器茎節：端節 = 3：1. 分布：山形，新潟，長野；韓国. a, 胸部第 1 - 2 節と腹部第 3 - 6 節；b, 触角第 3 節感器；c, 触角第 4 節先端；d, PAO と小眼；e, 保体；f, 腹部第 6 節；g, 尾角；h, 跳躍器茎節と端節；i, 後肢脛付節と爪 (a, f, g, i, Yosii, 1960; b-e, h, 木下, 1916a).

35. エゾムラサキトビムシ
Hypogastrura aterrima Yosii, 1972

体長 1.3 mm. 青黒. 上唇毛式は 4 / 5, 5, 4. 上唇の縁に 4 つの丸い隆起がある. 触角第 4 節の先端には単葉の先端感球，背面には 7 本の感覚毛がある. PAO は小眼より小さい. 主爪には内歯がない. 粘毛が各肢に 1 本ずつある. 腹管の毛は 4+4. 保体は 3+3 歯. 跳躍器茎節後面の毛は 7 本で基部の 1 本は他よりやや長い. 端節は先が鈍く，内側と外側に幅の狭い薄片がある. 尾角は小さく，表皮の顆粒よりわずかに大きい程度で，基部に表皮の隆起はない. 体毛は短く，感覚毛は長い. 胸部第 2 節に m2 がある. 腹部第 4 節背面の感覚毛は p4. 触角：頭部 = 6：5. 跳躍器茎節：端節 = 15：5. 分布：北海道；ロシア. a, 胸部第 2 節と腹部第 4 - 6 節；b, 触角第 3 節感器；c, PAO と小眼；d, 後肢脛付節と爪；e, 尾角；f, 跳躍器茎節と端節；g, 保体 (Yosii, 1972).

36. ホソムラサキトビムシ
Hypogastrura gracilis (Folsom, 1899)

体長 1.5 mm. 黒から青黒色. 腹面，肢，跳躍器では色が薄い. 上唇毛式は 4 / 5, 5, 4. 上唇の縁に 4 つの丸い隆起がある. 触角第 4 節の先端には 3 葉に分かれた 1 個の先端感球がある. PAO の副瘤はない. 主爪に 1 内歯がある. 前，中，後肢の先の丸い粘毛は 2, 3, 3 本. 腹管の毛は 4+4. 保体は 3+3 歯. 跳躍器茎節の毛は 7 本. 端節は刃物型で先が尖り，中ほどに不明瞭な歯があることがある. 尾角は小さく，尾角と同じ高さの乳頭状突起上にある. 表皮の顆粒は細かい. 体毛は短く，感覚毛は長い. 胸部第 2 節に m2 がある. 腹部第 4 節背面の感覚毛は p4. 腹部第 5 節背面の p1 は p2 より長い. 触角：頭部 = 10：9. 跳躍器茎節：端節 = 3：1. 分布：東京，広島；韓国. a, 胸部と腹部；b, 前，中，後肢脛付節と爪；c, 頭部；d, PAO と小眼；e, 跳躍器茎節と端節；f, 腹管 (a-c, e-f, Jiang *et al.*, 2011; d, Yosii, 1960).

昆虫亜門・トビムシ目 45

33. アミメムラサキトビムシ

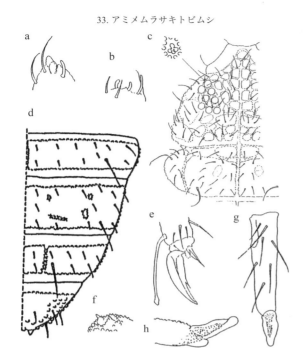

35. エゾムラサキトビムシ

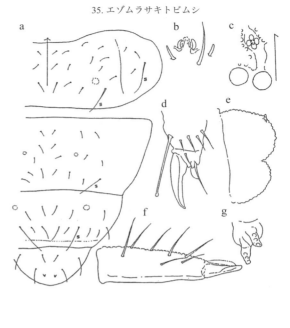

34. イタヤムラサキトビムシ

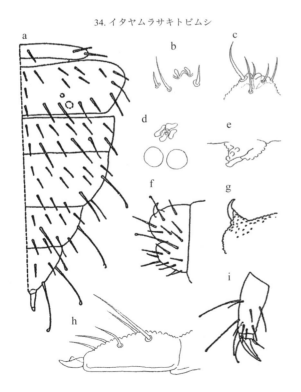

36. ホソムラサキトビムシ

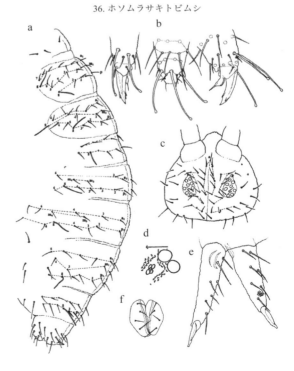

37. ツクバムラサキトビムシ
Hypogastrura tsukubaensis Tamura, 1997

体長1.3 mm．全体が濃い褐黒色であるが腹部では淡くなる．上唇毛式は4/5, 5, 4．触角第4節の先端には単葉の先端感球があり，背面には感覚毛が9本ある．PAOは小眼とほぼ同じ大きさで，大きな副瘤がある．各肢に先端の丸い粘毛が1本ある．主爪には1内歯がある．腹管の毛は5+5．保体は4+4歯．跳躍器茎節後面には7本の毛があり，基部外側の1本は他よりやや長い．端節は先が曲がる．尾角は乳頭状突起上にある．腹部第5節のp1間の顆粒の数は7-8．胸部第1節の毛は2+2．胸部第2節にm2がある．腹部第4節の感覚毛はp5．腹部第6節背面の長毛は片側がかすかにケバ立つ．触角：頭部＝30：30．跳躍器茎節：端節＝10：3． 分布：茨城． a, 頭部，胸部第1-2節，腹部第1-2節，第4節，第5-6節；b, 全身；c, 触角第4節背面；d, PAOと小眼；e, 後肢脛付節と爪；f, 腹管；g, 保体；h, 腹部第5節背面表皮の顆粒；i, 跳躍器茎節と端節；j, 腹部第6節（Tamura, 1997）．

38. タンカクムラサキトビムシ
Hypogastrura nemoralis Yosii, 1960

体長1.8 mm．跳躍器を除いて全身が暗褐色．触角第4節の先端には単葉の先端感球，背面には8本の感覚毛がある．PAOは小眼とほぼ同じ大きさ．小眼とPAOの間に大きな副瘤がある．各肢に先の丸い粘毛が1本ある．主爪に1内歯がある．腹管の毛は5+5．保体は4+4歯．跳躍器茎節後面には7本の毛があり，前面の先端付近に顆粒のない膨らみがある．端節の両側に薄片があり，外側のものは先端から1/3付近で突き出る．尾角は小さく，基部に乳頭状突起はない．表皮の顆粒は細かい．体毛は短く，単純．胸部第2節にm2がない．胸部第2-3節背面の感覚毛は体毛との分化が乏しい．腹部第1-3節背面の感覚毛はp5で短く，腹部第4節の感覚毛はp5で他の毛より長い．腹部第5節背面の体毛は他の節の毛より長い．腹部第6節背面にはa1とp1がある．触角：頭部＝1：1．跳躍器茎節：端節＝3：1． 分布：長野；韓国． a, 胸部第1-2節，腹部第1-3節のいずれか，腹部第4-6節；b, PAO；c, 後肢脛付節と爪；d, e, 跳躍器端節；f, g, 尾角（Yosii, 1960）．

39. イワムラムラサキトビムシ
Hypogastrura iwamurai Yosii, 1960

体長2.5 mm．体色は褐色で体型はやや扁平．触角第4節の先端には単葉の先端感球，背面には15本以上の長く曲がった感覚毛，腹面には不明瞭な釘状感覚毛が少しある．PAOは小眼とほぼ同じ大きさ．主爪に1内歯がある．副爪は主爪の約1/2の長さで，基部に薄膜を持つ．各肢に先の丸くない粘毛が1本ある．腹管の毛は4+4．保体は4+4歯．跳躍器茎節の毛は6本．端節は1歯があり両側に薄片があり，先が丸い．尾角は短く，太く，わずかに湾曲する．尾角基部の乳頭状突起は基部で接し，尾角と同じ長さ．表皮の顆粒は粗い．体毛は長く，単純で，先が尖る．感覚毛は体毛と同じ長さ．胸部第2節にm2がある．腹部第4節背面の感覚毛はp5．触角：頭部＝25：23．跳躍器茎節：端節＝6：3． 分布：京都，滋賀，沖縄． a, 胸部第1-2節と腹部第3-6節；b, 触角第4節背面；c, 触角第3節感器；d, 前肢脛付節と爪；e, PAOと小眼；f, 跳躍器茎節と端節；g, 跳躍器端節（Yosii, 1960）．

40. ボクシヒメトビムシ
Hypogastrura bokusi Yosii, 1961

体長1.4 mm．黒色で末端部も着色している．触角第4節の先端には単葉の先端感球，背面には5本の感覚毛がある．PAOは小眼とほぼ同じ大きさで，小さな副瘤がある．主爪に1-2本の内歯がある．腹管の毛は4+4．保体は4+4歯．跳躍器茎節後面には6-7本の毛（原記載文では7本，原記載図では6本）と，末端付近に2つの明瞭な突起がある．端節は先が尖り，先端から1/3付近に歯状突起があり，両側の薄片のうち，内側のものは歯のように隆起する．尾角は小さく，腹部第6節の背面に位置し，不明瞭な隆起の上にある．体毛は平滑で先が尖り，感覚毛は長い．胸部第2節にm2がある．腹部第4節の毛は数が増え左右非対称になることがある．腹部第5節背面には表皮の顆粒が粗くなった部分があり，その中に7+7本の毛がある．跳躍器茎節：端節＝6：3． 分布：新潟． a, 胸部第1-2節，腹部第3-6節；b, 触角第4節背面；c, 触角第4節腹面；d, PAOと小眼；e, 尾角；f, 前肢脛付節と爪；g, 跳躍器茎節と端節（Yosii, 1961b）．

昆虫亜門・トビムシ目　47

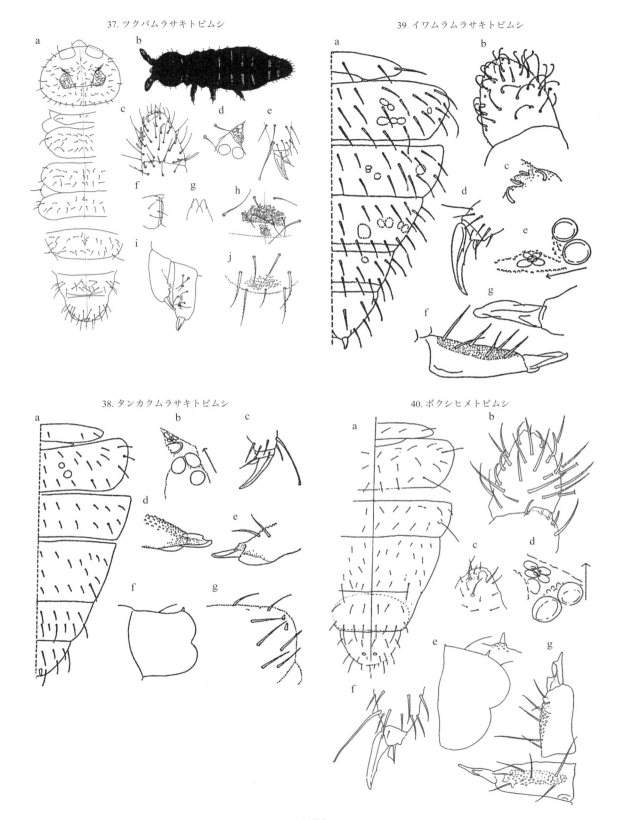

41. ホッポウムラサキトビムシ
Hypogastrura theeli (Tullberg, 1876)

体長 1.6 mm. 黒ずんだ灰色でまだら模様. 上唇毛式は 4/5, 5, 4. 触角第 4 節の先端には単葉の先端感球, 背面には感覚毛が 7 本, 腹面には釘状感覚毛が多数ある. 主爪に 1 内歯がある. 腹管の毛は 4+4. 保体は 4+4 歯. 跳躍器茎節後面の毛は 7 本で基部の 1 本は他より著しく長い. 端節は湾曲し, 先が丸く, 縁取りがある. 尾角は短く, 腹部第 6 節の中ほどにあり, 乳頭状突起上にある. 体毛はほぼ同じ長さで, 腹部後方では先端半分の片側がわずかにケバ立つ. 胸部第 2 節に m2 がある. 触角：頭部＝ 65：60. 跳躍器茎節：端節＝ 22：10. 以上の特徴は, Yosii（1972）が日本から *Hypogastrura theeli* として同定した標本に基づくものである. *Hypogastrura oregonensis* Yosii, 1960 のシノニムとの意見もある (Fjellberg, 1985). 分布：北海道. a, 触角第 3 節感器；b, 眼と PAO；c, 中肢脛付節と爪；d, 尾角；e, 跳躍器茎節と端節；f, 胸部第 2 節, 腹部第 1, 4 - 6 節 (Yosii, 1972).

42. ナガアシゲムラサキトビムシ
Hypogastrura manubrialis (Tullberg, 1869)

体長 1.4 mm. 灰褐色から暗青色か赤紫色で, 触角は濃く, 腹面と末端部は淡い. 触角第 4 節の先端には先端感球, 背面には感覚毛が 8 本ある. 各肢の粘毛は 1 本で, 先がとがるか, わずかに丸い. 主爪に 1 内歯がある. 副爪に薄膜がなく, 突起がある. 腹管の毛は 4+4. 保体は 4+4 歯. 跳躍器茎節後面の毛は 7 本で基部の 1 本は他より長い. 跳躍器茎節前面の末端付近で体表が盛り上がる. 端節は先が丸く, 外側に幅の狭い薄片がある. 尾角は乳頭状突起上にある. 体毛は短い. 触角：頭部＝ 1：1. 跳躍器茎節：端節＝ 5：2. 以上の特徴は日本の標本に基づくものである. ヒメムラサキトビムシ（*Hypogastrura yamagata* Kinoshita, 1916）は本種のシノニム (Yosii, 1960). 日本産の標本には胸部第 2 節に m2 があるが, *H. manubrialis* のパラタイプには胸部第 2 節に m2 がないので (Babenko, 1994), 別種の可能性がある. 分布：山形, 滋賀. a, 胸部第 1 - 2 節, 腹部第 1 - 3 節のいずれか, 腹部第 4 - 6 節；b, 胸部第 2 節；c, 尾角；d, 跳躍器端節；e, 跳躍器茎節と端節 (a, c-e, Yosii, 1960; b, Babenko, 1994).

41. ホッポウムラサキトビムシ

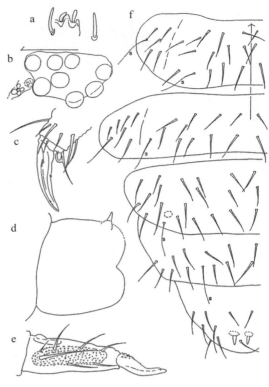

42. ナガアシゲムラサキトビムシ

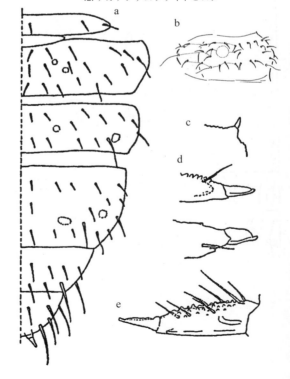

シロトビムシ科 Onychiuridae Börner, 1913

古野勝久・須摩靖彦・新島溪子

概説

　シロトビムシ科という和名は，本科の代表的なシロトビムシ亜科とホソシロトビムシ亜科に色素がないからである．眼がなく，擬小眼（pseudocelli: Pso: 図A1）という独特な分泌器官があることがこの科の特徴である．触角第3節感器やPAOも独自の発達を示す．表皮は顆粒状．体形は多くの種が円筒形で，体毛，肢，触角ともに短く，跳躍器がない（図A1）．このような形質は土壌潜行型の生活様式と関連していると思われる．この傾向は，より体形が細いホソシロトビムシ亜科で著しい．これに対して，ヒサゴトビムシ亜科とエビガラトビムシ亜科の2亜科には色素と跳躍器があり，残りの2亜科とは明らかに異なる．

　シロトビムシ類の分類については科，亜科，属および亜属がいくつか提案されてきたが（Bagnall, 1948, 1949b; Stach, 1954; Weiner, 1986, 1996; Yoshii, 1995a, 1996），その取扱いはまだ統一されていない．ここでは，Check list of the Collembola（Bellinger, Christiansen, and Janssens, 1996-2012）をはじめとして，近年刊行された本や論文（Fjellberg, 1998; Hopkin, 2007; Zindars and Dunger, 1994）を参考にし，日本産シロトビムシ科を次の4亜科14属31種1亜種に整理した．

　ヒサゴトビムシ亜科（Lophognathellinae）1属1種.
　エビガラトビムシ亜科（Tetrodontophorinae）1属1種.
　シロトビムシ亜科（Onychiurinae）11属25種1亜種.
　ホソシロトビムシ亜科（Tullbergiinae）1属4種.

　頭部：口器に関する記述は少ないが，大顎は咀嚼型（図A 2a 右，b 右）．小顎の形態が特殊なのはヒサゴトビムシ亜科で，先端がいくつかに分かれ，それぞれの先が広がり，側面に長い毛がある（図A 2a 左）．エビガラトビムシ亜科の小顎は，シロトビムシ科としては普通の形態で，先端がいくつかに分かれ，先が尖る（図A 2b 左）．触角第3節感器は2個の感棒（sensory rod）と2個の感球（sensory club），および0 - 6本の指状突起（guarding papillae）と数本の保護毛（guarding setae）で構成される．ヒサゴトビムシ亜科では感棒，感球，指状突起とも棒形（図A 3a），エビガラトビムシ亜科ではすべて炎形で（図A 3b），3組織を区別しにくい．シロトビムシ亜科の感球は卵形（図A 3c）が多いが，ハート形や（図A 3d），基部があまり細くならない親指形（図A 3e）もあり，表面が滑らかか（図A 3d, e），顆粒状で（図A 3c），2個が平行に並んでいる．ホソシロトビムシ亜科では感球がソーセージ形で，向き合うように曲がり，指状突起はない（図A 3f）．触角後器（PAO）は楕円形の浅い窪みの中にいくつかの縁瘤（vesicles）が組み合わさっている．縁瘤は棒状（図A 4a）や楕円（図A 4b）のような単純なものと，ぶどうの房のように複雑なもの（図A 4c）に分けられる．ヒサゴトビムシ亜科のPAO縁瘤は房状で，エビガラトビムシ亜科とホソシロトビムシ亜科の縁瘤は単純である．シロトビムシ亜科ではPAO縁瘤の形と並び方，および数によって属や種が分けられる．

　胸部：肢の脛付節に先の丸い毛があるのはエビガラトビムシ亜科だけである（図A 5a）．副爪が退化して特に小さいのは（図A 5b）シロトビムシ亜科のトムラウシシロトビムシ属（Protaphorurodes）とホソシロトビムシ科で，他の亜科や属の副爪は発達している．

　腹部：腹管はコブ状で，毛の数は種によって決まっている（図A 6a）．シロトビムシ亜科には，雄の腹部に雄性腹部器官（male ventral organ）を備える種がある．これは腹管の上や（図A 6b），腹部第2 - 4節の腹側にあり，トゲ状（図A 6b），枝毛状（図A 6c），毛の生えたこん棒状（図A 6d）など，さまざまである．跳躍器があるのはヒサゴトビムシ亜科とエビガラトビムシ亜科で（図A 7a），ホソシロトビムシ亜科にはない．シロトビムシ亜科では，跳躍の茎節が残っている属と（図A 7b），皮膚の肥厚と数本の毛が痕跡としてあるのみの種と（図A 7c），全くない種があり，退化の程度は属や種の識別に使われる．尾角はほとんどのシロトビムシ科に1対あるが，ヒサゴトビムシ亜科とエビガラトビムシ亜科のエビガラトビムシ属（Homaloproctus）およびシロトビムシ亜科のトゲナシシロトビムシ属（Orthonychiurus）にはない．ホソシロトビムシ亜科には枝分かれした尾角や複数対の尾角がある種もいるが，日本からはまだ報告されていない．

　擬小眼：擬小眼は防御物質を分泌する器官である（Usher and Balogun, 1966）．また，イトシロトビムシ属（Mesaphorura）が殺されたとき，擬小眼から大量の分泌物が排出され，直下の腹部第6節の窪みに集まるのが観察されている（Stach, 1954）．擬小眼は触角周辺域，頭部後縁，胸部第1 - 3節および腹部第1 - 5

表1. シロトビムシ科の形質識別表

亜科・属 No.	和名	体長 (mm)	触角第3節感覚球の形と表面	PAOの縁縮の形と数	上唇毛式	腹管の毛	蹴躍器	背面の疑小眼数*	その他の特徴
ヒサゴトビムシ亜科									
ヒサゴトビムシ属									
1	ヒサゴトビムシ	2.0	棒形, 顆粒状	房状 10	不明	8+8	3節あり	3,1/0,1/3,3,3,4,0-2	青紫色, 幼体のみ尾角あり.
エビガラトビムシ亜科									
エビガラトビムシ属									
2	エビガラトビムシ	4.0	炎形, 滑らか	粒状 18-22	不明	多数	3節あり	3,1-2/2,3,3/3,3,3,1-2	青灰色から黒褐色, 尾角なし.
シロトビムシ亜科									
ヤサガタシロトビムシ属									
3	ヤサガタシロトビムシ	1.2	親指形, 顆粒状	棒状 3-4	4/3,4,2	不明	痕跡	1+2,2/1,3/3,3,3,4,4	
4	トッパベツシロトビムシ	1.0	卵形, 顆粒状	棒状 3	4/3,4,2	8+8	痕跡, 毛2+2	2+1,2/0,3/3,3,3,3,3	PAO縁縮は長軸に平行.
アラップシロトビムシ属									
5	ワタナベシロトビムシ	2.7	親指形, 顆粒状	棒状 13	不明	不明	不明	1,0/0,1,1/1,1,1,2	胸1-腹6節大顆粒.
6	アラップシロトビムシ属複合種	2.0	卵形, 顆粒状	棒状 13-15	4/1,4,2	不明	不明	1,0/0,1,1/1,1,1,2	胸1-腹6節大顆粒.
エンピシロトビムシ属									
7	サヘリシロトビムシ	2.5	卵形, 顆粒状	棒状 20-25	3/3,4,2	不明	茎節毛 3+3	1,1/0,1,1/1,1,2,1	腹第5節側突起.
ホラシロトビムシ属									
8	オカブシロトビムシ	2.0	ハート形, 滑らか	楕円, ハート形 20-25	4/3,4,2	7+7	茎節毛 3+3	0+2,0/0,0,0/0,0,0,1-2,3	洞穴性.
9	ウエノシロトビムシ	1.6	親指形, 滑らか	楕円 15-18	4/3,4,2	不明	茎節毛 3+3	0+2,0/0,0,0/0,0,0,2,3	
ツアオシロトビムシ属									
10	ツアオシロトビムシ	2.0	卵形, 顆粒状	楕円 30	不明	不明	痕跡, 枝毛 3+3	1,0/0,1,1/1,1,1,2	頭, 胸, 腹大顆粒.
トムラウシシロトビムシ属									
11	トムラウシシロトビムシ	3.0	卵形, 顆粒状	楕円 15-18	4/2,4,2	12+12	なし	3,0/0,0-1,0-1/0-1,0-1,0-1,2,3	腹第6節細長, 高山性, 副爪小さい.
オオシロトビムシ属									
12	ヤツメシロトビムシ	2.0	卵形, 顆粒状	楕円 40	4/3,4,2	9+9	痕跡, 毛2+2	4,3/0,2,2/3,3,3,3-5,3-4	触角第3節の感棒が長い.
13	ボロンノリシロトビムシ	2.7	卵形, 顆粒状	楕円 45-55	4/3,4,2	不明	痕跡, 毛1+1	4,3/0,2,2/3,3,3,3+2,3	触角第3節の感棒が長い.
14	マツモトシロトビムシ	2.2	親指形, 顆粒状	棒状, 三角 25	不明	不明	不明	3,3/0,3,3/3,3,3,3,3	草原で採集.
15	タチヤシロトビムシ	1.6	卵形, 顆粒状	楕円 30	3/3,4,2	不明	痕跡, 毛多数	3,3/0,2,2/3,3,3,3,2	
16	オオシロトビムシ	1.7	卵形, 顆粒状	楕円 45	4/3,4,2	14+14	痕跡, 毛1+1	3,3/0,2,2/3,3,3,3+1,3	触角第3節の感棒が長い.
17	ヤギシロトビムシ	3.0	卵形, 顆粒状	楕円 35-40	不明	不明	痕跡, 毛2+2	3,2/0,2,2/3,3,3,3,2	小麦害虫.
18	ナガシロトビムシ	2.5	卵形, 顆粒状	楕円 40-50	不明	不明	痕跡, 長・短毛 3+3	3,2/0,2,2/3,3,3,2+1,3	洞穴性.
19	ヨダンシロトビムシ	1.6	卵形, 顆粒状	楕円, 三角 25-30	4/1,4,2	9+9	なし	3,2/3,3/3,3,3,3	
20	インカワシロトビムシ属複合種	2.7	卵形, 顆粒状	棒状 45	不明	10+10	なし	3,2/3,3/3,3,3,3	洞穴性, ♂腹部器官有.
トゲナシシロトビムシ属									
21	トゲナシシロトビムシ	1.0	ハート形, 滑らか	房状 12-13	4/1,4,2	不明	なし	2+1,2/0,2,2/3,3,4,2	♂腹部器官有, 尾角なし, 畑害虫.

昆虫亜門・トビムシ目

22 イズルトゲチビシロトビムシ	1.8	卵形, 滑らか	房状 12-15	4/1,4,2	8-14 対	なし	2+1,2/1,3,3,3,3,2	尾角なし, 洞穴性.
タイワンシロトビムシ属								
23 タイワンシロトビムシ	2.8	親指形, 滑らか	房状 13	不明	不明	なし	2+1,2/1,3,3,3,4,3	腹部第 6 節幅狭い, 体毛短い, 洞穴性.
ユキシロトビムシ属								
24 ベルナシロトビムシ	1.8	卵形, 顆粒状	房状 16-18	4/2,4,2	10+10	なし	3,0/0,1,1/1,1,0-1,1-2,3-4	
25 ニッポンシロトビムシ	1.5	卵形, 顆粒状	房状 18	4/3,4,2	8+8	不明	2-3,0/0,1,1/1,1,0,2,3-4	
26 イマダテシロトビムシ	1.8	卵形, 顆粒状	房状 20	4/2,4,2	不明	なし	3,0/0,1,1/1,1,0,2,3	♂腹部器官有, 洞穴性.
ヤマシロトビムシ属								
27 ヤマシロトビムシ	1.0	親指形, 顆粒状	房状 16	4/3,4,2	不明	なし	3,2/1,3,3/3,3,4,3	触角第 3 節感器の感球は向き合うように曲がる. 腹部第 6 節大顆粒.
ホンシロトビムシ亜科								
イトシロトビムシ属								
28 ツブホソシロトビムシ	1.0	ソーセージ形, 滑らか	細長 50-55	不明	6+6	なし	1,1/0,1/1,1,1,1,1	
29 ヤマホソシロトビムシ	0.5	ソーセージ形, 滑らか	細長 38-40	不明	6+6	なし	1,1/0,1/1,0,0,1,1	
30 ホソシロトビムシ	0.6	ソーセージ形, 滑らか	細長 50	4/5,4,2	4+4	なし	1,1/0,0,1/1/1,0-1,1,1	
31 ヨシイホソシロトビムシ	0.5	ソーセージ形, 滑らか	棒状 40	不明	6+6	なし	1,1/0,0,1/1/1,1,1,1	

* 擬小眼数: 頭部触角域 = 域内 + 域外; 腹部 = 背面 + 側面.

節の背面にあり, 腹部第 6 節にはない. 背面片側の擬小眼数について, 3, 2 / 0, 2, 2 / 3, 3, 2, 3, 2 のように示す. また, 触角周辺の盛り上がった部分を点線で示し, その区域外に擬小眼がある場合, 区域内 + 区域外, すなわち, 2+1, 2 / 0, 2, 2 / 3, …のように示す. 腹面にも擬小眼がある場合, 2 / 0, 0, 0 / 1, 1, 1, 1, 0 のように示す. 前, 中, 後肢の亜基節上の数は 1, 1, 1 のように示す. 体の側面の擬小眼は識別しにくいが, その数は背面の擬小眼と一緒にする場合と, 「+ 側面の数」として示すこともある.

シロトビムシ類は 1920 年代に, 麦や稲を発芽時に食害する害虫として注目された (松本・斎藤, 1929). しかし大部分のシロトビムシ類は土壌や堆肥中など, 湿った場所に生息し, 腐植食性である. 採集個体数は多いが, 分類上重要な形質が識別しにくいことから, 研究が遅れているグループである.

52　昆虫亜門・トビムシ目

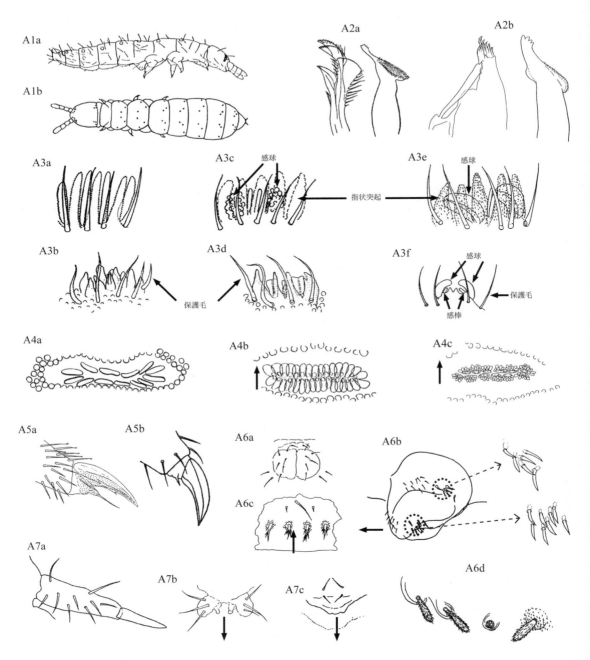

図A　シロトビムシ科の形態用語図解
A1. 全体図；a, ホソシロトビムシ亜科（ホソシロトビムシ）；b, シロトビムシ亜科（マツモトシロトビムシ）：A2. 小顎（左）と大顎（右）；a, ヒサゴトビムシ；b, エビガラトビムシ：A3. 触角第3節感器と感球の形態．a, 棒形（ヒサゴトビムシ）；b, 炎形（エビガラトビムシ）；c, 卵形（ベルナシロトビムシ）；d, ハート形（トゲナシシロトビムシ）；e, 親指形（タイワンシロトビムシ）；f, ソーセージ形（ツブホソシロトビムシ）：A4. 触角後器（PAO）と縁瘤の形態．a, 棒状（ワタナベシロトビムシ）；b, 楕円（ヤギシロトビムシ）；c, ぶどう房状（タイワンシロトビムシ）：A5. 脛付節と爪；a, 副爪と先の丸い毛発達（エビガラトビムシ）；b, 副爪は退化（ツブホソシロトビムシ）：A6. 腹管と雄性腹部器官；a, 腹管（ヨダシロトビムシ）；b, 腹管とトゲ状の器官（イシカワシロトビムシ）；c, 腹部第2節腹面の枝毛状器官（トゲナシシロトビムシ）；d, 腹部第4節腹面の毛の生えたこん棒状器官（イマダテシロトビムシ）：A7. 跳躍器とその痕跡；a, 柄節，茎節，端節の3節が揃う（エビガラトビムシ）；b, 柄節と茎節の痕跡（オカフジシロトビムシ）；c, 皮膚の肥厚と数本の毛のみ（ヤツメシロトビムシ）．(1a, Uchida and Tamura, 1968b; 1b, 4a 松本・斎藤, 1929; 2a, b, 3a, b, 5a, 7a Yosii, 1958; 3c, 6c Yoshii, 1995a; 3d Yosii, 1953; 3e, 4c, 6b, d Yosii, 1956b; 3f, 5b Folsom, 1932; 4b Yosii, 1954c; 6a Yosii, 1966b; 7b Yosii, 1967a; 7c Yosii, 1972)

昆虫亜門・トビムシ目　53

シロトビムシ科 Onychiuridae Börner, 1913 の亜科・属・種への検索

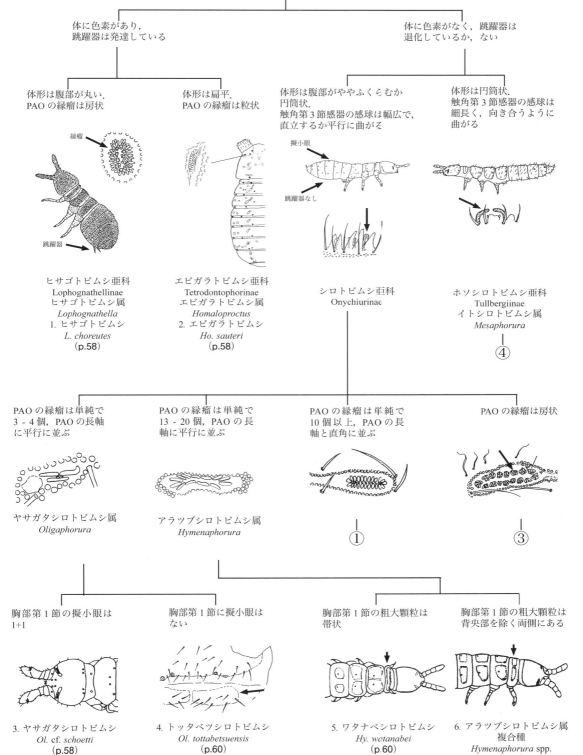

54 昆虫亜門・トビムシ目

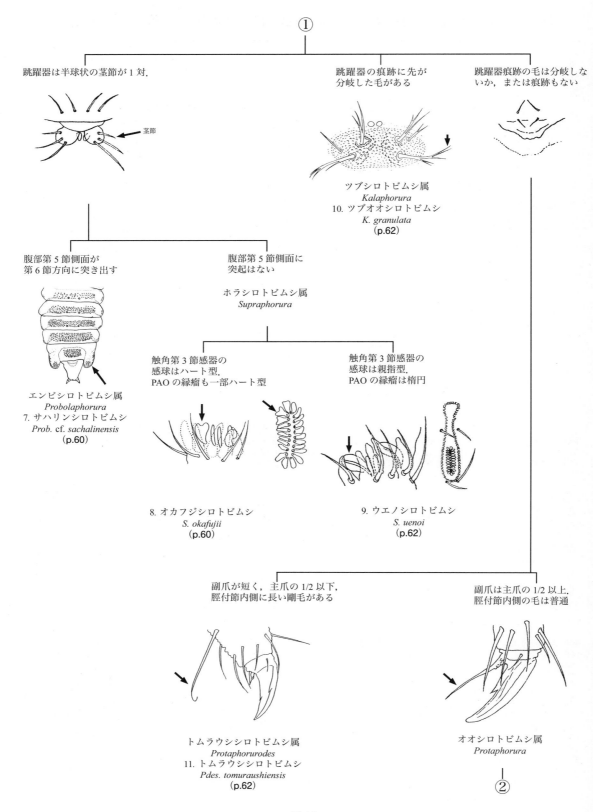

昆虫亜門・トビムシ目　55

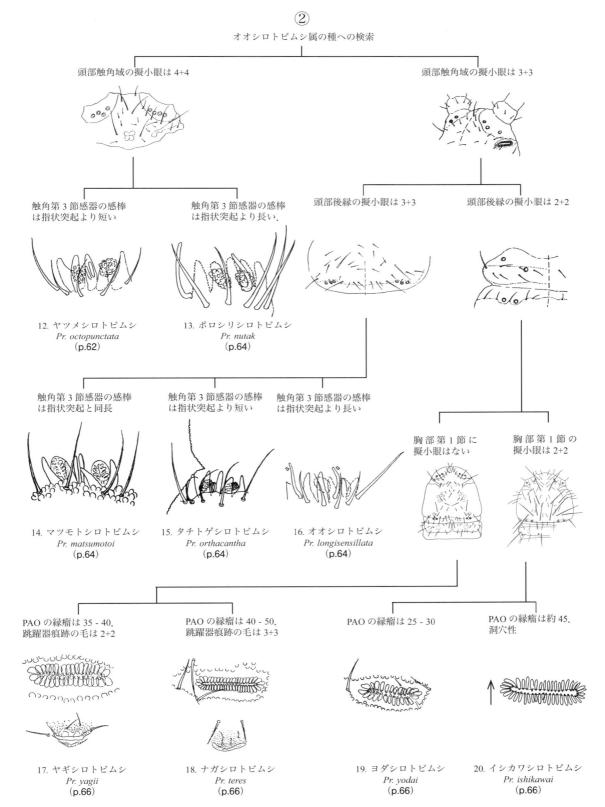

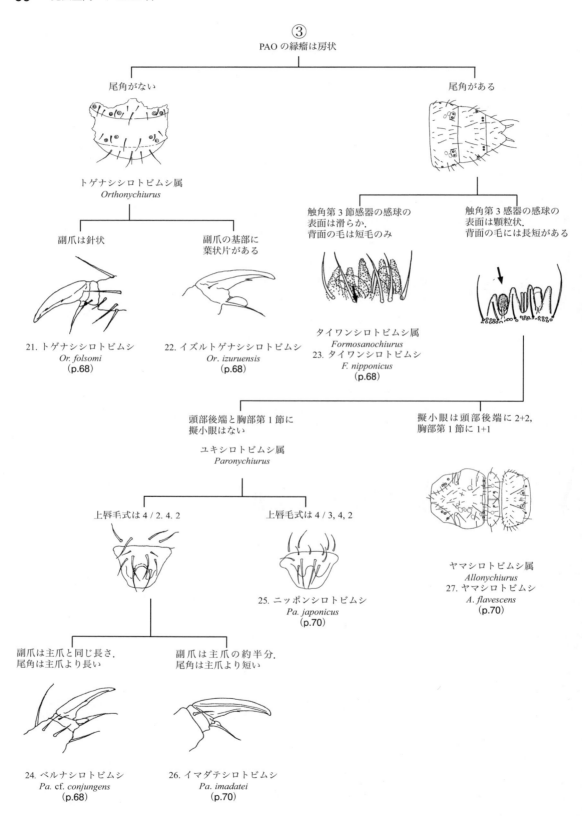

④ イトシロトビムシ属の種への検索

腹部第6節の表皮に大顆粒がある．
PAO の縁瘤の外半分が3列

28. ツブホソシロトビムシ
M. silvicola
(p.72)

腹部第6節の表皮は小顆粒のみ．
PAO の縁瘤は2列

腹部第4節の毛 p1 は p2 よりやや長く，後方にある．
腹部第5節の毛 a2, p2, p3 はほぼ直線状に並ぶ

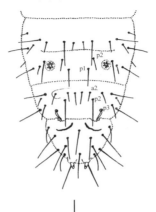

腹部第4節の毛 p1 は p2 より短く，前方にある．
腹部第5節の毛 a2, p2, p3 を結ぶ線はほぼ直角に曲がる

31. ヨシイホソシロトビムシ
M. yosiii
(p.72)

PAO の縁瘤は 38 - 40．
腹管の毛は 6+6

29. ヤマホソシロトビムシ
M. macrochaeta
(p.72)

PAO の縁瘤は 50．
腹管の毛は 4+4

30. ホソシロトビムシ
M. krausbaueri
(p.72)

ヒサゴトビムシ亜科
Lophognathellinae Stach, 1954

体形は腹部がふくらみ，濃く着色．小顎の先端が広がり，複雑に変形．触角第3節感器の感棒，感球ともに棒形で指状突起と保護毛が数本ある．PAO は楕円形で縁瘤は房状．跳躍器，保体ともにある．世界で2属2種，日本には1属1種．

ヒサゴトビムシ属
Lophognathella Börner, 1908

触角第3節感器の感棒，感球ともに各2本あり，指状突起と同じ大きさ．体形がひょうたん（ひさご）形なのでこの属名がつけられた．

1. ヒサゴトビムシ
Lophognathella choreutes Börner, 1908

体長は最大で2.0 mm 内外，体色は濃青紫色から黒色．触角第3節感器の感球は側方にある．指状突起は3本（まれに4本），保護毛は4本．PAO は楕円形で，縁瘤は約10個，房状で2列に並ぶ．主爪には1個の内歯がある．腹管の毛は 8 + 8 本．保体の歯は 3+3．跳躍器柄節の前面には毛がなく，茎節の後面に4本，前面先端に1本の毛がある．擬小眼は背面に 3, 1 / 0, 1, 1 / 3, 3, 3, 4, 2，腹面に 2 / 0, 0, 0 / 0, 2, 1, 2, 1．分布：北海道，本州，九州；北アメリカ．a, 全体図；b, 触角第3節感器；c, 大顎；d, 小顎；e, PAO; f, 中肢の爪；g, 保体；h, 跳躍器茎節と端節；i, ♂の生殖孔（a, 須摩, 1984; b-i, Yosii, 1958）．

エビガラトビムシ亜科
Tetrodontophorinae Stach, 1954

体形は幅広で扁平，濃く着色．皮膚の主要部は大顆粒に覆われ，節のつなぎ目部分は細顆粒状．体毛は多く，いずれも細くて短い．触角第3節感器は炎状かまゆ形．PAO は粒状の縁瘤が長軸沿いに2列に並ぶ．跳躍器は発達．擬小眼は頭，胸ともに多数ある．世界で3属3種，日本には1属1種．

エビガラトビムシ属
Homaloproctus Börner, 1909

触角第3節感器は炎状．胸部と腹部の背板は庇状に横に突出し，各節の間がはめ込み式になっていてエビのように見えることから，この属名がつけられた．

2. エビガラトビムシ
Homaloproctus sauteri Börner, 1909

体長 4 - 5 mm の大型種．体色は青灰色から黒褐色，アルコール中では茶系に変色．触角第3節感器は約10個の炎形の突起が 2 - 3 列に並び，感棒，感球，指状突起とも同じ形なので，識別しにくい．保護毛は 4 - 5 本．PAO の縁瘤は 18 - 22 個．主爪には1個の内歯と1対の側歯がある．脛付節の背面には先が小さな球形になった数本の粘毛．腹管に多数の短毛が 3 - 4 列に並ぶ．保体は 3+3 歯で，基部に毛はない．跳躍器の柄節後面には多数の毛があり，茎節との境に丸い突起がある．茎節後面には 8 - 10 本の毛があり，前面には先端に1本の毛がある．端節は棒状．尾角はない．擬小眼は背面に 3, 1-2 / 2, 3, 3 / 3, 3, 3, 3, 1-2，腹面に 1 / 0, 1, 1 / 1, 1, 1, 1, 1．背面の擬小眼は体節の後縁近くにあり，見にくい．分布：本州，九州．a, 背面の擬小眼の配列；b, 胸部第2節から腹部第6節腹面；c, 触角第3節感器；d, PAO; e, 前肢脛付節と爪；f, 跳躍器茎節と端節の後面；g, 同前面（Yosii, 1958）．

シロトビムシ亜科
Onychiurinae Börner, 1901

体形は細長く，第6節はかなり小さい．体表は細かい顆粒状で，短い毛がまばらにあり，時に長い毛が混ざる．触角第3節感器は2個の感棒と2個の感球，4 - 6 本の指状突起および 4 - 5 本の保護毛で構成される．主爪と副爪がある．跳躍器と保体は退化し，全くないか，痕跡があるのみ．♂には腹部器官を備える種もある．尾角はトゲ状で1対，但し，トゲナシシロトビムシ属には尾角がない．世界に 47 属約 580 種．

ヤサガタシロトビムシ属
Oligaphorura Bagnall, 1949

PAO の縁瘤は単純で 3 - 4 個と少なく，長軸に平行に並ぶ．触角第3節感器の感球は顆粒状．跳躍器は痕跡的かまたはない．世界に約20種，日本には2種．

3. ヤサガタシロトビムシ
Oligaphorura cf. *schoetti* (Lie-Pettersen, 1896)

体長は 1.1 - 1.2 mm，上唇毛式は 4 / 3, 4, 2．触角第3節感器は指状突起，保護毛とも5本．PAO の縁瘤は棒状で 3 - 4 個．主爪は幅広く，側歯がある．跳躍器の痕跡として皮膚が半円形に肥厚．尾角は主爪の半分の長さで，尾角台はない．背面の擬小眼は 1+2, 2 / 1, 3, 3 / 3, 3, 3, 4, 4．原記載はごく簡単で，再記載は研究者によって異なるので，別種の可能性もある．分布：北海道，本州．a, 全体図；b, 触角基部の擬小眼とPAO; c, 触角第3節感器；d, 後肢脛付節と爪；e, 尾角（以上, 札幌産; Uchida and Tamura, 1967a）: f, PAO; g, 上唇；h, 頭部と腹部第 5, 6 節（以上, 岩手産; Yoshii, 1996）．

昆虫亜門・トビムシ目　59

1. ヒサゴトビムシ

3. ヤサガタシロトビムシ

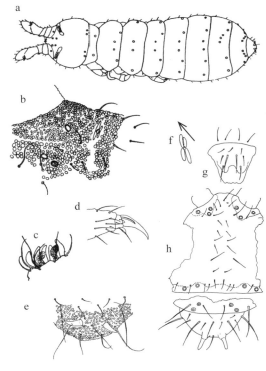

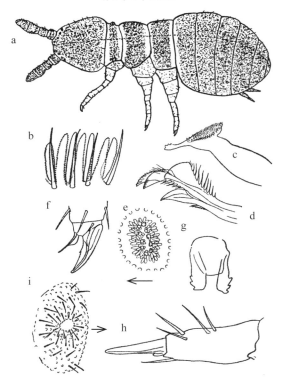

2. エビガラトビムシ

4. トッタベツシロトビムシ

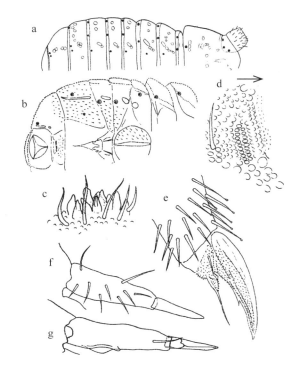

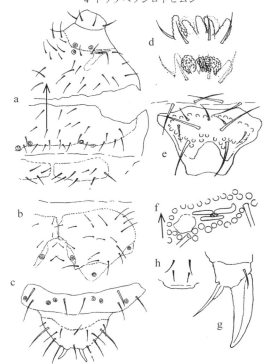

4. トッタベツシロトビムシ
Oligaphorura tottabetsuensis (Yosii, 1972)

体長約 1.0 mm. 上唇毛式は 4 / 3, 4, 2. 触角第 3 節感器の保護毛は 4 本, 指状突起は 5 本. 感球は指状突起と同じか少し大きい. PAO の縁瘤は 3 個. 主爪は幅が広く, 副爪は主爪の 2/3 で, 基部は狭く剣状. 腹管の毛は 8+8 本. 跳躍器痕跡は皮膚の肥厚と 2+2 の短毛. 尾角は低い尾角台上にある. 擬小眼は背面（側面を含める）に 2+1, 2 / 0, 3, 3 / 3, 3, 3, 3, 3, 亜基節に 1, 1, 1.　　分布：北海道, 本州.　　a, 頭部と胸部第 1 節；b, 胸部第 2 節；c, 腹部第 5, 6 節；d, 触角第 3 節感器；e, 上唇；f, PAO；g, 後肢の爪；h, 跳躍器の痕跡 (Yosii, 1972).

アラツブシロトビムシ属
Hymenaphorura **Bagnall, 1948**

背面の表皮に明らかな粗大顆粒域がある. 触角第 3 節感器の感球は顆粒状. PAO の縁瘤は単純で, 長軸に平行に 2 列に並ぶ. 擬小眼が少なく, 頭部後方と胸部第 1 節にはない. 世界に約 40 種, 日本に数種.

5. ワタナベシロトビムシ
Hymenaphorura watanabei (Matsumoto, 1929)

体長は最大で 2.7 mm. 粗大顆粒域は, 頭部全面, 胸部第 1 節は帯状, 胸部第 2 節から腹部第 4 節までは背央部を除いてその両側, 腹部第 5 - 6 節は全面. 粗大顆粒域に擬小眼や長い毛がある. 触角第 3 節感器の保護毛は 4 本, 指状突起は 5 本. 感球は比較的大形. PAO の縁瘤は約 13 個. 主爪の基部内面に顆粒がある. 背面の擬小眼は 1, 0 / 0, 1, 1 / 1, 1, 1, 1, 2. 小麦など, 栽培植物の害虫.　　分布：本州, 九州.　　a, 全体図；b, 触角第 3 節感器；c, PAO；d, 後肢脛付節と爪；e, 胸部第 1 節左半分；f, 胸部第 2 節左半分；g, 腹部第 5 節左半分；h, 腹部第 6 節左半分 (松本・斎藤, 1929).

6. アラツブシロトビムシ属複合種
Hymenaphorura spp.

体長は約 2 mm. 粗大顆粒域は頭部と腹部第 5 - 6 節全域と, 胸部第 1 節から腹部第 4 節の背央部を除いた左右両側にある. 触角基部, 各体節間, 背央部および腹側の顆粒は細かい. 上唇毛式は 4 / 1, 4, 2. 触角第 3 節感器の保護毛は 4 - 5 本 (図では 3 本), 指状突起は 5 本, 感球は卵形で表面は粗い顆粒状. PAO の縁瘤は 13 - 15 個. 主爪の基部に側歯が 1 対. 体毛は短く, 後方に長い毛がある. 背面の擬小眼は 1, 0 / 0, 1, 1 / 1, 1, 1, 1, 2. これらの形質はワタナベシロトビムシまたはシベリアシロトビムシ (*H. sibirica* (Tullberg, 1876)) のシノニムとして再記載されたものだが, いずれの記載も原記載と異なることから, 複数の種を含む可能性がある.　　分布：北海道, 本州.　　a, 全体図；b, PAO（以上, 北海道産；須摩, 1984）；c, 触角第 3 節感器；d, 腹部第 6 節；e, PAO; f, 中肢の爪（以上, 滋賀県産；Yosii, 1954a）；g, 胸部；h, 腹部第 5, 6 節（以上, 奈良県と岩手県産；Yosii, 1956b）.

エンビシロトビムシ属
Probolaphorura **Dunger, 1977**

大型種で, 腹部第 5 節の左右側面が後方に突き出し, 縦長の第 6 節を一部包み込んでいる. 触角第 3 節感器の感球の表面は顆粒状. PAO の縁瘤は単純で, 長軸と直角に 2 列に並ぶ. 跳躍器は退化して茎節のみ. 世界で 2 種, 日本には 1 種.

7. サハリンシロトビムシ
Probolaphorura cf. *sachalinensis* Dunger, 1977

体長 2.5 mm. 表皮は大小の顆粒が密にあり, 全体に短毛で覆われる. 上唇毛式は 3 / 3, 4, 2. 触角第 1 節に長方形のイボ状突起が 3 個ある. 触角第 3 節感器の保護毛は 5 本, 指状突起は 6 本. PAO の縁瘤は単純で, 20 - 25 個が長軸に直角に 2 列に並ぶ. 跳躍器は半球状の茎節が 1 対, 各 3 本の毛がある. 保体は 2 歯. 尾角は先端部側面の尾角台から斜め後方に突出する. 背面の擬小眼は 1, 1 / 0, 1, 1 / 1, 1, 1, 2, 1. 腹面では 1 / 0, 0, 0 / 1, 0, 0, 1, 0. 亜基節では 1, 1, 1. 原記載とはいくつかの点が異なることから, 別種の可能性がある.　　分布：北海道.　　a, 全体図；b, 上唇；c, 触角第 1 節と触角基部；d, PAO; e, 跳躍器と保体 (a, 須摩原図；b-e, 須摩, 1986).

ホラシロトビムシ属
Supraphorura **Stach, 1954**

PAO の縁瘤は単純で, 長軸と直角に 2 列に並ぶ. 跳躍器は茎節のみ. 和名は所属する 2 種とも洞穴に生息するからである.

8. オカフジシロトビムシ
Supraphorura okafujii (Yosii, 1967)

体長 1.8 - 2.0 mm. 体は円筒状. 上唇毛式は 4 / 3, 4, 2. 触角は短く棍棒状. 触角第 3 節感器の保護毛, 指状突起とも 5 本. 感棒, 感球とも高さは指状突起と同じかそれより少し低い. 感球はハート形で表面は滑らか. 触角第 4 節には棒状の感覚毛が 8 - 10 個ある. PAO の縁瘤は単純で, 一部がハート形, 数は 20 - 25 個. 主爪は長い. 副爪は短く, 主爪の半分. 腹管の側面には 7 本の毛が 1 列に並ぶ. 跳躍器は半球状の茎節が 1 対, 各 3 本の毛がある. 保体は 2 個の小さな突起. 腹部第

昆虫亜門・トビムシ目 61

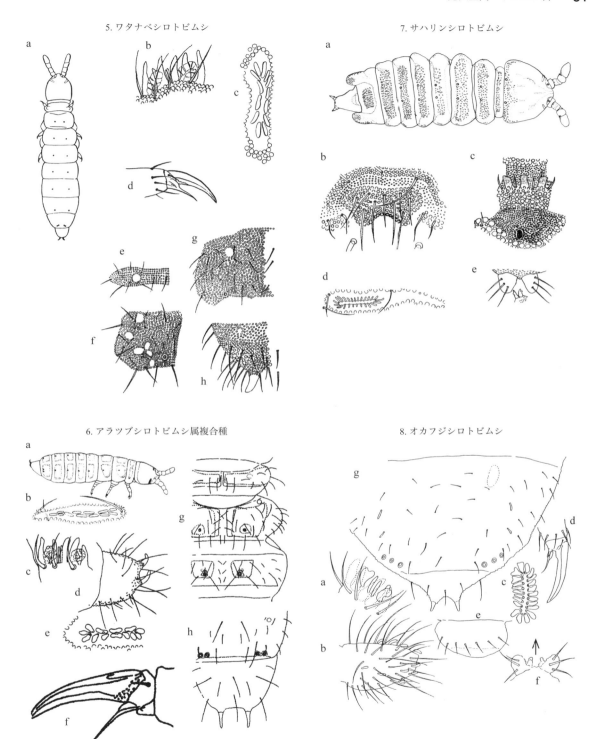

5. ワタナベシロトビムシ
6. アラツブシロトビムシ属複合種
7. サハリンシロトビムシ
8. オカフジシロトビムシ

― 1153 ―

6節は狭い．尾角は主爪の 1/7 で，低い尾角台上にある．背面の擬小眼は 0+2, 0 / 0, 0, 0 / 0, 0, 0, 1-2, 3．洞穴性．　分布：本州，九州．　a, 触角第3節感器；b, 触角第4節；c, PAO; d, 後肢脛付節と爪；e, 腹管；f, 跳躍器と保体；g, 腹部第 5, 6 節（Yosii, 1967a）.

9．ウエノシロトビムシ
Supraphorura uenoi (Yosii, 1954)

体長約 1.6 mm．体はほぼ円筒形．上唇毛式は 4 / 3, 4, 2．触角第 4 節と第 3 節の先半分が膨らむ．触角第 3 節感器の保護毛，指状突起ともに 5 本，感球は親指形で指状突起とほぼ同じ長さ，感棒は 2/3 の長さ．触角第 4 節には太くて先の丸い感覚毛が多数ある．PAO の縁瘤は楕円形で 15 - 25 個．主爪は大きく，副爪は主爪内側の 2/3 ほどで，先端半分は針状．跳躍器は半球状の茎節が 1 対，各 3 本の毛がある．保体は 1 対の突起のみ．尾角は主爪内側の長さの 1/5．尾角台はない．背面の顆粒は大きく，表面の毛はほぼ同じ短毛．背面の擬小眼は 0+2, 0 / 0, 0, 0 / 0, 0, 0, 2, 3．洞穴から採集されるが，土壌中にも多数生息．　分布：北海道，本州，四国，九州；韓国．　a, 全体図；b, 触角第 3 節感器；c, PAO; d, 後肢の爪；e, 跳躍器と保体；f, 頭部；g, 胸部第 2 節；h, 腹部第 4 - 6 節（a, c, e, 須摩 , 1984; b, d, Yosii, 1954a; f-h, Yosii, 1956b）.

ツブシロトビムシ属
Kalaphorura Absolon, 1901

頭部や腹部に粗大顆粒域がある点はアラツブシロトビムシ属に似るが，PAO の縁瘤は単純で長軸と直角に 2 列に並ぶ点が異なる．跳躍器の痕跡に先が枝分かれした毛がある．触角第 3 節感器の感球表面は顆粒状．腹部は徐々に細くなる．世界で 10 種，日本には 1 種．

10．ツブオオシロトビムシ
Kalaphorura granulata (Börner, 1909)

体長約 2 mm．表皮の顆粒は側面，腹面，体節間では微細だが，各節背板の顆粒は粗く，中央部が最も密．粗大顆粒は頭部と腹部第 6 節で最も多く，そこでは一様に分布．細い毛が体表面をまばらに覆う．触角第 3 節感器の指状突起，保護毛ともに 5 本．触角第 4 節先端近くに小さな窪みがある．PAO の縁瘤は約 30 個．主爪の基部に小さな側歯があり，副爪の基部は膨らみ，先は糸状で，主爪より短い．尾角には低い尾角台がある．背面の擬小眼は 1, 0 / 0, 1, 1 / 1, 1, 1, 1, 2．本種の原記載に図がないので，参考のため，本種のシノニムとされている *O. tuberculatus* (Moniez, 1891) の図を示しておく．　分布：北海道，本州．　a, 全体図；b, 胸部第 2 節の一部；c, ♂の跳躍器痕跡（Stach, 1954）.

トムラウシシロトビムシ属
Protaphorurodes Bagnall, 1949

大型種．副爪が小さい．脛付節内側に先の曲がった長毛がある．触角第 3 節感器の感棒，感球ともに指状突起と同じ長さ，感球の表面は顆粒状．PAO の縁瘤は単純で，長軸と直角に 2 列に並ぶ．跳躍器はない．日本固有で 1 属 1 種．

11．トムラウシシロトビムシ
Protaphorurodes tomuraushiensis (Yosii, 1940)

体長 2 - 3 mm．体はほぼ円筒形．上唇毛式は 4 / 2, 4, 2．触角は棒状で，各節の比は 3 : 3 : 4 : 8．触角第 3 節感器の保護毛と指状突起は各 5 本．保護毛は外側の 2 本が長く，指状突起の 2 倍強．触角第 4 節先端近くの溝に粒状突起がある．PAO の縁瘤は 15 - 18 個．主爪は幅広く，1 個の内歯と 1 対の側歯がある．副爪は小さく三角形．脛付節末部に 2 - 3 本の長毛があり，その先端は内側に曲がり尖っている．腹管の毛は 12+12．腹部第 6 節は長く，一面顆粒で覆われ，長毛がある．尾角は大きな尾角台の上にある．背面の擬小眼は 3, 0 / 0, 0-1, 0-1 / 0-1, 0-1, 0-1, 2, 3．腹部第 5 節の擬小眼は隆起した部位にあり，その外側に 1 本の感覚毛がある．高山性．　分布：北海道．　a, 全体図；b, 触角第 3 節感器；c, 触角第 4 節；d, 上唇；e, PAO; f, 前肢脛付節と爪；g, 尾角；h, 頭部；i, 胸部第 2 節；j, 腹部第 2 節；k, 腹部第 5, 6 節（a, c, e-g, Yosii, 1940b; b, d, h-k, Yosii, 1972）.

オオシロトビムシ属
Protaphorura Absolon, 1901

シロトビムシ亜科では大きいグループ．PAO の縁瘤は単純で，長軸と直角に 2 列に並ぶ．触角第 3 節感器の感球は顆粒状．跳躍器はないか，あるいは皮膚の肥厚のみ．世界で約 130 種，日本には 9 種．

12．ヤツメシロトビムシ
Protaphorura octopunctata (Tullberg, 1876)

体長 1.2 - 2.0 mm, 腹部第 5 - 6 節には長い剛毛がある．毛の先はすべて尖る．上唇毛式は 4 / 3, 4, 2．触角第 3 節感器の感棒と感球は指状突起より低い．PAO の縁瘤は約 40 個．主爪は幅広く，内歯は 1 個．副爪は針状で，主爪の内側とほぼ同じ長さ．腹管の毛は基部に 3+3，先端部に 6+6．跳躍器の痕跡は皮膚の三角形の肥厚と，その後方に 2+2 の短毛．尾角は真直ぐで，低い尾角台の上にあり，主爪よりやや短い．擬小眼は背面で 4, 3 / 0, 2, 2 / 3, 3, 3, 4, 3．腹面で 1 / 0, 0, 0 / 0, 0, 0, 0, 0, 亜基節で 1, 1, 1．本種の擬小眼には変異がみられ，腹部第 4 節は 3 - 4, 第 5 節は 3 の個体が多い（Hammer, 1953a）.　分布：全北区．　a, 全体図；b, 触角第 3

昆虫亜門・トビムシ目 63

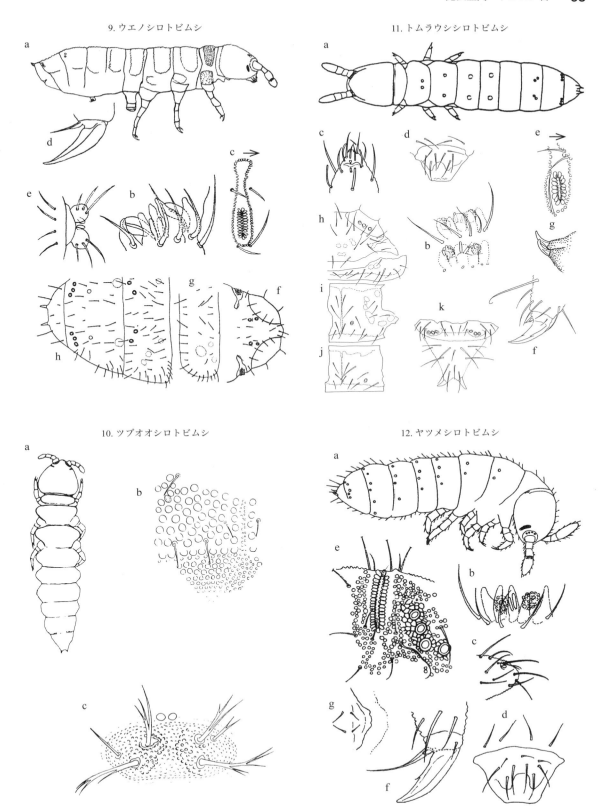

9. ウエノシロトビムシ
10. ツブオオシロトビムシ
11. トムラウシシロトビムシ
12. ヤツメシロトビムシ

— 1155 —

感器；c, 触角第4節先端；d, 上唇；e, PAOと触角基部の擬小眼；f.; 後肢脛付節と爪；g, 跳躍器の痕跡 (a, c, e, Uchida and Tamura, 1967a；b, d, f, g, Yosii, 1972)．

13. ポロシリシロトビムシ
Protaphorura nutak (Yosii, 1972)

　体長 2.0 - 2.7 mm．上唇毛式は 4 / 3, 4, 2．触角第3節感器の保護毛，指状突起ともに5本．感球は指状突起より少し低い．2本の感棒は指状突起より長く，基部で湾曲し，1本は感球と指状突起の間から外に突出し，もう1本は指状突起の外に位置している．PAOの縁瘤は 45 - 55 個．主爪は幅広く，1個の大きい内歯がある．副爪は針状で，基部に膨らみがなく，主爪の内側の長さとほぼ同じ．跳躍器痕跡は小さな三日月形の肥厚で，後方に1+1の短毛がある．尾角は真直ぐで，低い尾角台の上にある．擬小眼は背面（+側面）で 4, 3 / 0, 2, 2 / 3, 3, 3, 3+2, 3. 腹面で 1 / 0, 0, 0 / 0, 0, 0, 0, 0, 亜基節で 1, 1, 1．　分布：北海道，本州．　a, 頭部；b, 腹部第4 - 6節；c, 触角第3節感器；d, PAO; e, 中肢脛付節と爪；f, 跳躍器の痕跡(a-c, e, f, Yosii, 1972; d, 須摩, 1984)．

14. マツモトシロトビムシ
Protaphorura matsumotoi (Kinoshita, 1929)

　体長約 2.2 mm．体は胸部から腹部後方に向って徐々に太くなり，腹部第3 - 4節で最も幅広い．体表は微細な顆粒と短毛に覆われる．触角4節の比は 2：3：3：4．触角第3節感器は保護毛，指状突起ともに4本．感棒と感球の高さは指状突起とほぼ同じ．保護毛は指状突起の約2倍の長さ．PAOは楕円形で，縁瘤は約25個．主爪は長く，内歯はない．副爪は基部が少し膨らみ，その先は針状で，主爪の2/3．尾角は主爪の半分，低い尾角台の上にある．背面の擬小眼は 3, 3 / 0, 3, 3 / 3, 3, 3, 3, 3. 頭部触角基部の擬小眼は鈍三角形に並び，頭部後縁の擬小眼は，内側の2個は後縁に直角に並ぶ．本種は小麦など栽培植物の害虫として古くから研究されてきたが，近年は採集されていない．　分布：北海道，本州．　a, 全体図；b, 触角第3節感器；c, PAO; d, 後肢脛付節と爪；e, 腹部第6節（松本・齊藤, 1929)．

15. タチトゲシロトビムシ
Protaphorura orthacantha (Handschin, 1920)

　体長 1.4 - 1.6 mm，体は円筒形．触角各節の比は 4：6：5：8．触角第3節感器の保護毛と指状突起は各5本，保護毛は指状突起の約2倍の長さ．感棒は指状突起の半分，感球は指状突起より小さい．PAOの縁瘤は約30個．主爪は幅広くて長く，内歯はない．副爪は細長く，主爪の2/3．跳躍器の痕跡は皮膚が半円形に肥厚し，多数の小さな毛が対称的に並ぶ．尾角は主爪と同じ大きさで，真直ぐ，尾角台はない．擬小眼は 3, 3 / 0, 2, 2 / 3, 3, 3, 3, 2. 草原土壌から採集．　分布：北海道；ヨーロッパ．　a, 全体図；b, 触角第3節感器；c, 触角基部の擬小眼とPAO; d. 後肢脛付節と爪；e, 尾角 (Uchida and Tamura, 1967a)．

16. オオシロトビムシ
Protaphorura longisensillata (Yosii, 1969)

　体長 1.7 mm．体は円筒形．上唇毛式は 4 / 3, 4, 2．触角第3節感器の保護毛と指状突起は各5本，感棒は指状突起より長く，1本は感球の間から突出し，もう1本は指状突起の背面に位置している．PAOの縁瘤は約45個．主爪は幅広く，1個の大きい内歯がある．副爪は基部の膨らみがなく，その先は針状で，主爪の内側より少し短い．腹管の毛は先端に 12+12, 基部に 2+2. 跳躍器の痕跡は皮膚の肥厚と，1+1の短毛．尾角は長く突出し，尾角台は低い．擬小眼は背面(+側面)で 3, 3 / 0, 2, 2 / 3, 3, 3, 3+1, 3, 腹面で 1 / 0, 0, 0 / 0, 0, 0, 0, 0, 亜基節で 1, 1, 1．　分布：本州．　a, 頭部後縁と胸部第1, 2節；b, 腹部第3, 4節；c, 腹部第5, 6節；d, 触角第3節感器；e, 跳躍器の痕跡；f, PAO; g, 後肢脛付節と爪（Yosii, 1969)．

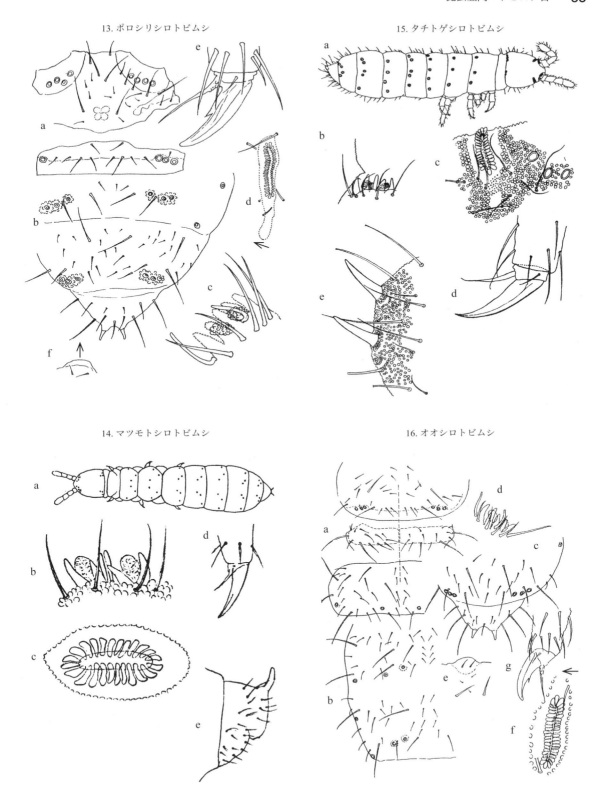

17. ヤギシロトビムシ
Protaphorura yagii (Kinoshita, 1923)

体長 2.5 - 3.0 mm．体は腹部第 3 - 4 節で少し肥大する．触角各節の比は 1.0：1.4：1.3：1.6．触角第 3 節感器は 4 - 5 本の保護毛，5 本の指状突起で構成され，保護毛は指状突起の約 2 倍の長さ．感球，感棒ともに指状突起と同等か少し小さい．PAO の縁瘤は 35 - 40 個．主爪は幅広で長く，内歯はない．副爪は細長く針状で，主爪の半分程度．跳躍器の痕跡は皮膚の肥厚と，その側方と後方に 2+2 の短毛．尾角は主爪の半分で，高い尾角台の上にある．擬小眼は 3, 2 / 0, 2, 2 / 3, 3, 2, 3, 2．小麦の萌芽に密集して食害． 分布：北海道，本州，九州． a, 全体図；b, 触角第 3 節感器；c, PAO；d, 前肢の爪；e, 跳躍器の痕跡；f, 尾角（a, 内田・木下，1950；b-f, Yosii, 1954c）．

18. ナガシロトビムシ
Protaphorura teres (Yosii, 1956)

体長約 2.5 mm．体は腹部第 3 - 4 節が少し広がる．触角第 3 節感器の保護毛，指状突起ともに各 5 本，保護毛の長さは指状突起の約 2 倍．感球，感棒ともに指状突起より小さい．触角第 4 節先端部には，2 本の保護毛に囲まれた粒状突起がある．PAO の縁瘤は 40 - 50 個．主爪は幅広くて長く，1 個の内歯がある．副爪は細長く，主爪の 3/4 で，先端 1/3 は針状．跳躍器の痕跡は皮膚の細長い肥厚と，2+2 の短毛，その後方に 1+1 の長毛がある．尾角は低い尾角台の上にある．擬小眼は 3, 2 / 0, 2, 2 / 3, 3, 3, 2+1, 3．洞穴性． 分布：北海道，本州． a, 頭部と胸部第 1 節；b, 胸部第 3 節と腹部第 1, 4 節；c, 腹部第 5, 6 節；d, 触角第 3 節感器；e, 触角第 4 節の粒状突起；f, PAO；g, 後肢脛付節と爪；h, 跳躍器の痕跡（Yosii, 1956b）．

19. ヨダシロトビムシ
Protaphorura yodai (Yosii, 1966)

体長最大 1.6 mm．上唇毛式は 4 / 1, 4, 2．触角第 3 節感器の保護毛，指状突起とも 5 本，感棒は指状突起より小さく，感球は大きく指状突起を越える．触角第 4 節に亜端球といくつかの感覚毛がある．PAO の縁瘤は 25 - 30 個．主爪にはかすかな側歯の痕がある．副爪は主爪内側の 2/3 で針状．腹管は前面に 1+1，側面に 6+6，基部に 2+2 の短毛がある．跳躍器痕跡はない．腹部第 5 節背面の擬小眼の近くに太い感覚毛がある．尾角は主爪内側とほぼ同じ長さで，尾角台の上にある．擬小眼は背面（側面を含む）で 3, 2 / 2, 3, 3 / 3, 3, 3, 3, 3，腹面で 1, 1 / 0, 0, 0 / 0, 1, 1, 2, 0，亜基節で 2, 2, 2． 分布：北海道，本州，九州，沖縄；中国，ネパール． a, 頭部と胸部第 1 節；b, 胸部第 3 節と腹部第 2 節；c, 腹部第 4 - 6 節；d, 触角第 3 節感器；e, 上唇；f, PAO；g, 腹管（Yosii, 1966b）．

20. イシカワシロトビムシ
Protaphorura ishikawai (Yosii, 1956)

体長は約 2.7 mm．全体に長い毛がある．触角各節の比は 1：3：3：5．触角第 3 節感器の保護毛と指状突起は 5 個で，感球は指状突起と同じ高さ，感棒は指状突起の半分．PAO の縁瘤は約 45 個．肢の主爪は細長く，側歯がある．副爪は主爪の半分，基部に小さな膨らみがある．腹管の毛は 10+10 本．♂の腹管側面に雄性腹部器官があり，6 - 8+6 - 8 本の短く太い剛毛が並ぶ．尾角は細長くて少し湾曲し，低い尾角台上にある．擬小眼式は 3, 2 / 2, 3, 3 / 3, 3, 3, 3, 3．洞穴性． 分布：四国． a, 頭部と胸部第 1 節；b, 胸部第 2 節と腹部第 3, 4 節；c, 腹部第 5, 6 節；d, 触角第 3 節感器；e, PAO；f, 後肢の爪；g, 腹管；h, 雄性腹部器官；i, 尾角（Yosii, 1956b）．

昆虫亜門・トビムシ目 67

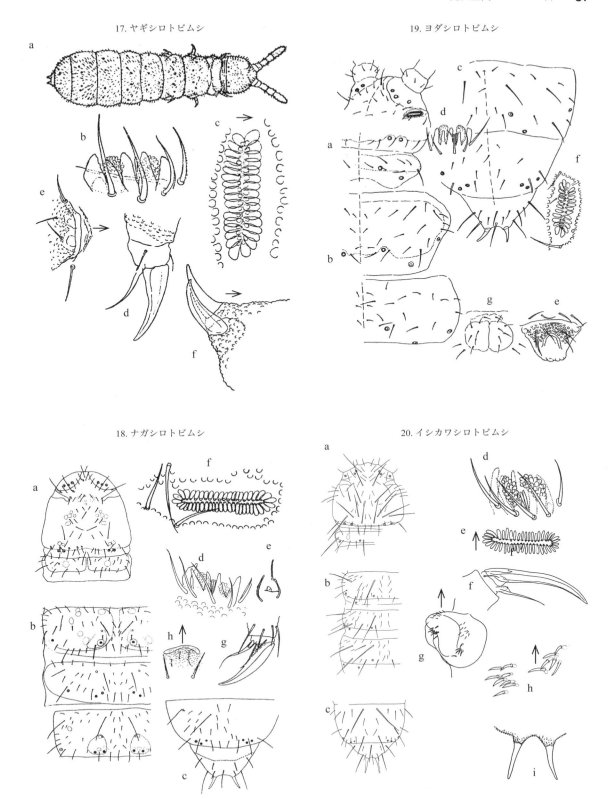

トゲナシシロトビムシ属
***Orthonychiurus* Stach, 1954**

尾角がない．触角第3節感器の感球の表面は滑らか．PAOの縁瘤はぶどう房状．触角周辺域外に擬小眼がある．上唇毛式は4/1, 4, 2．腹部第6節は小さく，雄性腹部器官のある種とない種がある．世界で約30種，日本には2種．

21. トゲナシシロトビムシ
***Orthonychiurus folsomi* (Schäffer, 1900)**

体長約1.0 mm．体はほぼ円筒形．上唇毛式は4/1, 4, 2．触角第3節感器の保護毛は4 - 5本，指状突起は4本，感球はハート形で，中に細い管が貫通．PAOの縁瘤は12-13個，2列に並ぶ．主爪は幅広く大きく，2対の側歯がある．副爪は主爪内縁の2/3．♂の腹部第2節腹面に雄性腹部器官があり，先が切れ込んだ太い毛は2+2．腹部第6節は小さく，ほとんど第5節に融合している．擬小眼は背面2+1, 2/0, 2, 2/3, 3, 3, 4, 2, 腹面2/0, 0, 0/1, 1, 1, 1, 0, 亜基節は1, 1, 1．野菜類の害虫．洞穴からも採集される．　分布：コスモポリタン．　a, 全体の擬小眼；b, 触角第3節感器；c, 上唇；d, PAO; e, 後肢脛付節と爪；f, 雄性腹部器官；g, 頭部後縁，胸部第2節と腹部第3節；h, 腹部第4 - 6節 (a, c, e-h, Yoshii, 1995a; b, d, Yosii, 1953)．

22. イズルトゲナシシロトビムシ
***Orthonychiurus izuruensis* (Yosii, 1956)**

体長は最大で1.8 mm．体はほぼ円筒形．上唇毛式は4/1, 4, 2．触角各節の比は10：20：23：30．触角第3節感器の保護毛，指状突起ともに5本．感球は大きく，指状突起を越えることもあり，中に細い管が貫通．PAOの縁瘤は12 - 15個．主爪は幅広く大きく，1個の内歯がある．副爪は主爪内縁の2/3, 基部に葉状片があり，先端半分は針状．腹管は側面に8 - 14対の短毛がある．跳躍器の痕跡はない．腹部第6節は非常に小さく，ほとんど第5節に融合．擬小眼は背面で2+1, 2/1, 3, 3/3, 3, 3, 3, 2, 腹面で2/0, 1, 1/1, 1, 1, 2, 0. 亜基節で1, 1, 1．洞穴性．　分布：本州；韓国．　a, 全体の擬小眼；b, 触角第3節感器；c, 上唇；d, PAO; e, 後肢の爪；f, 頭部後縁と胸部第1, 2節；g, 腹部第4 - 6節 (Yoshii, 1995a)．

タイワンシロトビムシ属
***Formosanochiurus* Weiner, 1986**

体形は後方に向かって広くなるが，腹部第6節は非常に小さい．触角第3節感器の感球は親指形で，表面は滑らか．触角後器の縁瘤はぶどう房状で2列に並ぶ．跳躍器はない．台湾，韓国および日本に各1種．

23. タイワンシロトビムシ
***Formosanochiurus nipponicus* Weiner, 1986**

体長は約2.8 mm．体形は腹部第4 - 5節が膨らむ円筒形．体表面はほぼ同じ長さの短い毛で不規則に覆われる．触角各節の比は1.0：1.5：1.5：1.0．触角第3節感器の保護毛，指状突起ともに5本．PAOの縁瘤は約13個．主爪に小さい側歯があることもある．副爪は細く，主爪の2/3の長さで，先端半分は針状．腹部第6節は小さく，幅も狭い．尾角は主爪の長さの1/5, 尾角台なしに直接突き出す．擬小眼は背面で2+1, 2/1, 3, 3/3, 3, 3, 4, 3．洞穴性．　分布：本州．　a, 頭部と胸部第1, 2節；b, 腹部第3 - 6節；c, 触角第3節感器；d, PAO; e, 後肢の爪；f, 尾角 (Yosii, 1956b)．

ユキシロトビムシ属
***Paronychiurus* Bagnall, 1948**

PAOの縁瘤はぶどう房状で2列に並ぶ．擬小眼が頭部後縁にない．触角第3節感器の感球は卵形で，表面は顆粒状．日本には3種1亜種．

24. ベルナシロトビムシ
***Paronychiurus* cf. *conjungens* (Börner, 1909)**

体長は最大で1.8 mm．体は細長い筒形で，頭部から腹部まであまり太さを変えない．上唇毛式は4/2, 4, 2．触角各節の比は10：13：15：25．触角第3節感器の保護毛，指状突起ともに5本（まれに4本）である．触角第4節の先端近くの窪みに粒状突起が1個ある．PAOの縁瘤は16 - 18個．主爪には内歯があったり，なかったりで，側歯が1対あることもある．副爪は主爪内側の長さと同等で，先端は針状．腹管の毛は約10+10．跳躍器はない．尾角は主爪内側より長く，尾角台上にある．擬小眼は背面のみで, 2-3, 0/0, 1, 1/1, 1, 0-1, 1-2, 3-4．これは北海道や京都で採集した標本をもとに再記載されたものである．原記載と異なる点があるので，別種の可能性がある．　分布：北海道，本州；中国．　a, 全体の擬小眼；b, 触角第3節感器；c, 触角第4節の粒状突起；d, 上唇；e, PAO; f, 後肢脛付節と爪；g, 頭部後縁と胸部第2節；h, 腹部第4節；i, 腹部第5節 (Yoshii, 1995a)．

昆虫亜門・トビムシ目

21. トゲナシシロトビムシ

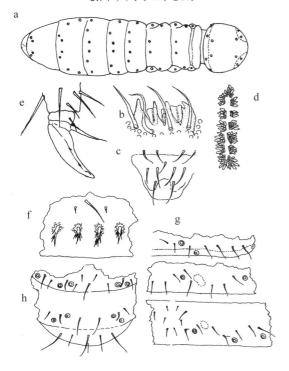

23. タイワンシロトビムシ

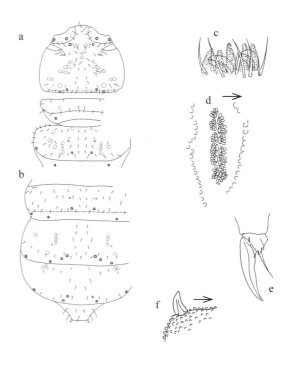

22. イズトゲナシシロトビムシ

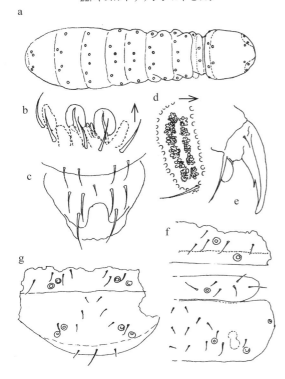

24. ベルナシロトビムシ

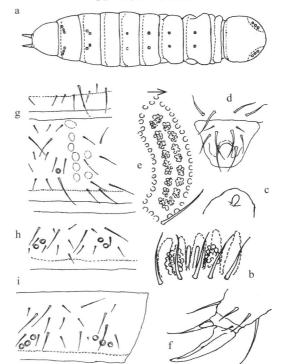

25. ニッポンシロトビムシ
Paronychiurus japonicus (Yosii, 1967)

　体長約 1.5 mm. 体は細長い円筒形. 上唇毛式は 4 / 3, 4, 2. 触角と頭部はほぼ同じ長さ. 触角第 3 節感器の保護毛, 指状突起ともに 5 本. 触角第 4 節先端近くの窪みに粒状突起が 1 個. PAO の縁瘤は約 18 個で, 互いに接して並ぶ. 主爪の内歯は 1 個, 副爪は主爪内側のほぼ半分の長さで, 基部に少し膨らみがあるが先は針状. 腹管には 8+8 の短毛. 尾角は主爪とほぼ同じ大きさで, 大きく湾曲し, 尾角台上にある. 背面の擬小眼は 2-3, 0 / 0, 1, 1 / 1, 1, 0, 2, 3-4. Yosii, 1972 は *P. conjungens* f. *ezoensis* Uchida & Tamura, 1968 を本種のシノニムとしたが, 前者の腹管の毛は 10+10 である. 本種の毛の配列について, Yosii (1996) の再記載を示したのが図 25j-m である. 腹部第 5 節の擬小眼の位置, 腹部第 6 節の a0 毛の長さなど, いくつかの相違点がある. また, 亜種キョウトシロトビムシ *Paronychiurus japonicus kyotensis* Yoshii, 1996 について, 体長は最大 2.2 mm, 背面の擬小眼は 2, 0 / 0, 1, 1 / 1, 1, 0, 2, 3 で, 体表には多数の小刻孔があると記載しているが, 図はない. 本種は複数の種に分かれる可能性がある.

　　分布: 北海道, 本州. 　 a, 頭部前方; b, 頭部後方と胸部第 1 節; c, 胸部第 2 節; d, 腹部第 2 - 3 節; e, 腹部第 4 節; f, 腹部第 5 - 6 節; g, 触角第 3 節感器; h, PAO, i, 後肢の爪 (以上原記載, 山口県産; Yosii, 1967a): j, 頭部と胸部第 1 節; k, 胸部第 2 節; l, 腹部第 2, 3 節; m, 腹部第 4 - 6 節; n, 後肢の爪; o, 腹部第 6 節側面と特殊毛 (以上再記載, 北海道産; Yoshii, 1996).

26. イマダテシロトビムシ
Paronychiurus imadatei (Yosii, 1956)

　体長は 1.8 mm. 上唇毛式は 4 / 2, 4, 2. 触角各節の比は 1.0 : 1.8 : 1.5 : 2.8. 触角第 3 節感器の保護毛, 指状突起ともに 5 本. 指状突起と比較して, 保護毛は 2 倍, 感棒は同じ高さ, 感球は少し低い. 触角第 4 節先端付近の溝に 1 個の粒状突起がある. PAO の縁瘤は約 20 個で, 互いに接して並ぶ. 胸部第 1 節から腹部第 1 - 2 節まで, 正中線に沿った溝が走る. 主爪には内歯と側歯がある. 副爪は主爪のほぼ半分の長さで, 基部が少し膨らむ. 腹部第 4 節腹面に雄性腹部器官があり, 絨毛の生えた棒状の太い毛が 4 本横に並び, それぞれが隆起した台の上にある. 尾角は太く, 主爪よりわずかに短い. 擬小眼は背面で 3, 0 / 0, 1, 1 / 1, 1, 0, 2, 3. 洞穴性. 　分布: 本州. 　a, 頭部と胸部第 1, 2 節; b, 腹部第 2 節と第 4 - 6 節; c, 触角第 3 節感器; d, 触角第 4 節の粒状突起と感覚毛; e, PAO; f, 後肢の爪; g, 雄性腹部器官 (Yosii, 1956b).

ヤマシロトビムシ属
Allonychiurus Yoshii, 1995

　PAO の縁瘤はぶどう房状で 2 列に並ぶ. 触角第 3 節感器の感球は親指形で, 表面は顆粒状. 擬小眼が頭部後縁, 胸部第 1 節および腹部側方にある. 世界で約 25 種, 日本には 1 種.

27. ヤマシロトビムシ
Allonychiurus flavescens (Kinoshita, 1916)

　体長 1 mm. 体は白色だが, 脱皮直前に薄茶になることもある. 体は細長く, 円筒形. 上唇毛式は 4 / 3, 4, 2. 触角各節の比は 3 : 6 : 4 : 7. 触角第 3 節感器の保護毛, 指状突起ともに 5 本, 感球は指状突起とほぼ同じ大きさ. 触角第 4 節先端に粒状突起がある. PAO の縁瘤は約 16 個. 主爪に内歯があるが, ないこともある. 副爪は主爪内側の 2/3 の長さで, 基部が膨らむ. 腹管の側面に毛はない. 尾角は太く, 主爪の 2/5 の長さで, 高い尾角台の上にある. 擬小眼は背面 (側面を含む) で 3, 2 / 1, 3, 3 / 3, 3, 3, 4, 3, 腹面で 1 / 0, 0, 0 / 0, 1, 1, 2, 0, 亜基節で 1, 1, 1. なお, 擬小眼の数は 3, 2 / 1-2, 2-3, 2-3 / 3, 3, 3, 3-4, 3 と変異がある. 　分布: 北海道, 本州, 九州, 沖縄; 韓国. 　a, 頭部と胸部第 1, 2 節; b, 腹部第 2 節と第 4 - 6 節; c, 触角第 3 節感器; d, 上唇; e, PAO; f, 中肢の爪 (a, b, Yosii, 1956b; c, e, f, Yosii, 1954b; d, Yoshii, 1995a).

25. ニッポンシロトビムシ　　　26. イマダテシロトビムシ

27. ヤマシロトビムシ

— 1163 —

ホソシロトビムシ亜科
Tullbergiinae Bagnall, 1935

　体は細長く，筒型．体毛は短い毛と，数本の目立つ長い毛があり，いずれも先が尖っている．腹部第5節の背面に擬小眼を保護する太い感覚毛が見られることがある．触角第3節感器は2-3個の感棒と2個の大きな感球で構成され，前面の皮膚が盛り上がり，数本の保護毛がある．感球はソーセージ形で，互いに向き合うように大きく曲がる．PAOは細長や丸い溝の中ほどに単純な縁瘤が2-3列に並んでいる．副爪はないか，痕跡的で短く，剛毛状．跳躍器はない．擬小眼は触角基部，頭部後縁および胸部第1節から腹部第5節まで1+1個存在するのが基本．尾角はトゲ状で1対．世界に34属約220種，日本には1属4種．

イトシロトビムシ属
Mesaphorura Börner, 1901

　体毛は短い毛がまばらにあり，長い毛が少数ある．粗い顆粒が腹部第6節にある種もいる．触角は頭部より短い．触角第3節感器の感球は2個．PAOは細長く，縁瘤は単純で2列，一部が3列になることもある．尾角はトゲ状で1対．腹部第5節後縁に1対の感覚毛がある．腹部第6節に半円形の窪みが1対ある種がいる．世界に約60種，日本には4種．

28. ツブホソシロトビムシ
Mesaphorura silvicola (Folsom, 1932)

　体長は0.7-1.0 mm．触角第3節感器の保護毛は4本．触角第4節に4-6本の感覚毛がある．PAOの縁瘤は50-55個で，内半分は2列，外半分は3列に並ぶ．主爪は幅広く，内歯はない．副爪は小さく棘状．腹管先端の毛は4+4，基部に2+2本の毛がある．腹部第4節の毛p1はp2より長い．腹部第5節のp3は他の毛より長く，少し太い．腹部第6節背面には，他より粗い顆粒が横に数列並ぶ．尾角は少し曲がり，主爪の内側より少し大きく，尾角台上にある．擬小眼は1, 1/0, 1, 1/1, 1, 1, 1, 1．　分布：全北区．　a, 全体図；b, 触角第3節感器；c, PAOと触角基部の擬小眼；d, 後肢の脛付節と爪；e, 腹部第6節；f, 尾角；g, 腹部第4-6節（a-b, d, Folsom, 1932; c, e-g, Nakamori *et al*., 2009）．

29. ヤマホソシロトビムシ
Mesaphorura macrochaeta Rusek, 1976

　体長0.4-0.5 mm．触角各節の比は11：15：20：20．触角第3節感器の保護毛は2-3本．触角第4節には5本の感覚毛と，1個の粒状突起がある．PAOの縁瘤は38-40個で2列に並ぶ．主爪は長く，副爪は主爪の1/6の長さ．腹部第4節背面に1本の溝が横断する．腹管の毛は6+6．尾角は，尾角台を除いて主爪の2/3の長さ．擬小眼は大きくロゼット状で，1, 1/0, 1, 1/1, 0, 0, 1, 1．腹部第4節の毛p1はp2よりも長くて後方にあり，腹部第5節の毛a2, p2, p3を結ぶ線はほぼ直線状（検索図参照）．　分布：コスモポリタン．　a, 触角第3, 4節；b, PAOと触角基部の擬小眼；c, 頭部と胸部；d, 腹部（Rusek, 1976）．

30. ホソシロトビムシ
Mesaphorura krausbaueri Börner, 1901

　体長0.6 mm．上唇毛式は4/5, 4, 2．触角第3節感器の感棒は小さく，皮膚の隆起に隠れる．保護毛は3本．触角第4節に5本の感覚毛と粒状突起がある．PAOの縁瘤は約50個で2列に並ぶ．主爪に歯はなく，副爪は小さい．腹管の毛は4+4．腹部第5節の擬小眼の近くに1対の感覚毛がある．腹部第6節に半円形の細い隆起に囲まれた窪みが1対ある．尾角は主爪より少し小さく，尾角台は尾角の半分．擬小眼は背面に1, 1/0, 1, 1/1, 0-1, 0-1, 1, 1．腹部第4節の毛p1はp2より長くて後方にあり，腹部第5節の毛a2, p2, p3を結ぶ線はほぼ直線（検索図参照）．本種は個体変異が大きい．古い記載には多くの種が含まれている（Rusek, 1971b）．5 cm以深の土壌に多数生息．　分布：コスモポリタン．　a, 全体図；b, 頭部と胸部第1節；c, 腹部第3-6節；d, e, 触角第3節感器；f, 触角第4節；g, PAO; h, 後肢；i, 腹管の腹面（Uchida and Tamura, 1968b）．

31. ヨシイホソシロトビムシ
Mesaphorura yosiii (Rusek, 1967)

　体長0.7 mm．触角各節の比率は3：5：7：7．触角第4節に7本の感覚毛と粒状突起がある．爪に歯はなく，副爪は非常に小さい．腹管の毛は6+6本．腹部第5節に感覚毛が1対．腹部第6節には前方に2個の膨らみがある．背面の擬小眼は1, 1/0, 1, 1/1, 0, 0, 1, 1．腹部第4節の毛p1はp2より短く，前方にある．腹部第5節の毛a2, p2, p3を結ぶ線はほぼ直角に曲がる（検索図参照）．　分布：コスモポリタン．　a, 頭部；b, 胸部；c, 腹部第2-6節；d, 触角第3節感器；e, PAOと触角基部の擬小眼；f, 後肢脛付節と爪；g, 腹管；h, 腹部第5, 6節（Rusek, 1967）．

昆虫亜門・トビムシ目

28. ツブホソシロトビムシ

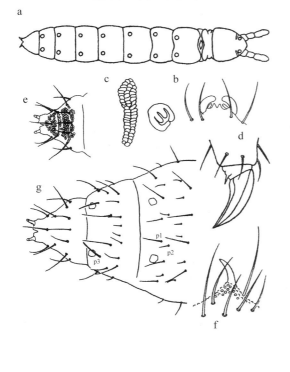

30. ホソシロトビムシ（新称）

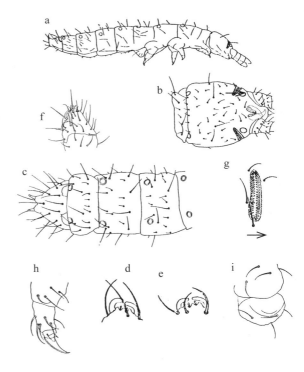

29. ヤマホソシロトビムシ

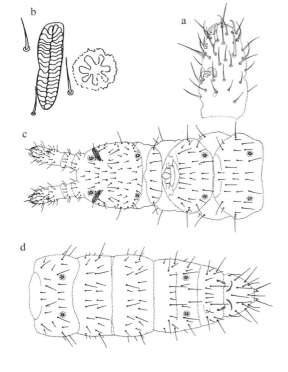

31. ヨシイホソシロトビムシ

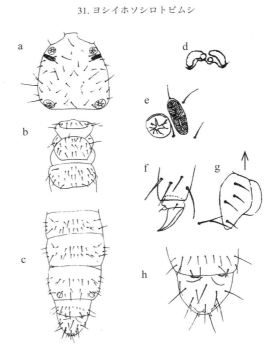

イボトビムシ上科 Neanuroidea Massoud, 1967

田中真悟・長谷川真紀子

概説

イボトビムシ上科の体形は基本的に扁平で，おおむね楕円形だが（図A1），体が厚く，ずんぐりしている種や，ときに細長い種や極端に扁平な種もいる．大型種は 5 mm を超えることもあるが，多くは 1-2 mm 程度である．地表性か半地中性がほとんどで，地中深く潜る種や洞穴性は少ない．小型種の一部を除いて高密度になることはまれである．そのためか，分布域の狭い種が多く，地域固有種も少なくない．

イボトビムシ上科に共通する特徴は，ごく一部の例外を除き，胸部，腹部ともに体節が融合することがなく，胸部第1節にも毛があり，表皮は顆粒状で，大顎が退化傾向にあることである．最後の特徴はこの上科に特有で，一般的に摂食方法が咀嚼型よりも吸収型に適応していることを示している．この上科を代表するイボトビムシ類は，背面にイボがあるトビムシの仲間ということでこの名がつけられた．「日本産トビムシ和名目録」（トビムシ研究会, 2000）で「イボトビムシ科」とされたグループである．一方，そのとき「ヤマトビムシ科」とされたグループには，イボはないものの，上記の形質が揃っていることから，最近では両者をまとめてイボトビムシ上科として扱うのが主流である（Massoud, 1967）．この変更は，科と亜科の区分に大顎（図A5）の有無と小顎（図A6）の形態，PAOの有無と形態（図A8）および尾端の形態が重要視されるようになったからである．属の区分にはさらにイボの有無と配置（図B1），触角（図A4, A7），眼（図A8），跳躍器（図A10-11, B12），尾角などが重要である．

この変更に伴い，旧ヤマトビムシ科のサメハダトビムシ亜科とヒシガタトビムシ亜科が亜科から科に昇格した．両科とも大顎がなく，体表が大きな顆粒で覆われていることが特徴である．ヒシガタトビムシ科の中に「サメハダトビムシ」の名前が散見されるが，両亜科は小顎とPAOの形態により区別される．その他の旧ヤマトビムシ科の属はすべてイボトビムシ科に移動した．そのうち，シリトゲトビムシ属とホソイソヒメトビムシ属はシリトゲトビムシ亜科としてまとめられた．この亜科は小顎が爪状で特有の付属物があることなどが特徴である（図A6b）．その他はヤマトビムシ亜科となる．旧和名「フクロヤマトビムシ属」はすでに属名が「イボナシトビムシ属」に変更され，イボトビムシ亜科に組み入れられている（田中, 2010）．背面にイボはないが，尾端の毛が2群に分かれているからである．他の属は尾端の毛は1群にまとまる．旧イボトビムシ科のうちPAOのある属はアオイボトビムシ亜科に，ない属はイボトビムシ亜科に分けられた．このような所属の変更に伴い，科や属名と種名のイメージが一致しない組み合わせがあるので注意が必要である．本書では日本産イボトビムシ上科を下記のように3科4亜科22属9亜属94種に整理した．

サメハダトビムシ科 Brachystomellidae Stach, 1949
　　1属1種（表1）．
ヒシガタトビムシ科 Odontellidae Massoud, 1967
　　3属8種（表1）．
イボトビムシ科 Neanuridae Börner, 1901
　　シリトゲトビムシ亜科 Frieseinae Massoud, 1967
　　2属2亜属4種（表1）．
　　ヤマトビムシ亜科 Pseudachorutinae Börner, 1906
　　7属2亜属29種（表2）．
　　アオイボトビムシ亜科 Morulininae Börner, 1906
　　1属7種（表3）．
　　イボトビムシ亜科 Neanurinae Börner, 1901
　　8属5亜属45種（表3, 4）．

このほかイボトビムシ科のコバントビムシ亜科 Caputanurininae Lee, 1983 のコバントビムシ *Caputanurina koban* Tanaka, Suma & Hasegawa, 2014 が記載されたが，今回は収録が間にあわなかった．

頭部：口吻はあまり突き出さず（図A3），上唇や下唇の先端は平らや丸まったものが多いが，ヒシガタトビムシ属（*Superodontella*）とウミトビムシ属（*Oudemansia*）の口吻は円錐状に尖ることが多く，その場合上唇や下唇の先端が鋭角になる（図A4）．サメハダトビムシ科とヒシガタトビムシ科には大顎がない．イボトビムシ科には大顎があるが，その形態は属や種を識別するめやすとなる．臼歯域は退化しており，大顎の先端は三角形になり，その1辺が鋸歯状になることが多いが（図A5b），ヤマトビムシ亜科のヤマトビムシ属（*Pseudachorutes*）の一部とツブツブトビムシ属（*Grananurida*）では，歯の数が2歯しかなく（図A5a），まれにウミトビムシ属やミナミオナガウミトビムシ属（*Pseudanurida*）のように薙

刀状に長い歯域に多くの鋸歯があることがある（図A5c）．また，イボトビムシ亜科のアカフサイボトビムシ属（*Crossodonthina*）の大顎は大きく，独特な総状になっているのでこの名がつけられた（図B9）．小顎はいずれの科にもあり，その形態は種の分類上，最も重要である．サメハダトビムシ科の小顎はグローブ状（図A6a），ヒシガタトビムシ科とシリトゲトビムシ亜科の小顎は爪状で基部が太く，先端に向かって細くなる（図A6b）．ヤマトビムシ亜科の大部分の属の小顎は針状で，先端が1本であったり，2本に分かれることもある（図A6d）．ヤマトビムシ亜科オナシヤマトビムシ属（*Anurida*）の小顎の先端は数本に分かれ，鋸歯状，総状など，その形態は変化に富む（図A6c）．また，イボトビムシ亜科のアオフサイボトビムシ属（*Morulodes*）の小顎は総状なので，この名がつけられた（図50d）．触角は4節あるが，第3-4節のすべて，あるいは背面だけが融合することが多い（図A7a）．触角第1-2節には，横1列に短い毛があるが，その一部がトゲ状に変形していることがある（図A4）．触角第3節感器は2本の小さな感覚桿と，両側に少し離れた先太の保護毛から成る（図A7a）．腹側の保護毛をsgv（guard sensilla ventral），背側をsgd（g. s. dorsal）と呼ぶ．腹側の保護毛のそばに微細感覚毛ms（microsensillum）を備えることもある（図A7a）．触角第4節には1-3胞に分かれる先端感球があることが多く，伸縮できることもある（図A7a）．チビサメハダトビムシ属（*Xenyllodes*）には先端感球がない．亜先端部には窪みがあり，その中に粒状の突起or（organite）がある（図A7a）．腹側には数本のやや曲がった太い棒状の嗅覚毛がある（図A7）．嗅覚毛は先端が尖らず，炎型，ハンマー型，または渦巻き状（図A7c）に変形している種もある．一方，背側には多数の棘状の小毛がある．これらはふつう先が鋭く尖るが，サメハダトビムシ属には先がへら状に変形するものがいる．触角後器（PAO）は，少数のコブが中心に集まった花型（図A8a），先が尖り，3-5角形の星型（図A8b），縁瘤が楕円形や三日月状に並ぶロゼット型（図A8c）および縁瘤の中に複数のコブがある桑実型（図A8d）に分けられる．シリトゲトビムシ亜科，ヤマトビムシ亜科のウミトビムシ属とミナミオナガトビムシ属およびイボトビムシ亜科にはPAOがない．眼は8+8小眼が基本だが（図A8a），5+5以下の種が多く（図A8b-c；表1-4），まったくないこともすくなくない．

胸部：肢には主爪がある．副爪は多くの場合ないが（図A9a），剛毛状に変形した種がいる（図A9b）．脛付節の外側の毛の先端は尖っていることが多いが，先が丸い粘毛のある種もいる（図A9a）．

腹部：腹部第1節にある腹管は短く，少数の毛があり，まれに26本にもなることもある（図A2, B7, B11）．保体は基部に毛がなく，歯は3個の場合が多いが，歯が2-4個のこともある（図A10）．跳躍器が長いのはミナミオナガトビムシ属だけで（図14），ふつうは短いか（図A3, A11），退化して痕跡だけを残すか（図B7, 12），全くない．跳躍器の3節が揃っている場合，柄節は幅広く，茎節は比較的短く，後面には毛がある（図A11）．端節は筒状（図A11a），細長（図A11c），薄片があるもの（図A11b）などさまざまで，属や種の識別に使われる．腹部第6節に尾角があるのはヒシガタトビムシ科の大部分（2本）とシリトゲトビムシ亜科（3，5本）およびヤマトビムシ亜科のウミトビムシ属（4, 6本）だけである．

イボの配列と表皮：アオイボトビムシ亜科，イボトビムシ亜科における各イボの名称は図B1のとおり．頭部のイボは前頭部と後頭部に分けられる．前頭部のイボは前から額イボ，触角イボ，頭頂イボ，眼（斑）イボといい，額イボと頭頂イボは中央にあって，対にならない（図B1）．眼イボの外側に眼側イボの領域があるが，独立したイボとして認められる種は日本にはいないので，ここでは扱わない．後頭部のイボの配置は基本的に胸部・腹部の節と同様で，中央から背内イボ，背外イボ，背側イボ，側イボと呼ぶ．これらのイボは互いに融合したり，一部は存在しなかったりする．前頭部のイボのうち，触角イボと頭頂イボが融合した場合を触頂イボ（図B2a），触頂イボと額イボが融合した場合を前頭イボ（図B2b），前頭イボに眼イボが融合した場合を大頭イボ（図B2c）と呼ぶ．頭頂イボは存在しないことがある．胸部第1節の背内イボは存在せず，剛毛が生えるだけのことも少なくない．胸部第2節から腹部第4節の背内イボもしばしば退化することがある．第4-5節の背内イボは中央で融合し，背央イボになることがある．背内イボと背外イボが融合した場合を背内外イボ，背側イボと側イボが融合した場合を背側側イボと呼ぶ．ヤオイイボトビムシ亜属ではさらに多くのイボがさまざまに融合する（図B6）．側イボが腹面にあって，背面から見えないこともある．第6節のイボは1対で，大きく離れたり，逆に互いにつながることもある．アオイボトビムシ属やアオフサイボトビムシ属のように，第6節が腹面にあり，尾端は第5節になる種もいる（図B7）．イボの配列式は6, 8/4, 8, 8/8, 8, 8, 8, 4, 2のように表示する．これは前頭部，後頭部／胸部第1節，第2節，第3節／腹部第1節，第2節，第3節，第4節，第5節，第6節のイボの数を表す．イボは発達すると高く，大きくなるが，それとは別に，網目構造になる場合がある（図B5）．網目構造は表皮が溝で小片に区切られ，小片が互に溝の部分で接着して動かない．小片上の顆粒はふつうの表皮

表1. サメハダトビムシ科, ヒシガタトビムシ科, およびイボトビムシ科シリトゲトビムシ亜科の種の形質識別表

科・亜科・属 No. 和名	体長 (mm)	体色	大顎 (鋸歯数)	小顎	触角第4節 先端感球	嗅覚毛*の形と数	触角後器 (PAO)	小眼数	脛付節粘毛 前,中,後肢	跳躍器 茎節毛数	尾角
サメハダトビムシ科											
サメハダトビムシ属											
1 ヤマトサメハダトビムシ	1.0	灰青	なし	グローブ型	3胞	剛毛状	花型	8+8	2,2,3	3	なし
カギサメハダトビムシ科											
カギサメハダトビムシ属											
2 ヤマトカギサメハダトビムシ	0.6	白	なし	炎型	なし	なし	3角星型	なし	なし	2	なし
チビサメハダトビムシ属											
3 チビサメハダトビムシ	1.0	薄青	なし	爪型	丸型	6-7	3角星型	5+5	1,1,1	2	2
ヒシガタトビムシ属											
4 ヤマナカヒシガタトビムシ	2.0	暗紫	なし	不明	3胞	不明	5角星型	5+5	なし	5	不明
5 ツクバヒシガタトビムシ	0.6	明灰	なし	不明	なし	細長棒状7	菱型	5+5	なし	5	2
6 トゲヒシガタトビムシ	2.0	黒紫	なし	不明	丸型	長剛毛状10	菱型	5+5	2,3,3	5	2
7 ウスイロヒシガタトビムシ	1.4	淡黄	なし	不明	丸型	5-6	菱型	5+5	なし	数本	2山型隆起
8 ツノナガヒシガタトビムシ	1.8	薄青	なし	曲針状	3胞	7	菱型	5+5	1,1,1	5	2
9 ナミヒシガタトビムシ	1.5	白-薄青	なし	不明	丸型	5-6	菱型	5+5	1,1,2	5	2
イボトビムシ科											
シリトゲトビムシ亜科											
ホソイトヒメトビムシ属											
10 ホソイヘヒメトビムシ	1.5	青黒	3角 (7)	爪型, 歯, 枝状突起	3胞	5-6	なし	8+8	なし	3	3
シリトゲトビムシ亜属											
11 ヤマトシリトゲトビムシ	0.8	灰青	3角 (8)	爪型, 鋸歯	丸型	4-5	なし	8+8	なし	2-3	3
ハマベシリトゲトビムシ亜属											
12 ハマベシリトゲトビムシ	1.8	青紫	3角 (8)	爪型, 針状突起	3胞	4-6	なし	8+8	なし	3	5
13 キタノシリトゲトビムシ	1.4	灰紫	3角 (8)	爪型, 歯, 丸突起	3胞	5	なし	8+8	なし	3	7

*嗅覚毛の基本形は曲がった棒状で, それ以外のみ表示.

表2. イボトビムシ科・亜科・属・亜属 ヤマトビムシ亜科の種の形質識別表

科・亜科・属・亜属 No. 和名	体長 (mm)	体色	大顎先端 (鋸歯数)	小顎 (主岐歯状)	触角第4節 先端感球	嗅覚毛*の形と数	触角後器 (PAO) 形態　縁縮数(縁+中)	小眼数	跳躍器 (茎節の毛)	その他
イボトビムシ科										
ヤマトビムシ亜科										
ミナミオナガトビムシ属										
14 ミナミオナガトビムシ	3	青黒	3角 (25-30)	針状	なし	不明	なし	8+8	長**3節 (5)	
ウミトビムシ属										
15 エサキウミトビムシ	2.5	黒紫-灰青	雉刀状(8-20)	針状	3胞	不明	なし	8+8	***3節 (6)	尾角4
16 マダラウミトビムシ	1.2	青黒	雉刀状(9)	針状	3胞	4-5	なし	8+8	3節 (6)	尾角4
17 シラハマウミトビムシ	1.5	黒紫	雉刀状(多数)	針状	3胞	3	なし	8+8	3節 (6)	尾角4
18 ヒラシマウミトビムシ	1.0	青黒	雉刀状(8)	大針状	3胞	7	なし	8+8	3節 (5)	尾角4
オオヤマトビムシ属										
19 キバラオオヤマトビムシ	不明	濃青黄斑	不明	2岐針状	3胞	なし	楕円 20+0	8+8	3節 (6)	
20 ヤスマツオオヤマトビムシ	2.0	青黒桃斑	3角 (4)	不明	3胞	不明	楕円 26+0	8+8	3節 (3+)	
ヤマトビムシ属										
21 シマヤマトビムシ	0.6	青灰紫	棒状 (2)	針状	3胞	6	桑実 25+30	8+8	3節 (6)	
22 ケナガヤマトビムシ	1.5	灰紫	3角 (3)	針状	3胞	8	円 10+0	8+8	3節 (6)	
23 アイイロヤマトビムシ	1.0	灰青	3角 (2)	2岐針状	丸型	3-4	円 7-8+0	8+8	3節 (2)	
24 ヒタカヤマトビムシ	0.9	灰	棒状 (2)	2岐針状	3胞	6	円 6-8+0	8+8	3節 (6)	
25 イサワヤマトビムシ	1.6	紫白縞	3角 (2)	針状微歯	3胞	5	楕円 12-13+0	8+8	3節 (6)	
26 シラガミヤマトビムシ	1.3	紫	3角 (4)	2岐針状	丸型	6	楕円 14+0	8+8	3節 (5)	
27 ヤマトヤマトビムシ	1.8	紫	3角 (5)	針状	3胞	2-3	花 5-6+0	8+8	3節 (6)	
ツブアナトビムシ属										
28 ツブアナトビムシ	2.5	黄	棒状 (2)	先細棒状	3胞	5	桑実 19+27	なし	退化*** (3-4)	
チビヤマトビムシ属										
29 チビヤマトビムシ	1.5	青	3角 (4)	2岐針状 (2)	丸型	炎状5	円 5-8+0	2+2	なし	
30 ニッポンチビヤマトビムシ	0.5	灰斑	3角 (3)	針状	丸型顆粒	6	円 8+0	3+3	なし	
オナシヤマトビムシ亜属										
オサメオナシヤマトビムシ属										
31 ヨツメオナシヤマトビムシ	1.1	青-白	棒状 (5)	3岐鋸歯状 (5)	3胞	4	楕円 10-12+0	4+4	退化 (2)	
32 ミツメオカトビムシ	3.0	黄橙	3角 (5)	4岐羽毛状 (5)	3胞	6	楕円 27-32+0	3+3	退化 (0-1)	頭部長毛3+3
ホラズミヤマトビムシ亜属										
33 イワイズミホラズミトビムシ	3.0	白	3角 (5)	3岐総状 (3)	3胞	8	円 20-25+0	なし	退化	
34 ホラズミトビムシ	2.3	白	3角 (6-9)	4岐総状 (3)	不明	渦巻状・5-9	桑実 20-27+5-10	なし	退化 (0-1)	頭部長毛2+2
35 ベンバドウホラズミトビムシ	4.1	白	3角 (13)	不明	3胞	不明	桑実 約30+8-10	なし	退化	頭部長毛4+4
36 ウゴウホラズミトビムシ	3.0	白	3角 (8)	3岐総状	3胞	渦巻毛・不明	桑実 約30+3-4	なし	退化	頭部長毛4+4
37 カントウガワホラズミトビムシ	2.8	白	3角 (6)+微毛	3岐総状 (3)	3胞	渦巻毛・数本	桑実 約30	なし	退化 (0-1)	頭部長毛4+4以上
38 ヒダホラズミトビムシ	4.0	白	3角 (15)	3岐総状 (3)	3胞	7	桑実 30+約30	なし	退化 (1)	
39 スズカホラズミトビムシ	3.0	白	3角 (12)	3岐総状 (3)	3胞	渦巻毛・数本	桑実 約25+約20	なし	退化	
40 ワカサホラズミトビムシ	3.0	白	3角 (6-7)	3岐総状 (5)	3胞	数本	桑実 約25+15	なし	退化	
41 オカモトホラズミトビムシ	3.5	白	3角 (12)	3岐総状 (3)	3胞	20	桑実 約25+5	なし	退化 (1)	頭部長毛4+4
42 ヒゲホラズミトビムシ	3.0	白	3角 (12)	3岐総状 (3)	3胞	不明	楕円 約20-0-1	なし	退化	頭部長毛5+5

* 嗅覚毛は触角第4節腹面にある名曲がった棒状の感覚毛。
** 跳躍器：長＝腹管に届く；無記＝短い。
*** 退化：2個の丘状突起。

表3. イボトビムシ科アオイボトビムシ亜科, イボトビムシ亜科の種の形質識別表

科・亜科・属・亜属 No. 和名	体長 (mm)	体色	イボ配列式 (太字は重要な特徴)	体剛毛	O毛	大顎先端 (鋸歯数)	小顎 (主岐歯数)	PAO	小眼数	色	爪内歯
イボトビムシ科											
アオイボトビムシ亜科											
アオイボトビムシ属											
43 キボシアオイボトビムシ	3.0	暗青, 黄斑	6,6/6,8,8/8,8,8,8,4,2	弱鋸歯	無	3歯	2枝2歯	大	5+5	青	無
44 キスジアオイボトビムシ	2.5	暗青, 黄筋	6,6/6,8,8/8,8,8,8,4,2	弱鋸歯	無	3歯	2枝2歯	大	5+5	青	無
45 チョウセンアオイボトビムシ	4.0	紫・濃青	**5,6/6,8,8/8,8,8,8,4,2**	杉葉先無	不明	5歯	2枝1歯	大	5+5	黒	有
46 ミナミアオイボトビムシ	3.0	濃青紫	6,6/6,8,8/8,8,8,**6**,4,2	蘇鉄葉	有	5歯	2枝1歯	大	5+5	黒	有
47 オオアオイボトビムシ	5.0	濃青紫	6,6/6,8,8/8,8,8,8,4,2	強鋸歯	有	5歯	3枝3主歯	大	5+5	黒	有
48 ヤマトアオイボトビムシ	3.5	明青紫	6,6/6,8,8/8,8,8,8,4,2	杉葉先丸短	有	5歯	2枝1歯	小	5+5	青	有
49 ウスアオイボトビムシ	3.5	明青	6,6/6,8,8/8,8,8,8,4,2	杉葉先丸長	有	5歯	2枝1歯	小	5+5	青	有
イボトビムシ亜科											
アオフサイボトビムシ属											
50 リシリアオフサイボトビムシ	3.0	青	3,6/6,8,8/8,8,8,**5**,4,2	弱鋸歯	(有)	4歯	総状	無	4+4	青	有
イボトビムシ属											
ヤマイボトビムシ亜属											
51 ヤカイボトビムシ	2.8	暗青	**5**,6/4,8,8/8,8,8,8,4,2	矢筈状	無	3歯	1枝針状	無	2+2	黒	無
52 ナガトイボトビムシ	2.8	暗青	1,6/4,8,8/8,8,8,8,3,2	先太毛羽立	無	3歯	1枝針状	無	2+2	黒	無
53 オキナワイボトビムシ	1.8	明灰青	1,6/4,8,8/8,8,8,8,3,2	先太毛羽立	無	3歯	1枝針状	無	2+2	黒	無
54 アマミイボトビムシ	1.9	青	1,6/4,8,8/8,8,8,8,3,2	柄杓状	無	3歯	1枝針状	無	2+2	黒	無
55 ヨナイボトビムシ	2.2	暗青	1,6/4,8,8/8,8,8,**3**,3,2	先太毛羽立	無	3歯	1枝針状	無	2+2	黒	無
56 キタヤマイボトビムシ	2.0	暗青	1,6/4,8,8/8,8,8,**4**,1,2	先太毛羽立	有	3歯	1枝針状	無	2+2	黒	無
57 キョウトイボトビムシ	2.4	暗・淡青	1,6/4,8,8/8,8,8,**4**,1,2	先太毛羽立	有	3歯	1枝針状	無	2+2	黒	無
ヒメイボトビムシ亜属											
58 イリオモテイボトビムシ	2.0	暗灰, 黒斑	**1**,6/4,8,8/8,8,8,8,3,2	へら状	有	3歯	1枝針状	無	2+2	黒	無
59 トウセイイボトビムシ	2.0	暗青, 黒斑	4,6/4,8,8/8,8,8,8,3,2	先太毛羽立	有	3歯	1枝針状	無	2+2	白	無
60 エゾイボトビムシ	1.7	ほぼ白	4,6/4,8,8/8,8,8,**7**,3,2	先太毛羽立	有	3歯	1枝針状	無	2+2	薄青	無
61 モモイボトビムシ	1.5	暗青, 黒斑	4,6/4,8,8/8,8,8,8,3,2	先太毛羽立	有	3歯	1枝針状	無	2+2	薄青	無
62 キリハイボトビムシ	2.0	乳白色	4,6/4,8,8/8,8,8,**3**,3,2	先太毛羽立	有	3歯	1枝針状	無	2+2	薄青	無
63 ニイジマイボトビムシ	0.9	白	4,6/4,8,8/8,8,8,**4**,1,2	先太毛羽立	有	3歯	1枝針状	無	2+2	薄青	無
イボナントビムシ属											
64 タイワンイボナントビムシ	1.0	白	0,0/0,0,0/0,0,0,0,1,0	単純短毛	有	3歯2微歯	1枝針状	無	2+2	白	無
65 ウエノイボナントビムシ	3.0	青灰	0,0/0,0,0/0,0,0,0,0,0	単純棘状	有	3歯3微歯	1枝針状	無	3+3	白	無
66 イボナントビムシ	1.0	薄暗灰	0,0/0,0,0/0,0,0,0,1,0	単純棘短毛	有	2歯3微歯	1枝針状	無	3+3	不明	無
アミメイボトビムシ属											
67 オレンジイボトビムシ	2.0	赤・橙色	6,6/6,8,8/8,8,8,8,6,2	尖中毛	有	3歯	1枝針状	無	2+2	白	無
68 チビアミメイボトビムシ	1.0	橙赤色	6,6/6,8,8/8,8,8,8,6,2	先丸中毛	有	3歯	1枝針状	無	2+2	白	有
69 クニガミイボトビムシ	1.0	赤	6,6/6,8,8/8,8,8,8,6,2	毛羽立短毛	無	3歯	2枝1歯	無	2+2	白	無

表4. イボトビムシ科・亜科イボトビムシ亜科の種の形質識別表（つづき）

科・亜科・属・亜属 No. 和名	体長 (mm)	体色	イボ配列式 （太字は重要な特徴）	体剛毛	O毛	大顎先端 （鋸歯数）	小顎 （主岐歯数）	PAO	小眼 数	色	爪内歯
イボトビムシ科											
イボトビムシ亜科（つづき）											
アカフサイボトビムシ属											
70 ヤマトアカフサイボトビムシ	2.0	赤	5,8/4,8,8/8,8,8,8,8,2	単純長毛	有	総状	2枝先折	無	3+3	黒	有
71 チョウセンアカフサイボトビムシ	1.7	白*	3,4/4,6,6/6,6,6,6,6,2	単純短毛	有	総状	3枝1繊毛	無	3+3	黒	有
フクロイボトビムシ属											
72 イエディアクロイボトビムシ	2.0	赤	2,0/2,4,4/4,4,4,8,6,2	単純短毛	有	3歯2微歯	1枝針状	無	3+3	黒	無
73 イチゴイボトビムシ	1.2	赤	2,4/4,6,6/8,8,8,6,6,2	先丸中毛	有	2歯	1枝針状	無	3+3	黒	無
74 ヤンバルイボトビムシ	1.4	白*	6,8/6,8,8/8,8,8,**8**,2	先丸細長	有	3歯2微歯	2枝針状	無	3+3	薄青	有
75 ウメボトビムシ	2.2	赤	6,8/6,8,8/8,8,8,6,6,2	先丸細長	無	3歯2微歯	1枝針状	無	3+3	黒	有
ホソイボトビムシ属											
76 ミナミホソイボトビムシ	2.4	白	2,4/4,6,6/6,6,6,6,6,2	単純棟状	有	5歯羽毛	3枝羽毛	無	0	—	有
77 インホソイボトビムシ	3.0	黄	2,2/2,4,4/4,4,4,**4**,4,2	単純尖長	有	6歯付?	3枝羽毛	無	3+3	黒	有
78 キンペベホソイボトビムシ	2.3	赤・橙色	0,0/2,4,4/4,4,6,6,6,2	長棟羽状	無	5歯2片	3枝羽毛	無	3+3	白	有
79 アカホソイボトビムシ	2.0	赤	2,6/4,6,6/6,6,6,6,6,2	単純尖長	有	5歯1片	3枝羽毛	無	3+3	黒	有
アカイボトビムシ属											
ヒメアカイボトビムシ亜属											
80 スタックアカイボトビムシ	3.5	赤	6,6/4,8,8/8,8,8,8,8,2	先丸太短	無	6歯1片	2枝2歯	無	3+3	黒	有
81 フトゲアカイボトビムシ	2.5	赤	6,6/4,8,8/8,8,**6**,6,8,2	先丸太短	無	8歯	2枝2歯	無	3+3	黒	有
82 ザラデールアカイボトビムシ	3.0	赤	2,8/6,8,8/8,8,8,8,8,2	単純細長	無	8・9歯	2枝2歯	無	3+3	黒	有
83 ミズナシアカイボトビムシ	3.5	赤・桃色	5,8/6,8,8/8,8,8,**6**,6,2	先丸尖長	無?	6・7歯羽毛	2枝2歯	無	3+3	黒	有
84 バライボトビムシ	1.8	深紅	5,8/6,8,8/8,8,8,8,6,2	先丸羽毛	無	5歯羽毛	2枝2歯	無	3+3	黒	有
85 キタザワヒメアカイボトビムシ	1.8	深紅	5,8/6,8,8/8,8,8,**8**,8,2	先丸羽毛	無	5歯羽毛	2枝2歯	無	3+3	黒	有
アカイボトビムシ亜属											
86 クレナイイボトビムシ	2.0	赤	6,6/**4,8,8**/8,8,**6,6**,8,2	長毛	不明	6歯3歯	2枝3歯	無	3+3	黒	有
87 ウオズミアカイボトビムシ	4.0	薄赤	6,8/**4,8,8**/8,8,**6,6**,8,2	長毛	無	7歯羽毛	1枝羽毛付	無	3+3	黒	有
88 ノムラアカイボトビムシ	1.8	薄赤	2,2/0,4,4/4,4,4,6,2	長毛	無	不明	3枝5歯羽	無	4+4	白	無
89 ホラアカイボトビムシ	2.5	薄黄	3,0/4,6,6/6,6,6,6,8,2	長毛	不明	7歯?	1枝羽毛付	無	3+3	黒	無
ホラィボトビムシ亜属											
90 クラサワシロイボトビムシ	1.8	白	0,6/6,8,8/**8,8,6,6**,6,2	先丸細長	無	7歯	2枝3歯羽	無	0	—	有
91 ワカサホラィボトビムシ	2.3	薄赤	2,6/**2,6,6**/8,8,8,8,8,2	先丸細長	無	8歯	2枝3歯羽	無	0	—	有
92 サメシロイボトビムシ	2.5	薄赤	6,8/6,8,8/8,8,8,8,8,2	先丸細長	無	7歯	3枝5歯羽	無	0	—	有
93 ヒダシロイボトビムシ	2.0	白	5,7/6,8,8/8,8,8,6,6,2	先丸細長	無	7歯	2枝3歯羽	無	0	—	有
94 クゴウシロイボトビムシ	2.3	白	5,7/6,8,8/**8**,6,6,6,2	先丸細長	無	8歯	2枝3歯羽	無	0	—	有

白*：アルコール標本での体色。

上の顆粒より大きく発達する．これとは別に，顆粒が二次的に発達すると，イボが網目状にみえることがある．この場合，小片は互いに接着せず，動かすことができ，押されると離れるので，本当の網目構造とは区別できる（図B3）．

毛の配列：体毛は少なく，滑らかな短毛が多いが，ケナガヤマトビムシ（*Pseudachorutes longisetis*, 図22）とオナシヤマトビムシ属（図31-42）には長い剛毛がある．また，ツクバヒシガタトビムシ（*Superodontella tsukuba*, 図5）の体毛は鋸歯のある棍棒状である．アオイボトビムシ属は杉葉状，蘇鉄葉状，イボトビムシ亜科では棍棒状，杓子状の毛もある（B5, 8）．体節上の毛の位置を示す記号として，a (anterior, 前列)，m (middle, 中央列)，p (posterior, 後列) が使われる．また，背中の中心（中軸）から側面に向かって 1, 2, 3, …の番号を付ける．従って，a1 は，体節の前列で，中軸に1番近い毛を示す．体節前方の中軸上に毛がある場合は a0 と表示する．イボ上には大小・長短の剛毛がある（図B5, 8）．イボトビムシ亜科の前頭部のイボ（額イボ，触角イボ，頭頂イボ）の毛には A-G, O の記号が付されている（図B3, 4）．中軸上の不対毛は頭頂イボの O 毛だけである．眼イボ，後頭部のイボの毛は体節上の毛と同様に表す．各毛は見極めにくいほどの微小毛から短毛，中毛，長毛と発育に伴って発達するのが一般的であるが，終生，微小毛，短毛のままの場合もある（図B8）．各イボの毛の数は重要で，その形状のみならず，イボとの位置関係も重要であり，イボが未発達な場合イボの外にはえることもある．背面の一部のイボに，単純で先細の柔らかそうな，剛毛とはっきり区別される感覚毛（s, s.h., 図B5）がある．剛毛のほうが長いことが多いが，逆に短いこともある．感覚毛の位置は基本的に安定しており，胸部第2-3節の背外イボの後部内側と背側イボの前部外側，胸部第1-5節の背外イボの後部外側にある．特に第5節の感覚毛の位置は，融合したイボの判定に重要である．

サメハダトビムシ科
Brachystomellidae Massoud, 1967

大顎がない．小顎は短くグローブ型で（図A5a），薄片はなく，大小の多くの歯がある．この形はこの科特有である．体表にははっきりとした顆粒があり，ときにとても粗くなり，顆粒ごとに青色の微小な色素がある．サメハダトビムシの和名はこの表皮の形状による．日本の種は眼が8+8，PAOは花型で（図A8a），跳躍器はあるが，外国には眼がないもの，PAOがないもの，跳躍器がない種もいる．体形は楕円形．口吻はあまり突き出さない．主爪はふつう小さな内歯があり，脛付節に先が丸い粘毛がある（図A9a）．尾角はない．中南米，オーストラリア，ニュージーランドなど，南半球を中心に9属が知られているが，日本ではサメハダトビムシ属のみ．

ヒシガタトビムシ科
Odontellidae Massoud, 1967

大顎がない．小顎は小さく，爪状あるいは炎状，ないし針状で薄片はない．PAOは3-5片にくびれ，3-5角形の星型の独特な形をしている（図A8b）．ヒシガタトビムシの和名はこのPAOの形による．跳躍器は独特で短く，保体だけないこともある（図A2）．腹部第6節先端に1対の尾角があることが多く，まったくないことはまれである．体形はずんぐりし，長い円筒状あるいは厚く太い紡錘形．体表を覆う顆粒は比較的大きく，不規則な形状に発達することもある．体毛は単純なことが多いが，まれに根棒状か鋸歯状に変形する（図5g）．口吻はあまり突き出さないことが多いが，円錐状に強く尖る種もいる（図A4）．触角第4節に伸縮性の先端感球がある種が多い．眼は5+5（図A8b）か，まったくない．主爪は太く，副爪はないか，まれに毛状（図A9b）．脛付節に先が丸い粘毛があることもある．まれに触角や肢（腿節）にトゲがある（図A4, 6d）．小型種は土壌潜行性の種が多い．世界で13属が知られており，日本では3属が記録されている．

イボトビムシ科
Neanuridae Börner, 1901

この科の共通点は，大顎はあるが臼歯域がないことである．尾端がひと山でイボのないグループと（旧ヤマトビムシ科），一部の例外を除いて尾端がふた山でイボのあるグループ（旧イボトビムシ科+イボナシトビムシ属）に分けられる．前者は小顎が爪状で奇数本の尾角があるシリトゲトビムシ亜科と，小顎の形態が異なり，尾角が偶数かまったくないヤマトビムシ亜科に分かれ，後者はPAOのあるアオイボトビムシ亜科とPAOがないイボトビムシ亜科に分けられる．

シリトゲトビムシ亜科
Frieseinae Massoud, 1967

PAOがなく，腹部第6節に3-7の奇数本の尾角，あるいは剛毛がある．体は紡錘形で大型種はいない．体色は青黒から灰色．大顎の先端部は広い三角形で，多くの歯がある．小顎は爪状で（図A6b），この亜科特有の多数の微歯のある2本の付属物が中央から伸びているが，この付属物は見分けにくい．日本産の種の眼は8+8．肢の脛付節に粘毛はない．跳躍器はあるが，小さく退化して端節を欠く種もいる．海浜性が多いが，

土壌性もいる．世界で5属が含まれ，日本には2属が知られている．

ヤマトビムシ亜科
Pseudachorutinae Börner, 1906

この亜科は多様な特徴のある属の集合体である．この科を代表するヤマトビムシ属は，眼が8+8，跳躍器は短いが3節揃い，PAOがあって，特殊な形態に乏しい．基本的にイボも尾角もないが，ウミトビムシ属だけ頭部の剛毛がイボトビムシ亜科に対応しているとともに，偶数本の尾角がある．また，ミナミオナガトビムシ属だけ腹管に届くほど長い跳躍器がある．その他ふっくらした体形で青地にピンクの模様のあるオオヤマトビムシ属，体表に複雑な顆粒のあるツブツブトビムシ属，眼も跳躍器も退化したチビヤマトビムシ属とオナシヤマトビムシ属など，日本では7属が発見されている．世界では50属を超える．

アオイボトビムシ亜科
Morulininae Börner, 1906

全身イボが発達し，明確なPAOがあり，眼は5+5，跳躍器の痕跡がある（図B12）．大型で5 mmを超えることもある．体は厚い．青色で，黄紋がある種もいる．肢は太く短い．腿節や脛付節に先が曲がった長剛毛（図B10）がある種がいる．主爪は大きく，副爪や粘毛はない．尾角もない．イボの配列はほとんどの種が同じで，胸部第1節は背外イボを欠き，腹部第5節は背イボと側イボの2対，第6節は1対だけである．このうち腹部第5節の側イボと第6節のイボは腹面にあり，背方からは見えない．胸部第2-3節の背側イボは前方へ，側イボは後方へずれる．腹部第1-3節の背外イボと背側イボは横一列に並び，第4節の背外イボと背側イボはほぼ前後に縦に並ぶ．なお，チョウセンアオイボトビムシで頭頂イボを欠き，ミナミアオイボトビムシで背外イボと背側イボが融合する．これ以外でイボが融合することは日本のアオイボトビムシ属では知られていない．世界で2属，日本で1属が知られる．

イボトビムシ亜科
Neanurinae Börner, 1901

基本形は背面にイボがあり，跳躍器，保体，尾角ともにない．ただし，イボナシトビムシ属にイボはないが，毛の集団はイボの位置に対応する．また，タイワンイボナシトビムシには跳躍器の痕跡を示す毛がある．体形は扁平でおおむね楕円形だが，体が厚くずんぐりもっこりしている種や，ときに細長い種もいる．大型種は4 mmを超えることもあるが，多くは1-2 mm程度である．体色は青系と黄赤系に分かれる．両系統が同じ属に含まれるのはイボナシトビムシ属だけで，日本産は青系である．青系は黒に近い濃紺色から赤に近い紫，さらに薄青から完全な白までいろいろの段階がある．腹面は薄く，背面は腹面より濃い．イボはさらに濃くなる傾向がある．眼だけに色素があることもある．赤系も，紅，橙，黄といろいろな段階があり，赤系で白い場合もある．同じ種でも洞穴棲息個体は色が薄くなる傾向がある．体色は赤系で，眼だけ青系の色素があることもある．注意すべきは赤系の色素はアルコール中で消えるので，生存中の体色を確認しておくことが望ましい．肢は太く短い．腿節や脛付節に先が曲がった長剛毛がある種がいるが，このような付属物は稀で，脛付節に先の丸い粘毛もない．爪は太く，船の竜骨状に湾曲する．副爪や粘毛はない．第1節の腹管は太く短い（図B7, B11）．

82 昆虫亜門・トビムシ目

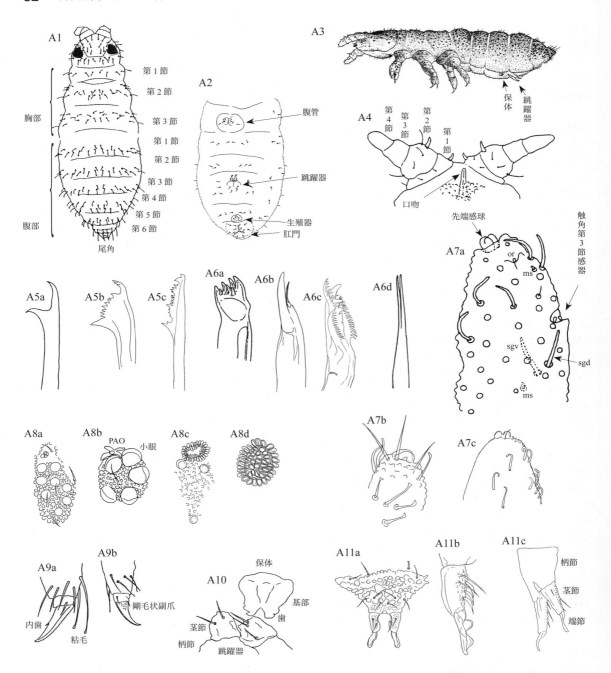

図A　サメハダトビムシ科, ヒシガタトビムシ科, シリトゲトビムシ亜科, ヤマトビムシ亜科の形態用語図解
1, 全体図背面（ツクバヒシガタトビムシ）; 2, 腹部腹面（ヤマトカギサメハダトビムシ）; 3, 全体図側面（キタノシリトゲトビムシ）; 4, 頭部腹面（トゲヒシガタトビムシ）; 5, 大顎, 5a（イサワヤマトビムシ）, 5b（ワカサホラズミトビムシ）, 5c（エサキウミトビムシ）; 6, 小顎, 6a（ヤマトサメハダトビムシ）, 6b（ハマベシリトゲトビムシ）, 6c（ミツメアカトビムシ）, 6d（アイイロヤマトビムシ）; 7, 触角, 7a, 第 3 - 4 節, or: 粒状突起, ms: 微細感覚毛, sgd: 背保護毛, sgv: 腹保護毛（イサワヤマトビムシ）, 7b, 第 4 節（ツノナガヒシガタトビムシ）, 7c, 第 4 節（スズカホラズミトビムシ）8, PAO と眼; 8a, 花型（ヤマトサメハダトビムシ）; 8b, 星型（トゲヒシガタトビムシ）; 8c, ロゼット型（ミツメアカトビムシ）; 8d, 桑実型（スズカホラズミトビムシ）; 9, 肢の脛付節と爪, 9a, 前肢（ヤマトサメハダトビムシ）; 9b, 後肢（チビサメハダトビムシ）; 10, 保体と退化した跳躍器（ヤマトシリトゲトビムシ）; 11, 跳躍器, 11a（チビサメハダトビムシ）; 11b（ナミヒシガタトビムシ）; 11c（ハマベシリトゲトビムシ）（1, Tamura, 1999; 2, Tamura and Yue, 1999; 3, Uchida and Tamura, 1966; 4, 8b, Yosii, 1965; 5a, 7a, Tamura, 2001a; 5b, 6a, 7c, 8a, d, 9a, Yosii, 1956a; 5c, Yosii, 1958; 6b, 11c, Yosii, 1958; 6c, 木下, 1916a; 6d, 7b, 8c, 10, 11b, Yosii, 1954b; 9b, 11a, Uchida and Tamura, 1968b）.

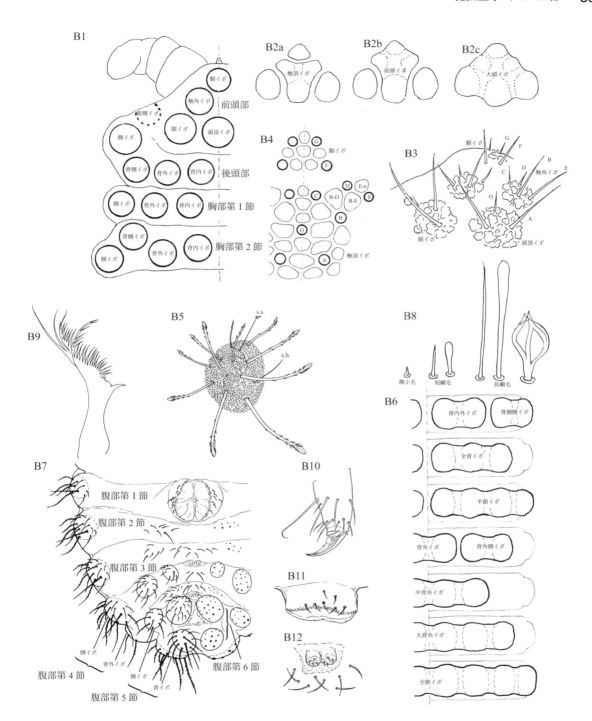

図B　アオイボトビムシ亜科，イボトビムシ亜科の形態用語図解
1, 頭部と胸部のイボ名；2, 前頭部のイボの融合例，2a, 触頂イボ；2b, 前頭イボ；2c, 大頭イボ；3, イボトビムシ亜科（アミメイボトビムシ属）の前頭部の剛毛名；4, イボトビムシ亜科（ヒメイボトビムシ亜属）の前頭部の剛毛名と小片名；5, 胸部第2節背外イボの感覚毛（s.s., s.h.）（ヤマトアオイボトビムシ）；6, 腹部背面のイボの融合例；7, 腹部腹面のイボ（ヤマトアオイボトビムシ）；8, いろいろな剛毛；9, 総状の大顎（チョウセンアカフサイボトビムシ）；10, 後肢の脛跗節と爪（チョウセンアオイボトビムシ）；11, 腹管の側面（ヤマトアオイボトビムシ）；12, 退化した跳躍器の痕跡（チョウセンアオイボトビムシ）；(1, 2, 4, 8, 田中, 2010; 3, Yosii, 1969; 5, 7, 11, Tanaka, 1984; 6, 田中原図；9, Yosii and Lee, 1969; 10, 12, Tanaka, 1978)．

イボトビムシ上科 Neanuroidea の科，属，種への検索

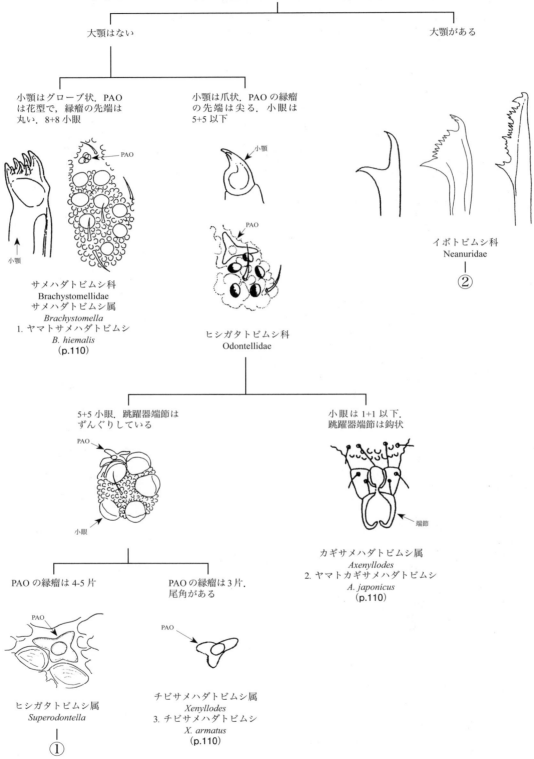

昆虫亜門・トビムシ目　85

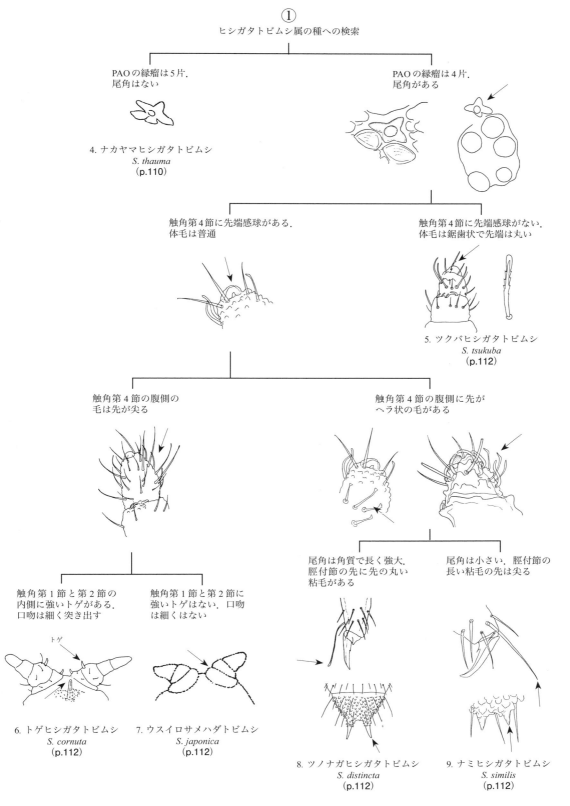

イボトビムシ科 Neanuridae の亜科への検索

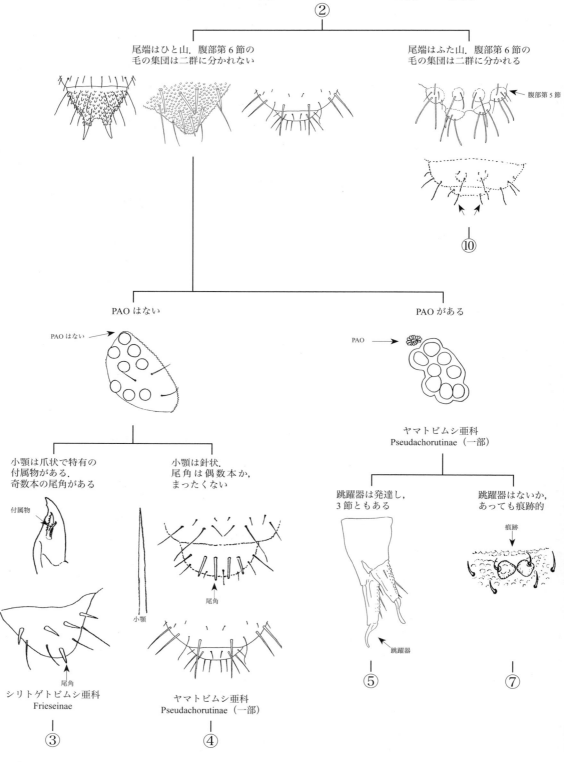

シリトゲトビムシ亜科 Frieseinae の属，種への検索

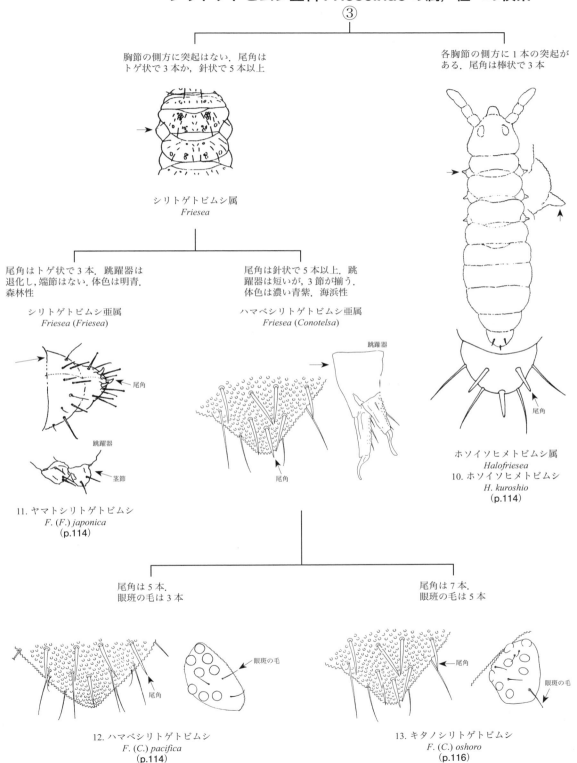

ヤマトビムシ亜科 Pseudachorutinae（PAO なし）の属，種への検索

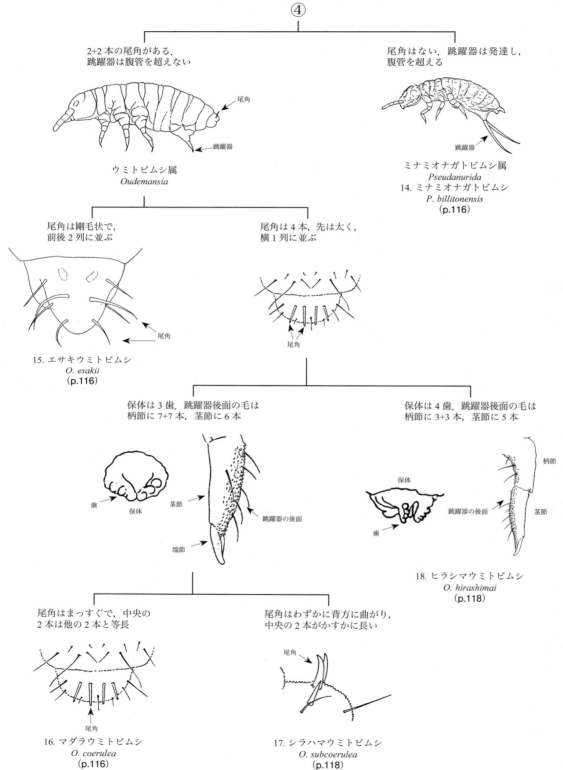

ヤマトビムシ亜科（PAO あり，跳躍器あり）の属，種への検索

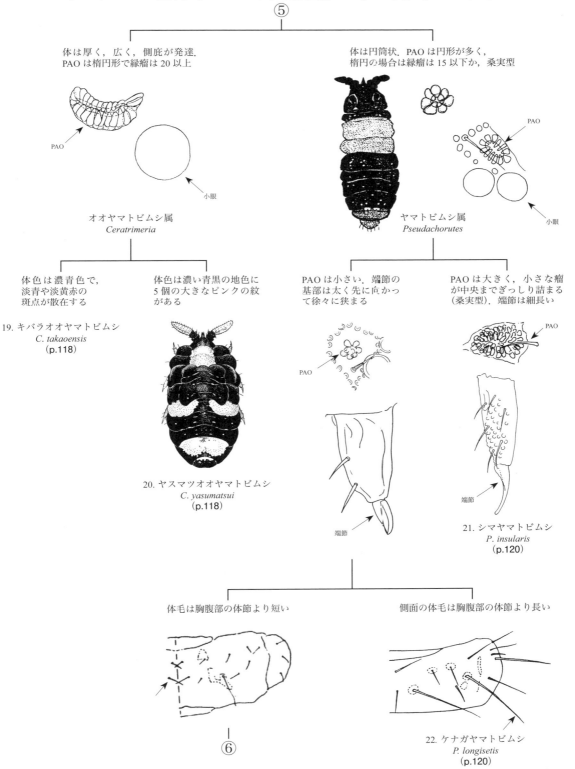

90 昆虫亜門・トビムシ目

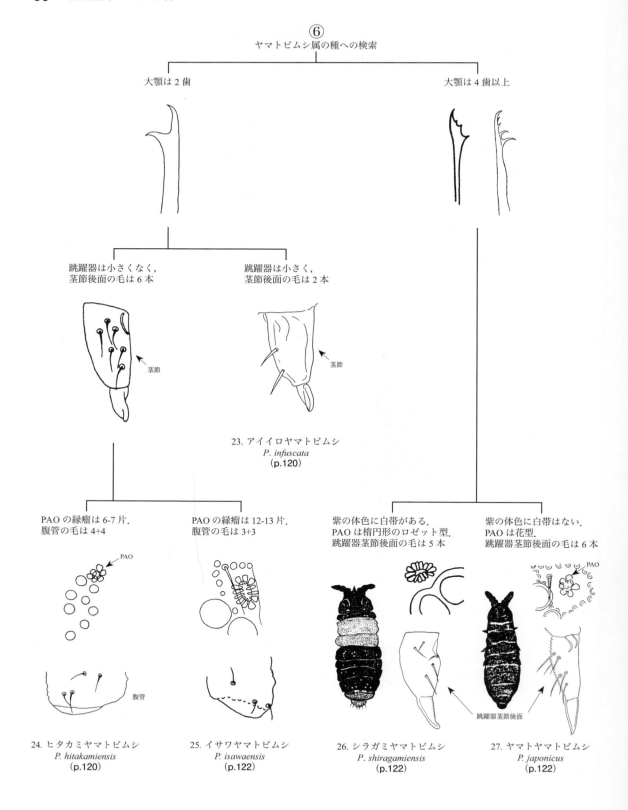

ヤマトビムシ亜科（PAO あり，跳躍器退化）の属，種への検索

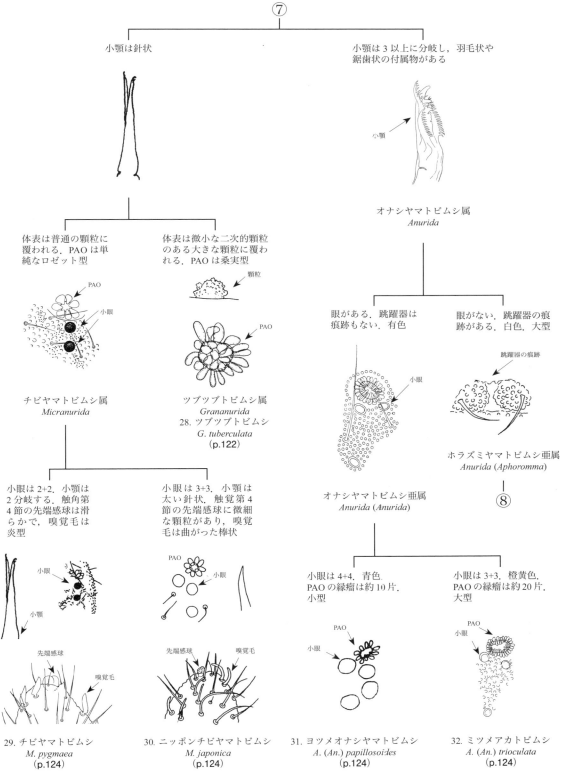

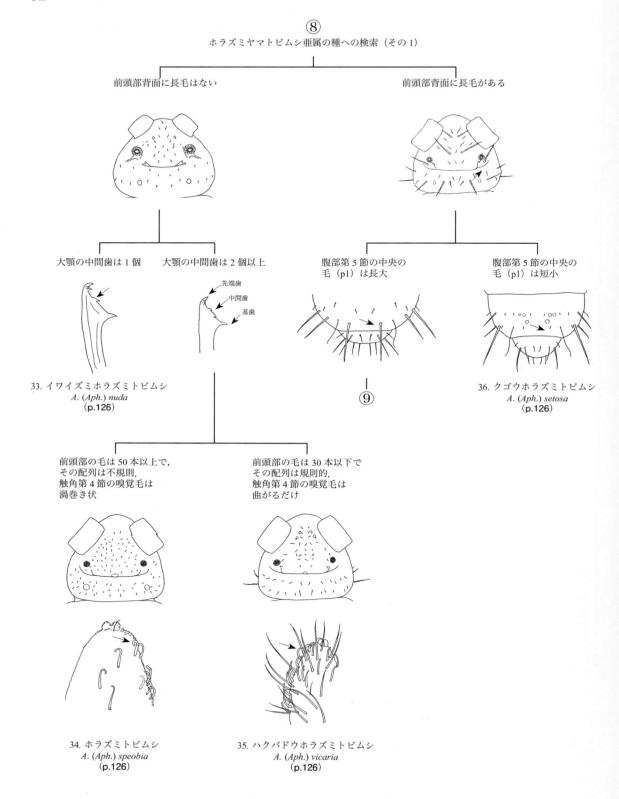

昆虫亜門・トビムシ目　93

⑨ ホラズミヤマトビムシ亜属の種への検索（その2）

大顎の中間歯は2個だけ はっきり大きい

大顎の中間歯は2個より多い

大顎の2個の中間歯の あいだに数個の微歯は ない．PAOの中央瘤は 少ない．主爪に内歯は ない

大顎の2個の中間歯の あいだに微歯がある． PAOの中央瘤は多い． 主爪に内歯がある

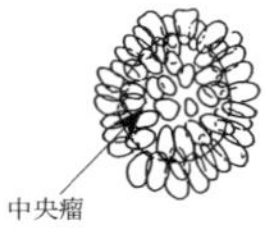

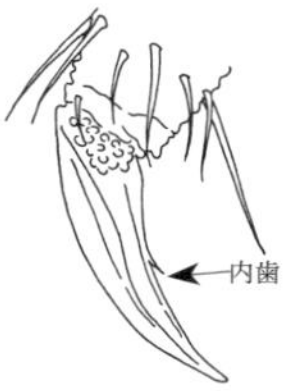

PAOの中央瘤は多い

PAOの中央瘤はほとんどない

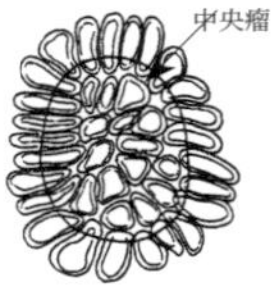

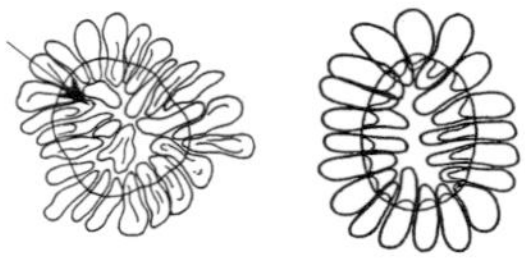

中央瘤

スズカホラズミトビムシ
A. (Aph.) assimilis

中央瘤

37. カンナガワ
ホラズミトビムシ
A. (Aph.) desnuda
(p.128)

内歯

38. ヒゴホラズミトビムシ
A. (Aph.) iriei
(p.128)

大顎の中間歯は3個． 腹部第5節の前列中央 毛（a1）は短い

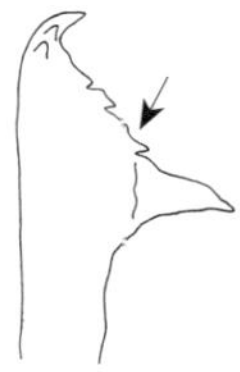

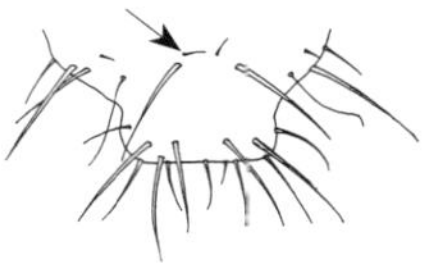

大顎の中間歯は複雑． 腹部第5節の前列中央 毛（a1）は長い

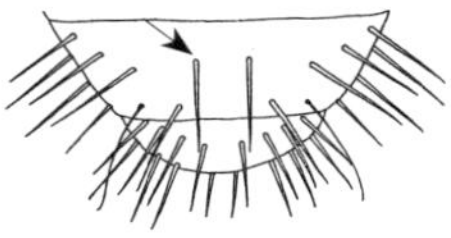

41. オカモトホラズミトビムシ
A. (Aph.) okamotoi
(p.130)

42. ヒダホラズミトビムシ
A. (Aph.) diabolica
(p.130)

腹部第3節の後列中央の 毛（p1）は短小． 側面の長毛は2対

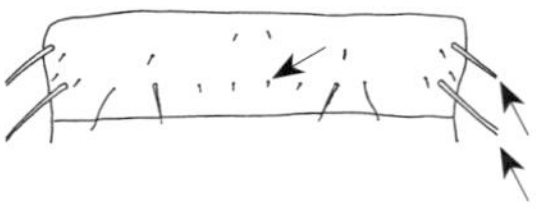

腹部第3節の後列中央の 毛（p1）はやや長い． 側面の長毛は1対

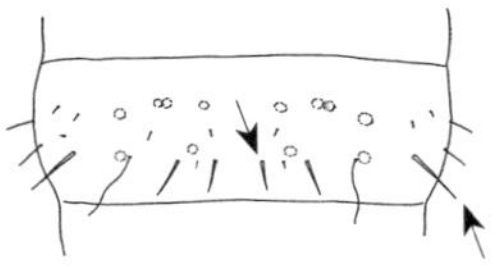

39. スズカホラズミトビムシ
A. (Aph.) assimilis assimilis
(p.128)

40. ワカサホラズミトビムシ
A. (Aph.) assimilis persimilis
(p.128)

— 1185 —

イボトビムシ科 Neanuridae（一部）の亜科，属への検索

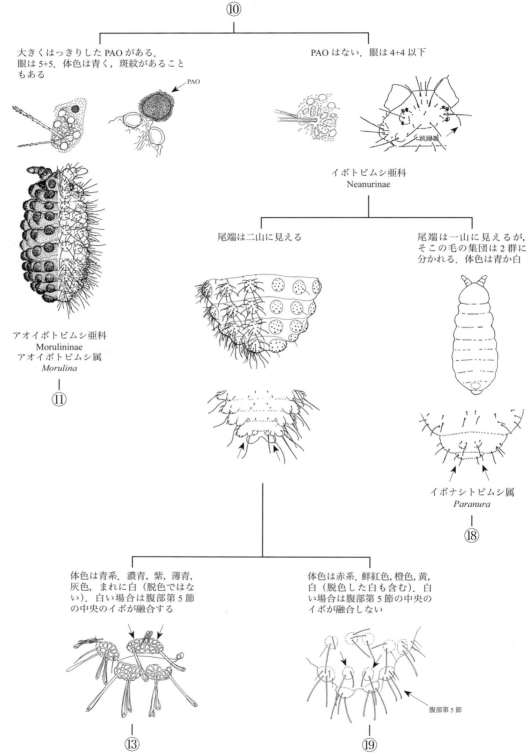

昆虫亜門・トビムシ目　95

⑪
アオイボトビムシ属の種への検索（その1）

青い地色に，黄色の斑紋がある．
主爪に内歯がない．イボは高くない

キボシアオイボトビムシ
M. gilvipunctata

体色は青で，斑紋はない．
主爪に内歯がある．イボは高い

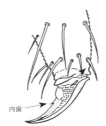
内歯

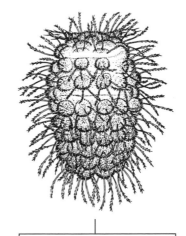

斑紋は触角第4節と，胸
部第1節，腹部第1-3節
の背側イボ，5節にある

斑紋は触角第2-4節と，
胸部第1節，腹部第1
節外半部，5節にある

43. キボシアオイボトビムシ
M. gilvipunctata gilvipunctata
（p.130）

44. キスジアオイボトビムシ
M. gilvipunctata irrorata
（p.130）

頭頂イボがなく，前頭中央部の
イボは3個．体剛毛のぎざぎざ
は先端まで不規則．脛付節の内
側の大きく曲がった毛は1本

頭頂イボがあり，前頭
中央部のイボは4個

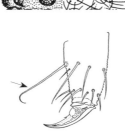

頭頂イボ

45. チョウセンアオイボトビムシ
M. triverrucosa
（p.132）

⑫

— 1187 —

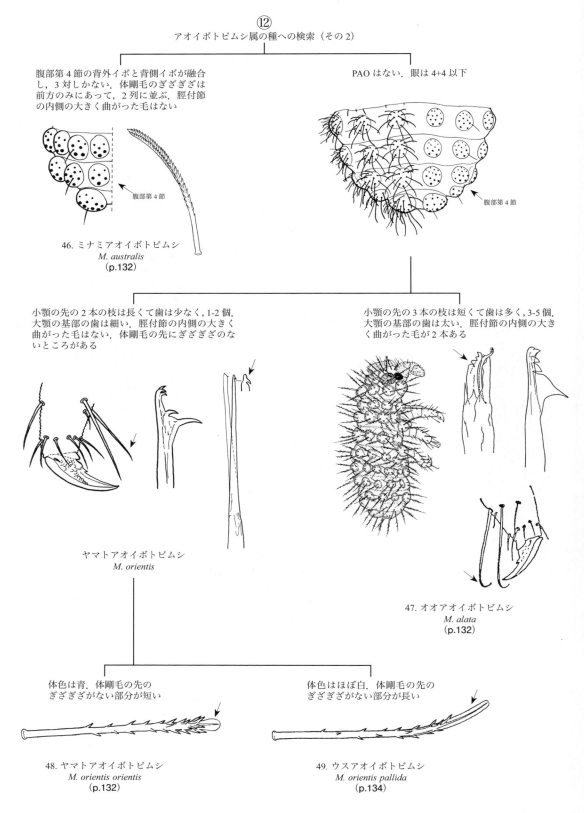

イボトビムシ亜科 Neanurinae の属，種への検索

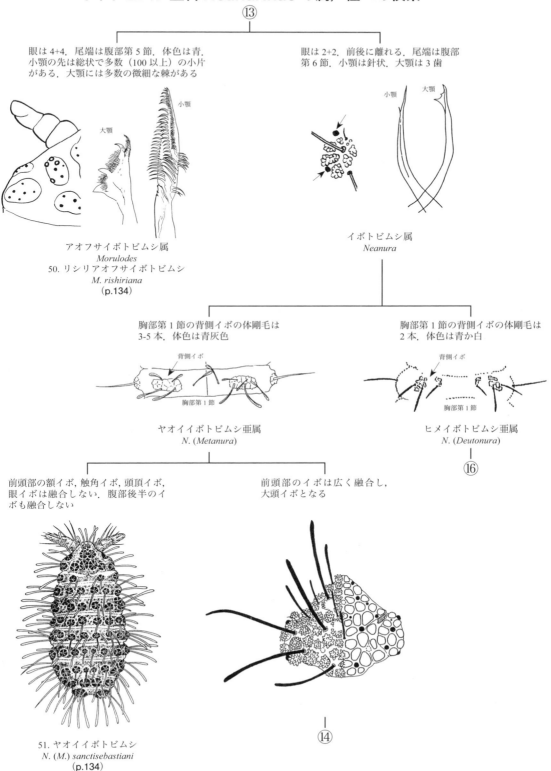

98 昆虫亜門・トビムシ目

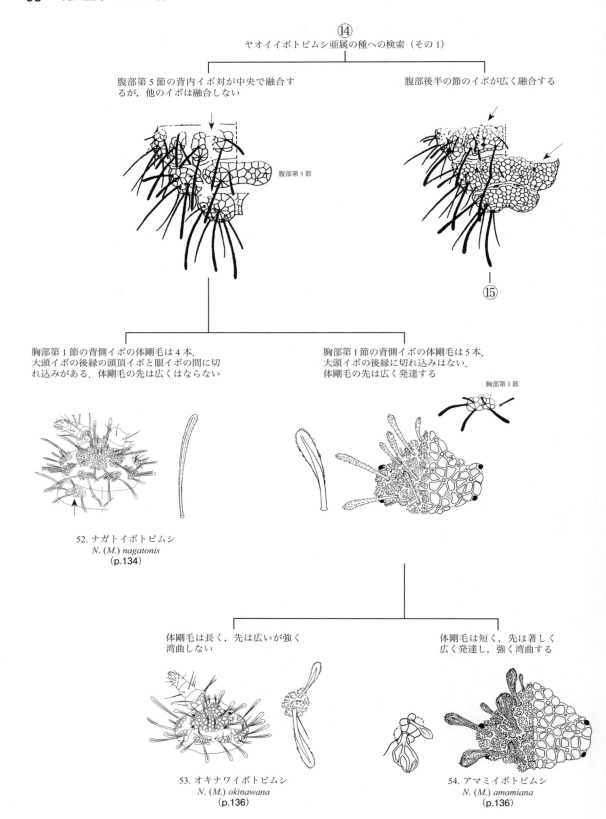

⑭ ヤオイイボトビムシ亜属の種への検索（その1）

腹部第5節の背内イボ対が中央で融合するが，他のイボは融合しない

腹部第5節

腹部後半の節のイボが広く融合する

⑮

胸部第1節の背側イボの体剛毛は4本．大頭イボの後縁の頭頂イボと眼イボの間に切れ込みがある．体剛毛の先は広くはならない

胸部第1節の背側イボの体剛毛は5本．大頭イボの後縁に切れ込みはない．体剛毛の先は広く発達する

胸部第1節

52. ナガトイボトビムシ
N. (M.) nagatonis
(p.134)

体剛毛は長く，先は広いが強く湾曲しない

体剛毛は短く，先は著しく広く発達し，強く湾曲する

53. オキナワイボトビムシ
N. (M.) okinawana
(p.136)

54. アマミイボトビムシ
N. (M.) amamiana
(p.136)

― 1190 ―

昆虫亜門・トビムシ目　99

⑮ ヤオイイボトビムシ亜属の種への検索（その2）

腹部第5節と第6節のイボは互いに融合するだけでなく，両節の間も全面が融合する

腹部第5節と第6節のイボは互いに融合するが，第5節と第6節の間は融合しない

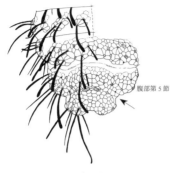

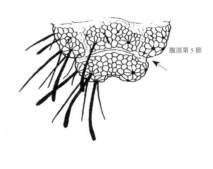

55. ヨナイイボトビムシ
N. (M.) yonana
(p.136)

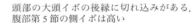

頭部の大頭イボの後縁に切れ込みはない．腹部第5節の側イボは低い

頭部の大頭イボの後縁に切れ込みがある．腹部第5節の側イボは高い

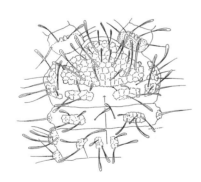

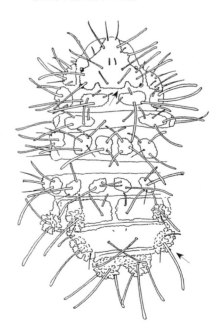

56. キタヤマイボトビムシ
N. (M.) kitayamana
(p.136)

57. キョウトイボトビムシ
N. (M.) yamashironis
(p.138)

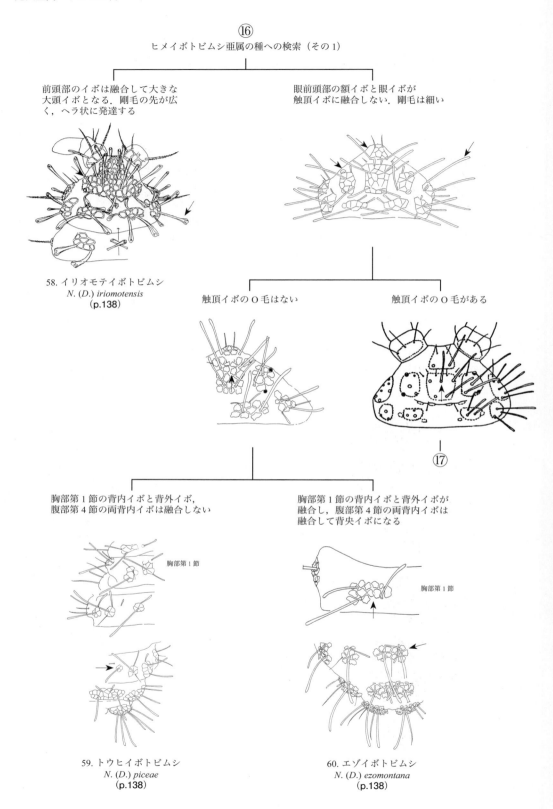

昆虫亜門・トビムシ目　101

⑰
ヒメイボトビムシ亜属の種への検索（その2）

胸部第2，3節の背外イボの毛は3本．
後頭部背側イボの剛毛は5本．
頭頂イボのB-D片がある

胸部第2，3節の背外イボの毛は2本．
後頭部背側イボの剛毛は6本．
頭頂イボのB-D片とB-E片はない．
体色は白，眼だけが薄青

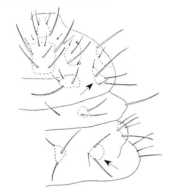

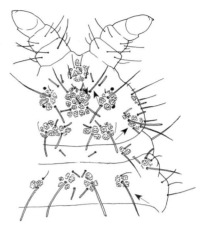

63. ニイジマイボトビムシ
N. (D.) niijimae
(p.140)

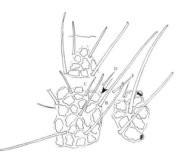

体色は青．頭頂イボの
B-D片とB-E片がある

体色は白．頭頂イボの
B-D片はあるが，B-E片はない

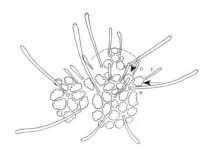

61. モミイボトビムシ
N. (D.) abietis
(p.140)

62. キリハイボトビムシ
N. (D.) fodinarum
(p.140)

⑱ イボナシトビムシ属の種への検索

体色は白．眼だけが薄青．眼は 2+2，前後に
離れる．腹部第 5 節に背央イボがある

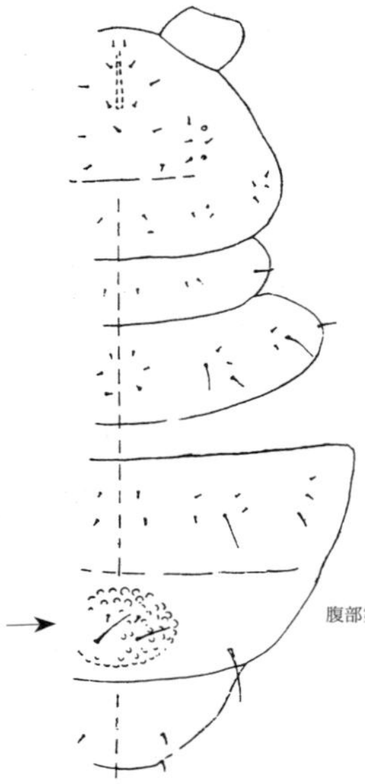

体色は青灰色．眼は 3+3，前 2 個は
接する．腹部第 5 節に背央イボはない

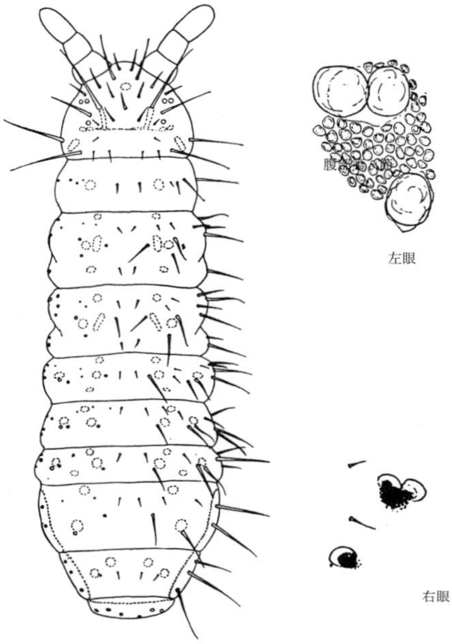

腹部第 5 節

左眼

右眼

64. タイワンイボナシトビムシ
P. formosana
(p.140)

腹部第 5-6 節に網目構造がある．
大顎は 3 歯で，先端歯に 3 微歯がある

腹部第 5-6 節に網目構造はない．
大顎は 2 歯で，先端歯に 3 微歯がある

腹部第 5 節

大顎

大顎　小顎

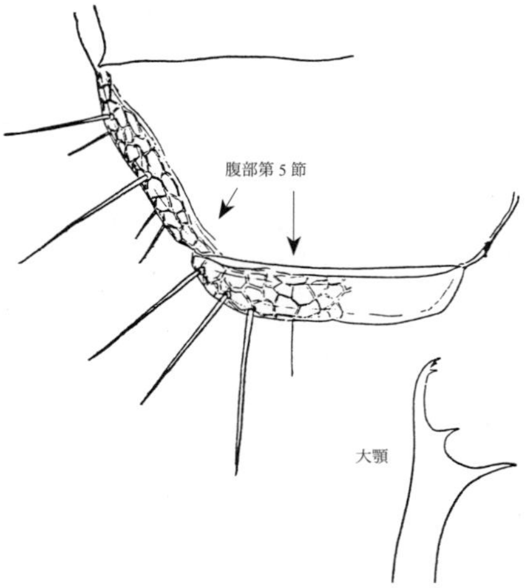

65. ウエノイボナシトビムシ
P. suenoi
(p.142)

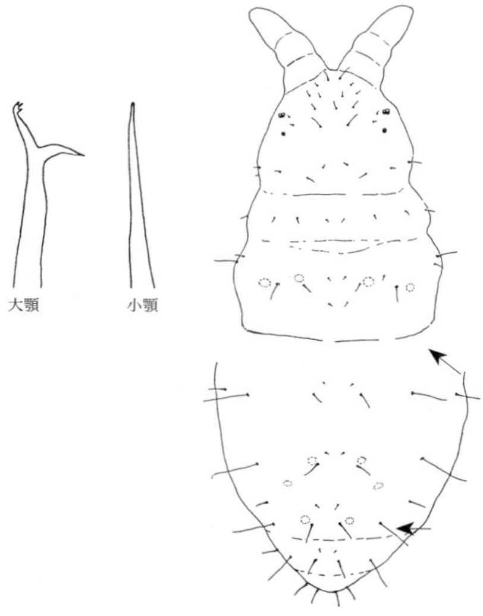

66. イボナシトビムシ
P. sexpunctata
(p.142)

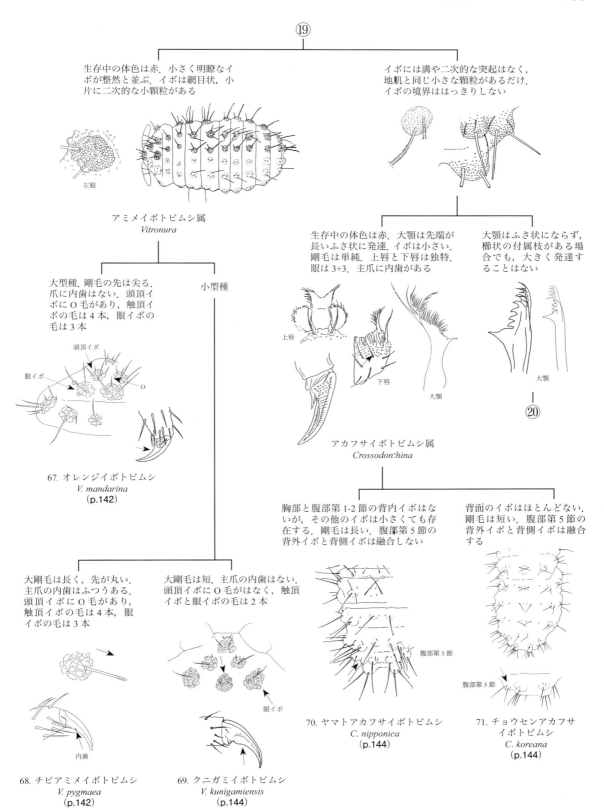

104 昆虫亜門・トビムシ目

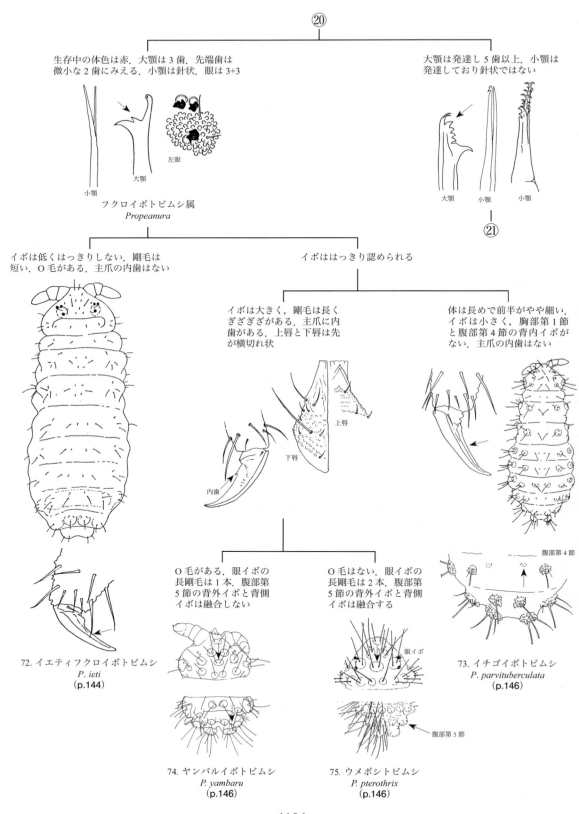

昆虫亜門・トビムシ目　105

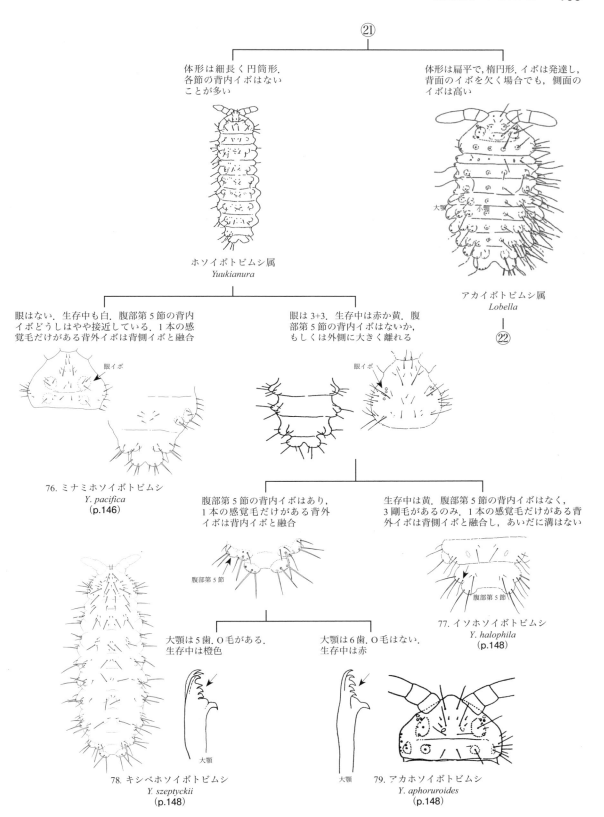

㉒ アカイボトビムシ属の亜属，種への検索（その1）

小顎の先の2本の枝は長く，1本は1-2歯，もう1本は薄く単純．生存中は赤，眼は3+3．主爪の基部に大きな1内歯がある

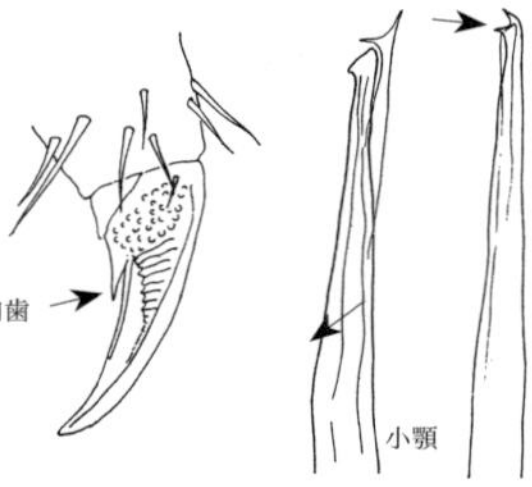

小顎の先の2本の枝のうち1本は短く，3個以上の歯がある．もう1本は総状の薄片がある

ヒメアカイボトビムシ亜属
Lobella (*Lobellina*)

㉔

剛毛は細く長い

背面のイボの中央の剛毛は太く短く，棍棒状に発達している

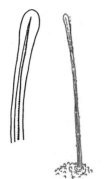

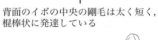

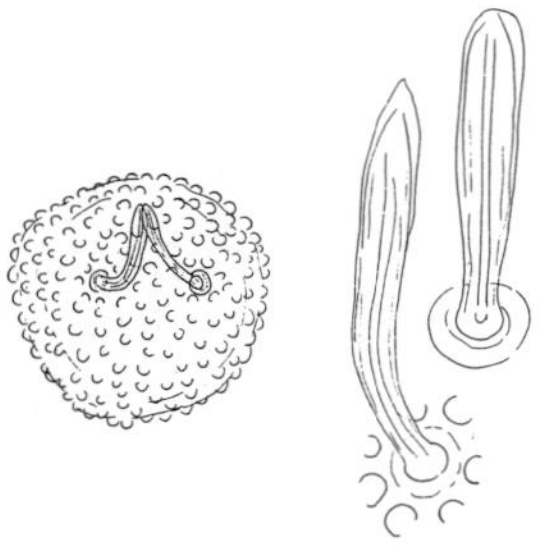

㉓

腹部第3-4節の背内イボがあり，1本の太い剛毛がある．大顎の先端の4歯と基部の2歯の間に空白域がある

腹部第3-4節の背内イボはなく，1本の短毛があるのみ．大顎には8歯があり，中央に空白域は無い

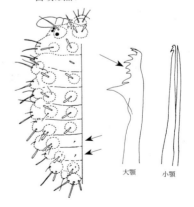

80. スタックアカイボトビムシ
L. (*Ln.*) *stachi*
(p.148)

81. フトゲアカイボトビムシ
L. (*Ln.*) *decipiens*
(p.150)

昆虫亜門・トビムシ目　107

ヒメアカイボトビムシ亜属の，種への検索

剛毛の先が尖る．O毛があり，
E毛は短い

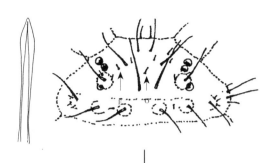

剛毛の先が丸く，弱いぎざぎざがある．
O毛がなく，E毛は長い

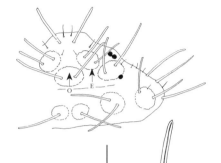

腹部第4節の背内イボがある．
剛毛は単純

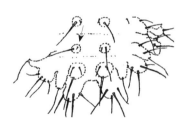

82. ザウテルアカイボトビムシ
L. (Ln.) sauteri
(p.150)

腹部第4節の背内イボはない．剛毛は翼状でぎざぎざがある

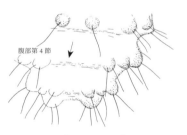

83. ミズナシアカイボトビムシ
L. (Ln.) mizunashiana
(p.150)

腹部第5節の背外イボと
背側イボは融合する

84. バライボトビムシ
L. (Ln.) roseola
(p.150)

腹部第5節の背外イボと
背側イボは融合しない

85. キタザワヒメアカイボトビムシ
L. (Ln.) kitazawai
(p.152)

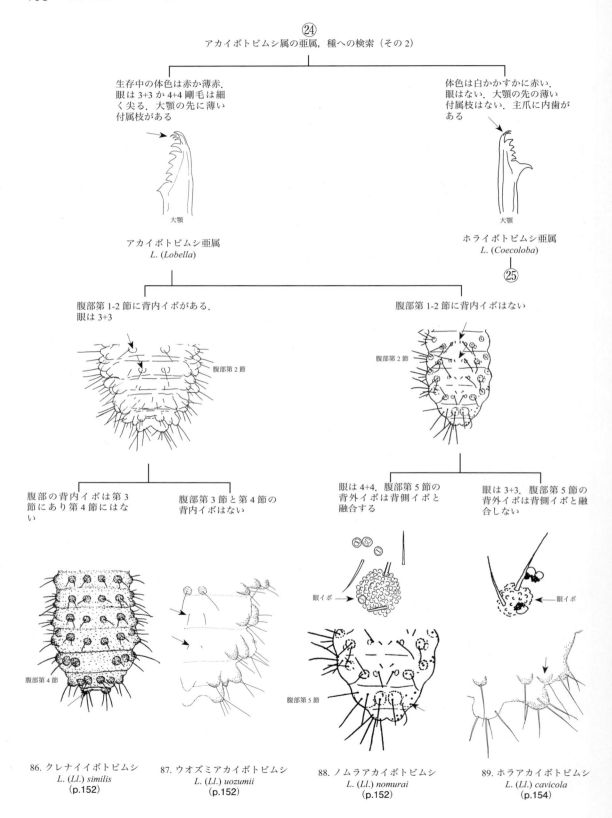

昆虫亜門・トビムシ目 109

㉕
ホライボトビムシ亜属の種への検索

前頭部にイボはない．腹部
第3-4節の背内イボはない

前頭部には少なくとも
眼イボがある

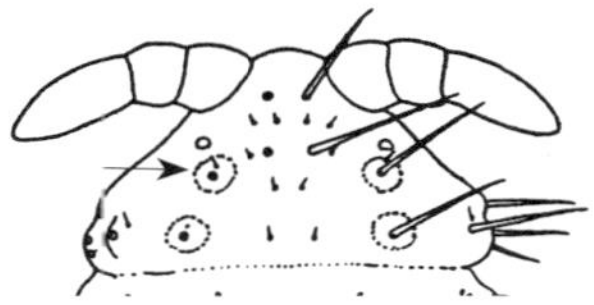

前頭部には眼イボ以外にもイ
ボがある．胸部第1節‐腹部
第1節に背内イボがある

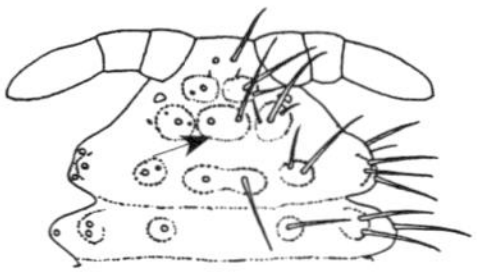

前頭部のイボは眼イボだけ．
胸部第1節‐腹部第2節に
背内イボはない．
腹部の側イボに強く湾曲した
短い独特な毛がある

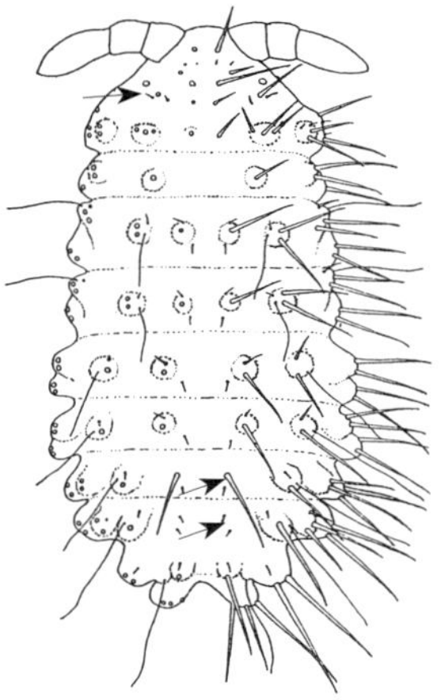

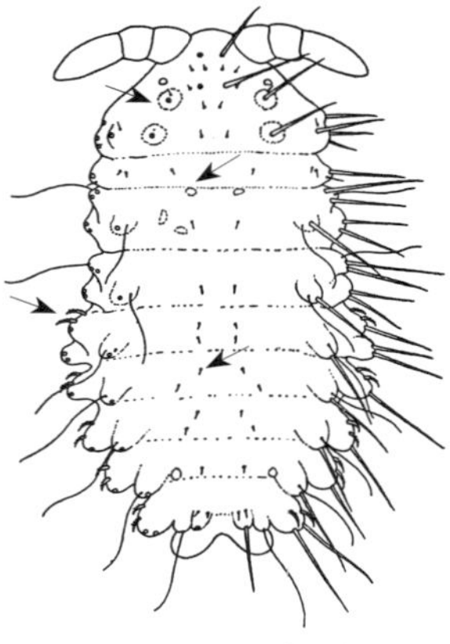

90. クラサワシロイボトビムシ
L. (C.) kurasawana
(p.154)

額イボがある．後頭部の背内イボは
融合しない．基本的に全てのイボは
退化せず，融合しない．薄灰色

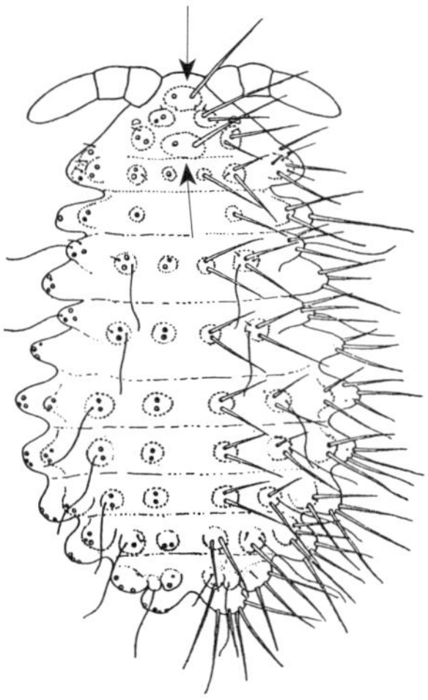

額イボと腹部第4節の
背内イボはない．
後頭部の両背内イボは融
合する

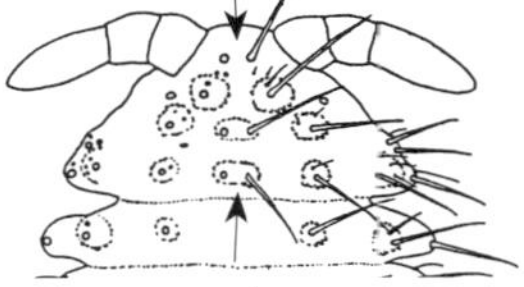

91. ワカサホライボトビムシ
L. (C.) wakasana
(p.154)

腹部第2-3節に
背内イボがある

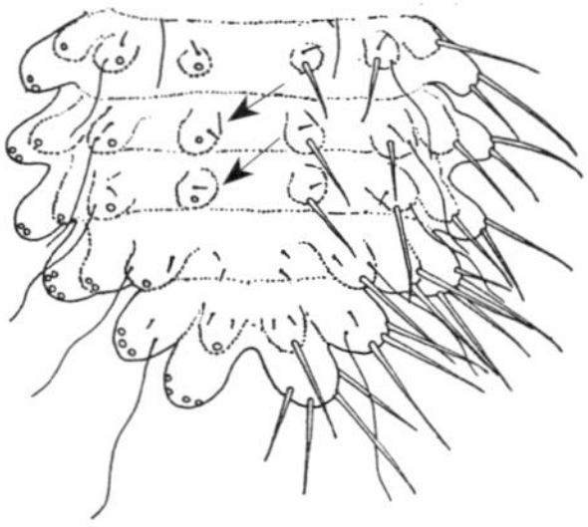

腹部第2-3節に
背内イボはない

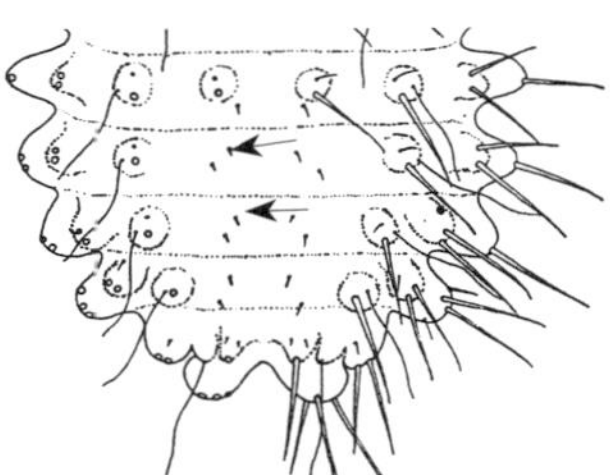

92. サメシロイボトビムシ
L. (C.) lobella
(p.154)

93. ヒダシロイボトビムシ
L. (C.) hidana
(p.156)

94. クゴウシロイボトビムシ
L. (C.) odai
(p.156)

— 1201 —

サメハダトビムシ科
Brachystomellidae Massoud, 1967
サメハダトビムシ属
***Brachystomella* Ågren, 1903**

体表は細かい顆粒状．小眼は 8+8，まれに 7+7．PAO は 4 - 8 個の縁瘤が花形に集まる．跳躍器は短いが，3 節に分かれる．副爪と尾角はない．世界に 76 種，日本からは 1 種のみ．

1. ヤマトサメハダトビムシ
***Brachystomella hiemalis* Yosii, 1956**

体長 1 mm．体色は灰青色．小顎はわずかに曲がった長めの歯が 7 本突き出す．触角第 3 - 4 節は完全に融合する．触角第 4 節に 3 胞の伸縮性の先端感球とわずかに変形した嗅覚毛がある．PAO は小眼より小さい花型で，縁瘤は 4 個．小眼は 8+8 で黒い眼斑上にある．主爪はほとんど曲がらず，中央に 1 内歯がある．前肢，中肢，後肢の脛付節には先が丸い粘毛が，それぞれ 2，2，3 本ある．保体は無毛で 2 歯．跳躍器は短くて柄節には毛がなく，茎節後面の毛は 3 本，端節は基部が広く短い三角形．腹部後半の毛は長く，第 5 - 6 節の毛の先端はわずかに丸く膨らむ．　分布：日本；ニューカレドニア．a, 頭部 - 胸部第 2 節，腹部第 1, 3 - 6 節の毛の配列；b, 小顎；c, 触角第 3 - 4 節；d, PAO と眼；e, 前肢の脛付節と爪；f, 保体；g, 跳躍器の茎節と端節 (Yosii, 1956a)．

ヒシガタトビムシ科
Odontellidae Massoud, 1967
カギサメハダトビムシ属
***Axenyllodes* Stach, 1949**

小顎は炎型．跳躍器茎節が特に小さく，端節は細く鉤状であることが特徴．PAO は星型で縁瘤は 3 個．小型種で，体形はむしろ細い．体色は白く，眼だけ色素があることがある．眼は全くないか，1+1 小眼．口吻はあまり突き出さない．尾角はないか，あっても小さい．体表を覆う顆粒は必ずしも一様でなく，顆粒のない部分がほぼ対照的に分布する．世界で 20 種近く，日本では 1 種のみが知られる．

2. ヤマトカギサメハダトビムシ
***Axenyllodes japonicus* Tamura & Yue, 1999**

体長 0.6 mm．体色は白．前頭域に不規則な盛り上がった領域がある．触角は短く，頭部の半分．触角第 3 節感器の保護毛は T 字型．触角第 4 節には先端感球や嗅覚毛はなく，背面の亜先端部に粒状突起 (or) と微細感覚毛 (ms) がある．眼はない．主爪に内歯はなく，副爪も粘毛もない．腹管に 3+3 本の先端毛と 1+1 本の基部毛がある．退化した保体に歯はなく，2+2 毛があるのみ．跳躍器は短く，茎節に各 2 本の毛があり，端節は細い鉤状に先が曲がる．尾角はない．分布：茨城．a, 体毛の配列；b, 小顎；c, 額部と PAO；d, 触角第 3 - 4 節；e, 後肢；f, 跳躍器 (Tamura and Yue, 1999)．

チビサメハダトビムシ属
***Xenyllodes* Axelson, 1903**

縁瘤が 3 個で星型になる PAO と，副爪が剛毛状で薄片はないことが特徴．小顎は爪状で 3 歯．小眼は 2+2 から 5+5．主爪に内歯はない．跳躍器端節は円筒状で，薄膜はない．尾角はある．世界で 8 種，日本では 1 種が知られる．

3. チビサメハダトビムシ
***Xenyllodes armatus* Axelson, 1903**

体長は最大 1 mm．体色は薄い青色，腹面と肢，跳躍器は白，眼斑は黒．体表は粗い顆粒で覆われる．体毛は短い尖った単純毛がまばらで，腹部第 6 節だけやや長く先がわずかに丸い．口吻はいくらか突き出す．触角は頭部より短く，その幅は長さの 2/3 をわずかに超える．触角第 4 節には半球状の先端感球と 6 - 7 本の嗅覚毛がある．小眼は 5+5．腹管の毛は 3+3．保体は 2 歯．跳躍器は短く，腹部第 3 節の前縁に達しない．跳躍器柄節後面に 4+4 の毛があり，茎節は細かい顆粒で覆われ，後面の毛は 2 本，端節は円筒状で側方に 1 枚の薄片がある．1 対の尾角は太く短く，わずかに曲がり，細かい顆粒状の乳頭突起上にある．分布：日本；ヨーロッパ，北米．a, 全体図；b, 触角第 3 - 4 節；c, PAO と眼；d, 後肢；e, 跳躍器；f, 尾角 (Uchida and Tamura, 1968b)．

ヒシガタトビムシ属
***Superodontella* Stach, 1949**

跳躍器端節の先が丸く，大きな 2 枚の薄片により，斜めに 3 等分されるのが特徴．触角第 3 - 4 節間に反転性の袋はない．体を覆う顆粒は粗く，不規則な星状．小眼はすべて 5+5．副爪はない．尾角はないか，小さな角質の突起，あるいは角状の強大なトゲになることもある．分布域が狭く，今後新種が発見される可能性が高い．世界で 60 数種が含まれ，日本で 6 種が知られる．

4. ヤマナカヒシガタトビムシ
***Superodontella thauma* (Börner, 1909)**

体長 2 mm．体色は暗紫色．口吻は突き出る．触角は非常に短い円錐状で，長さは基部の幅とほぼ同じ．

昆虫亜門・トビムシ目　111

1. ヤマトサメハダトビムシ

3. チビサメハダトビムシ

2. ヤマトカギサメハダトビムシ

4. ヤマナカヒシガタトビムシ

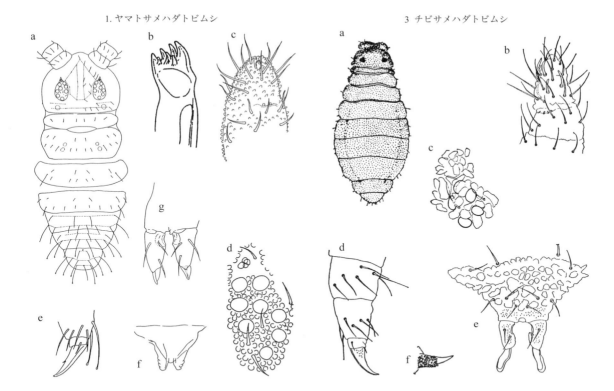
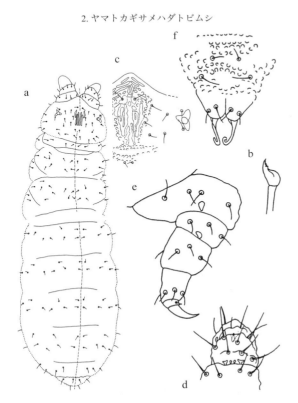

触角第1節の中央に先太の短毛が1本ある．触角第4節に3胞の先端感球と数本の嗅覚毛がある．PAOは五角形の星型．主爪は基部に1個の内歯と，数個の側歯がある．腿節に脛付節を超えるほど長く，先が曲がり，先端が丸まった剛毛が1本ある．保体は3歯で，基部は高く盛り上がり，前方中央に突起がある．跳躍器は太く，茎節基部に粗い顆粒があり，後面の毛は5本．端節は茎節の半分の長さで，内側に狭くて短い薄片と，背面に2枚の大きく突き出した薄片がある．尾角はない．　分布：山梨．

5. ツクバヒシガタトビムシ
Superodontella tsukuba Tamura, 1999

体長0.6 mm．体色は明灰色．体毛は鋸歯がある棍棒状．感覚毛は短く先は細く尖る．口吻は長く，頭部前縁から突き出す．小顎の頭部は微小ではっきりしない．触角は頭より短い．触角第3節感器の保護毛はL字状．触角第4節に先端感球はなく，背面に7本の嗅覚毛と1個の粒状突起（or）と，1本の微細感覚毛（ms）がある．PAOの縁瘤は4個で，後方の一つが最小．各主爪の基部に1内歯がある．腹管の毛は3+3．保体は3歯．跳躍器茎節後面の毛は5本．尾角は1対で短く，先は鈍角で近接する．♂は未発見．　分布：茨城．　a, 全体図；b, 触角第3-4節；c, PAOと眼；d, 後肢；e, 跳躍器；f, 尾角；g, 体毛（Tamura, 1999）．

6. トゲヒシガタトビムシ
Superodontella cornuta (Yosii, 1965)

体長2 mm以上．体色はまだらの黒紫，触角は深い黒，腹面と四肢は薄い．体毛は長めで，表面にかすかなしわがあり，体後部でやや長く，先が太い．口吻は著しく突き出し，下唇の基部に1+1の毛がある．触角は頭と等長．触角第1-2節は広く，横一列の短毛があり，それぞれ内側の1本がトゲ状に変形している．触角第4節には半球状の先端感球があり，10本の長い嗅覚毛がある．PAOの縁瘤は4個．中，後肢の基節の内側に1本のトゲがある．主爪は広く，基部に1内歯がある．脛付節には各肢にそれぞれ，2, 3, 3本の長く先が丸い粘毛がある．腹管の毛は3+3．保体は3歯，基部は発達して前方に小さな突起が3個ある．跳躍器茎節後面には顆粒があり，各5本の毛の内3本は太くて長い．端節に2つの薄片があり，先は丸い．1対の尾角は短く，やや離れて円錐状に突き出す．　分布：日本．　a, 触角と口吻；b, 触角第3-4節；c, PAOと眼；d, 後肢；e, 中肢の脛付節と爪；f, 跳躍器の茎節と端節；g, 尾角（Yosii, 1965）．

7. ウスイロサメハダトビムシ
Superodontella japonica (Kinoshita, 1932)

体長1.4 mm．体色は全体的に淡黄色に薄藍色の斑点がある．眼は黒色素が散在する．体形は厚く円筒状で，各節は盛り上がり，節間はくびれる．体表は短い毛が疎らにはえる．頭部は小さく，背方からは五角形に見える．口吻は突き出す．触角は太く短く，触角第3-4節は融合する．触角第3節感器は確認できない．触角第4節には多くの横しわがあり，先端感球と5-6本の嗅覚毛がある．PAOの縁瘤は4個．主爪は太く，基部近くに1内歯がある．跳躍器茎節に粗い顆粒があり，数本の毛がある．端節には葉状の薄片2枚が等間隔に斜めにある．腹部第6節には後方に1対の山形の隆起がある．森林落葉中にしばしば見られるが，高密度にはならない．　分布：日本．　a, 全体図；b, PAOと眼；c, 後肢の脛付節と爪；d, 跳躍器の茎節と端節（内田・木下，1950）．

8. ツノナガヒシガタトビムシ
Superodontella distincta (Yosii, 1954)

体長1.8 mm．地色は薄灰色で，背面と触角に青黒い細かな斑点がある．小顎は尖った針状でやや曲がり，1個の不明瞭な小歯がある．触角は細顆粒に覆われ，基部は頭部中央で接する．触角第3-4節は融合しない．触角第4節には大きい3胞に分かれた先端感球があり，基部は広くて伸縮しない．背面には約7本の曲がった先太の嗅覚毛が，腹面には多くのヘラ状の毛がある．PAOの縁瘤は4個．各脛付節には爪より長く先が広がった粘毛が1本ある．主爪はあまり曲がらず，中央基部寄りに小さい1内歯と基部に1対の側歯がある．保体は3歯．跳躍器は発達し，腹部第2節に達する．茎節後面は顆粒状，5本の毛のうち3本は太い．腹部第6節の顆粒は大きい．1対の尾角は長く，先端は大きく曲がり，基部は顆粒状．　分布：日本．　a, 頭部-胸部第2節，腹部第3-6節の毛の配列；b, 小顎；c, 触角第4節；d, PAO；e, 後肢の脛付節と爪；f, 跳躍器茎節と端節；g, 尾角（a, Yosii, 1956a; b, Yosii, 1954a; c-g, Yosii, 1961a）．

9. ナミヒシガタトビムシ
Superodontella similis (Yosii, 1954)

体長約1.5 mm．体色は薄青もしくは白．触角や頭部，体後方は濃く，腹面や肢は薄い．体形はずんぐりしている．触角第3-4節は先細りし，深い横皺がある．触角第4節の先端感球は丸く，伸縮性はない．背面には5-6本の嗅覚毛があり，腹面には多数のヘラ状の毛がある．PAOの縁瘤は4個で，眼に近い1個が他より小さい．主爪はあまり曲がらず，基部に1内歯が

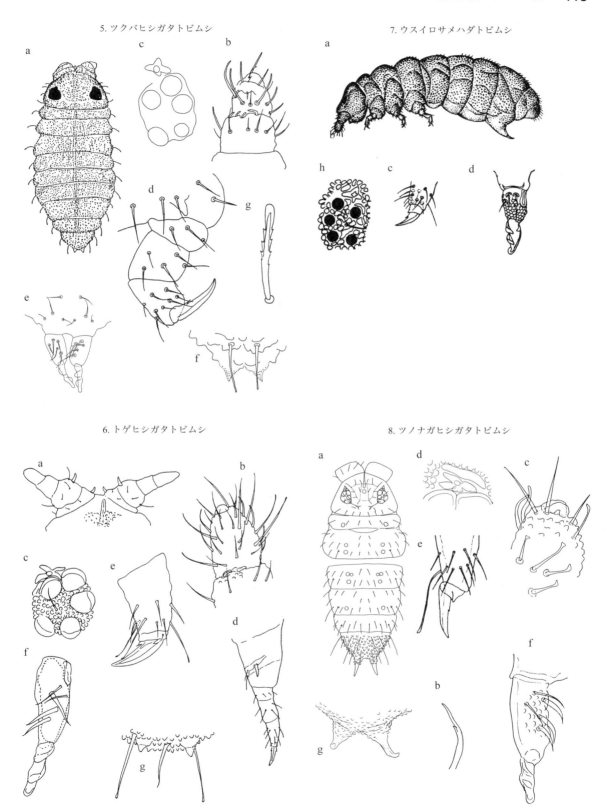

ある．脛付節には長くて先が尖った粘毛が各肢に1-2本ある．保体は3歯．跳躍器は腹部第3節の前縁までしか届かない．茎節後面の毛は5本で，うち3本は太い．端節は大きく，2枚の薄片がある．1対の尾角が顆粒のある台から突き出す．　分布：日本．　a, 触角第3-4節；b, PAO；c, 後肢の脛付節と爪；d, 跳躍器の茎節と端節；e, 尾角（Yosii, 1954b）．

イボトビムシ科
Neanuridae, Börner, 1901
シリトゲトビムシ亜科
Frieseinae Massoud, 1967
ホソイソヒメトビムシ属
Halofriesea Yoshii & Sawada, 1997

各胸節の側方に1本の突起があるのが特徴．PAOはない．小眼は8+8．跳躍器は小さいが，各節は揃っている．世界で2種，日本とハワイで1種ずつ知られている．

10. ホソイソヒメトビムシ
Halofriesea kuroshio Yoshii & Sawada, 1997

体長1.5 mm．体色は青黒く，体節の周りは薄く，いくつかの色素を欠く斑点がある．大顎は長く，先端部に7個の歯がある．小顎には中央に1内歯と近くに薄片がある．触角は頭部とほぼ等長．触角第3-4節は背面が融合する．触角第4節には3胞の伸縮する先端感球と5-6本の嗅覚毛がある．主爪には歯がない．副爪もない．腹管は2+2毛．保体は3歯．跳躍器柄節は半分腹板と融合し，後面に3+3毛，茎節は後面に顆粒と各3本の毛，端節は基部に広い膨らみがあり，先部は細長く内側に曲がる．腹部第6節に3本の尾角がある．海浜性．　分布：本州．　a, 全体図；b, 胸部側方の指状突起；c, 尾角；d, 大顎；e, 小顎；f, 後肢の脛付節と爪；g, 保体と跳躍器（Yoshii and Sawada, 1997）．

シリトゲトビムシ属
Friesea Dalla Torre, 1895

眼はまれに退化することもあるが，日本の種はすべて8+8．副爪はない．脛付節に粘毛がある種も知られているが，日本の種にはない．世界で約180種，日本では3種が記載され，2亜属に分かれる．

シリトゲトビムシ亜属
Friesea Dalla Torre, 1895

尾角はトゲ状で3本．跳躍器は退化して端節がなく，こぶ状．保体はある．森林土壌性．日本には1種のみ．

11. ヤマトシリトゲトビムシ
Friesea (*Friesea*) *japonica* Yosii, 1954

体長0.8 mm．体色は白い地色に背面と触角は灰青色．体毛は短小だが，腹部第5-6節の毛は長い．口吻は円錐状に尖り，先は頭部前縁に達する．小顎の先端は爪状で，中央の歯とその先の微小な櫛歯がある．触角第4節には大きい先端感球と4-5本の嗅覚毛がある．脛付節の先端に亜節がある．主爪は短く，内歯はない．保体は小さく無毛で，2歯．跳躍器は退化し，茎節に2-3本の毛があるが，端節はない．腹部第6節には3本の太くわずかに曲がる尾角がある．森林土壌性で，しばしば高密度で出現する．　分布：日本．　a, 頭部-胸部第2節，腹部第1, 3-6節の毛の配列；b, 大顎；c, 小顎；d, 触角第4節；e, 後肢の脛付節と爪；f, 保体と跳躍器；g, 尾角（a, Yosii, 1956a; b-g, Yosii, 1954b）．

ハマベシリトゲトビムシ亜属
Conotelsa Denis, 1925

尾角は細長く，5本か7本．跳躍器は3節揃っている．海浜性．日本には2種が知られている．

12. ハマベシリトゲトビムシ
Friesea (*Conotelsa*) *pacifica* (Yosii, 1958)

体長1.8 mm．体色は灰色がかった青紫で，腹面と跳躍器は色が薄い．体形は細い．腹部第6節は円錐形に後方に突き出す．体表は均一な顆粒で覆われる．体毛は短く，体後半でやや長い．口吻は突き出す．大顎は先端に8歯がある．小顎の頭部は爪状で，内縁中央に1本の尾状の突起物があり，それには微小な鋸歯がある．触角は頭部より短く，触角第3-4節は分離している．触角第3節感器の感覚桿は同じ方向に曲がり，保護毛は太い．触角第4節には伸縮性の3胞の先端感球と4-6本の嗅覚毛がある．眼斑は黒く3本の毛がある．主爪は狭く少し曲がり，内歯はなく，基部は薄く色づく．保体は2歯（まれに3歯）．跳躍器は腹部第3節の前縁近くに達する．柄節後面に3対の毛がある．茎節後面には細かい顆粒があり，毛は3本．端節は茎節とははっきり分離せず，その境は基部のふくらみで見分けられ，先は細く，先は強く湾曲する．腹部第6節の毛は長い剛毛で，中央の前列4本，後列1本が尾角に相当する．海浜性．　分布：日本（太平洋岸）．　a, 全体図；b, 大顎；c, 小顎；d, 触角第3-4節；e, 眼；f, 後肢の脛付節と爪；g, 跳躍器；h, 尾角（a, d-f, h, Uchida and Tamura, 1966; b-c, g, Yosii, 1958）．

昆虫亜門・トビムシ目 115

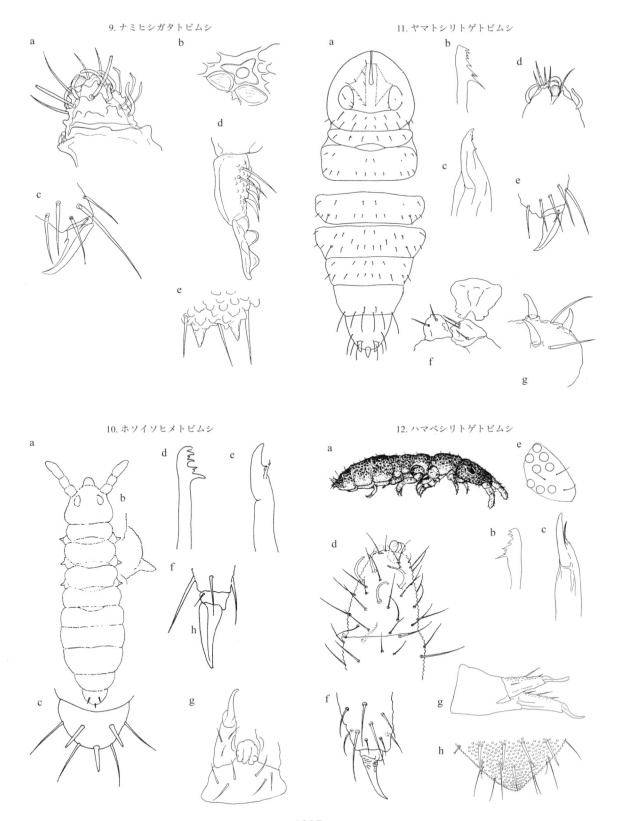

9. ナミヒシガタトビムシ
10. ホソイソヒメトビムシ
11. ヤマトシリトゲトビムシ
12. ハマベシリトゲトビムシ

13. キタノシリトゲトビムシ
Friesea (*Conotelsa*) *oshoro* (Uchida & Tamura, 1966)

　本種は 12. ハマベシリトゲトビムシに酷似するので，相違点のみを挙げる．体長 1.4 mm．腹部は胸部より厚い．背板は胸部第 2 節 - 腹部第 5 節まで高く，体末部は円錐状に細くなる．口吻は前に突き出す．小顎の頭部は爪状で内縁中央に歯と突起物がある．触角第 3 - 4 節の境界は腹面だけで，背面は融合する．眼斑に各 5 本の毛がある．跳躍器茎節後面に 3 本の毛がある．腹部第 6 節には前列に 4 本，後列に 3 本の尾角がある．尾角は体表から直接，直角に突き出す．海浜性．　分布：北海道．　a, 全体図；b, 大顎；c, 小顎；d, 触角第 3 - 4 節；e, 眼；f, 後肢の脛付節と爪；g, 跳躍器の茎節と端節；h, 尾角（Uchida and Tamura, 1966）．

ヤマトビムシ亜科
Pseudachorutinae Massoud, 1967
ミナミオナガトビムシ属
Pseudanurida Schött, 1901

　PAO はなく，小眼は 8+8．大顎は薙刀状に縦長で多くの歯があり，小顎は針状になるなど，ウミトビムシ属に似る．ただし，胸部第 2 節に達するほど長く発達した跳躍器はこの属の特筆すべき特徴である．尾角はない．オーストラリアから南アジアにかけて 8 種，日本からは 1 種が知られている．

14. ミナミオナガトビムシ
Pseudanurida billitonensis Schött, 1901

　体長 3 mm，大型種．全身青黒い．体節境界と体中に散在する小点は薄く，肢も同じ色で，跳躍器は薄紫．口吻は強く突出する．大顎は先が長い歯域に，均一な 25 - 30 個の歯が直線的に並ぶ．触角は頭部と等長か，むしろ長い．触角第 3 - 4 節は分離する．触角第 4 節の先端には顆粒化した高台上に 3 本の毛がある．主爪は強大で，中央に大きい 1 内歯があり，顆粒化して紫色．跳躍器は胸部第 2 節まで届く．跳躍器茎節は顆粒化し，5 本の毛がある．端節は両縁に薄片があり，茎節と融合し，その境界は成熟個体では完全にない．腹部第 6 節は細く，三角形に突き出す．しばしば高密度に出現する．海浜性．　分布：西表島，沖縄諸島，吐葛喇列島，小笠原諸島；シンガポール，インドネシア，オーストラリア．　a, 全体図；b, 大顎；c, 小顎；d, 触角の先端；e, 眼；f, 後肢の爪；g, 跳躍器の端節の後面（上）と前面（下）；h, 腹部第 5 - 6 節（a-d, f-h, Yosii, 1955; e, Uchida, 1962）．

ウミトビムシ属
Oudemansia Schött, 1893

　尾角は偶数本あり，長くて剛毛との区別が困難なこともある．体色は黒っぽい．体毛は長く細く滑らか．体表は強い顆粒で覆われる．口吻は強く突き出す．大顎の先端部の歯域は薙刀状に縦長で，多くの歯がある．小顎は針状．触角第 4 節には 3 胞の伸縮性の先端感球がある．PAO はない．小眼は 8+8．跳躍器は発達して茎節は長い．尾角は基部の隆起なしに体表から直接生える．この属は熱帯系で，7 種が知られており，日本からは 4 種が記録されている．

15. エサキウミトビムシ
Oudemansia esakii (Kinoshita, 1932)

　体長 2.5 mm．体色は黒紫から灰青まで変異する．腹面と触角，肢は薄く，跳躍器はほとんど白．体節の境や所々にある大小のくぼみは薄い．体形は細長く，腹部は頭部より少し幅広い．全身まばらに小毛が生える．大顎は規則的な 8 個の歯か，不規則な約 20 個の歯がある個体も報告されている．触角は頭部よりわずかに短く，触角第 3 - 4 節は融合する．主爪は 1 内歯があり，少し色づく．脛付節に粘毛はない．保体は 3 - 4 歯．跳躍器は腹部第 2 節の中央に達する．柄節は広く，後面の毛は約 20 本，茎節後面に顆粒があり，毛は 6 本．端節は茎節の 1/3，前面は竜骨状に曲がり，後面には内外両縁に広い薄片があり，ボート状になった底の部分に細かい顆粒がある．腹部第 6 節は狭く後方に突出し，トゲ状の剛毛が 4 本ある．海浜性．　分布：対馬，和歌山，神奈川；香港，ハワイ．　a, 全体図；b, 大顎；c, 小顎；d, 眼；e, 後肢の脛付節と爪；f, 跳躍器の端節；g, 跳躍器の茎節と端節；h, 腹部第 6 節の剛毛（a, d, 内田・木下, 1950; b-c., e-h, Yosii, 1958）．

16. マダラウミトビムシ
Oudemansia coerulea Schött, 1893

　体長 1.2 mm．体色は青黒，触角などの付属物は薄く，体表にも丸い点や細い筋状に色が薄い部分が左右対称に存在する．体毛は小さく，感覚毛は長いので容易に区別できる．口吻は突き出す．上唇は長い．大顎は先が三角形で多くの小さな歯がある．触角は短く，頭部の 0.8 倍．触角第 3 - 4 節は背側で融合する．触角第 4 節の嗅覚毛は 4 - 5 本．主爪は頑丈で 1 内歯があることもある．腹管には先に 1+1 毛が，基部近くに 1+1 毛がある．保体は 3 歯．跳躍器は腹板に半ば融合している．柄節後面の毛は 7+7，茎節後面に顆粒があり，毛は 6 本，端節はボート型．尾角は棒状で 4 本．胸部第 2 - 3 節側方のイボ状のふくらみはイボトビムシ亜科に似ている．　分布：和歌山，静岡；インドネシア．　a, 全体図；b, 大顎；c, 小顎；d, 眼；e, 後肢の脛付節と爪；f, 跳躍器の茎節と端節；g, 尾角（Yoshii and Sawada, 1997）．

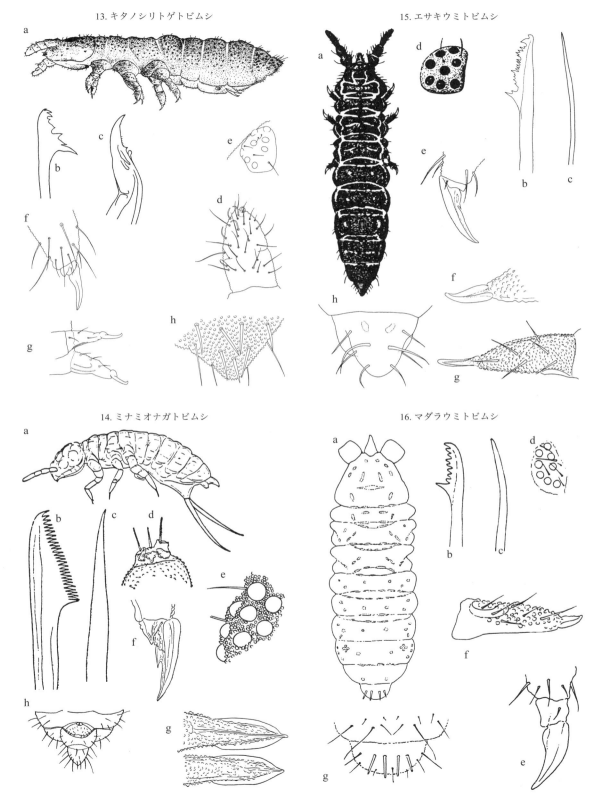

昆虫亜門・トビムシ目　117

13. キタノシリトゲトビムシ
15. エサキウミトビムシ
14. ミナミオナガトビムシ
16. マダラウミトビムシ

17. シラハマウミトビムシ
Oudemansia subcoerulea Denis, 1948

本種は 16. マダラウミトビムシに酷似するので，相違点だけあげる．体長 1.5 mm．触角は頭部と等長．主爪は竜骨状で，1 内歯がある．茎節の後面は顆粒があり，各 6 本のほぼ等長の毛がある．尾角は先がわずかに曲がり，中央の 2 本がやや長い．海浜性．　分布：和歌山；マーカス島．　a, 全体図；b, 大顎；c, 小顎；d, 後肢の脛付節と爪；e, 跳躍器の茎節と端節；f, 端節；g-h, 尾角　(a, f, Denis, 1948; b-e, g-h, Yosii, 1971c)．

18. ヒラシマウミトビムシ
Oudemansia hirashimai Uchida, 1965

体長 1 mm 以上．体色は触角や全付属肢も含め青黒く，節間と口辺だけ薄い．体は厚く，節が膨らんでいて，各体節間に亜体節がある．体毛は滑らかで短いが，体後部では長く，先が鈍くなる．口吻は突き出す．大顎は先端に 8 歯がある．小顎は棒状で先が三角に尖る．触角は短い．触角第 3 節感器は狭い窪みの中に少し曲がった 2 本の感覚桿．触角第 4 節には 3 胞の伸縮性の先端感球と約 7 本の嗅覚毛がある．主爪は 1 内歯がある．保体の基部は無毛で，4 歯．跳躍器後面に顆粒があり，柄節には 3+3 本，茎節には 5 本の毛がある．端節は茎節と融合し，先は鈎状で，内外に薄片がある．4 本の尾角はみな体表から直接生え，内側の 1 対が長く，わずかに曲がる．海浜性．本種は 17. シラハマウミトビムシのシノニムとされていたが (Yosii, 1971)，触角第 4 節の嗅覚毛や跳躍器の毛の数などが異なるため，別種とした．　分布：西表島．　a, 全体図；b, 大顎；c, 小顎；d, 触角第 3 節感器；e, 触角第 4 節の先端；f, 後肢の脛付節と主爪；g, 保体；h, 跳躍器；i, 腹部第 6 節　(Uchida, 1965)．

オオヤマトビムシ属
Ceratrimeria **Börner, 1906**

体は高く，広い．大型種で体色も青地に紅色の斑紋があるなど，色鮮やかである．小眼は 8+8．副爪と脛付節の粘毛はない．跳躍器は太く，発達している．尾角はない．熱帯の森林性で，アジア，オーストラリアから 11 種，日本からは 2 種が知られる．

19. キバラオオヤマトビムシ
Ceratrimeria takaoensis (Kinoshita, 1916)

体色は濃青色で，淡青や淡黄赤の斑点が散在する．触角は紫色，体腹面や肢，跳躍器，口辺，各節間の細い筋は淡黄赤色．体は長楕円形で，中央部は広く，末端は狭まる．全身が粗い顆粒に覆われ，各体節には細い毛が横に並ぶ．小顎の頭部は 2 本に分かれ，一方は針状，もう一方は先端に 2 個の微歯があり，裂け目部に小さな 2 本の突起がある．触角は頭部と等長，基部は相接近する．触角第 3 - 4 節は融合し，腹側は基部の 1/3 にくびれがあり，基部側は少数の刺毛が，末端側は微毛が密生し，背側は長毛が密生する．触角第 4 節には 3 胞の先端感球があり，嗅覚毛はない．PAO は約 20 縁瘤が長円形に並ぶ．主爪の基部には顆粒が，基部 1/3 に 1 内歯があり，両側に顕著な側歯がある．保体前方に突起があるが無毛，4 歯．跳躍器茎節は末端が急に細くなり，後面の毛は 6 本，端節は葉状で，内側に顆粒があり，先端は後方に曲がる．　分布：東京．　a, 小顎；b, 触角の先端感球；c, PAO と小眼（一部）；d, 後肢の脛付節と爪；e, 保体；f, 跳躍器の端節（木下, 1916b)．

20. ヤスマツオオヤマトビムシ
Ceratrimeria yasumatsui (Uchida, 1940)

体長約 2 mm．体色は濃い青黒の地色に 5 個の大きなピンク色の紋がある．中央の 1 個は後頭部と胸部第 1 節にあり，2 個は腹部第 1 節の側面にある．さらに，腹部第 4 節の中央の 1 個は広く，腹部第 5 節の前縁中央の 1 個は狭い．胸部第 1 - 腹部第 3 節にもまたピンクの点やきれぎれの横筋が散らばっている．触角第 4 節と肢，跳躍器と胸部腹面は鮮やかなピンクである．これらのピンク部はアルコール液浸標本ではミルク色に，触角第 4 節は橙黄色になる．PAO は 26 個の縁瘤が三日月形に並ぶ．主爪は基部 1/3 に 1 内歯がある．跳躍器は発達し，端節は茎節の 1/7 の長さ．　分布：大分，福岡．　a, 全体図；b, 大顎；c, 触角の先端；d, PAO；e, PAO と小眼；f, 後肢の脛付節と爪；g, 跳躍器の端節；h, 跳躍器の茎節と端節　(Uchida, 1940)．

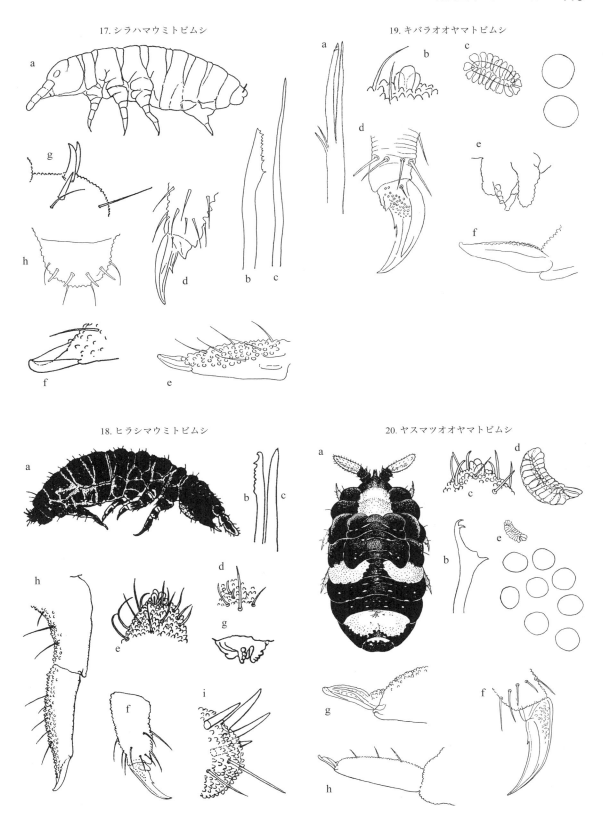

ヤマトビムシ属
***Pseudachorutes* Tullberg, 1871**

体はずんぐりして厚い．大顎の歯は少ないことが多く，基部の歯は太い．小顎は針状で，先端歯があるか，2本以上に分岐することもある．PAOは縁瘤だけが円形や楕円形に並ぶロゼット型か，または縁瘤の内側にも瘤がある桑実型．小眼は8+8．跳躍器は太く短い．尾角はない．日本の種は各肢の副爪と粘毛はなく，保体は無毛で3歯．世界で100種以上，日本で7種が知られている．分布域の狭い種が多い．この属の研究は不十分で，特に小型種は土壌潜行性の種が多く，このような種を中心に新種の発見が見込まれる．

21. シマヤマトビムシ
***Pseudachorutes insularis* Yosii, 1965**

体長0.6 mm．体色はまだらの青灰色．体表は粗い顆粒に覆われ，各顆粒上の斑点状の色素がある．口吻は前方に突出する．大顎は先端部に2歯がある．触角は頭部と等長．触角第3-4節は融合する．触角第4節には小さな3胞の先端感球と6本の嗅覚毛がある．PAOは桑実型で眼班の直近にあり，約50の小瘤が小眼の2倍の大きさの楕円状に集まる．主爪は細長く，1内歯がある．腹管の毛は2+2．跳躍器は発達し，柄節後面の毛は5+5か4+4本，茎節後面には顆粒があり，毛は6本．端節の基部は膨らみ，外側に薄片がある．胸部第2節-腹部第3節には亜節がある．腹部第5節は他の節より狭い．腹部第6節は体表の顆粒がやや大きい．体毛は小さく単純で，長い感覚毛と区別できる．　分布：南西諸島，九州，広島．　a, 頭部-胸部第2節と腹部第3-6節の毛の配列；b, 大顎；c, 小顎；d, 触角第3-4節；e, PAOと小眼（一部）；f, 後肢の脛付節と爪；g, 跳躍器の茎節と端節（Yosii, 1965）．

22. ケナガヤマトビムシ
***Pseudachorutes longisetis* Yosii, 1961**

体長は1.5 mm．体色は灰色がかった紫色で，触角は濃く，腹面や肢は薄い．体は紡錘形．体毛は特に長く，体節長を超えるものもある．触角は頭部と等長．口吻は著しく突き出す．大顎は3歯．小顎は針状．触角第3-4節は背面で融合する．触角第4節には3胞の先端感器と約8本の長く太い嗅覚毛があり，普通毛の先は丸く膨らむ．PAOは小眼1個の大きさで，約10縁瘤が楕円に並ぶ．主爪は著しく細長く，わずかに曲がり，中央に1内歯と，基部に1対の側歯がある．腹管は3+3毛．跳躍器茎節後面に粗い顆粒があり，毛は6本．端節の両縁に薄片があり，外側の基部は大きく丸い．　分布：日本；朝鮮半島．　a, 頭部-胸部第2節と腹部第3-6節の毛の配列；b, 大顎；c, 小顎；d, 触角第4節；e, PAOと眼；f, 後肢の脛付節と爪；g, 跳躍器の茎節と端節（Yosii, 1961a）．

23. アイイロヤマトビムシ
***Pseudachorutes infuscata* Yosii, 1954**

体長1 mm．体色は濃い灰青色．体表の顆粒ごとに色素が細かい斑点状に分布する．体節境界や腹面，肢は色が薄い．体は細い紡錘形で腹部第1節が最も広い．体毛は単純でまばらに生え，後半の節で長くなる．口吻は突き出さない．大顎は2歯で，先端歯は大きく曲がる．小顎は針状で，2分岐する．触角は短く，触角第3-4節の先半分から細くなる．触角第3節感器の感覚桿は小さく，2本の保護毛のそばに1本の長い曲がった感覚毛がある．触角第4節には1胞の伸縮できる先端感球と3-4本の嗅覚毛がある．PAOは1個の小眼よりわずかに大きく，7-8個の縁瘤が丸く並ぶ．主爪は太く少し曲がり，1内歯がある．保体は3歯．跳躍器は腹部第3節の前縁までしか達しない．柄節は毛がなく，茎節の毛は2本，端節は短くわずかに曲がり，基部で広くなる薄片のため三角状に見える．本種はミジンヤマトビムシ（*P. parvulus* Börner, 1901）とされていたが（トビムシ研究会，2000），後者の体長が0.5mm，体色は白に近い青，跳躍器茎節後面の毛は4-6本あるなどの点で別種と判断した．　分布：群馬，栃木．　a, 全体図；b, 大顎；c, 小顎；d, 触角第4節先端；e, 触角第4節；f, 触角第3節感器；g, PAOと小眼（一部）；h, 後肢の脛付節と爪；i, 跳躍器の茎節と端節（Yosii, 1954b）．

24. ヒタカミヤマトビムシ
***Pseudachorutes hitakamiensis* Tamura, 2001**

体長0.9 mm．体色は灰色．体毛はすべて滑らか．感覚毛は長い．大顎は2歯があり，小顎は針状で先は二分岐する．触角は頭部より短い．触角第3-4節は融合する．触角第3節感器の保護毛は長い．触角第4節には伸縮性の3胞の先端感球が狭い窪みの中にあり，背面には6本の嗅覚毛と粒状の突起(or)，微細感覚毛(ms)がある．PAOは6-7個の縁瘤が円状に並び，その大きさは近くの小眼の1.6倍．各肢の主爪はわずかに曲がり，基部1/3に1内歯がある．腹管は4+4毛．跳躍器の茎節背面の毛は6本，端節は茎節の半分．分布：岩手，青森．　a, 全体図；b, 触角第3-4節；c, PAOと眼；d, 後肢の脛付節と爪；e, 跳躍器の茎節と端節（Tamura, 2001a）．

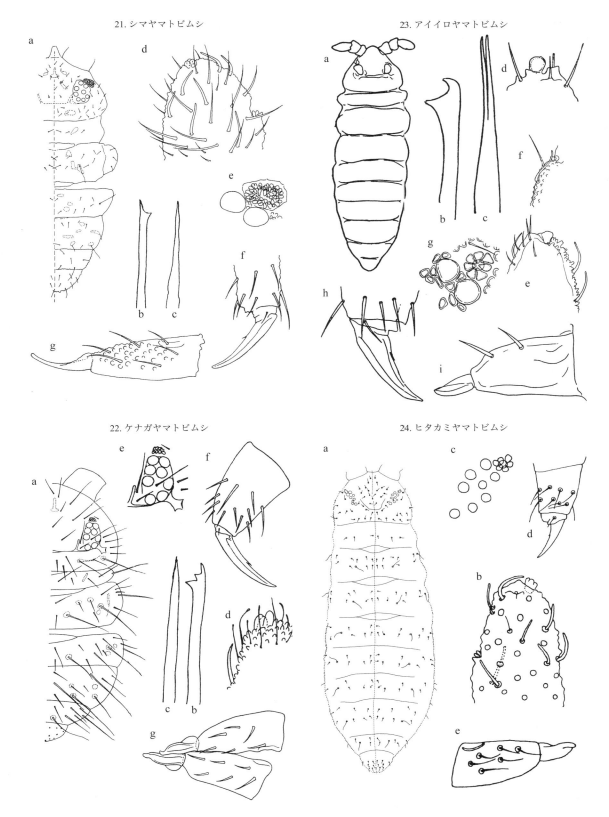

25. イサワヤマトビムシ
Pseudachorutes isawaensis Tamura, 2001

体長 1.6 mm. 体色は灰色で，触角と頭部は濃く，眼は黒. 体毛はすべて滑らかで，大剛毛，小剛毛および長い感覚毛は区別できる. 大顎は 2 歯，小顎は棒状で先端に小数の微歯がある. 触角は頭部より短い. 触角第 3 - 4 節は融合する. 触角第 4 節には伸縮性の 3 胞の先端感球が狭い窪みの中にあり，背面には 5 本の嗅覚毛，粒状突起 (or)，微細感覚毛 (ms) がある. PAO は 12 - 13 個の縁瘤が楕円状に並び，その大きさは近くの小眼とほぼ等長. 各肢の主爪はわずかに曲がり，基部 1/3 に 1 内歯がある. 腹管は 3+3 毛. 跳躍器の茎節背面の毛は 6 本，端節は茎節の 0.6 倍，スプーン状で，基部に小さな膨らみがある. 分布：岩手，青森. a, 体毛の配列；b, 大顎；c, 小顎；d, 触角第 3 - 4 節；e, PAO と小眼（一部）；f, 後肢の脛付節と爪；g, 跳躍器の茎節と端節 (Tamura, 2001a).

26. シラガミヤマトビムシ
Pseudachorutes shiragamiensis Hisamatsu & Tamura, 1998

体長 1.3 mm. 体色は全体的に紫で，胸部第 2 - 3 節と腹部第 5 - 6 節は帯状に白く，肢と跳躍器は色が薄い. 全身の顆粒は腹部第 5 - 6 節でやや粗い. 体毛は単純で短い. 頭部中央の毛 (d0) だけは非対称. 感覚毛は普通毛より先が細長い. 口吻は突き出す. 大顎は 4 歯. 小顎は針状で先は二分岐する. 触角は頭部より短く，触角第 3 - 4 節は部分的に融合する. 触角第 4 節には伸縮性の先端感球と 6 本の嗅覚毛がある. PAO は小眼より小さく，14 個の縁瘤が楕円状に並ぶ. 主爪には基部寄りに 1 内歯と 1 対の側歯がある. 腹管の毛は 3+3. 跳躍器はよく発達し，前面がわずかに湾曲する. 茎節後面には各 5 本の毛がある. 分布：秋田，青森. a, 全体図；b, 体毛の配列；c, 大顎；d, 小顎；e, 触角第 3 - 4 節；f, PAO と眼；g, 後肢の脛付節と爪；h, 跳躍器の茎節と端節 (Hisamatsu and Tamura, 1998).

27. ヤマトヤマトビムシ
Pseudachorutes japonicus Kinoshita, 1916

体長は約 1.8 mm. 体色は紫，背面には白や黄色の斑紋があり，跳躍器と腹面は白く，淡紫の斑点がある. 体毛は小さく滑らかで，側面の毛はやや長い. 口器は円錐状でいくらか突き出す. 大顎には先端に鋭い 5 個の歯がある. 触角は短い. 触角第 3 - 4 節は背面で融合し，境界は腹面にしかない. 触角第 3 節感器の 2 本の感覚桿は比較的長く，別々の窪みの中にある. 触角第 4 節には 3 胞の低い先端感球と 2 - 3 本の嗅覚毛がある. PAO は小眼よりも小さく，花形で，縁瘤は 5 - 6 個. 各肢の転節，腿節，脛付節の内縁にそれぞれ 1 本の長毛があり，脛付節末端には多数の環状のしわがある. 主爪は細く，やや曲がり，基部近くに 1 内歯がある. 保体は中央が高く盛り上がり，側枝はそれより短く，3 歯. 跳躍器は太く短く，茎節後面は少し盛り上がり，毛は 6 本，端節は長い三角形. 分布：群馬，山形. a, 頭部；b, 大顎；c, 小顎；d, 触角第 4 節の先端；e, 触角第 3 節感器；f, PAO と小眼；g, PAO と眼；h, 後肢の脛付節と爪；i, 跳躍器の茎節と端節 (a-e, g-i, 木下, 1916a; f, Yosii, 1954b).

ツブツブトビムシ属
Grananurida Yosii, 1954

体表を覆う大きな顆粒の表面にさらに細かな顆粒がある. 胸部腹面と肢を覆うのはふつうの顆粒. 顆粒が大きいので体節の背面と触角の境界が見分けにくい. そのため，体全体が滑らかな紡錘形で，やや扁平. 口吻は突出するが短い. 大顎は 2 歯，まれに 3 歯. 小顎は針状で薄片を伴うこともある. 触角第 3 - 4 節は融合している. PAO は桑実型. 眼はない. 跳躍器は退化し，痕跡が残るのみで，保体と尾角はない. アジアを中心に 5 種. 日本では 1 種のみ.

28. ツブツブトビムシ
Grananurida tuberculata Yosii, 1954

体長は最大 2.5 mm. 体色は黄色，液浸標本で白色. 全身大きい二重顆粒に覆われ，短い普通毛と，やや長い感覚毛がある. 普通毛は後半の体節でやや長くなる. 胸部第 2 節の側面には各 1 本の微小な感覚毛がある. 大顎は 2 歯. 触角は円錐状で，ほぼ頭部と等長. 触角第 4 節には 3 胞の先端感球と 5 本の嗅覚毛があり，亜先端の窪みに粒状突起 (or)，中央部に微細感覚毛 (ms) がある. PAO は桑実型で，縁瘤は 19 - 27 個. 主爪は基部 1/3 に 1 内歯があるが，側歯はない. 腹管の毛は 3+3. 跳躍器は退化し，各 3 - 4 毛がある 2 つの小さい丘状の原基になっている. 分布：日本；朝鮮半島. a, 全体図；b, 体表の顆粒；c, 大顎；d, 小顎；e, 触角；f, PAO; g, 後肢の脛付節と爪 (Yosii, 1954b).

昆虫亜門・トビムシ目　123

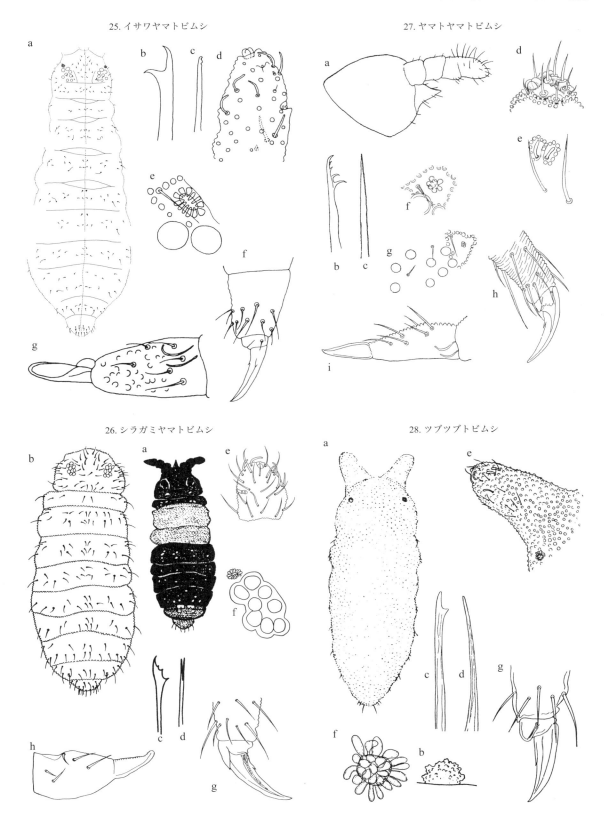

25. イサワヤマトビムシ
26. シラガミヤマトビムシ
27. ヤマトヤマトビムシ
28. ツブツブトビムシ

チビヤマトビムシ属
Micranurida Börner, 1901

体長は 1 mm 以下の小型種が多いが，1.5 mm に達するものもいる．時に頭部や背に周りより大きな顆粒が規則的に配列することがある．側面や腹部後方の体節で毛が長くなる．腹管は4+4毛．跳躍器は退化し，日本の種は痕跡もない．保体と尾角もない．土壌潜行性の小型種が多く，研究が遅れている．ヨーロッパや北米を中心に28種，日本からは2種が記録されている．

29. チビヤマトビムシ
Micranurida pygmaea Börner, 1901

体長最大 1.5 mm．体色は青色で明るさには変異があり，時にはほとんど白い．暗青色素が全身不規則に散らばっている．腹部背面には短く細かい，滑らかな毛が2列に並んでいる．腹部第3-5節の背側面後列に各1本ずつの長く細い感覚毛がある．腹部第6節は小さく，毛は2列．体表はかなり粗い顆粒で覆われている．口吻は短く尖る．大顎は3歯で，先端歯はさらに2つの微小歯に分かれる．小顎は2分岐し，主枝は先に小さな2歯があり，もう1本それを超える狭い帆先状の薄片がある．触角はほぼ円錐状で太く短い．触角第3-4節は背面で融合する．触角第3節感器の感覚桿はやや先太で，保護毛は少し離れて生え，腹側の毛 (sgv) は太くて長く，背側の毛 (sgd) は大きく曲がり，微細感覚毛 (ms) もある．触角第4節には3胞の伸縮性先端感球と，炎型の嗅覚毛が5本あり，亜先端の窪みに粒状突起 (or)，中央部に微細感覚毛 (ms) がある．PAO は5-8個の縁瘤が丸く並び，大きさは小眼のほぼ2.5倍．小眼は2+2で，周辺に暗青色素が散在する．分布が広く，大顎の歯や触角第4節の嗅覚毛の数など生息地で若干の変異がある．分布：日本；ヨーロッパ，北米．a, 全体図；b, 触角第2-4節の背側；c, 触角第3節感器；d, PAO と眼；e, 腹部第5-6節 (Stach, 1949b)．

30. ニッポンチビヤマトビムシ
Micranurida japonica Tamura, 1998

体長は 0.5 mm．体色はまばらな色素で灰色にみえる．全身粗い顆粒で覆われる．毛はみな単純で，大剛毛と小剛毛が区別できる．腹部第6節は小さく，1+1毛があるだけだが，背面から識別できる．頭頂には1本の中央毛がある．大顎は5歯．小顎は針状．触角は頭部より短い．触角第3-4節は融合し，触角第3節感器は2本の感覚桿と2本の保護毛 (sgd と sgv) で構成される．触角第4節には細かい顆粒がある1胞の先端感球と6本の嗅覚毛があり，背面には1本の微小な毛 (i) がある．PAO は8縁瘤が輪状に並ぶ．小眼は 3+3，黒色素に覆われる．分布：茨城．a, 全体図；b, 背面の毛の配列；c, 大顎；d, 小顎；e, 触角第3節感器；f, 触角第3-4節の背側；g, PAO と眼 (Tamura, 1998)．

オナシヤマトビムシ属
Anurida Laboulbene, 1865

大顎には鋭く曲がった1-3個の先端歯と，広く突き出した基歯の間に，さまざまな形状の1-数個の中間歯がある．小顎は先端部が2-4本に分岐し，それぞれが複数の歯を持ったり，羽毛状の薄片になったり，かなり複雑である．尾角はない．世界で70種以上，日本で11種1亜種が報告されている．日本の種は2亜属に分けられる．

オナシヤマトビムシ亜属
Anurida Laboulbene, 1865

PAO はロゼット型．眼は退化して5小眼以下．跳躍器は痕跡もない．体色は青から白，または橙黄色．日本の種は土壌性．日本に2種．

31. ヨツメオナシヤマトビムシ
Anurida (*Anurida*) *papillosoides* (Hammer, 1953)

体長 1.1 mm．体色はまばらな青灰色から白まで変動する．体表は粗い顆粒に覆われ，体毛は小さく，後方の節でわずかに長く，曲がっている．口吻は少し尖る．大顎は5歯，先の3歯は鈍く，基部の2歯より小さい．小顎は先が3分岐し，1本は太くて3-4本の大きな歯があり，別の1本は細長くて鋭い5歯があり，他の1本は薄い薄片で小さな多数の鋸歯がある．触角第4節には3胞の先端感球と4本の嗅覚毛がある．PAO は10-12個の縁瘤が楕円形に並ぶ．眼は4+4小眼が外側に半円の弧状に並ぶ．主爪に小さい1内歯がある．分布：北海道；アラスカ，カナダ．a, 大顎；b, 小顎；c, 触角の先端；d, PAO と眼；e, 後肢の脛付節と爪 (a, c-e, Hammer, 1953a; b, Christiansen and Bellinger, 1980)．

32. ミツメアカトビムシ
Anurida (*Anurida*) *trioculata* Kinoshita, 1916

体長 3 mm．体色は橙黄色で，触角先半，口と腹面，肢は白い．アルコール標本は色素が完全に脱色されて白い．全身不均一な粗い顆粒で覆われる．頭部は短く広い．体毛は長毛と短毛，細長い感覚毛が識別できる．口吻は円錐形で突出しない．大顎は大きく，5歯，基部の1歯は広く突き出し，先端の3歯は小さく先が内に曲がる．小顎は先が複雑に発達，主枝は5歯，他に2-3本の羽毛状の薄片がある．触角は短く，側方に曲がる．触角第3-4節は背面で融合するが，腹面は分かれる．触角第4節には3胞の先端感球と6本の嗅

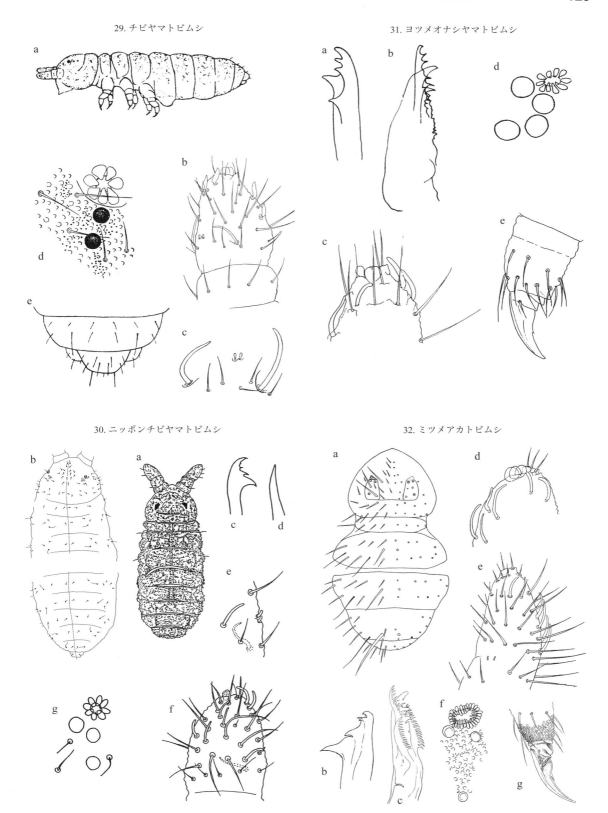

覚毛がある．PAO は楕円型で縁瘤は 27 - 32 個．小眼は 3+3 で，うち 2 個は PAO の近くに横に離れて並び，もう 1 個はかなり後に位置する．主爪の中央に 1 内歯がある．ソラマメや小麦を食害することがある（内田，1951）． 分布：佐賀，東京，群馬． a, 頭部 - 胸部第 2 節と腹部第 4 - 6 節の毛の配列；b, 大顎；c, 小顎；d, 触角の先端；e, 触角第 3 - 4 節；f, PAO と眼；g, 後肢の脛付節と爪（a, Yosii, 1954c; b-c, e, g, 木下, 1916a; d, f, Yosii, 1956a）．

ホラズミヤマトビムシ亜属
Aphoromma MacGillivray, 1893

無眼，白色，大型で，PAO は桑実型．跳躍器の痕跡がある．触角第 4 節の嗅覚毛の形状，大顎の歯の形などが特殊化している．体毛は短い毛に加えて長く目立つ剛毛があることが多く，その配列も種の識別に重要である．この亜属は日本にのみ分布していて，すべて洞穴性．しかも，狭い地域の固有種がほとんど（Yosii, 1956, 吉井, 1958）．これまでに 9 種 1 亜種が知られているが，今後，その他の洞穴から新たに発見される可能性がある．

33. イワイズミホラズミトビムシ
Anurida (*Aphoromma*) *nuda* Yosii, 1956

体長 3 mm．口吻は特に突き出さない．大顎は 3 個並んだ先端歯と広く大きい基歯の間に中間歯が 1 個ある．小顎は長く，3 分岐し，主枝は 3 歯，他の枝は羽毛状の薄片で，1 本は主枝と等長，もう 1 本は長い．触角は頭部と等長．触角第 3 - 4 節は背面だけ融合する．触角第 4 節には 3 胞の先端感球と 8 本の嗅覚毛がある．PAO は 20 - 25 個の長い縁瘤が輪になり，中央瘤はない．主爪は少し曲がり，中央に 1 内歯と基部に 1 対の側歯がある．脛付節の内側寄りに 1 本のやや長くて先が丸い粘毛がある．退化した跳躍器原基は 2 つの大きい膨らみで，それぞれ 2 本の毛がある．体全面は一様な顆粒に覆われ，イボはない．感覚毛は長く細いが，普通毛は短小で，長剛毛はない．前頭部の毛は非対称に見える． 分布：岩手県龍泉洞（固有種）． a, 頭部 - 胸部第 1 節と胸部第 3 節，腹部第 4 - 6 節の毛の配列；b, 大顎；c, 小顎；d, PAO；e, 後肢の脛付節と爪（a, Yosii, 1956a; b-e, 1956b）．

34. ホラズミトビムシ
Anurida (*Aphoromma*) *speobia* Yosii, 1954

体長 2.3 mm．口吻はあまり突き出さない．大顎は 3 個の先端歯と大きい基歯の間に 2 個の，まれに小さな 4 - 5 個の中間歯がある．小顎は 4 分岐し，主枝には 3 歯があり，他の枝は羽毛状の薄片で，1 本は主枝より長く，他の 2 本は主枝よりやや短い．触角は頭部の 2/3．触角第 3 - 4 節は融合する．触角第 4 節には 3 胞の先端感球と 5 - 9 本の渦巻き状の嗅覚毛がある．PAO は 5 - 10 個の中央瘤と 20 - 27 個の縁瘤が円く密集する．主爪は竜骨状に曲がり，基部半分は顆粒化，中央に 1 内歯があり，4 - 5 個の側歯がある．跳躍器原基は 2 つの丸い膨らみで 1 本の毛があることもある．腹部第 3 節以前の体節には短い毛ばかりで，第 4 節以後でも長剛毛はわずかに側面にあるだけ．体毛は他種より多く，非対称である． 分布：京都府賀志洞（固有種）． a, 頭部 - 胸部第 2 節と腹部第 4 - 6 節の毛の配列；b, 全体図；c-d, 大顎；e, 小顎；f, PAO; g-h, 後肢の脛付節と爪；i, 跳躍器原基（a, c-d, f, Yosii, 1954a; b, e, g-i, Yosii, 1956a）．

35. ハクバドウホラズミトビムシ
Anurida (*Aphoromma*) *vicaria* Yosii, 1956

体長 4.1 mm．大顎は 3 個の先端歯と先端が 2 個に分かれた基歯の間に，大きい 2 個に挟まれた約 6 個の小さい中間歯がある．触角は頭部よりわずかに長い．触角第 4 節には 3 胞の先端感球と，曲がった嗅覚毛が多数ある．PAO は 8 - 10 個の中央瘤を約 30 個の縁瘤が取り囲むが，全体の形は腎臓のように括れがある．主爪は竜骨状に曲がり，1 内歯と多数の側歯がある．跳躍器原基がある．各節の背面の毛は短く，長い毛は周辺部に少しある．前頭部には約 30 本の短い毛がほぼ対称形にあり，長剛毛はない． 分布：福井県白馬洞（固有種）． a, 頭部 - 胸部第 2 節と腹部第 4 - 6 節の毛の配列；b, 大顎；c-d, PAO（Yosii, 1956a）．

36. クゴウホラズミトビムシ
Anurida (*Aphoromma*) *setosa* Yosii, 1956

体長約 3 mm．大顎は 2 個の主要な中間歯の前後に 2 - 3 個の小さな歯がある．小顎は 3 分岐し，2 本は薄片である．触角第 4 節の嗅覚毛は渦巻き状（図 39b），先端近くの窪みに粒状突起（or），近くに微細感覚毛（ms）がある．PAO は大きく，約 30 個の縁瘤と 3 - 4 個の中央瘤が集まる．主爪は竜骨状に曲がり，中央に 1 内歯がある．1 対の丸い跳躍器原基がある．体毛は小さい毛のほかに，著しく長い剛毛があり，短毛は部分的に非対称．腹部第 4 節の後列中央毛（p1）は長く，腹部第 5 節の p1 は短い． 分布：岐阜県九合洞（固有種）． a, 頭部 - 胸部第 2 節と腹部第 4 - 6 節の毛の配列；b, 大顎；c, 触角第 4 節の先端；d, PAO; e, 中肢の爪（Yosii, 1956a）．

昆虫亜門・トビムシ目　127

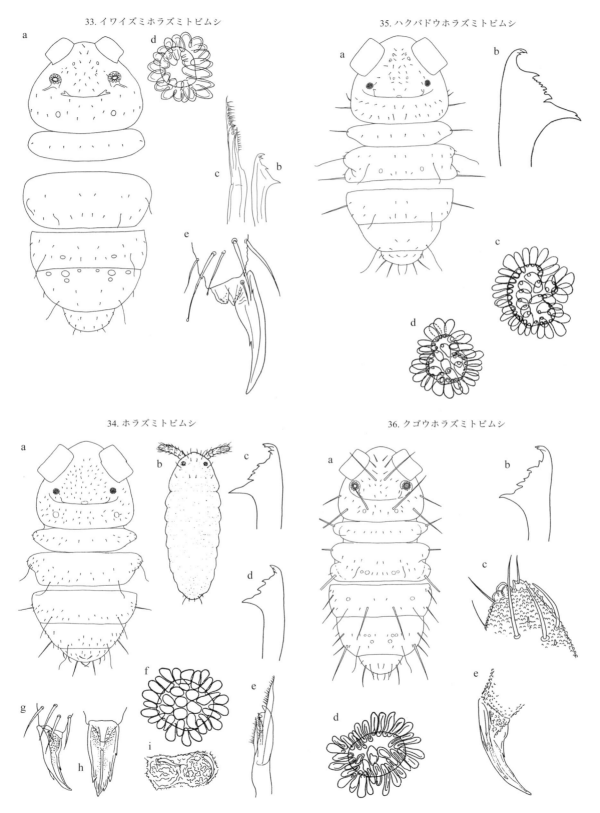

33. イワイズミホラズミトビムシ
34. ホラズミトビムシ
35. ハクバドウホラズミトビムシ
36. クゴウホラズミトビムシ

— 1219 —

37. カンナガワホラズミトビムシ
Anurida (Aphoromma) desnuda Yosii, 1956

体長 2.8 mm．口吻はわずかに突き出す．大顎は 3 個の先端歯と 2 個のはっきりした中間歯と 1 個の基歯，合計 6 個の歯がある．触角は短く，触角第 3 - 4 節は融合している．触角第 4 節には 3 胞の先端感球と渦巻き状の嗅覚毛が数本ある．PAO は約 30 個の縁瘤と約 4 個の中央瘤が円形に集まるが，中央瘤はないこともある．主爪は大きく内歯はない．退化した跳躍器は 1 対の円丘で，1 本の毛があることもある．腹部第 5 節は後方に丸くなる．腹部第 6 節も丸いが，短く小さい．著しく長大な剛毛が頭部や各体節にあり，腹部第 5 節の後列中央毛 (p1) は長い． 分布：群馬県の洞穴群（固有種）． a, 頭部 - 胸部第 2 節と腹部第 1, 4 - 6 節の毛の配列；b, 大顎；c, PAO（Yosii, 1956a）．

38. ヒゴホラズミトビムシ
Anurida (Aphoromma) iriei Yosii, 1970

体長最大 4 mm．口吻は短い．大顎は鋭く曲がった 3 個の先端歯と大きい 1 個の基歯があり，2 個のはっきりした中央歯の間に数個の微歯がある．小顎は長く 3 分岐し，主枝には強い 3 歯がある．他の 2 本は羽毛状の薄片で，片方は長くて多数の繊毛があり，もう片方は短く繊毛が少ない．触角は頭部と等長．触角第 3 - 4 節は背面で融合する．触角第 4 節には 3 胞の先端感球と 7 本の嗅覚毛がある．PAO は約 30 個の中央瘤とそれを囲んで 30 個の縁瘤が密集する．主爪は両側に広い薄片を備え，基部は顆粒化し，1 内歯があることが多い．腹管は 4+4 毛．跳躍器は 1 対の小さな丘で，各 1 毛がある． 分布：熊本県の洞穴群（固有種）． a, 頭部 - 胸部第 2 節と腹部第 2 - 6 節の毛の配列；b, 大顎；c, 小顎；d, 触角第 3 - 4 節；e, PAO；f, 後肢の脛付節と爪；g, 跳躍器原基（Yosii, 1970）．

39. スズカホラズミトビムシ
Anurida (Aphoromma) assimilis assimilis Yosii, 1956

体長約 3 mm．本種は 36．クゴウホラズミトビムシに似ているので，相違点を中心に述べる．大顎は中間歯が多く，大小 10 個に及ぶ．触角第 4 節の嗅覚毛は渦巻き状．PAO は桑実状で，約 25 個の縁瘤と，約 20 個の中央瘤があることが特徴．主爪は内歯がない．腹部第 4 - 5 節の後列中央毛 (p1) はともに長い．腹部第 5 節の側面の毛は 2 対が長大． 分布：滋賀県河内の風穴（固有種）． a, 大顎；b, 触角第 4 節の嗅覚毛；c, PAO; d, 腹部第 3 - 6 節の毛の配列（Yosii, 1956a）．

40. ワカサホラズミトビムシ
Anurida (Aphoromma) assimilis persimilis Yosii, 1956

本亜種が 39．スズカホラズミトビムシと異なる点は次のとおり．体長は 3.5 mm．大顎の中間歯は 8 個で同じ大きさ．触角第 4 節の嗅覚毛は曲がるが，渦巻き状ではない．PAO は中央瘤が 15 個とやや少なく，全体的に少し小さめ．腹部第 3 節の後列中央毛 (p1) はやや長く，側面の長毛は 1 対． 分布：福井県の洞穴群（固有種）． a, 大顎；b, PAO; c, 腹部第 3 節の毛の配列（Yosii, 1956a）．

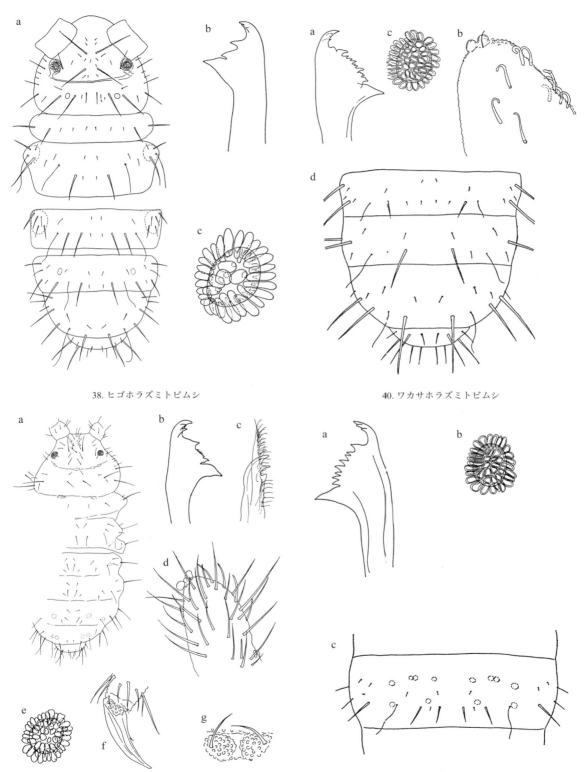

41. オカモトホラズミトビムシ
Anurida (*Aphoromma*) *okamotoi* Yosii, 1970

体長 3.5 mm. 大顎は 3 個の先端歯が斜めに並び, 大きな 1 基歯との間に小さな 2 - 3 個の中間歯がある. 小顎は先が 3 分岐し, 主枝に大きな先端歯, 両側に羽毛状の薄片があり, うち外側の 1 本は大きく主枝を超える. 触角は頭部より短い. 触角第 3 - 4 節は融合. 触角第 3 節感器の感覚桿は溝なしで生えている. 触角第 4 節には 3 胞の大きな先端感球と約 20 本の嗅覚毛があり, 外側に多い. PAO は丸く, 約 25 個の縁瘤が 5 個の中央瘤を取り囲んでいる. 主爪は全体的に顆粒があり, 1 内歯がある. 腹管は 6+6 毛. 跳躍器の痕跡は各 1 毛がある小さな 2 円丘. 腹部第 5 節の前列中央毛 (a1) は短い. 分布：岡山県の洞穴群 (固有種). a, 頭部 - 胸部第 2 節と腹部第 3 - 6 節の毛の配列 ; b, 大顎 ; c, 小顎 d, 触角第 4 節 ; e, PAO; f, 後肢の脛付節と爪 (Yosii, 1970).

42. ヒダホラズミトビムシ
Anurida (*Aphoromma*) *diabolica* Yosii, 1956

体長 3 mm. 大顎には 3 個の先端歯と大きい基歯があり, その間に 10 個以上の中間歯がある. 中間歯は 3 - 4 群に分かれて丘状に集まり, 複雑な形状を呈する. 小顎は 3 分岐し, 主枝には大きい 3 歯があり, 他の 2 枝は細い羽毛状で, 1 本は主枝より長く, もう 1 本は短い. 触角第 4 節の嗅覚毛は曲がっているが, 渦巻き状ではない. PAO は比較的小さく, 約 20 個の細い縁瘤が楕円形に並び, 時に中央瘤があることもある. 主爪は竜骨状に曲がり, 内歯はない. まれに 4 個以下の側歯がある. 跳躍器原基は丸い. 体表は顆粒で覆われる. 長剛毛は体の周辺部に多く, 特に腹部第 5 - 6 節の毛はすべて長い. 分布：岐阜県の洞穴群 (固有種). a, 頭部 - 胸部第 2 節と腹部第 1, 4 - 6 節の毛の配列 ; b, 大顎 ; c, 小顎 ; d, PAO; e, 後肢の脛付節と爪 (Yosii, 1956a).

アオイボトビムシ亜科
Morulininae Börner, 1906
アオイボトビムシ属
Morulina (Börner, 1906)

多くは大型で 5 mm に達することもある. 体は高く, イボも高く半球状. 北方系の属で, 日本が南限. 体色は青系で, 斑紋があることもある. イボには網目構造がある. イボトビムシ亜科と似るが, 多くの小片からなる PAO があること, 小眼は 5+5, 尾端は腹部第 5 節で第 6 節は腹側にあるなどの違いがある. 触角は普通で特徴がない. 日本で 5 種, 2 亜種が発表されている.

43. キボシアオイボトビムシ
Morulina gilvipunctata gilvipunctata (Uchida, 1938)

体長は 2 - 3 mm. 体色は暗青色で, あざやかな黄斑がある. 黄斑の位置は帯状の斑紋が胸部第 1 節の中央部以外に, 球状の斑紋が胸部第 2 節の背外イボと腹部第 1 - 3 節の背側イボと第 5 節の背イボに, そして触角第 4 節に黄斑がある. イボの配列式は 6, 6 / 6, 8, 8 / 8, 8, 8, 8, 4, 2. このうち, 腹部第 5 節の外側の 2 個 (側イボ) は腹側にあって背方から見えず, 第 6 節は第 5 節に隠れてわずかに見えるだけ. この属の中ではイボは小さくて低い, 生えている剛毛も少ない. 剛毛のギザギザは弱い. 胸部第 1 節の背内イボの内側に 1 本の短い単純毛がある. 大顎は 3 歯. 小顎は細長い 2 本の枝があり, その一方は 2 歯. PAO は大きく, 約 200 の小片からなる. 爪に内歯はなく, 脛付節に先が曲がった長毛はない. 跳躍器の原基は 4 本の微小毛がある 2 つのふくらみからなる. 分布はきわめて局所的で, 希少種. 分布：北海道, 東北. a, 全体図 ; b, 左半身の斑紋 ; c, 右の PAO と眼イボ ; d, 後肢の爪 (a, c-d, Uchida, 1938; b, Yosii, 1958).

44. キスジアオイボトビムシ
Morulina gilvipunctata irrorata Yosii, 1958

斑紋の違いで亜種に分けられる. 本亜種の黄斑は触角の第 2 節から第 4 節の先端まで, 胸部第 1 節は横一筋につながり, 腹部第 1 節も中央近くまで横筋になっている. 腹部第 2 - 3 節の斑点はない. 胸部第 2 節と腹部第 5 節は共通. イボは小さく低い. 剛毛は少なく, ギザギザは弱い. 大顎, 小顎, 爪, 脛付節, 跳躍器の原基は前亜種と同じ. 分布はきわめて局所的で, 希少種. 分布：東北, 関東. a, 左側の背面のイボと毛の配置 ; b, 右半身の斑紋 ; c, 大顎 ; d, 小顎 ; e, 後肢の爪 (Yosii, 1958).

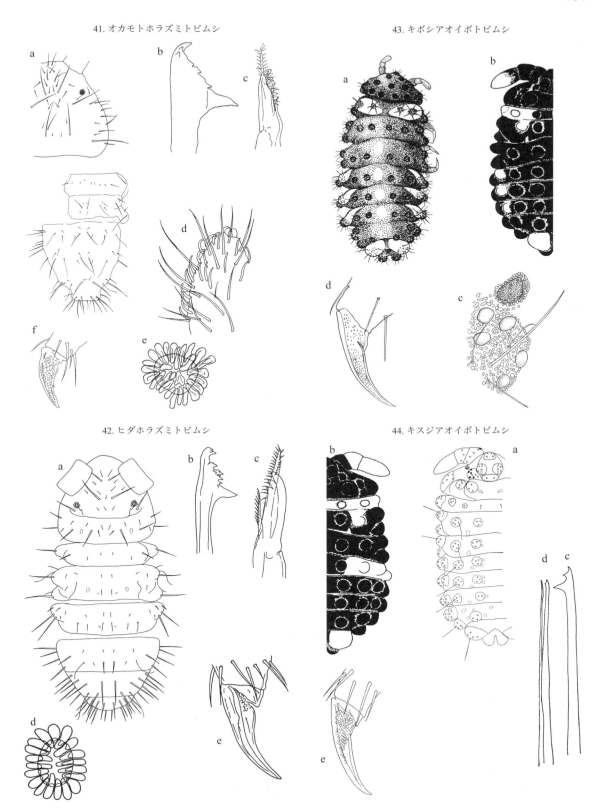

45. チョウセンアオイボトビムシ
Morulina triverrucosa Tanaka, 1978

体長は 3 - 4 mm. 体色は濃青色. 本種の最大の特徴は前頭部の頭頂イボがないことである. したがって, 両眼イボの間に 3 個のイボしかない. イボ配列式は 5, 6 / 6, 8, 8 / 8, 8, 8, 8, 4, 2. 長剛毛のギザギザは強く, 先端まである. 大顎は 5 歯, 先端の 3 歯は他の 2 歯と離れる. 小顎の枝は 2 本で長い. 大顎と小顎の構造はこの種が前 2 種, 46. ミナミアオイオトビムシと 48. ヤマトアオイボトビムシに近いことを示している. PAO は小さく, 約 100 個の小片からなる. 小眼は 5+5, 前 3 と後 2 に分かれる. 脛付節の曲がった長毛は 1 本. 腹管は短く, 側面に 6 - 9 本の毛がある. 跳躍器の原基は高く盛り上がり, 先に 4 - 5 本の毛がある. 最北記録は富山県, 福島県. 南西日本では普通種. 分布: 九州北部, 四国, 本州南西部; 朝鮮半島南部. a, 全体図; b, 大顎; c, 小顎; d, 右眼イボ; e, 後肢; f, 跳躍器の原基; g, 長剛毛 (Tanaka, 1978).

46. ミナミアオイボトビムシ
Morulina australis Tanaka, 1984

体長は 2 - 3 mm. 体色は濃青紫. 本種の最大の特徴は腹部第 4 節の背外イボと背側イボが融合することである. イボ配列式は 6, 6 / 6, 8, 8 / 8, 8, 8, 6, 4, 2. 頭頂部のイボは大きく, 中央に寄る. 剛毛のギザギザは先端まであり, 前方同方向に 2 列に並ぶ. 大顎は 5 歯, 基歯が短く尖り, 全体的に幅が狭い. 小顎の先の 2 本の枝は長い. 脛付節の先が大きく曲がった長毛は 1 本. 爪に 1 内歯がある. 腹管は短く, 側面に 5 - 6 本の毛がある. 跳躍器の原基の隆起は低く, 小さい毛が 2 - 3 本生えている. 各島内では普通種. 分布: 奄美大島, 徳之島, 沖縄本島. a, 頭部; b, 腹部第 3 - 5 節; c, 大顎; d, 小顎; e, 後肢; f, 跳躍器原基; g, 長剛毛 (Tanaka, 1984).

47. オオアオイボトビムシ
Morulina alata (Yosii, 1954)

体長は 3 - 5 mm. 体の背面は濃青色で, 腹面はやや淡色. 背面のイボは高く半球状で, 色も濃い. イボの配列式は 6, 6 / 6, 8, 8 / 8, 8, 8, 8, 4, 2. このうち, 腹部第 5 節の外側の 2 個 (側イボ) と第 6 節の 2 個は腹面にあって背側からまったく見えず, 第 5 節の中央の 2 個 (背イボ) が尾端をなす. イボの配置は, 前頭部に 6 個, 後頭部に 3 対, 腹部第 4 節の背外イボと背側イボは前後に縦に並び, これがこの属の典型的なパターンである. 各イボには弱い鋸歯状のギザギザがある長剛毛が数本あり, 毛の先端は羽毛状に発達する. 各イボの剛毛の数は他の属より多く, ばらつきがあり, 平均値も地域差がある. 大顎は幅広く 5 歯. 先の 2 歯は曲がり, 基部の 1 歯は太く幅広い. 小顎の先端にはあまり長くない 3 本の枝がある. その 1 本ははっきりした 3 歯があり, 他の 1 本は羽毛状の多数のとげがあり, 残りの 1 本は薄片状である. PAO は大きく, 約 300 の小片からなる. 小眼は 5+5. 各肢の脛付節には先が大きく曲がった 2 本の長毛がある. 爪には 1 内歯がある. 跳躍器は退化し, 2 つの隆起があるだけ. 北東日本では普通種, 最南西記録は和歌山県, 広島県. 分布: 北海道, 本州; サハリン. a, 右背側面; b, 大顎; c, 小顎; d, 後肢; e-f, 長剛毛 (a, 須摩, 1984; b-e, Yosii, 1954b, f, Yosii, 1958).

48. ヤマトアオイボトビムシ
Morulina orientis orientis Tanaka, 1984

体長は 2 - 3.5 mm. 体色は明青色. 剛毛はギザギザが強く, 先端にギザギザがない部分がある. イボの配置は 45. オオアオイボトビムシと同じだが, イボはやや低い. イボの配列式は 6, 6 / 6, 8, 8 / 8, 8, 8, 8, 4, 2. 大顎は 5 歯で, 基部の 1 歯は細長く, 先の 3 歯は他と離れる. 小顎の先の枝は 2 本で長い. PAO はやや小さい. 小眼は 5+5, 前 3 と後 2 に分かれる. 脛付節に曲がった長毛はない. 腹管は短く, 側面に 6 - 9 本の毛がある. 跳躍器の退化した原基の隆起は高く, 小さな毛がたくさん生えている. 口器と肢の長毛を見ないで, 外観だけでオオアオイボトビムシと区別するのは困難である. 分布は局所的. 分布: 北海道, 本州; 朝鮮半島南部. a, 全体図; b, 大顎; c, 後肢; d, 長剛毛 (Tanaka, 1984).

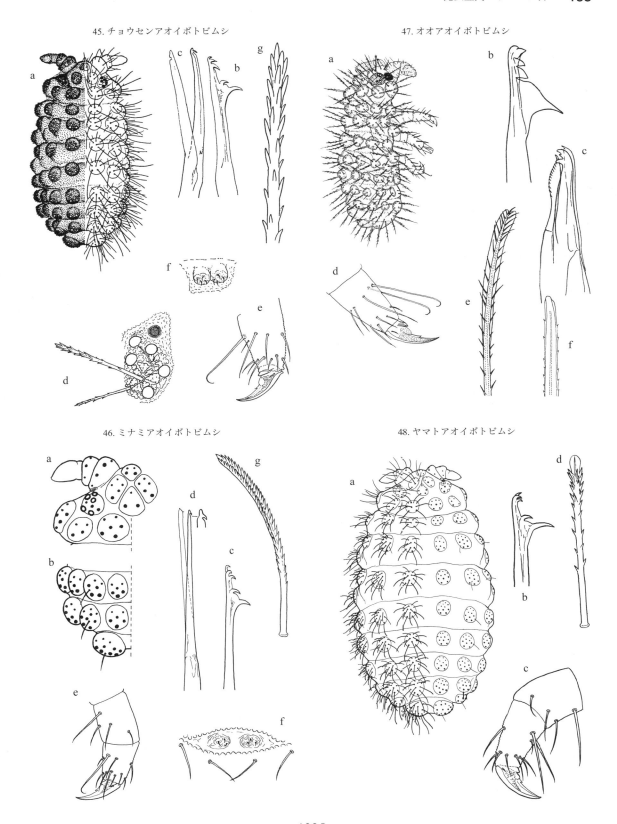

49. ウスアオイボトビムシ
Morulina orientis pallida Tanaka, 1984

この亜種が前亜種と異なる特徴は次の点である。体色が著しく薄く、地肌はほとんど白く、イボがわずかに青い。長剛毛の先のギザギザがない部分が長い。分布は局所的。　分布：中部，北陸。　a, 長剛毛（Tanaka, 1984）．

イボトビムシ亜科
Neanurinae Börner, 1901
アオフサイボトビムシ属
Morulodes Cassagnau, 1955

ずんぐりとした体形と腹部第6節が腹側にあること、小眼は4+4または5+5であること、各肢には先が曲がった長剛毛あるなどアオイボトビムシ属に似るが、PAOがなく、小顎に4列の細長いひらひらした総状の突起があることが特徴である。大顎には大きな歯とは別に微小な毛のような棘がある。イボは低く、多くの小片に分かれて、網目構造となる。この属は北方系で、北アメリカのロッキー山脈やアラスカで3種がしられている。日本に分布するのは1種のみ。

50. リシリアオフサイボトビムシ
Morulodes rishiriana Tanaka & Ichisawa, 2002

体長は3 mm. 体色は青く、イボは一段と濃い。ずんぐりして背が丸く、腹部第6節は腹側にあって、背側からはみえない。前頭部の4イボが融合し前頭イボをなす。その中央部に空白部ができることが多い。腹部第4節の背内イボどうしは融合し、背央イボとなる。イボ配列式は、3, 6 / 6, 8, 8 / 8, 8, 8, 5, 4, 2. 前頭イボはC毛を欠き、O毛はB毛の後ではなく前にある。長剛毛には不規則な大きい鋸歯がある。大顎には大きくてはっきりした4歯と多数の微小な毛のような棘がある。小顎には100近くの細長いひらひらした櫛状の突起が4列に分かれて並び、総状になっている。小眼は4+4. 各肢には先がへら状に平たくなり、少し曲がった長剛毛が、腿節に1本、脛付節に2本ある。爪は太く、1内歯がある。アジア唯一の種。　分布：利尻島，北海道北東沿岸。　a, 全体図；b, 前頭イボの左半分；c, 大顎；d, 小顎；e, 後肢（Tanaka and Ichisawa, 2002）．

イボトビムシ属
Neanura MacGillivray, 1893

青系のイボトビムシで種類数が最大の属。体色は青か白。イボは高くない。イボは溝で刻まれた小片に分かれた網目構造をしており、小片上の顆粒はふつうの表皮の顆粒より発達する。小片はイボの後方でより発達し顆粒も大きくなる。前方の小片は顆粒が小さく、溝の刻みも浅くなるが、網目構造が発達しており、小片どうしは接着して動かない。腹部第6節が腹側に隠れることはなく、尾端は常に第6節である。腹部第5節の背内イボどうしは常に融合して背央イボとなる。周辺のイボがさらに融合することもある。口吻は尖る。大顎は3歯。小顎は針状。触角はふつう。小眼は2+2で前後に離れる。爪に内歯はない。2亜属に分かれる。

ヤオイイボトビムシ亜属
Neanura (Metanura) Yosii, 1954

胸部第1節の背外イボは大きく、毛は3 - 5本。前頭部の額イボと触角イボ、頭頂イボ、眼イボが融合し、大頭イボとなることが多い。額イボの先端の小片は対を成す。腹部第5節の背内イボどうしが融合して背央イボになるが、さらに腹部後半の第4 - 6節のイボがそれ以上に融合することもある。分布域が狭く、地域ごとに小さく種分化する傾向が強い。7種が発表されている。

51. ヤオイイボトビムシ
Neanura (Metanura) sanctisebastiani (Yosii, 1954)

体長は2.8 mm. 体色は暗青色。前頭部の額イボ、触角イボ、頭頂イボ、眼イボは互いに近接するが、融合はしない。これはこの亜属の他の種にみられない特徴である。胸部第1節の背内イボはなく、1本の剛毛があるだけで、背外イボの剛毛は4本（ただし、短い毛は図aには描かれていない）。腹部第6節の1対のイボは離れる。長剛毛は先が太くかすかにひだがある。大顎は2 - 3歯。小顎は針状。触角は普通。小眼は2+2で前後に離れる。爪に内歯はない。跳躍器の痕跡は不明瞭。　分布：本州中東部。　a, 全体図；b, 大顎；c, 小顎；d, 後肢の爪；e-f, 長剛毛（Yosii, 1954b）．

52. ナガトイボトビムシ
Neanura (Metanura) nagatonis Yoshii, 1995

体長は2.8 mm. 体色は暗青色。前頭部の額イボ、触角イボ、頭頂イボ、眼イボは広く融合して大頭イボとなるが、前頭イボと眼イボの境はくぼみ、後縁に深い切れ込みがある。額イボの先端の小片は対を成す。O毛はない。眼イボのa毛は微小で見落とされやすい。後頭部の背側イボの毛は5本。胸部第1節の背外イボの剛毛は4本。腹部第1 - 3節の背外イボは大きく、a毛はイボ内にある。腹部第5節の背央イボと背側イボは融合しない。背央イボのa2毛は微小で見落とされやすい。腹部第6節の1対のイボは完全につながる。長剛毛は前種より発達する。　分布：大分，宮崎。　a, 頭部 - 胸部第1節；b, 腹部第5 - 6節；c, 大顎；d, 小顎；e, 触角第3 - 4節；f, 後肢の爪（Yosii, 1965）．

昆虫亜門・トビムシ目 135

49. ウスアオイボトビムシ

51. ヤオイイボトビムシ

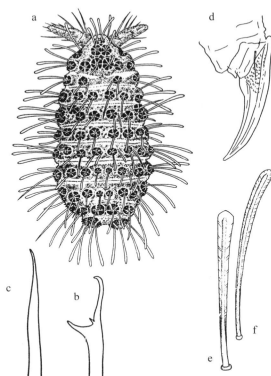

50. リシリアオフサイボトビムシ

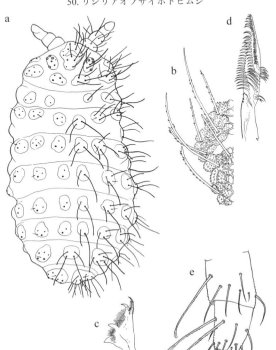

52. ナガトイボトビムシ

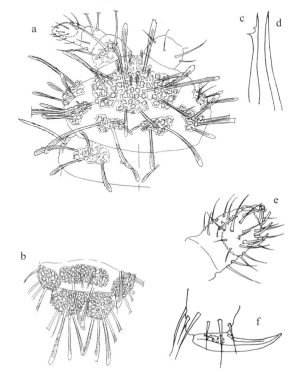

— 1227 —

53. オキナワイボトビムシ
Neanura (Metanura) okinawana Yosii, 1965

体長は 1.8 mm．体色は明るい灰青色．大頭イボの先端の小片は対を成す．前頭イボと眼イボの間のくぼみはない．後縁の切れ込みはなく，前小眼の外の小片もない．A 毛の外に小片はある．C 毛は短い．眼イボの a 毛は微少で，見落とされやすい．大頭イボに O 毛がない．後頭部の背側イボの毛は 4 本．胸部第 1 節の背側イボの剛毛は 5 本．腹部第 1 節の背外イボは小さく，a 毛はイボより前方中央寄りに離れている．しかも発育が遅く，微小毛か針状のことが多く，見落とされやすい．腹部第 5 節の背央イボの a2 毛と，側イボの a1 毛（前方内側）は成熟個体でも微小で，見落とされやすい．背面の長剛毛は短く，先が太く発達し，表面に不規則な小さな突起がある．この長剛毛は未成熟個体で十分に発育していない場合は小さな棘状である．爪の内歯はない．　分布：沖縄本島．　a, 大頭イボ; b, 胸部第 1 節の左背外イボ; c, 腹部第 1 節の左背外イボ; d, 腹部第 5 節のイボ (Tanaka and Ichisawa, 2007)．

54. アマミイボトビムシ
Neanura (Metanura) amamiana Tanaka & Ichisawa, 2007

体長は 1.9 mm．体色は青色．イボと毛の配置は前種によく似る．大頭イボに O 毛がない．後頭部の背側イボの毛は 4 本．胸部第 1 節の背外イボの剛毛は 5 本．腹部第 1 節の背外イボは小さく，a 毛はイボより前方中央寄りに離れている．しかも発育が遅く，微小毛か針状のことが多く，見落とされやすい．腹部第 5 節の背央イボの a2 毛と，側イボの a1 毛（前方内側）は成熟個体でも微小で，見落とされやすい．長剛毛は先が一段と広くしゃもじ状に拡がり，中の筋は葉脈状に分岐している．剛毛の発達の度合いは生息する島ごとにいくらか異なっている．微小毛は発育が遅く，見落とされやすい．爪に内歯はない．腹管の毛は 4 対．跳躍器の原基はない．　分布：奄美大島，徳之島，沖永良部島．　a, 頭部 - 胸部第 2 節; b, 大頭イボ; c, 腹部第 5 節のイボ; d, 腹部第 1 節の左背外イボ (Tanaka and Ichisawa, 2007)．

55. ヨナイボトビムシ
Neanura (Metanura) yonana Tanaka & Ichisawa, 2007

体長は 2.2 mm．体色は暗青色．大頭イボの先端の小片は対になる．前頭イボと眼イボの融合は強く，間のくぼみはほとんどない．小片の領域は広く，丸みを帯びる．O 毛はない．C 毛が短い．眼イボの a 毛は微小毛で見落とされやすい．後頭部の背外イボの長剛毛は 5 本．胸部第 1 節には背内イボがあり，背側イボと融合して大きな背イボとなり，剛毛は合計 6 本になる．腹部第 1 - 3 節の背外イボは大きく，a 毛はイボ内にある．腹部第 5 節と第 6 節のイボは互に融合するだけでなく，両節の間も全面的に融合する．第 4 節の両側のイボも互に融合するだけでなく，中央を越えて全イボが融合する．ただし，第 4 節と第 5 節の間は融合しない．腹部第 5 節の背央イボの a2 毛は認められない．長剛毛は 53. オキナワイボトビムシより細く長い．腹管の毛は 4 対．跳躍器の原基はない．　分布：沖縄本島国頭村与那，局所的．　a, 頭部 - 胸部第 1 節; b, 腹部第 3 - 6 節 (Tanaka and Ichisawa, 2007)．

56. キタヤマイボトビムシ
Neanura (Metanura) kitayamana Yoshii, 1995

体長は 2.0 mm．体色は暗青色．大頭イボは広く，後縁に前頭イボと眼イボの間の切れ込みはない．眼イボの a 毛は存在がはっきりしない．他の剛毛はよく発達し，先が太く，多くのひだがある．G 毛も尖らない．O 毛はない．後頭部の背側イボの長剛毛は 4 本．胸部第 1 節の背内イボはなく，1 本の長剛毛があるのみ．背外イボの長剛毛は 4 本．腹部第 1 - 3 節の背外イボは大きく，a 毛はイボ内にある．腹部第 4 節の背内イボは背外イボと融合し背イボとなるが，左右の背イボははっきり離れている．第 5 節と第 6 節の左右の全イボは互に広くつながるが，第 5 節と第 6 節の間はつながらない．第 5 節の背央イボの a1 毛は短いが先太．a1 毛は微小で見つけにくい．　分布：近畿，南四国，南九州．　a, 頭部 - 胸部第 2 節; b, 腹部第 3 - 6 節; c, 長剛毛 (Yoshii, 1995b)．

昆虫亜門・トビムシ目　137

53. オキナワイボトビムシ

55. ヨナイボトビムシ

54. アマミイボトビムシ

56. キタヤマイボトビムシ

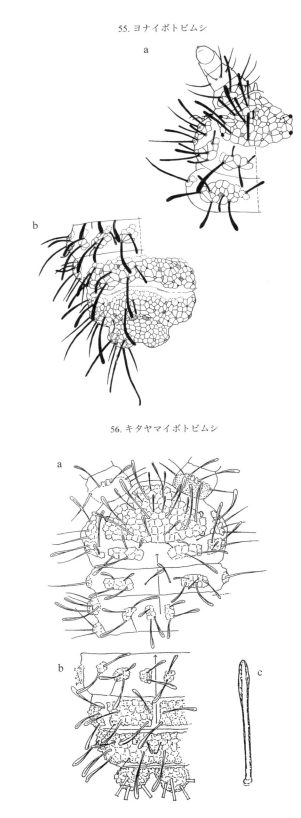

57. キョウトイボトビムシ
Neanura (*Metanura*) *yamashironis* Yoshii, 1995

　体長は 2.4 mm. 体色は暗青 - 淡青色. 多くの特徴は前種に似る. 大頭イボの小片の領域は前種より狭く, D, E 毛は大頭イボの縁上にある. 後縁に前頭イボと眼イボの間の切れ込みがある. A, B, E, F 毛は長く, C, D 毛は短い. O 毛はない. 眼イボの a 毛は存在がはっきりせず, 他の剛毛はよく発達する. 背面の長剛毛の先は丸いが, 前種より細い. G 毛は先が尖る. 後頭部の背側イボの毛は 4 本. 胸部第 1 節の背内イボはなく, 1 本の長剛毛があるのみ. 背外イボの長剛毛は 4 本. 腹部第 1 - 3 節の背外イボは大きく, a 毛はイボ内にある. 第 4 節から第 6 節のイボの融合パターンは前種と同じ. 各イボを構成する小片は側方で特に高く発達する. 第 5 節の背央イボの a1 毛は微小毛で, a2 毛はない.　分布：京都. 　a, 頭部 - 胸部第 2 節 ; b, 腹部第 3 - 6 節 ; c, 長剛毛（Yoshii, 1995b）.

ヒメイボトビムシ亜属
Neanura (*Deutonura*) Cassagnau, 1979

　胸部第 1 節の背側イボの毛は 2 本. 腹部第 5 節の背内イボどうしが融合して背央イボになるが, それ以上のイボが融合することはない. 頭頂イボと触角イボが融合して触頂イボになるが, さらに額イボが融合して前頭イボになることはふつうない. 唯一の例外は 58. イリオモテイボトビムシで, 眼イボも融合して大頭イボとなる. イボは深い溝で囲まれた小片からなり, 各小片は接着し, しっかりとした網目構造になる. 額イボの先端の小片は 1 個で, 対をなさない. 胸部第 1 節の背外イボは小さく, 長剛毛は 2 本. 日本では 6 種が知られている.

58. イリオモテイボトビムシ
Neanura (*Deutonura*) *iriomotensis* (Yosii, 1965)

　体長は 2.0 mm 以上. 体色は暗灰色に黒いまだら模様. 小眼は黒く 2+2. 前頭部の顎イボ, 触角イボ, 頭頂イボ, 眼イボは完全に融合し, ヤオイイボトビムシ亜属の多くの種のように大頭イボとなる. しかし, 胸部第 1 節の背外イボの毛は 2 本で, ヒメイボトビムシ亜属の特徴を示す. 背内イボはなく, 1 本の長剛毛がある. 胸部第 2 - 3 節の背外イボの長剛毛は 2 本. 腹部第 1 - 3 節の背外イボは小さく, a 毛はイボから前方中央寄りに離れている. 第 6 節のイボは互に離れる. O 毛はない. 長剛毛は先がへら状に広がり, 内部の筋も先で分岐する. G 毛もへら状. 表面には細かなザラザラがある.　分布：西表島. 　a, 頭部と胸部第 1 節 ; b, 左側の胸部第 3 節と腹部第 1 節 ; c, 腹部第 5 - 6 節 ; d, 下唇（Yosii, 1965）.

59. トウヒイボトビムシ
Neanura (*Deutonura*) *piceae* (Yosii, 1969)

　体長は 2.0 mm. 体色は暗青色, 強く黒いまだら模様. 触角は濃く, 腹面と肢は薄い. 額イボの先端の小片は 1 個で対にならない. 触角イボと頭頂イボは融合し, 触頂イボとなる. 触頂イボは広く, D, E 毛はイボ内にあり, B-D 片と B-E 片は存在する. 触頂イボの O 毛はない. 後頭部の背側イボの毛は 5 本. 胸部第 2 - 3 節の背外イボの長剛毛は 2 本. 腹部第 1 - 3 節の背外イボは小さく, a 毛はイボの前方中央寄りに離れている. 第 5 節の背央イボの a2 毛は著しく微小. 長剛毛の先は丸いが細めで, 微小なギザギザがある. 口吻は尖る. 大顎は弱い 3 歯. 小顎は針状. 小眼は 2+2 で白（無色）. 腹管の毛は 3 対.　分布：日本；朝鮮半島. 　a, 頭部 ; b, 左側の胸部第 1 - 2 節 ; c, 左側の腹部第 1 節 ; d, 右側の腹部第 4 - 6 節 ; e, 前肢の爪（Yosii, 1969）.

60. エゾイボトビムシ
Neanura (*Deutonura*) *ezomontana* (Yosii, 1972)

　体長は 1.7 mm. 体色はほとんど白. 小眼は 2+2 で, かすかに青い色素がある. 額イボは小さく, 先端の小片は対にならない. 触頂イボの O 毛はない. C, E 毛は棘状で, イボの前縁にあり, D 毛は見られない. 眼イボの a 毛はない. 後頭部の背側イボの毛は 4 本. 胸部第 1 節の背内イボがあり, 背外イボと融合してできた背イボの毛は合わせて 3 本になる. 腹部第 4 節の背内イボは左右で融合し, 第 5 節のように背央イボとなる. 腹部第 5 節の背央イボの a2 毛は著しく微小. 長剛毛は先が丸く細長い. G 毛も尖らない. 爪に内歯はない. 腹管の毛は 4 対. 跳躍器の原基は 5 本の小さな毛がある.　分布：北海道の高地. 　a, 頭部 ; b, 胸部第 1 節 ; c, 腹部第 4 - 6 節（Yosii, 1972）.

昆虫亜門・トビムシ目 139

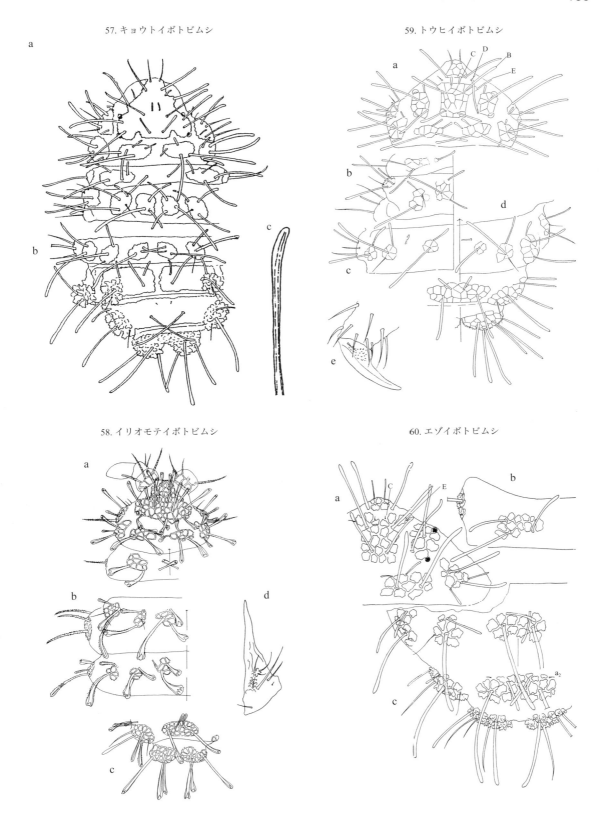

61. モミイボトビムシ
Neanura (*Deutonura*) *abietis* (Yosii, 1969)

　体長は 1.5 mm．体色は暗青色でまだら状．額イボは小さく，先端の小片は対にならない．触頂イボは広く，D, E 毛はイボ内にあり，B-D 片と B-E 片は存在する．C, E 毛は短く，先が丸い．O 毛はある．後頭部の背側イボの毛は 5 本．胸部第 2 - 3 節の背外イボの長剛毛は 2 本．腹部第 1 - 3 節の背外イボは小さく，a 毛はイボの前方中央寄りに離れている．腹部第 5 節の背央イボの a2 毛は著しく微小．長剛毛の先は丸いが細めで，微小なギザギザがある．59. トウヒイボトビムシに似るが，次の点が異なる．頭部の O 毛がある．小眼は 2+2，わずかに色素がある．本種のほうがよりふつうに見られる．　分布：日本；朝鮮半島．　a, 前頭部；b, 下唇；c, 腹部第 5 節の背央イボ（Yosii, 1969）．

62. キリハイボトビムシ
Neanura (*Deutonura*) *fodinarum* Yosii, 1956

　体長は 2.0 mm．体色は生存中でも白か乳白色．額イボは小さく，先端の小片は対にならない．触頂イボは狭く，B-E 片は存在しない．少なくとも E 毛はイボの外にある．O 毛は存在する．D, E 毛と眼イボの a 毛は棘状に先が尖る．後頭部の背側イボの毛は 5 本．胸部第 1 節の背内イボはなく，1 本の長剛毛があるのみ．第 2 - 3 節の背外イボの長剛毛は前後に 2 本あって，1 本の感覚毛はその間に中央寄りにある．腹部第 1 - 3 節の背外イボは小さく，a 毛はイボの前方中央寄りに離れている．第 5 節の背央イボの a2 毛は微小毛．大顎は 3 歯で先端歯は 2 個の微小歯に分かれているように見える．小顎は針状．小眼は 2+2，弱く色素がある．爪に内歯はない．腹管の毛は 4 対．洞穴からも森林土壌からもふつうにみられる．　分布：日本；朝鮮半島．　a, 全体図；b, 頭部右側；c, 腹部第 6 節の背央イボ；d, 大顎；e, 小顎；f, 後肢の爪（Yosii, 1956b）．

63. ニイジマイボトビムシ
Neanura (*Deutonura*) *niijimae* Tanaka & Hasegawa, 2010

　小型で，体長は 0.9 mm．体色は白く，眼だけ薄青．小眼は 2+2．額イボは小さく，先端の小片は対にならない．触頂イボは狭く，B-D 片と B-E 片がない．D, E 毛はイボの外にある．O 毛はある．眼イボの a 毛は微小毛．後頭部の背側イボの毛は 6 本．頭部の背面の剛毛は短く，細く，先が丸い．周辺の剛毛は長く，先が尖っている．胸部第 1 節の背内イボはなく，1 本の短い剛毛があるのみ．第 2 - 3 節の背外イボの剛毛は p 毛が 1 本だけで，1 本の感覚毛がイボの前にある．腹部第 1 - 3 節の背外イボの剛毛は 2 本で a 毛がない．　分布：北海道．　a, 全体図；b, 頭部の右のイボ；c, 後頭部の右背側イボ；d, 胸部第 3 節の右背外イボ；e, 腹部第 1 節の右背外イボ（Tanaka and Hasegawa, 2010）．

イボナシトビムシ属
Paranura (Axelson, 1902)

　腹部第 6 節のイボが低いかまったくないので，尾端がひと山に見えることがある．その場合でもそこの毛の集団は 2 群に分かれる．体色は朝鮮半島南部にはオレンジ色の種がしられているが，日本では青か白．大顎は 2 - 4 歯．小顎は針状．小眼は 2+2，または 3+3，うち 1 個は後方に離れる．爪に内歯はない．土壌潜行性の種が多い．日本で 3 種が知られる．

64. タイワンイボナシトビムシ
Paranura formosana Yosii, 1965

　体長は 1.0 mm．体色は白．表皮は全体的に粗い顆粒で覆われる．腹部第 5 節の背内イボは丸くつながって背央イボとなり，低く盛り上がる．顆粒も粗くなっていて 2 対の毛がある．腹部第 6 節は発達してなく，全体でひとこぶ状．体毛は短く，顆粒の直径の 2 - 3 倍．感覚毛はふつうの毛よりも長い．上唇は基部が顆粒状で 3 対の毛がある．下唇の毛は 6 本．大顎は 3 歯で，先端歯は微小な 2 歯に分かれているように見える．小顎は針状．小眼は 2+2，前後に離れており，無色で小さいので見落とされやすい．爪はふつうで内歯はない．腹管には 3 対の微小毛がある．跳躍器の原基は中央に小さい 4 本の毛が生えた領域がある．　分布：日本；台湾．　a, 全体図；b, 頭部 - 胸部第 2 節；c, 腹部第 4 - 6 節；d, 上唇；e, 下唇；f, 大顎；g, 小顎；h, 後肢の爪（Yosii, 1965）．

昆虫亜門・トビムシ目　141

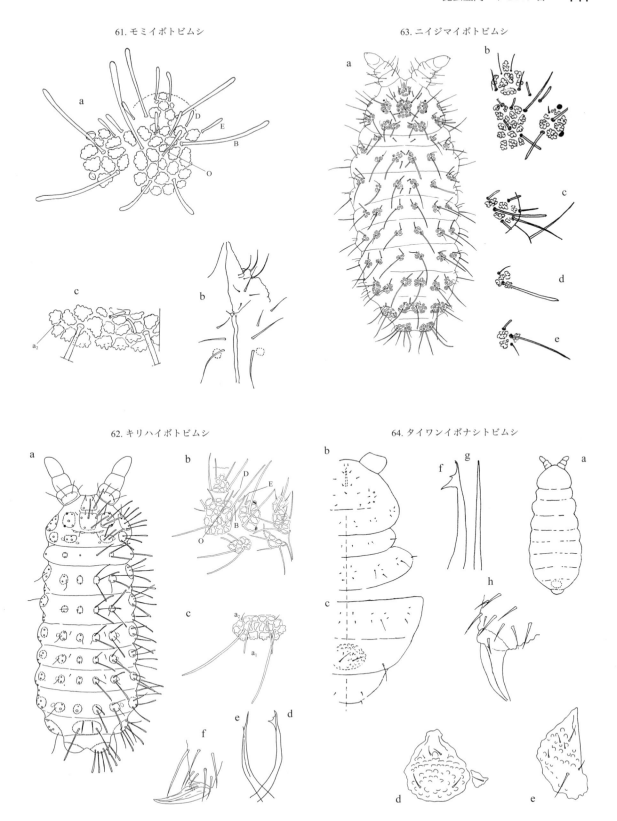

65. ウエノイボナシトビムシ
Paranura suenoi Yosii, 1955

　この属としては大型で，体長は 3.0 mm．体色は青灰色で，腹面は淡い．外皮の色素はまだら模様．背面にイボはない．腹部第 4 - 5 節の側面と第 6 節は網目構造になっている．この部分は溝で刻まれた小片が盛り上がり，周辺の小さな顆粒状の部分からはっきり区別される．網目構造はアオイボトビムシ属やイボトビムシ属では一般的だが，この属としては独特である．体毛は単純でやや短く，先が尖る．小眼は 3+3 で前 2 個は接し，後 1 個は離れる．大顎は 3 歯で先端歯は微小な 3 歯に分かれているように見える．小顎は針状．爪に内歯はない．跳躍器の原基はない．　分布：南西諸島．　a, 全体図；b, 腹部第 5 - 6 節；c, 大顎；d, 小顎；e, 左眼；f, 後肢の爪 （a, Yosii, 1965; b-f, Yosii, 1955）．

66. イボナシトビムシ
Paranura sexpunctata (Axelson, 1902)

　体長は 1.0 mm．体色は薄い暗灰色で，腹面は白い．腹部第 5 節は低いイボがあるだけで，他の節にイボはない．上唇は 2 対の毛が，下唇は 6 本の毛がある．大顎は 2 歯があり，先端歯は微小な 3 歯に分かれているように見える．小顎は針状．体毛は短く単純．感覚毛は後半身で長くなる．触角は短く円錐状．眼は黒く，小眼は 3+3 で前 2 個は接し，後 1 個と離れる．爪に内歯はない．腹管の毛は 4 対．跳躍器の原基は中央部が低く盛り上がり，3 本の毛がある．　分布：日本；ヨーロッパ，北米．　a, 頭部 - 胸部第 2 節；b, 腹部第 2 - 6 節；c, 上唇；d, 下唇；e, 大顎；f, 小顎；g, 右眼；h, 後肢の爪 （Yosii, 1965）．

アミメイボトビムシ属
Vitronura Yosii, 1969

　小型種が多い．体色は赤黄系．体形は楕円形で，イボは小さく整然と並ぶ．背は高く丸まり，腹部第 6 節は半分第 5 節に隠れる．後頭部のイボは 3 対で，背側イボが側イボに融合している．その他のすべてのイボは分離する．イボは網目構造になり，小片には二次的に発達した顆粒があるが，網目構造はイボトビムシ属ほど発達せず，各小片はある程度動かせる．大顎は 3 歯，小顎は針状．小眼は 2+2．爪は太く湾曲する．日本で 3 種が知られている．

67. オレンジイボトビムシ
Vitronura mandarina (Yosii, 1954)

　属のなかではやや大型，体長は 2.0 mm．体色は赤，オレンジ色．アルコール標本は白．背が高く丸まっているので，腹部第 6 節は半分第 5 節に隠れるが，上から見ることはできる．前頭部の O 毛はあり，その他の前頭部の A-G 毛と眼イボの 3 本の毛は全部ある．体剛毛は滑らかで先は尖る．口吻は尖る．大顎は 3 歯，小顎は針状．触角は頭部より短い．眼は無色で，小眼は大きく 2+2．爪は太く船状に曲がり，内歯はない．腹管の毛は 4 対．跳躍器の原基は中央にふくらみがあり，4 - 6 本の毛がある．森林土壌で普通にみられ，高密度になることもある．　分布：日本；アジア．a, 頭部 - 胸部第 2 節；b, 腹部第 4 - 6 節；c, 大顎；d, 小顎；e, 後肢の爪 （a-b, Yosii, 1969; c-d, Yosii, 1954b; e, Yosii, 1956a）．

68. チビアミメイボトビムシ
Vitronura pygmaea (Yosii, 1954)

　小型，体長は 1.0 mm．体色は赤，オレンジ色．アルコール標本は白．背が高く丸まっているので，腹部第 6 節は半分第 5 節に隠れるが，上から見ることはできる．頭頂イボの O 毛はある．触角イボの毛は 4 本．眼イボの毛は 3 本．体剛毛は表面がかすかにざらつき，先は丸く，あまり長くはならない．口吻は尖る．大顎は 3 歯．小顎は針状．触角は頭部より短い．小眼は 2+2，大きく無色．爪は 1 内歯がある．腹管の毛は 4 対．　分布：日本；韓国，台湾，インドネシア．a, 全体図；b, 腹部第 5 - 6 節；c, 剛毛；d, 大顎；e, 小顎；f, 後肢の爪 （a-b, Yosii, 1969; c-f, Yosii, 1954b）．

昆虫亜門・トビムシ目　143

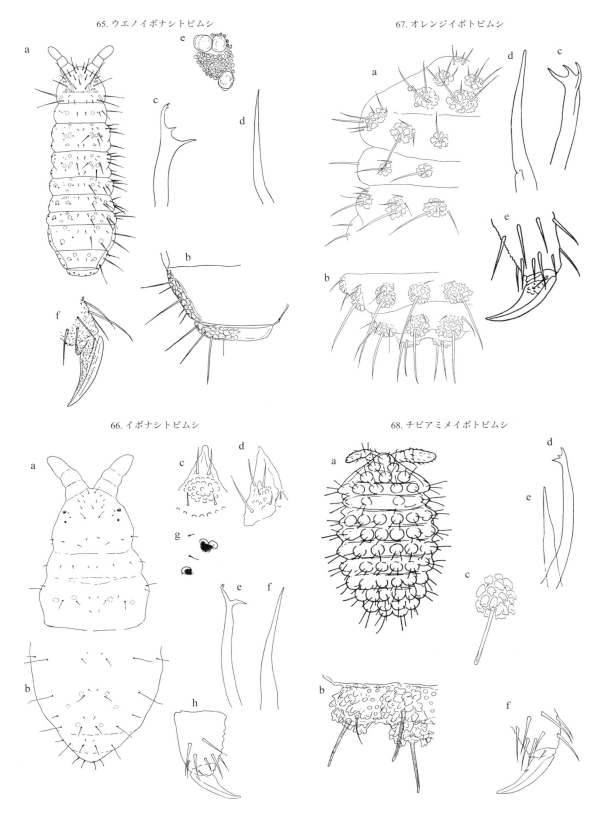

65. ウエノイボナシトビムシ
66. イボナシトビムシ
67. オレンジイボトビムシ
68. チビアミメイボトビムシ

— 1235 —

69. クニガミイボトビムシ
Vitronura kunigamiensis Tanaka & Hasegawa, 2010

　小型，体長は 1.0 mm．体色は赤．アルコール標本は白．背が高く丸まっているので，腹部第 6 節は半分第 5 節に隠れるが，上から見ることはできる．頭頂イボの O 毛はない．触角イボの毛は 2 本で D，E 毛がない．眼イボの毛は 2 本で p 毛がない．背面の剛毛は発育しても短く，先は尖らない．後頭部の背外イボの毛は 2 本．口吻は尖る．大顎は 3 歯．小顎は針状で先は 2 本の枝に分かれる．触角は頭部より短い．小眼は 2+2 で無色．爪は内歯がない．腹管の毛は 4 対．跳躍器の原基は 2 本の毛がある．分布は局所的．　分布：沖縄本島国頭村．　a, 全体図；b, 頭部；c, 上唇；d, 下唇；e, 大顎；f, 小顎；g, 後肢の爪（Tanaka and Hasegawa, 2010）．

アカフサイボトビムシ属
Crossodonthina Yosii, 1954

　大顎が大きく，独特な総状になっている．アオフサイボトビムシ属の場合，総状になっているのは小顎で，大顎ではない．体色は，生存中は赤色，アルコール標本は白．イボは小さく退化傾向にある．頭頂部に短い O 毛がある．長剛毛は単純で先が尖る．口吻は突出せず，上唇も下唇も独特な形をしている．小眼は 3+3，黒く，前 2 個は接する．爪に大きい 1 内歯がある．日本から 2 種がしられる．

70. ヤマトアカフサイボトビムシ
Crossodonthina nipponica Yosii, 1954

　体長は 2 mm 以上．体色は赤色，液浸標本で白．イボは退化しており，ないか，あっても小さい．頭部では額イボと触角イボはなく，頭頂イボは小さい．胸部と腹部の第 1 - 2 節の背内イボはないが，その他のイボは小さくてもある．腹部第 5 節の背外イボと側イボは融合しない．短い O 毛がある．A-B 毛は長く，C，E 毛は短い．眼イボの毛は 3 本，m 毛は長く，a, p 毛は短い．口吻は尖らない．上唇も下唇も独特の形をしている．大顎も特殊な形をしており，3 本の枝がある．1 番長い枝は鞭状で付属物はない．別の枝は先端から基部まで内側に櫛状に並んだ突起物があり，もう一つの枝は基部だけ同じ内側に伸びた突起物があるが，先端半分の付属物は小さい．小顎は針状で 2 本の枝からなる．その 1 本は不明瞭な先端歯があるように見えるが，繊毛はない．触角はやや長い．眼は黒く，小眼は 3+3 で前 2 個は接し，後 1 個は離れる．爪は基部に大きい内歯がある．腹管には 4 対の毛がある．跳躍器の原基には 3 本の毛がある．　分布：日本．　a, 頭部 - 胸部第 2 節；b, 腹部第 3 - 6 節；c, 上唇；d, 下唇；e, 大顎；f, 小顎；g, 前肢の爪（a-d, f, Yoshii, 1995；e, g, Yosii, 1956a）．

71. チョウセンアカフサイボトビムシ
Crossodonthina koreana Yosii & Lee, 1963

　体長は 1.7 mm．体色はアルコール中で白．背面のイボは退化している．頭部の額イボと触角イボはない．頭頂イボと眼イボはあるが，小さく低い．O 毛はある．胸部第 1 節 - 腹部第 4 節の背内イボはない．腹部第 5 節の背内イボはあるが，小さい．第 6 節は半分隠れ，イボは低く離れる．口吻は尖らず，腹面にある．大顎は著しく発達し，前種より鞭状の枝が 1 本多く，櫛状の突起物が同じ方向に発達している．小顎は 3 本の枝があり，内側の 1 本は一方に細かい繊毛がある．触角は頭部より長く，多くの感覚毛がある．小眼は 3+3，前 2 個はわずかに離れ，黒い．爪は太く，内歯がある．腹管の毛は 3 対．跳躍器の原基は 3 本の短毛がある．　分布：日本；韓国．　a, 全体図；b, 腹部第 5 - 6 節；c, 大顎；d, 小顎；e, 後肢の爪（Yosii and Lee, 1963）．

フクロイボトビムシ属
Propeanura Yosii, 1956

　生存中は赤色．イボがほとんどない種からイボが半球状に高い種，イボの顆粒が大きく発達し，アミメイボトビムシ属のように小片状になる種など，イボの発達度合いはまちまちである．口吻はあまり尖らない．上唇と下唇の先端は横に切断されたようになっている．この属の最大の特徴は口器が単純なことである．大顎は 3 歯で，先端歯は微小な 2 - 3 歯にみえる．小顎は針状で 2 枝に分かれる．小眼は 3+3．日本から 4 種が知られている．

72. イエティフクロイボトビムシ
Propeanura ieti Yosii, 1966

　体長は 2 mm 以上．生存中の体色は赤，アルコール標本は白．頭部のイボは眼イボだけで，他のイボはない．O 毛はある．A, C, D, E, G, O 毛は微小毛．眼イボの毛は 2 本．胸部第 1 節 - 腹部第 3 節は背内イボと背外イボがない．腹部第 4 - 5 節はわずかに盛り上がったイボがある．第 6 節のイボは低く離れている．剛毛は単純で短い．微小毛はさらに小さく見つけにくい．感覚毛は胸部第 2 - 3 節の背外イボ（に当たる部分）と背側イボ（に当たる部分），そして腹部第 1 - 5 節の背外イボ（に当たる部分）にある．下唇の先は少し尖る．大顎は 3 歯，先端歯は 2 微歯に分かれるように見える．小顎は針状．触角は頭部より短い．小眼は 3+3 で黒く，前 2 個は離れて眼イボより前にあり，後 1 個は眼イボ上にある．肢は短く，爪に内歯はない．腹管に 4 対の毛がある．跳躍器の原基は 4 本の毛がある．この種は時に高密度になることがある．　分布：日本；ネパール．　a, 全体図；b, 下唇；c, 大顎；d, 小顎；e, 左眼；f,

昆虫亜門・トビムシ目　145

69. クニガミイボトビムシ

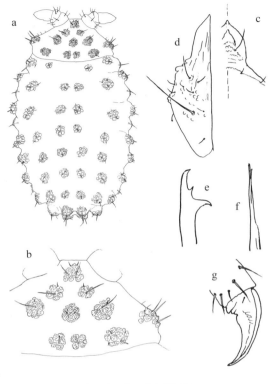

70. ヤマトアカフサイボトビムシ

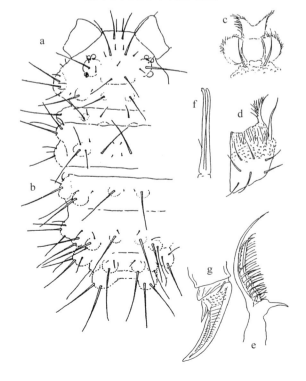

71. チョウセンアカフサイボトビムシ

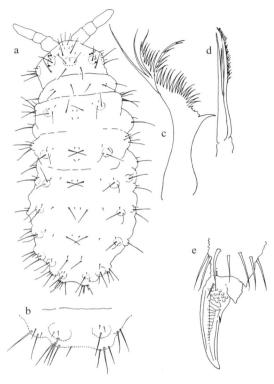

72. イエティフクロイボトビムシ

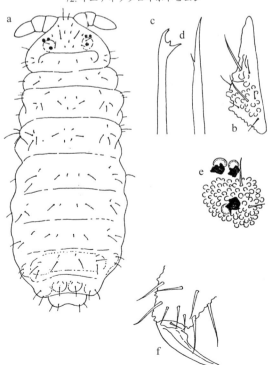

後肢の爪（Yosii, 1966b）.

73. イチゴイボトビムシ
Propeanura parvituberculata (Yosii, 1965)

体長は 1.2 mm，やや細長い．生存中の体色は赤，アルコール標本は白．背面のイボは退化傾向にある．額イボ，触角イボ，頭頂イボ，後頭部 - 腹部第2節の背内イボはない．第4節は背内イボがなく，微小毛があるのみ．第3節と第5節の背内イボはある．第6節のイボは離れている．胸部第1節以外は背外イボと背側イボがある．長剛毛は先が丸い．口吻は突出するが，先端は尖らない．大顎は2歯．小顎は針状．触角は普通．小眼は 3+3 で黒く，前2個は離れて眼イボより前にあり，後1個は眼イボ上にある．毛は2本．爪は長く，内歯はない．腹管の毛は4対．跳躍器の原基は5本の毛がある．　分布：屋久島．　a, 全体図; b, 腹部第 4 - 6 節; c, 下唇; d, 触角第 3 - 4 節; e, 右眼; f, 後肢の爪（Yosii, 1965）.

74. ヤンバルイボトビムシ
Propeanura yambaru Tanaka & Hasegawa, 2010

体長は 1.4 mm．体色はアルコール標本で白，眼だけ薄青色．後頭部のイボは4対，背側イボと側イボは離れる．腹部第5節の背外イボは1本の感覚毛があり，背側イボと明確に離れる．配列式は 6, 8 / 6, 8, 8 / 8, 8, 8, 8, 8, 2．C，D 毛は微小で触角イボの前に離れている．O 毛は微小で頭頂イボ内にある．眼イボの a, p 毛も微小でイボ内にある．長剛毛は細長く，先は太くならず滑らか．上唇と下唇の先は尖らず，横に切れたようになっている．大顎は4歯で，先端の2歯は微小だが，明確に分かれている．小顎は針状で細長い2枝に分かれる．小眼は 3+3 で薄く色素があり，前2個は斜めに離れてイボ前方に位置する．爪に太い1内歯がある．腹管の毛は4対．　分布：沖縄本島国頭村．　a, 頭部; b, 腹部第 4 - 6 節; c, 長剛毛の先端; d, 上唇; e, 下唇; f, 大顎; g, 小顎; h, 後肢の爪（Tanaka and Hasegawa, 2010）.

75. ウメボシトビムシ
Propeanura pterothrix Börner, 1909

体長は 2.2 mm．生存中の体色は赤，アルコール標本は白．体の背面にはっきりしたイボがある．イボは表皮の他の部分と同じ顆粒で覆われている．頭部のイボはすべて離れており，後頭部には4対のイボがある．イボの配列式は 6, 8 / 6, 8, 8 / 8, 8, 8, 8, 6, 2．触頂イボの O 毛がない．C，D 毛は微小で，しばしばはっきり見えにくい．眼イボの毛は3本，a 毛は微小毛．胸部第 2 - 3 節の背内イボの毛は2本．腹部第5節の背外イボと背側イボは融合する．長剛毛は長く暗褐色，先は丸く膨らみ，不規則なざらつきがある．アカイボトビムシ属に似るが，口器が発達していない．大顎は3歯で，先端歯は微小な2歯に分かれているように見える．小顎は針状．上唇と下唇の先は尖らず，横に切れたようになっている．小眼は 3+3，黒く，前2個は斜めにわずかに離れて位置する．爪は太く，基部にはっきりした1歯がある．腹管の毛は3対．跳躍器の原基は3本の毛がある．　分布：日本．　a, 全体図; b, 頭部; c, 腹部腹面; d, 剛毛; e, 上唇; f, 大顎; g, 小顎; h, 後肢の爪（Yoshii, 1995）.

ホソイボトビムシ属
Yuukianura Yosii, 1956

体形は中央部の幅が広くならず，両側面はほぼ平行である．この細長い円筒状の体形から，イボトビムシというよりもむしろシロトビムシを思わせる．しかし，生存中は赤色 - 黄色の種が多い．イボが発達せず，背内イボはないことが多い．腹部第5節の背内イボが側方に離れる傾向がある．大顎はふつうのはっきりした歯のほかに，先端に類似の薄い歯が付属枝のように備わっている．小顎は先端が 2 - 3 本の短い枝に分かれ，その1本は 3 - 5 のはっきりした歯があり，他の1本は薄く弱い多数の歯がある．小眼は 3+3 か無眼．爪は太く，1内歯がある．日本で4種が知られる．

76. ミナミホソイボトビムシ
Yuukianura pacifica (Yosii, 1971)

体長は 2.4 mm 以上．体色は生存中から白．イボは全体的に退化しがちで，頭部では，眼イボと後頭部の背外イボと側イボがかすかに認められる．胸部第1節 - 腹部第4節の背内イボはない．背外イボと背側イボは低いが認められる．第5節の背内イボは側方に離れ，背外イボとの間の溝は浅い．背外イボは完全に背側イボと融合している．剛毛は短く先が尖る．長剛毛はない．O 毛は微小．眼イボの毛は中程度の長さの3本の毛が三角形に配する．胸部第2節 - 腹部第4節は短い3対（まれに2対）の毛が中央近くにある．上唇は広く，先切れ型．大顎ははっきりした5歯の外に，前半から先方に羽毛状の付属枝が突き出している．小顎は3枝からなり，主枝ははっきりした3歯がある．他の1本の付属枝は激しく羽毛状になった薄片が長く突き出し，もう1本は長い棘になっている．眼はまったくない．爪は太く，1内歯がある．腹管の毛は4対．跳躍器の原基は丸く膨らんで 5 - 7 本の毛がある．　分布：沖縄，本州の太平洋岸．　a, 頭部; b, 腹部第 4 - 6 節; c, 上唇; d, 大顎; e, 小顎; f, 後肢の爪（Yosii, 1971c）.

昆虫亜門・トビムシ目　147

73. イチゴイボトビムシ
74. ヤンバルイボトビムシ
75. ウメボシトビムシ
76. ミナミホソイボトビムシ

77. イソホソイボトビムシ
Yuukianura halophila (Yosii, 1955)

体長は3.0 mm．生存中は黄色．アルコール標本は白．イボは全体的に退化しがちで，頭部では，眼イボと後頭部の背外イボがかすかに認められるだけ．胸部第1節 - 腹部第4節の背内イボと背外イボはない．第5節の背内イボはなく，離れた位置に3対の毛があるのみ．うち1本が長剛毛である．剛毛は長く先が尖る．O毛はある．前種と違って，長剛毛と中剛毛がはっきり区別される．眼イボの3本の毛は中央が長剛毛で他は中剛毛である．上唇は先切れ型．大顎は明確な6歯．小顎は3枝からなり，主枝は明確な3歯，他の1本の付属枝は羽毛状になった薄片が突き出し，もう1本も短い羽毛状になっている．眼は黒く，小眼は3+3．爪は太く，1内歯がある．腹管の毛は3対．跳躍器の原基は丸く膨らんで6 - 7本の毛がある．　分布：トカラ列島；徳島．　a, 頭部 - 胸部第2節；b, 腹部第1節；c, 腹部第4 - 6節；d, 上唇；e, 大顎；f, 小顎；g, 後肢の爪（Yoshii and Sawada, 1997）．

78. キシベホソイボトビムシ
Yuukianura szeptyckii Deharveng & Weiner, 1984

体長は2.3 mm．生存中の体色は赤，橙色．アルコール標本は白．体形は円筒形．背面のイボはないか，あっても低い．頭部の眼イボもない．腹部第5節の背内イボは大きく側方に離れる．背外イボは1本の感覚毛があり，背内イボと融合し，背側イボとの間の溝は浅い．長剛毛の先は鈍く尖り，微小なざらつきがある．上唇は先切れ型になっており，下唇も先が鈍い．大顎ははっきりした5歯で，弱い2先端歯が付属している．小顎は3枝からなり，主枝は明確な3 - 4歯，他の1本の付属枝は長く，羽毛状になった薄片が突き出している．もう1本は棘状．小眼は3+3で色素がない．爪は長く，1内歯がある．腹管の毛は5対．跳躍器の原基は丸く膨らんで5本の毛がある．　分布：福岡；朝鮮半島北部．　a, 全体図；b, 大顎；c, 小顎；d, 触角第3 - 4節；e, 後肢脛付節と爪（Deharveng and Weiner, 1984）．

79. アカホソイボトビムシ
Yuukianura aphoruroides (Yosii, 1953)

体長は2.0 mm．生存中は赤色，アルコール標本は白．イボは全体的に退化しがちで，前頭部では，眼イボがかすかに認められるだけ．後頭部と胸部第1節 - 腹部第4節の背内イボはない．背外イボは側方に寄る．第5節の背内イボは高く，側方に離れ，背外イボと完全に融合する．背側イボと接するが，その間の溝は深い．第6節の2つの背イボは高く，側方に大きく離れる．剛毛は単純で先が鈍く尖り，表面に微かなざらつきがある．前頭部のA, B, F毛と眼イボのm毛は長く，C, D, E, G毛と眼イボのa, p毛は短い．O毛はない．大顎ははっきりした5歯と弱い1先端歯がある．小顎は3枝からなり，主枝は明確な3歯，他に2本の付属枝があり，そのうちの1本は細かく毛羽立っている．触角は長く，頭長に近い．小眼は3+3で着色する．爪は長く，1内歯がある．　分布：日本；マレーシア．　a, 全体図；b, 腹部第5 - 6節；c, 大顎；d-e, 小顎；f, 後肢の爪（a-b, Yosii, 1953; c-f, Yosii, 1956a）．

アカイボトビムシ属
Lobella Börner, 1906

体色は赤系で白い種もいる．体形は楕円形で扁平．イボは発達し，背面のイボを欠く場合でも，側面のイボは高い．イボに網目構造はなく，顆粒が二次的に発達することもない．イボ上の顆粒は表皮の顆粒と変わらず，イボに境界はない．剛毛は長く，先が太くなることが多いが，短く太い棍棒状になることもある．小眼は3+3か，無眼．赤系最大の属で，3亜属に分かれる．

ヒメアカイボトビムシ亜属
Lobella (*Lobellina*) Yosii, 1956

生存中は赤色．この亜属は小顎の先が2本の細長く歯が少ない枝からなることで他の亜属と区別される．大顎ははっきりした数個の歯のほかに，薄い付属枝があることがある．小眼は3+3．爪は太く，基部に太い1内歯がある．日本から6種が知られる．

80. スタックアカイボトビムシ
Lobella (*Lobellina*) *stachi* Yosii, 1956

体長は3.5 mm．生存中は赤色，アルコール標本は白．イボの配列は典型的．胸部第1節の背内イボはなく，1本の剛毛が表皮から直接生える．額イボと触角イボ，眼イボの剛毛は長く，先が尖る．頭頂イボと後頭部 - 腹部第5節の背内イボと背外イボの剛毛は短く太い棍棒状．頭部ではA毛が棍棒状で，他は普通毛．O毛はない．腹部第5節の背外イボは1本の感覚毛のみ．イボは半球状で，発達して乳頭状にはなることはない．口吻は突き出ない．大顎は先端の4歯が広く，基部の2歯と離れている．先端に1本の薄い付属枝がある．小顎は長い2本の付属枝があり，その1本は先に小さい2歯があるが，もう1本は特徴がない．小眼は3+3で黒い．爪は太く，1内歯がある．　分布：日本南西部．　a, 棍棒状の剛毛；b, 大顎；c, 小顎；d, 頭頂イボ；e, 触角の先端（Yosii, 1956b）．

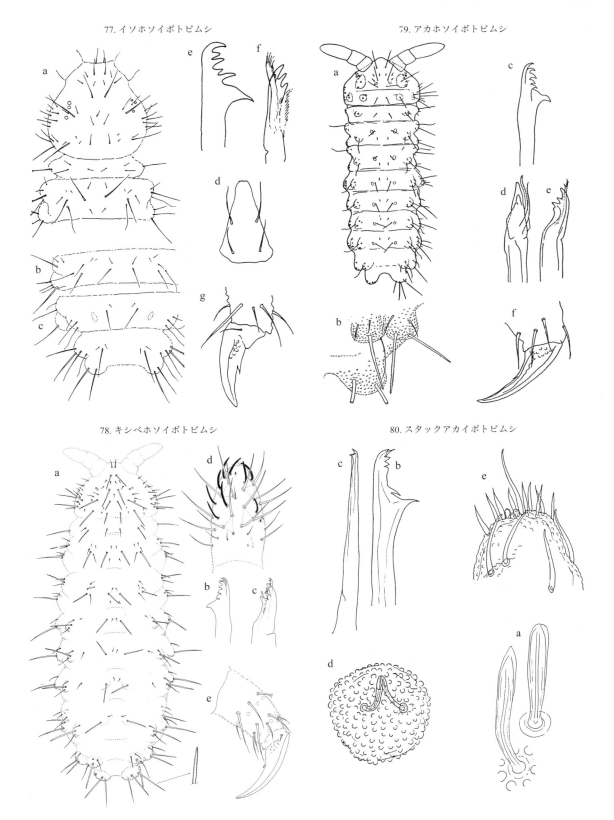

77. イソホソイボトビムシ
78. キシベホソイボトビムシ
79. アカホソイボトビムシ
80. スタックアカイボトビムシ

81. フトゲアカイボトビムシ
Lobella (*Lobellina*) *decipiens* Yosii, 1965

　体長は 2.5 mm．生存中は赤色，アルコール標本は白．本種は剛毛など前種によく似るが，次のような違いがある．腹部第 3 - 4 節の背内イボはなく，棍棒状の毛もなく，1 微小毛があるのみ．第 5 節の背外イボは感覚毛が 1 本だけ．イボは半球状．配列式は 6, 6 / 4, 8, 8 / 8, 8, 6, 6, 8, 2．下唇の先端は横切れ状．大顎には 2 個の先端歯と 5 個の中間歯と 1 個の長い基歯がある．小顎は長い 2 本の付属枝からなり，その 1 本は先に小さい 2 歯があり，もう 1 本は針状．眼は黒く，小眼は 3+3．爪は太く，基部に太い 1 内歯がある．　分布：屋久島，種子島．　a, 全体図；b, 上唇；c, 大顎；d, 小顎；e, 後肢の爪（Yosii, 1965）．

82. ザウテルアカイボトビムシ
Lobella (*Lobellina*) *sauteri* (Börner, 1906)

　体長は 4 mm 以上になる．生存中は赤色，アルコール標本は白．体形は卵形．イボは背面で半球状，側面ではより高い乳頭状．眼イボ以外の前頭部のイボははっきりしない．その他のイボは退化も融合もしない．配列式は 2, 8 / 6, 8, 8 / 8, 8, 8, 8, 8, 2．剛毛は長く，先が尖る．腹部第 5 節の背外イボは 1 本の感覚毛のみ．口吻は突き出ない．上唇と下唇の先は横切れ状．大顎は 2 先端歯と長い 1 基歯のあいだに 5 - 6 個の中間歯がある．小顎の長い 2 付属枝の 1 本は先に小さい 2 歯がある．眼は黒く，小眼 3+3．爪は太く，1 内歯がある．　分布：日本；韓国．　a, 全体図；b, 上唇；c, 下唇；d, 大顎；e, 小顎；f, 後肢の爪（a-e, Yoshii, 1994; f, Yosii, 1956b）．

83. ミズナシアカイボトビムシ
Lobella (*Lobellina*) *mizunashiana* (Yosii, 1956)

　体長は 3.5 mm．生存中は赤色，洞穴生息個体は体色が薄い．アルコール標本は白．体形は卵形．イボの配列は前種に似るが，腹部第 4 節の背内イボを欠き，その部分には毛もないことで明確に区別される．長剛毛の尖った先端は翼状に広がり，かすかにざらつく．上唇と下唇の先は横切れ状．大顎は 6 - 7 歯のほかに，先端に繊細な羽毛状の付属枝がある．小顎の長い 2 付属枝の 1 本は先にはっきりした 1 歯があり，もう 1 枝は薄く先端に鋭いとげ状の突起がある．眼は黒く小眼は 3+3．爪は太く，1 内歯がある．洞穴で多量に採集されているが，野外の森林土壌でもふつうにみられる．　分布：福岡．　a, 頭部；b, 腹部第 3 - 6 節；c, 剛毛の先端；d, 大顎；e, 小顎（Yosii, 1956a）．

84. バライボトビムシ
Lobella (*Lobellina*) *roseola* Yosii 1954

　体長は 1.8 mm．生存中は深紅色，アルコール標本は白．イボは低い半球状．額イボ以外の前頭部のイボははっきりしている．A, B, E, F 毛は長く，先は太く不規則な鋸歯がある．C, D 毛は微小でイボより前にある．O 毛はない．眼イボの a 毛は微小，m, p 毛は長い．胸部第 1 節の背内イボに長剛毛が 2 本ある．腹部第 5 節の背外イボと背側イボは融合する．配列式は 5, 8 / 6, 8, 8 / 8, 8, 8, 8, 6, 2．上唇と下唇の先は横切れ状．大顎は大きい 5 歯があり，先端から羽毛状の付属枝が突き出す．小顎の 2 付属枝の 1 本は先に鈍い 2 歯があり，もう 1 本は鋭い棘状の突起がある．眼は黒く小眼は 3+3．爪は大きい 1 内歯がある．腹管の毛は 4 対．跳躍器の原基は低いふくらみに 3 本の毛がある．　分布：日本．　a, 頭部；b, 胸部第 2 節；c, 腹部第 4 - 6 節；d, 長剛毛；e, 上唇；f, 大顎；g, 小顎（a-c, e-g, Yosii, 1969; d, Yosii, 1954b）．

昆虫亜門・トビムシ目 151

81. フトゲアカイボトビムシ

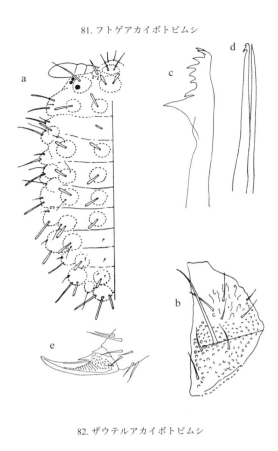

83. ミズナシアカイボトビムシ

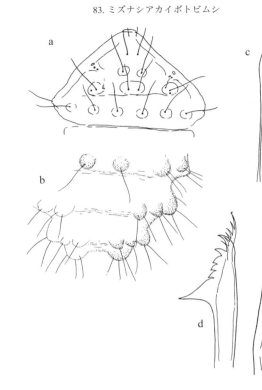

82. ザウテルアカイボトビムシ

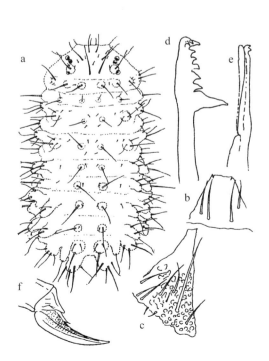

84. バライボトビムシ

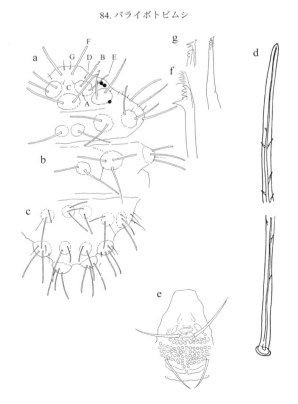

85. キタザワヒメアカイボトビムシ
Lobella (Lobellina) kitazawai Yosii, 1969

体長は 1.8 mm. 生存中は深紅色，アルコール標本は白．イボは低い半球状．長剛毛の先は太く，不規則な鋸歯がある．O毛はない．腹部第5節の背外イボは1本の感覚毛のみがあり，背側イボとは明確に分離する．配列式は 5, 8 / 6, 8, 8 / 8, 8, 8, 8, 8, 2. 眼は黒く，小眼は 3+3. 爪は大きい1内歯がある．腹管の毛は4対．本種は腹部第5節のイボ以外は前種と共通で，両者を低倍率で区別することは困難である．本種の生息地では前種と混在しており，両者の中間的な個体はいない．分布は局所的．　分布：中部山岳地．　a, 腹部第 5 - 6 節（Yosii, 1969）．

アカイボトビムシ亜属
Lobella (Lobella) Börner, 1906

生存中は赤かうす赤色．小眼は 3+3 か 4+4．長剛毛は細く尖る．大顎の先に薄い付属肢がある．小顎の2本の枝の先端は複雑である．日本からは4種が記録されている．

86. クレナイイボトビムシ
Lobella (Lobella) similis Yosii, 1954

体長は 2.0 mm. 生存中は赤色．アルコール標本は白．胸部第1節の背内イボはなく，長剛毛があるだけ．腹部第4節の背内イボはなく，小さな2対の毛がある．イボの配列式は 6, 6 / 4, 8, 8 / 8, 8, 8, 6, 8, 2. 大顎は6歯と，櫛状の薄片が付属する．小顎は2本の付属枝があり，それらはヒメアカイボトビムシ亜属より短い．その1本ははっきりした3歯があり，もう1本はより長い羽毛状の薄片となる．眼は黒く小眼は 3+3. 爪は1内歯がある．洞穴で発見されたが，野外の森林土壌に一般的．　分布：日本．　a, 全体図；b, 大顎；c, 小顎；d, 中肢の爪（a, Yosii, 1954a; b-d, Yosii, 1956a）．

87. ウオズミアカイボトビムシ
Lobella (Lobella) uozumii Yosii, 1956

他長は 4.0 mm. 生存中は薄い赤色，アルコール標本は白．胸部第1節の背内イボはなく，長剛毛があるだけ．腹部第 3 - 4 節の背内イボはなく，小さな2対の毛がある．イボの配列式は 6, 6 / 4, 8, 8 / 8, 8, 6, 6, 8, 2. 側面のイボは高く，乳頭状に発達する．長剛毛は滑らかで先が尖る．大顎は太い7歯で，先端に3歯の薄い付属枝がある．小顎は明確な3歯があり，先端から数本の櫛歯状の付属枝が長く突き出す．眼は黒く小眼は 3+3. 爪は1内歯がある．洞穴で発見されたが，体色と眼があることから，野外の森林土壌にもいると思われる．　分布：高知．　a, 全体図；b, 腹部第 2 - 6 節；c, 大顎；d-e, 小顎；f, 中肢の爪（Yosii, 1956b）．

88. ノムラアカイボトビムシ
Lobella (Lobella) nomurai (Yosii, 1956)

体長は 1.8 mm. 生存中は赤みがかった白色，アルコール標本は完全な白．背面のイボは退化する傾向にある．前頭部は眼イボがあるだけ．O毛はない．後頭部は背側イボがあるのみ．胸部第1節にはイボはない．胸部第2節 - 腹部第4節は背外イボと背側イボがあり，背内イボはない．側イボもはっきりしない．第5節の背内イボは大きく，背外イボは背側イボと融合する．第6節のイボは低く，その間の溝は浅い．イボの配列式は 2, 2 / 0, 4, 4 / 4, 4, 4, 4, 6, 2. 長剛毛は滑らかで先が尖る．小眼は 4+4, 前 3+ 後 1 か 前 2+ 後 2. 各小眼は無色で，眼球内部は2個の半球状のレンズ形の構造が透けて見える．爪に内歯がない．洞穴で1個体のみ発見された．　分布：大分．　a, 全体図；b, 左眼イボと小眼；c, 中肢の爪（Yosii, 1956a）．

昆虫亜門・トビムシ目   153

85. キタザワヒメアカイボトビムシ

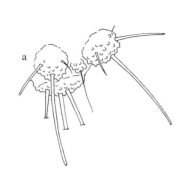

87. ウオズミアカイボトビムシ

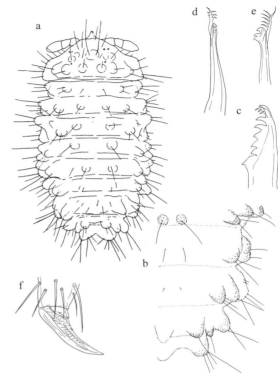

86. クレナイイボトビムシ

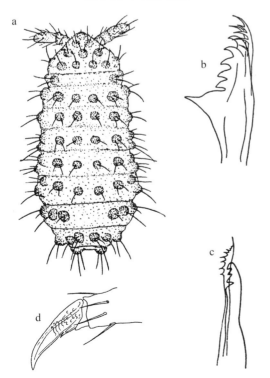

88. ノムラアカイボトビムシ

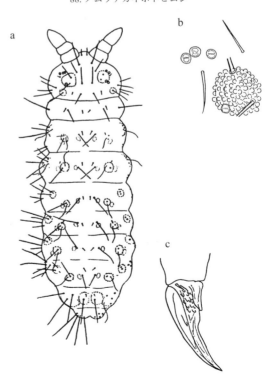

89. ホラアカイボトビムシ
Lobella (*Lobella*) *cavicola* (Yosii, 1956)

体長は 2.5 mm．生存中の体色は薄い黄色，アルコール標本は乳白色．背面のイボは退化する傾向にある．前頭部は頭頂イボと眼イボがある．後頭部のイボははっきりしない．胸部第1節 - 腹部第4節は背内イボがない．第5節の背外イボは1本の感覚毛があり，背側イボと融合しない．イボの配列式は3, 0 / 4, 6, 6 / 6, 6, 6, 6, 8, 2．大顎ははっきりしていない．小顎は鈍い2先端歯があり，先端から数本の櫛歯状の付属枝が突き出す．小眼は3+3．濃い色素がある．爪は普通．洞穴で1個体のみ発見された．　分布：高知．　a, 腹部第4節；b, 腹部第5 - 6節；c, 大顎；d, 小顎（Yosii, 1956b）．

ホライボトビムシ亜属
Lobella (*Coecoloba*) Yosii, 1956

生存中の体色は白，あるいはかすかに赤色．背面のイボは退化する傾向があり，存在しないか，あっても小さい．その一方で，側面のイボは発達し，高く突き出す．体形は横に広く，特に腹部の節の幅が広い．O毛はない．長剛毛は先が尖ることが多い．後頭部の背内イボ対は融合し，背央イボになることがある．背面の感覚家は長い．眼は退化し，大顎ははっきりした多くの歯があり，先端に付属枝を欠く．小顎は2 - 3本の枝からなる．爪は細く，洞穴性の特徴を示す．すべて洞穴性で，森林土壌からは見つかっていない．日本からは5種が知られている．

90. クラサワシロイボトビムシ
Lobella (*Coecoloba*) *kurasawana* Yosii, 1956

体長は 1.8 mm．体色は生存中も白．触角は長く，頭部と等長．前頭部は全イボがなく，後頭部の背内イボもほとんどない．胸部第1節 - 腹部第2節のイボは正常．腹部第3 - 4節の背内イボはなく，第3節は1本の長剛毛と1本の微小毛があり，第4節は2本の微小毛がある．第5節の背外イボは1本の感覚毛があり，背側イボと不完全に融合し，間の溝はほとんどない．イボの配列式は0, 6 / 6, 8, 8 / 8, 8, 6, 6, 6, 2．長剛毛は滑らかで，先は太く丸い．大顎は7歯で，うち2先端歯は長く，1基歯は太く突き出す．小顎の主枝は3先端歯があり，もう1本の付属枝は長く，先端に十数本の櫛歯状の突起がある．眼はない．爪は細長く，1内歯がある．洞穴性．　分布：東京都倉沢鍾乳洞（固有種）．　a, 全体図；b, 大顎；c, 小顎；d, 中肢の爪（Yosii, 1956a）．

91. ワカサホライボトビムシ
Lobella (*Coecoloba*) *wakasana* Yosii, 1956

体長は 2.3 mm．生存中の体色は赤みがかった白色，アルコール標本は乳白色．背面のイボは退化する傾向にある．一方，側面や後半部のイボは高く発達し，乳頭状に突出する．イボ上の顆粒は大きく発達し，小さな二次的顆粒ができる．前頭部は眼イボがあるだけ．後頭部のイボは背外イボと背側イボがあるが，どちらも低く小さい．胸部第1節の背内イボと背外イボははっきりしない．胸部第2節 - 腹部第4節は背内イボがない．イボの位置には1 - 2対の微小毛があるが，長剛毛はなく，背外イボは互に広く離れる．第5節の背内イボははっきりあり，背外イボとの間の溝は浅い．背外イボは1本の感覚毛があり，背側イボと融合しない．腹部第1 - 5節の背側イボの前面に2本の湾曲した太く短い独特の毛がある．この毛には微小な繊毛があり，非常に目立つ．イボの配列式は2, 6 / 2, 6, 6 / 6, 6, 6, 6, 8, 2．大顎は8歯で，うち2先端歯は長く，1基歯は太く突き出す．小顎は2先端歯があり，先端から数本の櫛歯状の付属枝が突き出す．眼はない．爪は細く長く，1内歯がある．　分布：福井県洞穴群（固有種）．　a, 全体図；b, 大顎；c, 小顎；d, 前肢の爪（Yosii, 1956a）．

92. サメシロイボトビムシ
Lobella (*Coecoloba*) *lobella* (Yosii, 1954)

体長は 2.5 mm．体色は生存中もアルコール標本も薄灰色．体形は扁平．全イボがそろい，融合もしない．腹部第5節の背外イボは1本の感覚毛があり，背内イボとも背側イボとも融合しない．イボの配列式は6, 8 / 6, 8, 8 / 8, 8, 8, 8, 8, 2．長剛毛は滑らかで，先は太く丸い．大顎は7歯で，うち2先端歯は細く，1基歯は太く突き出す．小顎は複雑な3本の長短の枝からなる．主枝には6 - 7の小さくはっきりした歯があり，長い枝には十数本の長い櫛歯状の突起がある．もう1本は短い薄片で，1本の弱い歯がある．眼はない．爪は1内歯がある．　分布：滋賀県洞穴群（固有種）．　a, 全体図；b, 長剛毛の先端；c, 大顎；d-f, 小顎；g, 後肢の爪（a, Yosii, 1956b; b-g, Yosii, 1954a）．

昆虫亜門・トビムシ目 155

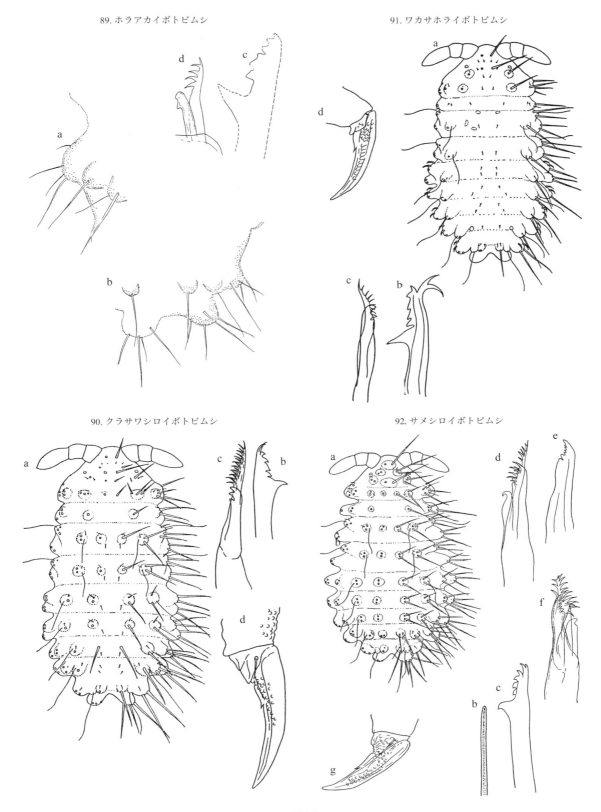

89. ホラアカイボトビムシ
90. クラサワシロイボトビムシ
91. ワカサホライボトビムシ
92. サメシロイボトビムシ

93. ヒダシロイボトビムシ

Lobella (*Coecoloba*) *hidana* Yosii, 1956

　体長は 2.0 mm. 体色は生存中も完全に白色. 額イボ以外の前頭部のイボは全部ある. 後頭部の背内イボ対は中央でつながり背央イボとなる. 胸部第 1 節 - 腹部第 3 節のイボは正常. 腹部第 4 節の背内イボはなく, 2 本の微小毛がある. 第 5 節の背外イボは背側イボと完全に融合する. 背面のイボは半球状. 側面のイボは一段と発達して高く突き出す. イボの配列式は 5, 7 / 6, 8, 8 / 8, 8, 8, 6, 6, 2. 長剛毛は滑らかで, 先は太く丸い. 大顎は 7 歯で, うち 2 先端歯は細く, 1 基歯は太く突き出す. 小顎の 1 本は 3 先端歯があり, もう 1 本は長く, 先端から十数本の櫛歯状の付属枝が突き出す. 眼はない. 爪は 1 内歯がある. 　分布：岐阜県洞穴群(固有種). 　a, 全体図；b, 長剛毛の先端；c, 大顎；d, 小顎 (Yosii, 1956a).

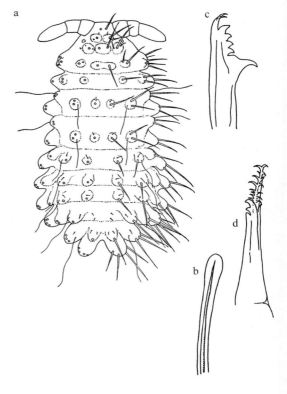

93. ヒダシロイボトビムシ

94. クゴウシロイボトビムシ

Lobella (*Coecoloba*) *odai* Yosii, 1956

　体長は 2.3 mm. 体色は生存中も白. 触角は長く, 頭部と等長. 額イボ以外の前頭部のイボは全部ある. 後頭部の背内イボ対はつながり背央イボとなる. 胸部第 1 節 - 腹部第 1 節のイボは正常. 腹部第 2 - 4 節の背内イボはなく, 2 本の微小毛がある. 第 5 節の背外イボは背内イボとは完全に分離し溝も深いが, 背側イボとは不完全に融合し, 溝は浅い. イボの配列式は 5, 7 / 6, 8, 8 / 8, 6, 6, 6, 8, 2. 長剛毛は羽毛状で, 先は太く丸い. 大顎は 7 歯で, うち 2 先端歯は細く, 1 基歯は太く突き出す. 小顎は 3 先端歯があり, 先端から十数本の櫛歯状の付属枝が長く突き出す. 眼はない. 爪は 1 内歯がある. 　分布：岐阜県九合洞（固有種）. 　a, 全体図；b, 大顎；c, 小顎 (Yosii, 1956a).

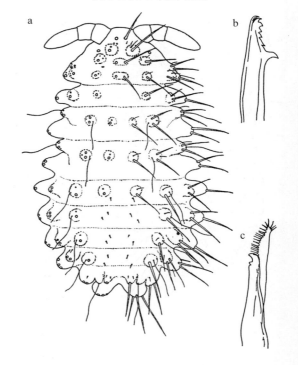

94. クゴウシロイボトビムシ

アヤトビムシ上科 Entomobryomorpha Börner, 1913
ツチトビムシ科 Isotomidae Börner, 1913

新島溪子・長谷川元洋

概説

ツチトビムシ科は主として土または落葉層中に多数生息していることからこの和名がつけられた．学名は「同じ節」という意味である．体全体に多数の毛があり，ウロコはなく，触角，肢および跳躍器が体長の1/2を超えることはまずない．ツチトビムシ科はナガツチトビムシ亜科（Anurophorinae，表1），ヒメツチトビムシ亜科（Proisotominae，表2）およびツチトビムシ亜科（Isotominae，表3）の3亜科に分けられる．区分基準は跳躍器の発達の程度と，複数の形質の組み合わせなので，中間的な形質の属も多い．Yosii (1977) の区分によると，ナガツチトビムシ亜科は跳躍器がないか，短く，表皮が顆粒状か網目状．ヒメツチトビムシ亜科は跳躍器の茎節が短くて後面は滑らかか，顆粒状か，わずかにしわがあり，柄節前面に毛がないか，あってもごくわずかな種がほとんどだが，いくつか例外もある．さらに，両亜科はPAO（触角後器），眼および副爪のいずれかがないか退化していて，腹節の一部が融合している場合が多い．ツチトビムシ亜科は跳躍器茎節が長く，後面に多くのしわがあり，柄節前面に多くの毛がある．PAO，眼，副爪ともにある種がほとんどだが，いくつか例外もある．一方，後述のように，Deharveng (1977) やPotapov (2001) は異なる亜科区分を提案している．ただしその採否にはより詳細な検討が必要であるため，今回は日本産トビムシ和名目録（トビムシ研究会編，2000）と同様，Yosii (1977) の分類に従った．

ナガツチトビムシ亜科およびヒメツチトビムシ亜科の体形は筒状の種が多く（図A1，表1, 2），体色は白，灰色，黒，青，紫，褐色など，あまり目立たない色彩が多い．体長は1 mm前後，最大でも2 mmである．ツチトビムシ亜科は流線形に近い体形の種が多く，色彩は多様で，時々大きな色素の斑点や帯状の模様があるものもいる（図A1b，表3）．また，他の2亜科に比べると大型で，2 mm以上の種が多くおり，4 mmと報告されている種もある．体表は滑らかで，表皮に二次的な顆粒構造はない．

頭部：上唇毛式は4/5, 5, 4の種が多く（図A2），種による差は少ない．大顎には臼歯域があり，小顎の先端は2-3枝に分かれる．特殊な例として，ヒグマツチトビムシ属（*Metisotoma*）の大顎は左右非対称で，臼歯域が退化し，小顎には2個の丸いふくらみがある（図47b, c）．また，イソツチトビムシ属（*Archisotoma*）の小顎には多くの毛がある（図27d）．触角第4節にある先端感球や特殊な感覚毛（図A3a）は属を識別する特徴になる．触角第3節感器はほぼ同じ大きさの2個の感覚桿である場合が多い（図A3b）．PAOは卵形から楕円形が基本で（図A4a, b），中央に仕切りやくびれ（図A4c, d），内側のトゲ（図A4e）などが属や種

表1 ナガツチトビムシ亜科の種の形質識別表

属名 No. 和名	体長 (mm)	体色	表皮	PAO (触角後器)	小眼	腹節	跳躍器	尾端突起
ナガツチトビムシ属								
1 ヤチナガツチトビムシ	1.5	青紫色	細顆粒状	楕円形	8+8	6節	なし	1対
2 ナガツチトビムシ	1.2	暗青色	網目状	楕円形	8+8	5,6節腹面融合	なし	なし
ミヤマツチトビムシ属								
3 ホッキョクミヤマツチトビムシ	0.8-1.0	白	滑らか	卵形	なし	6節	なし	なし
4 ミヤマツチトビムシ	0.4	白，黒顆粒	細顆粒状	卵形	1+1	腹節不明瞭	なし	なし
フタットゲツチトビムシ属								
5 ヤマトフタットゲツチトビムシ	1.3	暗青色	滑らか	細長い楕円	6+6	5,6節融合	なし	1対融合
ザラツチトビムシ属								
6 ザラツチトビムシ	1.5	色素なし	半球状顆粒	卵形	なし	6節	コブ状に退化	なし
サハツチトビムシ属								
7 サハツチトビムシ	0.8-1.2	灰青色	網目状	楕円形	8+8	5,6節融合	3節あり	1対+1
ヨットゲツチトビムシ属								
8 ヨットゲツチトビムシ	1.5	灰藍色	顆粒状	細長い楕円	8+8	5,6節融合	3節あり	2対

表2 ヒメツチトビムシ亜科の種の形質識別表

属名 / No. 和名	体長 (mm)	体色	PAO (触角後器)	小眼	腹節	跳躍器 柄節：茎節	柄節前面の毛	茎節前面の毛	端節
ヒメフォルソムトビムシ属									
9 ヒメフォルソムトビムシ	0.7	白	なし	なし	4-6節融合	4:9	1+1	約20	カマ型
フォルソムトビムシ属									
10 シロフォルソムトビムシ	0.8-1.2	白,黒顆粒	楕円くびれあり	なし	4-6節融合	16:11	1+1	8	2歯
11 メナシフォルソムトビムシ	1.2	白	細長い楕円	なし	4-6節融合	10:9	2+2	8-12	2歯
12 エゾフォルソムトビムシ	1.3	白	細長い楕円くびれあり	なし	4-6節融合	4:3	2+2	10	2歯
13 オキナワフォルソムトビムシ	1.0	白,黒顆粒	楕円くびれあり	なし	4-6節融合	4:3	3+3	9-10	2歯
14 フォルソムトビムシ	1.0-1.4	白	細長い楕円	なし	4-6節融合	10:15-17	4+4	18-21	2歯
15 ヒダカフォルソムトビムシ	1.4	白,黒顆粒	楕円くびれあり	なし	4-6節融合	7:9	12	23	2歯
16 オオフォルソムトビムシ	0.9-2.5	白	楕円形	なし	4-6節融合	10:13-16	16-32	20-40	2歯
17 ヨシイフォルソムトビムシ	0.9	灰色	細長い楕円	1+1	4-6節融合	15:13	1+1	8	2歯
18 オゼフォルソムトビムシ	1.2	白	楕円形	1+1	4-6節融合	12-15:10	4+4前後	7-8	2歯
19 クシミミフォルソムトビムシ	1.2	暗灰色	楕円内側ギザギザ	1+1	4-6節融合	1:2	8-10	14	2歯
20 フタツメフォルソムトビムシ複合種	0.7-1.6	灰色	楕円くびれあり	2+2	4-6節融合	25-33:20	1+1	6-8	2歯
21 クラモトフォルソムトビムシ	1.0	濃紫色	楕円くびれあり	3+3	4-6節融合	5:4	2+2	8以上	2歯
22 ベソッカキトビムシ	1.5-2.0	灰色,青	楕円くびれあり	4+4	4-6節融合	6:5	2+2	8	2歯
ドウナガツチトビムシ属									
23 コガタドウナガツチトビムシ	0.8-0.9	白	楕円くびれあり	2+2	6節	-	なし	なし	2歯
24 イツツメドウナガツチトビムシ	0.6-0.8	白,黒顆粒	楕円形	5+5	6節	-	なし	なし	2歯
25 コドウナガツチトビムシ	0.7-1.0	紺色,灰色	卵形	8+8	6節	45:28	なし	1	2歯
メナシドウナガトビムシ属									
26 メナシドウナガトビムシ	0.8-0.9	白	楕円形	なし	6節	3:2		2	2歯
イソツチトビムシ属									
27 ウチノミイソツチトビムシ	1.0-1.5	褐色,深緑色	楕円形	8+8	5,6節融合	5:4	なし	多数	三角突起
ミズギワトビムシ属									
28 カマガタミズギワトビムシ	不明	暗紫色,赤紫色	卵形	8+8	5,6節境背側のみ	6:5	なし	1	くさび型
29 ヤマトチビツチトビムシ	0.7	暗紫色	卵形	8+8	6節	(4:3)	なし	1	くさび型
30 ヨシイミズギワトビムシ	不明	不明	卵形	8+8	6節	1:1	なし	5	2歯
31 ヤサカミズギワトビムシ	2.0	濃紫色	楕円形	8+8	6節	15:16	なし	4	2歯
32 タケシタクロトビムシ	1.5	濃紫色	楕円形	8+8	6節	1:1	なし	不明	3歯
マドツチトビムシ属									
33 マドツチトビムシ	0.6-0.75	白	四角形	なし	5,6節融合	1:2	1+1, 2+2	12-17	2歯
ツツガタツチトビムシ属									
34 ヤサツツガタツチトビムシ	1.0	白	楕円くびれあり	なし	5,6節融合	10:3	2+2	2-3	2歯
35 ヤマトツツガタツチトビムシ	0.8-0.9	白,黒顆粒	楕円くびれあり	なし	5,6節融合	25:18	2-6	4-7	2歯
36 モレツツガタツチトビムシ	0.7-0.9	白,黒顆粒	楕円くびれあり	なし	5,6節融合	2:1	2+2	4	2歯
フクロツチトビムシ属									
37 フクロツチトビムシ	0.9-1.3	黒紫色	卵形	8+8	5,6節融合	21:16	3+3	9	3歯
シリキレツチトビムシ属									
38 シリキレツチトビムシ	0.8-1.0	灰色	卵形仕切あり	8+8	5,6節融合	8:13	1+1	約20	2歯
ヒメツチトビムシ属									
39 シロヒメツチトビムシ	1.3	白,黒顆粒	卵形仕切あり	8+8	6節	4:5	6-8	多数	2歯
40 コツチトビムシ	0.8	白,黒顆粒	卵形	5+5	6節	3:2	1+1	6	3歯
41 ナカジマヒメツチトビムシ	1.1	灰色	卵形	6+6以上	5,6節境痕跡	5:4	1+1	6	3歯
42 ヒメツチトビムシ	1.1	白,灰色	卵形	8+8	6節	9:7	1+1	6	3歯
43 チビッコツチトビムシ	0.8-1.0	褐色,黒	卵形	8+8	6節	5:6	1+1	7-8	3歯
メナシツチトビムシ属									
44 フジメナシツチトビムシ	0.7	白	なし	なし	5,6節融合	(3:7)	4+4	30-36	3歯
45 ヤマトメナシツチトビムシ	0.8	白	なし	なし	5,6節融合	(1:3)	5+5	36	3歯
46 タムラメナシツチトビムシ	1.0	白	なし	なし	5,6節融合	(7:16)	3+5+5	50	3歯

但し（ ）内は図より計測．

の識別に役立つ．特殊な例として，マドツチトビムシ (*Micrisotoma achromata*) の PAO は 4 個の小室に囲まれている（図 A4f）．小眼は 8+8 個が基本だが（図 A4a, c），退化している種も多い（図 A4b, d-f）．

胸部：胸部第 1 節は退化して背毛がない．肢の脛付節は通常，末端の部分で 7 本以上の毛がある．そのなかに，先が丸くなったり広がったりした粘毛 (clavate tenent hair) がある種（図 A5b, c）があり，その数は属や種の識別に使われる．ハマエダゲツチトビムシ属 (*Halisotoma*) では，脛付節の中程に羽毛状毛（図 A5d）があることが特徴とされる．爪は主爪と副爪のある種がほとんどだが（図 A5a），副爪が退化してトゲ状になっていたり（図 A5b），副爪がない種もある（図 A5c）．主爪や副爪の内歯（図 A5a）の有無は種の識別に使われる．主爪に外被 (tunica) や偽外被 (pseudonychia；図 A5e) が発達することが，サヤツメトビムシ属 (*Pteronychella*) の特徴である．また，オナガシオトビムシ属 (*Axelsonia*) では外棘（図 A5f）が発達している．

腹部：腹部は 6 節が基本だが，ヒメフォルソムトビムシ属 (*Folsomina*) とフォルソムトビムシ属 (*Folsomia*) は第 4-6 節が融合しているので，腹部は 4 節で，4 節目が長くみえる（図 A1a）．ナガツチトビムシ亜科およびヒメツチトビムシ亜科では腹部第 5, 6 節が融合して腹部が 5 節にみえる種も多い．腹管（図 A6）の基部および側方弁の毛の数は種の識別に使われる．保体の歯は 4 本，基部の毛は 1 本の種が多い（図 A7）．跳躍器（図 A8）は属および種の識別に重要である．跳躍器も保体もないのはナガツチトビムシ属 (*Anurophorus*)，ミヤマツチトビムシ属 (*Pseudanurophorus*) およびフタツトゲツチトビムシ属 (*Uzelia*) の 3 属である．跳躍器は柄節のみで（図 A8a），保体がないのはザラツチトビムシ属 (*Paranurophorus*) である．なお，ドウナガツチトビムシ属 (*Folsomides*) には茎節と端節が融合した種がある（図 A8c）．柄節と茎節の毛の配列は種を識別する重要な特徴である．ツチトビムシ亜科の柄節の前面は他の 2 亜科より毛が多く，末端部等の形状（図 A8d）は属や種を分ける特徴として使用され，茎節は他の 2 亜科に比べて長く，後面にしわが発達する種が多いが（図 A8e），イボ状の構造（図 A8f）を示すこともある．端節は鎌状か 2-4 歯で形態は種によって異なる（図 A8b, c, f）．腹部後方にある突起は，先端がキチン化している尾角 (anal spines) と，表皮が変形しただけの肉トゲ (spin-like papillae) に分けられる．日本産ツチトビムシ科で肉トゲがあるのはナガツチトビムシ亜科のヤチナガツチトビムシ (*Anurophorus rarus*)（図 A9a）とサハツチトビムシ (*Sahacanthella* cf. *kele*)（図 A9b）の 2 種である．尾角があるのはヤマトフタツトゲツチトビムシ (*Uzelia setifera japonica*)（図 A9c），サハツチトビムシ (*Sahacanthella* cf. *kele*)（図 A9b）およびヨツトゲツチトビムシ (*Tetracanthella sylvatica*)（図 A9d）の 3 種である．但し，ツチトビムシ亜科ツチトビムシ属 (*Isotoma*) およびトゲナシツチトビムシ属 (*Desoria*) 幼体の生態的形態変異種 (ecomorphic species) と考えられている *Tetracanthura* および *Spinisotoma* の腹部末端には 4-8 本の尾角がある．これらの属は日本から報告されているが (Tanaka, 1982; Uchida and Tamura, 1967a)，まだ多くの問題があるので (Potapov, 2001)，ここでは除外した．

現在，日本からナガツチトビムシ亜科は 6 属 8 種，ヒメツチトビムシ亜科は 12 属 38 種，ツチトビムシ亜科は 10 属 33 種記録されている（疑わしい記録やシノニムなどは除く）．

本書での記述は少ないが，毛の配列は今後ツチトビムシ科を分類するために必要になるので (Deharveng, 2004)，その見方や呼び名について説明しておく．

1. 通常毛 (common setae あるいは normal setae)：先端はとがっている．中軸毛 (axial setae) は，中胸から腹部第 4 節までの背中線の両側にある毛の数を 20, 14 / 6, 6, 6, 6 のように表示する（図 A10a）．言い換えれば，中胸の毛はほぼ 10 列，後胸は 7 列，腹部第 1-4 節の毛は 3 列あることを示す．但し，この毛は必ずしも横一列に並んでいないので，両側の毛の合計で示される．腹部第 5, 6 節の背中線上にある毛について，体節上の位置によって a0 (anterior, 前方), m0 (middle, 中央), p0 (posterior, 後方) と表示する（図 A10b）．これらの毛の両側にある毛は，中央から順に p1, p2, ‥‥と表示する．図 A10b では a0 の毛が体節の中央に存在するようにみえるが，メナシツチトビムシ属は腹部第 5, 6 節が融合しているので，実際は腹部第 6 節の前方に位置することを示している．

2. 直立毛 (macrosetae)：背板の固定した部分にあり，サイズや傾き度合いによって判別でき，しばしば表皮と直角に近い角度で立ち上がり，通常毛より長いことが多い．図では M で示し，位置によって Md (dorsal, 背面), Mdl (dorso-lateral, 背側面), Ml (lateral, 側面) と表示する（図 A10a）．直立毛は左右対称にあるので，中胸から腹部第 4 節までの片側にある数を 1, 1 / 3, 3, 3, 4 のように表示する．

3. 感覚毛 (sensillae あるいは macrosensillae)：通常毛より少ない．顕微鏡下では通常毛より透明にみえ，先端はとがっていない．大きさや形は，種，体の位置によって厚みをおびたり，もしくは先端が葉状になる．しかし，多くの種では通常毛と見分けにくい．感覚毛の数と配置は分類群によって異なる．図では s で示し，

表3 ツチトビムシ科の種の形質識別表

属名 No.	和名	体長(mm)	体色	PAO 形態	PAO 小眼に対する比率	小眼	腹管 側方弁の毛	保体 基部の毛	踵節 後面の毛	端節 爪	主な識別点
ヒゲマツチトビムシ属											
47	ヒゲマツチトビムシ	2.6	青みがかった黒	楕円形	2倍	8+8	不明	4-7	11	4	大顎の左右が非対称。PAOは見えにくい。
ケントトビムシ属											
48	キタケントビムシ	2.5	灰オリーブ、青	卵形	小眼より短	8+8	30以上	50以上	不明	3	跳躍器基節後面いぼ状。末端に長い針状のトゲ。
49	ツメナガケントビムシ	2-3	汚黄緑色に褐色の縦帯、端紫黒色	卵形	小眼より短	8+8	不明	不明	不明	3	主爪は細長い
カバイロユキノミ属											
50	カバイロユキノミ	1.3	栗色、暗褐色	卵形	5/3倍	8+8	4	5-6	16	4	跳躍器基節後面はいぼ状。端節の歯、先端く2番目。
51	サドカバイロユキノミ	1.7	栗色、茶	卵形	1.5倍	8+8	4	6	25	4	主爪が細長い、端節の歯、先端〜2番目。
サヤヤメトビムシ属											
52	バネユキノミ	4.0	赤みを帯びた灰色、黒っぽい	楕円形	1.5倍	8+8	不明	20以上	不明	4	主爪に偽外被が広がる。
53	サヤヤメトビムシ	3.0	赤みを帯びた灰色	楕円形	1.5倍	8+8	不明	多	不明	4	偽外被は透明、端節に毛がある。
54	エゾサヤヤメトビムシ	2.5	茶みがかった黒	楕円形	1.5倍	8+8	14-17	20以上	20本以上	4	偽外被は扇状。先の広がった粘毛もあり。
55	コサヤヤメトビムシ	2.3	暗いすみれ色	楕円形、弱くびれ	1.5倍	8+8	10	5	20本以下	4	主爪両側面に裏状の偽外被。偽外被は小さい。
カザリツメツチトビムシ属											
56	クロホシツチトビムシ	2.6	灰色がかった白に黒点	くびれのある楕円	やや長い	8+8	9以上	10-20	多数	4	腹部に飾り毛がある。
57	カザリツメツチトビムシ	1.6	白に紫の帯	卵形	1倍	8+8	5-6	6	多数	4	跳躍器柄節末端肥厚部に複数の突起。
58	ハイイロカザリツメツチトビムシ	1.5	暗紫黒	卵形	1倍	8+8	3	8	多数	4	触角第3節の感覚棒は別の溝。
59	アオカザリツメツチトビムシ	2.0	緑	卵形	1倍	8+8	3	8	多数	4	
60	タカハシカザリツメツチトビムシ	2.0	青みがかった黒	卵形	1倍	8+8	3	7-10	多数	4	主爪は細長い、触角第3節2本の感覚棒は共通の溝。
エダゲツメツチトビムシ属											
61	ヘマエダゲツメツチトビムシ	1.4	灰色	卵形	2倍	8+8	2	4 (2-3)	不明	3	中肢の脛付節に先が羽毛状の毛。
トゲツチトビムシ属											
62	トゲツチトビムシ	5.0	変異に富む	楕円形	2倍	6+6	8	4	多数	3	跳躍器柄節末端と脛節後面に数本の大いトゲ。
オナガシオトビムシ属											
63	オナガシオトビムシ	1.4	青みがかった灰	なし		8+8	3	不明	多数	4	前肢の主爪に長い側歯がある。
トゲナシツチトビムシ属											
64	アオジロツチトビムシ (1眼型)	1.0	灰色〜青	幅広楕円形	3-4倍	1+1	4?	2?	8?	3	触角第3節表面に15-20個の感覚棒。
64	アオジロツチトビムシ	1.0	灰色〜青	幅広楕円形	3-4倍	4+4(3-3)	3	2	7?	3	
65	ヒョウセンツチトビムシ	1.0	青白にまだら状 (原記載は茶)	楕円形で曲がる	2倍	2+2	3	4-6	多数	3	

昆虫亜門・トビムシ目

66	ハイイロツチトビムシ	0.8	灰色	幅広楕円形	3倍	4+4	2	1-2	7-8	3	先の丸い粘毛あり．
67	マキヅトビムシ	1.0-1.6	青紫	卵形	やや長い	8+8	3	7	12	3	主爪の内歯あり．
68	ホソアシツチトビムシ	2.8	白に青の帯	楕円形	1倍か短い	8+8	不明	7以上	不明	3	主爪の内歯なし．
69	ミツバツチトビムシ	1.5	灰色〜青	幅広楕円形	1.5-2.5倍	8+8	3	5-6	14-16	3	端節の歯，先端＜2番目．副爪の内歯あり．
70	クロトゲナシツチトビムシ	2.3	黒	楕円形	2-3.5倍	8+8	不明	不明	不明	4	端節の歯，先端＜2番目．副爪の内歯あり or なし．
71	クロユキノミ	2.7	黒	楕円形	1.5倍	8+8	9	6	10or15	4	端節の歯，先端＞2番目．副爪の内歯あり．
72	キノボリツチトビムシ	1.7	紫	楕円形	1.5倍	8+8	4	5-9	不明	4	先の丸い粘毛あり．副爪の内歯あり．
73	シロトゲナシツチトビムシ	1.7	白からうす青	楕円形	2倍以上	8+8	6	8	不明	4	副爪の内歯なし．

ツチトビムシ属

74	シロツチトビムシ	1.4	白	くびれのある弓形	2.5倍	3+3	4	22	10	3	跳躍器柄節末端に数本の太いトゲがある．
75	オオタニツチトビムシ	1.6	汚れた茶色	卵形	短い	6+6	7	7	14	4	脛付節に先の丸い毛．
76	ミドリトビムシ	4.0	変黄大，薄縁色の地が多い	卵形	1/2倍	8+8	9-40	19以上	多数	3
77	ニシヒラツチトビムシ	2.5	茶色がかった白に紫色の帯	卵形	1倍	8+8	約20	約20	不明	4
78	ミズアツトビムシ	4.0	淡黄色の地に黒色のパッチ	くびれのある卵形	1/2倍	8+8	多数	45以上	不明	4
79	ヤクシマツチトビムシ	4.0	黄色がかった白の地に黒斑	楕円形	2/3倍	8+8	多数	25	多数	4	触角第4節先端の毛が二叉．

体節上の位置によって sa（anterior, 前部），sp（posterior, 後部），spi（post-internal, 後部内側），spe（post-external, 後部外側），spl（post-lateral, 後部側面），sv（ventral, 腹側）と表示する（図A10a, b）．また，体節の後部側面にある大きな感覚毛を Spl と表示する（図A10b）．

4．微細感覚毛（microsensillae）：中胸から腹部第3節の側面にある小さな感覚毛で，ms と表示する．中胸から腹部第5節までの片側にある感覚毛の数を 3, 2 / 0, 0, 1, 3, 5（s）；0, 0 / 1, 0, 0（ms）のように表示する．各体節の毛の最後列（p-row）に対する感覚毛の位置が，同列か，前方か，後方かは，属や種により異なる．

5．その他の特殊な毛：飾り毛（trichobothria；図57の図h）は一部のツチトビムシ亜科の腹部第2-4節にある細くて長い毛である．カザリゲツチトビムシ属（Isotomurus）の飾り毛は全体がけば立っているが，オナガシオトビムシ属（Axelsonia）の飾り毛はけば立っていない．

日本産ツチトビムシ科については毛の配列に関する記載が十分でない種が多く，感覚毛の識別もむずかしい．しかし，毛の配列が明らかでないと同定できない種が複数あることから，現段階では複合種（species complex）または近似種（cf.）として表示した．毛の配列の追加記載が行われた時点で種名が変更される可能性があることを示している．採集個体数は多いが，体が小さく，固定するときの体の向きによって分類の基準となる形質を識別しにくいことから，複数の未記載種をかかえている．

ツチトビムシ科の本書とは異なる分類体系

本書の中で採用したツチトビムシ科の亜科の区分は比較的長い期間用いられたが，Deharveng（1977）は上述の形質と感覚毛の配列の双方に基づいて，新しい区分法を提案している．Potapov（2001）はその意見を部分的に受け入れ，次の3亜科にまとめている．しかし，毛の配列が不明な種が多い現段階では，あくまで暫定的な区分である．

・Anurophorinae：跳躍器の形態は変異があり，柄節前面の毛はないか，あってもわずかである．表皮の顆粒が集まってふくらんだ二次顆粒構造はない．直立毛が識別できる．感覚毛は各体節に2-3本．大部分のナガツチトビムシ亜科とヒメツチトビムシ亜科が含まれる．

・Pachyotominae：跳躍器柄節前面の毛はないか，あってもわずかで，茎節はあまり発達せず，円筒状．表皮に二次顆粒構造がある．直立毛はあまりはっきりしない．各体節に多くの感覚毛がある．日本ではザラツチトビムシ属とミズギワトビムシ属（Ballistura）の一部が含まれる．

・Isotominae：跳躍器は良く発達し，柄節前面に多くの毛があり，茎節後面に多くのしわがある．表皮に二次顆粒構造はない．直立毛が識別できる．各体節に多くの感覚毛がある．従来のツチトビムシ亜科とほぼ一致する．

また，Potapov（2001）の総説では，Yosii（1977）と，属や種の配置が異なっている．特に，Yosii（1977）で，トゲナシツチトビムシ属（Desoria）とツチトビムシ属（Isotoma）とされた種は，複数のグループに細分化されている．本書ではそれらの属名を採用していないが，細分化された属について説明しておく．今後他の文献などで使用される際に参考にしていただきたい．

・Parisotoma Bagnall, 1940：トゲナシツチトビムシ属の特徴を持つグループのうち，小眼の数の少ない（1+1-5+5）種を含む．柄節前面にトゲはない．通常1mm以下でほとんど色素がない．該当種：ハイイロツチトビムシ（Desoria dichaeta），ヒョウノセンツチトビムシ（Desoria hyonosenensis），アオジロツチトビムシ（Desoria notabilis），アオジロツチトビムシ（一眼型）（Desoria notabilis f. pallida）．

・Heteroisotoma Stach, 1947：比較的大型で柄節の末端にトゲのあるツチトビムシ属に近いグループで，小眼数が少ない（0-4+4）．該当種：シロツチトビムシ（Isotoma carpenteri）．

・Pseudoisotoma Handshin, 1924：脛付節の先の丸い粘毛が顕著で，腹部第5, 6節が融合しているトゲナシツチトビムシ属に似た体型のグループ．中程度の大きさで，色彩には変異がある．小眼は8+8か6+6．柄節のトゲはあるものとないものがいる．該当種：マキゲツチトビムシ（Desoria sensibilis），オオタニツチトビムシ（Isotoma ohtanii）．

・Vertagopus Börner, 1906：脛付節の先の丸い粘毛はあるが，腹部第5, 6節は分離する．小眼数は8+8か6+6．大きさは中-大．端節は4歯．Potapov（2001）は，この属の引用元を 'Bagnall, 1939' と記述しているが，この文献に Vertagopus についての言及は見あたらない．ここでは Vertagopus で一般的に言及される Börner の文献を根拠とした．該当種：キノボリツチトビムシ（Desoria arborea）．

Potapov（2001）では，上記4属が採用されているのに加え，サヤツメトビムシ属の定義として，主爪の偽外被が目立ってけば立っていることとしているため，けば立たない偽外被があるコサヤツメトビムシ（Pteronychella spatiosa）をトゲナシツチトビムシ属に移している．

昆虫亜門・トビムシ目　163

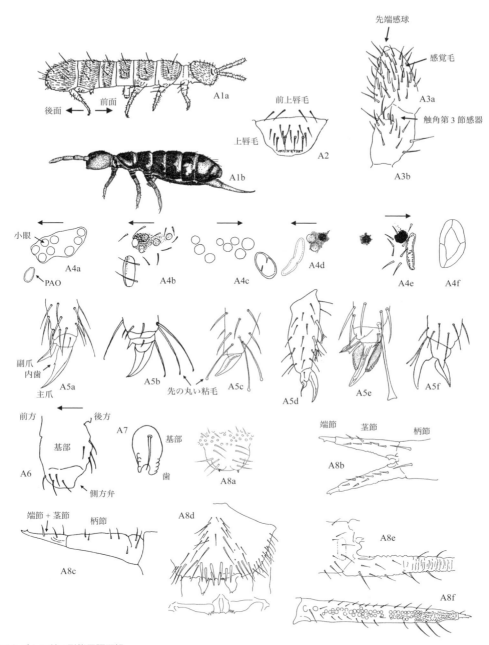

図A　ツチトビムシ科の形態用語図解
1, 全体図；1a, 筒型(ヒダカフォルソムトビムシ)；1b, 流線形(サヤツメトビムシ). 2, 上唇の毛の配列(エゾフォルソムトビムシ). 3, 触角(エゾフォルソムトビムシ)；3a, 触角第4節の先端感球と感覚毛；3b, 触角第3節感器. 4, PAO(触角後器)と眼, 図中の矢印は前方を示す；4a, 卵形(ヨシイミズギワトビムシ)；4b, 楕円形(イッツメドウナガツチトビムシ)；4c, 仕切りのある卵形(シロヒメツチトビムシ)；4d, くびれのある楕円形(ベソッカキトビムシ)；4e, 内側にトゲのある楕円形(クシミミフォルソムトビムシ)；4f, 4個の小室(マドツチトビムシ). 5, 肢の脛付節と爪；5a, 主爪・副爪・内歯ともにあり(フクロツチトビムシ)；5b, 副爪退化・脛付節に先の丸い粘毛あり(ナガツチトビムシ)；5c, 副爪なし・脛付節に先の丸い粘毛あり(ヤチナガツチトビムシ)；5d, 脛付節に羽毛状毛あり(ハマエダゲツチトビムシ)；5e, 偽外被あり(サヤツメトビムシ)；5f, 外棘あり(オナガシオトビムシ). 6, 腹管(エゾフォルソムトビムシ). 7, 保体(ヨツゲツチトビムシ). 8, 跳躍器；8a, 退化した跳躍器(ザラッチトビムシ)；8b, 柄節・茎節・端節の境界あり(ヨシイフォルソムトビムシ)；8c, 茎節と端節融合(コガタドウナガツチトビムシ)；8d, 柄節後面と柄節末端(シロツチトビムシ)；8e, しわ状の茎節後面(ヒグマツチトビムシ)；8f, イボ状の茎節後面(サドカバイロユキノミ). (1a, 須摩, 1994；1b, 4a, c, d, 5c, e, 9a, Yosii, 1939b；2, 3a, b, 4f, 6, 7, 8f, Yosii, 1965；4b, 須摩, 1995；4e, Yosii, 1959c；5a, Uchida and Tamura, 1968b；5b, 須摩, 1993b；5d, Yosii, 1971c；5f, Folsom, 1899；8a, 須摩・山内, 2005；8b, Yosii, 1966b；8c, 須摩・伊藤, 1997；8d, Yosii, 1963；8e, Yosii, 1972)

— 1255 —

164 昆虫亜門・トビムシ目

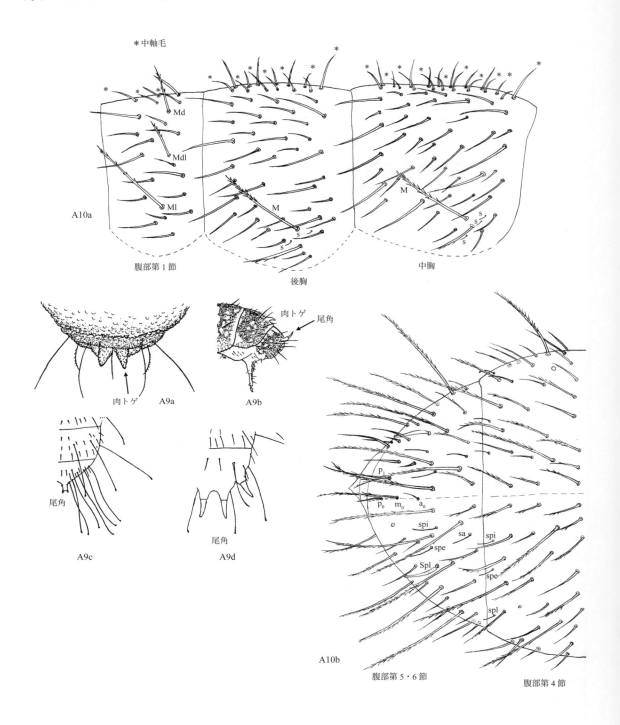

9, 腹部末端の突起；9a, 肉トゲ（ヤチナガツチトビムシ）；9b, 肉トゲと尾角（サハツチトビムシ）；9c, 基部が融合した尾角（ヤマトフタツトゲツチトビムシ）；9d, 尾角（ヨツトゲツチトビムシ）．10, 毛の配列（ヤマトメナシツチトビムシ）；10a, 胸部と腹部第1節；10b, 腹部末端．(9b, 須摩, 2008; 9c, d, Yosii, 1961a; 10a, b, Tanaka and Niijima, 2009)．

ツチトビムシ科 Isotomidae Börner, 1913 の亜科・属・種への検索

ツチトビムシ科の亜科への検索

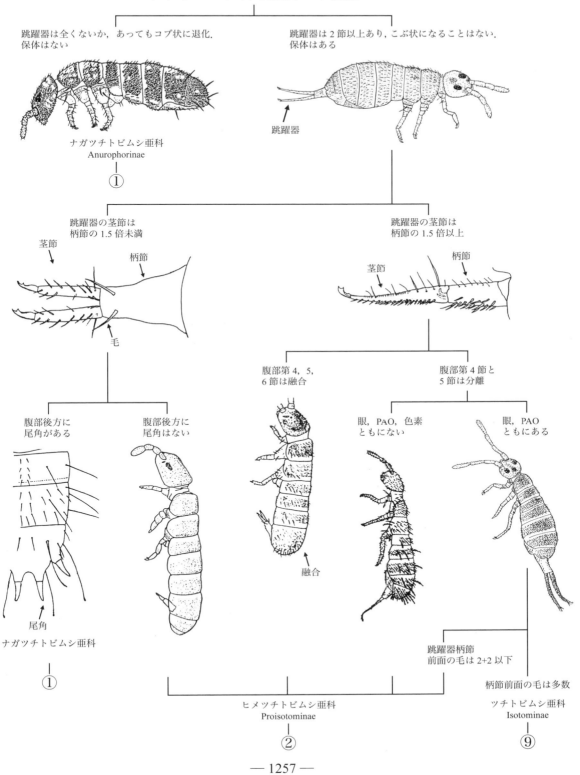

ナガツチトビムシ亜科 Anurophorinae の属・種への検索

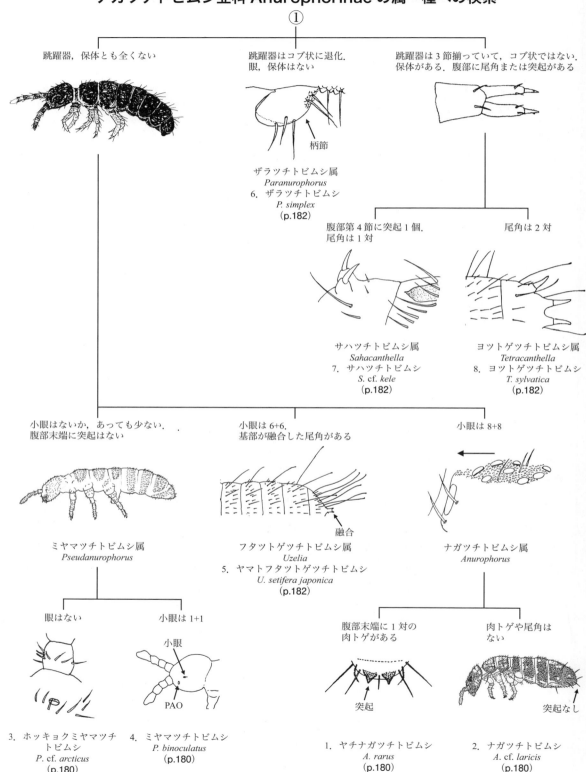

ヒメツチトビムシ亜科 Proisotominae の属・種への検索

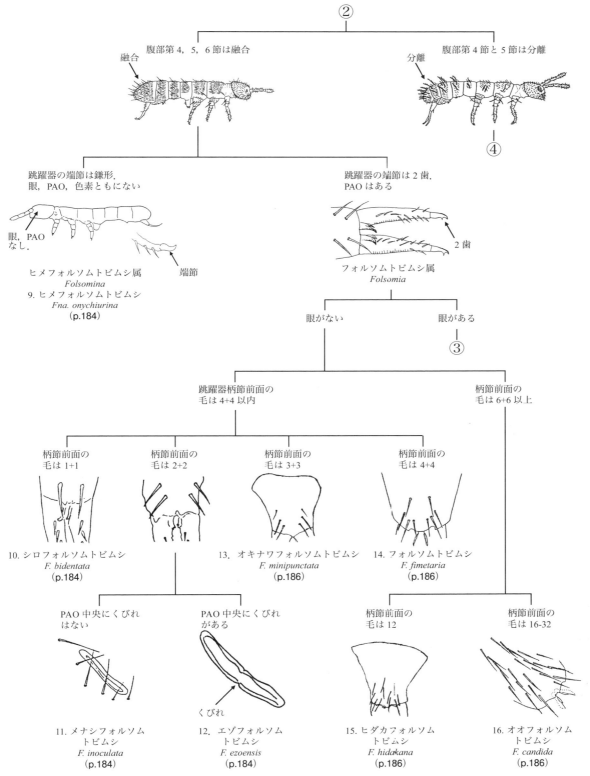

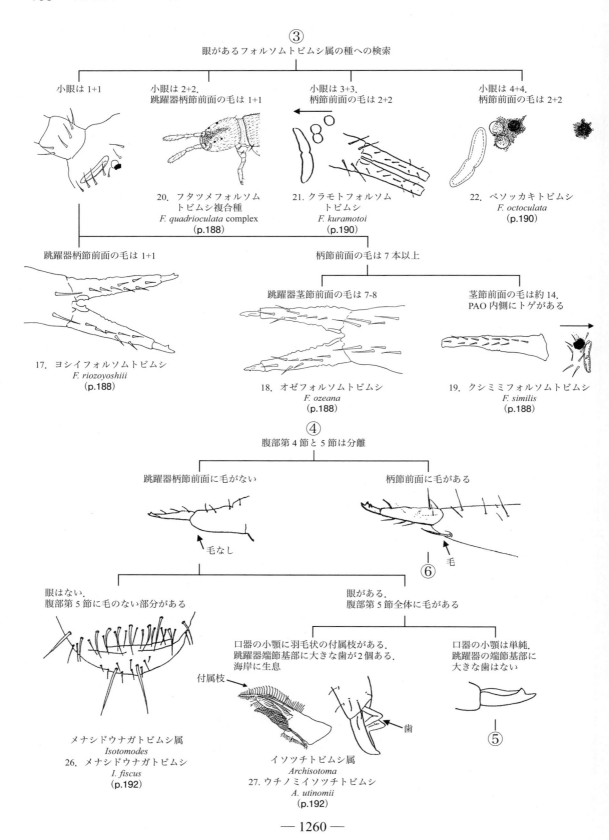

昆虫亜門・トビムシ目　169

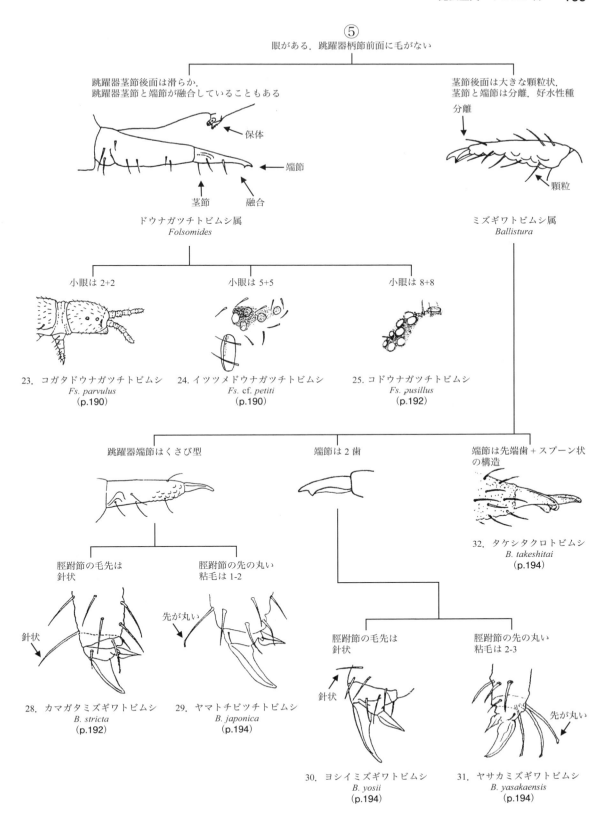

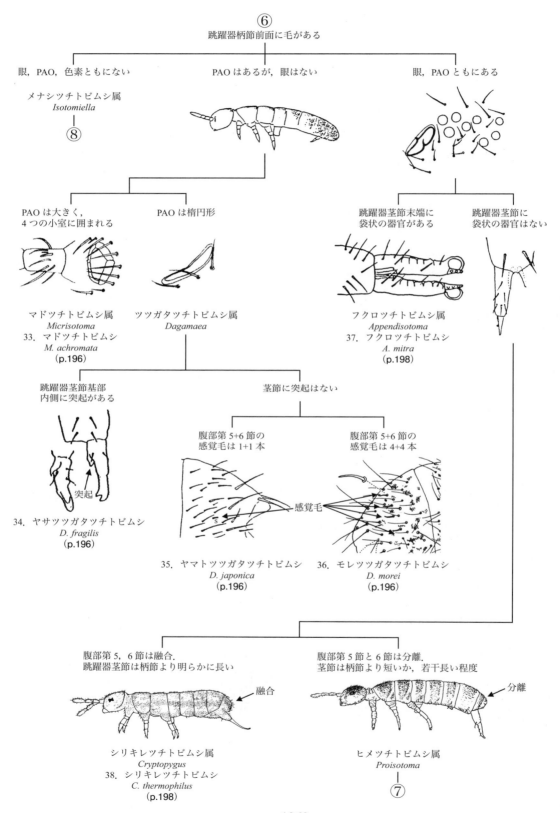

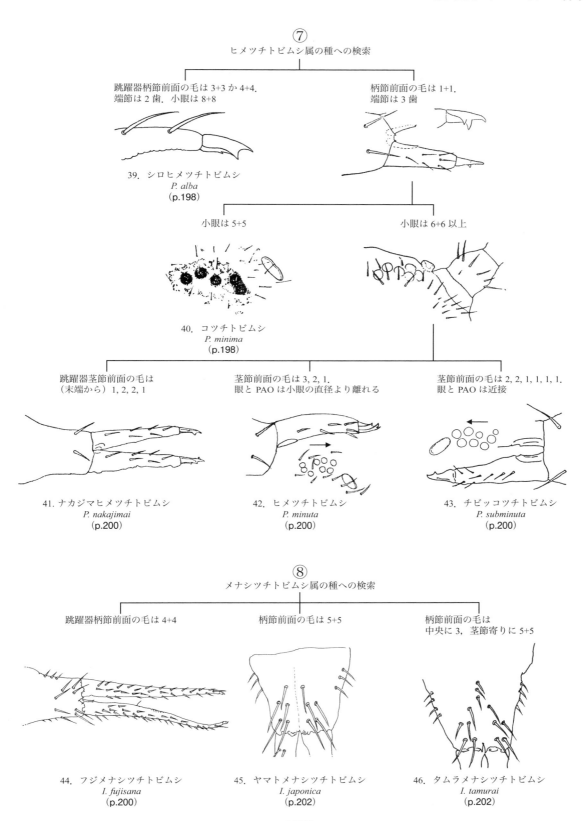

ツチトビムシ亜科 Isotominae の属・種への検索

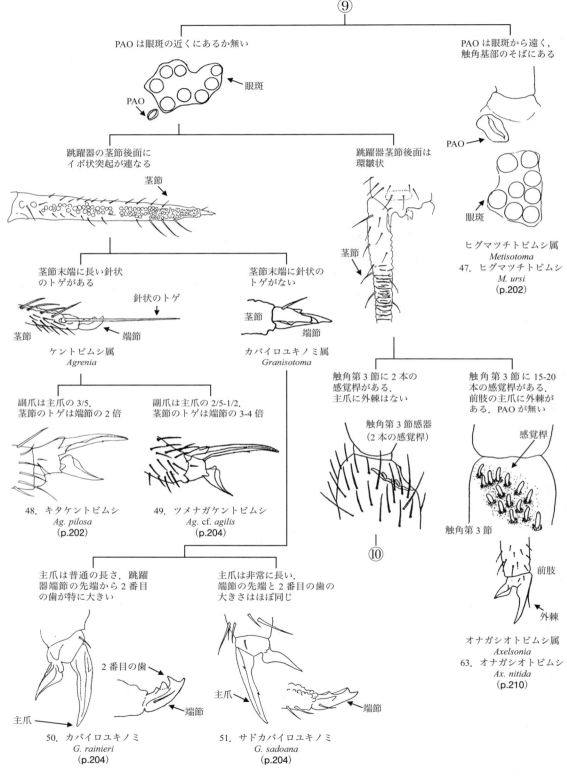

昆虫亜門・トビムシ目 173

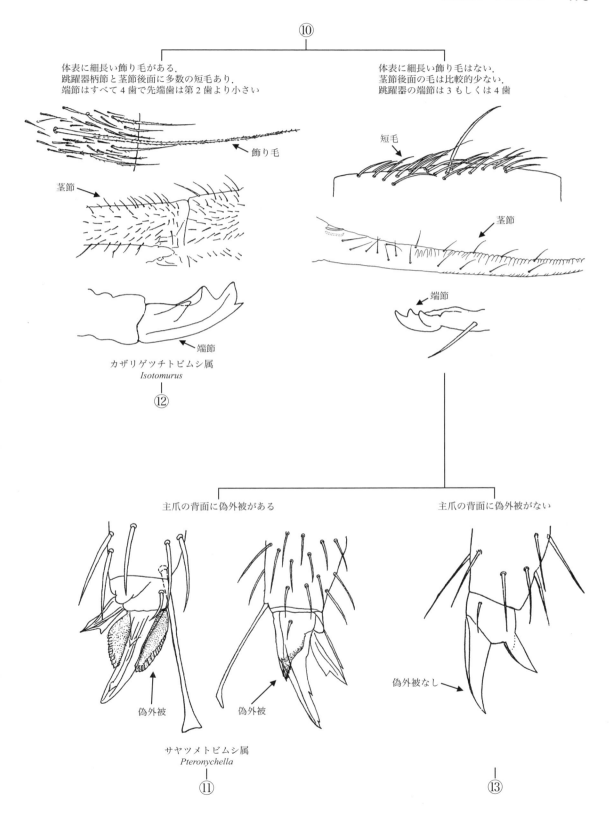

174　昆虫亜門・トビムシ目

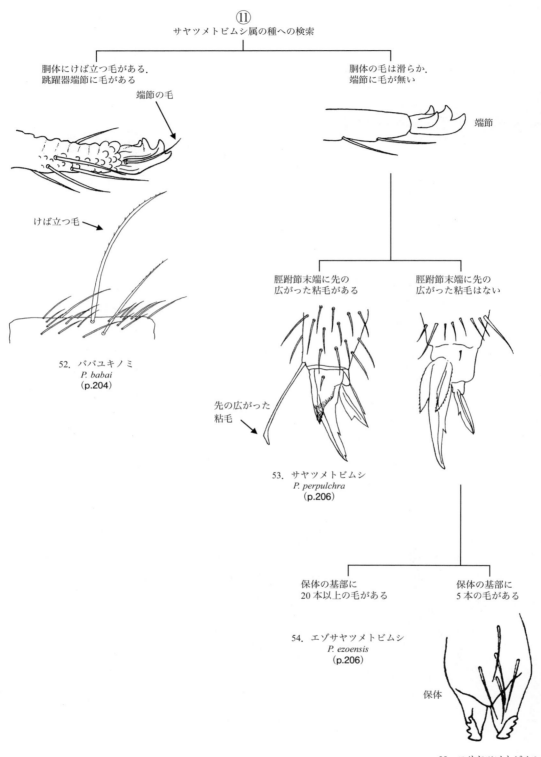

昆虫亜門・トビムシ目　175

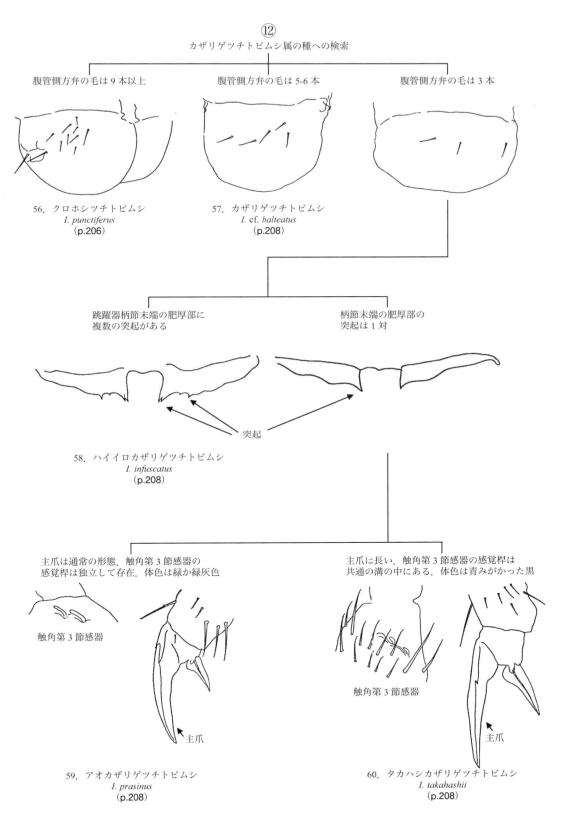

⑫ カザリゲツチトビムシ属の種への検索

腹管側方弁の毛は9本以上 / 腹管側方弁の毛は5-6本 / 腹管側方弁の毛は3本

56. クロホシツチトビムシ
 I. punctiferus
 (p.206)

57. カザリゲツチトビムシ
 I. cf. *balteatus*
 (p.208)

跳躍器柄節末端の肥厚部に複数の突起がある / 柄節末端の肥厚部の突起は1対

突起

58. ハイイロカザリゲツチトビムシ
 I. infuscatus
 (p.208)

主爪は通常の形態．触角第3節感器の感覚桿は独立して存在．体色は緑か緑灰色 / 主爪に長い．触角第3節感器の感覚桿は共通の溝の中にある．体色は青みがかった黒

触角第3節感器　主爪

59. アオカザリゲツチトビムシ
 I. prasinus
 (p.208)

60. タカハシカザリゲツチトビムシ
 I. takahashii
 (p.208)

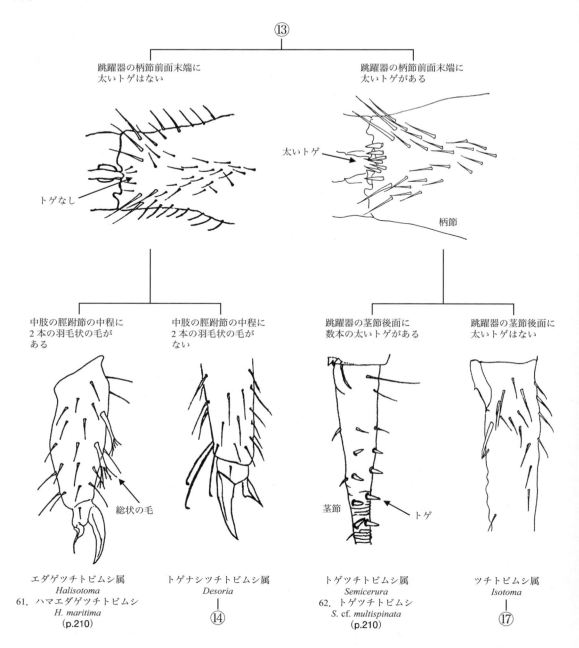

昆虫亜門・トビムシ目　177

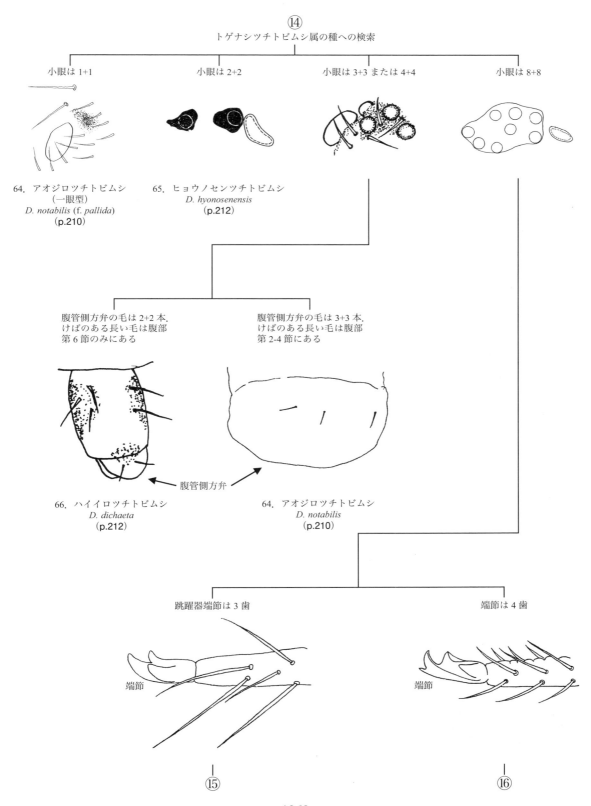

トゲナシツチトビムシ属の種への検索（つづき）

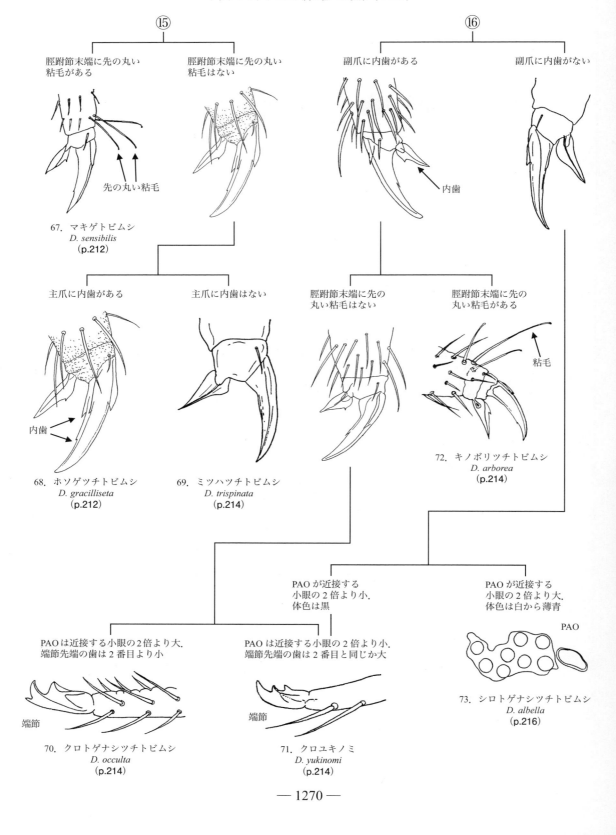

昆虫亜門・トビムシ目　179

⑰ ツチトビムシ属の種への検索

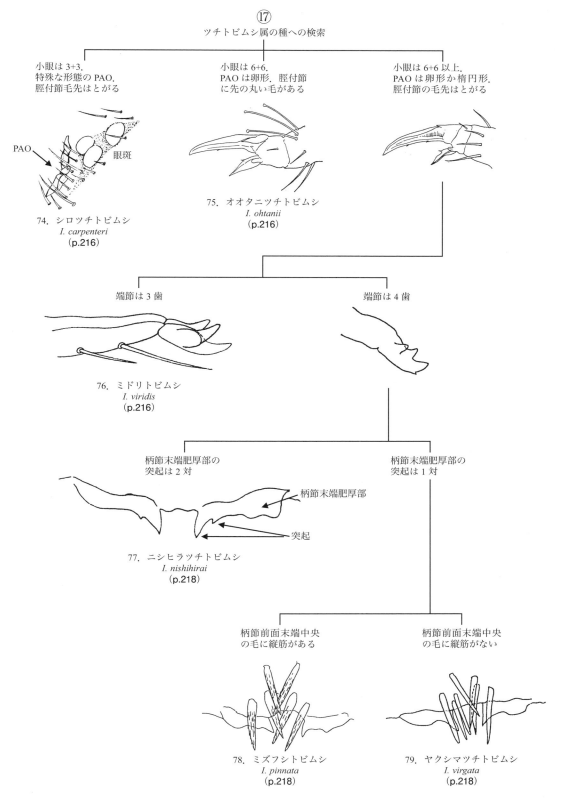

ナガツチトビムシ亜科
Anurophorinae Börner, 1906
ナガツチトビムシ属
Anurophorus Nicolet, 1842

表皮は網目状または顆粒状で，跳躍器も保体もない．体毛は短く，少数の長くて真っ直ぐな毛がある．触角第4節の先端に先端感球がある．小眼は8+8．PAOは楕円形で，小眼の1.5‐3倍．爪に内歯はない．腹部第6節は腹側に傾き，肛門は下方に向いている．日本から2種記録されている．

1．ヤチナガツチトビムシ
Anurophorus rarus (Yosii, 1939)

体長約1.5 mm．体色は青紫色．皮膚は細かい顆粒状．触角第4節には顕著な先端感球と数個の小突起と多くの曲がった感覚毛がある．PAOは楕円形で小眼の2‐3倍．副爪はない．各脛付節に長くて先の丸い粘毛が3‐4本ある．腹部第6節には1対の黄色い肉トゲがあり，その表面は先端まで顆粒状．肉トゲの基部近くに鋸歯状の曲がった毛が1対ある．ミズゴケなどの湿地に生息．*Anurophorouzelia rara*から属名を変更（Potapov, 1997）．　分布：北海道，四国；朝鮮．　a, 全体図；b, 触角の先端；c, PAOと眼；d, 後肢脛付節と爪；e, 腹部第6節と肉トゲ（a-c, Yoshii, 1992; d, e, Yosii, 1939b）．

2．ナガツチトビムシ
Anurophorus cf. ***laricis*** Nicolet, 1842

体長1.2 mmまで．暗青色で，不規則に白い斑点がある．皮膚は顆粒状で，顕微鏡下でのみ網目状のしわが見える．PAOは楕円形で小眼の1.5‐2倍．前，中，後肢に先が丸い粘毛が2，3，3本ある．副爪は退化してトゲ状．腹部第6節は第5節の下側にあり，背面からわずかに確認できる．主として樹上に生息する．*A. laricis*の分布はヨーロッパに限られているので，日本の種は近縁の別種である可能性が高い（Potapov, 2001）．　分布：北海道，東北，関東，中部，近畿．　a, 全体図；b, 触角の先端；c, PAOと眼；d, 後肢脛付節と爪；e, 腹部第3節の表皮（a, c, d, 須摩，1993b; b, e, Uchida, 1969）．

ミヤマツチトビムシ属
Pseudanurophorus Stach, 1922

跳躍器と保体はない．表皮は細かい顆粒状または滑らか．小眼は3+3以下．体色は白く，小さな黒い色素粒が散在するものもいる．体長0.4‐1.2 mm．PAOは卵形．腹部第5，6節は分かれる．副爪は3角形で先が尖り，内膜はかなり広い．日本から2種記録されている．

3．ホッキョクミヤマツチトビムシ
Pseudanurophorus cf. ***arcticus*** Christiansen, 1951

体長0.8‐1.0 mm．体は白く，色素はない．表皮は滑らか．PAOは卵形で，直径は触角第1節の幅の1/3．眼はない．爪に内歯はない．腹管後面に8‐10本，側方弁に各7‐8本の毛がある．腹部第3節は第4節より短い．胸部第2節から腹部第3節までの中軸毛は16, 14 / 10, 10, 12である．アラスカに分布する*P. arcticus*の体長は0.64 mm，表皮は細かい顆粒状，中軸毛は日本産の標本より少なく，12‐14, 10‐12 / 8, 8, 8である（Potapov, 2001）．
　分布：北海道，東北．　a, 全体図；b, 触角第3節感器；c, 触角第1節とPAO; d, 後肢脛付節と爪；e, 腹管（須摩・山内, 1997）．

4．ミヤマツチトビムシ
Pseudanurophorus binoculatus Kseneman, 1934

体長0.4 mm．白色で，黒い色素がわずかに散在する．表皮は顆粒状だが，低倍率では滑らかにみえる．触角第4節先端は不規則にふくらみ，4‐5本の曲がった感覚毛がある．触角第3節感器は2個の感覚桿が窪みの中にあり，両側に先の鈍い感覚毛がある．PAOは卵形で小眼の直径の1.5‐2倍，小眼は1+1で黒色．爪に内歯はない．腹管は短く，後方に2本，側方弁に4+4本の毛がある．腹部は6節あるが，境界は不明瞭．中胸から腹部第5節までの感覚毛は3, 3 / 2, 2, 2, 2, 4 (s) ; 1, 0 / 0, 0, 1 (ms)である．腹部第1‐3節の感覚毛は各体節の最後列の毛（p-row）のやや前方にある．第5節側方にある2+2本の感覚毛は太くて大きい．　分布：北海道，関東，中部；旧北区．　a, 触角第3, 4節；b, PAOと眼；c, 後肢脛付節と爪；d, 腹管；e, 腹部末端側面と2本の感覚毛（Yosii, 1969）．

昆虫亜門・トビムシ目   181

1. ヤチナガツチトビムシ

3. ホッキョクミヤマツチトビムシ

2. ナガツチトビムシ

4. ミヤマツチトビムシ

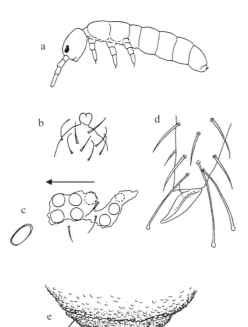
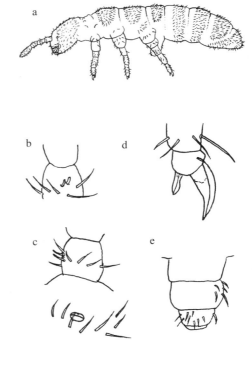
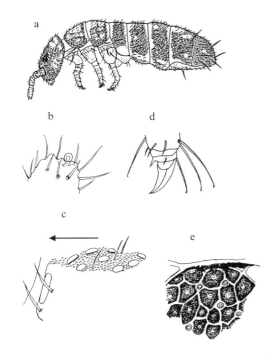
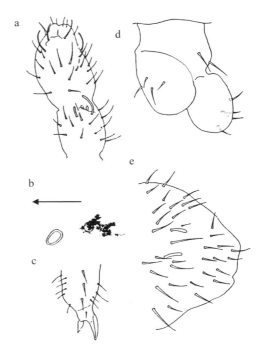

— 1273 —

フタツトゲツチトビムシ属
Uzelia Absolon, 1901

跳躍器はないか，あっても痕跡的．保体はない．副爪もない．腹部第 5, 6 節は融合し，短い尾角が乳頭状突起の上に 1 対ある．表皮は滑らか．日本から 1 種記録されている．

5. ヤマトフタツトゲツチトビムシ
Uzelia setifera japonica Yosii, 1961

体長約 1.3 mm．体色は暗青色．PAO は細長い楕円形．小眼は 6+6 で黒い眼斑上にあり，長い毛が 1 本ある．爪は内歯，副爪ともになく，脛付節に先が丸い粘毛がある．跳躍器，保体ともない．尾角は乳頭状突起の部分が融合し，尾角近くに特に長くて先端が丸い毛が複数ある．北海道ではアカエゾマツ樹上に生息．ヨーロッパの *Uzelia setifera* Absolon, 1901 の小眼は 8+8，尾角の乳頭状突起は本種より短く，周囲の長い毛の先は尖っている点で異なる． 分布：北海道，中部． a, 全体図；b, 触角第 4 節先端；c, 後肢脛付節と爪；d, 毛の配列（a-c, Stach, 1947; d, Yosii, 1961a）．

ザラツチトビムシ属
Paranurophorus Denis, 1929

表皮は半球状の荒い顆粒が散在する．眼はない．跳躍器は退化してコブ状．保体はない．すべての腹節は明瞭に分かれている．体毛は短くて先の尖った単純な毛が密にある．本属のものは 1 種のみが知られている．

6. ザラツチトビムシ
Paranurophorus simplex Denis, 1929

体長は最大 1.5 mm．色素はない．PAO は卵形．眼はない．爪に内歯はなく，副爪は主爪の半分の長さ．腹管後方基部に 8 本，側方弁に 6+6 本の毛がある．腹部第 4 節は第 3 節より長い．跳躍器は丸い塊状で基部に 2+2 本の毛があり，茎節はコブ状で，各 3 本の毛がある．端節はトゲ状に退化．腹部第 6 節は下方に向く．胸部第 2 節から腹部第 4 節までの中軸毛は 18, 12 / 12, 10, 10, 14 である．海岸草原に生息．*P. armatus* Stach, 1947 は本種のシノニム（Potapov, 2001）． 分布：北海道，東北；ヨーロッパ，中国，カリフォルニア． a, 全体図；b, 触角第 1 節と PAO；c, 後肢脛付節と爪；d, 腹管；e, 跳躍器前面；f, 雄の生殖孔（須摩・山内, 2005）．

サハツチトビムシ属
Sahacanthella Potapov & Stebaeva, 1993

腹部第 4 節背面に円錐状の肉トゲがあり，第 6 節には乳頭上にはえた尾角が 1 対ある．表皮は網目状．腹部第 5, 6 節は融合．眼，PAO ともにあり，小眼は 8+8，脛付節には先の丸い粘毛がある．副爪もある．北東アジアから近年報告された属である．

7. サハツチトビムシ
Sahacanthella cf. ***kele*** Potapov & Stebaeva, 1993

体長 0.8-1.2 mm．体色は灰色から薄青色で，表皮は網目状．PAO は小眼の 3.5-4 倍．小眼は 8+8．脛付節に先の丸い粘毛が 1-2 本ある．後肢の主爪には内歯がある．腹管後方に 7 本，側面に 4+4 本の毛がある．保体は 4 歯で基部の毛は 1 本．腹部第 4 節背面正中線上に円錐形の肉トゲが 1 個あり，第 5+6 節には尾角が 1 対ある．跳躍器柄節前面に 1+1 本，後面に 8+8 本，茎節前面に 2 本，後面に 6 本の毛がある．端節は 2 歯．なお，上記の形質は須摩（2008）が北海道斜里岳の標本について記載したものである．ロシア産の *S. kele* は後肢の爪に内歯がなく，跳躍器柄節後面の毛は 12+12，茎節後面の毛は 4 本である（Potapov, 2001）． 分布：北海道． a, 全体図；b, PAO と眼；c, 後肢脛付節と爪；d, 腹管；e, 保体；f, 腹部第 4 節の肉トゲと第 5+6 節の尾角；g, 跳躍器前面；h, 跳躍器後面（須摩, 2008）．

ヨツトゲツチトビムシ属
Tetracanthella Schött, 1891

尾角が小乳頭状突起の上に 2 対（4 本）ある．全身顆粒状．腹部第 5, 6 節は完全に融合．PAO は細長い楕円形で，小眼は 8+8．体毛は短く単純で，長い剛毛が少数あり，後方ほど密になる．日本から 1 種記録されている．

8. ヨツトゲツチトビムシ
Tetracanthella sylvatica Yosii, 1939

体長 1.5 mm．体色は灰色がかった藍色．PAO は小眼の約 3 倍．主爪に内歯はなく，副爪は主爪の約 1/3．脛付節の毛の先はとがっている．保体は 4 歯で基部の毛は 1 本．跳躍器は短く，柄節はガラス質で前面は無毛．茎節は柄節とほぼ同じかやや長く，小さな毛が約 5 本ある．端節は 2 歯．体毛の多くは単純で，長い毛はけば立っているが，先の丸い毛はない．以上の形態は Yosii（1939）が大阪のマツ林から 10 個体以上採集した標本について記載したものである．しかし，Yosii（1961a）は腹部第 5+6 節に先の丸い毛を描いている．その後 Deharveng（1987）は京都で採集された多数の標本をもとに，次のように再記載している「体長は 1.2-1.5 mm．体色は灰黒色から灰青色．PAO は小眼の 2.0-2.5 倍．前，中，後肢の脛付節には先の丸い粘毛が 1, 2, 2 本ある．副爪は主爪の 2/3．跳躍器柄節後面の毛は 14-17+14-17 本．茎節前面に 1 本，後

昆虫亜門・トビムシ目　183

5. ヤマトフタツトゲツチトビムシ

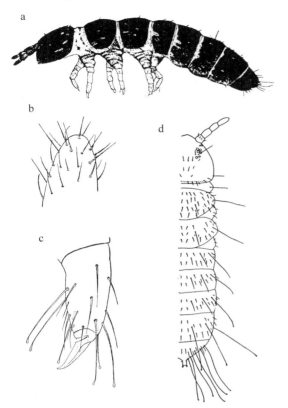

6. ザラツチトビムシ

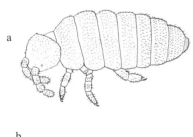
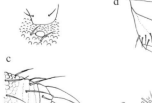

7. サハツチトビムシ

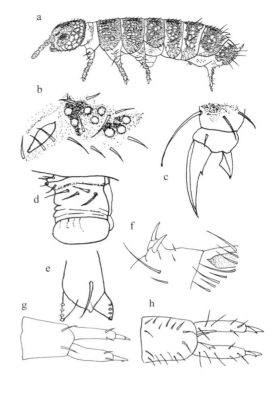

8. ヨツトゲツチトビムシ

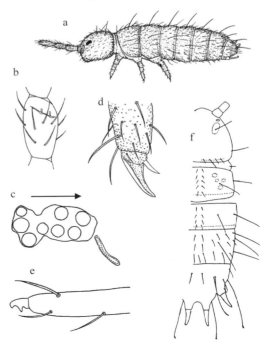

面に6-7本の毛がある．尾角は2対で，よく発達した乳頭状突起の上にある」．なお，京都，山梨の個体群ともに繁殖期は10月．マツ林に多い．　分布：北海道，東北，関東，中部，近畿．　a, 全体図; b, 触角第3節; c, PAOと眼; d, 後肢脛付節と爪; e, 跳躍器の茎節と端節; f, 頭部，胸部第1, 2節と腹部第3, 4, 5+6節の毛の配列 (a-e, Yosii, 1939b; f, Yosii, 1961a)．

ヒメツチトビムシ亜科
Proisotominae Stach, 1947
ヒメフォルソムトビムシ属
Folsomina Denis, 1931

　腹部第4-6節は完全に融合している．体色は白く，色素はない．眼もPAOもない．触角第4節先端部に2個の感覚桿があり，周囲には5本の感覚毛がある．爪に内歯はない．跳躍器端節は鎌状．腹部末端近く側方に1+1本の太い感覚毛がある．日本では1種のみが知られる．

9. ヒメフォルソムトビムシ
Folsomina onychiurina Denis, 1931

　体長は最大0.7 mm．腹管は前方に2本，後方に4本，側方弁に各3-5本の毛がある．保体は4歯で基部の毛は1本．跳躍器柄節と茎節の比は4：9．柄節は前面に1+1本，後面に約10本の毛がある．茎節の前面には約20本，後面にしわと4-6本の毛がある．中胸から腹部第3節までの直立毛は1, 1/3, 3, 3 で，腹部第4節までの感覚毛は3, 3/2, 2, 2, 3 (s); 1, 0/0, 0, 1 (ms) である．ヤンバルヒメフォルソムトビムシ Folsomina wuyanensis Zhao & Tamura, 1992 は本種のシノニム (Potapov, 2001)．　分布：コスモポリタン．　a, 全体図; b, 触角先端; c, 後肢脛付節と爪; d, 跳躍器前面; e, 跳躍器端節; f, 腹部末端側面の感覚毛 (Yosii, 1966b)．

フォルソムトビムシ属
Folsomia Willem, 1902

　体型は円筒形で腹部第4-6節は融合している．各節に4-6本ある直立毛は，中胸から腹部第6節に向かって少しずつ長くなる．PAOは楕円形．跳躍器各節の境界は明瞭で，端部は2歯．小眼の数と跳躍器の毛の配列などで種を識別する．日本から13種記録されている．

10. シロフォルソムトビムシ
Folsomia bidentata Lee, 1973

　体長0.8-1.2 mm．体色は白色で，背面に黒い色素がある．PAOは触角基部の1.6倍．眼の位置に黒い色素が確認できるが，角膜はない．主爪に内歯はなく，副爪はよく発達する．腹管後方基部に6本，側方弁に4+4本の毛がある．跳躍器は腹部第2節までは届かない．柄節と茎節の比率は16：11．柄節前面に1対の太くて長い毛があり，後面に約20本の短く，細い毛がある．茎節前面に8本，後面に3本の毛がある．　分布：北海道，中国，九州；韓国，極東ロシア．　a, 全体図; b, PAO; c, 後肢脛付節と爪; d, 腹管; e, 跳躍器前面; f, 跳躍器後面; g, 跳躍器端節 (須摩・渡部，2005)．

11. メナシフォルソムトビムシ
Folsomia inoculata Stach, 1947

　体長1.2 mm．体色は白．触角第4節に先端感球があり，感覚毛は通常毛と区別しにくい．PAOは細長い楕円形で，触角第1節よりやや長い．眼はない．主爪に内歯はない．跳躍器3節の比率は4：3.6：1．柄節前面に2+2本の毛があり，茎節寄りの毛のほうが太い．柄節後面の毛は茎節寄りに1+1本，中央から基部にかけて8+8本，基部側方に3+3本ある．茎節前面の毛は8-12本，後面の毛は柄節寄りに3本，中央に1本あり，基部の毛が最も太くて長い．腹部第5節側面に棍棒状の感覚毛があるが，見えないこともある．中胸から腹部第3節までの直立毛は2, 2/3, 3, 3，腹部第4節までの感覚毛は4, 3/2, 2, 2, 3 (s); 1, 0/1, 0, 0 (ms) である．　分布：北海道，東北，関東，中部；旧北区の山岳地．　a, 触角第1節; b, 触角第3節; c, PAO; d, 後肢脛付節と爪; e, 跳躍器前面（実線）と後面の毛（点線）; f, 跳躍器側面; g, 腹部第5節の感覚毛 (Stach, 1947)．

12. エゾフォルソムトビムシ
Folsomia ezoensis Yosii, 1965

　体長1.3 mm．体色は完全に白色．触角第4節には先端感球と6本の感覚毛が，第1節には2本の感覚毛がある．PAOは中央がくびれた楕円形で，触角第1節の幅とほぼ同じ長さ．眼はない．爪に内歯はない．腹管後方に8本，側方弁に5+5本の毛がある．跳躍器3節の比率は20：15：4．柄節は前面に2+2本の太い毛，後面には約10本の細い毛がある．茎節は前面に10本の毛があり，後面の毛は細く，3本が基部に，1本が内側にある．腹部第5節側面に棍棒状の感覚毛はない．本種はメナシフォルソムトビムシに似ているが，腹部第5節に棍棒状の感覚毛がないことから，別種として報告された (Yosii, 1965)．後に両種はシノニムであるとされたが (Yosii, 1972)，PAOの形態や跳躍器柄節後面の毛の配列も異なるので別種とした．分布：北海道，東北；中国．　a, 触角先端; b, 触角第3節; c, PAO; d, 後肢脛付節と爪; e, 腹管; f, 跳躍器前面; g, 跳躍器後面 (Yosii, 1965)．

昆虫亜門・トビムシ目　185

9. ヒメフォルソムトビムシ

11. メナシフォルソムトビムシ

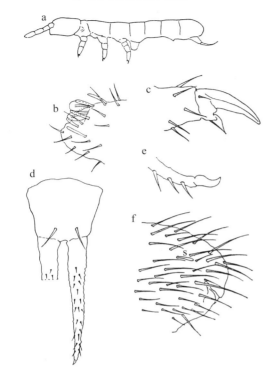
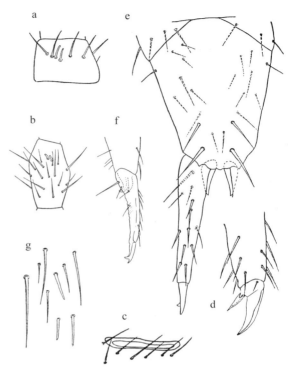

10. シロフォルソムトビムシ

12. エゾフォルソムトビムシ

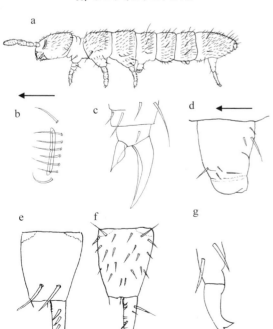
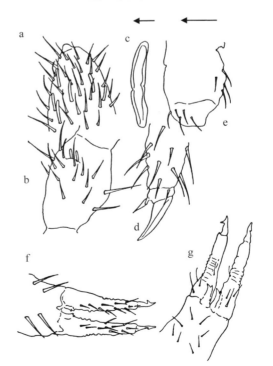

13. オキナワフォルソムトビムシ
Folsomia minipunctata Zhao & Tamura, 1992

体長 1.0 mm. 体色は小さな黒い点が不規則に散在し, 体の後半部に多い. 上唇の毛は 5, 5, 4 で, 縁に 4 個のしわがある. 触角第 4 節には 1 個の先端感球, 後方に 10 本の感覚毛がある. PAO はくびれのある楕円形で, 眼はない. 爪に内歯はない. 腹管後方に 6 本, 側方弁に 3+3 本の毛がある. 跳躍器 3 節の比率は 4:3:1. 柄節前面末端部に 3+3 本の太い毛, 後面に 11+11 本の細い毛がある. 茎節前面に 9-10 本, 後面に 3 本の毛がある. 最終腹節の両側方に先の丸い感覚毛がある. 体毛は短, 中, 長毛に分かれ, すべて単純. 長毛は後部に多い. 分布: 沖縄; 中国. a, 触角第 4 節; b, 触角第 3 節; c, 触角第 1 節; d, PAO; e, 後肢脛付節と爪; f, 腹管; g, 跳躍器柄節前面; h, 柄節後面; i, 跳躍器茎節前面 (左) と後面 (右); j, 腹部第 4-6 節 (Zhao and Tamura, 1992).

14. フォルソムトビムシ
Folsomia fimetaria (Linnaeus, 1758)

体長 1.0-1.4 mm. 白色で色素はない. 触角第 4 節には先端感球がある. PAO は細長い楕円形で, 触角第 1 節と同じかやや短い. 眼はない. 主爪に内歯があり, 副爪は主爪の約半分. 腹管後方に 5-6 本, 側方弁に 5+5 本の毛がある. 跳躍器は腹部第 2 節の中央まで届く. 柄節前面の末端に 4+4 本の毛がある. 茎節は柄節の 1.5-1.7 倍で, 前面には 18-21 本の毛があり, 後面にしわがある. 最終腹節の長い毛はわずかにけば立っている. 中胸から腹部第 3 節までの直立毛は 1, 1 / 3, 3, 3, 感覚毛はメナシフォルソムトビムシと同じ. 牧草地などに多く, 森林には少ない. 分布: 全北区. a, 後肢脛付節と爪; b, 跳躍器柄節前面; c, 跳躍器茎節と端節側面 (Stach, 1947).

15. ヒダカフォルソムトビムシ
Folsomia hidakana Uchida & Tamura, 1968

体長 1.4 mm. 体色は白く, 細かい不規則な黒斑がある. 触角第 4 節は背側面に 6 本の先の鈍い感覚毛と先端感球がある. PAO は触角第 1 節とほぼ同じ長さで, 中央にくびれがある. 眼はない. 腹部第 4 節と第 5-6 節の間にかすかな縫合線がある. 腹管後方に 8 本, 側方弁に 5+5 本の毛がある. 跳躍器 3 節の比率は 7:9:1. 柄節前面の末端部に 12 本の太い毛があり, 後面に 11+11 本の細い毛がある. 茎節前面には 23 本の短く太い毛が, 後面に 5 本の毛がある. 森林に多い. 分布: 北海道, 東北, 関東; 極東ロシア. a, 触角第 3, 4 節; b, PAO; c, 後肢脛付節と爪; d, 腹管; e, 腹部第 3 節と 4-6 節; f, 跳躍器柄節前面; g, 柄節後面; h, 跳躍器茎節前面; i, 茎節後面 (Uchida and Tamura, 1968a).

16. オオフォルソムトビムシ
Folsomia candida Willem, 1902

フォルソムトビムシ属の中で最も大きく, 体長 0.9-2.5 mm. 色素はない. 触角第 4 節に先端感球がある. PAO は楕円形で触角第 1 節の幅より狭い. 眼はない. 主爪には内歯があり, 副爪は主爪の 2/3 程度で, 鋭くとがる. 腹管後方に 7-12 本, 側方弁に 9-16+9-16 本の毛がある. 跳躍器は腹管に届く. 柄節前面に 16-32 本の毛がある. 茎節は柄節の 1.3-1.6 倍で, 前面の毛は 20-40 本, 後面にしわがある. 長い毛には, やや短めで細く, けば立つ毛が混ざることがある. 中胸から腹部第 4 節までの感覚毛はメナシフォルソムトビムシと同じ. 人為の影響のある場所に多い. 分布: コスモポリタン. a, 全体図; b, 触角第 1 節と PAO; c, 後肢脛付節と爪; d, 跳躍器柄節前面; e, 跳躍器茎節前面と端節 (a-c, 須摩, 1984; d-e, Stach, 1947).

昆虫亜門・トビムシ目 187

13. オキナワフォルソムトビムシ

15. ヒダカフォルソムトビムシ

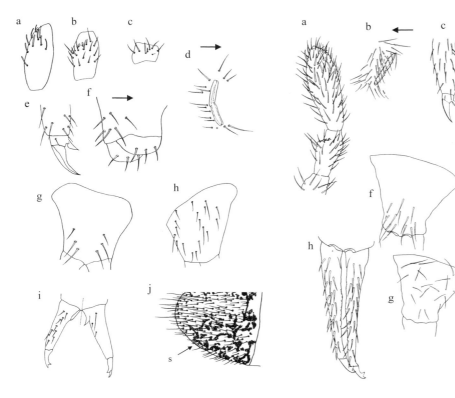

14. フォルソムトビムシ

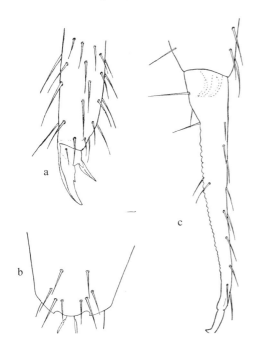

16. オオフォルソムトビムシ

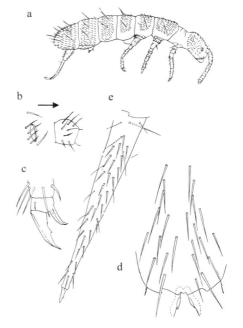

17. ヨシイフォルソムトビムシ
Folsomia riozoyoshiii Potapov & Cassagnau, 2000

体長 0.9 mm. 体色は灰色で, 小眼は 1+1. 爪に内歯はない. 腹管後方に 6 本, 側方弁に 3+3 本の毛がある. 跳躍器 3 節の比率は 15：13：3. 柄節前面の毛は 1+1 本, 後面の毛は末端から 1, 2+2, 4+4 本. 茎節前面に 8 本, 後面に 3 本の毛がある. 本種はネパールからナミフォルソムトビムシ *F. diplophthalma* (Axelson, 1902) として報告されたが (Yosii, 1966b), 別種として再記載されたものである (Potapov and Cassagnau, 2000). 日本で今までにナミフォルソムトビムシとして報告された種は本種か, あるいは近縁の別種である可能性が高い. なお, ナミフォルソムトビムシの holotype は跳躍器柄節前面の毛が 4+4 で, クシミミフォルソムトビムシに近い (Potapov and Dunger, 2000). 分布：北海道, 東北, 関東, 中部, 近畿；ネパール. a, PAO と眼；b, 後肢脛付節と爪；c, 腹部第 3 節の毛；d, 腹管；e, 跳躍器前面；f, 跳躍器後面 (Yosii, 1966b).

18. オゼフォルソムトビムシ
Folsomia ozeana Yosii, 1954

体長 1.2 mm. 体色は白色から斑状の灰色. 触角第 4 節に約 6 本の太い毛がある. PAO は小眼の約 4 倍. 小眼は 1+1 で, 不規則な眼斑上にある. 爪に内歯はない. 腹管後方に 4-6 本, 側方弁に 3+3 本の毛がある. 保体は 4 歯で基部の毛は 1 本. 跳躍器柄節は茎節の 1.2-1.5 倍, 前面に 4+4 本前後の毛がある. 柄節後面の毛は茎節寄りに 1 本, 基部寄りに 5+5 本, 基部側方に 3+3 本ある. 茎節は前面に 7-8 本, 後面に 3 本の毛がある. 山岳地に多い. 本種はキタフォルソムトビムシ *F. regularis* Hammer 1953 とされていたが (Yosii, 1969), 腹管の毛と後胸の直立毛の数が違うので, 別種である (Potapov and Marusik, 2000). 分布：北海道, 東北, 関東, 中部, 近畿. a, 触角第 1 節, PAO と眼；b, 腹管；c, 跳躍器前面；d, 跳躍器茎節と端節側面；e, 跳躍器柄節後面 (Yosii, 1969).

19. クシミミフォルソムトビムシ
Folsomia similis Bagnall, 1939

体長 1.2 mm. 細かな黒色斑が散在し, 体色は暗い灰色. PAO は内側の縁に多くのとげ状のけばがあり, 長さは小眼の約 4 倍. 小眼は 1+1 で, 濃い色素がある. 主爪に内歯はなく, 副爪は末端でとがる. 保体は 4 歯で基部の毛は 1 本. 跳躍器先端は腹部第 3 節の前縁まで届く. 跳躍器各節の比率は 5：10：1. 柄節前面の毛は 8-10 本で, 末端の 1 対が最大である. 茎節前面に約 14 本, 後面に 5 本の毛があり, 後面中央部に細かいしわがある. *F. hasegawai* Yosii, 1959 は本種のシノニム (Potapov, 2001). 分布：北海道, 本州, 九州；全北区. a, 触角第 3 節；b, PAO と眼；c, 中肢脛付節と爪；d, e, 跳躍器柄節前面；f, 柄節後面；g, 跳躍器茎節前面；h, 茎節後面と端節 (a-d, g, h, Yosii, 1959c; e, f, Yoshii, 1995b).

20. フタツメフォルソムトビムシ複合種
Folsomia quadrioculata (Tullberg, 1871) complex

体長 0.7-1.6 mm. 体色は青白い灰色から灰色がかった黒で, 色素粒が散在する. PAO は小眼の 3-4 倍で, くびれのある細長い楕円形. 小眼は 2+2. 爪に内歯はない. 保体は 4 歯で, 基部の毛は 1 本. 跳躍器柄節は茎節の 1.25-1.65 倍. 柄節前面の毛は 1+1 本. 茎節前面には 6-8 本, 後面の毛は 2-3 本で, 中央部にのみしわがある. 直立毛は腹部第 1-3 節に各 3+3 本, 融合した 4-6 節には約 20 本あり, 後方ほど長くなる. 本種は複数の種を含む可能性がある (Potapov and Babenko, 2000). 分布：北海道, 本州, 四国, 九州；全北区. a, 全体図；b, 触角第 3 節感器；c, 触角第 1 節, PAO と眼；d, 後肢の爪；e, 腹部第 2 節；f, 腹部第 3-6 節の腹面；g, 跳躍器側面；h, 跳躍器前面 (a-c, h, 須摩, 1984; d-g, Uchida and Suma, 1973).

昆虫亜門・トビムシ目　189

17. ヨシイフォルソムトビムシ

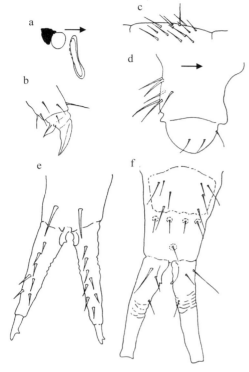

19. クシミミフォルソムトビムシ

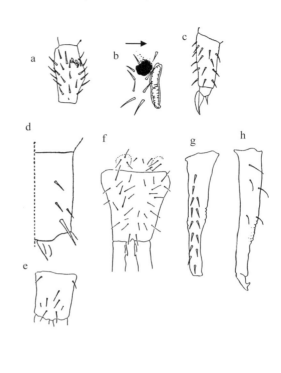

18. オゼフォルソムトビムシ

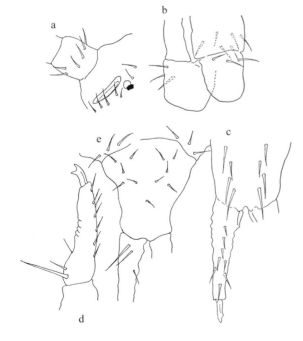

20. フタツメフォルソムトビムシ複合種

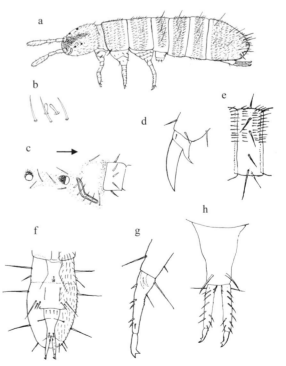

— 1281 —

21. クラモトフォルソムトビムシ
Folsomia kuramotoi Yoshii, 1995

体長 1.0 mm. 体色は濃紫色で, 体節の端は色が薄い. PAO は中央にくびれがあり, 長さは小眼の約 8 倍で, 後縁に 5-6 本の毛がある. 眼域の色が濃く, キチン化が弱いので見にくいが, 小眼は 3+3. 爪に内歯はない. 腹管後方に 8 本, 側方弁に 4+4 本の毛がある. 跳躍器 3 節の比率は 10:8:3. 柄節前面に 2+2 本, 後面に約 8+8 本の毛がある. 茎節前面には 8 本以上の毛があり, 後面には 5 本の細い毛がある. 茎節後面中央部にわずかにしわがある. 体毛はすべて単純である.   分布: 福岡.   a, PAO と眼; b, 跳躍器柄節と茎節の前面; c, 柄節と茎節の後面 (Yoshii, 1995b).

22. ベソッカキトビムシ
Folsomia octoculata Handschin, 1925

体長 1.5-2 mm. 体色は青白く, 不均一な灰色斑がある. PAO は楕円形で中央にくびれがあり, 大きさは小眼の 4-5 倍で, 冬には内側にひだができることもある. 小眼は 4+4 で, そのうち 1+1 は後方に少し離れて配置される. 爪に内歯はない. 跳躍器は腹部第 2 節に届かない. 跳躍器 3 節の比率は 4.2:3.5:1. 柄節前面の毛は 2+2 本. 茎節前面に 8 本の毛があり, 後面中央部にしわがある. 日本各地の森林で出現頻度, 生息密度ともに高い.   分布: 日本; 韓国, 中国, 東南アジア, インド, パキスタン, ネパール, ハワイ, 極東ロシア南部.   a, 全体図; b, PAO と眼; c, PAO と眼 (冬); d, 跳躍器前面 (a, d, 須摩, 1984; b, Yosii, 1939b; c, Yoshii, 1995b).

ドウナガツチトビムシ属
Folsomides Stach, 1922

体は筒型でかなり細長く, 末端は下方に曲がる. 腹部は 6 節にはっきり分かれる. 跳躍器の茎節と端節との境がないか, 不明瞭. 柄節前面に毛がない. 茎節後面にはしわがなく, 数本の毛がある. 端節は 2 歯. 日本から 3 種記録されている.

23. コガタドウナガツチトビムシ
Folsomides parvulus Stach, 1922

体長は 0.8-0.9 mm. 体は白色. PAO は細長く, 後縁に 3 本の毛がある. 小眼は 2+2 で互いに離れている. 腹管後方に 2 本, 側方弁に 3+3 本の毛がある. 保体は 3 歯で基部の毛はない. 跳躍器柄節後面の毛は末端部から 2-4, 2, 2, 6 本. 茎節は先端に向かって細くなり, 後面に 2-3 本の毛がある. 茎節と端節は融合. 雌のみ知られている. なお, 後方の眼がやや小さい個体をフタツメドウナガツチトビムシ *F. exiguus* Folsom, 1932 として区別することがある.   分布: コスモポリタン.   a, 全体図; b, 触角第 3 節感器; c, PAO と眼; d, 後肢脛付節と爪; e, 腹管; f, 跳躍器後面 (須摩・伊藤, 1997).

24. イツツメドウナガツチトビムシ
Folsomides cf. *petiti* (Delamare-Deboutteville, 1948)

体長 0.6-0.8 mm. 体は白く, 背面に少し顆粒が点在する. 上唇の毛は 3/5, 5, 4. PAO は楕円形でくびれはなく, 長径は小眼の 4.5 倍. 小眼は 5+5. 爪に内歯はない. 腹管後方に 6 本, 側方弁に 4+4 本の毛がある. 保体は 4 歯で基部の毛は 1 本. 跳躍器柄節の後面に十数本の毛がある. 茎節と端節は融合し, 茎節後面の毛は 2 本. 腹部第 5, 6 節は斜めになり, 数本の長い毛がある. 湿原および隣接する建物の屋上などに生息する. なお, 上記の形質は須摩 (1995) および須摩ら (1997) が北海道で採集した標本について記載したものである. Potapov (2001) によれば, *F. petiti* の保体は 3 歯で基部の毛はなく, 確かな分布域はフランス, ポルトガル, カナリア諸島であり, 他地域からの報告は見直す必要がある, としている.   分布: 北海道, 中部.   a, 全体図; b, 上唇; c, PAO と眼; d, 後肢脛付節と爪; e, 腹管; f, 保体; g, 跳躍器後面 (須摩, 1995).

昆虫亜門・トビムシ目　191

21. クラモトフォルソムトビムシ

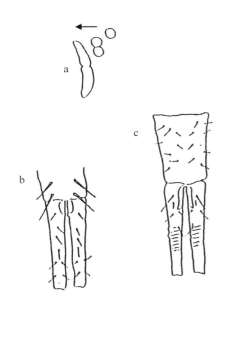

23. コガタドウナガツチトビムシ

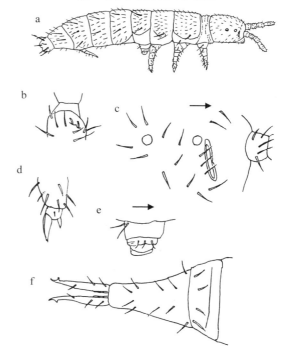

22. ベソッカキトビムシ

24. イツツメドウナガツチトビムシ

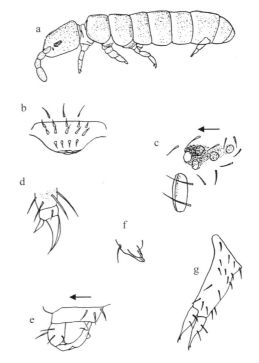

— 1283 —

25. コドウナガツチトビムシ
Folsomides pusillus (Schäffer, 1900)

体長 0.7-1.0 mm，体色は紺色から灰色．小眼は 8+8 で，うち 2 個は小さい．後肢の主爪に内歯がある．前，中，後肢にある先の丸い粘毛は 1，2，2 本．腹管後方に 4 本，側方弁に 4+4 本の毛がある．保体は 3 歯で基部の毛は 1 本．跳躍器は 3 節に分かれ，各節の比率は 4.5：2.8：1.1．柄節後面に 18-20 本の毛がある．茎節前面に 1 本，後面に 4 本の毛がある．樹上に多数生息する．なお，ポーランドの *F. pusillus* は爪に内歯がなく，保体は 4 歯で，跳躍器の茎節と端節は融合している (Stach, 1947)．また，感覚毛の数が採集地によって異なるので，本種は複数の種を含むグループと考えられる (Potapov, 2001)．　分布：北海道，東北，関東．　a, 全体図；b, 触角第 3 節感器；c, PAO と眼；d, 後肢脛付節と爪；e, 腹管；f, 保体；g, 跳躍器側面（a, 須摩，1993b; b-g, 須摩，2001）．

メナシドウナガトビムシ属
Isotomodes Linnaniemi, 1907

体形は細長く，腹部第 5，6 節は融合し，末端に太くて長い毛がある．体は無色か，小さな黒斑が散在．PAO は大きく幅広の楕円形．眼はない．跳躍器は短く，柄節前面に毛がない．茎節は柄節より短い．日本から 1 種記録されている．

26. メナシドウナガトビムシ
Isotomodes fiscus Christiansen & Bellinger, 1980

体長 0.8-0.9 mm．体は白色．触角第 4 節に 6-8 本，第 2 節に 1 本，第 1 節に 2 本の太い毛がある．PAO は触角第 1 節の直径よりわずかに短く，後縁に 7 本の毛がある．爪に内歯はない．腹管後方に 4 本，側方弁に 4+4 本の毛がある．保体は 3 歯で基部の毛は 1 本．跳躍器柄節は茎節の約 1.5 倍．柄節後面の毛は 22 本，茎節の毛は前面，後面とも 2 本．端節は 2 歯．腹部第 6 節中央に 1 対の剛毛と 5+5 本の短毛があり，その周辺部には毛がない．　分布：北海道，東北，関東；カリフォルニア，中国東部．　a, 触角第 4 節；b, 触角第 1 節と PAO; c, 腹管；d, 跳躍器後面；e, 腹部第 4, 5 節背面；f, 腹部第 4, 5+6 節側面（Christiansen and Bellinger, 1980）．

イソツチトビムシ属
Archisotoma Linnaniemi, 1912

海岸の波打ち際に生息．口器が特徴的である．上唇の毛は 2 / 5, 5, 4 で，末端の 2 列が先端近くに移動している．小顎の先は細長く，2-3 本に分かれ，ひだがある．後肢の腿節末端外側に先の尖ったトゲがある．跳躍器柄節前面に毛がなく，茎節は両面に多数の毛がある．端節は 3 歯．腹部第 5，6 節は融合し，2 対の感覚毛がある．日本からの記録は 1 種だが，少なくとももう一種が確認されている．

27. ウチノミイソツチトビムシ
Archisotoma utinomii Yosii, 1971

体長 1.0-1.5 mm．体色は褐色または深緑色で，アルコール中では灰色から茶色．触角第 4 節に低い先端感球があり，曲がった感覚毛が数本ある．PAO は楕円形で小眼の 1.5-2 倍．小眼は 8+8 で，2 個は小さい．主爪に内歯はなく，副爪は葉状．腹管側方弁の毛は 6+6 本．保体は 4 歯で基部に毛はない．跳躍器 3 節の比率は 50：40：7．柄節後面に約 20 本の毛がある．茎節前面に多くの毛があり，後面の毛は少ない．端節は 3 歯で，先端の歯は細長く，わずかに曲がっており，基部の 2 歯は大きい．表皮を高倍率でみると，細かい粒がある．トキオカウミトビムシ *A. tokiokai* Yosii, 1971 は本種のシノニム (Potapov, 2001)．　分布：北海道，近畿，中国，九州．　a, 全体図；b, 上唇；c, 下唇；d, 小顎；e, PAO と眼；f, 腹部第 5 節の感覚毛 (a, 田中原図；b-f, Yosii, 1971c)．

ミズギワトビムシ属
Ballistura Börner, 1906

跳躍器柄節前面に毛がなく，茎節は筒型で後面は顆粒状または半球状のこぶがある．表皮は細かい顆粒状．PAO は卵形から楕円形で，小眼は 8+8．腹部第 5, 6 節は分かれる．短くて先が尖り，単純な毛が密にある．好水性種が多い．Potapov (2001) は本属の一部を *Pachyotoma* としている．日本から 5 種記録されている．

28. カマガタミズギワトビムシ
Ballistura stricta (Yosii, 1939)

体色は暗紫色から赤紫色で，濃青色の色素が散在する．触角第 3 節感器は 1 対の棍棒状で，その外側に 2+3 本の感覚毛がある．PAO は近接する小眼の 2 倍弱．小眼は 8+8 で，うち 2 個は小さい．脛付節末端に 2-3 の亜節がある．腹部第 5, 6 節の境は背面に溝があるが，側面と腹面は融合している．保体は 3 歯で基部の毛は 1 本．跳躍器は腹部第 3 節の中央に届く．跳躍器柄節と茎節の比率は 6：5．柄節と茎節後面にまばらに毛があり，茎節末端部の表皮は顆粒状．端節は先端に向かって細くなる．Potapov (2001) は本種を *Pachyotoma stricta* (Yosii, 1939) としている．　分布：東北，関東，近畿，沖縄；極東ロシア．　a, 触角第 3 節；b, PAO と眼；c, 中肢脛付節と爪；d, 保体；e, 跳躍器茎節と端節（Yosii, 1939b）．

昆虫亜門・トビムシ目 193

25. コドウナガツチトビムシ

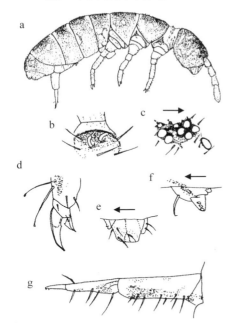

27. ウチノミイソツチトビムシ

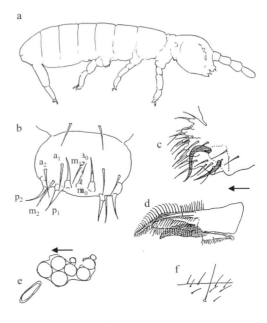

26. メナシドウナガトビムシ

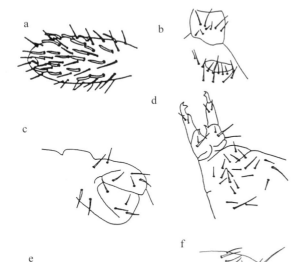

28. カマガタミズギワトビムシ

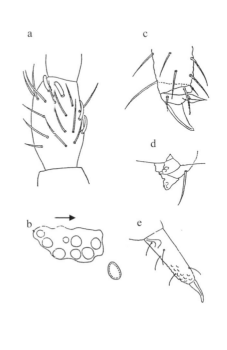

— 1285 —

29. ヤマトチビツチトビムシ
Ballistura japonica (Yosii, 1965)

体長 0.7 mm. 触角と体の背面は暗い赤紫色で黒の色素斑がある. 触角第 4 節には不明瞭な先端感球がある. 触角第 3 節感器は 2-3 本の感覚桿で, 互いに離れている. PAO は小眼の 1.6 倍. 前, 中, 後肢に 1, 2, 2 本の先が丸い粘毛がある. 腹管側方に 4+5 本の小さい毛がある. 保体は 4 歯で基部の毛は 1 本. 跳躍器は腹管に届かず, 後面は顆粒状. 柄節は幅広で, 後面に多くの毛がある. 茎節前面の毛は端節寄りに 1 本, 後面にはとげ状の毛が 4-5 本ある. 端節の先端はとがっている. 腹部第 6 節ははっきりと区別され, 後方で丸まる. 本種は *Coloburella japonica* として記載された (Yosii, 1965). しかし *Coloburella* は跳躍器の茎節と端節の境がないか, はっきりしないのが特徴である (Stach, 1947). Potapov (2001) は本種をカマガタミズギワトビムシのシノニム？ としているが, 脛付節に先の丸い粘毛があること, および触角第 3 節感器の形態が異なるなどの相違があるので, 別種とした. 分布：北海道, 本州, 沖縄. a, 全体図；b, 触角の先端；c, 触角第 3 節；d, PAO と眼；e, 前肢脛付節と爪；f, 保体；g, 跳躍器茎節と端節 (Yosii, 1965).

30. ヨシイミズギワトビムシ
Ballistura yosii (Stach, 1947)

PAO は小眼の 1-2 倍. 小眼は 8+8. 脛付節の先端には亜節がある. 保体は 3 歯で基部の毛は 1 本. 跳躍器柄節と茎節の比率は 1：1. 茎節は末端に向かって細くなり, 後面に半球状のこぶと数本の毛がある. 端節は 2 歯. 湖岸の有機物や腐朽した稲わら中に生息. 本種は Yosii (1939b) が *B. schötti* (Dalla Torre, 1895) として図を示し, 形態は Folsom (1937) の記述とよく一致するとしたものである. しかし図をみる限り *B. schötti* と一致しないことから, Stach (1947) が新種に変更した. 種の説明は Yosii (1939b) の図を見て書かれたものである. 体長と体色の記載はない. なお, ミズギワトビムシ属の跳躍器柄節前面に毛はないはずだが, 図には前面に毛が描かれている. 分布：本州, 四国. a, 全体図；b, 触角第 3 節感器；c, PAO と眼；d, 中肢脛付節と爪；e, 保体；f, 跳躍器茎節と端節；g, 跳躍器端節 (Yosii, 1939b).

31. ヤサカミズギワトビムシ
Ballistura yasakaensis Tanaka & Niijima, 2007

体長 2 mm, 体色は濃紫色. 腹部第 6 節は小さく, 背面から見えにくい. 脛付節の先端には亜節があり, 前, 中, 後肢に 2, 3, 3 本の先が丸い粘毛がある. 腹管側方弁に各 5-7 本の毛がある. 保体は 4 歯で, 基部の毛は 1 本. 跳躍器 3 節の比率は 15：16：6. 柄節後面に 22-24 対の毛がある. 茎節前面末端に 4 本, 後面に 8-10 本の毛としわがある. 端節は 2 歯だが, 膜状部に小さなトゲが見えることもある. ダム湖周辺に多数. 分布：広島. a, 触角第 3 節感器；b, PAO と眼；c, 後肢脛付節と爪；d, 腹管；e, 保体；f, 跳躍器柄節側面；g, 跳躍器茎節と端節の前面；h, 茎節と端節の後面；i, 端節 (Tanaka and Niijima, 2007).

32. タケシタクロトビムシ
Ballistura takeshitai (Kinoshita, 1916)

体長 1.5 mm. 体色は濃紫色. PAO は近接する小眼の 1.5-2 倍. 小眼は 8+8 で, うち 2 個は小さいこともある. 脛付節は末端に亜節がある. 主爪に内歯があるものとないものがある. 副爪は主爪の半分の長さ. 腹部第 4 節は第 3 節よりかなり長い. 保体は 4 歯で, 基部の毛は 1 本. 跳躍器は徐々に細くなり, 腹管に届く. 柄節後面に多数の毛がある. 茎節は柄節とほぼ同じ長さで, 後面に多くの丸いしわがある. 端節の先端は上向きにわずかに曲がっており, 基部に 2 枚の膜状の歯があるが, これは融合して頂端とともに幅の広いスプーン状になることもある. ため水の表面に大群で浮かぶことがある. 分布：北海道, 東北, 関東, 近畿. a, 全体図；b, 触角第 3 節感器；c, PAO と眼；d, 後肢脛付節と爪；e, 保体；f, 跳躍器後面；g, 端節 (a-d, g, Yosii, 1939b; e, f, 木下, 1916b).

昆虫亜門・トビムシ目　195

29. ヤマトチビツチトビムシ

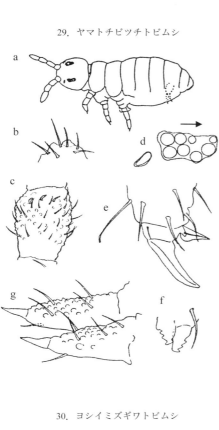

30. ヨシイミズギワトビムシ

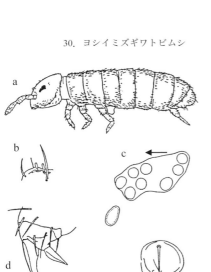

31. ヤサカミズギワトビムシ

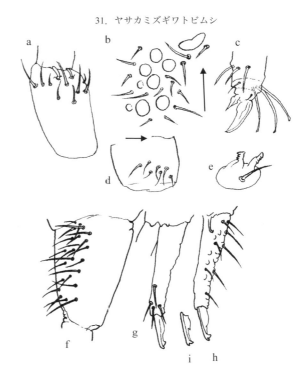

32. タケシタクロトビムシ

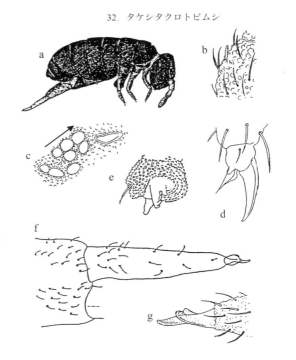

マドツチトビムシ属
Micrisotoma **Bellinger, 1952**

　PAO は卵形で，4つの部分に分かれているのが特徴である．眼はない．腹部第 5，6 節は完全に融合．体毛は短くて単純，わずかに曲がった鋸歯状の毛が全体節にあり，最終体節には数本の長くて先の尖っていない毛がある．跳躍器の柄節前面の毛は 1+1 から 2+2 で，茎節後面にしわがあり，端節は 2 歯．本属では 1 種のみが知られている．

33. マドツチトビムシ
Micrisotoma achromata Bellinger, 1952

　体長 0.6-0.75 mm．体色は白．触角第 4 節先端に円錐状の乳頭状突起があり，背面に 10 本の感覚毛がある．腹管は短く，基部後方に 2 本，側方弁に 3+3 本の毛がある．保体は 4 歯で基部の毛は 1 本．跳躍器柄節前面末端に 1+1 から 2+2 本，後面に多くの毛がある．茎節は柄節の約 2 倍で，先が細くなり，前面に 12-17 本，後面基部に 3 本，末端に 2 本の毛がある．体毛はとげ状．単純な毛は体の後方になるほど長くなる．中胸から腹部第 5 節までの感覚毛は 4, 3 / 2, 2, 2, 3, 5 (s); 1, 0 / 0, 0, 0 (ms) である．　分布：北海道，本州，九州；北米，極東ロシア．　a, 全体図；b, 上唇；c, 触角第 3, 4 節；d, 触角第 1 節；e, PAO；f, 後肢脛付節と爪；g, 腹部第 5+6 節の毛の配列；h, 跳躍器前面；I, 跳躍器端節（Yosii, 1965）．

ツツガタツチトビムシ属
Dagamaea **Yosii, 1965**

　体形は筒型．跳躍器は短く，柄節より茎節のほうが短い．端節は 2 歯．眼はないが，色素粒はある．触角第 4 節には数本の曲がった感覚毛がある．腹部第 5, 6 節は融合し，肛門は後方に開く．日本から 3 種記録されている．

34. ヤサツツガタツチトビムシ
Dagamaea fragilis Yoshii, 1995

　体長は最大で 1.0 mm．白色．触角第 4 節に小さな先端感球と数本の曲がった感覚毛がある．PAO は細長い楕円形で中央がわずかにくびれている．腹管後方に 4 本，側方弁に 3+3 本の毛がある．保体は 4 歯で基部の毛は 1 本．跳躍器は短く，3 節の比率は 10：3：2．柄節前面に 2+2，後面に 6+6 本の細い毛がある．茎節基部内側に突起があり，前面，後面ともに 2 本の毛がある．各腹節の後縁は毛がない．洞窟に生息．　分布：福岡．　a, 全体図；b, PAO；c, 跳躍器；d, 腹部第 4, 5+6 節；e, 直立毛の配列（Yoshii, 1995b）．

35. ヤマトツツガタツチトビムシ
Dagamaea japonica Yosii, 1965

　体長 0.8-0.9 mm．体色は背面に黒い色素粒があり，前方が白く，後方にいくほど黒くなる．触角第 4 節に約 12 本の曲がった感覚毛がある．PAO は触角第 1 節の幅より長く，中央がくびれている．腹管後方に 4 本，側方弁に 3+3 本の毛がある．保体は 4 歯で基部の毛は 1 本．跳躍器 3 節の比率は 25：18：10．柄節前面の毛は 2-6 本で，左右対称とは限らない．後面には 4+4 本の細い毛がある．茎節前面の毛は通常 4 本だが，最大 7 本．後面にわずかにしわがあり，基部よりに 1 本の太い毛，末端部に 3-5 本の細い毛がある．腹部第 1-4 節の感覚毛は 1+1 で，長さは通常毛に近いが，腹部第 5+6 節の感覚毛は短い．ツツガタツチトビムシ *D. tenuis* (Folsom, 1937) は本種のシノニムとされているが（Christiansen and Bellinger, 1980），前者は PAO のくびれがなく，腹部第 5+6 節の毛の配列も異なるので，別種とした．　分布：北海道，本州，九州．　a, 全体図；b, 上唇；c, 触角第 3, 4 節；d, 触角第 1 節と PAO；e, 後肢脛付節と爪；f, 腹管；g, 保体；h, 腹部第 3 節；i, 腹部第 3 節の毛；j, 腹部第 5+6 節；k, 跳躍器前面；l, 跳躍器側面（Yosii, 1965）．

36. モレツツガタツチトビムシ
Dagamaea morei Tamura, 2002

　体長 0.7-0.9 mm．体色は白く，背面と側面に黒い色素粒がある．触角第 4 節背面に 11 本の太い毛がある．PAO は触角第 1 節の幅より長い．腹管後方に 4 本，側方弁に 3+3 本の毛がある．保体は 4 歯で基部の毛は 1 本．跳躍器 3 節の比率は 4：2：1．柄節前面に 2+2 本，後面に 7+7 本の毛がある．茎節前面の毛は 4 本，後面にも 4 本の毛があり，後面基部の毛は長い．腹部第 5, 6 節には側方に 4 本の感覚毛が横一列に並んでいる．　分布：東北．　a, 全体図；b, 触角第 3, 4 節；c, PAO；d, 後肢脛付節と爪；e, 保体；f, 跳躍器前面；g, 跳躍器後面；h, 腹部第 4, 5+6 節（Tamura, 2002）．

昆虫亜門・トビムシ目　197

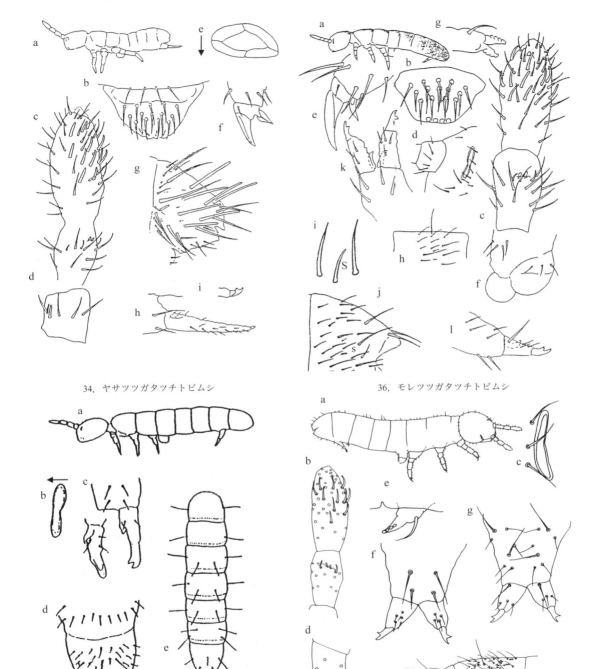

33. マドツチトビムシ
34. ヤサツツガタツチトビムシ
35. ヤマトツツガタツチトビムシ
36. モレツツガタツチトビムシ

フクロツチトビムシ属
Appendisotoma Stach, 1947

跳躍器茎節末端に袋状の器官があるのが特徴．腹部第 5, 6 節は融合する．日本から 1 種記録されている．

37. フクロツチトビムシ
Appendisotoma mitra Uchida & Tamura, 1968

体長 0.9-1.3 mm．体色は黒紫色．PAO は卵形で小さい．小眼は 8+8．主爪に内歯と側歯がある．副爪は主爪の 3/5 の長さ．腹管は短く，側方弁に 3+3 本の毛がある．保体は 3 歯で基部の毛は 2 本．跳躍器 3 節の比率は 21：16：3．柄節前面末端に 3 対, 後面に 5 対の細い毛がある．茎節先端外側に袋状の器官があり, 前面に 9 本, 後面基部に 3 本, 中央に 1-2 本の毛がある．端節はわずかに曲がり, 3 歯． 分布：北海道． a, 全体図；b, 触角；c, PAO と眼；d, 後肢脛付節と爪；e, 保体；f, 跳躍器前面；g, 跳躍器後面（Uchida and Tamura, 1968b）．

シリキレツチトビムシ属
Cryptopygus Willem, 1901

後述のヒメツチトビムシ属に近いが, 腹部第 5, 6 節が融合している点が異なる．腹管の前面に毛がない．跳躍器柄節前面の毛は 1 対．全北区の種の跳躍器端節は 2 歯．日本から 1 種記録されている．

38. シリキレツチトビムシ
Cryptopygus thermophilus Axelson, 1900

体長 0.8-1.0 mm. 体色は灰色がかった白．PAO は小眼の直径の約 4 倍で, 中央に不完全な仕切りがある卵形．小眼は 8+8 で, 共通の眼斑上にある．後肢の爪に小さい内歯がある．保体は 4 歯で基部の毛は 1 本．跳躍器は腹部第 2 節の中央に届き, 3 節の比率は 8：13：1．柄節前面に 1+1 本の太い毛, 後面に多くの短い毛がある．茎節は末端に向けて細くなり, 前面の毛は約 20 本, 末端の毛がとくに長い．後面基部には 1 本の長い毛, その下部と中央部に各 1 対の細い毛がある．中胸から腹部第 5 節までの感覚毛は 3, 3 / 2, 2, 2, 3, 2（s）；1, 0 / 0, 0, 0（ms）である． 分布：コスモポリタン． a, 全体図；b, PAO と眼；c, 後肢脛付節と爪；d, 跳躍器柄節後面；e, 柄節と茎節の側面 f, 跳躍器茎節先端と端節（Uchida and Tamura, 1967a）．

ヒメツチトビムシ属
Proisotoma Börner, 1901

腹部第 5, 6 節は分離している．体毛は短く, 特に長い毛はない．全ての毛は先が尖り, 単純．表皮は滑らかか, 顆粒状．爪に内歯はない．跳躍器柄節前面の毛は 9 本以下．端節は 2-3 歯．森林土壌中には少ない．日本から 5 種記録されている．

39. シロヒメツチトビムシ
Proisotoma alba Yosii, 1939

体長 1.3 mm. 体色は白いが, 全面に黒い色素粒がある．PAO は近接する小眼の 2.3-2.5 倍, 卵形で, 中央に不完全な隔壁がある．小眼は 8+8 で, 大きさは不均一．前方の 5 個は後方の 3 個とやや離れる．腹部第 4 節は第 3 節とほぼ同じ長さ．保体は 4-6 歯で基部の毛は 1-2 本．跳躍器は腹部第 2 節の前縁まで届く．柄節と茎節の比率は 4：5．柄節前面に 3-4 対の毛, 後面に多数の短い毛がある．茎節は細長く, 先端に向かって細くなり, 前面には多くの毛があり, 後面にはしわがある．端節は 2 歯．分解中の稲わらの中に生息．本種は *P. tenella* Reuter, 1895 のシノニムとする意見もあるが（Potapov, 2001), 後者は PAO に隔壁がなく, 脛付節に先が広い毛がある点が本種と異なるので, 別種とした． 分布：四国． a, 全体図；b, 触角第 3 節感器；c, PAO と眼；d, 後肢脛付節と爪；e, 腹部第 2 節背面の毛；f, 跳躍器茎節先端と端節（Yosii, 1939b）．

40. コツチトビムシ
Proisotoma minima (Absolon, 1901)

体長 0.8 mm．体色は白く, 頭部, 眼斑, 側面に青い色素粒がある．PAO は楕円形で切れ込みはなく, 小眼の 2.5 倍．小眼は 5+5 で, 前方の 2 個は近接し, 後方の 3 個は三角形に配置する．腹部第 4 節は第 3 節より長い．腹管には数本の毛がある．保体は 3 歯で基部の毛は 1 本．跳躍器は腹部第 3 節まで届く．柄節と茎節の比率は 3：2．柄節前面に 1 対の毛があり, 後面に数本の毛がある．茎節は先端に向かって細くなり, 前面に 6 本, 後面に 3 本の毛がある．端節は 3 歯．洞窟, 竹林, 表土を剥ぎ取った湿原などに生息． 分布：北海道, 関東, 九州；全北区． a, 全体図；b, 触角第 4 節先端；c, 触角第 3 節感器；d, PAO と眼；e, 後肢脛付節と爪；f, 跳躍器前面；g, 跳躍器側面；h, 端節 (Stach, 1947)．

昆虫亜門・トビムシ目　199

37. フクロツチトビムシ

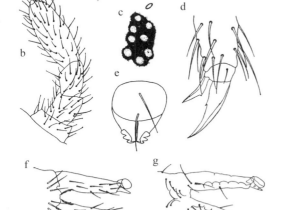

38. シリキレツチトビムシ

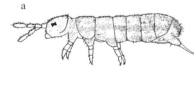
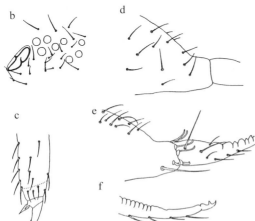

39. シロヒメツチトビムシ

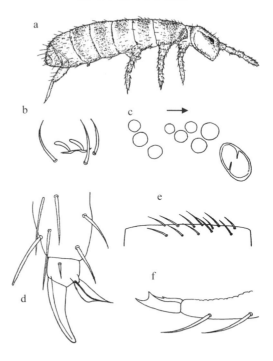

40. コツチトビムシ

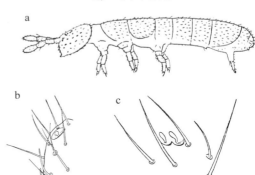

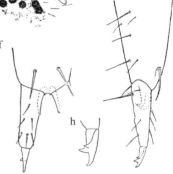

— 1291 —

41. ナカジマヒメツチトビムシ
Proisotoma nakajimai (Yosii, 1959)

　体長 1.1 mm．体色は灰色．PAO は小眼の約 4 倍．小眼は 6+6 以上．副爪は主爪の 1/3 の長さ．保体は 4 歯で基部の毛は 1 本．腹部第 4-6 節の境は不明瞭だが，境は認識できる．跳躍器 3 節の比率は 5：4：1．柄節前面に 1+1 本の毛が末端付近にある．茎節前面に 6 本の毛があり，後面には 4-5 本の毛と中央部に 3 本のしわがある．端節は 3 歯．体毛は細くて短く，後部の体節でも長くならない．*Folsomia* から属名を変更された（Potapov, 2001）ので，和名をナカジマフォルソムトビムシから改称した．　分布：東北，関東，九州，沖縄；トンガ島． a, 触角第 1 節；PAO と眼；b, 前肢脛付節と爪；c, 腹部第 3 節の毛；d, 跳躍器前面；e, 跳躍器後面（Yosii, 1959c）．

42. ヒメツチトビムシ
Proisotoma minuta (Tullberg, 1871)

　体長 1.1 mm．体色は白か灰色で，眼は黒い．PAO は卵形でくびれはなく，小眼の 3-4 倍．小眼は 8+8 で，ほぼ同じ大きさ．上唇の毛は 3／5, 5, 4．腹管には数本の毛がある．保体は 4 歯で基部の毛は 1 本．跳躍器は腹部第 2 節中央まで届く．柄節と茎節の比率は 9：7．柄節前面に 1 対の毛，後面に数本の細い毛がある．茎節は先端に向かって細くなり，前面に 6 本の毛がある．茎節後面に 6 本の毛と数本のしわがある．端節は 3 歯．建物の屋上，海岸の打ち上げ海草，ブナ林内にチップを敷いた所などに生息．　分布：コスモポリタン． a, 全体図；b, 上唇；c, 触角第 3 節感器；d, PAO と眼；e, 後肢脛付節と爪；f, 腹管；g, 保体；h, 跳躍器前面；i, 跳躍器側面（須摩ら，1997）．

43. チビッコツチトビムシ
Proisotoma subminuta Denis, 1931

　体長 0.8-1.0 mm．体色は茶色か黒色．ヒメツチトビムシに酷似するが，本種は PAO と眼が近接し，上唇の毛の配列が 4／5, 5, 4 である点で区別できる．腹管後方には数本の毛，側方弁には 4+4 本の毛がある．保体は 4 歯で基部の毛は 1 本．跳躍器柄節と茎節の比率は 5：6．柄節前面に 1 対，後面に 10 本以上の毛がある．茎節は先端に向かって細くなり，前面に 7-8 本の毛があり，後面に約 10 本のしわがある．端節は 3 歯．海岸の打ち上げ海草，海岸埋立地などから多数採集される．　分布：中部，近畿；朝鮮，シベリア，ヨーロッパ，コスタリカ． a, 上唇；b, 触角第 4 節先端；c, PAO と眼；d, 後肢脛付節と爪；e, 腹管；f, 跳躍器前面；g, 茎節後面；h, 端節（Yoshii, 1992）．

メナシツチトビムシ属
Isotomiella Bagnall, 1939

　PAO，眼，色素ともにない．触角第 4 節に先端感球と 6 本の感覚桿および鎌形の毛が 1 本ある．比較的大きい毛はけば立っている．腹部第 5 節両側に長くて棒状の感覚毛がある．爪に内歯はない．腹部第 5, 6 節は完全に融合．主として跳躍器柄節前面の毛の数と配列で種を識別する．メナシツチトビムシ *Isotomiella minor*（Schäffer 1896）はコスモポリタンで，日本にも生息するとされてきたが，近年複数の種に分けられた．日本から 3 種記録されている．中胸から腹部第 4 節までの毛の配列は 3 種とも同じで，中軸毛は 20, 14／6, 6, 6, 6 であり，直立毛は 1, 1／3, 3, 3, 4．腹部第 5 節の感覚毛は 3, 2／0, 0, 1, 3, 5 である．日本産 3 種の雄はまだ発見されていない．

44. フジメナシツチトビムシ
Isotomiella fujisana Tanaka & Niijima, 2009

　体長 0.7 mm．触角第 1 節に 2 本の感覚毛があり，長さの比率 S：s は 2.4．触角第 4 節には感覚桿のほかに約 9 本の感覚毛がある．腹管前方に 6 本，後方に 4 本，側方弁に 4+4 本の毛がある．保体は 4 歯で基部の毛は 1 本．跳躍器柄節前面の毛は 4+4 本，側面は 3+3 本．茎節前面の毛は 30-36 本，後面は 6 本．端節は 3 歯．　分布：東北，関東の標高 1500 m 以上の山岳地． a, 触角第 4 節；b, 触角第 1 節；c, 後肢脛付節と爪；d, 跳躍器前面；e, 茎節後面の基部；f, 腹部第 4, 5+6 節の毛の配列（Tanaka and Niijima, 2009）．

昆虫亜門・トビムシ目　201

41. ナカジマヒメツチトビムシ

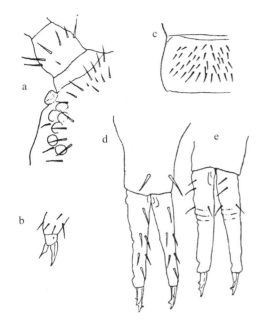

43. チビッコツチトビムシ

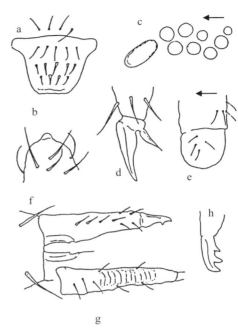

42. ヒメツチトビムシ

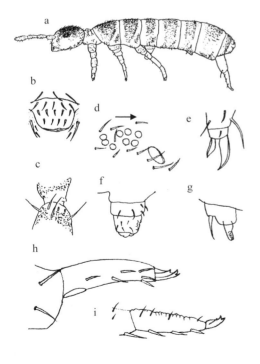

44. フジメナシツチトビムシ

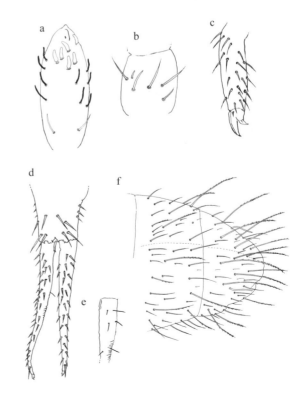

45. ヤマトメナシツチトビムシ
Isotomiella japonica Tanaka & Niijima, 2009

体長 0.8 mm．触角第 1 節の感覚毛 2 本の長さの比率は 1.5-2.0．触角第 4 節の感覚毛は 8-10 本．腹管と保体の毛の数は前種と同じ．跳躍器柄節前面の毛は先端から 2+2, 2+2, 1+1 本，側面は 3+3 本，後面は 15+15 本．茎節前面の毛は 36 本，後面は 6 本．端節は 3 歯．分布：北海道，東北，関東の山岳地． a, 全体図と直立毛の配列；b, 触角第 4 節；c, 触角第 1 節；d, 後肢脛付節と爪；e, 跳躍器前面；f, 茎節後面の基部；g, 端節 (Tanaka and Niijima, 2009)．

46. タムラメナシツチトビムシ
Isotomiella tamurai Tanaka & Niijima, 2009

体長 1.0 mm．触角第 1 節の感覚毛 2 本の長さの比率は 2.0．触角第 4 節の感覚毛は 15-18 本．腹管と保体の毛の数は他のメナシツチトビムシと同じ．跳躍器柄節前面の毛は先端から 2+2, 2+2, 1+1，中央に 3 本，側面は 4+4 本．茎節前面の毛は 50 本，後面は 6 本．端節は 3 歯． 分布：栃木県以南の本州，四国，九州，沖縄． a, 全体図；b, 後肢脛付節と爪；c, 腹管；d, 跳躍器柄節前面；e, 茎節前面と端節；f, 茎節後面の基部 (Tanaka and Niijima, 2009)．

ツチトビムシ亜科
Isotominae Schäffer, 1896

ヒグマツチトビムシ属
***Metisotoma* Maynard, 1951**

PAO は眼から遠く，触角基部に近接した溝の中にあり，しばしば見えない．また，大顎は特殊な形状で，左右非対称．大顎の臼歯域は退化したように見え，小顎には 2 個の丸いふくらみがある．小眼は 8+8．端節は短く，4 歯．日本に 1 種のみ．

47. ヒグマツチトビムシ
Metisotoma ursi (Yosii, 1972)

体長 2.6 mm．体色は青みがかった黒，強くまだら状．全体に細長く，頭部はほぼ四角形で，発達した口器がある．大顎は退化した臼歯盤と軸の背側に広い突出部がある．小顎には，頂端下部に 2 つのバルブ状の突出部があり，突出部の表面はその外側部分に細かな繊毛がある．軸の先端には 2 本の歯と 1 本の小さなトゲ状の隆起がある．さらに軸の背側に透明の薄膜が付着している．触角は短く，頭長と同じかそれより短い．PAO はやや楕円形で，小眼の直径の約 2 倍．跳躍器は長く茎節は柄節の 1.2-1.9 倍．体毛は平たく，腹部の後端で大きく，けば立ちはない．種名はキャンプ中，命名者を脅かしたヒグマにちなむ． 分布：北海道． a, 触角第 1 節と PAO および眼；b, 大顎；c, 小顎；d, 跳躍器柄節と茎節後面 (Yosii, 1972)．

ケントビムシ属
***Agrenia* Börner, 1906**

跳躍器茎節末端部に端節をはるかに越えるほどの長い針状のトゲがある．主爪には外被がある．跳躍器は長く，柄節前面に多数の毛があり，茎節後面に多数のイボ状突起がある．PAO は小さく卵形で眼に近い．小眼は基本的に 8+8 だが，6+6 のこともある．日本に 2 種．

48. キタケントビムシ（改称）
Agrenia pilosa Fjellberg, 1986

体長 2.5 mm．体色の地色は灰色がかったオリーブグリーンか青．触角は頭部の 2-3 倍．口器は上顎が強くつきでる．上唇の基部には口ひげのようなかたい毛がある．副爪は主爪の 3/5．腹管には多数（30 + 30 以上）の毛がある．跳躍器茎節末端のトゲは端節の約 2 倍．端節に短毛がある．体毛に長短があり，触角，胸，腹部前方で顕著．残雪上，渓流の岩などにも見られる．本書の旧版（伊藤ら，1999）および長谷川・新島（2012）では，本種の和名をケントビムシとしたが，これは既に内田・木下（1950）が *A. bidenticulata* に対して使用していたので，北海道の標本に基づいて記載された本種の和名をキタケントビムシと改称した． 分布：北海道． a, 全体図；b, PAO と眼；c, 後肢脛付節と爪；d, 跳躍器茎節末端のトゲ（須摩，1984）．

昆虫亜門・トビムシ目　203

45. ヤマトメナシツチトビムシ

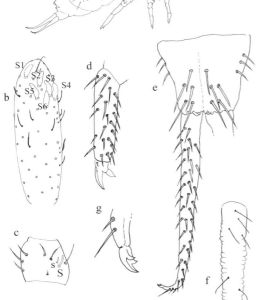

47. ヒグマツチトビムシ

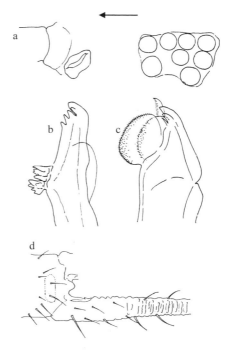

46. タムラメナシツチトビムシ

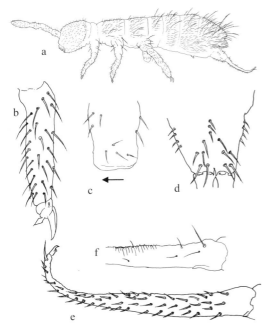

48. キタケントビムシ

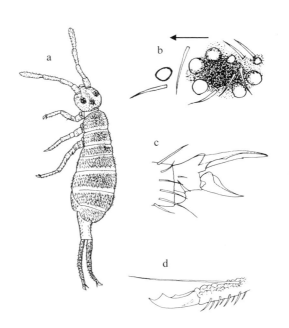

49. ツメナガケントビムシ（新称）
Agrenia cf. *agilis* Fjellberg, 1986

体長は 2-3 mm．体色は汚黄緑色で，背に褐色の縦帯がある．雪上の個体は紫黒色．小眼は 8+8 だが，うち 2 個が小さかったり，6+6 のこともある．触角は頭部の 2-2.5 倍．触角第 4 節に小さな先端感球がある．主爪は細長く，副爪は主爪の 2/5．跳躍器茎節末端のトゲは端節の 3-4 倍．端節は 3 歯で，先端歯と亜端歯はほぼ同じ大きさ．3 番目の歯は小さく，ないこともある．腹部第 5, 6 節は融合．毛は単一で，短く細いが，各肢の腿節の内側に長毛が 1 本突出する．水辺の多湿地に生息し，春には残雪上にみられる．以上の形質は Yosii（1938）が本州の標本をもとに *A. bidenticulata* として記載したものである．北海道産の *A. pilosa* と同種とされていたが（長谷川・新島, 2012），本州産の *Agrenia* は，カナダ産の *A. agilis* に近い．但し，跳躍器端節歯の大きさなどに違いがあるので，別種（新種）の可能性がある．分布：本州．a, 全体図; b, 眼と PAO; c, 中肢脛付節と爪; d, 保体; e, 跳躍器末端のトゲと端節（Yosii, 1938）．

カバイロユキノミ属
Granisotoma Stach, 1947

跳躍器の茎節後面にイボ状突起があるのは前属に似るが，茎節末端の針状のトゲはない．端節の側面に 1 本の毛がある．PAO は眼に近く，卵形．小眼は 8+8．本属は雪上で採集されることが多い．夏の繁殖期には雌雄ともに腹部第 5 節に直立毛が，雌の肛門節にトゲ状毛が現れる種がいる．日本に 2 種．

50. カバイロユキノミ
Granisotoma rainieri (Folsom, 1937)

体長 1.6 mm．体色は一様に栗色か暗褐色で，頭部は色が薄い．跳躍器は白，眼斑は黒．触角第 3, 4 節には曲がった毛が数本ある．主爪には 1 対の側歯があり，まれに小さな内歯がある．腹管の毛は前面に 1+1，後面に 4，側方弁に 4+4 本．保体は 4 歯で基部の毛は 5-6 本．跳躍器柄節後面に多数の細い毛があり，前面には基部に 4-6 本の毛が 1 列に並び，先端には 3+3 （まれに 2）本の毛がある．茎節後面には大きな顆粒があり，内側と外側に各 8 本の毛がある．茎節前面の毛は多数．端節は 4 歯で，毛があり，亜端歯は先端歯より大きい．以上の形態は新潟産の標本について，*G. kisoana*（Yosii, 1939）として再記載されたものである（Yosii, 1961b）．その後，学名が変更された（Fjellberg, 1988）．なお，*G. kisoana* の原記載は長野産の標本を基に，*Isotoma kisoana* として公表されたもので，跳躍器茎節と端節の形態が異なることから（Yosii, 1939b），別種の可能性がある．分布：本州；北アメリカ．a, 触角第 3 節; b, 後肢の爪; c, 腹管前面; d, 腹管後面; e, 跳躍器柄節前面; f, 端節; g, 茎節後面（Yosii, 1961b）．

51. サドカバイロユキノミ
Granisotoma sadoana Yosii, 1965

体長 1.7 mm．体色は栗色に近い茶色．触角の色は濃く，頭部は薄い．主爪は非常に長く細い．背側に隆起がある．また，1 対の細かな側歯と 1 本の小さな内歯がある．跳躍器は長い．柄節前面の毛は多い．顆粒構造は茎節の中心付近で短く中断される．端節は細長く，4 歯．先端と先端から 2 番目の歯はほぼ等大．3 番目はほぼ後面を向いて直立し，端節の中心にある．4 番目は外側にある．カバイロユキノミに似るが，主爪と端節の歯のサイズ，形状によって区別される．分布：本州, 佐渡島．a, 全体図; b, PAO と近接の小眼; c, 後肢脛付節と爪; d, 跳躍器柄節前面; e, 端節; f, 茎節後面（a, 須摩, 1984; b-f, Yosii, 1965）．

サヤツメトビムシ属
Pteronychella Börner, 1909

主爪の背面に羽のような偽外被があるのが特徴．小眼は 8+8．PAO は楕円形で普通 1 小眼よりもやや大きい．跳躍器は長く，端節は 3-4 歯．日本に 4 種．

52. ババユキノミ
Pteronychella babai Yosii, 1939

体長 4.0 mm．体色は赤みを帯びた灰黒色．主爪は太く，その内縁には 1 本の明瞭な歯が中ほどにある．1 本の小さい内歯がその縁の先端近くにみられることもある．偽外被は対称形でよく発達するが，かなり透明で，その側方の縁に細かいギザギザがある．副爪のほぼ中央に 1 本の顕著な内歯がある．先の広がった粘毛はない．保体は 4 歯で基部には多くの毛がある．跳躍器端節は 4 歯で，先端の歯は小さく 2 番目が大きくてほぼ直立している．3 番目の歯は 2 番目とほぼ同じくらいの大きさかやや小さい．4 番目の歯は端節の外側側面にあり，他の歯より小さくてその先端はとがらない．1 本の短い毛が端節にあり，後ろ向きにのびてわずかに端節を越える．胴体の直立毛は片面だけけば立つ．分布：本州．a, 中肢脛付節と爪; b, 跳躍器端節; c, 腹部第 3 節上の直立毛（Yosii, 1939b）．

昆虫亜門・トビムシ目　205

49. ツメナガケントビムシ

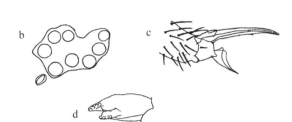

51. サドカバイロユキノミ
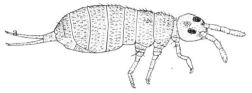
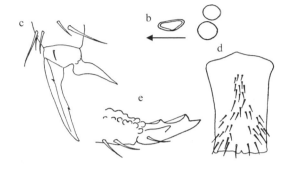

50. カバイロユキノミ
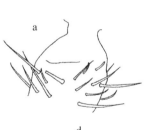

52. ババユキノミ
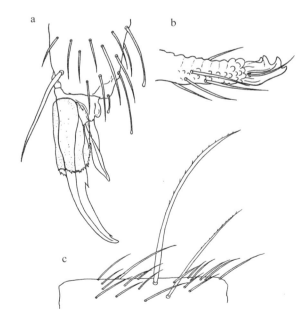

53. サヤツメトビムシ
Pteronychella perpulchra Börner, 1909

　体長 3.0 mm. 体色は赤みを帯びた灰色で赤色に近い黒の色素がある. 主爪はまっすぐで, 1本の内歯があり, 先端の小さな歯はしばしば失われる. 1対の偽外被が発達しており顕著に拡張し, その縁には微妙なけば立ちがある. 副爪には1本の大きな内歯がある. 背側には1対の小さな歯があるが失われる場合もある. 先の広がった粘毛は主爪より長く, 脛付節にそれぞれ1本づつある. 先は三角形に広がる. 保体は4歯で, 基部には多くの毛がある. 胴体の直立毛はほぼ直立していて長くけば立ちはない. 跳躍器端節は4歯で先端の歯はフック状で, 2番目は直立していてほぼ同じくらいの大きさである. 3番目と4番目の歯は2番目の両脇にあってやや小さく, 後方に傾くかほぼ直立している.　　分布：本州, 四国.　　a, 全体図；b, 中肢脛付節と爪の内面；c, 同側面；d, 保体；e, 跳躍器端節；f, 直立毛（Yosii, 1939b）.

54. エゾサヤツメトビムシ
Pteronychella ezoensis Yosii, 1965

　体長 2.5 mm 以下. 体色は茶色がかった黒. 主爪は太く, 1対の側歯が偽外被に変形し, 縁はけば立っている. 主爪, 副爪ともに1内歯がある. 脛付節の毛は短く, 先の広がった粘毛はない. 腹管は前方に約20本, 後方に約17本の毛があり, 末端の毛は他より大きい. 側方弁の毛は 14+14 本. 保体は4歯で基部には20本以上の長さの異なる毛がある. 跳躍器茎節後面の毛は20本以上. 端節は非常に短く, 4歯で, 先端の歯が2番目とほぼ同じ, 外側の歯は内側より大きい. 2番目の歯から端節基部まで隆起部がある. サヤツメトビムシに似るが先の広がった粘毛がないことで区別できる.　　分布：北海道, 佐渡島.　　a, 腹管；b, 中肢脛付節と爪；c, 後肢爪；d, 跳躍器端節（Yosii, 1965）.

55. コサヤツメトビムシ
Pteronychella spatiosa Uchida & Tamura, 1968

　体長 2.3 mm. 体色は暗いすみれ色. 主爪には一対の単純な偽外被との中央に1内歯があり, 基部にはキチン化して着色され, 先端が小さなギザギザになった部分がある. 副爪は主爪の約 3/5 で内歯がある. 脛付節に先の広がった粘毛はない. 腹管側方弁の毛は 10+10 本. 保体は4歯で基部の毛は5本. 跳躍器茎節後面の毛は20本以下. 端節は短く, 4本の歯のうち先端のものは2番目のものより小さく, 外側の歯は内側の歯より大きい. 端節の毛はない. エゾサヤツメトビムシに似るが, 保体の基部, 茎節後面, 腹管末端の毛の数が異なる. 偽外被のギザギザが小さく目立たないことから, Potapov（2001）では, トゲナシツチトビムシ属にしている.　　分布：北海道, 本州.　　a, 全体図；b, 腹管；c, 後肢脛付節と爪；d, 保体；e, 跳躍器柄節（後面）；f, 茎節（後面）；g, 端節（Uchida and Tamura, 1968a）.

カザリゲツチトビムシ属
Isotomurus Börner, 1903

　腹部に細長くてけば立つ飾り毛があるのが特徴. 飾り毛は腹部第 2-4 節にあり, その数は各節 0-3, 1-3, 1 本である. PAO は卵形から楕円形で, 小眼は 8+8. 跳躍器は長く, 端節は4歯. 大型の種が多い. 日本に5種.

56. クロホシツチトビムシ
Isotomurus punctiferus Yosii, 1963

　体長 2.6 mm まで. 体色は灰色っぽい白, 触角は赤紫. 頭部前縁と額の点は黒. 胸部第2節から腹部第2節にかけて狭い縦筋がある. 腹部第 2, 3, 4 節には 3, 3, 1 対の小さな黒い点がある. 触角第3節感器は, 浅い独立した穴にあり, 1+2 本の不明瞭な感覚毛を伴う. PAO はくびれのある楕円形. 主爪に内歯はなく, 1外歯と1側歯がある. 副爪に小さな内歯がある. 腹管側方弁の毛は多く, 9+9 本以上. 跳躍器柄節末端肥厚部の突起は1本. 端節は4歯で, 3番目の歯には基部に至る薄板があり, 外側に毛がある. 腹部第 2-4 節の飾り毛は 3, 3, 1 本. 腹部第 5, 6 節の長い毛はけば立つ.　　分布：沖縄；パキスタン.　　a, 全体図；b, PAO と近接する小眼；c, 触角第3節感器；d, 前肢脛付節と爪；e, 腹管側方弁（前方斜めからみた図）；f, 保体；g, 跳躍器柄節末端部；h, 端節（Yosii, 1963）.

昆虫亜門・トビムシ目 207

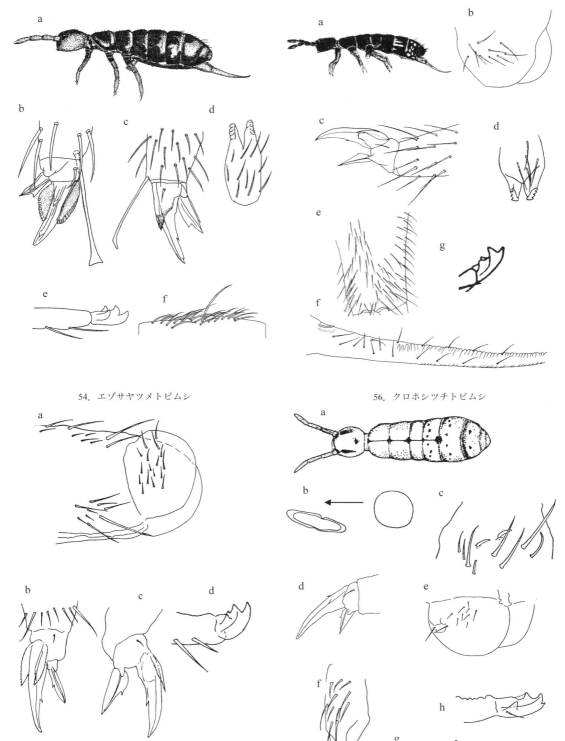

53. サヤツメトビムシ
54. エゾサヤツメトビムシ
55. コサヤツメトビムシ
56. クロホシツチトビムシ

57. カザリゲツチトビムシ
Isotomurus cf. *balteatus* (Reuter, 1876)

体長 1.6 mm 以下．体色は白，広い紫の帯がそれぞれの体節の前縁にある．触角第 4 節頂端下部に細長い円錐形の突起がある．主爪に 1 対の側歯と，背側に外歯が 1 個あり，3 個の歯は背側で結合している．副爪は鋭く，内縁は丸みを帯びて内歯はない．腹管側方弁の毛は 5-6+5-6 本．保体は 4 歯で基部の毛は 6 本．跳躍器柄節は全面毛深く，末端肥厚部の突起は 1 対．茎節は前面が毛深く，後面は基部半分が毛深い．端節は 4 歯で，基部外側の歯は他と同大．端節に毛はない．体毛は茶色で，腹部第 5，6 節の毛はけば立つ．以上の形質は Yosii and Lee（1963）が韓国の標本に基づいて記載したものだが，ヨーロッパの標本では跳躍器端節に毛がある（Potapov, 2001）．Yosii（1939b）は京都および富山の標本について図 57 を描いたが，形態の記述はなく，飾り毛の図はあるが，けば立った直立毛は描かれていない．再検討が必要である．　分布：本州．　a, 全体図；b, 触角第 3 節感器；c, PAO と眼；d, 保体；e, 腹部第 3 節背面の毛；f, 後肢脛付節と爪；g, 跳躍器茎節と端節；h, 飾り毛（Yosii, 1939b）．

58. ハイイロカザリゲツチトビムシ
Isotomurus infuscatus Yosii, 1963

体長 1.5 mm 以下．体色は暗紫色．触角第 3 節感器の 2 本の感覚桿は，別々の浅い溝の中にある．主爪の内歯，外歯は無いが 1 対の側歯がある．腹管側方弁の毛は 3+3 本．保体は 4 歯で，基部の毛は 8 本．跳躍器柄節は，前面，後面ともに多毛で，末端肥厚部の突起は 3-4 対．端節は 4 歯だが，外側末端の歯は目立たない．端節には毛がない．飾り毛と腹部第 5，6 節の直立毛は非常にけば立っている．すべての体毛はわずかに茶色がかっている．本種は，腹管側方弁の毛が 3+3 本，跳躍器柄節の縁に多数の突起があることで同属他種と区別される．また，腹部第 5，6 節のけば立った直立毛により，アオカザリゲツチトビムシとは異なる．分布：種子島，トカラ列島（中ノ島，宝島）．　a, 全体図；b, 触角第 3 節感器；c, 後肢脛付節と爪；d, 腹部第 5，6 節；e, 跳躍器端節；f, 柄節末端部，（Yosii, 1963）．

59. アオカザリゲツチトビムシ
Isotomurus prasinus (Reuter, 1891)

体長約 2.0 mm．体色は緑色から緑灰色．触角第 3 節感器の 2 本の感覚桿は，別々の浅い溝の中にあり，2 本の不明瞭な感覚毛が近くにある．主爪に 1 対の側歯と背側に歯が 1 個あり，3 個の歯はつながっている．副爪の内歯はない．腹管側方弁の毛は 3+3 本．跳躍器柄節前面は三角形の多毛な部分があり，後面は一様に多毛．柄節末端肥厚部の突起は 1 対．端節は 4 歯で細長く，3 番目の歯は基部方向へ薄板があり，基部外側に毛がある．体毛はけば立ちが無く，ほとんど色もない．飾り毛は複数の方向にけば立っている．　分布：本州，四国；全北区．　a, 前肢脛付節と爪；b, 主爪背面；c, 腹管；d, 跳躍器柄節末端部；e, 端節（Yosii, 1963）．

60. タカハシカザリゲツチトビムシ
Isotomurus takahashii (Yosii, 1940)

体長約 2 mm．体色は深く青みがかった黒．各肢の基部と跳躍器は色が薄い．触角第 3 節感器の 2 本の感覚桿は，はっきりした共通の溝の中にあり，その周りには感覚毛はない．主爪は，非常に細長く 1 対の側歯がある．腹管側方弁の毛は 3+3 本．跳躍器柄節の前面には三角形の多毛部があり，後面は均一に多毛である．柄節末端肥厚部は低く，突起が内側にある．茎節前面は多毛で，側面の毛は長い．後面は基部より 2/3 の所まで小さな毛があり末端にはしわがある．端節は 4 歯で第 3 歯上に薄板がある．端節の外側の毛はない．体毛は通常けば立たないが，腹部第 5，6 節の直立毛は明瞭にけば立つ．飾り毛はかなり短く糸状ですべての方向にけば立つ．以上の形質は台湾産の標本に基づいて記載されたものである（Yosii, 1940a, 1963）．四国および九州の洞穴で採集され，*Isotomurus alticolus japonicus* Yosii, 1956 として記載された種は，本種のシノニムとされているが（Yosii, 1963），前種の通常毛は一様で，飾り毛は細くて長いことから，別種の可能性がある．　分布：四国，九州；台湾．　a, 触角第 3 節感器；b, 後肢脛付節と爪；c, 跳躍器茎節後面；d, 端節（a-c, Yosii, 1963; d, Yosii, 1940a）．

昆虫亜門・トビムシ目　209

57. カザリゲツチトビムシ

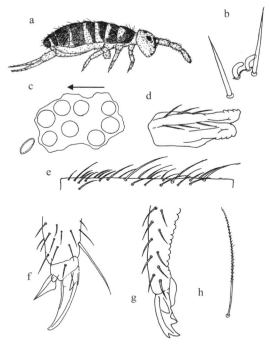

58. ハイイロカザリゲツチトビムシ

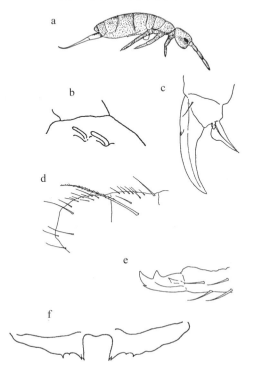

59. アオカザリゲツチトビムシ

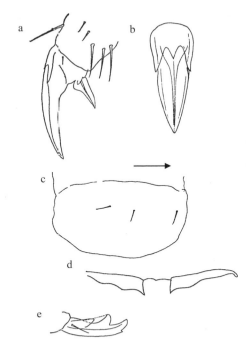

60. タカハシカザリゲツチトビムシ

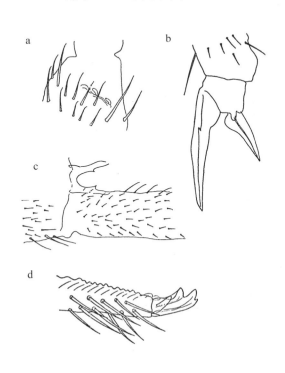

― 1301 ―

エダゲツチトビムシ属
Halisotoma Bagnall, 1949

中肢の脛付節に先が枝分かれした太い毛（総状の毛）があるのが特徴．小眼は8+8ないし6+6からなる．PAOは卵形．日本に1種のみ．

61．ハマエダゲツチトビムシ
Halisotoma maritima (Tullberg, 1871)

体長1.4 mm以下．体色は灰色．小眼は8+8．触角第1, 2節に突起がみられることもある．主爪の内歯はない．1対の背側側方の歯が，主爪の背側から見ると観察される．副爪の歯はない．先の丸い粘毛はないが，後肢には末端に他よりも強固な毛がある．腹管側方弁の毛は2+2本．跳躍器柄節末端肥厚部にはトゲがあり，その外側に丸まった突起がある．跳躍器端節は3歯で先端歯は突き出る．3番目の歯は端節の外側にある．全ての体毛はけばがない．本種は *Isotoma* (*Halisotoma*) *pacifica* として記載され（Yosii, 1971c），後に本種のシノニムとされた（Yosii, 1977）．海浜性．分布：日本；ヨーロッパ． a, PAOと眼；b, 後肢脛付節と爪；c, d, 中肢脛付節と総状の毛；e及びf, 腹管；g, 跳躍器柄節末端部；h, 端節（Yosii, 1971c）．

トゲツチトビムシ属
Semicerura Maynard, 1951

跳躍器はよく発達し，茎節の後面に数本のトゲが2列に並ぶのが特徴．PAOは小さく楕円形，小眼は5+5から8+8．日本には1種のみ．

62．トゲツチトビムシ
Semicerura cf. *multispinata* (James, 1933)

体長1.7 mm．体色は不明．小眼は8+8，うち3眼は小さい．PAOは直近の小眼より小さい．保体は4歯で基部の毛は7本．跳躍器茎節後面先端寄りにトゲが4本づつ2列に並ぶ．端節は3歯．直立毛は普通毛より長く，一方向にけば立つ．以上の形質は *S. goryoshini* Martinova, 1969 として公表された図（須摩，1994）から判定したものである．本種はアメリカ産の *S. multispinata* に近いが，茎節のトゲが基部寄りにあるなどの点が本種と異なる．分布：北海道． a, 全体図；b, PAOと眼；c, 保体；d, 跳躍器茎節後面；e, 茎節と端節（須摩，1994）．

オナガシオトビムシ属
Axelsonia Börner, 1906

前肢の主爪に外棘がある．触角第3節には15-20本の感覚桿がある．PAOはない．小眼は8+8．腹部は6節に明瞭に分かれる．跳躍器は長く，端節は4歯．雄の腹部第6節に先が曲がった太い毛が1対ある種がいる．日本からの記録は今のところ1種だが，別種の生息が確認されている．

63．オナガシオトビムシ
Axelsonia nitida (Folsom, 1899)

体長1.4 mm．体色は青みがかった灰色．主爪には糸状の外棘が1対ある．腹管の毛は前方に3+3，後方に約10，側方弁に3+3本．跳躍器端節の先端歯は小さい．雄の腹部第6節に太い毛はない．本種と *Isotoma pteromucronata* Uchida, 1965 は，シノニムという意見がある（Yosii, 1977）．しかし，後者にはPAOがあり，触角第3節感器には2本の棒状の毛のみであるため，前者とは別種の可能性がある．海浜性．分布：本州，九州，沖縄；インド，ニューカレドニア． a, 全体図；b, 後肢脛付節と爪；c, 跳躍器端節；d, e, 腹管（a-c, Folsom, 1899; d, e, Yosii, 1966a）．

トゲナシツチトビムシ属
Desoria Nicolet, 1841

跳躍器柄節前面末端には太いトゲが無く，細い短毛がある．小眼は0-8+8個まで様々．PAOは比較的単純な楕円形．日本に10種．

64．アオジロツチトビムシ
Desoria notabilis (Schäffer, 1896)

体長1.0 mm以下．体色は青白から灰色．触角第4節は4-5本のあまり分化しない太い毛がある．PAOは，はばひろの楕円．小眼は4+4もしくは3+3である．腹管側方弁の毛は3+3本．跳躍器茎節は柄節の2-2.5倍．端節は3歯で歯は同大．基部の歯は横向きに突き出る．種64の図は小眼が1+1，腹管側方弁の毛が4+4本の *D. notabilis* f. *pallida*（一眼型）で，日本に多く見られる．ただし，この亜種は *Parisotoma ekmani* であるという説もある（Potapov, 2001）．分布：コスモポリタン． a, 全体図；b, PAOと眼；c, 後肢脛付節と爪；d, 腹管；e, 跳躍器端節（須摩，2003）．

昆虫亜門・トビムシ目　211

61. ハマエダゲツチトビムシ

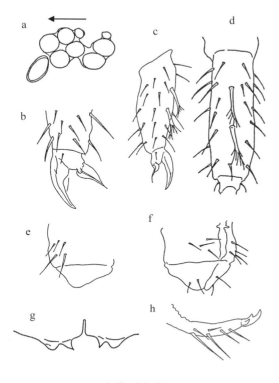

63. オナガシオトビムシ

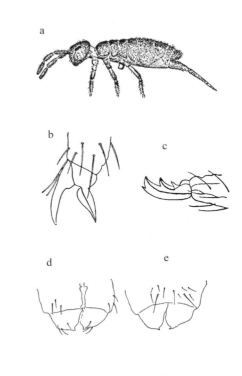

62. トゲツチトビムシ

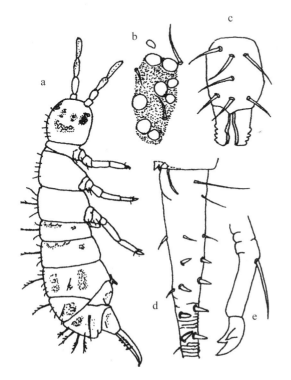

64. アオジロツチトビムシ（一眼型）

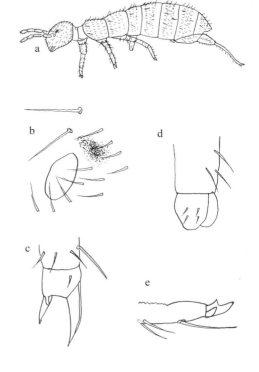

65. ヒョウノセンツチトビムシ
Desoria hyonosenensis (Yosii, 1939)

体長 1.0 mm 以下．体色は青白くまだらを帯びる（原記載では茶色とあるが疑問）．眼の間に黒い斑点がある．小眼は 2+2 で，それぞれ離れた眼斑上にある．PAO はほぼ楕円状で曲がっている．PAO の長さは眼の直径の 2 倍強で幅は眼と同じくらい．主爪にも副爪にも歯がない．先の丸い粘毛はない．腹管側方弁の毛は 3+3 本．保体は 4 歯で，基部の毛は 4-6 本と記載されていたが，Potapov (2001) は，4 本としている．跳躍器端節は 3 歯で先端の歯は細くわずかに上向きに曲がっている．2 番目の歯は先端と同大でほぼ上向きで，端節中央付近にある．全体に毛はスムース．感覚毛もまた単純で腹部第 4 節では通常の毛の 3 倍までは長くない．Potapov (2001) は，*Parisotoma* 属に分類している． 分布：本州，北海道． a, PAO と眼；b, 中肢脛付節と爪；c, 保体；d, 跳躍器端節（Yosii, 1939b）．

66. ハイイロツチトビムシ
Desoria dichaeta (Yosii, 1969)

体長 0.8 mm 以下．体色はうすい灰色．触角第 4 節はわずかに先端がふくらむ．触角第 3 節感器は 2 本の感覚桿で，腹側に 1 本の感覚毛がある．触角第 1 節には多数の毛の列がある．小眼は 4+4．PAO は大きく，楕円形で，幅広．上唇毛は 4/5, 5, 4, で縁に 4 本の縦の隆起がある．主爪は幅広で内歯はない．副爪は先がとがり非常に広い薄膜が外側と内側にある．先の丸い粘毛はない．腹管側方弁の毛は 2+2 本．保体は 4 歯で基部の毛は 1-2 本．跳躍器端節は 3 歯で，3 番目の歯は外側側方にある．腹部第 6 節の直立毛は 1 方向にけば立っている．Potapov (2001) は，本種を *Parisotoma* 属に分類している． 分布：北海道，本州． a, 全体図；b, PAO と眼；c, 腹管；d, 保体；e, 跳躍器端節（須摩・阿部，2000）．

67. マキゲトビムシ
Desoria sensibilis (Tullberg, 1876)

体長 1.0-1.6 mm．体色は青みがかった紫．頭頂に青みがかった黒の斑点がある．PAO は，卵形で大きな眼の直径よりやや大きい．小眼は 8+8．上唇の毛は 4/5, 5, 4 で，その縁は明瞭に切れ込みが入る．主爪は 1 本の内歯と 1 対の側歯，副爪は 1 本の内歯がある．脛付節先端の粘毛は棍棒状で先端が曲がっている．粘毛は前肢に 2 本，中，後肢に 3 本ずつある．保体は 4 歯で基部の毛は 6-10 本．跳躍器端節は 3 歯で，先端の歯は上向きに曲がり 2 番目はほぼ直立，外側基部のものは太く爪状で先端が端節の中央に達する．腹部第 5 節と第 6 節は完全に融合し，境界線はほとんど見えない．体は短い毛で密におおわれ，腹部第 2-6 節の直立毛はけば立っている． 分布：コスモポリタン．a, 全体図；b, PAO と眼；c, 後肢脛付節と爪；d, 腹部第 2 節の直立毛；e, 跳躍器端節（Uchida and Suma, 1973）．

68. ホソゲツチトビムシ
Desoria gracilliseta (Börner, 1909)

体長 2.8 mm 以下．体色は白で青色の帯がある．頭頂部に三角形の黒い斑点がある．小眼は 8+8．PAO は楕円型で近くの小眼とほぼ同じか小さい．主爪に 1 対の大きな側歯と内側に 2 歯がある．副爪は細く，内側に 1 本の歯がある．先の丸い粘毛はない．保体は 4 歯で基部の毛は 7 本以上．跳躍器端節は 3 歯で，全ての歯はほぼ同じくらいの大きさ，先端のものが他よりわずかに大きい．体表には平滑な毛と，1 方向のみにけばのある直立毛がある．これらすべての毛は黄色がかった茶色で後方ほど長く，濃くなる． 分布：日本． a, PAO と眼；b, 後肢脛付節と爪；c, 跳躍器端節；d, 直立毛（Yosii, 1939b）．

昆虫亜門・トビムシ目　213

65. ヒョウノセンツチトビムシ

67. マキゲトビムシ

66. ハイイロツチトビムシ

68. ホソゲツチトビムシ

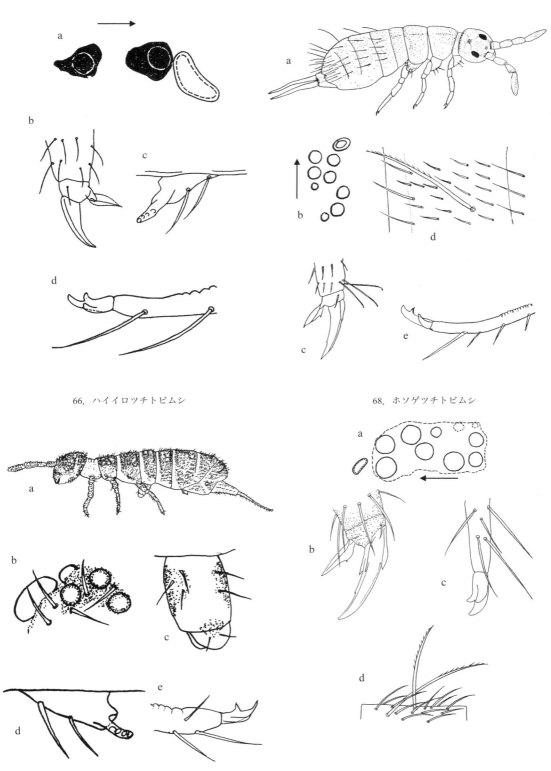

— 1305 —

69. ミツハツチトビムシ
Desoria trispinata (MacGillivray, 1896)

体長 1.5 mm 以下．体色は灰色がかった青．頭部にはVの字型の斑紋がある．触角第4節背側に数本の太い毛がある．PAO は幅広い楕円形である．小眼は 8+8．主爪はしばしば細かな側歯があるが内歯はない．副爪に内歯はない．先の丸い粘毛もない．腹部第 5, 6 節は明らかに分かれる．腹管側方弁の毛は 3+3 本．跳躍器端節は 3 歯で，先端が最大．脛節末端の毛は端節の先端より先まで伸びる．体の後半部の最も長い毛は主爪の内縁の 1.7-2 倍．　分布：日本；全北区．a, 全体図；b, PAO と眼；c, 後肢の爪；d, 跳躍器端節（a, Uchida, 1943; b-d, Yosii, 1955）．

70. クロトゲナシツチトビムシ
Desoria occulta (Börner, 1909)

体長 2.3 mm．体色はオリーブがかった黒もしくは紫がかった黒．小眼は 8+8．PAO は楕円形で，長径は隣接する眼の 2-3.5 倍で，前縁はときどきわずかに切れ込みがある．主爪には 1 対の側歯があり，1 つの内歯があるがそれはしばしば失われる．副爪は 1 本の内歯がある．先の丸い粘毛はない．跳躍器端節は 4 歯．先端の歯は最も小さく鉤状，2 番目の歯は最大で円錐状であり直立してわずかに傾いている．3 番目の歯は基部方向の縁に沿って透明な膜がある．第 4 歯は側方にあり，3 番目とほぼ同じ長さ．体全体は，太く単純な毛で密に覆われ，短い感覚毛は曲がっている．Potapov (2001) は，この種の短い体毛，端節の形状から，カザリゲツチトビムシ属の幼体ではないかと推測している．　分布：日本．　a, PAO と眼；b, 後肢脛付節と爪；c, 跳躍器端節（Yosii, 1939b）．

71. クロユキノミ
Desoria yukinomi (Yosii, 1939)

体長 2.7 mm 以下．体色は黒色で，紫がかった金属光沢がある．小眼は 8+8．PAO は楕円形で，長径は短径の約 1.5 倍．短径は近接する小眼の直径とほぼ同じ．主爪に 1 対の側歯があり，内縁はなめらか，1 本の内歯がある．副爪は主爪の約 3 分の 2 の長さで，内縁は幅広く丸まり，1 本の内歯がある，あるいはない．先の丸い粘毛はない．腹管の側方弁の毛は約 10+10 本．保体は 4 歯で基部の毛は 6 本．腹部第 5, 6 節は分離．跳躍器端節は 4 歯で，先端の歯が最大で鉤状．3 番目の歯は非常に小さく後面にある．4 番目は側方にあり先端のものと同じくらいの大きさ．本種は氷雪上でよく観察され，中部山岳地では融雪の小さな水面に多くみられる．ユキノミは，"雪の蚤"を意味している．　分布：本州．　a, 後肢脛付節と爪；b, 腹管側方弁；c, 跳躍器柄節末端肥厚部；d, 端節（a, d, Yosii, 1939b; b, c, Yosii, 1963）．

72. キノボリツチトビムシ
Desoria arborea (Linnaeus, 1758)

体長 1.65 mm．体色は暗紫色．全身が多数の短い毛で密に覆われている．腹部の後方に，長く片方のみにけばがある直立毛が多い．小眼は 8+8 で眼斑は黒い．PAO は楕円形で，長径は近接する小眼の直径の 1.5 倍の長さがある．脛付節先端の棍棒状の粘毛は，主爪の内側よりも長く，前，中，後肢に各 2, 3, 3 本．主爪に側歯と小さな内歯がある．副爪には内歯がある．跳躍器端節は 4 歯で，先端の歯はかなり小さく，2 番目の歯が最大．外側基部よりの歯はトゲ状．樹皮，木の切り株などから見つかる．　分布：日本；全北区．　a, 全体図；b, PAO と眼；c, 中肢脛付節と爪；d, 後肢脛付節と爪；e, 跳躍器端節（Uchida, 1969）．

昆虫亜門・トビムシ目　215

69. ミツハツチトビムシ

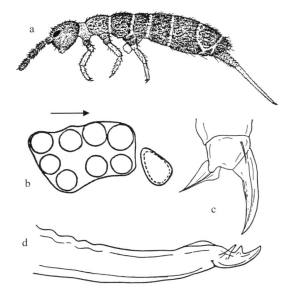

71. クロユキノミ

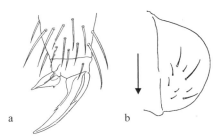

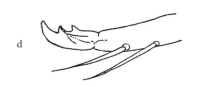

70. クロトゲナシツチトビムシ

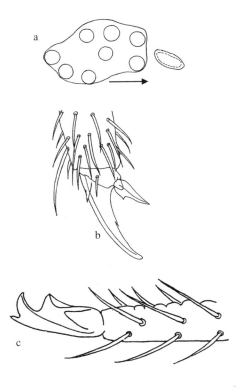

72. キノボリツチトビムシ

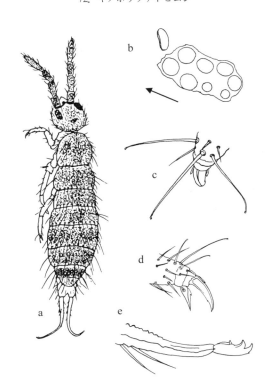

73. シロトゲナシツチトビムシ
Desoria albella (Packard, 1873)

体長 1.7 mm 以下．体色は白から薄い青灰色．小眼は 8+8．PAO は楕円形で，長径は近接する小眼の 2 倍以上．主爪は明瞭な側歯があり，小さな内歯のあるものとないものとがいる．副爪に内歯はない．先の丸い粘毛はない．保体は 4 歯で，基部の毛は約 8 本．腹部第 3 節は第 4 節と同じ長さ．腹管側方弁の毛は 6+6 本．跳躍器端節は 4 歯で，先端の歯が最大．腹部第 5, 6 節に長い毛がある．　分布：日本；全北区．　a, PAO と眼；b, 後肢脛付節と爪；c, 跳躍器端節（Yosii, 1954b）．

ツチトビムシ属
Isotoma **Bourlet, 1839**

跳躍器は長く，柄節の末端に数本の太いトゲがあることで前属と分けられる．体長は比較的大きい．体色は緑色から茶色まで多様である．小眼は 8+8．PAO は小さい種が多い．先の丸い粘毛はない．日本に 6 種．

74. シロツチトビムシ
Isotoma carpenteri (Börner, 1909)

体長 1.4 mm 以下．体色は白，大型の個体は黒い色素がある．触角第 4 節先端に細い円錐状の突起があり，反対側には窪みの中に太い棒状の突起がある．触角第 3 節感器は 1 対の棒状の毛で 1 つの溝の中にある．小眼は 3+3．PAO は細長く，眼の直径の 2.5 倍で，2, 3 の切れ目がある．主爪は 1 対の側歯と 1 本の目立つ内歯がある．副爪は目立つ 1 内歯がある．先の丸い粘毛はない．腹管側方弁の毛は 4+4 本．保体は 4 歯．跳躍器柄節前面末端のトゲは 4+4 本，トゲに縦筋はない．柄節末端の肥厚部はよく発達し，4 本以上の突起がある．端節は 3 歯で，先端の歯はわずかに曲がり，2 番目の歯は直立していて，3 番目は側方基部よりにある．腹部節の直立毛の一部は少し（2-3）けば立っている．　分布：日本；東アジア，北米，ロシア．　a, 全体図；b, 触角第 4 節先端；c, PAO と眼；d, 後肢脛付節と爪；e, 跳躍器柄節前面；f, 柄節末端肥厚部；g, 端節（a, c, d, g, 須摩, 1984; b, e, f, Yosii, 1963）．

75. オオタニツチトビムシ
Isotoma ohtanii Yosii, 1972

体長 1.6 mm．体色はくすんだ茶色で頭部に斑点，触角は青．触角第 4 節は先端に不明瞭なふくらみと円筒状の毛および先端が球状の感覚桿がある．上唇毛は 4/5, 5, 4 で，縁に 4 個の丸い大きなこぶがある．小眼は 6+6．PAO は卵形で近接する眼よりは小さい．主爪に 1 対の顕著な側歯と 1 本の不明瞭な内歯がある．副爪に 1 本の内歯がある．前，中，後肢脛付節先端に先の丸い粘毛が 2, 3, 3 本ある．腹管前方に約 5+5 本，後方に約 8 本，側方弁には 7+7 本の毛がある．保体は 4 歯で基部の毛は 7 本．腹部第 5, 6 節は融合．跳躍器柄節の前面末端のトゲは 7 本程度で縦筋はない．末端肥厚部の突起は 1 対．端節は 4 歯で，先端と 2 番目の歯はほぼ同じでその他は小さい．体毛のうち大型のものは明瞭に片側がけば立つ．　分布：北海道．a, 触角第 4 節先端；b, PAO と眼斑；c, 中肢脛付節と爪；d, 跳躍器柄節前面；e, 端節（Yosii, 1972）．

76. ミドリトビムシ
Isotoma viridis Bourlet, 1839

体長最大で約 4.0 mm．体色は非常に変異があるが，緑色の地の個体が多い．触角第 4 節は明らかに分化した太い毛がある．PAO は卵形．小眼は 8+8．上唇先端には 2 対の乳頭状突起があり，側方の 1 対は中央の 1 対より大きい．また上唇腹側には 3-4 列の繊毛がある．主爪は明瞭な側歯と 2 本の内歯がある．副爪は明らかな内歯がある．腹部第 5, 6 節は分離．腹管側方弁の毛は 9+9 本（若い標本）から 40+40 本．保体の毛は若い個体が 8-9 本，成体は 19 本以上．跳躍器柄節は前面の先端に約 10 本の小さいトゲがあるが，そのトゲに縦筋はない．末端肥厚部の突起は 1 対．端節は 3 歯だが，まれに小さい歯が腹側にみられることがある．長い体毛は非常にけば立ち，後方では主爪の内縁の 3.5-4 倍ある．　分布：日本；全北区．　a, 全体図；b, 前肢脛付節と爪；c, 跳躍器端節（Uchida, 1943）．

昆虫亜門・トビムシ目　217

73. シロトゲナシツチトビムシ

75. オオタニツチトビムシ

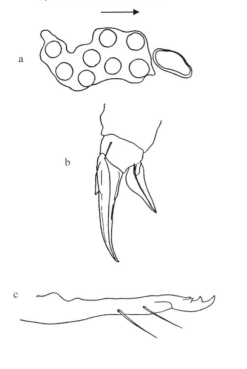

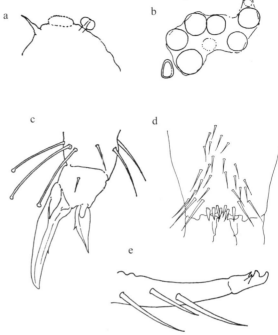

74. シロツチトビムシ

76. ミドリトビムシ

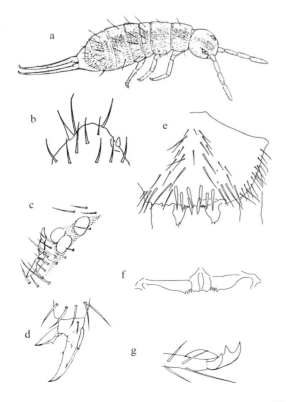

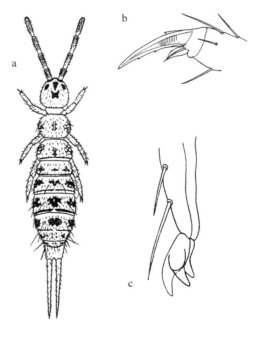

77. ニシヒラツチトビムシ
Isotoma nishihirai Yosii, 1965

体長 2.5 mm．体色は茶色がかった白．胸部第 3 節から腹部第 5 節に紫色の横の帯．触角第 4 節先端下部に円錐状の構造物がある．触角第 3 節の末端部は多くの感覚毛があり，触角第 3 節感器の 1 対の感覚桿は曲がっている．PAO は卵形で小眼とほぼ同じ大きさ．小眼は 8+8．各肢の主爪に 2 個の内歯がある．副爪にも明瞭な 1 内歯がある．腹管側方弁の毛は 20+20 本．保体は 4 歯で基部の毛は 20 本．跳躍器柄節前面末端のトゲに縦筋はない．末端の肥厚部の突起は 2 対で，内側の方が大きい．端節は 4 歯．体毛は茶色がかっていて，腹部後方の直立毛は荒くけば立つ．　分布：沖縄．　a, 全体図；b, 中肢脛付節と爪；c, 跳躍器柄節末端部；d, 柄節末端肥厚部；e, 端節（Yosii, 1965）．

78. ミズフシトビムシ
Isotoma pinnata Börner, 1909

体長 4.0 mm．体の地の色は淡黄色，頭部に紫がかった黒の斑点があり，胸部第 2 節から腹部第 3 節に狭い縦向きの帯がある．小眼は 8+8．PAO は非常に小さくて近接の小眼の半分，縁に複数のくびれのある卵形．主爪は 1 対の側歯と 2 本の内歯があり，基部寄りの歯は大きい．副爪はかなり長く，内歯がある．保体は 4 歯で基部の毛は 45 本以上，末端の毛は保体より長い．跳躍器柄節前面のトゲは 3+3 本で縦に筋がある．末端肥厚部は茶色がかっており，1 対の突起がある．端節は 4 歯で，先端の歯は小さい．体毛は弱く茶色がかっている．比較的大きい毛は全方向にけば立っている．　分布：本州．　a, 全体図；b, PAO と眼；c, 後肢脛付節と爪；d, 跳躍器柄節前面末端；e, 端節（Yosii, 1963）．

79. ヤクシマツチトビムシ
Isotoma virgata Yosii, 1963

体長 4.0 mm 以下．体色の地色は黄色がかった白で，濃い黒の色素に彩られる．頭頂に小さな斑点があり，胸部第 2, 3 節は側方に細い筋がある．胸部第 3 節から腹部第 3 節にはそれぞれ幅広い帯がある．腹部第 4-6 節は色素がない個体が多い．触角第 4 節の末端には 2 叉した円筒状の突起があり，先端の穴には小さなこぶがある．PAO は小眼の直径の約 3 分の 2．小眼は 8+8．主爪は 2 本の内歯がある．副爪は鋭く，目立つトゲ状の内歯がある．腹管前方に多数，後方先端に 1 対の大きい毛がある．保体は 4 歯で基部の毛は約 25 本．跳躍器柄節前面のトゲは，短く太いが縦筋はない．柄節末端肥厚部は栗色で，内側に 1 対の突起がある．端節は 4 歯で，末端の歯は小さい．体毛は茶色で，大型の毛はすべての方向に著しくけば立つ．　分布：屋久島．　a, 全体図；b, 触角第 4 節先端；c, 前肢脛付節と爪；d, 跳躍器柄節前面末端；e, 端節（Yosii, 1963）．

昆虫亜門・トビムシ目 219

77. ニシヒラツチトビムシ

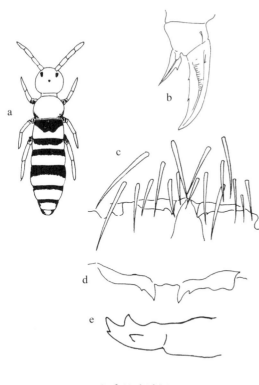

79. ヤクシマツチトビムシ

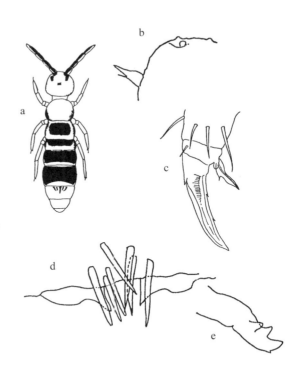

78. ミズフシトビムシ

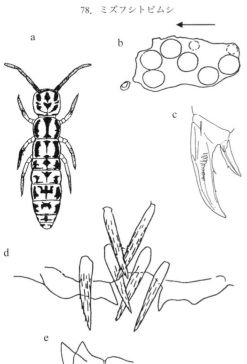

トゲトビムシ科 Tomoceridae Schäffer, 1894

須摩靖彦

概説

この科に属するトビムシは体長が 3 - 4 mm の大型種が多く，デカトゲトビムシのように 6 mm に達するものもある．胸部第 1 節は退化的で，背板には毛がなく，細く首状になっている（図 A1）．触角，肢，跳躍器が長くよく発達し，地表を活発に動き回る．体表は毛とウロコで覆われ，体色は一般的に灰色から薄茶色である．洞穴性の種は白っぽいものが多い．

頭部：触角は長く体長の半分からそれ以上で，4 節に分かれる．そのうち第 3 節と 4 節はさらに環状に分節する．触角第 3 節感器や PAO（触角後器）はない．小眼は 6+6 個が最大で，洞穴性の種はそれ以下か，眼がない．頭頂部の毛の位置と毛数は種により異なる．前から 2 本，4 本のタイプ（2, 4 タイプ）と 2 本，2 本のタイプ（2, 2 タイプ）がある．前者がアオキヒメトゲトビムシ（図 5b），デカトゲトビムシ（図 10b）等であり，後者がヒトツバトゲトビムシ（図 4b），ヒメトゲトビムシ（図 8c）等である．

胸部：肢の主爪と副爪はよく発達し，主爪には 1 対の側歯と 0 または数個の内歯がある（図 A2）．脛付節末部に粘毛が 1 本あり，樹上性や地表性の種は長く，その先端はコブ状またはヘラ状になるが，洞穴性の種は針状である．前，中，後肢の脛付節には長い剛毛や針状の毛があり（図 4e, 16b ほか），その数をそれぞれ 0, 0, 2 本（オオトゲトビムシ）や 4, 7, 7 本（エダトゲトビムシ）で表す．後肢の転節と腿節内側に数本から数十本のトゲ状の短毛からなる「転節器官」が発達する（図 A3）．転節器官は転節の短毛数／腿節の短毛数を，1 / 1 本（オオトゲトビムシ属，トゲトビムシ属），30-36 / 26-30 本（キタトゲトビムシ）で表し，分類の重要な基準になる（表 1）．

腹部：各節は円筒形で，第 3 節は 4 節よりやや長い（図 A1）．保体基部の毛の数は種によって異なり，ウロコがある種もいる（図 1c, 表 1）．跳躍器はよく発達し，その長さは体長の半分に達する（図 A1）．跳躍器の茎節は 3 節に分節し，その 1, 2 節の内側に太いトゲが並ぶ（図 A4）．このトゲの大小，トゲ数とその配列順序を「茎節棘式」と呼び，分類の大きな指標になっている（表 1）．キタトゲトビムシの茎節棘式は 6-10 / 10-15, I で表す（図 A4）．これは茎節 1 節目（前半）に 6-10 本の小さなトゲが 1-2 列に並び，2 節目（後半）は小さなトゲが 10-15 本，1 列に並び，続いて太いトゲが 1 本で終わることを表す．トゲに 2 次的微棘がある種もいる．なお，科名のトゲトビムシの名の由来はこのトゲによる．また，茎節第 1 節の外側に大剛毛のある属があり，ホラトゲトビムシ属のキタトゲトビムシは 4-5 本ある（図 A5）．端節は長く刀状で，後面に基歯，端歯，亜端歯と数個の中間歯を備えることが多く（図 A6），これが分類の基準になる．キタトゲトビムシの端節は小さく，中間歯はない．

現在，日本産トゲトビムシ科は 5 属 3 亜属 29 種 2 亜種が知られている．トゲトビムシ科は大型種が多いことから観察しやすく，日本産種の分類はよく整っている．

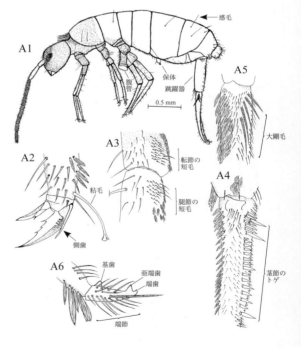

図A キタトゲトビムシ（*Plutomurus belozerovi* Martynova, 1977）1, 全体図；2, 後肢の脛付節と爪；3, 転節器官；4, 跳躍器茎節内側のトゲ；5, 茎節基部外側の大剛毛；6, 茎節末部と端節（Suma, 1981）.

昆虫亜門・トビムシ目

表1 トゲトビムシ科の種の形質識別表

属・亜属 No 和名	体長 mm	体色	小眼数	転節器官 (転節/腿節の毛数)	保体基部の毛数 (ウロコの有無)	脛節棘式	跳躍器 トゲ	跳躍器 トゲの微棘	端節の中間歯数
オオトゲトビムシ属									
1 オオトゲトビムシ	3.2	薄黄, 触角灰紫	6+6	1/1	6-9 (ウロコ有)	2/3-6, II	なし	なし	7-9
2 キタノオオトゲトビムシ	2.8	薄黄, 触角灰色～黒紫	6+6	1/1	1	3/7-8	なし	なし	3-4
3 キイロオオトゲトビムシ	2.3	黄色～灰色, 触角濃黄～灰色	6+6	1/1	1-2	2-3/4-5, II	なし	なし	8-10
ヒトツバトゲトビムシ亜属									
4 ヒトツバトゲトビムシ	3.5	薄黄, 触角灰	6+6	1/1	1	5-6/2-5, I, 1-3, I	すべてにあり	なし	1-6
ヒメトゲトビムシ亜属									
5 アオキヒメトゲトビムシ	2.4	薄黄, 触角濃灰	6+6	1/1	5-6	6-8/5-6, I	なし	なし	2-4
6 エゾヒメトゲトビムシ	1.7	灰色, 触角濃灰	6+6	1/1	1	3, I/4, I	なし	なし	2-6
7 イツツメヒメトゲトビムシ	1.5	薄黄, 触角灰	5+5	1/1	1	2-4/1, II	なし	なし	1
8 ヒメトゲトビムシ	1.8	明るい灰, 触角紫～濃灰	6+6	1/1	1	3-5/3-5, I	なし	なし	1, 希に2
トゲトビムシ亜属									
9 アサヒナトゲトビムシ	3.0	黄色, 触角濃黄, 腹部に黒斑	6+6	1/1	約20	5-8/3-6, I, 1, I	大きいトゲのみ	なし	5-7
10 デカトゲトビムシ	6.0	薄い褐色, 頭と触角濃紫	6+6	1/1	約15 (ウロコ有)	4-5/3-5, I, 1, 2, I	すべてにあり	なし	5-10
11 イシバシトゲトビムシ	3.5	薄黄, 触角濃紫	6+6	1/1	約4	4-5/3-5, II	すべてにあり	なし	5-8
12 エゾノトゲトビムシ	3.5	薄黄, 触角紫	6+6	1/1	15以上	5-6/5-6, I, 1, I	なし (皺あり)	なし	3-7
13 キノシタトゲトビムシ	3.5	灰色, 触角紫	6+6	1/1	1	3-4/1, II	すべてにあり	なし	1, 希に2
14 トゲトビムシ	3.5	こげ茶色, 胸と触角紫	6+6	1/1	約15	4/3-4, II	なし	なし	4-6
15 エダトゲトビムシ	3.5	灰色, 頭濃, 胸腹濃, 腹部と腹節青白縞と斑	6+6	1/1	約7	6/5-6, I	大きいトゲのみ	なし	5-7
16 クロロゲトビムシ	2.4	灰色, 紫の縞, 触角濃紫	6+6	1/1	1-2	5-9/4-6, I	なし	なし	4-7
17 ミドリトゲトビムシ	2.0	黄緑色, 触角紫	6+6	1/1	2	4-5/4-5, I	大きいトゲのみ	なし	5
カクレトゲトビムシ属									
18 ニッポントゲトビムシ	3.0	白, 頭茶, 触角薄紫	6+6	1/約20	4-10, 希に2	6-9/8, I	なし	なし	3-5, 希に1-2
19 カクレトゲトビムシ	3.0	白, 頭茶, 触角薄紫	6+6	1/約20	4-10, 希に2	6-9/8, I	なし	なし	3-5, 希に1-2
ホラトゲトビムシ属									
20 キタトゲトビムシ	3.3	薄黄, 触角青紫, 頭と胸濃紫	6+6	30-36/26-30	1	6-10/10-15, I	なし	なし	なし
21 ドロトゲトビムシ	2.3	灰色, 触角と頭頂濃灰	黒色素のみ	約10/15	2	5-8/5-6, I, 2, I	なし	なし	1
22 エヒメホラトゲトビムシ	3.0	白地に黒色素散在, 触角白	黒色素のみ	約27/15	1-4	8/3, I, 1-2, I, 2, I	なし	なし	1
23 チョウセンホラトゲトビムシ	1.7	灰色, 頭前半黒素散在, 触角白	2+2の色素	約20/20	1	7-8/1, I, 1, I, 1, I, 1-2, I	なし	なし	1
24 イヌワホラトゲトビムシ	3.2	灰色, 頭前半濃い, 触角白	黒色素のみ	約10/15	2	III, 9/I, 1, I, 1, I, 1, 2, I	なし	なし	なし
25 カワサワホラトゲトビムシ	3.0	灰色, 付属肢と頭前半濃い, 触角白	黒色素のみ	約20/20	1-3	8/2-3, I, 2, I, 2, I	なし	なし	なし
26 キュウシュウホラトゲトビムシ	3.0	灰色, 付属肢と頭前半濃い, 触角白	黒色素のみ	約20/20	1-3	8/2-3, I, 2, I, 2, I	なし	なし	なし
27 アデッホラトゲトビムシ	3.0	灰色, 頭部濃い, 触角白	黒色素のみ	約30/25	5-7	9-10/3, I, 2-3, I, 1, I	なし	なし	1
28 リュウガトゲトビムシ	3.5	灰色	5+5	約40/24	4-5	8-10/4-5, I, 2, I, 2, I	なし	なし	3-4
29 スズカホラトゲトビムシ	3.5	白, 頭前半と付属肢基部黒	黒色素のみ	約40/35	4-7	9-10/3-7, I, 1-2, I, 2, I	なし	なし	1
30 ヤマトホラトゲトビムシ	3.6	濃い灰色, 触角濃い	黒色素のみ	30/15以上	1	8-15/4-6, I, 2-3, I, 2-3, I	なし	なし	なし
エゾトゲトビムシ属									
31 ナカトンベツホラトゲトビムシ	2.0	白, 1部は灰色, 触角と付属肢薄い	眼と色素なし	12/12	不明	10/2, I, 1, I-II	なし	なし	1

222　昆虫亜門・トビムシ目

トゲトビムシ科 Tomoceridae の属，亜属，種，亜種への検索

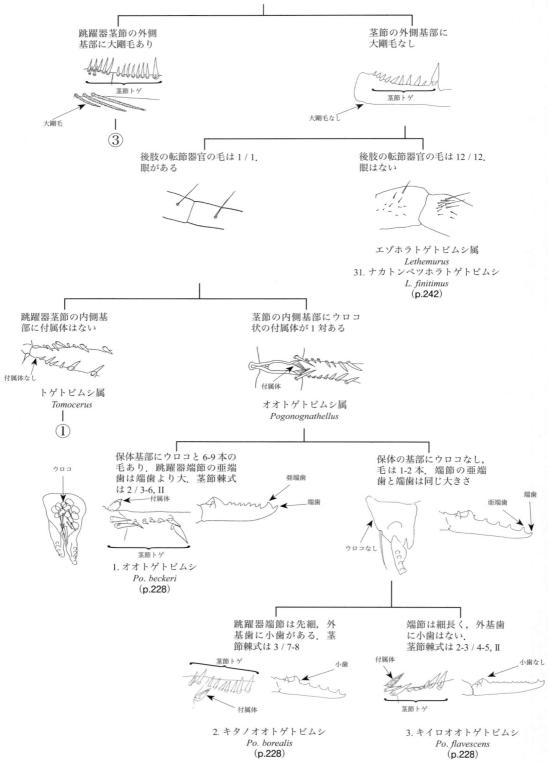

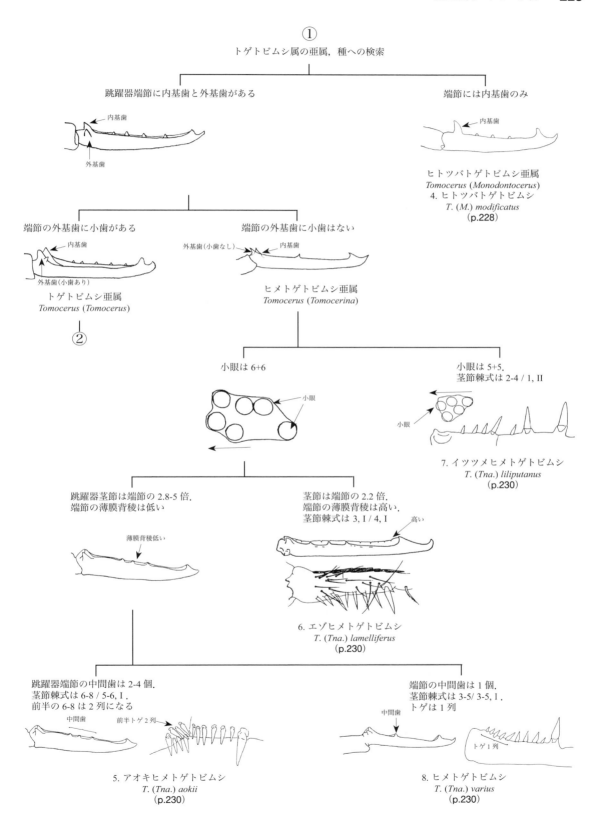

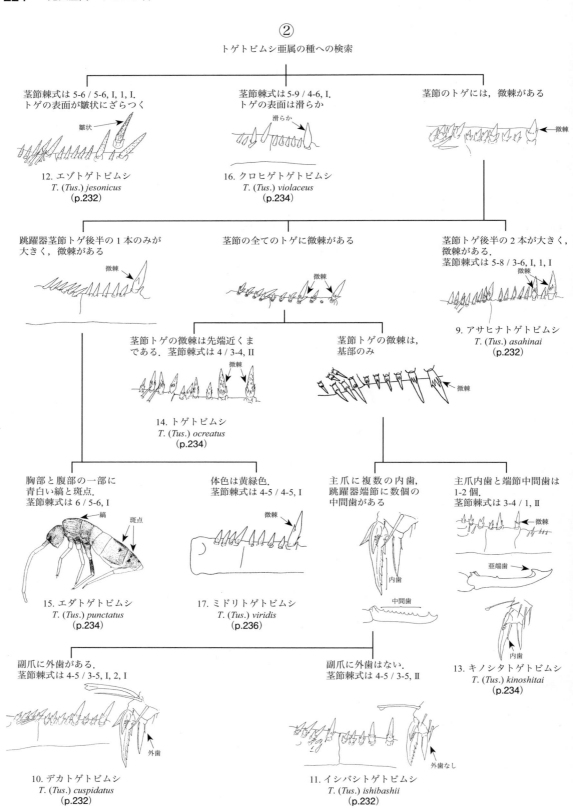

昆虫亜門・トビムシ目　225

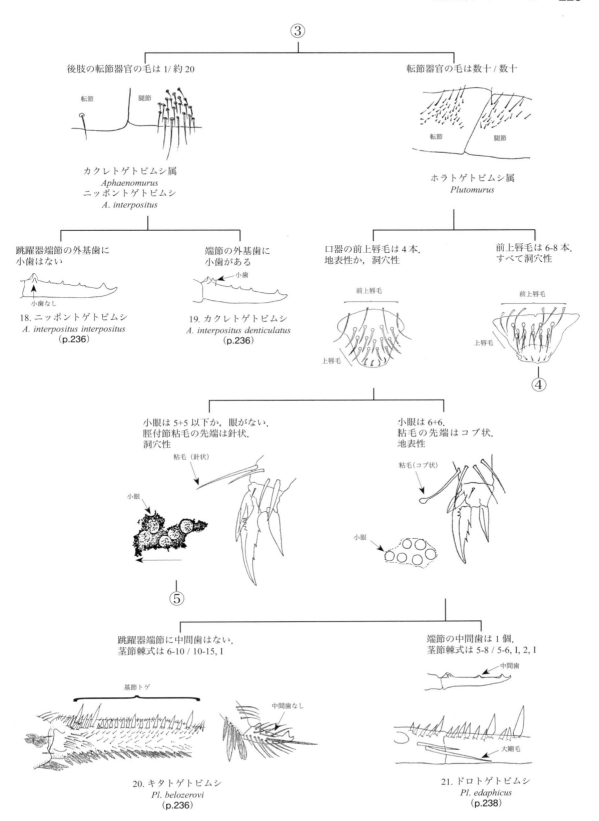

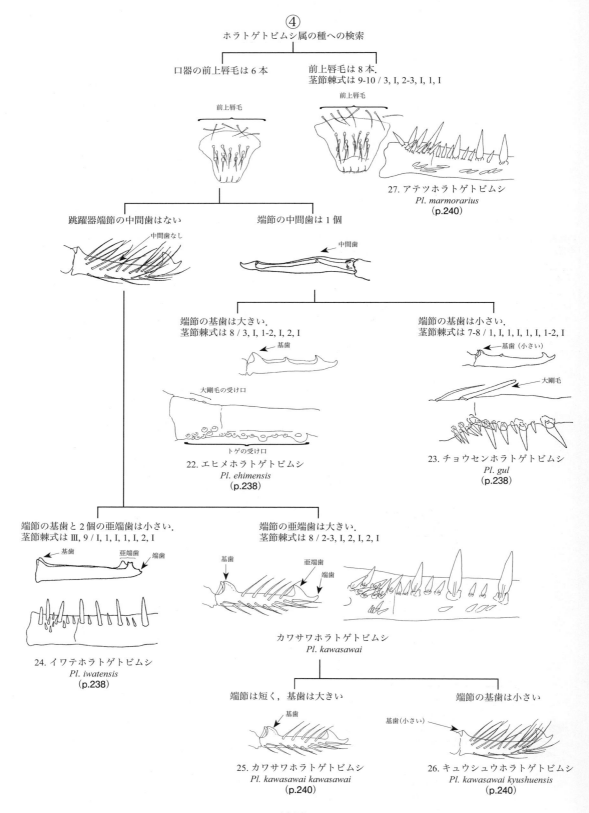

昆虫亜門・トビムシ目 227

⑤ ホラトゲトビムシ属の種への検索

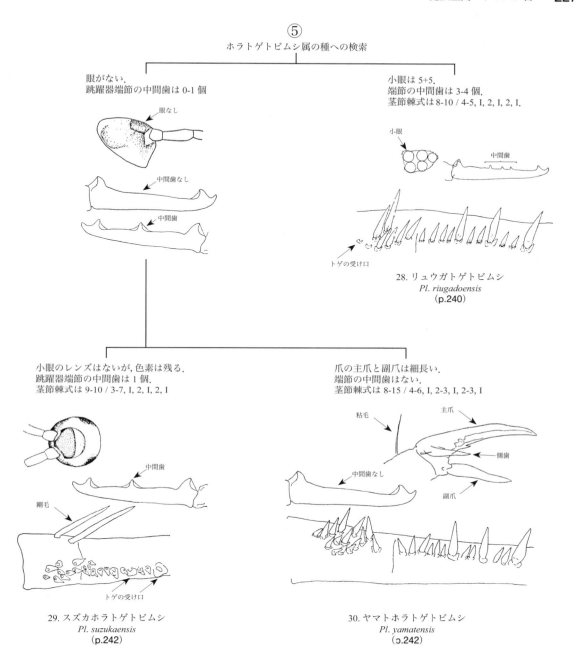

眼がない．
跳躍器端節の中間歯は 0-1 個

小眼は 5+5．
端節の中間歯は 3-4 個．
茎節棘式は 8-10 / 4-5, I, 2, I, 2, I.

28. リュウガトゲトビムシ
Pl. riugadoensis
(p.240)

小眼のレンズはないが，色素は残る．
跳躍器端節の中間歯は 1 個．
茎節棘式は 9-10 / 3-7, I, 2, I, 2, I

爪の主爪と副爪は細長い．
端節の中間歯はない．
茎節棘式は 8-15 / 4-6, I, 2-3, I, 2-3, I

29. スズカホラトゲトビムシ
Pl. suzukaensis
(p.242)

30. ヤマトホラトゲトビムシ
Pl. yamatensis
(p.242)

トゲトビムシ科
Tomoceridae Schäffer, 1896
オオトゲトビムシ属
Pogonognathellus Paclt, 1944

体長は 3 - 5 mm と大型種が多い．体表はウロコと長い体毛で覆われる．小眼は 6 + 6．上唇毛式は 4 / 5, 5, 4．後肢の転節器官の毛数は 1 / 1 本の短毛．跳躍器は大きく，茎節の外側基部に大剛毛はないが，内側基部にウロコ状の付属体がある．茎節のトゲはすべて単純．日本から 3 種．

1. オオトゲトビムシ
Pogonognathellus beckeri (Börner, 1909)

体長 3.2 mm, 触角 2.2 mm．体色は白色から薄い黄色，触角は灰紫色，触角基部の間は濃い灰紫色．各肢の主爪に 3 個，副爪に 1 個の内歯がある．脛付節の粘毛は短く，先端はコブ状．前，中，後肢脛付節に 0, 0, 2 本の長剛毛．保体の基部には，10 片前後のウロコと 6 - 9 本の毛があり，そのうち 1 本は長く太い．跳躍器 3 節の比率は 60：70：7．茎節棘式は 2 / 3-6, II で，トゲはおよそ 1 列に並ぶ．端節は幅広く，亜端歯は端歯より大きく，中間歯は 7-9 個． 分布：本州，九州の屋久島． a, 前肢の爪； b, 転節器官； c, 保体； d-e, 茎節棘と鱗片状の付属体； f-g, 端節（Yosii, 1967b）．

2. キタノオオトゲトビムシ
Pogonognathellus borealis Yosii, 1967

体長 2.8 mm, 触角 2.0 mm．体の地色は薄い黄色で，触角基部の間は黒色で，触角は灰色から黒紫色．各肢の主爪の内歯は 4 個，副爪は槍型で内歯があることもある．脛付節の粘毛は主爪の内縁と同長，先端はコブ状．保体基部の毛は 1 本．跳躍器 3 節の比率は 40：70：10．茎節棘式は 3 / 7-8 で，後半の最後の 2 本だけが他のトゲより少し大きい．トゲは 1 列に並ぶ．端節はだんだん細くなり，その外基歯背面に 1 個の小歯があり，端歯は亜端歯と同じ大きさ，中間歯は 3-4 個である． 分布：北海道, 本州北部． a, 全体図と感毛； b, 後肢の爪； c, 保体； d, 跳躍器の茎節棘とウロコ状の付属体； e-f, 端節（a, 須摩，1984; b-f, Yosii, 1967b）．

3. キイロオオトゲトビムシ
Pogonognathellus flavescens (Tullberg, 1871)

体長は 2.3 mm, 触角 2 mm．体色は黄色から灰色，触角基部の間と触角は濃い黄色から灰色．主爪の内歯は 3 - 4 個，副爪は槍型で内歯は 1 個，ないこともある．脛付節の粘毛は短く，先端は広いヘラ状．前，中，後肢脛付節に 0, 0, 1-2 本の長剛毛．保体の基部の毛は 1 - 2 本．跳躍器 3 節の比率は 40：50：8．茎節棘式は 2-3 / 4-5, II，トゲは 1 列に並ぶ．端節は細長く，外基歯に小歯がなく，端歯は亜端歯と同じ大きさ，中間歯は 8-10 個．端節は多数の毛で覆われ，先端の 1 本は長い． 分布：北海道, 本州；ヨーロッパ，アメリカ． a, 全体図； b, 上唇毛； c, 後肢の爪； d, 転節器官； e, 後肢の脛付節； f, 保体； g, 跳躍器の茎節棘； h, 端節（a, Chiba, 1968; b-h, Yosii, 1967b）．

トゲトビムシ属
Tomocerus Nicolet, 1842

オオトゲトビムシ属と上唇毛式，転節器官は同じ．跳躍器茎節の外側基部に大剛毛はなく，内側基部に鱗片状の付属体もない．この属は 3 亜属に分けられる．

ヒトツバトゲトビムシ亜属
Monodontocerus Yosii, 1955

小眼は 6 + 6．跳躍器茎節のトゲには 2 次的微棘が基部にある．端節基部の内基歯は 1 個，外基歯はない．日本から 1 種．

4. ヒトツバトゲトビムシ
Tomocerus (*Monodontocerus*) *modificatus* (Yosii, 1955)

体長は 3.5 mm, 触角は短く 1.8 mm．体色は薄い黄色，触角は紫色．頭頂部の毛は 2, 2 タイプ．主爪の内歯は 3 - 4 個，副爪の内歯は 1 または 0．脛付節の粘毛は細く短く，先端は小さなコブ状．前，中，後肢脛付節に 0, 0, 2 本の長剛毛．保体基部には 1 本の長い毛がある．跳躍器 3 節の比率は 4：8：1．茎節棘式は 5-6 / 2-5, I, 1-3, I で，すべてのトゲの基部には 2 次的微棘があり，トゲは 1 列に並ぶ．端節の基歯は 1 個のみ，中間歯は 1 - 6 個．洞穴性の種であるが，愛媛県・沖縄県ではリター層からも抽出された． 分布：本州, 四国, 九州, 沖縄． a, 全体図； b, 頭頂部の毛の位置； c-d, 中肢と後肢の爪； e, 後肢の脛付節； f, 保体； g, 跳躍器の茎節棘； h-i, 端節（a, 須摩，2004a; b-i, Yosii, 1967b）．

昆虫亜門・トビムシ目　229

1. オオトゲトビムシ

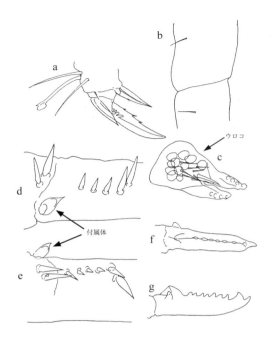

3. キイロオオトゲトビムシ

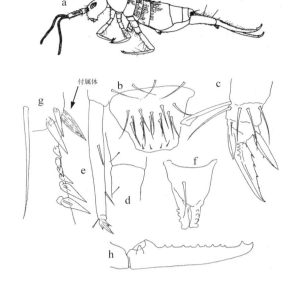

2. キタノオオトゲトビムシ

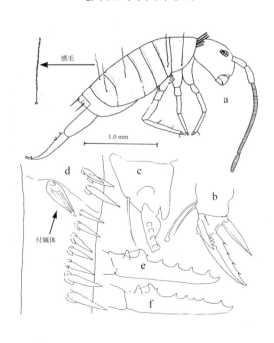

4. ヒトツバトゲトビムシ

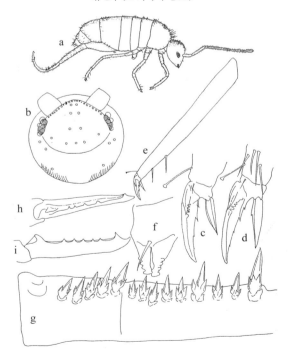

ヒメトゲトビムシ亜属
Tomocerina Yosii, 1956

体長は前亜属より小さく，1.2 - 2.4 mm．触角は体長の半分から2/3．上唇毛式は4 / 5, 5, 4．後肢の転節器官は発達せず，すべて1 / 1本の短毛．跳躍器の茎節のトゲはすべて単純で2次的微棘がない．端節基部に内外2個の基歯があり，基歯上に小歯はない．主に地表性．日本から4種．

5. アオキヒメトゲトビムシ
Tomocerus (Tomocerina) aokii Yosii, 1972

体長2.4 mm，触角は長く，体長の2/3．体色は薄い黄色，触角は濃い灰色，触角基部の間と頭頂は黒っぽい．小眼は6 + 6．頭頂部の毛は2, 4タイプ．主爪の内歯は5個以下，副爪は幅広いが，内歯はない．脛付節の粘毛の先端はコブ状．前，中，後肢の脛付節に0, 0, 1本の長毛．保体基部の毛は5 - 6本．跳躍器3節の比率は25：30：6．茎節棘式は6-8 / 5-6, Iで，前半のトゲは2列になり，その内側列2 - 3本のトゲは少し大きい．後半は1列に並ぶ．端節の背面に2枚の薄片があり，その外薄片上に中間歯が2 - 4個ある．地表および樹上性．　分布：北海道，本州北部．　a, 全体図；b, 頭頂部の毛の位置；c, 後肢の爪；d, 跳躍器の茎節棘；e, 端節（Yosii, 1972）．

6. エゾヒメトゲトビムシ
Tomocerus (Tomocerina) lamelliferus Mills, 1934

体長1.2-1.7 mm，触角は体長の半分より短い．体色は灰色，触角と前頭は少し濃い．小眼は6 + 6．主爪は細長く，内歯は4 - 6個，内歯の基部側の1個は他より少し大きい．副爪は槍型で，主爪の半分の長さで内歯はない．脛付節の粘毛は太く，主爪内縁と同長，先端はコブ状．保体基部には1本の長い毛がある．跳躍器3節の比率は15：20：9．茎節棘式は3, I / 4, Iで，トゲは1列に並ぶ．端節は細長いのが特徴で，茎節の約半分近い．その背面に高い2面の薄膜背稜があり，外背稜上に中間歯が2 - 6個並ぶ．　分布：北海道；北アメリカ．　a, 全体図；b, 眼；c, 前肢の爪；d, 保体；e, 跳躍器の茎節棘；f, 端節（a-e, Uchida and Tamura, 1968b; f, Christiansen, 1964）．

7. イツツメヒメトゲトビムシ
Tomocerus (Tomocerina) liliputanus Yosii, 1967

体長1.5 mm，触角短く0.6 mm．体色は薄い黄色．触角は灰色，頭部後縁が少し黒い．眼は黒斑上にあり，小眼数5 + 5が特徴．主爪の内歯は2 - 3個，副爪は主爪の半分，内歯はない．脛付節末部の粘毛は細く，主爪内縁と同長．前，中，後肢の脛付節に0, 0, 1本の長毛．保体基部には1本の長い毛がある．跳躍器3節の比率は55：70：27．茎節棘式は2-4 / 1, II，トゲは1列に並ぶ．端節は細長く，中間歯はほぼ中央に1個．地表性の種であるが，洞穴内からも報告されている．　分布：本州；中国．　a, 上唇毛；b, 眼；c, 後肢の脛付節；d, 後肢の爪；e, 保体；f, 跳躍器の茎節棘；g, 端節（Yosii, 1967b）．

8. ヒメトゲトビムシ
Tomocerus (Tomocerina) varius Folsom, 1899

体長1.8 mm．触角は短く，体長の半分である．体色は明るい灰色，触角は紫色から濃い灰色で，頭部，肢，跳躍器は灰色．小眼は6 + 6．頭頂部の毛は2, 2タイプ．主爪の内歯は2個，副爪の内歯はないことが多い．脛付節の粘毛は長く，主爪内縁と同長，先端はコブ状．前，中，後肢の脛付節にそれぞれ0, 0, 1本の長毛がある．保体基部の毛は1本．跳躍器の3節の比率は55：70：25．茎節棘式は3-5 / 3-5, Iで，トゲは1列に並ぶ．端節は細長く，中間歯はやや基部よりに1個（希に2個）．この種はアオキヒメトゲトビムシとよく似るが，跳躍器の茎節棘式の前半の2列のトゲ列と端節の中間歯数で区別される．また，前種のイツツメヒメトゲトビムシとは小眼の数と茎節棘式から区別される．地表および樹上性で，個体数も多く，広く分布する．　分布：北海道，本州，四国，沖縄；中国雲南省．　a, 全体図；b, 眼；c, 頭頂部の毛の位置；d, 後肢の爪；e, 保体；f, 跳躍器の茎節棘；g, 端節（a-b, e, 須摩, 1984; c-d, f-g, Yosii, 1967b）．

昆虫亜門・トビムシ目　231

5. アオキヒメトゲトビムシ

7. イツツメヒメトゲトビムシ

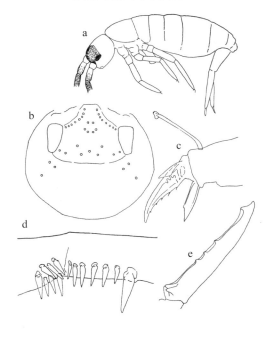
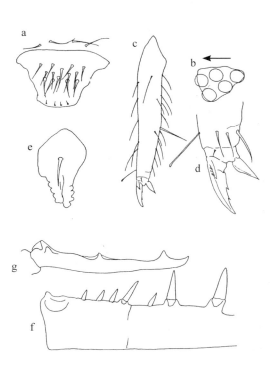

6. エゾヒメトゲトビムシ

8. ヒメトゲトビムシ

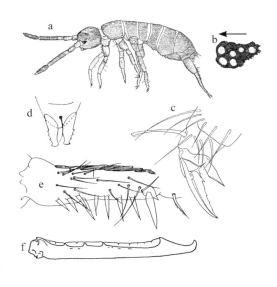
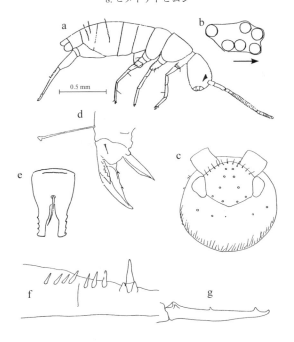

― 1323 ―

トゲトビムシ亜属
Tomocerus Nicolt, 1842

　ヒメトゲトビムシ亜属に比べて大きく，体長は 3 - 6 mm．触角は長く，体長を超える種もある．体表はウロコと長い体毛で覆われる．小眼は 6 + 6．上唇毛式は 4 / 5, 5, 4．前，中，後肢の脛付節にそれぞれ長剛毛がある種が多い．後肢の転節器官は発達せず，1 / 1 本の短毛．跳躍器端節に 2 個の基歯があり，そのうち，外基歯上に小歯があるのが特徴．茎節のトゲは単純なものから皺や 2 次的微棘がある複雑なものがあり，茎節棘式と共に重要な分類標識になる．この亜属は地表性が多いが，洞穴性や樹上性もいる．日本から 9 種．

9. アサヒナトゲトビムシ
Tomocerus (***Tomocerus***) ***asahinai*** Yosii, 1954

　体長 3.0 mm．触角は体長より少し短く．体色は黄色で，触角は濃い黄色，頭部の触角基部とその間は黒く，肢の基部も黒い．腹部第 3 節側面に 1 個，4 節側面に 2 個の黒い斑点がある．頭頂部の毛は 2, 4 タイプ．主爪の内歯は細く 7 個，1 対の側歯も小さい．副爪は細く，内歯がないこともある．脛付節の粘毛は太く主爪の内縁と同長で，先端はコブ状．前，中，後肢の脛付節に 4, 6, 7 本の長剛毛がある．保体基部には約 20 本の短毛と 1 本の長毛がある．跳躍器の 3 節の比率は 50：62：13．茎節棘式は 5-8 / 3-6, I, 1, I で，1 列に並ぶ．大きいトゲにのみ 2 次的微棘があり，他は単純．端節は細長く，中間歯は 5 - 7 個．　分布：本州．　a, 全体図；b, 後肢の爪；c, 跳躍器の茎節棘；d, 端節（Yosii, 1967b）．

10. デカトゲトビムシ
Tomocerus (***Tomocerus***) ***cuspidatus*** Börner, 1909

　体長 6.0 mm．触角は体長と同長か少し短く，日本産トゲトビムシ科で最大の種．体色は薄い褐色で，頭部と触角の 1 部が濃い紫色，肢の基部は濃いがその先と跳躍器は薄い褐色．頭頂部の毛は 2, 4 タイプ．主爪には，基部に大きい 2 個と先端に小さい 3 - 4 個の内歯があり，1 対の側歯は大きい．副爪は槍型で，内，外側面にそれぞれ 1 個の歯がある．特に，副爪の外側面に 1 歯があることで，他のトゲトビムシ亜属の種から区別される．脛付節の粘毛は主爪より長く，太い．その先端がコブ状で，くびれがある．前，中，後肢の脛付節に 6, 6, 8 本の長剛毛がある．保体基部には 10 数片のウロコと約 15 本の毛がある．跳躍器 3 節の比率は 30：40：7．茎節棘式は 4-5 / 3-5, I, 2, I，トゲは 1 列に並ぶ．すべてのトゲに 2 次的微棘があり，それがトゲの基部を囲む．端節は長く，5 - 10 個の中間歯があり，亜端歯と端歯はほぼ同じ大きさ．　分布：本州，四国，九州；台湾，韓国，中国．　a, 全体図；b, 頭頂部の毛の位置；c, 後肢の脛付節；d, 後肢の爪；e, 保体；f, 跳躍器の茎節棘；g, 端節（Yosii, 1967b）．

11. イシバシトゲトビムシ
Tomocerus (***Tomocerus***) ***ishibashii*** Yosii, 1954

　体長 3.5 mm．触角は体長と同長か，それより少し短い．体色は薄い黄色，頭部と触角第 1, 2 節は濃い紫色．主爪は細く，内歯は 6 個，副爪は槍型で内歯がない．脛付節の粘毛は太く，主爪の内縁と同長，先端はコブ状．前，中，後肢の脛付節に 2, 2, 6 本の長剛毛がある．保体基部の毛は約 4 本．跳躍器 3 節の比率は 32：50：10．茎節棘式は 4-5 / 3-5, II，すべてのトゲは前種と同じく微棘が基部にある．トゲは 1 列に並ぶ．端節は細長く，中間歯は 5 - 8 個．トゲトビムシと茎節棘式が似るが，本種はトゲの 2 次的微棘が基部だけである．　分布：北海道，本州，四国，九州；韓国，中国．　a, 全体図；b, 後肢の爪；c, 跳躍器の茎節棘；d, 端節（Yosii, 1967b）．

12. エゾトゲトビムシ
Tomocerus (***Tomocerus***) ***jesonicus*** Yosii, 1967

　体長 3.5 mm．触角は長く 4.0 mm．体色は薄い黄色，触角が少し濃い紫色．頭頂部の毛は 2, 4 タイプ．主爪は広く，内歯が前，中，後肢に 4, 5, 5 個まであり，基部側の 2 個は他より少し大きい．副爪は槍型で内歯がない．脛付節の粘毛は太く主爪より長く，先端はコブ状．前，中，後肢の脛付節の長剛毛が 2, 2, 4 本まである．保体基部の毛は 15 本以上．跳躍器 3 節の比率は 50：70：12．茎節棘式は 5-6 / 5-6, I, 1, I で，1 列に並び，全てのトゲの表面に皺がある．端節は細長く，中間歯は 3 - 7 個．この種は，茎節棘式の後半部 I, 1, I の棘配列と，トゲの表面に皺があることで，他のトゲトビムシ亜属の種と区別される．　分布：北海道，本州，四国；韓国，中国．　a, 全体図；b, 後肢の爪；c, 茎節棘と棘の表面；d-e, 端節（a, d, 須摩，1984; b-c, e, Yosii, 1967b）．

昆虫亜門・トビムシ目 233

9. アサヒナトゲトビムシ

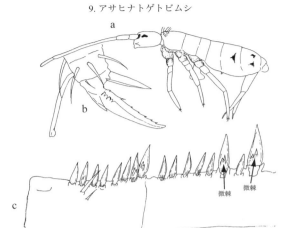

11. イシバシトゲトビムシ

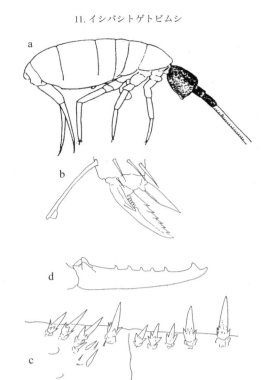

10. デカトゲトビムシ

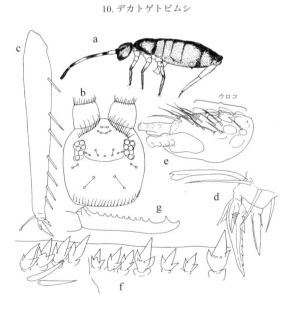

12. エゾトゲトビムシ

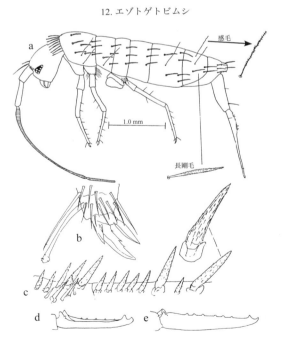

― 1325 ―

13. キノシタトゲトビムシ
Tomocerus (*Tomocerus*) *kinoshitai* Yosii, 1954

体長3.5 mm，触角短く体長の約半分，体色は灰色，触角は紫色．頭頂部の毛は2,2タイプ．主爪は大きく，内歯は1個．副爪は槍型で内歯はない．脛付節の粘毛は細く，主爪の内縁より短く，先端はコブ状．前，中，後肢の脛付節に0, 0, 2本の長剛毛がある．保体基部の毛は1本．跳躍3節の比率は40：50：15．茎節棘式は3-4 / 1, II，すべてのトゲの基部には2次的微棘がある．トゲは1列に並び，その延長線上に5 - 8本の小さなトゲある．端節は細長く，中間歯は1個（まれに2個），端歯は鋭く尖り，亜端歯の先は反り返るように開く．地表性であるが，洞穴からも採集される．茎節棘式からイシバシトゲトビムシと次種のトゲトビムシと似るが，保体基部の毛の数，端節の中間歯の数と亜端歯の形で区別できる．　分布：本州，四国，九州；中国．　a, 頭頂部の毛の位置；b, 後肢の爪；c, 保体；d, 跳躍器の茎節棘；e, 端節（Yosii, 1967b）．

14. トゲトビムシ
Tomocerus (*Tomocerus*) *ocreatus* Denis, 1948

体長3.5 mm．触角は体長より長く4.0 mm．体色はこげ茶色，しばしば胸部の縁に沿って紫色，触角も紫色，肢と跳躍器は薄茶色．上唇毛式は4 / 5, 5, 4．主爪の内歯は4 - 5個で，基部の1個は大きい．副爪は槍型で，内歯が1個あることもある．脛付節の粘毛は太く主爪より長く，先端は大きなコブ状．前，中，後肢の脛付節に5, 5, 6本の長剛毛がある．保体基部には15本前後の毛があり，そのうち1本は長い．跳躍器3節の比率は30：45：12．茎節棘式は4 / 3-4, IIで，全てのトゲには2次的微棘があり，基部だけでなく先の方にもあるのが特徴．トゲは1列に並ぶ．端節は長く，中間歯は4 - 6個，端歯は亜端歯より小さい．茎節棘式からイシバシトゲトビムシとよく似るが，本種は茎節棘の2次的微棘が先まであることで区別される．　分布：北海道，本州，四国，九州；韓国，中国，台湾，ベトナム，インド．　a, 全体図；b, 上唇毛；c, 後肢の爪；d, 保体；e, 跳躍器の茎節棘；f, 端節（a, Chiba, 1968; b-f, Yosii, 1967b）．

15. エダトゲトビムシ
Tomocerus (*Tomocerus*) *punctatus* Yosii, 1967

体長3.5 mm．触角は体長の約半分．体色は灰色，頭部は濃い色で，時には全体が黒くなることもある．胸部の前半分は青白い縞，肢の基部は濃い．腹部第3, 4節は模様のような青白い斑点があり，5節は一面濃い．上唇毛式は4 / 5, 5, 4で，上唇毛3列目の4本の毛は他列より長い．主爪は幅広く，内歯は5 - 6個で，基部の1個が大きい．副爪は槍型で，内歯は1個．脛付節の粘毛は太く，主爪と同長，先端は大きなコブ状．前，中，後肢の脛付節に4, 7, 7本の長剛毛．保体基部には7本前後の毛があり，そのうち1本は長い．跳躍器3節の比率は12：17：4．茎節棘式は6 / 5-6, Iで，最後の大きいトゲにのみ2次的微棘が1個ある．トゲは1列に並ぶ．端節は細長く，中間歯は5-7個．端歯は，亜端歯より小さい．アサヒナトゲトビムシと似るが茎節棘式から区別される．ミドリトゲトビムシと似るが体色と保体基部の毛の数で区別される．　分布：本州．　a, 全体図；b, 上唇毛；c, 後肢の爪；d, 保体；e, 跳躍器の茎節棘；f, 端節（Yosii, 1967b）．

16. クロヒゲトゲトビムシ
Tomocerus (*Tomocerus*) *violaceus* Yosii, 1956

体長2.4 mm．触角は短く1.3 mm．体色は明るい灰色，ところどころに紫色の縞がある．触角は濃い紫色．主爪は細く，内歯は5個．副爪は内側に少し広い刀型で内歯はない．脛付節の粘毛は主爪の内縁と同長，先端はコブ状．前，中，後肢の脛付節に0, 0, 2本の長剛毛がある．長剛毛に似た長毛を加えると前，中，後肢に2, 2, 6本になる．保体基部の毛は1 - 2本．跳躍器3節の比率は6：10：3．茎節棘式は5-9 / 4-6, Iで，前半のトゲは不規則な2 - 3列に並び，そのうち2本は少し大きい．後半のトゲは1列に並ぶ．トゲはすべて単純．端節は長く，中間歯は4 - 7個．茎節棘式からアオキヒメトゲトビムシと似るが，本種は端節の外基部に小歯があることで区別される．地表性トビムシで，洞穴にも生息．　分布：本州，九州；韓国，中国．a, 上唇毛；b, 後肢の脛付節と爪；c, 後肢の爪；d-e, 跳躍器の茎節棘；f, 端節（Yosii, 1967b）．

昆虫亜門・トビムシ目 235

13. キノシタトゲトビムシ

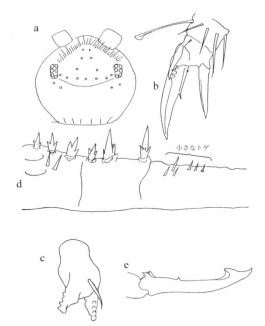

15. エダトゲトビムシ

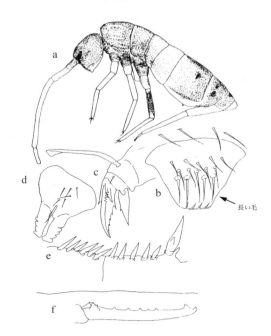

14. トゲトビムシ

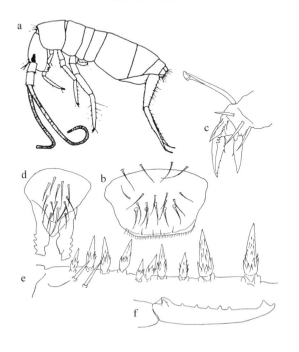

16. クロヒゲトゲトビムシ

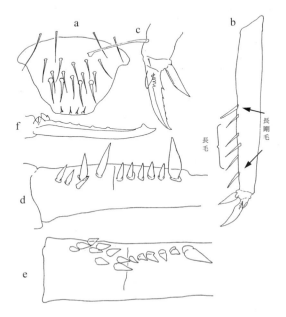

17. ミドリトゲトビムシ
Tomocerus (Tomocerus) viridis Yosii, 1967

　体長2.0 mm．触角は短く体長の約半分．体色は黄緑色で，アルコール中では2－3年で褪色する．触角は紫色．頭頂部の毛は2,4タイプ．主爪は細く，内歯は5個．副爪は幅広く，内歯は1個．脛付節の粘毛は長く，主爪の内縁と同長，先端は大きなコブ状．前，中，後肢の脛付節に5, 5, 5本の長剛毛がある．保体基部の毛は2本．跳躍器の茎節棘式は4-5 / 4-5, Iで，トゲは1列に並ぶ．最後の大きいトゲだけが1－2片の2次的微棘がある．他の小さいトゲは単純．端節は細長く，中間歯は5個．雌の腹部第5節に長羽毛．茎節棘式から前種のエダトゲトビムシとクロヒゲトゲトビムシと似るが，体色，保体基部の毛の数と茎節棘の2次的微棘の有無から区別される．　分布：本州中部山岳．a, 後肢の爪；b, 保体；c, 跳躍器の茎節棘；d, 端節；e, 雌の腹部4－6節と長羽毛（Yosii, 1967b）．

カクレトゲトビムシ属
Aphaenomurus Yosii, 1956

　小眼は6＋6．上唇毛式は4 / 5, 5, 4．後肢の転節器官は転節に1本，腿節に20数本の短毛がある．跳躍器茎節の外側基部に2－3本の大剛毛がある．茎節のトゲは2次的微棘がなく，単純である．日本から1種1亜種．

18. ニッポントゲトビムシ
Aphaenomurus interpositus interpositus Yosii, 1954

　体長3.0 mm．触角2.0 mm．体色は白色，頭部は茶色，触角は薄い紫色，しばしば肢も紫色になる．頭頂部の毛は2,2タイプ．主爪は細く，内歯は前，中，後肢に3, 3, 4個まである．副爪は長い槍型で，内歯はない．脛付節の粘毛は細く主爪の内縁と同長，先端に小さなコブがある．前，中，後肢の脛付節に0, 0, 2本の長剛毛がある．後肢の転節器官の毛は1 / 約20．保体基部には4－10本（まれに2本）の毛があり，1本は長い．跳躍器3節の比率は30：50：6．茎節棘式は6-9 / 8, I, 前半のトゲは不規則に2－3列になり，後半の大小トゲは1列に並ぶ．茎節外側基部には2－3本の大剛毛がある．端節は徐々に細くなる型で，3－5個（まれに1－2）の中間歯がある．外基歯に小歯はない．地表性で，洞穴からも採集される．　分布：北海道，本州，四国，九州；韓国．　a, 全体図；b, 頭頂部の毛の位置；c, 後肢の爪；d, 転節器官；e, 保体；f, 跳躍器の茎節棘；g, 端節（a, 須摩，1984; b-g, Yosii, 1967b）．

19. カクレトゲトビムシ
Aphaenomurus interpositus denticulatus Yosii, 1956

　前種のニッポントゲトビムシとよく似るが，跳躍器端節の外基歯に小歯があることで別亜種として区別．これまで東京都と岩手県の洞穴から限定的に採集．分布：関東，東北．　a, 茎節棘と剛毛；b-c, 端節（Yosii, 1967b）．

ホラトゲトビムシ属
Plutomurus Yosii, 1956

　上唇毛式は4-8 / 5, 5, 4で，小眼は0－6個．脛付節の粘毛は洞穴性の種が針状で，地表性の種は先端がコブ状．前，中，後肢の脛付節に針状の毛．後肢の転節器官はよく発達し，転節，腿節の両節にそれぞれ数10本の短毛．跳躍器茎節の外側基部に1－5本の大剛毛．トゲはすべて単純．茎節棘式は種間で違いが大きいので，分類の重要な標識になる．洞穴性は一般に体色がうすく，ウロコ，毛も小さく少ない．この属は，地表性より洞穴性トビムシが多い．日本から10種1亜種．

20. キタトゲトビムシ
Plutomurus belozerovi Martynova, 1977

　体長2.5－3.3 mm．触角は短く体長の半分以下．体色は薄い黄色，触角の第3, 4節は青紫色で，頭部，胸部の前半，腹管と肢の基部は濃い紫色．小眼は黒斑上に6＋6．上唇毛式は4 / 5, 5, 4．主爪は細く，1対の側歯と，3-4個の内歯がある．副爪は長い槍型で，主爪の2/3であり，内歯は1個．脛付節の粘毛は細く主爪の内縁と同長，先端に小さいコブがある．前，中，後肢の脛付節に0, 1, 1本の針状の毛がある．後肢の転節器官の毛は30-36 / 26-30．保体基部の毛は1本．跳躍器3節の比率は19：28：2．茎節棘式は6-10 / 10-15, Iで，前半のトゲは不規則な1－2列，そのうち2本は長いトゲ，後半は1列に並び，最後のトゲはやや大きい．茎節外側基部に4－5本の大剛毛がある．端節は極端に短く三角形状であるのが特徴，中間歯はない．外基歯には小歯がなく，亜端歯は端歯より大きい．地表性．　分布：北海道，本州北部；ロシア（サハリン州）．　a, 全体図；b, 後肢の転節器官；c, 跳躍器の茎節棘；d, 端節（Suma, 1981）．

17. ミドリトゲトビムシ

19. カクレトゲトビムシ

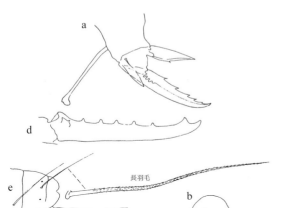

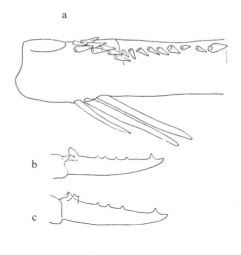

18. ニッポントゲトビムシ

20. キタトゲトビムシ

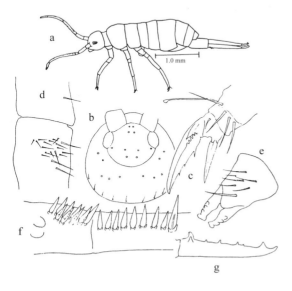

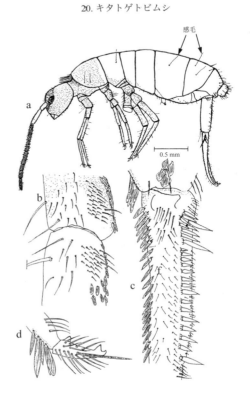

21. ドロトゲトビムシ
Plutomurus edaphicus Yosii, 1967

体長 2.3 mm．地色は白色であるが，黒色の色素のため灰色に見える．触角と頭頂は濃い灰色．眼と上唇毛式は前種のキタトゲトビムシと同じ．主爪は幅広で，1 対の側歯も幅広く，内歯は 3 個．副爪は槍型で内歯はない．脛付節の粘毛は主爪内縁と同長，先端はコブ状．前，中，後肢の脛付節に 0, 0, 1 本の針状の毛がある．転節器官の毛は約 10 / 15．腹管は多数の毛で覆われ，後面には他より長い毛が 2 - 3 本ある．保体基部の毛は 2 本で，そのうち下が長い．跳躍器 3 節の比率は 4：5：1．茎節棘式は 5-8 / 5-6, I, 2, I で，前半のトゲは不規則な 2 列で，そのうち 1 本は少し長く，後半は大小のトゲが 1 列に並ぶ．茎節外側基部に 2 本の大剛毛がある．端節はだんだん細くなり，中間歯は 1 個．外基歯には小歯がなく，亜端歯は端歯より大きい．キタトゲトビムシと似るが，後肢の転節器官，茎節棘式と端節が違うので区別できる．地表性．　分布：北海道, 本州．　a, 全体図；b, 眼；c, 上唇毛；d, 後肢の爪；e, 転節器官；f, 腹管の後面；g, 保体；h, 跳躍器の茎節棘と大剛毛；i, 端節（a, 須摩, 1984; b-i, Yosii, 1967b）．

22. エヒメホラトゲトビムシ
Plutomurus ehimensis Yosii, 1956

体長 3.0 mm．触角 1.8 mm．体色は白色地に黒色の色素が散在する．触角は白色．眼は黒の色素だけで，小眼のレンズはない．上唇毛式は 6 / 5, 5, 4, 前上唇毛の 6 本が特徴．主爪は幅広く 1 対の側歯があり，内歯は 1 - 2 個．副爪は槍型で内歯がない．脛付節の粘毛は短く針状．前，中，後肢の脛付節に 0, 0, 2 本の針状の毛がある．後肢の転節器官の毛は約 27 / 15．腹管は多数の毛で覆われ，後面には他より長い毛が 4 - 5 本ある．保体基部の毛は 1 - 4 本．跳躍器 3 節の比率は 3：5：1．茎節棘式は 8 / 3, I, 1-2, I, 2, I で，前半のトゲは 2 列に並び，後半は 1 列に並び最後の 1 本は特に長い．茎節外側基部に 2 本の大剛毛がある．端節は小さく，だんだん細くなり，中間歯は 1 個．外基歯は大きく，小歯はない．亜端歯の先は基部方向に向く．洞穴性．　分布：四国．　a, 上唇毛；b, 後肢の爪；c, 転節器官；d, 腹管の後面；e, 跳躍器の茎節棘と大剛毛の受け口；f, 端節（Yosii, 1967b）．

23. チョウセンホラトゲトビムシ
Plutomurus gul (Yosii, 1966)

体長 1.7 mm．触角は体長の半分か，それ以上．体色は灰色，黒色の色素が頭部の前半に散在している．各節の縁は薄く，触角は白い．眼と上唇毛式は前種と同じ．主爪は幅広く，1 対の側歯があり，内歯は 1 個で基部側にある．副爪は主爪の半分で，内歯はないが時々繊毛がある．脛付節の粘毛は針状．後肢の転節器官の毛は約 20 / 20．保体基部の毛は 1 本．跳躍器 3 節の比率は 9：13：3．茎節棘式は 7-8 / 1, I, 1, I, 1, I, 1-2, I で，前半の小さなトゲは 2 - 3 列に並び，後半は大小のトゲが交互に 1 列に並ぶ．茎節外側基部に 2 本の大剛毛がある．端節は小さくだんだん細くなり，中間歯は 1 個，基歯は小さく，亜端歯の先は基部方向に向く．エヒメホラトゲトビムシと似るが，端節の基歯の大きさで区別される．洞穴性．　分布：九州；韓国．　a, 上唇毛；b, 後肢の爪；c, 転節器官；d, 跳躍器の茎節棘と大剛毛；e-f, 端節（Yosii, 1966c）．

24. イワテホラトゲトビムシ
Plutomurus iwatensis Yoshii, 1991

体長 3.2 mm．体色は灰色，頭部前半は他より濃い，触角は白色．眼は 2 個の黒色素が集合状になっているが，レンズは確認されない．上唇毛式は 6 / 5, 5, 4．主爪は幅広く，基部側に 1 個の内歯があり，1 対の側歯は大きく開き，幅広い長三角．副爪は幅広く，側歯と同等，内縁に多数の鋸歯がある．脛付節の粘毛は針状．後肢の転節器官の毛は約 10 / 15．保体基部には 2 本の小さな毛が縦に並ぶ．跳躍器 3 節の比率は 10：28：6．茎節棘式は III, 9 / I, 1, I, 1, I, 2, I．前半のトゲは 2 - 3 列で，そのうち 3 本のトゲは少し大きく，後半は大小のトゲが交互 1 列に並ぶ．茎節外側基部に 1 本の大剛毛がある．端節は細長く，中間歯はない．2 個の基歯は同大で，その上に小歯はない．端歯は小さく 2 個の歯がある．亜端歯は 2 個あり，それぞれ 1 個と 2 個の歯がある．岩手県の洞穴から採集された洞穴性．　分布：本州．　a, 上唇毛；b-c, 後肢の爪；d, 転節器官；e, 保体；f, 跳躍器の茎節棘；g, 茎節の外側基部の大剛毛；h, 端節（Yoshii, 1991a）．

昆虫亜門・トビムシ目 239

21. ドロトゲトビムシ

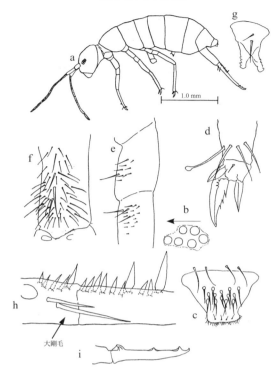

22. エヒメホラトゲトビムシ

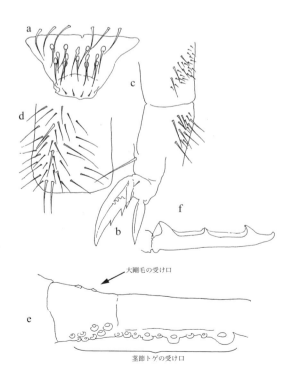

23. チョウセンホラトゲトビムシ

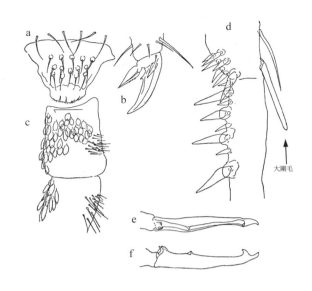

24. イワテホラトゲトビムシ

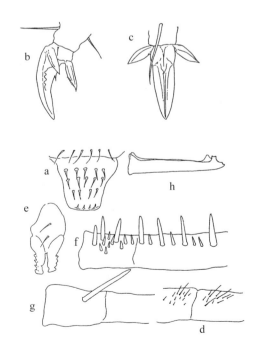

25. カワサワホラトゲトビムシ
Plutomurus kawasawai kawasawai Yosii, 1956

体長 3.0 mm．触角 2.5 mm．体色の地色は白色で，黒の色素により灰色に見える．触角は白色．肢，跳躍器と頭部前半は濃い灰色．眼はなく，黒色素の集合だけがある．上唇毛式は 6 / 5, 5, 4．主爪は幅広く，内歯は 1 - 2 個，1 対の側歯は細く小さい．副爪は槍型で，内歯がない．脛付節の粘毛は短く，先端は針状．後肢の脛付節末部で，副爪の基部近くに太いトゲ状の毛がある．前，中，後肢の脛付節に 0, 0, 2 本の針状の毛がある．後肢の転節器官の毛は約 20 / 20．保体基部には 1 - 3 本の小さな毛がある．跳躍器の茎節棘式は 8 / 2-3, I, 2, I, 2, I で，前半のトゲは 2 列，後半は大小のトゲが 1 列に並ぶ．茎節外側基部に 2 本の大剛毛がある．端節はやや小さく，2 個の基歯は大きい，中間歯はない．亜端歯は端歯より大きく，その先端は基部方向に向う．この種は端節に中間歯がないことからエヒメホラトゲトビムシとチョウセンホラトゲトビムシから区別される．四国の固有種，洞穴性．分布：四国． a, 上唇毛; b, 後肢の爪; c, 跳躍器の茎節棘; d, 端節（Yosii, 1967b）．

26. キュウシュウホラトゲトビムシ
Plutomurus kawasawai kyushuensis Yosii, 1956

この亜種は，上唇毛式，茎節棘式や端節の亜端歯が端歯より大きい点でカワサワホラトゲトビムシと良く似るが，端節の 2 個の基歯は小さいことが特徴である．南九州の洞穴から採集された洞穴性トビムシ．分布：九州． a, 端節（Yosii, 1967b）．

27. アテツホラトゲトビムシ
Plutomurus marmorarius Yosii, 1967

体長 3.0 mm．体色は灰色，黒色素の斑点が全体に散在し，頭部の触角基部間は他より色素が濃い．触角は無色．眼を欠くが，色素がその場所に集中し，小眼のレンズははっきりしない．上唇毛式は 8 / 5, 5, 4．主爪は長く，内歯は基部側に 1 個，1 対の側歯は小さい．副爪は槍型で，内歯はない．脛付節の粘毛は針状．後肢の転節器官の毛は約 30 / 25．腹管は多数の毛で覆われる．保体基部には 5-7 本の毛があり，そのうち 1 本は太く長い．跳躍器 3 節の比率は 30：50：8．茎節棘式は 9-10 / 3, I, 2-3, I, 1, I，前半のトゲは 2 - 3 列でそのうち 3 本は少し大きく，後半は大小のトゲが 1 列に並ぶ．茎節の外側基部に 2 本の大剛毛がある．端節はやや小さく，基歯から亜端歯に至る 2 枚の薄膜背稜の上に大きい中間歯が 1 個ある．口器の前上唇毛が 8 本であること，端節の形から，他のホラトゲトビムシ属と区別される．洞穴性．分布：本州． a, 上唇毛; b, 後肢の爪; c, 転節器官; d, 保体; e, 跳躍器の茎節棘; f, 茎節の外側基部の大剛毛; g-h, 端節（Yosii, 1967b）．

28. リュウガトゲトビムシ
Plutomurus riugadoensis (Yosii, 1939)

体長約 3.5 mm．触角は体長の 3/4．体色は白地に色素の多いことにより灰色に見える．眼は薄い色素か，少し濃い黒色の上に小眼 5+5 がある．上唇毛式は 4 / 5, 5, 4．頭頂部の毛は 2, 2 タイプ．主爪は長く，前，中，後肢の内歯はそれぞれ 4, 4, 5 個まで，1 対の側歯は大きい．副爪は槍型で，側歯より少し大きく，内歯が 1 個あることもある．脛付節末部の粘毛は長く，針状．後肢の脛付節末部で，副爪の基部近くに 1 本のトゲ状の太い毛がある．前，中，後肢の脛付節に 0, 0, 2 本の針状の毛がある．後肢の転節器官の毛は約 40 / 24．腹管はウロコと多数の毛で覆われる．保体基部には 4 - 5 本の毛が縦 1 列に並び，そのうち下の 1 本が特に長い．跳躍器 3 節の比率は 35：38：10．茎節棘式は 8-10 / 4-5, I, 2, I, 2, I，前半のトゲは 2 - 3 列で，そのうち 2 - 3 本のトゲは少し大きく，後半は大小のトゲが 1 列に並ぶ．茎節の外側基部に 3 本の大剛毛がある．端節は細長く，2 個の基歯があり，それには小歯はない．中間歯 3 - 4 個がある．この種は小眼が 5 + 5 と端節の中間歯が 3 - 4 個であることで，他のホラトケトビムシ属と区別される．洞穴性．分布：四国, 本州, 九州． a, 眼; b, 後肢の爪; c, 後肢の脛付節; d, 転節器官; e, 保体; f, 跳躍器の茎節棘; g, 茎節の外側基部の大剛毛; h, 端節（Yosii, 1967b）．

昆虫亜門・トビムシ目　241

25. カワサワホラトゲトビムシ

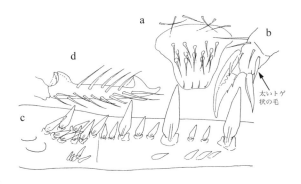

27. アテツホラトゲトビムシ

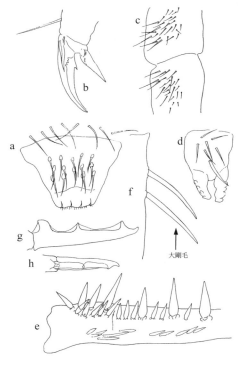

26. キュウシュウホラトゲトビムシ

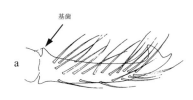

28. リュウガトゲトビムシ

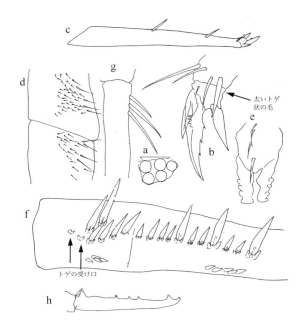

29. スズカホラトゲトビムシ
Plutomurus suzukaensis (Yosii, 1939)

体長 3.5 mm. 触角 2.5 mm. 体色の地色は白，それに黒の色素が散在する．触角は薄く，頭部の前半分・肢と跳躍器の基部側は黒い．眼はないが，眼斑に黒の色素がある．上唇毛式は 4 / 5, 5, 4. 頭頂部の毛は 2, 2 タイプ．主爪の内歯は 3 個まで，1 対の側歯は細い．副爪は細長く，内歯はない．脛付節の粘毛は長く針状．前，中，後肢の脛付節に 0, 0, 2 本の針状の毛がある．後肢の転節器官の毛は約 40 / 35. 保体基部には 4 - 7 本の小さな毛があり，そのうち 1 本が太い．跳躍器の 3 節の比率は 40：70：13. 茎節棘式は 9-10 / 3-7, I, 1-2, I, 2, I, 前半のトゲは 2 - 3 列で，そのうち 2 - 3 本は比較的大きいトゲ，後半は 1 部 2 - 3 列のところあるが，大小のトゲが 1 列に並ぶ．茎節の外側基部に 2 本の大剛毛がある．端節の基歯，亜端歯と端歯は大きく，端節の中間に大きな中間歯が 1 個ある．口器の前上唇毛が 4 本あり，無眼で，端節の中間歯が 1 個であることで，他のホラトゲトビムシ属から区別される．洞穴性．　分布：本州，四国．　a, 頭部パターン；b, 後肢の爪；c, 転節器官；d, 跳躍器の茎節棘と外側基部の大剛毛；e, 端節（Yosii, 1939a, 1967b）．

30. ヤマトホラトゲトビムシ
Plutomurus yamatensis Yosii, 1956

体長 3.6 mm. 触角は長く 3.0 mm. 体色の地色は白色で，それに黒の色素が散在するために濃い灰色に見える．触角の基部と先端は濃い．眼はないが，眼斑に黒の色素がある．上唇毛式は 4 / 5, 5, 4. 主爪は細長く，内歯は基部側に 1 個，1 対の側歯は長い．副爪も細長く，内歯はない．脛付節の粘毛は短く針状．前，中，後肢の脛付節に 0, 0, 2 本の針状の毛がある．後肢の転節器官の毛は 30 / 15 以上．保体基部には 1 本の小さな毛がある．跳躍器 3 節の比率は 35：45：10. 跳躍器の茎節棘式は 8-15 / 4-6, I, 2-3, I, 2-3, I, 前半のトゲは不規則な 3 列になり，その内 3 - 4 本は少し大きい．後半は大小のトゲが 1 列に並ぶ．茎節の外側基部に 2 本の大剛毛がある．端節は細長く，基歯には小歯がない．基歯から亜端歯に 2 枚の薄膜背稜があり，中間歯はない．スズカホラトゲトビムシと似るが，端節の中間歯がないこと，爪が細長いことから区別される．大型の洞穴性トビムシ．　分布：本州，九州．　a, 後肢の爪；b, 転節器官；c, 跳躍器の茎節棘；d, 茎節棘の前半のトゲ（左）と大剛毛の受け口（右）；e, 端節（Yosii, 1967b）．

エゾホラトゲトビムシ属
Lethemurus Yosii, 1970

ホラトゲトビムシ属と似るが，跳躍器茎節の外側基部に大剛毛がないこと，口器の前上唇毛が 8 本，主爪，副爪ともに幅広いことで区別される．眼はない．後肢の転節器官は発達し，転節と腿節の両節に十数本の短毛がある．洞穴性．日本から 1 種．

31. ナカトンベツホラトゲトビムシ
Lethemurus finitimus Yosii, 1970

体長 2.0 mm. 体色は白色，黒の色素により灰色のところもある．触角と付属肢は薄い．小眼，色素ともに全くない．上唇毛式は 8 / 5, 5, 4. 主爪は幅広く，内歯は基部側に 2 - 3 個，1 対の側歯は幅広．副爪も幅広く 1 個の内歯がある．脛付節の粘毛は短く，針状で，他の毛と区別しにくい．転節器官の毛は比較的少なく 12 / 12. 転節と腿節はそれぞれ 4 本の針状の長毛と 8 本の短毛からなる．跳躍器 3 節の比率は 60：110：35. 茎節棘式は 10 / 2, I, 1, I-II, 前半のトゲは不規則な 2 - 3 列になり，後半は大小のトゲが 1 列に並ぶ．全て単純なトゲである．茎節の外側基部に大剛毛がない．端節は細長く，2 個の小さい基歯，1 個の中間歯，亜端歯と細長い端歯からなる．基歯には小歯なし．感毛は繊毛状で，周囲に 6 本前後の短毛がある．前上唇毛が 8 本あることからアテツホラトゲトビムシに似るが，茎節の外側基部に大剛毛がないこと，転節器官の短毛が少ないことから区別される．洞穴性．　分布：北海道．　a, 上唇毛；b, 後肢の爪；c, 転節器官；d, 跳躍器の茎節棘；e-f, 端節；g, 腹部第 3 節の感毛（受け口から外れている）とその基部の短毛（Yosii, 1970）．

243 昆虫亜門・トビムシ目

29. スズカホラトゲトビムシ

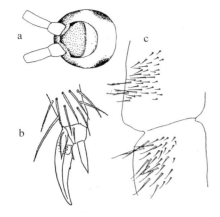

30. ヤマトホラトゲトビムシ

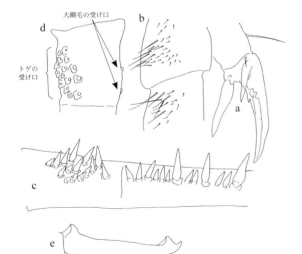

31. ナカトンベツホラトゲトビムシ

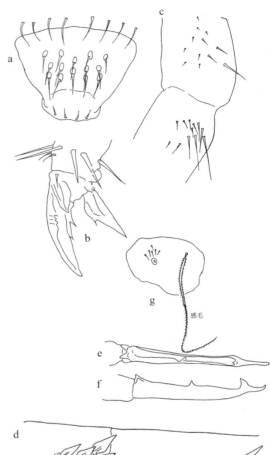

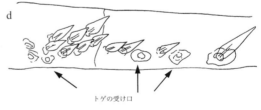

キヌトビムシ科 Oncopoduridae

一澤 圭

概説

キヌトビムシ科（Oncopoduridae Carl & Lebedinsky, 1905）はやや小型のトビムシで，多くは体長1mm前後（大きなものでは2mm程度）．触角や肢，跳躍器もやや短めである（図A1a, b）．体色は全身白色か淡く色づく程度で，明瞭な模様はない．体表は透明のウロコに覆われ，生きているときは絹を思わせる光沢がある．体表の剛毛は少ない．一見するとアリノストビムシ科（Cyphoderidae）のものに似るが，系統的にはトゲトビムシ科（Tomoceridae）に近縁である（Xion et al., 2008）．

頭部：上唇（図A2）には3列の毛があり，基部から順に5，5，4本．それと前上唇毛の4本をあわせ，4/5, 5, 4と示す．種によってはこの配置が若干ずれる場合がある．上唇端部には1+1個の突起がある．触角は4節で，各節にさまざまな形状の感覚器官がある（図A3：Christiansen and Bellinger, 1996; Deharveng, 1988）．日本産のキヌトビムシ属（Oncopodura）では，第4節に先の鈍い感覚毛が4個1列あり，第2・3節の各端部には平滑あるいは皺のある感器が1-2個ある．感器の形状・配置は種によって異なるが，微細であるため観察は難しい．カギキヌトビムシ属（Harlomillsia）では第4節先端にカギ形に曲がった感覚毛があり（図A4），属の特徴となる．PAOはあるものとないものがおり，ある場合は中心円のまわりに数個の縁瘤があるタイプのものが多い（図A5）．カギキヌトビムシ属には4+4の小眼があり（図A1a），キヌトビムシ属のものはすべて無眼（図A1b）．

胸部：3節のうち，第1節は退化して首状になる．肢の脛付節先端には主爪と副爪がある（図A6）．各爪における歯の有無や形状は種の識別に役立つ．脛付節先端付近の外側には粘毛があるが，短くて先端がとがり，通常の毛との区別はつきにくい（図A6）．キヌトビムシ属には中肢脛付節の中ほどに棍棒状の特殊な毛がある（図A7）．転節器官はない．

腹部：第3節と第4節はほぼ同長であるものが多いが（図A1a），クラモトキヌトビムシは第4節が長い（図A1b）．腹管（図A8）の毛は少なく，側弁に数本がある程度．保体（図A9）は基部に0-1本の毛と先端に4歯がある．跳躍器（図A10）はやや太めで3節からなる．柄節と茎節の前面はウロコで覆われ，後面にはケバのある長剛毛や平滑な単純毛，扁平な剛毛など，さまざまな形状の毛がある．茎節はほぼ中央で2分節し，後側面にトゲの列がある．トゲは独特の形状を示し，太く先端が曲がったもの（図A11a）や強い鋸歯があるもの（図A10），数個の歯があるもの（図A11b）などがある．端節は長く，後面に数個の歯があるもの（図A12a）や，鋸歯状になるもの（図A12b）などがある．これらの形状や数は種の識別にもっとも重要である．

表1 キヌトビムシ科の形質識別表

属名 No.	和名	体長 (mm)	体色	触角／頭部	PAO	小眼	主爪の歯	副爪の歯	茎節棘（基部+端部）内側	茎節棘（基部+端部）外側	端節	腹4／腹3
キヌトビムシ属												
1	クラモトキヌトビムシ	約1.2	白	1.2	不明	0	1長側歯	無歯	平滑小棘(1+0) 鋸歯大棘(1+3)	平滑小棘(1+0) 平滑大棘	4歯+鋸歯	3.5
2	ホラキヌトビムシ	約2.0	白〜淡黄に黄褐点	1.2	不明	0	無歯	1内歯	平滑小棘(1+0) 鋸歯中棘(1+3)	平滑小棘(1+0) 鋸歯大棘(0+1)	鋸歯	1.1
3	ヨシイキヌトビムシ	約0.7	白〜淡灰	0.9-1.1	6, 丸	0	無歯	無歯	平滑小棘(1+0) 繊毛中棘(2+2) 繊毛大棘(0+1)	平滑中棘(1+0) 繊毛大棘(0+1)	4歯+薄膜	<1.0
4	ヤマトキヌトビムシ	約1.8	白	1.25	4, 丸	0	1外歯	1内歯	平滑大棘(1+0) 有歯大棘(1+2)	有歯大棘(0+1)	6歯+薄膜	1.2
カギキヌトビムシ属												
5	カギキヌトビムシ	約0.7	青灰色	1.6	5-7, 細長	4+4	無歯	無歯	鋸歯太棘(4+0) 平滑小棘(0+5)	平滑小棘(0+4)	6歯+薄膜	≒1.0

本科のものはこれまでのところ，日本から2属5種が確認されている．洞穴性の種が多いが，ヨシイキヌトビムシ（*Oncopodura yosiiana*）やカギキヌトビムシ（*Harlomillsia oculata*）は腐植層からも比較的普通に得られる．標本はややこわれやすく，重要な形質を含む触角や跳躍器の一部がしばしば欠損するので，取り扱いには注意を要する．

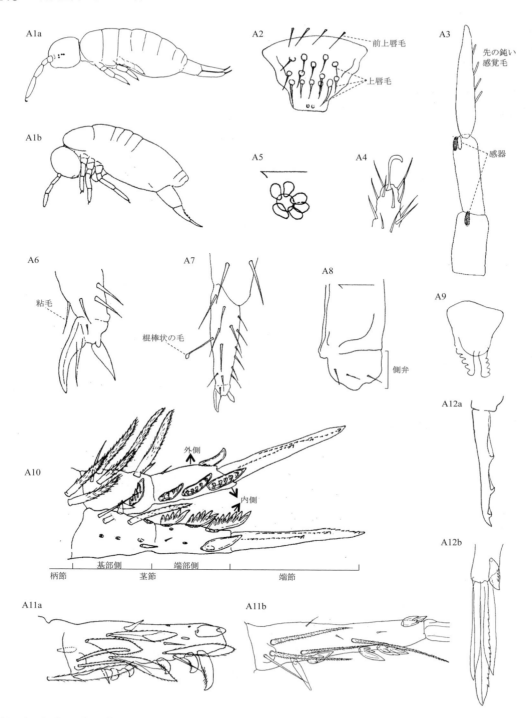

図A　キヌトビムシ科の形態用語図解
1, 全体図；1a, カギキヌトビムシ属(カギキヌトビムシ)；1b, キヌトビムシ属(クラモトキヌトビムシ). 2, 上唇(ヨシイキヌトビムシ). 3, 触角第2-4節(ホラキヌトビムシ). 4, 触角先端(カギキヌトビムシ). 5, PAO(ヨシイキヌトビムシ). 6, 脛付節と爪(クラモトキヌトビムシ). 7, 中肢脛付節(ヨシイキヌトビムシ). 8, 腹管(ヨシイキヌトビムシ). 9, 保体(カギキヌトビムシ). 10, 跳躍器(クラモトキヌトビムシ). 11, 茎節；11a, 先端が曲がったトゲ(ヨシイキヌトビムシ)；11b, 数個の歯があるトゲ(ヤマトキヌトビムシ). 12, 端節；12a, 数個の歯(ヨシイキヌトビムシ)；12b, 鋸歯状(ホラキヌトビムシ). (1a, 4, 9, Yosii, 1965; 1b, 6, 10, Yosii, 1964; 2, 5, 7, 8, 11a, 12a, Yosii, 1970; 3, 11b, 12b, Yosii, 1956b).

昆虫亜門・トビムシ目　247

キヌトビムシ科 Oncopoduridae の属，種への検索

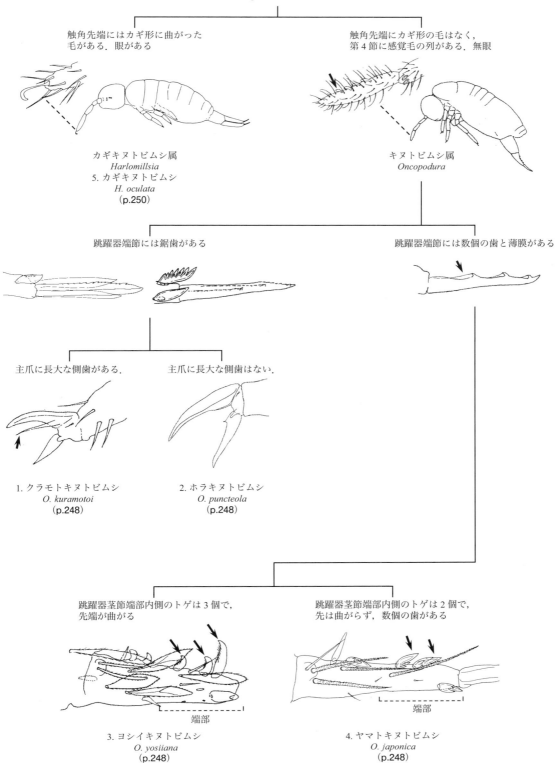

― 1339 ―

キヌトビムシ科
Oncopoduridae Carl & Lebedinsky, 1905
キヌトビムシ属
***Oncopodura* Carl & Lebedinsky, 1905**

触角第4節先端にカギ形の感覚毛はなく，同節中ほどに先端が鈍い感覚毛が数本ある（日本産の種ではいずれも4本）．眼はない．中肢脛付節に棍棒状の毛がある．日本では4種が知られる．

1. クラモトキヌトビムシ
***Oncopodura kuramotoi* Yosii, 1964**

体長は1.2 mm．全身白色．触角第3節端部には顆粒のある棍棒状の感器が2個あり，第2節には同様の感器が1個と平滑で先の鈍い感覚毛が1本ある．主爪の基部側面には非常に長いトゲ状の歯が1本ある．副爪に歯はない．跳躍器茎節は中央で2分割され，基部側では内側2，外側1，端部側では内側3，外側1個のトゲがある．外側の2個と内側最基部の1個は平滑，その他の4個は強い鋸歯状．後面には先のとがった平滑毛が1本と幅広くケバのある毛が4本，小トゲが2-3個ある．前面にはウロコがあるのみ．端節には4歯あり，鋸歯状の稜線をともなう．腹部第3節：第4節＝1：3.5．洞穴性． 分布：沖縄． a, 全体図; b, 触角第1-4節; c, 後肢脛付節と爪; d, 跳躍器茎節・端節後側面; e, 茎節後面の剛毛配列; f, 腹部第6節の毛 (Yosii, 1964).

2. ホラキヌトビムシ
***Oncopodura puncteola* Yosii, 1956**

体長は2.0 mm．体色の地色は白色～淡黄色で，背面に黄褐色の微小な斑点が多数分布する．触角第2節端部には顆粒もしくは皺のある棍棒状の感器が1個あり，第3節には同様の感器と平滑な感器が1個ずつある．主爪は無歯，副爪には1個の内歯がある．跳躍器茎節の基部側では内側2，外側1，端部側では内側3，外側1個のトゲがある．内外それぞれ最基部のトゲはほぼ平滑，外側端部の1個は弱い鋸歯があり長大，その他の4個は強い鋸歯状．後面では基部隆起上に平滑な長剛毛とケバのある長剛毛が各1本あり，その他にケバのある長剛毛が5本ある．前面にはウロコがあるのみ．端節は外縁が鋸歯状で前面に透明で長いウロコが2-3枚ある．腹部第3節：第4節＝1：1.1．洞穴性． 分布：栃木． a, 触角第2-4節; b, 中肢脛付節; c-e, 前・中・後肢の脛付節と爪; f, 跳躍器茎節後面; g, 端節側面 (Yosii, 1956b).

3. ヨシイキヌトビムシ
***Oncopodura yosiiana* Szeptycki, 1977**

体長は0.7 mm．体色は全身白色～淡灰色．触角には皺のある棍棒状の感器が第3節に2個，第2節に1個あり，それぞれのそばに平滑で先の鈍い感覚毛が1本ずつある．PAOは中心円と6個の縁瘤．主爪と副爪は無歯．跳躍器茎節の基部側では内側3，外側1，端部側では内側3，外側1個のトゲがある．内外それぞれの最基部のトゲはまっすぐで平滑，その他は繊毛があり先端が曲がる．後面ではケバのある長剛毛が基部隆起上に2本，長いウロコが1枚，繊毛のある扁平な大剛毛が4本，小さな単純毛が2本ある．茎節前面はウロコで覆われ，先端付近に4本の毛がある．端節には4歯と薄膜がある．腹部第3節は第4節より長い．腹部第5節の剛毛は2列で，前列最内側は先の鈍い感覚毛，その外側の2本は葉片状である．土壌から得られる．本種はYosii (1970) が東京で採集された標本について *O. crassicornis* Shoebotham, 1911 として記録して以降，日本各地から報告されたが，Szeptycky (1977) により，種名を *O. yosiiana* に変更されたものである． 分布：北海道，本州，九州；朝鮮半島． a, 上唇; b, 触角第4節; c, 触角第1-3節; d, PAO; e, 中肢; f, 腹管側面; g, 跳躍器茎節後面; h, 茎節前面; i, 端節側面; j, 腹部第5節の剛毛配列 (a, d-i, Yosii, 1970; b, c, j, Szeptycki, 1977).

4. ヤマトキヌトビムシ
***Oncopodura japonica* Yosii, 1956**

体長は1.8 mm．全身白色．触角第3節端部には皺のある棍棒状の感器が2個あり，第2節には同様の感器が1個と平滑で先の鈍い感覚毛が2本，細く先の鋭い感覚毛が2本ある．PAOは中心円と4個の縁瘤．主爪に1個の外歯，副爪に1個の内歯がある．跳躍器茎節の基部側では内側2，端部側では内側2，外側1個のトゲがある．内側最基部のトゲはまっすぐで平滑，それ以外のものは数個の強い歯があり太短い．後面では平滑な長剛毛とケバのある長剛毛が基部隆起上に1本ずつあり，その他にケバのある長剛毛と小さな単純毛が3本ずつある．前面はウロコで覆われ，端部に5本の小さな薄片状毛がある．端節は6歯あり，薄膜をともなう．腹部第3節：第4節＝1：1.2．洞穴性． 分布：栃木． a, 触角第4節; b, 触角第3節; c, 触角第2節; d, PAO; e, 前肢脛付節と爪; f, 跳躍器茎節後面; g, 端節後面 (Yosii, 1956b).

昆虫亜門・トビムシ目 249

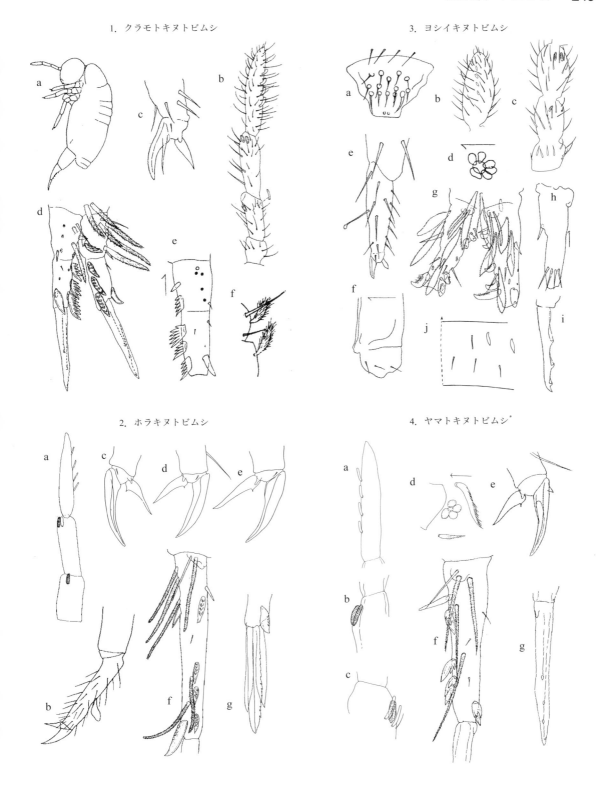

1. クラモトキヌトビムシ
2. ホラキヌトビムシ
3. ヨシイキヌトビムシ
4. ヤマトキヌトビムシ*

カギキヌトビムシ属
***Harlomillsia* Bonet, 1944**

触角第 4 節先端にカギ形の感覚毛がある．中肢脛付節に棍棒状の毛はない．世界で 1 種が知られる．

5. カギキヌトビムシ
Harlomillsia oculata (Mills, 1937)

体長は 0.7 mm．体色は白色の地に微小な黒色顆粒が散在し，全体が青灰色に見える．小眼は 4+4. PAO は中心円と 5-7 個の細長い縁瘤．主爪と副爪は無歯．跳躍器茎節の基部側には鋸歯状のトゲが内側に 4 個あり，端部側にはほぼ平滑のトゲが内側 5，外側 4 個ある．後面にはケバのある太い剛毛が約 17 本ととがった平滑毛が 1 本ある他，小さな単純毛がある．柄節・茎節の前面はウロコで覆われる．端節は細長く弓状に曲がり，後面に 6 個程度の歯と薄膜，基部に 2 本のウロコ状毛がある．土壌から得られる． 分布：北海道，本州，九州；北米，中米，南米，ハワイ． a, 全体図；b, 触角第 3・4 節；c, 触角基部周辺の毛；d, 小眼と PAO; e, 後肢脛付節と爪；f, 腹部第 6 節；g, 跳躍器柄節後面；h, 茎節・端節後面 (Yosii, 1965).

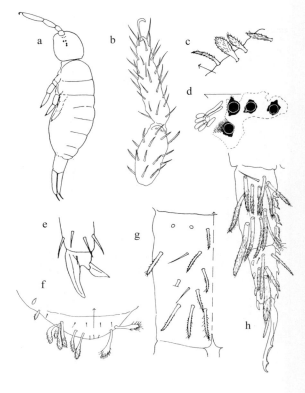

5. カギキヌトビムシ

アリノストビムシ科 Cyphoderidae

一澤 圭

概説

アリノストビムシ科（Cyphoderidae Börner, 1913）は体長1.5-2 mm程度のトビムシで，全身白色．体表はウロコに覆われ，キヌトビムシ属（Oncopodura）のものに似た印象も受けるが，付属肢はいくらか長めである（図B1）．オウギトビムシ科（Paronellidae）に近縁とされ（日本産のものでは両科は非常に異なる姿をしているが，海外ではやや中間的な形態のものもいる），同一の科に含められることもあるが（Soto-Adames et al., 2008），本稿では独立の科として扱う．体表には大小の剛毛や長感毛があり，その配置は種によって異なるが（たとえばChristiansen, 1957; Yoshii, 1980），日本産のものについては調査が不十分である．

頭部：上唇（図B2）の毛は通常，4/5, 5, 4で，いずれも平滑（海外産の属ではより数が少なく，ケバがあるものもいる）．上唇端部に突起はない．下唇基部の三角領域の毛は，少なくとも日本産の種では平滑で，アヤトビムシ科のものよりも少ない傾向にある．大顎には臼歯域があり，先端に数個の歯がある．日本産の種では大顎・小顎とも特殊化は見られないが，海外産の一部の属では口器が変形あるいは退化したものも知られている．頭盾毛（clypeal setae：前上唇毛と触角付け根の間に位置する毛；図B3）の本数やケバの有無は，種の識別に有効（Yoshii, 1987）．触角は4節からなる．額部（frontal area）には，触角基部の中間点付近に1対の小突起がある（図B3）．PAOはない．無眼．

胸部：3節のうち第1節は退化して首状になる．肢の脛跗節先端には，少なくとも日本産の種では主爪と副爪がある（図B4）．主爪の基本構造はアヤトビムシ科（Entomobryidae）と同様（図D16）で，しばしば基部内歯が突出して歯状突起となり，また副爪には顕著な外歯がある．脛跗節先端付近の外側には1本の粘毛があり，それは短くて先端がとがるか，わずかにへら状，または先が鈍る（図B4）．後肢転節には転節器官があり，日本産の種では十数本程度の棘状毛で構成される（図B5）．

腹部：第4節は長く，背面で第3節の2倍以上（図B1）．腹管（図B6a, b）の前面・後面にある毛の数やそれぞれの長短，ケバの有無は，属や種によって異なる．保体は基部に1本の剛毛，先端に4歯がある．跳躍器の茎節（図B7）に環皺（アヤトビムシ科参照：図D22a-c）はなく，平滑．後側面には長い繊毛をそなえた大きなウロコ状毛の列があり，それは本科の最大の特徴である．その数や列間の剛毛の有無などが属および種の識別に使われる．通常，端節は長く，1～数個の歯がある（図B8）か，鋸歯状．跳躍器の前面はウロコで覆われる．

本科は熱帯～亜熱帯域に多く，名前のとおりアリやシロアリの巣中に生息する．ツルグレン装置による土壌からの採集で得られることもあるが，多くは採れない．これまでのところ日本からは2属2種が確認されている．

なお「日本産トビムシ和名目録」（トビムシ研究会編, 2000）ではホウザワアリノストビムシ Serroderus hozawai はアリノストビムシ属 Cyphoderus に分類されていたが，Yoshii (1987) に従いホウザワアリノストビムシ属 Serroderus とした．

表1 アリノストビムシ科の形質識別表

属名 No. 和名	体長 (mm)	体色	頭盾毛	粘毛*	腹管前面の毛	茎節のウロコ状毛			端節先端の歯	腹4/腹3
						外側	内側	列間の毛		
アリノストビムシ属										
1 ジャワアリノストビムシ	約1.8	白	3, 2, 4：うち4ケバ	鈍	2対	6	5	3-4	2	4.3
ホウザワアリノストビムシ属										
2 ホウザワアリノストビムシ	約1.6	白	3, 4, 4：全平滑	尖or広	5-8対	5-6	2-3	0	3	2.6

*：先端が尖る…尖，先端が広がる…広，先端が鈍い…鈍．

252　昆虫亜門・トビムシ目

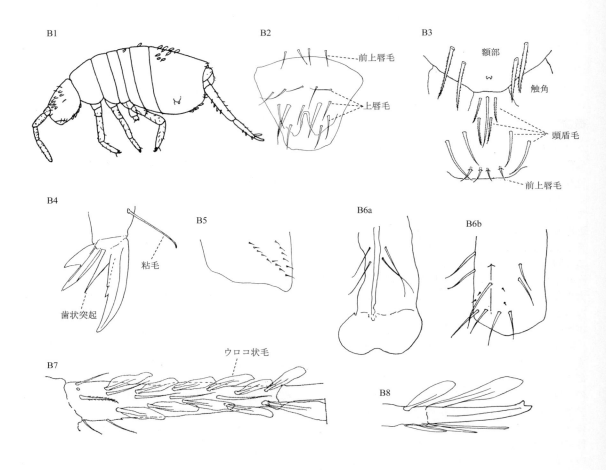

図B　アリノストビムシ科の形態用語図解
1, 全体図（ジャワアリノストビムシ）．2, 上唇（ジャワアリノストビムシ）．3, 頭盾部および周辺（ジャワアリノストビムシ）．4, 脛付節と爪（ジャワアリノストビムシ）．5, 転節器官（ジャワアリノストビムシ）．6, 腹管；6a, 前面（ジャワアリノストビムシ）；6b, 後面（ホウザワアリノストビムシ）．7, 茎節（ジャワアリノストビムシ）．8, 端節（ジャワアリノストビムシ）．(1, 須摩, 1988; 2, 4, 5, 6a, 7, 8, Yosii, 1966a; 3, Yoshii, 1987; 6b, Yoshii, 1980).

昆虫亜門・トビムシ目 253

アリノストビムシ科 Cyphoderidae の属，種への検索

跳躍器茎節後面の鱗片状毛の列の間に剛毛がある

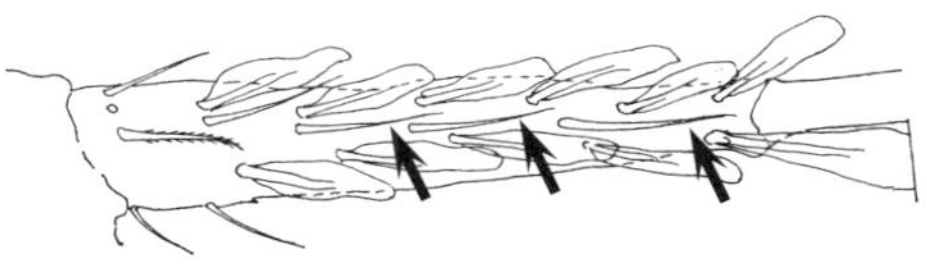

アリノストビムシ属
Cyphoderus

跳躍器端節は2歯

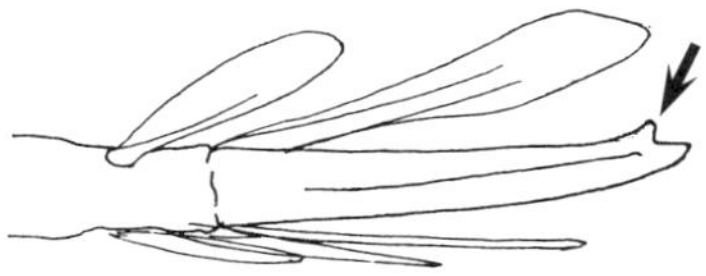

1. ジャワアリノストビムシ
C. javanus
(p.254)

跳躍器茎節後面の鱗片状毛列の間には，剛毛はない

ホウザワアリノストビムシ属
Serroderus

跳躍器端節は3歯

2. ホウザワアリノストビムシ
S. hozawai
(p.254)

アリノストビムシ科
Cyphoderidae Börner, 1913
アリノストビムシ属
Cyphoderus Nicolet, 1842

　跳躍器茎節後面において，ウロコ状毛の列の間に剛毛がある．日本では1種のみが知られる．

1．ジャワアリノストビムシ
Cyphoderus javanus Börner, 1906

　体長は1.8 mm．全身白色．頭盾毛は3，2，4本あり，基部側5本のうち4本はケバがあり，端部の4本は平滑で最大．主爪には1対の歯状突起と1個の内歯がある．副爪には幅広い外歯がある．粘毛は先端がやや鈍い．腹管前面にはケバのある長毛が2＋2本あり，後面には7本の毛と2対の微小毛，側弁には各2本の小毛がある．跳躍器の前面はウロコで覆われる．茎節後側面には大きなウロコ状毛が列をなし，その数は外側6，内側5本．内外の列の間にはケバのある剛毛が3-4本ある．端節は長く，先端に2歯がある．触角：頭部＝1.95：1．腹部第3節：第4節＝1：4.3．アリやシロアリの巣中に生息．　分布：本州，沖縄，南鳥島；ジャワ．　a, 全体図；b, 頭盾部とその周辺；c, 転節器官；d, 中肢脛付節と爪；e, 腹管前面；f, 腹管後面；g, 跳躍器茎節後面；h, 端節後側面 (a, 須摩, 1988; b, Yoshii, 1987; c-e, g, h, Yosii, 1966a; f, Yoshii, 1980).

ホウザワアリノストビムシ属
Serroderus Delamare Deboutteville, 1948

　茎節後面のウロコ状毛の列の間に剛毛はない．日本では1種のみが知られる．

2．ホウザワアリノストビムシ
Serroderus hozawai (Kinoshita, 1917)

　体長は1.6 mm．全身白色．頭盾毛は3，4，4本あり，すべて平滑．主爪には1対の歯状突起と0-1個の内歯がある．副爪には顕著な外歯がある．粘毛の先端はとがるかわずかにへら状．腹管前面には5-8対の長毛があり，後面には9本の長毛と2対の微小毛がある．跳躍器の前面はウロコで覆われる．茎節後側面には大きなウロコ状毛が外側5-6，内側2-3本，列をなす．それらの基部側に，外側ではケバのある剛毛が1本，内側では同様の毛が1-2本と小さな棘状毛が1本，列に続く．端節は長く，先端に3歯がある．触角：頭部＝1.7：1．アリやシロアリの巣中に生息．　分布：本州；東南アジア，南アジア，ミクロネシア．　a, 上唇；b, 頭盾部とその周辺；c, 触角第3節感器；d, 後肢脛付節と爪；e, 腹管前面；f, 腹管後面；g, 跳躍器茎節前面；h, 茎節・端節後側面 (a, d-h, Yoshii, 1980; b, Yoshii, 1987; c, 木下, 1917a).

1．ジャワアリノストビムシ

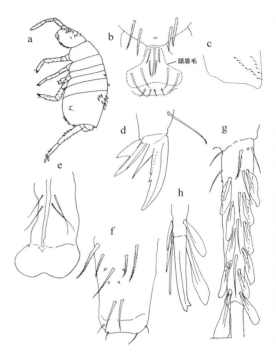

2．ホウザワアリノストビムシ

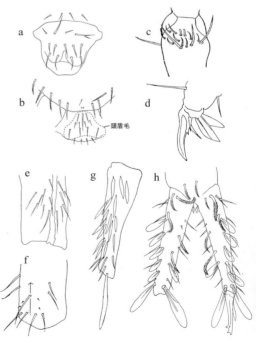

オウギトビムシ科 Paronellidae

一澤 圭

概説

オウギトビムシ科（Paronellidae Börner, 1913）は比較的大型（およそ 2-3 mm）のトビムシで，付属肢は長く，とくに触角が非常に長い種類が多い（図 C1）．あざやかな色彩のものが多く，カラーパターンが種の識別に有効であるが，一部の色素がアルコール中で消失してしまう種もある（Yoshii, 1983）．またカラーパターンの種内変異については十分に明らかになっていない．アヤトビムシ科（Entomobryidae）と同様，頭胸部の背面にはケバのある大剛毛があり，その配列（図 C2）は種の識別に重要である（Yoshii, 1982, 1983）．とくに腹部第 2 節の剛毛配列が重視され，正中部から体側部に向かって，s/2/s/1 などと示す．これは 2 本の長感毛（s）の間に 2 本，外側に 1 本の大剛毛があることを意味する（図 C2）．オウギトビムシ属（*Callyntrura*）など一部のグループでは体表がウロコ（図 C3）に覆われる．

頭部：口器周辺の形状は，アヤトビムシ科とほぼ同様だが，アカボシトビムシ（*Akabosia matsudoensis*）では前上唇毛は 2 本である（図 C4a）．オウギトビムシ属では，しばしば上唇第 1 列の一部あるいは全部の毛が長大になり（図 C4b），太くなったりケバを生じたりするなどの変形が見られることもある．触角は 4 節からなり（海外産のごく一部の属では，第 4 節が二次的に 2 分節する），多くの種では非常に長く，体長を超える．これは本科を特徴付ける形質である．多くの標本がしばしば触角を欠損するが，第 1 節だけでも残っていれば，それだけで頭長の 1.5 倍前後に達することから，本科であることを判別できる（図 C1）．PAO はない．小眼は日本産のものではいずれも 8+8 で，ほぼ平行な 2 列に配置されるものが多い（図 C5）．

胸部：第 1 節は退化して首状になる．肢の脛付節先端には主爪と副爪がある（図 C6）．主爪の基本構造は，アヤトビムシ科とほぼ同じ（図 D16）．副爪は内歯あるいは内側の角張りがあるものが多い．脛付節先端付近の外側には 1 本の粘毛があり，日本産の種ではいずれもよく発達し，先端が強く広がる．後肢転節にはおよそ十数本〜数十本の毛で構成される転節器官（図 C7）があり，その数や配置，毛の形状は種によって異なる．

腹部：第 4 節は非常に長く，日本産のものでは背面で第 3 節のおよそ 5-20 倍（図 C1）．腹管はしばしば円筒状に長く発達する（図 C1）．保体は基部に 0-1 本の剛毛と先端に∠歯がある．跳躍器は長く発達して 3 節からなる（インドに分布する *Yosiia* 属では端節が退化している）．茎節はアヤトビムシ科と異なり先細りせず，通常は後面に環皺はない（図 C8, 9a；アカボシトビムシは後面に環皺があるが，先細りにはならない：図 C9b）．茎節にはトゲの列がある場合や，先端

表 1 オウギトビムシ科の形質識別表

属名 No. 和名	体長 (mm)	体色	模様	体表のウロコ	触角第1節/頭部	転節器官の毛数	茎節後面	端節の歯	腹4/腹3	腹部背央部の大剛毛 第1節	第2節
ヒゲナガトビムシ属											
1 トウアヒゲナガトビムシ	約 2.0	白〜黄白	背側部に小対斑，腹面に黒色素	なし	1.8	約 18	平滑	3	20.6	2+2〜3+3	s/2/s/1
2 オキナワヒゲナガトビムシ	約 1.7	白地に黒帯斑	額部，胴体中央，後端部に広帯	なし	1.4	不明	平滑	3	18.1	2+2	s/2/s/1
3 ヒゲナガトビムシ	約 2.0	黄白	体側が濃色	なし	1.6	不明	平滑	3	17.0	7+7	s/2/s/2
4 クロフヒゲナガトビムシ	約 1.6	白地に黒帯斑	頭全体，胴体中央，後方に広帯	なし	1.3*	不明	平滑	3	15.0	7+7	s/2/s/2
5 アヤヒゲナガトビムシ	約 2.4	白地に暗褐と紫	側縁着色，腹 4 Y字	なし	1.4*	不明	平滑	3	24.0	7+7	s/2/s/2
オウギトビムシ属											
6 ヤマトオウギトビムシ	約 3.0	汚白〜暗褐地に紫〜青黒斑	頭胴前半部着色，腹 4 中央の横帯	長楕円形，紡錘形，扇形等	1.75	約 60	平滑	6	5.3	6+6	s/5/s/3
アカボシトビムシ属											
7 アカボシトビムシ	約 2.0	黄白	辺縁部や腹面に濃青着色	なし	1.25	約 20	しわ	2	11.3	3+3	s/2/s/0

*：記載図から計測した．

に特徴的な扇形の嚢状付属物（図J-9a, b）がある場合があり，それらの有無は属の識別に用いられる（日本産のものではいずれも茎節のトゲはなく，先端には嚢状付属物がある）．アリノストビムシ科（Cyphoderidae）に見られるような長いウロコ状毛はない．端節はさまざまであるが，日本産のものではいずれも短く，2～数個の歯がある（図C9a, b）．

本科は熱帯～亜熱帯域を中心に分布するグループで，日本からはこれまでのところ3属7種が確認されている．地表から樹上にすむものが多いが，海外では洞穴性のものも知られている．近縁の種類同士ではカラーパターン以外に形態的差異が見つかっていないものもあり，今後の研究が望まれる．

なお「日本産トビムシ和名目録」（トビムシ研究会編，2000）ではハンシンオウギトビムシ Callyntrura vestita が掲載されているが，その日本での記録はヤマトオウギトビムシ C. japonica の誤同定である可能性が高いため，本稿では除外した．

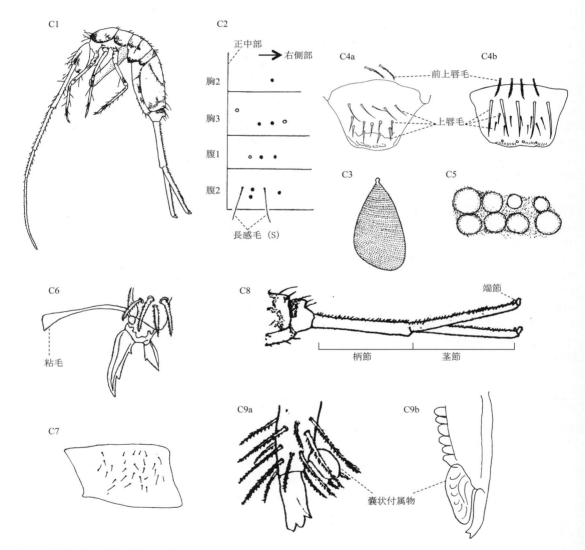

図C　オウギトビムシ科の形態用語図解
1, 全体図（ヤマトオウギトビムシ）．2, 胸部第2節-腹部第2節背面の剛毛配列（トウアヒゲナガトビムシ）．3, ウロコ（ヤマトオウギトビムシ）．4, 上唇；4a, 前上唇毛が2本（アカボシトビムシ）；4b, 上唇毛第1列が長大（ヤマトオウギトビムシ）．5, 小眼（オキナワヒゲナガトビムシ）．6, 脛付節と爪（ヒゲナガトビムシ）．7, 転節器官（アカボシトビムシ）．8, 跳躍器（ヤマトオウギトビムシ）．9, 茎節先端および端節；9a, 茎節後面は平滑・端節は3歯（クロフヒゲナガトビムシ）；9b, 茎節後面に環皺・端節は2歯（アカボシトビムシ）．(1, 3, 8, Uchida, 1943; 2, Yoshii, 1983; 4a, 7, 9b, Yosii, 1965; 4b, Yoshii, 1982; 5, 須摩・唐沢，2005; 6, Folsom, 1899; 9a, 須摩, 1984).

昆虫亜門・トビムシ目 257

オウギトビムシ科 Paronellidae の属，種への検索

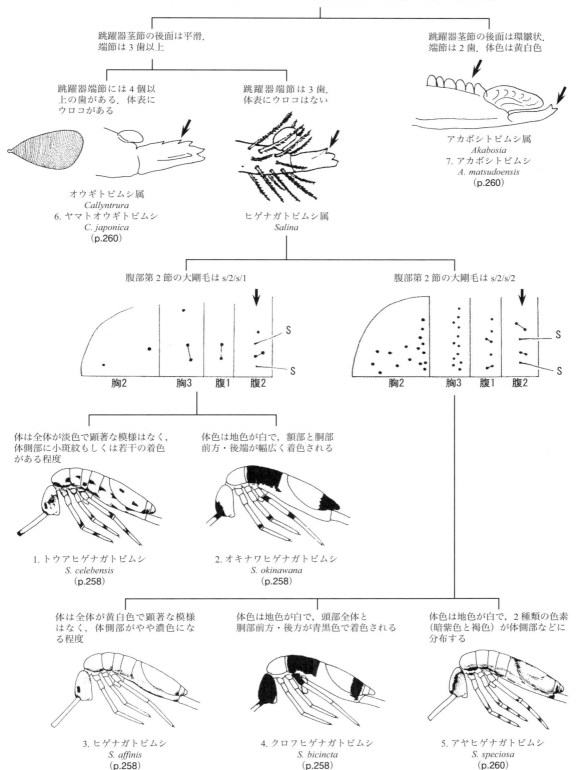

オウギトビムシ科
Paronellidae Börner, 1913
ヒゲナガトビムシ属
Salina MacGillivray, 1894

跳躍器脛節の後面は平滑．端節は，日本産のものでは3歯．体表にウロコはない．小眼は8+8．日本には5種が知られる．

1．トウアヒゲナガトビムシ
Salina celebensis (Schäffer, 1898)

体長は2.0 mm．体色の地色は白色〜黄白色で，腹面は黒ずむ．体色の濃いものでは胴体背側部に数対の小斑紋がある．転節器官は約18本の毛で構成される．粘毛は主爪より長く，先端が広がる．副爪は内側が角張る．胴部背面の大剛毛は，胸部第2節後半部では1+1本，第3節では2+2〜4+4本，腹部第1節では2+2〜3+3本，腹部第2節では片側にs/2/s/1．触角第1節：頭部＝1.8：1．腹部第3節：第4節＝1：20.6．　分布：本州，九州，南西諸島；東南アジア，南アジア．　a, カラーパターン（左側面）; b, 同（背面）; c, 上唇; d, 下唇基部; e, 後肢脛付節と爪; f, 跳躍器先端; g, 雄の生殖器; h, 頭部の剛毛配列; i, 胸部第2節－腹部第2節の剛毛配列 (a, b, i, Yoshii, 1983; c, d, h, Yoshii, 1981; e-g, Yosii, 1959b)．

2．オキナワヒゲナガトビムシ
Salina okinawana Yoshii, 1983

体長は1.7 mm．体色の地色は白で，青黒色の明瞭な帯斑がある．頭部では触角基部から額部にかけて着色．胴部では胸部第3節から腹部第2節に至る範囲と腹部第4節の後方から第6節後端までの範囲が幅広く着色される．触角は第1節の基部側および先端側の端が着色し，第2－4節の各先端部がわずかに着色．各肢では腿節の先端部が着色する．後肢腿節の基部が着色される場合もある．腹管および跳躍器は淡色．胴部背面の大剛毛は，胸部第2節後半部では1+1本，第3節では3+3本，腹部第1節では2+2本，腹部第2節では片側にs/2/s/1．　分布：沖縄．　a, カラーパターン（左側面）; b, 同（背面）; c, 小眼; d, 前肢脛付節と爪; e, 跳躍器先端; f, 雄の生殖器; g, 胸部第2節－腹部第2節の剛毛配列; h, 腹部第5節の剛毛配列 (a, b, f-h, Yoshii, 1983; c-e, 須摩・唐沢, 2005)．

3．ヒゲナガトビムシ
Salina affinis (Folsom, 1899)

体長は2.0 mm．体色はほぼ全身黄白色で，体の側部や後端部，触角各節の先端部がやや濃紫色となることがある．腹面は黒色の色素がちりばめられる．肢と跳躍器は淡色．副爪は主爪の約半分の長さで，内側が角張り，その角はやや小歯状に突出する．粘毛は先端が広がる．胴部背面の大剛毛は図のように配置され，胸部の2節には多数の毛があり，腹部第1節は7+7本，腹部第2節では片側にs/2/s/2．腹部第3節：第4節＝1：17.0．　分布：日本全国；東南アジア，南アジア，オセアニア．　a, カラーパターン（左側面）; b, 同（背面）; c, 前肢脛付節と爪; d, 胸部第2節－腹部第2節の剛毛配列; e, 腹部第5節の剛毛配列 (a, b, d, e, Yoshii, 1983; c, Folsom, 1899)．

4．クロフヒゲナガトビムシ
Salina bicincta (Börner, 1909)

体長は1.6 mm．体色の地色は白色で，美しい青黒色の帯斑がある．頭部はほぼ全体が着色．胴部では胸部第3節から腹部第2節に至る範囲と腹部第4節の後方約3分の1の範囲が幅広く着色される．後肢の基節・転節も着色．触角は基部に着色がある他は淡色．跳躍器は淡色．副爪は主爪の約半分の長さで，内側が角張る．粘毛は主爪より長く，先端が広がる．胴部背面の剛毛配列はヒゲナガトビムシと同じ．　分布：北海道，本州，九州．　a, カラーパターン（左側面）; b, 同（背面）; c, 小眼; d, 後肢脛付節と爪; e, 跳躍器先端 (a, b, Yoshii, 1983; c-e, 須摩, 1984)．

1. トウアヒゲナガトビムシ

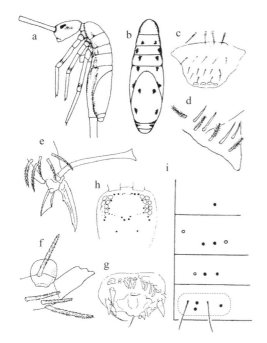

3. ヒゲナガトビムシ

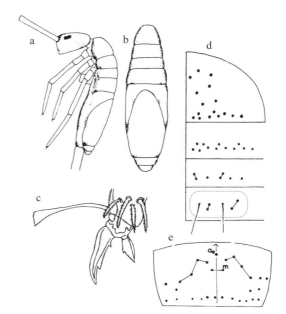

2. オキナワヒゲナガトビムシ

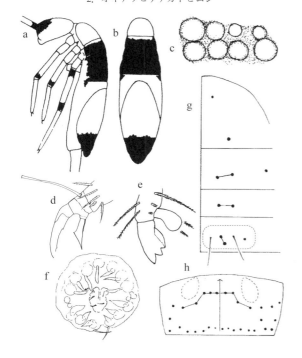

4. クロフヒゲナガトビムシ

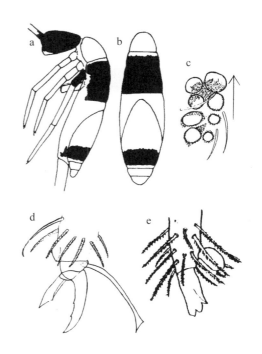

5. アヤヒゲナガトビムシ
Salina speciosa Kinoshita, 1917

体長は2.4 mm. 体色の地色は白色で, 2種類の色素（暗紫色と褐色）が分布する. 暗紫色の色素は細い帯となって頭部の眼斑域を通り, 胸部第2節から腹部第3節までの側縁をふちどる他, 腹部第5・6節の側面にも分布する. 褐色の色素はほぼ暗紫色の帯の周辺に分布し, 加えて腹部第4節の後方約3分の2の範囲に大きなY字形の模様とその前方に正中線上の縦帯を形成する. 副爪は主爪の約半分の長さで, 内側が角張る. 粘毛は主爪より長く, 先端が広がる. 胴部背面の剛毛配列はヒゲナガトビムシと同じ. 腹部第3節：第4節＝1：24.0. 現在のところ, 本種とヒゲナガトビムシとの識別点で確実であるのはカラーパターンのみであるが, アルコール中では本種の褐色の色素が消失してしまい, 識別が困難となる.　分布：北海道, 本州, 四国.　a, カラーパターン（左側面）; b, 同（背面）; c, 触角先端; d, 小眼; e, 後肢脛付節と爪; f, 跳躍器先端 (a, b, Yoshii, 1983; c-f, 木下 , 1917b).

オウギトビムシ属
Callyntrura Börner, 1906

跳躍器茎節の後面は平滑. 端節は4歯以上. 体表にウロコがある. 小眼は8+8. 茎節にトゲはない. 日本には1種が知られるのみ.

6. ヤマトオウギトビムシ
Callyntrura japonica (Kinoshita, 1917)

体長は3.0 mm. 体色の地色は汚白色〜暗褐色で, 紫色〜青黒色の帯斑が図aやbのように配置される. ウロコは褐色で, 触角や肢, 跳躍器にも分布する. 前上唇毛はケバがある. 上唇毛の最も基部側の5本は非常に大きいが, 変形はしていない. 上唇端部には2+2の突起がある. 転節器官は約60本の棘状毛で構成される. 副爪は内側が角張る. 粘毛は主爪とほぼ同長で先端が広がる. 腹部第1節の剛毛は6+6本でほぼ直線上に並ぶ. 第2節の剛毛はs/5/s/3. 端節は6歯. 触角第1節：頭部＝1.75：1. 腹部第3節：第4節＝1：5.3. 過去に日本でハンシンオウギトビムシ *C. vestita* (Handschin, 1925) として報告されたものは, おそらく本種の誤同定.　分布：本州, 四国, 九州；台湾, ビルマ.　a・b, カラーパターン ; c, ウロコ ; d 上唇 ; e, 後肢脛付節と爪 ; f, 跳躍器先端 ; g, 胸部第2節－腹部第3節の剛毛配列 (a, d-g, Yoshii, 1982; b, c, Uchida, 1943).

アカボシトビムシ属
Akabosia Kinoshita, 1919

跳躍器茎節の後面は環皺状となる. 端節は2歯. 体表にウロコはない. 世界で1種のみが知られる.

7. アカボシトビムシ
Akabosia matsudoensis Kinoshita, 1919

体長は2.0 mm. 体色はほぼ全身黄白色で, 触角基部や腹部第5節後端, 胴体部腹面などに濃青色の着色が見られる. 前上唇毛は1+1で, ケバがある. 小眼は8+8で, 縦2列に並ぶ. 転節器官は20-30本程の小毛で構成される. 粘毛は主爪の約1.7倍. 副爪は幅広く, 内側が角張る. 跳躍器茎節先端の嚢状付属物は他属のものより明らかに大きい. 端節は長く, わずかに曲がり, 先端に2歯がある. 胴部背面の大剛毛は少なめで, 図hのような配置. 触角第1節：頭部＝1.25：1. 腹部第3節：第4節＝1：11.3.　分布：北海道, 本州, 八丈島, 種子島, トカラ.　a, 全体図 ; b, 上唇 ; c, 転節器官 ; d, 後肢脛付節と爪 ; e, 腹管側弁の剛毛 ; f, 跳躍器先端 ; g, 雄の生殖器 ; h, 胸部第2節－腹部第2節の剛毛配列 (Yosii, 1965).

昆虫亜門・トビムシ目　261

5. アヤヒゲナガトビムシ

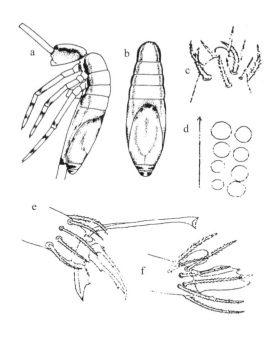

7. アカボシトビムシ

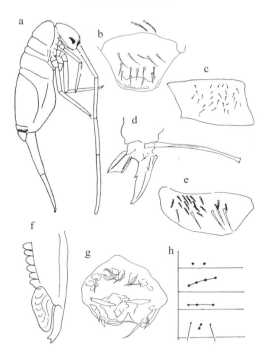

6. ヤマトオウギトビムシ

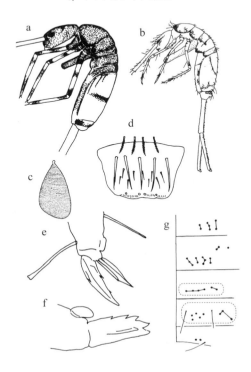

アヤトビムシ科 Entomobryidae・ニシキトビムシ科

一澤 圭

概説

アヤトビムシ科（Entomobryidae Schäffer, 1896）およびニシキトビムシ科（Orchesellidae Börner, 1906）は，全体として付属肢が長くスレンダーなトビムシである（図 D1a, b）．比較的大型（2-4.5 mm）のものが多いが，やや小型（1 mm 前後）のものも含む．両科は互いに近縁で，同じ科に含められることも多いが（たとえば Deharveng, 2004; Soto-Adames et al., 2008），本稿ではそれぞれ独立の科として扱う．ただし両科に共通の特徴も多いので，ここではあわせて概説を述べる．

体色は明瞭な模様をともなうものが多く，とくにアヤトビムシ属（Entomobrya）やトゲアヤトビムシ属（Homidia），ニシキトビムシ属（Orchesella）などではカラーパターンが種の識別に重要であるが（たとえば Christiansen and Bellinger, 1998; Fjellberg, 2007），しばしば種内変異があるので注意が必要である．

体表は数種類の毛で覆われる（図 D2a~g）．大剛毛（macrochaetae）は長大で全面にケバがあり，多くの場合は先端が広がった形状を示す（図 D2a）．トビムシの種類によって，黄褐色で頑健な大剛毛をそなえるものや，ほぼ透明でやわらかい大剛毛をそなえるものなどがある．長感毛（bothriotricha）は非常に長く，繊細で，ほぼ一様に短いケバがある（図 D2b）．これは腹部第 2 節に 2+2 本，第 3 節に 3+3 本，第 4 節に 2+2（アヤトビムシ科の一部では 3+3）本ある（図 D4）．ハゴロモトビムシ属（Lepidocyrtus）やカギヅメハゴロモトビムシ属（Pseudosinella）などでは長感毛の周囲に小さな付属毛（accessory setae）が見られ，強いケバがあるものや，先端が広がるものなどがある（図 D2c）．小剛毛（common setae, microchaetae）は体表のさまざまな部位に見られる小さな体毛で，多くの場合ケバがある（図 D2d）．種類によってまたは体の部位によってさまざまな長さのものがあるが，いずれの場合でも根元部分の太さは大剛毛より明らかに細い．多くの種では背面のほぼ全体を小剛毛が密に覆う．

一部のグループでは体表がウロコに覆われる．ウロコは褐色で縦スジがあるタイプ（紡錘形や長卵形の場合が多い：図 D2d, e）と透明で繊毛があるタイプ（円形や丸みのある台形である場合が多い：図 D2f）とに大別される．ウロコの形状や分布は，属や亜属の識別に有効である．ウロコのある種類では剛毛が少ない場合が多く，とくにハゴロモトビムシ属やカギヅメハゴロモトビムシ属では，大剛毛・小剛毛ともまばらである．なおヒマラヤトビムシ属（Himalanura）は，体を覆う小剛毛が細いウロコのように見えるが，これは小剛毛の中央が扁平に膨らんだものである（図 D2g）．

体表にはこの他，胸部第 2 節から腹部第 4 節にかけて，偽小孔（pseudopores: psp）と呼ばれる構造物が見られる（図 D3）．これは小さくややいびつな円形で，各節の後半部に対をなして配置される．大剛毛の毛穴と同程度かいくらか小さい程度の大きさだが，輪郭が不鮮明なため位相差顕微鏡を用いないと観察しづらい．

大剛毛の配置（剛毛配列：chaetotaxy）は種の識別に最も重要な形質の一つである（たとえば Jordana, 2012; Jordana and Baquero, 2005; Mari Mutt, 1985b; Potapov and Kremenitsa, 2008; Yosii, 1959a）．長感毛や偽小孔は，それ自体は種による差異は少ないが，大剛毛の配置を比較する際の基準点として役立つ．Szeptycki（1972, 1979）はアヤトビムシ科やその近縁群の代表的な種について，発生学的観点も踏まえて大剛毛の配列を整理した．Jordana and Baquero（2005）はより実用的な形を目指し，頭胴部背面の主要な部位を区画に分け，それぞれに生える大剛毛の数によって種の識別点を整理した．これはアヤトビムシ属を対象としたものであったが，他のグループに対しても適用されている（Jordana, 2012; Jordana and Baquero, 2010; Potapov and Kremenitsa, 2008）．本稿であげた両科の種類のうち，その半数近くで大剛毛の配列が明らかにされているが，Jordana and Baquero（2005）が示した区画との正確な対応関係がわからないものも多い．そのため本稿では，とくに断らない限り各節背面ごとの総数で示すこととし，腹部第 2-4 節の大剛毛については最外側の長感毛より内側の部分（「背央部」と表現する：図 D4）にあるものの本数を示した．頭部背面の大剛毛も種の識別に用いられるが，日本産の種では十分に明らかにされていない．本稿では，ハゴロモトビムシ属とカギヅメハゴロモトビムシ属に対してのみ，頭部の剛毛配列（図 D5）についてコメントした．

大剛毛や長感毛は，標本製作の過程でしばしば抜け落ちてしまう．その場合は毛穴（ソケット）によって位置を特定することができる．大剛毛の毛穴は小剛毛

のそれよりも明らかに大きいが，長感毛の毛穴とは区別しがたい場合がある．長感毛は本数と配置がほぼ決まっているため，慣れれば毛穴のみで位置を判別できるが，できるだけ長感毛を保持した標本で確認することが望ましい．逆に大剛毛がよく残っている場合，多数の大剛毛がある部位では，大剛毛同士が重なり合い，根元の位置が特定しにくい場合がある．また抜けた大剛毛が毛穴のそばに残っていると，毛の根元と毛穴とを二重にカウントしてしまうおそれがあるので，できるだけ左右の対称性を確認するなどしながら観察することが望ましい（ただし，ときおり大剛毛が左右対称でない場合もある）．

頭部：上唇（図D6）には3列の毛があり，基部から順に5，5，4本．それと前上唇毛の4本をあわせ，4/5，5，4と示す．この本数はどの種でもおよそ変わりないが，それぞれの毛のケバの有無は種によって異なる．上唇端部には通常2+2個の突起があり，それぞれに0～数本の小さなトゲがある．この突起の形状は種の識別に有効．下唇の端部（図D7, 8）には大小の突起と多数の毛があり，その最外側の突起には他より太く先端が鈍い毛（下唇端外毛 external differentiated seta）がある．その位置や形状は種の識別に有効であるが，日本産の種では調査が不十分である．下唇基部の三角領域（labial triangle）には数本の毛があり，位置に応じて記号が付されている（図D7, 9）．毛の本数やそれぞれの毛の相対的な長さ，ケバの有無などは種の識別に重要である．トゲウロコニシキトビムシ亜属（Alloscopus）では，下唇の毛のいくつかがウロコに置き換わる種類もいる．大顎には臼歯域があり，先端に数個の歯がある．少なくとも日本産の種では，大顎・小顎とも特殊化したものは知られていない．触角は，アヤトビムシ科では他の多くの科と同様に全4節からなるが（図D1a），ニシキトビムシ科ではCorynothrix属（日本では未発見）を除き，第1節または第1・2節に亜分節があって全5-6節となる（図D1b, 10）．これは両科を識別する重要な形質であり，また触角と頭部の長さの比率は一部の種の識別に有効であるが，触角はしばしば途中から欠損してしまうので注意が必要である．先端の節の形状を確認する他，できるだけ左右の状態，または複数個体を観察することが望ましい．なおニシキトビムシ科でも若齢個体では亜分節が未発達である．またコニシキトビムシ属（Orchesellides）では，健全な成体でも第1節の分節が根元付近にあるため（図D1b），注意しないと見落としてしまう．触角先端には感球（antennal apical bulb：図D11a）や特殊な形状の毛（先端刺毛 pin seta：図D11b）があるものがあり，その有無や形状は種の識別に有効．PAOはこれらの科ではほとんどの種で存在しないが，トゲウロコニシキトビムシ（Heteromulus (Alloscopus) tenuicornis）などごく一部の種には存在する（図D12）．小眼は多くの種で8+8であるが，6+6～無眼のものもおり（図D13a-c），その数や配置は種の識別に重要である．とくに地中や洞穴にすむものでは小眼数が退化する傾向にある．

胸部：第1節は退化して首状になる．ハゴロモトビムシ属などでは，第2節が突出して第1節や頭部の一部を覆うものもいる（図D14）．肢の脛付節先端には主爪と副爪がある（図D15a-e）．通常，主爪の内縁は基部で二つに分かれ，対をなす歯（大きさや形状が異なる場合もある）を形成する（図D16）．この歯を基部内歯とよび，それより端部側にある歯を不対の内歯もしくは単に内歯とよぶ．カギヅメアヤトビムシ属（Sinella）など一部のものでは基部内歯が大きく突出し，これを歯状突起とよぶ（図D15b, e）．これらの他，主爪の外側には外歯，両側面の薄片上には側歯がある（図D16）．副爪は単純な小刀状のもの（図D15a）から，外歯（図D15b, e）があるもの，内側に角張りがあるもの（図D15c），外側に鋸歯があるもの（図D15d）などがある．これらの歯の有無や形状は種の識別に重要である．脛付節先端付近の外側には各1本の粘毛（tenent hair）があり，多くの種ではよく発達して先端が広がる形状を示す（図D15a）が，短くて先端がとがるものもいる（図D15e）．粘毛と主爪との長さの比率は，種の識別に有効．後肢転節の内側には転節器官（trochanteral organ）があり，数本～数十本の毛で構成される（図D17a, b）．その数や配置，毛の形状は種によって異なるが，成長に伴う変化もあるので注意を要する．

腹部：アヤトビムシ科では第4節が長く，背面では第3節の2倍を超える（多くは3倍以上）（図D1a）．ニシキトビムシ科では第4節は第3節より若干長いが，背面で2倍以下（図D1b）．両節の比率が種の識別に利用されることもあるが，成長に伴う若干の変化があるので要注意．腹管（図D18a, b）の前面や後面，側弁にある毛の数やそれぞれの毛の長短，ケバの有無は，しばしば種の識別に用いられる．保体には基部に1本（ニシキトビムシ科の一部では0-4本）の剛毛，先端に4歯がある（図D19）．跳躍器はよく発達した3節からなり，柄節と茎節が長い（図D20）．茎節は後面に環皺があり，先端に向かって細くなり，ゆるく曲がる．トゲアヤトビムシ属では茎節基部にトゲ（茎節棘 dental spine：図D21）があり，属の識別点となる．種によって異なる数が報告されているが，成長に伴って数が変化するので，同定の参考とする場合には注意が必要である．なお幼若個体ではトゲがないので，アヤトビムシ属との識別が困難である．その他，日本産の

表1 アヤトビムシ科の形質識別表

属名 No.	和名	体長 (mm)	体色	模様	触角先端の感桿	触角/頭部	小眼	最端内歯位置/主爪長さ	副爪	粘毛***	粘毛長/主爪	跳躍器 端節・基棘	跳躍器 亜端歯サイズ	腹4/腹3	その他の形質 主爪の歯状突起
カギツメアヤトビムシ属															
1	ショウブカギツメアヤトビムシ	約3.0	白	不明瞭、頭部V字	0	2.5	0	-	小外歯	失	≪1.0	2:1	≒端歯	2.5	有
2	ウメサオカギツメアヤトビムシ	約3.0	白地に淡紫	-	不明	2.2	5+5−6+6	>0.5	大外歯	失	<1.0	2:1	≒端歯	3.2	有
3	シロツノトビムシ	約1.9	淡黄褐	-	不明	3	3+3: 前後2近接	>0.5	大外歯	失 or 広	≒1.0	2:1	≒端歯	2.8	有
4	ユミゲカギツメアヤトビムシ	約2.0	白〜黄褐	-	0	1.8〜2.8	2+2: 前後に離	>0.5	外鋸歯	失 or 広	<1.0	2:1	≒端歯	4.0*	有
5	ホタカギツメアヤトビムシ	約1.8	白〜灰白	-	0	1.9	2+2: 前後に接	>0.5	大外歯	失	不明	2:1	≒端歯	4.8*	有
6	ヨリメシロアヤトビムシ	約1.7	白〜淡黄	-	0	2.1	2+2: 背腹に接	≧0.5	小刀状	失	<1.0	2:1	≒端歯	4.5	有
カギツメカアヤトビムシ属															
7	メナシンカアマアヤトビムシ	約1.7	白	-	0	1.5	0	≒0.5	大外歯	失	<1.0	1:1	-	3.3	有
8	インカワンシロアヤトビムシ	約1.7	白	-	0	1.7* (4.0**)	0	-	大外歯	失	≒0.5	1:1	-	4.8* (4.0**)	有
9	アキヨンシロアヤトビムシ	約2.0	黄白	-	0	2.3	0	≒0.17	大外歯	不明	不明	1:1	-	3.3	有
10	トゲエルレイトビムシ	約1.6	黄白	-	0	1.8-2.3	0	≒0.33	大外歯	失	<1.0	1:1	-	3.1	有
11	タカラカマアヤトビムシ	約1.0	白	-	不明	不明	0	≒0.5	大外歯	失	不明	1:1	-	不明	有
12	シロアヤトビムシ	約1.5	白	-	0	1.7*	0	≒0.5	大刀状	失	<1.0	2:1	-	2.5*	有
フチドリアヤトビムシ属															
13	フチドリアヤトビムシ	約2.6	汚白地に濃色斑	不明瞭、不規則斑	1	3	8+8	>0.5	小刀状	広	不明	2:1	不明	5.9*	有
アヤトビムシ属															
14	コシグロアヤトビムシ	約1.4	白〜黄地に黒斑	腹4中央に大黒斑	0	1.7	8+8	≧0.5	内角張	広	≒1.0	2:1	>端歯	3.0	有
15	ウミベアヤトビムシ	約1.8	暗灰	不明瞭、節辺縁に着色	2	3.6	8+8	≫0.5	内角張	広	≒1.0	2:1	≒端歯	4.5	有
16	ツツグロアヤトビムシ	約2.5	淡黄地に青黒斑	胴前半に4横帯、後半に4横帯（腹管背黒）	不明	3.2	8+8	≫0.5	小刀状	微広	≦1.0	2:1	≧端歯	7.0*	有
17	ミヤコロアヤトビムシ	約2.3	白〜黄地に青黒斑	胴前半に横帯，後半に4横帯（腹管背黒）	0	2.2	8+8	≫0.5	小刀状	微広	≦1.0	2:1	>端歯	4.5	有
18	スジガンラアヤトビムシ	約2.3	黄〜灰黄地に黒紫斑	頭・胴前半に3縦帯	2	2.5	8+8	≫0.5	小刀状	微広	≒1.0	2:1	≧端歯	不明	有
19	ヒトスジシロアヤトビムシ	約2.5	淡灰〜淡青地に濃背	胴前半に正中縦条	1-2	2.6	8+8	≫0.5	外鋸歯	微広	≒1.0	2:1	≪端歯	3.75	有
20	トワナガアヤトビムシ	約2.0	黄地に黒斑	腹2-3に太横帯	不明	4.0	8+8	≫0.5	小刀状	広	>1.0	2:1	≒端歯	5.2-6.0	有
21	ユキアヤトビムシ	約2.0	淡黄地に青紫斑	腹4後にU字	2-3	2.75	8+8	≫0.5	小刀状	広	≧1.0	2:1	≒端歯	3.8	有
22	シマソトビムシ	約2.7*	青〜濃紫黒	胴前半に4横帯	？	3.1	8+8	≫0.5	小刀状	広	≒1.0	2:1	≧端歯	5.4	有
23	スマトラアヤトビムシ	約2.0	淡黄褐地に青黒斑白〜灰に青黒	不明瞭	1-2	2.7	8+8	≫0.5	小刀状	広	≒1.0	2:1	≒端歯	2.5*	有
トゲアヤトビムシ属															
24	アマクサトゲアヤトビムシ	約2.8	淡黄	各肢・体側に着色	2	3.1	8+8	≫0.5	小鋸歯	広	≦1.0	2:1	>端歯	5.7	茎節棘 28-30
25	タテジマアヤトビムシ	約3.0	白〜黄地に青黄褐帯	頭−腹3に側縦帯	2	3.0	8+8	≫0.5	外鋸歯〜平滑	微広	≧1.0	2:1	>端歯	4.5	10-30
26	クチヒゲトゲアヤトビムシ	約3.2	淡黄〜黄褐地に黒斑	口器周辺着色，胴前半に3縦帯	2	4.0	8+8	≫0.5	小刀状	広	≒1.0	2:1	>端歯	6.0*	40±
27	ヨシイトゲアヤトビムシ	約2.6	淡黄地に黒斑	全頭着色，胴前半に3縦帯	2	2.9	8+8	≫0.5	小刀状	広	≦1.0	2:1	>端歯	5.0	27-40

昆虫亜門・トビムシ目

属名 No.	和名	体長 (mm)	体色	模様	触角先端球の感状	触角/頭部	小眼	最端内歯位置/主爪長さ	副爪	粘毛***	粘毛長/主爪長さ	跳躍器 端節 歯・基線	跳躍器 亜端歯サイズ	腹4/腹3	その他の形質
28	クロツアヤトビムシ	約3.0	白地に黒紫〜紫褐色斑	全頭、胴広範、肢基節、腹管着色	不明	1.7	8+8	≫0.5	小刀状	広	≧1.0	2:1	≫端歯	5.6-6.1*	9-50
29	ルリトゲアヤトビムシ	約2.1	青〜紫	不明瞭	不明	2.5	8+8	≫0.5	小刀状	広	>1.0	2:1	≧端歯	6.7	10-13
30	ザラテルアアヤトビムシ	約3.5	白〜黄地に青〜濃紫斑	胴に1〜5横帯	2	2.3	8+8	≫0.5	外鋸歯	広	≧1.0	2:1	≧端歯	5.8	25-30
31	フジヤマダアヤトビムシ	約3.5	淡黄〜緑褐色地に濃紫斑	胴辺縁・腹3着色、腹4青色	不明	2.2	8+8	≫0.5	小刀状	広	不明	2:1	≫端歯	9.9	26-40
32	コンジキトゲアヤトビムシ	約2.5	乳白	不明瞭	不明	3.0	6+6	>0.5	小刀状	広	≒1.0	2:1	>端歯	8.5	30±
33	ウスイロアゲアヤトビムシ	約1.9	淡黄	不明瞭、局所着色	2	2.4	8+8	≫0.5	小刀状	広	≧1.0	2:1	>端歯	5.8	22-23

ヒマラヤトビムシ属

属名 No.	和名	体長 (mm)	体色	模様	触角先端球の感状	触角/頭部	小眼	最端内歯位置/主爪長さ	副爪	粘毛***	粘毛長/主爪長さ	跳躍器 端節 歯・基線	跳躍器 亜端歯サイズ	腹4/腹3	その他の形質
34	エゾアヤトビムシ	約2.3	淡色地に暗色斑	胴前半に対斑、中央に横帯	不明	2.5	8+8	不明	小刀状	広	>1.0	2:1	?	5.0	ウロコ状の小剛毛

ウロコトビムシ属

属名 No.	和名	体長 (mm)	体色	模様	触角先端球の感状	触角/頭部	小眼	最端内歯位置/主爪長さ	副爪	粘毛***	粘毛長/主爪長さ	跳躍器 端節 歯・基線	跳躍器 亜端歯サイズ	腹4/腹3	その他の形質
35	キウロコトビムシ	約1.5	淡黄	-	不明	2.0	8+8	>0.5	内角張	微広	1.5〜2.0	2:1	≒端歯	4.2	縦スジあり紡錘形
36	ヤマトウロコトビムシ	約1.8	白地に黒〜濃紫斑	辺縁着色〜3横帯	2	2.2	8+8	≫0.5	小刀状	広	>1.0	2:1	≒端歯	3.7-5.5	縦スジあり紡錘形
37	ヤマシタホソウロコトビムシ	約2.2	淡黄	局所紫着色	不明	2.2	8+8	≫0.5	内角張	広	≧1.0	2:1	≒端歯	4.0	縦スジあり細い紡錘形

カマガタウロコトビムシ属

属名 No.	和名	体長 (mm)	体色	模様	触角先端球の感状	触角/頭部	小眼	最端内歯位置/主爪長さ	副爪	粘毛***	粘毛長/主爪長さ	跳躍器 端節 歯・基線	跳躍器 亜端歯サイズ	腹4/腹3	その他の形質
38	インドカマガタトビムシ	約1.7	乳白	体側に紫着色	2	2.0-2.5	8+8	≫0.5	小刀状	広	<1.0	1:0	-	3.2	縦スジあり長楕円形
39	ニジイロカマガタトビムシ	約2.6	乳白	体側半で紫着色	2	2.0	8+8	≫0.5	小刀状	広	≒1.0	1:0	-	不明	縦スジあり長楕円形

オオウロコトビムシ属

属名 No.	和名	体長 (mm)	体色	模様	触角先端球の感状	触角/頭部	小眼	最端内歯位置/主爪長さ	副爪	粘毛***	粘毛長/主爪長さ	跳躍器 端節 歯・基線	跳躍器 亜端歯サイズ	腹4/腹3	その他の形質
40	オオウロコトビムシ	約3.5	淡黄褐地に暗色斑	全頭・各節辺縁部に着色、胞に帯	1	2.7	8+8	≫0.5	小刀状	広	≫1.0	2:1	≒端歯	7.1	縦スジあり長楕円形・紡錘形

ハゴロモトビムシ属

属名 No.	和名	体長 (mm)	体色	模様	触角先端球の感状	触角/頭部	小眼	最端内歯位置/主爪長さ	副爪	粘毛***	粘毛長/主爪長さ	跳躍器 端節 歯・基線	跳躍器 亜端歯サイズ	腹4/腹3	その他の形質
41	アイイロハゴロモトビムシ	約1.3	暗青〜青紫	不明瞭	0	1.2	8+8	≧0.5	小刀状	広	≒1.0	2:1	≒端歯	3.3	繊毛あり円形〜丸合形
42	ネコゼハゴロモトビムシ	約3.5	白	局所青着色	0	1.6*	8+8	>0.5	外鋸歯〜平滑	広	≒1.0	2:1	≒端歯	4.0	繊毛あり円形〜丸合形
43	シロハゴロモトビムシ	約1.6	白〜黄	局所青着色	0	1.5*	8+8	>0.5	外鋸歯〜平滑	広	≒1.0	2:1	≒端歯	不明	繊毛あり円形〜丸合形

カギツメハゴロモトビムシ属

属名 No.	和名	体長 (mm)	体色	模様	触角先端球の感状	触角/頭部	小眼	最端内歯位置/主爪長さ	副爪	粘毛***	粘毛長/主爪長さ	跳躍器 端節 歯・基線	跳躍器 亜端歯サイズ	腹4/腹3	その他の形質
44	イツツメカギツメハゴロモトビムシ	約2.5	黄白に濃紫	触角と基節に着色	不明	1.6	5+5	≧0.5	小刀状	広	<1.0	2:1	≒端歯	9.1*	繊毛あり円形〜丸合形
45	ヒメカギツメハゴロモトビムシ	約0.7	白地に青	不明瞭、体前半で濃い	0	1.3	4+4	≒0.5	小鋸歯	失 or 微広	≪1.0	2:1	≒端歯	2.8	繊毛あり円形〜丸合形
46	カギツメハゴロモトビムシ	約0.95	黄白地に青	不明瞭、頭部と触角が着色	0	1.5	4+4	>0.5	小刀状	広	<1.0	2:1	≒端歯	2.8	繊毛あり円形〜丸合形

*：記載図から計測した．**：沖縄県産標本での値．***：先端が失＝失、先端が広がる＝広、わずかに広がる＝微広．

ものではトゲウロコニシキトビムシに茎節棘がある．端節（図D22a~c）は小さく，1-2歯（海外産のニシキトビムシ科のごく一部では3歯）で多くは1本の基棘（basal spine）がある．2歯ある場合，先端側の歯を先端歯，基部側の歯を亜端歯とよぶ．2歯の大小関係や基棘の相対的な長さが種の識別に有効な場合がある．腹部第5節にある雄の生殖孔（図D23）の周囲には複数の突起と変形した毛があり，その形状は種の識別に重要と考えられるが（Christiansen, 1958），日本産の種では十分な調査がなされていない．

アヤトビムシ科では，これまでのところ日本で9属46種が確認されている．土壌表層や腐植層にすむものの他，樹上性，洞穴性のものも少なくない．本科は大型で目立つ色彩のものも多く，古くからカラーパターンをおもな標徴とした種の記載が行われてきた．しかしカラーパターンには種内変異があるため，それ以外の形質の記載が不十分なものは，その実態が不明なままである種類も少なくない．近年，剛毛配列などの比較的安定した形質を重視した整理が進められており，日本あるいは東アジア地域の種群に対してはカギヅメカマアヤトビムシ亜属（Coecobrya）（Chen and Christiansen, 1997），カギヅメアヤトビムシ亜属（Sinella）（Chen and Christiansen, 1993），トゲアヤトビムシ属（Jordana and Baquero, 2010），ウロコトビムシ属（Willowsia）（Zhang et al., 2011），カギヅメハゴロモトビムシ属（Wang et al., 2004）において，まとまった研究がなされた．またカギヅメハゴロモトビムシ属については，世界の種についてそれぞれの形質がデータベース化され，コンピューターソフトによる検索が行えるようになっている（Christiansen et al., 1990; "Pseudosinella Database Page": http://www.math.grin.edu/~twitchew/coll/)．さらに，Jordana (2012) はアヤトビムシ科のうち旧北区の主要なグループについて包括的な整理を行い，本グループにおける今後の研究に対して大きな貢献を果たした．これらをもとに，日本産の標本についてもさらなる研究を進めていくことが期待される．

ニシキトビムシ科もやはり大形で目立つ種類を多く含み，とくに全北区に広く分布するニシキトビムシ属は多数の種類を含む大きなグループで，ヨーロッパでは古くからなじみの深い種群である（Hopkin, 2007）．日本では長い間，コニシキトビムシ属のシナニシキトビムシ（Orchesellides sinensis）1種が知られるのみであったが，最近になって小笠原からウロコニシキトビムシ属のトゲウロコニシキトビムシが（Hasegawa et al., 2009），北海道からニシキトビムシ属のオビニシキトビムシ（Orchesella cincta）が（須摩, 2011, 2013）相次いで報告され，合計で3属3種となった．コニシキトビムシ属についてはJordana and Baquero (2006)，ニシキトビムシ属についてはPotapov and Kremenitsa (2008)，ウロコニシキトビムシ属のトゲウロコニシキトビムシ亜属ではMari Mutt (1985b) による研究がある．しかし日本産の標本についてはまだ十分な研究が行われておらず，今後の進展が望まれる．

本稿では，「日本産トビムシ和名目録」（トビムシ研究会編, 2000）に掲載された種のうち，次のものを除外した：

・日本での分布が不確かであるもの … キノボリアヤトビムシ Entomobrya (E.) arborea (Tullberg, 1871)，ゴスジアヤトビムシ Entomobrya (E.) handschini Stach, 1922，メナシカギハゴロモトビムシ Pseudosinella petterseni Börner, 1901.

・日本で記載されているが，記載不十分のため実態が不明なもの … ヒラアヤトビムシ Entomobrya (E.) corticalis (Nicolet, 1842)，ケブカアヤトビムシ Entomobrya (E.) villosa Börner, 1909.

・日本での記録は別種の誤同定である可能性が高いもの … ウロコトビムシ Willowsia platani (Nicolet, 1842)〔→ヤマトウロコトビムシ W. japonica (Folsom, 1897)〕，シマツノオオウロコトビムシ Lepidosira nilgiri (Denis, 1936)〔→オオウロコトビムシ L. gigantea (Börner, 1909)〕．

・他種のシノニムであるもの … フタホシウロコトビムシ Willowsia bimaculata (Börner, 1909)〔→ヤマトウロコトビムシ〕，セマルオオウロコトビムシ Lepidosira gibbosa (Denis, 1924)〔→オオウロコトビ

表2　ニシキトビムシ科の形質識別表

属名 No. 和名	体長 (mm)	体色	模様	体表のウロコ	触角	触角/頭部	小眼	副爪	粘毛*	粘毛長/主爪	茎節棘	端節歯・基棘	腹4/腹3
ウロコニシキトビムシ属													
47 トゲウロコニシキトビムシ	約2.0	白～淡黄	なし	楕円形	5節	2.5	1+1	大外歯	尖	<1.0	5-20	2・0	1.5
コニシキトビムシ属													
48 シナニシキトビムシ	約2.0	白～淡黄地に紫帯斑	腹2・3に広横帯，腹4背側部に縦帯	なし	5節	3.0	8+8	小外歯	広	≒1.0	なし	2・1	1.4-2.0
ニシキトビムシ属													
49 オビニシキトビムシ	約4.5	白～黄褐地に濃紫～青黒の帯斑	腹3全体に着色，腹4後半は白色	なし	6節	1.8-2.6	8+8	小外歯	広	≒1.0	なし	2・1	1.4-1.8

*：先端が尖る … 尖，先端が広がる … 広．

ムシ〕.

また次のものは「日本産トビムシ和名目録」（トビムシ研究会編, 2000）では所属・学名が不正確であった，もしくは後の分類学的研究によって修正がなされたもので，最新の知見に従い変更した：
- ヨリメシロアヤトビムシ *Sinella (S.) subquadrioculata* Yosii, 1956：カギヅメカマアヤトビムシ亜属 *Sinella (Coecobrya)* → カギヅメアヤトビムシ亜属 *Sinella (Sinella)*.
- ヤマシタホソウロコトビムシ *Willowsia yamashitai* Uchida, 1969：ホソウロコトビムシ属 *Janetscheckbrya* → ウロコトビムシ属 *Willowsia*.
- ニジイロカマガタトビムシ：*Seira iricolor* Yosii & Ashraf, 1964 → *S. taeniata* (Handschin, 1925).

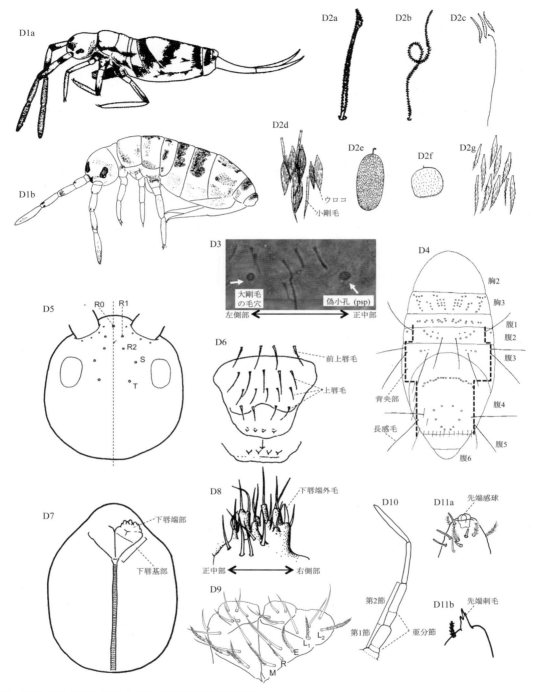

図D　アヤトビムシ科およびニシキトビムシ科の形態用語図解
1, 全体図；1a, アヤトビムシ科(ツツグロアヤトビムシ)；1b, ニシキトビムシ科(シナニシキトビムシ). 2, 体毛およびウロコ；2a, 大剛毛(概念図)；2b, 長感毛(概念図)；2c, 長感毛および付属毛(ネコゼハゴロモトビムシ)；2d, 小剛毛および紡錘形のウロコ(ヤマトウロコトビムシ)；2e, 長卵形のウロコ(インドカマガタウロコトビムシ)；2f, 丸みのある台形のウロコ(ハゴロモトビムシ属)；2g, ウロコ状の小剛毛(ヒマラヤトビムシ属). 3, 偽小孔とその周辺(ハゴロモトビムシ属). 4, 胴部背面の剛毛配列(ザウテルアヤトビムシ). 5, 頭部背面の剛毛配列(ハゴロモトビムシ属およびカギヅメハゴロモトビムシ属：概念図). 6, 上唇(フチドリアヤトビムシ). 7, 頭部腹面(概念図). 8, 下唇端部(概念図). 9, 下唇基部(ヒトスジアヤトビムシ). 10, 触角(オビニシキトビムシ). 11, 触角先端；11a, 先端感球(ヒトスジアヤトビムシ)；11b, 先端刺毛(シナニシキトビムシ).

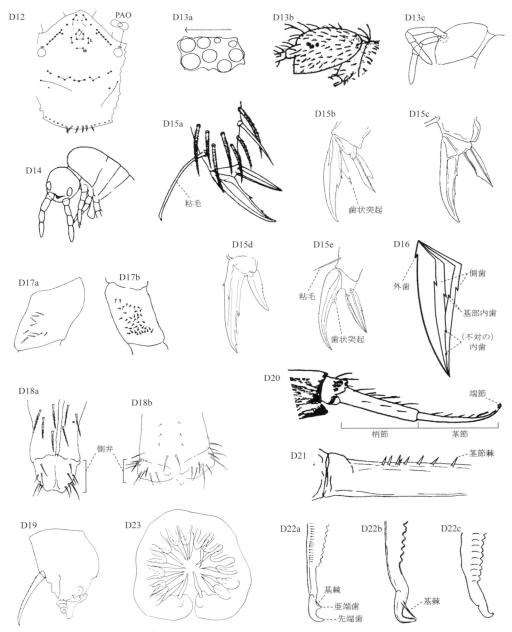

12, 頭部背面剛毛配列および PAO (トゲウロコニシキトビムシ). 13, 小眼；13a, 8+8 (ミヤコアヤトビムシ)；13b, 3+3 (シロツノトビムシ)；13c, 無眼 (メナシカマアヤトビムシ). 14, 突出した胸部第2節 (ネコゼハゴロモトビムシ). 15, 脛付節と爪；15a, 先の広がった粘毛・小刀状の副爪 (タテジマアヤトビムシ)；15b, 発達した歯状突起のある主爪・外歯のある副爪 (シロアヤトビムシ)；15c, 内側に角張のある副爪 (コシグロアヤトビムシ)；15d, 外側に鋸歯がある副爪 (ヒトスジアヤトビムシ)；15e, 短く先のとがった粘毛・小さめの歯状突起がある主爪・小さい外歯がある副爪 (ショウブカギヅメアヤトビムシ). 16, 主爪の構造 (概念図). 17, 転節器官；17a, 10本の小毛 (スマトラアヤトビムシ)；17b, 数十本の棘状毛 (ニジイロカマガタトビムシ). 18, 腹管；18a, 前面 (メナシカマアヤトビムシ)；18b, 後面 (インドカマガタトビムシ). 19, 保体 (ウミベアヤトビムシ). 20, 跳躍器 (フジヤマトゲアヤトビムシ). 21, 茎節棘 (タテジマアヤトビムシ). 22, 端節；22a, 2歯1基棘 (シロツノトビムシ)；22b, 1歯1基棘 (トゲユウレイトビムシ)；22c, 1歯0基棘 (インドカマガタトビムシ). 23, 雄の生殖孔 (ウミベアヤトビムシ). (1a, 15c, Yosii, 1954b; 1b, Mari Mutt, 1985a; 2a, 2b, 8, Christiansen and Bellinger, 1998; 2c, Yosii, 1959b; 2d, 15a, 21, 22a, 22b, Yosii, 1942; 2e, Imms, 1912; 2f, 伊藤ほか, 1999; 2g, Yosii, 1971b: 3, 5, 7, 9, 11a, 15d, 16, 一澤原図; 4, 14, 15e, Yosii, 1956b; 6, Yoshii, 1992; 10, Fjellberg, 2007; 11b, Christiansen and Bellinger, 1992; 12, Yoshii and Suhardjono, 1989; 13a, Yosii & Lee, 1963; 13b, Folsom, 1899; 13c, 18a, Yosii, 1964; 15b, Yosii, 1956a; 17a, 19, 23, Yosii, 1965; 17b, Yosii and Ashraf, 1964; 18b, 22c, Yosii & Ashraf, 1965; 20, Uchida, 1954a)

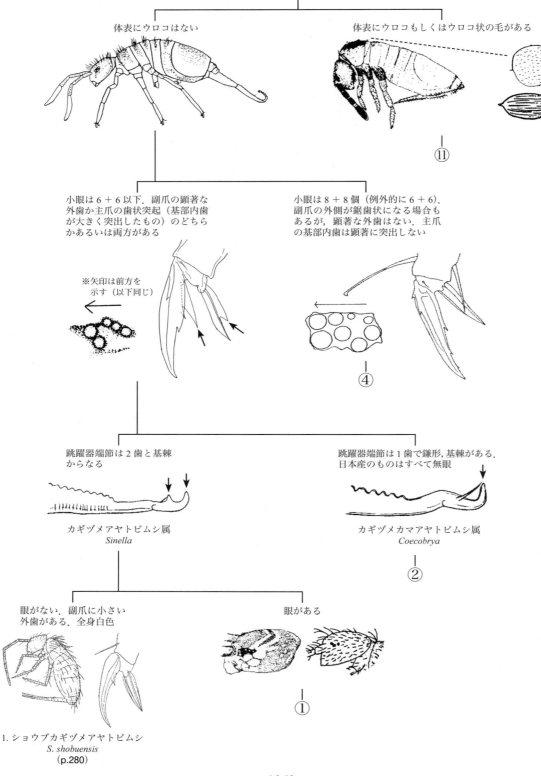

昆虫亜門・トビムシ目　271

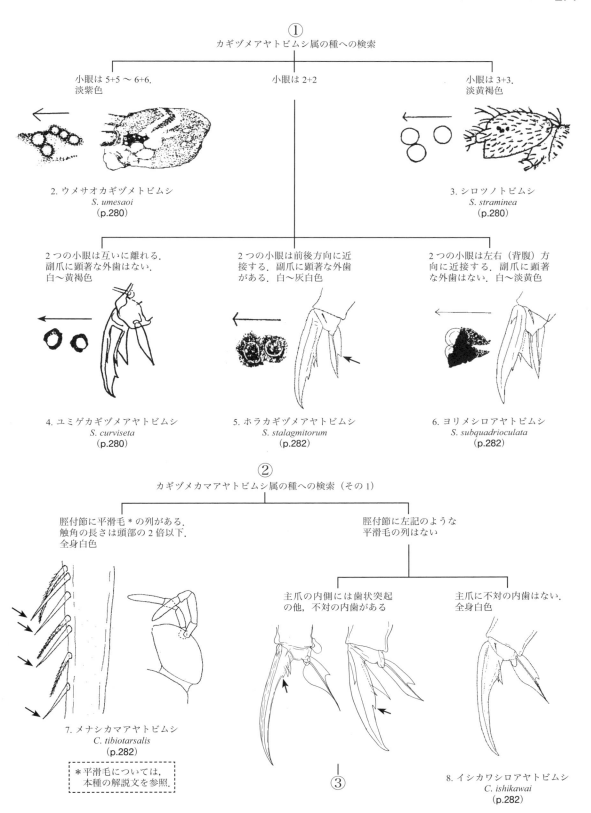

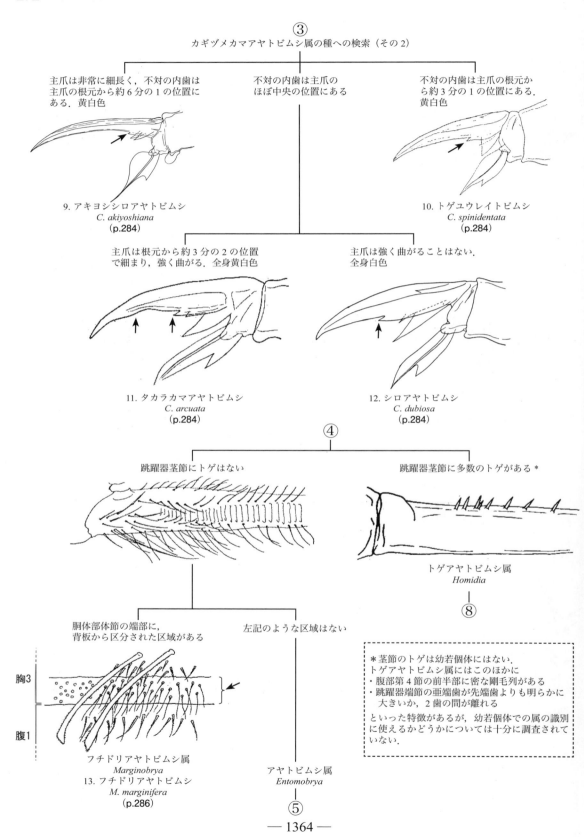

昆虫亜門・トビムシ目 273

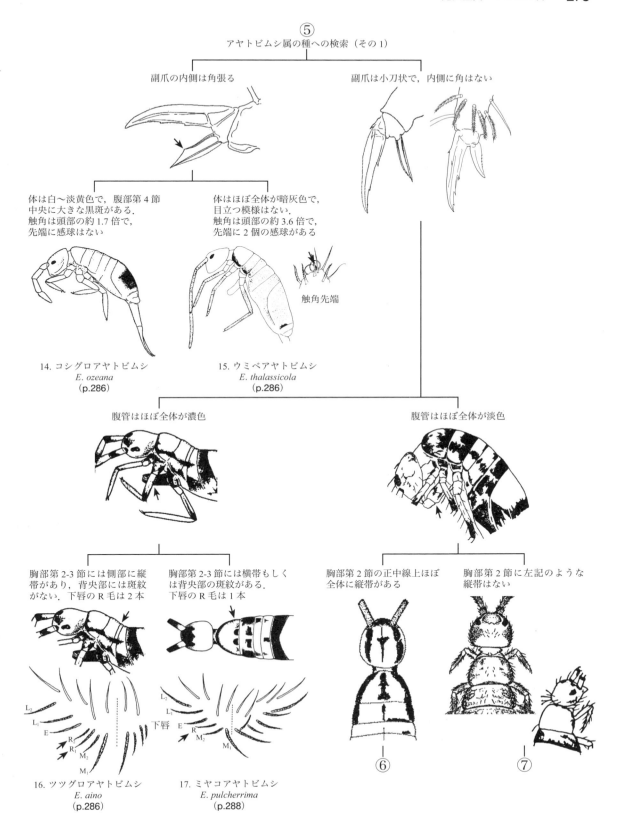

274 昆虫亜門・トビムシ目

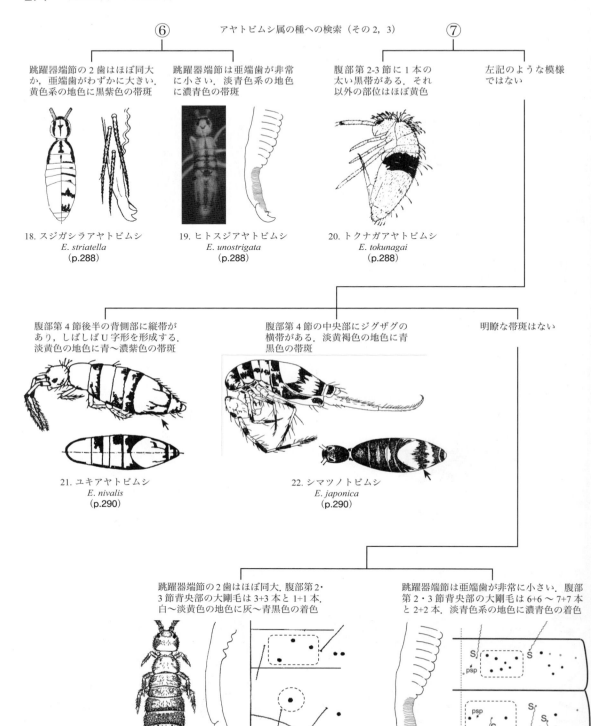

昆虫亜門・トビムシ目　275

⑧ トゲアヤトビムシ属の種への検索（その1）

各肢のほぼ全体に着色がある．地色は淡黄色

24. アマクサトゲアヤトビムシ
H. sotoi
（p.290）

肢の着色はあっても部分的

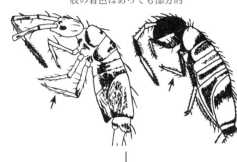

眼の後から体側部にかけてほぼ連続した縦帯がある．白～黄色の地色に青～濃紫色の帯斑

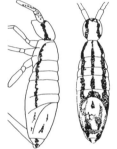

25. タテジマアヤトビムシ
H. socia
（p.292）

胸部第2・3節の中央部と側縁に帯斑があり，体の後半部にはほとんど斑紋がない

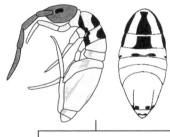

眼の後から体側部にかけて連続する縦帯はない．胸部第2・3節の中央部に帯斑はないか，ある場合は体の後半部にも明瞭な帯や斑紋がある

胸部第2・3節中央の斑紋は各節の前端付近に達する．頭部は背面と口器周辺に着色．腹部第3節背央部の大剛毛は2+2本．淡黄～黄褐色の地色に黒色帯斑

胸部第2節中央の斑紋は節の後半にとどまる．頭部は全体が濃色．腹部第3節背央部の大剛毛は3+3本．淡黄色の地色に黒色帯斑

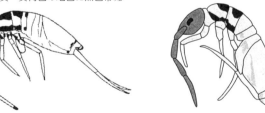

26. クチヒゲトゲアヤトビムシ
H. munda
（p.292）

27. ヨシイトゲアヤトビムシ
H. yoshiii
（p.292）

頭部全体が着色される　　頭部の全体が着色されることはない

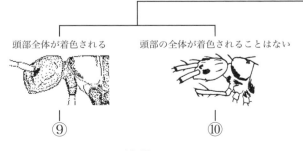

⑨　　　　⑩

276　昆虫亜門・トビムシ目

⑨
トゲアヤトビムシ属の種への検索（その2）

各肢の基節および腹管も着色される．白色の地色に黒紫～紫褐色帯斑

各肢および腹管は淡色．体色は青～紫色で，体の後半部が色が濃い．体の大剛毛および脛節棘は透明

28. クロヅアヤトビムシ
H. nigrocephala
（p.292）

29. ルリトゲアヤトビムシ
H. amethystinoides
（p.294）

⑩
トゲアヤトビムシ属の種への検索（その3）

体には明瞭な帯斑がある

体の模様は不明瞭

腹部第4節は第3節の5～6倍程度の長さ．白～黄色の地色に青～濃紫色の帯斑で，腹部第3節はほぼ全体が濃色，第2節はほとんど着色がない

腹部第4節は第3節の9～10倍程度の長さ．淡黄～緑褐色の地色に濃紫色の帯斑で，体の前半部側縁と腹部第3節の少なくとも後縁が着色．腹部第4節は青みがかる

30. ザウテルアヤトビムシ
H. sauteri
（p.294）

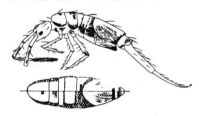

31. フジヤマトゲアヤトビムシ
H. fujiyamai
（p.294）

体色は青～紫色で，体の後半部が色が濃い．体の大剛毛および脛節棘は透明

体色は乳白色で，胴体部の前方と後方が淡く着色する．大剛毛は黄色がかる．腹部第2節背央部の大剛毛は5+5本．小眼は6+6

体色は淡黄色で，腹部第4・5節の後端部に着色がある．腹部第2節背央部の大剛毛は6+6本

29. ルリトゲアヤトビムシ（前出）
H. amethystinoides
（p.294）

32. コンジキトゲアヤトビムシ
H. chrysothrix
（p.294）

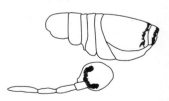

33. ウスイロトゲアヤトビムシ
H. rosannae
（p.296）

— 1368 —

昆虫亜門・トビムシ目　277

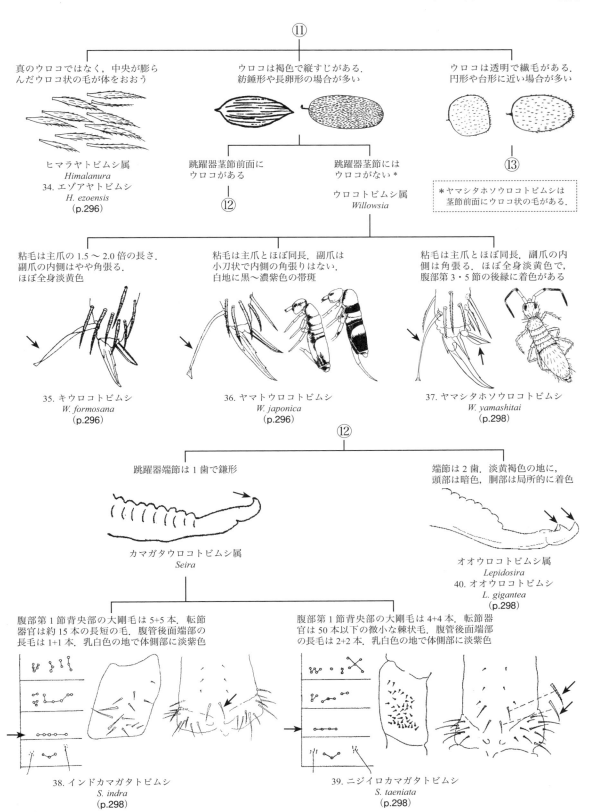

⑪

真のウロコではなく，中央が膨らんだウロコ状の毛が体をおおう

ウロコは褐色で縦すじがある．紡錘形や長卵形の場合が多い

ウロコは透明で繊毛がある．円形や台形に近い場合が多い

ヒマラヤトビムシ属
Himalanura
34. エゾアヤトビムシ
H. ezoensis
（p.296）

跳躍器茎節前面にウロコがある
⑫

跳躍器茎節にはウロコがない*
ウロコトビムシ属
Willowsia

⑬

*ヤマシタホソウロコトビムシは茎節前面にウロコ状の毛がある．

粘毛は主爪の 1.5～2.0 倍の長さ．副爪の内側はやや角張る．ほぼ全身淡黄色

粘毛は主爪とほぼ同長．副爪は小刀状で内側の角張りはない．白地に黒～濃紫色の帯斑

粘毛は主爪とほぼ同長．副爪の内側は角張る．ほぼ全身淡黄色で，腹部第 3・5 節の後縁に着色がある

35. キウロコトビムシ
W. formosana
（p.296）

36. ヤマトウロコトビムシ
W. japonica
（p.296）

37. ヤマシタホソウロコトビムシ
W. yamashitai
（p.298）

⑫

跳躍器端節は 1 歯で鎌形

端節は 2 歯．淡黄褐色の地に，頭部は暗色，胴部は局所的に着色

カマガタウロコトビムシ属
Seira

オオウロコトビムシ属
Lepidosira
40. オオウロコトビムシ
L. gigantea
（p.298）

腹部第 1 節背央部の大剛毛は 5+5 本．転節器官は約 15 本の長短の毛．腹管後面端部の長毛は 1+1 本．乳白色の地で体側部に淡紫色

腹部第 1 節背央部の大剛毛は 4+4 本．転節器官は 50 本以下の微小な棘状毛．腹管後面端部の長毛は 2+2 本．乳白色の地で体側部に淡紫色

38. インドカマガタトビムシ
S. indra
（p.298）

39. ニジイロカマガタトビムシ
S. taeniata
（p.298）

— 1369 —

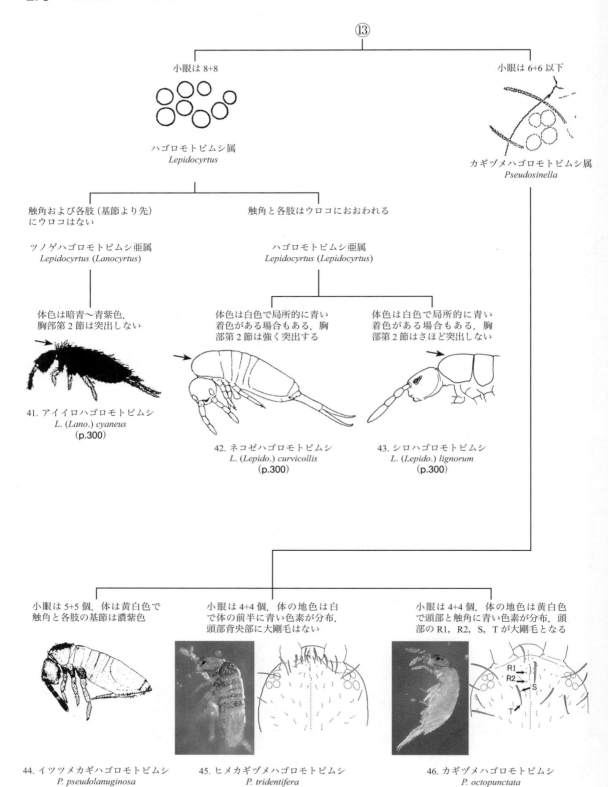

ニシキトビムシ科 Orchesellidae の属，種への検索

体表にウロコがある．
茎節棘がある．
白色〜淡黄色

ウロコニシキトビムシ属
Heteromurus
トゲウロコニシキトビムシ亜属
Alloscopus
47. トゲウロコニシキトビムシ
H. (A.) tenuicornis
(p.302)

体表にウロコはない．
茎節棘はない

＊触角は途中で切れている
ことが多いので注意．

触角第1節のみが亜分節し，
計5節となる＊．
腹部第2・3節に幅広い紫横
帯と腹部第4節背側部に縦
帯がある

コニシキトビムシ属
Orchesellides
48. シナニシキトビムシ
Orchesellides sinensis
(p.302)

触角第1・2節が亜分節し，
計6節となる＊．
腹部第3節は背面全体が着
色し，腹部第2節の少なく
とも後半は白色

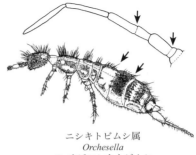

ニシキトビムシ属
Orchesella
49. オビニシキトビムシ
Orchesella cincta
(p.304)

アヤトビムシ科
Entomobryidae Schäffer, 1896
カギヅメアヤトビムシ属
Sinella Brook, 1882

　小眼の数は 6+6 以下で，無眼のものも少なくない．体色は白色から淡黄色の種類が多いが，紫等の着色があるものもいる．体表にウロコはなく，大小の剛毛が分布する．爪に若干の特殊化が見られ，主爪にある 1 対の基部内歯が大きく突出して歯状突起となったり，副爪に顕著な外歯が発達したりする．跳躍器端節は 2 歯と 1 基棘からなる．種の識別には，眼の数や爪の形状が用いられる．剛毛配列も重要であるが，日本産のものでは十分に明らかになっていない．日本からは 6 種が知られる．

1. ショウブカギヅメアヤトビムシ
Sinella shobuensis (Yosii, 1956)

　体長は 3.0 mm．体色は全身白色．触角先端に感球はない．無眼．主爪にはやや小さめの歯状突起が 1 対あり，それ以外に明瞭な内歯はないが，歯状突起に近い位置で角ばった突出がある．副爪は幅広い小刀状で，小さな外歯が 1 個ある．粘毛は短く，先端がとがる．跳躍器端節の基棘は短めで，亜端歯に達する程度．触角：頭部＝2.5：1，腹部第 3 節：第 4 節＝1：2.5．洞穴性．　分布：高知．　a, 全体図；b, 触角第4節の剛毛；c, 後肢の脛付節と爪；d, 中肢の脛付節と爪 e, 跳躍器先端（Yosii, 1956b）．

2. ウメサオカギヅメトビムシ
Sinella umesaoi Yosii, 1940

　体長は 3.0 mm．体色の地色は白色から淡黄色で，全身に淡い紫色の着色がある．明瞭な模様はないが，頭部や胸部第 2 節，腹部第 4 節等に線状もしくは円状の淡色部があり，頭部背面ではしばしば 2 重の V 字模様を形成する．小眼は 5+5 または 6+6．主爪には 1 対の歯状突起と 1-2 個の内歯がある．副爪は主爪の約 5 分の 3 の長さで，顕著な外歯がある．粘毛は主爪より短く，先端がとがる．跳躍器端節の基棘は短めで，亜端歯に達する程度．腹部第 3 節背央部の大剛毛は 1+1 本．触角：頭部＝2.2：1．腹部第 3 節：第 4 節＝1：3.2．　分布：北海道，本州，四国，九州，八丈島，トカラ；朝鮮半島，東南アジア．　a, 全体図；b, 頭部；c, 小眼；d, 後肢脛付節と爪；e, 保体；f, 跳躍器先端；g, 雄生殖器（a, c, 須摩, 1984; b, Uchida, 1954b; d-f, Yosii, 1940b; g, Yosii, 1964）．

3. シロツノトビムシ
Sinella straminea (Folsom, 1899)

　体長は 1.9 mm．体色は全身淡黄褐色で，眼斑以外に顕著な模様や着色部はない．小眼は 3+3 で，前方の 2 個が互いに近接し，やや離れて後方に 1 個が配置される．主爪には 1 対の歯状突起と 1 個の内歯がある．副爪は主爪の半分を超える長さで，顕著な外歯がある．粘毛は主爪とほぼ同長で，先端がとがるかまたは広がる．跳躍器端節の基棘は短めで，亜端歯に達する程度．腹部第 3 節背央部の大剛毛は 1+1 本．触角：頭部＝3.0：1．腹部第 3 節：第 4 節＝1：2.8．リター層や石下，アリの巣中などから見つかる．　分布：北海道，本州；中国．　a, 全体図；b, 小眼；c, 脛付節と爪；d, 跳躍器先端（a, Folsom, 1899; b-d, Yosii, 1942）．

4. ユミゲカギヅメアヤトビムシ
Sinella curviseta Brook, 1882

　体長は 2.0 mm．体色は全身白色から黄褐色で，眼斑以外には顕著な模様や着色部はない．触角先端に感球はない．小眼は 2+2 で，2 個の小眼は前後に離れて配置され，その間隔は 1 個の小眼の直径より大きい．転節器官はおよそ 18-21 本の毛で構成される．中肢および後肢の脛付節には，やや太めでケバがあり，先端の鈍い毛がある．主爪には 1 対の歯状突起と 1-2 個の内歯があり，歯状突起はほぼ同大かまたは外側の歯が大きい．副爪は小刀状で外縁に鋸歯がある（不明瞭なこともある）．粘毛は主爪より短く，先端はとがるかまたは広がる．腹管後面には 10-14 本の単純毛（端部の 2+2 本が大きい）がある．跳躍器端節の基棘は長く，2 歯の中間点を越える．腹部第 2・3 節背央部の大剛毛は 3+3 本と 1+1 本．触角：頭部＝1.8-2.8：1．リター層や洞穴から見つかる．　分布：本州，四国，九州，八丈島；朝鮮半島，中国，東南アジア，インド，ロシア，ヨーロッパ，北米，コスタリカ．　a, 全体図；b, 小眼；c, 後肢脛付節；d, 腹管前面；e, 腹管後面；f, 跳躍器先端；g, 剛毛配列（a, b, Uchida, 1954a; c-e, Yosii, 1964; f, Chen and Christiansen, 1993; g, Yosii, 1956b）．

昆虫亜門・トビムシ目　281

1. ショウブカギヅメアヤトビムシ

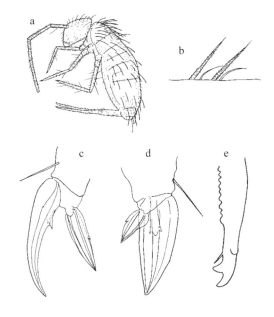

3. シロツノトビムシ

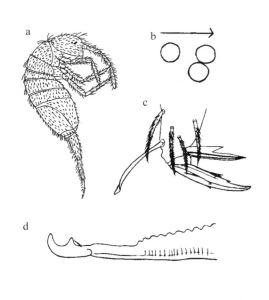

2. ウメサオカギヅメトビムシ

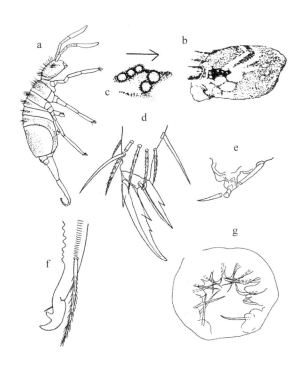

4. ユミゲカギヅメアヤトビムシ

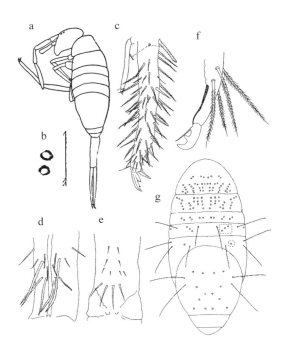

5. ホラカギヅメアヤトビムシ
Sinella stalagmitorum Yosii, 1954

体長は 1.8 mm. 体色は全身白色あるいは灰白色で, 眼斑以外に顕著な模様や着色部はない. 触角先端に感球はない. 触角第 3 節感器は 2 本の棒状で, 平行に配置される. 小眼は 2+2 で, 2 個の小眼は前後方向に近接し, その間隔は 1 個の小眼の直径以下. 主爪には 1 対の歯状突起と 1 個の内歯がある. 副爪には顕著な外歯がある. 粘毛は先端がとがる. 跳躍器端節の基棘は短めで, 亜端歯に達する程度. 触角：頭部＝1.9：1. 洞穴性. 分布：本州, 四国, 九州. a, 全体図；b, 触角第 3 節感器；c, 小眼；d, 後肢脛付節と爪；e, 跳躍器先端 (Yosii, 1954a).

6. ヨリメシロアヤトビムシ
Sinella subquadrioculata Yosii, 1956

体長は 1.7 mm. 体色は全身白色で, 黒色の色素がまばらに分布する. 眼斑は黒色. 触角先端に感球はない. 小眼は 2+2 で, 2 個の小眼は左右（背腹）方向に近接し, その間隔は 1 個の小眼の直径以下. 主爪には 1 対の歯状突起と 1 個の内歯, 1 対の側歯がある. 歯状突起のうち外側の歯は幅が広く, 内側の歯はせまい. 副爪は小刀状で顕著な外歯はない. 粘毛は先端がとがり, 主爪より短い. 跳躍器端節の基棘は短めで, 亜端歯に達する程度. 触角：頭部＝2.1：1. 腹部第 3 節：第 4 節＝1：4.5. 分布：本州, 九州, 沖縄. a, 小眼；b, 前肢の脛付節と爪；c, 後肢の脛付節と爪；d, 保体；e, 跳躍器先端 (a-c, e, Yosii, 1956a; d, 須摩, 2004a).

カギヅメカマアヤトビムシ属
Coecobrya Yosii, 1956

前属に似るが, 跳躍器端節が 1 歯で鎌形となる点で異なる. 洞穴性のものが多い. これまで日本で知られているものはすべて無眼で, 体に顕著な着色は見られない. 触角第 3 節感器の他, 第 2 節にも類似の感覚器官がある. 種の識別には, 主爪の形状が重要である. 日本からは 6 種が知られる.

7. メナシカマアヤトビムシ
Coecobrya tibiotarsalis (Yosii, 1964)

体長は 1.7 mm. 体色は全身白色. 触角は短く, とくに第 3 節は他と比べて極端に短い. 第 4 節先端に感球はない. 転節器官は辺縁部に約 10 本のほっそりした毛があり, 中央部に約 7 本の小さな毛がある. すべての肢において, 脛付節の後面に 5-7 本の平滑毛*が 1 列に並ぶ. 主爪は他の近縁種と比べて短めで, 1 対の歯状突起と 1 個の内歯がある. 歯状突起は, 外側の歯の方がかなり大きく, 内側の歯は小さく目立ちにくい. 内歯は主爪の中央部に位置する. 粘毛は主爪よりも明らかに短く, 先端がとがる. 腹管後面には端部に 2-3 本の毛と基部側に 3-4 本の小さな毛がある. 触角：頭部＝1.5：1. 腹部第 3 節：第 4 節＝1：3.3. 洞穴性. 分布：四国, 九州. a, 頭部；b, 触角第 3 節感器；c, 触角先端；d, 転節器官；e・f, 後肢脛付節と爪；g, 腹管前面；h, 脛付節 (Yosii, 1964).

*厳密には完全な平滑ではなく, 電子顕微鏡による観察では剛毛表面のケバがぴったりくっついた状態にあることが確認できる (Chen and Christiansen, 1993, 1997). ただし光学顕微鏡では平滑に見える.

8. イシカワシロアヤトビムシ
Coecobrya ishikawai (Yosii, 1956)

体長は 1.7 mm. 体色は全身白色. 触角先端の感球はない. 転節器官は約 11 本の棘状毛で構成され, そのうち 3, 4 本は他より長い. 脛付節に平滑毛の列はない. 主爪の歯状突起は小さめで, 極端に根元近くの位置にある. 歯状突起は外側の歯の方が幅広いが, 前肢では内外の違いはさほど顕著ではない. すべての肢の主爪において, 不対の内歯がない. 粘毛は主爪の半分程度の長さで, 先端がとがる. 腹管後面には 3+3 本の単純毛があり, 端部の 1+1 本が長い. 触角：頭部＝1.7：1（東京産：須摩 (2004b) の図から計測）または 4.0：1（沖縄産：Yosii (1964)）. 腹部第 3 節：第 4 節＝1：4.0. 洞穴性. 分布：本州, 四国, 九州, 沖縄. a, 全体図；b, 転節器官；c, 前肢脛付節と爪；d, 腹管前面；e, 腹管後側面；f, 跳躍器先端 (a, b, d-f, 須摩, 2004b; c, Yosii, 1956a).

昆虫亜門・トビムシ目　283

5. ホラカギヅメアヤトビムシ

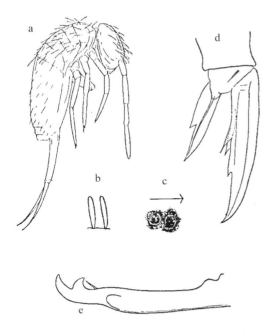

7. メナシカマアヤトビムシ

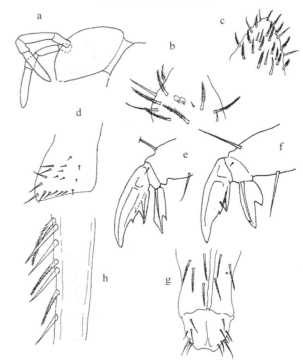

6. ヨリメシロアヤトビムシ

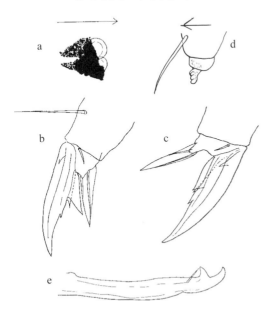

8. イシカワシロアヤトビムシ

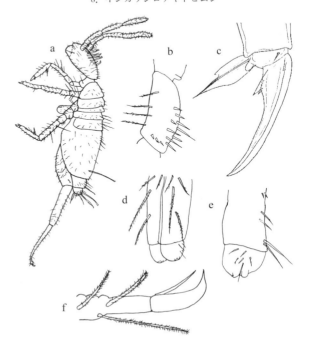

9. アキヨシシロアヤトビムシ
Coecobrya akiyoshiana (Yosii, 1956)

　体長は 2.0 mm．体色はやや黄色がかった白色．触角先端に感球はない．脛付節に平滑毛の列はない．主爪は非常に細長く，基部に 1 対の歯状突起と 1 個の小さな内歯がある．歯状突起の長さは，前肢で主爪の 6 分の 1 程度．内歯は主爪の根元からおよそ 6 分の 1 の位置にある．内歯は前肢ではやや不明瞭．触角：頭部＝ 2.3：1．腹部第 3 節：第 4 節＝ 1：3.3．洞穴性．　分布：山口．　a, 上唇；b, 触角先端；c, 転節器官；d, 前肢脛付節と爪；e, 腹管前面；f, 腹管後面；g, 跳躍器基部後側面（白丸は単純毛を示す）(a-c, e-g, Yosii, 1964; d, Yosii, 1956a)．

10. トゲユウレイトビムシ
Coecobrya spinidentata (Yosii, 1942)

　体長は 1.6 mm．体色は若干黄色がかった白色．触角先端の感球はない．転節器官には 20-25 本の小さな棘状毛が三角形に配置される．脛付節に平滑毛の列はない．主爪には 1 対の歯状突起と 1 個の内歯があり，内歯は主爪の根元からおよそ 3 分の 1 の位置にある．歯状突起は外側の歯の方が幅広い．粘毛は主爪よりも明らかに短く，先端がとがる．腹管後面には 6-8 本の単純毛（端部の 1+1 本が大きい）がある．腹部第 2・3 節背央部の大剛毛は 4+4 本と 2+2 本．触角：頭部＝ 1.8-2.3：1．腹部第 3 節：第 4 節＝ 1：3.1．洞穴性．　分布：本州，四国．　a, 全体図；b, 上唇；c, 下唇；d, 前肢脛付節と爪；e, 腹管前面；f, 腹管後面；g, 跳躍器先端；h, 胸部第 2 節－腹部第 3 節の剛毛配列 (a-c, h, Yoshii, 1990; d, Yosii, 1956a; e, f, Yosii, 1964; g, Yosii, 1942)．

11. タカラカマアヤトビムシ
Coecobrya arcuata (Yosii, 1955)

　体長は 1.0 mm．体色は全身白色．脛付節に平滑毛の列はない．主爪には 1 対の歯状突起と 1 個の内歯があり，内歯は主爪のほぼ中央部に位置する．主爪は根元から約 3 分の 2 の位置で細くなり，強く曲がる．粘毛は先端がとがる．洞穴性．　分布：本州，トカラ．　a, 前肢の脛付節と爪；b, 後肢の脛付節と爪；c, 腹管後面 (a, b, Yosii, 1955; c, Yosii, 1971a)．

12. シロアヤトビムシ
Coecobrya dubiosa (Yosii, 1956)

　体長は 1.5 mm．体色は全身白色．触角先端の感球はない．脛付節には平滑毛の列はない．主爪には 1 対の歯状突起と 1 個の内歯があり，それほど細長くはならない．歯状突起は外側の歯の方が幅広い．内歯は主爪の中央部に位置する．粘毛は先端がとがる．腹部第 2・3 節背央部の大剛毛は 3+3 本と 1+1 本．洞穴だけでなく，腐植層からもよく見つかる種である．　分布：日本全国；朝鮮半島．　a, 全体図；b, 前肢脛付節と爪：側面；c, 同：内側；d, 跳躍器先端；e, 雄生殖器；f, 剛毛配列 (a, d, 須摩, 2004a; b, c, Yosii, 1956a; e, Yosii, 1964; f, Yosii, 1956b)．

9. アキヨシシロアヤトビムシ

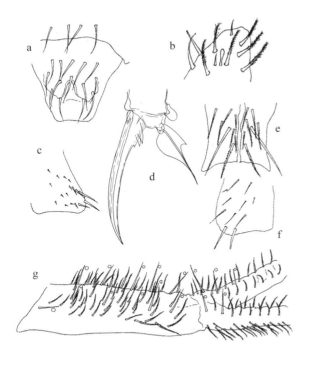

11. タカラカマアヤトビムシ

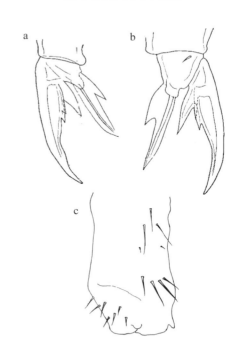

10. トゲユウレイトビムシ

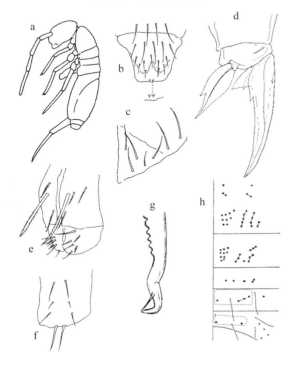

12. シロアヤトビムシ

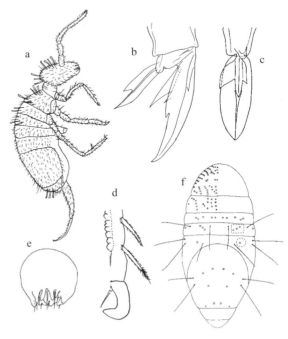

フチドリアヤトビムシ属
Marginobrya Yoshii, 1992

　次のアヤトビムシ属に似るが，胴体部の体節間に背板の主体部分から区分された端部域（marginal zone）が形成される点で区別される．胸部第2・3節後縁の端部域では，丸い毛穴から生える小さく細長い毛が多数ある．現時点では世界で1種が知られるのみ．

13. フチドリアヤトビムシ
Marginobrya marginifera (Yoshii, 1992)

　体長は 2.6 mm．体色の地色は汚白色で，胴体部に不規則な斑紋が散在する（幼若個体はほぼ全身が暗青色）．触角先端の感球は1個．上唇先端には 2+2 の小突起があり，それぞれの先端はとがる．各肢には細くて非常に長い感毛のような毛が，基節・転節・腿節・脛付節にそれぞれ 1・2・1・1 本ある．ただしそれらの毛は脱落しやすい．転節器官には約50本の小トゲが三角形に配置される．副爪は小刀状．粘毛は力強く，先端が広がる．腹部第2・3節背央部の大剛毛は 7+7 本と 3+3 本．触角：頭部 = 3.0 : 1. 分布：和歌山． a, 全体図 ; b, 上唇 ; c, 下唇 ; d, 肢の長毛 ; e, 後肢脛付節と爪 ; f, 胸部第3節後縁の端部域 ; g, 胸部第2節 - 腹部第3節の剛毛配列（Yoshii, 1992）．

アヤトビムシ属
Entomobrya Rondani, 1861

　中型から大型のトビムシで，全身に青色や濃紫色などの明瞭な模様がある種が多い．体表はケバのある剛毛におおわれ，ウロコはない．体節間には，前属のような特殊化した構造は見られない．小眼は 8+8．主爪は特殊化せず，通常1対の基部内歯と2個前後の内歯，1対の側歯，1個前後の外歯がある．副爪に顕著な外歯はないが，小さな鋸歯があるものや内側が角張るものがいる．跳躍器茎節にトゲはない．端節は2歯と1基棘からなり，2歯はほぼ同大である場合が多い．種の識別にはカラーパターンや剛毛配列，口器周辺，付属肢末端部などといった形質を用いる．日本からは10種が知られる．

14. コシグロアヤトビムシ
Entomobrya ozeana Yosii, 1954

　体長は 1.4 mm．体色はほぼ全身が白色から淡黄色で，腹部第4節の中央部にひとつの大きな黒斑がある．体表の剛毛は褐色がかるが，本属他種に見られるようなブラシ状の毛はなく，ケバのあるやや短めの剛毛があるのみ．触角は非常に短く，先端の感球はない．主爪の内歯は，中肢・後肢には2つずつあるが，前肢には基部に1つあるのみ．側歯はない．副爪は幅広く，内側で強く角張る．跳躍器端節の2歯は，亜端歯がやや大きい．触角：頭部 = 1.7 : 1. 分布：関東，北陸．a, 全体図 ; b, 中肢脛付節と爪 ; c, 跳躍器先端（Yosii, 1954b）．

15. ウミベアヤトビムシ
Entomobrya thalassicola Yosii, 1965

　体長は 1.8 mm．体色は暗灰色で，明瞭な模様はない．胸部背板の側縁部および腹部第4節の後縁部はいくらか黒っぽい．胸部背面は他の節よりもやや色が薄い．跳躍器と腹管は淡色．触角先端には顕著な2個の感球がある．上唇端部には 2+2 個の小さな突起があり，それらの先端はトゲ状にとがる．転節器官には25本の太い棘状毛が三角形に配置される．副爪はやや幅広く，内側で角張る．粘毛は主爪内縁とほぼ同長で，先端が広がる．腹管後面には約25本の小さな毛があり，末端の 1+1 本は平滑でそれ以外にはケバがある．端節の2歯はほぼ同大．触角：頭部 = 3.6 : 1. 腹部第3節：第4節 = 1 : 4.5. 海浜で発見された． 分布：富山，熊本，高知．a, 全体図 ; b, 上唇端部 ; c, 触角先端 ; d, 転節器官 ; e, 中肢脛付節と爪 ; f, 保体 ; g, 跳躍器柄節端部 ; h, 雄生殖器（Yosii, 1965）．

16. ツツグロアヤトビムシ
Entomobrya aino (Matsumura & Ishida, 1931)

　体長は 2.5 mm．体色の地色は淡黄色で，青黒色の明瞭な模様がある．腹管のほぼ全体が青黒く着色されるのが特徴．体の前半部では背側部に縦帯，後半部では4本の横帯がある．下唇のR毛は2本．副爪は小刀状．粘毛は主爪とほぼ同長で，先端が広がる．跳躍器端節の亜端歯は先端歯よりもわずかに大きい．腹部第2・3節背央部の大剛毛は 7+7 本と 3+3 本．触角：頭部 = 3.2 : 1. 分布：北海道，本州；朝鮮半島，中国．a・b, 全体図およびカラーパターン ; c, 上唇 ; d, 下唇 ; e, 前肢の脛付節と爪 ; f, 後肢の脛付節と爪 ; g, 跳躍器先端 ; h, 胸部第2節 - 腹部第4節の剛毛配列（a, e-g, Yosii, 1954b; b-d, h, Lee and Park, 1992）．

昆虫亜門・トビムシ目　287

13. フチドリアヤトビムシ

15. ウミベアヤトビムシ

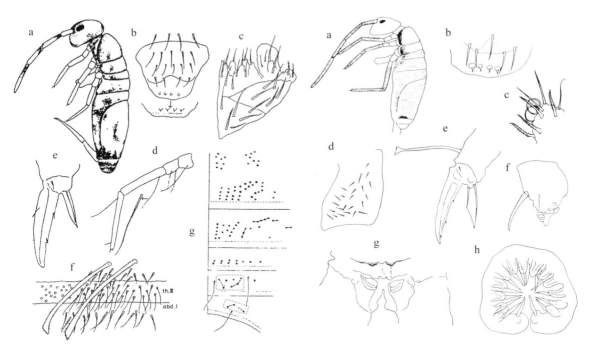

14. コシグロアヤトビムシ

16. ツツグロアヤトビムシ

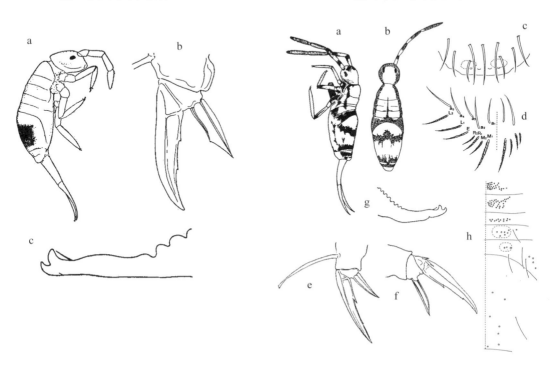

17. ミヤコアヤトビムシ
Entomobrya pulcherrima Yosii, 1942

　体長は 2.3 mm．体色の地色は白色から黄色で，青黒色から黒紫色の明瞭な模様がある．胴部腹面もよく着色され，腹管のほぼ全体が黒色となるのが特徴．胴体部全体にわたって 5-6 本の横帯があるが，前半部のものは分断されて背央部の斑紋となることもある．跳躍器は淡色で，基部に着色がある．下唇の R 毛は 1 本．触角先端の感球はない．転節器官には 60 本以上の小さな棘状毛があり，端部の毛は大きい．副爪は小刀状．粘毛は主爪の内縁より短く，先端がわずかにふくらむ．腹管後面には多数の細い毛が密に生え，中央付近に一本の太く長い毛がある．端部の 1+1 本は平滑．端節の 2 歯は同大か，亜端歯の方が大きい．腹部第 2・3 節背央部の大剛毛は 7+7 本と 3+3 本．触角：頭部＝2.2：1．腹部第 3 節：第 4 節＝1：4.5．　分布：本州；朝鮮半島．　a・b, 全体図およびカラーパターン；c, 上唇；d, 下唇；e, 触角先端；f, 後肢脛付節と爪；g, 腹管後面；h, 胸部第 2 節 - 腹部第 4 節の剛毛配列 (a, Yosii, 1942; b, c, e-g, Yosii and Lee, 1963; d, h, Lee and Park, 1992)．

18. スジガシラアヤトビムシ
Entomobrya striatella Börner, 1909

　体長は 2.3 mm．体色の地色は黄褐色から灰黄色で，黒紫色の明瞭な模様がある．頭部から体の前半部にかけて，3 本の縦帯があるのが特徴．体の後半部には数本の横帯が形成されるが，これらは斑紋状に分断されるか，まったく欠く場合もある．触角先端の感球は 2 個．上唇端部には 2+2 の突起があるが，そのうち外側の対は非常に小さく，見えにくい．転節器官には約 40 本の棘状毛が四角形に配置される．副爪は小刀状．粘毛は細く，先端がわずかに広がる．腹管後面には約 30 本の小さな毛があり，中央付近にやや大きい毛がある．跳躍器端節の 2 歯はほぼ同大か，亜端歯がわずかに大きい．触角：頭部＝2.5：1．　分布：本州；朝鮮半島．　a・b, カラーパターン；c, 上唇；d, 触角先端；e, 転節器官；f, 脛付節と爪；g, 腹管後面；h, 跳躍器茎節後面；i, 跳躍器先端 (a, f, i, Yosii, 1942; b-e, g, h, Yosii and Lee, 1963)．

19. ヒトスジアヤトビムシ
Entomobrya unostrigata Stach, 1930

　体長は 2.5 mm．体色は淡灰色から淡青色で，胴体部のほぼ全体にわたって正中線上に濃青色の縦条がある．頭部背面にはV字型の斑紋があることが多い．体色の薄い個体では全体に模様が不明瞭となり，濃い個体では背側部にも着色がある．触角先端の感球は 1-2 個．上唇端部には 2+2 の小さな突起があり，それぞれに 1-4 本の小さなトゲがある．転節器官は 25-30 本程度の太い棘状毛で構成される．副爪は小刀状で外縁に鋸歯がある．跳躍器端節は特徴的で，2 歯のうち亜端歯が極端に小さい．基棘もやはり小さく，しばしば確認しづらい．腹部第 2・3 節背央部の大剛毛は 6+6 〜 7+7 本と 2+2 本．触角：頭部＝2.6：1．腹部第 3 節：第 4 節＝1：3.75．2010 年に東京のコマツナ栽培施設で大発生して被害を与え，国内での初記録となった．　分布：東京，神奈川；地中海周辺，北米，オーストラリア．　a, カラーパターン；b, 上唇端部；c, 下唇；d, 触角先端；e, 後肢脛付節と爪；f, 跳躍器先端；g, 腹部第 2・3 節剛毛配列（一澤原図）．

20. トクナガアヤトビムシ
Entomobrya tokunagai Yosii, 1942

　体長は 2.0 mm．体色の地色は黄色で，腹部第 2-3 節に一本の幅広い黒色の横帯がある．触角第 2・3 節の各端部および第 4 節にも着色がある．体表の大剛毛はあまり強くキチン化されず，色が薄い．触角は非常に長く，頭部の 4 倍．副爪は細長く，先端がとがる．粘毛は主爪よりも長く，先端が広がる．触角：頭部＝4.0：1．腹部第 3 節：第 4 節＝1：5.2-6.0．海浜植物の上から発見された．　分布：和歌山，大分，トカラ．　a, 全体図；b, 脛付節と爪；c, 跳躍器茎節基部；d, 跳躍器先端 (a, b, d, Yosii, 1942; c, Yosii, 1955)．

昆虫亜門・トビムシ目　289

17. ミヤコアヤトビムシ

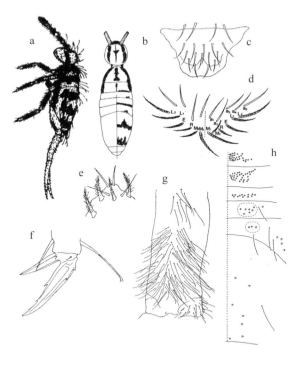

18. スジガシラアヤトビムシ

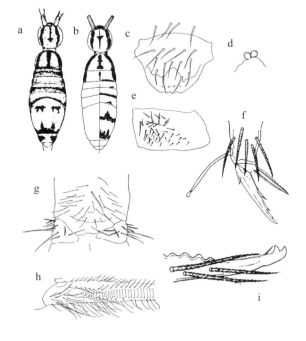

19. ヒトスジアヤトビムシ

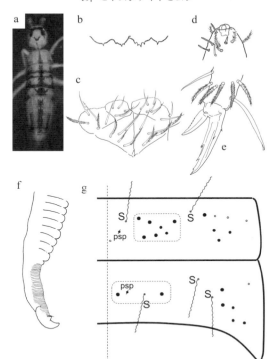

20. トクナガアヤトビムシ

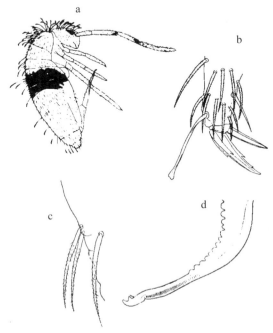

21. ユキアヤトビムシ
Entomobrya nivalis (Linnaeus, 1758)

体長は 2.7 mm．体色の地色は淡黄色で，青色ないし濃紫色の明瞭な模様がある．体の前半部には 3 本の横帯があるが，正中部では細くなり，体色の薄い個体では帯が分断されてほぼ体側部の着色のみとなる．腹部第 4 節後半部には特徴的な U 字形の模様がある．触角先端の感球は 2-3 個．副爪は小刀状．跳躍器端節の 2 歯はほぼ同大．腹部第 2・3 節背央部の大剛毛は 5+5 本と 2+2 本．触角：頭部 = 2.75：1．腹部第 3 節：4 節 = 1：3.8．　分布：北海道，本州，八丈島；コスモポリタン．　a，b，全体図およびカラーパターン；c，中肢の脛付節と爪（側面）；d，後肢の脛付節と爪（内側）；e，跳躍器先端；f，腹部第 2・3 節の剛毛配列 (a-e, Uchida, 1954a; f，一澤原図)．

22. シマツノトビムシ
Entomobrya japonica Uchida, 1954

体長は 2.7 mm（原記載図より計測）．体色の地色は淡黄褐色で，青黒色の明瞭な模様がある．体の前半部には背側部の縦帯と正中の斑紋があり，後半部には 4 本の横帯がある．正中部の斑紋では胸部第 3 節のものがとくに大きい．頭部を含めた体の前半のほとんどが着色される場合もある．触角各節は，先端半分が青黒色．副爪はやや幅広い小刀状．粘毛は主爪とほぼ同長で，先端が広がる．跳躍器端節の 2 歯は，亜端歯がやや大きい．　分布：本州，八丈島．　a・b，全体図およびカラーパターン；c，後肢脛付節と爪；d，跳躍器先端 (Uchida, 1954a)．

23. スマトラアヤトビムシ
Entomobrya proxima Folsom, 1924

体長は 2.0 mm．体色の地色は白色から淡黄色で，灰色から青黒色の着色があるが，明瞭な模様はない．体の前半部背面は比較的色が薄い．腹部第 4 節はほぼ全体に着色があり，その前半部に縦すじ状の淡色部が数本ある．各肢および跳躍器は淡色．触角先端の感球は 1-2 個．上唇端部には 2+2 の低い突起があり，各突起には 2 つずつの小棘がある．副爪は小刀状．粘毛は主爪の内縁とほぼ同長で，先端が広がる．転節器官には 10 本の毛が L 字型に配置される．腹管後面には 4+4 本の単純毛があり，そのうち先端の 1+1 本はより太い．跳躍器柄節の側面にはケバのある大剛毛の列がある．茎節基部には同様の毛が外側に 2 本，内側に 1 本ある．端節の 2 歯はほぼ同大．腹部第 2・3 節背央部の大剛毛は 3+3 本と 1+1 本．触角：頭部 = 2.7：1．　分布：沖縄；東南アジア．　a, 全体図；b, 上唇；c, 触角先端；d, 転節器官；e, 前肢脛付節と爪；f, 跳躍器柄節前面；g, 茎節外側；h, 跳躍器先端；i, 胸部第 3 節 - 腹部第 3 節の剛毛配列 (a, Folsom, 1924; b-h, Yosii, 1965; i, Yosii, 1971b)．

トゲアヤトビムシ属
Homidia Börner, 1906

前属に似るが，跳躍器茎節に数本から数十本のトゲ（茎節棘）があることで区別される（ただし幼若個体にはない）．また腹部第 4 節前半部に密な大剛毛の横列があること，端節の 2 歯のうち亜端歯が明らかに大きいか，2 歯の間がやや開いた形状を示すことも本属の特徴．小眼は基本的に 8+8 であるが，一部 6+6 の種類もある．種の識別には，前属と同様，剛毛配列やカラーパターンが用いられる．日本からは 10 種が知られる．

24. アマクサトゲアヤトビムシ
Homidia sotoi Jordana & Baquero, 2010

体長は 2.8 mm．体色の地色は淡黄色で，頭部前面および第 4・5 腹節の各後縁部，体側面，触角および各肢に着色が見られる．上唇端部の突起は確認されていない．触角先端の感球は 2 個．副爪は小刀状．茎節棘は 28-30 本．腹部第 2・3 節背央部の大剛毛は 8+8 本と 2+2 本．第 4 節の剛毛列の前方には 1+1 の大剛毛がある．触角：頭部 = 3.1：1．腹部第 3 節：第 4 節 = 1：5.7．熊本県天草の海岸でウミベアヤトビムシとともに採集された．　分布：熊本．　a・b，頭部および胴体部カラーパターン；c，脛付節と爪；d，跳躍器茎節棘；e，跳躍器先端；f，腹部第 2・3 節の剛毛配列；g，腹部第 4 節の剛毛配列 (f，一澤原図；a-e, g, Jordana and Baquero, 2010)．

昆虫亜門・トビムシ目　291

21. ユキアヤトビムシ

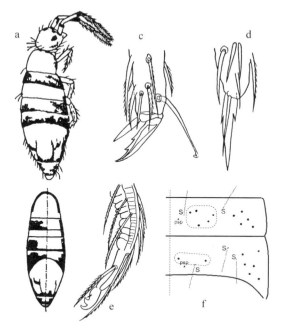

23. スマトラアヤトビムシ

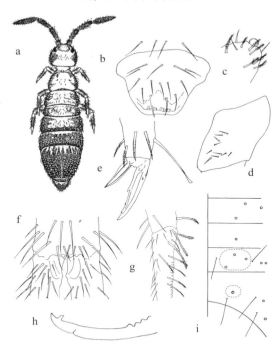

22. シマツノトビムシ

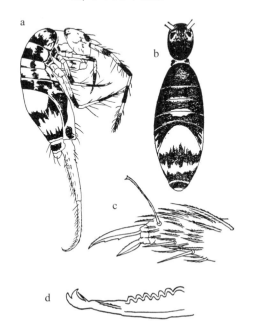

24. アマクサトゲアヤトビムシ

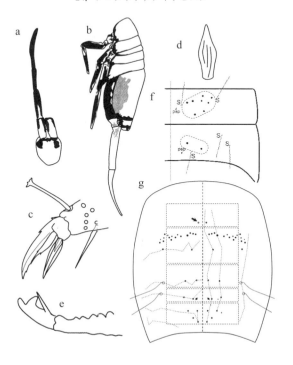

25. タテジマアヤトビムシ
Homidia socia Denis, 1929
　体長は 3.0 mm．体色の地色は白色から黄色で，青色から濃紫色の明瞭な帯が体側部に配置され，頭胴部全体を縁どる．胴体前半部の正中線上に縦帯がある場合もある．上唇端部には 4 個の突起があり，その先端はややとがる場合があるが，トゲ状に突出はしない．触角先端の感球は 2 個．副爪は小刀状で，外縁は平滑もしくは鋸歯状．粘毛は主爪よりやや長く，先端はそれほど広がらない．跳躍器の茎節棘は 10-30 本程度で，個々のトゲは小さく透明．腹部第 2・3 節背央部の大剛毛は 6+6 本と 3+3 本．第 4 節の剛毛列の前方には 1+1 の大剛毛がある．触角：頭部 = 3.0：1．腹部第 3 節：第 4 節 = 1：4.5.　　分布：本州，四国，九州，トカラ，沖縄；中国，東南アジア，北米．　　a・b, カラーパターン；c, 脛付節と爪；d, 跳躍器茎節棘；e, 跳躍器先端；f, 腹部第 1-3 節の剛毛配列 (a, b, f, Christiansen and Bellinger, 1998; c-e; Yosii, 1942)．

26. クチヒゲトゲアヤトビムシ
Homidia munda Yosii, 1956
　体長は 3.2 mm．体色の地色は淡黄色から黄褐色で，黒色の明瞭な模様がある．頭部には背面から前方にかけて黒斑がある他，口器周囲が黒く色づく．胸部第 2-3 節の辺縁部と正中上に太い縦帯がある．第 2 節正中の縦帯は，同節の前縁付近に達する．跳躍器は淡色．触角は長く，頭部の約 4 倍に達し，先端の感球は 2 個．副爪は小刀状．粘毛は主爪とほぼ同長で，先端が広がる．跳躍器の茎節棘は 40 本前後で，大小のトゲが 1-2 列に並ぶ．腹部第 2・3 節背央部の大剛毛は 6+6 本と 2+2 本．第 4 節の剛毛列の前方に大剛毛はない．触角：頭部 = 4.0：1.　　分布：本州，四国，朝鮮半島．　　a・b, 全体図およびカラーパターン；c, 後肢脛付節と爪；d, 跳躍器茎節基部；e, 胸部第 3 節・腹部の剛毛配列 (a-d, Yosii, 1956b; e, Lee and Lee, 1981)．

27. ヨシイトゲアヤトビムシ
Homidia yoshiii Jordana & Baquero, 2010
　体長は 2.6 mm．体色の地色は淡黄色で，黒色の明瞭な模様がある．頭部はほぼ全体が暗色．胸部第 2-3 節は辺縁部と正中上に縦帯がある．胸部第 2 節正中の縦帯は，同節の後半部にとどまる．上唇端部には 4 個の突起があり，いずれにもトゲ状の突出はない．触角先端の感球は 2 個．副爪は小刀状．茎節棘は 27-40 本．腹部第 2・3 節背央部の大剛毛は 6+6 本と 3+3 本．第 4 節の剛毛列の前方に大剛毛はない．触角：頭部 = 2.9：1．腹部第 3 節：第 4 節 = 1：5.0．前種に酷似するが，カラーパターンのわずかな違いと剛毛配列によって別種とされる．　　分布：宮古島．　　a, 全体図；b, 脛付節と爪；c, 腹部第 2・3 節の剛毛配列；d, 腹部第 4 節の剛毛配列 (a, b, d, Jordana and Baquero, 2010; c, 一澤原図)．

28. クロヅアヤトビムシ
Homidia nigrocephala Uchida, 1943
　体長は 3.0 mm．体色の地色は白色から淡黄色で，黒紫色から紫褐色の明瞭な模様がある．頭部全体が黒紫色に着色されるのが特徴．胴体部はほぼ全体にわたって着色が見られ，その程度には変異があるが，いずれの場合も胸部第 2 節の着色は辺縁部のみ．各肢の少なくとも基節は着色．腹管も着色される．跳躍器柄節にも色素が散在する．副爪は主爪の 5 分の 3 から 3 分の 2 の長さ．粘毛は主爪の内縁よりやや長く，先端が広がる．跳躍器の茎節棘は 9-50 本で，2-4 列に配置される．触角：頭部 = 1.7：1.　　分布：本州，四国，九州，トカラ，沖縄，北・南大東島；台湾．　　a・b, 全体図およびカラーパターン；c, 後肢脛付節と爪；d, 跳躍器茎節基部；e, 茎節棘；f, 跳躍器先端 (a, c, d, f, Yosii, 1955; b, e, Uchida, 1943)．

昆虫亜門・トビムシ目　293

25. タテジマアヤトビムシ

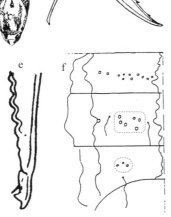

27. ヨシイトゲアヤトビムシ

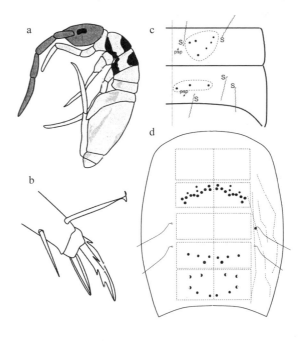

26. クチヒゲトゲアヤトビムシ

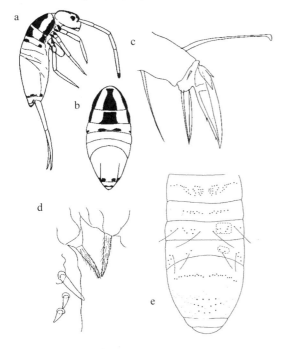

28. クロヅアヤトビムシ

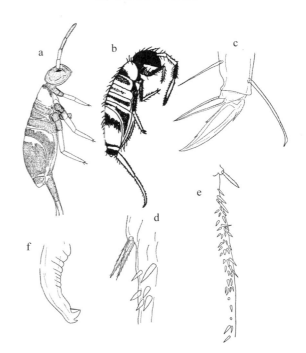

29. ルリトゲアヤトビムシ
Homidia amethystinoides Jordana & Baquero, 2010

体長は 2.1 mm. 体色はほぼ全身が青色または紫色で，明瞭な模様はない．体の後半部はやや色が濃い．頭部背面に V 字形の淡色斑がある他，体表面全域にいくつかの淡色斑が見られ，腹部第 4 節後部には 2 本の淡色の縦すじがある．各肢では基節付近に着色があり，その他は淡色．跳躍器は淡色．体の大剛毛はほぼ透明．小眼は 8+8. 副爪は細く，先端がとがる．粘毛は主爪より長く，先端が広がる．茎節棘は透明で短く，10 〜 13 本あり，ほぼ等間隔に並ぶ．触角：頭部 = 2.5：1. 腹部第 3 節：第 4 節 = 1：6.7. 本種は Yosii (1942) によって "*Homidia amethystina* (Börner, 1909)" として報告されたが，Jordana and Baquero (2010) によって種名が変更された．　分布：本州．　a・b, 脛付節と爪；c, 跳躍器茎節棘；d, 跳躍器先端（Yosii, 1942）.

30. ザウテルアヤトビムシ
Homidia sauteri (Börner, 1909)

体長は 3.5 mm. 体色の地色は白色から黄色で，青色ないし濃紫色の明瞭な模様がある．胴体部には最大で 5 本程度の横帯が形成される．それらのいくつかは不明瞭になることも多いが，腹部第 3 節の帯は常に安定して存在する．腹部第 1・2 節はほとんど着色されない．体の大剛毛は褐色．上唇端部には 4 個の不明瞭な突起がある．触角先端の感球は 2 個．副爪は小刀状で，外縁に細かい鋸歯がある．粘毛は先端が広がる．跳躍器の茎節棘はおよそ 25-30 本で，2 列に配置される．腹部第 2・3 節背央部の大剛毛は 6+6 本と 2+2 〜 4+4 本．第 4 節の剛毛列の前方に大剛毛はない．触角：頭部 = 2.3：1. 腹部第 3 節：第 4 節 = 1：5.8.　分布：日本全国；朝鮮半島，中国，台湾，東南アジア，南アジア，北米．　a・b, 全体図およびカラーパターン；c, 上唇；d 下唇；e, 脛付節と爪；f, 腹管前面の剛毛配列；g, 跳躍器茎節基部；h, 跳躍器先端；i, 胴部の剛毛配列 (a, b, e, h, Yosii, 1942; c, d, f, Szeptycki, 1973; g, Yosii, 1955; i, Yosii, 1956b).

31. フジヤマトゲアヤトビムシ
Homidia fujiyamai Uchida, 1954

体長は 3.5 mm. 体色の地色は淡黄色から黄緑，緑褐色で，濃紫色の明瞭な模様がある．頭部は額部や口器周辺に着色がある．体の側面は濃紫色の縦帯で縁どられ，腹部第 3 節はほぼ全体が濃紫色の横帯となる．第 4 節は青みがかっており，後半部に 2 本の淡色の縦すじをともなう．第 4 節の後端部は濃紫色．副爪は小刀状で主爪の約半分の長さ．粘毛は先端が広がる．跳躍器の茎節棘は 26-40 本，ほぼ 1 列に並び，茎節の基部側半分から 3 分の 2 の範囲にわたる．触角：頭部 = 2.2：1. 腹部第 3 節：第 4 節 = 1：9.9.　分布：本州，八丈島．　a・b, 全体図およびカラーパターン；c, 後肢脛付節と爪；d, 跳躍器柄節の剛毛；e, 茎節棘；f, 跳躍器先端 (Uchida, 1954a).

32. コンジキトゲアヤトビムシ
Homidia chrysothrix Yosii, 1942

体長は 2.5 mm. 体色の地色は乳白色で，明瞭な模様はない．胸部第 2-3 節の範囲と，腹部第 3・4 節それぞれの後端部に，不明瞭な着色がある．触角基部は黒色．体の大剛毛は強くキチン化され，黄褐色に色づく．小眼は 6+6（本属の中では例外的）．副爪は細く，先端がとがる．粘毛は主爪の内縁とほぼ同長で，先端が広がる．茎節棘は約 30 本で，不規則に配置され，必ずしも 1 列にはならない．個々の棘は長く，時折黄色い．腹部第 2・3 節背央部の大剛毛は 5+5 本と 4+4 本．第 4 節の剛毛列の前方に大剛毛はない．触角：頭部 = 3.0：1. 腹部第 3 節：第 4 節 = 1：8.5.　分布：本州，四国．　a, 全体図；b, 脛付節と爪；c, 跳躍器茎節棘；d, 跳躍器先端 (Yosii, 1942).

昆虫亜門・トビムシ目　295

29. ルリトゲアヤトビムシ

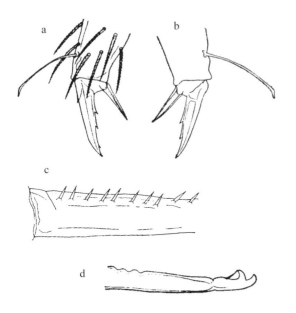

31. フジヤマトゲアヤトビムシ

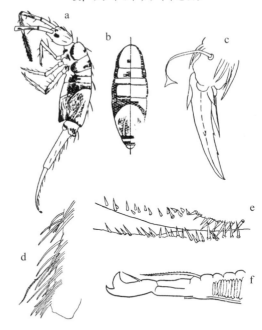

30. ザウテルアヤトビムシ

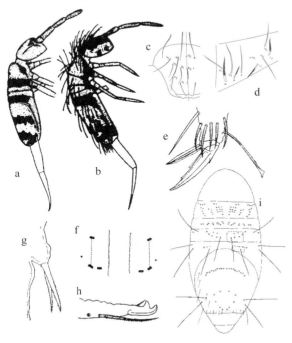

32. コンジキトゲアヤトビムシ

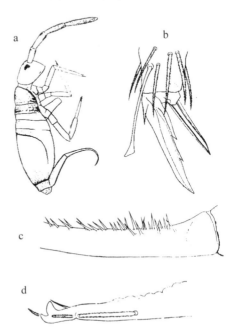

33. ウスイロトゲアヤトビムシ
Homidia rosannae Jordana & Baquero, 2010

体長は 1.9 mm．体色はほぼ全身淡黄色で，着色は頭部前面および腹部第 4・5 節の各後縁部にある程度．上唇端部には 4 個の突起があり，そのうち内側の 2 個は先端が長いトゲ状になる．触角先端の感球は 2 個．副爪は小刀状で先端がとがり，少なくとも後肢では外縁は平滑．粘毛は主爪よりわずかに長い．脛節棘は 22-23 本で，中央部では 2 列に配置される．腹部第 2・3 節背央部の大剛毛は 6+6 本と 4+4 本．第 4 節の剛毛列の前方に大剛毛はない．触角：頭部＝ 2.4：1．腹部第 3 節：第 4 節＝ 1：5.8．　分布：群馬．　a・b, 頭部および胴体部カラーパターン；c, 上唇端部；d, 触角先端；e, 脛付節と爪；f, 跳躍器先端；g, 腹部第 2・3 節の剛毛配列；h, 腹部第 4 節の剛毛配列（a-f, h, Jordana and Baquero, 2010; g, 一澤原図）．

ヒマラヤトビムシ属
Himalanura Baijal, 1958

体表面の小剛毛が幅広くなり，細いウロコに似た形状となる．小眼は 8+8．跳躍器端節は 2 歯と 1 基棘からなる．日本からは 1 種が知られるのみ．

34. エゾアヤトビムシ
Himalanura ezoensis Suma & Yoshii, 1998

体長は 2.3 mm．体色の地色は淡色．胸部第 3 節と腹部第 2 節に対をなした斑紋がある．腹部は第 3 節後半部に横帯があり，第 4・5 節は側面に不明瞭な着色．体表はケバのある毛と細く扁平なウロコ状の毛で密におおわれる．ウロコ状の毛はウロコトビムシ属のウロコより細く，とくに幼若個体では十分に発達せず通常の小剛毛と区別がつきにくい．副爪は細く，歯はない．粘毛は長く，主爪の先端まで達し，先端が広がる．腹部第 2 節背央部の大剛毛は 2+2 本．触角：頭部＝ 2.5：1．腹部第 3 節：第 4 節＝ 1：5.0．ミズナラやトドマツ等の樹皮下から多数得られた．　分布：北海道．　a, カラーパターン；b, 上唇；c, 頭部腹面中央部；d, 腹管前面；e, 腹管後面；f, 腹部第 2 節上のウロコ状毛と小剛毛；g, 幼若個体のウロコ状毛；h, 胸部第 2 節 - 腹部第 2 節の剛毛配列（Suma and Yoshii, 1998）．

ウロコトビムシ属
Willowsia Shoebotham, 1917

体表はウロコと体毛の両方で覆われる．ウロコは半透明の黒褐色から黒色で，先端がとがり，多数の縦スジが認められる．頭胴部のウロコは，すべてほぼ同様の形．跳躍器茎節にはウロコはない（一部の種にはウロコ状の毛がある）．小眼は 8+8．跳躍器端節は 2 歯と 1 基棘からなる．種の識別にはカラーパターンや剛毛配列，脛付節先端の形状が用いられる．日本からは 3 種が知られる．

35. キウロコトビムシ
Willowsia formosana (Denis, 1929)

体長は 1.5 mm．体色は全身が淡黄色で顕著な模様はないが，頭頂部に小さな淡紫色の斑紋がでることもある．主爪は小さい．副爪は幅広く，内側がやや角張る．粘毛はよく発達し，主爪の 1.5-2.0 倍の長さで，中央部が比較的広いが先端部はあまり広がらない．跳躍器端節には 2 歯と 1 基棘があり，2 歯はほぼ同大．腹部第 2・3 節背央部の大剛毛は 2+2 本と 1+1 本．触角：頭部＝ 2.0：1．腹部第 3 節：第 4 節＝ 1：4.2．樹上性．　分布：京都；台湾．　a, 小眼；b, 脛付節と爪；c, 跳躍器先端；d, ウロコ；e, 腹部第 2-4 節の剛毛配列（a-c, Yosii, 1942; d, Denis, 1929a; e, Yosii, 1956b）．

36. ヤマトウロコトビムシ
Willowsia japonica (Folsom, 1897)

体長は 1.8 mm．体色の地色は白っぽく，黒色から濃紫色の明瞭な模様がある．模様には変異があり，胴体部に 3 本の幅広い横帯を形成するものから各体節の辺縁部が着色する程度のものまである．体表のウロコは長さが幅の 4 倍程度であるが，幼若個体ではより細い．触角先端の感球は 2 個．転節器官には約 20 本の小毛が三角形に配置される．副爪は小刀状．粘毛は主爪より長く，先端部が広がる．腹部第 2・3 節背央部の大剛毛は 3+3 本と 2+2 本．触角：頭部＝ 2.5：1．腹部第 3 節：第 4 節＝ 1：3.7．おもに樹上に生息するがリター中からも見出される．フタホシウロコトビムシ *W. bimaculata* (Börner 1909) は本種のシノニム．また過去に日本でウロコトビムシ *W. platani* (Nicolet, 1842) として報告されたものも本種の誤同定である可能性がある．この種は腹部第 3 節背央部の大剛毛が 3+3 本あることで本種と区別される．　分布：日本全国；中国，ハワイ．　a・b, カラーパターン；c, 上唇；d, 触角先端；e, 転節器官；f, 脛付節と爪；g, 跳躍器茎節基部；h, 跳躍器先端；i, ウロコと小剛毛；j, 胸部第 2 節 - 腹部第 3 節の剛毛配列（a-e, g, j, Yoshii, 1992; f, h, i, Yosii, 1942）．

33. ウスイロトゲアヤトビムシ

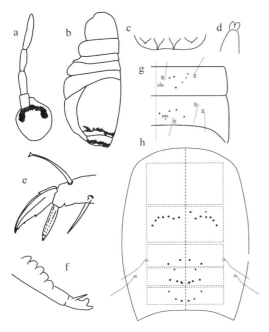

35. キウロコトビムシ

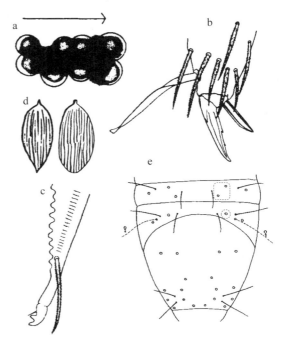

34. エゾアヤトビムシ

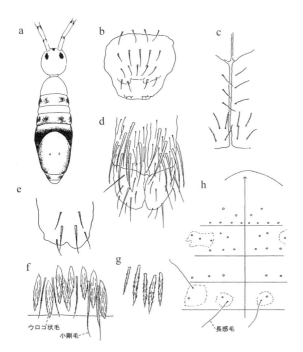

36. ヤマトウロコトビムシ

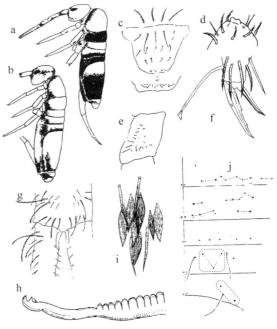

37. ヤマシタホソウロコトビムシ
Willowsia yamashitai Uchida, 1969

体長は 2.2 mm. 体色はほぼ全身が淡黄色で, 局所的に紫色の着色がある. 体表のウロコは細く, 長さは幅の 7-9 倍程度. 副爪は幅広く 2 本の肋条があり, 内側が角張る. 粘毛はへら状で各肢に 1 本ずつあり, 主爪内縁よりやや長い. 保体には毛がない. 跳躍器茎節前面の毛は太く, ウロコ状に見える. 触角: 頭部＝2.2:1. 腹部第 3 節: 第 4 節＝1:4.0. 八甲田山のオオシラビソ樹上から得られた. Yosii (1977) は本種をホソウロコトビムシ属 *Janetschekbrya* としたが, 当該属の特徴である,「体節辺縁部のウロコが特別細長い」という形質が確認されていないため, 当面はウロコトビムシ属として扱う (Zhang et al., 2011). 分布: 本州. a, 全体図; b, 前肢の脛付節と爪; c, 後肢の脛付節と爪; d, 跳躍器茎節中央部側面; e, 跳躍器先端; f, 腹部第 3 節上のウロコ (Uchida, 1969).

カマガタウロコトビムシ属
Seira Lubbock, 1869

ウロコは有色で多数の縦スジがあり長楕円形. 跳躍器茎節前面にもウロコがある. 小眼は 8+8. 端節は 1 歯の鎌形で基棘はない. 種の識別には胴部背面や腹管の剛毛配列が用いられる. 日本からは 2 種が知られる.

38. インドカマガタトビムシ
Seira indra (Imms, 1912)

体長は 1.7 mm. 体色は乳白色から汚白色だが, 濃色のウロコにおおわれて褐色に見える. 体側面や腹部第 4 節後端部にうすい紫着色がある. 触角は第 4 節基部, 肢は脛付節先端までウロコにおおわれる. 触角先端の感球は 2 個. 転節器官には約 15 本の長短の毛がある. 副爪は小刀状. 粘毛は短めで先が広がる. 後肢脛付節の中ほどに関節のような構造がある. 腹管の後面には端部に 1+1 本の長毛, 基部側に 3+3 本の微小毛がある. 腹部第 1 節の大剛毛は 5+5 本. 触角: 頭部＝2.0:1. 腹部第 3 節: 第 4 節＝1:3.2. 分布: トカラ; インド, パキスタン. a, 全体図; b, 上唇端部; c, 後肢; d, 転節器官; e, 中肢脛付節と爪; f, 腹管後面; g, 跳躍器茎節基部; h, 跳躍器先端; i, ウロコ; j, 胸部第 2 節 - 腹部第 2 節の剛毛配列 (a, c, Yosii, 1955; b, d-h, j, Yosii and Ashraf, 1965; i, Imms, 1912).

39. ニジイロカマガタトビムシ
Seira taeniata (Handschin, 1925)

体長は 2.6 mm. 体色は乳白色, 体側部に淡紫色の不明瞭な着色がある. 濃色の大きな丸いウロコが密に全身をおおい, 虹色に見える. 触角は第 3 節基部まで, 肢は脛付節先端までウロコにおおわれる. 触角先端には 2 個の不明瞭な感球がある. 転節器官には約 50 本以下の小さなトゲが四角形に配置される. 副爪は小刀状. 粘毛は主爪とほぼ同長で先端が三角形に広がる. 腹管後面には端部に大きな単純毛が 1+1 本, その基部側にほぼ同大でケバのある毛が 1+1 本, さらに基部側に微小毛が 3+3 本ある. 腹部第 1 節の大剛毛は 4+4 本. 触角: 頭部＝2.0:1. 跳躍器柄節: 茎節＝1:1.5. *S. iricolor* Yosii & Ashraf, 1964 は本種のシノニム. 分布: 沖縄; 東南アジア, 南アジア, ハワイ. a, 上唇; b, 触角先端; c, 転節器官; d, 後肢脛付節と爪; e, 腹管前面; f, 腹管後面; g, 感毛; h, 胸部第 2 節 - 腹部第 2 節の剛毛配列 (Yosii and Ashraf, 1964).

オオウロコトビムシ属
Lepidosira Schött, 1925

ウロコは有色で多数の縦スジがあり, 長楕円形から紡錘形. 前属と同様に跳躍器茎節前面もウロコでおおわれるが, 端節は 2 歯と 1 基棘をそなえることで区別される. 小眼は 8+8. 日本からは 1 種が知られるのみ.

40. オオウロコトビムシ
Lepidosira gigantea (Börner, 1909)

体長は 3.5 mm. 胸部第 2 節は頭部の上方にやや突出する. 体色の地色は淡黄褐色. 頭部は暗色. 胴体各節の側縁部に着色があり, 腹部第 4-6 節背側部に縦帯がある. 各肢は腿節と脛付節に帯がある. 腹管と跳躍器は淡色. 触角は第 3 節まで, 肢は脛付節基部までウロコがある. 触角先端の感球は 1 個. 転節器官は 40 本以上の棘状毛で構成される. 副爪は小刀状. 粘毛は長く, 主爪を超え, 先端が広がる. 腹管後面にはウロコがなく, 1+1 本の単純毛が端部にある他, ケバのある大毛が 6-7 本, ケバのある小毛が約 12 本ある. 腹部第 2・3 節背央部の大剛毛は各 3+3 本. 触角: 頭部＝2.7:1. 腹部第 3 節: 第 4 節＝1:7.1. 樹上性. セマルオオウロコトビムシ *L. gibbosa* (Denis, 1924) は本種のシノニム. またシマツノオオウロコトビムシ *L. nilgiri* (Denis, 1936) のうち, 少なくとも日本で報告されたものは本種に含まれる. 分布: 北海道, 本州, トカラ, 沖縄. a, 全体図; b, 上唇; c, 腹管前面; d, ウロコ (腹部第 1 節); e, ウロコ (腹部第 3 節); f, ウロコ (跳躍器柄節前面); g, 頭部の剛毛配列; h, 胸部第 2 節 - 腹部第 3 節の剛毛配列 (Yoshii, 1992).

昆虫亜門・トビムシ目　299

37. ヤマシタホソウロコトビムシ

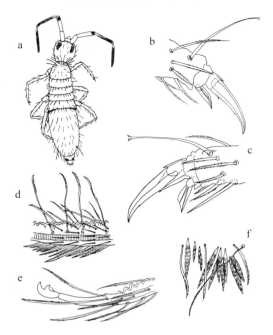

39. ニジイロカマガタトビムシ

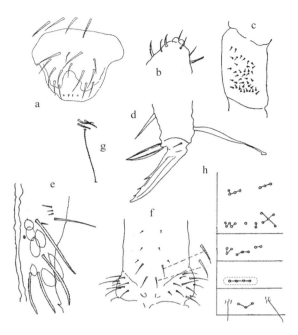

38. インドカマガタトビムシ

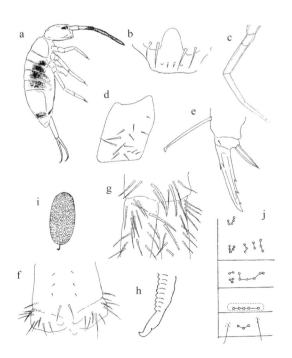

40. オオウロコトビムシ

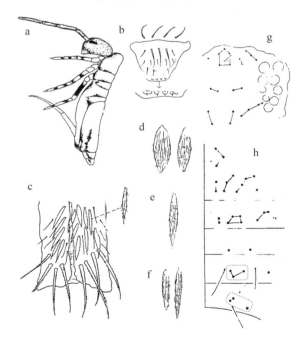

— 1391 —

ハゴロモトビムシ属
Lepidocyrtus Bourlet, 1839

ウロコはほぼ透明で表面に繊毛があり，円形あるいは丸みのある台形．小眼は 8+8．跳躍器端節は 2 歯と 1 基棘からなる．種の識別には頭胸部背面や口器周辺の剛毛配列が重要．日本からは 2 亜属 3 種が知られるが，未報告種も多いと思われる．なおここで記した本属各種の特徴はおもにヨーロッパ産の標本に基づいており，日本産の個体がこれに合致するかは十分にわかっていない．

ツノゲハゴロモトビムシ亜属
Lepidocyrtus (*Lanocyrtus*) Yoshii & Suhardjono, 1989

触角にはウロコがなく，比較的毛が多い．各肢では基節より先にウロコはない．日本からは 1 種が知られる．

41. アイイロハゴロモトビムシ
Lepidocyrtus (*Lanocyrtus*) *cyaneus* Tullberg, 1871

体長は 1.5 mm．胸部第 2 節は突出しない．体色は青紫色で付属肢や触角の基部，頭部腹面などは淡色となるが，濃淡の程度には変異がある．下唇基部の毛列式は MRE で，いずれもケバがある．R 毛は短いがトゲ状に退化することはない．触角にウロコはなく，第 1 節背面には鋸歯状の毛が多数ある．触角先端の感球はない．頭部の S 毛と T 毛は大剛毛となる．転節器官には約 10 本の毛が L 字形に配置される．副爪は小刀状．粘毛は先端が広がる．腹管にウロコはない．腹部第 4 節背央部の大剛毛は 3+3 本．触角：頭部 = 1.6 : 1．腹部第 3 節：第 4 節 = 1 : 3.3．　分布：北海道，本州；全北区，アフリカ，オーストラリア．　a, 全体図；b, 転節器官；c, 脛付節と爪；d, 腹管前面；e, 腹管後面；f, 跳躍器柄節前面端部；g, 跳躍器柄節後面；h, 跳躍器先端 (a, c, h, Yosii, 1942; b, d-g, Yosii, 1959b)．

ハゴロモトビムシ亜属
Lepidocyrtus (*Lepidocyrtus*) Bourlet, 1839

触角および各肢はウロコでおおわれる．日本に 2 種．

42. ネコゼハゴロモトビムシ
Lepidocyrtus (*Lepidocyrtus*) *curvicollis* Bourlet, 1839

体長は 3.5 mm．胸部第 2 節は強く突出する．体色の地色は白色でかすかに褐色がかる．触角端部，腹部側縁や各肢の基部が青く着色されることがある．下唇基部の毛列式は M1M2RE で，M1 毛と R 毛は短くケバがあり，残り 2 本はやや長い単純毛．成体では触角の根元から第 4 節基部までウロコが分布し，その部位では剛毛が少ない．触角先端の感球はない．頭部の S 毛と T 毛は大剛毛にならない．転節器官には 25-30 本の長めの棘状毛が三角形に配置される．副爪は小刀状．腹管前面に多くのウロコがある．腹部第 4 節背央部の大剛毛は 4+4 本．触角：頭部 = 2.0 : 1．腹部第 3 節：第 4 節 = 1 : 4.0．　分布：本州，四国；全北区．　a, 全体図；b, 下唇基部；c, 腹管前面；d, 腹管後面；e, 跳躍器柄節前面端部；f, 長感毛と付属毛；g, 腹部第 2 節の剛毛配列（黒丸が大剛毛，破線白丸は偽小孔）(a, Yosii, 1956b; b, g, Fjellberg, 2007; c-f, Yosii, 1959b)．

43. シロハゴロモトビムシ
Lepidocyrtus (*Lepidocyrtus*) *lignorum* (Fabricius, 1775)

体長は 1.6 mm．胸部第 2 節はさほど突出しない．体色は黄色から白色で眼斑と額が暗色．触角端部や頭部背面，各肢基部，腹部第 4 節後方も青く着色することがある．下唇基部の毛列式は M1M2RE ですべてケバがあり，M1 毛と M2 毛はほぼ同長．頭部の S 毛と T 毛は大剛毛にならない．副爪は小刀状．腹部第 4 節背央部の大剛毛は 4+4 本．　分布：北海道，本州，九州；シベリア，ヨーロッパ，北米，オーストラリア．　a, 頭胸部；b, 上唇；c, 下唇基部；d, 脛付節と爪；e, 腹部第 2 節の剛毛配列（黒丸が大剛毛，破線白丸は偽小孔）；f, 腹部第 4 節の長感毛と付属毛；g, 腹部第 4 節の剛毛配列 (a, c-g, Fjellberg, 2007; b, Yosii, 1969)．

カギヅメハゴロモトビムシ属
Pseudosinella Schäffer, 1897

ウロコは前属と同様．小眼は 6+6 個以下．跳躍器端節は 2 歯と 1 基棘．種の識別には小眼の数，頭胸部背面や口器周辺の剛毛配列などが用いられる．日本では現在のところ 3 種が知られる．

44. イツツメカギハゴロモトビムシ
Pseudosinella pseudolanuginosa (Yosii, 1942)

体長は 2.5 mm．体色はほぼ全身黄白色で，触角と各肢の基節は濃紫色．胸部第 2 節の前方および頭部にも不明瞭な色素が分布する．小眼は 5+5 で，眼域は黒い．副爪は小刀状で顕著な外歯はない．粘毛は発達し，先端が広がる．跳躍器端節は長めで，同大の 2 歯と 1 基棘がある．触角：頭部 = 1.6 : 1．　分布：北海道，本州．　a, 全体図；b, 脛付節と爪；c, 跳躍器先端 (Yosii, 1942)．

41. アイイロハゴロモトビムシ

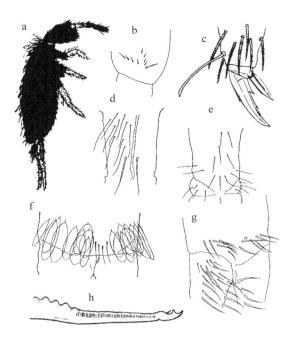

43. シロハゴロモトビムシ

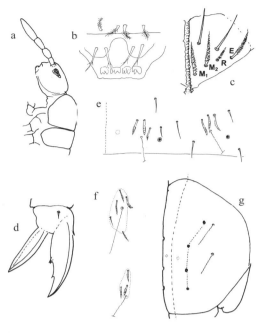

42. ネコゼハゴロモトビムシ

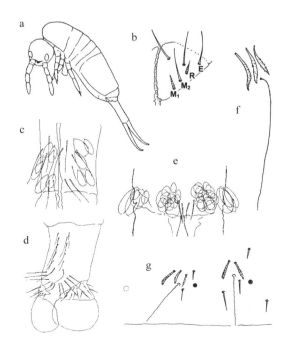

44. イツツメカギハゴロモトビムシ

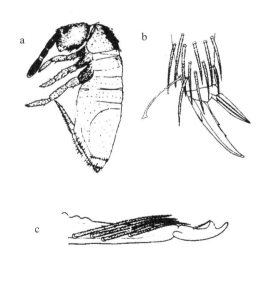

45. ヒメカギヅメハゴロモトビムシ
Pseudosinella tridentifera Rusek, 1971

体長は 0.7 mm．体色の地色は白色で，胴体部前半を中心に青色の色素が分布する．下唇基部の毛列式は M (R) E．R 毛はごく小さい木の芽状で，かろうじて毛穴しか確認できない場合や，まったく欠く場合もある．その他の毛はケバがある．触角先端の感球はない．小眼は 4+4 個．頭部背面の R1 毛，R2 毛，S 毛，T 毛は大剛毛とならない．主爪の不対の内歯は，主爪のほぼ中央に位置する．副爪は小刀状．粘毛は弱々しく，先端はとがるかわずかに広がる．胸部第 2 節後半部〜腹部第 3 節の背央部には大剛毛はない．腹部第 4 節背央部では M3 毛が大剛毛となるが，P1 毛，M1 毛は大剛毛とならない．触角：頭部 = 1.3：1．過去に日本でカギヅメハゴロモトビムシ *P. octopunctata* Börner, 1901 として報告されたものは本種の誤同定である可能性がある．　　分布：本州，九州，沖縄（北海道からも "*P. octopunctata*" としての報告があるが，詳細は未確認）；中国．　a, 全体図；b, 頭部；c, 下唇；d, 後肢脛跗節と爪；e, 腹部第 2 節の剛毛配列；f, 腹部第 3・4 節の剛毛配列（一澤原図）．

46. カギヅメハゴロモトビムシ
Pseudosinella octopunctata Börner, 1901

体長は 0.95 mm．体色の地色は黄色がかった白色で，頭部および触角に青色の色素が分布する．下唇基部の毛列式は ME で，いずれもケバがある．触角先端の感球はない．小眼は 4+4 個．頭部背面の R1 毛，R2 毛，S 毛，T 毛が大剛毛となる．主爪の不対の内歯は，主爪の中央より先端側に位置する．副爪は小刀状．粘毛の先端は広がる．胸部第 2 節後半部および腹部第 2 節の背央部にはそれぞれ 1 対，3 対の大剛毛がある．腹部第 4 節背央部では P1 毛，M1 毛，M3 毛が大剛毛となる．触角：頭部 = 1.5：1．Yosii (1942) をはじめ，過去に日本でカギヅメハゴロモトビムシ *P. octopunctata* Börner, 1901 として報告されたものの大部分は前種ヒメカギヅメハゴロモトビムシの誤同定である可能性が高いため，再確認が必要．　　分布：北海道；全北区，東南アジア，アフリカ．　a, 全体図；b, 頭部；c, 下唇；d, 後肢脛跗節と爪；e, 腹部第 2・3 節の剛毛配列；f, 腹部第 4 節の剛毛配列（一澤原図）．

ニシキトビムシ科
Orchesellidae Börner, 1906

ウロコニシキトビムシ属
Heteromurus Wankel, 1860
トゲウロコニシキトビムシ亜属
Alloscopus Börner, 1906

触角は第 1 節が 2 分節し全 5 節．体表はウロコで覆われる．頭部背面後方に大剛毛がない．跳躍器茎節にトゲがある．端節は 2 歯 0 基棘．日本では 1 種のみ．

47. トゲウロコニシキトビムシ
Heteromurus (Alloscopus) tenuicornis Börner, 1906

体長は 2.0 mm．体色は白色〜淡黄色．触角先端の節には明瞭な環状小分節はないが，剛毛が環状に配列する．先端感球はない．小眼は 1+1．PAO はいびつな球形で，非常に小さい．下唇基部の毛のうち 2-4 本がウロコとなる．主爪には 1 対の基部内歯があり，鋭く突出する．副爪には外歯がある．粘毛は主爪より短く，先端がとがる．跳躍器柄節後面に平滑な直立毛が 4-5 対，茎節基部にも 1 対ある．茎節棘は 5-20 本で 1 列に並ぶ．腹部第 1・2・3 節の大剛毛は 3+3，2+2，1+1 本．触角：頭部 = 2.5：1．腹部第 3 節：第 4 節 = 1：1.5．　　分布：小笠原父島；東南アジア，ミクロネシア，メラネシア，ハワイ．　a, 頭部；b, 上唇；c, 下唇基部；d, 後肢脛跗節と爪；e, 腹管後面（白丸は単純毛）；f, 跳躍器茎節基部；g, 胸部第 2 節－腹部第 3 節の剛毛配列（Yoshii and Suhardjono, 1989）．

コニシキトビムシ属
Orchesellides Bonet, 1930

触角は第 1 節が 2 分節し全 5 節となるが，根元付近で分節するためわかりにくい．ウロコ，PAO はない．跳躍器端節は 2 歯 1 基棘．日本では 1 種のみ．

48. シナニシキトビムシ
Orchesellides sinensis (Denis, 1929)

体長は 2.0 mm．体色の地色は白色〜淡黄色で，紫色の帯斑がある．腹部第 2・3 節は背面の広範囲が着色して幅広い横帯となり，第 4 節には背側部の幅広い縦帯がある．触角先端には先端が 2-3 分枝した刺毛がある．先端感球はない．小眼は 8＋8．頭部に感毛はない．粘毛は先端が広がる．副爪には外歯がある．保体の毛は 1 本．触角：頭部 = 3.0：1．腹部第 3 節：第 4 節 = 1：1.4-2.0．　　分布：本州，トカラ，沖縄；中国．　a, 全体図；b, 上唇端部；c, 触角先端；d, 小眼；e, 脛跗節と爪；f, 跳躍器先端；g・h・i, 腹部第 2・3・4 節の剛毛配列（a, b, e, g-i, Mari-Mutt, 1985a; c, Christiansen and Bellinger, 1992; d, f, Yosii, 1942）．

45. ヒメカギヅメハゴロモトビムシ

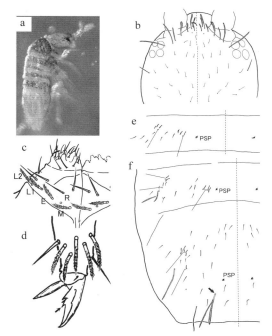

46. カギヅメハゴロモトビムシ

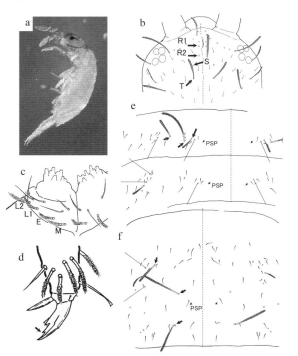

47. トゲウロコニシキトビムシ

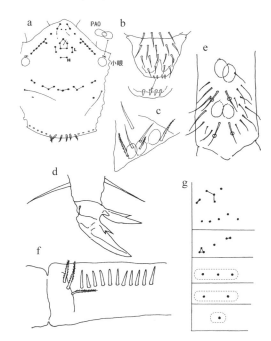

48. シナニシキトビムシ

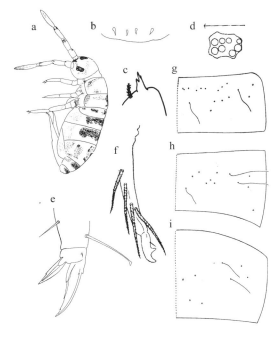

ニシキトビムシ属
***Orchesella* Templeton, 1836**

触角第1・2節がそれぞれ2分節し全6節．ウロコ，PAOはない．端節は2歯1基棘．日本では1種のみ．

49．オビニシキトビムシ
***Orchesella cincta* (Linnaeus, 1758)**

体長は4.5 mm．体色は白色～黄褐色の地に濃紫色～青黒色の帯斑．模様には変異があるが，腹部第3節は常に背面全体が濃色で第2節の少なくとも後縁部は淡色となり，そのコントラストが目立つ．頭部は全体が濃色となる場合が多い．触角先端には先端が2-3分枝した刺毛がある．先端感球はない．小眼は8+8．粘毛は先端が広がる．副爪に1個の外歯がある．保体の毛は1本．跳躍器柄節末部の端部棘は3〜4歯で，内側の1歯がとくに大きい．茎節基部内側には2+2本のトゲがある．成熟した雄の柄節には後面中央部に柄節器官がある．これは丸く盛り上がり，中央の縦溝にケバのある太い毛が3+3本並ぶ形状．腹部第3節背央部の大剛毛は7+7本．触角：頭部＝1.8-2.6：1．腹部第3節：第4節＝1：1.4-1.8．　分布：北海道；シベリア，ヨーロッパ，北米．　a, 全体図；b, 脛跗節と爪；c, 腹管；d, 跳躍器柄節末部と茎節基部；e, 柄節器官正面；f, 同側面；g, 端節；h, 腹部第2-4節の剛毛配列（a-g, 須摩, 2013; h, 一澤原図）．

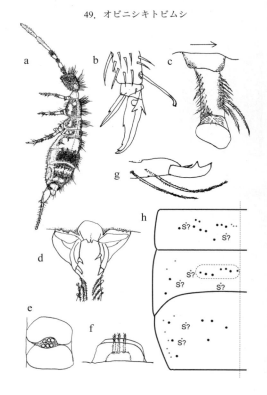

49．オビニシキトビムシ

ミジントビムシ亜目 Neelipleona Masoud, 1971 および
マルトビムシ亜目 Symphypleona Börner, 1901 sensu Massoud, 1971

伊藤良作・長谷川真紀子・一澤　圭・古野勝久・須摩靖彦・田中真悟・
長谷川元洋・新島溪子

概説

　日本産トビムシ和名目録（トビムシ研究会編, 2000）では，マルトビムシ亜目はミジントビムシ科（Neelidae）と広義のマルトビムシ科（Sminthuridae）の2科であった．現在両科をそれぞれ亜目に昇格させてミジントビムシ亜目（Neelipleona, 表1, マルトビムシ類の科への検索②, 図1-2）とマルトビムシ亜目（Symphypleona, 表2-7, マルトビムシ類の科への検索①, ③-⑲, 図3-65）とし，マルトビムシ科に属していた各亜科は科に昇格された（Bellinger et al., 2012）．このため，従来のマルトビムシ科に含まれていた6亜科を科として扱い，マルトビムシ亜科（Sminthurinae）に属していた6属のみを狭義のマルトビムシ科（Sminthuridae, 表6, 検索図⑪-⑬, 図32-42）とする．現在日本からミジントビムシ亜目は1科2属2種，マルトビムシ亜目は6科（2亜科を含む）19属63種1亜種が記録されている．

　マルトビムシ類は腹部の第1節から第4節まで，あるいは第1節から第5節までが融合して丸くなっている（図A1）．胸部および腹部後方における各体節の境界も必ずしも明瞭ではない．体長は0.3-3.3 mmと幅があり，いずれのグループも発達した腹管と跳躍器がある（図A1, A6, A8）．地表部を主な生活圏にするものから，地中，洞穴，水面，樹上などで生活するものまで，多様な生活様式がみられる．ミジントビムシ科とヒトツメマルトビムシ科（Arrhopalitidae, 検索図①, ⑦, 表3, 図8-14）は小眼がないか少なく，色素も乏しいので，洞穴性か地中性と考えられている．一方，多くのマルトビムシ類は赤，黄，青などの体色や特徴的で美しい紋様を示す地表性の種類である．出現時期に季節性が見られる種類が多く，高温期に出現するものや，冬の寒い季節でないと採集されない種類もいる．主な生息場所は森林土壌であるが，野菜畑，草地あるいはプランターでおびただしい数のキボシマルトビムシ（図23）が観察され，ミズマルトビムシ（図4）のように，水面や水際でないと採集されないユニークな種類も存在する．

　マルトビムシ亜目には，雄の触角把握器や頭部の特殊な毛，あるいは雌の肛門節付属器など，フシトビムシ亜目（Arthropleona）には見られない器官や変形した毛がある．これらの形質は種の同定に欠かせないが，成熟した雄あるいは雌でなければ確認できないことが多い．

　頭部：上唇の毛の配列は前上唇の毛の数／上唇の3列の毛の数で示し，「上唇毛式は6/5, 5, 4」のように表す（図9c）．触角が頭部より短いのはミジントビムシ科だけで，その他の科では頭部と同じかそれ以上である．ミジントビムシ科には小眼がない．ヒトツメマルトビムシ科は小眼が2+2以下で，上記以外のグループの小眼は通常8+8である（図A2）．触角第2, 3節が把握器に変形しているのは（図A3a）オドリコトビムシ科（Sminthurididae, 検索図③-⑥, 表2, 図3-7）の雄で，毛の名称は図4bを参照されたい．ヒメマルトビムシ科（Katiannidae, 検索図①, ⑧, 表4, 図15-22）ヒメマルトビムシ属（*Sminthurinus*）では触角第3節に隆起状突起がある種が多い（図17b, 19b, 20a）．触角第3節と第4節は分節することがあり（図A3），分節数は種によって決まっている．クモマルトビムシ科（Dicyrtomidae, 検索図⑭-⑲, 表7, 図43-65）は第4節が非常に短い（図A3c）．マルトビムシ科の多くの種には，触角と眼の間に触角後毛（post antennal seta, PAS）がある（図33c, 35b, 37b, 39c）．触角後器（post antennal organ, PAO）はない．雄の頭頂部や顔面の毛がトゲ状や針状に変形している種がヒトツメマルトビムシ科，ボレーマルトビムシ科（Bourletiellidae, 検索図①, ⑨, ⑩, 表5, 図23-31）およびクモマルトビムシ科の一部でみられる（図A4）．眼斑周辺の毛の名称は図52c, 59bを参照されたい．トゲ状に変形した顔面毛の配列を1, 1, 1, 1, 1, 3のように示すが（図A4），普通毛との区別がしにくいこともある．

　胸腹部：体には細長い感覚毛が4-5対あり，前方からA, B, C, Dの胴感毛とされ，A-Cは胸腹部に各0-1対，Dは肛生殖門節に0-2対ある（図A1）．胴感毛の存否と配置は属や種によって決まっている．胸腹部の形態はほとんど球形だが，コンボウマルトビムシ属（*Papirioides*）の腹部背面には，後方に突き出す棍棒状の背器官がある（図47a, 48a, c）．また，オビソロイヅメマルトビムシの腹部後半は押しつぶされたように下がっている（図24b）．腹部の特殊な毛によって種や科を特定することもできる．マルトビムシ科のオニマルトビムシはトゲ状（図40f-g），ヤマトフトゲマル

表1　ミジントビムシ科の種の形質識別表

属名 No.	和名	体長 (mm)	体色と模様	感覚領域	触角第3,4節	保体の歯	跳躍器柄節の関節突起先端	跳躍器端節の後縁
ケシトビムシ属								
1	ケシトビムシ	0.4	白色（灰色,淡紅色も）	明瞭	融合	3+3 か 4+4	平坦かわずかにふくらむ	滑らか
ミジントビムシ属								
2	ミジントビムシ	0.3-0.4	灰色 - 淡青色	不明瞭	分離	不明	不明	鋸歯状

表2　オドリコトビムシ科の種の形質識別表

属名 No.	和名		体長 (mm)	体色と模様	触角第4節の分節数(♀)	触角第2節(♂)	後肢脛付節器官の剛毛	腹管囊状突起	端節
ヒメオドリコトビムシ属									
3	ヒメオドリコトビムシ		0.6	茶褐色	0	長いトゲ状の毛が1本	なし	各1個の小突起	後縁に鋸歯前面に皮膜
オドリコトビムシ属									
4	ミズマルトビムシ	♀ ♂	1.0 0.5	黄褐色,緑色,紫背面黄色不規則紋	0	短いb毛は5本	針状で長い	滑らか	両側ひだ付薄片幅>1/2長さ
5	ホソオオドリコトビムシ	♀ ♂	0.6 0.3	灰色 - 黄色,しばしば体側紫帯	0	短いb毛は4本 b2はb1に近い	翼がある	滑らか	片側ひだ付薄片幅≒1/3長さ
6	ビワコミズマルトビムシ	♀ ♂	0.5 0.3	薄紫色	4	短いb毛は4本 b2はb3,b4に近い	1-2の小歯	各4個の丸いイボ	両側ひだ付薄片幅≦1/2長さ*
7	カワベリオドリコトビムシ	♀ ♂	0.6 0.3	薄紫色,体側紫帯	4	短いb毛は3本	翼がある	各3〜5個の長いイボ	両側ひだ付薄片幅≒1/2長さ*

* 記載図より計測した.

表3　ヒトツメマルトビムシ科の種の形質識別表

属名 No.	和名	体長 (mm)	体色 (眼色)	頭頂部のトゲ	触角第4節分節数	跳躍器 柄節後面の毛	跳躍器 茎節後面の棘状毛	肛門節 変形毛	肛門節 付属器
ヒトツメマルトビムシ属									
8	ヒメヒトツメマルトビムシ	0.5	白(白)	13	0	4+4	E1-E4,J1-J3	トゲ,翼状	ヘラ状,先端短毛
9	ホラアナヒトツメマルトビムシ	1.3	白(白)	6-8	5	4+4	E1-E6,J1-J4	トゲ,翼状	太い針状
10	オオツノヒトツメマルトビムシ	0.8	褐色(淡赤褐色)	4+4	7	4+4	E1-E3,J1-J3	なし	先太の房状
11	ハイイロヒトツメマルトビムシ	0.7	淡灰(黒)	なし	5	6+6	E1,E3,J1-J3	なし	ハケ状
12	ハベマルトビムシ	1.0	白-淡赤褐色(褐色)	1+1	7	6+6	E1,E3,J1-J3	a0毛2叉	房状
13	ヤマトヒトツメマルトビムシ	1.4	白-赤褐色(褐色)	4-6	5-8	6+6	E1,J1-J3	基部にトゲ	房状
14	ウエノヒトツメマルトビムシ	1.0	白(白)	なし	12-14	5+5	E1のみ	なし	棒状で先端短毛

表4　ヒメマルトビムシ科の種の形質識別表

属名 No.	和名	体長 (mm)	体色と模様	副爪付属糸 前,中,後肢	跳躍器茎節 後面の毛数 外,内,中央列	跳躍器茎節 前面の毛配列	跳躍器 端節後面の内縁/外縁	肛門節 変形毛	肛門節 付属器
ハケヅメマルトビムシ属									
15	ハケヅメマルトビムシ	1.5	黄褐色	ハケ状	2列で各4-6	不明	平滑/鈍鋸歯	2叉,繊毛状,棒状	羽毛状5-7枝
ヒメマルトビムシ属									
16	ミヤマヒメマルトビムシ	0.75	淡黄色	長,短,短	5, 5, 2	4,1,1	弱鋸歯/平滑	なし	ハケ状
17	フチドリマルトビムシ	0.8	淡黄褐,体側に黒帯	長,なし,なし	5, 7, 3	4,2,2,1	平滑/平滑	a0毛2叉	5枝先端房状
18	ヒメマルトビムシ	1.0	白,褐,黒色など	長,短,短	2, 6, 3	4,1	弱鋸歯/弱鋸歯	a0毛2叉,翼状	棒状先端3-5枝
19	ウルワシヒメマルトビムシ	0.6	淡褐色に黒帯白斑	長,長,なし	5, 5, 3	4,2,1	弱鋸歯/平滑	a0毛2叉	房状
20	キイロヒメマルトビムシ	0.8	黄褐色	長,なし,なし	4, 6, 3	4,2,1	鋸歯/平滑	a0毛2叉	房状
21	モンツキヒメマルトビムシ	0.75	黒色に白斑	長,短,なし	5, 6, 3	3,2,1	鋸歯/鋸歯	a0毛2叉	房状
22	クロヒメマルトビムシ	0.7	青黒色	長,短,なし	5, 5, 2	3,1,1	鋸歯/鋸歯	a0毛2叉,翼状	数本に分枝

表5 ボレーマルトビムシ科の種の形質識別表

属名 No.	和名	性別	体長 (mm)	体色と模様	頭部の特徴	触角第4節分節数	触角/頭長	跳躍器茎節の毛 後面外,内,中央列	跳躍器茎節の毛 前面末端から	♀肛門節付属器
ボレーマルトビムシ属										
23	キボシマルトビムシ	♀	1.8	暗紫色に淡黄斑		7	1.5	不明	不明	扇状
		♂	1.2	♀より色が薄い			1.6			
ソロイヅメマルトビムシ属										
24	オビソロイヅメマルトビムシ	♀	0.8	白か薄黄に幅広黒帯2		6	1.7	3,9,3	3,1,1	細い葉状
		♂	0.6				2.3			
25	エゾソロイヅメマルトビムシ	♀	0.8	薄い褐色	眼域後部にいぼ	8	1.7	8,9,8	2,1,1,1	棒状,先端微毛
		♂	0.6							
26	オキナワマルトビムシ	♀	0.8	白,背縦青斑3対		5	1.6	8,8,8	4,2,1,1,1	太い針状
カワリヅメマルトビムシ属										
27	ウスイロカワリヅメマルトビム	♀	1.8	腹部後半黄か橙色		7-8	1.8	9,8,8	3,3,1,1,1	棒状,基部曲がる
		♂	1.0				2.5			
28	イタコマルトビムシ	♀	1.1	黄白色紫斑	眼間域長毛2+2	9	1.85	9,7,8	3,3,1,1,1	太い針状
		♂	0.7	暗色,腹明色筋	ヤリ状毛5	10	2.65			
29	アカウミマルトビムシ	♀	1.0	茶色		10	2.3	7,8,7	3,3,1	太い針状
		♂	0.8		顔面翼のあるトゲ5		3.0			
30	クチヒゲマルトビムシ	♀	1.0	淡色,触角先端紫			2.0	8,13,3	2,3,1,1,1	太い針状
		♂	0.7		頭頂長毛2対,中央長トゲ5		3.0			
31	ピリカマルトビムシ	♂	0.8	栗褐色,頭・腹中央縦縞	側面短トゲ状毛6+6	8	0.9	9,8,7-8	3,3,1,1,1	

表6 マルトビムシ科の種の形質識別表

属名 No.	和名	性別	体長 (mm)	体色	触角第4節分節数	跳躍器茎節前面毛配列	特殊な体毛 出現位置	特殊な体毛 形態	肛門節付属器
ヒゲナガマルトビムシ属									
32	ヒゲナガマルトビムシ		1.2	暗紫色	32以上	鱗状毛6,普通毛1	肛生殖門節 跳躍器茎節	異常に長い胴感毛 ウロコ状の毛	不明
マルトビムシ属									
33	アベマルトビムシ		1.5	茶褐色黒模様	18	3,2,2,2,2,1,1	頭	繊毛付トゲ状(PAS)	曲がった太い針状
34	クロマルトビムシ	♀	2.0	黒色	14-17	3,2,2,2,2,1,1	胴	先端が鋸歯状の剛毛	曲がったトゲ状
		♂	1.3				跳躍器茎節	細長く,先の丸い毛	
35	ナミマルトビムシ		2.0	白地に暗褐縦筋模様	15	4,3,3,2,2,1,1	頭	繊毛付筆先状(PAS)	曲がったトゲ状
36	キマルトビムシ		1.3	淡黄色に暗色模様	約17	不明			不明
ヘラマルトビムシ属									
37	キノボリマルトビムシ	♀	2.3	濃橙色地に黒横筋模様	0	3,3,3,2,2,1,1	頭	繊毛付筆先状(PAS)	トゲ状
		♂	2.0				脛付節	長毛	
38	ダイセツマルトビムシ		2.4	緑褐色,黒点4対ほか	25	不明	跳躍器茎節	長毛	不明
39	ニッポンマルトビムシ		1.2	灰-褐色地に黒縦筋と斑点	20	3,2,2,2,2,1	頭	繊毛付トゲ状(PAS)	曲がった太い針状
オニマルトビムシ属									
40	オニマルトビムシ		1.6	暗紫色の横縞	約10	なし	頭,顔,胴	トゲ状,曲がった剛毛	やや曲がった針状
フトゲマルトビムシ属									
41	ヤマトフトゲマルトビムシ		1.1	黄色から青黒色	6	4,2,1	胴	半円筒状	太い針状先半分繊毛
オウギマルトビムシ属									
42	オウギマルトビムシ		1.0	青黒色	約6	なし	胴	扇状	ヘラ状先端繊毛

トビムシは円柱状(図41c-e),オウギマルトビムシは扇状(図42h)の剛毛に覆われている.また,クモマルトビムシ科ニシキマルトビムシ亜科(Ptenothricinae)の多くの種は,体の前方と後方の毛の形態が異なる(図55e, 60g, 61g).腹面にはそれぞれ1対の前,中,後肢がある(図A1).肢の主爪と副爪はよく発達し,主爪には内歯や側歯,外被などがある場合と(図A5),ない場合がある.前肢と後肢で副爪の形が異なる種もある(図4c-d, 11c-d, 28d-eほか).また,ヒメマルトビムシ科のハケヅメマルトビムシの副爪の付属糸はハケ状に細分されている(図15b).脛付節末端の外面にある粘毛(tenent hair)は,先端が球状やヘラ状に変形することがある(図A5).前,中,後肢の粘毛の数を,「各肢脛付節の粘毛の数は4, 3, 2本」のように表す.オドリコトビムシ属(Sminthurides)の後肢には脛付節器官がある(図A5).腹管の表面は滑らかな種

表7 クモマルトビムシ科の種の形質識別表

亜科・属名 No.	和名	体長 (mm)	体色と模様	頭頂毛	触角分節数 第3節	触角分節数 第4節	跳躍器脛節 外側列の変形毛	肛生殖門節 変形毛	肛生殖門節 付属器
クモマルトビムシ亜科									
タマトビムシ属									
43	タマトビムシ	1.5	暗黄, 胴周辺灰紫	普通毛	なし	なし	不明	不明	不明
クモマルトビムシ属									
44	ヤエヤママルトビムシ	1.8	暗黄, 黒模様	普通毛	なし	なし	なし	棒状	太い針状
45	コシジマルトビムシ	1.5	赤紫-黒, 黄斑	トゲ状	なし	なし	基部に繊毛	なし	太い針状
コシダカマルトビムシ属									
46	コシダカマルトビムシ	1.8	薄黄, 赤紫紋	太いトゲ状	なし	なし	繊毛, トゲ状	棒状	太い針状
ニシキマルトビムシ亜科									
コンボウマルトビムシ属									
47	コンボウマルトビムシ	2.3	薄黄, 黒斑や筋, 腹面青	普通毛	なし	なし	基部羽毛状	棒状, 繊毛状	棒状
48	ウエノコンボウマルトビムシ	1.4	薄黄, 頭褐紫, 側黒褐模様	不明	8	8	基部弱鋸歯状	不明	不明
ニシキマルトビムシ属									
49	リョウヘイマルトビムシ	1.7	黄-桃, 背赤褐, 正中線と紋5対	不明	6	4	羽毛状	不明	不明
50	オオシロマルトビムシ	1.7	乳白, 薄紫斑	不明	6	4	トゲ状	棒状	太い針状
51	アカマダラマルトビムシ	1.8	薄茶, 背斑	太長トゲ状	7	2	鋸歯状	長い棒状	太い針状
52	ヒグマルトビムシ	2.2	淡褐色, 栗色斑, 胴正中線とV字紋	長い棒状	7	3	繊毛付長毛 + 羽毛状	長い棒状	針状
53	セグロマルトビムシ	2.0	頭白に藍帯1-2, 背黒紫(T字白斑)	短い棒状	7	3	羽毛状 + 鋸歯状	長短棒状	太い針状
54	ツツイマルトビムシ	2.4	全身暗青, 頭褐斑, 背細縦筋4	短い棒状	7	3	羽毛状	長短棒状	太い針状
55	タテヤママルトビムシ	2.9	黒紫, 口と正中線白	棒状	8	3	弱鋸歯状	不明	不明
56	トカラマルトビムシ	2.0	青紫, 胴正中線淡黄	短い棒状	6	2	基部羽毛状	棒状	太い針状
57	ミツワマルトビムシ	2.0	頭黒紫, 胴淡黄色, 褐色-紫輪縁3	不明	7	3	羽毛状	不明	不明
58	ヤクシママルトビムシ	2.0	頭白, 紫横帯, 胴黒紫白帯2	短い棒状	7	2	羽毛状	長い棒状	太い針状
59	アズマクモマルトビムシ	2.0	頭と胴黒紫の縁, 背中央淡色(黒縦筋2)	棒状	6	2	羽毛状	棒状	棒状
60	フイリマルトビムシ	3.3	白-黄, 頭黒帯2, 胴紫-赤褐縦筋2+紋	トゲ状	6	2	羽毛状	棒状, 繊毛状	トゲ状
61	シママルトビムシ	1.5	白, 頭赤紫横帯, 胴縦縞2, 横紋2+紋	棒状	6	3	羽毛状	長い棒状	太い針状
62	イリオモテクモマルトビムシ	1.8	淡色, 黒紫斑, 背縦筋2	棒状	7	4	小鋸歯状	棒状	太い針状
63	ジョウザンマルトビムシ	2.7	赤褐, 胴白黒縦筋1, V字帯3	不明	8	4	鋸歯状	不明	太い針状
64	ハリゲニシキマルトビムシ	2.3	黒紫, 明黄斑, 白正中線1, 横帯3-4	太い針状	不明	4	羽毛状 + 鋸歯状	なし	太い針状
65	チャマダラマルトビムシ	2.5	黄-橙, 頭と胴中央褐斑, 側方黒斑	長い棒状	8	4	羽毛状	長い棒状	太い針状

が多いが（図15d），ボレーマルトビムシ科とマルトビムシ科およびクモマルトビムシ科の嚢状突起は長く，表面はコブ状である（図A6）．保体は跳躍器を保持する器官で，基部と末端肢で構成される．保体基部には毛があり，突起を備えることもある（図A7）．跳躍器はどのグループでも発達し，3節の比率を柄節，脛節，端節の順に示し，「跳躍器各節の比率は7：15：10」のように表す（図A1）．脛節の毛の形態や数は種によって異なる．脛節の毛は端節寄りから柄節方向に向けて番号が付けられ，後面外側の毛はE，内側の毛はJで示される（図A8a）．脛節後面中央の毛は2列あるが識別しにくい．脛節前面の毛は2-3列あるが，これも識別しにくい（図A8b）．ここでは，脛節後面外側と内側の毛のみに記号を付け，「E1-6とJ1-4はトゲ状に変形，脛節後面中央の毛は5本，前面の毛は先端から3, 2, 1, 1, 1本」のように表す．このほか，脛節後面末端の毛が羽毛状（図49e-g）や鋸歯状（図51e）に変形している種もある．端節は全体が滑らかか（図23d, 25bほか），外縁や内縁が鋸歯状（図A8c, 2f, 3fほか）

の種が多いが，オドリコトビムシ属は幅広でひだのある薄片状である（図4e, 6gほか）．

肛生殖門節：肛生殖門節は腹部第5-6節，あるいは第6節由来のもので，毛の配列は属や種を識別する重要な形質である．毛の名称を示した図A9の場合，M, M', N毛は棒状に変形している．雌の肛門下部にある肛門節付属器の先端は棒状（図A9），ヘラ状，房状，5枝に分かれた房状，繊毛のある太い針状などさまざまである（図A10a-d）．

昆虫亜門・トビムシ目 309

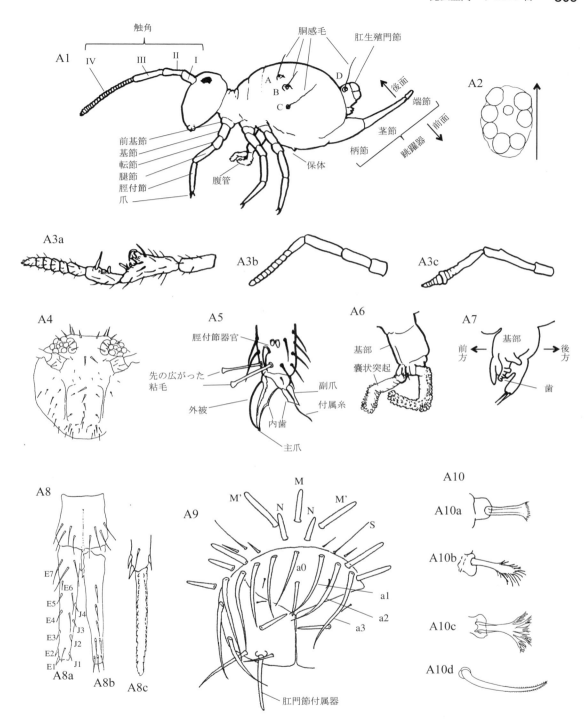

図A　マルトビムシ類の形態用語図解
1，全体図．2，眼（クロマルトビムシ），矢印は前方を示す．3，触角（3a，オドリコトビムシ科♂，3b，ヒトツメマルトビムシ科・ヒメマルトビムシ科・ボレーマルトビムシ科・マルトビムシ科，3c，クモマルトビムシ科）．4，頭部の毛（コシジマルトビムシ）．5，脛付節と爪．6，腹管．7，保体．8，跳躍器（ホラアナヒトツメマルトビムシ）（8a，柄節と茎節後面，8b，茎節前面，8c，端節）．9，肛生殖門節の毛（アズマクモマルトビムシ）．10，肛門節付属器（10a，ヒメヒトツメマルトビムシ，10b，オオツノヒトツメマルトビムシ，10c，フチドリマルトビムシ，10d，ヤマトフトゲマルトビムシ）．（1, 3, 5-7，伊藤ら，1999, 2，内田，1938, 4, 9，Yosii, 1965, 8, Yosii, 1967a, 10a-c, Yosii, 1970, 10d, Itoh, 1994）

— 1401 —

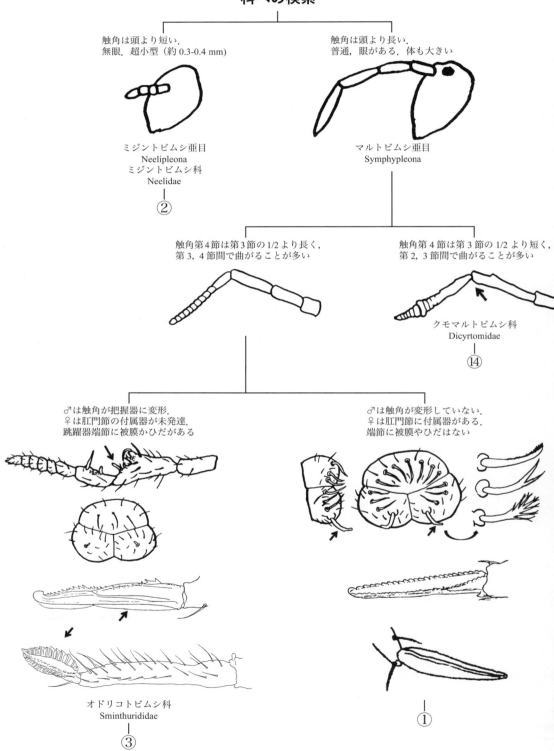

昆虫亜門・トビムシ目 311

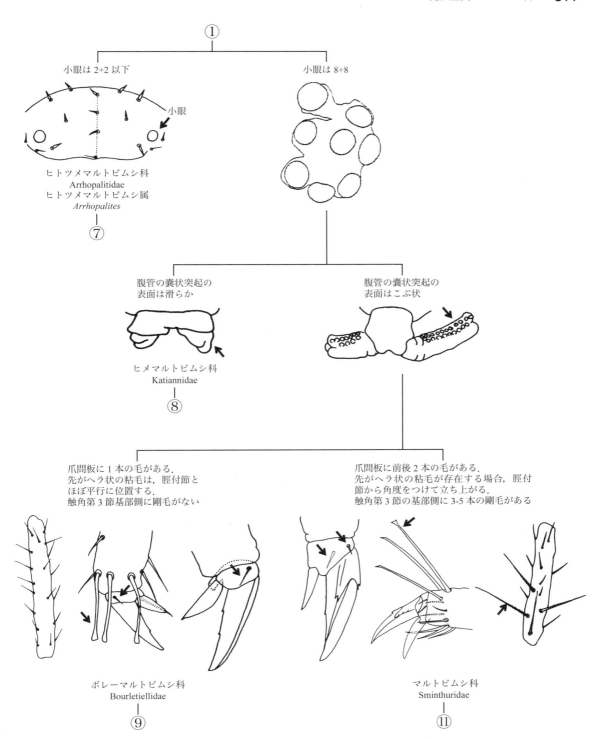

312 　昆虫亜門・トビムシ目

ミジントビムシ科 Neelidae の属，種への検索

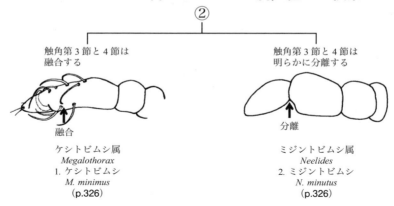

オドリコトビムシ科 Sminthurididae の属，種への検索

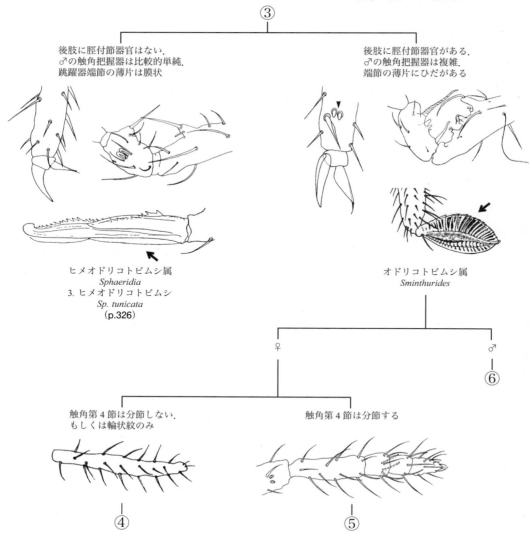

— 1404 —

昆虫亜門・トビムシ目 313

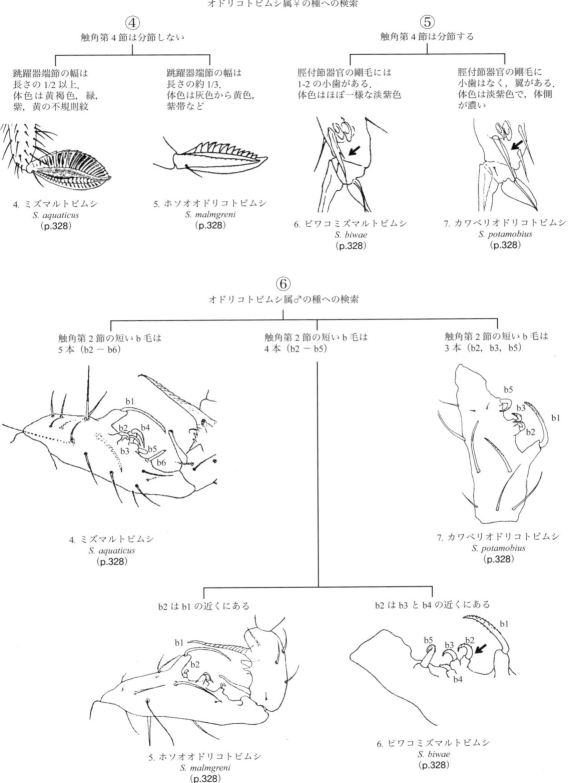

ヒトツメマルトビムシ科 Arrhopalitidae

ヒトツメマルトビムシ属の種への検索

⑦

肛門節にトゲがある / 肛門節にトゲはない

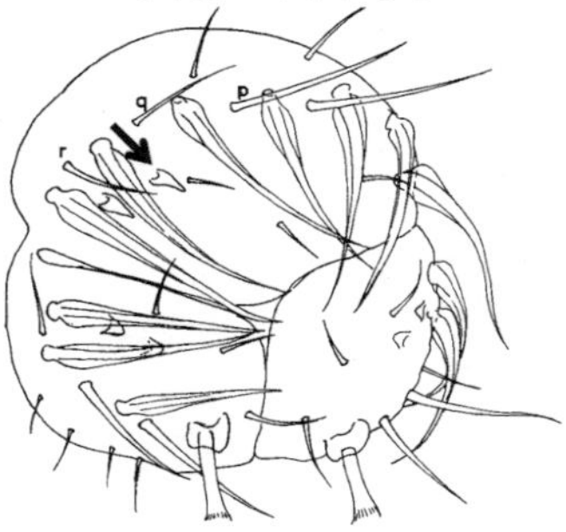

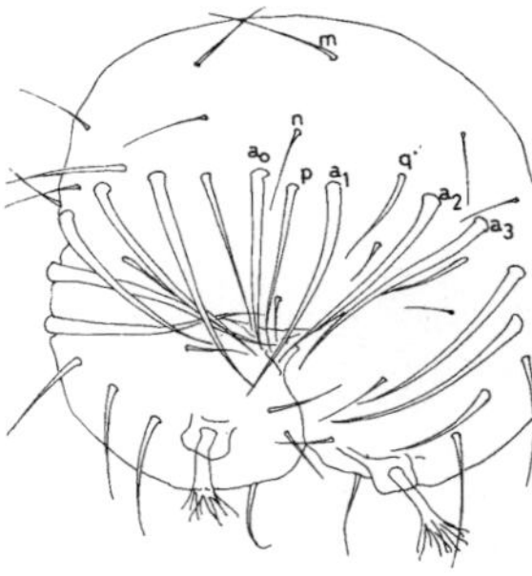

触角第4節は分節しない

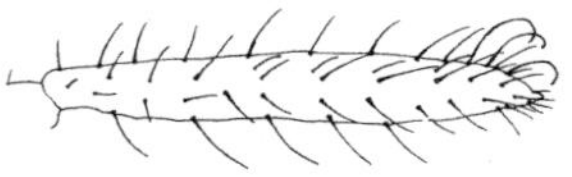

8. ヒメヒトツメマルトビムシ
A. minutus
(p.330)

触角第4節は5分節する

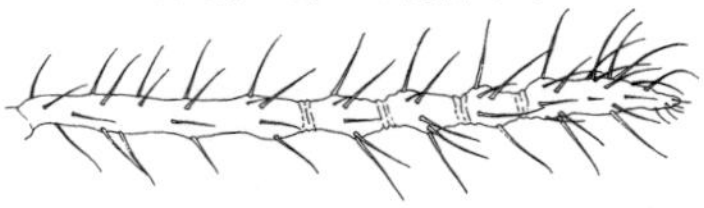

9. ホラアナヒトツメマルトビムシ
A. antrobius
(p.330)

跳躍器茎節後面の毛
E1, E2, E3 がトゲ状

10. オオツノヒトツメマルトビムシ
A. octacanthus
(p.330)

跳躍器茎節後面の毛
E1, E3 がトゲ状

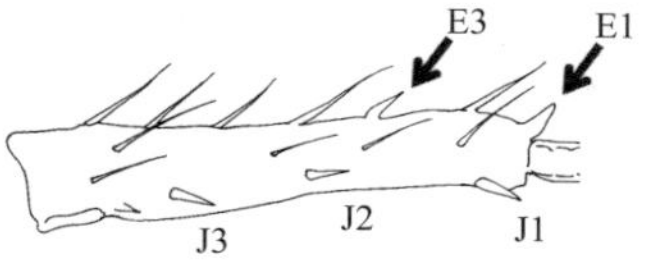

跳躍器茎節後面の毛
E1 がトゲ状

触角第4節は
5分節

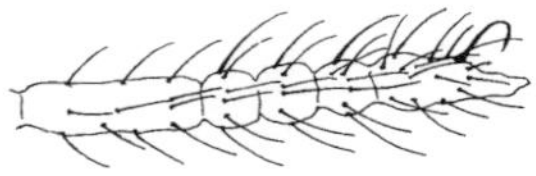

11. ハイイロヒトツメ
マルトビムシ
A. alticolus
(p.330)

触角第4節は
7分節

12. ハベマルトビムシ
A. habei
(p.330)

触角第4節は
5–8分節

13. ヤマトヒトツメ
マルトビムシ
A. japonicus
(p.332)

触角第4節は
12–14分節

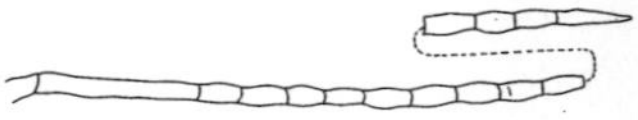

14. ウエノヒトツメ
マルトビムシ
A. uenoi
(p.332)

ヒメマルトビムシ科 Katiannidae の属・種への検索

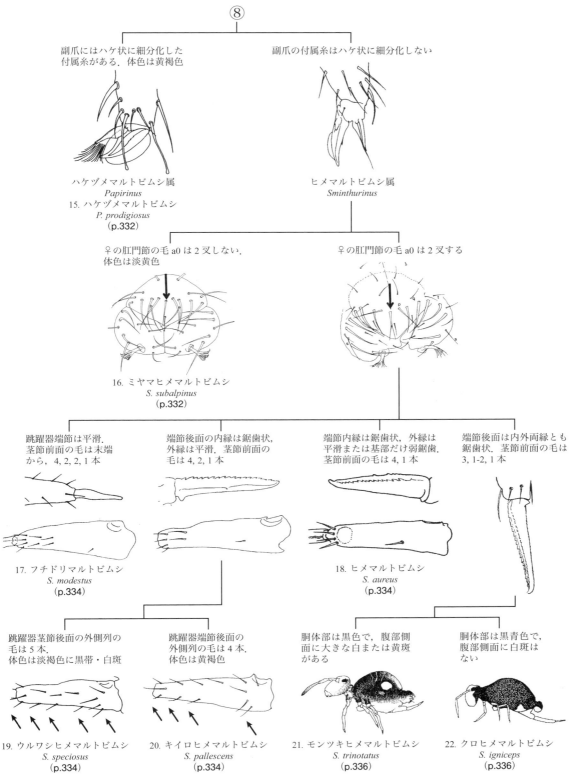

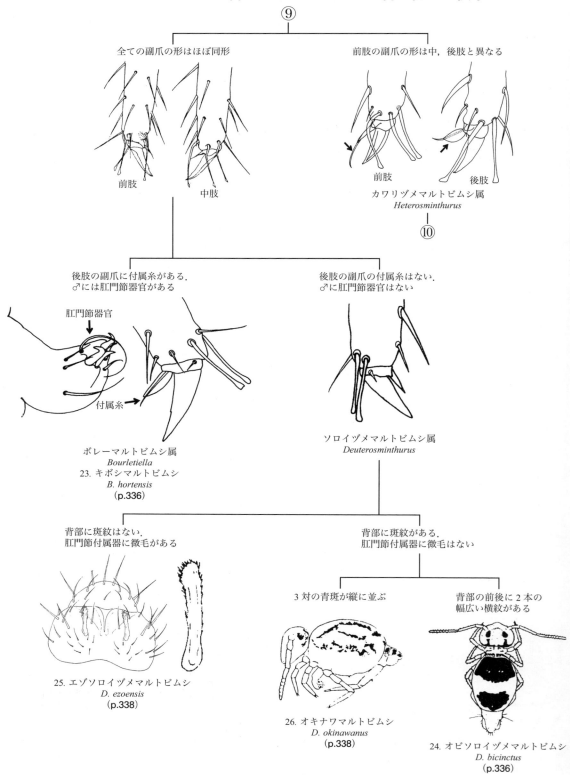

昆虫亜門・トビムシ目　317

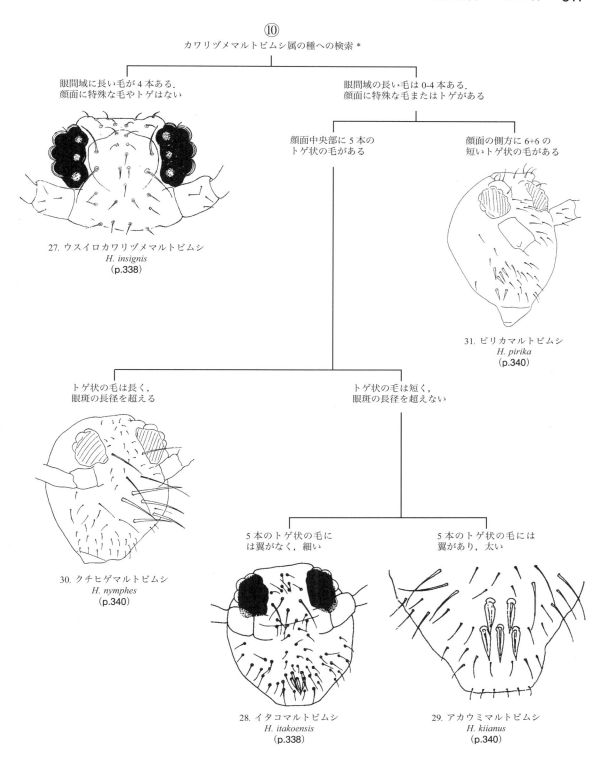

⑩ カワリヅメマルトビムシ属の種への検索 *

27. ウスイロカワリヅメマルトビムシ　*H. insignis*　(p.338)

31. ピリカマルトビムシ　*H. pirika*　(p.340)

30. クチヒゲマルトビムシ　*H. nymphes*　(p.340)

28. イタコマルトビムシ　*H. itakoensis*　(p.338)

29. アカウミマルトビムシ　*H. kiianus*　(p.340)

* ♀は変化に乏しいため識別しにくい．

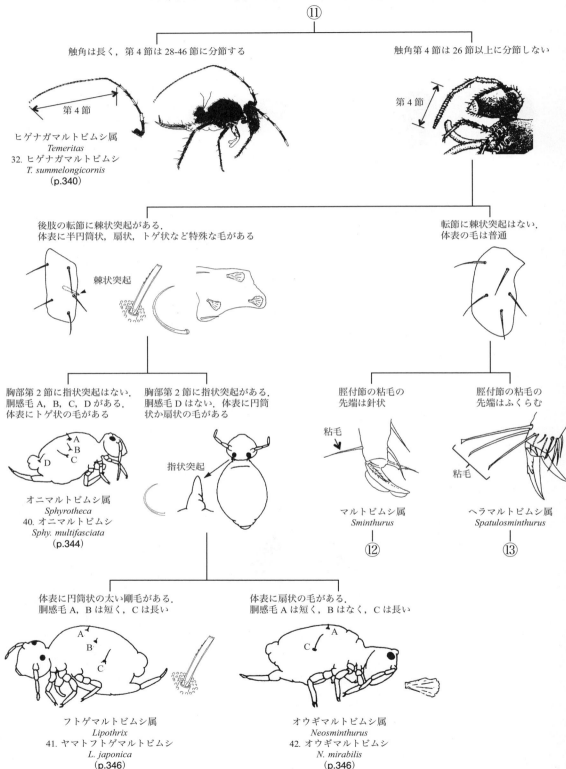

昆虫亜門・トビムシ目　319

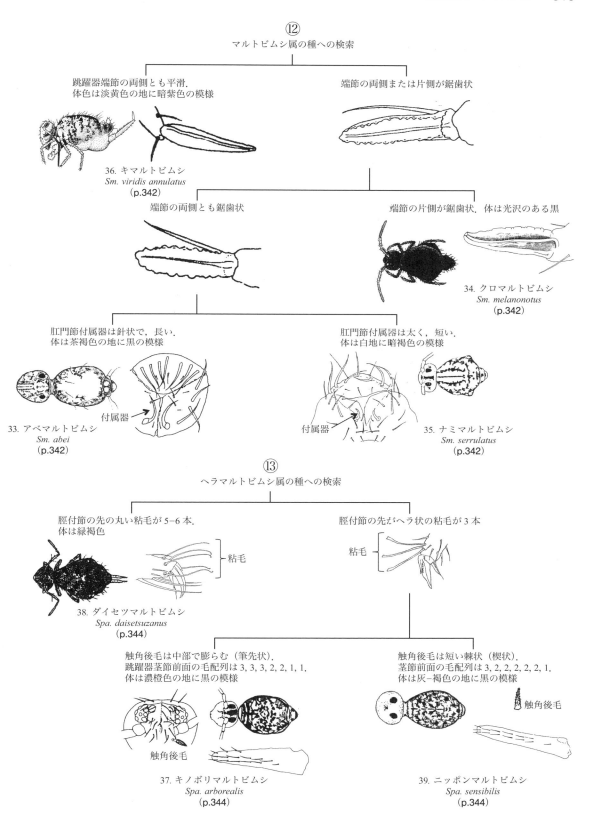

クモマルトビムシ科 Dicyrtomidae の亜科，属，種への検索

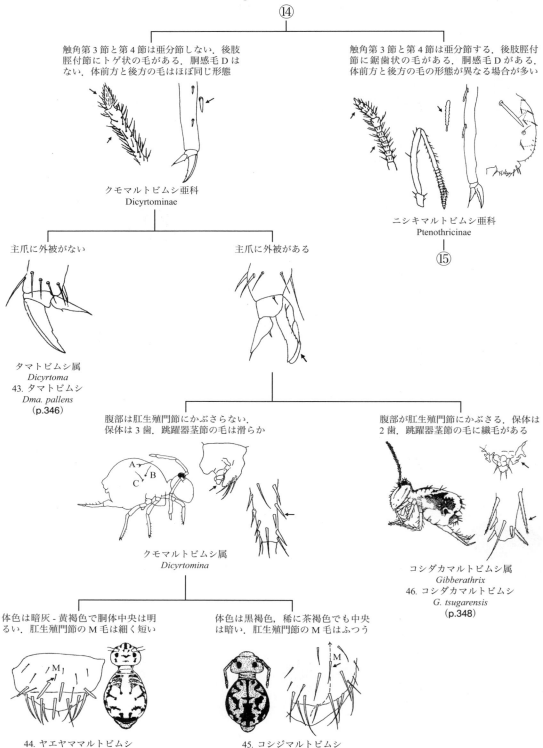

昆虫亜門・トビムシ目 321

ニシキマルトビムシ亜科 Ptenothricinae の属，種への検索

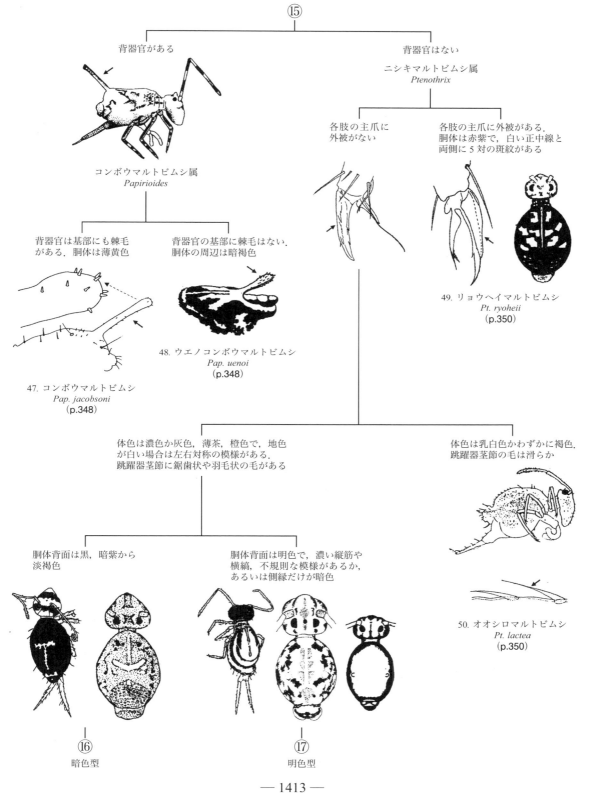

322　昆虫亜門・トビムシ目

⑯

ニシキマルトビムシ属の暗色型種群から種への検索

全体が薄茶色で，斑紋が不明瞭．
肛生殖門節の M, M' 毛は高台上にある

全体的に黒っぽい．肛生殖門節の
M, M' 毛は平坦な表皮上にある

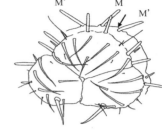

胴部に不明瞭な薄茶色の斑
点がある．跳躍器茎節後面
の長い毛に繊毛はない

体色は淡褐色，背面中央に
薄い V 字の紋がある．茎節
後面の長い毛に繊毛がある

頭部に明瞭な横帯がある．
胴体は黒紫で，後半に斑紋
があることがある

頭部に横帯はない．
胴体前半に正中線がある

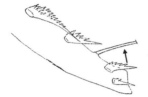

51. アカマダラマルトビムシ
Pt. janthina
(p.350)

52. ヒグママルトビムシ
Pt. higumai
(p.350)

53. セグロマルトビムシ
Pt. corynophora
(p.352)

頭部には複雑な斑紋がある．
胴体の正中線は4本で細い

頭部は口だけが白い．
胴体の正中線は1本で細い

頭部は全体が黒い．
胴体の正中線は1本で太い

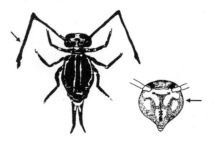

54. ツツイマルトビムシ
Pt. tsutsuii
(p.352)

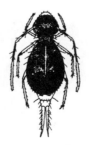

55. タテヤママルトビムシ
Pt. tateyamana
(p.352)

56. トカラマルトビムシ
Pt. tokarensis
(p.352)

昆虫亜門・トビムシ目　323

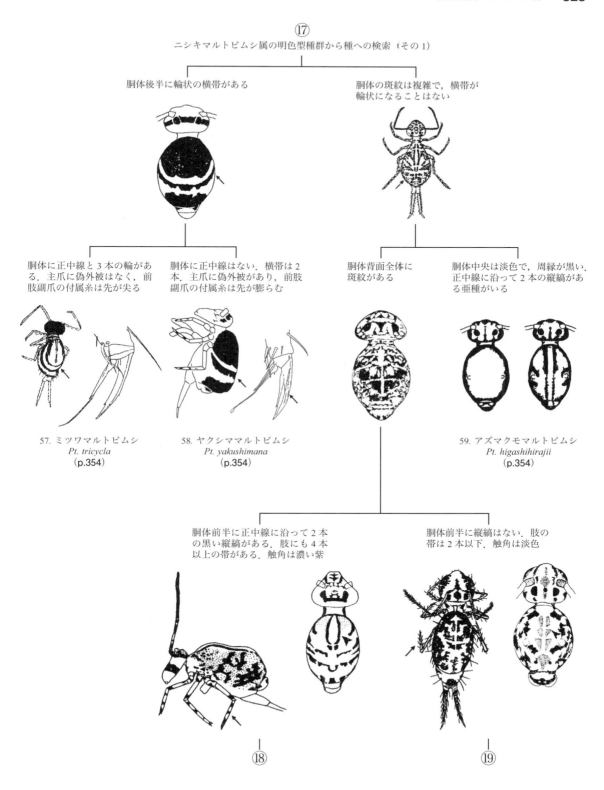

⑰ ニシキマルトビムシ属の明色型種群から種への検索（その1）

324　昆虫亜門・トビムシ目

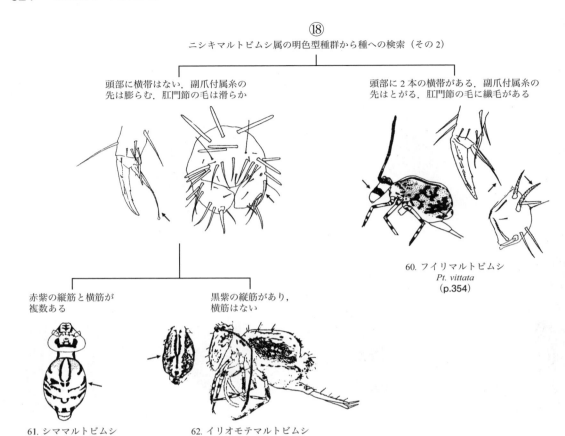

⑱ ニシキマルトビムシ属の明色型種群から種への検索（その2）

⑲ ニシキマルトビムシ属の明色型種群から種への検索（その3）

体色は黒褐色 - 黄色．胴体後半の斑紋間の白線は正中線と直角に交わる

体色は赤みがかる．胴体後半の斑紋間の白線は正中線と斜め上から鋭角に交わる

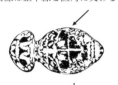

副爪付属糸の先は尖る．頭頂のa毛は眼斑外縁に届かない

副爪付属糸の先は小さく膨らむ．頭頂のa毛は長く，眼斑外縁に達する

63. ジョウザンマルトビムシ
Pt. vinnula
(p.356)

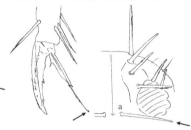

64. ハリゲニシキマルトビムシ
Pt. marmorata
(p.356)

65. チャマダラマルトビムシ
Pt. maculosa
(p.358)

ミジントビムシ亜目
Neelipleona Massoud, 1971

腹部が融合して球形になり，眼がなく，触角は頭より短い．頭部と体に感覚領域がある．保体に毛がない．跳躍器茎節が2部に分かれる．世界で1科のみ．

ミジントビムシ科
Neelidae Folsom, 1896

小型で体長は0.3-0.7 mm．白色あるいは淡色のものが多く，明瞭な模様はない．完全に眼がないこと，および触角が頭長より短いことにより，他のマルトビムシ類と識別できる．日本に2属（表1）．

ケシトビムシ属
Megalothorax Willem, 1900

触角第3節と4節が融合する．体表には5本の毛に囲まれた感覚領域が，触角の上方と後方，胸部第2節背面，中肢と後肢の基部，腹部後方に見られる．日本に1種．

1. ケシトビムシ
Megalothorax minimus Willem, 1900

体長は0.4 mm．体色は白色の場合が多いが，灰色あるいは淡紅色を帯びることもある．触角第4節に約9本の長い感覚毛と1本の湾曲した太い感覚毛がある．主爪には1対の短い外側基歯と1本の長トゲ状歯があり，副爪には基部突起がある．保体の歯は3+3，または4-4．跳躍器柄節末端に関節突起があり，その先端は平坦かわずかにふくらむ．茎節には内側と外側に各2本，末端に3本のトゲがあり，柄節側と端節側にそれぞれ1本の毛がある．端節の先端部2/5は幅が狭くなり，後縁は平滑．　分布：全北区および熱帯域．　a, 側面; b, 腹部感覚領域; c, 触角第3, 4節; d, 後肢脛付節と爪 (a, 須摩, 1984; b, d, Bonet, 1947; c, Stach, 1957).

ミジントビムシ属
Neelides Caroli, 1912

触角第3節と4節は融合しない．体表には前属のような明瞭な感覚領域はなく，胸部の相当する位置に特殊な形の毛がある．日本に1種．

2. ミジントビムシ
Neelides minutus (Folsom, 1901)

体長 0.3-0.4 mm．体色は灰色-淡青紫色．触角各節の比は1:1.75:4:4．触角第3節感器の両側に長くて先の鈍い感覚毛がある．触角第4節に先が鈍い感覚毛が6-7本あり，うち1本は長い．上唇はイボ状で，上唇毛式は4/5, 5, 4．前肢と中肢の主爪は後肢のものより長く，側歯が1対ある．副爪は三角形で先が尖る．腹管は中ほどの後方がふくらみ，末端に2+2本の毛がある．跳躍器各節の比は1:1.6:1．柄節基部にくびれ，末端に窪みがあり，前面には毛がなく，後面に4+4本の小さな毛がある．柄節と茎節の境はちょうつがいのようになり，大きなトゲが2本，両節から突き出ている．茎節の基部内側は湾状で，基部寄りにくびれがある．茎節後面には，くびれを境にして柄節側に毛が1本，端節側にトゲ状の毛が4本，両側面にやや大きなトゲが1個ずつあり，前面の端節側には4本の毛がある．端節は真っ直ぐで，後面の両縁に8-9個の歯がある．　分布：全北区．　a, 側面; b, 触角第3, 4節; c, 腹管; d, 中肢脛付節と爪; e, 後肢脛付節と爪; f, 跳躍器後面; g, 跳躍器茎節前面; h, 柄節と茎節接合部前面 (a, c, Uchida and Tamura, 1968a; b, d-h, Yosii, 1965).

マルトビムシ亜目
Symphypleona Börner, 1901 sensu Massoud, 1971

腹部第1-4または1-5節が融合して球形となり（大腹部），腹部第5-6節または第6節は分離している（小腹部）．腹部に最大で5対の胴毛がある．触角は通常頭より長い．眼がある．保体には毛がある．日本に6科（2亜科を含む）．

オドリコトビムシ科
Sminthurididae Börner, 1906

雄の触角第2, 3節が把握器に変化しているのが最大の特徴で，これは雌の触角をつかむのに用いられる．繁殖の際に雄と雌が向かい合って触角をからませている様子が，まるでダンスを踊っているかのように見えるため，この和名がつけられた．小眼は8+8．腹管囊状突起は短い．雌は肛門節付属器が未発達．日本に2属（表2）．

ヒメオドリコトビムシ属
Sphaeridia Linnaniemi, 1912

雄の触角把握器は比較的単純な構造である．触角第4節は雌雄とも分節しない．脛付節器官および跳躍器端節毛がない．日本に1種．

3. ヒメオドリコトビムシ
Sphaeridia tunicata Yosii, 1954

体長は0.6 mm．体色は茶褐色で腹部背側はより濃い．触角は赤みがかった青．主爪に内歯はなく，1対の側歯がある．前肢と中肢の副爪付属糸は細く，その先端は主爪を越えない程度．後肢の副爪は幅広く，付属糸はない．腹管囊状突起には各1個の小突起がある．保

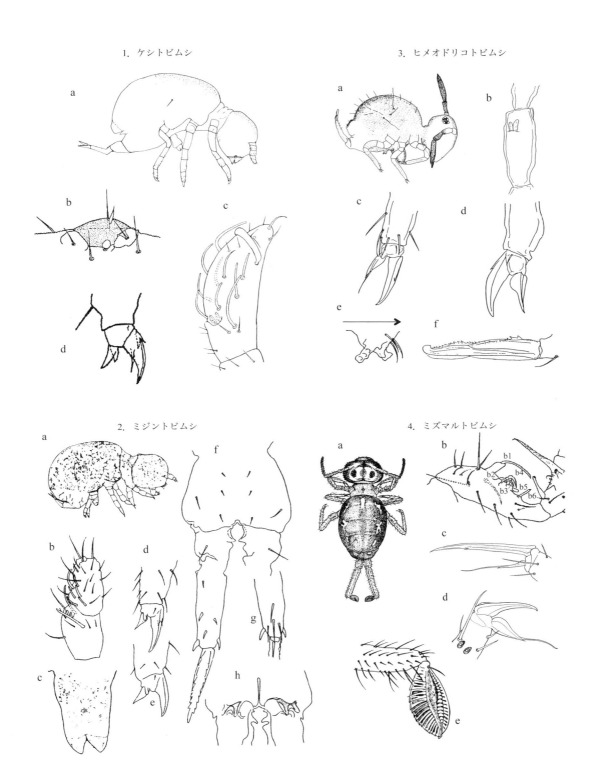

1. ケシトビムシ
3. ヒメオドリコトビムシ
2. ミジントビムシ
4. ミズマルトビムシ

体基部の毛は3-4本．跳躍器端節の後縁には多数の鋸歯があり，前面あるいは先端部に皮膜のような構造がある．分布：本州，屋久島．a，側面（♀）；b，触角第3節（♀）；c，前肢脛付節と爪；d，後肢脛付節と爪；e，保体；f，跳躍器端節（a，伊藤ら，1999；b-f，Yosii，1954b）．

オドリコトビムシ属
Sminthurides Börner, 1900

雄の触角把握器は複雑で，長短さまざまな毛があり，その本数や配列が種の識別に使われる．触角第4節は雄では通常分節しないが，雌では5節に分節する種類もいる．後肢に脛付節器官が発達する．跳躍器端節は特徴的で，ひだのある薄片状の構造を示すが，種によって非常に幅の広いものや狭いものなどがある．多くの種には端節毛がある．日本に4種．

4．ミズマルトビムシ
Sminthurides aquaticus (Bourlet, 1842)

体長は♀ 1.0 mm，♂ 0.5 mm．体色は黄褐色のものから緑や紫色まで変異が多く，背面に黄色の不規則な紋がある．雄の触角第2節には長いb1毛と短い5本のb毛（b2-b6）がある．雌の触角第4節は分節しない．後肢の脛付節器官に伴う剛毛は単純で長く，脛付節端を越える．前肢の主爪は後肢のものより細長い．腹管嚢状突起は滑らか．跳躍器端節は幅が広く，長さの1/2以上で，1本の端節毛がある．池や渓流の水面を活発に飛跳ね，特に春に多産する．分布：全北区．a，背面；b，触角第2, 3節（♂）；c，前肢脛付節と爪；d，後肢の脛付節器官と爪；e，跳躍器端節（a, c-e，内田，1937；b，Massoud and Betsch, 1972）．

5．ホソオオドリコトビムシ
Sminthurides malmgreni (Tullberg, 1876)

体長は♀ 0.6 mm，♂ 0.3 mm．体色は灰色から黄色で，紫色がかることや，体側に紫色の帯が形成されることもある．雄の触角第2節には長いb1毛と短い4本のb毛があり，b2はb1の近くにある．雌の触角第4節は分節しない．後肢脛付節器官の剛毛は基部に翼がある．腹管嚢状突起は滑らか．跳躍器端節はやや細く，幅は長さの約1/3．分布：全北区．a，触角第4節（♀）；b，触角第2, 3節（♂）；c，後肢の脛付節器官と爪；d，跳躍器端節（a，Christiansen and Bellinger, 1998；b，Stach, 1956；c, d，Gisin, 1960）．

6．ビワコミズマルトビムシ
Sminthurides biwae Yosii, 1970

体長は♀ 0.5 mm，♂ 0.3 mm．体色はほぼ一様な淡紫色で，腹面や付属肢は色が薄い．雄の触角第2節には長いb1毛と短い4本のb毛があり，b2はb3とb4の近くにある．雌の触角第4節は4分節する．後肢脛付節器官の剛毛には1-2の小歯がある．腹管嚢状突起の先端部には，それぞれ4個の丸いイボがある．分布：本州．a，触角第4節（♀）；b，触角第2-4節（♂）；c，触角第2節（♂）；d，前肢脛付節と爪；e，後肢の脛付節器官と爪；f，腹管；g，跳躍器茎節と端節（Yosii, 1970）．

7．カワベリオドリコトビムシ
Sminthurides potamobius Yosii, 1970

体長は♀ 0.6 mm，♂ 0.3 mm．体色は全体的に淡紫色で，体側部は濃い紫色の帯となる．雄の触角第2節には長いb1毛と短い3本のb毛（b2, b3, b5）がある．雌の触角第4節は4分節する．後肢脛付節器官の剛毛に翼がある．腹管嚢状突起には，それぞれ3-5個の長めのイボがある．保体は3歯で，基部前方に突起と3本の毛がある．分布：本州；中国．a，背面；b，触角第4節（♀）；c，触角第2-4節（♂）；d，触角第2節（♂）；e，中肢脛付節と爪；f，後肢の脛付節器官と爪；g，保体；h，腹管；i，跳躍器茎節と端節（Yosii, 1970）．

ヒトツメマルトビムシ科
Arrhopalitidae Stach, 1956

眼が退化していることが特徴で，小眼は2+2以下（日本産の種はすべて1+1）．体色は白色または淡色のものが多い．頭頂毛がトゲ状に変形した種がある．肢の脛付節に先の丸い粘毛はない．主爪に外被のある種がいる．腹管の嚢状突起は長く，表面は滑らか．肛生殖門節の毛が変形している種があり，雌の肛門節付属器は発達している．日本に1属（表3）．

ヒトツメマルトビムシ属
Arrhopalites Börner, 1906

体色は白色の種が多く，有色でも色は淡い．跳躍器茎節後面にトゲおよびトゲ状の短毛がある．跳躍器茎節前面の毛は7本（先端から3, 2, 1, 1）または8本（3, 2, 1, 1, 1）．頭部のトゲ状毛や跳躍器茎節後面の毛の配列，触角第4節の分節数，雌の肛門節付属器の形状などが種の識別に使われる．

Zeppelini（2004）は，同属内に*A. ezoensis*と*A. yosii*の2新種を報告している．しかし，現時点において，これらの2種の日本産種の中での位置づけについての考察が不十分であると思われたため，本稿では割愛した．日本に7種．

昆虫亜門・トビムシ目 329

5. ホソオオドリコトビムシ

7. カワベリオドリコトビムシ

6. ビワコミズマルトビムシ

8. ヒメヒトツメマルトビムシ

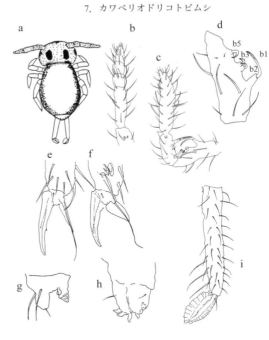
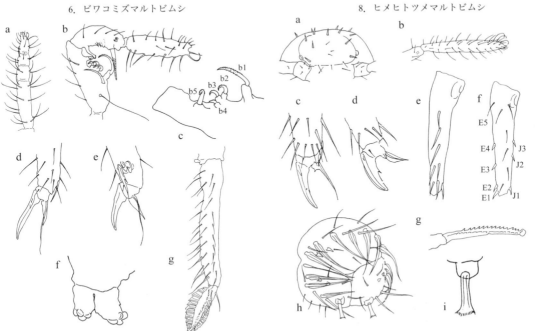

8. ヒメヒトツメマルトビムシ
Arrhopalites minutus Yosii, 1970

体長は 0.5 mm. 体色は全身白色で, 小眼に色素はない. 頭頂部には 13 本のトゲ状の毛がある. 触角第 4 節は分節しない. 主爪には 1 内歯と 1 対の側歯があり, 後肢には外被がある. 副爪は前肢に内歯があり, 主爪と同長. 中肢と後肢の副爪に歯はなく, 主爪より短い. 跳躍器柄節後面の毛は 4+4. 茎節後面には, 外側, 内側, 中央の各列に 5, 3, 6 本の毛があり, 外側 E1-E4 と内側 J1-J3 はトゲ状. 茎節前面の毛は 8 本. 肛門節の毛は翼状で, 背側弁と腹側弁に 2+2 のトゲがある. 肛門節付属器はヘラ状で先端に短い縁毛がある.　分布：本州；中国.　a, 頭頂部；b, 触角第 4 節；c, 前肢脛付節と爪；d, 後肢脛付節と爪；e, 跳躍器茎節前面；f, 茎節後面；g, 端節後面；h, 肛門節；i, 肛門節付属器 (Yosii, 1970).

9. ホラアナヒトツメマルトビムシ
Arrhopalites antrobius Yosii, 1954

体長は 1.3 mm. 体色は全身白色で, 小眼に色素はない. 上唇毛は 6 / 5, 5, 4. 前頭部外側に 3-4 本のトゲがある. 触角第 4 節は 5 分節する. 主爪には内歯と外被がある. 副爪には内歯があるが, 前肢にはないこともある. 前肢の副爪は細長く, 長い付属糸があり, その先端は主爪を越える. 中肢と後肢の副爪は幅広く, 付属糸は短い. 保体基部の毛は 1 本. 跳躍器 3 節の比率は 7 : 15 : 10. 柄節後面の毛は 4+4. 茎節後面には, 外側, 内側, 中央の各列に 7, 4, 5 本の毛があり, 外側 E1-E6 および内側 J1-J4 はトゲ状. 茎節前面の毛は 8 本. 肛門節の毛には翼があり, 背側弁に 3+3, 腹側弁に 2+2 のトゲがある. 肛門節付属器は太い針状で, 僅かに湾曲する. 洞穴性.　分布：本州.　a, 頭部；b, 触角第 4 節；c, 上唇；d, 跳躍器柄節と茎節後面；e, 茎節前面；f, 端節側面；g, 肛門節 (Yosii, 1967a).

10. オオツノヒトツメマルトビムシ
Arrhopalites octacanthus Yosii, 1970

体長は 0.8 mm. 体色は褐色の色素がまだらに分布する. 小眼は淡い赤褐色. 頭頂部に 4+4 のトゲがあり, 胴体部の前方に 3+3 の太い剛毛がある. 触角第 4 節は 7 分節する. 前肢の主爪には 1 対の小さな側歯があり, 中, 後肢には内歯と外被がある. 副爪に歯はなく, 前肢の副爪に長い付属糸があり, 先端は主爪を越える. 中肢と後肢の副爪は幅広く, 付属糸は短く, 先端は主爪と同程度か短い. 跳躍器柄節後面の毛は 4+4. 茎節後面には, 外側, 内側, 中央の各列に 6, 3, 6 本の毛があり, 外側 E1-E3 と内側 J1-J3 はトゲ状. 茎節前面の毛は 7 本. 肛門節付属器は比較的短く, 先端がやや ふくらんだ房状.　分布：本州, 四国.　a, 頭部；b, 触角第 4 節；c, 前肢脛付節と爪；d, 後肢脛付節と爪；e, 跳躍器茎節後面；f, 茎節前面；g, 肛門節；h, 肛門節付属器 (Yosii, 1970).

11. ハイイロヒトツメマルトビムシ
Arrhopalites alticolus Yosii, 1970

体長は 0.7 mm. 体色は全身淡い灰色で, 小眼は黒色. 触角第 3 節の先端付近にはふくらみがある. 触角第 4 節は 5 分節する. 主爪には内歯があり, 中, 後肢には外被もある. 副爪には歯がなく, 前肢は針状, 前肢と中肢では主爪より長く, 後肢では短い. 腹管には 1+1 本の毛があり, 保体基部の毛は 2 本. 跳躍器柄節後面の毛は 6+6. 茎節後面には, 外側, 内側, 中央の各列に 7, 3, 5 本の毛があり, 外側 E1, E3 と内側 J1-J3 はトゲ状. 茎節前面の毛は 7 本. 肛門節付属器はやや短めで, 先端がハケ状に細かく分枝する.　分布：本州.　a, 頭頂部；b, 触角第 4 節；c, 前肢脛付節と爪；d, 後肢脛付節と爪；e, 保体；f, 肛門節；g, 肛門節付属器；h, 跳躍器茎節前面；i, 茎節と端節後面 (Yosii, 1970).

12. ハベマルトビムシ
Arrhopalites habei Yosii, 1956

体長は 1.0 mm. 体色は白色あるいは僅かに赤褐色で, 小眼は褐色. 眼の近くに 1 対のトゲ状毛がある. 触角第 4 節は 7 分節する. 中肢と後肢の主爪には内歯がある. 前肢の副爪は細長く, 小歯があり, 主爪とほぼ同長かやや短い. 中肢と後肢の副爪は幅広く, 先端に付属糸があり, 先端は主爪を越える. 保体基部の毛は 1 本. 跳躍器柄節後面の毛は 6+6. 茎節後面には, 外側, 内側, 中央の各列に 7, 3, 6 本の毛があり, 外側 E1, E3 と内側 J1-J3 はトゲ状. 茎節前面の毛は 7 本. 肛門節の毛 a0 は 2 叉する. 肛門節付属器は僅かに湾曲し, 先端 1/2 は房状. 洞穴および落葉層から得られる.　分布：本州, 九州, 沖縄.　a, 触角第 4 節；b, 触角第 1-3 節；c, 前肢脛付節と爪；d, 後肢脛付節と爪；e, 保体；f, 肛門節；g, 跳躍器茎節側面；h, 端節後面 (Yosii, 1956b).

昆虫亜門・トビムシ目　331

9. ホラアナヒトツメマルトビムシ

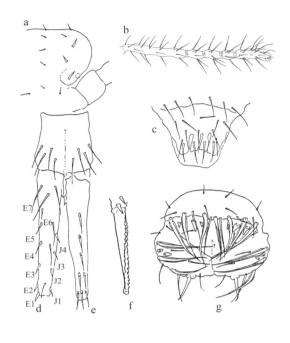

10. オオツノヒトツメマルトビムシ

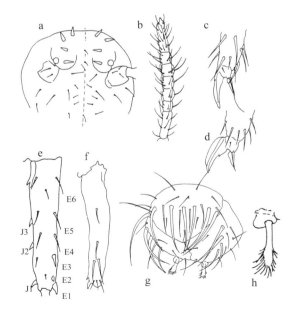

11. ハイイロヒトツメマルトビムシ

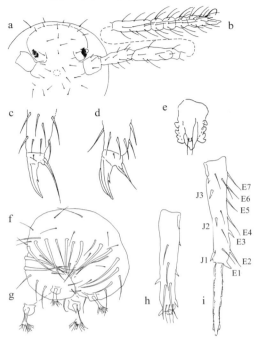

12. ハベマルトビムシ

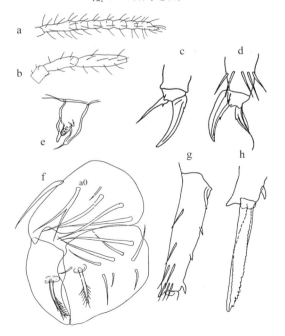

13. ヤマトヒトツメマルトビムシ
Arrhopalites japonicus Yosii, 1956

体長は 1.4 mm. 体色は白色ないし赤褐色, 体の後半部が最も濃い. 小眼は褐色. 頭部には 2, 3 対ほどのトゲ状毛がある. 触角第 3 節は中央部で肥厚し, 第 4 節は 5-8 分節する. 主爪には内歯と外被がある. 副爪には歯がなく, 先端は主爪を越える. 保体基部の毛は 1 本. 跳躍器柄節後面の毛は 6+6. 茎節後面には, 外側, 内側, 中央の各列に 7, 3, 6 本の毛があり, 外側 E1 と内側 J1-J3 はトゲ状. 茎節前面の毛は 7 本. 肛門節の毛は太いが翼はなく, a3 毛には基歯がある. 肛門節付属器はわずかに湾曲し, 先端 1/3 は房状. 洞穴性.　分布:本州, 四国.　a, 触角第 3 節; b, 前肢脛付節と爪; c, 後肢脛付節と爪; d, 肛門節; e, 肛門節付属器; f, 跳躍器茎節側面; g, 端節側面 (Yosii, 1956b).

14. ウエノヒトツメマルトビムシ
Arrhopalites uenoi Yosii, 1956

体長は 1.0 mm. 体色は全身白色で, 小眼に色素はない. 触角は長く, 体長を超える. 第 4 節は 12-14 分節する. 胴部背面の毛は, 他種と比べて長めで曲がっている. 主爪と副爪に歯はなく, 前肢の主爪は非常に幅が狭い. 前肢の副爪も細長く, 主爪とほぼ同長. 中肢と後肢の副爪は幅広く, 主爪より短い. 跳躍器柄節後面の毛は 5+5. 茎節後面には, 外側, 内側, 中央の各列に 7, 3, 6 本の毛があり, 外側 E1 のみがトゲ状. 茎節前面の毛は 7 本. 肛門節付属器は棒状で, 先端部に短い縁毛がある. 洞穴性.　分布:本州.　a, 触角第 4 節; b, 触角第 1-3 節; c, 触角第 2 節; d, 前肢脛付節と爪; e, 後肢脛付節と爪; f, 跳躍器茎節後面; g, 茎節前面; h, 端節側面; i, 肛門節付属器 (Yosii, 1956b).

ヒメマルトビムシ科
Katiannidae Börner, 1913

中型ないしやや小型のマルトビムシ. 体色は白色や黄色, 黒色などさまざまな種があり, 明瞭な模様を示す種もいる. 触角第 4 節は分節しない. 小眼は 8+8. 触角第 3 節に隆起状突起のある種, 肢の脛付節に脛付節器官や先の丸い粘毛がある種や, 主爪に外被のある種が含まれる. 腹管嚢状突起は短く, 表面は滑らか. 雌の肛門節付属器が発達している. 日本に 2 属 (表 4).

ハケヅメマルトビムシ属
Papirinus Yosii, 1954

副爪の付属糸がハケ状に細分されるのが特徴. 頭部には著しく隆起した 1 対の瘤状突起が左右の眼の間に存在する. 腹管の嚢状突起は短く, その表面は平滑. 保体は 3 歯. 日本に 1 種のみ.

15. ハケヅメマルトビムシ
Papirinus prodigiosus Yosii, 1954

体長は 1.5 mm, 体色は黄褐色. 左右の眼の間に 1 対の瘤状隆起があり, 体表には先端が鈍化した剛毛と普通毛がペアになってはえる. 主爪の外被は強大. 副爪の付属糸はハケ状に細分され, その先端は主爪を越える. 各肢脛付節の先の丸い粘毛は 4, 3, 2 本. 保体基部の毛は 2 本. 跳躍器柄節前面に毛はなく, 後面末端両脇にけば立つ毛が 1 対ある. 茎節後面の毛は約 11 本で, うち 2 本はけば立っている. 肛生殖門節の周縁毛はその先端の約半分がけば立っており, a0, a2, a4 は 2 叉する. 肛門節付属器は 5-7 本に裂け, 各分枝は羽毛状. 動作は緩慢で体表にごみが付着した状態で採集されることが多い. 夏の終わりから冬にかけて出現する.　分布:日本.　a, 側面; b, 後肢脛付節と爪; c, 体毛; d, 腹管後面; e, 肛生殖門節; f, 跳躍器柄節と茎節後面; g, 端節 (a-c, g, Yosii, 1954b; d-f, Yosii, 1970).

ヒメマルトビムシ属
Sminthurinus Börner, 1901

触角第 3 節に隆起状突起のある種類が多い. 後肢に転節器官がある. 保体は 4 歯. 雌の肛門節の中央毛 a0 は原則として 2 叉する. 日本に 7 種.

16. ミヤマヒメマルトビムシ
Sminthurinus subalpinus Itoh, 2000

体長は 0.75 mm. 体色はほぼ全身淡黄色で, 眼斑は黒色. 触角第 3 節の隆起状突起は小さいが明瞭. 主爪は長く, 外披および 1 個の内歯がある. 前肢の副爪に歯はなく, 長い付属糸があり, 先端は主爪を超える. 中肢と後肢の副爪は幅広く, 内歯があり, 付属糸は短くて先端は主爪と同程度. 各肢の脛付節末端に先の丸い粘毛が 4 本ある. 保体基部の毛は 2 本. 跳躍器柄節後面の毛は 6+6, 茎節後面の外側, 内側, 中央の各列に 5, 5, 2 本の毛がある. 茎節前面の毛は 4, 1, 1 本. 端節の内縁には約 10 個の弱い鋸歯があり, 外縁は平滑. 肛生殖門節にある短い胴感毛 D は, 著しく発達した円錐状隆起の上にある. 雌の肛門節の中央毛 a0 は 2 叉しない. 肛門節付属器はハケ状. なお, 肛門節や胴感毛のこのような特徴は *Katiannina* Maynard & Downs in Maynard, 1951 属の特徴だが, ヒメマルトビムシ属の特徴も備えていることから, 当面の処置として本属に入れておく. 尾瀬至仏山や木曽駒ヶ岳のハイマツ帯に生息する.　分布:本州.　a, 背面; b, 触角第 4 節; c, 後肢脛付節と爪; d, 跳躍器茎節前面; e, 茎節後面; f, 肛生殖門節側面 (矢印は胴感毛 D); g, 肛門節 (Itoh, 2000).

昆虫亜門・トビムシ目　333

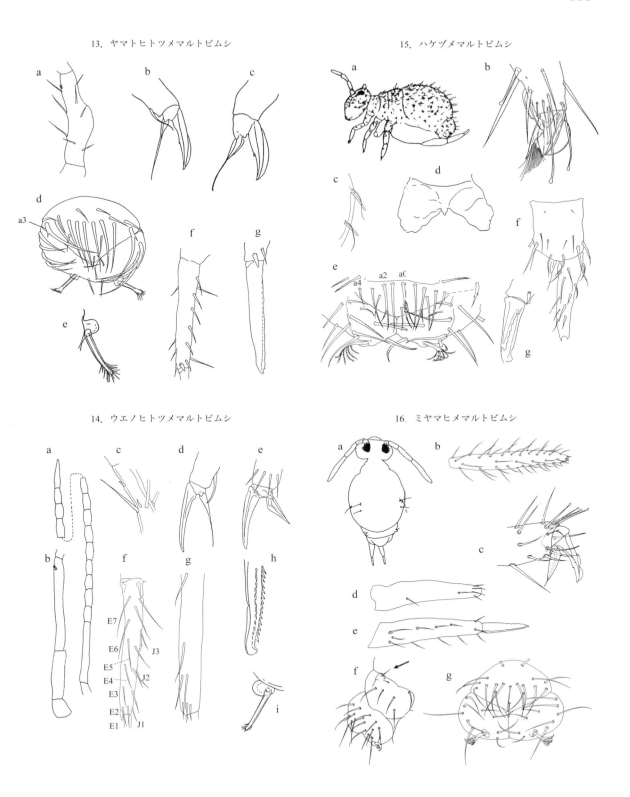

17. フチドリマルトビムシ
Sminthurinus modestus Yosii, 1970

　体長は 0.8 mm．体色の地色は淡黄褐色で，黒色の眼斑の後ろから体側にかけて，体を縁取るように黒色の帯がある．眼斑の間には褐色の色素が分布する．触角第 3 節の隆起状突起はほぼ消失している．各肢には先端がヘラ状になった粘毛が 4-5 本ある．前肢の主爪には内歯があるが，中，後肢にはない．副爪は幅広く，歯はない．前肢の副爪には長い付属糸があり，先端は主爪を越える．中肢と後肢の副爪は主爪とほぼ同長．保体基部の毛は 2 本．跳躍器柄節後面の毛は 6+6．茎節後面の外側，内側，中央の各列に 5, 7, 3 本，茎節前面には末端から 4, 2, 2, 1 本の毛がある．茎節の外側基部寄りには，明瞭な顆粒状を示す範囲がある．端節の縁は内外両側とも平滑．肛門節付属器の先端は 5 枝に分かれ，それぞれの先端がさらに細かく分かれて房状となる．なお，*S. aureus* f. *signatus* Krausbauer, 1898 として秋田から報告された種（Uchida, 1954b）は，跳躍器端節に鋸歯がなく，体の模様もおなじであることから，本種のシノニムである可能性が高い．分布：本州．a, 背面；b, 触角第 3 節；c, 後肢脛付節と爪；d, 跳躍器茎節前面；e, 茎節と端節後面；f, 肛門節；g, 肛門節付属器（Yosii, 1970）．

18. ヒメマルトビムシ
Sminthurinus aureus (Lubbock, 1862)

　体長は 1.0 mm．体色は白色から濃い黄色や褐色，黒までさまざまだが，明瞭な模様にはならない．触角第 3 節の隆起状突起は小さく，しばしば 3-4 部分に分割される．この突起はない場合もある．各肢の脛付節には先端がヘラ状になった粘毛が 5, 5, 6 本ある．主爪には 0-3 の内歯がある．前肢の副爪付属糸は長く，先端は主爪を越え，中，後肢のそれは短く主爪を越えない．保体基部の毛は 1 本．跳躍器茎節後面の外側，内側，中央の各列には 2, 6, 3 本，前面には 4, 1 本の毛がある．端節の内縁は鋸歯状で，外縁は平滑または基部だけが弱く鋸歯状となる．腹部第 5 節は大腹部と融合している．肛門節付属器は棒状で先端が 3-5 本に分枝する．上記の形態はヨーロッパの標本に基づいて記載されたものである．本種の日本での存在は，内田・木下（1950）がナルミヒメマルトビムシ（*S. a.* var. *bimaculatus*（Axelson, 1902））の説明のなかで，「色の変異が大きく，黒地に眼と胴に鮮黄色の紋が各 1 対あるもの（本亜種），ほとんど白に近いもの（var. *alba* Krausbauer, 1905），黄色から黄褐色のもの（基本型），体側に灰黒色の縦筋を走らすもの（var. *signatus*）」などの記述があることから，*S. aureus* の複数の亜種を含んでいる可能性があるので，トビムシ研究会（2000）では，*S. a. aureus* と *S. a. bimaculatus* の両者を掲載した．なお，var. *signatus* はフチドリマルトビムシ（17）を参照．var. *bimaculatus* は後に *S. bimaculatus* とされた（Stach, 1956）．モンツキヒメマルトビムシ（21）の記述も参照されたい．分布：北海道，本州；ヨーロッパ，北アメリカ．a, 側面；b, 触角第 3 節；c, 後肢脛付節と爪；d, 跳躍器茎節後面；e, 茎節前面；f, 端節側面；g, 肛門節付属器（Fjellberg, 2007）．

19. ウルワシヒメマルトビムシ
Sminthurinus speciosus Yosii, 1970

　体長は 0.6 mm．体色の地色は淡褐色で，頭部から胴部側面にかけて黒色の帯が走る．眼斑の間と左右の体側に白斑があり，肛生殖門節背面は暗褐色．触角は濃紺で，肢と跳躍器は淡色．触角第 3 節の隆起状突起は顕著．主爪の外側に外被があり，前肢にのみ内歯がある．副爪は幅広く，内歯はない．前肢と中肢の副爪に長い付属糸があり，先端は主爪を越える．後肢の副爪は主爪より短い．保体基部の毛は 2 本．跳躍器柄節後面の毛は 6+6 本．茎節後面には外側，内側，中央の各列に 5, 5, 3 本，前面には 4, 2, 1 本の毛がある．端節は内縁が弱い鋸歯状で，外縁は平滑．肛門節付属器は房状．分布：本州．a, 背面；b, 触角第 3 節；c, 後肢脛付節と爪；d, 前肢脛付節と爪；e, 跳躍器柄節と茎節後面；f, 茎節前面；g, 端節側面；h, 肛門節；i, 肛門節付属器（Yosii, 1970）．

20. キイロヒメマルトビムシ
Sminthurinus pallescens Yosii, 1970

　体長は 0.8 mm．体色はほぼ全身黄褐色で，背中は淡く，触角は青みがかる．触角第 3 節の隆起状突起は顕著であるが，分割しないか，しても弱い．各肢の脛付節には，先端がヘラ状になった粘毛が最多で 5 本ある．主爪には内歯がある．副爪は幅広く，内歯がある．前肢の副爪に長い付属糸があり，先端は主爪を越える．中肢と後肢の副爪は主爪より短い．保体基部の毛は 1 本．跳躍器茎節後面には外側，内側，中央の各列に 4, 6, 3 本，前面には末端から 4, 2, 1 本の毛がある．端節の内縁は鋸歯状で，外縁は平滑．肛門節付属器は房状．分布：本州．a, 触角第 3 節；b, 前肢脛付節と爪；c, 後肢脛付節と爪；d, 保体；e, 跳躍器茎節前面；f, 茎節後面；g, 端節後面；h, 肛門節；i, 肛門節付属器（Yosii, 1970）．

昆虫亜門・トビムシ目 335

17. フチドリマルトビムシ

19. ウルワシヒメマルトビムシ

18. ヒメマルトビムシ

20. キイロヒメマルトビムシ

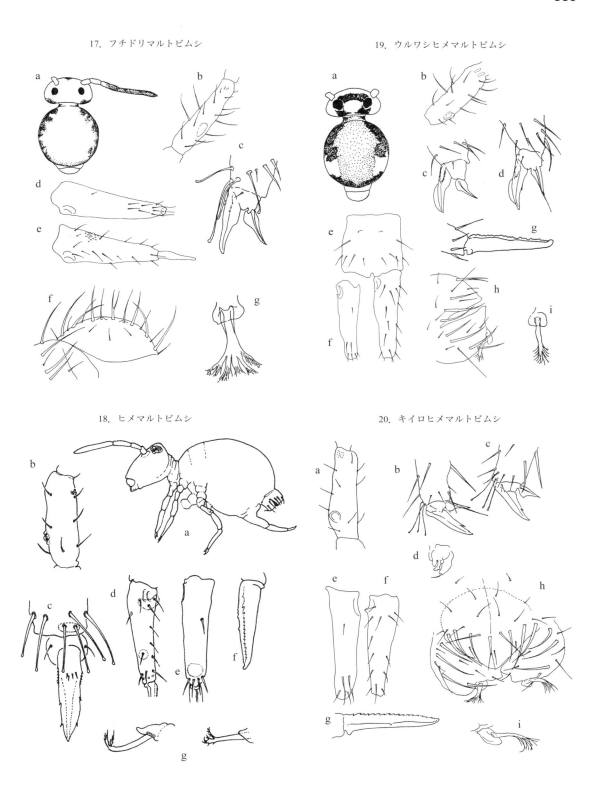

21. モンツキヒメマルトビムシ
Sminthurinus trinotatus Axelson, 1905

　体長は 0.75 mm. 体色の地色は白色から黄褐色で，黒い色素が胸節と腹節側面に分布し，体側に 1 対の大きな白い斑紋がある．頭部眼斑の間にも 1 対の白い斑紋がある．触角は暗青色．触角第 3 節の隆起状突起は小さく，4 分割する．各肢には 5 本の粘毛がある．主爪は 1-3 の内歯と弱い側歯がある．副爪は幅広く，外歯がある．前肢の副爪には長い付属糸があり，先端は主爪とほぼ同じ．中肢副爪の付属糸は短く，後肢に付属糸はない．保体基部の毛は 1 本．跳躍器茎節には外側，内側，中央の各列に 5, 6, 3 本，前面には先端から 3, 2, 1 本の毛がある．端節は内，外縁とも鋸歯状．肛門節付属器は房状．なお，過去に日本でナルミヒメマルトビムシとして報告されてきたものは，本種の誤同定である可能性が高い．樹幹部に多数生息．　分布：北海道，本州；中国，ヨーロッパ．　a, 側面；b, 跳躍器茎節後面と前面（点線）；c, 端節側面；d, 肛門節；e, 肛門節付属器 (a, Fjellberg, 1980; b, d, e, Hüther, 1969; c, Stach, 1956).

22. クロヒメマルトビムシ
Sminthurinus igniceps (Reuter, 1881)

　体長は 0.7 mm. 体色は胴体部が黒青色．頭部は白色か黄色で，首の部分が黒い．触角は黄色で，第 4 節の先端が青い．触角第 3 節の隆起状突起は，弱く分割する場合もある．各肢の脛付節には，先端がヘラ状になった粘毛が 3-4 本ある．保体基部の毛は 2 本．跳躍器茎節には外側，内側，中央の各列に 5, 5, 2 本，前面には先端から 3, 1, 1 本の毛がある．端節は内，外縁とも鋸歯状．肛門節付属器は数本に分枝する．　分布：本州；ヨーロッパ．　a, 側面 (♀); b, 側面 (♂) (Stach, 1956).

ボレーマルトビムシ科
Bourletiellidae Börner, 1913

　触角は第 3, 4 節間で曲がることが多く，第 4 節は第 3 節の 1/2 より長くて分節がある．小眼は 8+8．脛付節の粘毛は先がヘラ状で，脛付節とほぼ平行に位置することが特徴．粘毛数は前，中，後肢で各 3, 3, 2 本であることが多い．爪間板の毛は 1 本．腹管の囊状突起は長く，表面はコブ状．跳躍器茎節内側の毛が長い種が多い．端節は舟形で，縁は滑らか．雌は雄より大きく，肛門節付属器がある．カワリヅメマルトビムシ属は雄の顔面毛が特殊化している．日本に 3 属 (表 5).

ボレーマルトビムシ属
Bourletiella Banks, 1899

　雄の肛門節に背器官がある．副爪は主爪より短く，後肢の副爪に付属糸がある．日本に 1 種．

23. キボシマルトビムシ
Bourletiella hortensis (Fitch, 1863)

　体長は ♀ 1.8 mm, ♂ 1.2 mm. 暗紫色で薄黄色の斑点があり，変異が大きい．触角，肢，跳躍器は紫色．眼は大きなパッチ上にあり，広く薄黄色で縁取られる．頭部は黄色．頬に円状の黄色の点が数個ある．触角は頭の約 1.5 倍，各節の比率 (♀ (♂)) は 1 : 2 : 3 (3.3) : 6 (6.3), 第 4 節は 7 分節する．主爪に 1 内歯がある．副爪は主爪の 3/5 の長さ．跳躍器端節は長楕円形で先に丸みがあり，茎節の 1/3 の長さ．雄の肛門節背側はふくらみ，毛 m1 は長くて先端は複雑に曲がり，毛 m2 は短くて先端が後方に曲がる．毛 DL1 と DL2 はトゲ状で，先端は相互に反対側に曲がっている．肛門節付属器は扇状．頭部は前向きの短毛に，腹部は後ろ向きの短毛に密に覆われ，後方の毛ほど長い．草地に普通．園芸植物をかじる害虫．　分布：コスモポリタン．　a, 側面; b, 触角第 4 節; c, ♂の肛門節器官; d, 跳躍器端節; e, 中肢脛付節と爪 (a, b, d, Folsom, 1899; c, e, 伊藤ら, 1999).

ソロイヅメマルトビムシ属
Deuterosminthurus Börner, 1901

　副爪は細く，前，中，後肢とも形態は基本的に同じで，主爪より短いか，ほぼ同じ長さ．日本に 3 種．

24. オビソロイヅメマルトビムシ
Deuterosminthurus bicinctus (Koch, 1840)

　体長は ♀ 0.8 mm, ♂ 0.6 mm. 体色は白か薄黄色で，腹部に大きな黒斑が 2 個ある．腹部後半の背中が押しつぶされたように下がっている．触角と頭の比率は ♀ 1.7, ♂ 2.3. 触角各節の比率 (♀ (♂)) は 1 : 2 : 3 (3.2) : 5.5 (6.5), 第 4 節は 6 分節する．小眼は 8+8 で，中央の 1 眼は他の小眼より小さい．主爪，副爪とも細く，内歯はない．胴感毛は 3 対で，斜めに配置．保体は 3 歯で，基部前方先端に 3 本の小さくて細い毛がある．跳躍器茎節後面の毛は外側列に 8 本，内側列に 9 本（外側列より長い），中央列に 3 本ある．茎節前面の毛は末端から 3, 1, 1 本．端節はスプーン状．肛門節付属器は真っ直ぐかわずかに曲がり，側面からは太い剛毛状，上方からは細い葉状に見え，裂け目が頂端にある．肛門片の側面に 5 本の剛毛がある．　分布：全北区．a, 背面; b, 側面; c, 触角第 4 節の分節; d, 肛門節付属器; e, 中肢脛付節と爪; f, 前肢脛付節と爪 (Stach, 1956).

昆虫亜門・トビムシ目 337

21. モンツキヒメマルトビムシ

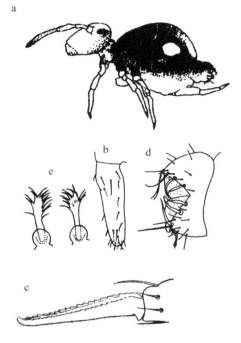

23. キボシマルトビムシ

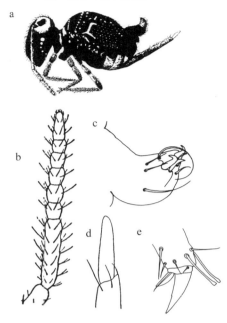

22. クロヒメマルトビムシ

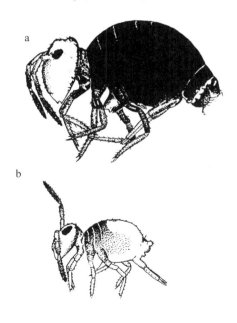

24. オビソロイヅメマルトビムシ

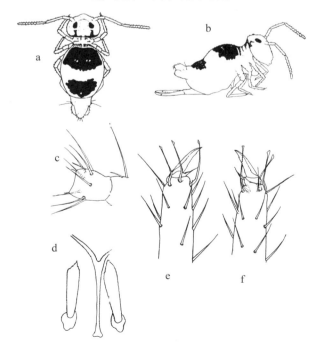

— 1429 —

25. エゾソロイヅメマルトビムシ
Deuterosminthurus ezoensis Yosii, 1972

体長♀0.8 mm, ♂0.6 mm. 体色は薄い褐色. 触角は頭の1.7倍. 触角各節の比率は1:1.8:2.8:5, 第4節は8分節する. 眼域後部にいぼがある. 上唇毛式は6/3, 5, 4で, 第1列の毛は小さい. 主爪に1内歯がある. 各肢脛付節の先がヘラ状の粘毛は3, 3, 2本. 保体は3歯で, 基部の毛は♀3, ♂2本. 跳躍器3節の比率は4:9:3. 柄節後面に8+8本の小さな毛がある. 茎節後面には外側, 内側, 中央列に各8, 9, 8本, 前面には末端から2, 1, 1, 1本の毛がある. 端節は舟形. 肛生殖門節は後方に突き出る. 肛門節付属器は棒状で先端がやや膨らみ, 微毛がある. 分布:北海道. a, 中肢脛付節と爪;b, 跳躍器茎節前面;c, 茎節後面;d, 肛生殖門節腹面;e, 肛生殖門節背面;f, 肛門節付属器(Yosii, 1972).

26. オキナワマルトビムシ
Deuterosminthurus okinawanus Yosii, 1965

体長は0.8 mm. 体色の地色は白で, 不連続な青い縦縞が3対ある. 肛門節と生殖門節は分離し, それぞれ1対の色斑がある. 触角先端と頭部にも青い色素がある. 触角は頭の1.6倍. 触角各節の比率は1:1.3:2.1:4, 第4節は5分節する. 各分節には約10本の毛が輪生する. 上唇毛式は6/5, 5, 4. 主爪, 副爪ともに基部は顆粒状. 副爪に付属糸があり, その先端は主爪を超える. 各肢脛付節の先がヘラ状の粘毛は同属の他種より多く, 5, 4, 4本. 保体は3歯で, 基部の毛は4本. 跳躍器3節の比率は10:20:7. 柄節前面に毛はなく, 後面に8+8本の毛がある. 茎節後面には外側, 内側, 中央列に各8, 8, 8本, 前面には末端から4, 2, 1, 1, 1本の毛がある. 端節は両側に幅広い葉片状. 肛門節付属器は太い針状で, 先は尖らない. 分布:沖縄. a, 側面;b, 後肢脛付節と爪;c, 前肢脛付節と爪;d, 跳躍器柄節と茎節後面;e, 端節後面;f, 肛門生殖門節(♀);g, 肛門節付属器;h, 上唇 (Yosii, 1965).

カワリヅメマルトビムシ属
Heterosminthurus Stach, 1955

前肢の副爪は細長く, 中, 後肢の副爪は基部がふくらみ, 先端は糸状になり, いずれも主爪より長いか, ほぼ同じ長さ. 雄の顔面に特殊な毛がある. 跳躍器茎節後面内側の毛が特に長い. 日本に5種.

27. ウスイロカワリヅメマルトビムシ
Heterosminthurus insignis (Reuter, 1876)

体長は♀1.8 mm, ♂1.0 mm. 体色は, 体の後部が薄黄色か明るいオレンジ色で, 眼斑は黒. 体幹の背側は扁平. 比較的細くて長く, 曲がった毛で覆われている. 胴感毛が3対, 斜めに並んでいる. 腹部第5節の側面に2対の感覚毛がある. 雄の眼間域に2+2本の長い毛がある. 触角と頭の比率は♀1.8, ♂2.5. 触角各節の比率(♀(♂))は1:2.7:3.8:6.7 (7.5). 全節とも比較的長くて細い毛で覆われ, 第4節は7-8分節する. 主爪に内歯はない. 前肢の副爪は細長く弓状に曲がり, 先端は主爪の先を超える. 中, 後肢の副爪は内側基部に幅広い板状の構造があり, 先端は針のように尖って主爪の先端に達する. 保体は3歯で, 基部後方突起の毛は4本. 跳躍器茎節後面に細かいしわが密にある. 茎節の毛は非常に長く, 後面内側の毛が特に長い. 茎節後面には外側, 内側, 中央列に各9, 8, 8本, 前面には末端から3, 3, 1, 1, 1本の毛がある. 端節はスプーン状. 肛門節付属器は棒状で, 基部は曲がる. 湿った場所に生息. 分布:本州;中国, ヨーロッパ. a, 頭部(♂);b, 跳躍器後面;c, 肛門節付属器;d, 後肢脛付節と爪;e, 前肢脛付節と爪 (Stach, 1956).

28. イタコマルトビムシ
Heterosminthurus itakoensis Tamura, 1984

体長は♀1.1 mm, ♂0.7 mm. 雌は黄白色でほぼ縦に走る不規則な斑紋があり, 雄は頭部と体側の前後が暗色となる. また, 雄の顔面にはヤリ状に変化した特殊毛がある. 触角と頭の比率は♀1.85, ♂2.65. 触角各節の比率は1:2.1:3.7:6.4で, 第4節は♀9, ♂10に分節する. 跳躍器3節の比率は2:3:1. 柄節前面に毛はなく, 後面の毛は8+8本. 茎節後面には外側, 内側, 中央列に各9, 7, 8本, 前面には末端から3, 3, 1, 1, 1本の毛がある. 肛門節付属器は太い針状で先は尖らない. 湿地や水田に生息. 分布:茨城, 山形. a, 頭部顔面(♂);b, 側面(♂);c, 側面(♀);d, 前肢脛付節と爪;e, 中肢脛付節と爪;f, 肛生殖門節;g, 跳躍器茎節と端節斜め後面;h, 茎節斜め前面 (Tamura, 1984).

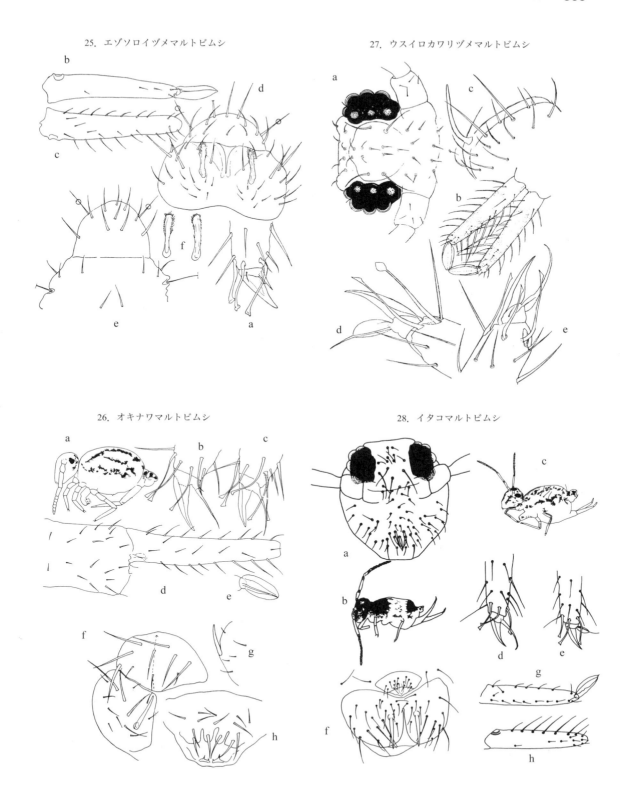

29. アカウミマルトビムシ
Heterosminthurus kiianus Yoshii & Sawada, 1997

体長は♀1.0 mm, ♂0.8 mm. 体色は茶色. 雄の上唇上部に先端が尖った5個のトゲがある. 触角と頭の比率は♀2.3, ♂3. 触角各節の比率は1:2.5:5.5:10, 第4節は10分節する. 主爪は小さく, 三角形. 前肢の副爪は細長く, 先端は主爪の先を超える. 中, 後肢の副爪の基部は幅広く, 先端は主爪の先を超えない. 腹管には多くの皺がある. 保体は3歯で, 基部の毛は2本. 跳躍器3節の比率は10:35:9. 柄節前面に毛はなく, 後面の毛は8+8本. 茎節後面には外側, 内側, 中央列に各7, 8, 7本, 前面には末端から3, 3, 1本の毛がある. 端節は舟形. 腹部第5節背面に長い感覚毛が2対あり, 基部は大きなソケット状. 肛門節付属器は太い針状で, 先は尖らない. 分布: 本州. a, 頭部顔面(♂); b, 跳躍器後面; c, 保体; d, 前肢脛付節と爪; e, 後肢脛付節と爪; f, 肛生殖門節腹面; g, 肛生殖門節背面 (Yoshii and Sawada, 1997).

30. クチヒゲマルトビムシ
Heterosminthurus nymphes Yosii, 1970

体長は♀1.0 mm, ♂0.7 mm. アルコール標本の体色は色が薄く, 触角先端が紫. 触角と頭の比率は♀2, ♂3. 触角各節の比率は1:1.8:3.5:5.8, 第4節は9分節する. 上唇毛式は6/3, 5, 4. 頭頂毛は顔面毛より短い. 雄の頭頂部に2対の長い毛, 顔面中央に5本の太い毛がある. 各肢脛付節の粘毛は3, 3, 2-3本. 主爪に内歯はない. 前肢の副爪は細長く, 中肢と後肢の副爪には幅広い葉状片がある. 保体は3歯で, 基部の毛は3本. 跳躍器3節の比率は3:5:2, 柄節後面の毛は8+8本. 茎節後面外側列の毛は8本, 内側の毛は2列になり, 長毛6本+短毛7本, 中央列に3本の毛がある. 茎節前面の毛は末端から2, 3, 1, 1, 1本. 皮膚は細かい粒状. 腹部第5節と6節は分離し, 鞍状. 胴感毛は腹部側面に2対, 第5節に2対ある. 肛門節付属器は太い針状で先は尖らない. 分布: 本州. a, 頭部前面(♂); b, 頭部側面(♂); c, 前肢脛付節と爪; d, 後肢脛付節と爪; e, 跳躍器茎節と端節前面; f, 茎節後面; g, 肛生殖門節(♀) (Yosii, 1970).

31. ピリカマルトビムシ
Heterosminthurus pirika Yosii, 1972

体長は♂0.8 mm. 体色は栗褐色で, 頭部に眼より明るい色の縦縞があり, 体幹は前半の中央に細い筋と, それを取り囲むような白い筋が肛生殖門節まで続く. 触角各節の比率は1:1.7:3.7:6. 触角第4節は8分節する. 雄の顔側面の毛6+6本は太く, トゲ状. 前肢の副爪は細長く, 中, 後肢の副爪は短く, 基部がふくらんでいる. 保体は3歯で, 基部の毛は2本. 跳躍器柄節後面に9+9本の小さな毛がある. 茎節後面には外側, 内側, 中央の各列に9, 8, 7-8本, 前面には末端から3, 3, 1, 1, 1本の毛がある. 端節は舟形. 雌は知られていない. 分布: 北海道. a, 背面; b, 頭部側面; c, 跳躍器茎節と端節後面; d, 茎節と端節前面 (Yosii, 1972).

マルトビムシ科
Sminthuridae Lubbock, 1862

中型のマルトビムシで, 体色は淡色地に褐色, 黒, 紫などが縦横に走る多彩な模様がある. 触角後毛など, 特異な毛がある種が多い. 触角第3節基部に3-5本の剛毛があるのが特徴. 触角第4節は第3節より長い. 小眼は8+8. 脛付節に先の広がった粘毛がある場合, 脛付節末端から突き出る. 爪間板に前後2本の毛がある. 腹管嚢状突起は長く, 表面はコブ状. 日本に6属 (表6).

ヒゲナガマルトビムシ属
Temeritas Delamare Deboutteville & Massoud, 1963

触角が体長の約2倍に達し, 第4節の分節数は種類によって28-46節にもなる. 日本に1種.

32. ヒゲナガマルトビムシ
Temeritas summelongicornis (Uchida, 1965)

体長は1.2 mm, 体色は暗紫色. 腹面に向かって淡色となる. 触角第1節は紫, 第2節の基部半分と第3節の基部1/4および次末節1/4は紫, 第4節の基部7分節は紫. 肢は紫. 触角が非常に長く, 体長の2.2倍, 第4節は32分節以上. 頭部のトゲ状毛は先が尖らない. 眼は著しく隆起する. 主爪には内側の末端側3/5に内歯がある. 後肢の副爪は主爪の内歯を超える. 副爪付属糸は短く, 主爪を超えない. 跳躍器茎節後面には, 外側に8本, 内側に7本, 中央に直立した長い毛が4-5本あり, 前面には透明でウロコ状の毛が6本と短い毛が1本ある. 端節は両縁とも鈍い鋸歯状. 肛生殖門節の胴感毛は非常に長く, 肛生殖門節の約1.5倍の高さに達し, イボ状突起上にある. 分布: 沖縄. a, 側面; b, 触角第2節; c, 触角第3節; d, 後肢脛付節と爪; e, 跳躍器茎節と端節側面; f, 端節; g, 肛生殖門節側面 (Uchida, 1965).

29. アカウミマルトビムシ

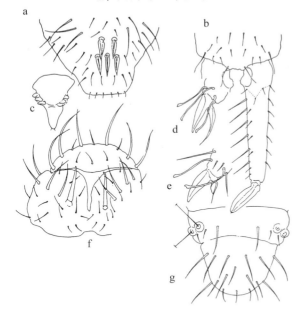

31. ピリカマルトビムシ

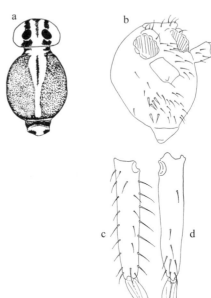

30. クチヒゲマルトビムシ

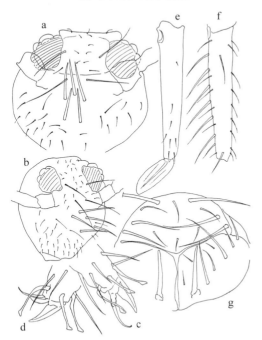

32. ヒゲナガマルトビムシ

マルトビムシ属
Sminthurus Latreille, 1802

触角第4節は13-21節に分節し，第3節の基部半分に長い剛毛がある．触角基部の後方で眼との間には微毛の生えた触角後毛がある種が多い．脛付節に先が丸い粘毛はない．雌の肛門節付属器や爪の形態，跳躍器端節毛の有無，脛付節の長毛や触角第4節の分節状態などにより種を識別する．日本に4種．

33. アベマルトビムシ
Sminthurus abei Yoshii, 1992

体長は1.5 mm. 頭部には幾つかの左右対称の斑紋と1対の淡色正中線があり，体幹背面の地色は茶褐色で，体側に黒い色素が多くある．肛生殖門節の背面には1対の大きな淡色斑がある．肢は青色素が散在する．触角第4節は18分節．触角後毛は小さなトゲ状で繊毛がある．主爪に外被と小さな内歯1個および1対の外歯がある．副爪は狭く，1個の内歯があり，付属糸は先が細い．腹管に2+2本の毛がある．保体基部の毛は4本．跳躍器茎節前面に先端から3, 2, 2, 2, 2, 1, 1の毛がある．端節後縁は内外とも鋸歯状で，端節毛がある．肛門節付属器は曲がった太い針状． 分布：本州（和歌山）．　a, 背面；b, 上唇；c, 触角後毛；d, 後肢脛付節と爪；e, 跳躍器茎節後面；f, 茎節前面；g, 跳躍器端節；h, 肛生殖門節（Yoshii, 1992）．

34. クロマルトビムシ
Sminthurus melanonotus Uchida, 1938

体長は♀2 mm, ♂1.3 mm. 全体が黒色で光沢がある．腹面および跳躍器は赤褐色．頭部および腹部の毛は強大でその先端は鋸歯状．触角第3節には4本の長毛があり，第4節は14-17に分節する．触角後毛はない．主爪は幅広く，1個の内歯がある．副爪は細長くて内歯がなく，その先に付属糸がある．脛付節末端に1本の長剛毛があり，その先端は付属糸に達する．保体基部の毛は3本．跳躍器茎節には先端が膨らんだ細長い2本の毛がある．肛門節付属器は太いトゲ状で，基部が曲がる．　分布：福岡県英彦山．　a, 背面；b, 眼；c, 後肢脛付節と爪；d, 跳躍器茎節；e, 端節；f, 肛生殖門節；g, 体毛（a-c, e, 内田, 1938; d, f, g, Yosii, 1956b）．

35. ナミマルトビムシ
Sminthurus serrulatus Börner, 1909

体長2.0 mm. 体色は白地に眼の間には淡褐色，背中には淡褐色や暗褐色の縦筋，後部に不規則な横筋や斑紋がある．眼斑の内側に繊毛のはえた触角後毛がある．触角第4節は15分節する．主爪には1内歯と外被があり，前肢の副爪付属糸の先端は丸くなる．保体基部の毛は4本．跳躍器茎節後面に26本，前面には先端から4, 3, 3, 2, 2, 1, 1本の毛がある．端節は内外縁とも鋸歯状で，端節とほぼ同長の端節毛がある．肛門節付属器は曲がったトゲ状． 分布：本州．　a, 背面；b, 前額部と触角後毛；c, 前肢脛付節と爪；d, 跳躍器端節；e, 肛生殖門節（Yosii, 1970）．

36. キマルトビムシ
Sminthurus viridis annulatus Folsom, 1899

体長は1.3 mm. 地色は淡黄色，斑紋の変異は著しく，ほとんど無斑紋の個体から，暗褐色と黒紫色の不規則な雲形紋様を示すものや，黒紫色の輪状小斑点を散らすものまである．眼斑は黒色，小眼は8+8．触角は体長の約3/5, 触角の基部は黄色，末部へ紫色．第4節は約17分節する．主爪の湾曲は他種より強く，1内歯がある．副爪は主爪の1/2を超え，長い付属糸と1内歯がある．脛付節末端の粘毛は長く針状．跳躍器端節は舟形で，その後縁は平滑．農作物に加害することもある．　分布：コスモポリタン．　a, 側面；b, 後肢脛付節と爪；c, 跳躍器端節（内田・木下, 1950）．

昆虫亜門・トビムシ目 343

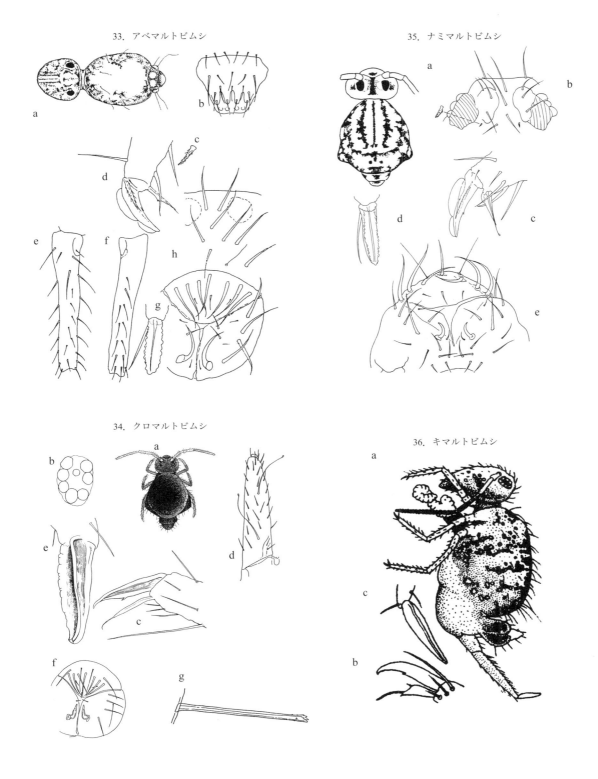

ヘラマルトビムシ属
***Spatulosminthurus* Betsch & Betsch-Pinot, 1984**

　各肢の脛付節末端の粘毛がヘラ状または球状に先端がふくらんでいるのが特徴．粘毛は主爪より長く，各肢3-6本．日本に3種．

37．キノボリマルトビムシ
Spatulosminthurus arborealis (Itoh, 1985)

　体長は♀ 2.1-2.3 mm，♂ 1.7-2.0 mm．体の地色は濃い橙色，頭頂部に黒色の斑紋とU字型の黒い模様があり，胴部前半には3-4列の黒い横筋と，後半は不規則な黒点が散在する．触角後毛は毛の中部で膨らみ，全体に繊毛が覆う．上唇毛式は6 / 5, 5, 4．各肢の脛付節外面には長い毛が5本あり，末端には先がヘラ状の粘毛が3本ある．主爪には外歯と偽外被がある．副爪は剣状で，付属糸は前肢にのみある．保体は3歯で，基部の毛は4本．跳躍器の茎節前面に先端から3, 3, 3, 2, 2, 1, 1本の毛がある．端節は舟型で，内縁は不規則な鋸歯状であり，外縁は滑らか．肛門節付属器はトゲ状．アカマツ林より採集され，冬季に樹上生活を送ることが知られている．　分布：山梨．　a, 背面；b, 頭頂部と触角後毛；c, 後肢脛付節と爪；d, 中肢脛付節；e, 保体；f, 茎節前面；g, h, 端節（Itoh, 1985a）．

38．ダイセツマルトビムシ
Spatulosminthurus daisetsuzanus (Uchida, 1957)

　体長は2.1-2.4 mm．体幹背面の地色は緑褐色で，多数の白点と黒点および4対の楔状の斑紋が左右対称に見られる．腹面は黒紫色．触角は体長よりやや短く，褐色，第4節は25分節する．肢も褐色であるが脛付節の基部と中央部は淡色．脛付節末端の先が丸い粘毛は主爪の1.5倍あり，各肢に5-6本ある．主爪に1内歯があり，副爪は剣状で，副爪付属糸は副爪と等長か少し短い．跳躍器茎節後面中央列の毛は7本で，うち5本は長い感覚毛．端節はスプーン状で，短い端節毛がある．針葉樹の枝上から得られている．　分布：北海道．　a, 背面；b, 頭部顔面；c, 眼；d, 触角第2節；e, 前肢脛付節と爪；f, 後肢脛付節と爪；g, 跳躍器茎節と端節側面；h, 端節；i, 肛門節付属器（a-g, i, Uchida, 1957; h, Uchida, 1972b）．

39．ニッポンマルトビムシ
Spatulosminthurus sensibilis (Börner, 1909)

　体長は1.2 mm，体色は地色が灰色から褐色，胴部は大小の黒色の顆粒が左右均等に散らばり，図aに示した模様を形成する．触角は長く，第4節は20分節する．口器の上唇毛式は6 / 5, 5, 4．触角後方に繊毛のはえた短いトゲ状の触角後毛がある．脛付節末端の粘毛は先端がヘラ状で主爪より長く，各肢に3本ある．主爪の外歯には，羽毛状の歯と先の尖った歯がある．副爪は主爪の約2/3で細く，短い付属糸がある．保体は3歯で，基部の毛は4本．跳躍器の茎節前面には先端から3, 2, 2, 2, 2, 2, 1本の毛がある．端節はボート型，外縁は滑らかで，内縁は鋸歯状．肛門節付属器は曲がった太い針状．キノボリマルトビムシ（37）は本種のシノニムであるとの意見もあるが（Bretfeld, 1999），触角後毛と主爪の外歯と副爪の形態，および茎節前面の毛の配列で区別できる．　分布：和歌山．　a, 背面；b, 上唇；c, 触角後毛；d, e, 後肢脛付節と爪；f, 後肢の主爪背面；g, 跳躍器茎節後面；h, 茎節前面；i, 端節（Yoshii, 1992）．

オニマルトビムシ属
***Sphyrotheca* Börner, 1906**

　頭部や体表にトゲ状の剛毛がある．触角の第4節は8-10分節する．胴感毛A-Dがある．後肢の転節にトゲ状突起がある．日本に1種．

40．オニマルトビムシ
Sphyrotheca multifasciata (Reuter, 1881)

　体長は0.9-1.6 mm．胴部背中に暗紫色の数条の横帯がある．触角，肢および跳躍器は淡紫色．額には強大で湾曲したトゲがある．体表には正常毛の他に額に見られるようなトゲ状の剛毛がある．触角は体長の1/2よりやや長く，第4節は約10分節する．主爪に外被および1内歯がある．副爪の付属糸は細長く，副爪と等長．保体基部の毛は4本．跳躍器端節の両縁は平滑．肛門節付属器は長く，やや曲がった針状．樹上からも採集される．　分布：日本．　a, 背面；b, 眼および前頭部の隆起；c, 触角；d, 中肢脛付節と爪；e, 後肢脛付節と爪；f, 腹部背面の剛毛；g, 体表の剛毛；h, 跳躍器側面；i, 跳躍器端節；j, 肛門節付属器（Uchida, 1957）．

フトゲマルトビムシ属
***Lipothrix* Börner, 1906**

　体表に円筒状の太い剛毛がある．胸部第2節前端に1対の指状突起がある．胴感毛A, Bは短く，Cが長く，Dはない．頭部の毛はトゲ状で，後肢の転節にトゲ状突起がある．日本に1種．

昆虫亜門・トビムシ目　345

37. キノボリマルトビムシ

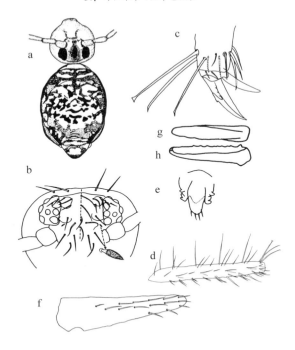

39. ニッポンマルトビムシ

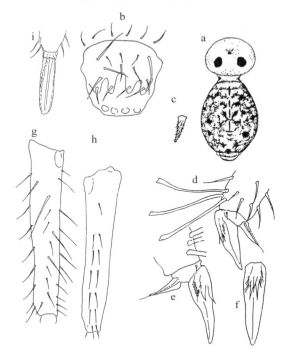

38. ダイセツマルトビムシ

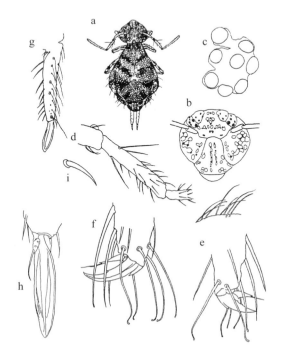

40. オニマルトビムシ

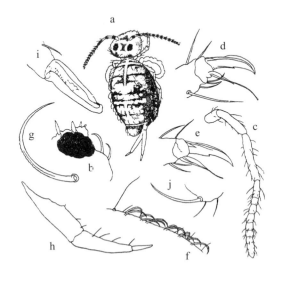

41. ヤマトフトゲマルトビムシ
Lipothrix japonica Itoh, 1994

体長は 1.1 mm．体色は黄から青黒色．触角第4節は6分節する．頭部の毛は棒状．腹部の毛は半円筒状で，先端は鋸歯状．主爪に外被と1内歯がある．副爪付属糸の先端は楔状．跳躍器茎節後面には外側，内側，中央の各列に 4, 4, 7 本，前面には先端から 4, 2, 1 本の毛がある．跳躍器端節は内縁のみ鋸歯状．肛生殖門節には棒状の毛があり，肛門節付属器は太い針状で，先方約半分には繊毛がある． 分布：本州． a, 背側面；b, 頭部；c, 頭頂部の毛；d, 胴部背面と指状突起；e, 腹部第1節の毛；f, 後肢脛付節と爪；g, 肛生殖門節；h, 肛門節付属器（a, 伊藤ら, 1999; b-h, Itoh, 1994）．

オウギマルトビムシ属
Neosminthurus Mills, 1934

体表や頭部の毛は先端が扇状に広がる．胸部第2節前端に1対の指状突起がある．胴感毛Aは短く，Bがなく，Cが長くて，Dはない．後肢の転節にトゲ状突起がある．動作は緩慢で，地表よりは地中に生息すると思われる．日本に1種．

42. オウギマルトビムシ
Neosminthurus mirabilis (Yosii, 1965)

体長は 1 mm，青黒色．体表には扇状に変形した毛がある．脛付節末端に湾曲した毛がある．主爪に大きな外被と1内歯がある．副爪に内歯はなく主爪の半分，付属糸は副爪と同じ長さ．跳躍器茎節後面には外側，内側，中央の各列に 4, 5, 7 本の毛があり，前面には毛がない．跳躍器端節は内縁のみ鋸歯状．肛門節付属器は根元が太く，先端は細いヘラ状で繊毛がある． 分布：日本． a, 側面；b, 胸部第2節の指状突起；c, 前肢脛付節と爪；d, 後肢脛付節と爪；e, 跳躍器端節；f, 肛生殖門節；g, 肛門節付属器；h, 体毛（a, 伊藤ら, 1999; b-h, Yosii, 1965）．

クモマルトビムシ科
Dicyrtomidae Börner, 1906

触角第4節は第3節の 1/2 より短いことが特徴．雄の頭部に特殊な毛がある種が多い．眼は 8+8．後肢の脛付節に変形した毛が2本あるが，先の丸い粘毛はない．主爪には外被が，副爪には付属糸がある種が多い．腹管の嚢状突起は長く，表面はコブ状．跳躍器茎節には著しく発達した鋸歯状の毛があることが多い．端節は内外縁とも鋸歯があり，先端に切れ込みがある種と基部に鋸歯状の側歯がある種がいる．胴感毛，背器官の有無などが属の分類の基準になる（表7）．

クモマルトビムシ亜科
Dicyrtominae Richards, 1968

触角第3節と4節は分節しない．報告されている前顔毛は 0-1, 1, 1, 1, 1, 3 だけ．後肢脛付節の変形毛は滑らか．胴感毛Dはない．日本に3属．

タマトビムシ属
Dicyrtoma Bourlet, 1842

主爪に外被がないことが特徴．日本に1種．

43. タマトビムシ
Dicyrtoma pallens Börner, 1909

体長は 1.5 mm．体色はくすんだ黄色で，眼斑とその間に小さい斑紋がある．胴体周辺部は薄い灰紫色．触角第 3, 4 節は黒味がかる．肢と跳躍器は白い．触角各節の比率は 1 : 4.4 : 5 : 1.6．前肢の副爪付属糸は主爪より長くて曲がり，中，後肢の付属糸は短くて真っ直ぐ．跳躍器の茎節：端節は 6 : 1．本種は *D. chloropus* (Tullberg, 1876) var. *pallens* として報告されたもので（Börner, 1909），原記載が不十分なため，種を特定できないとされている（Stach, 1957; Yosii, 1977）．伊藤ら（1999）は新たに全体図を追加したうえで，*D. pallens* Börner, 1909 としたが，細部の形態は記載されていない． 分布：北海道，本州． a, 背面（伊藤ら, 1999）．

クモマルトビムシ属
Dicyrtomina Börner, 1903

主爪に外被があることが特徴．保体は3歯で，基部に1指状突起がある．跳躍器柄節前面には毛がない．日本に2種．

44. ヤエヤママルトビムシ
Dicyrtomina yaeyamensis Yosii, 1965

体長は 1.8 mm．地色は暗い黄色で，図aに示したような黒い模様ができることもあるが，はっきりしないことが多い．触角は赤紫．肢に2本の横縞がある．頭頂毛は小さく単純．主爪は短く，外被と側歯，2内歯がある．副爪は太い槍状で，1内歯があり，付属糸は主爪よりわずかに長い．跳躍器柄節は後面に 9+9 本の毛がある．茎節の毛はすべて滑らか．端節は基部に側歯がある．雌の肛生殖門節のM，M'は退化した小さい単純毛．N毛は棒状．肛門節付属器は太い針状で，わずかに曲がる． 分布：沖縄本島，宮古島，石垣島． a, 背面；b, 眼と頭頂毛；c, 跳躍器後面；d, 端節；e, 肛生殖門節（Yosii, 1965）．

昆虫亜門・トビムシ目　347

41. ヤマトフトゲマルトビムシ

43. タマトビムシ

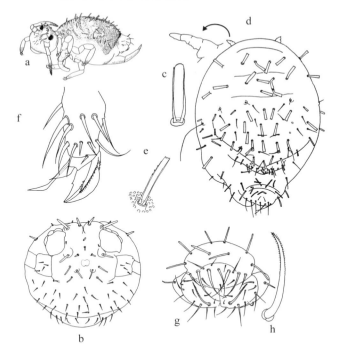
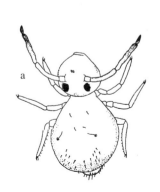

44. ヤエヤママルトビムシ

42. オウギマルトビムシ

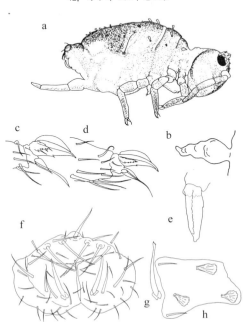
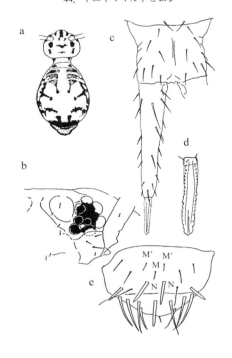

45. コシジマルトビムシ
Dicyrtomina leptothrix Börner, 1909

体長は 1.5 mm. 体色は赤紫から黒に変動し，胴体にまだら模様や黄斑があることもあるが，肢は常に黒っぽい．頭頂毛は短いトゲ状．顔面毛は 1, 1, 1, 1, 1, 3. 主爪には外被がある．前肢の副爪は他より細く，前，中，後肢の内歯は各 1, 1, 2 とあるが，図と一致しない．副爪の付属糸は尖り，後肢だけ主爪より短い．腹管は短く，側面に 1+1 本，末端に 1+1 本の毛と，1+1 個の指状突起がある．保体基部前方の毛は 4 本．跳躍器柄節後面の毛は 8+8. 茎節後面外側列の毛は末端の 3 本のみ基部がわずかにけば立っている．茎節前面の毛は末端から 3, 2, 1, 1, 1 本．端節は基部に側歯がある．胴部の前方毛は 5+5 で，長くて先が尖り，後方毛は短く，数が多い．肛門節付属器は太い針状で台上に直立する． 分布：本州，四国，九州． a, b, 背面；c, 顔面；d, 触角；e, 前肢の爪；f, 後肢の爪；g, 跳躍器茎節末端；h, 肛生殖門節 (a, c, g, h, Yosii, 1965; b, d, Uchida, 1953; e, f, Yosii, 1954b).

コシダカマルトビムシ属
Gibberathrix Uchida, 1952

腹部後半が高く，肛生殖門節が上から見えにくい．触角第 3 節先端に指状突起があるのが特徴．主爪に外被がある．保体は 2 歯で，基部に 1 指状突起がある．今のところ世界で 1 種のみ．

46. コシダカマルトビムシ
Gibberathrix tsugarensis Uchida, 1952

体長は 1.8 mm. 地色は薄黄色で，赤紫の不規則な斑紋がある．触角は赤，肢と腹部，腹管，跳躍器は淡色．触角は短めで，体長の 2/3. 前顔毛は短い棒状．主爪は短く，1 内歯と外被があり，外被には 1 外歯と多くの側歯がある．副爪は鋭く尖り，内歯は前，中，後肢で各 0, 1, 1. 前肢と中肢の付属糸は長く，主爪を超え，後肢の付属糸は短い．後肢脛付節に短くて先の尖らない変形毛が 3 本ある．腹管は非常に長い．保体基部の毛は 4 本．跳躍器茎節後面の毛は，外側列の先端から 8 本に繊毛があり，基部の 2 本は滑らか，内側列の先端から 7 本はトゲ状，基部の 2 本は長毛，中央列の 5 本のうち中 3 本には繊毛がある．茎節前面の毛は，先端から 3, 2, 1, 1, 1 本．肛生殖門節の M, M', N 毛は短い棒状，先端の肛門毛は長く尖る．肛門節付属器は太い針状で，直立する． 分布：青森． a, 背面；b, 側面；c, 頭頂毛と眼斑；d, 触角第 3 節先端と第 4 節；e, 触角第 3 節先端の指状突起；f, 前肢脛付節と爪；g, 跳躍器茎節後面；h, 茎節末端と端節；i, 肛生殖門節 (a, c, e-g, i, Yosii, 1970; b, d, h, Uchida, 1952).

ニシキマルトビムシ亜科
Ptenothricinae Richards, 1968

触角第 3 節と 4 節は分節することが多い．後肢脛跗節に変形毛がある．胴感毛 D がある．体の前方と後方の毛が異なる場合が多い．日本に 2 属．

コンボウマルトビムシ属
Papirioides Folsom, 1924

腹部後方に突き出す棍棒状の背器官が特徴．日本に 2 種．

47. コンボウマルトビムシ
Papirioides jacobsoni Folsom, 1924

体長は 2.3 mm. 地色は薄黄色，胴体には黒の斑点や筋状の斑紋がある．頭部と胴の腹面は青い．触角と肢には数本の帯がある．顔面毛式は 1, 1, 2, 1, 1, 3. 眼斑は小さい．触角は長く，頭長の 3 倍．第 3, 4 節の毛は輪状になるが，分節していない．主爪は細長く，2 内歯と 1 外歯および 2 以上の側歯がある．副爪も細く，1 内歯があり，付属糸は主爪より長く尖る．後肢脛付節に先が丸く，小さく疎らな鋸歯状の毛がある．跳躍器茎節後面の毛は，外側列の先端第 1 毛がやや長く滑らかで，第 2-5 毛は基部が羽毛状，他はみな滑らか．端節の先端は広く大きく切れ込み，両側は丸い．基部には明確な鋸歯状の側歯がある．腹部背面の前方毛は弱く単純で 5+5，後方毛は短いトゲ状で多い．背器官は先までほぼ同じ太さで，小さいトゲ状の毛が全体にある．肛生殖門節の毛は M, M', N 毛も含め短い棒状．肛門毛の大きい毛に繊毛がある．肛門節付属器は先細の棒状で直立する． 分布：屋久島；台湾，スマトラ．a, 側面；b, 頭頂部；c, 触角第 3, 4 節；d, 後肢脛付節と爪；e, 後肢の変形毛；f, 背器官と先端拡大図；g, 跳躍器茎節末端；h, 端節末端；i, 肛生殖門節 (a, b, e-i, Yosii and Lee, 1963; c, d, Folsom, 1924).

48. ウエノコンボウマルトビムシ
Papirioides uenoi Uchida, 1957

体長は 1.4 mm. 地色は薄黄色，頭部に褐紫色と胴に黒褐色の模様がある．触角は体長より長く，第 3, 4 節はどちらも 8 分節する．主爪は細長く，2 内歯と 2 側歯がある．副爪も細く鋭く尖り，1 内歯と主爪より長い付属糸がある．跳躍器茎節後面外側列の毛は基部でわずかに鋸歯状．端節の先端は狭い．背器官は基部より先にかけて太さを増し，小さいトゲ状毛は先半に限られる． 分布：長野． a, 側面；b, 背面；c, 左斜め側面；d, 触角第 1, 2 節；e, 触角第 3, 4 節；f, 後肢脛付節と爪；g, 跳躍器茎節の毛；h, 跳躍端節 (内田，1957).

昆虫亜門・トビムシ目 349

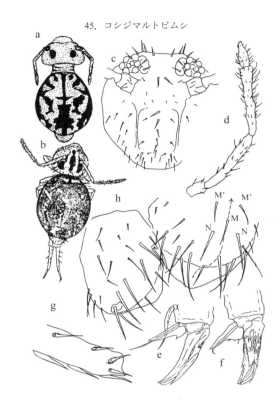

45. コシジマルトビムシ

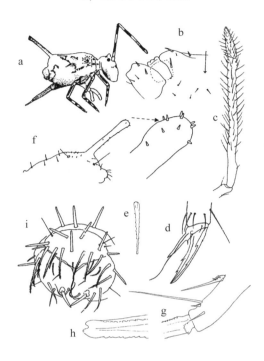

47. コンボウマルトビムシ

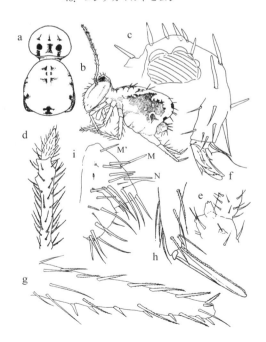

46. コシダカマルトビムシ

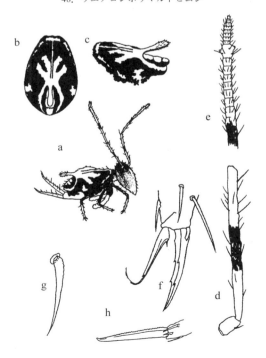

48. ウエノコンボウマルトビムシ

ニシキマルトビムシ属
***Ptenothrix* Börner, 1906**

体色や斑紋が多様で美しい種が多く，2 mm を超える大型種も多い．触角の第3節先半と第4節は分節する．後肢脛跗節には弱い鋸歯状の変形毛がある．跳躍器茎節後面には鋸歯状や羽毛状に変形した毛がある．色模様のほか，頭頂毛，顔面毛，主爪の外被の有無，副爪の付属糸，跳躍器の茎節毛，肛生殖門節の剛毛などが種の分類の手掛りとなる．日本に17種，1亜種．

49. リョウヘイマルトビムシ
***Ptenothrix ryoheii* Uchida, 1953**

体長は 1.7 mm．地色は黄から桃色．胴体背面は赤褐色で，細い正中線と左右に5対の淡い斑紋がある．肛生殖門節は淡色．顔面にV字紋があり，触角は濃色，肢，跳躍器，腹面は淡色．触角第2節に数本の長いトゲがある．主爪は長く，1内歯と外被がある．副爪付属糸は主爪より短く，先端は尖る．跳躍器は細く，茎節前面に毛は少なく，後面の毛は羽毛状．体幹前方毛と肛生殖門節の毛は長く，後方毛は短い．　分布：青森．a, 側面；b, 背面；c, 後肢脛跗節と爪；d, 跳躍器茎節末端と端節側面；e, 同後面；f, g, 跳躍器茎節毛（Uchida, 1953）．

50. オオシロマルトビムシ
***Ptenothrix lactea* Uchida, 1953**

体長は 1.7 mm．眼斑を除き全体的に乳白色．腹部背面と側面，頭部の後縁，触角第4節に薄紫の色素が疎らに分布．主爪に不明瞭な外被と2内歯がある．副爪は槍状で1内歯があり，付属糸は主爪より長く，先端は膨れる．跳躍器茎節後面の毛は内側列，外側列とも滑らかで，一部トゲ状に変形．肛生殖門節に棒状の毛がある．肛門節付属器は太い針状でわずかに曲がる．腹部前方の毛は長くて太く，後方の毛は短くて細い．分布：本州．　a, 側面；b, 触角末端；c, 前肢脛跗節と爪；d, 中肢脛跗節と爪；e, 跳躍器茎節基部；f, 茎節末端；g, 茎節毛；h, 端節；i, 肛門節付属器（Uchida, 1953）．

51. アカマダラマルトビムシ
***Ptenothrix janthina* Börner, 1909**

体長は 1.8 mm．地色は薄い茶色で腹部背面には不規則な斑点がある．頭部には不明瞭な茶褐色の正中斑がある．触角は全体的に黒く，先端は黒い．肢はすみれ色で，跳躍器は淡色．顔面毛式は 1, 1, 2, 2, 1, 1 で，上部の毛の方が下部の毛より長い．頭頂部の毛は太くて長い．主爪は太く，不明瞭な数個の側歯と2本の内歯がある．副爪は細く尖り，付属糸は主爪より長く，先端は尖る．後肢の副爪に1内歯がある．跳躍器茎節後面外側列の毛は，基部が太くて鋸歯状．体幹前方毛は長く先太，後方毛は約半分の長さで先が尖る．さらに後方の微小毛は先が尖らない．雌の肛生殖門節のM, M'毛は棒状で非常に長く，頑丈な高台上にある．*P. setosa* Krausbauer, 1905 var. *janthina* Börner, 1909 は本種のシノニム（Yosii, 1977）．　分布：本州．a, 顔面毛；b, 眼斑と頭頂毛；c, 前肢の爪；d, 後肢の爪；e, 跳躍器茎節の毛；f, 端節先端；g, 肛生殖門節（a, b, e-g, Yosii and Lee, 1963; c, d, Yosii, 1954b）．

52. ヒグママルトビムシ
***Ptenothrix higumai* Yosii, 1965**

体長は 2.2 mm．地色は淡褐色で，栗色の斑点がある．胴体前半に淡色の正中線があり，中央部に大きなV字の斑紋がある．腹部前側方に多数の不規則な斑点があり，後方には茶褐色の領域がある．顔面毛式は 1, 1, 2, 1, 1, 3 で，独特である．頭頂の o 毛は小さいトゲ状，他はみな棒状で，g 毛はかなり長い．主爪に2内歯と明確な側歯がある．副爪に1内歯があり，付属糸は主爪より長く，先端は尖る．跳躍器の茎節毛は羽毛状．長い側毛は全面繊毛がある．端節基部に鋸歯状の側歯がある．体幹前方毛は長く先太，後方毛は短くトゲ状．雌の肛生殖門節のM, M'は長い棒状でやや高い台上にある．肛門節付属器は細く尖り，周辺の毛と比べ目立たない．　分布：新潟県粟島．　a, 背面；b, 顔面毛；c, 眼斑と頭頂毛；d, 後肢脛跗節と爪；e, 跳躍器茎節末端；f, 端節末端；g, 肛生殖門節（Yosii, 1965）．

昆虫亜門・トビムシ目　351

49. リョウヘイマルトビムシ

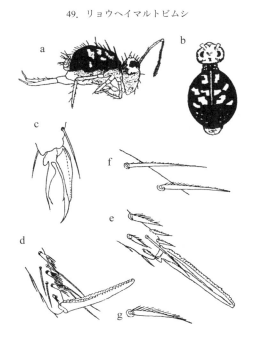

51. アカマダラマルトビムシ

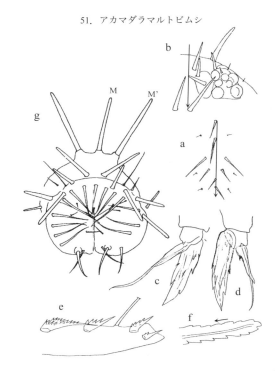

50. オオシロマルトビムシ

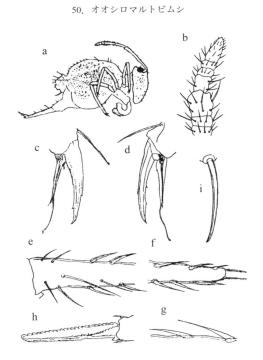

52. ヒグママルトビムシ

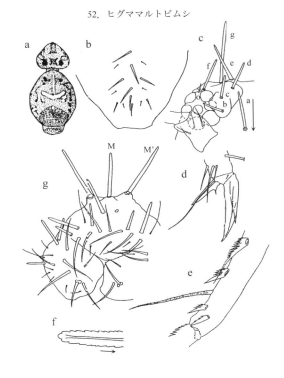

53. セグロマルトビムシ
Ptenothrix corynophora Börner, 1909

体長は 2.0 mm. 胴体背面は藍色, 生存時は金属光沢のある黒紫, 頭部, 肢, 跳躍器等は白か薄黄色. 頭部に藍色の帯が 1-2 本, 背面に T 字や不規則な淡色の紋があることもある. 触角は白か黒斑, 肢は腿節と脛付節に紫斑がある. 幼体は淡色. 頭頂毛は短い棒状, 眼斑の o 毛は小さい. 眼斑横の隆起は低い. 後肢脛付節に鋸歯状の毛がある. 主爪は 2 内歯と不明瞭な側歯がある. 副爪は主爪の半分で基部に 1 内歯があり, 付属糸は主爪より長く, 後肢でだけ先が膨らむ. 跳躍器茎節毛は第 1 毛だけ滑らか, 第 2 毛は鋸歯状で, その他は羽毛状. 端節先端内寄りに切れ込みと, 基部に鋸歯状の側歯がある. 肛生殖門節には棒状の毛があり, 肛門節付属器は太い針状で, 先は尖らない. 分布: 日本. a, 側面; b, 背面; c, 顔面; d, 頭頂毛; e, 前肢脛付節と爪; f, 後肢の副爪; g, 肛生殖門節 (a, 内田・木下, 1950; b, c, Uchida, 1957; d-g, Yosii and Lee, 1963).

54. ツツイマルトビムシ
Ptenothrix tsutsuii Yosii, 1955

体長は 2.4 mm. 胴体は全体的に暗青色, 触角や肢も同色, 顔面に褐色の斑紋があり, 胴に細い縦筋が 4 本ある. 頭頂毛は短い棒状. 主爪には不明瞭な側歯と大きい 2 内歯がある. 副爪の 1 内歯も大きく, 付属糸は主爪より長く, 先端は前, 中肢で膨らみ, 後肢で尖る. 後肢脛付節に細長い変形毛がある. 跳躍器茎節後面の毛は外側列, 内側列ともに羽毛状, 中央列は普通毛. 茎節前面の毛は 3, 2, 1, 1, 1 本. 端節先端に切れ込みがある. 肛門節付属器は太い針状で, 先は尖らない. 分布: トカラ列島. a, 背面; b, 顔面; c, 眼斑と頭頂毛; d, 前肢脛付節と爪; e, 後肢副爪; f, 後肢脛付節の変形毛; g, 跳躍器茎節末端; h, 茎節毛; i, 端節末端; j, 肛生殖門節 (a, b, f, h, Yosii, 1955; c-e, g, i, j, Yosii, 1965).

55. タテヤママルトビムシ
Ptenothrix tateyamana Uchida, 1958

体長は 2.9 mm. 地色は黒紫で背面の細い正中線だけが白, 顔面は口以外が黒, 触角と肢に帯状の斑紋があり, 跳躍器と肛生殖門節, 腹面は白. 頭頂毛は棒状. 主爪に 2 内歯と 1 側歯がある. 副爪は基部に鋭いトゲ状の内歯があり, 付属糸は長く先が膨らむ. 腹部背面の前方毛と肛生殖門節の毛は長くがっしりしており, 後方毛は短く太い. 跳躍器茎節後面外側列の毛は弱鋸歯状で, 内側列には毛がない. 肛門節付属器は針状でゆるく曲がる. 分布: 本州. a, 背面; b, 触角第 3 節末端と第 4 節; c, 右眼斑; d, 後肢脛付節と爪; e, 腹部前方毛と後方毛; f, 跳躍器茎節末端と端節; g, 茎節の毛; h, 肛門節付属器 (Uchida, 1958).

56. トカラマルトビムシ
Ptenothrix tokarensis Yosii, 1965

体長は 2.0 mm. 頭, 胴は青紫色, 正中線は淡色で両側に 2 対の小さな斑点があることもある. 触角に赤紫の帯, 肢に色が濃い部分がある. 顔面毛式は 1, 1, 2, 2, 1, 3 でいずれも a 毛と等長. 頭頂毛は短い棒状で, a, g 毛がやや長い. 主爪は細長く, 不明瞭な側歯があり, 前, 中, 後肢の内歯は各 2, 2, 2. 副爪も細長く, 1 内歯があり, 付属糸は前肢のみ先が膨れる. 腹管には 1+1 本の側毛と 1+1 本の先端毛がある. 跳躍器茎節後面外側列の毛は基部だけ羽毛状. 肛生殖門節の M, M', N 毛は棒状. 肛門節付属器は太い針状でやや湾曲する. *P. corynophora* f. *shibanaii* Yosii, 1955 は本種のシノニム (Yoshii, 1965). 分布: トカラ列島. a, 背面; b, 左頭頂毛; c, 後肢脛付節の変形毛; d, 跳躍器茎節末端; e, f, 茎節の毛; g, 端節末端; h, 肛生殖門節 (a, e, f, Yosii, 1955; b-d, g, h, Yosii, 1965).

53. セグロマルトビムシ

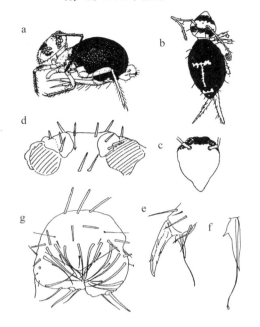

55. タテヤママルトビムシ

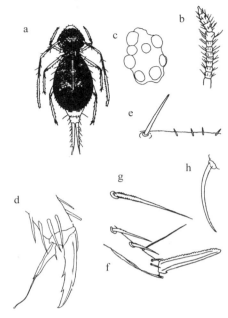

54. ツツイマルトビムシ

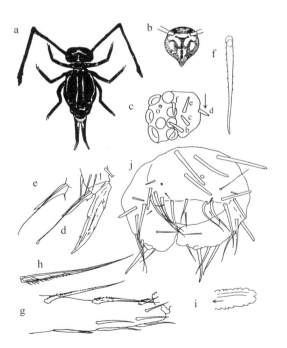

56. トカラマルトビムシ

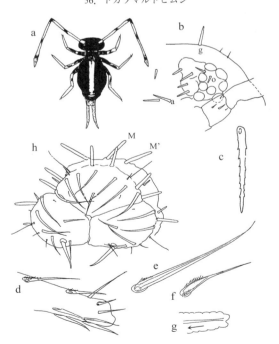

57. ミツワマルトビムシ
Ptenothrix tricycla Uchida, 1953

体長は 2.0 mm. 地色は淡黄色, 胴体は正中線に沿って縦筋があり, それを取り囲むように褐色あるいは紫の模様が 3 本の輪を形成する. 頭部は黒紫, 胸部は 2 本の横帯がある. 触角と肢, 跳躍器は白っぽい. 主爪に 1-2 内歯があり, 1 外歯と 1+1 側歯がある. 副爪に 1 内歯がある. 副爪付属糸の先は尖り, 前, 中肢で主爪より長く, 後肢は主爪と等長. 跳躍器の茎節毛は羽毛状. 分布：本州. a, 斜め左背面；b, 背面；c, 触角；d, 触角末端；e, 前肢脛付節と爪；f, 後肢脛付節と爪；g, 跳躍器茎節と端節 (Uchida, 1953).

58. ヤクシママルトビムシ
Ptenothrix yakushimana Yosii, 1965

体長は 2.0 mm. 地色は白, 胴体前半は黒紫, 後半は 2 本の白縞が横切り, 側面で前方に伸びる. 頭部に紫の横帯が 1 本ある. 触角は濃い紫. 肢は脛付節に 2-3 本の帯がある. 胸部は白く, 腹管と跳躍器は淡色. 顔面毛式は 1, 1, 2, 2, 1, 3. 頭頂毛は短い棒状. 主爪には不明瞭な側歯があり, 前, 中, 後肢の内歯はそれぞれ, 1, 2, 2 個. 副爪は細く主爪の 2/3 の長さで, 内歯は前肢で短く, 後肢で長い. 副爪付属糸は前肢で主爪より長く, 前, 中肢で先端が大きく膨らむ. 保体は 3 歯で基部の毛は 4 本. 跳躍器の茎節毛は先端毛だけ滑らか, 他は羽毛状. 腹部背面の前方毛は長くて先が尖らず 5+5, 後方毛は短く 2+2, その後方はさらに短いトゲ状毛がある. 肛生殖門節周縁の M, M', N 毛は棒状. 肛門節付属器は太い針状で先は尖らない. 分布：屋久島. a, 背面；b, 側面；c, 頭頂部；d, 前肢脛付節と爪；e, 後肢副爪；f, 跳躍器茎節末端；g, 端節末端；h, 肛生殖門節 (Yosii, 1965).

59. アズマクモマルトビムシ
Ptenothrix higashihirajii Yosii, 1965

体長は 2.0 mm. 胴体周辺は黒紫で背面中央部が広く淡色. 頭部も淡色で前縁と眼が斑紋になる. 触角は第 2, 3 節末端と第 3 節の中央に帯がある. 肢, 腹管, 跳躍器は淡色. 顔面毛式は 1, 1, 2, 2, 1, 3. 頭頂毛は f 毛だけトゲ状, その他は棒状. 主爪に側歯と 1-2 個の内歯がある. 副爪は尖り, 1 内歯がある. 副爪付属糸は主爪より長く, 先端は膨らむ. 跳躍器の茎節毛は先端第 1 毛だけが滑らか, 他は基部が羽毛状. 端節末端に小さな切れ込みがある. 胴体前方毛は太く 5+5, 後方毛は微小でトゲ状. 肛生殖門節周辺の M, M', N 毛は棒状. 肛門節付属器は棒状でわずかに曲がる. 亜種フタスジクモマルトビムシ *P. h. bilineata* Yosii, 1965 は背面中央に腹部末端まで届く 2 本の黒い縦縞がある. 分布：沖縄. a, 背面；b, 頭頂毛；c, 跳躍器茎節末端；d, 端節末端；e, 肛生殖門節；f, 亜種フタスジクモマルトビムシの背面 (Yosii, 1965).

60. フイリマルトビムシ
Ptenothrix vittata (Folsom, 1896)

体長は 3.3 mm. 地色は白から黄で紫から赤褐色の斑紋があり, 変異がある. 胴体前半には正中線に沿って黒い縁取りのある白帯が, 後半は数個の斑点が中央に並び, 側面は不規則な斑紋がある. 頭部には 2 本の黒帯が眼斑を含む頭頂と触角, 口の間にある. 触角は基部と先半分が黒味がかる. 肢には 5 本の横縞があり, 跳躍器は茎節や端節の末端が着色する. 顔面毛式は 1, 1, 1, 2, 1, 1, 1, 3. 頭頂毛はトゲ状. 主爪には複雑な側歯と先半に 2 内歯がある. 前肢の副爪は細く, 1 内歯がある. 副爪付属糸は主爪より長く, 先は尖る. 中肢と後肢の副爪付属糸はあまり長くない. 跳躍器の茎節毛は先端第 1 毛だけが滑らか, 他は羽毛状. 端節末端に切れ込みがある. 胴体前方毛は細く尖り 5+5, 後方毛は短く太い多くのトゲ状毛がある. 肛生殖門節周辺の M, M', N 毛は棒状. 肛門毛は中央の 1 本以外は繊毛がある. 肛門節付属器はトゲ状. 日本では温室から報告されている. 分布：日本；オーストラリア, 北米. a, 側面；b, 背面；c, 頭頂毛；d, 前肢脛付節と爪；e, 跳躍器茎節末端；f, 端節末端；g, 腹部前方毛と後方毛；h, 肛生殖門節 (Yosii and Lee, 1963).

57. ミツワマルトビムシ

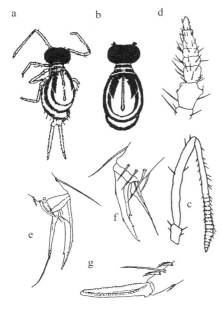

59. アズマクモマルトビムシ

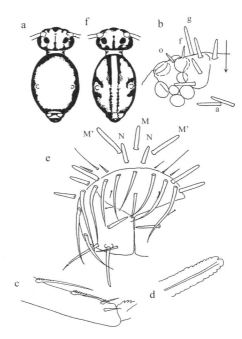

58. ヤクシママルトビムシ

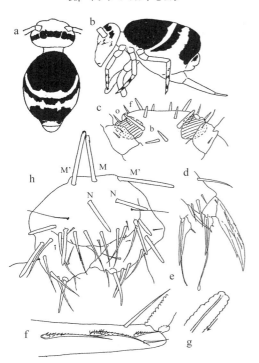

60. フイリマルトビムシ

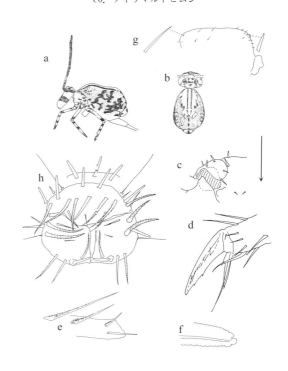

61. シママルトビムシ
Ptenothrix denticulata (Folsom, 1899)

体長は1.5 mm．地色は白，胴体前半は正中線に沿って2本の縦縞があり，前縁にも縁取りがある．後半は2本の横縞が途切れ途切れの輪を形成し，中央にU字紋が形成される．腹部後縁には3個の斑紋がある．頭頂部には眼斑をつなぐ横斑があり，顔面前方に網目がある．触角は全体が赤みがかった青，肢には多くの紫帯があり，跳躍器は淡色．頭頂毛は棒状でg毛だけが長い．主爪は細長く，1外歯と不明瞭な数個の側歯，2内歯がある．副爪に1内歯があり，付属糸は先端が膨らみ，主爪より長い．跳躍器の茎節毛は先端1本だけが滑らかで，ほかの毛は基部が羽毛状．端節は先端に切れ込み，基部に側歯がある．腹部前方毛は5+5で太く長く，後方毛は短く尖る．雌の肛生殖門節周辺のM, M', N毛は長い棒状．肛門節付属器は太い針状．分布：本州，伊豆諸島，沖縄． a, 背面; b, 頭頂毛; c, 前肢脛付節と爪; d, 後肢脛付節と爪; e, 跳躍器茎節末端; f, 端節末端; g, 腹部の毛; h, 肛生殖門節（Yosii and Lee, 1963）．

62. イリオモテクモマルトビムシ
Ptenothrix iriomotensis Uchida, 1965

体長は1.8 mm以上．胴体は淡色に黒紫の斑点がある．背面の正中線は前半が2叉し，側面には不規則な斑紋が広がる．頭部はやや淡色で不規則な斑点がある．触角は全体が紫，肢には数本の帯があり，腹管と跳躍器，腹面は淡色．頭頂毛は棒状．主爪は細長く，2側歯と2内歯がある．副爪に1内歯があり，付属糸は主爪より長く先が膨らむ．保体は3歯で基部の毛は4本．跳躍器の茎節毛は小さい鋸歯状．端節は先端に小さい切れ込み，基部に小さい鋸歯状の側歯がある．腹部前方毛は長く少なく，後方毛は短く多い．肛生殖門節周辺のM, M', N毛は棒状．肛門節付属器は太い針状でやや曲がる． 分布：西表島． a, 背面; b, 側面; c, 頭頂毛; d, 触角; e, 後肢脛付節と爪および副爪拡大図; f, 跳躍器茎節; g, 茎節の変形毛; h, 端節; i, 腹部の毛; j, 肛生殖門節（Uchida, 1965）．

63. ジョウザンマルトビムシ
Ptenothrix vinnula Uchida, 1957

体長は2.7 mm．地色は赤褐色で，胴体前半中央に白い縦筋と大小3本の横帯が斜め前から鋭角に交わる．後半中央と側面はやや淡色．顔面も淡色で，頭頂から額にかけて暗褐色の縦筋があり，眼斑は黒．触角は第1節だけ赤褐色．肢に2-3の濃帯がある．触角第2節には先半分に長い剛毛がある．主爪は細長く尖り，2内歯と1外歯がある．副爪に1内歯があり，付属糸は主爪より長く，先はわずかに膨らむ．跳躍器茎節毛は鋸歯状．肛門節付属器は太い針状で，わずかに湾曲する． 分布：北海道． a, 左斜め背面; b, 触角; c, 触角末端; d, 前肢脛付節と爪; e, 後肢脛付節と爪; f, 跳躍器後面; g, 茎節毛; h, 端節; i, 肛門節付属器（Uchida, 1957）．

64. ハリゲニシキマルトビムシ
Ptenothrix marmorata (Packard, 1873)

体長は2.3 mm．体色は黒味がかった紫色に明るい黄色の斑紋がある．胴背面に白い正中線と直角に交わる3-4本の横帯がある．頭部は両眼の間と額に大きな斑紋がある．触角，肢，跳躍器には濃淡があり，腹管や腹面も比較的濃い．顔面毛式は1, 1, 2, 2, 1, 3で細長い．頭頂毛は太い針状．主爪に1外歯と1対の側歯と2内歯がある．副爪は主爪の1/2の長さで，1内歯があり，付属糸の先端は尖る．後肢の変形毛は不規則に羽毛状．跳躍器茎節に鋸歯状および羽毛状の毛がある．腹部背毛は頑強なトゲ状で，前方毛は長く，後方は徐々に短く細くなる．肛生殖門節周辺の毛がすべて尖っている点は，本属の他種と異なる．肛門節付属器は太い針状で，わずかに湾曲する． 分布：日本；北アメリカ，中央アメリカ． a, 背面; b, 顔面毛; c, 頭頂毛; d, 触角末端; e, 前肢脛付節と爪; f, 跳躍器茎節末端と端節; g, 茎節毛; h, 肛生殖門節; i, 肛門節付属器（a, d-g, i, Uchida, 1954b; b, c, h, Scott and Yosii, 1972）．

昆虫亜門・トビムシ目 357

61. シママルトビムシ
62. イリオモテクモマルトビムシ
63. ジョウザンマルトビムシ
64. ハリゲニシキマルトビムシ

65. チャマダラマルトビムシ
Ptenothrix maculosa (Schött, 1891)

体長は 2.5 mm. 地色は黄から橙色. 胴は正中線に沿って 2-3 の褐色の斑紋があり, 側方には不規則な黒い斑紋がある. 肛生殖門節に中央が白い黒輪がある. 頭頂部は正中に黒筋があり, 眼斑を含む斑紋がある. 触角は明るい褐色で先端ほど濃い. 肢は先が濃く斑点がある. 顔面毛は 1, 1, 2, 2, 1, 3. 頭頂毛は棒状で, a, g 毛だけが長く先細. 主爪には不明瞭な側歯と 2 内歯がある. 副爪に 1 内歯があり, 付属糸は主爪より長く, 先はわずかに膨らむ. 後肢脛付節の 2 本の変形毛は細長く尖り, 羽毛状. 跳躍器茎節毛は先端第 1 毛も含め, 基部が広い羽毛状. 肛生殖門節周辺の M, M', N 毛は長い棒状. 肛門節付属器は太い針状で, 外から内に大きく曲がる. 分布：日本；北アメリカ. a, 背面；b, 前顔毛；c, 頭頂毛；d, 後肢脛付節と爪；e, 跳躍器茎節末端；f, 端節末端；g, 肛生殖門節（Scott and Yosii, 1972）.

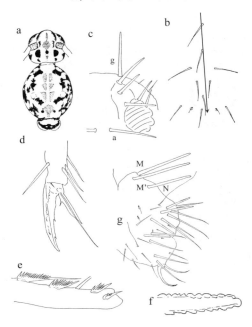

65. チャマダラマルトビムシ

トビムシの採集および標本作製法

長谷川元洋・一澤　圭

トビムシの採集法

　多くの土壌動物と同様にトビムシの採集にはツルグレン装置（飼育法の図6参照）あるいは，図1の吸虫管とよばれる器具で採集することが多い，その詳細については，金子ら（2007）を参照頂きたい．樹上性のトビムシ特有の方法について下記に紹介する．

　樹上性のトビムシは土壌性の場合の様に，一定量の土壌コアを用いて採集するのが困難である．幹の皮や着生植物，枝の又にたまったリター等を採取してツルグレン装置にかける方法のほか，樹上にリターバッグを設置する方法，薬剤を用いた燻蒸法，掃除機等を用いた吸引法があり，目的によって選ぶ手法は異なる（金子ら，2007）．通常の昆虫で従来から使用されている枝たたき法は，1 m×1 mの枠に布を張って四隅から紐をのばし，中央で結んだたたき網を使用する（たたき網は傘で代用することもできる．なるべく裏地が白っぽく，無地のものがよい）．これを左手に持ち，右手に棒を持って枝をたたき，布に落ちたトビムシを集めるという手法であるが，トビムシの場合採集効率は一般にあまり良くない．樹木や他の生物への影響を軽減した手法として，布巻トラップ法が提案されている（須摩，2010）．布巻トラップ法では，10×100 cmの園芸テープ（天然繊維ジュート麻，網目約2 mm，厚さ約1.5 mm）を3～4枚重ねにして，樹幹に巻き付け，ワイヤー入りビニールテープで固定する．設置後2～3か月で園芸テープを回収し，ツルグレン装置を用いてトビムシを抽出する．園芸テープには防虫剤や油が染み込ませてあるので，良く洗浄してから使用する必要がある．

採集標本の固定，保存法

　ツルグレン法においてエチルアルコールを用いる場合，乾燥によって量が減少するので，随時補給する必要がある．エチルアルコール濃度は一般に80％程度のものがよく使用されるが，トビムシでは表皮の強いワックス成分のために，エタノールの表面に浮いてしまい，その後サンプル瓶の壁に付着してしまったりする．この場合，エチルアルコールを95％以上にすると多少改善が認められる．また，エチルアルコールのかわりにイソプロピルアルコールを使用するとトビムシの大部分が底に沈む．但し，この場合は，ソーティング前にエチルアルコールに置換する必要がある．また，沸騰させた湯でサンプル瓶を湯煎し，表皮のワックスを溶かし瓶底に沈め，99.5％アルコールを追加する方法もある．この方法ではすべてのトビムシを短時間で固定することができる．

　エチルアルコールで固定した標本は，検鏡するまでは液浸標本として保存することになる．トビムシの場合，下記のプレパラートでの標本は長期間の保存に耐えられないことが多いので，液浸標本をプレパラートと同時に残しておくことが望ましい．1年程度であれば，通常の管瓶やねじ口瓶でも保存できるが，長期保存すると瓶内の液が揮発し，標本が乾燥する恐れがある．そこで，二重瓶にして保存する方法がよく用いられる．これは小型のダーラム管（直径6 mm，長さ30 mm程度）の中にエタノールとトビムシを入れて綿で栓をし，アルコールを満たした大型の瓶に入れて保管するという方法である．外側の瓶のアルコールは定期的に点検し，エタノールを追加して一定の量を保つようにしておく．外側の瓶は，ガラス瓶が用いられてきたが，ダーラム管の接触による破損，耐震性，送付の便を考えると，短期的にはポリエチレン製のものが有利な場合が多い．ただし，長期の保存ではポリエチレン製の瓶は劣化の恐れがあるので注意が必要となる．

プレパラート作成および脱色，染色処理

　他の小型節足動物と同様に，詳細な部分の観察には生物顕微鏡による観察が必要となるため，プレパラートの作成を行う．一般的な作成法および封入剤，シーリング剤は，布村・島野（2007）を参照いただきたい．イボトビムシ上科のように，大顎や小顎の形態が同

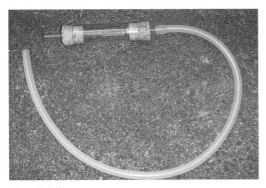

図1　吸虫管

定の決め手となる場合は，乳酸で封入し，まずイボの配列などを確認する．必要な形質を観察，スケッチの後，カバーグラスの上からトビムシの頭部を押しつぶして大顎と小顎を外に突き出させるか，あるいはカバーグラスをはずし，実体顕微鏡下で口器を解剖する．また，球形のマルトビムシ亜目は，ホールスライドに封入して外形を観察するが，オスの顔面毛や触角把握器，メスの肛門節付属器などは各部位を大腹部から切り離して観察する．解剖での切開を行うために，カミソリやガラスなどを微小に調整したもの，昆虫針を研磨したもの，あるいはタングステンニードル（布村・島野，2007）等を用いる．

ムラサキトビムシ科などの濃い色の種では，光学顕微鏡によって観察することが困難な場合がある．また着色が比較的薄い種でも，剛毛配列や微細な形態を観察する際には，しばしば色素が邪魔になる．このような場合，脱色することによって観察が容易になる．脱色には，おもに下記のような溶液が用いられる．なお，採集した標本をすぐに脱色用あるいは封入用の溶液につけると，体の一部が破裂するなどして壊れてしまうことがあるので，事前に一定時間（2週間以上が望ましい），エチルアルコールで固定しておく．また脱色溶液に長時間浸しすぎると標本が壊れてしまうので，脱色の具合を見計らって溶液から取り出す必要がある．完全に脱色してしまうよりは，眼斑に多少の色素が残っている状態の方が，小眼の個数を確認しやすい場合がある．

・水酸化カリウム（Potassium hydroxide, KOH）溶液：濃度5％以下のものを用いる．比較的短時間で透明化がすすみ，青い色素を薄い赤の色素に変えることができる．脱色させた標本はすぐにアルコールか水に戻す必要がある．

・乳酸（Lactic acid）：原液を用いる．脱色の進行はやや遅いが，その分長時間浸けておくことができ，そのまま一時的プレパラートの封入剤とすることもできる．

・Marc André I 液：蒸留水30 ml，飽水クロラール40 g，氷酢酸30 ml をよく混合したもの．標本の状態にもよるが，数十分程度で脱色される．脱色後にそのままホイヤー氏液や Marc André II 液（蒸留水50 ml，飽水クロラール200 g，グリセリン40 ml，アラビアゴム20 g）などの封入液に移しても，標本の収縮等のトラブルは生じない．

・ネズビット液：蒸留水25 ml，飽水クロラール40 g，塩酸2.5 ml をよく混合したもの．特徴は Marc André I 液とほぼ同様だが，脱色の進行は若干速い．

脱色した標本や，白色で表皮のクチクラが薄い種類の標本などは，プレパラートに封入後，時間がたつにつれほとんど透明になってしまい，観察が困難になる場合がある．そのようなものに対しては染色が有効である．プレパラート封入液にあらかじめ染色剤を添加しておくと簡便に染色できる．染色剤としてクロラゾールブラックEを用いる場合，染色溶液（クロラゾールブラックE粉末と蒸留水を重量比1:99で混合したもの）を，封入液に対し1:40～50程度の割合で混合しておくと，封入後1～数日で適度に青系統に染色される．

トビムシの飼育法

長谷川真紀子

土壌を採取すれば必ずと言っていいほどその中に含まれるトビムシ類は,種数も多く多様な環境下で生息しており,その生活史が完全にわかっているものはそれほど多くはない.

飼育する目的は,研究用,毒性試験用,土壌動物を飼育する際のエサとして,あるいはカエルのエサにするためなどさまざまである.最近では野菜の立ち枯れ症の発症を抑制する菌食性トビムシの飼育や,OECD(経済協力開発機構)テストガイドラインプログラムの活動計画に「トビムシ繁殖試験ガイドラインの作成」が含まれたことにより,トビムシの飼育方法が注目されている.

飼育用具

飼育方法は目的により異なり,菌食性トビムシの飼育には粒状培養土あるいは寒天培地が,OECDの毒性試験には人工土壌(ピート,石英砂,カオリン粘土)が用いられる.その他,一般的に利用される方法は,土のかわりに石膏を用いるものである.ここでは石膏を使う方法を紹介する.飼育と観察に必要なものは図1,2に示した.

飼育容器は,実態顕微鏡下で観察しやすいようにあまり高さがないものが良い(5-8 cm位のものがエサなどの交換の際も扱いやすい).多数の個体を一つの容器で飼育する場合は図1bのように直径10 cm×高さ7 cm位のネジ蓋式のプラスチック容器などが適当である.密閉すると中のトビムシが窒息して死んでしまうように思われるかもしれないが,空気穴をつくらなくともうまく飼育ができる.少数の個体を飼育したい場合は図1cのように直径2.5 cm×高さ5 cmのガラス製容器で,かぶせ蓋式のものあるいははめ込み式の蓋のものがよい.蓋はプラスチック製なので,長い期間使用すると劣化し割れてしまうことがあるので注意が必要である.蓋が割れると隙間から水分が蒸発し,中の湿度が下がることにより,虫が短期間で死んでしまい,せっかくの飼育が台無しになる.

土の代わりに用いる石膏($CaSO_4・1/2H_2O$)には,あらかじめその体積の10%量の活性炭を混ぜておく.オオフォルソムトビムシ(ツチトビムシ科,種No.16)のように,体色が白い場合は,活性炭の量を少し多めにすると,コントラストがはっきりとし,個体を認識しやすい.大きめの容器に,この混合粉末とその体積の約1/2-1/3の水を加えながら,どろっとするまでよくかき混ぜ,飼育用の個別の容器に流し入れる.水の量が多すぎると石膏が固まるまでの時間が長くかかり,固まってからも崩れやすくなってしまうので注意する.あまり石膏の厚みが薄いとビンを洗った時に中央部が削り取られ,使いにくくなるので,小さな容器では厚さ1-1.5 cm位,大きな容器では2-3 cm位の厚さが適当である.通常の固まるまでの時間は約30分から1時間である.石膏を流し込んだ後はビンを軽くゆすり,空気を抜いておくと表面のくぼみが少なくなる.しかし,多少のくぼみは図3,図4のようにトビムシが産卵時に利用するので問題はない.完全に石膏が固まったら細めの試験管洗い用ブラシで容器をよく洗い,石膏の表面に浮いている活性炭をよく洗い流し乾燥させる.

容器は飼育を開始する前に十分に水を含ませるが,目安は水をいれながら活性炭の色が灰色から少し濃い灰色へと変化し,全体が同一色になったときである.この時がほぼ湿度100%で,石膏の表面まで水が残っ

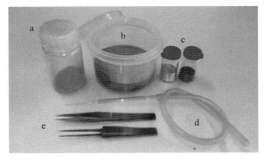

図1 飼育に必要な用具

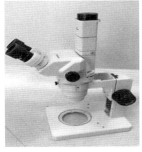

図2 実体顕微鏡

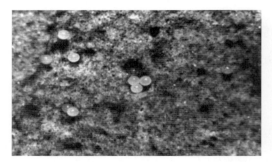

図3 トビムシの卵

図5 デカトゲトビムシの食餌

図4 トビムシの卵(卵塊)

図6 小型ツルグレン装置

てしまった場合は繊維の少ない紙で余分な水分を吸収する．

トビムシのエサ

トビムシのエサは分解しかけた落葉，菌糸，胞子などが報告されているが，簡単に手に入るものとして，パンを焼くときに使用する酵母(イースト菌，図1a)を利用する．図5は，デカトゲトビムシ(トゲトビムシ科，種No.10)が酵母を食べている様子である．図1bの飼育ビンでは酵母は棒状のもので2-3コ程度で十分である；酵母をビンに入れる時，図1eの先の細いピンセットを用いると便利である．多く入れると水分を含みカビが生え，菌糸が伸びてトビムシが足をとられて動けなくなり死亡してしまうので，エサは少なめにし，古いエサはこまめに取り換えるのが良い．現在，筆者が飼育しているオオフォルソムトビムシ(ツチトビムシ科，種No.16)は，酵母だけで30年以上継代培養ができているため，このエサは飼育には非常に有効であるといえるだろう．

飼育用トビムシの採取

飼育容器(温度条件などとエサの準備)がととのえば，野外からトビムシを採集してくる．大型のものは吸虫管を用い，野外で直接採集することができるが，小さな種の場合は野外から落ち葉や土壌を実験室に持ち帰り，図6のツルグレン装置で5日間抽出する方法が効率的である．(トビムシの採集法および固定法参照)石膏に水を含ませた飼育ビンでツルグレン装置から落下する動物を受け，大型の土壌動物と土はピンセットで取り除く．次に，この容器にスポイトでトビムシが水面に浮く程度の水を入れ，同じ口径のビンをかぶせ，180度回転し，軽くトンと叩くと，トビムシだけが新しいビンの中に落下する．強くビンどうしを叩くと虫が死亡するので注意が必要である．たくさんの種が混ざっているときは，根気よく図1dの飼育用吸虫管で吸いながら容器を分けていく．

飼育に適した温度と湿度

飼育温度は15℃-20℃が適しており，一定期間で脱皮，産卵し，成長するのが観察できる．25℃以上でも飼育はできるが，カビの繁殖が進み，死亡する割合が大きくなる．トビムシの成長は温度条件に大きく左右され，温度が高いほうが早く成長する．恒温器で飼育すると条件が安定するが，室温での飼育も可能である．

一生，土壌中で生活するトビムシの飼育は相対湿度が100％の状態で行われるが，生活の一部を樹上に移したトビムシでは，産卵期を除いて樹上で生活するため，湿度への適応が優れている．図7は湿度を変えてトビムシを飼育した時の24時間後の生存率を示した

昆虫亜門・トビムシ目　363

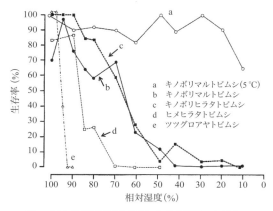

図7　異なる相対湿度条件下における各種のトビムシの24時間後の生存率

a　キノボリマルトビムシ(5℃)
b　キノボリマルトビムシ
c　キノボリヒラタトビムシ
d　ヒメヒラタトビムシ
e　ツツグロアヤトビムシ

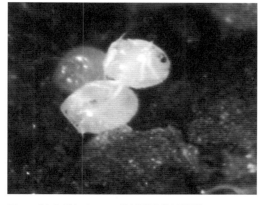

図8　デカトゲトビムシの卵(産卵後数日経過)

もので，飼育温度は図7aが5℃，図7b-eが20℃である．樹上性のキノボリマルトビムシ（マルトビムシ科，種No.37；図7b）は湿度70％でも大半が生存している（久松他，1986）．温度が低い場合はさらに乾燥に強く，湿度10％でも生存可能である（図7a）一方，地表生息性のヒメヒラタトビムシ（ムラサキトビムシ科，種No.9；図7d）とツツグロアヤトビムシ（アヤトビムシ科，種No.16；図7e）は，湿度が70％以下になると24時間以内に全滅してしまう（久松他，1986）．

飼育技術，生活史と成功のカギ

エサを与え飼育すると大量の卵を生むことがある．卵と親個体を分けるには，15 cm程度の長さの竹ひごの先端に，溶かしたパラフィンでまつ毛を1本接着した道具を使い，まつ毛を水でぬらしそっと卵塊ごとに別の飼育ビンに移す．まつ毛がカーブしているので非常に使いやすい．大型で跳躍力が大きい種は，ビンに衝撃が加わるとピョンピョンと飛び跳ね，飼育容器のガラス壁に水滴が付いていると体がくっついてしまう．そのため，観察時に水滴がついていれば紙でふき取っておく．

卵は石膏の窪みに卵塊として（図4）またはばらばらに（図3）産みつけられる．卵は日数が経つと徐々に変化し，その形態は種によって異なるが，デカトゲトビムシ（図5）の卵は図8のようにトゲが生えたような形に変化し，やがて孵化する．成虫になるまでの期間は，エサの量や飼育密度により異なるが，生活環が年一化性の種と多化性の種でも異なる．小型のものは早く成虫になる．寿命は2-3ヶ月のものが多いが，1年程度の種もいる．また，飼育温度が低めの方が一般に長生きすることがわかっている．性成熟後も何十回も脱皮し，エサが全くないときには脱皮殻を食べる時もある．

飼育目的はいろいろあると思うが，実体顕微鏡下で卵から孵化し，幼虫，成虫になるまでの過程を観察することは，自然界の不思議を目の当たりにするようでなかなか楽しい．

紹介した飼育法は一般的な方法であるが，さまざまな方法を考え，飼育していただきたい．トビムシが正常に育つかどうかは，飼育者の絶え間ない観察と適切な対応が何よりも大切である．

用語集

読み	漢字	英語（別称）	意味
あし	肢	leg	胸部に3対あり，前方から前，中，後肢と呼ぶ．5節に分かれ，基部から先端へ，亜基節，基節，転節，腿節，脛付節と呼ばれ，先端に爪間板（先付節）と爪がある．
いぼはいれつしき	イボ配列式	arrangement of segmental tubercles	イボトビムシ科の種について，前頭部，後頭部/胸部第1-3節/腹部第1-6節のイボの数を表す．6,8/4,8,8/8,8,8,8,6のように示す．
えんりゅう	縁瘤	element	フシトビムシ亜目の触角後器（PAO）を構成する小片．
おおがたもう	大型毛	macrochaeta	体表の毛のうち通常の毛よりも大きく，けば立ったり，扁平な形に変形することが多い．イボトビムシ科では長剛毛と呼ぶ．ツチトビムシ科では体から垂直に生えているので，直立毛と呼ぶこともある．
がいひ	外被	tunica	ツチトビムシ科とマルトビムシ科の一部の種に見られる主爪の背側にふくらんだ鞘．
かざりげ（ちょうかんもう）	飾り毛（長感毛）	bothriotricha (trichobothrium)	アヤトビムシ上科で特殊な位置に見られる細くてけば立った毛．マルトビムシ亜目の腹部にある飾り毛は胴感毛と呼ばれ，その有無と位置は分類上重要となり，しばしば乳頭状突起上にある．
かんかくかん	感覚桿	sensory rod	触角第3節感器の主要部．単純な棒状であることが多い．また，触角第4節にある感覚毛のうち，棍棒状など，特殊な形のものについても使われる．
かんかくもう	感覚毛	sensillae (macrosensillae)	顕微鏡下ではやや透明に見える毛．先端は尖らない．通常毛より小さい．sと表示される．特に大きくて太い感覚毛はSと表示される．
かんきゅう	感球	sensory club	シロトビムシ科の触角第3節感器の一部で，中心部に1対ある．
かんしゅうじょう	環皺状	crenulated	跳躍器茎節を横断するように環状の皺が連続すること．
かんぼう	感棒	sensory rod	シロトビムシ科の種の触角第3節感器の主要部で，中央に1対あるのが基本だが，保護毛の外側に位置することもある．
ぎがいひ（にせがいひ）	偽外被	pseudonychia	主爪の側方，基部に存在する歯のある薄膜．
ぎしょうがん	擬小眼	pseudocelli	シロトビムシ科の種の体表にある円形の器官で，防御物質を分泌する．頭部，胸部，腹部の背面片側にある擬小眼数を3, 2/0, 1, 1/2, 2, 2, 3, 3のように表す．
ぎしょうこう	偽小孔	pseudopore (psp)	アヤトビムシ科やニシキトビムシ科の種の胸部第2節から腹部第4節にかけて見られる構造物．大剛毛の毛穴と同程度かやや小さく，ややいびつな円形で，各節の後半部に対をなして配置される．位相差顕微鏡を使わないと観察しにくい．
きゅうかくもう	嗅覚毛	olfactory hair	触角第4節背面にある感覚毛の1種で，生え際にソケットがあり，やや膨らんだ形で，湾曲し，先は鈍い．イボトビムシ上科では他の感覚毛と区別して使用されている．
くぼ	窪	foveae	ムラサキトビムシ科の表皮で顆粒のない部分．
けいふせつきかん	脛付節器官	tibiotarsal organ	マルトビムシ亜目の種の後肢脛付節に見られる器官．1対の突起と太いトゲ状の保護毛で構成される．
けのはいれつ（ごうもうはいれつ，もうじょ）	毛の配列（剛毛配列，毛序）	chaetotaxy	通常毛（長毛，短毛），大剛毛，感覚毛，飾り毛などの配置を示す．分類群によって表記方法が若干異なるが，それぞれの毛に体節上の位置に応じた記号・数字がつけられ，種の識別に利用される．
こうもんせつはいきかん	肛門節背器官	male dorsal organ of abdomen 6	ボレーマルトビムシ属の雄の肛門節背面にある器官．複数のトゲや曲がった毛で構成される．
こうもんせつふぞくき	肛門節付属器	subanal appendage	多くのマルトビムシ亜目の種において，雌の肛門節腹側側面の弁にある器官．太い針状，ふさ状，ヘラ状など，属や種によって形が異なる．
しょっかく	触角	antenna	4節が基本で，基部から第1, 2, 3, 4節と呼ぶ．イボトビムシ上科とミジントビムシ科の種は第3-4節のすべてあるいは背面だけが融合することが多い．ニシキトビムシ科の大部分の種では触角第1, 2節が分節し，全体で5-6節になる．トゲトビムシ科の全種とマルトビムシ亜目の一部の種の触角第4節は細かく分節する．
しょっかくきぶしゅうへんいき	触角基部周辺域	antennal basis	触角の周辺に盛り上がっている区域．シロトビムシ科ではこの部分にある擬小眼の数や配置が種の分類に使われる．
しょっかくこうき	触角後器	post antennal organ (PAO)	フシトビムシ亜目の触角の基部と眼斑の間にみられる左右1対の構造物．ミズトビムシ上科とイボトビムシ上科の種で見られるPAOは複数の小片（縁瘤）で構成される場合が多く，アヤトビムシ上科の種では円形もしくは楕円形の小胞である場合が多い．

昆虫亜門・トビムシ目

読み	漢字	英語（別称）	意味
しょっかくこうもう	触角後毛	post antennal setae (PAS)	マルトビムシ亜目の種に見られる，触角と眼の間にある小さい特殊毛．
しょっかくだいさんせつかんき	触角第3節感器	3rd antennal sensory organ	触角第3節にある感覚器官．1対の感覚桿と1対の保護毛で構成されるのが基本．シロトビムシ科の種ではこの器官が複雑で，感棒，感球，指状突起，保護毛で構成される．
せんたんかんきゅう	先端感球	antennal apical bulb (apical sensory papilla)	触角第4節先端付近にみられる球状または丘状の感覚器官で，引っ込めることができたり，先がいくつかに分かれることがある．
だいごうもう	大剛毛	macrochaeta	アヤトビムシ科やニシキトビムシ科の種の体表にあり，長大で全面にケバがあり，多くの場合は先端が広がっている．
ちゅうじくもう	中軸毛	axial setae	中胸から腹部第4節までの背面中心線の両側にある毛．その数を20, 14/6, 6, 6, 6のように表示する．
ちょうかんもう	長感毛	bothriotricha	飾り毛を参照．
ちょうごうもう	長剛毛	macrosetae	大型毛を参照．
ちょうやくき	跳躍器	furca	腹部第4節の腹側にある，跳ぶための器官．退化したり無い場合もある．柄節，茎節，端節からなり，茎節より先で2つに分かれている．
ちょくりつもう	直立毛	macrochaeta	大型毛を参照．
つうじょうもう	通常毛	common setae (normal setae)	体表のさまざまな部位に見られる小さな体毛．針状の場合が多い．アヤトビムシ科やニシキトビムシ科の種では多くの場合ケバがあり，小剛毛と呼ばれる．
つめ	爪	claw	主爪 (unguis) と副爪 (unguiculus, empodial appendage) で構成される．主爪は常に存在し，外被，偽外被，外棘などの付属物がある種もいる．副爪は主爪より通常細く，薄膜 (lamella) や付属糸 (filament)，特徴的な歯などがあることもあるが，退化したり，無い種もいる．
てんせつきかん	転節器官	trochanteral organ	トゲトビムシ科の種の後肢の転節と腿節の内側にある，短い毛の集団．転節の短毛数/腿節の短毛数を30-36/26-30本のように表示する．アヤトビムシ科，ニシキトビムシ科では転節のみに見られる．
どうかんもう	胴感毛	bothriotricha (trichobothrium)	マルトビムシ亜目の胸腹部にみられる感覚毛．最大で5対あり，3対は胸腹部に，1対（まれに2対）は肛生殖門節にある．有無と配置が属によって異なる．
にくとげ	肉トゲ	spine-like papillae	腹部第5，6節背面に見られる突起．キチン化していない点で尾角と区別される．
ねんかん	粘管	ventral tube (collophore)	腹管の旧称．
ねんもう	粘毛	tenent setae (tenent hairs)	脛付節から主爪の背面方向に伸びている1本もしくは複数の長い毛．先端がとがったり，太くなったり，平べったくなったりする．
のうじょうとっき	嚢状突起	distal tube (terminal filament, terminal tube, collophore sac)	腹管先端の小胞．マルトビムシ亜目で使用され，短くてその表面が滑らかなことが多いが，マルトビムシ科とボレーマルトビムシ科では背中に届くほど長くなり，表面はこぶ状である．
はあくき	把握器	crasping organ	オドリコトビムシ科の種の生成熟した雄に見られる．触角第2節と第3節にあり，複数の特殊な毛で構成される．生殖時に雌の触角にからませるための器官．
はいきかん	背器官	dorsal peduncle	コンボウマルトビムシ属の種の腹部背面に見られ，後方に突き出す棍棒状の突起．
はんてんせいののう	反転性の嚢	eversible vesicles (eversible sac)	ムラサキトビムシ科の触角第3節と第4節の間にある袋状の組織．その有無が分類に用いられる．
びかく	尾角	anal spine	腹部の末端にある2本もしくはそれ以上のキチン化した突起物．尾角を包むように盛り上がった表皮を尾角台と言う．ミズトビムシ上科の種に多く見られ，ミジントビムシ目とマルトビムシ亜目の種には無い．
ふくかん	腹管	ventral tube (collophore)	トビムシ目に特有の器官で，すべての種類にある．腹部第1節の腹側にある円形状もしくは円筒状の付属器官で，先端には一対の側方弁あるいは嚢状突起がある．フシトビムシ亜目の腹管は短く，弁はあまり目立たない．
ふくりゅう	副瘤	accessory tubercle	ムラサキトビムシ科のPAOに付属する器官．PAOとの位置関係が種の同定に用いられる場合がある．
ほたい	保体	retinaculum (tenaculum)	跳躍器を腹側に保持する器官．腹部第3節の腹側にあり，基部 (corpus) と，1対の末端枝 (rami) で構成される．末端枝の形は，跳躍器の柄節末端と2叉した茎節の内側の形に適合しており，この部分で跳躍器を固定している．
もうじょ	毛序	chaetotaxy	毛の配列参照．
ゆうせいふくぶきかん	雄性腹部器官	male ventral organ (male abdominal organ)	シロトビムシ亜科の一部で，雄の腹部にある器官．腹部第2-4節の腹側または腹管の側面にあり，複数のトゲ状や枝毛状またはこん棒状の突起で構成される．
ゆびじょうとっき	指状突起	guarding papillae	シロトビムシ科の種の触角第3節感器の一部．感球と保護毛の間に数本ある突起．ホソシロトビムシ亜科の種には無い．

引用・参考文献

本文中に引用した文献以外にとりあげた分類群の記載論文も本欄に掲載した．

Absolon, K. (1900). Vorläufige Mittheilung über einige neue Collembolen aus den Höhlen des mahrischen Karstes. *Zoologischer Anzeiger*, 23 : 265-269.

Absolon, K. (1901a). Zwei neue Collembolenformen aus den Höhlen des mährischen karstes. *Zoologischer Anzeiger*, 24 : 32-33.

Absolon, K. (1901b). Über einige theils neue Collembolen aus den Höhlen Frankreichs und des südlichen Karstes. *Zoologischer Anzeiger*, 24 : 82-89.

Absolon, K. (1901c). Über *Uzelia setifera*, eine neue Collmbolen-Gattung aus Höhlen des mährischen karstes, nebst einer Überisicht der *Anurophorus*-Arten. *Zoologischer Anzeiger*, 24 : 209-216.

Agrell, I. (1939). Ein Vergleich zwischen *Isotoma bipunctata* Axelson und *pallida*-Formen von *Isotoma notabilis* Schäfer. *Kungliga Fysiografiska Sällskapets i Lund Förhandlingar*, 9 : 1-4.

Ågren, H. (1903). Diagnosen einiger neuen Achorutiden aus Schweden (Vorläufige Mitteilung). *Entomologisk Tidskrift*, 24 : 126-128.

青木淳一編著（1999）．日本産土壌動物－分類のための図解検索－．東海大学出版会，東京．

Axelson, W. M. (1900). Vorläufige Mitteilung über einige neue Collembolen-Formen aus Finnland. *Meddelanden af Societas pro Fauna & Flora Fennica*, 26 : 105-123.

Axelson, W. M. (1902). Diagnosen neuer Collembolen aus Finnland und angrenzenden Teilen des nordwestlichen Russlands. *Meddelanden af Societas pro Fauna et Flora Fennica*, 28 : 101-111.

Axelson, W. M. (1903). Weitere Diagnoren über neue Collembolen-Formen aus Finland. *Acta Societatis pro Fauna et Flora Fennica*, 25(8) : 1-13.

Axelson, W. M. (1905). Einige neue Collembolen aus Finnland. *Zoologischer Anzeiger*, 28 : 788-794.

Babenko, A. B. (1994). Genus *Hypogastrura*. In : Collembola of Russia and adjacent countries : Family Hypogastruridae. (Chernova, N. M. ed.), pp. 30-195. Nauka, Moscow, 336 pp.

Babenko, A. B., Chernova, N. M., Potapov, S. K. and Stebaeva, S. K. (1994). Collembola of Russia and adjacent countries : Family Hypogastruridae (ed. Chernova, N. M.). Nauka, Moskow, 336pp.

Bagnall, R. S. (1935). On the Classification of the Onychiuridae (Collembola), with particular reference to the Genus Tullbergia Lubbock and its Allies. *Annals and Magazine of Natural History*, Ser. 10, 15 : 236-242.

Bagnall, R. S. (1939a). Notes on British Collembola. *The Entomologists Monthly Magazine*, 75 : 56-59.

Bagnall, R. S. (1939b). Notes on British Collembola IV. *The Entomologists Monthly Magazine*, 75 : 91-102.

Bagnall, R. S. (1940). Notes on British Collembola. VII. *The Entomologists Monthly Magazine*, 76 : 163-174.

Bagnall, R. S. (1941). Notes on British Collembola. *The Entomologists Monthly Magazine*, 77 : 217-226.

Bagnall, R. S. (1948). Contributions towards a knowledge of the Onychuridae (Collembola - Onychiuridae) I-IV. *The Annals and Magazine of Natural History*, 11 : 631-642.

Bagnall, R. S. (1949a). Contributions toward a knowledge of the Isotomidae (Collembola) VII-XV. *The Annals and Magazine of Natural History*, 12 : 81-96.

Bagnall, R. S. (1949b). Contributions towards a knowledge of the Onychuridae (Collembola - Onychiuridae) V-X. *The Annals and Magazine of Natural History*, 12 : 498-511.

Baijal, H. N. (1958). Entomological Survey Of The Himalaya Part XXVIII. - Nival Collembola from the North-West Himalaya. *Proceedings of the National Academy of Sciences (India)*, 28 : 349-360.

Banks, N. (1899). The Smynthuridae of Long Island, New York. *Journal of New York Entomological Society*, 7 : 193-197.

Bellinger, P. F. (1952). A new genus and species of Isotomidae (Collembola). *Psyche, Cambridge*, 59 : 20-25.

Bellinger, P. F., Christiansen, K. and Janssens, F. (1996-2012). Checklist of the Collembola of the world. http ://www.collembola.org./ accessed on August 17, 2012.

Betsch, J. and Betsch-Pinot, M. C. (1984). Contribution à l'édude des Sminthurus (Collembola, Symphypleona). *Annales de la Société Royale Zoologique de Belgique*, 114 : 71-81.

Bonet, F. (1930a). Remarques sur les Hypogastruriens cavernicoles avec descriptions d'espèces nouvelles (Collembola). *Eos*, Madrid, 6 : 113-139.

Bonet, F. (1930b). Sur quelques Collemboles de l'Inde. Eos, 6 : 249-273.

Bonet, F. (1944). Un nuevo nombre para un genero de Oncopoduridae. *Ciencia*, 5 : 110.

Bonet, F. (1947). Monografia de la familia Neelidae (Collembola). *Revista de la Sociedad Mexicana de Historia Natural*, 8 : 131-192.

Börner, C. (1900). Verläufige Mitteilung zur Systematik der Sminthuridae Tullb., insbesondere des Genus Sminthurus Latr. *Zoologischer Anzeiger*, 23 : 609-618.

Börner, C. (1901a). Zur Kenntnis der Apterygoten-Fauna von Bremen und der Nachbardistrikte. *Abhandlungen herausgegeben vom Natuwissenschaftlichen Verein zu Bremen*, 17 : 1-140.

Börner, C. (1901b). Über ein neues Achorutidengenus Willemia, Sowie 4 weitere neue Collembolenformen derselben Familie. *Zoologischer Anzeiger*, 24 : 422-433.

Börner, C. (1901c). Neue Collembolenformen und zur Nomenclatur der Collembola Lubb. *Zoologischer Anzeiger*, 24 : 696-712.

Börner, C. (1903). Neue altweltliche Collembolen, nebst Bemerkungen zur Systematik der Isotominen und Entomobryinen. *Sitzungsberichte der Gesellschaft Naturforschender Freunde zu Berlin*, 10 : 129-182.

Börner, C. (1906). Das System der Collembolen nebst Beschreibung neuer Collembolen des Hamburger Naturhistorischen Museums. *Mitteilungen aus dem Naturhistorischen Museum in Hamburg*, 23 : 147-188.

Börner, C. (1908). Collembolen aus Südafrika nebst einer Studie über die I. Maxille der Collembolen. (In L.

Schultze, Forschungsreise), *Denkschriften medicinisch-naturwissenschaftlichen Gesellschaft, Jena*, **13** : 53-68.

Börner, C. (1909). Japans Collembolenfauna (Vorläufige Mitteilung). *Sitzungsberichten der Gesellschaft Naturforschender Freunde zu Berlin*, **2** : 99-135.

Börner, C. (1913). Die Familien der Collembolen. *Zoologischer Anzeiger*, **41** : 315-322.

*Börner, C. (1932). Apterygota, Urinsketen. In : Brohmer, P. (Ed), *Fauna von Deutschland, 4th Edition*. Quelle & Meyer, Leipzig, pp. 136-143.

Bourlet, C. (1839). Mémoire sur les Podures. *Mémoires de la Société Royale des Sciences, de l'Agriculture et des Arts, de Lille*, **1** : 377-417.

Bourlet, C. (1842). Mémoire sur les Podurides et les Sminthurides. Bulletin Entomologique (1841). *Annales de la Société Entomologique de France*, **10** : 40-41, 57-58.

Bretfeld, G. (1999). Synopses on Palaearctic Collembola : Symphypleona. *Abhandlungen und Berichte des Naturkundemuseums Görlitz*, **71** : 1-318.

Brook, G. (1882). On a new genus of Collembola (*Sinella*) allied to *Degeeria* NICOLET. *Journal of the Linnean Society of London (Zoology)*, **16** : 541-545.

Carl, J. and Lebedinsky, J. (1905). Materialien zur Höhlenfauna der Krim. II. Aufsatz. Ein neuer Typus von Höhlenapterygoten. *Zoologischer Anzeiger*, **28** : 562-565.

Caroli, E. (1912). Fauna deli Astrioni IV. Collembola. I. Su di un nuovo genere di Neelidae. *Annuario dell'Instituto e Museo de Zoologia dell'Universita di Napoli, s. n.* 3, Suppl. 1 : 1-5.

Cassagnau, P. (1954). Faune française des Colléboles (V). Colléboles recoltés en corse par Miss T. Clav. *Proceedings of the Royal Entomological Society of London B*, **23** : 239-241.

Cassagnau, P. (1955). Sur un essai de classification des *Neanuridae* holarctiques et sur quelques espéces de ce groupe. *Revue Francaise d'Entomologie*, **22** : 134-163.

Cassagnau, P. (1979). Les Collemboles Neanuridae des pays dinarp-balkaniques : leur intérèt phylogénétique et biogéographique. *Biologie Gallo-Hellenica*, **8** : 185-203.

Cassagnau, P. (1982). Sur les Neanurinae primitives suceurs et les lignées qui en dérivent. *Travaux du Labortoire d'Ecobiologie des Arthropodes Edaphiques, Toulouse*, **3** : 1-11.

Cassagnau, P. (1983). Un nouveau modèle phylogénétique chez les Colléboles Neanur- inae. *Nouvelles Revue Entomologie*, **8** : 3-27.

Chen, J. X. and Christiansen, K. (1993). The genus *Sinella* with special reference to *Sinella s.s.* (Collembola : Entomobryidae) of China. *Oriental Insects*, **27** : 1-54.

Chen, J. X. and Christiansen, K. (1997). Subgenus *Coecobrya* of the Genus *Sinella* (Collembola : Entomobryidae) with Special Reference to the species of China. *Annals of the Entomological Society of America*, **90** : 119.

Chernova, N. M. and Striganova, B. R. (ed.) (1988). Определитель Коллембол Фауны СССР.「決定版，ソ連のトビムシ相」, 216pp. Moskwa.

Chiba, S. (1968). Collembola of the Hakkoda Area I. Family Tomoceridae. *Science Reports of the Hirosaki University*, **15** : 24-35.

Christiansen, K. (1951). Notes on Alaska Collembola II. Three new species of Arctic Collembola. *Psyche, Cambridge*, **58** : 125-140.

Christiansen, K. (1957). The Collembola of Lebanon and Western Syria, Part II. Families Cyphoderidae and Oncopoduridae. *Psyche, Cambridge*, **64** : 77-89.

Christiansen, K. (1958). The nearctic members of the genus *Entomobrya* (Collembola). *Bulletin of the Museum of Comparative Zoology*, **118** : 439-545.

Christiansen, K. (1964). A revision of the Nearctic Members of the Genus *Tomocerus*. *Revue d'Ecologie et de Biologie du Sol.*, **1** : 639-678.

Christiansen, K., and Bellinger, P. (1980). The Collembola of North America north of the Rio Grande. A taxonomic analysis. Grinnell College, Grinnell, Iowa, 1322 pp.

Christiansen, K. and Bellinger, P. (1992). Insects of Hawaii. Volume 15. Collembola. University of Hawaii Press, Honolulu, 445pp.

Christiansen, K. A. and Bellinger, P. F. (1996). Cave *Pseudosinella* and *Oncopodura* new to science. *Journal of Caves and Karst Studies*, **58** : 38-53.

Christiansen, K. A. and Bellinger, P. F. (1998). The Collembola of North America north of the Rio Grande. A taxonomic analysis. 2nd edition. Grinnel College, Iowa, 1518 pp.

Christiansen, K. A., Bellinger, P. F. and da Gama, M. M. (1990). Computer assisted identification of specimens of *Pseudosinella* (Collembola Entomobryidae). *Revue d'Écologie et de Biologie du Sol*, **27** : 231-246.

Dalla Torre, K. W. (1895). Die Gattungen und Arten der Apterygogenea (Brauer). *Programm des Kaiserlich Königlich Staats-Gymnasiums in Innsbruck*, **46** : 1-23.

Deharveng, L. (1977). Étude chaetotaxique des Collemboles Isotomidae. Premiers résulatats. *Bulletin du Muséum national d'histoire naturelle, 3e série, Zoologie*, **455** : 597-619.

Deharveng, L. (1982). Cle de determination des genres de Neanurinae (Collemboles) d'europe et de la region mediterraneenne, avec description de deux nouveaux genres. *Travaux du Labortoire d'Ecobiologie des Arthropodes Edaphiques, Toulouse*, **3** : 7-13.

Deharveng, L. (1983). Morphologie evolutive des Collemboles Neanurinae en Particulier de la Lignee Neanurienne. *Travaux du Labortoire d'Ecobiologie des Arthropodes Edaphiques, Toulouse*, **4** : 1-63.

Deharveng, L. (1987). Revision Taxonomique du genre *Tetracanthella* Schött, 1891. *Travaux du Laboratoire d'Écobiologie des Arthropodes Édaphiques, Toulouse*, **5** : 1-151.

Deharveng, L. (1988). Collemboles cavernicoles VIII. Contribution à l'étude des Oncopoduridae. *Bulletin de la Société Entomologique de France*, **92** : 133-147.

Deharveng, L. (2004). Recent advances in Collembola systematics. *Pedobiologia*, **48** : 415-433.

Deharveng, L. and Weiner, W. (1984). Collemboles de Coree du Nord III. *Travaux du Labortoire d'Ecobiologie des Arthropodes Edaphiques, Toulouse*, **4** : 1-61.

Delamare-Deboutteville, C. (1948a). Contributions è l'ètude biologiques de la Camargue, Collemboles nouveaux du sol des Bois de Rieges. *Bulletin Muséum d'Histoire Naturelle Marseille*, **8** : 177-182.
Delamare-Deboutteville, C. (1948b). Recherches sur les Collemboles Termithophiles et Myrmécophiles. *Archive de Zoologie Expérimentale et Géneral*e, **85** : 261-425.
Delamare-Debouteville, C. and Massoud, Z. (1963). Collemboles Symphypréones. *Biologie de l'Amerique australe, Centre National de la Recherche Scientifique*, **2** : 169-289.
Denis, J. R. (1924). Sur les Collemboles du Museum de Paris, I. *Annales de la Société Entomologique de France*, **93** : 211-260.
Denis, J. (1925). Sur la faune française des Aptérygotes VIII. *Bulletin de la Société Entomologique de France*, **50** : 241-245.
Denis, J. R. (1929a). Notes sur les Collemboles récoltés dans ses voyages par le Prefesseur F. Silvestri I. Collemboles d'Extrême-Orient. *Bollettino del Laboratorio di Zoologia Portici*, **22** : 166-180.
Denis, J. R. (1929b). Seconde note sur les Collemboles d'Extrême-Orient. *Bollettino del Laboratorio di Zoologia Portici*, **22** : 305-320.
Denis, J. R. (1931). Contributo alla conoscenza del Microgenton di Costa Rica II. *Bollettino del Laboratorio di Zoologia Portici*, **25** : 69-170.
Denis, J. R. (1936). Yale North India Expedition : Report on Collembola. *Memoirs of the Connecticut Academy of Arts and Sciences*, **10** : 261-282.
Denis, J. R. (1948). Collemboles d'Indochine. *Notes d'Entomologie Chinoise*, **12** : 183-311.
Djanaschevili, R. A. (1971). Hypogastruridae (Collembola) devoid of eyes and postantennal organ from the Transcaucasian caves. I. *Zoologicheskii zhurnal*, **50** : 666-676.
Dunger, W. (1973). Neue und bemerkenswert Collembolenarten der Familie Neanuridae. *Abhandlungen und Berichite des Naturhistorischen Museum Görlitz*, **48** : 1-20.
Dunger, W. (1977). Taxonomische Beitrage zur Unterfamilie Onychiurinae Bagnall 1935 (Collembola). *Abhandlungen und Berichite des Naturkundemuseums Görlitz*, **50** (5) : 1-16.
Fabricius, J. C. (1775). Systema Entomologiae, sistens Insectorum Classes, Ordines, Genera, Species, adiectis Synonymis, Locis, Descriptionibus, Observationibus. Flensburgi & Lipsiae : Officina Libraria Kortii xxvii, 832 pp.
Fitch, A. (1863). Eighth report on the noxious and other insects of the State of New York : Collembola pp. 668-675 (Reprint : *Trans. New York State Agricultural Socity*, **22** : 186-193).
Fjellberg, A. (1980). Identification key to Norwegian Collembola. Norsk Entomologisk Forening, Norway, 152pp.
Fjellberg, A. (1985). Arctic Collembola I. Alaskan Collembola of the families Poduridae, Hypogastruridae, Odontellidae, Brachystomellidae and Neanuridae. *Entomologica Scandinavica supplement*, **21** : 1-126.
Fjellberg, A. (1986). Revision of the genus *Agrenia* Börner, 1906 (Collembola : Isotomidae). *Entomologica Scandinavica*, **17** : 93-106.
Fjellberg, A. (1998). The Collembola of Fennosccandia and Denmark. Part I : Poduromorpha. *Fauna Entomologica Scandinavica*, **35** : 1-184.
Fjellberg, A. (2007). The Collembola of Fennoscandia and Denmark Part II : Entomobryomopha and Symphypleona. *Fauna Entomologica Scandinavica*, **42** : 1-264.
Folsom, J. W. (1896). New Smynthuri, including myrmecophilous and aquatic species. *Psyche*, **7** : 446-450.
Folsom, J. W. (1897). Japanese Collembola. Part I. *The Bulletin of the Essex Institute*, **29** : 51-57.
Folsom, J. W. (1899). Japanese Collembola. Part II. *Proceedings of the American Academy of Arts and Sciences*, **34** : 261-274.
Folsom, J. W. (1901). Review of the collembolan genus *Neelus* and description of *N. minutus* n. sp. *Psyche*, **9** : 219-222.
Folsom, J. W. (1924). East Indian Collembola. *Bulletin of the Museum of Comparative Zoölogy at Harvard College*, **65** : 505-517.
Folsom, J. W. (1932). Hawaiian Collembola. *Proceedings of the Hawaiian Entomological Society*, **8** : 51-92.
Folsom, J. W. (1937). Nearctic Collembola or springtails of the family Isotomidae. *Smithsonian Institution U. S. National Museum Bulletin*, **168** : 1-144.
古野勝久・須摩靖彦・新島溪子（2014）．日本産シロトビムシ科（六脚亜門：内顎綱：トビムシ目）の分類．*Edaphologia*, **95** : 15-42.
Gama, M. M. da (1964). Colèmbolos de Portugal Continental. Coimbra, 252 pp.
Gama, M. M. da (1980). Evolutionary systematics of Xenylla. XI. Species from the Australian region (Insecta : Collembola). *Records of The South Australian Museum*, **18** : 123-129.
Gama, M. M. da (1981). Evolutionary systematics of *Xenylla*. XII. Redescription of *X. occidentalis* Womersley and a comparison of the chaetotaxy of *X. arenosa* Uchida and Tamura and *X. littoralis* Womersley (Insecta : Collembola). *Records of The South Australian Museum*, **18** : 223-226.
Gisin, H. (1947). Notes taxonomiques sur quelques espèces suisses des genres *Hypogastrura* et *Xenylla* (Collembola). *Mitteilungen der Schweizerischen Entomologischen Gesellschaft*, **20** : 341-344.
Gisin, H. (1960). Collembolenfauna Europas. Museum D'Histoire Naturelle, Genéve, 312pp.
Hammer, M. (1953a). Investigations on the microfauna of northern Canada part II : Collembola. *Acta Arctica*, **6** : 5-108.
Hammer, M. (1953b). Collemboles and Oribatids from the Thule District (North West Greenland) and Ellesmere Island (Canada) collected by J. C. Troelsen and Chr. Vibe. *Meddelelser om Grønland*, **136** : 1-16.
Handschin, E. (1920). Die Onychiurinen der Schwiz. *Verhandlungen der Natur-forschenden Gesellschaft in Basel*, **32** : 1-37.
Handschin, E. (1924). Die Collembolenfauna des Schweizerischen Nationalparkes. *Neue Denkschriften der allgemeinen Schweizerischen Gesellschaft für die gesammten Naturwissenschaften*, **60** : 89-174.
Handschin, E. (1925). Beiträge zur Collembolenfauna der Sunda-Inseln. *Trèubia*, **6** : 225-270.
長谷川真紀子・田中真悟（2013）．日本産イボトビムシ科

（六脚亜門：内顎綱：トビムシ目）の分類　2．サメハダトビムシ亜科，ヒシガタトビムシ亜科，シリトゲトビムシ亜科およびヤマトビムシ亜科．*Edaphologia*, **92**：37-73.

長谷川元洋・新島溪子（2012）．日本産ツチトビムシ科（昆虫綱：トビムシ目）の分類　2．ツチトビムシ亜科．*Edaphologia*, **90**：31-59.

Hasegawa, M., Sugiura, S., Ito, M. T., Yamaki, A., Hamaguchi, K., Kishimoto, T. and Okochi, I. (2009). Community structures of soil animals and survival of land snails on an island of the Ogasawara Archipelago. *Pesquisa Agropecuária Brasileira*, **44**：896-903.

久松真紀子・伊藤良作・高橋剛男（1986）．トビムシ種 *Entomobrya aino* (Matsumura et Ishida)の生活環について．昭和大学教養部紀要，**17**：63-70.

Hisamatsu, M. and Tamura, H. (1998). A new species of the genus *Pseudachorutes* (Collembola, Pseudachorutidae) from the Shiragami Mountains in northern Japan. *Edaphologia*, **60**：45-48.

Hopkin, S. P. (1997). Biology of the springtails Insecta：Collembola. Oxford University Press, 330pp.

Hopkin, S. P. (2007). A key to the Collembola (Springtails) of Britain and Ireland. FSC Publications, 245pp.

Hüther, W. (1969). Über einige bemerkenswerte Ur-Insekten aus der Pfalz und benachbarter Gebiete (Protura, Diplura, Collembola). Mitteilungen der Pollichia III. *Reihe*, **16**：135-148.

一澤　圭（2012）．日本産アヤトビムシ科および近縁群（六脚亜門：内顎綱：トビムシ目）の分類―ニシキトビムシ科・オウギトビムシ科・アリノストビムシ科・キヌトビムシ科を含む―．*Edaphologia*, **91**：31-97.

Imms, A. D. (1912). On some Collembola from India, Burma, and Ceylon; with a catalogue of the oriental species of the order. *Proceedings of the Zoological Society of London*, **82**：80-125.

Itoh, R. (1985a). A new species of the genus *Sminthurus* (Collembola, Sminthuridae) from the Japanese red pines at Fujiyoshida Central Japan. 昭和大学教養部紀要，**16**：83-87.

Itoh, R. (1985b). A new species of the genus *Hypogastrura* (Collembola, Hypogastruridae) from Mt. Fuji. *Edaphologia*, **34**：11-14.

Itoh, R. (1994). A new species of the genus *Lipothrix* (Collembola, Sminthuridae) from Japan. *Edaphologia*, **51**：13-17.

Itoh, R. (2000). A new species of the genus *Sminthrinus* (Collembola) from Japan. *Contributions from the Biological Laboratory, Kyoto University*, **29**：89-93.

伊藤良作・長谷川真紀子・一澤　圭・古野勝久・須摩靖彦・田中真悟・長谷川元洋・新島溪子（2012）．日本産ミジントビムシ亜目およびマルトビムシ亜目（六脚亜門：内顎綱：トビムシ目）の分類．*Edaphologia*, **91**：99-156.

伊藤良作・須摩靖彦・田中真悟（1999）．昆虫綱・トビムシ目，「日本産土壌動物　分類のための図解検索」（青木淳一編著），pp.724-787．東海大学出版会，東京，1076pp.

伊藤良作・田中真悟・須摩靖彦（2008）．トビムシ目（粘管目）Collembola，「原色昆虫大図鑑第3巻」（平嶋義宏・森本　桂監修），pp. 1-12+pl. 2-3．北隆館，東京，654pp.

Jiang, J., Yin, W., Chen, J., Bernard, E. C. (2011). Redescription of *Hypogastrura gracilis*, synonymy of *Ceratophysella quinidentis* with *C. duplicispinosa*, and additional information on *C. adexilis* (Collembola：Hypogastruridae). *Zootaxa*, **2822**：41-51.

Jordana, R. (2012). Synopses on Palaearctic Collembola. Capbryinae & Entomobryini. *Soil Organisms*, **84**：1-390.

Jordana, R., Arbea, J. I., Simón, C. and Luciáñez, M. J. (1997). Collembola, Poduromorpha. *In*：Fauna Ibérica, Vol. 8. (eds. Ramos, M. A. *et al*.), Museo Nacional de Ciencias Naturales, CSIC, Madrid, 807pp.

Jordana, R. and Baquero, E. (2005). A proposal of characters for taxonomic identification of *Entomobrya* species (Collembola, Entomobryomorpha), with description of a new species. *Abhandlungen und Berichte des Naturkundemuseums Görlitz*, **76**：117-134.

Jordana, R. and Baquero, E. (2006). A disjunct distribution for a new species of *Orchesellides* (Collembola, Entomobryidae, Orchesellinae). *Entomological News*, **117**：83-90.

Jordana, R. and Baquero, E. (2010). New species of *Homidia* from Japan (Collembola, Entomobryidae). *Soil Organisms*, **82**：367-381.

金子信博・鶴崎展巨・布村昇・長谷川元洋・渡辺弘之（編）（2007）．土壌動物学への招待，東海大学出版会，東京，261 pp.

木下周太（1916a）．本邦産跳虫科に就いて（予報）．動物学雑誌，**337**：451-460.

木下周太（1916b）．日本産跳虫類の三新種に就いて．動物学雑誌，**338**：494-498.

木下周太（1917a）．本邦産跳蟲類の二新種．動物学雑誌，**340**：40-46.

木下周太（1917b）．本邦産跳蟲類の二新種．動物学雑誌，**341**：73-76.

木下周太（1919）．本邦産跳蟲科の一新属．動物学雑誌，**363**：15-20.

木下周太（1923）．ヤギシロトビムシとシロトビムシモドキに就いて．昆虫世界，**27**：75-79.

Kinoshita, S. (1929). →松本・斎藤，1929に収録．

Kinoshita, S.（木下周太）（1932）．粘管目，「日本昆蟲圖鑑」（内田清之助著者代表），pp. 2115-2126．北隆館，東京．

Koch, C. L. (1840). Thysanura. *Herrich-Schäffer's Fauna Ratisbonensis*, **3**：353-359.

Krausbauer, T. (1898). Neue Collembola aus der Umgebung von Weilburg a. d. Lahn. *Zoologischer Anzeiger*, **21**; 495-499, 501-504.

Krausbauer, T. (1905). Baiträge zur Kenntnis der Collembola in der Umgegend von Weilburg a. Lahn. *Verunddreissigster Bericht der Oberhessischen Gesellschaft für Natur- und Heilkunde*, **34**：29-104.

Kseneman, M. (1934). Sur les espèces du genre *Pseudanurophorus* Stach, 1922 et la description d'une espèce nouvelle du meme genre de l'Europe centrale. *Acta Societatis Scientiarum Naturaluim Moravicae, Brno, Čeckoslovensko*, **9**：1-12.

Laboulbene, A. (1865). Description et anatomie d'un insecte maritime (*Anurida maritima*) qui forme un genre nouveau dans l'ordre des Thysanoures et la famille des Podurides.

Comptes Rendus des Séances et Mémoires de la Société de Biologie, Paris, **4** : 1, 189-206.
Latreille, P. A. (1804). Histoire naturalle, générale et particulière des Crustacés et des Insectes. 3. Paris : 69-83.
Lawrence, P. N. (1962). A review of Bagnall's *Hypogastrura* types (Collembola). *Entomologist's Gazette*, **13** : 132-151.
Lee, B.-H. (1973). Étude de la faune Coréenne des Collemboles I. Liste des Collemboles de Corée & description detrois espèces nouvelles. *Revue d'Écologie et de Biologie du Sol*, **10** : 435-449.
Lee, B.-H. (1980). Two Neanurid species of Collembola (Insecta) from Korea with polytene chromosomes in salivary glands. *Korean Journal of Zoology*, **23** : 251-262.
Lee, B.-H. (1983). A new subfamily Caputanurinae with two new species of Neanurid Cllembola from Korea and the evolutionary consideration. *The Korean Journal of Entomology*. Vol. 13, No. 1 : 27-36.
Lee, B. H. and Lee, W. K. (1981). A taxonomic study of soil microarthropods with reference to *Homidia* (Collembola) and Oribatei (Acari). *Annual Report of Biological Research*, **2** : 129-147.
Lee, B. H. and Park, K. H. (1992). Collembola from North Korea, II. Entomobryidae and Tomoceridae. *Folia Entomologica Hungarica Rovartani Közlemények*, **53** : 93-111.
Lie-Pettersen, O. J. (1896). Norges Collembola. Fortegnelse over de i Norge hidtil observerede arter. *Bergens Museums Aarbog*, **8** : 1-24.
Linnaeus, C. (1758). Systema Naturae. Ed. 10. pp.608-609, Holomiae.
Linnaniemi, W. M. (1907). Die Apterygotenfauna Finnlands I. Allgemeiner Teil. *Acta Societatis Scientiarum Fennicae*, **34** : 1-134+16 pls..
Linnaniemi, W. M. (1912). Die Apterygotenfauna Finnlands II. Spezieller Teil. *Acta Societatis Scientiarum Fennicae, Helsingfors*, **40** : 1-361.
Lubbock, J. (1862). Notes on the Thysanura. Part I. *Transactions of the Linnean Society London*, **23** : 429-448 + 2pl.
Lubbock, J. (1869). Notes on the Thysanura. Part IV. *Transactions of The Linnean Society of London*, **27** : 277-297.
Lubbock, J. (1876). On a new genus and species of Collembola from Kerguelen Island. *Annals and Magazine of Natural History*, **18** : 324.
MacGillivray, A. D. (1893). North American Thysanura. *Canadian Entomologist*, **25** : 127-128, 173-174, 218-220, 313-318.
MacGillivray, A. D. (1894). North American Thysanura, V. *Canadian Entomologist*, **26** : 105-110.
MacGillivray, A. D. (1896). The American Species of *Isotoma*. *Canadian Entomologists*, **28** : 47-58.
Mari Mutt, J. A. (1985a). Contribución al conocimiento de tres especies de Orchesellinae descritas por F. Bonet y redescripción de *Orchesellides sinensis* (Denis). (Collembola). *Eos*, **61** : 189-198.
Mari Mutt, J. A. (1985b). Three new species of *Heteromurus* (*Alloscopus*) and descriptive notes for species of the subgenus (Collembola : Entomobryidae). *Florida Entomologist*, **68** : 335-346.
Martynova, E. F. (1969). New species of the family Isotomidae (Collembola) from the Asian part of the USSR. *Zoologicheskii Zhurnal*, **48** : 1342-1348.
Martynova, E. F. (1977). Springtail of the Family Tomoceridae (Collembola) from the fauna the USSR. *Revue d'Entomologie de l'URSS*, **48** : 299-314.
Massoud, Z. (1967). Monographie des Neanuridae, Collemboles Poduromorphes a pièces buccalies modifiées. Biologie de l'Amérique Australe, Volume III, Paris, p.7-399.
Massoud, Z. (1971). Contribution à la connaissance morphologique et systématique des Collemboles Neelidae. *Revue d'Écologie et de Biologie du Sol*, **8** : 195-198.
Massoud, Z. and Betsch, J.-M. (1972). Étude sur les insectes Collemboles II. Les caractères sexuels secondaires des antennes des Symphypléones. *Revue d'Écologie et de Biologie du Sol*, **9** : 55-97.
Matsumoto, R. (1929). →松本・斎藤（1929）に収録.
松本鹿蔵・斎藤太一（1929）．麦の発芽を害する擬跳虫に関する研究．岡山県立農業試験場臨時報告，35 : 1-44+6 図.
松村松年（1931）．日本昆虫大図鑑．刀江書院，東京，1497pp.
Matsumura, M. and Ishida (1931). →松村（1931）に収録.
Maynard, E. A. (1951). A monograph of the Collembola or springtail insects of New York State. Ithaca, USA, 339 pp.
Mills, H. B. (1934). A monograph of the Collembola of Iowa. Monograph No. 3, Division of Industrial Science, Iowa State College, 143pp.
Mills, H. B. (1937). A North American *Oncopodura* (Collembola). *Canadian Entomologist*, **69** : 67-69.
Moniez, R. (1891). Notes sur les Thysanoures IV. *Revue Biologique du Nord de la France*, **3** : 64-67.
Nakamori, T. (2013). A new species of *Ceratophysella* (Collembola : Hypogastruridae) from Japan, with notes on its DNA barcode and a key to Japanese species in the genus. *Zootaxa*, **3641**, 371-378.
Nakamori, T., Fujiwara, N., Matsumoto, N., and Okada, H. (2009). Collembolan fauna in arable land, including the first record of *Mesaphorura silvicola* (Folsom) from Japan. *Edaphologia*, **84** : 5-9.
中森泰三・一澤　圭・田村浩志（2014）．日本産ミズトビムシ科およびムラサキトビムシ科（六脚亜門：内顎綱：トビムシ目）の分類．*Edaphologia*, **95** : 43-82.
Nakamori, T., Suzuki, A., Itoh, R., Hasegawa, M. (2009). First record of *Microgastrura* Stach (Collembola : Hypogastruridae) from Japan, with notes on its DNA barcodes. *Edaphologia*, **85** : 13-17.
Nicolet, H. (1841). Notes sur la *Desoria saltans*, insecte de la famille des Podurelles. *Bibliothèque Universelle de Genève*, **32** : 384-387.
Nicolet, H. (1842). Recherches pour server a l'histoire des Podurelles. *Neue Denkschriften Allgemeinen Schweizerischen Gesellschaft für die Gesammten Naturwissenschaften*, **6** : 1-88.
新島渓子・長谷川元洋（2011）．日本産ツチトビムシ科（昆虫綱・トビムシ目）の分類　1．ナガツチトビムシ亜科およびヒメツチトビムシ亜科，*Edaphologia*, **89** : 29-69.

布村昇・島野智之（2007）．5 章　分類学研究法，「土壌動物学への招待」（金子信博・鶴崎展巨・布村昇・長谷川元洋・渡辺弘之　編），pp. 43-58，東海大学出版会，東京，261 pp.

Packard, A. S. (1873). Synopsis of the Thysanura of Essex County, Mass., with descriptions of a few extralimital forms. *Annual Report of the Peabody Academic of Science*, **5** : 23-51.

Paclt, J. (1944). Nomina nova in Collembola. *Entomologické Listy*, **7** : 92.

Potapov, M. B. (1994). Genus *Willemia*. In : Collembola of Russia and adjacent countries : Family Hypogastruridae. (Chernova, N. M. ed.), pp. 232-250. Nauka, Moscow, 336pp.

Potapov, M. (1997). *Anurophorus* species of East Asia and North America. *Acta Zoologica Cracoviencia*, **40** : 1-35.

Potapov, M. (2001). Synopses on Palaearctic Collembola : Isotomidae. *Abhandlungen und Berichte des Naturkundemuseums Görlitz*, **73** : 1-603.

Potapov, M. and Babenko, A. B. (2000). Species of the genus *Folsomia* (Collembola : Isotomidae) of northern Asia. *European Journal of Entomology*, **97** : 51-74.

Potapov, M. and Cassagnau (2000). Two new species of *Folsomia* (collembola, Isotomidae) from Nepal. *Contributions from the Biological Laboratory Kyoto University*, **29** : 75-81.

Potapov, M. and Dunger, W. (2000). A redescription of *Folsomia diplophthalma* (Axelson, 1902) and two new species of the genus *Folsomia* from continental Asia (Insecta ; Collembola). *Abhandlungen und Berichte des Naturkundemuseumus, Görlitz*, **72** : 59-72.

Potapov, M. and Kremenitsa, A. (2008). Comments on the chaetotaxy of the genus *Orchesella* (Collembola, Entomobryomorpha) with a redefinition of the '*spectabilis*' group and description of a new species of *Orchesella* from tne Caucasus. *Soil Organisms*, **80** : 99-115.

Potapov, M. and Marusik, Yu. M. (2000). New and little known *Folsomia* Willem, 1902 (Collembola : Isotomidae) from South Kuriles. *Russian Entomological Journal*, **9**, **2** : 99-102.

Potapov, M. and Stebaeva, S. K. (1993). *Sibiracanthella* and *Sahacanthella* new genera of Anurophorinae (Collembola, Isotomidae) with anal spines from continental Asia. *Miscellania Zoologica*, **17** : 129-139.

Reuter, O. M. (1876). Catalogus praecurisorius Poduridarum Fenniae. *Meddelanden af Societas pro Fauna et Flora Fennica*, **1** : 78-86.

Reuter, O. M. (1881). För Finland nya Collembola. *Meddelanden af Societas pro Fauna et Flora Fennica*, **6** : 203-205.

Reuter, O. M. (1891). Podurider från nordvestra Sibirien, samlade af J. R. Sahlberg. *Öfversigt af Finska Vetenskaps-Societetens Förhandlingar*, **33** : 226-229.

Reuter, O. M. (1895). Finlands Collembola och Thysanura. *Acta Societatis pro Fauna & Flora Fennica*, **11** : 1-35.

Richards, W. R. (1968). Generic classification, evolution, and biogeography of the Sminthridae of the world (Collembola). *Memoirs of the Entomological Society of Canada*, **53** : 1-54.

Rondani, C. (1861). *Entomobrya* pro *Degeeria* Nic. In : *Dipterologiae Italicae Prodromus*. Parmae : Alexandr Stocche Vol. 4., p. 40.

Rusek, J. (1967). Beitrag zur kenntnis der Collembola (Apterygota) Chinas. *Acta Entomologica Bohemoslovaca*, **64** : 184-194.

Rusek, J. (1971a). Zweiter Beitrag zur Kenntnis der Collembola (Apterygota) Chinas. *Acta Entomologica Bohemoslovaca*, **68** : 108-137.

Rusek, J. (1971b). Zur Taxonomie der *Tullbergia* (*Mesaphorura*) *krausbaueri* (Börner) und ihrer verwandten (Collembola). *Acta Entomologica Bohemoslovaca*, **68** : 188-206.

Rusek, J. (1976). New Onychiuridae (Collembola) from Vancouver Island. *Canadian Journal of Zoology*, **54** : 19-41.

Salmon, J. T. (1964). An Index to the Collembola, Volume 1. *Royal Society of New Zealand, Bulletin No. 7, Wellington* : 1-144.

Salmon, J. T. (1974). Notes and drawings from type material of Collembola. *Zoology Publications from Victoria University of Wellington*, **66** : 1-41.

Schäffer, C. (1896). Die Collembolen der Umgebung von Hamburg und benachbarter Gebiete. *Mitteilungen aus dem Naturhistorischen Museum Hamburg*, **13** : 149-216.

Schäffer, C. (1897). Apterygoten. In : Ergebnisse der Hamburger Magalhaensischen Sammelreise 1892/3. *Naturhistorisches Museum zu Hamburg Vol. 2 Pt 2*, pp. 1-48.

Schäffer, C. (1898). Die Collembola des Bismarck-Archipels nach der Ausbeute von Prof. Dr. F. Dahl. *Archiv für Naturgeschichte*, **64** : 393-425.

Schäffer, C. (1900). Über württembergische Collembola. *Jahreshefte des Vereins für Vaterluändische Naturkunde in Württemberg*, **56** : 245-280.

Schött, H. (1891a). Beiträge zur Kenntniss kalifornischer Collembola. *Bihang Till Kongliga Svenska Vetenskaps-Akademiens Handlinger*, 17 (8) : 1-25 + 4pls.

Schött, H. (1891b). Nya nordiska Collembola. *Entmologisk Tidskrift*, **12** : 191-192.

Schött, H. (1893a). Zwei neue Collembola aus dem Indischen Archipel. *Entomologisk Tidskrift*, **14** : 171-176.

Schött, H. (1893b). Beitrge zur Kenntnis der Insektenfauna von Kamerun, I : Collembola. *Bihang Till Kongliga Svenska Vetenskaps-Akademiens Handlinger*, 19 (2) : 1-28.

Schött, H. (1901). Apterygota von Neu Guinea und des Sunda-Inseln. *Termeozetrajzi Füzetek*, **24** : 317-331.

Schött, H. (1925). Collembola from Mount Murud and Mount Dulit in Northerr Sarawak. *Sarawak Museum Journal*, **3** : 107-127.

Scott, D. B., jr. and Yosii, R. (1972). Notes on some Collembola of the Pacific Coast of North America. *Contributions from the Biological Laboratory, Kyoto University*, **23** : 101-114.

Shoebotham, J. W. (1911). Some records of Collembola new to England, with descriptions of a new species of *Oncopodura*. *Annals and Magazine of Natural History*, **8** : 32-39.

Shoebotham, J. W. (1917). Notes on Collembola, Pt IV. The classification of the Collembola, with a list of the genera known to occur in the British Isles. *Annals and Magazine of Natural History*, **19** : 425-436.

Skarżyński, D. (2007). *Mitchellania snideri*, a new species from South Carolina, USA (Collembola, Hypogastruridae). *Deutsche Entomologische Zeitschrift*, **54** : 261-265.

Soto-Adames, F. N., Barra, J.-A., Christiansen, K. and Jordana, R. (2008). Suprageneric classification of Collembola Entomobryomorpha. *Annals Entomological Society of America*, **101** : 501-513.

Stach, J. (1922a). Apterygoten aus dem nordwestlichen Ungarn. *Annales Historico-Naturales Musei Nationalis Hungarici*, **19** : 1-75.

*Stach, J. (1922b). Collembola. Magyar Tudományos Akadémia Balkán-kutatásainak Tudományos Eredményei, 1 : 109-139.

Stach, J. (1930). Apterygoten aus dem nördlichen und östlichen Spanien gesammelt von Dr. F. Haas in den Jahren 1914-1919. *Senckenbergischen Naturforschenden Gesellschaft*, **42** : 1-83.

*Stach, J. (1939). Die Hohlenfauna des Glatzer Schneeberges. II Die Collembolenfauna der Salzlochêr bei Seitendorf. *Beitrage zur Biologie des Glatzer Schneeberg*, **5** : 395-415.

Stach, J. (1947). The apterygotan fauna of Poland in relation to the world-fauna of this group of insects. Family Isotomidae. Acta Monographica Musei Historiae Naturalis, Kraków, 488 pp. +53 pls.

Stach, J. (1949a). The Apterygotan fauna of Poland in relation to the world-fauna of this group of insects (Families Neogastruridae and Brachystomellidae). Acta monographica Musei Historiae Naturalis Kraków, 341pp. +35pls.

Stach, J. (1949b). The apterygotan fauna of Poland in relation to the world-fauna of this group of insects (Families Anuridae and Pseudachorutidae). Acta monographica Musei Historiae Naturalis, Kraków, 122 pp. +15pls.

Stach, J. (1954). The apterygotan fauna of Poland in relation to the world-fauna of this group of insects. Family : Onychiuridae. Polska Akademia Nauk Instytut Zoologiczny, Kraków, 219pp. + 27pls.

Stach, J. (1955). A new genus *Andiella* n. g. from the Andes, and revision of the genera of the tribe *Bourletiellini* Börner (Collembola). *Annales Zoologici* (*Warszawa*), **16** : 51-60.

Stach, J. (1956). The apterygotan fauna of Poland in relation to the world-fauna of this group of Insects. Family : Sminthuridae. Polska Akademia Nauk Instytut Zoologiczny, Kraków, 287pp. + 33pls.

Stach, J. (1957). The apterygotan fauna of Poland in relation to the world-fauna of this group of insects. Families : Neelidae and Dicyrtomidae. Polska Akademia Nauk Instytut Zoologiczny, Kraków, 113pp. + 9pls.

Stebaeva, S. K. and Potapov, M. B. (1994). Genus *Xenylla*. In : Collembola of Russia and adjacent countries : Family Hypogastruridae. (Chernova, N. M. ed.), pp. 250-305. Nauka, Moscow, 336pp.

Suma, Y. (1981). A new humicolous species of *Plutomurus* (Collembola, Tomoceridae) from Hokkaido, North Japan. *Kontyû*, **49** : 502-505.

須摩靖彦（1982）．霧多布湿原及びその周辺のトビムシ相．In：「霧多布湿原及びその周辺の科学調査報告書」（釧路市立郷土博物館道東海岸線総合調査団編），pp. 21-24.

須摩靖彦（1984）．V．道東海岸線のトビムシ相，「道東海岸線総合調査報告書」（釧路市立博物館編），pp. 127-148．釧路市立博物館，釧路，352 pp..

須摩靖彦（1986）．北海道産トビムシ類（粘管目）の分類とその科・属の検索表（2）．*Sylvicola*, **4** : 37-47.

須摩靖彦（1988）．南鳥島（マーカス島）のトビムシ相．*Jezoensis*, **15** : 111-120.

須摩靖彦（1993a）．阿寒国立公園の樹上性トビムシについて— 1991～1992年の調査—．*Sylvicola*, **11** : 17-26.

須摩靖彦（1993b）．釧路湿原の樹上性トビムシについて— 1990年の調査—．*Jezoensis*, **20** : 173-178.

須摩靖彦（1994）．第4節 阿寒の昆虫相 第1項 トビムシ目，「阿寒湖国立公園の自然1993」．pp. 1004-1026．前田一歩園財団．

須摩靖彦（1995）．第7章 粘管目．*Sylvicola*，別冊 II．釧路湿原の昆虫：77-90.

須摩靖彦（2001）．厚岸町別寒辺牛湿原とその丘陵地のトビムシ類．*Sylvicola*, **19** : 1-16.

須摩靖彦（2003）．厚岸町別寒辺牛湿原の4植生のトビムシ相．*Sylvicola*, **21** : 23-44.

須摩靖彦（2004a）．沖縄県のトビムシについて (2)．*Jezoensis*, **30** : 137-142.

須摩靖彦（2004b）．東京都内の洞窟から採集されたトビムシ3種について．*Jezoensis*, **30** : 143-147.

須摩靖彦（2008）．斜里岳道立自然公園のトビムシ類．*Jezoensis*, **34** : 79-86.

須摩靖彦（2009）．日本産トゲトビムシ科の分類．*Edaphologia*, **84** : 25-56.

須摩靖彦（2010）．厚岸町・湾の流入河川流域の土壌動物の研究 VI．樹木樹幹部に設置した「布巻きトラップ」より採集した樹上性トビムシの消長．*Sylvicola*, **28** : 51-62.

須摩靖彦（2011）．釧路市春採湖畔から未記録のニシキトビムシを採集．第34回日本土壌動物学会大会講演要旨集：14.

須摩靖彦（2013）．春採湖畔から日本未記録種オビニシキトビムシを採集．*Sylvicola*, **30** : 187-194.

須摩靖彦・阿部 東（1994）．青森県八甲田山のトビムシ類について— 1989年調査—．*Jezoensis*, **21** : 63-69.

須摩靖彦・阿部 東（2000）．青森県十三湖とコケヤチのミズゴケ湿原のトビムシ類．*Sylvicola*, **18** : 45-50.

須摩靖彦・伊藤政和（1997）．ブータン王国のトビムシ4種について．*Jezoensis*, **24** : 120-127.

須摩靖彦・亀梨 栄・東 沙織（1997）．校舎屋上におけるトビムシ群集の季節変化．北海道生物教育会誌，19 : 103-114.

須摩靖彦・唐沢重考（2005）．沖縄県のトビムシ類について (3)．特に，オオタニワタリ周辺のトビムシ類．*Jezoensis*, **31** : 89-104.

須摩靖彦・野田坂佳伸（1991）．トビムシの表面微細構造について—走査電子顕微鏡（SEM）を使って—．*Jezoensis*, **18** : 67-86.

須摩靖彦・野田坂佳伸（2000）．SEMによるミジントビムシの体表面微細構造について．*Sylvicola*, **18** : 33-44.

須摩靖彦・渡部友子（2005）．厚岸湖・湾の流入河川流域の土壌動物の研究 I．特に，アオサギ類繁殖地のトビムシ類の種構成について．*Sylvicola*, **23** : 23-42.

須摩靖彦・山内 智（1997）．大間町弁天島のトビムシ類

青森自然誌研究, 2 : 37-40.
須摩靖彦・山内 智 (1999). ヒサゴトビムシ (*Lohpgnathella choreutes* Börner) の幼虫の形態について. Sylvicola, **17** : 49-56.
須摩靖彦・山内智 (2005). 小川原湖周辺のトビムシ類について. 青森県立郷土館調査研究年報, **29** : 21-26.
Suma, Y. and Yoshii, R. (1998). A new species of corticous Collembola from the eastern Hokkaido. *Sylvicola*, **16** : 1-6.
Szeptycki, A. (1972). Morpho-systematic studies on Collembola III. Body chaetotaxy in the first instars of several genera of the Entomobryomorpha. *Acta Zoologica Cracoviensia*, **17** : 341-372.
Szeptycki, A. (1973). North Korean Collembola. I. The genus *Homidia* Börner 1906 (Entomobryidae). *Acta Zoologica Cracoviensia*, **18** : 23-40.
Szeptycki, A. (1977). North Korean Collembola. II. The genus *Oncopodura* Carl et Lebedinsky, 1905 (Oncopoduridae). *Acta Zoologica Cracoviensia*, **22** : 45-54.
Szeptycki, A. (1979). Chaetotaxy of the Entomobryidae and its phylogenetical significance, Morpho-systematic studies on Collembola IV. Państwowe Wydawnictwo Naukowe, Warszawa, 218pp.
武田博清 (1982). トビムシの摂食様式, 食性についての研究 - 咀嚼摂食群トビムシを中心に -. *Edaphologia*, **25 & 26** : 69-80.
Tamura, H. (1984). A new species of the genus *Heterosminthurus* (Collembola, Sminthuridae) from a reed swamp at Itako, Central Japan. *Itako Hydrobiological Station, Ibaraki University*, **1** : 11-15.
Tamura, H. (1997). Two new species of the genus Hypogastrura from Mt. Tsukuba, Central Japan (Collembola : Hypogastruridae). *Edaphologia*, **59** : 11-16.
Tamura, H. (1998). A new species of the microfauna from Mt. Tsukuba, central Japan. *Natural History Bulletin of Ibaraki University*, **2** : 277-279.
Tamura, H. (1999). A new species of the genus *Superodontella* from Mt. Tsukuba, central Japan (Colemboja : Odontellidae). *Edaphologia*, **63** : 1-4.
Tamura, H. (2001a). Collembola of the central region of the Ou Mountains, northeast Japan I. Two new species of the genus *Pseudachorutes* from Mt. Yakeishi (Collembola : Hypogastruridae). *Natural History Bulletin of Ibaraki University*, **5** : 23-26.
Tamura, H. (2001b). Collembola of the central region of the Ou Mountains, northeast Japan. II. A new species of the subgenus Ceratophysella from Mt. Yakeishi (Hypogastruridae : Hypogastrura). *Edaphologia*, **68** : 11-14.
Tamura, H. (2002). Collembola of the central region of the Ou Mountains. Northeast Japan III. A new species of the genus *Dagamaea* (Collembola, Isotomidae) from Mt. Yakeishi. *Special Bulletin of the Japanese Society of Coleopterology*, **5** : 57-60.
Tamura and Yue (1999). Two new species of the genus *Axenyllodes* from Japan and China. *Edaphologia*, **62** : 47-53.
Tanaka, S. (1978). Collembola from Akiyoshi-dai Plateau. I -Description of a new species of the genus *Morulina* (Neanuridae). *Bulletin of the Akiyoshi-dai Museum of Natural History*. **13** : 63-66.
Tanaka, S. (1982). Two new species of the genus *Tetracanthura* Martynova (Collembola : Isotomidae) from Japan. *Edaphologia*, **25・26** : 21-32.
Tanaka, S. (1984). Studies on *Morulina* from Japan I. *Revue d' Ecologie et de Biologie du Sol*, **21** : 127-143.
田中真悟 (1986). 氷河とともにやってきたトビムシ, 「日本の昆虫地理学」 (木元新作編), pp. 136-144. 東海大学出版会, 東京, 202 pp.
田中真悟 (2010). 日本産イボトビムシ科の分類. *Edaphologia*, **86** : 27-79.
Tanaka, S. and Hasegawa, M. (2010). Three new species and one new record of the family Neanuridae (Collembola) from Japan. *Edaphologia*, **87** : 9-20.
Tanaka, S. and Ichisawa, K. (2002). A new species of genus *Morulodes* (Collembola : Neanuridae) from Hokkaido, Northern Japan. *Edaphologia*, **70** : 17-20.
Tanaka, S. and Ichisawa, K. (2007). Collenboles of subgenus *Metanura* (family Neanuridae; genus *Neanura*) from Ryukyu Islands, Japan. *Edaphologia*, **82** : 1-7.
Tanaka, S. and Niijima, K. (2007). A new species of the genus *Ballistura* (Isotomidae : Collembola) from lake shore of Yasaka Dam, Hiroshima, Japan. *Edaphologia*, **81** : 9-11.
Tanaka, S. and Niijima, K. (2009). The genus *Isotomiella* (Isotomidae : Collembola) in Japan, with description of three new species. *Edaphologia*, **85** : 27-38.
Tamaka, S., Suma, Y. and Hasegawa, M. (2014). A new species of the genus *Caputanurina* (Collembola : Neanuridae) from Japan. *Edaphologia*, **94** : 15-19.
*Tarsia in Curia, I. (1941). Due specie nuove ed una poco nota di Collemboli cavernicoli d'Italia. *Annuario del Museo Zoologico della R. Università di Napoli, N. S.*, **7** : 1-7.
Templeton, R., in : Templeton, R. and Westwood, J. O. (1836). Thysanurae Hibernicae, or Descriptions of such Species of Spring-tailed Insects (*Podura* and *Lepisma*, Linn.) as have been observed in Ireland. Descriptions of the Irish Species of Thysanura. *The Transactions of the Entomological Society of London*, **1** : 92-98.
Thibaud, J.-M., Schulz, H.-J. and Gama, M. M. da. (2004). Synopses on Palaearctic Collembola : Hypogastruridae. *Abhandlungen und Berichte des Naturkundemuseums Görlitz*, **75** : 1-287.
トビムシ研究会編 (2000). 日本産トビムシ和名目録. *Edaphologia*, **66** : 75-88.
Tullberg, T. (1869). Om skandinaviska Podurider af Underfamiljen Lipurinae. *Akademisk Afhandling Upsala* : 1-20.
Tullberg, T. (1871). Förteckning öfver svenska Podurider. *Öfversigt af Kongliga Vetenskaps Akademiens Förhandlingar, Stockholm*, **28** : 143-155.
Tullberg, T. (1876). Collembola borealia - Nordiska Collembola. *Öfversigh af Kougliga Vetenskaps-Akademiens Förhandlingar Stockholm*, **33**, 5 : 23-42.
内田 一 (1937). 本邦より未記録のミズマルトビムシ. 動物学雑誌, 49：286-289 ＋図 1.
Uchida, H. (1938). Description of two new species of Japanese Collembola. *Zoological Magazine Tokyo*, **50** : 132-134.

Uchida, H. (1940). A new species of Collembola : *Pseudachorutes yasumatsui* sp. nov. *Mushi*, **13** : 9-10, Tab. 1.
Uchida, H. (1943). On some Collembola-Arthropleona from Nippon. *Bulletin of the National Science Museum*, **8** : 1-18+5pls.
Uchida, H. (1951). On two species of the genys *Anurida*. *Kontyû*, **19** : 32-34.
Uchida, H. (1952). A new genus of Sminthuridae from Japan. *Mushi*, **24** : 1-4.
Uchida, H. (1953). On three new species and a new form of Japanese Smynthuridae (Ins. Collem.), with special reference to the dental setae. *Annotations Zoologicae Japonenses*, **26** : 1-13.
Uchida, H. (1954a). Apterygota of the Hachijo-Jima and its adjacent islands. *The Science Reports of the Hirosaki University*, **1** : 1-17.
Uchida, H. (1954b). Some Collembola newly recorded from Japan. *Insecta Matsumurana*, **18** : 61-65.
内田　一（1957）．本邦未記録の属 *Papirioides*（粘管目，円跳虫科）の一新種．動物学雑誌, 66 : 457-460.
Uchida, H. (1957). On some Sminthurid Collembolans from Hokkaido. *Insecta Matsumurana*, **21** : 22-30.
Uchida, H. (1958). A new species of Sminthuridae (Collembola). *Kontyû*, **26** : 76-77.
Uchida, H. (1962). *Pseudanurida billitonensis* Schött (Collembola : Hypogastruridae) 喜界島沿岸にも分布する. *Kontyû*, **30** : 138-139.
Uchida, H. (1965). Collembola of the Ryukyus. *Kontyû*, **33** : 85-96.
Uchida, H. (1969). Studies on the Arboreal Collembola I. Results of faunal survey of Mt. Hakkoda Area, IBP main area. *The Science Reports of the Hirosaki University*, **16** : 12-29.
Uchida, H. (1971). Tentative key to the Japanese genera of Collembola, in relation to the world genera of this order I. *The Science Reports of the Hirosaki University*, **18** : 64-76.
Uchida, H. (1972a). Tentative key to the Japanese genera of Collembola, in relation to the world genera of this order II. *The Science Reports of the Hirosaki University*, **19** : 19-42.
Uchida, H. (1972b). Tentative key to the Japanese genera of Collembola, in relation to the world genera of this order (III). *The Sciencs Reports of the Hirosaki University*, **19** : 79-114.
内田　一・木下周太（1950）．粘管目（跳虫類），「日本昆蟲圖鑑　改訂版」（石井　悌・内田清之助・江崎悌三・川村多實二・木下周太・桑山　覺・素木得一・湯淺啓溫編），pp.7-21. 北隆館，東京，1738pp.
内田　一・小島圭三（1966）．薬剤空中散布によってえられたとび虫類について．*Kontyû*, **34** : 317-326.
Uchida, H. and Suma, Y. (1973). Descriptions and records of Collembola from Hokkaido IV. *Kontyû*, **41** : 183-188.
Uchida, H. and Tamura, H. (1966). On three marine Collembola in Hokkaido. *Journal of the Faculty of Sciesce, Hokkaido University, Series VI, Zoology*, **16** : 23-30.
Uchida, H. and Tamura, H. (1967a). Descriptions and records of Collembola from Hokkaido I. *Kontyû*, **35** : 1-13.
Uchida, H. and Tamura, H. (1967b). Eine neue litrale Collembolen-Art von Hokkaido. *Journal of the Faculty of Science, Hokkaido Unoversity, Series VI, Zoology*, **16** : 234-237.
Uchida, H. and Tamura, H. (1968a). Descriptions and records of Collembola from Hokkaido II. *Kontyû*, **36** : 1-13.
Uchida, H. and Tamura, H. (1968b). Descriptions and records of Collembola from Hokkaido III. *Kontyû*, **36** : 341-351.
Usher, MB. and Balogum, R. A. (1966). A defence mechanism in *Onychiurus* (Collembola, Onychiuridae). *Entomologist, London*, **102** : 237-238.
Verhoeff, H. A., Witteveen, J., Van der Woude, H. A. and Joose, E. N. G. (1983). Morphology and function of the ventral groove of Collembola. *Pedobiologia*, **25** : 3-9.
Wang, F., Chen, J. X. and Christiansen, K. (2004). A survey of the genus *Pseudosinella* (Collembola : Entomobryidae) from East Asia. *Annals of the Entomological Society of America*, **97** : 364-385.
Wankel, H. (1860). Beiträge zur Fauna der Mährischen Höhlen. *Lotos : Zeitschrift Für Naturwissenschaften*, **10** : 201-206.
Weiner, W. M. (1986). Onychiurinae Bag. of North Korea : *Formosanochiurus* G. N. problems concerning the status of the genus *Onychiurus* Gerv., pp. 93-97, *In* : Second International Seminar on Apterygota, Siena. (ed. Dallei, R.), University of Siena, Italy.
Weiner, W. M. (1996). Generic revision of Onychiurinae (Collembola : Onychiuridae) with a cladistics analysis. *Annales de la Société Entomologique de France, N. S.*, **32** : 163-200.
Willem, V. (1900). Un type nouveau de Sminthuride, *Megalothorax*. *Annales de la Société Entomologique de Belgique*, **44** : 7-10.
Willem, V. (1901). Les collemboles recueillis par l'expédition antarctique belge. *Annales de la Société Entomologique de Belgique*, **45** : 260-262.
Willem, V. (1902). Note préliminaire sur les Collemboles des grottes de Han et de Rochefort. *Annales de la Société Entomologique de Belgique*, **46** : 275-283.
Womersley, H. (1933). A preliminary account of the Collembola - Arthropleona of Australia. I. Superfamily Poduroidea. *Transactions of the Royal Society of South Australia*, **57** : 48-71.
Xion, Y., Gao, Y., Yin, W.-Y. and Luan, Y.-X. (2008). Molecular phylogeny of Collembola inferred from ribosomal RNA genes. *Molecular Phylogenetics and Evolution*, **49** : 728-735.
Yoshii, R. (1980). Cyphoderid Collembola of Sabah. *Contributions from the Biological Laboratory, Kyoto University*, **26** : 1-16.
Yoshii, R. (1981). Paronellid Collembola of Sabah. *Entomological Report from the Sabah Forest Research Centre*, **5** : 1-47.
Yoshii, R, (1982). Studies on the Collembolan genus *Callyntrura* and *Dicranocentroides*. *Entomological Report from the Sabah Forest Research Centre*, **6** : 1-38.
Yoshii, R. (1983). Studies on Paronellid Collembola of East Asia. *Entomological Report from the Sabah Forest Research Centre*, **7** : 1-28.
Yoshii, R. (1987). Notes on some Cyphoderid Collembola of the tropical Asia. *Contributions from the Biological Laboratory, Kyoto University*, **27** : 121-136.
Yoshii, R. and Suhardjono, Y. R. (1989). Notes on the

collembolan fauna of Indonesia and its vicinities I. Miscellaneous notes, with special references to Seirini and Lepidocyrtini. *Acta Zoologica Asiae Orientalis*, **1** : 23-90.

Yoshii, R. (1990). Miscellaneous notes on the Collembola of Caves. I. *Sinella spinidentata* Yosii, 1942 and *Sinella coeca* (Schoett, 1897). *Annual of the Speleological Research Institute of Japan* (*Iwaizumi*), **8** : 1-6.

Yoshii, R. (1991a). A new species of Tomocerid Collembola from the cave of Pref. Iwate. *Annual of the Speleological Research Institute of Japan*, **9** : 1-2.

Yoshii, R. (1991b). About the proserpinae group of Hypogastrura (Collembola) in the caves of Pref. Iwate. *Annual of the Speleological Research Institute of Japan* (*Iwaizumi*), **9** : 3-10.

Yoshii, R. (1992). Identity of some Japanese Collembola. *Acta Zoologica Asiae Orientalis*, **2** : 97-110.

Yoshii, R. (1994). On *Lobella sauteri* (Börner) and its variability. *Annual of the Speleological Institute of Japan* (*Iwaizumi*), **12** : 1-22.

Yoshii, R. (1995a). Identity of some Japanese Collembola II. "*Deuteraphorura*" group of *Onychiurus*. *Annual of Speleological Research Institute of Japan* (*Iwaizumi*), **13** : 1-12.

Yoshii, R. (1995b). Identity of some Japanese Collembola III. *Acta Zoologica Asiae Orientalis*, **3** : 51-68.

Yoshii, R. (1996). Identity of some Japanese Collembola IV "Deuteraphorura" group of Onychiurus -continued. *Annual of Speleological Research Institute of Japan* (*Iwaizumi*), **14** : 1-15.

Yoshii, R. and Sawada, K. (1997). Additional report of halophilous Collembola of Japan. *Publications of the Seto Marine Biological Laboratory*, 38(1/2) : 13-20.

Yoshii, R. and Suhardjono, Y. R. (1989). Notes on the Collembolan Fauna of Indonesia and its vicinities. I. Miscellaneous Notes, with special references to Seirini and Lepidocyrtini. *Acta Zoologica Asiae Orientalis*, **1** : 23-90.

Yosii, R. (1938). Studies on Japanese Collembola I. Occurrence of the Genus *Agrenia* from Japan. Zoolological Magazine (Tokyo), 50 : 488-491.

Yosii, R. (1939a). Two new species of Tomocerid Collembola from Limestone Caves of Japan. *Annotationes Zoologicae Japonenses*, **18** : 177-181.

Yosii, R. (1939b). Isotomid Collembola of Japan. *Tenthredo/Acta Entomologica*, **2** : 348-392.

Yosii, R. (1940a). On some Collembola from Formosa. *Annotationes Zoologicae Japonenses*, **19** : 114-118.

Yosii, R. (1940b). On some Collembola from Hokkaido. *Annotationes Zoologicae Japonenses*, **19** : 185-190.

Yosii, R. (1942). Japanische Entomobryinen (Ins., Collemb.). *Archiv für Naturgeschichte N. F.*, **10** : 475-495.

Yosii, R. (1953). Einige japanische Collembolen, die von der Quellen und Brunnen erbeutet waren. *Annotationes Zoologicae Japonenses*, **26** : 67-72.

Yosii, R. (1954a). Höhlencollembolen Japans I. *Kontyû*, **20** : 62-70.

Yosii, R. (1954b). Springschwänze des Ozé-Naturschutzgebietes. *In* : Scientific Researches of the Ozegahara Moor, pp.777-830. Japan Society for the Promotion of Science, Tokyo.

Yosii, R. (1954c). Die Kulturpflanzenschädigenden Collembolen Japans. *Oyo-Kontyu*, **10** : 137-141.

Yosii, R. (1955). Meeresinsekten der Tokara Inseln VI. Collembolen nebst Beschreibungen terrestrischer Formen. *Publications of the Seto Marine Biology Laboratory*, **4** : 379-401.

Yosii, R. (1956a). Höhlencollembolen Japans II. *Japanese Journal of Zoology*, **11** : 609-627.

Yosii, R. (1956b). Monographie zur Höhlencollembolen Japans. *Contributions from the Biological Laboratory, Kyoto University*, **3** : 1-109+22, 50 pls.

Yosii, R. (1958). On some remarkable Collembola from Japan. *Acta Zoology Cracoviensia*, **2** : 681-705.

吉井良三（1958）．洞穴性跳虫の分布について．日本生物地理学会報，20 (4) : 13-17.

Yosii, R. (1959a). Collembolan fauna of the Cape Province, with special reference to the genus *Seira* Lubbock. *In* : Biological Results of the Japanese Antarctic Research Expedition 6. Seto Marine Biological Laboratory, Sirahama, Wakayama, 24 pp.

Yosii, R. (1959b). Studies on the Collembolan fauna of Malay and Singapore. With special reference to the genera : *Lobella, Lepidocyrtus* and *Callyntrura*. *Contributions from the Biological Laboratory, Kyoto University*, **10** : 1-65.

Yosii, R. (1959c). Studies on Japanese Collembola VI. Two new *Folsomia* from Japan. *Kontyû*, **27** : 116-118.

Yosii, R. (1960). Studies on the collembolan genus Hypogastrura. *American Midland Naturalist*, **64** : 257-281.

Yosii, R. (1961a). Phylogenetische Bedeutung der Chaetotaxie bei den Collembolen. *Contributions from the Biological Laboratory Kyoto University*, **12** : 1-37.

Yosii, R. (1961b). Studies on Japanese Collembola VII. Cryphilous species of the Niigata prefecture. *Bulletin of the Nagaoka Municipal Science Museum*, **2** : 14-19.

Yosii, R. (1962). Studies on the collembolan genus Hypogastrura II. *Contributions from the Biological Laboratory Kyoto University*, **13** : 1-25.

Yosii, R. (1963). On some Collembola of Hindukush, with notes on *Isotoma* Bourlet and its allies. *Results of the Kyoto University Scientific Expedition to the Karakoram and Hindukush*, **1955**, 4 : 3-42.

Yosii, R. (1964). Some Collembola from Okinawa caves, with notes on *Sinella-Coecobrya* complex of Japan. *Bulletin of the Akiyoshi-dai Science Museum*, **3** : 25-34.

Yosii, R. (1965). On some Collembola of Japan and adjacent countries. *Contributions from the Biological Laboratory, Kyoto University*, **19** : 1-71.

Yosii, R. (1966a). On some Collembola of Afghanistan, India and Ceylon, collected by the Kuphe-Expedition, 1960. *In* : Results of the Kyoto University Scientific Expedition to the Karakoram and Hindukush, 1955, vol. 8 (The Committee of the Kyoto University Scientific Expedition to the Karakoram and Hindukush ed.), pp.333-405. Kyoto University, Kyoto.

Yosii, R. (1966b). Collembola of Himalaya. *Journal of the College of Arts and Sciences, Chiba University, Natural Sciences Series*, **4** : 461-531.

Yosii, R. (1966c). Results of the Speleological Survey of South Korea 1966, IV Cave Collembola. *Bulletin of the National Science Museum Tokyo*, **9** : 541-561.

Yosii, R. (1967a). Some cave Collembola of Japan. *Bulletin of the Akiyoshi-dai Science Museum*, **4** : 61-66.

Yosii, R. (1967b). Studies on the collembolan Family Tomoceridae, with special reference to Japanese forms. *Contributions from the Biological Laboratory Kyoto University*, **20** ; 1-54.

Yosii, R. (1969). Collembola-Arthropleona of the IBP-Station in the Shiga Heights, Central Japan, I. *Bulletin of the National Science Museum*, **12** : 531-556.

Yosii, R. (1970). On some Collembola of Japan and adjacent countries II. *Contributions from the Biological Laboratory, Kyoto University*, **23** : 1 -32.

吉井良三（1970）．洞穴から生物学へ．日本放送出版協会，東京，223pp.

Yosii, R. (1971a). Cave Collembola of New Guinea collected by the Explorer's Club of the Nanzan University. *Contributions from the Biological Laboratory, Kyoto University*, **23** : 77-80.

Yosii, R. (1971b). Collembola of Khumbu Himal. *Khumbu Himal*, **4** : 80-130.

Yosii, R. (1971c). Halophilous Collembola of Japan. *Publications of the Seto Marine Biological Laboratory*, **18** : 279-290.

Yosii, R. (1972). Collembola from the alpine region of Mt. Poroshiri in the Hidaka Mountains, Hokkaido. *Memoirs of the National Science Museum*, **5** : 75-99.

Yosii, R. (1976). On some Neanurid Collembola of Southeast Asia. *Nature and Life in Southeast Asia*, **7** : 258-299.

Yosii, R. (1977). Critical check list of the Japanese species of Collembola. *Contributions from the Biological Laboratory, Kyoto University*, **25** : 141-170.

Yosii, R. and Ashraf, M. (1964). On some Collembola of west Pakistan -III. *Pakistan Journal of Scientific Research*, **16** : 52-58.

Yosii, R. and Ashraf, M. (1965). On some Collembola of west Pakistan -II. *Pakistan Journal of Scientific Research*, **17** : 24-30.

Yosii, R. and Lee, C. E. (1963). On some Collembola of Korea, with notes on the genus Ptenothrix. *Contributions from the Biological Laboratory, Kyoto University*, **15** : 1-37.

吉澤和徳（2008）．5．六脚亜門，「バイオディバーシティー・シリーズ 6 節足動物の多様性と系統」（石川良輔編），pp. 297-394．裳華房，東京，495pp.

Zeppelini, D. (2004). The genus *Arrhopalites* (Collembola, Arrhopalitidae) in Asia, with the description of two new Japanese species of Yosiis collection. *Zootaxa*, **430** : 1-26.

Zhang, F., Chen, J. X. and Deharveng, L. (2011). New insight into the systematics of the *Willowsia* complex (Collembola : Entomobryidae). *Annales de la Société Entomologique de France*, **47** : 1-20.

Zhao, L. and Tamura, H. (1992). Two new species of isotomid Collembola from Mt. Wuyan-ling, East China. *Edaphologia*, **48** : 17-21.

Zindars, B. and Dunger, W. (1994). Synopses on Palaearctic Collembola Part I. Tullbergiinae Bagnall, 1935. *Abhandlungen und Berichte des Naturkundemuseums Görlitz*, 68(4) : 1-71.

＊：直接参照できなかった．

昆虫亜門・トビムシ目 **377**

写真 I　マルトビムシ亜目　Symphypleona

a．ウエノコンボウマルトビムシ *Papirioides uenoi*（左：皆越ようせい）と卵塊（右：伊藤良作）．

b．オドリコトビムシ属の一種 *Sminthurides* sp.　雄（左）が雌（右）の触角をつかみ，精包を受け渡す儀式（皆越ようせい）．

c．イヌセンボンタケを食べるセグロマルトビムシ *Ptenothrix corynophora*（皆越ようせい）．

d．立ちあがるコシジマルトビムシ *Dicyrtomina leptothrix*（皆越ようせい）．

e．色鮮やかなニシキマルトビムシ属の一種 *Ptenothrix* sp.（皆越ようせい）．

— 1469 —

378　昆虫亜門・トビムシ目

写真Ⅱ　アヤトビムシ科　Entomobryidae

a．毛むくじゃらのアヤトビムシ科の一種（皆越ようせい）．

b．次の瞬間！　アヤトビムシ科の一種とアリ（皆越ようせい）．

c．クモに捕えられたアヤトビムシ科の一種（皆越ようせい）．

写真 III　アヤトビムシ科，ニシキトビムシ科 Orchesellidae

a. 青く輝くヒトスジアヤトビムシ Entomobrya unostrigata の生存時（左：大林隆司）と標本（右：一澤　圭）.

b. アヤトビムシ科の一種 Entomobryidae sp.（一澤　圭）.

c. ヤマトウロコトビムシ Willowsia japonica のウロコ（一澤　圭）.

d. ヒメカギヅメハゴロモトビムシ Pseudosinella tridentifera（一澤　圭）.

e. カギヅメハゴロモトビムシ属の一種 Pseudosinella sp. の腸管内容物（長谷川元洋）.

f. トゲウロコニシキトビムシ Heteromurus tenuicornis（一澤　圭）.

g. オビニシキトビムシ Orchesella cincta（一澤　圭）.

写真 IV　オウギトビムシ科 Paronellidae，アリノストビムシ科 Cyphoderidae，トゲトビムシ科 Tomoceridae

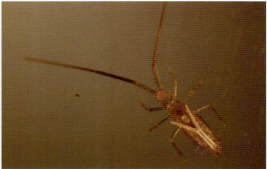

a. 触角も肢も跳躍器も長いオウギトビムシ科の一種（一澤　圭）．

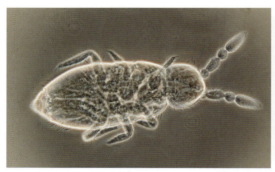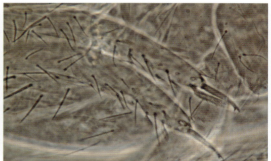

b. ジャワアリノストビムシ *Cyphoderus javanus* の腹面（左）と跳躍器（右）（一澤　圭）．

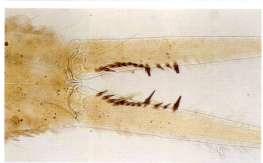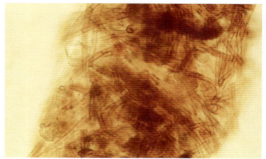

c. デカトゲトビムシ *Tomocerus cuspidatus* の側面（上）と跳躍器茎節のトゲ（下）（古野勝久）．

d. ヒメトゲトビムシ *Tomocerus varius* の背側面（上）と腸管内容物（下）（長谷川元洋）．

昆虫亜門・トビムシ目　381

写真 V　トゲトビムシ科 Tomoceridae

a. トゲトビムシ科の一種, (皆越ようせい).

爪先に注意.

b. キノシタトゲトビムシ *Tomocerus kinoshitai*（古野勝久）.

c. トゲトビムシ *Tomocerus (Tomocerus) ocreatus*（古野勝久）.

— 1473 —

写真 VI　ツチトビムシ科 Isotomidae

a. ミドリトビムシ *Isotoma viridis*（皆越ようせい）．

b. ナガツチトビムシ *Anurophorus* cf. *laricis*（古野勝久）．

c. コガタドウナガツチトビムシ *Folsomides parvulus*（長谷川元洋）．

d. ベソッカキトビムシ *Folsomia octoculata*（長谷川元洋）．

e. ババユキノミ *Pteronychella babai*（一澤　圭）．

f. 水面に集まるカザリゲツチトビムシ属の一種 *Isotomurus* sp.（新島溪子）

写真VII　イボトビムシ科 Neanuridae

a. オオアオイボトビムシ *Morulina alata*（皆越ようせい）.

b. アカイボトビムシ属の一種 *Lobella* sp.（皆越ようせい）.

c. オオヤマトビムシ属の一種 *Ceratorimeria* sp.（皆越ようせい）.

d. ヒシガタトビムシ属の一種 *Superodontella* sp.（古野勝久）.

e. ヤマトシリトゲトビムシ *Friesea japonica*（古野勝久）.

昆虫亜門・トビムシ目

写真 VIII　シロトビムシ科 Onychiuridae

a. 冬も活動するエビガラトビムシ *Homaloproctus sauteri*（左：一澤　圭）と脱色標本（右：古野勝久）．

b. ヒサゴトビムシ *Lophognathella choreutes*（古野勝久）．

c. シロトビムシ亜科の一種 Onychiurinae sp.（皆越ようせい）．

d. サハリンシロトビムシ *Probolaphorura* cf. *sachalinensis*（中森泰三）．

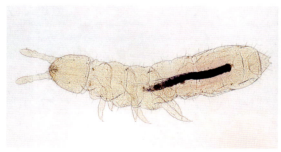

e. ポロシリシロトビムシ *Protaphorura nutak*（古野勝久）．

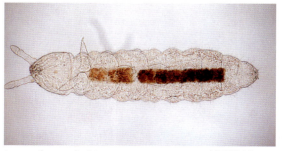

f. ニッポンシロトビムシ *Paronychiurus japonicus*（古野勝久）．

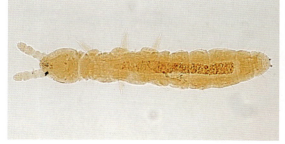

g. ヨシイホソシロトビムシ *Mesaphorura yosiii*（古野勝久）．

写真 IX　ムラサキトビムシ科 Hypogastruridae

a. ヒダヒメトビムシ *Schaefferia quinqueoculata*（中森泰三）.

b. コオニムラサキトビムシ *Ceratophysella wrayia*（中森泰三）.

c. ヒラタトビムシ属の一種 *Xenylla* sp., 白いのは脱皮殻（左），黒い点は糞粒（右）（一澤　圭）.

d. ヒメコロトビムシ *Microgastrura minutissima*（中森泰三）.

e. 落葉上に群れるホソムラサキトビムシ *Hypogastrura gracilis*（永野昌博）.

f. ムラサキトビムシ属の一種 *Hypogastrura* sp.（古野勝久）.

g. ウスズミトビムシ *Ceratophysella denticulata* の脱色標本（中森泰三）.

写真 X　ムラサキトビムシ属の一種 *Hypogastrura* sp. の SEM 写真（須摩・野田坂, 1991）

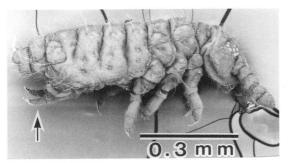

a. 側面．矢印は跳躍器．

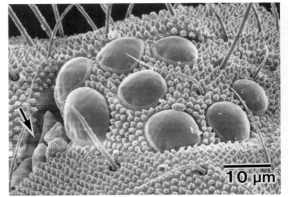

b. 眼と触角後器（PAO, 矢印）．

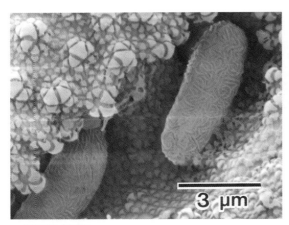

c. 触角第3節感器．

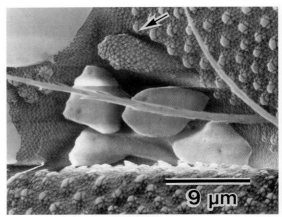

d. 小眼（左上），PAO（中央）と副瘤（矢印）．

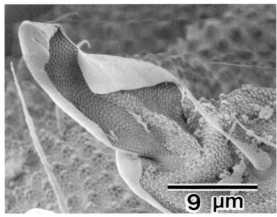

e. 跳躍器端節と茎節末端．

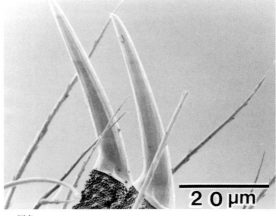

f. 尾角．

写真 XI　シロトビムシ亜科 Onychiurinae の SEM 写真(須摩・野田坂, 1991).

a. ヤツメシロトビムシ *Protaphorura octopunctata*.
a1. 側面，矢印は腹管.

a2. 触角第3節感器．大矢印は感球，小矢印は感棒.

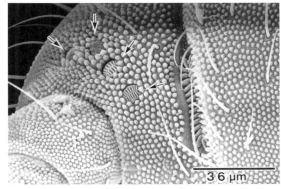

a3. 触角基部の擬小眼(矢印)と触角後器(PAO).

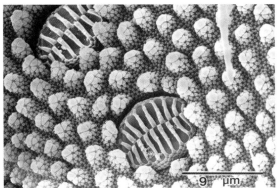

a4. 擬小眼.

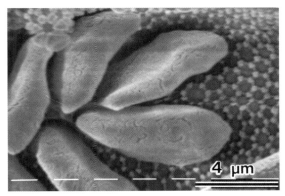

a5. PAO 縁瘤の拡大.

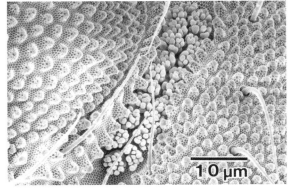

b. ニッポンシロトビムシ *Paronychiurus japonicus* の PAO(左)と縁粒の拡大(右).

写真 XII　オオアオイボトビムシ *Morulina alata* の SEM 写真(須摩・野田坂，1991).

a．背面．

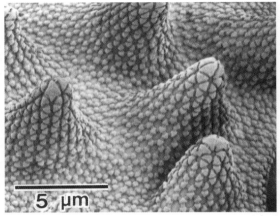

b．イボの表面拡大．

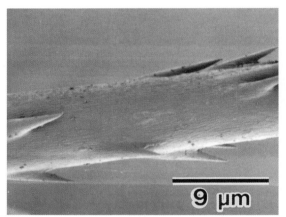

c．剛毛．

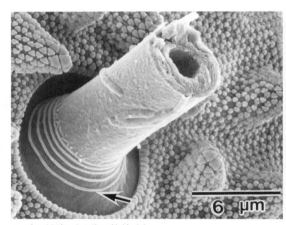

d．毛の断面と生え際の輪(矢印)．

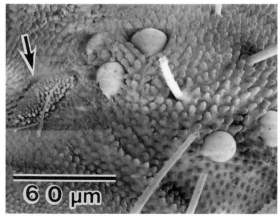

e．眼と触角後器(PAO，矢印)．

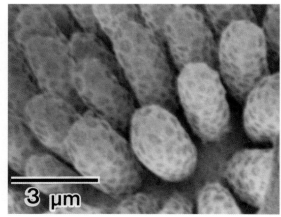

f．PAO の拡大．

写真 XIII　ツチトビムシ属の一種 Isotoma sp. の SEM 写真（須摩・野田坂，1991）．

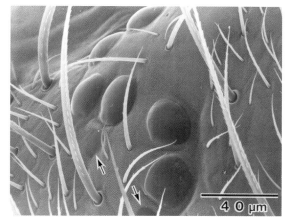

a．小眼，大6個，小2個（矢印）．

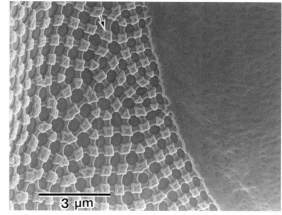

b．小眼付近の拡大，左は表皮，右はレンズ面．

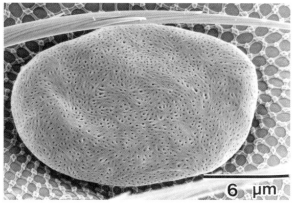

c．触角後器（PAO）．

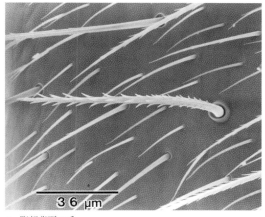

d．腹部背面の毛．

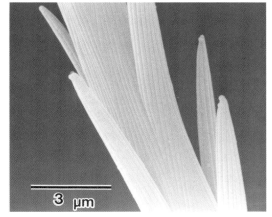

e．直立毛の拡大．

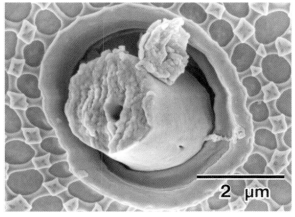

f．毛の断面．

写真 XIV　トゲトビムシ科 Tomoceridae とミジントビムシ科 Neelidae の SEM 写真（須摩・野田坂，1991，2000）．

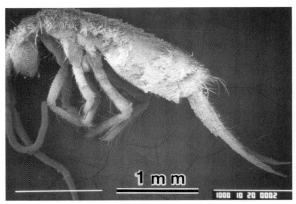

a．エゾトゲトビムシ *Tomocerus jesonicus*．a1．側面．

a2．小眼周辺のウロコと毛（矢印）．

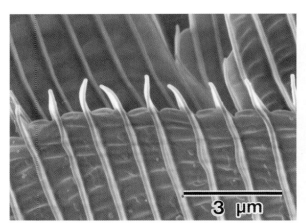

a3．ウロコの先端．

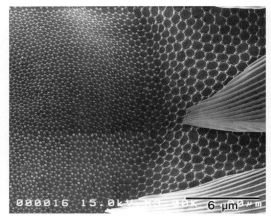

a4．小眼のレンズ面（左）と体表面（右）．

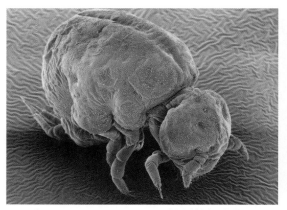

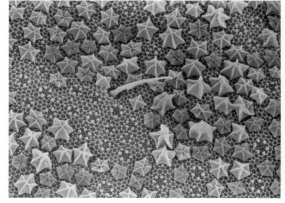

b．ミジントビムシ *Neelides minutus* の背側面（左）と体表のコンペイトウ状微細顆粒（右）．

節足動物門
ARTHROPODA

昆虫亜門（六脚亜門）HEXAPODA
内顎綱 Entognatha
カマアシムシ目（原尾目）Protura

中村修美　O. Nakamura

昆虫亜門（六脚亜門）Hexapoda・カマアシムシ目（原尾目）Protura

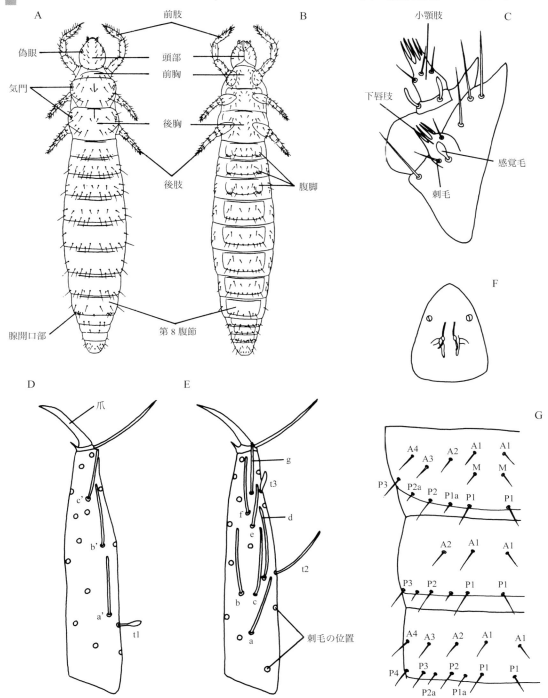

カマアシムシ目 Protura 形態用語図解
A：背面，B：腹面，C：口器，D：クシカマアシムシ科前肢付節内面，E：クシカマアシムシ科前肢付節外面，F：小顎腺の位置，G：後胸・第1・2腹節背面（A・B：Imadaté, 1965 から）

2 昆虫亜門・カマアシムシ目

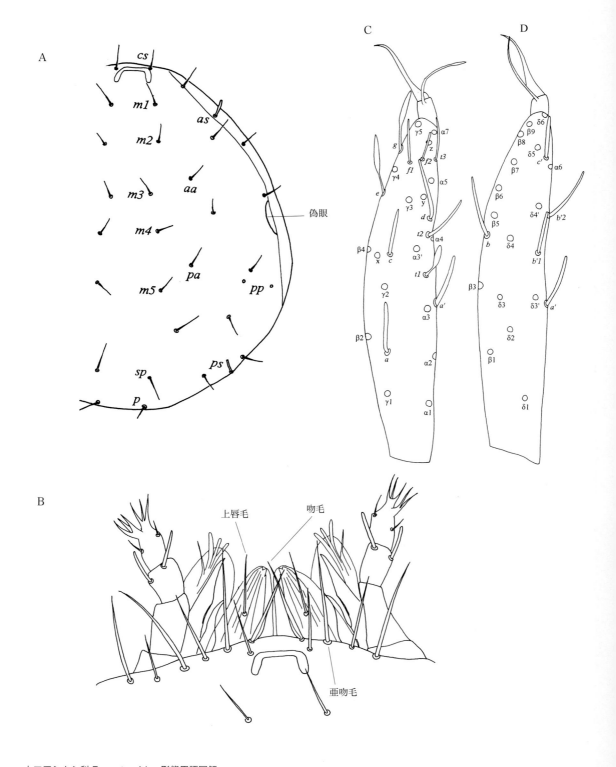

カマアシムシ科 Eosentomidae 形態用語図解
A：頭部毛序(背面)，B：口器構造(背面)，C：前肢付節外面，D：前肢付節内面

カマアシムシ目 Protura の科・属・種への検索

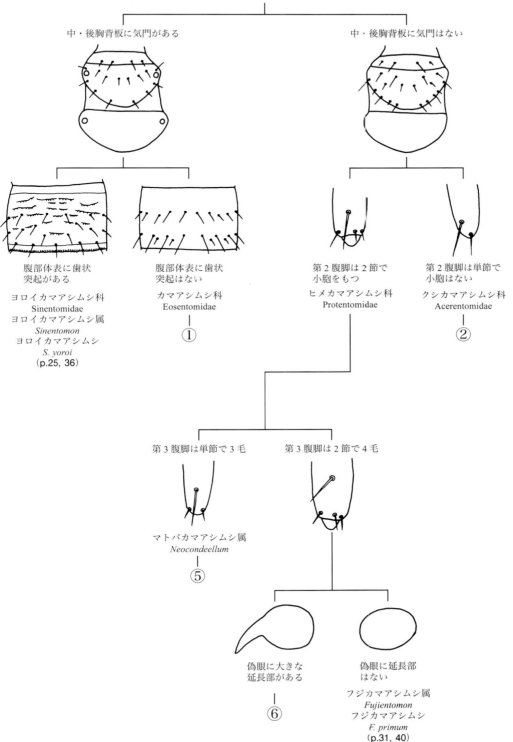

カマアシムシ科 Eosentomidae の属・種への検索

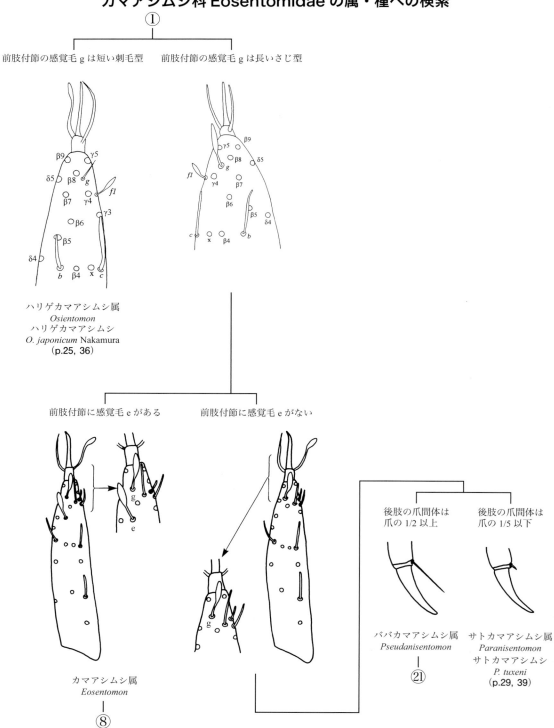

昆虫亜門・カマアシムシ目 5

クシカマアシムシ科 Acerentomidae の属・種への検索

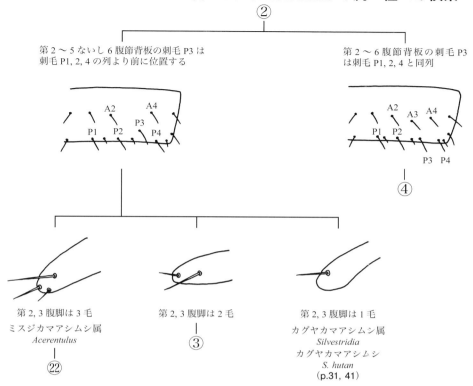

② ─┬─ 第2～5ないし6腹節背板の刺毛P3は刺毛P1, 2, 4の列より前に位置する
   │
   └─ 第2～6腹節背板の刺毛P3は刺毛P1, 2, 4と同列 ④

第2, 3腹脚は3毛
ミスジカマアシムシ属
Acerentulus
㉒

第2, 3腹脚は2毛
③

第2, 3腹脚は1毛
カグヤカマアシムシ属
Silvestridia
カグヤカマアシムシ
S. hutan
(p.31, 41)

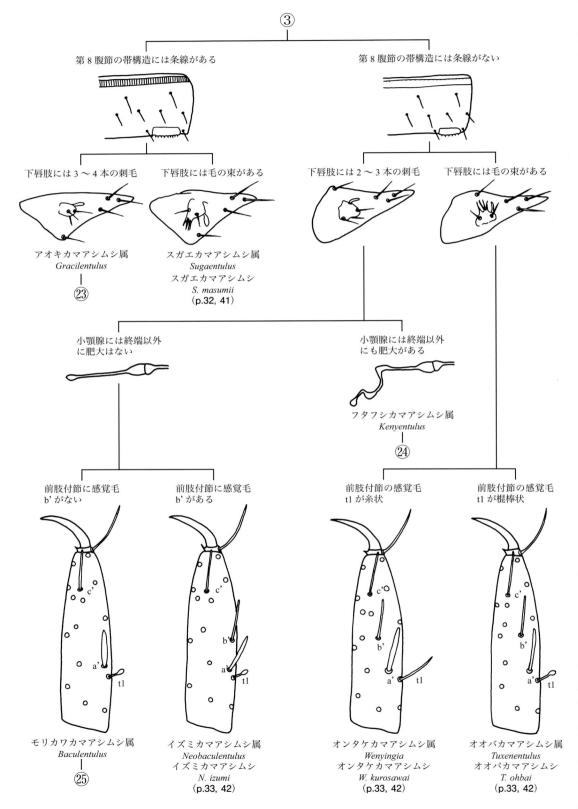

昆虫亜門・カマアシムシ目　7

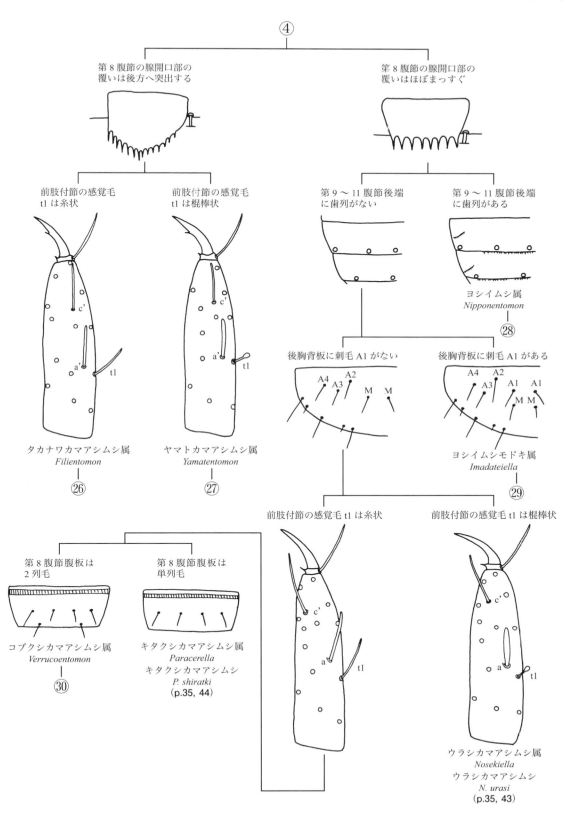

ヒメカマアシムシ科 Protentomidae の属・種への検索 1

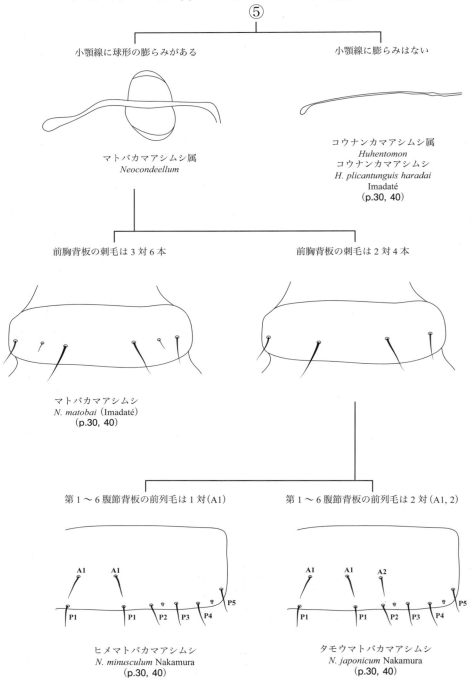

ヒメカマアシムシ科 Protentomidae の属・種への検索 2

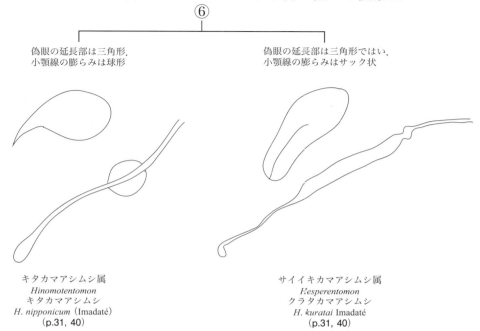

カマアシムシ属 *Eosentomon* の種への検索

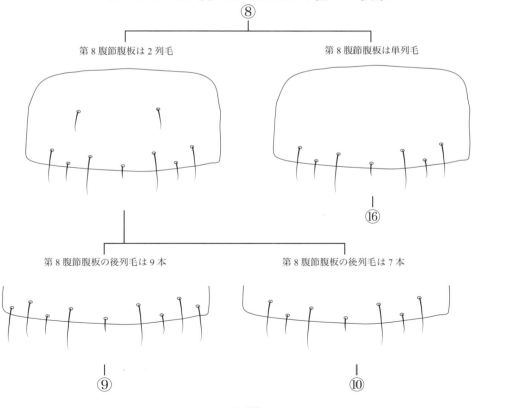

10　昆虫亜門・カマアシムシ目

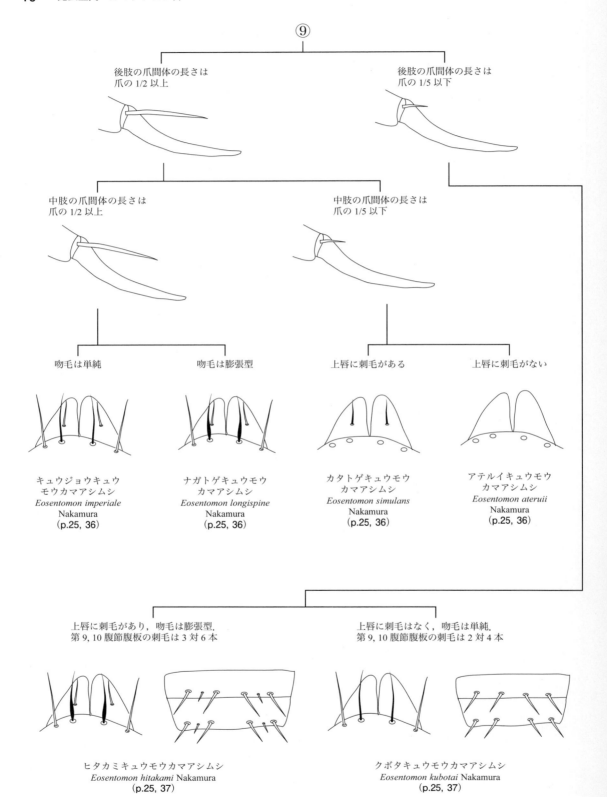

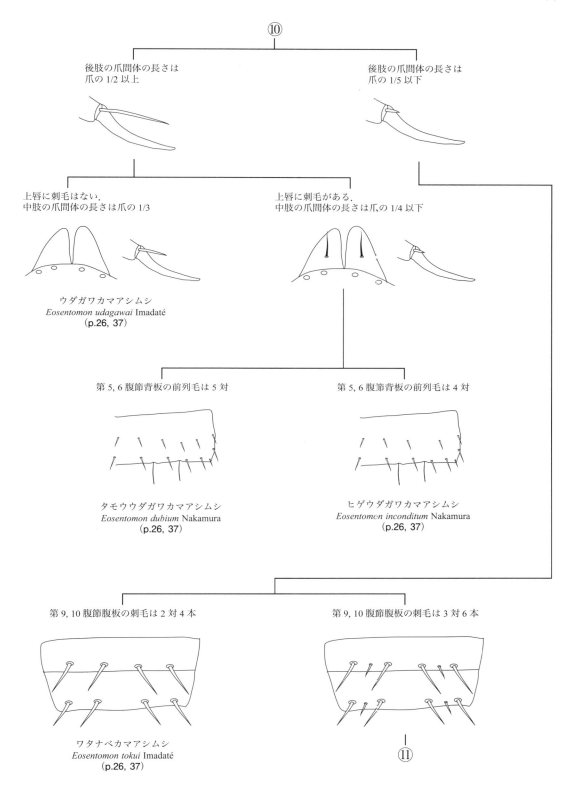

12　昆虫亜門・カマアシムシ目

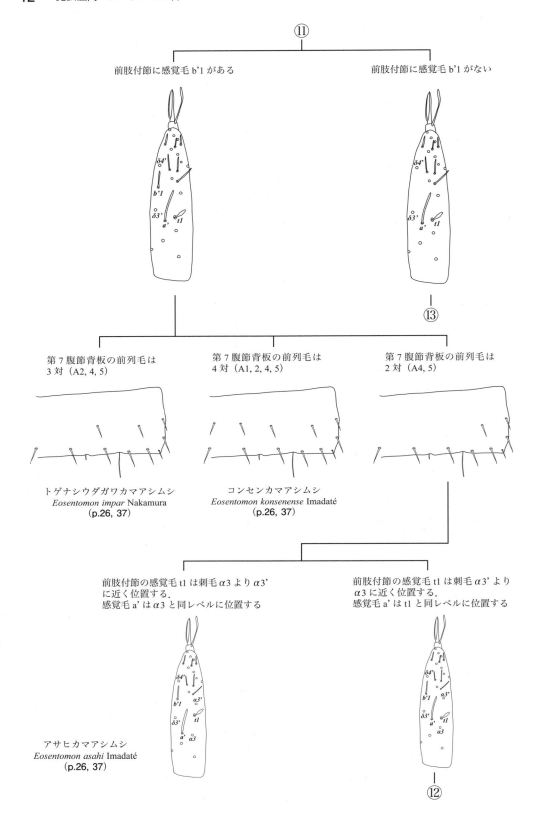

― 1496 ―

昆虫亜門・カマアシムシ目　**13**

⑫

前肢付節長は 106 μm 以下．
前肢付節の感覚毛 f2, t3, c' は直線型

前肢付節長は 120 μm 以上．
前肢付節の感覚毛 f2, t3, c' はさじ型

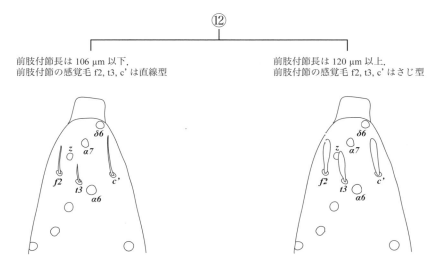

ジュンカマアシムシ
Eosentomon juni Imadaté
（p.26, 37）

フルノカマアシムシ
Eosentomon furunoi Nakamura
（p.27, 37）

⑬

前肢付節の感覚毛 t1 は刺毛 α3' より
α3 に近く位置する

前肢付節の感覚毛 t1 は刺毛 α3 より
α3' に近く位置する

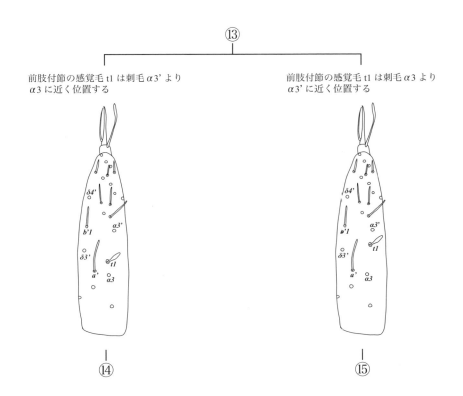

⑭　　　　　　　　　　　⑮

14 昆虫亜門・カマアシムシ目

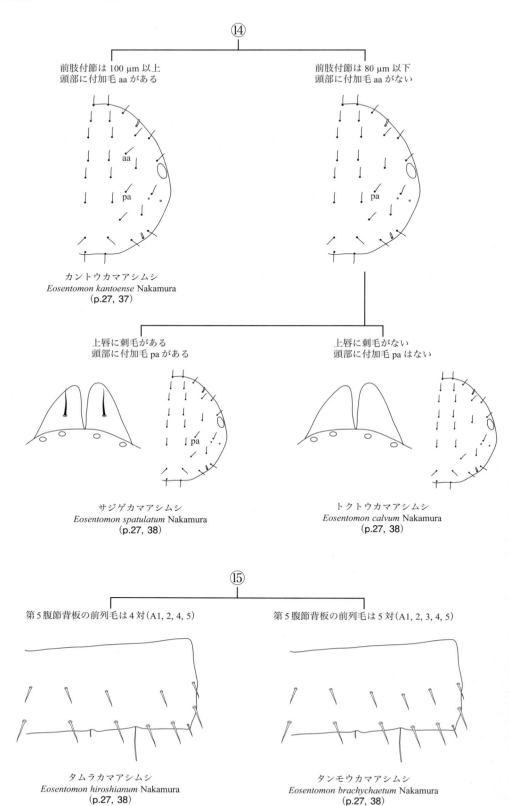

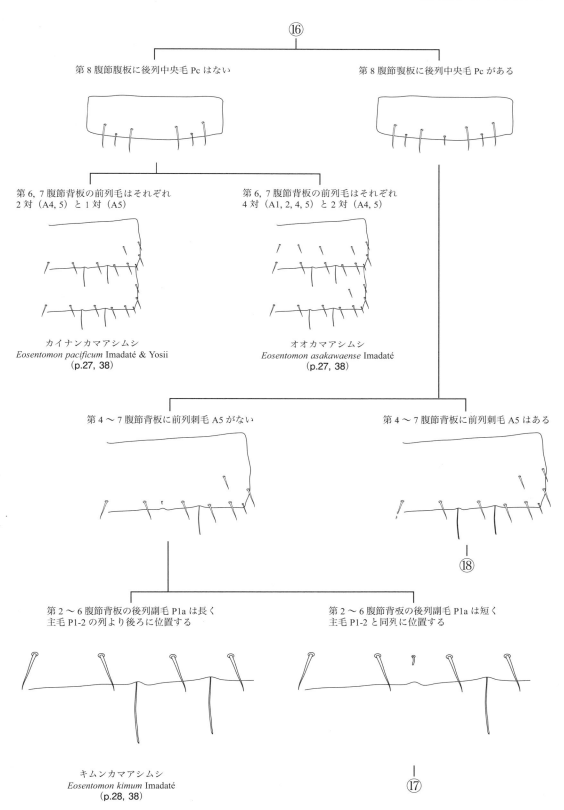

16 昆虫亜門・カマアシムシ目

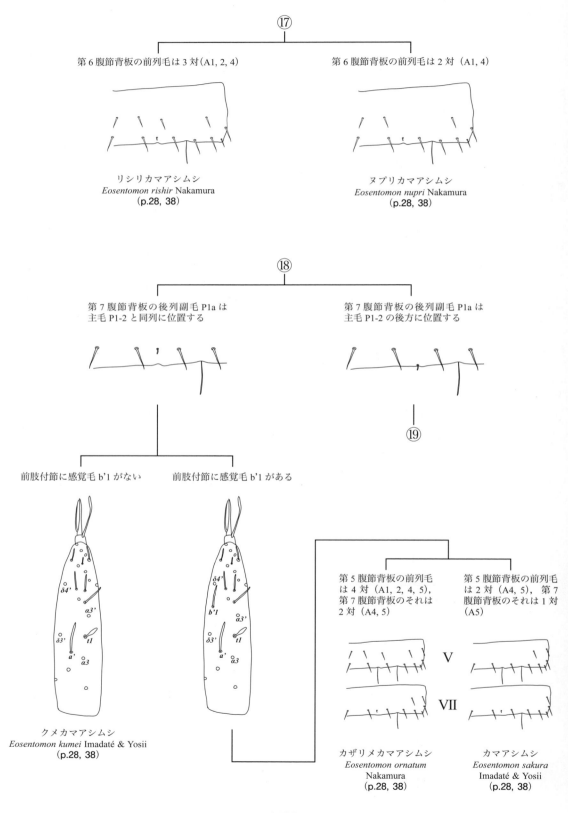

昆虫亜門・カマアシムシ目　17

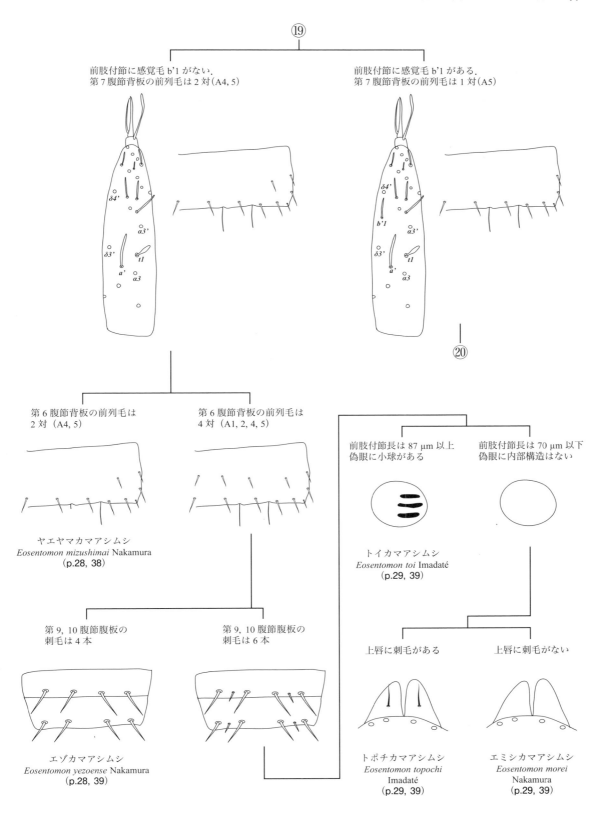

— 1501 —

18　昆虫亜門・カマアシムシ目

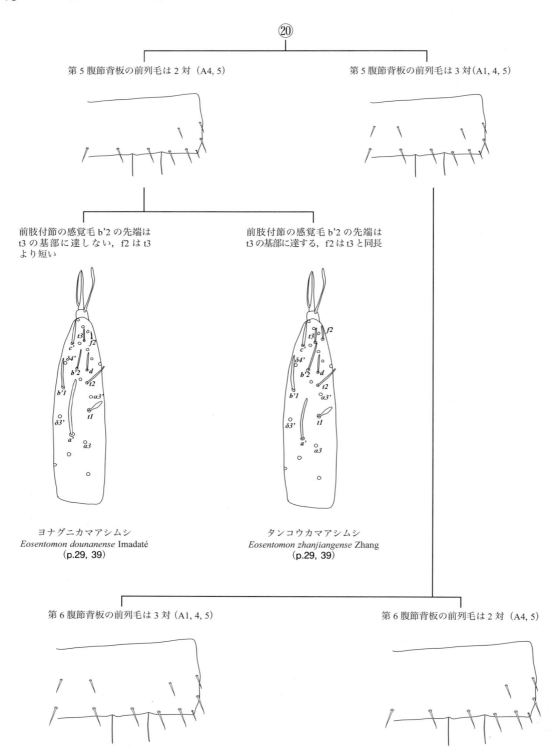

ババカマアシムシ属 *Pseudanisentomon* の種への検索

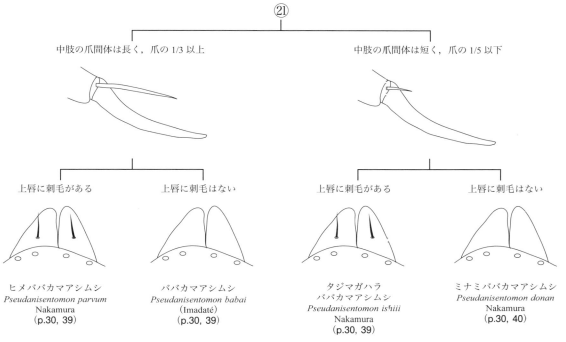

ミスジカマアシムシ属 *Acerentulus* の種への検索

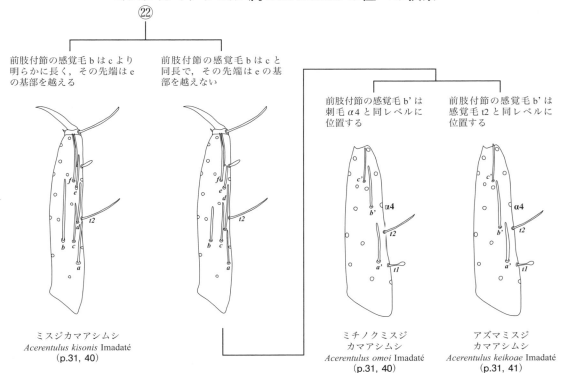

アオキカマアシムシ属 *Gracilentulus* の種への検索

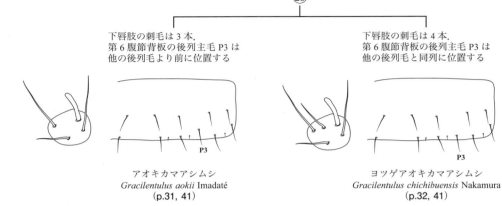

下唇肢の刺毛は3本．
第6腹節背板の後列主毛 P3 は
他の後列毛より前に位置する

アオキカマアシムシ
Gracilentulus aokii Imadaté
(p.31, 41)

下唇肢の刺毛は4本．
第6腹節背板の後列主毛 P3 は
他の後列毛と同列に位置する

ヨツゲアオキカマアシムシ
Gracilentulus chichibuensis Nakamura
(p.32, 41)

フタフシカマアシムシ属 *Kenyentulus* の種への検索

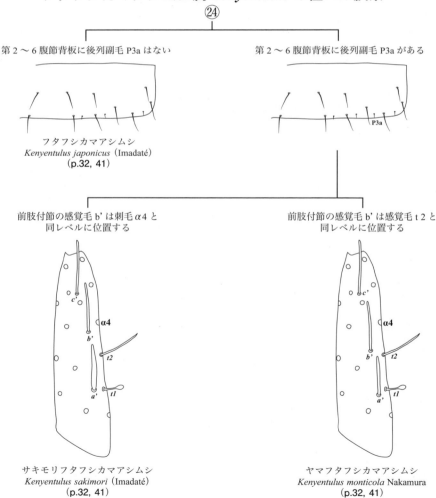

第2〜6腹節背板に後列副毛 P3a はない

フタフシカマアシムシ
Kenyentulus japonicus (Imadaté)
(p.32, 41)

第2〜6腹節背板に後列副毛 P3a がある

前肢付節の感覚毛 b' は刺毛 α4 と
同レベルに位置する

サキモリフタフシカマアシムシ
Kenyentulus sakimori (Imadaté)
(p.32, 41)

前肢付節の感覚毛 b' は感覚毛 t2 と
同レベルに位置する

ヤマフタフシカマアシムシ
Kenyentulus monticola Nakamura
(p.32, 41)

昆虫亜門・カマアシムシ目

モリカワカアマシムシ属 *Baculentulus* の種への検索

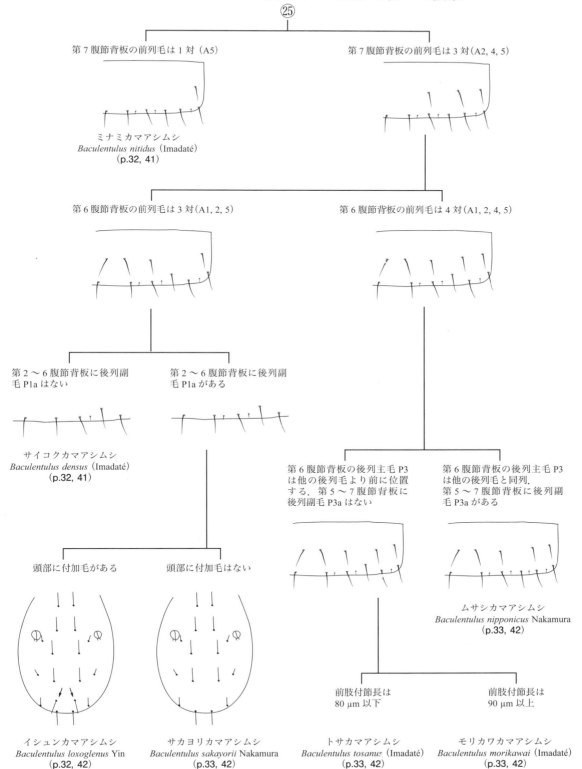

タカナワカマアシムシ属 *Filientomon* の種への検索

㉖

第2〜6腹節背板の後列副毛 P1a, 2a, 3a は刺毛型で，長さは主毛 P1 の 1/4 以上

- 第2〜6腹節背板の前列毛は 5 対
  - タカナワカマアシムシ
    Filientomon takanawanum
    (Imadaté)
    (p.33, 42)
- 第2〜6腹節背板の前列毛は 6 対
  - トウゴクタカナワ
    カマアシムシ
    Filientomon gentaroanum
    Nakamura
    (p.34, 42)

第2〜6腹節背板の後列副毛 P1a, 2a, 3a は感覚毛型で，長さは主毛 P1 の 1/8 以下

- 第2〜6腹節背板の前列毛は 5 対，第4〜5腹節背板の後列毛に補完毛 P1a' がある
  - シナノタカナワ
    カマアシムシ
    Filientomon kurosai
    (Imadaté)
    (p.34, 42)
- 第2〜6腹節背板の前列毛は 6 対，第4〜5腹節背板の後列毛に補完毛 P1a' はない
  - サイカイタカナワ
    カマアシムシ
    Filientomon lubricum
    (Imadaté)
    (p.34, 42)

ヤマトカアマシムシ属 *Yamatentomon* の種への検索

㉗

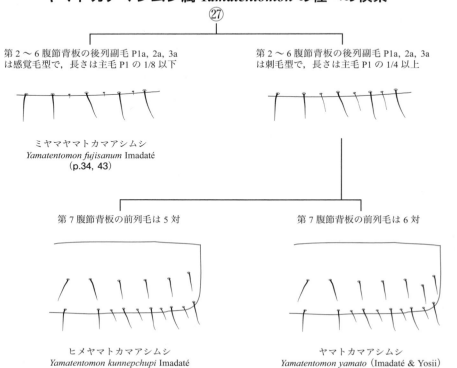

第2〜6腹節背板の後列副毛 P1a, 2a, 3a は感覚毛型で，長さは主毛 P1 の 1/8 以下

- ミヤマヤマトカマアシムシ
  Yamatentomon fujisanum Imadaté
  (p.34, 43)

第2〜6腹節背板の後列副毛 P1a, 2a, 3a は刺毛型で，長さは主毛 P1 の 1/4 以上

- 第7腹節背板の前列毛は 5 対
  - ヒメヤマトカマアシムシ
    Yamatentomon kunnepchupi Imadaté
    (p.34, 43)
- 第7腹節背板の前列毛は 6 対
  - ヤマトカマアシムシ
    Yamatentomon yamato (Imadaté & Yosii)
    (p.34, 43)

ヨシイムシ属 *Nipponentomon* の種への検索

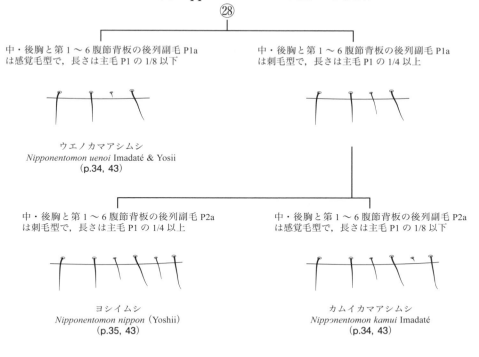

ヨシイムシモドキ属 *Imadateiella* の種への検索

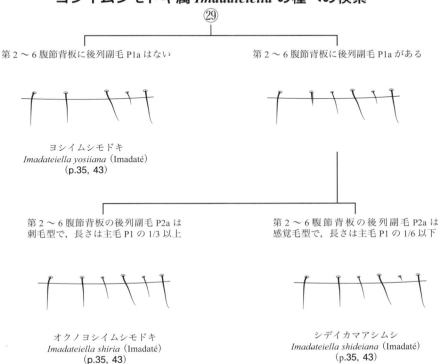

コブクシカマアシムシ属 *Verrucoentomon* の種への検索

㉚

第 2〜6 腹節背板の後列副毛 P1a, 2a は刺毛型で，長さは主毛 P1 の 1/3 以上

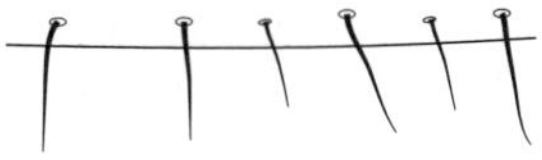

コブクシカマアシムシ
Verrucoentomon shirampa（Imadaté）
(p.35, 44)

第 2〜6 腹節背板の後列副毛 P1a, 2a は感覚毛型で，長さは主毛 P1 の 1/6 以下

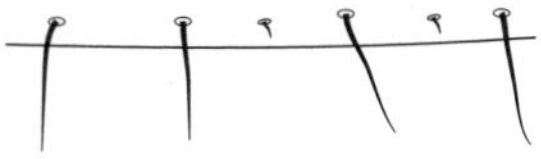

カワカツコブクシカマアシムシ
Verrucoentomon kawakatsui（Imadaté）
(p.35, 44)

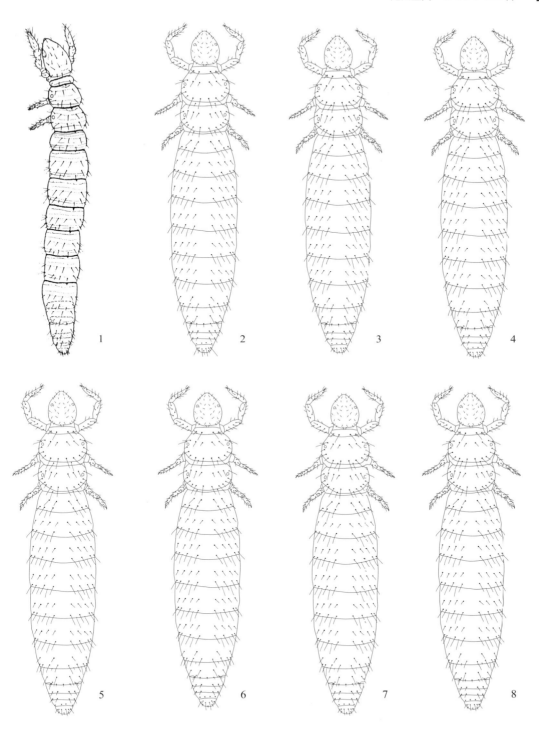

カマアシムシ目 Protura 代表種全形図（1）
1：ヨロイカマアシムシ *Sinentomon yoroi*, 2：ハリゲカマアシムシ *Osientomon japonicum*, 3：キュウジョウキュウモウカマアシムシ *Eosentomon imperiale*, 4：ナガトゲカマアシムシ *Eosentomon longispine*, 5：カタトゲキュウモウカマアシムシ *Eosentomon simulans*, 6：アテルイキュウモウカマアシムシ *Eosentomon ateruii*, 7：ヒタカミキュウモウカマアシムシ *Eosentomon hitakami*, 8：クボタキュウモウカマアシムシ *Eosentomon kubotai*
(1：Imadaté, 1977 から)

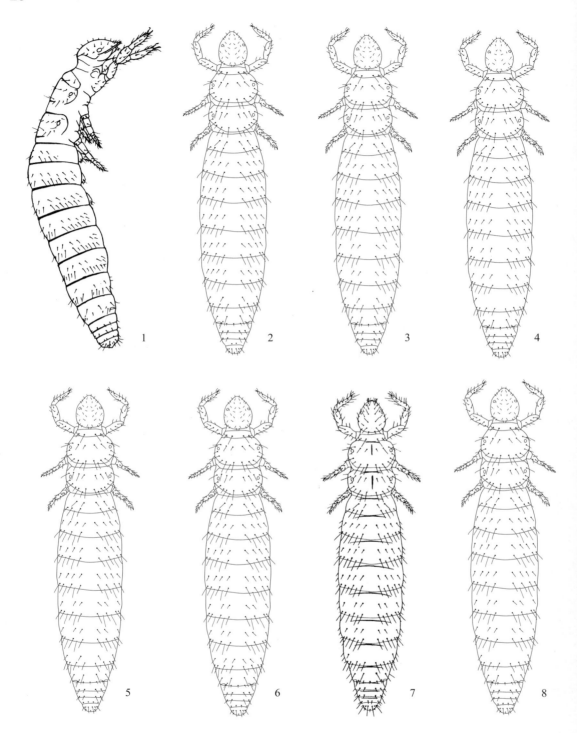

カマアシムシ目 Protura 代表種全形図（2）
1：ウダガワカマアシムシ *Eosentomon udagawai*，2：タモウウダガワカマアシムシ *Eosentomon dubium*，3：ヒゲウダガワカマアシムシ *Eosentomon inconditum*，4：ワタナベカマアシムシ *Eosentomon tokui*，5：トゲナシウダガワカマアシムシ *Eosentomon impar*，6：コンセンカマアシムシ *Eosentomon konsenense*，7：アサヒカマアシムシ *Eosentomon asahi*，8：ジュンカマアシムシ *Eosentomon juni*
（1：Imadaté, 1974；7：Imadaté, 1961a から）

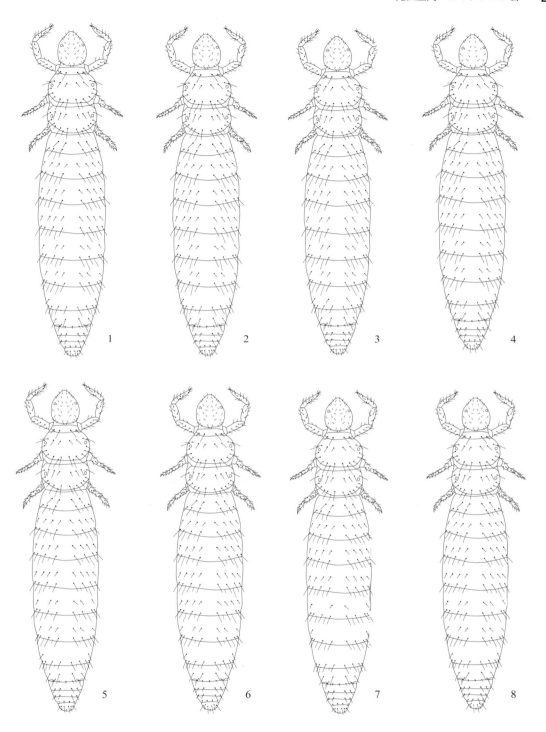

カマアシムシ目 Protura 代表種全形図（3）
1：フルノカマアシムシ *Eosentomon furunoi*, 2：カントウカマアシムシ *Eosentomon kantoense*, 3：サジゲカマアシムシ *Eosentomon spatulatum*, 4：トクトウカマアシムシ *Eosentomon calvum*, 5：タムラカマアシムシ *Eosentomon hiroshianum*, 6：タンモウカマアシムシ *Eosentomon brachychaetum*, 7：カイナンカマアシムシ *Eosentomon pacificum*, 8：オオカマアシムシ *Eosentomon asakawaense*

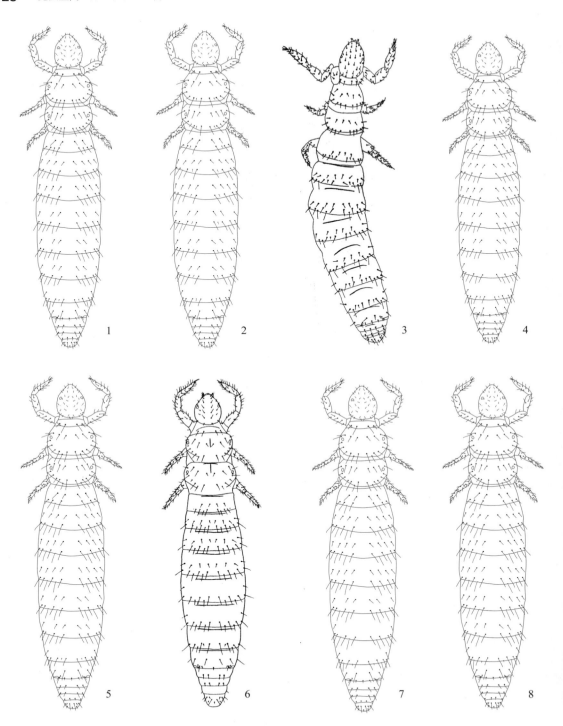

カマアシムシ目 Protura 代表種全形図（4）
1：キムンカマアシムシ *Eosentomon kimum*，2：リシリカマアシムシ *Eosentomon rishir*，3：ヌプリカマアシムシ *Eosentomon nupri*，4：クメカマアシムシ *Eosentomon kumei*，5：カザリメカマアシムシ *Eosentomon ornatum*，6：カマアシムシ *Eosentomon sakura*，7：ヤエヤマカマアシムシ *Eosentomon mizushimai*，8：エゾカマアシムシ *Eosentomon yezoense*
（1：Nakamura, 1983；7：Imadaté, 1961a から）

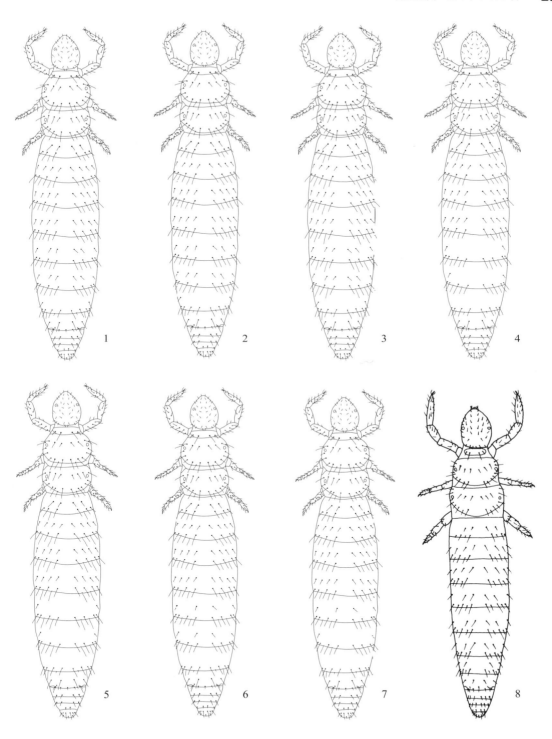

カマアシムシ目 Protura 代表種全形図 (5)
1：トイカマアシムシ Eosentomon toi, 2：トポチカマアシムシ Eosentomon topochi, 3：エミシカマアシムシ Eosentomon morei, 4：ヨナグニカマアシムシ Eosentomon dounanense, 5：タンコウカマアシムシ Eosentomon zhanjiangense, 6：クロシオカマアシムシ Eosentomon tokiokai, 7：ヤンバルカマアシムシ Eosentomon yambaru, 8：サトカマアシムシ Paranisentomon tuxeni

30 昆虫亜門・カマアシムシ目

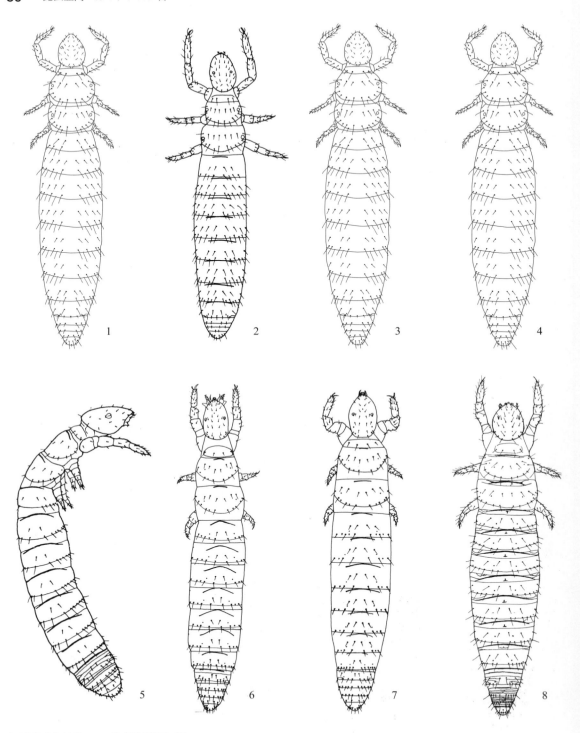

カマアシムシ目 Protura 代表種全形図（6）
1：ヒメババカマアシムシ *Pseudanisentomon parvum*，2：ババカマアシムシ *Pseudanisentomon babai*，3：タジマガハラババカマアシムシ *Pseudanisentomon ishiii*，4：ミナミババカマアシムシ *Pseudanisentomon donan*，5：マトバカマアシムシ *Neocondeellum matobai*，6：ヒメマトバカマアシムシ *Neocondeellum minusculum*，7：タモウマトバカマアシムシ *Neocondeellum japonicum*，8：コウナンカマアシムシ *Huhentomon plicantunguis haradai*
（5：Imadaté, 1974；6, 7：Nakamura, 1990；8：Imadaté, 1989 から）

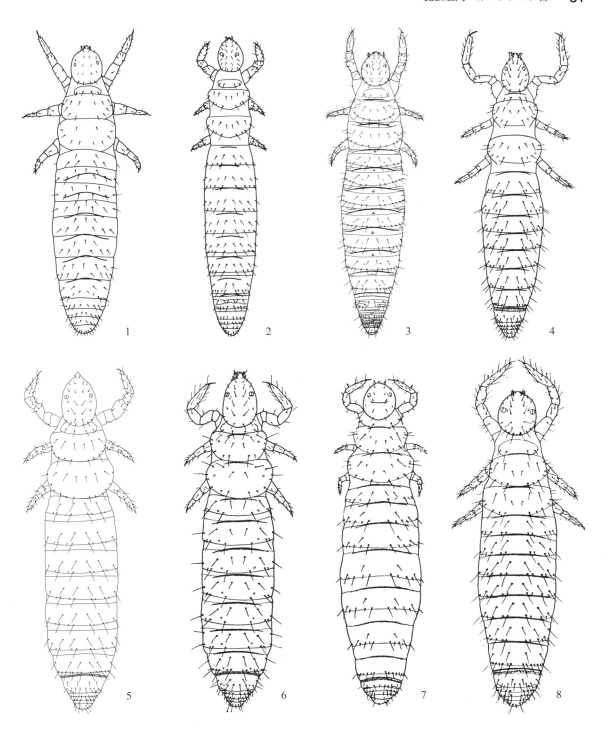

カマアシムシ目 Protura 代表種全形図（7）
1：フジカマアシムシ *Fujientomon primum*，2：キタカマアシムシ *Hinomotentomon nipponicum*，3：クラタカマアシムシ *Hesperentomon kuratai*，4：ミスジカマアシムシ *Acerentulus kisonis*，5：ミチノクミスジカマアシムシ *Acerentulus omoi*，6：アズマミスジカマアシムシ *Acerentulus keikoae*，7：カグヤカマアシムシ *Silvestridia hutan*，8：アオキカマアシムシ *Gracilentulus aokii*
（1：Imadaté, 1964a を改変；3：Imadaté, 1989；4：Imadaté, 1965；6：Imadaté, 1988；7：Imadaté, 1970；8：Imadaté, 1982 から）

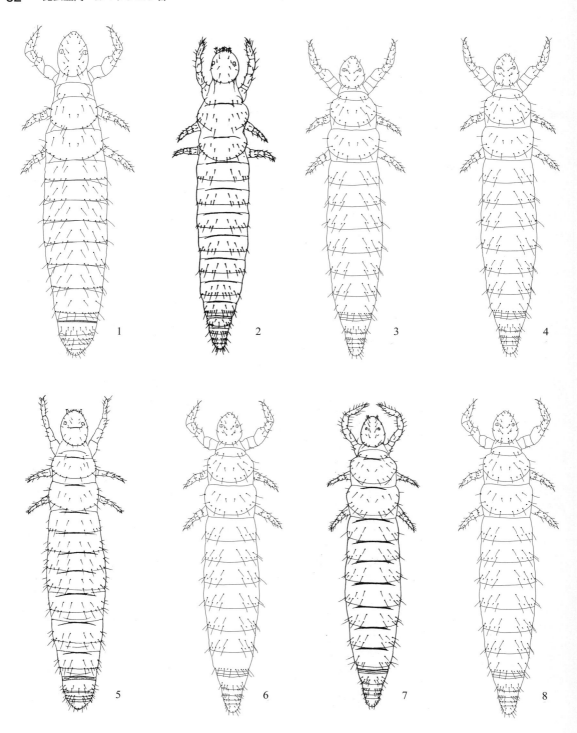

カマアシムシ目 Protura 代表種全形図 (8)
1：ヨツゲアオキカマアシムシ *Gracilentulus chichibuensis*, 2：フタフシカマアシムシ *Kenyentulus japonicus*, 3：サキモリフタフシカマアシムシ *Kenyentulus sakimori*, 4：ヤマフタフシカマアシムシ *Kenyentulus monticola*, 5：スガエカマアシムシ *Sugaentulus masumii*, 6：ミナミカマアシムシ *Baculentulus nitidus*, 7：サイコクカマアシムシ *Baculentulus densus*, 8：イシュンカマアシムシ *Baculentulus loxoglenus*
(2：Imadaté, 1961b；5：Imadaté, 1978；4：Imadaté, 1965；7：今立, 1960 から)

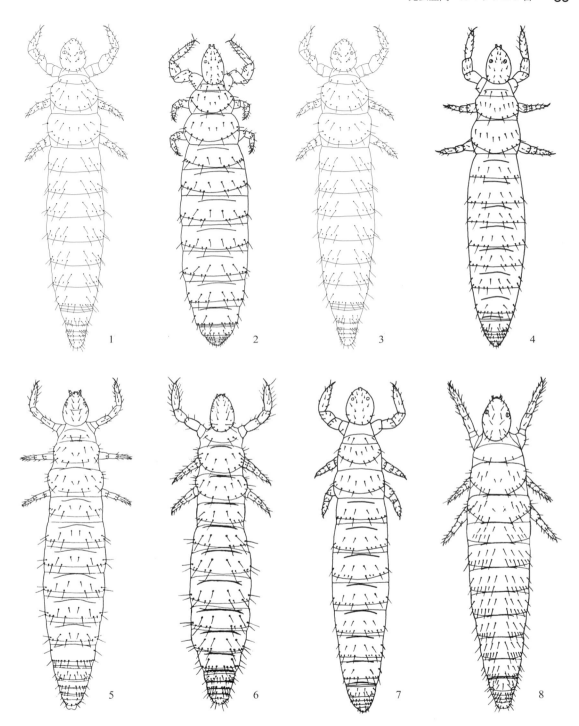

カマアシムシ目 Protura 代表種全形図（9）
1：サカヨリカマアシムシ *Baculentulus sakayorii*, 2：ムサシカマアシムシ *Baculentulus nipponicus*, 3：トサカマアシムシ *Baculentulus tosanus*, 4：モリカワカマアシムシ *Baculentulus morikawai*, 5：イズミカマアシムシ *Neobaculentulus izumi*, 6：オンタケカマアシムシ *Wenyingia kurosawai*, 7：オオバカマアシムシ *Tuxenentulus ohbai*, 8：タカナワカマアシムシ *Filientomon takanawanum*
（2：Nakamura, 1985；5：Imadaté, 1965；6：Imadaté, 1986；8：Imadaté, 1964b から）

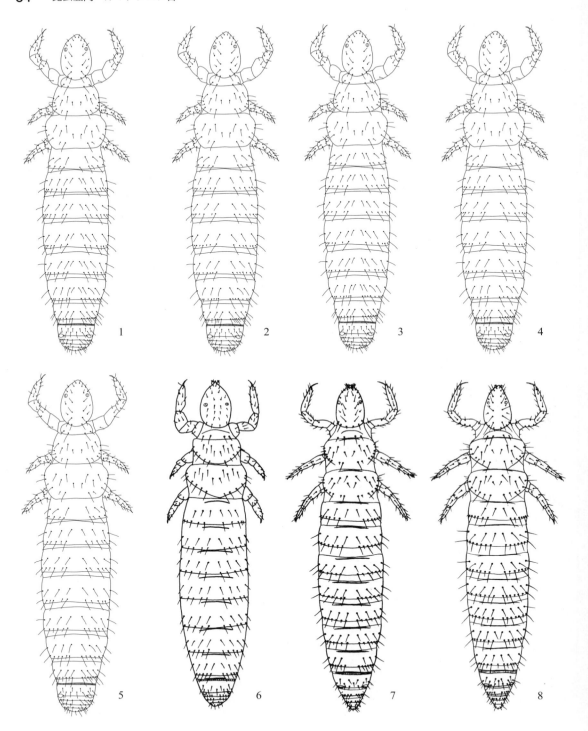

カマアシムシ目 Protura 代表種全形図（10）
1：トウゴクタカナワカマアシムシ *Filientomon gentaroanum*，2：シナノタカナワカマアシムシ *Filientomon kurosai*，3：サイカイタカナワカマアシムシ *Filientomon lubricum*，4：ミヤマヤマトカマアシムシ *Yamatentomon fujisanum*，5：ヒメヤマトカマアシムシ *Yamatentomon kunnepchupi*，6：ヤマトカマアシムシ *Yamatentomon yamato*，7：ウエノカマアシムシ *Nipponentomon uenoi*，8：カムイカマアシムシ *Nipponentomon kamui*
（7, 8：Imadaté, 1974 から）

昆虫亜門・カマアシムシ目　35

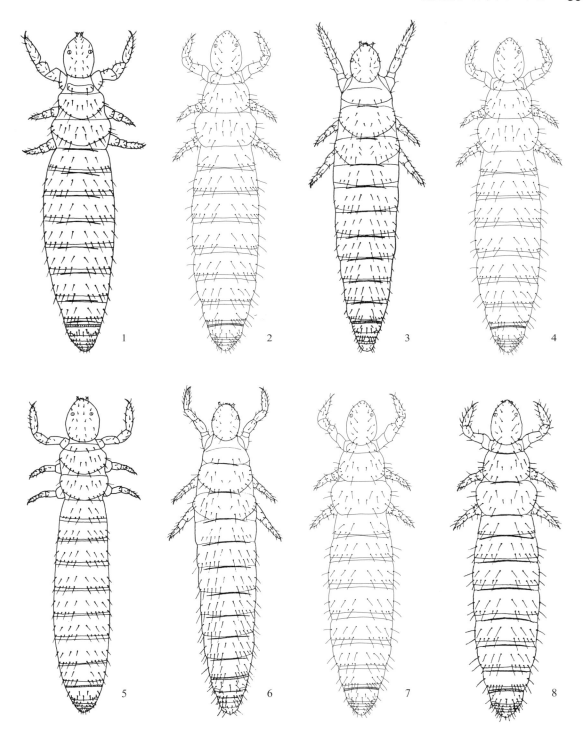

カマアシムシ目 Protura 代表種全形図（11）
1：ヨシイムシ *Nipponentomon nippon*，2：オクノヨシイムシモドキ *Imadateiella shiria*，3：ヨシイムシモドキ *Imadateiella yosiiana*，4：シデイカマアシムシ *Imadateiella shideiana*，5：ウラシカマアシムシ *Nosekiella urasi*，6：コブクシカマアシムシ *Verrucoentomon shirampa*，7：カワカツコブクシカマアシムシ *Verrucoentomon kawakatsui*，8：キタクシカマアシムシ *Paracerella shiratki*
(3, 6：Imadaté, 1964b；5：Imadaté, 1980 から)

カマアシムシ目　Protura

体長 1～2 mm の虫で細長く，体色は多くは半透明で濃いもので飴色をしている．口器は頭蓋の中に収まっている内顎型である．翅，眼，触角を欠く．特殊な感覚毛を備えた前肢を頭の側方に振りかざして，触角の代わりをしている．この姿から，カマアシムシ（鎌足虫）の名がある．

カマアシムシ類は，前幼生，第一幼生，第二幼生，若虫，亜成虫（クシカマアシムシ科のオスのみ判別可能），成虫の順に成長し，その間に腹節数が増加する増節変態をおこなう．孵化直後の前幼生は9腹節で，大顎や小顎が未発達であり，また他の形質も未発達であるため，属や種の区別はできない．第一幼生も9腹節であるが，口器や前肢付節の感覚毛などの形質が発達し，第二幼生では10腹節となる．若虫では12腹節となるが，外部生殖器はまだ発現しない．外部生殖器が未成熟の亜成虫をへて，成虫となる．亜成虫，成虫とも12腹節である．成長の間に，毛序などの形質に変化が認められる．今回提示された検索表は，成虫に対して適用されるものである．なお，実体顕微鏡下では属の判定はもちろん，科の判定も困難である．属や種の判定には顕微鏡下で400倍以上の検鏡が必要である．日本からは，4科26属88種が知られている．

ヨロイカマアシムシ科　Sinentomidae

中・後胸に1対ずつ気門があり，第8腹節の腺開口部の覆いが平滑である点は，カマアシムシ科に似るが，腹脚の構造はクシカマアシムシ科と同じく，第1腹脚は2節で先端に小胞をもつが，第2～3腹脚は単節である．前肢付節の感覚毛はすべて単純な刺毛型である．日本には1属1種が分布する．

ヨロイカマアシムシ属（p.3, 25）
Sinentomon

体長 1600～1840 μm．前肢付節長 93～100 μm．体表のクチクラは異常に厚く，後縁に歯状突起をもつ鱗を重ねたように見え，体色は濃い褐色を呈する．他のカマアシムシ類と比べると著しく細長い．日本ではヨロイカマアシムシ *Sinentomon yoroi* Imadaté が本州（埼玉県，東京都，福井県，長野県，滋賀県）から知られている．

カマアシムシ科　Eosentomidae

体表は平滑で，体は軟らかく，体色は透明に近いものが多い．中・後胸に1対ずつ気門がある．第8腹節の腺開口部の覆いも平滑である．腹脚は3対とも2節からなり，先端に小胞をもつ．日本からは，4属43種が知られている．

ハリゲカマアシムシ属（p.4, 25）
Osientomon

体長 600～800 μm．前肢付節長 63～78 μm．前肢感覚毛 e を欠き，g は短く刺毛型である．前肢感覚毛 b'1 を欠く．日本ではハリゲカマアシムシ *Osientomon japonicum* Nakamura が本州（岩手県，秋田県，栃木県，群馬県，埼玉県，富山県）に分布する．

カマアシムシ属（p.4, 9）
Eosentomon

前肢付節に先端のふくらんだ感覚毛 e と g をもつことで，他のカマアシムシ類と識別できる．

キュウジョウキュウモウカマアシムシ（p.10, 25）
Eosentomon imperiale Nakamura

体長 630～850 μm．前肢付節長 61～67 μm．吻毛は単純な刺毛型．中肢・後肢の爪間体は爪の1/2以上と長い．第8腹節腹板の後列毛は9本．本州（茨城県，栃木県，東京都）に分布する．

ナガトゲキュウモウカマアシムシ（p.10, 25）
Eosentomon longispine Nakamura

体長 870～960 μm．前肢付節長 63 μm．吻毛は中央部分が膨張する．中肢・後肢の爪間体は爪の1/2以上と長い．第8腹節腹板の後列毛は9本．本州（群馬県，埼玉県）で記録されている．

カタトゲキュウモウカマアシムシ（p.10, 25）
Eosentomon simulans Nakamura

体長 560～710 μm．前肢付節長 60～61 μm．上唇毛をそなえる．中肢の爪間体は爪の1/5以下と短いが，後肢の爪間体は爪の1/2以上と長い．第8腹節腹板の後列毛は9本．本州（岩手県，茨城県，栃木県，埼玉県）に分布する．

アテルイキュウモウカマアシムシ（p.10, 25）
Eosentomon ateruii Nakamura

体長 750～800 μm．前肢付節長 60～62 μm．上唇毛を欠く．中肢の爪間体は爪の1/5以下と短いが，後肢の爪間体は爪の1/2以上と長い．第8腹節腹板の後列毛は9本．岩手県駒ヶ岳から知られている．

ヒタカミキュウモウカマアシムシ（p.10, 25）
Eosentomon hitakami Nakamura

体長 787 μm. 前肢付節長 66 μm. 上唇毛がある. 中肢・後肢の爪間体は爪の1/5以下と短い. 第8腹節腹板の後列毛は9本. 第9～10腹節腹板の刺毛は6本. 岩手県駒ヶ岳から知られている.

クボタキュウモウカマアシムシ（p.10, 25）
Eosentomon kubotai Nakamura

体長 625～975 μm. 前肢付節長 75～77 μm. 上唇毛を欠く. 中肢・後肢の爪間体は爪の1/5以下と短い. 第8腹節腹板の後列毛は9本. 第9～10腹節腹板の刺毛は4本. 九州（福岡県）に分布する.

ウダガワカマアシムシ（p.11, 26）
Eosentomon udagawai Imadaté

体長 790～980 μm. 前肢付節長 58～68 μm. 上唇毛を欠く. 後肢の爪間体は爪の1/2以上と長く, 中肢の爪間体の長さは爪の1/3. 前肢付節の感覚毛 b'1 は刺毛 δ3' に近接する. 日本全土に分布し, 中国, 台湾からも記録がある. 本種のこれまでの記録はよく似た数種の記録が合わさったものである可能性が高く, 再検討を要する.

タモウウダガワカマアシムシ（p.11, 26）
Eosentomon dubium Nakamura

体長 520～700 μm. 前肢付節長 57～58 μm. 後肢の爪間体は爪の1/2以上と長いが, 中肢の爪間体の長さは爪の1/4以下. 前肢付節の感覚毛 b'1 は刺毛 δ3' に近接, c' を欠く. 第2～6腹節背板の前列毛は5対 (A1～5). 本州, 沖縄に分布する.

ヒゲウダガワカマアシムシ（p.11, 26）
Eosentomon inconditum Nakamura

体長 610～670 μm. 前肢付節長 68～70 μm. 後肢の爪間体は爪の1/2以上と長いが, 中肢の爪間体の長さは爪の1/4以下. 上唇毛をそなえる. 前肢付節の感覚毛 b'1 は刺毛 δ3' に近接, c' を欠く. 第2～6腹節背板の前列毛は4対 (A1, 2, 4, 5). 本州, 九州, 沖縄に分布する.

ワタナベカマアシムシ（p.11, 26）
Eosentomon tokui Imadaté

体長 1080～1200 μm. 前肢付節長 80～85 μm. 偽眼に1個の小球がある. 頭部付加毛 aa, pa を欠く. 第9～10腹節腹板の刺毛は4本. 宮城県から知られている.

トゲナシウダガワカマアシムシ（p.12, 26）
Eosentomon impar Nakamura

体長 605～850 μm. 前肢付節長 59～71 μm. 前肢付節の感覚毛 b'1 は刺毛 δ3' に近接, c' を欠く. ウダガワカマアシムシによく似るが, 上唇毛があり, 中・後肢の爪間体が爪の1/5以下と短い. 本州（岩手県, 栃木県, 埼玉県, 山梨県）で記録があるが, 全国に広く分布すると考えられる.

コンセンカマアシムシ（p.12, 26）
Eosentomon konsenense Imadaté

体長 650～840 μm. 前肢付節長 89～92 μm. 頭部感覚毛 as を欠く. 偽眼に1個の小球がある. 前肢付節の感覚毛 a は短く, a' は刺毛 α3 と同じレベルに位置する. 第5～7腹節背板の前列毛は4対 (A1, 2, 4, 5). 北海道に分布する.

アサヒカマアシムシ（p.12, 26）
Eosentomon asahi Imadaté

体長 1400～1600 μm. 前肢付節長 105～115 μm. 前肢付節の感覚毛 t1 は刺毛 α3 よりは α3' に近接, b'1 は δ3' と δ4' の中間に, a' は α3 と同レベルに位置する. 第8腹節腹板には2本の前列毛と7本の後列毛がある. 北海道, 本州, 沖縄に分布し, 中国と極東ロシア（ハバロフスク）でも記録がある.

ジュンカマアシムシ（p.13, 26）
Eosentomon juni Imadaté

体長 1130～1430 μm. 前肢付節長 100～106 μm. 前肢付節の感覚毛 t1 は刺毛 α3' よりα3 に近く, a' は t1 と同じレベルに位置し, a と d は短い. 第7腹節背板の前列毛は2対 (A4, 5). 北海道, 本州（福島県以北）に分布する.

フルノカマアシムシ（p.13, 27）
Eosentomon furunoi Nakamura

体長 1250～1380 μm. 前肢付節長 120～125 μm. 吻毛は亜吻毛より短い. 前肢付節の感覚毛 t1 は刺毛 α3' より α3 に近く, a' は t1 と同じレベルに位置する. t3 と f2 は細いへら型. 栃木県（足尾町鋸山）で記録されている.

カントウカマアシムシ（p.14, 27）
Eosentomon kantoense Nakamura

体長 1100～1340 μm. 前肢付節長 108～123 μm. 頭部付加毛 aa がある. 前肢付節の感覚毛 b'1 を欠く, t1 は刺毛 α3' より α3 に近い. 本州（茨城県, 栃木県）に分布する.

サジゲカマアシムシ（p.14, 27）
Eosentomon spatulatum Nakamura

体長 560～710 μm．前肢付節長 60～61 μm．頭部付加毛 aa を欠く．前肢付節に感覚毛 b'1 を欠く，t2 と b'2 は小さく，さじ型．本州（茨城県，栃木県，群馬県）に分布する．

トクトウカマアシムシ（p.14, 27）
Eosentomon calvum Nakamura

体長 590～630 μm．前肢付節長 60～63 μm．頭部付加毛 aa と pa，上唇毛，前肢付節の感覚毛 b'1 を欠く．栃木県真岡市から記録されている．

タムラカマアシムシ（p.14, 27）
Eosentomon hiroshianum Nakamura

体長 870～1400 μm．前肢付節長 98～112 μm．前肢付節の感覚毛 b'1 を欠く，f1 は長く，その先端は付節を超える．第 2～7 腹節背板の後列副毛 P1a は主毛 P1 より短く，感覚毛型．第 5 腹節背板の前列毛は 4 対（A1, 2, 4, 5）．本州（岩手県）に分布する．

タンモウカマアシムシ（p.14, 27）
Eosentomon brachychaetum Nakamura

体長 1287 μm．前肢付節長 105 μm．前肢付節の感覚毛 b'1 を欠く．第 2～7 腹節背板の後列副毛 P1a は主毛 P1 より短く，感覚毛型．第 5 腹節背板の前列毛は 5 対（A1 - 5）．岩手県早池峰山から記録されている．

カイナンカマアシムシ（p.15, 27）
Eosentomon pacificum Imadaté & Yosii

体長 1430 μm．前肢付節長 114 μm．第 6～7 腹節背板の前列毛はそれぞれ 2 対（A4, 5）と 1 対（A5）．第 8 腹節腹板に後列中央毛 Pc を欠く．愛媛県愛南町（旧西海町）から記録がある．

オオカマアシムシ（p.15, 27）
Eosentomon asakawaense Imadaté

体長 1400～1700 μm．前肢付節長 105～117 μm．第 8 腹節腹板は後列中央毛（Pc）を欠き，6 本の後列毛のみ．第 6, 7 腹節背板の前列毛はそれぞれ 4 対（A1, 2, 4, 5）と 2 対（A4, 5）．本州（神奈川県以北）に分布する．

キムンカマアシムシ（p.15, 28）
Eosentomon kimum Imadaté

体長 1050 μm．前肢付節長 76～80 μm．第 4～7 腹節背板の前列毛に A5 を欠く．第 2～6 腹節背板の後列副毛 P1a は長く，後端に位置する．北海道に分布する．

リシリカマアシムシ（p.16, 28）
Eosentomon rishir Nakamura

体長 760～1138 μm．前肢付節長 76～83 μm．第 4～7 腹節背板に前列毛 A5 を欠き，第 6 腹節背板の前列毛は 3 対（A1, 2, 4）．第 2～6 腹節背板の後列副毛 P1a は短く球桿状で，主毛 P1-2 と同列に位置する．礼文島，利尻島に分布する．

ヌプリカマアシムシ（p.16, 28）
Eosentomon nupri Nakamura

体長 910～1056 μm．前肢付節長 83～85 μm．第 4～7 腹節背板の前列毛に A5 を欠き，第 6 腹節背板の前列毛は 2 対（A1, 4）．第 2～6 腹節背板の後列副毛 P1a は短く直線型で，主毛 P1-2 と同列に位置する．北海道に分布する．

クメカマアシムシ（p.16, 28）
Eosentomon kumei Imadaté & Yosii

体長 1000～1300 μm．前肢付節長 78～84 μm．前肢付節の感覚毛 b'1 を欠く．第 7 腹節背板の後列副毛 P1a は主毛 P1-2 と同列に位置する．本州（千葉県以西）から沖縄に分布する．

カザリメカマアシムシ（p.16, 28）
Eosentomon ornatum Nakamura

体長 930～1027 μm．前肢付節長 84～90 μm．偽眼に 3 つのスポットと 4 つの線がある．前肢付節に感覚毛 b'1 がある．第 7 腹節背板の後列副毛 P1a は主毛 P1-2 と同列に位置する．九州（宮崎県），沖縄，伊豆諸島に分布する．

カマアシムシ（p.16, 28）
Eosentomon sakura Imadaté & Yosii

体長 1150～1400 μm．前肢付節長 86～96 μm．前肢付節に感覚毛 b'1 がある．第 5, 6 腹節背板の前列毛はそれぞれ 2 対（A4, 5）と 1 対（A5）．第 7 腹節背板の後列副毛 P1a は主毛 P1-2 と同列に位置する．日本全土に分布し，朝鮮半島，中国，台湾，バヌアツ，ビスマーク・ソロモン諸島にも分布する．

ヤエヤマカマアシムシ（p.17, 28）
Eosentomon mizushimai Nakamura

体長 890 μm．前肢付節長 86 μm．前肢付節の感覚毛 b'1 を欠く．第 6, 7 腹節背板の前列毛は 2 対（A4, 5）．第 7 腹節背板の後列副毛 P1a は後端に位置する．西表島から記録されている．

エゾカマアシムシ (p.17, 28)
Eosentomon yezoense Nakamura

体長 1060〜1330 μm．前肢付節長 95〜102 μm．偽眼に一本の縦線と1つのスポットがある．前肢付節の感覚毛 b'1 を欠く，c' は刺毛 α6 の後方に位置し，その先端は付節を超える．第 9〜10 腹節腹板の刺毛は 4 本．北海道に分布する．

トイカマアシムシ (p.17, 29)
Eosentomon toi Imadaté

体長 1060〜1300 μm．前肢付節長 87〜100 μm．偽眼に 3〜4 個の小球がある．前肢付節に感覚毛 b'1 を欠く．第 5〜6 腹節背板の前列毛は 4 対 (A1, 2, 4, 5)，第 7 節のそれは 2 対 (A4, 5)．北海道，本州（岐阜県以北）に分布する．

トポチカマアシムシ (p.17, 29)
Eosentomon topochi Imadaté

体長 580〜760 μm．前肢付節長 60〜70 μm．上唇毛がある．前肢付節に感覚毛 b'1 を欠く．第 5〜6 腹節背板の前列毛は 4 対 (A1, 2, 4, 5)，第 7 腹節のそれは 2 対 (A4, 5)．北海道，本州（青森県，秋田県，山形県）に分布する．

エミシカマアシムシ (p.17, 29)
Eosentomon morei Nakamura

体長 580〜810 μm．前肢付節長 58〜65 μm．頭部付加毛 aa，上唇毛，前肢付節の感覚毛 b'1 を欠く．前肢付節の感覚毛 d は短い．第 9, 10 腹節腹板の後列毛は 6 本．本州（岩手県，茨城県）に分布する．

ヨナグニカマアシムシ (p.18, 29)
Eosentomon dounanense Imadaté

体長 780〜830 μm．前肢付節長 90〜94 μm．前肢付節の感覚毛 b'2 の先端は t3 の基部に達しない，f2 は t3 と同長．第 5〜6 腹節背板の前列毛は 2 対 (A4, 5)，第 7 腹節のそれは 1 対 (A5)．与那国島から記録されている．

タンコウカマアシムシ (p.18, 29)
Eosentomon zhanjiangense Zhang

体長 960〜1235 μm．前肢付節長 88〜93 μm．第 5〜6 腹節背板の前列毛は 2 対 (A4, 5)，第 7 腹節のそれは 1 対 (A5)．前肢付節の感覚毛 b'2 は t3 に達し，f2 は t3 より短い．与那国島から記録され，中国（広東省）に分布する．

クロシオカマアシムシ (p.18, 29)
Eosentomon tokiokai Imadaté

体長 1050〜1600 μm．前肢付節長 94〜98 μm．第 5〜6 腹節背板の前列毛は 3 対 (A1, 4, 5)，第 7 腹節のそれは 1 対 (A5)．第 7 腹節背板の後列副毛 P1a は短く後端に位置する．本州（岩手県以南），四国，九州，沖縄，伊豆諸島に分布する．

ヤンバルカマアシムシ (p.18, 29)
Eosentomon yambaru Nakamura

体長 740〜830 μm．前肢付節長 107〜109 μm．第 5, 6, 7 腹節背板の前列毛はそれぞれ 3 対 (A1, 4, 5)，2 対 (A4, 5)，1 対 (A5)．第 7 腹節背板の後列副毛 P1a は短く球桿状で後端に位置する．沖縄本島から記録されている．

サトカマアシムシ属 (p.4, 24)
Paranisentomon

体長 1000〜1400 μm．前肢付節長 88〜96 μm．先端のふくらんだ前肢感覚毛 g があり，e を欠くところはババカマアシムシ属に似るが，後肢の爪間体は短く爪の 1/5 以下である．日本には，サトカマアシムシ *Paranisentomon tuxeni* (Imadaté & Yosii) が北海道から九州に分布する．中国でも記録されている．

ババカマアシムシ属 (p.4, 19)
Pseudanisentomon

先端のふくらんだ前肢感覚毛 g があり，e を欠くところはサトカマアシムシ属に似るが，後肢の爪間体は長く，爪の 1/2 以上である．

ヒメババカマアシムシ (p.19, 30)
Pseudanisentomon parvum Nakamura

体長 780〜990 μm．前肢付節長 63〜69 μm．上唇毛がある．中肢の爪間体は長く，爪の 2/3 以上．埼玉県（秩父市）から知られている．

ババカマアシムシ (p.19, 30)
Pseudanisentomon babai (Imadaté)

体長 1100〜1500 μm．前肢付節長 90〜100 μm．中肢の爪間体の長さは爪の 1/3．前肢感覚毛 b'1 は刺毛 δ3' と δ4' の中間に位置する．本州（新潟県以西），四国，九州，沖縄（西表島，与那国島）に分布する．

タジマガハラババカマアシムシ（改称）(p.19, 30)
Pseudanisentomon ishiii Nakamura

体長 13800〜1460 μm．前肢付節長 119〜123 μm．上唇毛がある．中肢の爪間体は短く，爪の 1/5 以下．

埼玉県さいたま市の田島ヶ原サクラソウ自生地から知られている．

ミナミババカマアシムシ (p.19, 30)
Pseudanisentomon donan Nakamura

体長 1138 μm．前肢付節長 98 μm．中肢の爪間体は短く，爪の1/5以下．前肢感覚毛 b'1 は刺毛 δ4' より δ3' に近く位置する．与那国島から記録されている．

ヒメカマアシムシ科
Protentomidae

体表は平滑で，気門を欠く．第8腹節の腺開口部の覆いの後縁は，通常歯状突起をそなえる．第1～2腹脚は2節で，先端に小胞をもつが，第3腹脚は第1～2腹脚と同じか，単節である．前肢付節の感覚毛は一般に短く，太いものが多い．日本からは5属7種が知られているが，数は多くない．

マトバカマアシムシ属 (p.8)
Neocondeellum

第1～2腹脚は2節で先端に小胞をもつが，第3節は単節で3毛である．小顎腺には球形の膨らみがある．

マトバカマアシムシ (p.8, 30)
Neocondeellum matobai (Imadaté)

体長 800 μm．前肢付節長 46 μm．前胸背板には3対の刺毛がある．富山県富山市（旧細入村）で記録がある．

ヒメマトバカマアシムシ (p.8, 30)
Neocondeellum minusculum Nakamura

体長 710～820 μm．前肢付節長 34～37 μm．腹部第1～6節背板の前列刺毛は1対（A1）のみ．群馬県渋川市（旧北橘村）で記録されている．

タモウマトバカマアシムシ (p.8, 30)
Neocondeellum japonicum Nakamura

体長 750～830 μm．前肢付節長 40～42 μm．腹部第1～6節背板には2対の前列刺毛（A1, 2）がある．本州（埼玉県，千葉県），九州（熊本県），伊豆諸島に分布する．

コウナンカマアシムシ属 (p.8, 30)
Huhentomon

体長 1220～1440 μm．前肢付節長 74～81 μm．小顎腺は単純で，膨らみがない．日本ではコウナンカマアシムシ *Huhentomon plicantunguis haradai* Imadaté が神奈川県横浜市で記録されている．

フジカマアシムシ属 (p.3, 31)
Fujientomon

体長約 800 μm．前肢付節長約 70 μm．第1～3腹脚はいずれも2節．前肢爪間体は長く，爪と同長．前肢付節に目立って幅広い葉状の感覚毛がある．第1～7腹節背板に前列中央毛 Ac がある．日本ではフジカマアシムシ *Fujientomon primum* Imadaté が本州（栃木県，千葉県，東京都）で記録がある．

キタカマアシムシ属 (p.9, 31)
Hinomotentomon

体長 760～910 μm．前肢付節長 44～49 μm．偽眼に大きな三角形の延長部がある．小顎腺には球形の膨らみがある．日本固有属で，キタカマアシムシ *Hinomotentomon nipponicum* (Imadaté) が北海道，本州（栃木県以北）に分布する．他のカマアシムシ類より深い層（地表下 10～40 cm）で得られることが多い．

サイイキカマアシムシ属 (p.9, 31)
Hesperentomon

体長 1760 μm．前肢付節長 99 μm．偽眼の延長部は幅広である．小顎腺の膨らみはサック状である．日本ではクラタカマアシムシ *Hesperentomon kuratai* Imadaté が本州（栃木県，長野県）に分布する．

クシカマアシムシ科
Acerentomidae

体表は平滑だが，腹部の一部に微少な歯状突起をもつものもいる．気門を欠く．第8腹節の腺開口部の覆いは後端に歯を備え，櫛のように見える．同じ節の前縁近くに帯状構造がある．前肢付節の感覚毛は一般に細い．日本からは16属37種が知られている．

ミスジカマアシムシ属 (p.19)
Acerentulus

第2～3腹脚が3毛であることで，他のクシカマアシムシ類と識別できる．

ミスジカマアシムシ (p.19, 31)
Acerentulus kisonis Imadaté

体長 1100～1500 μm．前肢付節長 90～120 μm．頭部に付加毛がある．前肢感覚毛 b は c より明らかに長い．本州（長野県以北）に分布する．

ミチノクミスジカマアシムシ（改称）(p.19, 31)
Acerentulus omoi Imadaté

体長 1030～1410 μm．前肢付節長 103～110 μm．頭部に付加毛がある．前肢感覚毛 b は c と同長で，そ

の先端はeの基部に達する．b'は刺毛α4と同じレベルにある．北海道，本州（青森県，岩手県，秋田県）に分布する．

アズマミスジカマアシムシ（改称）（p.19, 31）
Acerentulus keikoae Imadaté
　体長1060～1480 μm．前肢付節長95～116 μm．前肢感覚毛bとcは同長では短く，その先端は刺毛δ3の基部に達しない．本種には，頭部に付加毛のない *Acerentulus keikoae keikoae* Imadaté（福島県，茨城県，栃木県に分布）と付加毛のある *Acerentulus keikoae capilatus* Imadaté（愛知県，京都府に分布）の2亜種がある．

カグヤカマアシムシ属（p.5, 31）
Silvestridia
　体長600～660 μm．前肢付節長40～50 μm．第2～3腹脚は1毛．日本にはカグヤカマアシムシ *Silvestridia hutan* Imadaté が本州，四国，九州，対馬，伊豆諸島に分布する．国外では，タイワン，ボルネオ，ジャワに分布する．熱帯植物園など特異な人工環境で採集されることが多く，日本ではメスしか見いだされていない．

アオキカマアシムシ属（p.20）
Gracilentulus
　下唇肢には毛の束はなく，3～4本の刺毛がある．第8腹節の帯状構造には条線がある．

アオキカマアシムシ（p.20, 31）
Gracilentulus aokii Imadaté
　体長700～760 μm．前肢付節長74～76 μm．下唇肢の刺毛は3本で，第6腹節背板の後列主毛P3は他の後列毛より前に位置する．本州（広島県），四国（愛媛県）に分布する．

ヨツゲアオキカマアシムシ（新称）（p.20, 32）
Gracilentulus chichibuensis Nakamura
　体長865 μm．前肢付節長80～86 μm．下唇肢の刺毛は4本で，第6腹節背板の後列主毛P3は他の後列毛と同列に位置する．本州（埼玉県）で記録されている．

フタフシカマアシムシ属（p.20）
Kenyentulus
　小顎腺は長く，終端以外にも2，3の肥大がある．

フタフシカマアシムシ（p.20, 32）
Kenyentulus japonicus (Imadaté)
　体長600～900 μm．前肢付節長50～70 μm．第2～6背板に後列副毛P3aを欠く．日本全土に分布し，公園など貧弱な植生からも記録される．

サキモリフタフシカマアシムシ（改称）（p.20, 32）
Kenyentulus sakimori (Imadaté)
　体長900 μm．前肢付節長69～73 μm．前肢付節の感覚毛b'は刺毛α4と同レベル．第2～6節背板に後列副毛P3aがある．九州（福岡県），対馬に分布する．中国からも記録されている．

ヤマフタフシカマアシムシ（新称）（p.20, 32）
Kenyentulus monticola Nakamura
　体長950～1150 μm．前肢付節長83～92 μm．本属の中では最も大きい．前肢付節の感覚毛b'はt2と同レベルに位置する．第2～6節背板に後列副毛P3aがある．本州（埼玉県）で記録がある．

スガエカマアシムシ属（p.6, 32）
Sugaentulus
　体長1000～1200 μm．前肢付節長78～84 μm．前肢感覚毛dとeは近接する．第2～6腹節背板の後列主毛P3は他の後列毛より前に位置し，第8腹節の帯状構造の条線は発達する．日本ではスガエカマアシムシ *Sugaentulus masumii* Imadaté が秋田県大仙市（旧協和町）から知られている．

モリカワカマアシムシ属（p.21）
Baculentulus
　下唇肢の刺毛に3本．小顎腺は単純で終端以外に肥大はない．第8腹節の帯状構造には条線がない．

ミナミカマアシムシ（p.21, 32）
Baculentulus nitidus (Imadaté & Yosii)
　体長600～770 μm．前肢付節長56～62 μm．第7腹節の前列毛は1対（A5），第8腹節の前列毛は2対（A3, 5）．本州，四国，九州，沖縄，伊豆諸島に分布する．

サイコクカマアシムシ（p.21, 32）
Baculentulus densus (Imadaté)
　体長1200～1580 μm．前肢付節長92～110 μm．前肢付節の感覚毛bの長さはcの2/3より短い．第2～6腹節背板に後列副毛P1aを欠く．本州（茨城県以西），四国，九州に分布する．

イシュンカマアシムシ (p.21, 32)
Baculentulus loxoglenus Yin

体長 670～870 μm．前肢付節長 55～67 μm．頭部に付加毛がある．第 6 腹節の前列毛は 3 対 (A1, 2, 5)．本州（青森県，栃木県，埼玉県，長野県）に分布する．国外では中国（黒竜江省，遼寧省）に分布する．

サカヨリカマアシムシ (p.21, 33)
Baculentulus sakayorii Nakamura

体長 710～850 μm．前肢付節長 83～90 μm．頭部に付加毛を欠く．第 6 腹節背板の前列毛は 3 対 (A1, 2, 5)，第 2～6 腹節背板に後列副毛 P1a がある．本州（茨城県，栃木県）に分布する．

ムサシカマアシムシ (p.21, 33)
Baculentulus nipponicus Nakamura

体長 1100～1360 μm．前肢付節長 95～105 μm．第 6 腹節背板の前列毛は 4 対 (A1, 2, 4, 5)，同腹節の後列主毛 P3 は他の後列毛と同列に位置する．第 5～7 節背板に後列副毛 P3a がある．本州（茨城県，群馬県，埼玉県，神奈川県，長野県），四国（愛媛県），伊豆大島に分布し，朝鮮半島からも知られている．

トサカマアシムシ (p.21, 33)
Baculentulus tosanus (Imadaté & Yosii)

体長 800～1000 μm．前肢付節長 74～80 μm．モリカワカマアシムシによく似るが，より小さい．国内での分布域も次種モリカワカマアシムシに似るが，より暖温帯域に多い．中国，朝鮮半島，インドからも記録される．

モリカワカマアシムシ (p.21, 33)
Baculentulus morikawai (Imadaté & Yosii)

体長 1000～1320 μm．前肢付節長 90～100 μm．第 6 腹節背板の前列毛は 4 対 (A1, 2, 4, 5)，同腹節の後列主毛 P3 は他の後列毛より前に位置する．日本全土だけでなく，東南アジアまで広く分布する．本種には，頭部に付加毛を持つ型ともたない型があり，系統上の位置については今後検討の余地がある．

イズミカマアシムシ属 (p.6, 33)
Neobaculentulus

体長 1000～1300 μm．前肢付節長 80～85 μm．下唇肢の刺毛は 2 本．前肢付節に感覚毛 b' をもつ．日本ではイズミカマアシムシ *Neobaculentulus izumi* (Imadaté) が本州（福島県，埼玉県，東京都，神奈川県，富山県），九州（福岡県），伊豆諸島に分布し，中国からも記録がある．

オンタケカマアシムシ属 (p.6, 33)
Wenyingia

体長 1300～1500 μm．前肢付節長 105～110 μm．下唇肢には毛の束があり，前肢感覚毛 t1 が糸状，第 2～6 腹節の後列主毛 P3 が他の後列毛より前に位置する．日本固有属で，オンタケカマアシムシ *Wenyingia kurosawai* (Imadaté) が本州（群馬県，富山県，岐阜県）に分布する．

オオバカマアシムシ属 (p.6, 33)
Tuxenentulus

体長 1500～1800 μm．前肢付節長 98～148 μm．下唇肢には毛の束をそなえ，前肢感覚毛 t1 は棍棒状，第 8 腹節の帯状構造には条線がない．第 1～6 腹節背板の後列副毛 P1a と主毛 P2 の間に補完毛 P1a' がある．日本ではオオバカマアシムシ *Tuxenentulus ohbai* Imadaté が北海道，本州（茨城県以北）に分布する．

タカナワカマアシムシ属 (p.22)
Filientomon

前肢感覚毛 t1 は糸状，第 8 腹節の腺開口部の覆いが後方へ突出する．

タカナワカマアシムシ (p.22, 33)
Filientomon takanawanum (Imadaté)

体長 1300～1600 μm．前肢付節長 106～120 μm．第 2～6 節背板の前列毛は 5 対，後列副毛は主毛 P1 の 1/4 より長く刺毛型．北海道から奄美大島に分布する．朝鮮半島と中国からも記録がある．

トウゴクタカナワカマアシムシ (改称) (p.22, 34)
Filientomon gentaroanum Nakamura

体長 1400 μm．前肢付節長 103～119 μm．第 2～6 節背板の前列毛は 6 対 (A1, 1', 2, 3, 4, 5)，後列副毛は主毛 P1 の 1/3 より長く刺毛型．本州（茨城県，栃木県）に分布する．

シナノタカナワカマアシムシ (改称) (p.22, 34)
Filientomon kurosai (Imadaté)

体長 1400～1850 μm．前肢付節長 112～127 μm．第 2～6 腹節背板の前列毛は 5 対，後列副毛は主毛 P1 の 1/8 より短く感覚毛型．腹部第 4～6 節背板の P1 と P1a の間に補完毛 P1a' がある．本州（埼玉県，山梨県，長野県，岐阜県，静岡県，愛知県）に分布する．

サイカイタカナワカマアシムシ (改称) (p.22, 34)
Filientomon lubricum (Imadaté)

体長 1300～1450 μm．前肢付節長 104～120 μm．

第2〜6腹節背板の前列毛は6対（A1, 1', 2, 3, 4, 5），後列副毛は主毛P1の1/8より短く感覚毛型．本州（鳥取県，広島県，山口県），四国，九州，対馬に分布する．

ヤマトカマアシムシ属（p.22）
Yamatentomon
　前肢感覚毛t1は棍棒状，第8腹節の腺開口部の覆いが後方へ突出する．

ミヤマヤマトカマアシムシ（改称）（p.22, 34）
Yamatentomon fujisanum Imadaté
　体長1340〜1550 μm．前肢付節長115〜136 μm．第2〜6腹節の後列副毛は主毛P1の1/8より短く，感覚毛型．本州（神奈川県，山梨県，長野県，静岡県，三重県）に分布する．

ヒメヤマトカマアシムシ（p.22, 34）
Yamatentomon kunnepchupi Imadaté
　体長1060〜1400 μm．前肢付節長90〜94 μm．第7腹節の前列毛は5対（A1-5），第2〜6腹節の後列副毛は主毛P1の1/4より長く刺毛型，第2〜5腹節背板に後列副毛P3aを欠く．北海道に分布し，極東ロシア（ハバロフスク）からも知られている．

ヤマトカマアシムシ（p.22, 34）
Yamatentomon yamato (Imadaté & Yosii)
　体長1600〜1900 μm．前肢付節長110〜124 μm．第7腹節の前列毛は6対（A1, 2, 3, 4, 4', 5），第2〜6腹節の後列副毛は主毛P1の1/4より長く刺毛型，第2〜5腹節背板に後列副毛P3aがある．北海道から九州に分布し，国外では朝鮮半島，中国からも記録がある．

ヨシイムシ（ニッポンカマアシムシ）属（p.23）
Nipponentomon
　第9〜11腹節後端に歯列がある．

ウエノカマアシムシ（p.23, 34）
Nipponentomon uenoi Imadaté & Yosii
　体長1500〜1900 μm．前肢付節長105〜127 μm．中・後胸と第1〜6腹節背板の後列副毛P1aは主毛P1の1/8以下で感覚毛型．北海道から種子島まで分布するが，毛序の差異により6つの型が認められている．

カムイカマアシムシ（p.23, 34）
Nipponentomon kamui Imadaté
　体長2360〜2980 μm．前肢付節長160〜176 μm．日本産カマアシムシ類の中では最も大きい．中・後胸と第1〜6腹節背板の後列副毛P1aは主毛P1の1/3より長く刺毛型であるが，P2aはP1の1/8以下で感覚毛型．北海道に分布する．

ヨシイムシ（p.23, 35）
Nipponentomon nippon (Yoshii)
　体長1500〜1800 μm．前肢付節長98〜120 μm．口吻が突出し，中・後胸と第1〜7節背板の後列副毛はすべて主毛P1の1/4より長く刺毛型．北海道から九州，伊豆諸島に分布し，朝鮮半島からも記録されている．

ヨシイムシモドキ属（p.23）
Imadateiella
　後胸背板に前列毛A1があり，第9〜11腹節後端に歯列がない．

オクノヨシイムシモドキ（p.23, 35）
Imadateiella shiria (Imadaté)
　体長930〜1220 μm．前肢付節長74〜82 μm．第2〜6腹節背板の後列副毛P1a, 2aは主毛P1の1/3以上で刺毛型．北海道，本州（青森県）に分布する．

ヨシイムシモドキ（p.23, 35）
Imadateiella yosiiana (Imadaté)
　体長1150〜1350 μm．前肢付節長77〜85 μm．第2〜6腹節背板に後列副毛P1aを欠く．本州（千葉県以西），四国，九州，伊豆諸島に分布する．

シデイカマアシムシ（p.23, 35）
Imadateiella shideiana (Imadaté)
　体長930〜1220 μm．前肢付節長74〜82 μm．第2〜6腹節背板の後列副毛P1aは主毛P1の1/3以上で刺毛型であるが，P2aはP1の1/6以下で感覚毛型．関東地方以北の本州に分布するが，第2〜7腹節背板にP3aと第7腹節腹板に後列中央毛Pcをもつ*Imadateiella shideiana shideiana* (Imadaté)（西側に分布）とそれらをもたない*Imadateiella shideiana eos* (Imadaté)（東側に分布）の2亜種がある．

ウラシカマアシムシ属（p.7, 35）
Nosekiella
　体長740 μm．前肢付節長76 μm．前肢付節の感覚毛t1は棍棒状．第2〜6腹節背板の後列主毛P3は他の後列毛と同列．第8腹節の腺開口部の覆いの後端は突出しない．日本にはウラシカマアシムシ *Nosekiella urasi* Imadatéが北海道美唄市から知られている．本種は亜成虫により記載されており，成虫は見いだされて

いない.

コブクシカマアシムシ属（p.24）
Verrucoentomon

　前肢付節の感覚毛 t1 は糸状，後胸背板に前列刺毛 A1 を欠く，第 8 腹節腹版に後列毛がある.

コブクシカマアシムシ（p.24, 35）
Verrucoentomon shirampa (Imadaté)

　体長 1060 〜 1300 μm．前肢付節長 88 〜 98 μm．第 2 〜 6 腹節背板の後列副毛 P1a, 2a は主毛 P1 の 1/3 以上で刺毛型．北海道，本州（青森県〜岐阜県）に分布し，朝鮮半島からも記録がある.

カワカツコブクシカマアシムシ（改称）（p.24, 35）
Verrucoentomon kawakatsui (Imadaté)

　体長 1025 〜 1300 μm．前肢付節長 94 〜 98 μm．第 2 〜 6 腹節背板の後列副毛 P1a, 2a は主毛 P1 の 1/6 以下で感覚毛型．北海道に分布する.

キタクシカマアシムシ属（p.7, 35）
Paracerella

　体長 960 〜 1200 μm．前肢付節長 75 〜 77 μm．前肢付節の感覚毛 t1 は糸状，前肢付節の感覚毛 d は c と e の中間にあり，a' は t2 と同じレベルに位置する．後胸背板に前列刺毛 A1 を，第 8 腹節腹版に後列毛を欠く．日本ではキタクシカマアシムシ *Paracerella shiratki* (Imadaté) が北海道, 本州（秋田県）に分布する.

引用・参考文献

今立源太良（1960）．比婆郡から発見された原尾目（附一新種の記載）．比和科学博物館研究報告, **3** : 1-3.

Imadaté, G. (1961a). A new species of Protura, *Eosentomon asahi* n. sp. from Japan. *Kontyû, Tokyo*, **29** : 123-131.

Imadaté, G. (1961b). Three new species of the genus *Acerentulus* Berlese (Protura) from Japan. *Kontyû, Tokyo*, **29** : 226-233.

Imadaté, G. (1964a). Taxonomic arrangement of Japanese Protura (I). *Bull. Natn. Sci. Mus., Tokyo*, **7** : 38-81.

Imadaté, G. (1964b). Taxonomic arrangement of Japanese Protura (II). *Bull. Natn. Sci. Mus., Tokyo*, **7** : 263-293.

Imadaté, G. (1965). Taxonomic arrangement of Japanese Protura (III). *Bull. Natn. Sci. Mus., Tokyo*, **8** : 23-69.

Imadaté, G. (1970). A new species of the genus *Silvestridia* Bonet (Protura) from Japan. *Rev. Écol. Bio. Sol*, **4** (1969) : 557-561.

Imadaté, G. (1974). Contributions towards a revision of Japanese Protura. *Rev. Écol. Bio. Sol*. **10** (1973) : 603-628.

Imadaté, G. (1977). Occurrence of *Sinentomon* (Protura) in Japan. *Bull. Natn. Sci. Mus., Tokyo*, (A), **3** : 37-48.

Imadaté, G. (1978). A new genus of Acerentomidae (Protura) from North Japan. *Bull. Natn. Sci. Mus., Tokyo*, (A)., **4** : 39-43.

Imadaté, G. (1980). A new genus of Acerentomidae (Protura) from Japan and North America, *Kontyû, Tokyo*, **48** : 278-290.

Imadaté, G. (1982). A new species of the genus *Gracilentulus* (Protura) from Shikoku, South-west Japan. *Annot. Zool. Japon.*, **55** : 180-183.

Imadaté, G. (1986). *Yinentulus*, A new genus of Acerentomidae (Protura) from Japan. *Ent. Pap. pres. Kurosawa, Tokyo*, 36-41.

Imadaté, G. (1988). The Japanese species of the genus *Acerentulus* (Protura). *Kontyû, Tokyo*, **56** : 1-20.

Imadaté, G. (1989). Occurrence of *Huhentomon* and *Hesperentomon* (Protura) in Japan. *Bulletin of the Biogeographical Society of Japan*, **44** : 157-164.

Nakamura, O. (1983). *Eosentomon nupri* sp. nov. from Hokkaido (Protura, Eosentomidae). *Kontyû, Tokyo*, **51** : 596-600.

Nakamura, O. (1985). A new species of the genus *Baculentulus* (Protura, Acerentomidae) from Japan. *Kontyû, Tokyo*, **53** : 721-728.

Nakamura, O. (1990). Two new species of the genus *Neocondeellum* (Protura, Protentomidae) from Japan. *Japanese Journal of Entomology*, **58** : 593-605.

節足動物門
ARTHROPODA

昆虫亜門（六脚亜門）HEXAPODA
内顎綱 Entognatha
コムシ目（双尾目）Diplura

中村修美　O. Nakamura

昆虫亜門（六脚亜門）Hexapoda・コムシ目（双尾目）Diplura

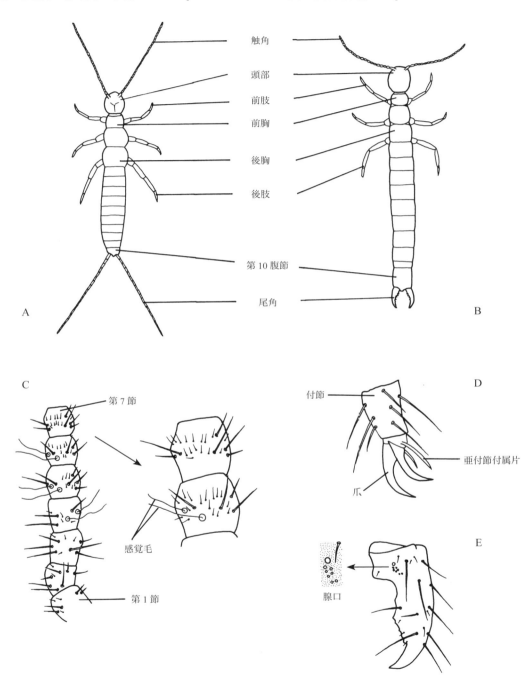

コムシ目 Diplura 形態用語図解
A：ナガコムシ類背面，B：ハサミコムシ類背面，C：触角，D：肢，E：尾角背面

コムシ目 Diplura の科・属・種への検索

尾角は糸状

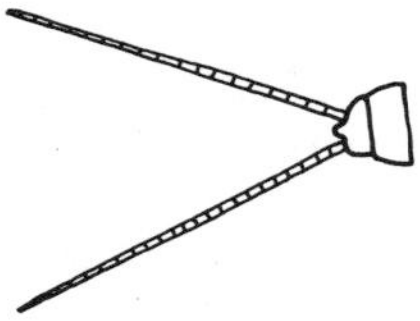

ナガコムシ科
Campodeidae

尾角は，鋏状

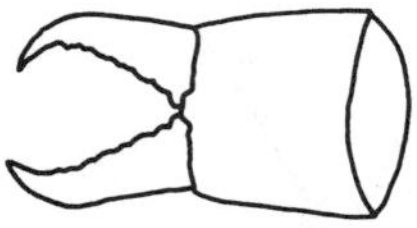

- 触角第4〜6節に感覚毛がある

  ハサミコムシ科
  Japygidae
  ハサミコムシ属
  Occasjapyx
  ③

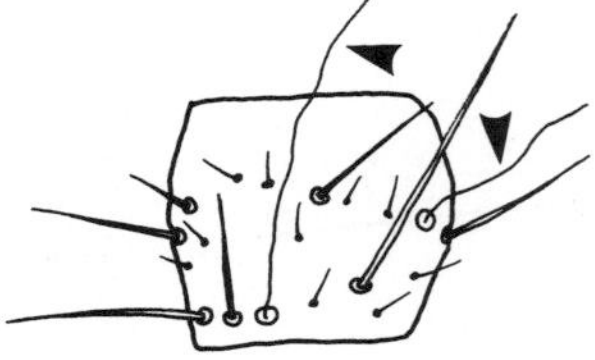

- 触角には感覚毛がない

  ヒメハサミコムシ科
  Parajapygidae
  ヒメハサミコムシ属
  Parajapyx
  ④

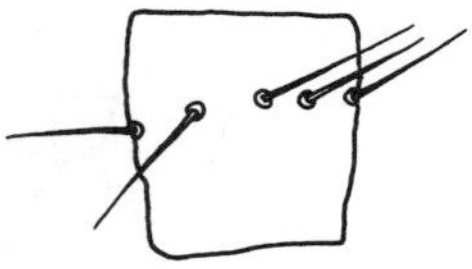

体表は鱗片で覆われない

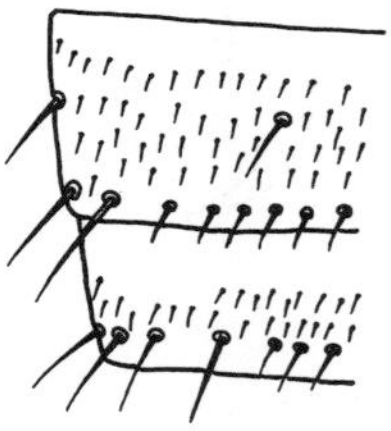

- 亜付節付属片がある

  ナガコムシ属 
  Campodea
  ①

- 亜付節付属片がない 

  クワヤマナガコムシ属
  Metriocampa
  ②

体表は鱗片に覆われる

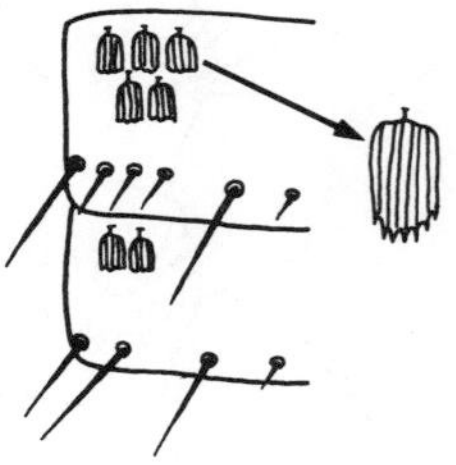

ウロコナガコムシ属
Lepidocampa
ウロコナガコムシ
L. weberi Oudemans
(p.5, 7)

昆虫亜門・コムシ目　3

ナガコムシ属 *Campodea* の種への検索

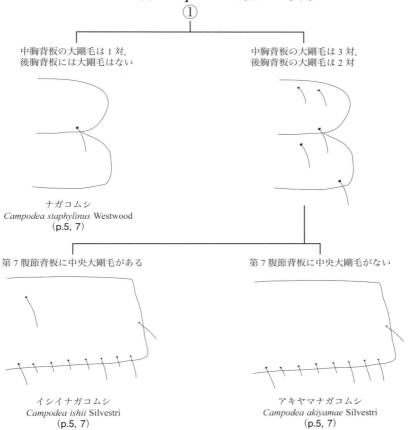

クワヤマナガコムシ属 *Metriocampa* の種への検索

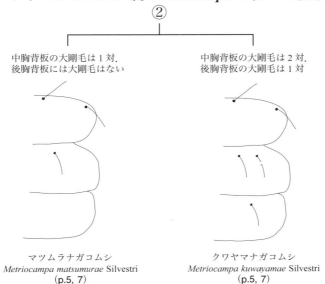

4　昆虫亜門・コムシ目

ハサミコムシ属 *Occasjapyx* の種への検索

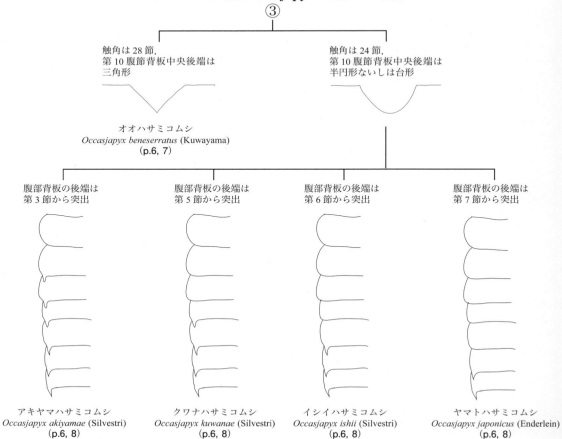

ヒメハサミコムシ属 *Parajapyx* の種への検索

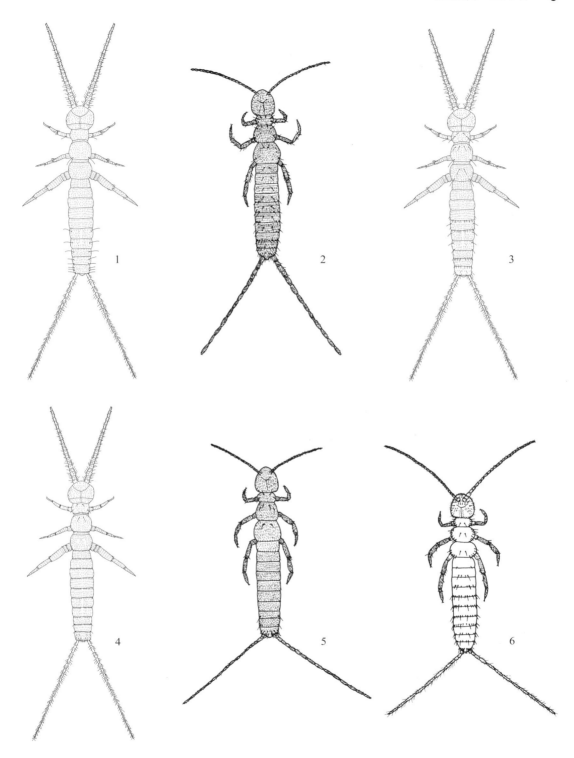

コムシ目 Diplura 全形図(1)
1:ナガコムシ *Campodea staphylinus* Westwood, 2:イシイナガコムシ *Campodea ishii* Silvestri, 3:アキヤマナガコムシ *Campodea akiyamae* Silvestri, 4:マツムラナガコムシ *Metriocampa matsumurae* Silvestri, 5:クワヤマナガコムシ *Metriocampa kuwayamae* Silvestri, 6:ウロコナガコムシ *Lepidocampa weberi* Oudemans

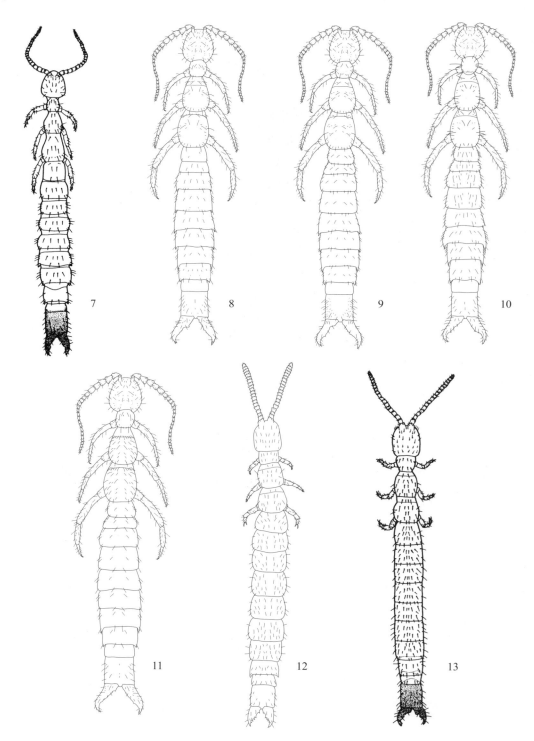

コムシ目 Diplura 全形図（2）
7：オオハサミコムシ *Occasjapyx beneserratus* (Kuwayama)，8：アキヤマハサミコムシ *Occasjapyx akiyamae* (Silvestri)，9：クワナハサミコムシ *Occasjapyx kuwanae* (Silvestri)，10：イシイハサミコムシ *Occasjapyx ishii* (Silvestri)，11：ヤマトハサミコムシ *Occasjapyx japonicus* (Enderlein)，12：エメリーヒメハサミコムシ *Parajapyx emeryanus* Silvestri，13：ナミヒメハサミコムシ *Parajapyx isabellae* (Grassi)

コムシ目 Diplura

白色細長の虫で，体長 3～10 mm．大きいものでは 50 mm をこす．翅・眼を欠く．触角は数珠状で長い．口器は頭蓋の中に収まり，ほとんど外部に突出しない．10 腹節で，腹部末端に 1 対の尾角をもつ．腹節腹板後縁には，1 対の棘突起がある．日本からは，3 科 5 属 13 種が知られている．

ナガコムシ科 Campodeidae

腹部末端の尾角は長い糸状である．触角は第 3～6 節に感覚毛をそなえる．各肢の爪は良く発達する．亜付節付属片の形態も多様に分化している．主に落葉や菌類を食べる．日本からは，3 属 6 種が知られている．

ナガコムシ属 (p.3)
Campodea

体表に鱗片がなく，肢に糸状の亜付節付属片があることで，他のナガコムシ類と区別される．

ナガコムシ (p.3, 5)
Campodea staphylinus Westwood

体長 3.9～4.6 mm．触角は 23 節．中胸背板に大剛毛は 1 対，後胸背板には大剛毛ない．松村（1931）により札幌周辺から記録されるが，それ以降，日本からの記録はなく，本種の記録については注意を要する．国外ではヨーロッパ（イギリス，フランス，ドイツ，スウェーデン，ポーランド，ハンガリー，デンマーク，チェコ）に分布する．

イシイナガコムシ (p.3, 5)
Campodea ishii Silvestri

体長 3.25 mm．触角 1.50 mm．尾角 2.70 mm．触角は 20 節で，尾角は 13 節からなる．中・後胸背板に大剛毛はそれぞれ 3 対と 2 対．第 7 腹節背板に中央大剛毛がある．本州（福井県，奈良県），九州（長崎県）から記録があり，中国，韓国からも知られる．

アキヤマナガコムシ (p.3, 5)
Campodea akiyamae Silvestri

体長 3 mm．触角 1.90 mm．尾角 2.90 mm．触角は 21 節，尾角は 15 節からなる．中・後胸背板に大剛毛はそれぞれ 3 対と 2 対．第 7 腹節背板に中央大剛毛がない．本種（神奈川県，静岡県），九州（長崎県）から記録されている．

クワヤマナガコムシ属
Metriocampa

体表に鱗片がなく，肢に亜付節付属片はない．

マツムラナガコムシ (p.3, 5)
Metriocampa matsumurae Silvestri

体長 3.5 mm．触角 1.3 mm．尾角 3.6 mm．触角は 19～22 節，尾角は 12～18 節からなる．中胸背板に大剛毛は 2 対，後胸背板のそれは 1 対．本州（栃木県）から知られ，韓国からも記録がある．

クワヤマナガコムシ (p.3, 5)
Metriocampa kuwayamae Silvestri

体長 3 mm．触角 1.2 mm．尾角 2 mm．触角は 19～22 節，尾角は 11～21 節からなる．中胸背板に大剛毛は 1 対，後胸背板に大剛毛はない．九州（長崎県雲仙）から知られている．

ウロコナガコムシ属 (p.2, 5)
Lepidocampa

体長 3.5 mm．触角 2 mm．尾角 2 mm．体表は鱗片で覆われる．日本にはウロコナガコムシ *Lepidocampa weberi* Oudemans が本州（関東地方以西），九州，沖縄に分布する．国外では，インド，インドネシア，ニューギニア，東部アフリカ，マダガスカル，ハワイから記録がある．

ハサミコムシ科 Japygidae

腹部末端の尾角ははさみ状であり，尾角とその前腹節は濃い褐色を呈する．触角の少なくとも第 4～6 節に感覚毛がある．胸部気門は 4 対，尾角基部には腺開口部はない．各肢の爪は良く発達するが，亜付節付属片のないものが多い．各種の土壌動物を捕らえて食べる．日本では，ハサミコムシ属 *Occasjapyx* のみが知られている．

ハサミコムシ属 (p.4)
Occasjapyx

オオハサミコムシ (p.4, 6)
Occasjapyx beneserratus (Kuwayama)

体長 14 mm．尾角 1.48 mm．触角は 28 節，長さは 5.8 mm．第 10 腹節背板の中央後端は三角形に突出．腹節背板の後端は第 5 腹節から後方へ突出．本州（福井県），九州（長崎県，熊本県）から記録されている．

アキヤマハサミコムシ (p.4, 6)
Occasjapyx akiyamae (Silvestri)

体長 19 mm．尾角 2.1 mm．触角は 24 節，長さは 4 mm．第 10 腹節背板の中央後端は半円形に突出，腹節背板の後端は第 3 節から後方へ突出．本州（静岡県熱海）で記録されている．

クワナハサミコムシ (p.4, 6)
Occasjapyx kuwanae (Silvestri)

体長 9 mm．尾角 1.05 mm．触角は 24 節，長さは 2.34 mm．第 10 腹節背板の中央後端は台形に突出．腹節背板の後端は第 5 節から後方へ突出．九州（長崎県雲仙）で記録されている．

イシイハサミコムシ (p.4, 6)
Occasjapyx ishii (Silvestri)

体長 11 mm．尾角 0.85 mm．触角は 24 節，長さは 2.5 mm．第 10 腹節背板の中央後端は台形に突出．腹節背板の後端は第 6 節から後方へ突出．本州（静岡県，京都府，滋賀県，奈良県），九州（熊本県，鹿児島県）から記録されている．

ヤマトハサミコムシ (p.4, 6)
Occasjapyx japonicus (Enderlein)

体長 11 mm．尾角 1.16 mm．触角は 24 節，長さは 3.3 mm．第 10 腹節背板の中央後端は半円形ないしは台形に突出．腹節背板の後端は第 7 節から後方へ突出．本州（東京都，神奈川県，福井県，兵庫県）から記録があり，中国からも記録されている．

ヒメハサミコムシ科
Parajapygidae

ハサミコムシ科に似るが，下唇肢が退縮し，触角に感覚毛がなく，胸部気門は 2 対．尾角の基部には数個の腺開口部がある．日本からはヒメハサミコムシ属 *Parajapyx* のみが知られている．

ヒメハサミコムシ属 (p.4)
Parajapyx

エメリーヒメハサミコムシ (p.4, 6)
Parajapyx emeryanus Silvestri

体長 2.5 mm．尾角 0.18 mm．触角は 20 節，長さは 0.75 mm．第 10 腹節背板の中央後端は半円形に突出．尾角には明瞭な歯列がある．本州（埼玉県，東京都，福井県，奈良県），沖縄から記録され，中国からも知られている．

ナミヒメハサミコムシ (p.4, 6)
Parajapyx isabellae (Grassi)

体長 2.8〜3.0 mm．尾角 0.18〜0.2 mm．触角は 18 節，長さは 0.7〜0.74 mm．第 10 腹節背板中央後端は三角形に突出．尾角には通常明瞭な歯列がある．本州（埼玉県，千葉県，福井県），九州（長崎県），沖縄から記録されている．国外では，中国，ヨーロッパ，アフリカ北部，北アメリカ，アルゼンチン，ハワイに分布する．なお，沖縄本島から記録されたトゲナシヒメハサミコムシ *Parajapyx paucidentis* Xie, Yang & Yin は本種のシノニムであり，尾角には先端の 1 対の小さな歯を除いて，明瞭な歯をもたない変異型である．

引用・参考文献

松村松年（1931）．日本昆蟲大圖鑑．1,688 頁，10 図版．刀江書院，東京．

節足動物門
ARTHROPODA

昆虫亜門（六脚亜門）HEXAPODA
外顎綱（狭義の昆虫綱）Entognatha
シミ目（総尾目）Thysanura

町田龍一郎　R. Machida

昆虫亜門（六脚亜門）Hexapoda・シミ目（総尾目）Thysanura

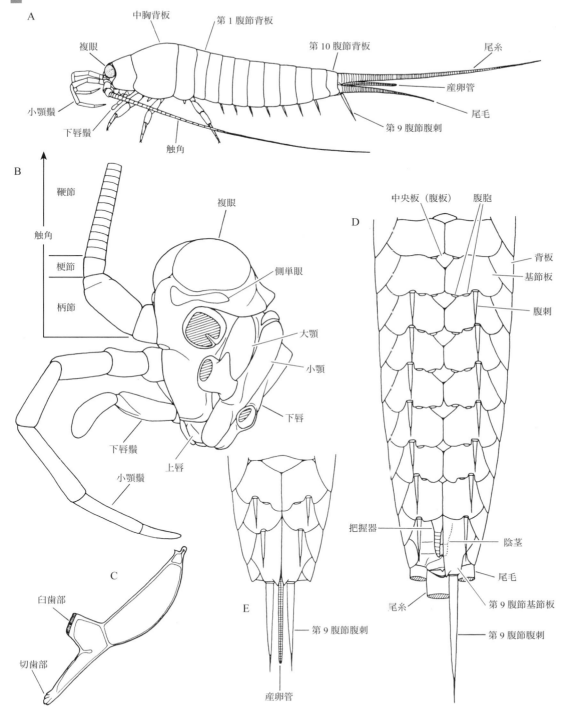

シミ目（総尾目）Thysanura 形態用語図解
A：全形（♀），B：頭部（左触角・基部の節を除く左小顎鬚・下唇鬚は省く），C：大顎，D：♂腹部腹面（右第9腹節基節板および基部を除き尾糸・尾毛を省く），E：♀後腹部腹面（尾糸・尾毛は省く）
A：ヤマトイシノミ *Pedetontus nipponicus* (Silvestri)，B〜E：ヒトツモンイシノミ *Pedetontus unimaculatus* Machida

2 昆虫亜門・シミ目

シミ目 Thysanura の科・属への検索

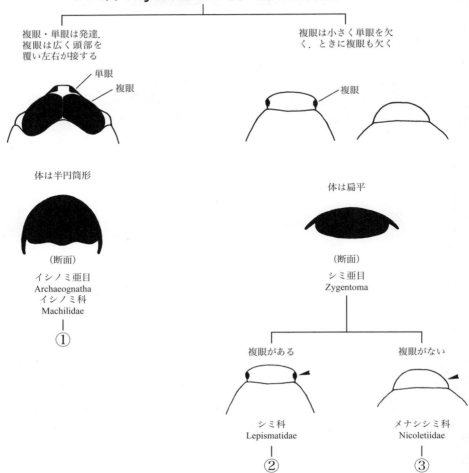

昆虫亜門・シミ目 3

イシノミ科 Machilidae の属への検索

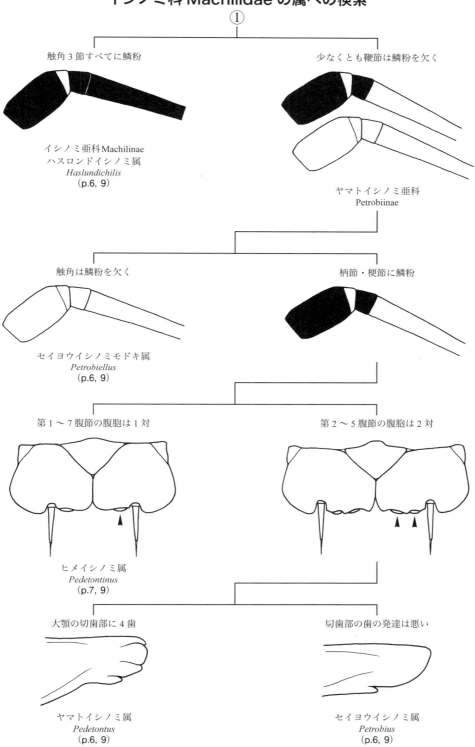

シミ科 Lepismatidae の属への検索

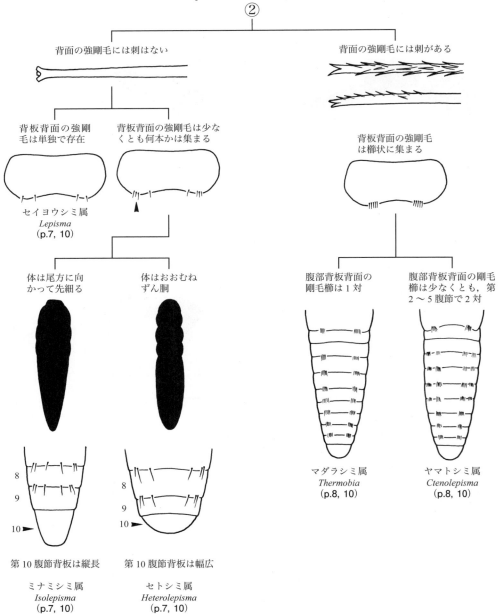

メナシシミ科 Nicoletiidae の属への検索

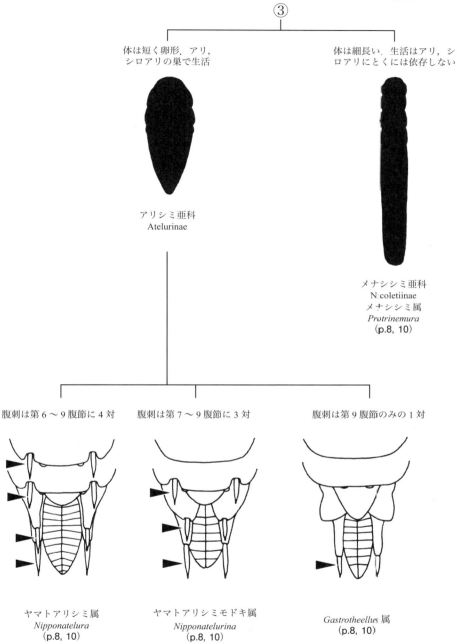

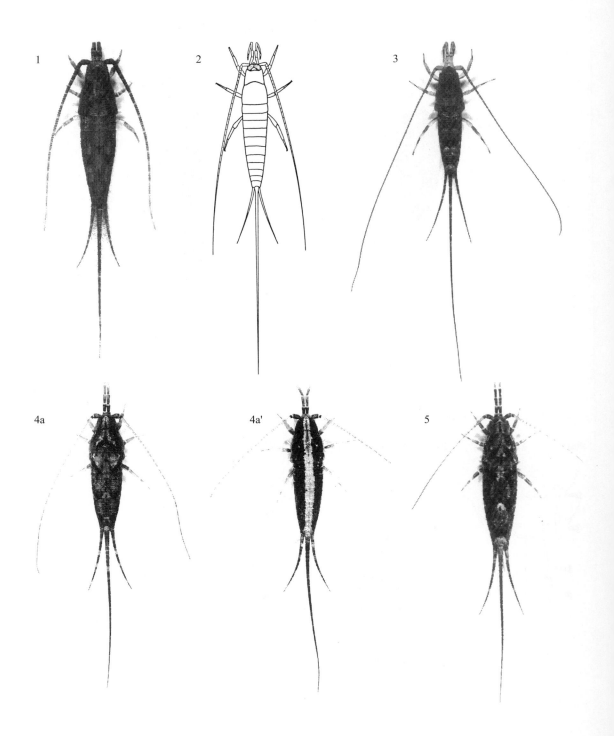

シミ目(総尾目)Thysanura 全形図(1)
1：ハスロンドイシノミ属の一種 *Haslundichilis* sp., 2：コジマイシノミ *Petrobius kojimai* (Uchida), 3：セイヨウイシノミモドキ *Petrobiellus tokunagae* Silvestri, 4a, a'：ヤマトイシノミ *Pedetontus nipponicus* (Silvestri); a, a' は鱗粉模様の2型を示す, 5：ヒトツモンイシノミ *Pedetontus unimaculatus* Machida
(町田原図)

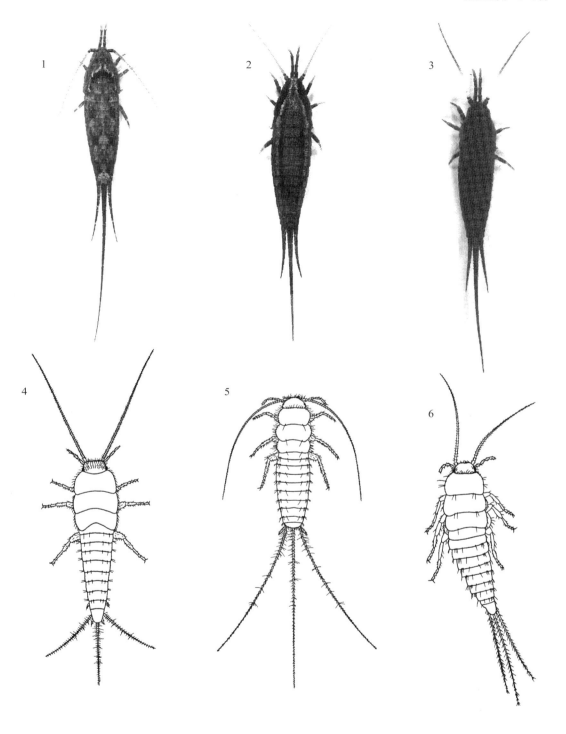

シミ目(総尾目)Thysanura 全形図 (2)
1:オカジマイシノミ *Pedetontus okajimae* Silvestri, 2:イシイイシノミ *Pedetontinus ishii* Silvestri, 3:シラヒゲヒメイシノミ *Pedetontinus dicrocerus* Silvestri, 4:セイヨウシミ *Lepisma saccharina* Linn, 5:セトシミ *Heterolepisma dispar* Uchida, 6:ヤマトミナミシミ *Isolepisma japonica* Uchida
(1〜3:町田原図;4:Lubbock, 1873 から改変;5:Uchida, 1944 から改変;6:Uchida, 1968 から改変)

8 昆虫亜門・シミ目

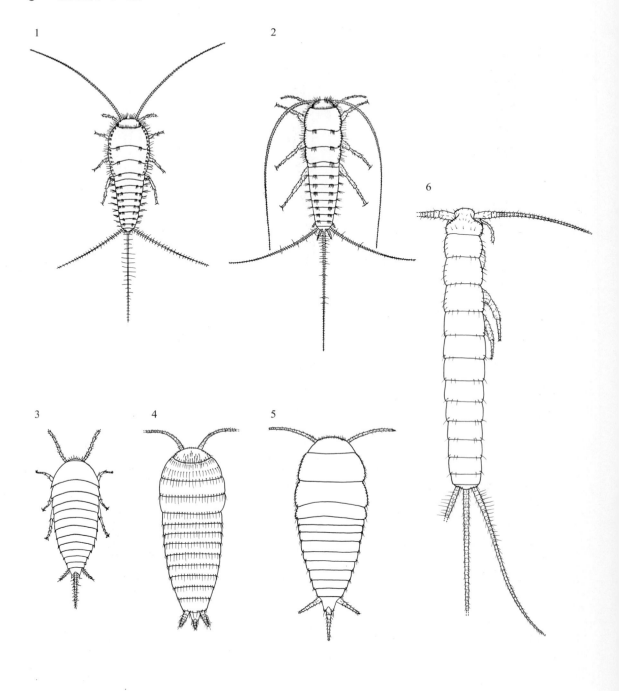

シミ目(総尾目)Thysanura 全形図 (3)
1：オナガシミ *Ctenolepisma longicaudata* Escherich, 2：マダラシミ *Thermobia domestica* (Packard), 3：シロウズアリシミ *Nipponatelura shirozui* (Uchida), 4：*Gastrotheellus notabilis* Silvestri, 5：クロサアリシミ *Nipponatelurina kurosai* Mendes & Machida, 6：メナシシミ *Protrinemura insulana* Mendes & Machida
(1：Uchida, 1943 を改変；3：Uchida, 1960a から；4：Silvestri, 1942 を改変；5, 6：町田原図)

シミ目（総尾目）Thysanura

体長（触角，尾糸，尾毛をのぞく）15 mm 以下の本来翅を持たない昆虫類，無翅昆虫類の一員で，大部分の昆虫を含む有翅昆虫類の祖先型に最も近いと考えられている原始的な昆虫群．体は鱗粉で覆われる．触角は鞭状で発達し，口器は外顎口．イシノミ亜目は複眼・単眼ともに発達するが，シミ亜目では眼の発達は悪く，欠くこともある．腹部には胸肢と相同の機能的な付属肢（腹刺や腹胞），尾端には長い一本の尾糸，一対の尾毛を持つ．無変態で，寿命はイシノミ亜目で3年，シミ亜目で7〜8年，各シーズンを通していくつかのサイズ・段階の個体が存在する．最近，イシノミ類は独立の目，イシノミ目 Microcoryphia として扱われることも多い．

イシノミ亜目 Archaeognatha

体長 10 mm 弱〜15 mm．体は円筒型で，複眼・単眼ともに発達．一般に触角・尾糸が大変長く，小顎鬚も長大．岩や樹皮に生える陸上緑藻，落葉を食べ，通常自然度の高い日陰の岩上・樹皮上・落葉上に見いだされる．越冬は岩の隙間・樹皮下・落葉中などで行う．危険に遭うと走り逃げるとともに，腹部を打ちつけてジャンプし危険より回避する．イシノミ科 Machilidae とミナミイシノミ科 Meinertellidae からなり，後者は主に南半球に生息し日本からの報告はない．

イシノミ科
Machilidae

日本からの正式な記録は5属．中央板が大きく，雄においては把握器があるのが特徴．

ハスロンドイシノミ属（新称）(p. 3, 6)
Haslundichilis

体長 10 mm 前後．本属が含まれるイシノミ亜科（新称）Machilinae は触角全節が鱗粉で覆われるのが特徴．本属のものはパキスタン，アフガニスタン，ソ連南西部，中国のみから知られていたが，最近奄美大島・屋久島より1未記載種が採集された．

セイヨウイシノミ属（新称）(p. 3, 6)
Petrobius

体長 10 mm 前後．本属は以下のイシノミの3属と共にヤマトイシノミ亜科（新称）Petrobiinae に含まれ，本亜科の模式属．本属のものは主にヨーロッパから知られ，好海岸性の種を含む．日本からは北海道厚岸の海岸の岩上に生息するコジマイシノミ *Petrobius kojimai*（Uchida）1種が知られる．本種はセイヨウシノミモドキ属のものと同様，非常に長い触角・尾糸・尾毛は，輪生毛が短いため，たいへん硬い印象を与える．

セイヨウイシノミモドキ属（新称）(p. 3, 6)
Petrobiellus

体長 10 mm 前後．本属は触角に鱗粉をまったく欠くこと，付属肢の鱗粉も極めて少ないこと，触角・尾糸・尾毛が極めて長いことで特徴づけられる．日本からは *Petrobiellus tokunagae* Silvestri（和歌山県白浜，静岡県下田），*P. curvistylis* Uchida（八丈島）の2種が知られている．いずれも海岸から遠からぬ岩上に生息する．本属は外に極東ロシアからも知られる．

ヤマトイシノミ属（新称）(p. 3, 6)
Pedetontus

体長 10 mm 前後から 15 mm の大型種からなる属．日本で最も普通の属で，全土に分布し，6種が知られる．主に東日本に分布するヤマトイシノミ *Pedetontus nipponicus*（Silvestri），主に関東地方以西に分布するヒトツモンイシノミ *P. unimaculatus* Machida，オカジマイシノミ *P. okajimae* Silvestri が代表種．美麗種 *P. diversicornis* Silvestri は長崎県でのみ知られていたが，最近，関東地方（東京，神奈川）でも確認された．本属は環太平洋地域に広く分布する．

ヒメイシノミ属（新称）(p. 3, 7)
Pedetontinus

体長 10 mm 以下の小型種からなる属．ヤマトイシノミ属とともに最も普通の属で，北海道を除く全土に分布．他のイシノミ類に比べ，触角・尾糸・尾毛・肢が短く，胸部が著しく隆起し（ただしヤマトイシノミ属のオカジマイシノミはこれらの特徴を共有），より小型である．日本からは5種が知られ，九州に分布するイシイイシノミ *Pedetontinus ishii* Silvestri，主に関東周辺に分布するシラヒゲヒメイシノミ *P. dicrocerus* Silvestri が代表種．

シミ亜目 Zygentoma

体長は通常 10 mm を越えない．体は扁平．複眼は小さいか消失．単眼を通常（日本のものにおいてはすべてで）欠く．多くの種が紙・穀物・乾物などを食害する雑食性の屋内性昆虫として知られているが，野外例えば石下・樹皮下・洞窟内・落葉層さらにアリなどの巣に生息するものも少なくない．敏捷に走り回る．数科からなり，日本からはシミ科，メナシシミ科が知られる．

シミ科
Lepismatidae

日本からは5属が知られている．小さいながら複眼が存在．

セイヨウシミ属（新称）(p. 4, 7)
Lepisma

セイヨウシミ *L. saccharina* Linnaeus とキボシアリシミ *L. albomaculata* Uchida の2種が日本から知られる．屋内性として知られるセイヨウシミは，日本の屋内性のシミの代表格であったヤマトシミの地位を脅かすほどの分布の拡大をしてきた汎世界種であるが，森林の樹皮下，人家付近の石積みの中などの野外からも見いだされる．体長8〜9 mmで，体は銀白色の鱗粉で覆われる．キボシアリシミはヒメアリの1種の巣（那覇）から採集された好蟻性シミで，体長2 mm以下，体は長卵形で黒褐色の鱗粉で覆われ，第1，6腹節の背面に一対の白斑がある．

セトシミ属（新称）(p. 4, 7)
Heterolepisma

日本からはセトシミ *Heterolepisma dispar* Uchida のみが知られる．本種は体長9 mm内外，海岸沿いの断崖の岩穴中（和歌山県白浜，男女群島，鳥島）などから採集され，極めて敏捷．体は暗灰色の鱗粉で覆われる．

ミナミシミ属（新称）(p. 4, 7)
Isolepisma

日本からは *Isolepisma japonica* Uchida のみが知られる．本種は体長6〜7 mm，体は黒銀色の鱗粉で覆われ，海岸近くの丘で砂利・倒木の下などから採集される（南西諸島，八丈島）．本属は熱帯から亜熱帯にかけて広く分布する．

ヤマトシミ属（新称）(p. 4, 8)
Ctenolepisma

日本からは本属のシミとして4種と1未記載種が知られている．クロマツシミ *Ctenolepisma pinicola* Uchida は最初に香川県でクロマツ樹皮下から記載されたが，その後，長野県上田市信綱寺の建造物周辺の野外からも採集された．体長10 mm弱．体は暗灰色の鱗粉でおおわれる．オナガシミ *C. longicaudata* Escherich，ヤマトシミ *C. villosa* (Fabricius)，セスジシミ *C. lineata pilifera* (Lucas)，そしてセグロシミの名で呼ばれる未記載種はいずれも屋内性で，野外からの記録はまだない．

マダラシミ属（新称）(p. 4, 8)
Thermobia

日本からはマダラシミ *Thermobia domestica* (Packard) 1種のみが知られる．本種は製パンのかまど付近など暖かいところに好んで生活する屋内性昆虫であるが，南西諸島では野外にも見いだされるという（東清二博士私信）．体長10 mm前後，体は灰色，黒褐色の鱗粉で斑に覆われる．

メナシシミ科
Nicoletiidae

洞窟，石下，土壌中，アリやシロアリの巣などの暗所に生息し，複眼および単眼を欠く．小型で体は卵形，アリやシロアリの巣に生息するアリシミ亜科（新称）Atelurinae と，体は細長くアリやシロアリとの関係が希薄なメナシシミ亜科（新称）Nicoletiinae の2亜科からなる．日本からはアリシミ亜科としてヤマトアリシミ属（改称）*Nipponatetura*，ヤマトアリシミモドキ属（新称）*Nipponatelurina*，*Gastrotheellus* 属，メナシシミ亜科からはメナシシミ属（新称）*Protrinemura* が知られる．

ヤマトアリシミ属（改称）(p. 5, 8)
Nipponatelura

日本特産属で腹刺は第6〜9腹節に4対．クボタアリシミ *N. kubotai* (Uchida)（八丈島，青ケ島，九州）とシロウズアリシミ *N. shirozui* (Uchida)（奄美大島）の2種が知られている．いずれもアリの巣に生息し，体長は3〜4 mm，体は長卵形で鱗粉（前種は透明，後種は淡褐色）で覆われる．

ヤマトアリシミモドキ属（新称）(p. 5, 8)
Nipponatelurina

日本特産属で腹刺は第7〜9腹節に3対．日本特産属で，神戸市のトビイロシワアリの巣からクロサアリシミ *N. kurosai* Mendes & Machida が知られる．体は4〜5 mm，透明な鱗粉で覆われる．

Gastrotheellus 属 (p. 5, 8)

本属は1942年 *Gastrotheellus notabilis* Silvestri の記載をもって設立された．それ以降，本属，本種の記録は一切なかったが，60年後の2001年に沖縄県金武町のオオズアリの巣から採集された．腹刺は第9腹節のみ，体長3 mm程度，透明な鱗粉で覆われる．

メナシシミ属（新称）(p. 5, 8)
Protrinemura

本属は非常に隔たった分布を示し，地中海（ギリシ

ャ），東南アジア（タイ），極東アジア（中国・日本）より4種のみが知られている．その遺存的分布は本属の原始性を示すものとされる．日本産の *Protrinemura insulana* Mendes & Machida は鹿児島県喜界島の洞窟から採集された．体長は 10 mm 内外，体色は白色，鱗粉を欠き，触角と尾毛，尾糸は極めて長い．

引用・参考文献

今立源太良（1970）．シミ類．387-399 pp. 動物系統分類学 7（下A）．中山書店．

伊藤修四郎・町田龍一郎（2001）シミ目．原色ペストコントロール図説 第V集．103-120．日本ペストコントロール協会，東京．

Lubbock, J. (1873). Monograph of the Collembola and Thysanura. vii+265+78pls. Ray Society, London.

Machida, R. (1980). A new species of the genus *Pedetontus* from Japan. *Annot. Zool. Jpn.*, **53** : 220-225.

町田龍一郎・増本三香（2006）日本産家屋性シミ目の同定．家屋害虫，**27**(2) : 73-76.

Mendes, L. F. and R. Machida (1994) A new myrmecophilous Ateluridae (Zygentoma) from Japan. *Jpn. J. Entomol.*, **62**(4) : 701-708.

Mendes, L. F. and R. Machida (2003) On some Zygentoma (Insecta) from the Ryukyu Archipelago, Japan. *Bolm. Soc. Port. Entomol.*, (212) : 381-392.

Silvestri, F. (1943). Contributo alla conoscenza dei Machilidae (Insecta, Thysanura) del Giappone. *Boll. Lab. Zool. Gen. Agr. Portici*, **32** : 283-306.

内田 一（1943）．日本産衣魚の2種．自然科学と博物館，**14** : 224-232.

Uchida, H. (1944). Die Bestätigung der nicht beschriebenen Art, *Heterolepisma dispar* Silv. (Thysanura). *Annot. Zool. Jpn.*, **22** : 185-189.

内田 一（1954）．総尾目．2-6 pp. 日本昆虫図鑑（改訂版）．北隆館．

Uchida, H. (1954). Apterygota of the Hachijô-Jima and its adjacent islands. *Sci. Rep. Hirosaki Univ.*, **1** : 1-17+2 pls.

Uchida, H. (1955). Synopsis of the apterygota of Japan and its vicinity (II). *Sci. Rep. Hirosaki Univ.*, **2** : 28-34.

Uchida, H. (1960a). A new species of *Atelurodes* from Amami-Ô-Shima (Thysanura : Lepismatidae). *Kontyû*, **28** : 244-246.

Uchida, H. (1960b). Two species of *Pedetontus* from Amami-Ô-Shima (Thysanura : Machilidae). *Kontyû*, **28** : 247-250.

内田 一（1965）．総尾目．11-12 pp. 原色 昆虫大図鑑 III．北隆館．

Uchida, H. (1968). Two new species of Lepismatidae from South East Asia, with a revision of Japanese *Atelura*. *Mushi*, **42** : 1-8+4 pls.

節足動物門
ARTHROPODA

昆虫亜門（六脚亜門）HEXAPODA
外顎綱（狭義の昆虫綱）Entognatha
ゴキブリ目 Blattodea
バッタ目（直翅目）Orthoptera
ガロアムシ目 Grylloblattodea
シロアリモドキ目（紡脚目）Embioptera
ハサミムシ目（革翅目）Dermaptera

山崎柄根 T. Yamasaki

昆虫亜門 Hexapoda・バッタ型（直翅系）昆虫 Orthopteroids (Orthopteroidea)

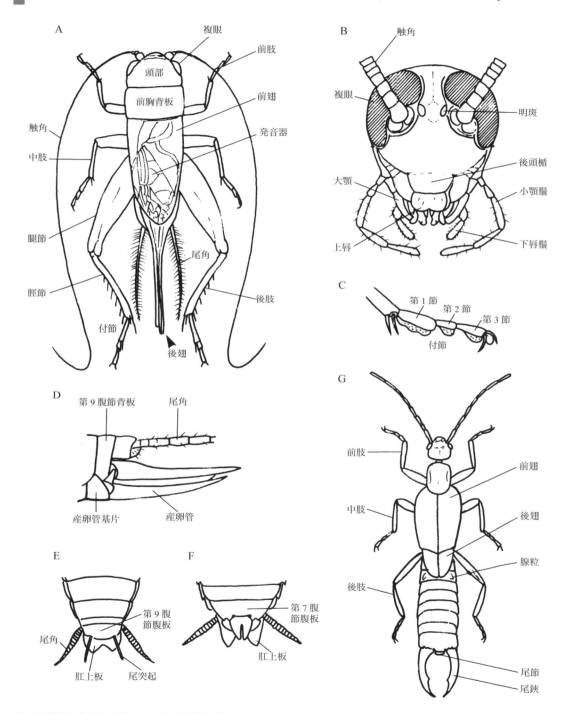

バッタ型（直翅系）昆虫 Orthopteroids 形態用語図解
A：バッタ目（コオロギ）Orthoptera (Grylloidea) 背面，B：ゴキブリ目 Blattodea 頭部前面，C：バッタ目（バッタ）Orthoptera (Acrididae) 後肢付節，D：ガロアムシ目 Grylloblattodea ♀腹端部側面，E，F：ゴキブリ目 Blattodea ♂（E），♀（F）腹端部腹面，G：ハサミムシ目 Dermaptera 背面

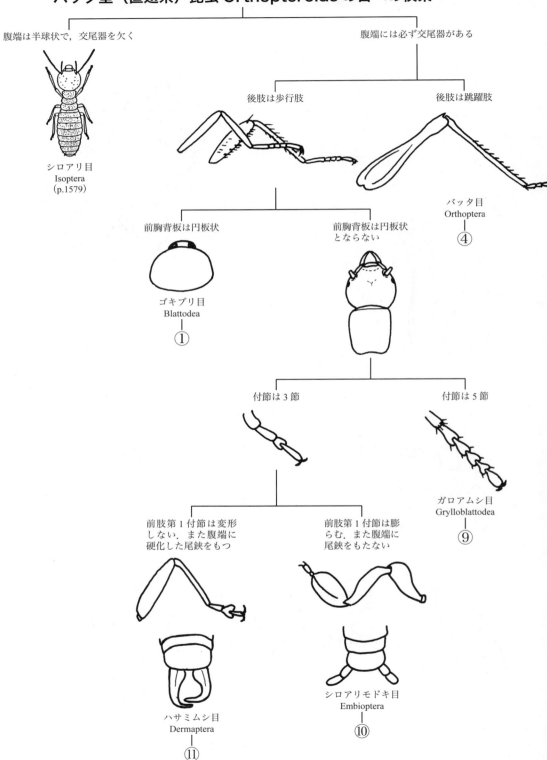

昆虫亜門・バッタ型昆虫 3

ゴキブリ目 Blattodea の科・種への検索

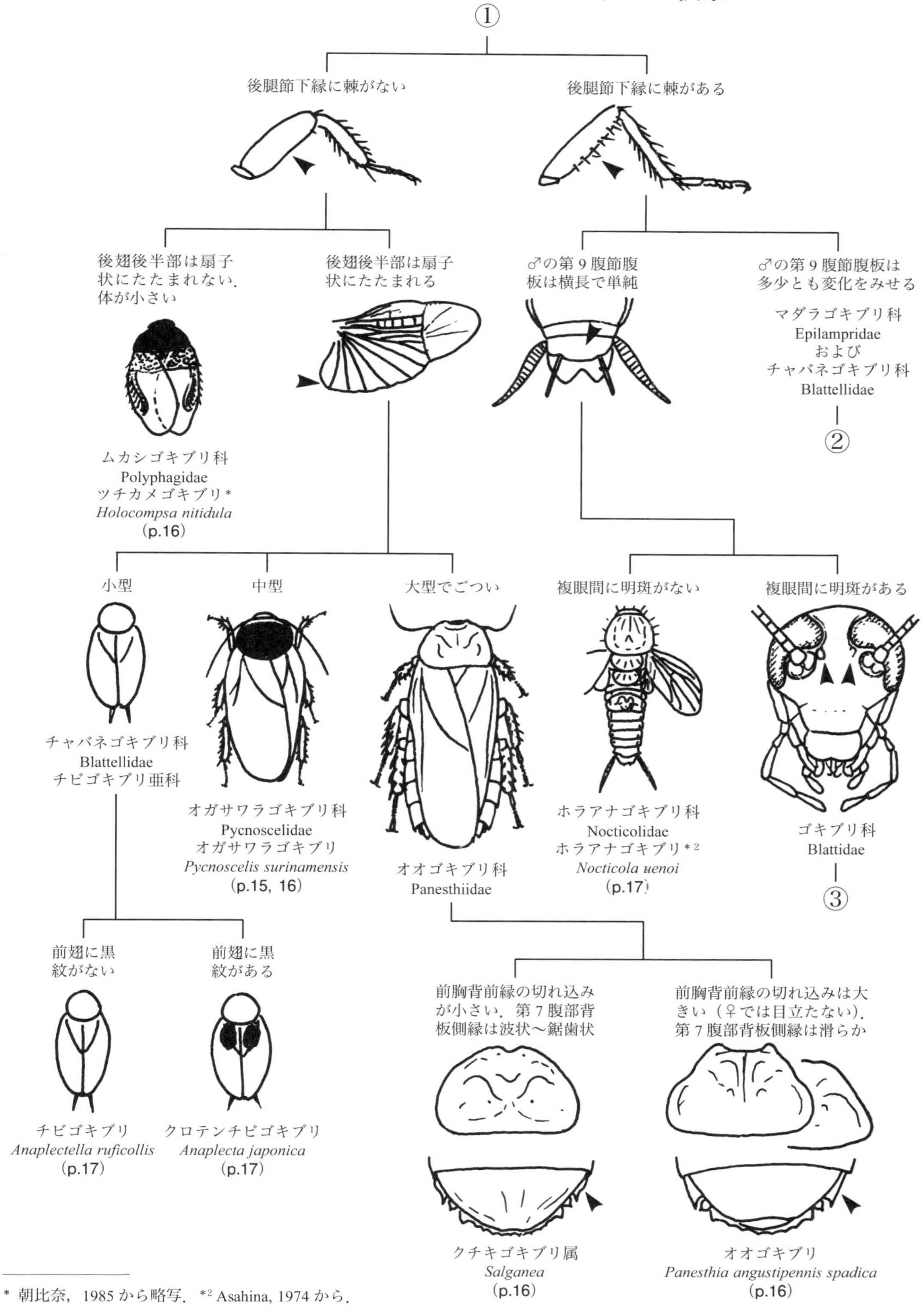

① 後腿節下縁に棘がない / 後腿節下縁に棘がある

後腿節下縁に棘がない側:
- 後翅後半部は扇子状にたたまれない．体が小さい
  - ムカシゴキブリ科 Polyphagidae
  - ツチカメゴキブリ*
  - *Holocompsa nitidula* (p.16)
- 後翅後半部は扇子状にたたまれる
  - 小型 → チャバネゴキブリ科 Blattellidae チビゴキブリ亜科
    - 前翅に黒紋がない → チビゴキブリ *Anaplectella ruficollis* (p.17)
    - 前翅に黒紋がある → クロテンチビゴキブリ *Anaplecta japonica* (p.17)
  - 中型 → オガサワラゴキブリ科 Pycnoscelidae オガサワラゴキブリ *Pycnoscelis surinamensis* (p.15, 16)
  - 大型でごつい → オオゴキブリ科 Panesthiidae
    - 前胸背前縁の切れ込みが小さい．第7腹部背板側縁は波状〜鋸歯状 → クチキゴキブリ属 *Salganea* (p.16)
    - 前胸背前縁の切れ込みは大きい（♀では目立たない）．第7腹部背板側縁は滑らか → オオゴキブリ *Panesthia angustipennis spadica* (p.16)

後腿節下縁に棘がある側:
- ♂の第9腹節腹板は横長で単純
  - 複眼間に明斑がない → ホラアナゴキブリ科 Nocticolidae ホラアナゴキブリ*2 *Nocticola uenoi* (p.17)
  - 複眼間に明斑がある → ゴキブリ科 Blattidae ③
- ♂の第9腹節腹板は多少とも変化をみせる → マダラゴキブリ科 Epilampridae およびチャバネゴキブリ科 Blattellidae ②

* 朝比奈，1985 から略写．*2 Asahina, 1974 から．

4　昆虫亜門・バッタ型昆虫

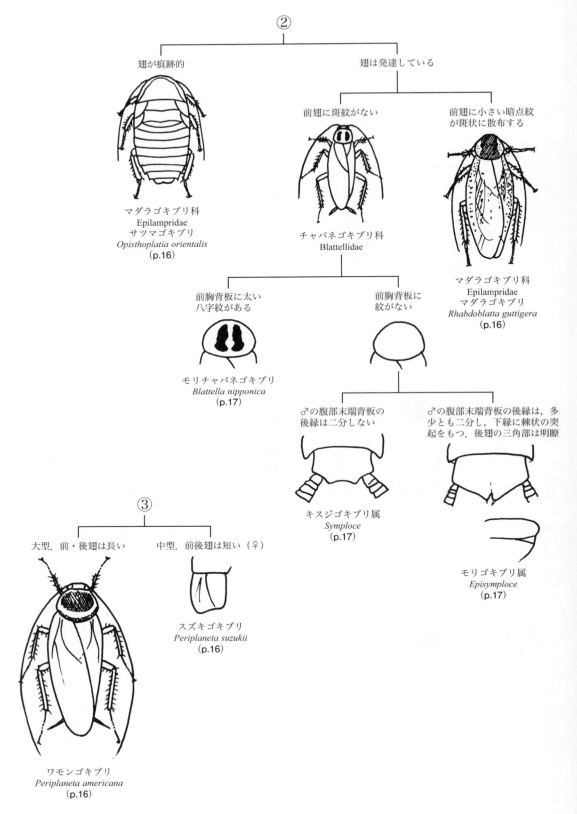

バッタ目（直翅目）Orthoptera の上科・科への検索

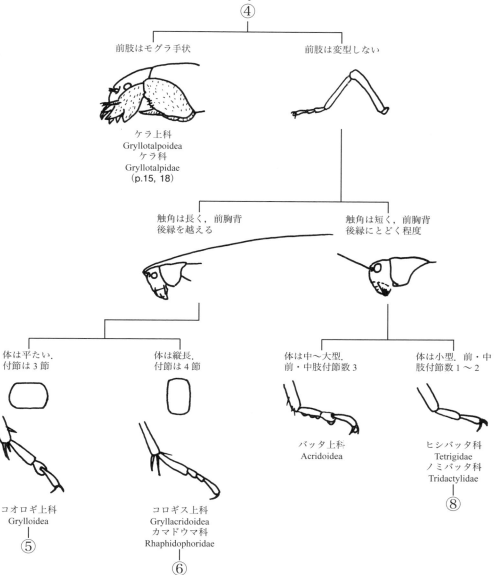

バッタ目 Orthoptera コオロギ上科 Grylloidea の科への検索

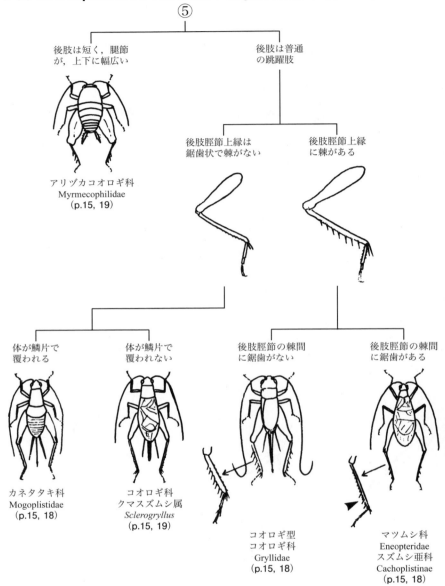

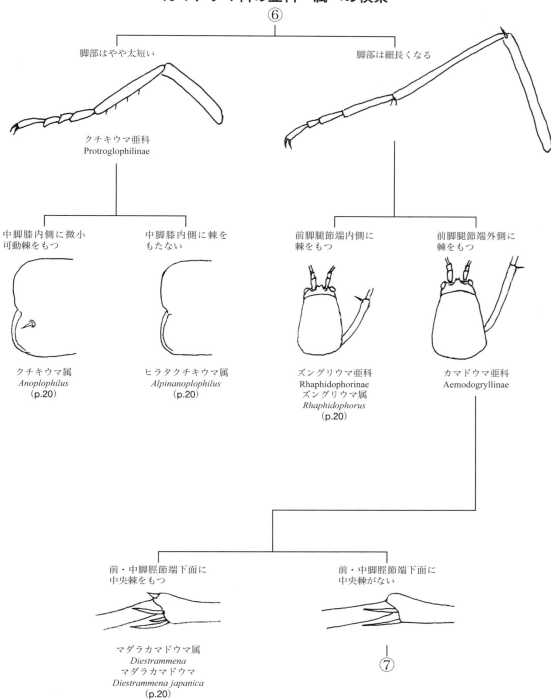

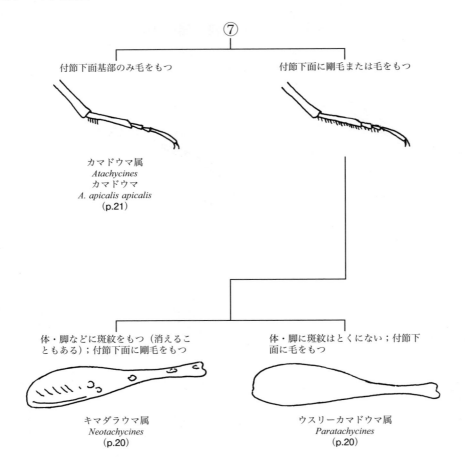

バッタ目 Orthoptera ヒシバッタ科 Tetrigidae・ノミバッタ科 Tridactylidae の種（代表例）への検索

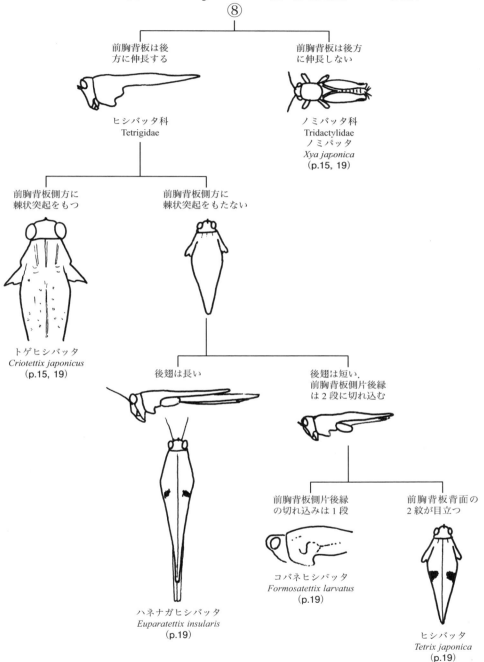

ガロアムシ目 Grylloblattodea ガロアムシ科 Grylloblattidae の種への検索

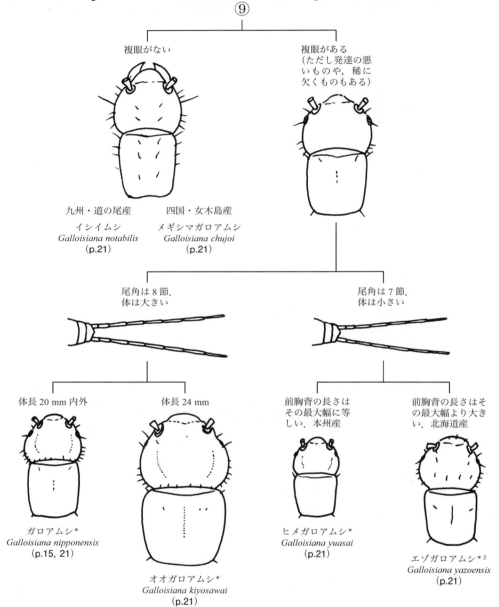

* Asahina, 1959 から略写． *[2] Asahina, 1961 からから略写．

シロアリモドキ目 Embioptera シロアリモドキ科 Oligotomidae の種への検索

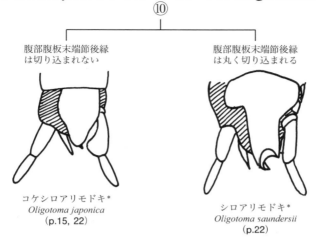

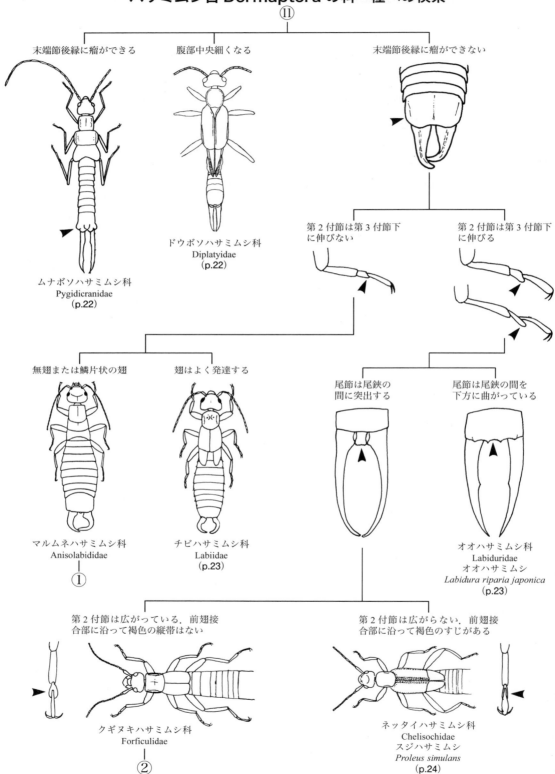

昆虫亜門・バッタ型昆虫　13

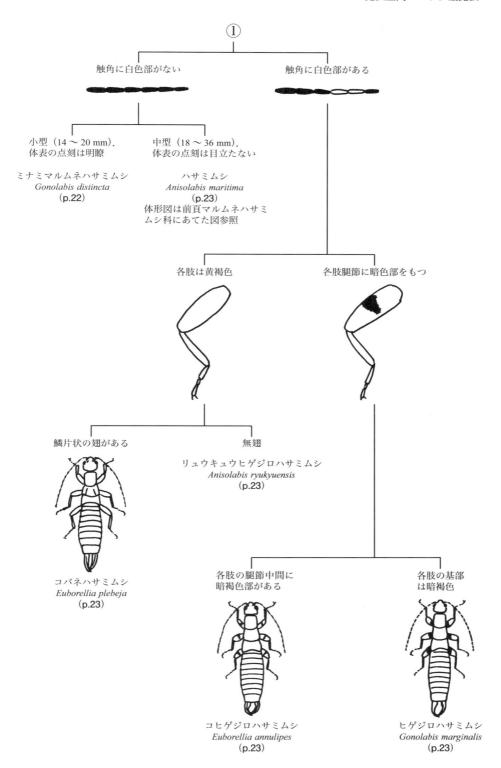

14　昆虫亜門・バッタ型昆虫

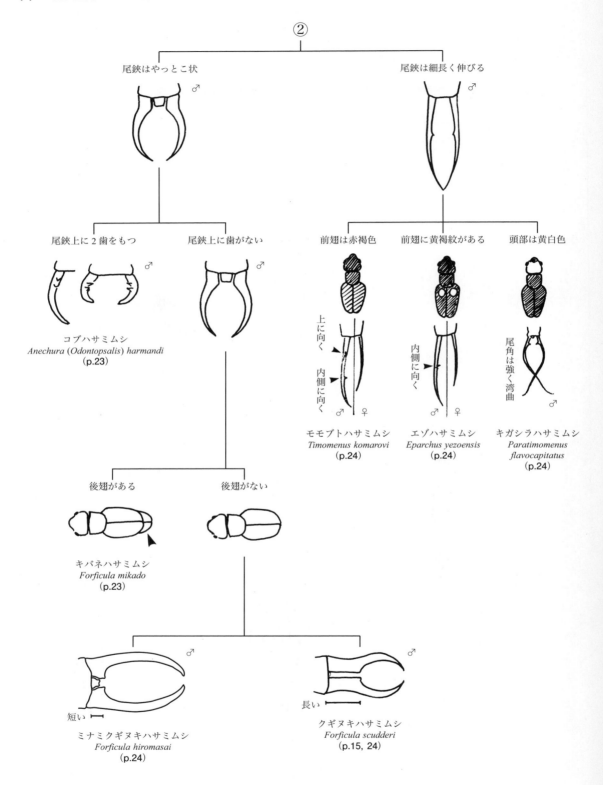

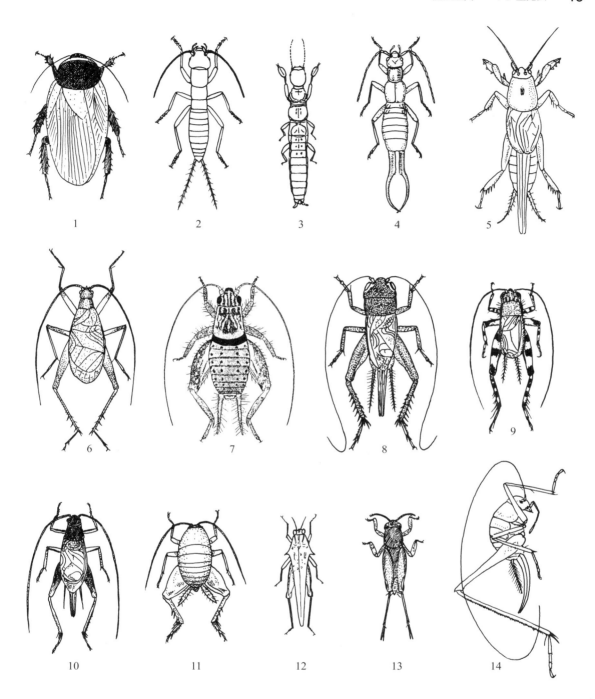

バッタ型昆虫代表種全形図
1：オガサワラゴキブリ *Pycnoscelis surinamensis* (Linnaeus)，2：ガロアムシ *Galloisiana nipponensis* Caudell et King，3：コケシロアリモドキ *Oligotoma japonica* Okajima，4：クギヌキハサミムシ *Forficula scudderi* Bormans，5：ケラ *Gryllotalpa orientalis* Burmeister，6：スズムシ *Meloimorpha japonica* (de Haan)，7：オチバカネタタキ *Tubarama iriomotejimana* Yamasaki，8：エンマコオロギ *Teleogryllus emma* Ohmachi et Matsuura，9：マダラスズ *Dianemobius fascipes* (Walker)，10：クマスズムシ *Scleropterus* sp.，11：アリヅカコオロギ *Myrmecophilus sapporensis* Shiraki，12：トゲヒシバッタ *Criotettix japonicus* (de Haan)，13：ノミバッタ *Xya japonica* (de Haan)，14：ホラズミウマ *Tachycines horazumi* Furukawa
（7：Yamasaki, 1985から）

バッタ型（直翅系）昆虫 Orthopteroids

ゴキブリ目 Blattodea

全形図では，土壌性ゴキブリ類の代表としてオガサワラゴキブリを挙げているが，検索表（p.803の左側）に土壌性動物に関係あると思われるものを挙げてある．

日本産のゴキブリ類は大きく2上科に分けられる．すなわち，ゴキブリ上科 Blattoidea とオオゴキブリ上科 Blaberoidea である．ゴキブリ上科にはゴキブリ科が含まれ，オオゴキブリ上科にその他のすべての科が含まれる．これら両上科にそれぞれ土壌性のものが含まれる（倒木中にすむものもある）．

ゴキブリ科 Blattidae
ワモンゴキブリ（p.4）
Periplaneta americana Linnaeus

体長は雄で 33〜40 mm，雌で 30〜35 mm．前・後翅ともによく発達し，先端は腹端を越える．前胸背板は茶褐色であるが，淡黄色の輪紋がある．世界の熱帯・亜熱帯にすむ衛生害虫として知られ，住家内に見られる一方，住宅周辺の地表にもばっこする．日本列島南岸沿いと琉球列島，小笠原列島に普通．

スズキゴキブリ（p.4）
Periplaneta suzukii Asahina

体長は雄 24 mm 内外，雌 21 mm 内外．雄は長翅型であるが，雌は短翅型（前翅長 7 mm）．幼虫は明らかに湿った朽木中にすむ．歩行は極めて素早い．東南アジアには，この種のような，雄長翅，雌短翅のワモンゴキブリ属 *Periplaneta* が多く見られ，本種はその1つ．成虫は5，6月に現れる．奄美大島，石垣島，西表島に分布する．

ムカシゴキブリ科 Polyphagidae
ツチカメゴキブリ（p.3）
Holocompsa nitidula (Fabricius)

体長 6.2〜7.0 mm．前翅長は 5.0〜5.6 mm．色彩といい，大きさといい，一見半翅目のツチカメムシに似ている．小さいゴキブリで，元来熱帯アフリカ，西インド諸島などにいたものが，各地に広がったといわれている．動物の死がいなどに集まる．奄美大島に分布する．

オガサワラゴキブリ科 Pycnoscelidae
オガサワラゴキブリ（p.3, 15）
Pycnoscelis surinamensis (Linnaeus)

体長は雄で 13〜17 mm，雌で 15〜18 mm．前翅は静止姿勢で，先端が腹端を越える程度．前胸背板は暗褐色で，黄色の前縁をもち，前翅は黄褐色．体は暗い赤褐色をしている．地中にもぐって生活している．奄美大島以南の琉球列島に普通．小笠原諸島にも多い．

オオゴキブリ科 Panesthiidae
クチキゴキブリ属（p.3）
Salganea spp.

体長は 40 mm 以下．大型種だが，一般にはオオゴキブリより小さめ．体は厚い．林内の切株，朽木に食い込み，トンネルを掘って家族生活を行っている．わが国からは1属2種が知られている．エサキクチキゴキブリ *S. esakii* Roth は短翅で体長 27 mm 内外，九州に分布し，リュウキュウクチキゴキブリ *S. taiwanensis ryukyuanus* Asahina は体長 30 mm 内外，長翅の種で奄美大島，沖縄本島に分布する．

オオゴキブリ（p.3）
Panesthia angustipennis spadica (Shiraki)

体長 37〜41 mm．体に厚みのある種．前翅は 30 から 42 mm あるが，咬み切られていたり，すり減っていたりするものが多い．広葉樹林内の切り株，朽木にトンネルを掘って，家族生活をする．本州（青森県以南）〜台湾までの間に分布する．八重山諸島〜台湾にかけては別亜種ヤエヤマオオゴキブリ *P. a. yaeyamensis* Asahina を産する．

マダラゴキブリ科 Epilampridae
サツマゴキブリ（p.4）
Opisthoplatia orientalis (Burmeister)

体長雄 25 mm 内外，雌 33 mm 内外．小判形のゴキブリ．前胸背板前縁に淡黄色部をもつ．必ずしも土壌性といえるものではないが，地表に近い薪材などの間によく見られるので挙げておく．四国および九州南半に分布する．近年ソテツの植林について八丈島や静岡県伊東などにも移入されている．

マダラゴキブリ（p.4）
Rhabdoblatta guttigera (Shiraki)

体長雄 27 mm，雌 35 mm．比較的大きい方のゴキブリで，茶色の前胸背板と前翅には濃褐色の小さい点

紋を散布する．前胸背板中央部は黒褐色．体は暗褐色．九州〜沖縄にかけて分布する．この属には他にトカラ以南，八重山までの間に 3 種がわが国から知られている．

チャバネゴキブリ科
Blattellidae
モリチャバネゴキブリ （p.4）
Blattella nipponica Asahina

体長 12 mm 内外．全身茶褐色で，前胸背板に太い八の字紋があるのが特徴．常緑広葉樹林の落葉層上に生息し，よく飛ぶ．本州（千葉以西）南岸，四国，九州，種子島に分布．本種に類似したものには，室内に見られるチャバネゴキブリ *B. germanica*（Linnaeus）の他，沖縄本島などには野外種も見られる．

キスジゴキブリ属 （p.4）
Symploce spp.

体長はいずれも 11 mm 内外．前翅も 11 mm 内外．ヤエヤマキスジゴキブリ *Symploce yaeyamana* Asahina は石垣島のみから知られ，他に九州〜琉球列島の宮古島までの間に数種を産するが，同定は難しい．特に宮古島，沖永良部島のものは洞窟種である．

モリゴキブリ属 （p.4）
Episymploce spp.

本属の種はいずれもキスジゴキブリ属の種よりもやや大きめで，体長 12〜15 mm．わが国からは 1 属 2 種が知られている．アマミモリゴキブリ *E. amamiensis* Asahina は屋久島，奄美大島に分布し，リュウキュウモリゴキブリ *E. sundaica*（Hebard）は沖縄本島〜台湾にかけて分布する．

チビゴキブリ （p.3）
Anaplectella ruficollis（Karny）

体長 8 mm 内外．小型のやや幅広い，茶色のゴキブリ．体の中央部がやや盛り上がる．後翅を開くと，先半分に広い硬化した膜質部があるので識別される．触角は体より長い．顔面の中央に 1 対の淡色部がある．奄美大島から西表島までの間に分布する．

クロテンチビゴキブリ （p.3）
Anaplecta japonica Asahina

体長 6〜7 mm．小型のゴキブリ．明るい茶褐色の体で，前翅の基方に大きな黒褐斑があり，よく目立つ．山間の路上などで採集されるが，詳しい生態は判っていない．四国，九州に分布する．

ホラアナゴキブリ科
Nocticolidae
ホラアナゴキブリ （p.3）
Nocticola uenoi Asahina

体長 4.5 mm 内外．ゴキブリ類中の小型種．真洞窟性の種として知られる．色彩は白黄色ないし淡黄色．複眼はないか退化する．翅もないか（雌），退化する（雄）．なお雄の第 4 腹節背板に分泌腺がある．琉球列島の洞窟に分布する．

バッタ目（直翅目）Orthoptera

ケラ・コオロギ・キリギリス・コロギス・カマドウマなどの各群と，バッタ・ヒシバッタ・ノミバッタなどの各群からなる．あまり硬くない長細い体に，翅鞘となった前翅，長大でかつ跳躍肢となる後肢をもった群である．コオロギ・キリギリス類の雄の前翅はよく発達した発音器となるのが普通であるが，このように変化しないものも見られる．近年，ケラ以下の前者の群を Grylloptera キリギリス目（新称），バッタ以下の後者を狭義の Orthoptera バッタ目とする動きもある．

土壌と関係をもつものでは，ケラのように地中にすむものはむしろ少なく，地面の枯れ葉や枯れ草，草の根際，アリの巣，石下など適度に湿度を保った地面と関係して生活するものが大部分である．

ケラ科
Gryllotalpidae

検索表（p.5）において示されるように，前肢が著しく変化していることで知られる．後肢は跳躍肢の変形である．触角も地下トンネルで生活するため短くなっている．日本からは1属1種が知られている．

ケラ（p.5, 15）
Gryllotalpa orientalis Burmeister

体長 25〜35 mm．頭部は丸く，前胸背板はビヤ樽型になっている．前翅は短く，後翅は長い．体全体に金色微毛を密布している．日本各地に分布する．従来 *africana* が種小名とされていたが，アジア全体の種を検討しないと確たる種名は与えられず，ここではとりあえず *orientalis* という種名を付しておく．

マツムシ科
Eneopteridae

一般に大型のコオロギ類に入り，頭が小さく長い肢をもつ．後翅脛節には数棘をもつが，棘間には小歯が見られる．付節は極めて長いが，この第2節は短い．雄では前翅によく発達した発音器をもち，よい声で鳴く．

スズムシ（p.6, 15）
Meloimorpha japonica (de Haan)

体長 10.5〜15 mm．秋の鳴く虫としてよく知られている種．林内の草下の落葉上などにすむ．暗いところを好み，暗ければ昼間でもよく鳴く．本州（東北地方南部以南），四国，九州に分布する．

カネタタキ科
Mogoplistidae

一般に小型のコオロギ類で，小さい頭部に比して前胸背板が大きい．前胸背板は末広がりの楯形．後肢脛節上縁に棘はない．鋸歯があるのみ．体は鱗片で覆われる．雄は有翅または，無翅．翅はあっても短い．ただし，発音器はよく発達している．雌は常に無翅．樹上性のものが普通であるが，落葉上にいるものもある．日本には3属7種以上が分布する．

オチバカネタタキ（p.6, 15）
Tubarama iriomotejimana Yamasaki

体長 5 mm 内外．暗灰色の体に，頭部や前胸背板に白い條がある．雄前翅は黒色．発音器部は前胸背板下に隠される．後肢腿節は暗色，内面は明色，上縁付近に白斑がいくつかある．雌は小さい声で鳴く．海岸林の林床の落葉中ないし上に見られる．西表島に分布する．

コオロギ科
Gryllidae

大型で，いわゆるコオロギの典型的な体形をもつグループと，小型のスズ類とがある．どちらも前胸背板と同幅か，それより幅の大きい丸い頭（ときに雄で極度に変形することがある）をもち，肢の付節は左右に平たく，後肢脛節上縁に棘をもつが，棘間に鋸歯がない．ほとんどの種が地表面に存在して生活しているが，これについて図鑑類も多いので，ここではエンマコオロギとマダラスズで代表させてある．日本からは14属35種以上が分布する．

エンマコオロギ（p.6, 15）
Teleogryllus emma Ohmachi et Matsuura

体長 20〜25 mm．大型のコオロギの1つで，黒色．雄は発音器がよく発達している．成虫は夏から秋にかけて出現し，畑地，庭，河原，草原などに普通に見られる．若齢幼虫は黒く，腹部基片に体を横切る白い細帯を1本もつので，他と識別できる．本州，九州に分布する．他にこの種は近縁の種が2種あり，エゾエンマコオロギ *T. yezoemma* (Ohmachi et Matsuura) は北海道に分布，タイワンエンマコオロギ *T. occipitalis* (Audinet-Serville) は本州南岸（一部），四国，対馬，九州以南に分布する．

マダラスズ（p.6, 15）
Dianemobius nigrofasciatus (Matsumura)

体長 5 mm 内外，翅端まで（長翅型）8.5 mm．前・後翅とも短く，雄では発音器が発達し，ジー・ジーとよく鳴く．後翅は短い型のものと長い型のものがある．

主として畑地に生息し，成虫は春から秋にかけ出現する．北海道から奄美大島までに分布する．

クマスズムシ (p.6, 15)
Sclerogryllus punctatus (Brunner von Wattenwyl)

体長 10 mm 内外．雄ではやや大きめ．頭部・前胸背板部には，細かい点刻がある．前翅の発音器はスズムシと同程度によく発達している．黒色のコオロギで肢部に黄色部がある．また触角も黒色であるが，中間に白色部分がある．林縁雑草群落の湿った地表に生息し，枯れ草下に見られる．本州（中部以西），四国，九州に分布し，奄美大島，沖縄本島周辺の島に別種がいる．

アリヅカコオロギ科
Myrmecophilidae

微小なコオロギで，アリの巣中に見られる．このためコオロギ類の中では特化した形態をもっている．まったく無翅．体形は短く卵形．体は背方に盛り上がる．頭部は小さく，複眼は退化的，後肢脛節には長い棘をもつ．尾角も体に比して大きく，太い．日本から1属およそ10種が知られる．

アリヅカコオロギ (p.6, 15)
Myrmecophilus sapporensis Shiraki

体長 3～4 mm．ケアリ類の巣に見られる．巣中を自由に歩いて，腐食者を食するもののようである．成虫は暗褐色をしており，歩行も素早く，またよく飛び跳ねる．幼虫は淡色．成・幼虫とも1年中見ることができる．北海道，本州に分布する．

ヒシバッタ科
Tetrigidae

前胸背板が異常に後方に伸び，上方から見ると菱形に見える，小型のバッタ型の虫．前胸背板は腹端に達するか，それ以上に伸長する．前・中肢の付節は2つである．触角は糸状のものが，短くついている．前翅はあれば鱗片状，後翅はよく発達する．地表面に依存して生活するが，水のたれる岩上などに生活するものもある．日本には約14属30種以上を産するが，琉球列島に多い．ここでは日本列島に普通に見られる代表的なものを扱ってある．

トゲヒシバッタ (p.9, 15)
Criotettix japonicus (de Haan)

体長は雄 17.5～18 mm．雌 12.5～21.0 mm．前胸背板が幅広く，また強く後方に伸び，側片に棘状突起をもつ種．湿地の地表面．例えば，田圃のあぜの湿った部分などに好んで居地を占める．水面上に落ちても，うまく泳ぐ．千島から沖縄まで広く分布する．他に中国にも分布する．

ハネナガヒシバッタ (p.9)
Euparatettix insularis Bey-Bienko

体長は雄 11.5 mm．雌 12.5 mm．前胸背板の幅は狭いが，後方に強く伸長する．後翅はよく発達し，前胸背板の末端を越える．水田など湿地の地表面を好み，またよく飛翔する．灯火にもしばしば飛んでくる．本州，四国，九州，奄美大島に分布する．河原には，よく似た本州以西に分布する別属のニセハネナガヒシバッタが見られる．琉球列島には別の2種が分布する．

コバネヒシバッタ (p.9)
Formosatettix larvatus Bey-Bienko

体長は雄 10.5 mm．雌 11～12.5 mm．前胸背板はそれほど伸長しない．次のヒシバッタとは前胸背板後側縁の形状で識別される．本州に分布する．

ヒシバッタ (p.9)
Tetrix japonica (I. Bolivar)

体長は雄 8.0～9.5 mm．雌 9～13 mm．最も普通に見られるヒシバッタの1つ．ハラヒシバッタともいう．前胸背板はあまり伸長しない．後翅は前胸背板の末端を越えない．コケの生えたような地表に見られる．日本の各地に分布する．本属のものはユーラシアに広く分布するが，日本からは他に6種あまりが知られている．

ノミバッタ科
Tridactylidae

ケラを思わせるような体形をもつが，トンネルを掘るような生活はもたない．バッタ目の中では微小種．複眼が発達し，前胸背板はビヤ樽型．体は黒く，つやつやして光沢がある．よく飛び跳ね，湿った地面を好み，庭，草地などに見られる．

ノミバッタ (p.9, 15)
Xya japonica (de Haan)

体長 4～5 mm．黒光りする，小さい種．湿った地表面を好み，群集していることがある．北海道，本州，四国，九州，琉球列島に分布している．

カマドウマ科
Rhaphidophoridae

触角，各肢，特に後肢が大変長く，まったく無翅のグループ．体はエビ類を思わせるようである．頭部は

たて形の卵形，複眼はあまり発達していない．野外にすむものでは色彩をもち，斑紋を形成するが，人家に定着するものではそれが弱くなり，洞窟内に入るものではさらに弱くなり，真洞窟性のものでは淡白な色彩になる．しかしおおむね茶系の色彩をもつ．日本からは5属50種以上が知られている．カマドウマ類は後肢脛節上縁の棘によって2属に分けられるが，必ずしも厳密なものではない．形態，生活などいずれもよく似ている．ここでは代表的なマダラカマドウマ属 *Diestrammena* とカマドウマ属 *Atachycines* を示す．

カマドウマ科
Raphidophoridae

カマドウマ科はクチキウマ亜科 Protroglophilinae，ズングリウマ亜科 Raphidopholinae，カマドウマ亜科 Aemodogryllinae の3亜科を含む．クチキウマ亜科にはクチキウマ属 *Anoplophilus*・ヒラタクチキウマ属 *Alpinanoplophilus* 2属が含まれる．ズングリウマ亜科には東南アジア系のズングリウマ属 *Raphidophorus* を，またカマドウマ亜科にはマダラカマドウマ属 *Diestrammena*，カマドウマ属 *Atachycines*，キマダラウマ属 *Neotachycines*，ウスリーカマドウマ属 *Paratachycines* の4属を含み，あわせて多数の種に分類されている．属の検索は実際にはむずかしく，間違いやすい．ここでは代表的な種を例として解説するにとどめる．なお，カマドウマ科3亜科と各属の特徴概略は次のようである．

クチキウマ亜科 Protroglophilinae (=Anoplophilinae)

小ないし中型の虫で，体は多少とも光沢をもつ．黒褐色系の虫で，濃淡の色模様をもつものが多い．尾角は小さいものと，棒状に発達するかその変化形になるものとがあり，また産卵管は短く，強く反り，たてに幅広く，力強い．北海道から九州にかけて分布する．クチキウマ属 *Anoplophilus* およびヒラタクチキウマ属 *Alpinanoplophilus* の2属を含む．

カマドウマ亜科 Aemodogryllinae

中ないし大型だが，頭部は小ぶりで，複眼が小さい．一方，触角，脚部，尾角などはよく発達する．触角はとくに著しい．産卵管はやや上に反るが，たて幅は狭い．日本を含む東アジアに分布．マダラカマドウマ属 *Diestrammena*，カマドウマ属 *Atachycines*，キマダラウマ属 *Neotachycines*，ウスリーカマドウマ属 *Paratachycines* を含む．

ズングリウマ亜科 Raphidophorinae

中ないし大型．前脚腿節端の可動棘は内側にある．雄の生殖下板に小突起をもつ．また産卵管は剣状だが，短く，上に反る．ズングリウマ属 *Raphidophorus* を含む．

各属は次のように特徴づけられる．
①クチキウマ属 *Anoplophilus*
　脚部は太短く，中型，黒褐色，体はたて型で，朽木中，樹皮上，草上などに見られる．中脚膝部内側に一本の小さい可動棘をもつ．後脚第1付節は第4付節より短い．山地性で，本州・四国・九州に分布．
②ヒラタクチキウマ属 *Alpianoplophilus*
　小ないし中型．雄はやや背腹に圧されたような体型をもつ．雄尾角は太く，大きくなる．朽木中を好むが，小洞窟内，石下などにも見られる．
③ズングリウマ属 *Raphidophora*
　中ないし大型の虫．脚部の伸長は弱く，やや太め，とくに後脚腿節は太めで，力強い．このため全体ずんぐりとした感じをもつ．雄の腹端に小突起はない．東南アジア系のカマドウマで，日本では南西諸島に分布．
④マダラカマドウマ属 *Diestrammena*
　大型カマドウマ．脚はよく発達する．ふつう体にまだらな模様がある．前脛節下面中央に棘がある．成虫の付節下面には毛がない（一部を除く）．東アジアに分布し，日本では北海道から南西諸島まで通じ広く見られる．
⑤カマドウマ属 *Atachycines*
　中ないし大型．脚はよく発達する．脚部付節は基部を除き毛がない．前・中脚脛節下面中央の棘はない．東南アジアが分布圏で，中国，日本（本州から南西諸島まで）にも分布する．
⑥キマダラウマ属 *Neotachycines*
　黒褐色の体に黄・橙色の小斑紋をもつが，消えることもある．付節下面に剛毛があり，前・中脚脛節下面中央の棘はないなどの特徴をもつ．洞窟に見られる．
⑦ウスリーカマドウマ属 *Paratachycines*
　カマドウマ属によく似るが，後脚腿節下側に棘の出ないこと，付節下面に毛があることで区別される．北東アジアを主な分布圏とし，本州・四国・九州にも分布を広げている．

マダラカマドウマ （p.7）

Dietrammena (Diestrammena) japanica Blatchley

体長20～25 mm．黒白のまだら模様のある大型のカマドウマ．林内の樹木の根際に近いうろや洞窟などにも見られ，人家の床下にもよくいる．北海道，本州，四国，九州，隠岐に分布する．ヨーロッパや北アメリカにも分布するが，日本からの入ったものである．本属のものは，3亜属，およそ17種が知られている．北海道から九州まで，および佐渡島の山地に分布するコノシタウマ *D. elegantissima*（Griffini）や，本州，四国，九州の林内や洞窟に見られるフトカマドウマ *D. robustus*（Ander）は亜属を異にするとされる．

カマドウマ (p.8)
Atachycines apicalis apicalis (Brunner von Wattenwyl)
　触角は長く，後脚腿節も長め．茶色の体色だが，洞窟内に棲むものでは，色彩がやや淡色のものが見られる．5亜種以上に分けられるが，本亜種は北海道，本州，四国，九州に普通に分布する．

ガロアムシ目　Grylloblattodea

　体長20 mm前後の，完全無翅のグループ．頭は平たい卵形，複眼は極めて退化的で小さい．無眼のものもある．前胸背板は方形でよく目立ち，中・後胸背板も幅広く大きい．脚部はすべて歩行肢で，付節は5節，成虫になると褥盤が発達する．いずれも淡褐色ないし，茶褐色をしており，いっさい斑紋をもたない．幼虫は乳白色である．完全な土壌性のグループである．日本からは1属6種が知られている．イシイムシ *Galloisiana notabilis* Silvestri は九州，長崎県道の尾から得られた九州唯一の種であるが，幼虫で記載されたもので，眼がないことが特徴とされた．同じく眼のないものには香川県女木島から得られたメギシマガロアムシ（新称）*G. chujoi* Gurney がある．

ガロアムシ科
Grylloblattidae
ガロアムシ (p.10, 15)
Galloisiana nipponensis Caudell et King
　体長18.5〜22 mm．やや大きめのガロアムシで，成虫は濃い褐色．触角は40節を超えない．土壌間隙中をぬって歩くことは他のガロアムシ類と同様．落葉層中，石下などに見られ，地中最も多く見出される．本州（関東・中部）に分布する．

オオガロアムシ (p.10)
Galloisiana kiyosawai Asahina
　体長は雄で24 mm．日本産の種類の中では最も大型．頭部は大きく，触角は50節．第4〜第7腹節背板の小棘は3列見られる．複眼は退化している．土壌中に見られる．本州（中部）に分布する．

ヒメガロアムシ (p.10)
Galloisiana yuasai Asahina
　体長17 mm内外．中型のガロアムシで，前胸背の長さはその最大幅と同じ長さ．体色は淡褐色ないし赤褐色．ときに黒味を帯びることもある．複眼のある種であるが，これを欠くこともある．落葉層中，石下，土壌中に見られる．本州（関東・中部）に分布する．

エゾガロアムシ (p.10)
Galloisiana yezoensis Asahina
　体長16〜17 mm．ヒメガロアムシよりいくぶん小さく感じられる．前胸背板の長さはその最大幅より大きい．また触角第3節は第2節の少なくとも1.5倍．石下から得られている．北海道に分布する．

シロアリモドキ目（紡脚目）Embioptera

　細長いシロアリ様の虫であるが，前脚第1付節は膨大し，ここに絹糸腺が含まれ，絹糸を分泌する．絹糸は樹皮上，枯れ葉上，石下などにつけられ，細いトンネル様の巣をつくる．この目の虫はいずれもこうした巣中に家族生活する．雄は有翅のものが多いが，雌は無翅である．わが国からは1属2種が記録されている．

シロアリモドキ科 Oligotomidae

シロアリモドキ（p.11）
Oligotoma saundersii Westwood

　体長は，雄で 7.0〜8.2 mm．雌で 9〜11 mm．雄は有翅で，雌は無翅．雄の第10腹節腹板は不相称に左右に分けられるが，雌では相称の腹板に分けられる．落葉層中，樹幹上に営巣する．雄は灯火にもやってくる．小笠原諸島，沖縄本島以南に分布する．また世界の熱帯・亜熱帯に広く分布している．

コケシロアリモドキ（p.11, 15）
Oligotoma japonica Okajima

　体長雄 6.5〜9 mm，雌 10 mm 内外．シロアリモドキによく似るが，尾端部の構造が異なる．照葉樹の樹幹に天幕状の巣をつくり，さらにその中に細いトンネルをつくる．四国と九州の沿岸地方，また薩南諸島に分布．

ハサミムシ目（革翅目）Dermaptera

　日本産のものは検索表（p.811）で示したように7科に分けられる．いずれも黒褐色細長の虫で，尾端に尾角の変化した尾鋏，いわゆるはさみをもつ．樹上にいるものもあるが，おおむね地表の湿った枯れ草下，倒木下，ごみの下などにすむ．

ムナボソハサミムシ科 Pygidicranidae・ドウボソハサミムシ科 Diplatyidae

　この科のものは小〜中型のものが多い．いずれもハサミムシ類の中では体形が特に細くなっている．亜熱帯・熱帯に多く見られる．

ムカシハサミムシ（p.12）
Challia fletcheri Burr

　ムナボソハサミムシ科に属する．
　体長 20 mm 内外．細長の種で，腹端に雄も雌もきわだった瘤をもつのが特徴．また雄雌とも尾鋏は細長であるが，雄のものはやや内側に，雌より強く湾曲する．朝鮮半島や中国に分布し，日本からは屋久島で得られた．個体数は極めて少ない種のようである．

ドウボソハサミムシ（p.12）
Diplatys flavicollis Shiraki

　ドウボソハサミムシ科に属する．
　体長 9〜15 mm．頭部幅広で，著しく扁平，かつ腹部中央部が狭まるのが特徴（雄のみ）．黒褐色の種．前胸背板は橙色．後翅乳白色，先端は暗褐．雄の脚部腿節は黒色であるが，基部黄褐色，雌では全体褐色となる．尾鋏は雌雄同形で，細く短い．若虫の尾角は分節する．石垣島，西表島，台湾に分布する．

マルムネハサミムシ科 Anisolabididae

　小型のものから大型のものまでさまざまで，腹部中間部で幅広となる体形をもつ．尾鋏は短く，かつ太め．雄の尾鋏は内方に強く湾曲し，左右不相称．雌の尾鋏は直線的で，先端が内方に弱く曲がる．平地や海浜の湿ったごみの下などに普通に見られる．

ミナミマルムネハサミムシ（p.13）
Gonolabis distincta (Nishikawa)

　体長 14〜20 mm．各脚部は黄色で，無翅種．ハサミムシによく似ているが，体表の点刻が目立つことによって識別できる．湿った枯れ葉層下や石下の湿った地表面に見られる．トカラ列島から沖縄本島の間に分布する．

ハサミムシ (p.13)
Anisolabis maritima (Bonelli)

体長 18 ～ 36 mm で，体の大きさに変化が見られる．各脚部黄色で，無翅の種．代表的なハサミムシの1つ．成・幼虫とも春から秋まで見られる．海浜から山地まで広く見られ，特に平地や海浜の湿ったごみの下に多い．日本各地に分布する．また世界各地に広く分布している．

リュウキュウヒゲジロハサミムシ (p.13)
Anisolabis ryukyuensis (Nishikawa)

体長 17 ～ 25 mm．各脚部は黄色で，無翅の種．朽木下の湿った部分や石の下などにすむ．奄美大島，沖縄本島，石垣島に分布する．

コバネハサミムシ (p.13)
Euborellia plebeja (Dohrn)

体長 11 ～ 15 mm 内外．各脚部は黄色で，腿節・脛節の基部はしばしば暗色．中胸背板（前胸背板の次の背板）の両側に鱗片状の前翅をもつ．一見してコヒゲジロハサミムシに似ているが，この鱗片状の翅の有無で識別できる．平地や海浜の湿ったごみの下に見られる．本州以南に分布し，東南アジア，マダガスカルなどに分布している．

コヒゲジロハサミムシ (p.13)
Euborellia annulipes (Lucas)

体長 10 ～ 20 mm．脚部については検索表 (p.xx-x) に示したとおり．無翅種．ヒゲジロハサミムシよりは小型なので識別できる．平地や海浜の湿ったごみの下などに多い．本州以南に分布し，また世界各地に分布する．

ヒゲジロハサミムシ (p.13)
Gonolabis marginalis (Dohrn)

体長 18 ～ 30 mm．脚部については検索表 (p.xx-x) に示したとおり．無翅種．コヒゲジロハサミムシよりは大型．特に脚部と触角の白い部分が目立つ種．平地の落葉層中，朽木内，石下などに普通に見られる．本州以南に分布し，台湾，中国にも分布し，ジャワからも知られている．

クロハサミムシ科
Spongiphoridae

7 mm 以下の小さい種の他，中型種も含まれる．いずれも有翅種で，雄の尾鋏は左右相称形．尾鋏はおおむね短いが，雄で細長に伸びることがある．日本からは2属3種が知られる．ミジンハサミムシ *Labia minor* (Linnaeus) は畑の土中，石下などに見られるハサミムシ類のうちの超小型種．灯火にもよく飛んでくる．本州，四国，九州に分布する他，世界各地に見られる．チビハサミムシ *Paralabella curvicauda* (Motschulsky) は本州，九州，小笠原，南西諸島に分布する．やはり超小型種．落葉下にすみ灯火にも集まる．他1種は樹上性のようでここでは省略する．

オオハサミムシ科
Labiduridae

中～大型のハサミムシで，肢の付節の第2節は第2節の上部から出，かつ尾節は尾鋏の間を下方に曲がるのは，検索表 (p.811) の示すとおり．わが国からは2属2種すなわち，オオハサミムシと石垣島に分布するヒメハサミムシ *Nala lividipes* (Dufour) が知られ，どちらも世界的に広く分布する種である．

オオハサミムシ (p.12)
Labidura japonica (de Haan)

体長 25 ～ 30 mm．ハサミムシ類中の大型種．色彩，後翅の発達程度，雄の尾鋏の突起など変化が多い．左右両翅後半（静止時における，前翅全体の中央部分）には暗褐色部がある．尾鋏は強大（とくに雄）であるが，後方に強くは伸長しない．河川や海浜の湿ったごみの下に多い．本州以南に分布し，また世界に広く分布する．類似種の *riparia* は大陸に分布し，染色体数も異る．

クギヌキハサミムシ科
Forficulidae

大部分中型種で占められ，中にはオオハサミムシを超える大きい種もある．雄の尾鋏が顕著なやっとこ型で，さらに長い型のもの，短い型のものと変化が見られる種もある．また一方で，雄の尾鋏がやっとこ状にならず，細く伸長する種も見られる．雌の尾鋏はいずれも直線的で短め．わが国から5属8種が知られて，うち1種は実態がよくわからない．

コブハサミムシ (p.14)
Anechura (*Odontopsalis*) *harmandi* (Burr)

体長 12 ～ 20 mm で変化が多い．尾角に顕著な2型があり，著しく湾曲したものをアルマン型，より長い尾角をもつものをルイス型としている．年2回発生し，春と夏が雌の保育期である．サハリンから九州の間に分布する．

キバネハサミムシ (p.14)
Forficula mikado Burr

体長 12 ～ 20 mm．後翅の黄色部が目立つ．本種も

雄の尾鋏に短い型と長い型がある（特に型の名はつけられていない）．山地の河原の石下にも見られるが，草木上にいることも多い．成虫で越冬する．北海道と本州の中部以北に分布する．

ミナミクギヌキハサミムシ（p.14）
Forficula hiromasai Nishikawa

体長 10 〜 17 mm．後翅を欠く種の 1 つ．雄のやっとこ型の尾鋏の基部が短い．春から初夏の間に見られているが，秋まで見られるものであろう．石下の湿った部分や，ときに樹上でも見られる．九州南端（佐多岬）から奄美大島の間に分布する．

クギヌキハサミムシ（p.14, 15）
Forficula scudderi Bormans

体長 21 〜 36 mm．大きいものは尾鋏の先まで含めてオオハサミムシよりも大きいものがある．雄の尾鋏に顕著な長短の 2 型があるが，基部が長いので，他種と識別される．成虫は春 4 月頃から晩夏までの間に見られる．平地にもいるが，山地に多い．石下の湿った場所に見られ，樹上にいることもある．北海道，本州に分布し，他にサハリン，朝鮮半島，中国に分布する．大陸に分布する *tomis* と同種とする考えもある．

モモブトハサミムシ（p.14）
Timomenus komarovi (Semenov)

体長 15 〜 22 mm．雄雌ともに細長い尾鋏をもつ種．本種にも尾鋏に 2 型があるもののようであるが，わが国ではまだ知られていない．赤褐色の種．春から秋まで見られ，樹上に分布するが，参考のために示した．他に朝鮮半島・台湾に分布する．

エゾハサミムシ（p.14）
Eparchus yezoensis (Matsumura et Shiraki)

体長 15 〜 20 mm．この種も雄雌ともに長い尾鋏をもつ．前翅の肩部の黄色紋が顕著なので，識別は容易である．平地，山地ともに見られるが，本州では平地に多い．湿った石下や，また樹上にも見られる．北海道，本州，四国，対馬に分布する．

キガシラハサミムシ（p.14）
Paratimomenus flavocapitatus (Shiraki)

体長 20 mm 内外．頭部に黄白色部がある種．雄の尾鋏は長く伸長し，波状にくねることが多い．雌の尾角は，これに反し，雄がやっとこ型の尾鋏をもつ種の雌の尾鋏とよく似て短い．春から秋遅くまで見られ，山道を歩いていたり，枯れ枝上にいることがある．土壌動物とはいい難いが，比較参考のために示した．屋久島，奄美大島に分布し，他に台湾にも分布する．

ネッタイハサミムシ科
Chelisochidae

亜熱帯・熱帯に広く分布するグループで，後翅が発達する場合もあるが，発達していない場合もある．第 2 付節が広がらないことが特徴．テブクロハサミムシ科ともいう．わが国からは 1 属 1 種が知られている．

スジハサミムシ（p.12）
Proleus simulans (Stål)

体長 12 〜 18 mm．後翅を欠く種．本種は土壌性昆虫という範疇に入らないかもしれないが，生態がよくわからないので入れてある．メイチュウのあけた葉鞘の坑道内で，メイチュウを捕食するといわれる．ときに大発生をして灯火に多数が集まることがある．沖永良部島，徳之島（新記録），沖縄本島に分布する．

近年（1998 年以降），関東地方の河川敷で採集される，本種に類似した種は，スジハサミムシモドキ *Elaunon bipartitus* Kirby といい，東洋熱帯・亜熱帯に広く分布する．

引用・参考文献

Asahina, S. (1959). Descriptions of two new Grylloblattidae from Japan. *Kontyû*, **27** : 249-252.

Asahina, S. (1961). A new Galloisiana from Hokkaido. *Kontyû*, **29** : 85-87.

Asahina, S. (1974). The cavernicolous cockroaches of the Ryukyu Islands. *Mem. Natn. Sci. Mus., Tokyo*, (7) : 145-155 + 18 pl.

朝比奈正二郎（1985），日本産ゴキブリ分類　ノート，XVI．1 新種並びに和文記載を欠く 4 種類の記載．ちょうちょう，**8**(1) : 19-26.

朝比奈正二郎（1985），日本産ゴキブリ分類　ノート，XVII．オオゴキブリ属の種類．衛生動物，**39** : 53-62.

平嶋義宏・森本　桂・多田内修（1989）．昆虫分類学．vii + 598 pp. 川島書店，東京．

Yamasaki, T. (1985). A new genus and species of Mogoplistidae (Orthoptera, Grylloidea) from the Ryukyus. *Proc. Japan. Soc. Syst. Zool.*, (31) : 44-49.

節足動物門
ARTHROPODA

昆虫亜門（六脚亜門） HEXAPODA
外顎綱（狭義の昆虫綱） Entognatha
シロアリ目（等翅目） Isoptera

森本　桂　K. Morimoto

昆虫亜門（六脚亜門）Hexapoda・シロアリ目（等翅目）Isoptera

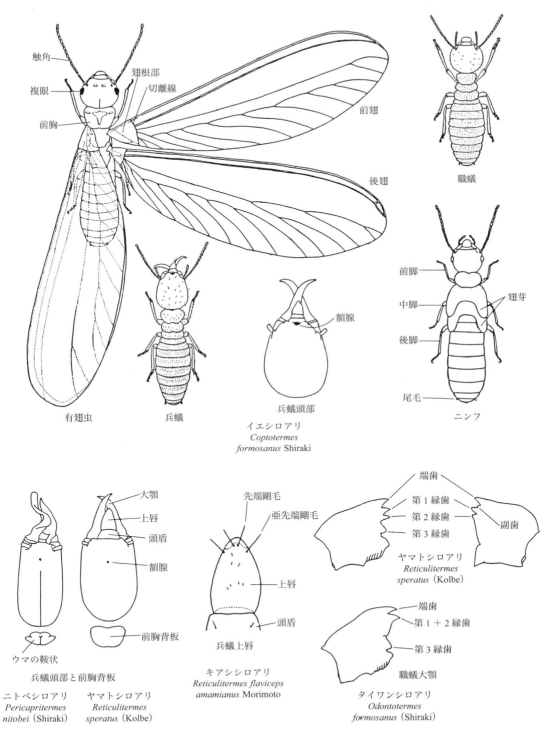

シロアリ目(等翅目)Isoptera 形態用語図解

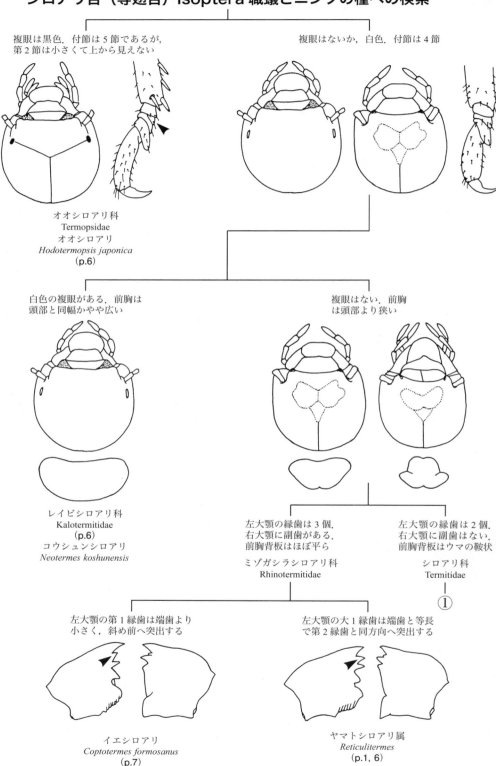

昆虫亜門・シロアリ目　3

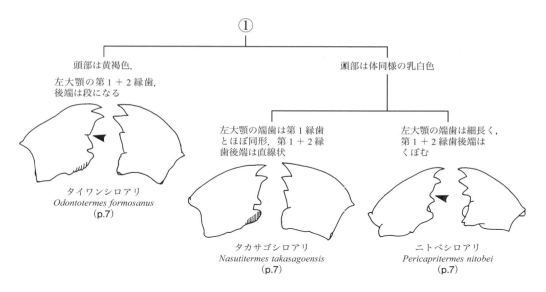

シロアリ目（等翅目）Isoptera 兵蟻の種への検索

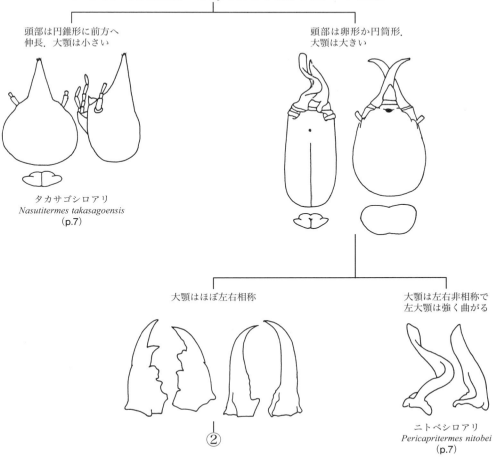

4 昆虫亜門・シロアリ目

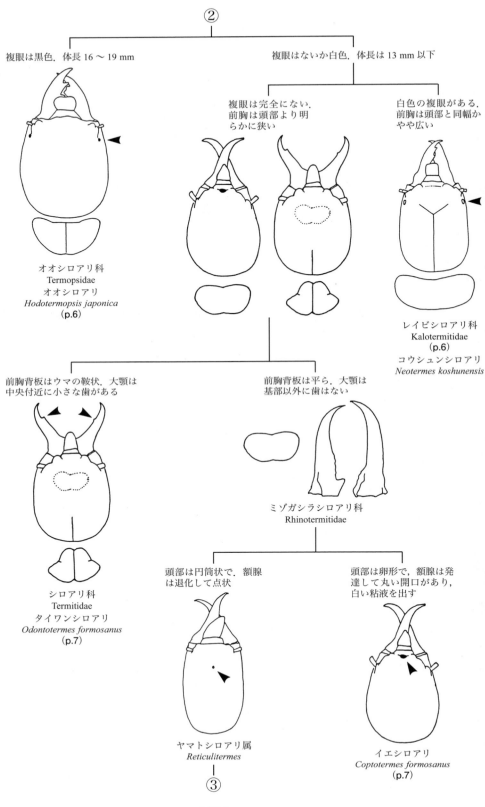

昆虫亜門・シロアリ目　5

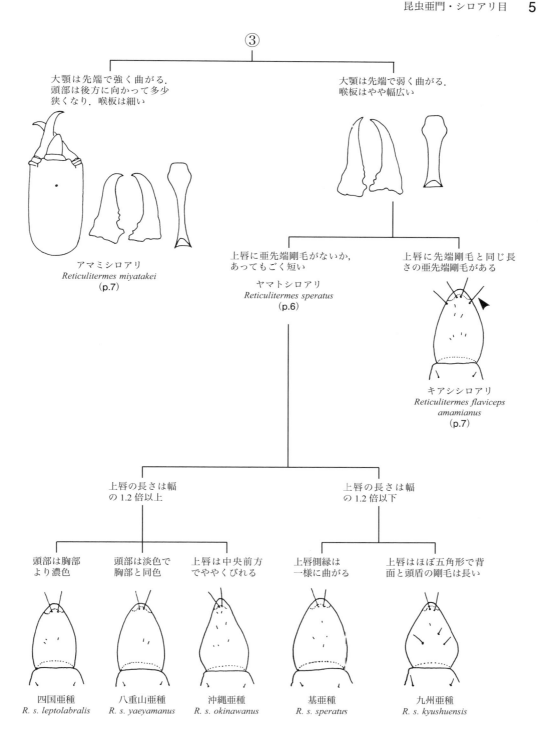

シロアリ目（等翅目）Isoptera

　一般に枯れ木や腐植土の中で社会生活をする小型の昆虫で，王と女王の生殖虫，頭部が褐色の兵蟻，および大顎だけが褐色の職蟻（働蟻）の階級があり，成長したコロニーからは有翅虫（羽蟻）が種ごとに決まった季節に群飛する．コロニーにはこれらの階級のほかに，卵から孵化し，職蟻や兵蟻になる前の幼虫がおり，脱皮の度に大きくなることで職蟻と区別されている．また有翅虫になる前の翅芽のある段階をニンフと呼ぶ．これらはシロアリ研究者間の特殊な呼び方で，昆虫学上この幼虫とニンフは不完全変態昆虫の若虫に相当する．ヤマトシロアリとイエシロアリは木造建築物の大害虫で，前者のコロニーは1～3万，後者では100万頭にも達し，その90～95％を職蟻，2～3％を兵蟻が占める．

　シロアリは世界の熱帯・亜熱帯を中心に2872種が知られ，日本には16種が分布し，さらに数種が輸入木材から発見されている．このうちレイビシロアリ科の8種は，主として生立木の枯れ枝から心材部にかけて営巣するか，乾燥した建築材などの中を加害しているので，本書では種の分類まで扱っていない．

　分類は有翅虫と兵蟻で行い，職蟻では属までしか同定できない場合が多いので，採集の際はこれら階級を同時に集め，少なくとも兵蟻数頭を含めてアルコール液浸とすることが必要である．

　世界のシロアリは7科に大別されるが，このうち日本～東南アジアにかけては4科が分布している．

オオシロアリ科
Termopsidae

　付節は下から見ると5節で，第2節は小さく，第1節に隠れて上から見えない．黒色の複眼と，腹端に尾毛があり，額腺はない．右大顎に副歯がある．化石を含めて4亜科8属と少数の種が知られ，特別の巣や蟻道を加工する能力はなく，湿った腐朽木に大きな孔道をつくることから dampwood termite と呼ばれる．

オオシロアリ（p.2, 4）
Hodotermopsis japonica Holmgren

　兵蟻の体長は16.0～19.0 mm，有翅虫の体長11.0～12.0 mm，前翅長16.0 mm．非常に大きなシロアリで，兵蟻・職蟻ともに黒色の眼をもつことで容易に識別できる．高知県足摺岬，鹿児島県佐多岬，屋久島，種子島，中之島，奄美大島，徳之島に分布し，腐朽した木や伐根などの中に大きな孔道をつくる．有翅虫は7月に飛び出す．

レイビシロアリ科
Kalotermitidae

　付節は4節．頭部に額腺はなく，兵蟻と職蟻には白色の複眼がある．右大顎に副歯はない．25属420種余りが現存し，化石は7属11種で，化石のみの属は4属が知られる．熱帯を中心に世界中に広く分布する属が多く，加工した蟻道や特別の巣をつくらず，土と接触しない乾燥した枯枝などの中に生息していることから dry-wood termite と呼ばれる．p.825, 827

ミゾガシラシロアリ科
Rhinotermitidae

　付節は4節．兵蟻の頭部に額腺をもち，乳白色の粘液を分泌するが，ヤマトシロアリ亜科 Heterotermitinae ではこれが痕跡的となって小さな点として認められるだけで，粘液も分泌しない．有翅虫の職蟻の右大顎に副歯がある．17属約350種を含み，巣や蟻道を加工する能力をもち，一般に地中から蟻道を延ばして建築物を加害する種が多いことから subterranean termite と呼ばれている．

ヤマトシロアリ（p.1, 2, 5）
Reticulitermes speratus (Kolbe)

　兵蟻の体長は3.3～6.0 mm，有翅虫の体長4.5～7.5 mm，前翅長7.2～7.7 mm．有翅虫は前胸背板が黄色で，その他の部分が黒褐色をしている点が特徴．日中に群飛するのは日本では本種だけで，4・5月の雨上がりで温暖な午前10～12時頃に行う．兵蟻の頭部はやや平たい円筒形で，上唇に亜先端刺毛がない．北海道砂川町以南の日本各地と中国大陸に広く分布しているが，日本のものは兵蟻頭部の形から，次の5亜種に区別されている．

⑴**基亜種** *R. speratus speratus* (Kolbe)

　北海道～近畿地方までと，香川県の一部に分布する．兵蟻の上唇は比較的幅広く，長さ／最大幅は平均1.2以下で，側縁は丸みをもっている．上唇と頭盾の背面剛毛は極めて短いか，または完全にない．北海道，東北地方，本州中部山岳地方のものは上唇先端の丸みが強い．

⑵**四国亜種** *R. speratus leptolabralis* Morimoto

　静岡県～北九州市までと四国の全域に分布し，前亜種に似るが上唇はより細長く，長さ／最大幅は平均1.2以上．

⑶**九州亜種** *R. speratus kyushuensis* Morimoto

　岡山以西の中国地方，九州全域，松山市周辺，対馬，韓国に分布し，上唇は最大幅部分で角張って曲がり，全体として五角形に近い形で，上唇と頭盾の背面剛毛は一般に長い．

(4) **沖縄亜種** *R. speratus okinawanus* Morimoto

沖縄本島に分布し，上唇側縁は中央前方で弱くくびれる．

(5) **八重山亜種** *R. speratus yaeyamanus* Morimoto

石垣島と西表島に分布し，頭部は胸部同様に白く，わずかに前端部分が着色する．上唇は四国亜種に似る．林内の多湿な朽木に生息する．

キアシシロアリ （p.1, 5）
Reticulitermes flaviceps amamianus Morimoto

ヤマトシロアリに形態・大きさともに酷似するが，兵蟻の上唇に長い亜先端剛毛があることと，有翅虫の頭部下面が黄色であることで識別できる．奄美大島と与論島から知られ，林内の枯れ木に生息する．基亜種は台湾に分布し，兵蟻右大顎の内縁は中央部で直線状となることで，緩く曲がる奄美亜種と識別されている．

アマミシロアリ （p.5）
Reticulitermes miyatakei Morimoto

前2種に酷似するが，兵蟻の大顎は先端で強く曲がり，喉板はより細く，有翅虫の前胸背板は褐色で，脚は黄色い．奄美大島と徳之島に分布し，林内の枯れ木に多い．

イエシロアリ （p.1, 2, 4）
Coptotermes formosanus Shiraki

兵蟻の体長は 3.8 ～ 6.5 mm，有翅虫の体長 7.4 ～ 9.4 mm，前翅長 9.2 ～ 12.8 mm．兵蟻の頭部は卵形で額腺は発達し，生きている兵蟻を捕まえると額腺から乳白色の粘液を分泌する．有翅虫は頭部が暗褐色，他の部分は淡黄褐色で，6 ～ 7 月の温暖多湿な夕方，日没後 1 ～ 3 時間の間に群飛し，電灯に集まる．中国，台湾，琉球列島に広く分布し，九州と四国では低地に，本州では海岸に沿って静岡県まで，また伊豆大島，新島，三宅島，八丈島，小笠原にも分布するが，最近は関東地方の暖房の効いた建物からも発見され，人為的に運ばれた物資とともにアメリカ，アフリカ，太平洋の島々にも拡大している．世界のシロアリのうちでも最も加害の激しい種で，建造物や立木に大害を与える．王室を中心に同心円状の多数の小室からなる大きな巣をつくる．

シロアリ科
Termitidae

兵蟻と職蟻の前胸背板は両側からくびれ，その前の部分がやや高くなって全体としてウマの鞍状になる．有翅虫と職蟻の左大顎では第1と第2縁歯が融合して1つの歯となるので，縁歯は2個になり，右大顎に副歯はない．全シロアリの 2/3 を占め，245 属 2000 種余りを含む大きな科で，大きな蟻塚を加工するものやキノコを栽培するものなど生態も多様である．

タイワンシロアリ （p.1, 3, 4）
Odontotermes formosanus (Shiraki)

兵蟻の体長 4.0 ～ 5.0 mm，有翅虫は大きくて体長 12.5 ～ 13.5 mm，前翅長 24.5 ～ 25.0 mm．職蟻の頭部が赤褐色をしている点で日本産の他のシロアリから容易に識別できる．兵蟻と職蟻の前胸はウマの鞍状で，兵蟻の大顎は中央付近に小歯がある．有翅虫の翅は日本最大で，体と翅ともに黒褐色をしており，前胸背板にT字状の黄色紋がある．沖縄本島以南の琉球列島，台湾，中国に分布し，林内よりは荒地や畑地に多く，土中に巨大な饅頭型の主巣をつくり，その周辺に多数の菌室を衛星的に配列してタイワンシロアリタケ（オオシロアリタケ）を栽培する．中国では黒翅土白蟻と呼ばれ，堤防に好んで営巣するのでしばしば決壊の原因となっており，「蟻の穴から堤も崩れる」というたとえは本種に由来する．

タカサゴシロアリ （p.3）
Nasutitermes takasagoensis (Shiraki)

兵蟻の体長 3.5 ～ 4.0 mm，有翅虫の体長 7.0 ～ 9.0 mm，前翅長 11.5 ～ 13.7 mm．本種は，兵蟻の頭部が円錐形に前方へ伸長して先端に額腺が開口し，大顎は退化して小さいテングシロアリ亜科 Nasutitermitinae に所属する日本唯一の種であるが，熱帯には近似種が多い．有翅虫と職蟻の左大顎第 1 + 2 縁歯は後縁が直線状で，切れ込みやくぼみはない．八重山群島と台湾に分布し，林内に多く，樹や岩の上，地表などに球状の大きな巣をつくり，樹幹に長い蟻道を構築する．

ニトベシロアリ （p.1, 3）
Pericapritermes nitobei (Shiraki)

兵蟻の体長 4.5 ～ 6.5 mm，有翅虫の体長 6.5 ～ 7.0 mm，前翅長 9.5 ～ 10.5 mm．兵蟻の頭部は全体長の半分以上と大きく，大顎は左右非相称で，左大顎は強く曲がる．有翅虫と職蟻の左大顎は端歯が第 1 縁歯より細長い．八重山群島，台湾，中国南部，タイ，ボルネオに分布し，林内の腐植土や腐朽した木の中に少数のコロニーで生息する珍しい種で，兵蟻は巣をあばくと跳ね上がる性質がある．

引用・参考文献

Ahmad, M. (1958), Key to the Indomalayan termites. *Biologia, Lahore*, **4** : 33-198.

Emerson, A. E. (1933). A revision of the genera of fossil and recent Termopsinae (Isoptera). *Calif. Publ. Ent.*, **6** : 165-196.

Holmgren, N. (1913). Termitenstudien. IV. Versuch einer systematische Monographie der Termi ten der orientalischen Region. *Kungl. Vetensk. Akad. Handl.*, **50**(2) : 1- 276, Taf. 1-8.

Hozawa, S. (1915). Revision of the Japanese termites. *J. Coll. Sci., Imp. Univ. Tokyo*, XXXV (7) : 1-161 + 4 pls.

黄　生・李　桂洋・朱　世模（1989）．中国白及生物学．605pp．+ 452 図．天則出版社，北京．

Krishna, K. (1961). A generic revision and phylogenetic study of the family kalotermitidae (Isoptera). *Bull. Amer. Aus. Nat. Hist.*, **122**(4) : 303-408 + 81 figs + 6 tabs.

Krishna, K. (1968). Phylogeny and generic reclassification of the Capritermes complex (Isoptera, Termitidae, Termitinae). *Bull. Amer, Mus. Nat. Hist.*, **138**(5) : 263-323 + 45 figs.

Krishna, K. & F. M. Weesner (eds.)(1969, 70). Bilogy of termites. Vol. 1, 600 pp. ; vol. 2, 643 pp. Academic Press, New York.

Morimoto, K. (1968). Termites of the genus *Reticulitermes* of Japan and Taiwan. *Bull. Gov. Forest Exp. Sta., Tokyo*, (217) : 43-73.

Morimoto, K. (1973). *Glyptotermes nakajimai*, a new termite from Japan (Isoptera : Kalotermitidae). *Kontyû*, **41**(4) : 470-474.

森本　桂（1975・76）．シロアリの分類．しろあり，(23) : 7-38 + 137 figs ; (24) : 1-10 + 30 figs ; (25) : 23-35 + 85 figs. ; (26) : 18-20.

森本　桂（1980）．シロアリ．日本しろあり詳説（日本しろあり対策協会編），1-111. 日本しろあり対策協会，東京．

森　八朗（1976）．新種コダマシロアリ *Glyptotermes* kodamai sp. nov. しろあり，(25) : 54.

森　八朗（1978）．新種クシモトシロアリ *Glyptotermes* kushimensis sp. nov. しろあり，(32) : 34.

李　参・平　正明（1988）．中国原白蟻属及両新種記述．昆虫学報，**31**(3) : 300-305.

Snyder, T. E. (1949). Catalog of the termites (Isoptera) of the world. *Smithson. Misc. Coll.*, **112** : 1-490.

Snyder, T. E. (1956, 61, 68). Annotated, subject-heading bibliography of termites 1350 B. C to A. D. 1954. *Smithson. Misc. Coll.*, **130** : 1-305 ; Suppl. 1955-1960, l. c., **143**(3) : 1-137 ; 2nd suppl. 196-1965, l. c., **152**(3) : 1-188.

節足動物門
ARTHROPODA

昆虫亜門（六脚亜門）HEXAPODA
外顎綱（狭義の昆虫綱）Entognatha
アザミウマ目（総翅目）Thysanoptera

芳賀和夫　K. Haga

昆虫亜門（六脚亜門）Hexapoda・アザミウマ目（総翅目）Thysanoptera

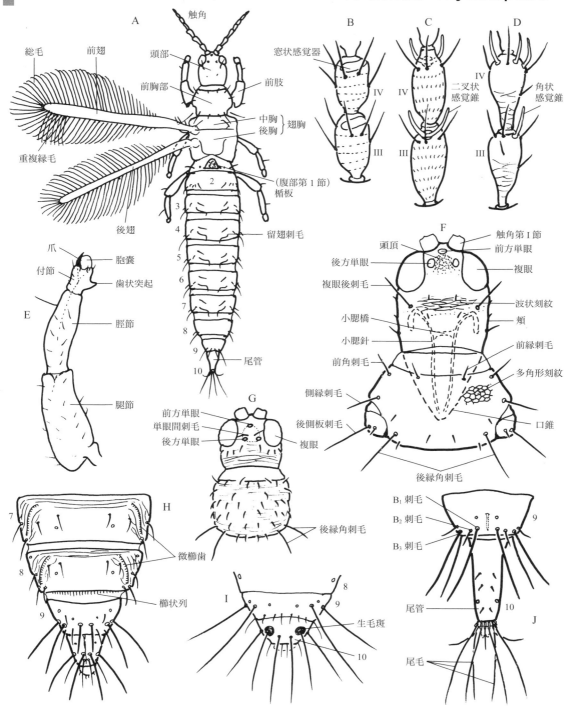

アザミウマ目 Thysanoptera 形態用語図解
A：クダアザミウマ科全形，B：メロアザミウマ科触角第 III，IV 節，C：アザミウマ科触角第 III，IV 節，D：クダアザミウマ科触角第 III，IV 節，E：クダアザミウマ科前肢，F：クダアザミウマ科頭部，前胸部，G：アザミウマ科頭部，前胸部，H：アザミウマ科腹端♀，I：メロアザミウマ科腹端♀，J：クダアザミウマ科腹端♀

アザミウマ目（総翅目）Thysanoptera の亜目・科への検索

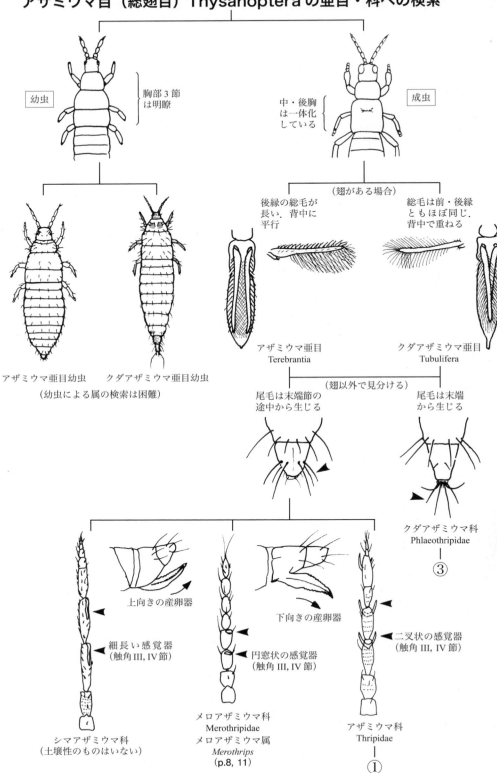

昆虫亜門・アザミウマ目　3

アザミウマ科 Thripidae の亜科・属への検索

②　前胸後角刺毛
- 2対
- 1対．雌の口器（腹面）は長く伸びている
  - クチナガアザミウマ属 *Chilothrips* (p.8, 12)

単眼間刺毛
- 長い
  - ボウヒゲアザミウマ属 *Mycterothrips* (p.8, 12)
- 短い
  - 頭部は小さい．後縁角刺毛は短い
    - コスモスアザミウマ属 *Microcephalothrips* (p.8, 12)
  - 頭部は普通．後縁角刺毛は長い
    - スリプスアザミウマ属 *Thrips* (p.8, 12)

①
- 強い網目模様の刻紋／頭部背面／腹部末端
  - アミメアザミウマ亜科 Panchaetothripinae
    - 触角は6節
      - コブアミメアザミウマ属 *Astrothrips* (p.8, 11)
    - 触角は8節（細い）
      - クロトンアザミウマ属 *Heliothrips* (p.8, 11)
- 弱い波状の紋か弱い網目模様
  - アザミウマ亜科 Thripinae
    - 凹まない
      - 腹部に色の薄い節あり
        - ハラオビアザミウマ属 *Hydatothrips* (p.8, 12)
      - 色はほぼ一様
        - 微毛が生えている／腹部背板
          - チャノキイロアザミウマ属 *Scirtothrips* (p.8, 11)
        - 波紋がある
          - ②
    - 凹む
      - デンドロアザミウマ属 *Dendrothrips* (p.8, 11)

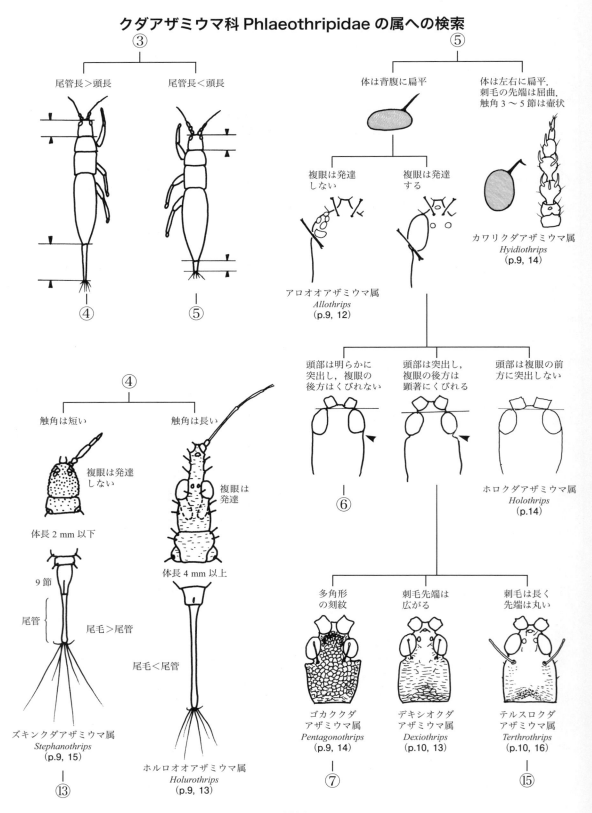

昆虫亜門・アザミウマ目 5

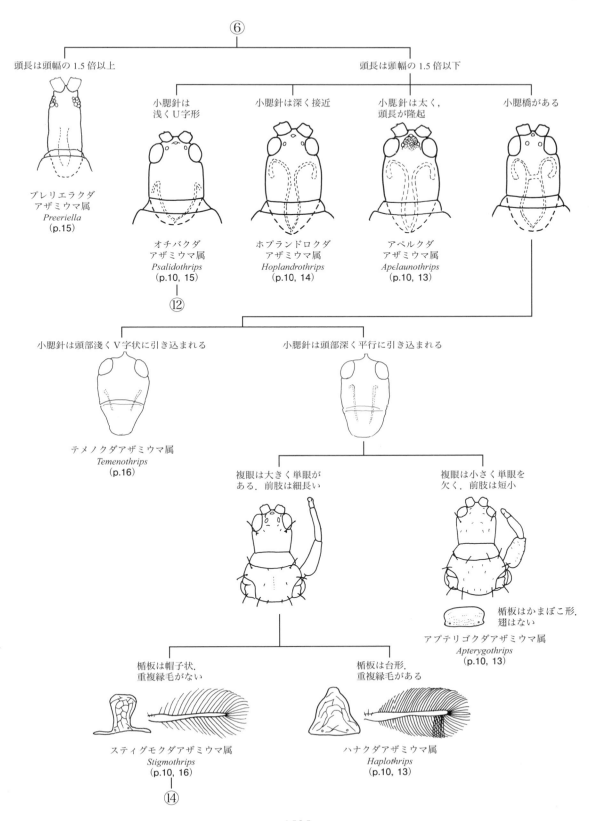

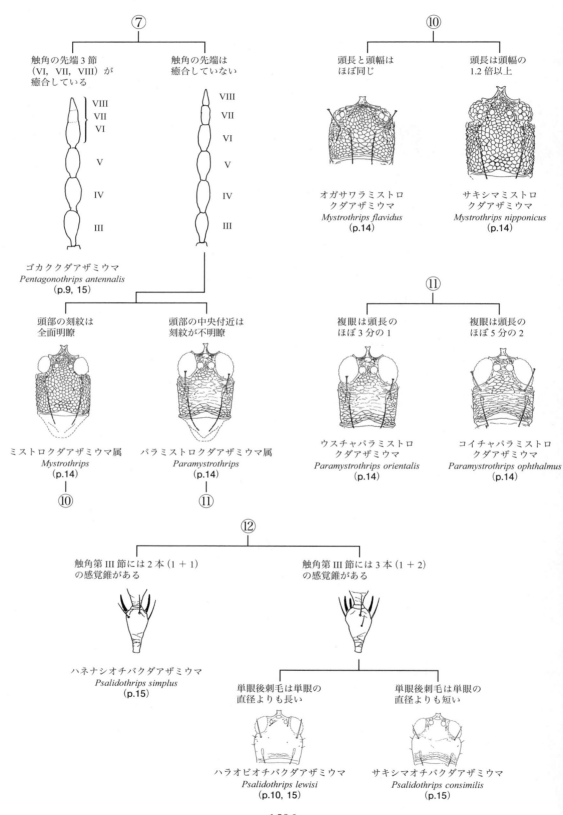

昆虫亜門・アザミウマ目 7

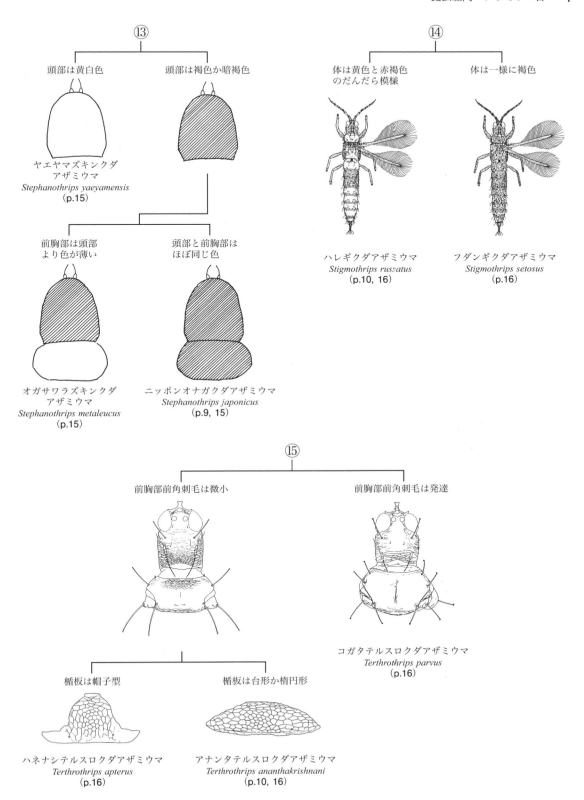

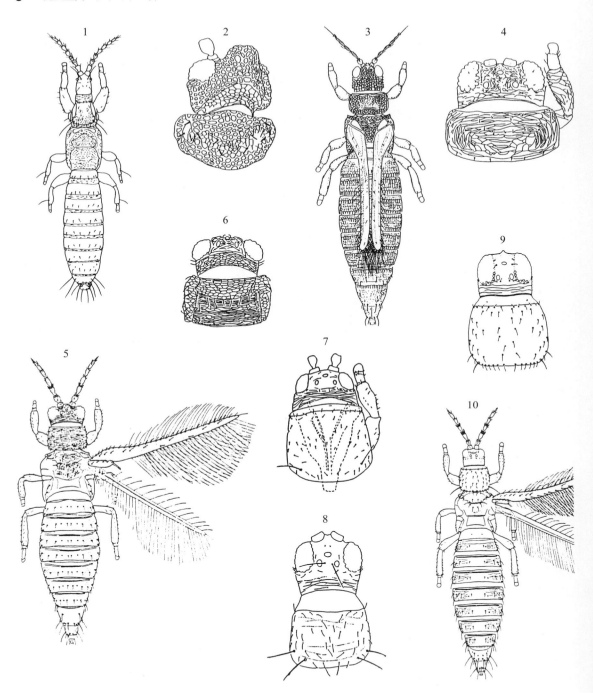

アザミウマ目 Thysanoptera 代表図 (1)

1：フロリダメロアザミウマ Merothrips floridensis Watson（無翅型），2：コブアミメアザミウマ Astrothrips aucubae Kurosawa（頭部＋前胸部，頭頂部の隆起を示す），3：クロトンアザミウマ Heliothrips haemorrhoidalis (Bouche)（翅をとじている状態），4：アオダモアザミウマ Dendrothrips utari Kudo（頭部＋前胸部＋前肢），5：チャノキイロアザミウマ Scirtothrips dorsalis Hood（片側の前後翅省略），6：ハラオビアザミウマ Hydatothrips abdominalis (Kurosawa)（頭部＋前胸部），7：クチナガアザミウマ Chilothrips yamatensis Kudo（頭部＋前胸部＋前肢），8：ボウヒゲアザミウマ Mycterothrips consociatus (Targioni-Tozzetti)（頭部＋前胸部），9：コスモスアザミウマ Microcephalothrips abdominalis (Crawford)（頭部＋前胸），10：ビワハナアザミウマ Thrips coloratus Schmutz（翅の一部省略）
（2・4・6・7・8：榎本，1988；3・5・9・10：工藤，1988から一部改変）

昆虫亜門・アザミウマ目 9

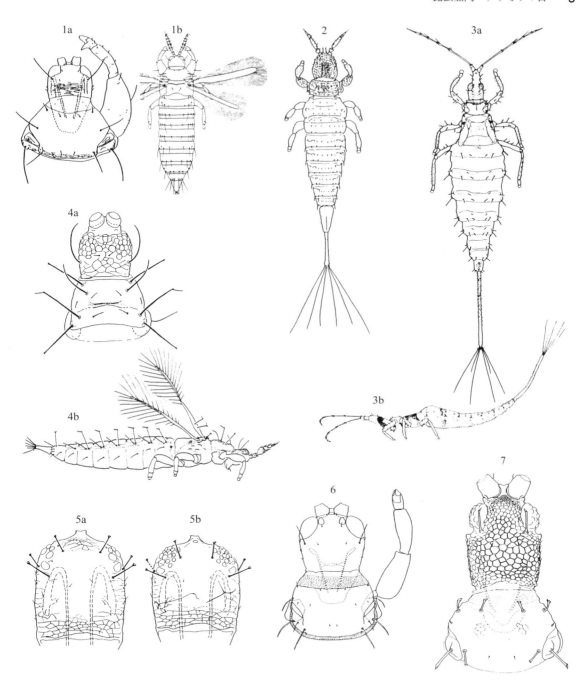

アザミウマ目 Thysanoptera 代表図（2）

1a：トゲオクダモドキオオアザミウマ *Acallurothrips spinurus* Okajima（頭部＋前胸部＋前肢），1b：ノグチクダモドキオオアザミウマ *Acallurothrips nogutii* (Kurosawa)（背面全形），2：ニッポンオナガクダアザミウマ *Stephanothrips japonicus* Saikawa（背面全形），3：モリカワオオアザミウマ *Holurothrips morikawai* Kurosawa（a：背面全形，b：側面），4：ニッポンカワリクダアザミウマ *Hyidiothrips japonicus* Okajima（a：頭部＋前胸部，b：側面），5：ニッポンアロオオアザミウマ *Allothrips japonicus* Okajima（a：無翅型頭部，b：有翅型頭部），6：コナラマルクダアザミウマ *Litotetothrips roberti* Kudo（頭部＋前胸部＋前肢），7：ゴカククダアザミウマ *Pentagonothrips antennalis* Haga & Okajima（頭部＋前胸部）
（1a：榎本，1988；1b：Kurosawa，1932；3a・3b：Haga，1975；4a：Okajima，1977；5a・5b：OKajima，1987；6：Kudo，1975；7：Haga and Okajima，1979 から）

10　昆虫亜門・アザミウマ目

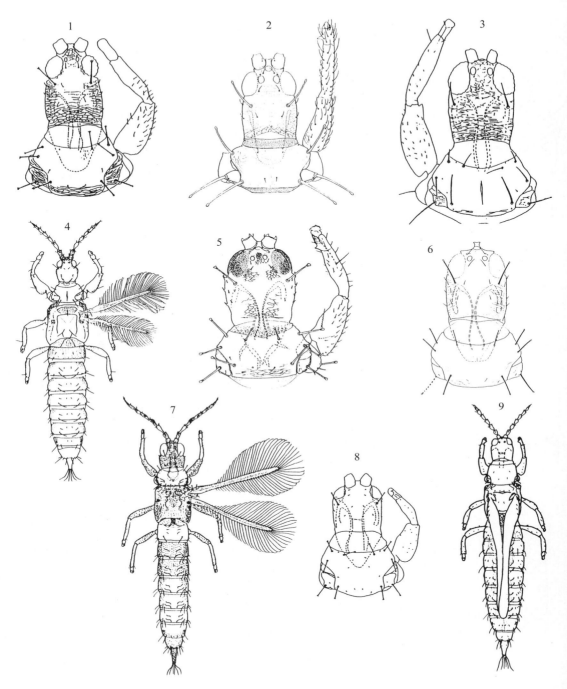

アザミウマ目 Thysanoptera 代表図（3）
1：マドラスデキシオクダアザミウマ Dexiothrips madrasensis (Ananthakrishnan)（頭部＋前胸部＋前肢），2：アナンタテルスロクダアザミウマ（新称）Terthrothrips ananthakrishnani Kudo（頭部＋前胸部＋前肢），3：リオクダアザミウマ属の一種 Liothrips sp.（頭部＋前胸部＋前肢），4：ハラオビオチバクダアザミウマ Psalidothrips lewisi (Bagnall)（有翅型，左前後翅省略），5：ウスキホプランドロクダアザミウマ Hoplandrothrips ochraceus Okajima & Urushihara（頭部＋前胸部＋前肢），6：ヤマアペルクダアザミウマ Apelaunothrips montanus Okajima（頭部＋前胸部），7：ハレギクダアザミウマ Stigmothrips russatus (Haga)（左前後翅省略），8：アプテリゴクダアザミウマ属の一種 Apterygothrips sp.（頭部＋前胸部＋前肢），9：ハナクダアザミウマ Haplothrips kurdjumovi Karny（翅を背部に格納している状態，総毛は省略）
（1・3・8・9：榎本，1988；2：Kudo，1978；6：Okajima，1979 から）

— 1600 —

アザミウマ目（総翅目）Thysanoptera

　成虫は，概して細長く，ほとんどが体長 3 mm 以下．口器は頭部後方下部にあり，吸収型で構造的に左右非相称．各肢の先端に膨出する粘着性の胞嚢がある．翅は前後翅ともに細長い膜状部の周囲に長い総毛が付いている．土壌性のものではしばしば翅は発達が弱く，短翅や無翅のものも多い．

　不完全変態ながら 2 齢の幼虫期のあとに，穿孔亜目では 2 齢の，有管亜目では 3 齢の不活発な時期があり，蛹と呼ばれることが多い．

　ツルグレン抽出物として得られるアザミウマ成虫のほとんどは有管亜目クダアザミウマ科であり，穿孔亜目はメロアザミウマ科を除いて，偶発的，あるいは夏眠など一時的に落葉落枝に付いたものと考えられる．ここでは，穿孔亜目については従来の属レベルに留め，有管亜目については，同属内に複数の種を含む場合は，種までの検索を図解する．なお，いずれも幼期での種あるいは属レベルの同定は困難である．

アザミウマ亜目（穿孔亜目）Terebrantia

　植物組織に切れ込みをつくり，そこに産卵するための鋸状産卵器をもっている．腹部末端は管状にならず，円錐形．翅の総毛は前縁と後縁で異なっている．翅を閉じたとき左右は重ならない．幼虫は 2 齢，蛹も 2 齢．日本にはシマアザミウマ科，メロアザミウマ科，アザミウマ科の 3 科を産し，後 2 科が土壌中からも見出されるが，真の土壌性のものは少ない．

メロアザミウマ科 Merothripidae
メロアザミウマ属 （p.2, 8）
Merothrips

　体長 1 mm 前後の小型．体色は白色から薄い茶褐色で，体型は細長い．無翅型が多く，有翅型はやや大きい．複眼は前者では退化的．触角は短い 8 つの節からなり，第 3, 4 節に窓状（鼓状）の感覚器がある．腹部第 10 節に 1 対の生毛斑がある．日本からフロリダメロアザミウマ *M. floridensis* Watson とスベスベメロアザミウマ *M. laevis* Hood の 2 種が記録されていて，他に未記載種も採集されている．いずれも，広葉樹林に分布するが数は少ない．

アザミウマ科 Thripidae

　この科には，真の土壌性のものは見当たらないが，偶発的，一時的であっても過去にツルグレン抽出で得られたものを紹介しておく．

アミメアザミウマ亜科 Panchaetothripinae
コブアミメアザミウマ属 （p.3, 8）
Astrothrips

　体長 1.3 ～ 1.5 mm，暗褐色で，触角，肢の先端と翅は淡色．前翅には 3 本の暗褐色の帯がある．頭部は特徴的で，強い網目状の刻紋で覆われ，左右の複眼の間が瘤状に盛り上がっている．触角には明瞭な刻紋があり，第 6 節以上が融合して見かけ上 6 節になる．日本からはコブアミメアザミウマ（新称）*A. aucubae* Kurosawa 1 種が広葉樹林から採集される．本種の種名はアオキに基づくが，アオキに生息するものではなく，落枝落葉層から採れる場合が多い．

クロトンアザミウマ属 （p.3, 8）
Heliothrips

　体長 1.5 mm 前後で黒褐色ないし暗褐色，肢と触角は淡色．体表は細かい刻紋で覆われ，頭部のそれは多角形の網目になっている．触角第 VIII 節の先端は細く尖る．腹部は，扁平で幅広い．クロトンアザミウマ *H. haemorrhoidalis* (Bouche) は，亜熱帯を中心に世界に分布し，各種植物の葉裏で繁殖する．しかし，しばしば落葉落枝層抽出物中にも現れる．

アザミウマ亜科 Thripinae
デンドロアザミウマ属 （p.3, 8）
Dendrothrips

　体長約 1 mm，茶褐色ないし淡黄色．体は幅広く扁平．前翅には白色帯がある．頭部は幅広く短い．頭部先端は触角の基部でくぼみ，皺が多い．触角は 8 節，しかし第 6 節に偽節を生じて 9 節に見える場合がある．体表には細かい刻紋があり，特に腹部には側方に多数の点刻を伴った密な波状紋がある．日本産 5 種のうち，アオダモアザミウマ（新称）*D. utari* Kudo が土壌中から採集される．

チャノキイロアザミウマ属 （p.3, 8）
Scirtothrips

　体長 0.7 ～ 1.0 mm．ほぼ黄色で触角と翅は灰色．頭部，前胸部の表面は密な横条線の刻紋がある．前胸は幅が広く後縁に 3 対の刺毛がある．腹部第 2 ～ 8 節背板の外側半分と第 3 ～ 7 節の腹板のほとんどに微毛が密生する．チャノキイロアザミウマ *S. dorsalis* Hood は木本類に寄生するが，冬期落葉中で越冬するため，しばしばツルグレンサンプルに入ってくる．果樹の害虫で

もある．

ハラオビアザミウマ属（p.3, 8）
Hydatothrips

体長 1 mm 強，腹部第 5 節が淡色なため「ハラオビ」の名がつけられている．頭部は横に幅広く，複眼が突き出して見える．後頭部には顕著な籠状の刻紋がある．体全体は他のアザミウマのように扁平でなく，小さなハチ類と見間違いやすい．日本からはハラオビアザミウマ *H. abdominalis*（Kurosawa）他 4 種を産し，クヌギ・コナラ林の林床から採集される．一時的に落葉落枝層に入るのかもしれない．

クチナガアザミウマ属（p.3, 8）
Chilothrips

体長 2 mm 弱．淡黄褐色で頭部と前胸部はやや色が濃い．この部分は大きく，雌の口錐部は特に長く伸び，中胸部に達する．腹部第 10 節も長く伸びているので，クダアザミウマ類と間違われやすい．日本からはクチナガアザミウマ *C. yamatensis* Kudo がマツの球果で繁殖することが知られている．しかし，しばしば雑木林の林床から採集される．日本に広く分布するものと思われる．

ボウヒゲアザミウマ属（p.3, 8）
Mycterothrips

体長 1.3 ～ 1.4 mm で，体色は淡黄色ないし灰黄色，触角は先端部が曇る．頭部は複眼の後ろでややくびれる．単眼間刺毛は長く，複眼の長径とほぼ同じ．頭部の複眼後刺毛は 5 対ある．前胸背板の後縁角刺毛は 2 対．雄では触角第 6 節が棒状に長く発達し，他節が短縮するものが知られている．ボウヒゲアザミウマ *M. consociatus*（Targioni-Tozzetti）が落葉広葉樹林から採集される．

コスモスアザミウマ属（p.3, 8）
Microcephalothrips

体長 1.1 ～ 1.3 mm．褐色ないしは暗褐色，各肢の脛節は淡色．頭部は属名が示すように前胸部に比べると小さい．複眼は頭長の 0.7 倍．単眼間刺毛は前方単眼の横に位置する．この属はコスモスアザミウマ *M. abdominalis*（Crawford）のみが含まれる．一生を花上で過ごすことが報告されているが，平地の社寺林の落葉落枝層試料の中に一再ならず出現するので検索図に入れた．

スリプスアザミウマ属（p.3, 8）
Thrips

体長 1.1 ～ 1.6 mm．体色は淡黄色から暗褐色までさまざま．触角は 7 ないし 8 節．単眼間刺毛は発達せず複眼の短径より短い．腹部第 5 ～ 8 節背板の側縁に微櫛歯がある．多数の種が含まれるが，キイロハナアザミウマ *T. flavus* Schrank（単眼間刺毛は前方単眼に接している），ダイズウスイロアザミウマ *T. setosus* Moulton（単眼間刺毛は斜め後方にやや離れている），ビワハナアザミウマ *T. coloratus* Schmutz（単眼間刺毛はほぼ側方に離れている）などが土壌中から採れることがある．

クダアザミウマ亜目（有管亜目）
Tubulifera

腹部末端（第 10 節）が管状になる類で，穿孔亜目と異なって産卵器を持たず卵は植物体上に立てて，あるいは寝かせて並べて置かれる．翅の総毛は前縁と後縁でほとんど形態に差がなく，背上に畳まれるときは左右の翅は重ねられる．

この亜目にはクダアザミウマ科 1 科のみあり，さらにオオアザミウマ亜科とクダアザミウマ亜科に分かれる．前者は菌食（おもに菌類の胞子を粉体吸収）で，比較的大型で 3 mm を越す場合が多い．後者は植物あるいは動物の汁液を吸収する．土壌性のほとんどは後者に属し，翅型が短翅，微翅（小さな膜状部のみで総毛を欠く）あるいは無翅になったものも見られる．

クダアザミウマ類については，下記の最近のモノグラフに基づいて改定する．

Okajima, S. 2006, The Suborder Tubulifera (Thysanoptera), 720pp. The Insects of Japan 2. Ed. The Entomological Society of Japan, Publ. Touka Shobo.

クダアザミウマ科
Phlaeothripidae
オオアザミウマ亜科
Idolothripinae

アロオオアザミウマ属（p.4, 9）
Allothrips

オオアザミウマ類としては小型で，体長は 2 mm 以下．翅は無翅か微翅で，頭部は四角く頭長は頭幅と同じかやや長い．複眼は発達せず，数個ないし十数個の個眼が散在する．頭部の顕著な刺毛の先端は鈍く広がっている．小腮針は平行して深く眼域まで引き込まれる．触覚は第 7 節，8 節が癒合して，全体で 7 節に見える．尾管はやや先端がすぼまり，頭長よりは短い．

ブラジルアロオオアザミウマ (p.9)
Allothrips brasilianus Hood
（*A. japonicus* ニッポンアロオオアザミウマは上記の異名）
　体長は2mm足らず．茶色，腹部先端に向かって次第に濃くなる．本種はブラジルで記載されたが，近年，ハワイで大量に採集され，インドネシアのバリ島にも産する．日本では小笠原諸島，伊豆諸島，琉球列島の島々から得られていて，本州でも神奈川県神武寺林リターから得ることができる．

ホルロオオアザミウマ属 (p.4, 9)
Holurothrips
　頭部は複眼の前方に大きく突き出し，その先端から細長い触角が生じる．複眼は腹部側で伸びている．総毛のない微小な翅があるが，稀に完全に発達した翅をもつものも出現する．腹部は第2節付近で幅と厚みを増す．尾管は細長く，尾毛はそれより短い．モリカワオオアザミウマ *H. morikawai* Kurosawa が本州から南西諸島まで各地のよく発達したシイ・カシ林に出現するが，数は少ない．樹上の枯れ葉からも得られる．本属は，東南アジア産とオーストラリア産の近縁種と本種の3種のみである．

モリカワオオアザミウマ (p.9)
Holurothrips morikawai Kurosawa
　体長4.4～5.0 mm．黄褐色で頭部は黒褐色．

クダアザミウマ亜科
Phlaeothripinae
アペルクダアザミウマ属 (p.5, 10)
Apelaunothrips
　頭部はやや縦長で，頭頂部が前方に隆起して，その先端に前方単眼がつく．3つの単眼に囲まれた部分には細かい網目状の刻紋がある．小腮針は太めで，頭部に深く引き込まれ，左右が近接するが小腮橋はない．ヤマアペルクダアザミウマ *A. montanus* Okajima は本州の冷温帯林，ニッポンアペルクダアザミウマ *A. japonicus* Okajima は暖温帯林に出現し，ほかに琉球列島から2種の記録がある．

ニッポンアペルクダアザミウマ
Apelaunothrips japonicus Okajima
　体長は2mm前後．黄色と褐色，あるいは一様に褐色，暗褐色．頭部の長さは幅の1.4倍かそれより短い．本州，四国，九州の暖帯常緑樹林に生息．

ズナガアペルクダアザミウマ
Apelaunothrips medioflavus (Karny)
　体長は2mm前後．黄色と褐色，あるいは一様に褐色，暗褐色．頭部の長さは幅の1.7倍かそれ以上．奄美大島，沖縄本島の暖帯林に生息．

ヤマアペルクダアザミウマ (p.10)
Apelaunothrips montanus Okajima
　体長は2mm前後．黄色と褐色，あるいは一様に褐色，暗褐色．頭部はほほの部分が膨らむ．本州中部の冷温帯落葉樹林林に生息．

アプテリゴクダアザミウマ属 (p.5, 10)
Apterygothrips
　頭部の表面に目立つ刻紋はない．複眼は小さく頭長の1/4程度であるが腹面では後方に尖った形に伸長する．単眼はない．小腮針は平行に引き込まれ，左右の間に小腮橋がある．短翅，稀に長翅．楯板はかまぼこ形．尾毛は尾管の1.5倍．常緑または落葉の広葉樹林に出現する1種が採集される．

アプテリゴクダアザミウマ
Apterygothrips semiflavus Okajima
　体長1.6 mm．淡褐色で，頭部，前胸部，褐色第1節，第4～8節，尾管はやや濃い．微小な翅を持つ．本州，四国，九州，三宅島の常緑広葉樹林に生息．

デキシオクダアザミウマ属 (p.4, 10)
Dexiothrips
　頭部は複眼前方に突出物があり，頬はほぼ平行で基部でやや狭まる．複眼の後方にくびれがある．複眼後刺毛は複眼とほぼ同じ長さで先端は開裂する．マドラスデキシオクダアザミウマ *D. madrasensis* (Ananthakrishnan) が本州，九州の雑木林，アカマツ二次林から採れているが数は少ない．極めて小さい翅がある．

マドラスデキシオクダアザミウマ (p.10)
Dexiothrips madrasensis (Ananthakrishnan)
　体長2.5 mm．体色は茶褐色で，触角第III～V節と翅胸，腹部第5，6節および各肢は淡色．本州，九州の雑木林，アカマツ二次林リターに生息するが数は少ない．

ハナクダアザミウマ属 (p.5, 10)
Haplothrips
　頭部はやや縦長．表面には横に走る波状紋がある．小腮針は頭部に平行に引き込まれるが左右は離れ，その間に小腮橋が発達する．すべて長翅型．楯板は三角

形状．本属の日本産 9 種は多様な植物の花や緑の葉でも見いだされる一方，しばしばリターからも抽出される．その状況から捕食者であることは推定されるが，その生活は解明されていない．

ナミハプロクダアザミウマ
Haplothrips nipponicus Okajima

体長 1.8 〜 2.1 mm．体色は暗褐色で触角や前肢に色の薄い部分がある．本州，九州の他，三宅島，トカラ，琉球諸島の生きた葉，枯れ葉，リターに生息する．

ホロクダアザミウマ属（p.4）
Holothrips

中型で，翅は発達し，翅型は変化しない．頭部はやや縦長でその背側は少し隆起する．触角は VII，VIII 節が癒合して見かけ上 7 節になっている．小腮針はオオアザミウマ類のよう太く，頭部深くに格納される．循板は鐘状．雌雄ともに前肢先端に爪状突起がある．

キイロホロクダアザミウマ
Holothrips flavus Okajima

熱帯，亜熱帯の常緑広葉樹林のリターに生息．日本では石垣島に産する．

ホプランドロクダアザミウマ属（p.5, 10）
Hoplandrothrips

頭部は頬がやや膨らみ基部はわずかに狭まる．左右の複眼の長軸はハの字形に向く．頭部の表面には弱い多角形の刻紋がある．頭部に引き込まれた左右の小腮針は中央で近接するが小腮橋はない．前肢先端には歯状突起がある．翅の総毛はまばらで，重複縁毛は 5 〜 9 本，楯板が鐘状の 1 種が記載されている．

ウスキホプランドロクダアザミウマ（p.10）
Hoplandrothrips ochraceus Okajima et Urushihara

体長 1.6 〜 2.1 mm．体色は黄褐色で赤い皮下色素を斑にもつ．日本各地の自然林リターに生息する．

カワリクダアザミウマ属（p.4, 9）
Hyidiothrips

頭部は前方に突出し，数珠状の短い 7 節の触角が生じる．複眼後方刺毛は長くカーブする．体は左右に扁平で背面には先端が L 字形に曲がる長い刺毛がある．アメリカ大陸と日本からのみ知られる特殊な属で，日本からは 4 種が知られていて，うち 2 種が土壌性．

ニッポンカワリクダアザミウマ（p.9）
Hyidiothrips japonicus Okajima

体長 0.6 〜 0.9 mm．淡褐色で，頭部，中胸部，腹端部は濃い．頭部から腹部にかけて赤い皮下色素がある．神奈川県神武寺林，御蔵島，石垣島，古い自然林に生息．

ニラサワカワリクダアザミウマ
Hyidiothrips nirasawai Okajima

体長 0.6 〜 0.9 mm．淡褐色で，頭部，中胸部，腹端部は濃い．頭部から腹部にかけて赤い皮下色素がある．沖縄本島，亜熱帯常緑樹林リターに生息する．

ミストロクダアザミウマ属（p.6）
Mystrothrips

小型で，翅は発達しない場合が多い．体表は多角形模様の刻紋で覆われている．頭部は触角の間にやや突出し，複眼の後がくびれている．複眼は個眼が多くなくそれぞれ球状になっている．このような特長は，ゴカククダアザミウマに似ているが，触覚が癒合せず，8 節とも明瞭に認められるとことが異なっている．

オガサワラミストロクダアザミウマ（p.6）
Mystrothrips flavidus Okajima

小笠原諸島（父島，母島，弟島）亜熱帯林林に生息．

パラミストロクダアザミウマ属（p.6）
Paramystrothrips

小型で，翅は充分に発達する．体表は多角形ないし波状の刻紋で覆われているが頭頂部でやや弱まる．頭部は長さと幅がほぼ同じで，複眼も単眼も発達している．触角は癒合せず，8 節とも明瞭に認められる．

コイチャパラミストロクダアザミウマ（p.6）
Paramystrothrips ophthalmus Okajima

神奈川県神武寺林，広葉樹自然林に生息．

ウスチャパラミストロクダアザミウマ（p.6）
Paramystrothrips orientalis (Okajima et Urushihara)

神奈川県神武寺林，広葉樹自然林に生息．

サキシマミストロクダアザミウマ（p.6）
Mystrothrips nipponicus Okajima

九州，石垣島，西表島，亜熱帯−暖帯の常緑樹林に生息する．

ゴカククダアザミウマ属（p.4, 9）
Pentagonothrips

頭部は，前方に突出物があり，基部が狭まるため，

縦長の五角形に見える．複眼の後方には顕著なくびれがある．触角は第 VI ～ VIII 節が融合する．ゴカククダアザミウマ P. antennalis Haga et Okajima が関西以西の暖帯林に多いが，千葉県の清澄山や内浦山にも分布する．未整理の近縁属も採れている．

ゴカククダアザミウマ （p.6, 9）
Pentagonothrips antennalis Haga et Okajima

体長 1.5 ～ 1.9 mm．灰褐色で，体側に沿って赤い皮下色素があるため，緑がかって見える．体表，特に頭部は網目状のはっきりとした刻紋で覆われる．本州，九州の暖帯自然林のリターに生息する．関西以西に多いが，千葉県清澄山，内浦山でも採集され，他に，屋久島，対馬でも採れている．

プレリエラクダアザミウマ属 （p.5）
Preeriella

微弱なアザミウマで，弱い翅を持つものと無翅のものがある．体は背腹に厚みがある．頭長は頭幅の 1.7 倍以上あり，複眼前方に突出部がある．触角第 III 節が小さく，ほとんど第 IV 節に癒合する．腹部第 1 節背板は単一の pelta 楯板を形成せず，いくつかの小片に分かれる．♂の形態にに多型があり，大きい個体は中肢に比べて顕著に太い後肢を持つ．

プレリエラクダアザミウマ
Preeriella armigera Okajima

体長 1 mm，体色は黄色で，頭部と後胸部はやや茶色．本州（長野県上田市菅平）の雪深い山地の落葉広葉樹林で採集されるが，形態的にほとんど差がない同種と思われるものが台湾の低山地で採れている．

オチバクダアザミウマ属 （p.5, 10）
Psalidothrips

頭部は複眼の後方で幅を増し，基部に向かって緩やかに狭まる．表面には目立った刻紋がない．小腮針は頭部に浅く引き込まれ，幅の広い U 字形になり，小腮橋はない．複眼後刺毛は複眼長と同等かやや長い．前胸の前縁に刺毛が発達しない．ハラオビオチバクダアザミウマ P. lewisi (Bagnall) は腹部第 2 節が暗色で翅型に変異が多い．ハネナシオチバクダアザミウマ P. simplus Haga は無翅で単眼を欠く．どちらも落葉広葉樹林に多い．ほかに 5 種が知られる．

サキシマオチバクダアザミウマ （p.6）
Psalidothrips consimilis Okajima

体長は 2 mm 足らず．触角第 VIII 節は第 VII 節より長い．石垣島，西表島の暖帯自然林に生息する．

ハラオビオチバクダアザミウマ （p.6, 10）
Psalidothrips lewisi (Bagnall)

体長は 2 mm に達しない．触角第 IV 節の長さは幅の 1.8 倍．翅型が多様で，産地によって体の大きさや色彩に違いが見られる．本州，四国，九州，南西諸島の暖帯自然林に生息する．

ハネナシオチバクダアザミウマ （p.6）
Psalidothrips simplus Haga

体長は 2 mm 前後．尾管は基部の幅の 1.7 倍より短い．翅型は短翅または無翅．本州，九州，南西諸島の暖帯自然林に生息する．

ズキンクダアザミウマ属 （p.4, 9）
Stephanothrips

無翅で，体の前半は短縮されているが，腹部第 10 節（尾管）は細長く伸び，その先端に 6 本の長い尾毛がつく．

ニッポンオナガクダアザミウマ （p.7, 9）
Stephanothrips japonicus Saikawa

体長 1.2 ～ 1.5 mm．頭部・前胸部や各肢基部表面は小さな瘤で覆われ，暗褐色．他は淡色で赤い皮下色素がある．複眼にごく少数の個眼からなり，単眼を欠く．刺毛は太く先端が丸い．日本各地の暖帯林落葉落枝層に普通で個体数も多い．本州，四国，九州，琉球列島の自然林に生息し，台湾，中国にも分布する．

オガサワラズキンクダアザミウマ （p.7）
Stephanothrips metaleucus Okajima

体長 1.2 ～ 1.5 mm．頭部・前胸部や各肢基部表面は小さな瘤で覆われ，暗褐色．他は淡色で赤い皮下色素がある．複眼はごく少数の個眼からなり，単眼を欠く．刺毛は太く先端が丸い．日本各地の暖帯林落葉落枝層に普通で個体数も多い．尾管は短く，頭長の 1.4 倍以下．小笠原諸島（母島）の自然林堆葉層に生息する．

ヤエヤマズキンクダアザミウマ （p.7）
Stephanothrips yaeyamensis Okajima

体長 1.2 ～ 1.5 mm．頭部・前胸部や各肢基部表面は小さな瘤で覆われ，暗褐色．他は淡色で赤い皮下色素がある．複眼はごく少数の個眼からなり，単眼を欠く．刺毛は太く先端が丸い．日本各地の暖帯林落葉落枝層に普通で個体数も多い．体色薄く，尾毛はかなり長く，尾管の 2 倍以上．石垣島の自然林堆葉層に生息する．

スティグモクダアザミウマ属 (p.5, 10)
Stigmothrips

頭部は長方形で表面には中央に向かう刻線がある．複眼は大きい．頭部，前胸の各刺毛は発達し先端は開裂する．小腮針は平行に引き込まれ，小腮橋がある．体も触角もだんだら模様のハレギクダアザミウマ *S. russatus* (Haga) のほか，模様の単純な別種があり，いずれも暖帯林に生息する．

ハレギクダアザミウマ (p.7, 10)
Stigmothrips russatus (Haga)

体長1.3〜1.8 mm．黄色と淡褐色ないし暗褐色で，赤い皮下色素があるためカラフルに見える．触角はⅢ節全体と Ⅳ，Ⅴ，Ⅵ節の付け根部分が黄色で残りは赤みを帯びた茶色．島嶼をふくめて暖帯と亜熱帯の自然林林床に生息する．♂は未知．

フダンギクダアザミウマ (p.7)
Stigmothrips setosus Okajima

体長1.3〜1.8 mm．黄色と淡褐色ないし暗褐色で，赤い皮下色素があるためカラフルに見える．体長は1.5 mm前後．複眼後刺毛は複眼の長さの2分の1，触角は各節の基部もふくめて一様に茶色．神奈川県神武寺林，広葉樹自然林に生息．

テメノクダアザミウマ属 (p.5)
Temenothrips

小型で翅は発達しない．小腮針は頭部に浅く引き込まれV字状ながら小腮橋が認められる．触角は各節が短くふくれてビーズのネックレス状になっている．尾管は短く，先細りになっている．

ビーズクダアザミウマ
Temenothrips flavillus Okajima et Urushihara

体長は2 mm．頭部と前肢は黄色で，胸部腹部はこげ茶色．神奈川県神武寺林，広葉樹自然林に生息．

テルスロクダアザミウマ属 (p.4, 10)
Terthrothrips

頭部は，複眼前方で幅が狭くなり，頬はほぼ平行なので砲弾形になる．複眼の後方にくびれがある．刺毛は顕著に長く，先端は丸くなる．触角は長く，頭部の2.5倍以上．前肢先端に歯状突起がある．雄雌ともに翅が発達する．

アナンタテルスロクダアザミウマ (p.7, 10)
Terthrothrips ananthakrishnani Kudo

中型で体長2.5 mm〜3 mm．雌雄ともに翅は発達するものが多いが，短翅型もある．体色は褐色か暗褐色．本州，九州に分布し，常緑広葉樹林に生息する．

ハネナシテルスロクダアザミウマ (p.7)
Terthrothrips apterus Kudo

体長は2 mmないし2.5 mm，体色は暗褐色で，触角や肢の付節は薄くなる．雌雄とも翅は発達しない．本州，九州の常緑広葉樹林に生息する．

コガタテルスロクダアザミウマ (p.7)
Terthrothrips parvus Okajima

小型で体長は1.5〜1.7 mm．体は褐色，前肢付節は黄色，中後肢の付節も黄色みを帯びる．屋久島と琉球列島の常緑広葉樹林に生息する．

引用・参考文献

榎本友好 (1988)．土壌性アザミウマ類（昆虫綱：アザミウマ目）の分類と検索．124 pp. 筑波大学大学院環境科学研究科修士論文．

芳賀和夫 (1971)．大阪周辺で得られる土壌性総翅類．大阪教育大附高研究集録，**13**：44-56．

Haga, K. (1973). Leaf-litter Thysanoptera in Japan I. Descriptions of three new species. *Kontyû*, **41**: 74-79.

Haga, K. (1973). Leaf-litter Thysanoptera in Japan II. Redescription of *Holurothrips morikawai* Kurosawa (Phlaeothripidae). *New Entom.*, **24**(2/3): 19-25.

芳賀和夫 (1975)．日本のアザミウマ相に1科の追加．*Kontyû*. **43**(4)：522．

Haga, K. and S. Okajima (1979). A new Glyptothripine genus and species (Thysanoptera, Phlaeothripidae) from Japan. *Annot. Zool. Japon.*, **52**: 146-150.

Kudo, I. (1975). On the genus *Litotetothrips* Priesner (Thysanoptera, Phlaeothripidae), with the description of a new species. *Kontyû*, **43**(2): 138-146.

Kudo, I (1978). Zwei neue Japanische Arten der Gattung *Terthrothrips* karny (Thysanoptera, Phlaeothripidae) *Kontyû*, **46**(1): 8-13.

Kudo, I (1978a). Sme urothripine Thysanoptera from eastern Asia. *Kontyû*, **46**(2): 169-175.

Kudo, I (1978b) *Chilothrips yamatensis*, a new thripid from Japan (Thysanoptera : Thripidae). *Kontyû*, **46**(3): 480-484.

Kudo, I (1984). The Japanese Dendrothripini with descriptions of four new species (Thysanoptera, Thripidae). *Kontyû*, **52**(4): 487-505.

工藤　厳・芳賀和夫 (1988)．第2章分類．農作物のアザミウマ（梅谷・工藤・宮崎編），97-161．全国農村教育協会，東京．

Kurosawa, M. (1932). Description of three new thrips from Japan. *Kontyû*, **5**(5/6): 230-242.

Mound, L. and K. O'Neill (1974). Taxonomy of the Merthripidae, with ecological and phylogenetic considerations (Thysanoptera). *J. Nat. Hist.*, **8**: 481-509.

Okajima, S. (1976). Notes on the Thysanoptera from the Ryukyu Islands. II. On the genus *Stigmothrips* Ananthakrishnan.

Kontyû, **44**(2) : 119-129.

Okajima, S. (1976). Notes on the genus *Stephanothrips* Trybom (Thysanoptera, Phlaeothripidae) from Japan and Taiwan. *Kontyû*, **44**(4) : 403-410.

Okajima, S. (1977), Description of a new species of the genus *Hyidiothrips* Hood (Thysanoptera, Phlaeothripidae) from Japan. *Kontyû*, **45**(2) : 214-218.

Okajima, S. (1979), A revisional study of the genus *Apelaunothrips* (Thysanoptera : Phlaeothripidae). Syst. Entom., **4** : 39-64.

Okajima, S. (1987), Discovery of the genus *Allothrips* in Japan and Taiwan, with description of two new species (Thysanoptera, Phaeothripdae). *Kontyû*, **55**(1) : 146-52.

Saikawa, M. (1974). A new species of the genus *Stephanothrips* (Thysanoptera, Phlaeothripidae) from Japan. *Kontyû*, **42**(1) : 7-11.

Okajima, S. 2006. The Suborder Tubulifera (Thysanoptera), 720 pp. The Insects of Japan. Vol. 2. Ed. The Entomological Society of Japan. Touka Shobo.

節足動物門
ARTHROPODA

昆虫亜門（六脚亜門）HEXAPODA
外顎綱（狭義の昆虫綱）Entognatha
カメムシ目（半翅目）Hemiptera
セミ亜目（頸吻亜目）Auchenorrhyncha
セミ科（幼虫）Cicadidae

林　正美　M. Hayashi
（亜目への検索図：友国雅章　M. Tomokuni）

昆虫亜門（六脚亜門）Hexapoda・カメムシ目（半翅目）Hemiptera

カメムシ目（半翅目）Hemiptera の亜目・上科への検索

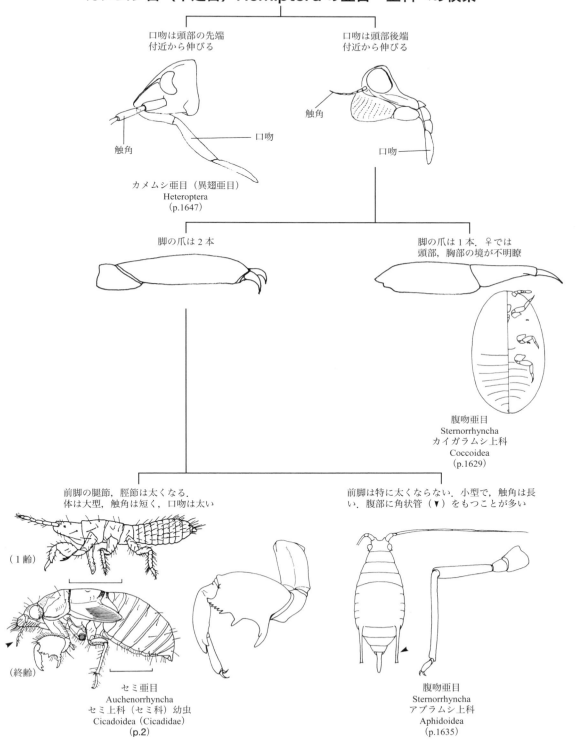

昆虫亜門（六脚亜門）Hexapoda・カメムシ目（半翅目）Hemiptera・セミ亜目（頸吻亜目）Auchenorrhyncha・セミ科 Cicadidae 幼虫

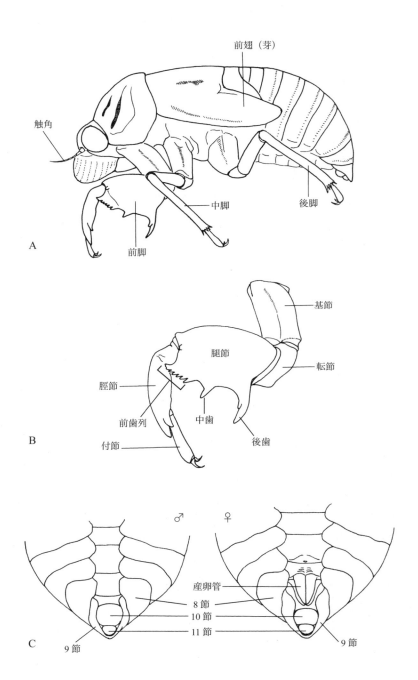

セミ科 Cicadidae 幼虫の形態用語図解（終齢幼虫）
A：側面図，B：前脚，C：腹端部腹面図

昆虫亜門・カメムシ目・セミ科 3

セミ科 Cicadidae 幼虫の属・種への検索

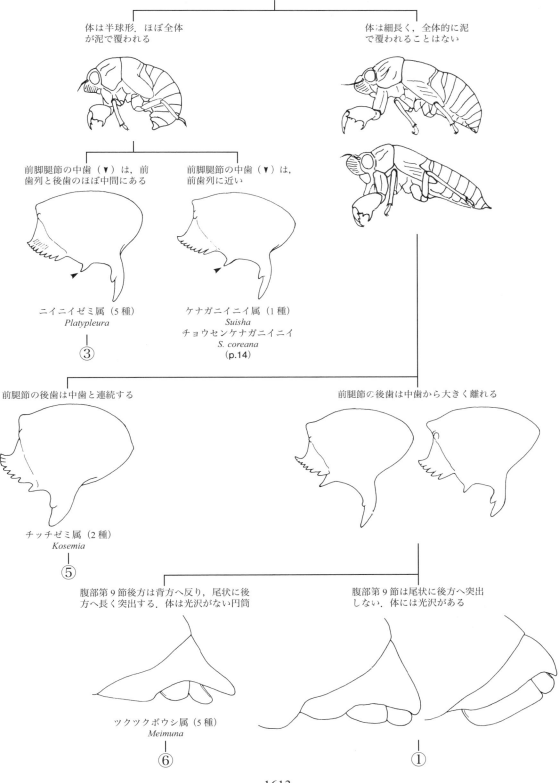

4 昆虫亜門・カメムシ目・セミ科

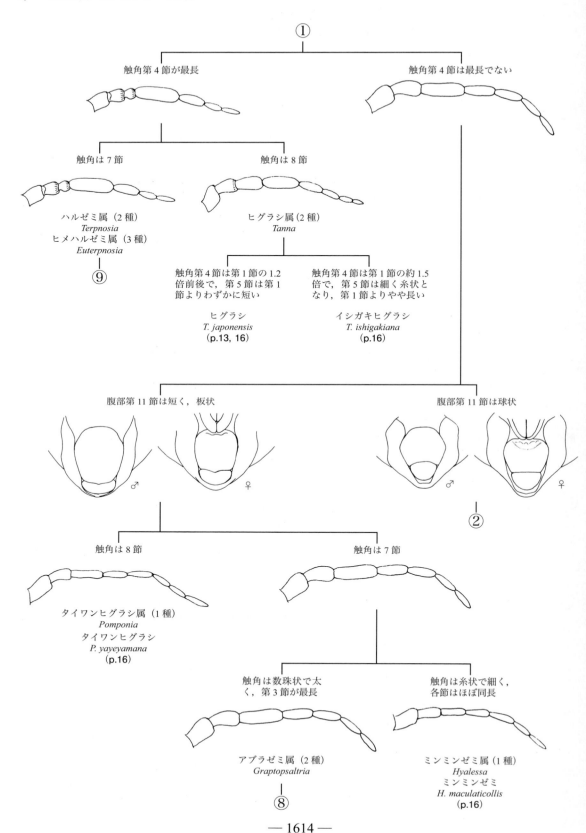

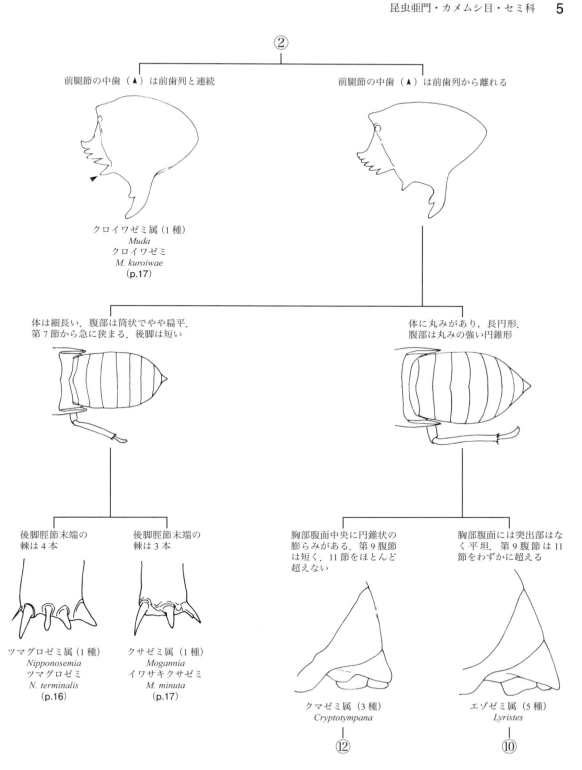

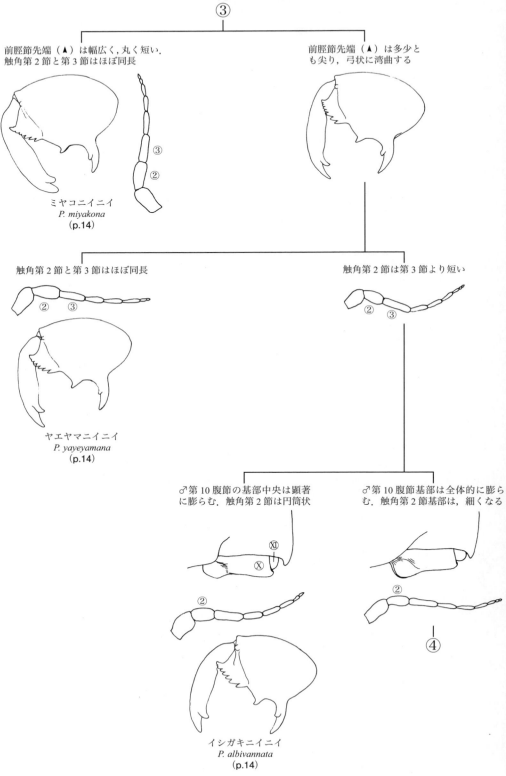

昆虫亜門・カメムシ目・セミ科　**7**

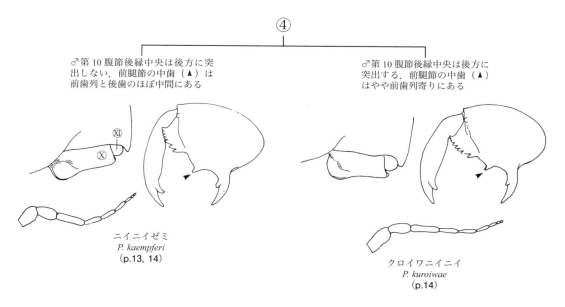

チッチゼミ属 *Kosemia* の種への検索

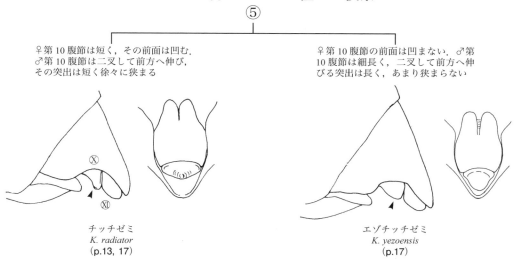

ツクツクボウシ属 *Meimuna* の種への検索

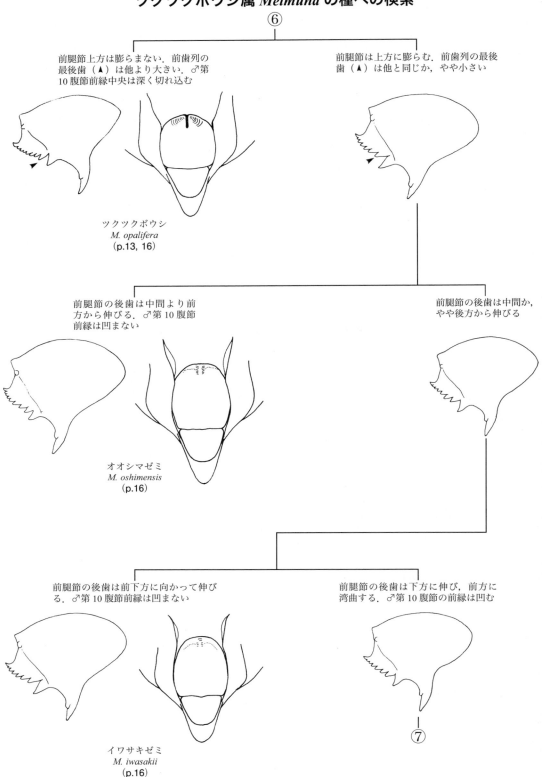

昆虫亜門・カメムシ目・セミ科　**9**

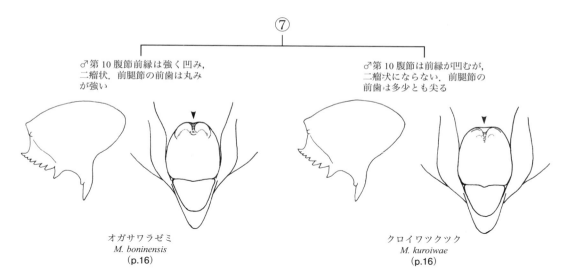

アブラゼミ属 *Graptopsaltria* の種への検索

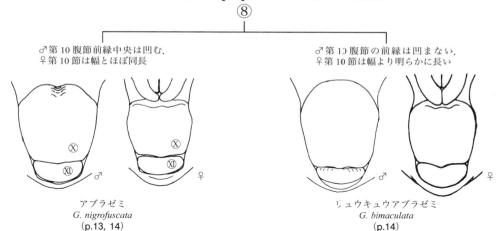

10 　昆虫亜門・カメムシ目・セミ科

ハルゼミ属 *Terpnosia*・ヒメハルゼミ属 *Euterpnosia* の種への検索

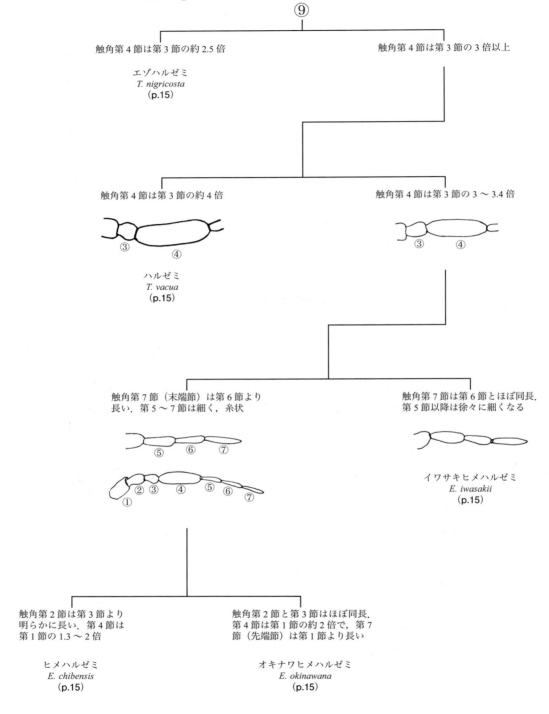

エゾゼミ属 *Lyristes* の種への検索

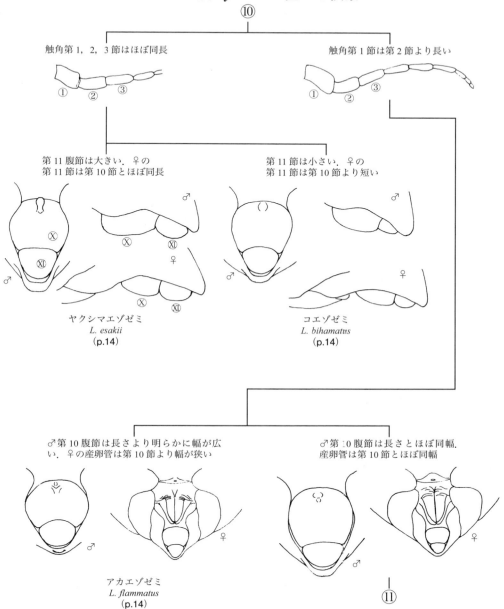

昆虫亜門・カメムシ目・セミ科

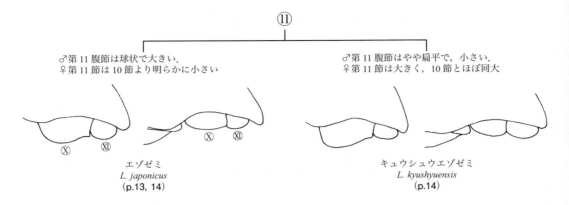

クマゼミ属 *Cryptotympana* の種への検索

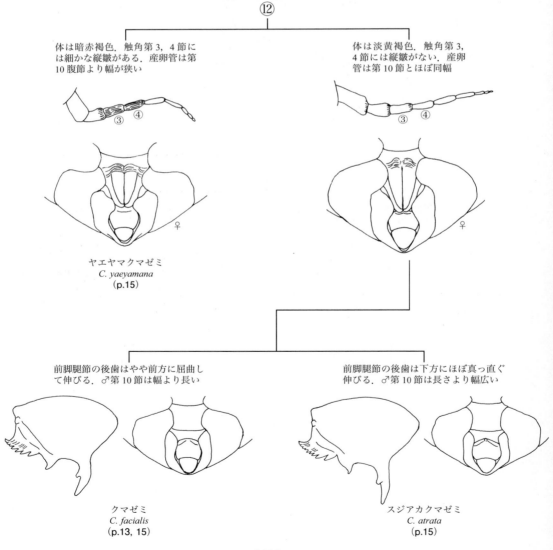

昆虫亜門・カメムシ目・セミ科　**13**

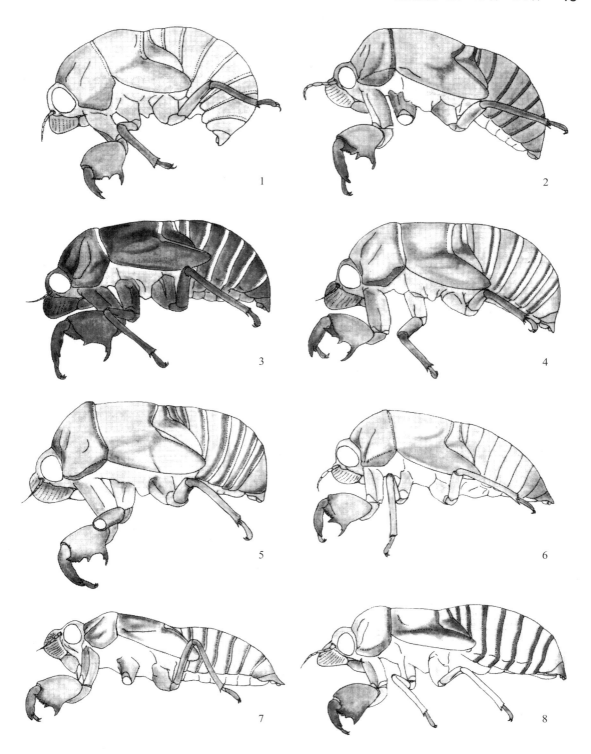

セミ科 Cicadidae 幼虫代表種側面図
1：ニイニイゼミ *Platypleura kaempferi* (Fabricius), 2：アブラゼミ *Graptopsaltria nigrofuscata* (Motschulsky), 3：エゾゼミ *Lyristes japonicus* (Kato), 4：アカエゾゼミ *Lyristes flammatus* (Distant), 5：クマゼミ *Cryptotympana facialis* (Walker), 6：ヒグラシ *Tanna japonensis* (Distant), 7：ツクツクボウシ *Meimuna opalifera* (Walker), 8：チッチゼミ *Kosemia radiator* (Uhler)

カメムシ目（半翅目）Hemiptera

口は吸収口で，口吻といわれる．頭部，翅の形状から3つの亜目（セミ亜目，カメムシ亜目，腹吻亜目）に分けられる．

セミ亜目（頸吻亜目）Auchenorrhyncha

口吻は頭部の後端から後方へ伸びる．成虫の前翅は一様に膜質，あるいは全体的に弱い革質．セミ，アワフキムシ，ヨコバイ，ツノゼミ，ウンカ，ハゴロモなどがこれに属する．

セミ科 Cicadidae 幼虫

大型で，終齢（5齢）幼虫で13〜39 mm．眼は大きく，側方に突出する．前脚の腿節と脛節は太く発達し，腿節下面には歯列がある．幼虫は地中生活を送り，樹木の根から樹液（道管液）を吸って成長する．日本には15属35種が知られている．

ニイニイゼミ属
Platypleura

ニイニイゼミ（p.7, 13）
Platypleura kaempferi (Fabricius)

体長18〜20 mm．体は半球形で，表面は光沢がなく黄褐色．体表は全体的に泥で覆われる．前脚腿節の中歯は前歯列と後歯のほぼ中間に位置する．サクラ，ビワ，ミカン類に多い．北海道，本州，四国，九州，琉球（沖縄本島以北）に分布する．

ヤエヤマニイニイ（p.6）
Platypleura yayeyamana Matsumura

体長18〜20 mm．ニイニイゼミに非常によく似る．触角の第2節と第3節がほぼ同長であるのが特徴．琉球・八重山諸島の石垣島と西表島に分布し，リュウキュウマツ林に好んで生息する．

ミヤコニイニイ（p.6）
Platypleura miyakona (Matsumura)

ニイニイゼミ属5種のなかでは最も大きく，体長19〜22 mm．前脚脛節の先端は鈍く，強く丸みを帯びる．触角の第2節と第3節はほぼ同長．琉球の宮古諸島に固有の種で，モクマオウ林のほか，種々の樹林にすむ．

イシガキニイニイ（p.6）
Platypleura albivannata M. Hayashi

ニイニイゼミよりわずかに小さく，体長16〜19 mm．琉球列島・石垣島の一部に限ってすみ，ジャングルの中のいろいろな広葉樹に見られる．本種の分布域にはヤエヤマニイニイは生息していない．生息範囲がきわめて狭く，個体数が非常に少なく，絶滅が危惧される（環境省RDBの絶滅危惧IA類）．また，「種の保存法」指定種のため，脱皮殻の採集もできない．

クロイワニイニイ（p.7）
Platypleura kuroiwae Matsumura

小型で，体長14〜18 mm．形態的にはニイニイゼミに酷似する．奄美，沖縄諸島に分布し，種々の広葉樹林に見られる．特に，沖縄地方ではごく普通に見られる．

ケナガニイニイ属
Suisha

チョウセンケナガニイニイ（p.3）
Suisha coreana (Matsumura)

体長20〜22 mm．ニイニイゼミ属の種に似ているが，大きく，頑丈である．体表に付着する泥は少ない．前脚腿節の中歯は前歯列に近いところにある．日本では対馬だけに分布し，コナラ，クリ，クヌギなどからなる明るい広葉樹林を好む．羽化時間帯は不定で，日中〜夕方．

アブラゼミ属
Graptopsaltria

アブラゼミ（p.9, 13）
Graptopsaltria nigrofuscata (Motschulsky)

体長28〜33 mm．体は赤褐色．触角は7節からなり，第3節が最長．北海道から屋久島にかけての各地に普通．広葉樹林のほか，マツ林，公園，庭木などに生息する．

リュウキュウアブラゼミ（p.9）
Graptopsaltria bimaculata Kato

体長27〜34 mm．アブラゼミによく似ているが，体はさらに赤味が強い．第10腹節の形状で識別できる．奄美，沖縄諸島に分布し，常緑広葉樹林に普通．

エゾゼミ属
Lyristes

エゾゼミ（p.12, 13）
Lyristes japonicus (Kato)

大型種で，体長33〜37 mm．体は暗赤褐色で，各腹節後縁は黄褐色．北海道，本州，四国，九州に分布し，関東地方以西では山地性．ブナ帯の落葉広葉樹林のほか，アカマツ林，スギ・ヒノキ林（植林）にもすむ．

ヤクシマエゾゼミ （p.11）
Lyristes esakii (Kato)

屋久島固有種．小型種で，体長 28 〜 32 mm．体は黄褐色〜赤褐色で，胸部には黒褐色の不規則な斑紋がある．色彩，斑紋には変異が見られる．標高 900 〜 1,800 m に見られ，主にスギ（ヤクスギ）に生息する．

アカエゾゼミ （p.11, 13）
Lyristes flammatus (Distant)

大型種で，体長 32 〜 34 mm．体は淡黄褐色で，腹節後縁は黒褐色．雄の第 10 腹節が幅広く，雌の産卵管が小さいのが特徴．エゾゼミと同所的に見られることが多いが，本種は落葉広葉樹林に限って生息する．北海道，本州，四国，九州に分布．

キュウシュウエゾゼミ （p.12）
Lyristes kyushyuensis (Kato)

小型種で，体長 28 〜 33 mm．色彩，斑紋はヤクシマエゾゼミと同じ．本州（広島県，山口県），四国，九州に分布し，ブナ帯の落葉広葉樹林に生息する．火山地帯ではミズナラ林に多い．

コエゾゼミ （p.11）
Lyristes bihamatus (Motschulsky)

小型種．体長 27 〜 31 mm．他のエゾゼミ類に比べて，第 11 腹節が小さい．北海道，本州（広島県以東），四国に分布し，ブナ帯に見られる．

クマゼミ属
Cryptotympana

クマゼミ （p.12, 13）
Cryptotympana facialis (Walker)

大型で，体長 32 〜 39 mm．体は黄褐色で光沢がある．先端の触角第 8 節は 1 ヵ所でくびれ，9 節のようにみえる．本州（関東以西），四国，九州，琉球に分布し，平地の広葉樹林，公園などに普通．

スジアカクマゼミ （p.12）
Cryptotympana atrata (Fabricius)

前種よりやや小さく，体長 32 〜 36 mm．体色は前種と同じ．前脚腿節の後歯はほぼ真っ直ぐに下方に伸び，前方にほとんど湾曲しない．中国大陸に広く分布し，日本では 2001 年に石川県金沢市で発見された．産地が人為的環境であることから，移入種と考えられるが，移入元および経路は特定できていない．

ヤエヤマクマゼミ （p.12）
Cryptotympana yaeyamana Kato

琉球の石垣島と西表島に固有．体長 34 〜 38 mm．体は暗赤褐色で，触角の第 3, 4 節には細かな縦皺がある．産卵管は小さい．山あいの林にすみ，カラスザンショウを好む．

ハルゼミ属
Terponosia

ハルゼミ （p.10）
Terpnosia vacua (Olivier)

体長 18 〜 21 mm．体は細長く，光沢のある淡黄褐色．触角第 4 節は特に長く，第 3 節の約 4 倍．本州，四国，九州に分布し，マツ林に限って生息する．

エゾハルゼミ （p.10）
Terpnosia nigricosta (Motschulsky)

体長 19 〜 22 mm．ハルゼミによく似ているが，触角第 4 節は第 3 節の約 2.5 倍．北海道から九州にかけてのブナ帯に生息する．

ヒメハルゼミ属
Euterpnosia

ヒメハルゼミ （p.10）
Euterpnosia chibensis Matsumura

ハルゼミよりさらに小さく，体長 18 〜 21 mm．体は黄褐色で，あまり透明感がない．触角の第 5 〜 7 節は細く，糸状となる．本州（関東地方以西），四国，九州，琉球（奄美大島，徳之島，大東諸島）に分布し，常緑広葉樹（照葉樹）林に生息する．なお，南北大東島産は別亜種，ダイトウヒメハルゼミ subsp. *daitoensis* Matsumura として扱われている．

オキナワヒメハルゼミ （p.10）
Euterpnosia okinawana Ishihara

前種よりやや小さく，体長 17 〜 20 mm．体色や各部の形態は前種に酷似するが，翅（芽）や生殖節（産卵管，第 10, 11 節）は相対的に大きい．触角の第 2 節は第 3 節とほぼ同長で，第 4 節は第 1 節の約 2 倍となり，先端節（第 7 節）は第 1 節より長い．沖永良部島および沖縄諸島に分布する．

イワサキヒメハルゼミ （p.10）
Euterpnosia iwasckii (Matsumura)

体長 14 〜 17 mm．体の色彩，形状はヒメハルゼミに似るが，より小さい．触角の第 5 節以降は急に細くならない．八重山諸島の石垣島，西表島，与那国島に分布し，広葉樹からなるジャングルの縁辺部に多い．

ヒグラシ属
Tanna
ヒグラシ（p.4, 13）
Tanna japonensis (Distant)

体長 21 〜 26 mm．体は黄褐色で，光沢がある．触角は 8 節からなり，第 4 節が最長で，第 1 節の 1.2 倍前後．北海道（道南），本州，四国，九州，琉球（宝島，奄美大島）に分布し，平地から山地までの薄暗い林内にすむ．スギ植林中にも多い．琉球では山間部のジャングルに生息する．

イシガキヒグラシ（p.4）
Tanna ishigakiana Kato

体長 22 〜 26 mm．体形や色彩は前種に酷似するが，やや細身で濃い．触角第 4 節は長く，第 1 節の約 1.5 倍で，剛毛が密生する．日本・八重山諸島に固有で，石垣島と西表島の山地にみられる．

タイワンヒグラシ属
Pomponia
タイワンヒグラシ（p.4）
Pomponia yayeyamana Kato

大型種で，体長 26 〜 30 mm．体は褐色で，光沢が弱い．触角は 8 節からなり，第 3 節が最長．日本では八重山諸島の石垣島と西表島に分布し，山間部のジャングル中に生息する．6 〜 10 月に多い．

ツクツクボウシ属
Meimuna
ツクツクボウシ（p.8, 13）
Meimuna opalifera (Walker)

体長 22 〜 27 mm．体は細長く，光沢のない淡褐色．頭部の額は強く膨らむ．各腹節後縁は多少とも暗化する．前脚腿節の中歯は前歯列と連続し，前歯列の最後歯は大きめである．北海道，本州，伊豆諸島，四国，九州，トカラ列島に分布し，広葉樹林に生息する．

オオシマゼミ（p.8）
Meimuna oshimensis (Matsumura)

本属中最大種で，体長 27 〜 31 mm．体色，体形はツクツクボウシに似るが，腹節後縁の暗色横帯が顕著である．前脚腿節の前歯列最後歯は他より小さい．奄美・沖縄諸島の奄美大島，徳之島，沖縄本島，久米島など，地質の古い島に限って分布し，山あいのジャングル中にすむ．また，リュウキュウマツ林にもふつうにみられる．

クロイワツクツク（p.9）
Meimuna kuroiwae Matsumura

体長 24 〜 28 mm．ツクツクボウシによく似る．体色はさらに淡い．♂第 10 腹節の前縁中央が凹む．九州南部から沖縄本島にかけての各島にごく普通に見られる．また，南房総（千葉県）の狭い一地域にも分布する（喜界島から移入）．平地の広葉樹林に多く，海岸近くにも見られる．

オガサワラゼミ（p.9）
Meimuna boninensis (Distant)

体長 25 〜 26 mm．クロイワツクツクに酷似する．前脚腿節の歯は普通尖らない．小笠原諸島固有種で，国の天然記念物に指定されている．民家付近から山間部まで普通に見られるが，近年ではグリーンアノールの捕食により，父島などでは減少している．

イワサキゼミ（p.8）
Meimuna iwasakii Matsumura

オオシマゼミに似るが，やや小さく，体長 23 〜 29 mm．腹節後縁の暗色帯は顕著．♂第 10 腹節の前面中央はほとんど凹まない．八重山諸島の石垣島，黒島，小浜島，西表島に分布し，山間部の林縁に多い．種々の広葉樹林に生息する．

ミンミンゼミ属
Hyalessa
ミンミンゼミ（p.4）
Hyalessa maculaticollis (Motschulsky)

体長 27 〜 30 mm．アブラゼミによく似ているが，体色が淡いこと，触角が細く各節はほぼ等長であることなどにより識別できる．羽化前の終齢幼虫は全体的に緑色を強く帯びる．北海道，本州，四国，九州に分布し，平地から低山地にかけての落葉広葉樹林にすむ．喬木からなる鬱蒼とした環境を好む．

ツマグロゼミ属
Nipponosemia
ツマグロゼミ（p.5）
Nipponosemia terminalis (Matsumura)

体長 22 〜 26 mm．体は細長く，円筒状で，光沢の強い黒褐色．脚は短く，後脚は腹端を越えない．宮古島以西の琉球列島（先島諸島）に分布し，林縁のブッシュに生息する．宮古島では生息範囲も狭く，個体数も激減している（環境省 RDB の絶滅危惧地方個体群）.

クサゼミ属
Mogannia
イワサキクサゼミ （p.5）
Mogannia minuta Matsumura

　小型で，体長13〜17 mm．体は光沢のある褐色．腹節後縁は暗化する．腹部はやや扁平な筒状．沖縄本島（南部）以西の各島に分布し，サトウキビやススキなどのイネ科草本や林縁の灌木や草本にすむ．幼虫期間は平均2年．

チッチゼミ属
Kosemia
チッチゼミ （p.7, 13）
Kosemia radiator (Uhler)

　体は細長く，体長19〜23 mm．体は光沢のある淡褐色で，翅の内側や腹節後縁は暗化する．額は円錐状に強く突出する．脚は短い．北海道（道南），本州，四国，九州に分布し，アカマツ林やスギ林に好んで生息する．羽化は主に午前中に行われる．

エゾチッチゼミ （p.7）
Kosemia yezoensis (Matsumura)

　体長19〜25 mm．チッチゼミに似るが，平均してやや大型．光沢の強い淡褐色で，腹節後縁は黒褐色で顕著な横帯となる．北海道（道南以外）に分布し，種々の樹林に見られる．羽化は正午前後に観察されている．

クロイワゼミ属
Muda
クロイワゼミ （p.5）
Muda kuroiwae (Matsumura)

　体長16〜19 mm．体は光沢のある黒褐色．前脚腿節は幅広く，丸みが強い．中歯は前歯列と連続する．沖縄本島と久米島に固有で，平地から山地にかけての照葉樹からなるブッシュにすむが，産地は局所的である．

引用・参考文献

橋本治二（1969）．セミ科数種の脱皮殻比較検討．*Rostria*, (19) : 77-78.

Hayashi, M. (1974). A revision of the tribe Cicadini in the Ryukyu Archipelago (Homoptera : Cicadidae). *Mushi*, **47** : 155-166.

Hayashi, M. (1974). The cicadas of the genus *Platypleura* (Homoptera, Cicadidae) in the Ryukyu Archipelago, with the description of a new species. *Kontyû*, **42** : 232-253.

Hayashi, M. (1976). Description of the nymphs of *Mogannia minuta* Matsumura (Homoptera, Cicadidae), a pest of sugarcane in the Ryukyus. *Kontyû*, **44** : 142-149.

林　正美（1982）．ダイトウヒメハルゼミの生態および形態．*Cicada*, **4** : 3-8.

Hayashi, M. (1987). A revision of the genus *Cryptotympana* (Homoptera, Cicadidae), Part II. *Bull. Kitakyushu Mus. nat. Hist.*, (7) : 1-109.

林　正美（1996）．エゾチッチゼミの脱皮殻．*Cicada*, **13** : 3-4.

林　正美（編）（2000）．絶滅危惧種イシガキニイニイの棲息実態調査報告．*Cicada*, **15** Suppl. : 1-36, Pls. 1-4.

林　正美（2011）．日本産セミの学名変更．*Cicada*, **20** : 2-5.

林　正美・税所康正（2011）．日本産セミ科図鑑．224 pp. 誠文堂新光社，東京．

加藤正世（1931）．蝉の脱皮殻に依る分類．動物学雑誌，**43** : 497-503.

加藤正世（1956）．蝉の生物学．10+319 pp., 46 pls. 岩崎書店，東京．

Moulds, M. S. (2005). An appraisal of the higher classification of cicadas (Hemiptera : Cicadoidea) with special reference to the Australian fauna. *Rec. Aust. Mus.*, **57** : 375-446.

節足動物門
ARTHROPODA

昆虫亜門（六脚亜門） HEXAPODA
外顎綱（狭義の昆虫綱） Entognatha
カメムシ目（半翅目） Hemiptera
腹吻亜目 Sternorrhyncha
カイガラムシ上科 Coccoidea

高木貞夫　S. Takagi

昆虫亜門（六脚亜門）Hexapoda・カメムシ目（半翅目）Hemiptera・腹吻亜目 Sternorrhyncha・カイガラムシ上科 Coccoidea

カイガラムシ上科 Coccoidea の科への検索
(♀成虫による)

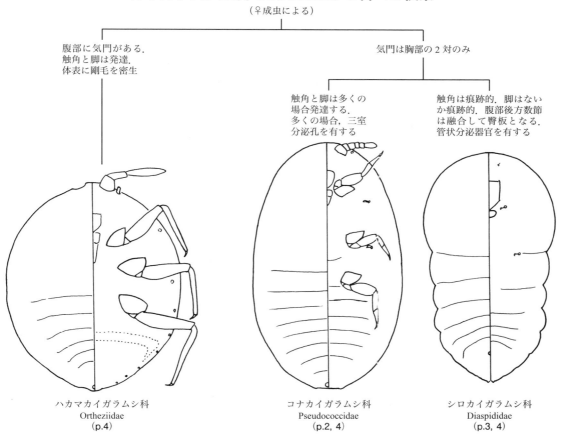

腹部に気門がある．触角と脚は発達．体表に剛毛を密生

触角と脚は多くの場合発達する．多くの場合，三室分泌孔を有する

触角は痕跡的．脚はないか痕跡的．腹部後方数節は融合して臀板となる．管状分泌器官を有する

ハカマカイガラムシ科 Ortheziidae (p.4)

コナカイガラムシ科 Pseudococcidae (p.2, 4)

シロカイガラムシ科 Diaspididae (p.3, 4)

2 昆虫亜門・カメムシ目・カイガラムシ上科

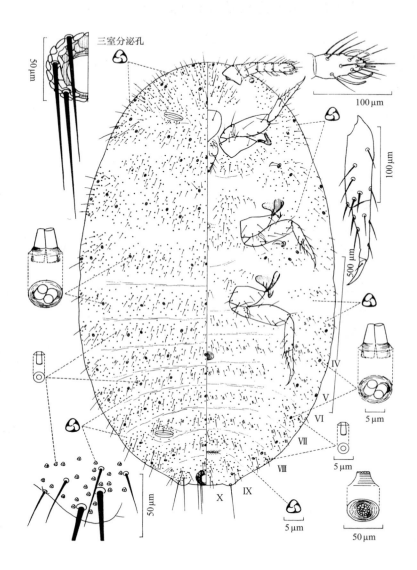

カイガラムシ上科 Coccoidea 代表図（1）
コナカイガラムシ科 Pseudococcidae：ササネコナカイガラムシ *Rhizoecus sasae* Takagi & Kawai
（Takagi & Kawai, 1971 から）

昆虫亜門・カメムシ目・カイガラムシ上科　**3**

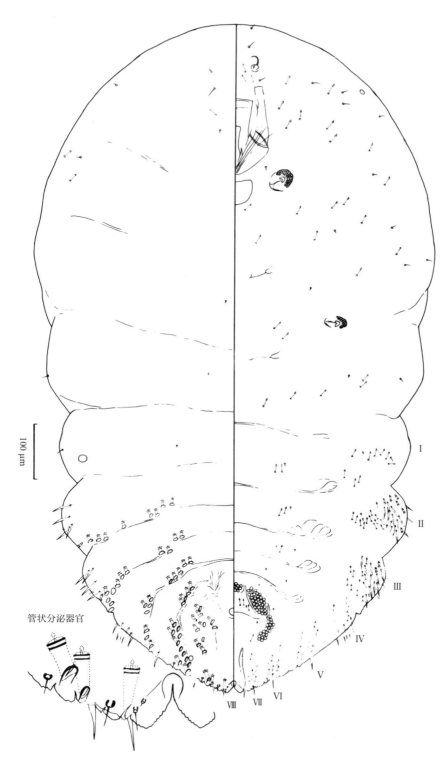

管状分泌器官

カイガラムシ上科 Coccoidea カイガラムシ上科代表図（2）
シロカイガラムシ科 Diaspididae：ツメクサシロカイガラムシ *Aulacaspis trifolium* Takagi

カイガラムシ上科
Coccoidea

20 あまりの科に分類され，そのうち特に植物の地下部に寄生する種の多いのはコナカイガラムシ科 Pseudococcidae である．

コナカイガラムシ科（p.1, 2）
Pseudococcidae

日本では *Rhizoecus*，*Geococcus*，*Eumyrmococcus*，*Spilococcus* などに属する種が地下生活者として発表されているが，なお多くの種があると思われる．もっぱら植物地下部に寄生する属がある一方，主体が地上部にある属で地下部から発見される種をもつものもある．体はせいぜい数 mm 程度のものが多いが，通常分泌した白い蠟物質でその存在が知られる．

ハカマカイガラムシ科（p.1）
Ortheziidae

少数種が地下部から記載されている．

シロカイガラムシ科（p.1, 3）
Diaspididae

少数種が地下部から記載されている．カイガラムシ上科で最も多くの種を含む科であるが，日本では *Aulacaspis*，*Lepidosaphes* など主体が地上にある属で地下種が見つかっているにすぎない．従来マルカイガラムシ科と呼ばれていた．

引用・参考文献

Takagi, S. and S. Kawai (1971). Two new hypogeic mealybugs of Rhizoecus from Japan. (Homoptera : Coccoidea). *Kontyû*, **39**(4) : 373-378.

節足動物門
ARTHROPODA

昆虫亜門（六脚亜門）HEXAPODA
外顎綱（狭義の昆虫綱）Entognatha
カメムシ目（半翅目）Hemiptera
腹吻亜目 Sternorrhyncha
アブラムシ上科 Aphidoidea

秋元信一　S. Akimoto

昆虫亜門（六脚亜門）Hexapoda・カメムシ目（半翅目）Hemiptera・腹吻亜目 Sternorrhyncha・アブラムシ上科 Aphidoidea

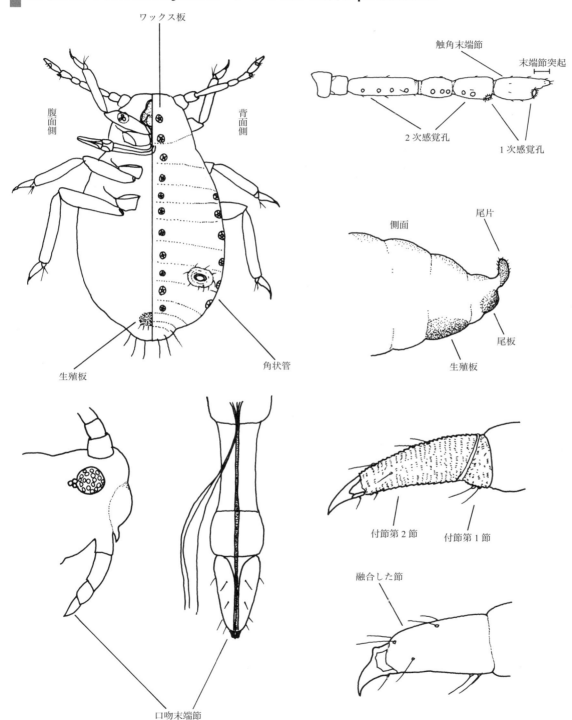

アブラムシ上科 Aphidoidea 形態用語図解

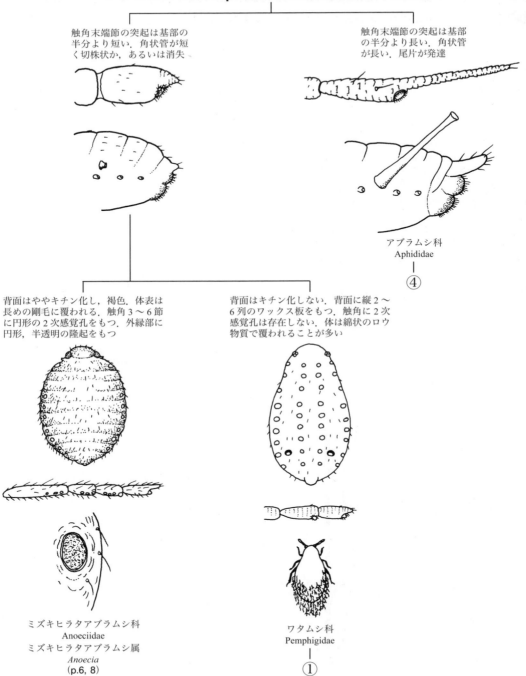

昆虫亜門・カメムシ目・アブラムシ上科　**3**

ワタムシ科 Pemphigidae の属への検索

①

角状管はわずかに突出　　　　　　　　　　　角状管は孔状あるいは消失

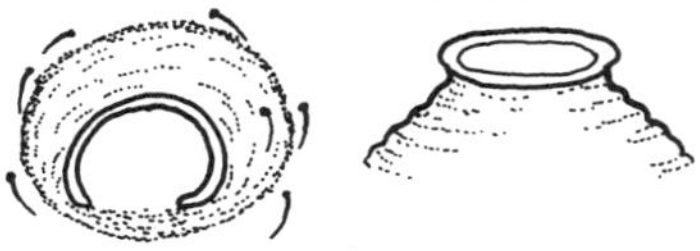

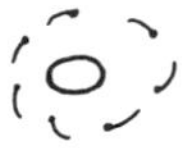

脚の付節は融合．触角　　　　　ワックス板は明瞭．脚の
第3節は4節より短い．　　　　付節は二分．触角第3節
側面はヘルメット型　　　　　　は4節より長い

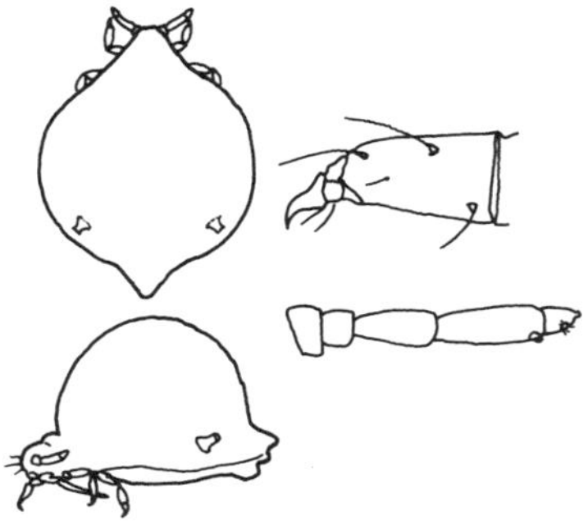

ヨスジワタムシ属　　　　　　　ハマキワタムシ属
Tetraneura　　　　　　　　　　*Eriosoma*
(p.6, 8)　　　　　　　　　　　　(p.6, 8)

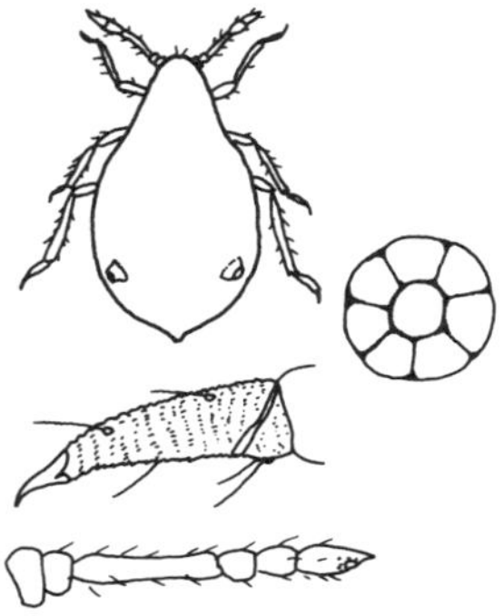

背面は滑らかで　　　　　　　　体表は微毛に覆われる
ワックス板をもつ　　　　　　　か網状構造をもつ

付節は融合．ひょうたん型　　付節は二分　　尾板がキチン化し，大型　　剛毛はまっすぐ
　　　　　　　　　　　　　　　　　　　　　　化．へら状の剛毛をもつ

②　　　　　　　　　　　　　　　　　　　　　　　　　　　　　　　③

ケヤキフシアブラムシ属　　　　　　　　　　　　ネワタムシ属
Paracolopha　　　　　　　　　　　　　　　　　*Geoica*
(p.6, 8)　　　　　　　　　　　　　　　　　　　　(p.6, 9)

— 1639 —

4 昆虫亜門・カメムシ目・アブラムシ上科

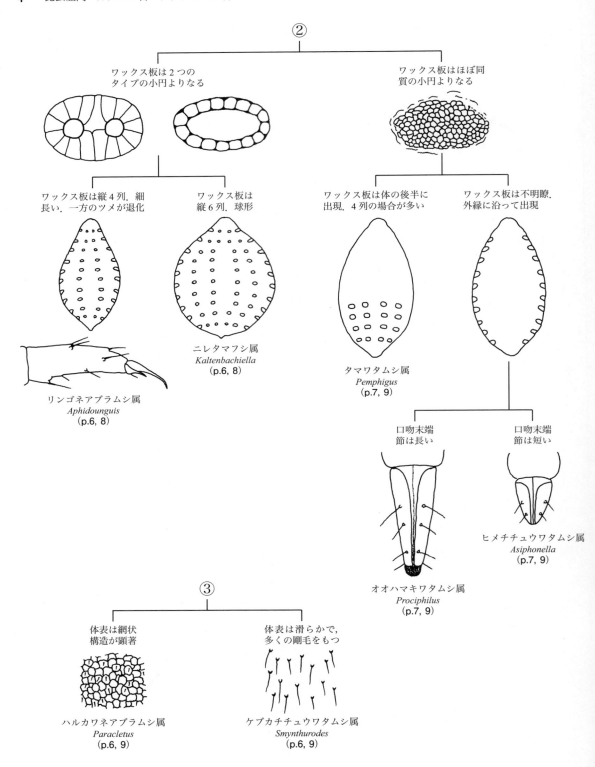

アブラムシ科 Aphididae の属への検索

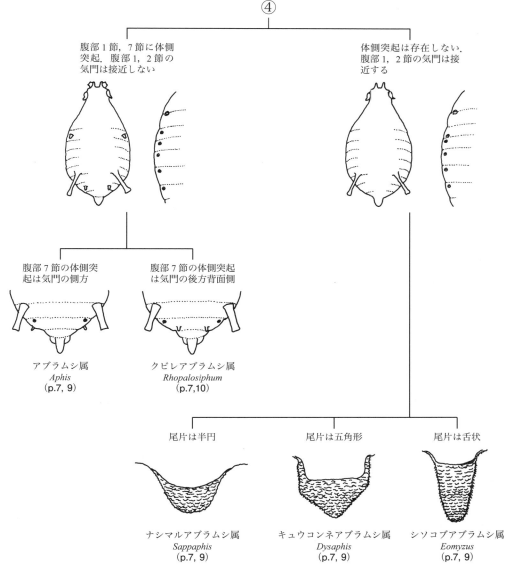

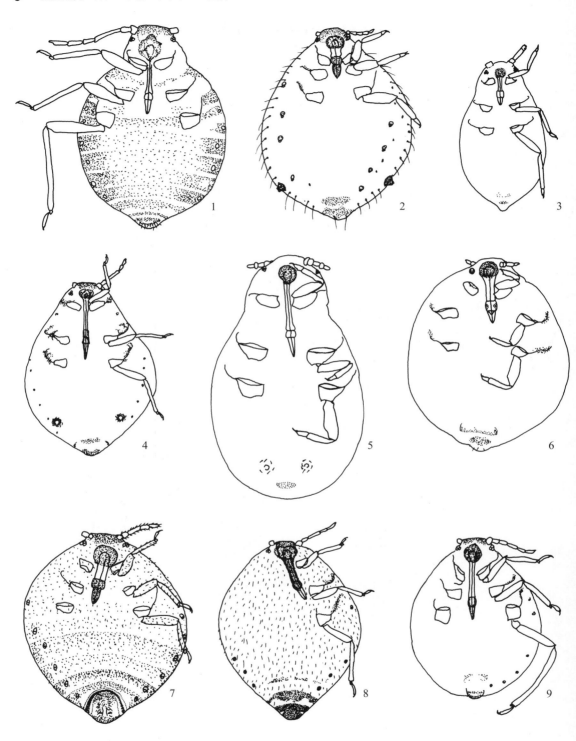

アブラムシ上科 Aphidoidea 全形図（1）
1：ミズキヒラタアブラムシ *Anoecia corni* (Fabricius)，2：エゾヨスジワタムシ *Tetraneura yezoensis* Matsumura，3：リンゴネアブラムシ *Aphidounguis mali* Takahashi，4：ハルニレハマキワタムシ *Eriosoma harunire* Akimoto，5：ケヤキフシアブラムシ *Paracolopha morrisoni* (Baker)，6：ニレイボフシ *Kaltenbachiella nirecola* (Matsumura)，7：サトウキビネワタムシ *Geoica lucifuga* (Zehntner)，8：ケブカチチュウワタムシ *Smynthurodes betae* Westwood，9：ハルカワネアブラムシ *Paracletus cimiciformis* von Heyden

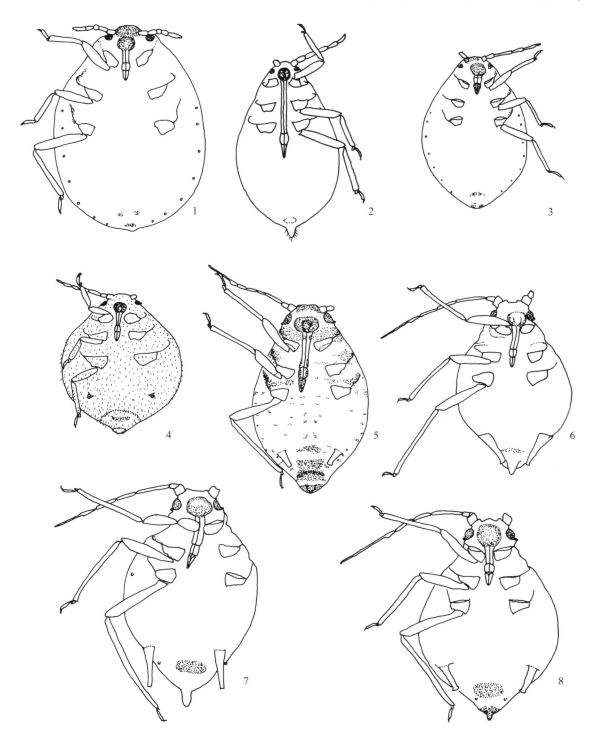

アブラムシ上科 Aphidoidea 全形図(2)

1:マツムラタマワタムシ(新称) *Pemphigus matsumurai* Monzen, 2:トドノネオオワタムシ *Prociphilus oriens* Moldvilko, 3:ヒメチュウワタムシ(新称) *Asiphonella dactylonii* Theobald, 4:ナシマルアブラムシ *Sappaphis piri* Matsumura, 5:チューリップネアブラムシ *Dysaphis tulipae* Boyer de Fonscolombe, 6:シソコブアブラムシ *Eomyzus nipponicus* (Moritsu), 7:マメアブラムシ *Aphis craccivora* Koch, 8:ムギクビレアブラムシ *Rhopalosiphum padi* (Linnaeus)

アブラムシ上科
Aphidoidea

多くのアブラムシは，基本的には一次寄主，二次寄主と呼ばれる2種類の植物に寄生し，季節によって寄主を変えることが知られている．一次寄主は大多数の種では木本であり，ここで有性生殖が行われる．一方，二次寄主は一次寄主とはまったく異なるグループの草本類であることが多く，ここでアブラムシは初夏から秋まで単為生殖によって増殖する．アブラムシは，顕著な多型現象を示し，一次寄主に現れる型と二次寄主に現れる型が異なることもよくある．いくつかのグループでは（特にワタムシ科，ミズキヒラタアブラムシ科），二次寄主の地下部にコロニーがつくられ，しばしばこの世代が土壌動物として採集される．したがって，ここでの検索は，二次寄主に見られる無翅型のみに基づいている．また，アブラムシは一次寄主の分布しない地域では，二次寄主上で単為生殖だけで世代を繰り返すことも知られており，特に二次寄主の根に寄生する種では単為生殖性のものが多い．

ミズキヒラタアブラムシ科
Anoeciidae

ミズキヒラタアブラムシ属 (p.2, 6)
Anoecia

旧世界に約20種を含む．日本に数種が分布するが，分類は完了していない．イネ科草本の根に寄生する．体長は2〜3 mm．体は茶色か緑のかかった茶色．触角は6節で，無翅成虫にも3〜6節に2次感覚孔が現れる．角状管は孔状で縁取られる．長い毛で全身が覆われ，外縁部に円形で半透明の隆起をもつ．腹部背面はキチン化し，プレパラート標本では茶色．尾片は半円形．ワックス板をもたないが，軽く綿で覆われる．アリによって保護される．一次寄主はミズキ．

ワタムシ科
Pemphigidae

ヨスジワタムシ属 (p.3, 6)
Tetraneura

体長2 mm前後．日本各地のさまざまなイネ科草本の根に最も普通に見られる．触角（5節からなる）と脚が短く，成虫の腹部はヘルメット状に顕著に膨れ上がる．わずかに突出した角状管をもつ．頭部は黒みがかり，他の部分はオレンジがかった褐色で，わずかに綿をふく．秋に集団は大きくなり，有翅型を含むことがある．アリの世話を受ける．日本には7種ほどが分布するが，分類はまだ完了しておらず，プレパラート標本にしないと種の同定は困難．ワックス板は目立たない．多くのコロニーは単為生殖だけで生活する．一次寄主はニレ属．

リンゴネアブラムシ属（新称）(p.4, 6)
Aphidounguis

体長1.7〜1.8 mm．1属1種でリンゴネアブラムシ *A. mali* Takahashi が知られる．リンゴの根に寄生する．体は長細く，プレパラート標本では，縦4列にワックス板をそなえる．ワックス板は，2, 3の中央小円と周辺細胞からなる．触角は4節あるいは5節よりなり，先端が切り落とされた形となる．1対のツメの一方が短小化．角状管をもたない．一次寄主のアキニレが見られる関東以西に分布する．

ハマキワタムシ属（新称）(p.3, 6)
Eriosoma

体長2 mm前後．日本には5種以上が分布する．バラ科，セリ科草本，オオバコなどさまざまな双子葉植物の根に小さなコロニーをつくる．体は細長く，黄褐色で，わずかに綿物質によって覆われる．触角，脚は細長い．アリとは共存しないことが多い．プレパラート標本では，触角は6節で，第3節が4〜6節の合計とほぼ等しい点が特徴．背面上のワックス板は縦2列か4列に並び，中央の小円とそれを囲む円からなる．角状管の開口部は大きく，キチン化した縁に囲まれる．日本各地に見られるが，一次寄主のアキニレ，ハルニレが分布する地域に多い．

ケヤキフシアブラムシ属 (p.3, 6)
Paracolopha

2種が日本から知られる．ケヤキフシアブラムシ *P. morrisoni* (Baker) が各地に普通で，何種かのササの地下茎，根に寄生する．体長1.48〜1.80 mm．体は細長く，乳白色で，綿状物質に覆われる．触角は5節．コロニーは小さく，アリによる保護はない．プレパラート標本では，背面に縦6列のワックス板が見られる．ワックス板は小円からなり，そのうち2, 3は明るく見える．角状管は孔状に退化し，体の中央部寄りに位置する．一次寄主はケヤキ．

ニレタマフシ属 (p.4, 6)
Kaltenbachiella

日本から4種が知られ，うち2種がシソ科，タデ科植物の根に寄生する．体長1.5 mm前後．体は丸く膨れ，触角，脚は極めて短い．アリの世話をうけない．プレパラート標本では，背面に縦6列のワックス板が顕著に現れ，角状管をもたない．一次寄主はハルニレ．

ネワタムシ属 (p.3, 6)
Geoica

世界中に8種．体長1.5～3.0 mm．イネ科草本の根に寄生する．日本には一次寄主がなく，単為生殖のみで生活する．体は球形に近く，一般に茶のかかった乳白色．触角，背面上に濃密に剛毛をもち，剛毛はしばしば先端がへら状になる．プレパラート標本では，肛門の前方に馬蹄形のキチン板が存在する．ワックス板，角状管をもたない．尾板が大型化し，肛門が背面部に移動している．アリと共生する．

ケブカチチュウワタムシ属（新称）(p.4, 6)
Smynthurodes

体長2mm前後．世界中に1属1種．さまざまな双子葉植物（アブラナ科，キク科）の根に寄生．体は球形で，黄色みがかった白．全体が綿で覆われる．触角は5節で，2節目が長く伸長する．ワックス板，角状管はもたない．背面全体が密に剛毛で覆われるのが特徴．尾板の発達に伴って，肛門部は背面側に位置する．アリによって保護される．日本からは未記録．

ハルカワネアブラムシ属 (p.4, 6)
Paracletus

4種のうち1種ハルカワネアブラムシ *P. cimiciformis* von Heyden が，旧世界に広く分布．体長約2.6 mm．さまざまなイネ科草本の根で見つかる．体はやや平たく，黄色みを帯びた白色．後脚が顕著に長く，角状管をもたない．触角は6節からなる．プレパラート標本では，体表は網状構造を示し，体全体が微毛で覆われる．アリと緊密な共生関係をもち，しばしばアリの巣中から多量に見出される．また本種は他のアブラムシと異なり，直接植物体から吸汁するだけでなく，アリから食物を与えられている可能性もある (Heie, 1980)．日本には一次寄主がなく，すべて単為生殖によって生活する．

タマワタムシ属 (p.4, 7)
Pemphigus

体長1.5～2.5 mm．触角は5節か6節．日本に7種以上が分布．さまざまな双子葉植物の根で見つかる．体は球形で，綿物質に覆われる．プレパラート標本では，背面の後半にだけ縦4列のワックス板が現れるのが特徴．ワックス板は小粒からなり，それぞれ1本の剛毛をそなえる．角状管を欠く．一次寄主はドロノキ．

オオハマキワタムシ属（新称）(p.4, 7)
Prociphilus

50種ほどを含む属．体長は大型の種で3 mmほど．種によって体サイズが大きく異なる．体は丸みを帯び，多量の綿物質に覆われる．針葉樹の根に寄生．コロニーは大きく，アリの世話を受ける．触角は6節．ワックス板は小粒より或り立ち，角状管をもたない．口吻は長く，後脚の基部を越える．一次寄主はバラ科各種，ヒイラギ，ヤチダモなど多岐にわたる．

ヒメチチュウワタムシ属（新称）(p.4, 7)
Asiphonella

2種が含まれる．日本における種は同定されていない．体長1.7～2.0 mm．イネ科草本の根に寄生．体は丸みを帯び，多量の綿物質に覆われる．触角は6節．口吻は短く，中脚の基部に達しない．角状管をもたない．ワックス板は小円からなる．日本からは未記録．

アブラムシ科
Aphididae

ナシマルアブラムシ属 (p.5, 7)
Sappaphis

3, 4種からなる属で，日本ではナシマルアブラムシ *S. piri* Matsumura がヨモギの根に大きなコロニーを形成する．体は赤褐色か黄褐色，球形で，全体が毛に覆われる．体長は1.8～2.4 mm．触角第6節の末端突起は基部と同じかやや長い．角状管は切り株状．尾片は半円状．一次寄主はナシ．

キュウコンネアブラムシ属 (p.5, 7)
Dysaphis

旧世界に約100種が知られている．このうちチューリップネアブラムシ *D. tulipae* Boyer de Fonscolombe はチューリップ，グラジオラス，アイリスなどの球根に寄生し，被害を与える．体長1.5～2.5 mm．体色は淡い黄色，灰色あるいはピンクで，綿物質をわずかに装う．角状管はあまり突出しない．尾片は五角形．日本では単為生殖で生活．

シソコブアブラムシ属 (p.5, 7)
Eomyzus

1, 2種を含む．森津 (1983) によれば本属のシソコブアブラムシ *E. nipponicus* (Moritsu) は，シソの根際あるいは根に寄生する．体色は汚黄褐色で腹部は緑色．

アブラムシ属 (p.5, 7)
Aphis

400種以上を含む大きな属．ほとんどの種が植物の地上部に寄生するが，このうちイチゴネアブラムシ *A. forbesi* Weed は，栽培されたイチゴの根に寄生する害虫．

この種の体長は 1.2 〜 1.6 mm，体色は緑色から濃緑色．イチゴ上で交配する．

クビレアブラムシ属（p.5, 7）
Rhopalosiphum

　世界で 13 種が知られる．日本では，オカボアカアブラムシ *R. rufiabdominalis*（Sasaki）とムギクビレアブラムシ *R. padi*（Linnaeus）が各種のイネ科草本の根や作物の根に寄生する．どちらも体長は 1.2 〜 2.4 mm．一次寄主はモモ，サクラなどのサクラ属．

引用・参考文献

Heie, O. E. (1980). The Aphidoidea (Hemiptera) of Fennoscandia and Denmark. I. Fauna Entomologica Scandinavica. Vol. 9. 236 pp. Scandinavian Science Press. Klampenborg, Denmark.

森津孫四郎（1983）．日本原色アブラムシ図鑑．546 pp. 全国農村教育協会，東京．

節足動物門
ARTHROPODA

昆虫亜門（六脚亜門）HEXAPODA
外顎綱（狭義の昆虫綱）Entognatha
カメムシ目（半翅目）Hemiptera
カメムシ亜目（異翅亜目）Heteroptera

友国雅章　M. Tomokuni

昆虫亜門（六脚亜門）Hexapoda・カメムシ目（半翅目）Hemiptera・カメムシ亜目（異翅亜目）Heteroptera

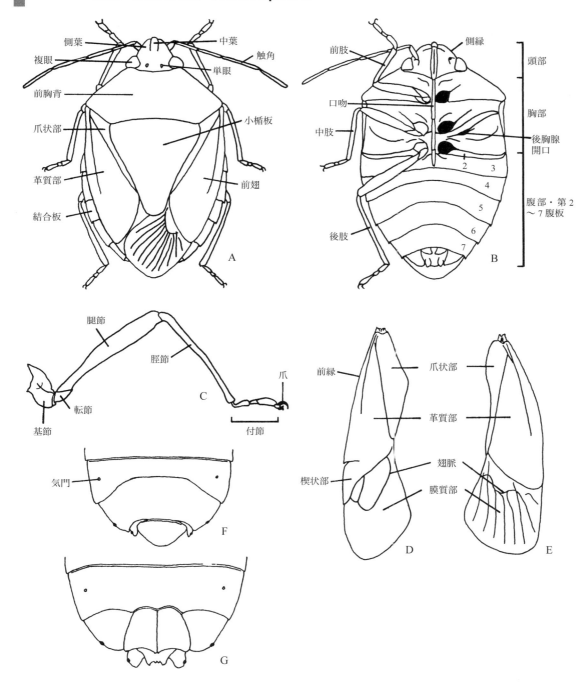

カメムシ亜目（異翅亜目）Heteroptera 形態用語図解
A：背面，B：腹面，C：肢，D・E：前翅，F・G：腹部先端部(F：♂，G：♀)
(F・G：友国，1984 から)

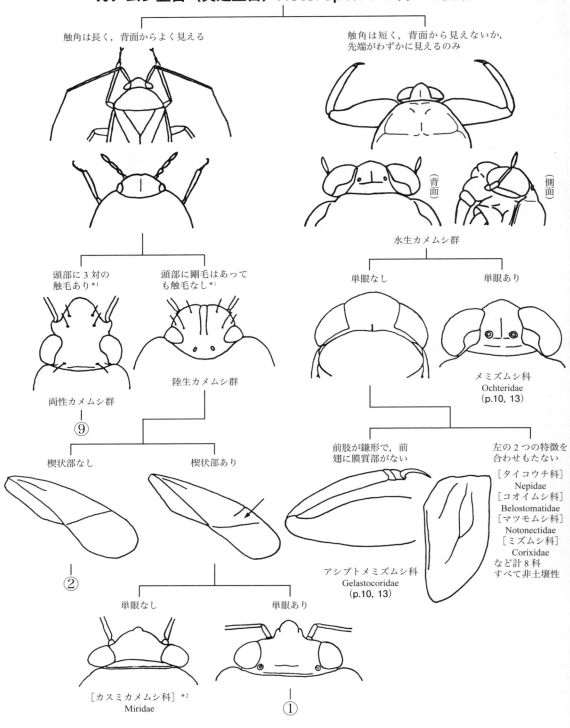

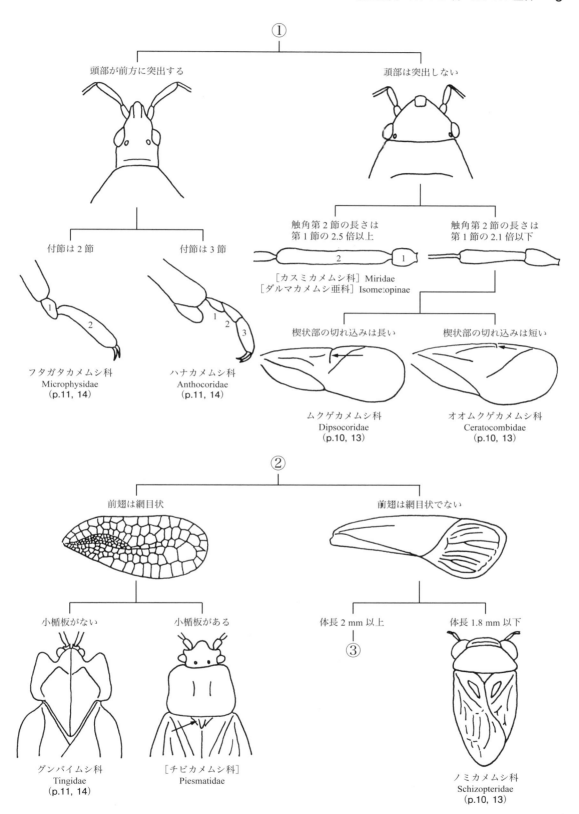

4 昆虫亜門・カメムシ目・カメムシ亜目

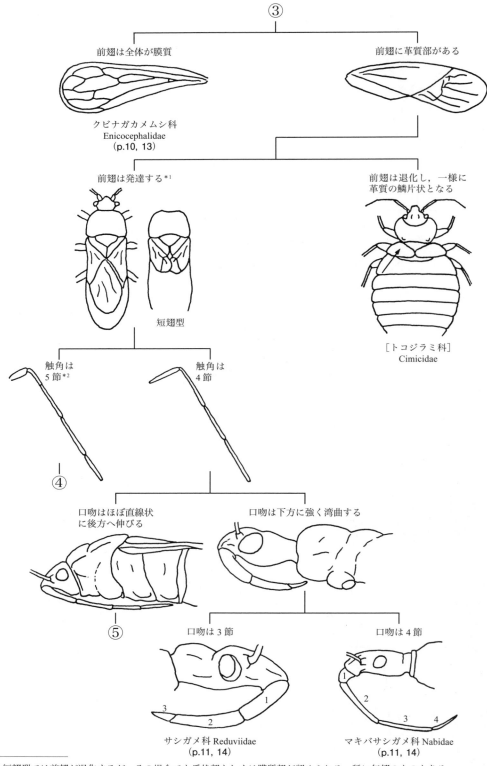

*1 短翅型では前翅が退化するが，その場合でも爪状部もしくは膜質部が認められる．稀に無翅のものもある．
*2 稀に4節の種類もある．

昆虫亜門・カメムシ目・カメムシ亜目 5

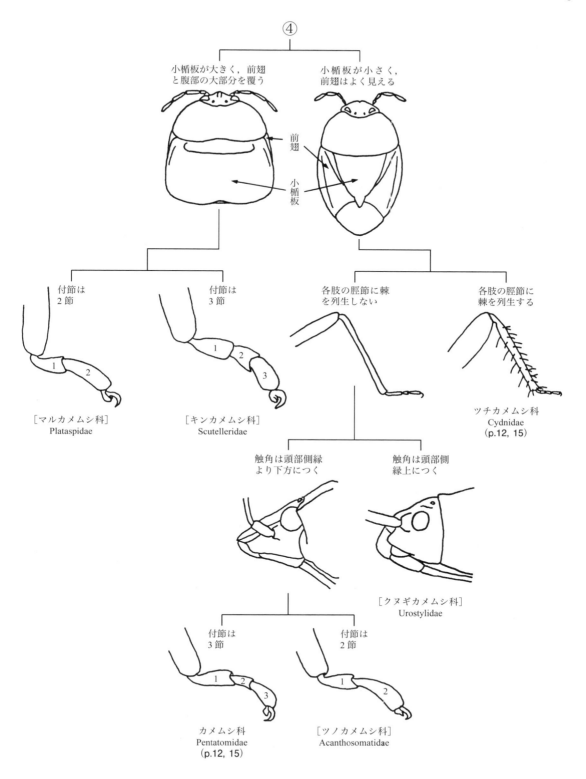

― 1653 ―

6　昆虫亜門・カメムシ目・カメムシ亜目

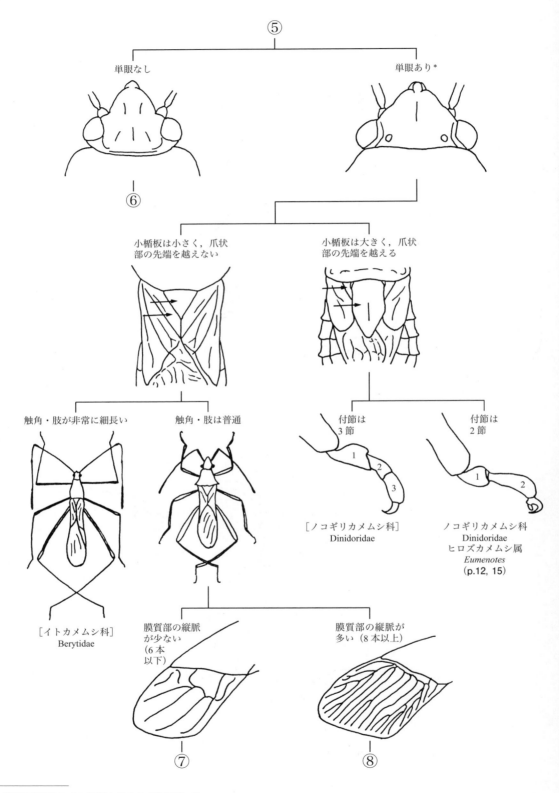

* 単眼の観察しにくい種類もあるので注意がいる．

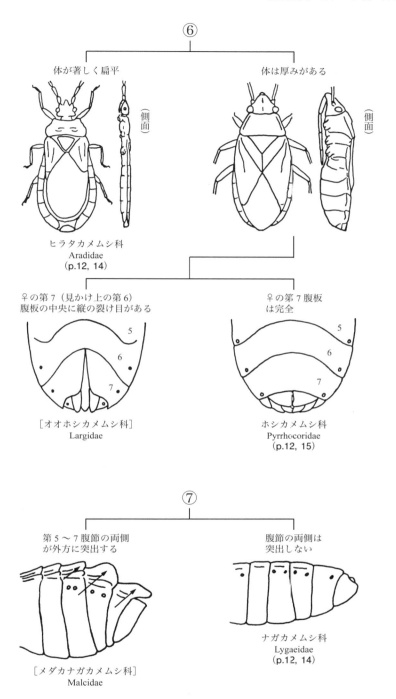

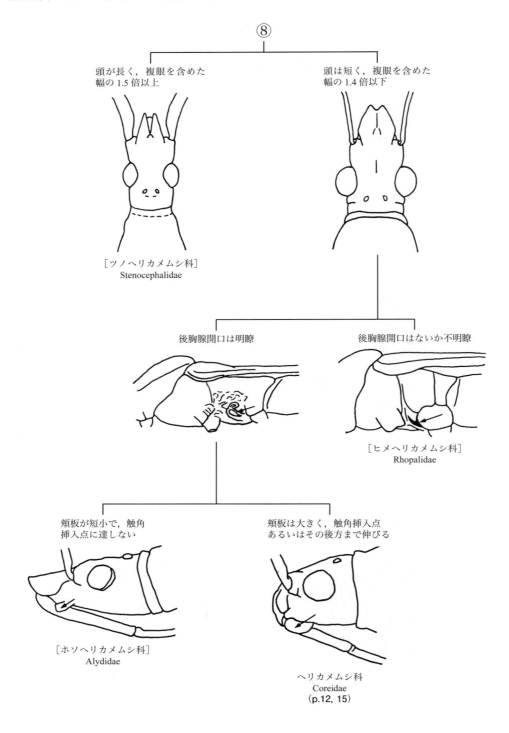

昆虫亜門・カメムシ目・カメムシ亜目　9

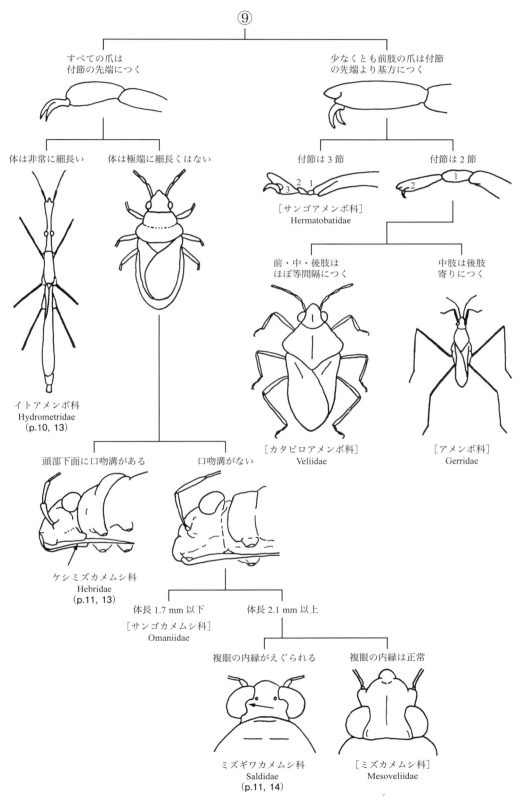

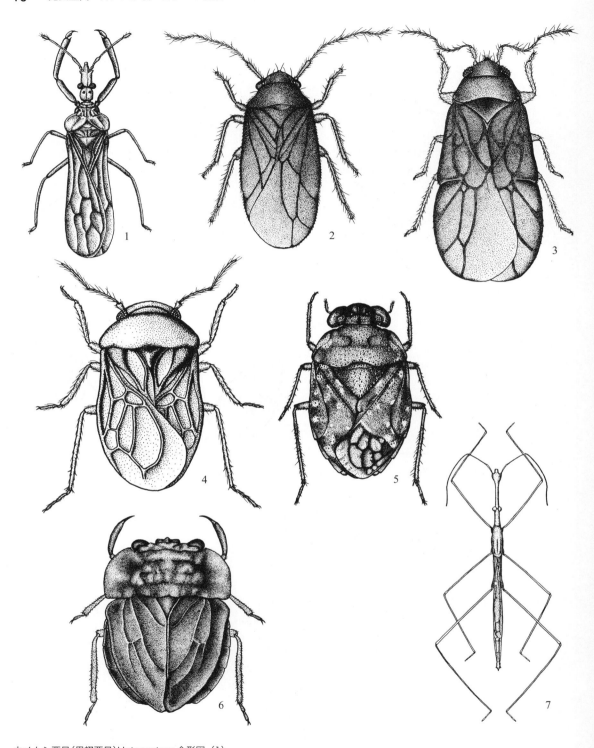

カメムシ亜目(異翅亜目)Heteroptera 全形図 (1)
1：ヒメクビナガカメムシ *Hoplitocoris lewisi* (Distant), 2：オオムクゲカメムシ属の一種 *Ceratocombus* sp., 3：カワラムクゲカメムシ *Cryptostemma japonicum* Miyamoto, 4：アマミオオメノミカメムシ *Hypselosoma hirashimai* Esaki et Miyamoto, 5：メミズムシ *Ochterus marginatus* (Latreille), 6：アシブトメミズムシ *Nerthra macrothorax* (Montrouzier), 7：イトアメンボ *Hydrometra albolineata* (Scott)
(すべて友国原図)

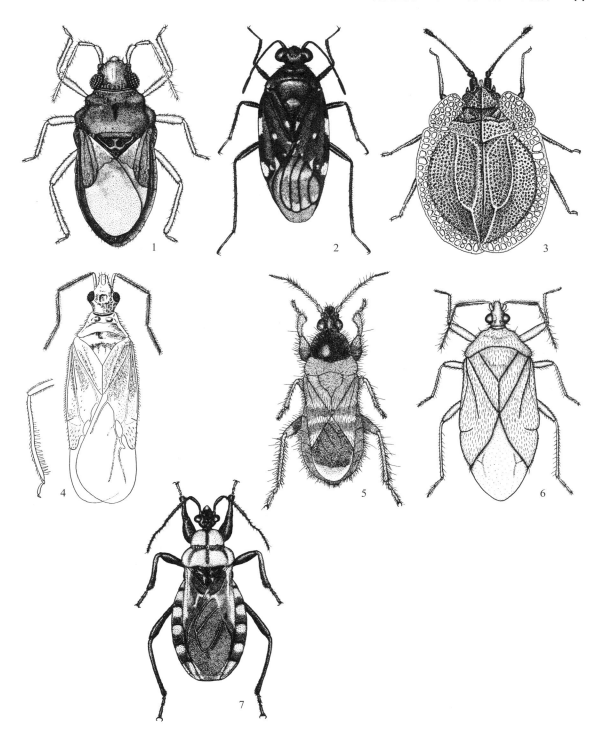

カメムシ亜目(異翅亜目)Heteroptera 全形図 (2)
1：ケシミズカメムシ *Hebrus nipponicus* Horváth，2：タニガワミズギワカメムシ *Macrosaldula miyamotoi* Cobben，3：ツルギマルグンバイ *Acalypta tsurugisana* Tomokuni，4：キタフタガタカメムシ *Loricula pillosella* Miyamoto，5：タイワンアシブトマキバサシガメ *Prostemma fasciatum*(Stål)，6：ヤサハナカメムシ *Amphiareus obscuriceps*(Poppius)，7：アカシマサシガメ *Haematoloecha nigrorufa*(Stål)
(3：Tomokuni, 1972；4：Miyamoto, 1965 から，他はすべて友国原図)

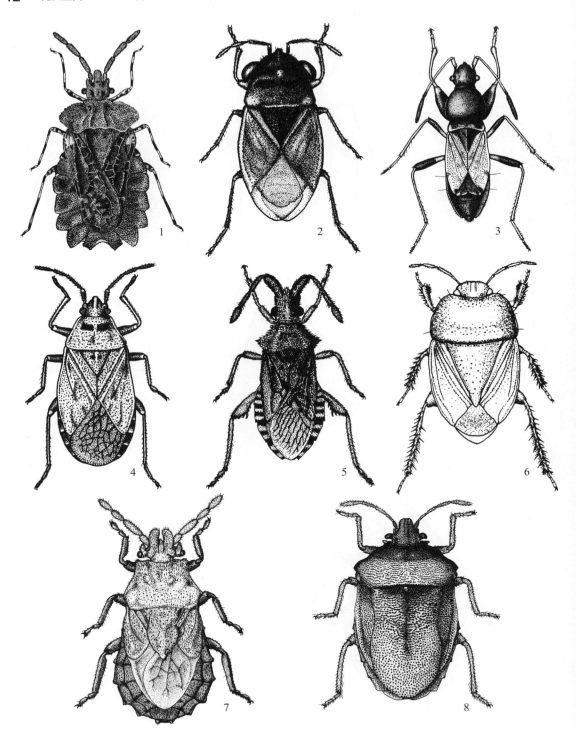

カメムシ亜目（異翅亜目）Heteroptera 全形図（3）
1：ノコギリヒラタカメムシ *Aradus orientalis* Bergroth，2：ヒメオオメカメムシ *Geocoris proteus* Distant，3：コバネヒョウタンナガカメムシ *Togo hemipterus*（Scott），4：フタモンホシカメムシ *Pyrrhocoris sibiricus* Kuschakewitsch，5：ヒメトゲヘリカメムシ *Coriomeris scabricornis*（Panzer），6：ツチカメムシ *Macroscytus japonensis* Scott，7：ヒロズカメムシ *Eumenotes obscura* Westwood，8：オオクロカメムシ *Scotinophara horvathi* Distant
（すべて友国原図）

カメムシ亜目（異翅亜目）Heteroptera

　カメムシ亜目は，日本から55科約1250種が知られる．生息域や食性は多様で，地中あるいは地表から見出される種類がかなりあるが，そのなかには一時的に地表に下りるものも多く，一応土壌生活者とみなしうるものは全体の 1/4 あまりである．なお，以下の解説中の体長は頭部の先端から翅端（翅が腹部より短い場合は腹端）までを意味する．

クビナガカメムシ科 (p.4, 10)
Enicocephalidae

　体長 5～6 mm．頭部が細長く，複眼の後方は球状に膨らむ．前翅は革質部がなく，全体膜質となる．繁みの根際や落葉間など多湿な地表部にすみ，小動物を捕食する．初夏の薄暮時に群飛する習性がある．日本には3属3種が知られ，ヒメクビナガカメムシ *Hoplitocoris lewisi* (Distant) が北海道～九州に，クロクビナガカメムシ *Stenopirates japonicus* (Esaki) が本州，九州，琉球（石垣島）に，学名未決定のチャイロクビナガカメムシ *Oncylocotis* sp. が琉球（沖縄本島，西表島）に分布する．

オオムクゲカメムシ科 (p.3, 10)
Ceratocombidae

　微小なカメムシで，体長 2 mm 内外．ムクゲカメムシ科に近縁で，外見的にもよく似ているが，前翅前縁部の切れ込みが弱く，せいぜい前縁脈を切るにとどまることで識別できる．落葉層の中などから得られるが，生態はほとんど未知である．日本に2種，オオムクゲカメムシ *Ceratocombus japonicus* Poppius とムクゲカメムシ *C. plebejus* Poppius が本州，九州から知られているが，他にも未記載種あるいは未記録種がかなりいるものと思われる．

ムクゲカメムシ科 (p.3, 10)
Dipsocoridae

　体長がせいぜい 2 mm の微小なカメムシで，頭や触角の先端2節などは長毛に覆われる．前翅前縁部に深い切れ込みがある．河原の石の下や落葉の下などにすみ，食肉性と思われるが，生態はよくわかっていない．日本産の既知種はカワラムクゲカメムシ *Cryptostemma japonicum* Miyamoto（本州，四国，九州）1種であるが，他に2，3の未記載種がいる．

ノミカメムシ科 (p.3, 10)
Schizopteridae

　体長 1.2～1.7 mm の微小なカメムシで，顕著な雌雄2型を示す．すなわち，雄の前翅は長翅で翅脈が発達するが，雌は短翅で翅脈の発達が悪いかあるいは全体革質となる．湿地の地上やコケの間にすみ，小動物を捕食するが詳しい生活史はほとんど未知である．本州～奄美大島にかけて2属3種が知られている．

メミズムシ科 (p.2, 10)
Ochteridae

　体長 5 mm 内外．触角が短く，背面からかろうじて見える程度．複眼は大きい．口吻が非常に長く，後肢基節を越える．本州以南に広く分布し，池や川の岸辺など湿地の地表にすむ．捕食性．幼虫も同所に見られ，背面に砂粒を負う習性がある．日本にはただ1種メミズムシ *Ochterus marginatus* (Latreille) が知られ，各地に普通に見られる．

アシブトメミズムシ科 (p.2, 10)
Gelastocoridae

　体長 8～9 mm．体は扁平で，頭部は短く横長．前肢が捕獲脚となり，腿節は極めて太い．体背面は通常微砂粒や泥で覆われる．九州南部，琉球列島，小笠原諸島に分布し，海岸近くの植物の根際や倒木の下などにすむ．日中は不活発なうえ，土と紛らわしいので見つけにくい．日本産はアシブトメミズムシ *Nerthra macrothorax* (Montrouzier) 1種のみ．

イトアメンボ科 (p.9, 10)
Hydrometridae

　体長 8～14 mm．体が非常に細長く，肢や触角も同様に細く長い．複眼は頭部の中ほどにあり，左右に突出する．川や池など水際部の湿った地表にすみ，水面に出ることも多い．水面に落ちた小昆虫やミジンコなどを主食とする．日本産は1属4種で，うちイトアメンボ *Hydrometra alboIineata* (Scott) が本州以南に，またヒメイトアメンボ *H. procera* Horváh が日本全土に普通に見られる．

ケシミズカメムシ科 (p.9, 11)
Hebridae

　体長 2 mm 内外の微小なカメムシで，一見カタビロアメンボ科の長翅型に似ているが，前胸背が中央でくびれることや，前翅膜質部に翅脈がないことなどで識別できる．水辺の湿地上にすみ，水面を走ることもできる．生態に関してはあまりよくわかっていない．日本からは1属3種が知られる．

ミズギワカメムシ科 (p.9, 11)
Saldidae

体長 2.5 〜 8 mm．卵形で，黒地に白色の小斑紋をもつものが多い．触角や肢が長く，複眼は大きく突出する．池や川の岸辺など湿った地表にすむが，食性や生活史はあまりよくわかっていない．日本からは海浜性の 1 種を含め 8 属 22 種が知られている．なかでも中型種からなるミズギワカメムシ属 *Saldula* の種は互いによく似ており，分類，同定は難しい．

グンバイムシ科 (p.3, 11)
Tingidae

体長 2 〜 6 mm．単眼がなく，翅に網目状の翅脈が発達する．日本に 26 属 74 種が知られ，すべて食植性である．大部分の種は，植物の葉上で生活するが，ウチワグンバイ属 *Cantacader* の 2 種が植物の根際の地表部に見られ，マルグンバイ属 *Acalypta* の 4 種が地上，岩上などのコケの間にすむ．前者は本州〜九州に，後者は北海道〜九州にかけて分布する．

フタガタカメムシ科 (p.3, 11)
Microphysidae

体長 2 mm 内外の微小なカメムシで，雄が長翅，雌は短翅または無翅という著しい雌雄 2 型を示すものが多い．一見ハナカメムシに似るが，口吻が 4 節で，付節が 2 節であることにより識別できる．日本には唯 1 種キタフタガタカメムシ *Loricula pillosella* Miyamoto が北日本に分布するにすぎない．林床から稀に採集されているが，詳しい生活史は未知である．

マキバサシガメ科 (p.4, 11)
Nabidae

体長 3 〜 15 mm．サシガメ科によく似るが，概して体つきがきゃしゃで，口吻がより細長く，4 節からなることで識別できる．すべて捕食性で，主に草むらや灌木の繁みにすむが，一部の種は地表あるいは石の下などに見られる．日本からは 8 属 25 種の記録があり，ほかに数種の学名未決定種がいる．アシブトマキバサシガメ *Prostemma hilgendorffi* Stein (北海道〜九州) など 3 属 6 種が土壌生活者である．

ハナカメムシ科 (p.3, 11)
Anthocoridae

体長 1.5 〜 4 mm の微小なカメムシ．体はやや扁平で頭部が前方に突出し，肢の付節は 3 節からなる．捕食性で，昆虫やダニの卵を吸収するものもある．日本から 18 属 40 種が知られ，その多くは植物上にすむが，ヤサハナカメムシ属 *Amphiareus* などは枯れ枝やわら束中に多く，ケブカハナカメムシ *Lasiochilus* (*Dilasia*) *japonicus* Hiura のように倒木の樹皮下にすむものもある．

サシガメ科 (p.4, 11)
Reduviidae

非常に大きな科で，形態的に変化に富む．口吻は 3 節で太短く，強く湾曲する．前肢が多少とも捕獲脚となるものが多い．すべての種が捕食性で，他の昆虫の体液などを吸う．日本には 11 亜科 90 種以上が知られ，ほかにも多くの未記載種や未記録種がいる．アカシマサシガメ *Haematoloecha nigrorufa* (Stål)，キイロサシガメ *Sirthenea flavipes* (Stål)，トビイロサシガメ *Oncocephalus assimilis* Reuter など半数以上の種が地表性で，雑草の根際や石の下などに見られる．

ヒラタカメムシ科 (p.7, 12)
Aradidae

体長 2.8 〜 13 mm．一般に体は著しく扁平．頭部が前方に突出し，触角と口吻は短い．腹部結合板は露出する．主として倒木の樹皮下にすむが，枯れ枝やキノコに見られるものもある．食性についてはあまりよくわかっていないが，食菌性の種が多いと思われる．日本にはノコギリヒラタカメムシ *Aradus orientalis* Bergroth，クロヒラタカメムシ *Brachyrhynchus taiwanicus* (Kormilev) など 5 亜科約 50 種の記録があるが，ほかにも学名未決定の種が多い．

ナガカメムシ科 (p.7, 12)
Lygaeidae

日本に 130 種以上が分布する大きい群で，形態的に変化に富む．前翅膜質部に 4 〜 5 本の波曲する翅脈をもつ．雑食性の種もあるが，大部分は食植性で，ことに地上に落ちたイネ科植物などの種子を吸収するものが多い．そのため，約半数の種が地表性で，雑草の繁みの地表や落葉の間などに見られる．地中の根から吸汁する種もある．

従来のナガカメムシ科は単系統群ではないとされており，Henry (1997) はカメムシ下目の分類体系を見直す中で，とくにナガカメムシ上科の分類体系を大幅に改編した．その結果，従来のナガカメムシ科はクロマダラナガカメムシ科 Heterogastridae，コバネナガカメムシ科 Blissidae，オオメナガカメムシ科 Geocoridae，ヒョウタンナガカメムシ科 Rhyparochromidae など 8 つの科に分割された．この新体系は広く受け入れられつつある．新しく設立された科のうち，日本に棲息する土壌性もしくは地表性の種を含む科はヒョウタンナガカメムシ科，オオメナガカメムシ科およびコバネナ

ガカメムシ科の 3 科のみである．

ホシカメムシ科 (p.7, 12)
Pyrrhocoridae

体長 7～18 mm の中型のカメムシ．形態的にはナガカメムシ科やヘリカメムシ科などに似るが，単眼を欠く．熱帯系のカメムシで，日本からは 5 属 10 種が記録されている．植物の種子や果実を吸うので，多くの種は植物上で生活するが，クロホシカメムシ *Pyrrhocoris sinuaticollis* Reuter（本州～九州）とフタモンホシカメムシ *P. sibiricus* Kuschakewitsch（北海道～九州）は雑草間の地表や石の下に見られる．

ヘリカメムシ科 (p.8, 12)
Coreidae

大きい群で，小型から大型種まで含み，形態的にも変化に富む．一般に頭幅は前胸背の幅の 1/3 以下で，前翅膜質部に多数の縦脈を有する．すべて食植性で，大部分の種は植物上にすむが，ヒメトゲヘリカメムシ *Coriomeris scabricornis*（Panzer）（北海道～九州）やトゲヘリカメムシ *C. integerrimus* Jakovlev（本州）は乾燥地の雑草の根際に見られ，ホオズキカメムシ *Acanthocoris sordidus*（Thunberg）も，ときに同様な場所にいる．

ツチカメムシ科 (p.5, 12)
Cydnidae

体長 2～18 mm．体はおおむね楕円形で，褐色あるいは黒色を呈し，光沢が強い．頭や肢に棘を列生するものが多い．大部分の種は植物の根あるいは地上に落ちた核果を吸収するので，土中や落葉下にすむが，ミツボシツチカメムシ *Adomerus triguttulus*（Motschulsky）のように，食草の種子が熟すと這い上がり，これを吸うものもある．日本には 16 属 23 種が知られている．

ノコギリカメムシ科 (p.6, 12)
Dinidoridae

ヒロズカメムシ属 (p.6, 12)
Eumenotes

体長 7～9 mm．頭部側葉が幅広く，前方に突出する．触角は 4 節で，各節が太く短い．日本には唯 1 種ヒロズカメムシ *Eumenotes pacao* Esaki が奄美大島以南に分布する．本種はサツマイモの害虫で，土中でイモに加害したあと，樹皮下で夏眠することが知られている．

カメムシ科 (p.5, 12)
Pentatomidae

非常に大きな群で，小型から大型種まで含み変化に富む．頭部は楯状，触角は頭部側縁の下方につき 5 節．前翅の大部分が小楯板で覆われることはない．付節は 3 節．食性も多様であるが，多くの種は植物上にすむ．日本に約 85 種が知られるが，土壌生活者といえるのはイネクロカメムシ *Scotinophara lurida*（Burmeister），オオクロカメムシ *S. horvathi* Distant など数種にすぎない．

引用・参考文献

China, W. E. and N. C. E. Miller (1959). Check-list and keys to the families and subfamilies of the Hemiptera-Heteroptera. *Bull. Brit. Mus.* (*Nat. Hist.*) *Entomol.*, **8**(1) : 1-45.

林　正美・宮本正一 (2005)．半翅目 Hemiptera．川合禎次・谷田一三（共編），日本産水生昆虫　科・属・種への検索，pp. 291-378．東海大学出版会，秦野市．

Henry, T. J. (1997). Phylogenetic analysis of family groups within the infraorder Pentatomomorpha (Hemiptera: Heteroptera), with emphasis on the Lygaeoidea. Ann. Ent. Soc. Am., **90** : 275-301.

平嶋義宏・森本　桂・多田内修 (1989)．昆虫分類学．vii + 598 pp．川島書店，東京．

日浦　勇 (1977)．半翅目 Hemiptera 異翅亜目（カメムシ亜目）Heteroptera．原色日本昆虫図鑑（下），95-129, pls. 27-33．保育社．大阪．

簫　采瑜ほか（編著）(1977)．中国類昆虫鑑定手冊（半翅目異翅亜目）第 1 冊．iii + 330 pp. + 52 pls．科学出版社，北京．

簫　采瑜ほか（編著）(1981)．中国類昆虫鑑定手冊（半翅目異翅亜目）第 2 冊．iv + 654 pp. + 85 pls．科学出版社，北京．

石原　保 (1957)．系統農業昆虫学．11 + 480 pp. + 2 pls．養賢堂，東京．

石川　忠・高井幹夫・安永智秀（共編）(2012)．日本原色カメムシ図鑑 – 陸生カメムシ類 III．576 pp．全国農村教育協会，東京．

Jrodan, K. H. C. (1972). Heteroptera (Wanzen). *Handb. Zool.*, **4**(2/20) : 1-113.

Miller, N. C. E. (1971). The Biology of the Heteroptera. xii + 206 pp. + 5 pls. E. W. Classey Ltd. Hampton.

Miyamoto, S. (1965). Three new species of the Cimicomorpha from Japan (Hemiptera). *Sieboldia*, **3**(3) : 271-276, pls. 11-12.

宮本正一 (1965)．半翅目 Hemiptera．原色昆虫大図鑑 III, 75-108, pls. 38-54．北隆館，東京．

Slater, J. A, and R. M. Baranowski (1978). How to know the True Bugs (Hemiptera-Heteroptera). x + 256 pp. Wm. C. Brown Co. Publ. Dubuque.

Tomokuni, M. (1972). Japanese species of the genus *Acalypta* (Hemiptera : Tingidae). *Trans. Shikoku Ent. Soc.*, **11**(3) : 87-91.

友國雅章 (1984)．小笠原諸島産異翅半翅類覚え書．*Rostria*, (36) : 473-481.

Weber, H. (1930). Biologie der Hemipteren. 543 pp. Julius Springer. Berlin.

Woodward, T. E., J. W. Evans and V. F. Eastop (1970). Hemiptera

(Bugs, leafhoppers, etc.). *In* "The Insects of Australia (Waterhouse, D. F., *et al.*)", 387-457. CSIRO. Canberra.
安永智秀・高井幹夫・山下　泉・川村　満・川澤哲夫・友国雅章（監修）(1993)．日本原色カメムシ図鑑 – 陸生カメムシ類．x+382 pp. 全国農村教育協会，東京．
安永智秀・高井幹夫・川澤哲夫（共編）安永智秀・高井幹夫・中谷至伸 (2001)．日本原色カメムシ図鑑 – 陸生カメムシ類 II．350 pp. 全国農村教育協会，東京．

節足動物門
ARTHROPODA

昆虫亜門（六脚亜門）HEXAPODA
外顎綱（狭義の昆虫綱）Entognatha
コウチュウ目（甲虫目、鞘翅目）成虫 Coleoptera – Adults

佐々治寛之 H. Sasaji・平野幸彦 Y. Hirano・
野村周平 S. Nomura・青木淳一 J. Aoki

昆虫亜門 Hexapoda・コウチュウ目（甲虫目，鞘翅目）Coleoptera 成虫

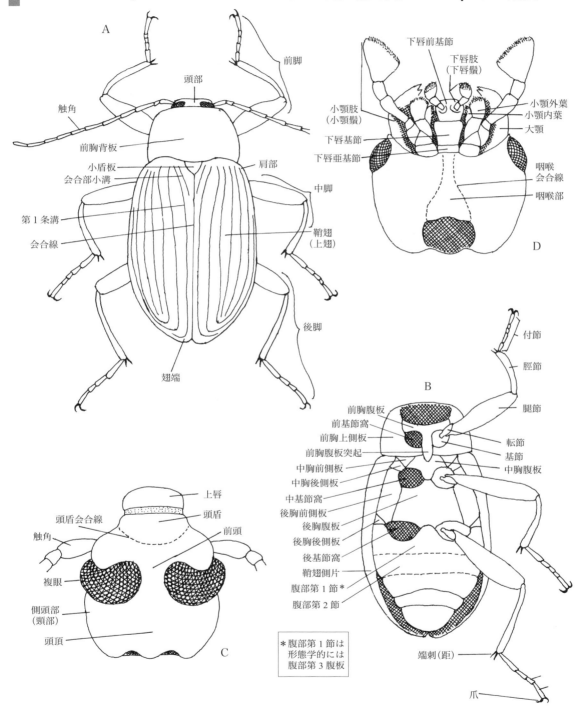

コウチュウ目（甲虫目，鞘翅目）Coleoptera 成虫形態用語図解（図はキマワリ *Plesiophthalmus nigrocyaneus*）
A：背面図，B：腹面図（頭部・右脚を除く），C：頭部背面図，D：頭部腹面図

コウチュウ目（甲虫目，鞘翅目）Coleoptera 成虫の科への検索

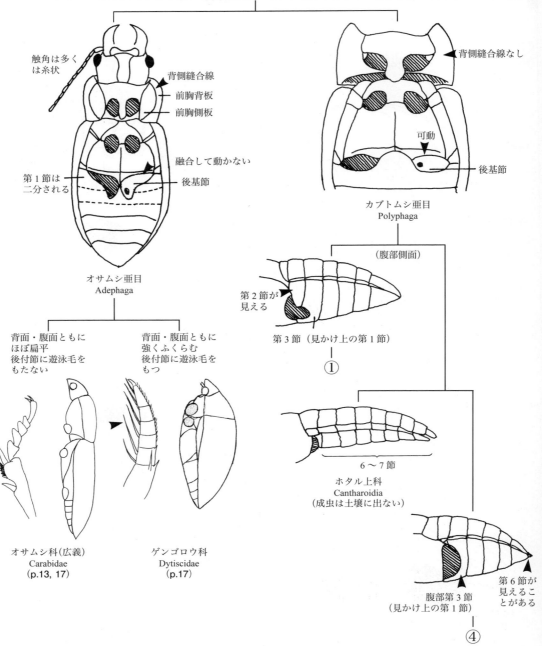

昆虫亜門・コウチュウ目 成虫

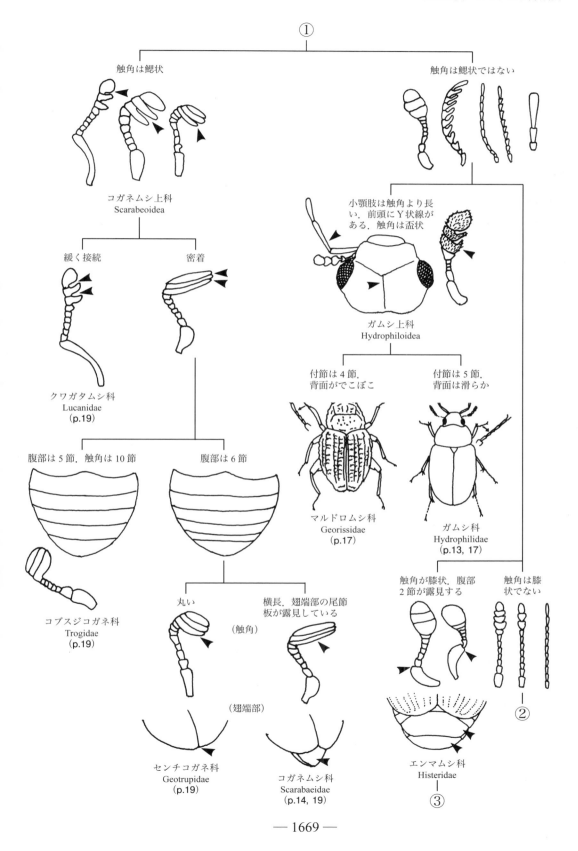

4 昆虫亜門・コウチュウ目 成虫

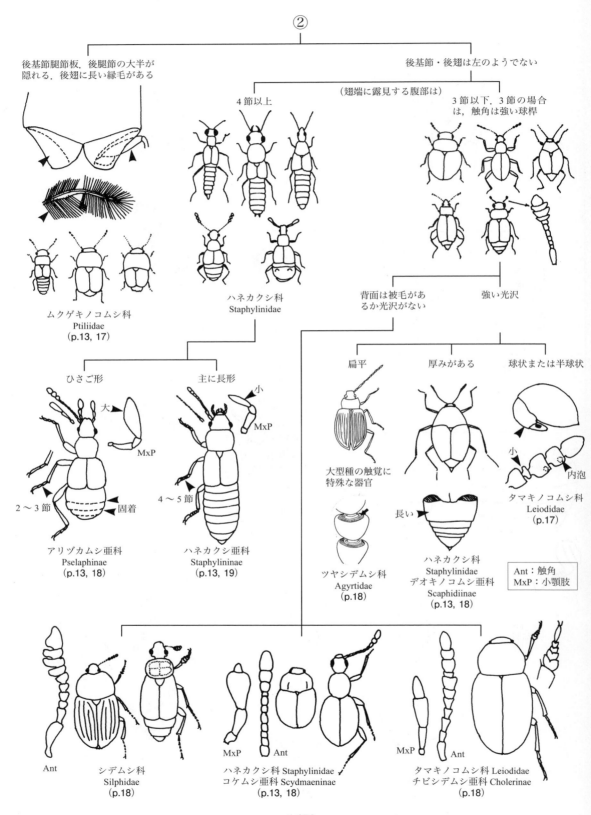

昆虫亜門・コウチュウ目 成虫　5

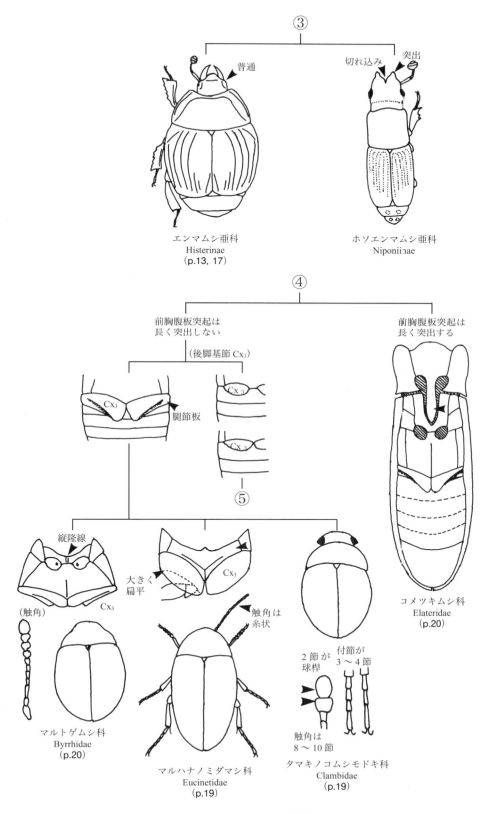

6 昆虫亜門・コウチュウ目 成虫

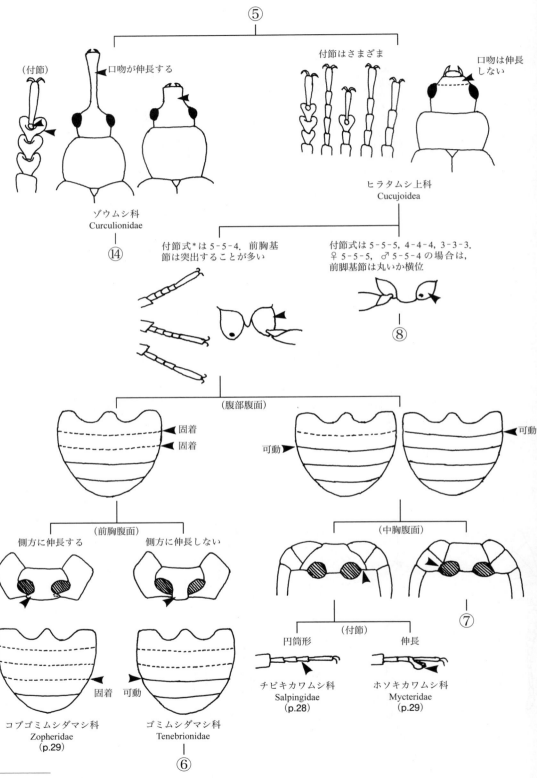

* 前脚・中脚・後脚の付節数を数字で表したもの

昆虫亜門・コウチュウ目 成虫　7

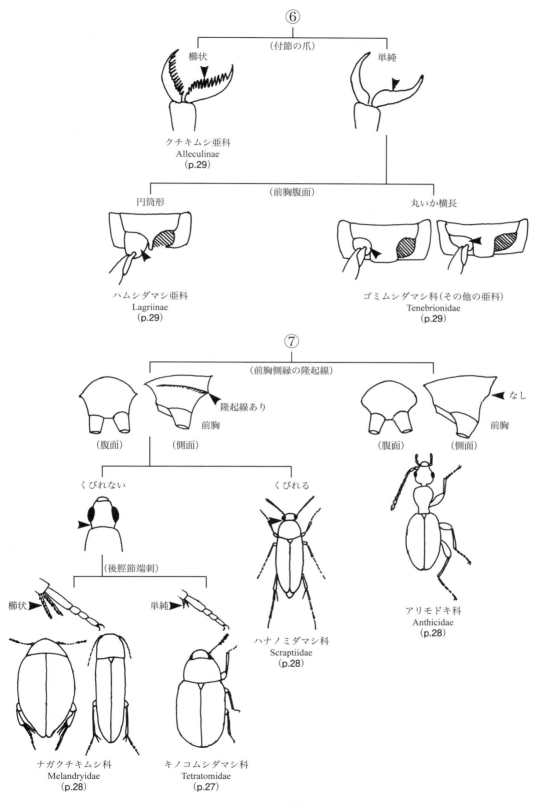

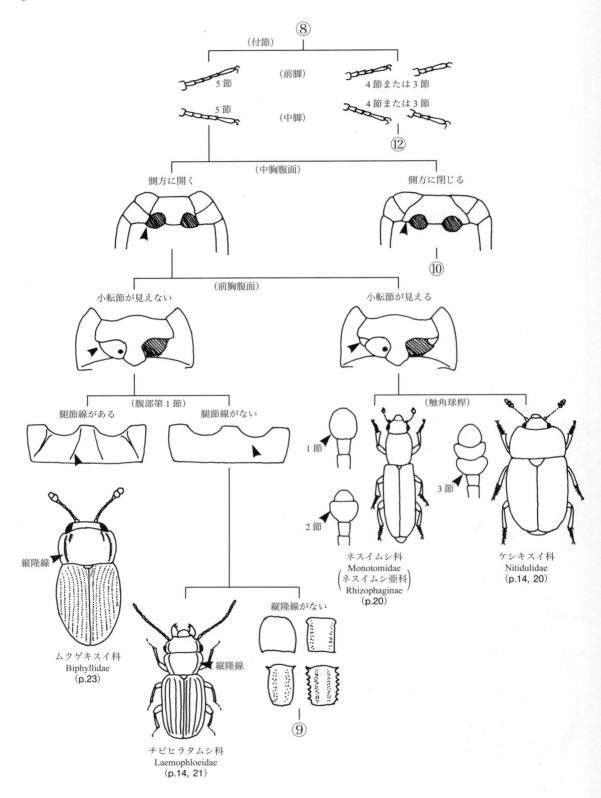

昆虫亜門・コウチュウ目 成虫 9

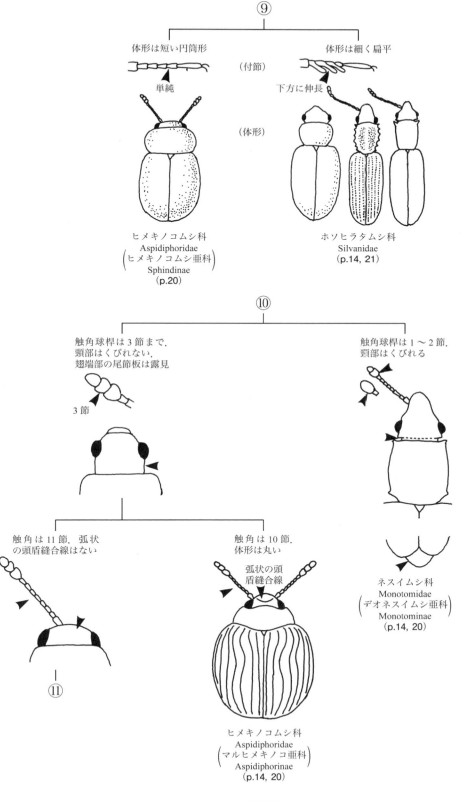

― 1675 ―

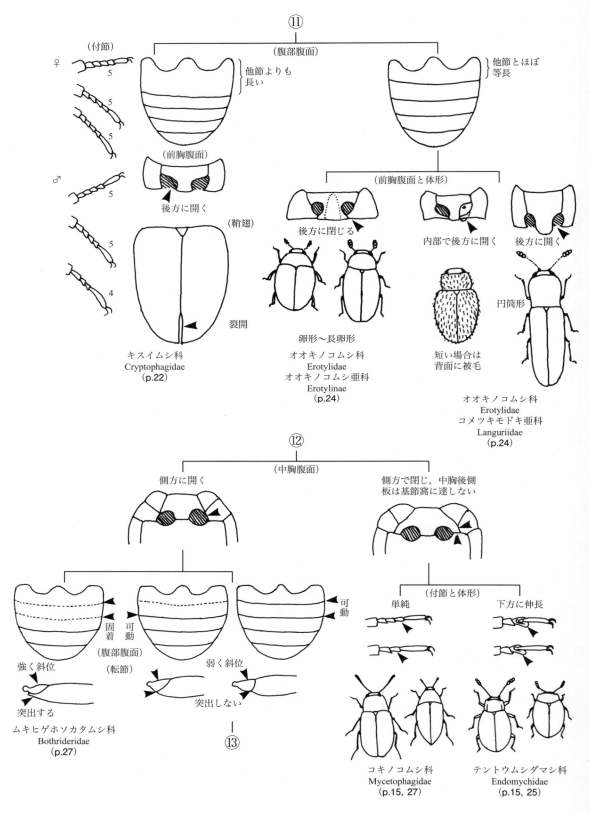

昆虫亜門・コウチュウ目 成虫　11

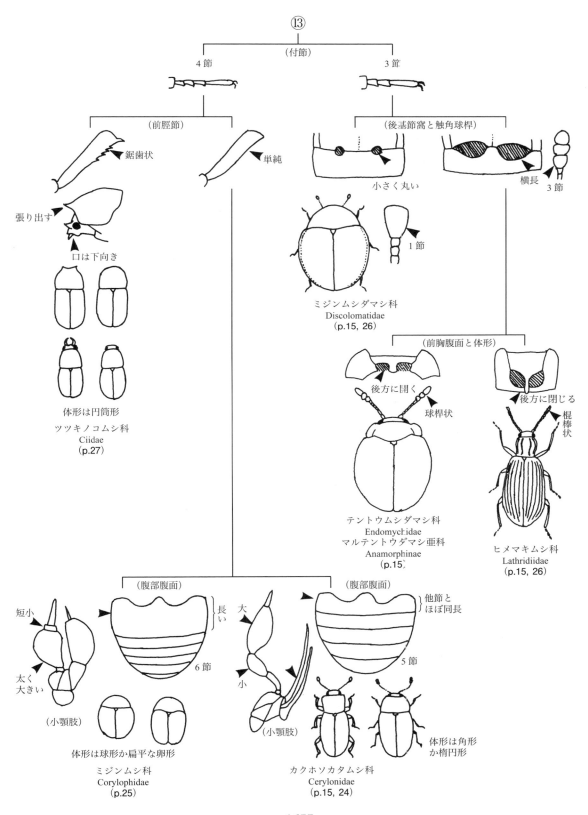

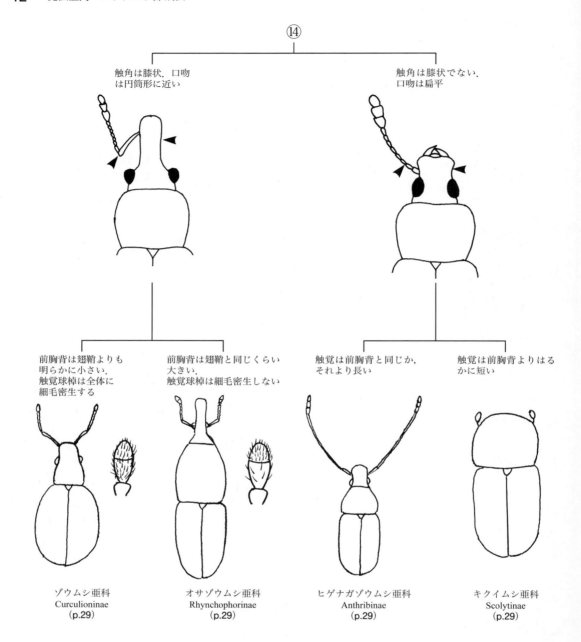

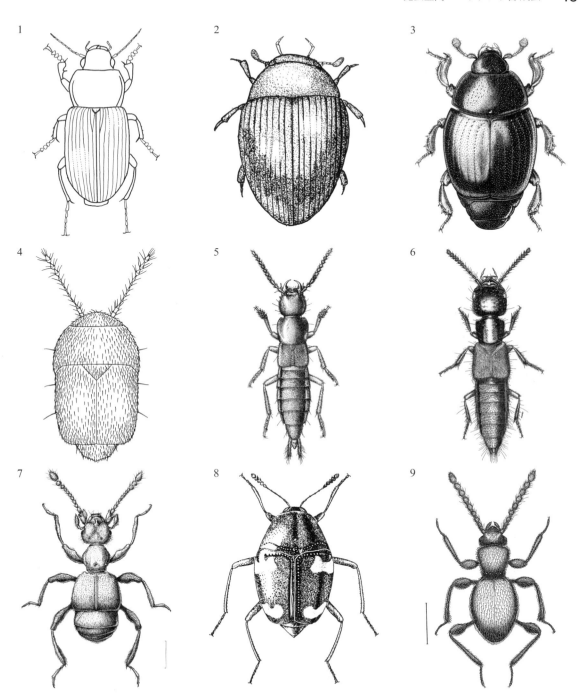

コウチュウ目(甲虫目, 鞘翅目)Coleoptera 成虫代表図 (1)

1：ゴミムシ *Anisodactylus signatus* (Panzer), 2：モンケシガムシ *Nipponocercyon shibatai* M. Sato, 3：クロチビエンマムシ *Carcinops pumili* (Erichson), 4：ムツゲゴマムクゲキノコムシ *Acrotrichis grandicollis* (Mannerheim), 5：クラサワツヤムネハネカクシ *Quedius umbratus* Uéno & Watanabe, 6：ツノヒゲツヤムネハネカクシ *Quedius hirticornis* Sharp, 7：カサハラツノアリヅカムシ *Basitrodes kasaharai* Nomura, 8：ツシマデオキノコムシ *Scaphidium tsushimense* Shirôzu & Morimoto, 9：コケムシの一種 *Syndicus yaeyamensis* Jałoszyński
(1〜2：青木原図；3：Bosquet, 1990；4：Sawada & Hiyowatari, 2002；5：Uéno & Watanabe, 1966；6：柴田原図；7：Nomura, 2002；8：Shirôzu & Morimoto, 1963；9：Jałoszyński, 2004)

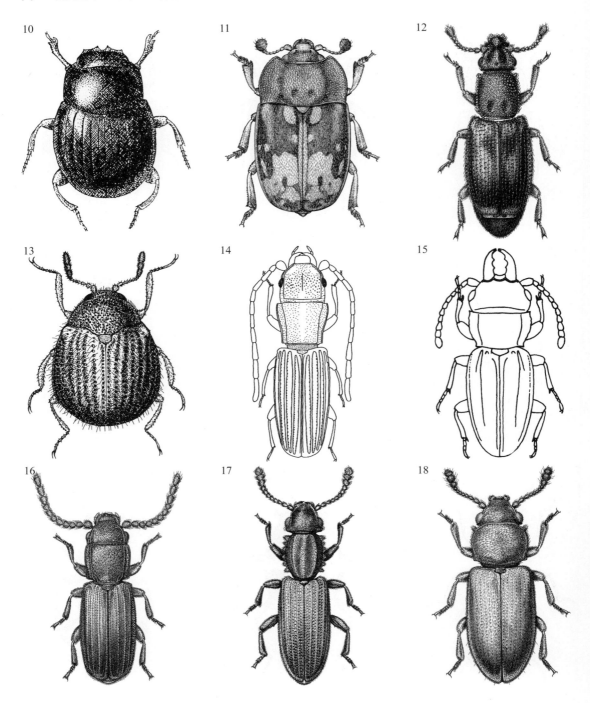

コウチュウ目(甲虫目,鞘翅目)Coleoptera 成虫代表図 (2)
10:マメダルマコガネ *Panclus parvulus* (Waterhouse), 11:キボシヒラタケシキスイ *Omosita color* (Linnaeus), 12:トビイロデオネスイ *Monotoma picipes* Herbst, 13:サカイマルヒメキノコムシ *Aspidiphorus sakaii* Sasaji., 14:ヒゲナガホソチビヒラタムシ *Leptophloeus abei* Sasaji, 15:オオキバチビヒラタムシ *Nipponophloeus dorcoides* (Reitter), 16:トルコカクムネチビヒラタムシ *Cryptolestes turcicus* (Grouvelle), 17:オオメノコギリヒラタムシ *Oruzaephilus mercator* (Fauvel), 18:カドコブホソヒラタムシ *Ahasverus advena* (Walti)
(10:神谷, 1959;11, 12, 16〜18:Bousquet, 1990;13:Sasaji, 1993;14:Sasaji, 1986;15:Sasaji, 1983)

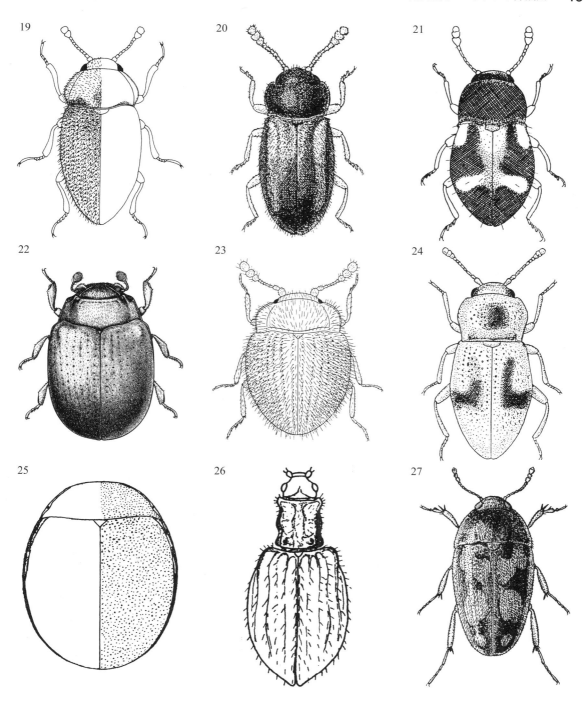

コウチュウ目(甲虫目，鞘翅目)Coleoptera 成虫代表図 (3)

19：リュウキュウクロムクゲキスイ *Biphyllus loochooanus* Sasaji, 20：アカスジナガムクゲキスイ *Cryptophilus hiranoi* Sasaji, 21：ツブコメツキモドキ *Atomarops lewisi* Reitter, 22：チビマルホソカタムシ *Murmidius ovalis* (Beck), 23：コマルガタテントウダマシ *Idyophyes niponensis* (Gorham), 24：ホソテントウダマシ *Paramomus brevicornis* Gorham, 25：クロミジンムシダマシ *Aphanocephalus hemisphericus* Wolaston, 26：ムナボソヒメマキムシ *Stephostethus angusticollis* (Gyllenhal), 27：ウスモンヒメコキノコムシ *Litargus lewisi* Reitter
(19：Sasaji, 1991；20：Sasaji, 1984；21：Sasaji, 1989；22：Bousquet, 1990；23：Sasaji, 1978；24：Sasaji, 1980；25：John, 1961；26：Bucker, 1983；27：宮武，1989)

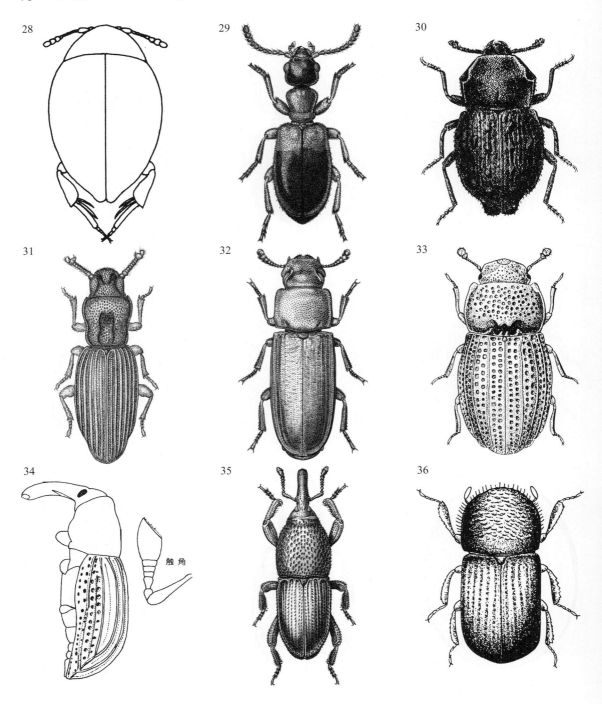

コウチュウ目(甲虫目,鞘翅目)Coleoptera 成虫代表図 (4)

28：チビノミナガクチキ *Lederia lata* Lewis, 29：アトクロホソアリモドキ *Momonalis floralis* (Linnaeus), 30：ヨコミゾコブゴミムシダマシ *Usechus chujoi* Kulzer, 31：ツチホソカタムシ *Pycnomerus yoshidai* Aoki, 32：ヒラタコクヌストモドキ *Tribolium confusum* Jacquelin, 33：キイロチビコクヌストモドキ *Archaeoglenes orientalis* Sasaji, 34：シロズキクイサビゾウムシ *Synommatoides shirozui* Morimoto, 35：グラナリアコクゾウムシ *Sitophilus granarius* (Linnaeus), 36：クロツヤキクイムシ *Trypodendron proximum* (Niijima)

(28：Sasaji, 1989；29・35：Bousquet, 1990；30：Sasaji, 1989；31：Aoki, 2011；32：Bonsquet, 1998；33：Sasaji, 1983；34：森本, 1988；36：野淵, 1992)

コウチュウ目（甲虫目；鞘翅目）成虫
Coleoptera

外皮は多くの場合著しく硬化し，前翅は硬い鞘翅（上翅）となり，中胸・後胸・腹部の背面のほとんどを覆うが，中には前翅が短く腹が露出するものもある．前胸背板は大きく，その後方に三角形または円形の小楯板がある．後翅は膜状で，鞘翅の下に折り畳まれる．飛翔するときに用いられるが，土壌性の甲虫ではこれが退化して飛べないものも多い．触角は 11 節を基本とするが，変化に富む．腹面は前胸・中胸．後胸と腹部が一つの面を形成する．

コウチュウ目は全生物中最も種数が多い目で，世界で約 40 万種，日本から約 11,000 種（2010 年現在）が知られる．ここには土壌中のみならず，土壌表層に堆積する落葉落枝，さらに倒木に生息するものをも含めたが，偶発的に見出されるものもある．土壌動物としては生息個体数が多くはなく，主要な群には入らないが，種数は大変に多い．そのため，図解検索表の作成は困難を極めるので，本書としては例外的に，科よりも先の詳しい分類単位（属あるいは種）については，文章による検索表を解説文の中に含めた．なお，本項では甲虫の成虫のみを対象とし，甲虫の幼虫については別項目で取り扱っている．

オサムシ科 (p.2, 13)
Carabidae

体長 1.5～65 mm．多くはひさご形で，多少とも扁平．大部分は地上歩行性であるが，中には真正土壌性の種もあり，落葉下，石下，腐植中にも多い．真正土壌性のものでは複眼を欠くか，小眼の場合が多い．土中や洞穴にすむチビゴミムシ類は地域分化が著しい．日本全土から約 1300 種が知られる．．

マルドロムシ科 (p.3)
Georissidae

体長 1.2～2.0 mm．体は丸く，頑丈で背面は凸凹や顆粒を持つ．付節 4 節．水辺の砂中に見られ，落葉層からも発見されるが，いずれも少ない種である．世界で 80 種ほど，日本からは 7 種が確認されている．代表種：マルドロムシ *Georissus canalifer* Sharp．北海道．

ゲンゴロウ科 (p.2)
Dytiscidae

体長 1.4～42.0 mm．水生甲虫として知られ，水中生活に適した体形で，後肢は長い遊泳毛を持ち特徴的である．ゲンゴロウ亜科の♂は前 1～3 節が拡がって吸盤状となるものが多い．干上がった池や水たまりの土中，湿った落ち葉にも見られる．中でもセスジゲンゴロウ類は落葉下からよく採れる．土中で越冬する種もある．世界に 4,000 種，日本からは 120 種ほどが知られている．代表種：セスジゲンゴロウ *Copelatus japonicus* Sharp．本州，四国，九州；済州島，中国．

ガムシ科 (p.3, 13)
Hydrophilidae

体長 1.0～40 mm．（土壌性は 5 mm 以下）．小顎肢が触角よりも長い．水生種と陸生種に別れており，陸生種は小型種が多く，落葉層，獣糞，海草下，腐廃植物質にいる．落葉下性のものではモンケシガムシ，セマルマグソガムシ，コウセンマルケシガムシなどがある．日本からは 100 種ほどが知られているが，小型種の分類は不完全で，未記録種がかなりある．代表種：セマルマグソガムシ *Megasternum japonicum* Shatrovsky．本州，四国，九州；韓国．

エンマムシ科 (p.3, 5, 13)
Histeridae

体長 1.0～15.0 mm．体形は丸いものから筒状，扁平なものまであり，大部分が黒色である．触角がひじ状に曲がるのが特徴．肉食性で，獣糞や腐敗植物質のものに集まるものも多く，ハスジヒラタエンマムシやツブエンマムシの仲間は落葉下性である．ハマベエンマムシなどの砂地性のものやアリの巣に生息するものもある．世界に約 4,000 種，日本では 120 種ほどが知られている．代表種：ハマベエンマムシ *Hypocaccus virians* (Schmidt) 日本全域；樺太，中国，台湾，ベトナム，フィリッピン，スリランカ，オースシラリア．

ムクゲキノコムシ科 (p.4, 13)
Ptiliidae

体長 0.20～2.0 mm．甲虫の中で最も体がちいさいグループである．卵形～長方形で扁平，触角は糸状，後翅は細く，羽毛状．おもに落葉下に多く見られ，キノコ，倒木，樹皮下，わらの下などにも生息する．よく飛翔し，空中プランクトンといわれる．世界に 600 種以上，日本では 60 種ほど知られているが，未記録種も多い．代表種：ムツゲゴマムクゲキノコムシ *Acrotrichis grandicollis* (Mannerheim)．本州，四国，九州；シベリア，モンゴル，ヨーロッパ，北アフリカ，北アメリカ．

タマキノコムシ科 (p.4)
Leiodidae

体長 1.2～5.5 mm．強い光沢があり，驚かされる

と球形になる（名前の由来）．触角は先方が太くなる．キノコや菌類が寄生した朽ち木に生息し，落葉層からもよく採れる．外国にはアリと共生するものがいる．日本産約 100 種．代表種：チャイロヒメタマキノコムシ *Colenis strigoslus* Portevin．日本全域．

チビシデムシ亜科（p.4）
Cholerinae

体長 1.6〜5.2 mm．長卵形〜長円形で，背面は光沢がなく，微毛に覆われる．腐敗物に集まり，土壌性や洞穴性の種もある．ヒゲブトチビシデムシ類では触角の先端 4 節が膨大する．アリと共生する種もある．日本産 60 種．代表種：アカアシチビシデムシ *Catops angustipes apicalis* Portevin．本州，四国．

ツヤシデムシ科（p.4）
Agyrtidae

体長 3.5〜10 mm．体形は楕円形で扁平なものが多い．従来シデムシ科に含まれることが多かった．触角は常に糸状で先端部球桿ははっきりしないことが多い．腹部は上翅に覆われ，大きく露出することはない．主に山地の源流部などの露岩の多い環境を好み，腐敗動物質に集まる．ツガルホソツヤシデムシ属 *Lyrosoma* は東北地方北部以北に分布し，本科としては例外的に，磯海岸に生息する．世界に 3 亜科 8 属 70 種，日本に 6 属 10 種を産する．

シデムシ科（p.4）
Silphidae

体長 9〜40 mm で，大型頑丈なものが多いが，楕円形で扁平な体形のヒラタシデムシ亜科と，やや細長で中ほどでくびれる体形のモンシデムシ亜科に二分される．触角先端の形状も 2 亜科で極端に異なり，ヒラタシデムシ亜科では球桿ははっきりしないことが多く，モンシデムシ亜科では球桿が顕著で，葉片状に内方へ突出する．ヒラタシデムシ亜科では腹部は上翅に覆われ，あまり露出することはないが，モンシデムシ亜科では上翅が短く，第 3 腹節以降が露出する．両亜科ともに腐敗動物質に集まるが，生きた小動物を捕食する種も知られる．モンシデムシ亜科の種では成虫の雌雄がつがいを作り，餌を確保して数匹の幼虫を保育する亜社会性の行動が知られている．世界に 2 亜科約 200 種，日本に 10 属 37 種を産する．

ハネカクシ科（p.4）
Staphylinidae

日本に産する種は，体長 0.5〜23 mm．大型から小型まで大きさはさまざまである．通常細長い体形で，脚は一般に短い．上翅は短い四角形になっていることが多く，後翅が発達する場合には短い上翅の下に幾重にも折り畳んで折り込まれている．触角は一般に糸状であることが多く，球桿ははっきりしている場合もしていない場合もある．腹部は第 3 または第 4 節以降が露出し，基部背面に後翅の折りたたみを補助するためのトゲ状毛斑を備える．一般に小動物を捕食する肉食性であるが，種によっては腐敗物あるいは菌類を摂食する．アリの巣に侵入する好蟻性種も多く知られる．土壌中に多種類多数個体が生息するのみならず，大気中にも小型種が多数浮遊している．以下に述べる 3 亜科を除くと，世界に約 3,600 属約 58,000 種，日本に 398 属 2,262 種を産する．日本から 21 亜科が知られているが，その中でも特に，以下に示す 4 亜科には土壌性の種が多く含まれ，土壌動物として重要である．

アリヅカムシ亜科（p.4, 13）
Pselaphinae

日本に産する種は，体長約 0.5〜4 mm．ですべて小型ないし微小種である．体形は細長い筒型か，上翅と腹部が幅広である．腹部の各節が合着して動かないことが，他のハネカクシ類との区別点である．触角は一般に糸状で，明瞭な球桿はないことが多いが，♂には性的特徴として膨大部が発達する場合もある．一般に土壌中に生息し，トビムシやササラダニを捕食する．好蟻性種も多く知られ，日本ではムネトゲアリヅカムシ上族とヒゲブトアリヅカムシ上族に多い．従来ハネカクシ科とは別科とされていたが，1995 年以降はハネカクシ科の 1 亜科とする処置が定着している．世界に 1,200 属約 10,000 種，日本に 83 属 318 種を産する．

デオキノコムシ亜科（p.4, 13）
Scaphidiinae

日本に産する種は体長 1.2〜7 mm で小型種が多い．体形は球形あるいは卵形に近く，腹部は短い．脚は細く長い種が多い．触角は短く糸状で球桿ははっきりしない．ヤマトデオキノコムシなど大型種は大型のキノコに集まるが，小型のケシデオキノコムシ属 *Scaphisoma* は土壌中からも多く見出される．アリヅカムシ同様，従来は独立科とされていたが，近年はハネカクシ科の 1 亜科とされる．世界に 45 属約 1,500 種，日本に 11 属 85 種を産する．

コケムシ亜科（p.4, 13）
Scydmaeninae

日本には 0.5〜3 mm の種が多いが，東南アジアからは 10 mm に達する大型の種も知られる．体形は多くの場合細長で，大きさと体色からアリヅカムシと紛

らわしい．しかし，アリヅカムシやほかのハネカクシ類と異なり，上翅は短くならず，腹部はほとんど露出しないので，簡単に区別できる．触角はやや太短く，球桿ははっきりしているものと，はっきりしないものがある．日本産については生態や食性はほとんど解明されていないが，欧州産の種の研究結果ではアリヅカムシ同様，小型の土壌動物を捕食する．アリヅカムシ，デオキノコムシ同様，従来独立科とされていたが，近年の研究により，ハネカクシ科の1亜科に降格された．世界の属種数は不明．日本に13属67種を産する．

ハネカクシ亜科 (p.4, 13)
Staphylininae

本亜科は，ハネカクシ科の中で，ヒゲブトハネカクシ亜科に次いで属数，種数の多い，大きな分類群である．日本に産する種は体長4.5〜23.0 mm．体形は常に細長く，触角と脚は短い．上翅は非常に短くなっており，長方形ないしは台形である．触角は糸状で，球桿は不明瞭．腹部は細長く，後方へ露出し，飛翔後，後翅を上翅の下側へたたみこむために補助的役割を果たす．肉食性の種が多いが，樹上の花やキノコに集まる種も多い．世界に約300属6,700種，日本に59属288種を産する．

タマキノコムシモドキ科 (p.5)
Clambidae

体長1.0〜1.5 mm．後基節板が拡大し，球形になる微小種で，藁の下や落葉下などから得られる．世界に100種，日本からは4属9種の記録があるが，未記載種もある．代表種：ニホンタマキノコムシモドキ *Clambus nipponicus* Endrody-Younga．本州，四国．

日本産の球状になる甲虫の検索表

1. 触角の先端3節は片状．上翅に隆起条を持つ
 ………………………………… マンマルコガネ類
- 触角は片状節を持たない．上翅に隆起条はない
 …………………………………………………… 2
2. 触角は9〜11節，先端3節が大きく内側に張り出す ……………………………… キノコシバンムシ類
- 触角は11節，先端3節は張り出さない ……… 3
3. 触角第8節は前後の節より小さい
 ………………………………… マルタマキノコムシ類
- 触角第8節は前節より大きいか同じ …………… 4
4. 球桿部は3節からなる（日本産）．後基節板は拡大しない ………………………… タマキスイ亜科
- 球桿状は2節からなる．後基節板が拡大する
 ………………………………… タマキノコムシモドキ類

マルハナノミダマシ科 (p.5)
Eucinetidae

体長1.0〜3.0 mm．長卵形でやや扁平，触角は糸状で，後基節は大きく扁平，後胸腹板と斜めに接続する．枯草，朽ち木，積み藁，落葉下から採集される．世界で30種ほど，日本からは3属4種のみの小さい科である．代表種：ツマアカマルハナノミダマシ *Eucinetus rufus* Portevin．北海道，本州，四国，九州；シベリア，ヨーロッパ．

クワガタムシ科 (p.3)
Lucanidae

多くは良く知られた大型昆虫であるが，土壌動物として登場するものは小型で体長4〜25 mm．♂の大あごが大きい．腹部腹板は5節，触角片状部は緩く接続する．大型種は樹液に集まるが，休息時に落葉層に潜入することがある．最小のマダラクワガタ *Aesalus asiaticus* Lewis やルリクワガタ属 *Platycerus* のものは朽ち木中に生活し，飛ぶことのできないミクラミヤマクワガタ *Lucanus gamunus* Sawada & Y. Watanabe は伊豆諸島の御蔵島と神津島に分布し，地表や落ち葉の下で生活する．日本から13属45種が知られている．

コブスジコガネ科 (p.3)
Trogidae

体長4〜13 mm．卵円〜長円形で，背面には鱗毛の束があるか，複雑な彫刻があり，ほとんど光沢がない．乾燥した鳥獣の死骸，糞などに集まるものが多いが，朽ち木や樹皮化煮ることもある．日本から15種が記録されている．

センチコガネ科 (p.3)
Geotrupidae

体長6〜22 mm．やや長めの半球形．平面は強い光沢をもつものが多い．鞘翅は完全に腹部を覆う．腐肉，糞などに集まり，成虫は土中に深い穴を掘ってそれらを引き込んで幼虫の餌にする．日本に3種いる．近似のムネアカセンチ科やアカマダラセンチ科も同様の生態を示す．

コガネムシ科 (p.3, 14)
Scarabaeidae

体長2〜62 mm．卵円形〜長方形で，触角先端部が葉片状．背面に光沢がある種が多いが，無光沢なものや深い彫刻を持つ種もある．成虫の生息場所は食性もさまざまであるが，鳥獣の死骸や糞に集まるものや朽ち木にすむものがあり，それらが落葉層や土壌中や砂地に見られることがある．日本産約400種．全形図はマ

メダルマコガネ Panelus parvulus (Waterhouse).

マルトゲムシ科（p.5）
Byrrhidae

体長 1.5 ～ 10 mm. 卵形～長卵形で，大型種は山地の石下などに見られるが，小型種はコケの下や落葉層に生息している．最近，外来種と思われる Microchaetes sp. という体長 3 mm ほどの種が花壇や荒れ地で得られている．世界に約 300 種，日本産は 20 種ほど記録されている．代表種：ハコネチビマルトゲムシ Simplocaria hakonensis Takizawa. 本州，四国，九州.

日本産マルトゲムシ科の属への検索表

1. 背面に直立した剛毛を具えない．触角先端は棍棒状．前胸腹板露出部は T 字型 …………… 2
- 背面に直立した剛毛を具える．触角先端は球桿状．前胸腹板露出部は V 字型 …………… 6
2. 小楯板は五角形 …………………………………… 3
- 小楯板は三角形 …………………………………… 5
3. 体は大きく 5 mm 以上．背面に条線を具える … 4
- 体は大きく 5 mm 以下．背面に条線を具えない
 ……………… ツヤマルトゲムシ属 Lamprobyrrhulus
4. 前・中・後脛節はいずれも扁平 ……………… Byrrhus
- 前脛節は扁平，中・後脛節は扁平でない
 ……………… キヌゲマルトゲムシ属 Cylilus
5. 上翅は条線を具える
 ……………… チビマルトゲムシ属 Simplocaria
- 上翅は条線を具えない ……………… Horiella
6. 付節式は 5-5-5 ……………………… Microchates
- 付節式は 4-4-4 …………………………… 7
7. 背面は鱗毛を具えない ……………… Chaetophora
- 背面は鱗毛を具える
 ……………… サシゲマルトゲムシ属 Curimopsis

コメツキムシ科（p.5）
Elateridae

体長 10 mm 前後．扁平な細長い円筒形で，前胸腹板突起が長く後方へ突出し，虫体を裏返しにすると前胸を屈伸して跳ねる．日本から約 800 種が知られており，近年のヒゲブトコメツキ科，コメツキダマシ科とともに幼虫は土中や朽ち木中に生息し，土壌動物として重要であるが，成虫としてはサビキコリ亜科，ヒサゴコメツキ亜科，ミズギワコメツキ亜科などが砂地や落ち葉下，石下に見られる．

ケシキスイ科（p.8, 14）
Nitidulidae

体長 1.0 ～ 14 mm. 長円形～長方形，多くは多少とも扁平．通常，触角球桿は 3 節．付節は 5 節．朽ち木，キノコ，樹液，腐敗物，貯穀，落葉下，花上，積みわらなどに生息する．世界におよそ 4,500 種，日本から 160 種余り記録されているが，かなり増える見込みである．代表種：マルキマダラケシキスイ Stelidota multiguttata Reitter. 本州，四国，九州，伊豆諸島，対馬，琉球；台湾，マレー諸島，インドネシア，スリランカ，インド，ネパール.

ネスイムシ科（p.8, 14）
Monotomidae

体長 1.3 ～ 4.5 mm. 褐色～黒色で体形は細長く，やや扁平，上から尾節板が見えるのが特徴である．朽ち木，樹皮下，キノコ，積み藁，貯穀類，枯れたトウモロコシなどに見られる．世界に 250 種，日本産は 2 亜科に分かれ，24 種知られている．日本産ネスイムシ科については平野（2009）の総説がある．代表種：トビイロデオネスイ Monotoma picipes Herbst. 日本全域，汎世界.

日本産デオネスイ亜科の属への検索表

1. 付節は♂♀ともに 5-5-5．体は筒状で，頭部と前胸背の合計はそれより後の部分より長い．側頭は極めて長い ……………………………… Shoguna
- ♂の符節は 5-5-5 ではない．頭部と前胸背の合計はそれより後の部分より短い．側頭は長くない ……………………………………………… 2
2. 頭部は♂では前胸背より幅広く，♀では同幅，側頭は退化し，複眼のすぐ後ろで小突起状となる
 ……………… バケネオデスイ属 Mimemodes
- 頭部の幅は前胸背の幅より狭いか同じ．側頭は認められる ……………………………………… 3
3. 触角の球桿は 2 節．前胸背は強い粗大点刻を密に装う ……………… デオネスイ属 Monotoma
- 触角の球桿は 3 節 …………………………… 4
4. 背面は微短毛を装う．触角第 9 節の幅は第 10 節とほぼ同じ ……………… ホソデオネスイ属 Europs
- 背面は長毛を装う．触角第 9 節の幅は第 10 節より小さい ……………… ケブカネスイ属 Rhizophagoides

ヒメキノコムシ科（p.9, 14）
Aspidiphoridae

体長 1.2 ～ 2.2 mm. 半球形か長楕円形で，すべての種が粘菌を食うので，粘菌が着生する朽ち木や落葉下などに見られる．世界に 61 種，日本では 5 種の報告があるが，倍以上いると思われる．日本産ヒメキノコムシ科については平野（2009）の総説がある．代表種：サカイマルヒメキノコムシ Aspidiphorus sakaii Sasaji.

本州，九州；韓国．

日本産ヒメキノコムシ科の属への検索表

1. 前基節窩は後方が閉じる．尾節板中央に縦溝を欠く．体形は長楕円形
   ……………………… ヒメキノコムシ属 Sphindus
- 前基節窩は後方が広く開く．尾節板中央に幅広い縦溝を有する．体形は亜球形
   ……………… マルヒメキノコムシ属 Aspidiphorus

日本産マルヒメキノコムシ属 Aspidiphorus の種への検索表

1. 触角の第4節は第3節の3/4の長さ．上翅は1列の点刻列を装う．頭胸背，上翅は赤褐色で，1.2 mm 前後… サカイマルヒメキノコムシ A. sakaii Sasaji
- 触角の第4節は第3節の3/4より明らかに短い．1.5～1.8 mm ………………………………… 2
2. 前脛節は平たい．頭部基部に横帯状の点刻群があり，その前部に明瞭な点刻が散在する．腹板の末端節に♂♀異なった隆起した突起がある．上翅の点刻列は不規則な1～2列のやや大きな点刻を装う．付節式は♂♀ともに5-5-5．体長1.5～1.8 mm
   …… ウエノマルヒメキノコムシ A. uenoi Forrester
- 前脛節はやや円筒状…………………………… 3
3. 上翅の点刻列は不規則な1～2列のやや大きな点刻を装う．頭部基部に横帯状の点刻群があるが，その前面には小さな点刻が散在する．付節式は♂は5-5-4，♀は5-5-5．1.5～1.8 mm
   ………… マルヒメキノコムシ A. japonicus Reitter
- 上翅の点刻列は1列．頭部に横状の点刻群があり，その前部のほぼ全面に点刻がある．1.5 mm 前後
   …… オキナワマルヒメキノコムシ A. annabelleae Forrester

　以上の他に最近北海道から エゾマルヒメキノコムシ（仮称）Aspidophorus sp. が見つかった．同属の他種に比較して1.8～2.1 mmと大きく，腹部に突起などはない．上翅の点刻列は目立たない．

チビヒラタムシ科 (p.8, 14)
Laemophloeidae

　体長1.3～5.0 mm．ほとんどの種は黄褐色～暗褐色で，細長く扁平，前胸背板に縦隆線がある．樹幹，樹皮下，貯穀類，落葉下などに生息する．世界に450種，日本からは34種の報告がある．日本産チビヒラタムシ科については平野（2009）の総説がある．代表種：オオキバチビヒラタムシ Nipponophloeus dorcoides (Reitter) 日本全域；シベリア，東インド．

日本産チビヒラタムシ科の属への検索表

1. 頭楯は横溝によって前頭から分けられる……… 2
- 頭楯は横溝によって前頭から分けられない．頭楯会合線は見えることも見えないこともある…… 3
2. 腹部第1節の基節間突起の前縁は直線状．前胸背の側縁は単純．通常，腹部先端は背面から見える
   ……………………………………… Placonotus
- 腹部第1節の基節間突起の前縁は方に突出する．前胸背の側縁に数個の歯がある．腹部先端は背面から見えない
   ………… キボシチビヒラタムシ属 Laemophloeus
3. 頭楯の前縁は3～5個のえぐれを持つ………… 4
- 頭楯の前縁は直線状か小さな1，2個のえぐれを持つ ……………………………………………… 5
4. 頭部側線は完全………………………… Notolaemus
- 頭部側線は不完全か全くない…… Nipponophloeus
5. 前胸背に完全な1対の側線とその外側に短い側線がある．♂の触角第1節は大きく，内側がえぐれて鉤状となる
   ………… カギヒゲチビヒラタムシ属 Microbrontes
- 前胸背に1対の側線がある．触角第1節は通常変形しない…………………………………………… 6
6. 体型は細長く，やや筒型．腹部第1節基節間突起は狭く，前方に強く突出する
   ………… ホソチビヒラタムシ属 Leptophloeus
- 体型は扁平．腹部第1節基節間突起は幅広く直線状かゆるやかな弧状…………………………… 7
7. 頭楯の前縁はほぼ直線状で，触角基部より前方にほとんど張り出さない．触角先端3節は太く，球桿を形成する
   ………… セマルチビヒラタムシ属 Xylolestes
- 頭楯の前縁は中央で前方に富士山状～双子山状に張り出す．触角は球桿を作らない…………… 8
8. 背面は密に短毛で覆われる．前胸背の前角，後角ともに角張る．各上翅は6～7の細い条刻を持つが隆起線はない…………………… Pseudophloeus
- 前胸背の前角は角張らない．上翅は4条の隆起線がある… カクムネチビヒラタムシ属 Cryptolestes

ホソヒラタムシ科 (p.9, 14)
Silvanidae

　体長1.5～11.0 mm．ほとんどものが2～3 mmで，細長く扁平で，褐色，ツヤがないものが多い．2亜科に別れ，セマルヒラタムシ亜科は触角が長く糸状で，球桿を作らず第1節は長い．ホソヒラタムシ亜科は明らかな球桿を作り第1節は長くない．害虫とされるものもあり，樹皮下，貯穀類，落葉下などに生息する．世界に500種，日本には46種が報告されている．

本科については平野（2010）の総説がある．代表種：ミツモンセマルヒラタムシ Psammoecus trimaculatus Motschulsky．日本全域，済州島，韓国，中国，ロシア，スリランカ，ネパール，インド，マレーシア，ビルマ，マダガスカル，オーストラリア．

日本産ホソヒラタムシ科の属への検索表

1. 触角は長く糸状で，明らかな球桿を作らず，第1節は長い．（Brontinae）………………………… 2
- 触角は明らかな球桿を作り，第1節は特別長くない．（Silvaninae）……………………………… 6
2. 前基節窩は後方に開く．付節は葉状でない．（Brontini）……………………………………… 3
- 前基節窩は後方に閉じる．第3付節は葉状を呈する．（Telephanini）………………………… 5
3. 付節式は 4-4-4 ……… ヒメヒラタムシ属 Uleiota
- 付節式は 5-5-5 ……………………………… 4
4. 前胸背板の前角は丸く，側縁には突起はない
    ………… ヒゲナガヒラタムシ属 Dendrophagus
- 前胸背板の前角は大きく突出する．側縁に突起がある………………………………… Macrohyliota
5. 頭部に1対以上の顕著な縦溝がある．小楯板に小条線がある
    ………… セマルホソヒラタムシ属 Cryptamorpha
- 頭部に顕著な縦溝がない．小楯板に小条線はない
    ………………… セマルヒラタムシ属 Psammoecus
6. 前胸背板の側縁は大きく顕著な5～6の波状または鋸状突起を有する……………………………… 7
- 前胸背板の側縁は微細な突起があっても，顕著で大きな突起はない…………………………………10
7. 触角第10節は第9節より明らかに幅広く，球桿は2節からなる……………………… Silvanopsis
- 触角第10節は第9節と同じ幅．球桿は3節または4節………………………………………………… 8
8. 頭部の側頭が認められる．前胸背板には3条の隆起条がある
    ………… ノコギリホソヒラタムシ属 Oryzaephilus
- 頭部の側頭は認められない．前胸背板には3条の隆起条はない……………………………………… 9
9. 触角は太く，先端にむかって徐々に太まり，球桿は4節からなる………………………… Nausibius
- 触角は普通の太さで，球桿は3節
    ………………………………………… Pseudonausibius
10. 上翅に通常，暗色紋がある．前胸背板の側縁には8個以上の小さな突起がある ……… Monanus
- 上翅に斑紋はまったくない…………………………11
11. 前胸背板と上翅の幅は同じで，側縁は上翅と同様に平行．前角は前縁より後方に位置する．触角の末端節は洋梨状
    ………… タバコホソヒラタムシ属 Cathartus
- 前胸背板の基部は上翅の幅より狭い．前角の先端は前縁と同じか前に位置する………………………12
12. 前胸背板は明らかに横長で，前角に吸盤状瘤突起がある…… カタコブホソヒラタムシ属 Ahasverus
- 前胸背板は幅よりも長いか同じで，吸盤状瘤突起はない……………………………………………13
13. 前胸背板は多少なりとも前後に丸まり，前角は突出せず丸まる
    ………… マルムネホソヒラタムシ属 Silvanolomus
- 前胸背板はほとんど前後に丸まらず，前角は突出する………………………………………………14
14. 触角の第9節，10節に棘がある
    ………… ヒラムネホソヒラタムシ属 Protosilvanus
- 触角の第9節，10節に棘がない ………………15
15. 第3付節は葉状を呈する………………… Silvanoprus
- 付節は明らかな葉状ではない
    ………………………… ホソヒラタムシ属 Silvanus

キスイムシ科 (p.10)
Cryptophagidae

体長 1.0～6.0 mm．多くは長めの長方形，一部は卵円形，背面に被毛があるのがふつうである．付節は通常♂で 5-5-5，♀で 5∷5∷4．しばしば前胸背板前角に吸盤状突起がある．世界からおよそ60属600種，日本からは70種が知られているが，相当増加する見込み．代表種：クロモンキスイ Cryptophagus decoratus Reitter．本州，八丈島，四国，九州，屋久島；台湾，中国，ロシア．

日本産キスイムシ科 Cryptophagidae 科の亜科への検索表

1. 前頭と頭楯はほぼ同一線上にある．触角は頭部の側方につく……… キスイムシ亜科 Cryptophaginae
- 前頭は背面から見ると多少とも前方に丸く突きだし，頭楯は垂直に下降して背面から見えない．触角は前頭の前面，眼の間につく
    ………………… セマルキスイムシ亜科 Atomarinae

日本産キスイムシ族 Cryptophaginii の属への検索表

1. 付節の第2節，第3節は下方向に葉片状に伸張する………………………………………… Telmatophilus
- 付節は単純…………………………………………… 2
2. 前胸背板の側縁は滑らかで，前角は単純に丸まる
    ………………… ヤドリキスイ属 Antherophagus
- 前胸背板の前角は切断状であるか，または側縁が鋸歯状か波状……………………………………… 3

3. 前胸背板の側縁に平行した縦隆線がある
   ･･････････････････････････････････ Henotiderus
- 前胸背板に縦隆線がない････････････････ 4
4. 前胸背板前角は肥厚し斜めに切断状か盃状．上翅
   の会合線条溝は後半で消失する ･･･････････ 5
- 前胸背板前角は肥厚しない．上翅の会合線条溝は
   完全 ････････････････････････････････ 7
5. 前胸側縁の中央付近に突起を有する
   ･･･････････････････ キスイムシ属 Cryptophagus
- 前胸側縁に中央突起はない ･････････････ 6
6. 前胸背板は横長で，側縁は微小突起があるが，中
   央突起はない ･･･････････････････ Micrambe
- 前胸背板は横長で基部が最大，側縁は滑らか
   ･･････････････････････････････ Spaniophaenus
7. 頭楯会合線は明瞭
   ･･････････････････････ マルキスイ属 Serratomaria
- 頭楯会合線は認められない．････････････ 8
8. 体はやや隆起する．中胸腹板突起は基節窩と同幅
   ･･････････････････････････････････ Henoticus
- 体は扁平 中胸腹板突起は基節窩より幅広い
   ････････････････････････････････ Pteringium

日本産セマルキスイムシ亜科 Atomarinae の属への検索表

1. 体は短卵形で，前胸背板と上翅側縁は連続して弧
   状 ･･････････････････ マルガタキスイ属 Curelius
- 体は細長く，前胸背と上翅は連続して弧状とはな
   らない ･･･････････････････････････････ 2
2. 前胸背板の側縁部が平圧されない．付節式は
   5-5-5 ･･･････････････ セマルキスイムシ属 Atomaria
- 前胸背板は側縁部が平圧される．付節式は 4-4-4
   ････････････････････････････････ Atomaroides

ムクゲキスイ科 (p.8)
Biphyllidae

　体長 1.7～4.0 mm．長卵形～卵形で，前胸背板に縦隆線があり，腹部第 1 節に腿節線がある．落葉下，枯木，樹皮下，積み藁などに見られ，落葉層から得られるものは珍しいものが多い．世界に 7 属 200 種ほどが知られ，日本では 1 属 21 種が認められる．日本産ムクゲキスイ科については平野（2010）の総説がある．ムナビロムクゲキスイ Biphyllus aequalis (Reitter)．本州，四国，九州．

日本産ムクゲキスイ属 Biphyllus の種への検索表

1. 前胸背板には各側縁に沿って 1 本の縦隆線がある．
   個体によりその内側に短い縦隆線が不明瞭に認め
   られる場合もある ･･････････････････････ 2
- 前胸背板には各側縁に沿って 2 本以上の縦隆線が
   ある ････････････････････････････････ 8
2. 上翅背面は斜めから見ると横皺状に見える ･･ 3
- 上翅背面はどの角度からも横皺状には見えない 4
3. 前胸背板の最大幅は基部から 1/3 付近にある．背
   面は黒褐色．1.7～2.0 mm
   ･････････････････････ リュウキュウクロムクゲキスイ
                          B. loochooanus Sasaji
- 前胸背板の最大幅は基部付近にある．背面は褐色．
   2.0～20.mm ･･･ ヒゴムクゲキスイ Biphylllus sp. 1
4. 前胸背板の縦隆線は側縁にほぼ平行．触角末端節
   は前節より幅狭い．背面は一様に赤褐色で黄褐色
   毛におおわれる 1.8～2.2 mm
   ････ クリイロムクゲキスイ B. throscoides (Wollaston)
- 前胸背板の縦縫線と側縁との幅は前方に向かって
   広くなる．触角末端節は前節とほぼ同幅かより広
   い．背面は黒～黒褐色で赤褐色の斑紋を有するか，
   逆に赤褐色の地に黒～黒褐色の紋がある ･･････ 5
5. 上翅後半に赤色部を有するが変異がある．腹部は
   赤褐色～褐色 ･･････････････････････････ 6
- 上翅は黒色で肩部に小赤紋を有する．腹部は黒色
   ･････････････････････････････････････ 7
6. 上翅の肩部赤紋は細長く内側後方に斜め．前胸背
   板の側縁は丸みが強い．背面の黄褐色の長毛は立
   っている．上翅点刻列はより粗で大きい．1.7～2.2
   mm
   ････ ハスモンムクゲキスイ B. rufopictus (Wollaston)
- 上翅の肩部赤紋は丸～四角でやや小さい．体は細
   く，前胸背板の側縁は基部においてはほぼ直線状．
   背面の毛は比較的短く不規則．上翅点刻列はよ
   り小さい．1.9～2.4 mm
   ････ ベニモンムクゲキスイ B. suffusus (Wollaston)
7. 触角と各肢は赤褐色～黄褐色．前胸背板は基部で
   もっとも幅広く，上翅は基部から 1/3 付近で，も
   っとも幅広い．1.9～2.3 mm
   ･･･････ カタモンムクゲキスイ B. humeralis (Reitter)
- 触角は暗褐色で各腿節は黒～黒褐色．前胸背板は
   基部の少し前で最大幅．上翅は中央かやや後方で，
   もっとも幅広い．2.0～2.5 mm
   ･･････････ クコアシムクゲキスイ B. japonicus Sasaji
8. 前胸背板側部の縦隆線は 2 対で，その内側のもの
   は通常後方で不明瞭．上翅被毛は単色か 2 色の場
   合はぼんやりした斑紋を形成する ･････････ 9
- 前胸背板側部の縦隆線は 3 対以上 ････････ 18
9. 背面は顕著な数個の凹圧部を有し，上翅被毛は単
   色で密．その配列は極めて複雑で，部分的に強く
   波曲する．背面とその被毛は黒褐色～赤褐色 ･･ 10
- 背面は顕著な凹圧部はなく，上翅被毛は細かく，

その配列は単調……………………………11
10. 体は短卵形で，強く膨隆する．前胸背板側縁は細かく鋸歯状であるが顕著な歯突起はない．前胸背板中央部はゆるやかにふくらむ．上翅の小楯板わきに凹圧部がある．2.2～2.8 mm
…… フトナミゲムクゲキスイ *B. complexus* Sasaji
- 体は長卵形で，中ぐらいに膨隆する．前胸背板側縁に 13～15 個の尖った小歯を有する．前胸背板中央部に浅い縦長の凹圧がある．上翅の小楯板わきに凹圧部はない．2.9～3.4 mm
……… ナミゲムクゲキスイ *B. inaequalis* (Reitter)
11. 全体の体形はかなり丸く卵形………………12
- 全体の体形はやや細く略長卵形………………13
12. 前胸背板の色彩は一様で，点刻はやや小さく，浅い．上翅には長短 2 種類の毛があり，長毛は寝ている．2.2～2.5 mm
…………… ハバビロムクゲキスイ *Biphyllus* sp. 2
- 前胸背板は中央付近が暗色で，点刻は強く密．上翅には長短 2 種類の毛があり，長毛は強く立っている．約 2.0 mm
…………… ムナグロムクゲキスイ *Biphyllus* sp. 3
13. 上翅被毛は黄褐色と白色からなり，不明瞭な横帯を形成する．前胸背板の内側の縦隆線は 1/4 の長さで単純．頭部と前胸は黒褐色．上翅は赤褐色で中央に暗色帯があるが，全体淡色化することがある．2.0～2.6 mm
………… アカグロムクゲキスイ *B. lewisi* (Reitter)
- 上翅被毛は単色………………………………14
14. 前胸背板は幅広く，内方縦隆線は前方横隆線とつながり半円状となる．背面は赤褐色で前胸背板と上翅会合部中央が通常暗色．2.2～2.6 mm
……… ムナビロムクゲキスイ *B. aequalis* (Reitter)
- 内方縦隆線は前方横隆線とつながらない………15
15. 上翅は無紋…………………………………16
- 上翅は赤褐色の地色に逆 T 字～錨状に近い黒紋があり斑紋を作る………………………………17
16. 上翅は黄褐色で，全体の長さは幅の 2.2 倍．1.7～1.9 mm
………… クズリュウムクゲキスイ *B. kuzurius* Sasaji
- 上翅は褐色～暗褐色で，全体の長さは幅の約 2.7 倍．2.8 mm
…………… ナガムクゲキスイ *Biphyllus* sp. 4
17. 頭胸部は黒～黒褐色．上翅の毛はやや寝ている．2.0～2.5 mm
………… ヨツモンムクゲキスイ *B. oshimanus* Nakane
- 頭胸部は黄褐色．上翅の毛はやや立っている．やや小型で 1.8～2.0 mm
…………… ムネアカムクゲキスイ *Biphyllus* sp. 5

18. 前胸背板側部の縦隆線は 3 対…………………19
-. 前胸背板側部の縦隆線は 4 または 5 対で，外側の 2 対は完全．上翅斑紋は 2 色で明らかな斑紋を形成する………………………………………20
19. 前胸背板側部の縦隆線は 3 対で，内側の 2 対は短い．前胸背板の側縁は前方にゆるやかに狭まり，最大幅は基部付近．大型で，3.7 mm
………… オオムクゲキスイ *B. satsumanus* Nakane
- 前胸背板側部の縦隆線は 3 対で，内側の 1 対は短いが，真ん中の 1 対は中央付近まで達する．前胸背板の側縁は基部より 1/4 付近で最大幅となりやや角張る．触角末端節は丸く，前節よりはるかに大きい．2.7 mm
………… クロムクゲキスイ *B. kasuganus* Nakane
20. 大型で細長く，背面は黒褐色で，上翅の被毛は黄色と褐色で，細かく不規則な雲状の斑紋をなす．3.4～4.0 mm
……… セスジムクゲキスイ *B. marmoratus* (Reitter)
- 小型．背面は黒～黒褐色で，上翅の被毛は淡黄色と褐色で，約 10 対のかなり規則的な縦長方形の斑紋をなす．2.5～2.9 mm
……… ケマダラムクゲキスイ *B. flexuosus* (Reitter)

オオキノコムシ科（オオキノコムシ亜科）(p.10)
Erotylidae (Erotylinae)

体長 2.0～36 mm．卵形～長卵形で，背面は無毛で光沢がある．黒・赤・黄色で彩られるものも多く，触角球桿は常に顕著．主としてキノコや樹皮下にいるが，枯れ木や落葉下などからも見出される．日本に約 100 種．従来のコメツキモドキ科は亜科に格下げとなり，以下のようにオオキノコムシ科に包含された．

オオキノコムシ科（コメツキモドキ亜科）(p.10, 15)
Erotylidae (Languriinae)

土壌中から見つかる者は小型で，体長 3.5 mm 以下．ひさご形で背面に被毛がある．枯れ木，彼草，落葉などにいる．日本産は 14 種．アカスジナガムクゲキスイ（和名にかかわらず，本科に所属）*Cryptophilua hiranoi* Sasaji，ツブコメツキモドキ *Atomarops lewisi* Reitter など．

カクホソカタムシ科 (p.11, 15)
Cerylonidae

長方形～長卵形で，体長 1.0～4 mm と微小な種が多い．中基節窩は側方に閉じる．球桿は 1～2 節で，付節式は普通 4-4-4 である．主に朽ち木に生息するが，中には落葉下や貯穀に見られるものもある．世界に 52 属 450 種，日本からは 3 亜科 17 種が記録されてい

る．日本産カクホソカタムシ科については平野（2012）の総説がある．代表種：アシブトカクホソカタムシ Philothermopsis crassipes (Sharp)．本州，四国，九州．

日本産カクホソカタムシ亜科 Ceryloninae の属への検索表

1. 触角球桿は2節からなり，先端節に2～4個の感覚付属物を有する．口器は吸収型で，下唇は前方に針状に突出する．前胸背板の側縁は凹凸で，刺毛を有する．鞘翅は粗雑に点刻される．前胸背板は中央部が前方に膨隆する．背面の疎生毛は先方に太まり切断状
 ………… ムネビロカクホソカタムシ属 Cautomus
- 触角球桿は1節または2節からなり，先端節に感覚付属物はない．口器は吸収式でないか，吸収式であっても針状に突出することはない………… 2
2. 前胸背板の前側方に深い触角窩がある．前胸背板の中央部は膨隆する………… 3
- 前胸背板に顕著な触角窩はなく，中央部はほぼ平坦………… 4
3. 前胸背板に2対の深い凹みがあり，前胸背板の深い触角窩は膜だけで隔てられる．後胸腹板と腹部第1節腹板に弧状の腿節線はない．前胸背板と鞘翅は荒く点刻され，先端が切断状の棘毛を疎生する………… アナムネカクホソカタムシ属 Thyroderus
- 前胸背板と鞘翅は平滑で，微細に点刻される．後胸腹板と腹部第1節腹板に弧状の腿節線がある
 ………… ナガマルホソカタムシ属 Mychocerus
4. 腹部第1腹板に腿節線がある………… 5
- 腹部第1腹板に腿節線はない………… 6
5. 鞘翅の第5条溝は肩部付近で深く印刻される．大型．脛節は普通
 ………… ツシマカクホソカタムシ属 Afrorylon
- 鞘翅の第5条溝は肩部付近で特に深くならず，第4・6条溝とほぼ同様．小型．脛節は各脚とも先方に向かって顕著に太まる
 …… アシブトカクホソカタムシ属 Philothermopsis
6. 前胸腹板突起は先方に拡がり，前胸基節窩は外方に閉じる．前脛節は多少とも先方に拡がり，外先角は明らかに歯状に角張る………… 7
- 前胸腹板突起は平行か弱く拡がり，前胸基節窩は外方に開く．前脛節の外先角は丸まる………… 8
7. 体表はほとんど平滑で，扁平．体は通常細長い
 ………… カクホソカタムシ属 Cerylon
- 体表は疎らに明らかに被毛．体は通常広卵形
 ………… ムネヨコカクホソカタムシ属 Paracerylon
8. 前胸背板側縁は鋸歯状で，明瞭な縁取りはない．前胸背板の表面は浅く，粗く，つながった点刻に

覆われ，その点刻の中央に刺毛を有する
 ………… アラメカクホソカタムシ属 Ectomicrus
- 前胸背板側縁は通常滑らかで，縁取りは強いか微弱．前胸背板の表面の点刻は弱く，単純
 ………… Philothermus

ミジンムシ科 (p.11)
Corylophidae

体長0.7～2.5 mm．極めて微小のグループで，体形は半球形～広卵形で，頭部は小さく，張り出した前胸の中に隠れるものが多い．触角や口器が特化したものも見られる．枯れ木，樹皮下，積み藁，落葉下などに見られる．従来，5亜科に分けられていたが，2亜科10族に整理された．世界に400種ほどの記録があり，日本産はすべてミジンムシ亜科 Corylophinae に含まれ，34種が知られている．研究者が少ないため，かなりの未記載種があると思われる．代表種：ベニモンツヤミジンムシ Clypastraea polita (Reitter)．本州，四国，九州．

テントウムシダマシ科 (p.10, 15)
Endomychidae

体長1.0～12.0 mm．体形は楕円形，卵形，半球形，ひさご形のものがある．付節は4節で，第2節が前下方に拡張し，第3節は微小．棲息場所は多様でキノコ，枯木，枯草，樹支下，積み藁，落葉下，蟻の巣などにみられる．マルテントウダマシ亜科 Anamorphinae，ダナエテントウダマシ類などは土壌中で得られる．世界に130属1,800種，日本産は8亜科に分かれ，54種が記録されている．代表種：トウヨウダナエテントウダマシ Danae orientalis (Gorham)．北海道，本州，四国，九州；台湾，中国．

日本産ダナエテントウダマシ属 Danae の種への検索表

1. 前胸背板側縁の平坦隆起部はほぼ平行で，基部近くで狭くならない．触角の第9・10節は♂♀ともに単純でほぼ同形，長さは幅とほぼ同じ．大型で4.5～4.7 mm
 ……オニダナエテントウダマシ D. shibatai Nakane
- 前胸背板側縁の平坦隆起部は基部で明らかに狭くなる．4.5 mm以下 ………… 2
2. 触角の第9・10節は♂♀ともにほぼ同形で，先方に強く太まり，長さより幅広く，末端節の長さは幅の約1.5倍．3.0～3.5 mm
 ………… トウヨウダナエテントウダマシ
 D. orientalis (Gorham)
- 触角の第9・10節は♂♀ともに明らかに幅より長く，第9節は第10節よりも明らかに長い．♂の

第9節は内側に明瞭な突起を有する．末端節の長さは幅の2倍以上 ················ 3
3. ♂の触角第9節は内側に鋭い棘状の突起がある．上翅は赤褐色で，前胸背板は黒褐色．4.0 mm
　　オオダナエテントウダマシ *D. denticornis* (Gorham)
- ♂の触角第9節は内側に横位の稜状突起がある．上翅と前胸背はほぼ同色で暗褐色．3.4 mm
　　カバイロダナエテントウダマシ *D. castanea* Sasaji

ミジンムシダマシ科（p.11, 15）
Discolomatidae

体長1.2〜3.0 mm 半球形で，扁平，多くはツヤがある．頭部は覆い隠される．枯れ木，樹幹，落葉下などに見られる．世界に400種，日本からは1属14種の記録があるが，実際にはもっと少ないものと思われ，とりあえず8種の検索表を示す．代表種：クロミジンムシダマシ *Aphanocephalus hemisphericus* Wollaston．本州，四国，九州，対馬；台湾，中国，東洋区．

日本産 *Aphanocephalus* 属の8種への検索表

1. 上翅は長い毛か微毛がある ···················· 2
- 上翅にはほとんど毛がない ···················· 4
2. 背面に顕著な毛がある．1.8〜2.0 mm
　　ケナガミジンムシダマシ *A. crinitus* John
- 前胸背板は明らかに毛が見られるが，上翅は周りにわずかな微毛が散在する ···················· 3
3. 前胸背板前縁は弧状．2.3 mm
　　サトウミジンムシダマシ *A. satoi* John
- 前胸背板前縁中央は切断状．2.0 mm
　　ケミジンムシダマシ *A. shibatai* Chujo & John
4. 上翅の点刻は不均一で，粗大点刻と微細点刻が混在する．1.4〜1.5 mm
　　コゲチャミジンムシダマシ *A. wollastoni* Rye
- 上翅の粗大点刻はなく普通 ···················· 5
5. 触角末端節は小判型で，中央よりやや前にある横溝によって明瞭に分かれる．2 mm
　　アワシマミジンムシダマシ *A. awashimanus* John
- 触角末端節は小判型でない ···················· 6
6. 触角の末端節は横溝によって二分されない．2.0〜2.1 mm
　　シロウズミジンムシダマシ *A. shirozui* John
- 触角の末端節は横溝によって分かれる ···················· 7
7. 触角の末端節の横線は2本認められる．♂の交尾器の構造は単純．1.8〜1.9 mm
　　タマイミジンムシダマシ *A. tamaii* John
- 触角の末端節の横線は1本．♂の交尾器の構造はやや複雑．2.0〜2.8 mm
　　クロミジンムシダマシ *A. hemisphericus* Wollaston

ヒメマキムシ科（p.11, 15）
Lathridiidae

体長0.8〜3.0 mm．体形はひさご形〜細長形で，前基節窩は後方に閉じ中胸後側板は中基節窩に達しない．付節はほとんどが3節．背面にはしばしば複雑な彫刻がある．害虫といわれる屋内種が多いが，野外に見られる種もあり，これらは菌類，枯木，枯草，積み藁，落葉下などから発見される．世界に2亜科25属1,050種，日本から2亜科13属40種の記録がある．代表種：ヒラムネヒメマキムシ *Enicmus histrio* Joy et Tomlin．北海道，本州，四国，九州，利尻島；オーストラリア，インド，パキスタン，アフガニスタン，アゼルバイジャン，ヨーロッパ，ナイジェリア．

日本産ヒメマキムシ亜科の属への検索表

1. 背面に棘状突起がある ···················· *Mumfordia*
- 背面に棘状突起はない ···················· 2
2. 後脚転節は長い ···················· 3
- 後脚転節は長さ幅が同長 ···················· 4
3. 後脚転節は円筒形で長さは幅の約3倍．触角は11節 ···················· *Eufallia*
- 後脚転節の長さは幅の2〜3倍．触角は10節 ···················· *Euchionellus*
4. 前胸背板側縁はほとんどくびれない ···················· 5
- 前胸背板側縁は後方1/3付近で多少なりともくびれる ···················· 7
5. 前胸背板は卵形．上翅は長卵形．後翅がない ···················· *Adistemia*
- 前胸背板は略四角形 ···················· 6
6. 前胸板突起は扁平 ···················· *Lathridius*
- 前胸板突起は稜状に高まる
　　ヒラムネヒメマキムシ属 *Enicmus*
7. 眼は小さく，個眼は20個より少ない ··· *Dienerella*
- 眼は大きく，個眼は70個より多い ···················· 8
8. 前胸背板側縁に深い切り込みがある
　　クビレヒメマキムシ属 *Cartodere*
- 前胸背板側縁は多少なりとも内側に凹むが，強い切り込みとはならない
　　ヒメマキムシ属 *Stephostethus*

日本産ケシマキムシ亜科の属への検索表

1. 触角は10節
　　トフシケシマキムシ属 *Migneauxia*
- 触角は11節 ···················· 2
2. 腹板第1節にハの字状の縦条がある．付節は長い
　　ケシマキムシ属 *Melanophthalma*
- 腹板第1節には縦条がない．付節は短い ···················· 3
3. 前胸背板の側縁は明らかな小歯がある．小楯板は

横位．♂の前脛節に歯を欠く
　　　　………………… オビケシマキムシ属 *Corticaria*
- 前胸背板の側縁の小歯は不明瞭．小楯板は三角形．
　♂の前脛節に歯がある…………………………… 4
4. 前胸背板基部前にやや長い横溝がある
　　　………………ウスチャケシマキムシ属 *Cortinicara*
- 前胸背板基部前中央に楕円形の凹みがある
　　　……………………………………… *Corticarina*

ムキヒゲホソカタムシ科（p.10）
Bothrideridae

　体長 1.7 〜 11 mm．多くは円筒形，一部長卵形，がっしりした体形．触角の基節（第1節）が頭部の前側方の張り出しによっておおわれることなく露出している（ムキヒゲの名の由来）のが特徴．枯れ木，倒木に生息し，土壌表層から見出されるのはまれ．日本から17種が知られる．
　代表種：フカミゾホソカタムシ *Machlotes costatus* (Sharpe)．日本全土；台湾．

コキノコムシ科（p.10, 15）
Mycetophagidae

　体長 1.5 〜 6.5 mm．小型のものが多く，体形は卵型〜長楕円形で，扁平なものが多いが，やや凸隆するものもある．背面は黄褐色〜黒褐色で，斑紋がある美麗種もある．触角は11節で，付節式は♂が 3-4-4，♀が 4-4-4 であるのが科の特徴である．世界に20属200種ほど知られ，日本からは28種が記録されている．代表種：クロコキノコムシ *Mycetophagus ater* (Reitter)．北海道，本州，四国，対馬；北朝鮮，中国，シベリア東部，サハリン，ヨーロッパ．

日本産コキノコムシ科の属への検索表
1. 中基節窩側方は中胸腹板と後胸腹板で閉じる．触角は3節の球桿を作る．複眼の個眼は粗く顆粒状．黄褐色〜暗褐色で，上翅に斑紋がない
　　　……… チャイロコキノコムシ属 *Typhaea* Stephens
-. 中基節窩は側方に開く …………………………… 2
2. 体は比較的良く凸隆し，上翅の側縁は上から見えない．触角の球桿は3節で，劃然とする．♂の前胸腹板に円孔がある ………………………… 3
- 体が凸隆するときは触角の球桿は3節でない．触角球桿が3節のときは体がやや扁平で，前胸背板と上翅の側縁は上から認められる………… 4
3. 上翅は不規則に点刻される
　　　……オビコキノコムシ属 *Pseudotriphyllus* Reitter
- 上翅は粗点刻列がある
　　　…… フタオビコキノコムシ属 *Triphlloides* Miyatake
4. 体はやや扁平で，触角球桿は3節で平圧される．前胸側片と上翅側片は凹み，側縁は下降する．頭楯線は不明瞭．1.5 〜 3.8 mm ……………… 5
- 体はむしろ凸隆し，前胸側片と上翅側片は凹まず，側縁は下降しない．頭楯線は溝状で明瞭．2.5 〜 6.5 mm ……………………………………………… 6
5. 上翅に明瞭な粗点刻列はないが，しばしばやや長い立毛の列が認められる．前脛節の端棘は2本とも大きく，両側は鋸歯状，各脛節の外縁に小棘を装う……… ヒメコキノコムシ属 *Litargus* Erichson
- 上翅に点刻列を具える．前脛節の端棘は1本は短い．各脛節の外縁は細かい鋸歯状
　　　………… マダラコキノコムシ属 *Litargops* Reitter
6. 触角は先端4〜6節が太まり，多少とも球桿状を呈する．触角第3節は第2節より長い．通常上翅に斑紋がある
　　　……… コキノコムシ属 *Mycetophagus* Fabricius
- 触角は先端に向かってわずかに太まるが，球桿を作らない．触角第3節は第2節とほぼ同長か，より短い．明瞭な斑紋はない
　　　………………………… *Eulagius* Motschulsky

ツツキノコムシ科（p.11）
Ciidae

　体長 1.0 〜 5.6 mm．その名が示す通り短い筒状で，菌類に生息する．♂では頭部と前胸背板前縁に特異な突起を持つものが多い．触角は8〜10節で，球桿は3節．オモゴツツキノコムシなどは落葉下からも採集される．世界に42属640種，日本からは80種ほどが知られている．代表種：オモゴツツキノコムシ *Syncosmetus japonicus* Sharp．本州，四国，九州．

キノコムシダマシ科（p.7）
Tetratomidae

　体長 2.5 〜 14 mm．長卵形のものが多く，綺麗な模様のある種もある．キノコ，枯れ木，樹皮下などに見られ，アカバコキノコムシは稀に落葉層から採集される．世界に13属150種，日本からは19種．従来，ナガクチキムシ科に含まれていたヒメナガクチキ類などが本科に移された．代表種：アカバコキノコムシダマシ *Pisenus insignis* (Reitter)．北海道，本州，四国，九州；ロシア．

日本産コキノコムシダマシ属 *Pisenus* の種への検索表
1. 上翅は黒色．4.0 〜 5.0 mm
　　　…… クロコキノコムシダマシ *P. rufitarsis* (Reitter)
- 上翅は赤褐色〜暗褐色……………………………… 2
2. 体形は長卵形．前胸背板の基部凹陥はほぼ丸い．

3.5 〜 4.5 mm
 ホソアカバコキノコムシダマシ P. chujoi Miyatake
- 体形はより細長い．前胸背板の基部凹陥は縦長で，浅い横溝でつながる．2.5 〜 3.5 mm
 ……アカバコキノコムシダマシ P. insignis (Reitter)

ナガクチキムシ科 (p.7)
Melandryidae

体長 1.4 〜 21 mm．一部は卵形〜舟形であるが，多くは細長い円筒形．小顎肢末端節は斧形かナイフ形．後脛節端刺は通常鋸歯状であるが，一部単純．大部分は枯れ木，倒木に集まるが，ノミナガクチキ類やハネナシナガクチキ類は落葉下から採集される．世界におよそ 420 種，日本から 89 種が知られる．代表種：ノミナガクチキ Lederina lata (Lewis)．本州，九州，対馬．

アリモドキ科 (p.7)
Anthicidae

体長 1.6 〜 15 mm 体形はアリ形なので，その名がある．肢は細長く，動作は敏捷で，活発に徘徊する．海岸，河川敷，荒れ地などに多く，ごみの下や，草の間などに見られる．セマルツヤアリモドキなどは落葉下に見られる．世界におよそ 3,000 種，日本からは 70 種ほどの記録がある．代表種：セマルツヤアリモドキ Macotomodeus clavipes (Champion)．本州，四国．

ハナノミダマシ科 (p.7)
Scraptiidae

体長 2.0 〜 6.0 mm．ボート形で花上に多いハナノミに似ているが，背腹にやや扁平で，腹部後は鋭く突出しない．ナガクチキムシの小型種にも似るが，頸が細くくびれる．通常花上で採集されるが，落葉層に見られることもある．世界に約 600 種が知られ，日本からは 5 属 16 種が知られている．

チビキカワムシ科 (p.6)
Salpingidae

体長 1.3 〜 6.7 mm．ひさご形〜細い長方形で扁平，上翅が短いもの (ハネカクシダマシ亜科) もある．枯れ木，朽木，樹皮下，落葉層，岩礁などに見られる．世界に 45 属 300 種，日本からは 5 亜科 12 属 35 種ほどが知られている．代表種：クリイロチビキカワムシ Lissodema dentatum Lewis．北海道，本州，四国，九州；ロシア．

日本産チビキカワムシ科の亜科と属への検索表

1. 体は著しく，扁平．鞘翅は短く，腹部 3 〜 4 を露出する．触角は数珠状で，球桿を持たない (Inopeplinae) ………………………………… 2
- 鞘翅は短小ではなく，触角は球桿を持つ……… 3
2. 頭部の触角付着部前方に凹みのある瘤状突起がある………………………………… Uruminopeplus
- 頭部には上記のような突起はない……… Inopeplus
3. 鞘翅の後縁は丸まり，尾節板の半分以上が露出する．小顎肢末端節は卵形，付節末端節は残りの節の和より長く，爪は頑強．岩礁に生息
 ………… イワハムシ属 Aegialites (Aegialitinae)
- 鞘翅はほとんど腹部を覆う．小顎肢末端節は長卵形か円筒形．付節末端節は残りの節の和より長くない．爪は単純………………………………… 4
4. 中基節はやや広く隔てられる．前基節腔は前胸側片の内後突起の伸張によって後方に狭く開く 5
- 中基節は狭く隔てられる．前基節腔は後方に広く開き，前胸側片の内後突起は短いか不明瞭…… 8
5. 前基節は左右接する．前胸背板の側縁には数個の小歯がある，上翅は点刻列はなく顕著な被毛と斑紋がある……………………… Elacatis (Othniinae)
- 前基節は前胸背板突起によって隔てられる．前胸背板の側縁には小歯がない．上翅は点刻列があり，顕著な被毛と斑紋はない．(Prostominae) ……… 6
6. 付節式は 4-4-4 …………………………… Ocholissa
- 付節式は 5-5-4 ………………………………… 7
7. 背面は平坦．前胸背板は側稜がない．前胸腹板突起は広い．付節末端節は残りの節の和よりも短い
 ………………………………………… Prostominia
- 背面はやや膨らむ．前胸背板は側稜がある．前胸腹板突起は比較的狭い．付節末端節は残りの節の和と等長 …………………… Trogocryptoides
8. 前胸背板の側縁は縦隆線があり，通常鋸歯を持つ．頭蓋は明瞭な口吻を持たない………………… 9
- 前胸背板の側縁は隆線も小歯もなく，単純．(Salpinginae) ……………………………………10
9. 上翅に点刻列がある……………………… Lissodema
- 上翅に点刻列がない……………………… Chilopeltis
10. 前胸背板は上翅基部とほぼ同じ幅，上翅は点刻列を欠く．前基節は前胸腹板突起によって隔てられる．付節末端節は残りの節の和より長い
 ……………………………………………… Istrisia
- 前胸背板は上翅基部より遙かに狭い．上翅は点刻列がある．前基節は左右接する．付節末端節は残りの節の和より短い ………………………………11
11. 頭蓋は前方に伸張し，ゾウムシのような口吻を持つ．触角球桿は 4 節 ………………… Salpingus
- 頭部は顕著な口吻を持たない．触角球桿は 3 節
 ……………………………………… Pseudosphaeriestes

ホソキカワムシ科 (p.6)
Mycteridae
体長 3.3 ～ 5.4 mm．ホソキカワムシ *Hemipeplus miyamotoi* H. Kamiya は著しく細長く扁平で，ススキの葉鞘間に生息する．カタアカジョウカイモドキ *Omineus humeralis* Lewis は細長くやや扁平で，枯れ木などに見られる．いずれも少ない種である．世界に29属160種，日本からは2種のみ．

コブゴミムシダマシ科 (p.6)
Zopheridae
多くは体長 1.6 ～ 5 mm，稀に 10 ～ 20 mm．多くは両側平行なやや平たい円筒形，小判形，一部はひさご形で変化に富む．体色は地味で，褐色，灰褐色，黒色，まれに赤色，黄色の斑紋や白色や黄色っぽい毛束を有する．触角の先端 2 ～ 3 節は顕著な球桿部を形成するが，一部のものでは顕著でない．落葉を含む土壌表層から稀に見出されるが，多くの種は枯れ木，倒木に生息する．真に土壌性と言える種はツチホソカタムシ *Pycnomerus yoshidai* Aoki のみである．世界におよそ 3,500 種，日本に 48 種知られる．

ゴミムシダマシ科 (p.7)
Tenebrionidae
体長 1.8 ～ 22 mm．球形のものから長い円筒形まで様々．体表の状態も変化が著しい．触角は棍棒状か鋸歯状．頭楯が複眼の前方に広がることが多い．前脚の腿節や脛節に鋭い突起を生ずることがしばしばある．生息場所も落葉下，キノコ，枯れ木，朽ち木，砂地などさまざまで，貯穀害虫となるものもある．世界におよそ 20,000 種以上生息していると云われ，日本では約 460 種が報告されている．従来，独立の科とされていたハムシダマシやクチキムシは亜科として，本科に含まれることになった．

ハムシダマシ亜科 (p.7)
Lagriinae
ひさご形か細長い円筒形で，やや扁平．触角は糸状から弱い棍棒状．付節の先端前節が葉状に拡張することが多い．日本から 18 種が記録されている．全形図はチビヒサゴゴミムシダマシ *Laena rotundicollis* Marseul．

クチキムシ亜科 (p.7)
Alleculinae
長卵形，舟形または長円筒形．触角は長く糸状で，まれに櫛状．櫛状の爪によって容易に識別される．日本から 37 種が知られている．

ゾウムシ科 (p.12)
Curculionidae
従来，独立の科とされていたヒゲナガゾウムシ，オサゾウムシ，キクイムシはそれぞれ亜科としてゾウムシ科の中に編入された．

ゾウムシ亜科 (p.12)
Curculioninae
体長 1.5 ～ 35 mm（口吻は除く）．長卵形～円筒形のものが多いが変化に富む．触角は膝状に屈曲し，球桿は細毛を密布し，吻は多少とも下へ傾くか湾曲する．枯れ木，倒木，落葉など生息場所は多岐にわたるが，オチバゾウムシ属 *Otibazo*，チビヒョウタンゾウムシ属 *Myosides*，チビッチゾウムシ属 *Trachyrhinus*，ケシツチゾウムシ属 *Trachyphloeosoma*，オチバキクイゾウムシ属 *Cotaterosoma* など落葉層に限って生息する群がいくつかある．世界に 50,000 種，日本では約 1,000 種が知られているが，将来，種数は大幅に増加すると見込まれる．

ヒゲナガゾウムシ亜科 (p.12)
Anthribinae
体長 1.5 ～ 18 mm．ひょうたん形～筒型のものが多く，変化に富んでいる．口吻は背面が平圧されて幅広く，長く伸長することはない．触角は数珠状，棍棒状，糸状，球桿状などで，時に著しく長くなることがある．枯れ木，落葉，キノコなどに見られる．世界におよそ 3,200 種，日本に 185 種ほど知られている．日本最小のツブヒゲナガゾウムシ *Cisanthribus nakanei* Morimoto は真土壌性のもので，南西諸島に見られる．

オサゾウムシ亜科 (p.12)
Rhynchophorinae
体長 2.0 ～ 35.0 mm（口吻は除く）．触角の球桿は堅固で，密に細毛があるが，第 1 節は細毛なく，光沢がある．大型種を含み小型種でもコクゾウムシなど害虫とされるものが多い．シバオサゾウムシやキクイサビゾウムシの仲間が土壌中から採集される．世界のおよそ 150 属 1200 種，日本からは 40 種ほどが知られている．代表種：シバオサゾウムシ *Sphenophorus venatus vestitus* Chittenden．本州，九州，沖縄島；台湾，ロシア，北米．

キクイムシ亜科 (p.12)
Scolytinae
体長 1.0 ～ 7.0 mm．世界で 7000 種，日本では約 300 種知られている．円筒形で頭部は吻条に伸びず，小腮は水平に動き脛節外縁に歯突起列がある．植物の

材，茎，根，種子に孔をあけて生息する．ドングリキクイなどは土壌中から発見される．世界で7,000種，日本では約300種が知られる．代表種：ドングリキクイムシ *Coccotrypes graniceps* (Eichfaff). 本州，九州．

引用・参考文献

青木淳一（2012）．日本産ホソカタムシ類図説．92 pp. 昆虫文献．六本脚．

青木淳一（2013）．ホソカタムシの誘惑［第2版］．日本産ホソカタムシ全種の図説．ix + 211 pp. 東海大学出版会，秦野市．

Bouchard, Lawrence, Davies and Newton (2005). Synoptic classification of the world Tenebrionidae (Insecta: coleoptera) with a review of family-group names. *Annales zoologici (Warszawa)*, **55**(4)：499-530.

Bousquet Y. (1990). Beetles associated with stord products incanada : Anidentification guide. Research Branch. Agriculture canada. 220p. Canadian Goverrmment Publishing Centre.

Choate, P. M. (1999). Introduction to the identification of Beetles (Coleoptera). Dichotomous keys to some families of Florida coleoptera. 23-32.

藤岡昌介（2001）．日本産コガネムシ上科総目録．293 pp. コガネムシ研究会．

平野幸彦（1985）．落葉下の甲虫．昆虫と自然，**20**(12)：4-8.

平野幸彦（2008）．日本産タマキスイ亜科について．神奈川虫報，(162)：7-10.

平野幸彦（2009）．ヒラタムシ上科図説第1巻ヒメキノコムシ科・ネスイムシ科・チビヒラタムシ科．pp 63. 昆虫文献六本脚．

平野幸彦（2010）．ヒラタムシ上科図説第2巻ホソヒラタムシ科・キスイモドキ科・ムクゲキスイ科．pp. 昆虫文献六本脚．

平野幸彦（2012）．日本産カクホソカタムシ科について．神奈川虫報，(176)：29-39.

Jałoszyński, P. (2004). Revision of Scydmaenid beetles of the genus *Syndicus* Motschulsky (Coleoptera, Scydmaenidae). *National Science Museum Monograph*, **25**：i-ii, 1-108.

川那部真（2003-2005）．日本産ツツキノコムシ科検索図説，甲虫ニュース(120)：1-6. ～ (149)：14-17.

Lawrence J. F. & A. F. Newton (1995). Families and subfamilies of Coleoptera (with selected genera, notes, references and data on family-group names) // In: Biology, Phylogeny, and Classification of Coleoptera. Eds. J. Pakaluk and S.A. Slipinski. Warszawa, **1995**：779-1006.

Lobl & Smetana (Edited) (2007). Catalogue of Palaearctic Coleoptera 4. 935pp. Apollo Books, Stenstrup.

Lobl & Smetana (Edited) (2008). Catalogue of Palaearctic Coleoptera 5. 670 pp. Apollo Books, Stenstrup.

宮武睦夫（1989）．日本産コキノコムシ科．昆虫と自然，**24**(1)：8-15.

森正人・北山昭（2002）．改訂版図説日本のゲンゴロウ．231 pp. 文一総合出版．

森本桂（1993）．日本産土壌ゾウムシ類概説．昆虫と自然，**28**(2)：19-24.

野村周平（1993）．土壌甲虫の生息する環境．昆虫と自然，**28**(2):2-10.

Nomura, S. (2002). A taxonomic revision of the genus *Basitrodes* (Staphylinidae, Pselaphinae). Part 1. *Basitrodes oscillator* group. *Elytra*, **30**(2)：320-330.

大原昌宏（1996）．日本産エンマムシ上科概説 I. 甲虫ニュース (113)：1-4.

澤田義弘（1999）．日本のムクゲキノコムシ．昆虫と自然，**34**(5):17-20.

Sawada Y. and T. Hirowatari (2002). A revision of the genus Acrotrichis Motschnlsky (coleoptera : ptiliidae) in japan. *Entomological Science*, **5**(1)：77-101.

Sharp, D. (1889). The Staphylinidae of Japan. *Annales and Magazine of Natural History*, (6)**3**：28-44, 108-121, 249-267, 319-334, 406-419, 463-476.

柴田泰利(1985)．土壌中に生活するハネカクシ．昆虫と自然，**20**(12)：18-22.

Shirôzu, T. and K. Morimoto (1963). A contribution towards the knowledge of the genus *Scaphidium* Olivier of Japan (Coleoptera, Scaphidiidae). *Sieboldia*, **3**：55-90.

上野輝久（1993）．落葉層のヒラタムシ上科・ゴミムシダマシ上科．昆虫と自然，**28**(2)：11-18.

Uéno, S.-I. and Y. Watanabe (1966). The subterranean beetles of the genus *Quedius* from Japan. *Bulletin of the National Science Museum*, **9**：321-337.

節足動物門
ARTHROPODA

昆虫亜目（六脚亜門）HEXAPODA
外顎綱（狭義の昆虫綱）Entognatha
コウチュウ目（甲虫目、鞘翅目）幼虫 Coleoptera – Larvae

林　長閑　N. Hayashi

昆虫亜門 Hexapoda・コウチュウ目（甲虫目，鞘翅目）Coleoptera 幼虫

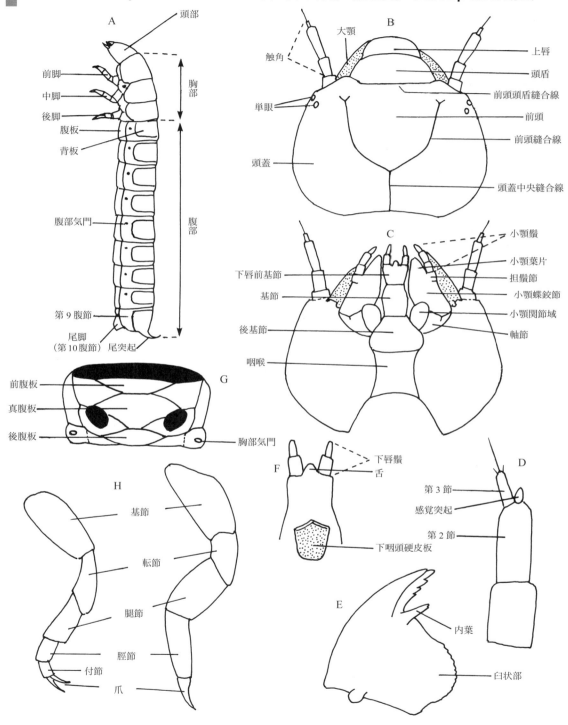

コウチュウ目（甲虫目，鞘翅目）Coleoptera 幼虫形態用語図解
A：全形（側面），B：頭部（背面），C：頭部（腹面），D：触角，E：大顎（腹面），F：下咽頭（下唇背面），G：前胸（腹面），H：胸脚

コウチュウ目（甲虫目，鞘翅目）Coleoptera 幼虫の亜目への検索

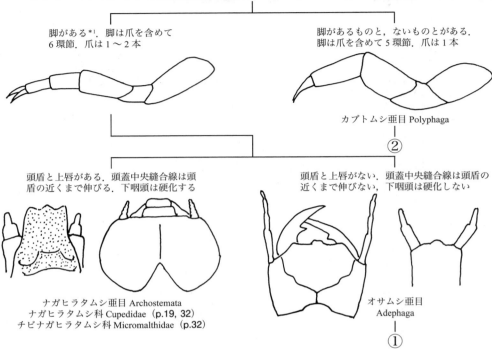

オサムシ亜目 Adephaga 幼虫の科への検索

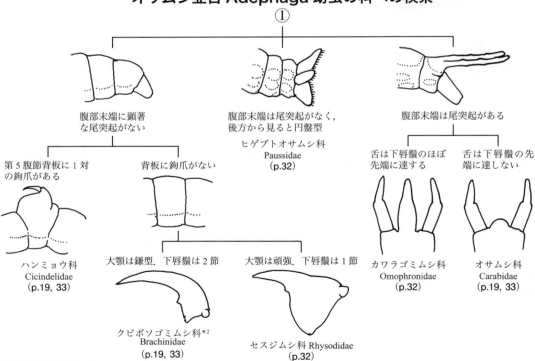

*1 チビナガヒラタムシ科は2齢から脚を欠く．
*2 2齢からは食物となる小動物に寄生，脚は退化の傾向を示す．

昆虫亜門・コウチュウ目 幼虫

カブトムシ亜目 Polyphaga 幼虫の科への検索

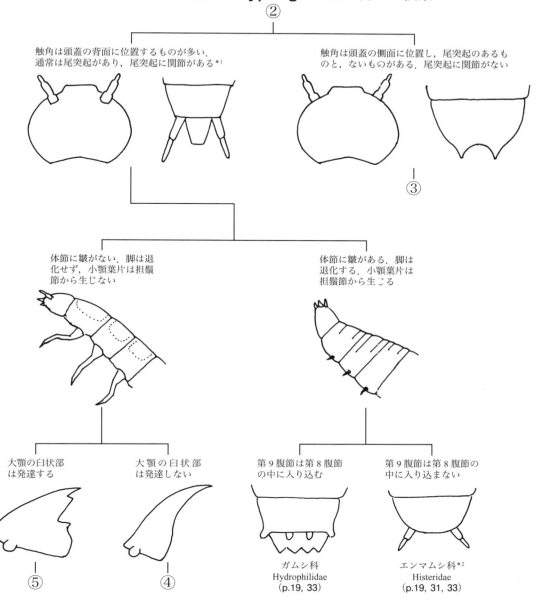

*¹ ハネカクシ科のアリヅカムシ亜科の一部，チビハネカクシ亜科のように稀に関節を欠くものがある．
*² エンマムシモドキ科は尾突起が4関節（ただし基部の1節は背板に融合する）．

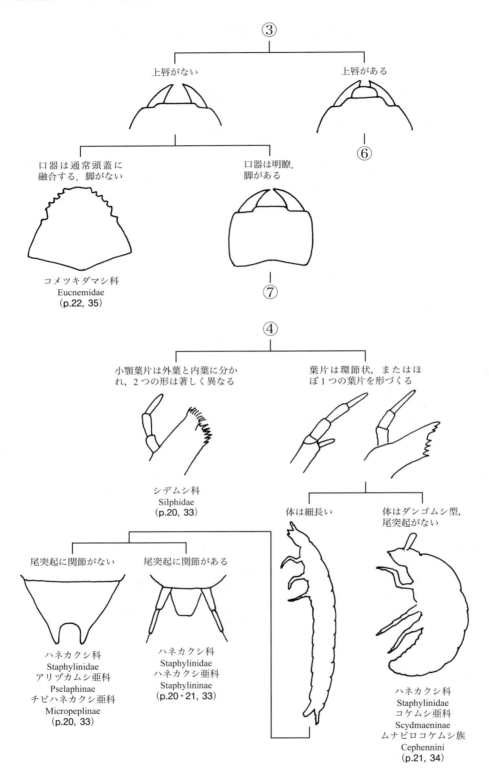

昆虫亜門・コウチュウ目 幼虫　5

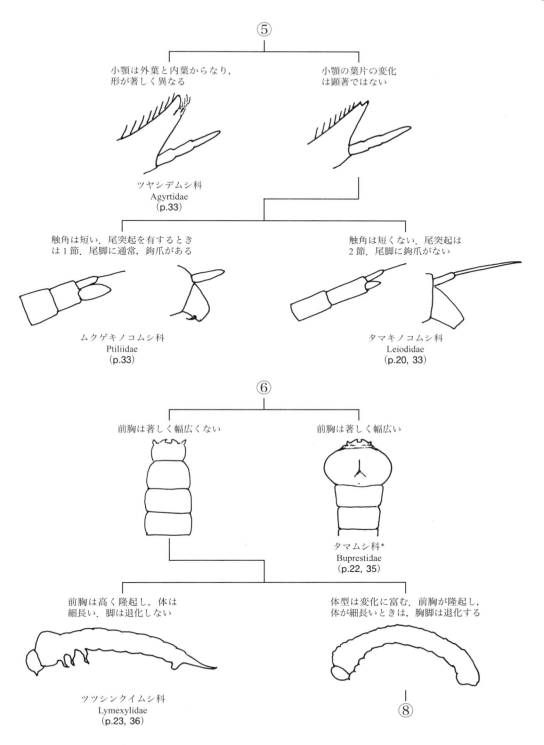

* コメツキダマシ科のミゾナシコメツキダマシ亜科にはタマムシ型のものもあるが，大顎は外側に歯がある．

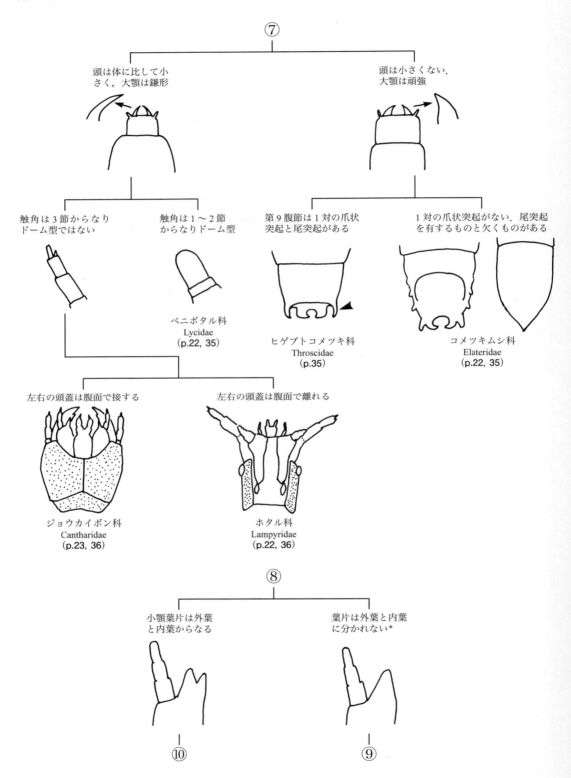

昆虫亜門・コウチュウ目 幼虫

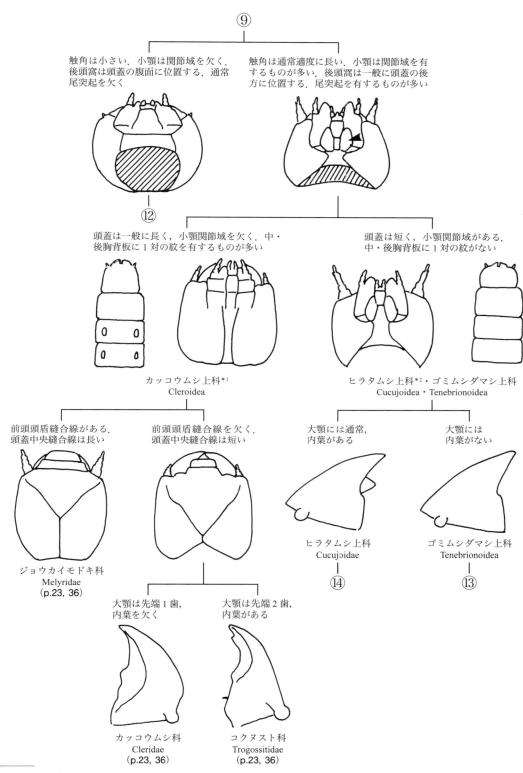

*1 カッコウムシ上科の多くは尾突起があり，第9節の背板は尾突起と同質に硬化する．
*2 ヒラタムシ上科の左右の大顎はほぼ同型．

8 昆虫亜門・コウチュウ目 幼虫

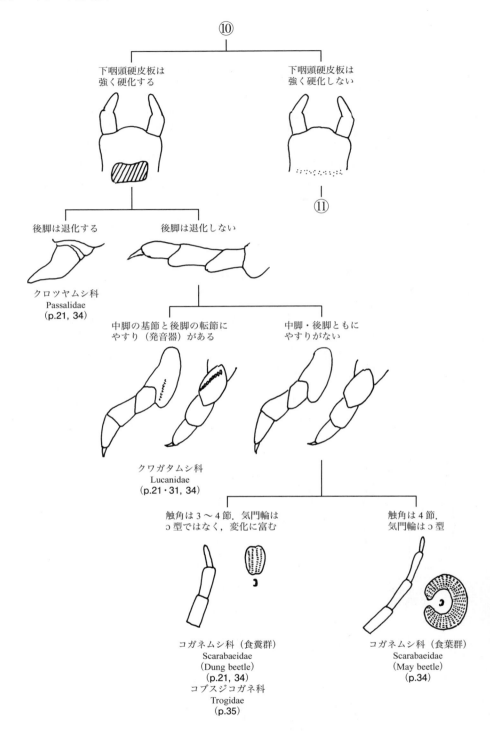

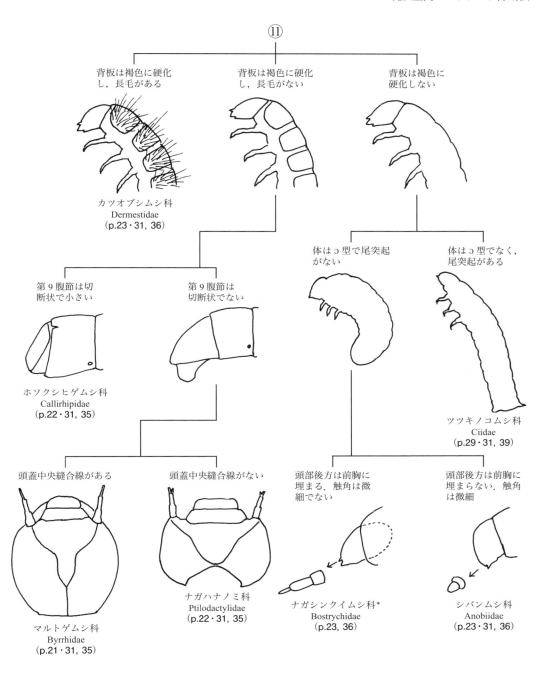

* 乾材を食害するヒラタキクイムシ科は第8腹節の気門が大きいことで識別できる．

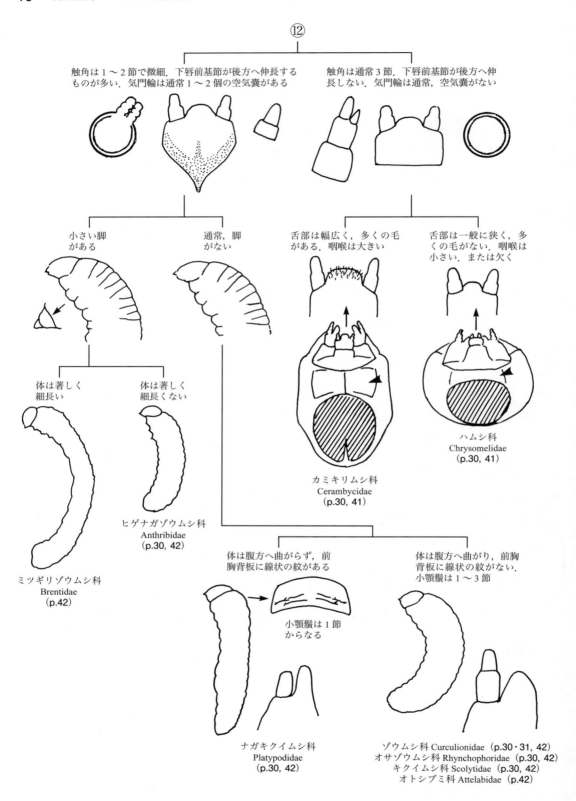

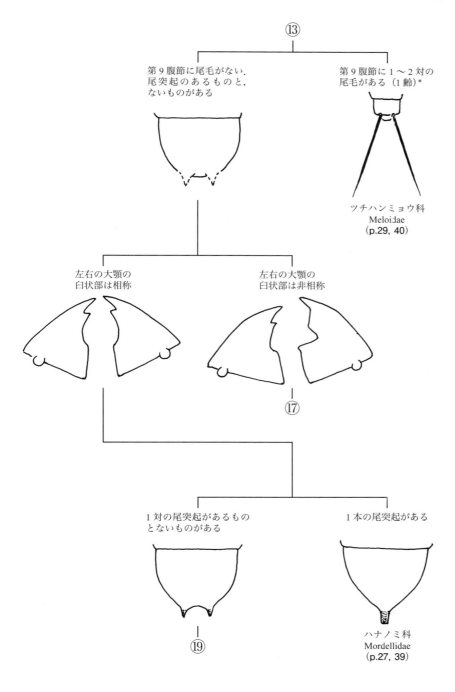

* 2齢からはハナバチ，バッタなどに寄生，体形は肥満して1齢とはまったく異なる．

12 昆虫亜門・コウチュウ目 幼虫

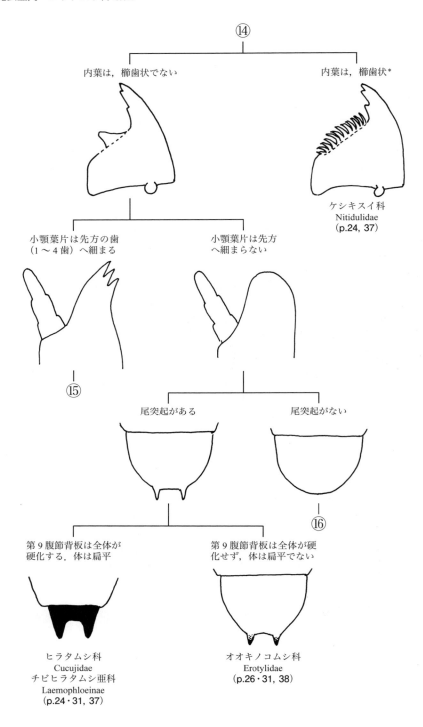

* チビハナケシキスイ類 *Heterhelus* は内葉を欠き，チビケシキスイ類 *Meligethes* は櫛歯状でない．

昆虫亜門・コウチュウ目 幼虫

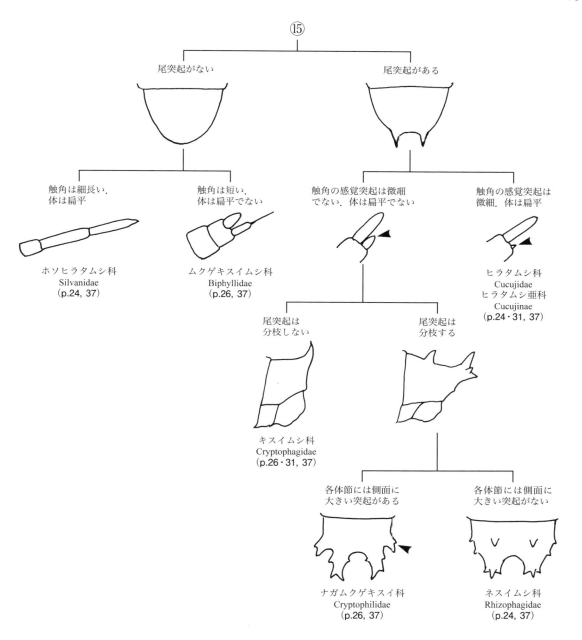

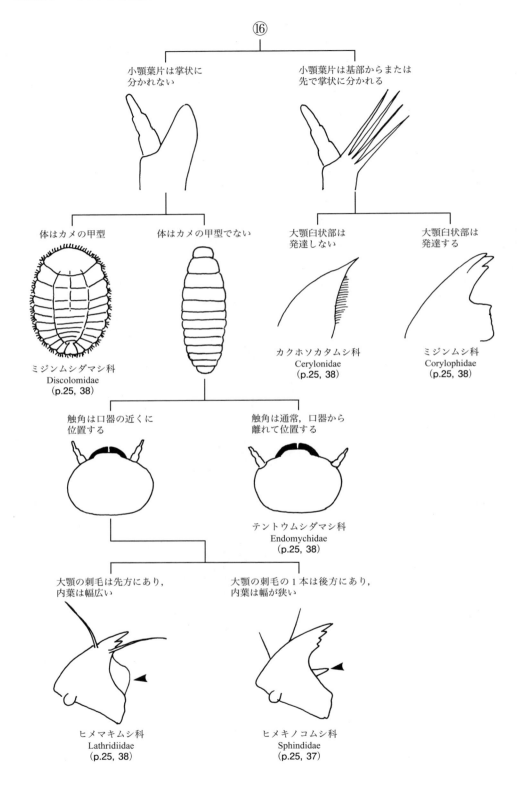

昆虫亜門・コウチュウ目 幼虫　**15**

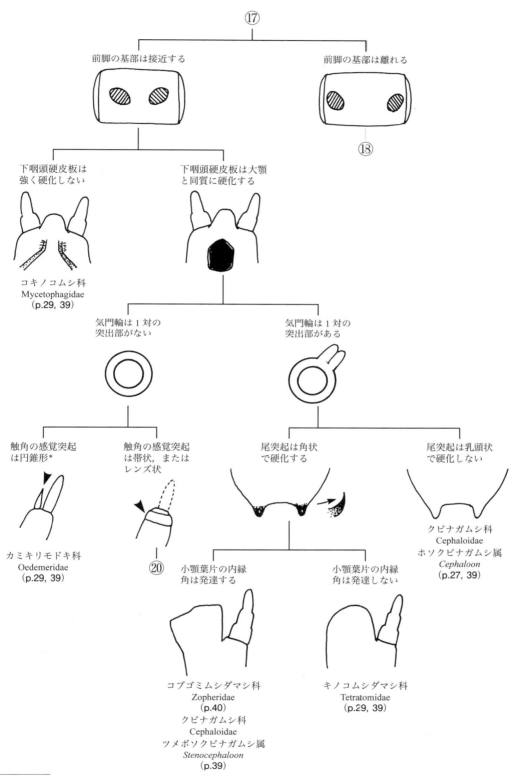

16 昆虫亜門・コウチュウ目 幼虫

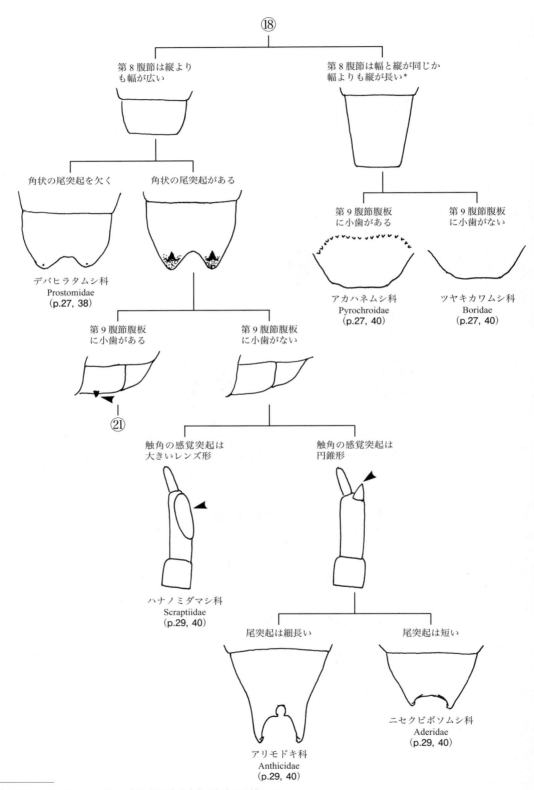

* 幅広い場合，アカハネムシ科と同様に第9腹節全体が褐色に硬化している．

昆虫亜門・コウチュウ目 幼虫

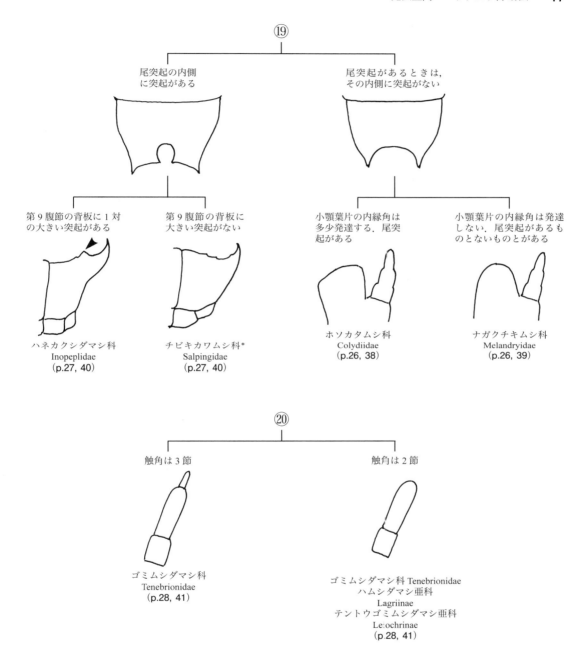

* *Istrisia* 属を除く．

㉑

小歯は左右に各1本 / 小歯は帯状に並ぶ

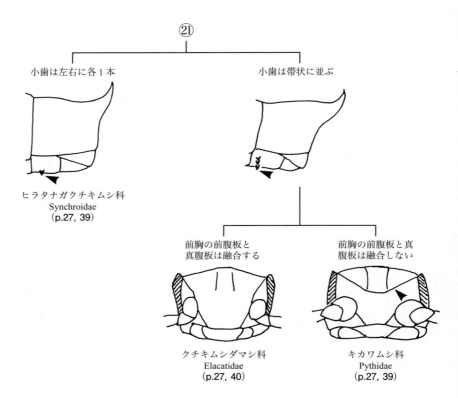

ヒラタナガクチキムシ科
Synchroidae
（p.27, 39）

前胸の前腹板と真腹板は融合する

クチキムシダマシ科
Elacatidae
（p.27, 40）

前胸の前腹板と真腹板は融合しない

キカワムシ科
Pythidae
（p.27, 39）

昆虫亜門・コウチュウ目 幼虫　19

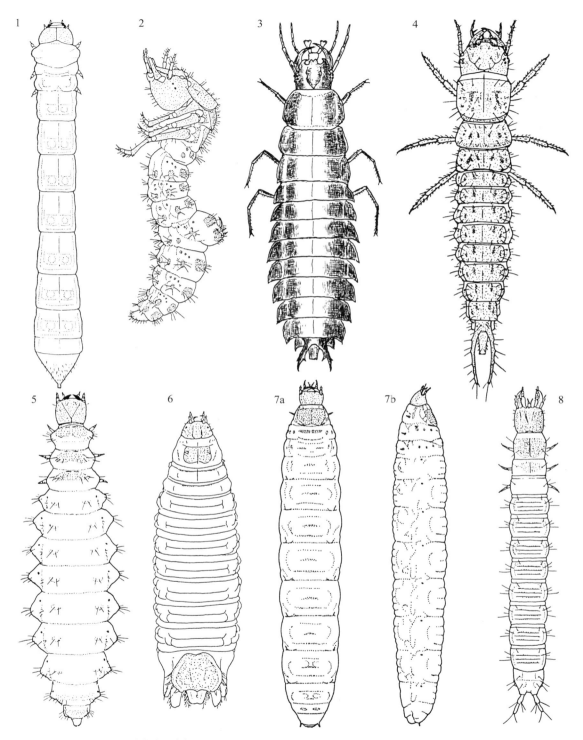

コウチュウ目 Coleoptera 幼虫全形図 (1)
1：ナガヒラタムシ *Tenomerga mucida* (Chevrolat)，2：ハンミョウ *Cicindela chinensis japonica* Thunberg，3：マイマイカブリ *Damaster blaptoides* Kollar，4：オサムシモドキ *Craspedonotus tibialis* Schaum，5：ミイデラゴミムシ *Pheropsophus jessoensis* Morawitz，6：ウスモンケシガムシ *Cercyon laminatus* Sharp，7：ルリエンマムシ *Saprinus splendens* (Paykull)（a：背面, b：側面），8：ナガエンマムシ *Cylister lineicollis* (Marseul)

20　昆虫亜門・コウチュウ目 幼虫

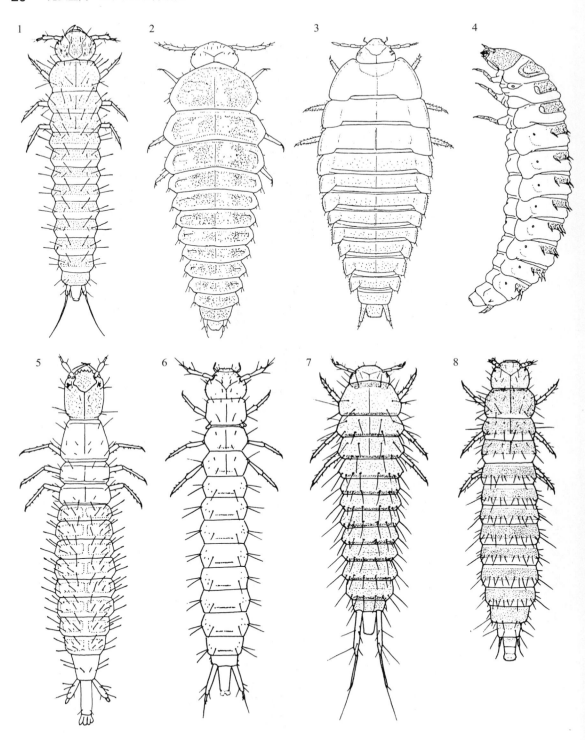

コウチュウ目 Coleoptera 幼虫全形図 (2)
1：ウスイロヒメタマキノコムシ *Pseudocolenis hilleri* Reitter, 2：アカバマルタマキノコムシ *Sphaeroliodes rufescens* Portevin, 3：オオヒラタシデムシ *Eusilpha japonica* (Motschulsky), 4：クロシデムシ *Nicrophorus concolor* Kraatz, 5：ツヤムネハネカクシの一種 *Quedius* sp., 6：オオヒラタハネカクシ *Piestoneus lewisii* Sharp, 7：シリホソハネカクシの一種 *Tachyporus* sp., 8：チビハネカクシの一種 *Atheta* sp.

昆虫亜門・コウチュウ目 幼虫　21

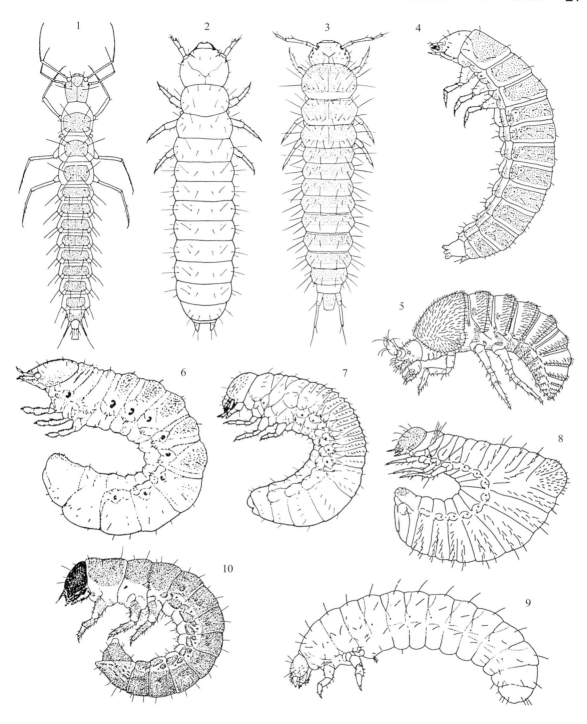

コウチュウ目 Coleoptera 幼虫全形図（3）
1：メダカハネカクシの一種 *Stenus* sp., 2：クロヒメカワベハネカクシ *Platystethus operosus* Sharp, 3：デオキノコムシの一種 *Scaphidium* sp., 4：カメノコデオキノコムシ *Cyparium mikado* Achard, 5：ムナビロコケムシ *Cephaennium japonicum* Sharp, 6：コクワガタ *Macrodorcas rectus* (Motschulsky), 7：ホソケシマグソコガネ *Trichiorhyssemus asperulus* (Waterhouse), 8：ツノコガネ *Liatongus phanaeoides* (Westwood), 9：ツノクロツヤムシ *Cylindrocaulus patalis* (Lewis), 10：ドウガネツヤマルトゲムシ *Lamprobyrrhulus hayashii* Fiori

— 1719 —

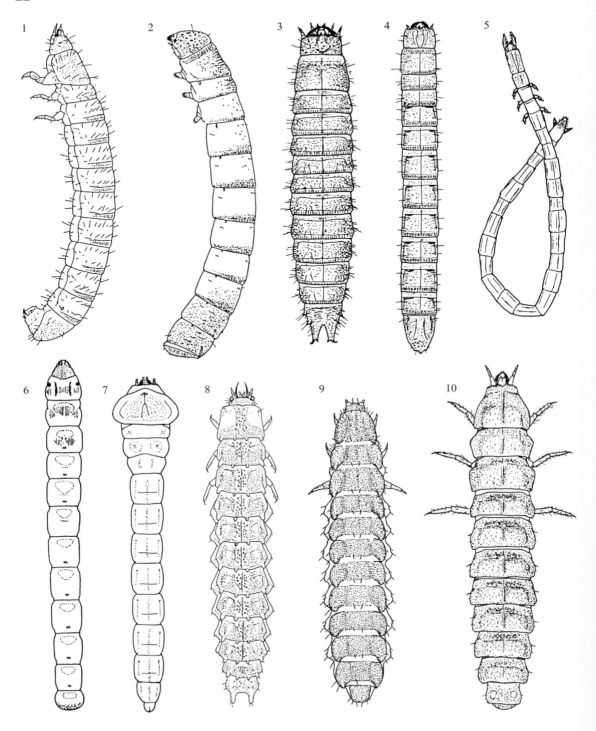

コウチュウ目 Coleoptera 幼虫全形図 (4)

1：コヒゲナガハナノミ *Ptilodactyla ramae* Lewis, 2：ムネアカクシヒゲムシ *Horatocera niponica* Lewis, 3：ヒゲコメツキ *Pectocera fortunei* Candèze, 4：クシコメツキ *Melanotus legatus* Candèze, 5：ハナコメツキの一種 *Cardiophorus* sp., 6：コチャイロコメツキダマシ *Fornax nipponicus* Fleutiaux, 7：ウバタマムシ *Chalcophora japonica* (Gory), 8：カクムネベニボタル *Lyponia quadricollis* (Kiesenwetter), 9：クロハナボタル *Plateros coracinus* (Kiesenwetter), 10：ムネクリイロボタル *Cyphonocerus ruficollis* Kiesenwetter

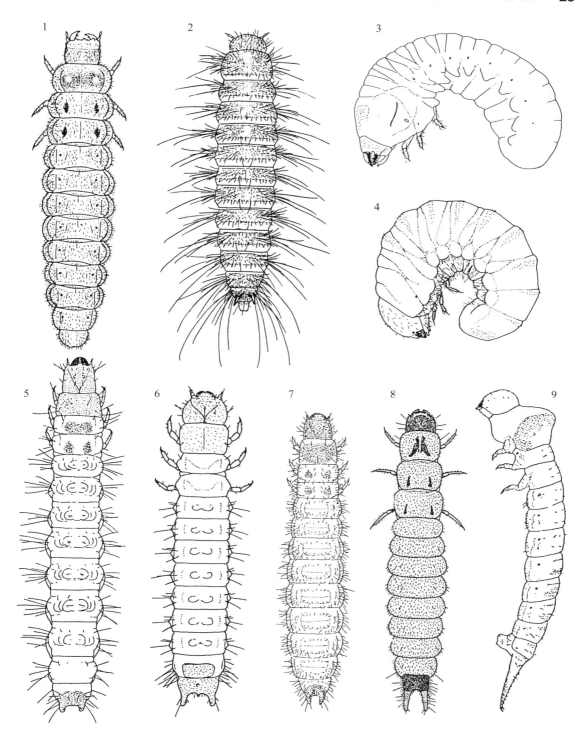

コウチュウ目 Coleoptera 幼虫全形図 (5)
1：ジョウカイボン *Athemus suturellus* (Motschulsky), 2：ハラジロカツオブシムシ *Dermestes maculatus* DeGeer, 3：ナガシンクイムシの一種 *Bostrychidae*, 4：オオナガシバンムシ *Priobium cylindricum* (Nakane), 5：オオコクヌスト *Trogossita japonica* Reitter, 6：ハロルドヒメコクヌスト *Ancyrona haroldi* Reitter, 7：ムネアカアリモドキカッコウムシ *Thanassimus substriatus* (Gebler), 8：ヒメジョウカイモドキ *Attalus japonicus* Kiesenwetter, 9：ツマグロツツシンクイ *Hylecoetus dermestoides* (Linné)

24 昆虫亜門・コウチュウ目 幼虫

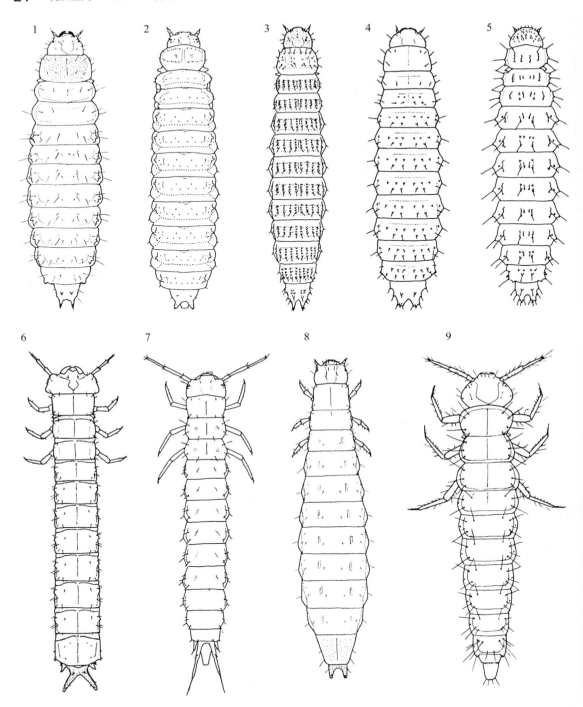

コウチュウ目 Coleoptera 幼虫全形図（6）
1：マルキマダラケシキスイ *Stelidota multiguttata* Reitter，2：クロマルケシキスイ *Cyllodes ater* (Herbst)，3：クロテンヒラタケシキスイ *Epuraea argus* Reitter，4：ヤマトネスイ *Rhizophagus japonicus* Reitter，5：オバケデオネスイ *Mimemodes monstrosus* (Reitter)，6：ベニヒラタムシ *Cucujus coccinatus* Lewis，7：ヒメヒラタムシ *Uleiota arborea* (Reitter)，8：チビヒラタムシの一種 *Laemophloeus* sp.，9：ミツモンセマルヒラタムシ *Psammoecus triguttatus* Reitter

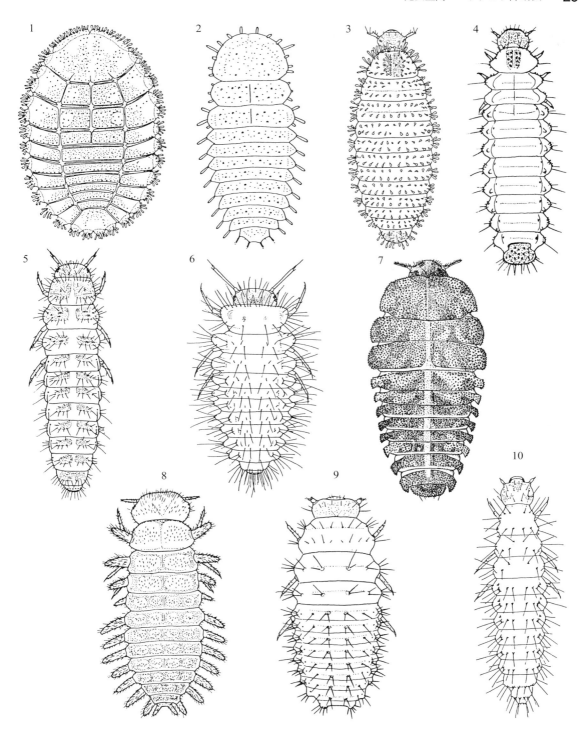

コウチュウ目 Coleoptera 幼虫全形図（7）

1：クロミジンムシダマシ *Aphanocephalus hemisphericus* Wollaston, 2：アシブトカクホソカタムシ *Cerylon crassipes* Sharp, 3：ムクゲミジンムシ *Sericoderus lateralis* (Gyllenhal), 4：ミジンムシの一種 *Arthrolips* sp., 5：ツヤヒメキノコムシ *Sphindus brevis* Reitter, 6：マルヒメキノコムシ *Aspidiphorus japonicus* Reitter, 7：ルリテントウダマシ *Endomychus gorhami* (Lewis), 8：ヨツボシテントウダマシ *Ancylopus pictus* Wiedemann, 9：キボシテントウダマシ *Mycetina amabilis* Gorham, 10：ヤマトケシマキムシ *Melanophthalma japonica* Johnson

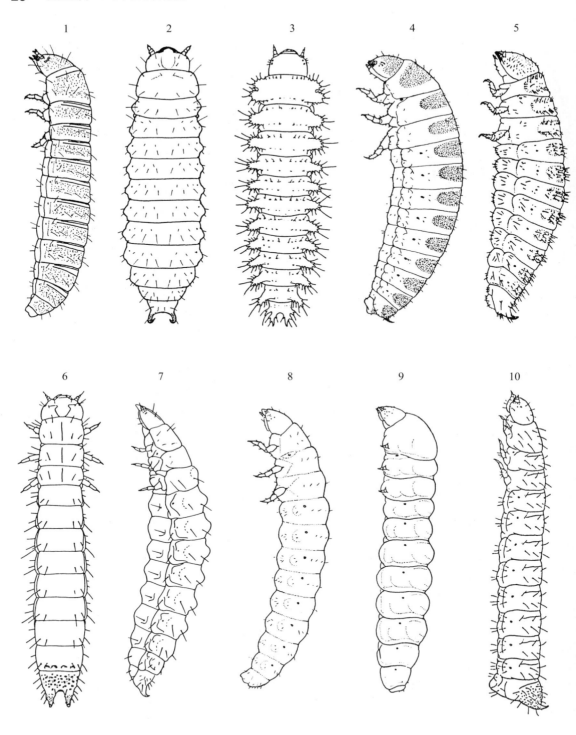

コウチュウ目 Coleoptera 幼虫全形図 (8)
1：ハスモンムクゲキスイ *Biphyllus rufopictus* (Wollaston), 2：オオナガキスイ *Cryptophagus enormis* Hisamatsu, 3：ヒメナガムクゲキスイ *Cryptophilus propinquus* Reitter, 4：アカハバビロオオキノコ *Neotriplax lewisii* (Crotch), 5：セモンホソオオキノコ *Dacne picta* Crotch, 6：ホソマダラホソカタムシ *Sympanotus pictus* Sharp, 7：ハヤシヒメヒラタホソカタムシ *Synchita hayashii* (Sasaji), 8：カバイロニセハナノミ *Orchesia ocularis* Lewis, 9：クロホソナガクチキ *Phloeotrya rugicollis* Marseul, 10：アヤモンヒメナガクチキ *Holostrophus orientalis* Lewis

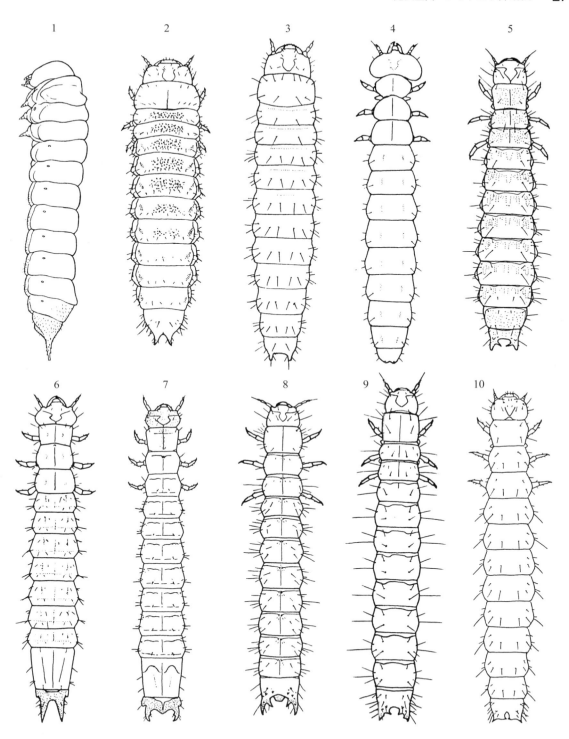

コウチュウ目 Coleoptera 幼虫全形図 (9)
1：コオビハナノミ Glipa fasciata Kôno，2：ヒメコメツキガタナガクチキ Synchroa melanotoides Lewis，3：クビナガムシ Cephaloon pallens (Motschulsky)，4：デバヒラタムシ Prostomis latoris Reitter，5：モンシロハネカクシダマシ Inopeplus quadrinotatus (Gorham)，6：アカハネムシ Pseudopyrochroa vestiflua (Lewis)，7：ツヤキカワムシ Boros schneideri Panzer，8：オオキカワムシ Pytho nivalis Lewis，9：ヒメクチキムシダマシ Elacatis ocularis (Lewis)，10：チビキカワムシの一種 Lissodema sp.

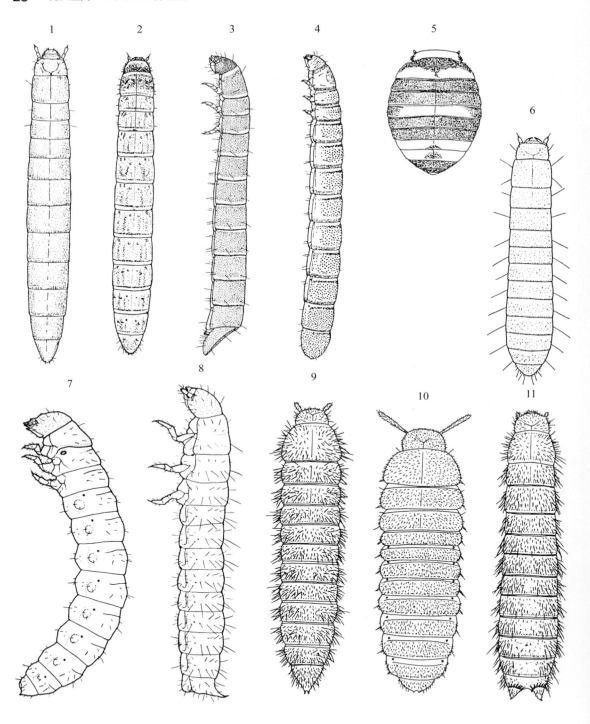

コウチュウ目 Coleoptera 幼虫全形図（10）
1：オオクチキムシ *Allecula fuliginosa* Mäklin，2：カクスナゴミムシダマシ *Gonocephalum recticolle* Motschulsky，3：キマワリ *Plesiophthalmus nigrocyaneus* Motschulsky，4：エグリゴミムシダマシの一種 *Uloma* sp.，5：ニセクロホシテントウゴミムシダマシ *Derispia japonicola* Miyatake，6：アメイロホソゴミムシダマシ *Hypophloeus gentilis* (Lewis)，7：クワガタゴミムシダマシ *Atasthalomorpha dentifrons* (Lewis)，8：チビヒサゴミムシダマシ *Laena rotundicollis* Marseul，9：ハムシダマシ *Lagria nigricollis* Hope，10：ヒゲブトハムシダマシ *Luprops orientalis* (Motschulsky)，11：ナガハムシダマシ *Macrolagria rufobrunnea* (Marseul)

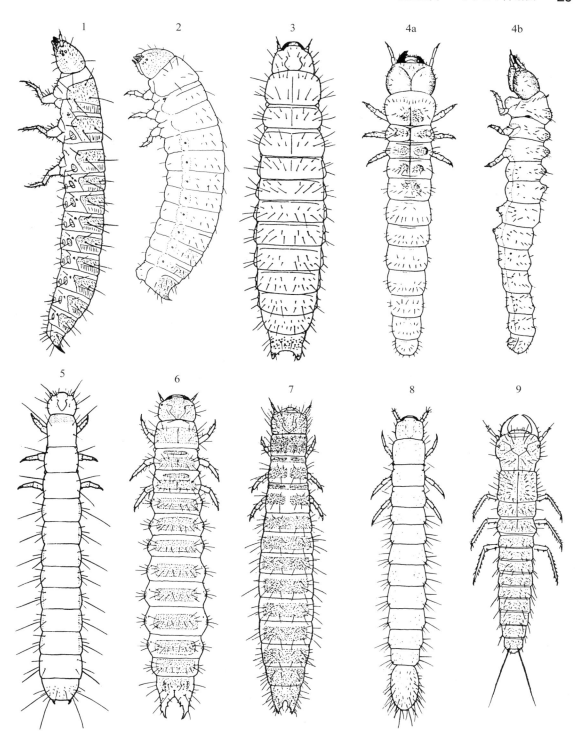

コウチュウ目 Coleoptera 幼虫全形図 (11)
1：クロコキノコムシ *Mycetophagus ater*(Reitter)，2：ツツキノコムシの一種 *Cis* sp.，3：クロコキノコムシダマシ *Pisenus rufitarsis*(Reitter)，4：カミキリモドキの一種 *Xanthochroa* sp.（a：背面，b：側面），5：ホソニセクビボソムシ *Pseudanidorus rubrivestus* (Marseul)，6：ヨツボシホソアリモドキ *Pseudoleptaleus valgipes* (Lewis)，7：コフナガタハナノミ *Anaspis funagata* Kôno，8：ハナノミダマシの一種 *Scraptia* sp.，9：マメハンミョウ（1齢）*Epicauta gorhami* Marseul (1st instar)

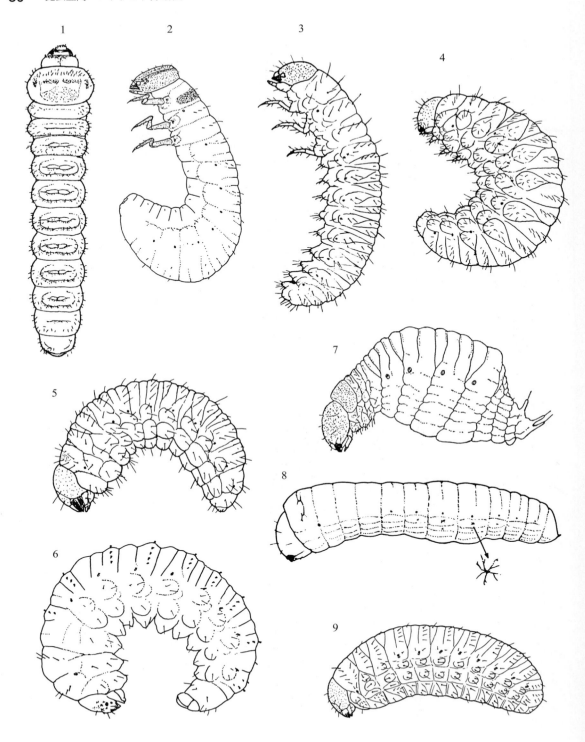

コウチュウ目 Coleoptera 幼虫全形図（12）
1：ナガゴマフカミキリ *Mesosa longipennis* Bates, 2：バラルリツツハムシ *Cryptocephalus approximatus* Baly, 3：サルハムシの一種 *Basilepta* sp., 4：エゴヒゲナガゾウムシ *Exechesops leucopis* (Jordan), 5：チビコフキゾウムシの一種 *Sitona* sp., 6：ツメクサタコゾウムシ *Hypera nigrirostris* (Fabricius), 7：オオゾウムシ *Sipalinus gigas* (Fabricius), 8：カシノナガキクイ *Platypus quercivorus* (Murayama), 9：キクイムシの一種 *Hylurgops* sp.

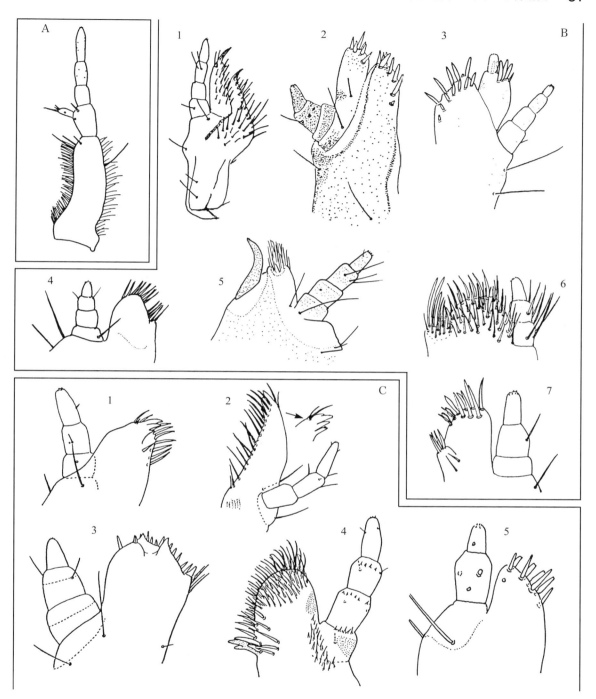

小顎 Maxillae 形態図解

A：エンマムシ科（背面）Histeridae (dorsal view)，B-1：クワガタムシ科（腹面）Lucanidae (ventral view)，B-2：マルトゲムシ科（腹面）Byrrhidae (ventral view)，B-3：ナガハナノミ科（背面）Ptilodactylidae (dorsal view)，B-4：ホソクシヒゲムシ科（腹面）Callirhipidae (ventral view)，B-5：カツオブシムシ科（腹面）Dermestidae (ventral view)，B-6：シバンムシ科（背面）Anobiidae (dorsal view)，B-7：ツツキノコムシ科（腹面）Ciidae (ventral view)，C-1：キスイムシ科（背面）Cryptophagidae (dorsal view)，C-2：ヒラタムシ科（背面）Cucujidae (dorsal view)，C-3：オオキノコムシ科（腹面）Erotylidae (ventral view)，C-4：ケシキスイ科（背面）Nitidulidae (dorsal view)，C-5：ゾウムシ科（腹面）Curculionidae (ventral view)

コウチュウ目（甲虫目，鞘翅目）
Coleoptera 幼虫

幼虫の基本形態

頭部　頭蓋は前口式と下口式に大別できる．前者は後頭窩が頭蓋の後面に位置し，頭頂が不明瞭で頭蓋腹面が長く，咽喉が発達する．後者は後頭窩が頭蓋の腹面に位置し，頭頂が明瞭で頭蓋腹面が短く，咽喉が発達しない．

頭蓋の背面前方，前頭縫合線によって囲まれた部分を前頭と呼ぶ．前頭縫合線の基部が頭蓋後縁から離れるものでは，普通，頭蓋中央縫合線がある．前頭と上唇の間に頭盾が位置するが，両者を分ける前頭頭盾縫合線が消失し，融合するものも少なくない．単眼は頭蓋の側面にあって，基本の数は各側面に6個であるが，6から0まで変化がある．触角の基本は3節で，第2節の先端に感覚器官がある．感覚器官が感覚突起となるものが多い．

口器は咀嚼型で，上唇，1対の大顎，1対の小顎，下唇からなる．上唇の内側（口腔側）を上咽頭，下唇の内側を下咽頭と呼ぶ．大顎は先方の切噛部と基部の臼状部からなる．切噛部と臼状部の間にある膜状の突起を内葉と呼ぶ．小顎は小顎鬚，担鬚節，外葉，内葉，蝶鉸節（茎節），軸節からなる．小顎鬚の基本は3節，外葉と内葉が1つになったものを小顎葉片と呼ぶ．軸節と下唇の間に小顎関節域を有するものと欠くものがある．下唇は前基節，基節，後基節に分かれる．後基節の後方に咽喉が位置するが，両者が融合するものが少なくない（後基節を咽喉とする見方もある）．前基節には1対の下唇鬚と，その間に隆起する舌がある．下咽頭の硬化した部分を下咽頭硬皮板と呼ぶ．

胸部　前胸，中胸，後胸の3節からなる．各節の背面は発達した背板に覆われ，腹面は腹板に覆われる．前胸の腹板は前腹板，後腹板，およびその間に位置する真腹板からなる．胸脚は基節，転節，腿節，脛節，鉸節，爪の6節からなるが，鉸節と爪が癒着して鉸爪節となるものも多い．鉸爪節を爪と呼ぶこともある．胸部の側面には1個の気門があるが，その位置は前胸と中胸の境か，またはその前後である．

腹部　腹部は10環節（腹節）からなるが，第10腹節が肛門周囲に縮小されるものや尾脚に変形されるものが多い．第9腹節に1対の尾突起を有するものが多い．腹節は背板，腹板に大別できるが，その間に側板の明瞭なものもある．気門は第1腹節から第8腹節までの側面にある．気門孔は環状の気門輪に囲まれる．

幼虫による科の形態

検索図のなかで用いた科の識別点（特徴）はすべて省略し，それ以外の識別点となる形態を科ごとに取り上げた．体長はすべて終齢幼虫で示してある．なお食性を含む生態はここでは幼虫について記してある．

ナガヒラタムシ科 (p.2, 19)
Cupedidae

体長15〜25 mm．体は白色で末端に1本の突起がある．胸脚は著しく小さく，前胸腹板には移動を助けるための細かい歯を密生する．朽木に穿孔し，木を食べて生育する．ナガヒラタムシ *Tenomerga mucida* (Chevrolat) は体長25 mm内外．日本各地のほか，シベリアなどにも分布．

チビナガヒラタムシ科 (p.2)
Micromalthidae

体長2 mm．体は白色で末端に突起がある．卵胎生で生じた雌には2本の爪をそなえた胸脚がある．2齢から胸脚を欠き朽木に穿孔する．世界からチビナガヒラタムシ *Micromalthus dibilis* Le-Conte の1種のみが知られる．

セスジムシ科 (p.2)
Rhysodidae

体長6〜8 mm．体は白色で各節背板に帯状に小歯がある．枯れ木に穿孔する．昆虫などの小動物を捕食する．日本からはセスジムシ *Omoglymmius crassiusculus* (Lewis) を含め，6属10種が知られる．

ヒゲブトオサムシ科 (p.2)
Paussidae

体長5 mm内外．腹部末端の後面は第8腹節と第9腹節によって扁平な円盤を形成する．主として熱帯に分布し，アリとの共生生活に適応した甲虫として知られる．朽木や落葉の中に見出されるが生態についてはよくわかっていない．日本からはエグリゴミムシ *Eustra japonica* Bates など4種が記録されている．

カワラゴミムシ科 (p.2)
Omophronidae

体長8 mm内外．オサムシ科幼虫に似るが，鉸節の末端（1対の爪の間）に，爪よりも著しく長い1対の粘着毛があること，大顎の内縁に2歯をそなえること（オサムシ科では欠くか，または1歯），舌が長いことなどで分けられる．河原や湖岸の砂地にすむ．日本からはカワラゴミムシ *Omophron aequalis* Morawitz の1種が知られる．

ハンミョウ科 (p.2, 19)
Cicindelidae
体長 8～20 mm．大きな大顎と鉤型に曲がった体などに，この科の特徴がある．地面に穴をつくってすみ，小動物を捕食する．ハンミョウ *Cicindela chinensis japonica* Thunberg など 20 種あまりが知られる．

オサムシ科 (p.2, 19)
Carabidae
マイマイカブリ *Damaster blaptoides* Kollar などオサムシ亜科 Carabinae のものは幅広い体節，頑強な角状の尾突起がある．その他の亜科の多くは細長い体に細長い尾突起がある．林床から裸地まで，さまざまな種類が見られる．地表や葉上で敏捷に行動し，主として小動物を捕食する．

クビボソゴミムシ科 (p.2, 19)
Brachinidae
1 齢は尾突起を欠くか，または著しく小さい尾突起がありオサムシ幼虫型．2 齢からは土中で寄生生活となり，体形はウジ型となる．ミイデラゴミムシ *Pheropsophus jessoensis* Morawitz はケラの卵を食する．体長約 16 mm．日本からは 3 属 10 種が記録されている．

ガムシ科 (p.3, 19)
Hydrophilidae
陸生のものは小型で体長が 6 mm 以下のものが多い．後頭窩が頭蓋の背面に位置することで，口器はやや背方を向く．セマルマグソコガネ *Magasternum gibbulum* Motschulsky，コウセンマルケシガムシ *Peratogonus reversus* Sharp などは落葉層に見出される．ケシガムシ類 *Cercyon* は海浜に打ち上げられた藻類に見出されることも多い．いずれの種も捕食性．

エンマムシ科 (p.3, 19, 31)
Histeridae
腐敗した動植物質や糞に見出されるものは肥満した体形．枯れ木の樹皮下にすむものは扁平．ルリエンマムシ *Saprinus splendens* (Paykull) は前者の体形で体長 20 mm 内外．胸脚や尾突起は微細．ナガエンマムシ *Cylister lineicollis* (Marseul)，ヒラタエンマムシ類 *Hololepta* などは後者の体形で体長 15 mm 以下．ホソエンマムシ類 *Niponius* はキクイゾウ類やキクイムシ類の孔に潜り込む．体は著しく細長い．またアカアリヅカエンマムシ *Hetaerius gratus* Lewis のようにアリの巣にすむ種も知られる．エンマムシ科幼虫はガムシ科幼虫に似るが，触角に 2 個以上の感覚突起がある．いずれも捕食性．

ムクゲキノコムシ科 (p.5)
Ptiliidae
体長 2 mm 以下（1 mm 内外のものが多い）．森林の落葉の中やキノコに見出されるが，日本産の種では，これまでに幼虫形態は記録されていない．ハネカクシ上科の他科からは触角，口器，腹部末端の形態で分けられる．いずれの種も食菌性と考えられる．

ツヤシデムシ科 (p.5)
Agyrtidae
オオツヤシデムシ *Necrophilus nomurai* (Shibata) は体長約 10 mm．腐肉に集まることで知られる．この科の幼虫は頭部の各側面に 6 個の単眼を有し，小顎外葉は先端に毛をふさ状に生じる．尾突起は 2 節．日本から 4 属 6 種が知られる．

タマキノコムシ科 (p.5, 20)
Leiodidae
体長 7 mm 以下．体形はハネカクシ科幼虫に似るが，大顎の臼状部が発達する．タマキノコムシ亜科 Leiodinae は日本からは約 50 種が記録されている．落葉層にはチビタマキノコムシ *Zeadolopus japonicus* (Champion)，オチバヒメタマキノコムシ *Colenis terrena* Hisamatsu などがすむ．朽木に生じたキノコにはウスイロヒメタマキノコムシ *Pseudocolenis hilleri* Reitter，アカバマルタマキノコムシ *Sphaeroliodes rufescens* Portevin などがすみ，前者は体長約 2.5 mm．後者は体長約 5 mm で幅広い．いずれの種も食菌性と考えられる．チビシデムシ亜科 Cholerinae は主として腐敗した動植物質に見出される．日本からは，これまでに 40 種以上が記録されている．幼虫形態は洞窟にすむチビシデムシ属 *Catops* の 2 種が記録されている．

シデムシ科 (p.4, 20)
Silphidae
クロシデムシ *Nicrophorus concolor* Kraatz は体長約 30 mm で体は肥満型．オオヒラタシデムシ *Eusilpha japonica* (Motschulsky) は体長約 20 mm で体は扁平型．前者（モンシデムシ族 Nicrophorini）は土中へ運び込まれた腐肉を食し，後者（ヒラタシデムシ族 Silphini）は地表で腐肉のほか，小動物を捕食する．モモブトシデムシ類 *Necrodes*（モモブトシデムシ族 Necrodini）は腐肉のウジを捕食する．

ハネカクシ科 (p.4, 20・21)
Staphylinidae
ハネカクシ科は日本から約 1750 種知られる．幼虫の食性は食菌性，食腐性，または食肉性（捕食性）で

ヒゲブトハネカクシ亜科には小動物に寄生するものも知られる．また，アリの巣から見出されるものもある．
　体は一般に細長く，稀に尾突起を欠く（ヒゲブトハネカクシ亜科の一部，アリヅカムシ亜科の一部）．第10腹節は通常後方へ突出する．上唇を有し，小顎葉片が環節状でないグループ（亜科）と上唇を欠き，小顎葉片が環節状のグループ（亜科）に大別される．前者は大顎が先端または先端近くで分枝する．小顎葉片は内縁に刺や刺毛がある．左右の頭蓋は腹面で接しない．頭蓋に首部がない（後方にくびれがない）などの特徴をそなえ，ヒゲブトハネカクシ亜科 Aleocharinae，チビハネカクシ亜科 Micro-peplinae，ヒラタハネカクシ亜科 Piestinae，ハバビロハネカクシ亜科 Proteininae，ヨツメハネカクシ亜科 Omaliinae，セスジハネカクシ亜科 Oxytelinae，ツツハネカクシ亜科 Osoriinae，シリホソハネカクシ亜科 Tachyporinae，デオキノコムシ亜科 Scaphidiinae などが，これに属する．後者は頭蓋の前縁が鋸歯状．大顎は分枝しない．小顎葉片が著しく縮小することがある．左右の頭蓋は腹面で接する．頭蓋は首部があるなどの特徴をそなえ，オオキバハネカクシ亜科 Oxyporinae，メダカハネカクシ亜科 Steninae，チビフトハネカクシ亜科 Euaesthetinae，アリガタハネカクシ亜科 Paederinae，ナガハネカクシ亜科 Xantholininae，ハネカクシ亜科 Staphylininae などが，これに属する．ヒゲブトハネカクシ亜科のチビハネカクシの1種 Atheta sp. は体長 2.5 mm 内外．落葉層から多くの個体が得られることがある．チビハネカクシ亜科のセスジチビハネカクシ類 Micropeplus は落葉層から見出される．幼虫の各体節側面は外方へ大きく葉片状に突出し，尾突起に関節がない．また，各体節背面に多くの微細な刺があるなどの特徴を有する．主として食菌性．セスジハネカクシ亜科に属するクロヒメカワベハネカクシ Platystethus operosus Sharp は体長約 3 mm．湿度の高い土壌に見出される．シリホソハネカクシ亜科に属するヒメキノコハネカクシ類 Sepedophilus，シリホソハネカクシ類 Tachyporus，マルクビハネカクシ類 Tachinus も落葉層に多い．デオキノコムシ亜科の Scaphidium 属には体色が黄と暗色に彩られるものが多い．カメノコデオキノコムシ Cyparium mikado Achard は体長約 10 mm．体は茶褐色で尾突起は1節のみからなり著しく小さい．いずれもキノコ類にすむ．
　メダカハネカクシ亜科のメダカハネカクシ類 Stenus は触角と小顎鬚が著しく長いことで他種からは容易に分けられる．ハネカクシ亜科のツヤムネハネカクシ類 Quedius も草地や林床に多い．ヒラタハネカクシ亜科のオオヒラタハネカクシ Piestoneus lewisii Sharp は体長約 7 mm．枯れ木の樹皮下にすむ．アリヅカムシ亜科 Pselaphinae は日本からは約 250 種が記録されている．上唇は頭蓋に融合し，尾突起を有するものと欠くものとがある．触角の感覚突起は長い．下唇は舌を欠き，頭の前縁に1対の反転腺を有することがある．単眼は各側面に通常2個．落葉層には多くの種が生息し，ササラダニ類やトビムシ類などを捕食する．また，アリと共生する種も知られる．

コケムシ亜科（p.4, 21）
Scydmaeninae

現在は前科の1亜科とされ包含された．日本から25種が知られる．日本産の種では体長 3 mm 以下．主として落葉層にすみ，ダニを捕食するものもいる．また，アリやシロアリと共生する種も知られる．体形は細長いものからダンゴムシ型のものまで変化がある．尾突起を有するものと欠くものとがある．上唇は頭蓋に融合する．ムナビロコケムシ Cephaennium japonicum Sharp は体長約 1 mm．体はダンゴムシ型．

クワガタムシ科（p.8, 21・31）
Lucanidae

コガネムシ科（食葉群）の幼虫に似るが体節背板に皺がない．肛門は Y 型に裂し，3 葉片に囲まれる．胸脚発音器のやすり状の小歯は種によって並び方などが異なる．朽木，枯れ木，腐葉土に生息する．コクワガタ Macrodorcus rectus (Motschulsky) は朽木に最も普通に見られる．

クロツヤムシ科（p.8, 21）
Passalidae

日本にはツノクロツヤムシ Cylindrocaulus patalis (Lewis) 1 種のみが四国，九州の高地の一部に生息する．幼虫は成虫とともに朽木中にすみ，成虫によって咬み砕かれた朽木を食する．体長 20〜25 mm．

コガネムシ科（p.8, 21）
Scarabaeidae

食葉群（食植性）と食糞群（食糞性）に分けられる．前者は植物の根，腐葉土，朽ちた木を食し，後者は主として獣糞を食する．前者に属するハナムグリ亜科 Cetoniinae は体が後方へ太まり第9腹節と第10腹節が融合する．爪は円筒形で先端部まで刺毛がある．後者に属するダイコクコガネ亜科 Scarabaeinae やセンチコガネ亜科 Geotrupinae（この亜科はセンチコガネ科 Geotrupidae として扱われることもある）では胸脚の環節は融合する．また，ダイコクコガネ亜科には背面が瘤状に高く隆起するものが多い．同亜科のツノコガネ Liatongus phanaeoides (Westwood) は体長約 14 mm．

ダイコクコガネ類 Copris などと同様に土中へ運ばれた獣糞を食べる．しかし獣糞は孔道に詰め込まれ，団子状に丸められることはない．一方，マグソコガネ亜科 Aphodiinae は主として地表の糞塊の中や糞塊の下に生息する．ホソケシマグソコガネ Trichiorhyssemus asperulus (Waterhouse) は体長約 4 mm．芝地や荒地の土壌に見出される．

コブスジコガネ科 (p.8)
Trogidae

コガネムシ科の食葉群に見られるように体節背板に襞がある．触角は 3～4 節．肛門は Y 型に裂し，ほぼ同形の 3 葉片に囲まれる．食肉性の傾向が強く，草地ではバッタの卵塊などを食する．

マルトゲムシ科 (p.9, 21・31)
Byrrhidae

体は腹方へ 型に曲がり，皮膚（体壁）は硬い．頭蓋は暗褐色で単眼は各側面に 5～6 個．尾突起を欠く．ドウガネツヤマルトゲムシ Lamprobyrrhulus hayashii Fiori は体長約 4.5 mm．鮮苔類を食する．

ナガハナノミ科 (p.9, 22・31)
Ptilodactylidae

ドロムシ上科に属し，幼虫の多くは水中や水辺にすむが，コヒゲハナノミ類 Ptilodactyla は朽ちた倒木の樹皮下にすむ．尾突起を欠き，尾脚には 1 対の鉤歯がある．樹皮下で小動物を捕食すると考えられる．コヒゲナガハナノミ P. ramae Lewis は体長約 8 mm．

タマムシ科 (p.5, 22)
Buprestidae

食材性のものと，食葉性のものに大別できる．後者は潜葉性．枯れ木に穿孔する食材性のものは，頭部の大半が幅広い前胸に埋まる．通常は尾突起を欠くが，枯れ木の樹皮下にすむナガタマムシ類 Agrilus は腹部末端に後方へ伸びる 1 対の突起がある．タマムシ Chrysochroa fulgidissima (Schöherr) は広葉樹の枯れ木に，ウバタマムシ Chalcophora japonica (Gory) は針葉樹の枯れ木に穿孔する．体長は 60 mm に達する．

ホソクシヒゲムシ科 (p.9, 22・31)
Callirhipidae

体は円筒形で皮膚（体壁）は硬い．頭蓋はやや球形で単眼を欠く．触角は 1～2 節．胸脚はしばしば退化し，2 環節からなり爪を欠く．ムネアカクシヒゲムシ Horatocera niponica Lewis は体長約 34 mm．山地の枯れ木に穿孔する．ホソクシヒゲムシ科はナガハナノミダマシ上科 Artematopoidea に属する．なお，ナガフナガタムシ上科 Dascilloidea に属するクシヒゲムシ科 Rhipiceridae のクチキクシヒゲムシ属 Sandalus は土中でセミの幼虫に寄生するが，日本産の種では知られていない．

コメツキムシ科 (p.6, 22)
Elateridae

体長 50 mm を超えるものもあるが，25 mm 前後のものが多い．皮膚は硬く薄黄褐色から黒褐色．通常は単眼を欠き，前頭の前縁に鼻状突起がある．土壌や朽木にすみ，主として昆虫などの小動物を捕食するが，一部の種は「針金虫」と呼ばれ，作物の根などを食害することで知られる．ヒゲコメツキ Pectocera fortunei Candèze は体長 30 mm．背面はピッチ色で光沢がある．腐葉土や朽木に生息する．クシコメツキ Melanotus legatus Candèze は体長 35 mm．腐葉土に生息する．ハナコメツキ亜科 Cardiophorinae (Cardiophorus 属ほか) は体が著しく細長いことで他の亜科の幼虫から容易に分けられる．土壌にすむ．

ヒゲブトコメツキ科 (p.6)
Throscidae

体長 3～8 mm（日本産の種）．Drapetes 属以外の形態については明らかでない．本属は体節背板に長刺毛，短刺毛（後者は腹部の前方節に密生）を有するほか，第 9 腹節の形態がコメツキムシ科と異なる．朽木や落葉の中から見出される．

コメツキダマシ科 (p.4, 22)
Eucnemidae

前胸の幅が広くタマムシ幼虫に似るものもあるが（ミゾナシコメツキダマシ亜科の一部の属），多くの種は体の両側がほぼ平行で，扁平．口器が頭蓋に融合する．いずれも枯れ木，朽木に穿孔する．コチャイロコメツキダマシ Fornax nipponicus Fleutiaux は体長 20 mm．

ベニボタル科 (p.6, 22)
Lycidae

体は一般にやや扁平で背板は硬化する．各節背板の側縁後角が後方へ突出するものが多い．小顎蝶鋏節と下唇は融合し，鎌状の大顎は著しく細く，その基部は接近する．朽木，朽木に生じたキノコ，樹液などに見出される．主として菌類を食すると考えられる．カクムネベニボタル Lyponia quadricollis (Kiesenwetter) は体長 14 mm．クロハナボタル Plateros coracinus (Kiesenwetter) は体長 8 mm．朽木の樹皮下に見出される．

ホタル科 (p.6, 22)
Lampyridae
ベニボタルに似て体はやや扁平で背板は硬化する．頭蓋は各側面に1個の単眼がある．小顎蝶鉸節と下唇は融合しない．鎌状の大顎は頑強，胸脚と尾脚はよく発達し，第8腹節に発光器をそなえるものが少なくない．落葉層にすみ（一部の種は水生），軟体動物，環形動物などを捕食する．ムネクリイロボタル *Cyphonocerus ruficollis* Kiesenwetter は体長 11 mm．体は黒色で光沢がある．林床に見出される．

ジョウカイボン科 (p.6, 23)
Cantharidae
体は淡黄褐色で柔軟．短刺毛をやや密に生ずる．中・後胸の背板に1対の硬皮紋がある．単眼は頭蓋の各側面に1個．土中に産み付けられた卵塊から孵化した幼虫は主として地表付近で小動物を捕食し，落葉層には多い．ジョウカイボン *Athemus suturellus* (Motschulsky) は体長 20～40 mm．

カツオブシムシ科 (p.9, 23・31)
Dermestidae
体節の刺毛には枝毛がある．単眼は頭蓋の各側面に3～6個．小顎の内葉は鉤爪となる．乾いた動物質のものを食す．*Dermestes* 属は体長が 15 mm 内外．第9腹節に1対の尾突起がある．動物の死体に多い．この属はハラジロカツオブシムシ *D. maculatus* DeGeer など約10種を産する．

ナガシンクイムシ科 (p.9, 23)
Bostrychidae
頭蓋は縦長で後頭窩は頭蓋腹面に位置する（頭蓋の後半は前胸に埋まる）．胸部は太まり，胸脚は体に比して小さい．体長 20 mm を超える大型種もいるが，10 mm 以下の種類が多い．食材性で枯れ木やタケに穿孔する．

シバンムシ科 (p.9, 23・31)
Anobiidae
触角の明瞭な環節は1～2節．各腹節背板に細かい歯や微細剛毛を帯状に分布する．食材性と食菌性に分けられる．前者は枯れ木に，後者は多孔菌や腹菌にすむ．胸脚は体に比して小さいが，腹菌に見出される種類には欠くものがある．オオナガシバンムシ *Priobium cylindricum* (Nakane) は体長約 7 mm で，シバンムシ科のなかでは体が大きい．枯れ木に穿孔する．

コクヌスト科 (p.7, 23)
Trogossitidae
腹節背板に瘤状隆起（樹皮下などでの移動を助けるための隆起）を並べる種類が多い．コクヌスト亜科 Trogossitinae のオオコクヌスト *Trogossita japonica* Reitter は体長約 25 mm．針葉樹の枯れ木樹皮下に潜り込み小動物を捕食する．マルコクヌスト亜科 Peltinae（マルコクヌスト科 Peltidae として扱われることもある）は頭蓋が幅広く，単眼を有するものが多い．ハロルドヒメコクヌスト *Ancyrona haroldi* Reitter は枯れ木の樹皮下に穿孔する．体長約 6 mm．オオズセダカコクヌスト *Thymalus laticeps* Lewis は体長 8 mm．山地においてツガサルノコシカケの裏面に穿孔する（食菌性）．

カッコウムシ科 (p.7, 23)
Cleridae
体毛が多く，皮膚（体壁）が赤色のものが少なくない．頭蓋側面に1～5個の単眼がある．小顎軸節と蝶鉸節の長さはほぼ同じか，前者の方が長い．咽喉は長く，頭蓋と同質に硬化する．キクイムシ類の孔や枯れ木の樹皮下に潜り込み昆虫などを捕食する．アリモドキカッコウムシ *Thanassimus lewisi* Jacobson, ムネアカアリモドキカッコウムシ *T. substriatus* (Gebler) は針葉樹の樹皮下などから見出される．皮膚は赤色で体長約 10 mm．

ジョウカイモドキ科 (p.7, 23)
Melyridae
体は短毛を密生する．カッコウムシ科と同様に皮膚が赤色のものが多い．頭蓋は後頭窩が腹面に位置し，咽喉が短い．単眼は各側面に1～5個．前胸背板に中央で分断される縦長の紋を有するものが少なくない．大顎内葉は先方が3分枝する．キクイムシ類の孔道，コケ類の下などに潜り込み，昆虫などを捕食する．ヒメジョウカイモドキ *Attalus japonicus* Kiesenwetter は赤色で体長約 6 mm．

ツツシンクイムシ科 (p.5, 23)
Lymexylidae
尾突起を有するものと欠くものとがある．尾突起は角状で先端のみ2分する．後頭窩は頭蓋の腹面に位置し，頭蓋は球形に近い．触角は微細．頭盾と上唇は著しく幅が狭い．小顎関域は大きい．下咽喉硬皮板は硬化する．倒木に穿孔する．ツマグロツツシンクイ *Hylecoetus dermestoides* (Linné) は体長約 18 mm．山地においてブナなどの広葉樹に穿孔する．

ケシキスイ科 (p.12, 24)
Nitidulidae

腹部気門は多少突出し,第9腹節に尾突起と,その前方(背板)に1対の小突起を有する種類が多い.前頭頭盾縫合線を欠く.頭蓋中央縫合線を欠き,前頭縫合線は頭蓋の基部から前方へ伸びる.小顎葉片は先端へ細まらず,内縁に1本の鉤歯をそなえる種類が多い.下唇鬚は1節.腐敗した果実や樹液にはデオキスイ類 Carpophilus,ヒラタケシキスイ類 Epuraea,マダラケシキスイ類 Lasiodactylus などが見出される.クロテンヒラタケシキスイ E. argus Reitter は体長約4.5 mm.山地において醗酵した樹液やキノコを食する.キノコ類を食する種類は極めて多い.カクケシキスイ類 Pocadites,セマルケシキスイ類 Cychramus,マルケシキスイ類 Cyllodes などが見出される.クロマルケシキスイ Cyllodes ater (Herbst) は体長約7.5 mm.ヒラタケに多い.腐敗した動物の死体にはキボシヒラタケシキスイ類 Omosita が見出される.チビハナケシキスイ類 Heterhelus など,成虫が花に集まるものには,幼虫が種子に潜り込むものもいる.幼虫の多くは土中へ潜って蛹化する.マルキマダラケシキスイ Stelidota multiguttata Reitter は体長約5 mm.落葉層から見出される.

ネスイムシ科 (p.13, 24)
Rhizophagidae

尾突起の前方に1対の小突起があり,気門が多少突出するなどケシキスイムシ科に似る.しかし口器の形態を異にする(大顎の内歯は幅が狭い1本の突起.小顎は先方へ細まる.下唇鬚は2節など).ヤマトネスイ Rhizophagus japonicus Reitter は体長約3.5 mm.広葉樹枯れ木の樹皮下に見出される.オバケデオネスイ Mimemodes monstrosus Reitter は体長約3 mm.枯れ草のカビなどに見出される.

ヒメキノコムシ科 (p.14, 25)
Sphindidae

頭蓋は褐色で前頭縫合線は色彩を欠く.各側面に6個の単眼がある.朽木に生じた変形菌を食し,日本からは4種が知られる.ツヤヒメキノコムシ Sphindus brevis Reitter は体長約3 mm.体節背板は1対の褐色紋となる.マルヒメキノコムシ Aspidiphorus japonicus Reitter は体長約2 mm.触角が著しく長い.

ヒラタムシ科 (p.12・13, 24・31)
Cucujidae

ヒラタムシ亜科 Cucujinae に属するものは体が細長く,両側縁はほぼ平行.胸脚は発達している.枯れ木の樹皮下にすみ,昆虫などの小動物を捕食する.Cucujus 属は前胸の幅よりも頭蓋の幅が広い.第9腹節は全体が硬化する.ベニヒラタムシ C. coccinatus Lewis は体長約20 mm.ヒメヒラタムシ Uleiota arborea (Reitter) は体長約8 mm.触角と尾突起が長い.チビヒラタムシ亜科 Laemophloeinae はヒラタムシ亜科と体形を異にする.小顎葉片は先方へ細まらず,小顎関節域を欠く.触角感覚突起は著しく小さくはない.チビヒラタムシ類 Laemophloeus は体長3 mm内外.枯れ木の樹皮下などに生息する.

ホソヒラタムシ科 (p.13, 24)
Silvanidae

セマルヒラタムシ亜科 Psammoecinae のものは体形がハネカクシ科に似るが尾突起を欠く(この科の特徴).体はやや扁平で胸脚が発達し,第10腹節は後方へ突出する.ミツモンセマルヒラタムシ Psammoecus triguttatus Reitter は体長約5 mm.草地に見出される.捕食性があると思われる.ホソヒラタムシ亜科 Silvaninae は触角の第2節のみが著しく長い.枯れ木の樹皮下などに見出される.

キスイムシ科 (p.13, 26・31)
Cryptophagidae

体には突起や顆粒がない.第9腹節には尾突起以外に突起がない.前頭頭盾縫合線,頭蓋中央縫合線を欠く.食菌性で枯れ草,朽木,キノコなどに見出される.オオナガキスイ Cryptophagus enormis Hisamatsu はこの科のなかでは大型種で体長約5 mm.ヒトクチタケを食する.

ムクゲキスイムシ科 (p.13, 26)
Biphyllidae

日本には Biphylius 属のみを産する.体長2〜5 mm.体は淡黄色〜淡黄褐色でやや円筒形.体に突起や顆粒がない.頭蓋中央縫合線を欠く.各体節背板の前縁は2本の横線となる.食菌性で枯れ木に生じたチャコブタケなどの子嚢菌を食する.ハスモンムクゲキスイ B. rufopictus (Wollaston) は体長2.5 mm.子嚢地衣がはびこる樹皮内から見出される.

ナガムクゲキスイムシ科 (p.13, 26)
Cryptophilidae

コメツキモドキ科 Languriidae のナガムクゲキスイムシ亜科 Cryptophilinae として扱われることもある.ナガムクゲキスイ類 Cryptophilus は体長2〜4 mm.体節背板の側縁は外方へ突起となる.食菌性で枯れ草やキノコに見出される.ヒメナガムクゲキスイ C.

propinquus Reitter は体長 3 mm.

オオキノコムシ科 (p.12, 26・31)
Erotylidae

体節背板はしばしば黄褐色～暗褐色で, 突起, 顆粒, 先端が太まる刺毛などを有するものがある. 頭蓋は一般に球形で各側面に通常 5 個の単眼がある. 前頭頭盾縫合線があり, 頭蓋中央縫合線の認められるものが多い (前頭縫合線の基部は頭蓋の後縁から大きく離れる). 食菌性で主として枯れ木や朽木に生じたキノコに見出される. アカハバビロオオキノコ *Neotriplax lewisii* (Crotch) は体長約 8 mm. カワラタケなどを食する. セモンホソオオキノコ *Dacne picta* Crotch は体長約 6 mm. 腹菌類を食するが, シイタケも食害する.

カクホソカタムシ科 (p.14, 25)
Cerylonidae

幅広い体のまわり (各体節の側縁) には先端へ太まる変形毛を並べる. 触角は口器から著しく離れて位置する. 触角の感覚突起は細長い. 大顎の臼状部は発達しない. 枯れ木, 朽木の樹皮下に見出される. 捕食性と思われる. アシブトカクホソカタムシ *Cerylon crassipes* Sharp は体長約 1.5 mm. 針葉樹に見出される.

ミジンムシ科 (p.14, 25)
Corylophidae

体節には先端へ太まる変形毛を生ずる. 第 1 と第 8 腹節, または第 1 から第 7 腹節までの背板の各側縁近くに 1 個の分泌腺が開口する. 爪には 1 本の粘着毛がある. 食菌性で枯れ草や朽木に見出される. ムクゲミジンムシ亜科 Sericoderinae のムクゲミジンムシ *Sericoderus lateralis* (Gyllenhal) は体長約 1.8 mm. 体は楕円形で多くの変形毛を生ずる. 枯れ草などのカビに見出されるヒラタミジンムシ亜科 Saciinae の *Arthrolips* 属は体長約 1.5～2 mm. 変形毛は微細で目立たない. 第 9 腹節背板は褐色に硬化する.

テントウムシダマシ科 (p.14, 25)
Endomychidae

体節背板は幅広く, 黄褐色～暗褐色のものが多い. 背板に突起, 顆粒, 先端が太まる変形毛があるものが少なくない. 前頭頭盾縫合線, 頭蓋中央縫合線を有するものと欠くものとがある. 前頭縫合線の基部は頭蓋後縁に接近する. 触角の第 2 節はしばしば顕著に長い. 種の多くは食菌性で朽木に生じたキノコやカビから見出されるが, アリの巣から見出されるものもある. ルリテントウダマシ *Endomychus gorhami* (Lewis) はスエヒロタケに多い. ヨツボシテントウダマシ *Ancylopus pictus* Wiedemann は枯れ草に生じたカビなどに, キボシテントウダマシ *Mycetina amabilis* Gorham は朽木に生じた菌類に見出される. いずれも体長約 5 mm. ツヤテントウダマシ類 *Lycoperdina* はキツネノチャブクロなど腹菌類にすむ.

ミジンムシダマシ科 (p.14, 25)
Discolomidae

日本からは *Aphanocephalus* 属のみが知られる. 体が著しく幅広く, 扁平で周縁に変形毛を並べることで, 他科からの識別は容易である. 体は暗色. 触角は第 2 節が顕著に長い. 食菌性で林床の落葉の中や枯れ木に生じた子嚢菌に見出される. クロミジンムシダマシ *A. hemisphericus* Wollaston は体長約 3 mm.

ヒメマキムシ科 (p.14, 25)
Lathridiidae

日本からは 30 種近くが記録されているが, 幼虫は 2 mm 内外のものが多い. 体は白色で多くの毛を生ずる. 大顎は臼状部がよく発達するが, 切噛部 (先端の歯の部分) がない. あるいは基部と先端部の間が硬化しないなどの特徴がある. 触角の感覚突起はしばしば第 3 節より長い. 食菌性で枯れ草, 枯れ木などのカビに見出される. ヤマトケシマキムシ *Melanophthalma japonica* Johnson は体長約 2.3 mm.

ホソカタムシ科 (p.17, 26)
Colydiidae

第 9 腹節はしばしば後方へ細まり, 1 対の尾突起の基部は接近する. 頭蓋中央縫合線を通常欠く. 大顎の臼状部は内縁前角に微細な短刺毛群がある. 小顎関節域は上下に 2 分する. 気門輪には 1 対の空気嚢がある. 枯れ木の樹皮下や朽木の材の中から見出される. ホソマダラホソカタムシ *Sympanotus pictus* Sharp は体長 7 mm. ハヤシヒメヒラタホソカタムシ *Synchita hayashii* (Sasaji) は体長約 3.5 mm. いずれもカシ類の樹皮下に見出されるが, 後者の背面は瘤状に隆起し, 尾突起の基部は融合する.

デバヒラタムシ科 (p.16, 27)
Prostomidae

体は著しく扁平で, 頭部は前胸よりも幅広い. 頭蓋は右半分が大きい. 朽木に穿孔する. 日本にはデバヒラタムシ *Prostomis latoris* Reitter, ヒメデバヒラタムシ *P. mordax* Reitter の 2 種を産する. 前者は体長約 10 mm.

コキノコムシ科 (p.15, 29)
Mycetophagidae
　体節背板は通常褐色で多くの刺毛を生ずる．頭蓋は各側面に5個の単眼がある．前頭頭盾縫合線はかろうじて認められる．頭蓋中央縫合線は極めて短く前頭縫合線の基部は頭蓋後縁に接近する．大顎臼状部腹面にはおろしがね状に微細突起がある．食菌性で朽木に生じたキノコや腐植物のカビに見出されるクロコキノコムシ *Mycetophagus ater* (Reitter) は体長約8 mm．キノコに見出される．

ツツキノコムシ科 (p.9, 29・31)
Ciidae
　体長3～5 mmのものが多い．頭蓋はやや球形で後頭窩は腹面に位置する．通常は各側面に3～4個の単眼がある．触角は微細で通常は2節．前頭頭盾縫合線，頭蓋中央縫合線を有する．第9腹節背板の前縁は硬化し帯状に隆起するものが多い．食菌性で枯れ木に生じたキノコに見出される．とりわけカワラタケには多い．

キノコムシダマシ科 (p.15, 29)
Tetratomidae
　前頭頭盾縫合線は不明瞭．頭蓋中央縫合線がある．単眼は頭蓋各側面に5個．下唇後基節は咽喉に融合しない．気門輪は1対の空気嚢がある．食菌性で枯れ木のキノコに見出される．クロキノコムシダマシ *Pisenus rufitarsis* (Reitter) は体長約6.5 mm．第9腹節背板に黒褐色の顆粒を散布する．モンキナガクチキムシ *Penthe japana* Marseul は体長約12 mm．前頭に2対の瘤状隆起がある．

ナガクチキムシ科 (p.17, 26)
Melandryidae
　体節背板はしばしば移動を助ける器官として隆起する．前頭頭盾縫合線があり，頭蓋中央縫合線も有するものが少なくない．下唇基節，後基節，咽喉が1つに融合するものが多い．食菌性または食材性．カバイロニセハナノミ *Orchesia ocularis* Lewis は体長8 mm．カイガラタケなどに見出される．クロホソナガクチキ *Phloeotrya rugicollis* Marseul は体長約15 mm．枯れ木に穿孔する．アヤモンヒメナガクチキ *Holostrophus orientalis* Lewis は体長約8 mm．幼虫の基本形態からキノコムシダマシ科に含められることもある．枯れ木に生じたキノコを食する．

ハナノミ科 (p.11, 27)
Mordellidae
　体長4～15 mm（8 mm以下のものが多い）．体は円筒形．後頭窩が頭蓋の腹面に位置し，頭頂は明瞭．前頭頭盾縫合線を有する．頭蓋中央縫合線は長く，前頭縫合線を欠く．触角は小さい．単眼を欠くものが多い．胸脚は退化して小さく，その先端は爪状でない．朽木，枯れ木，草の茎などに穿孔する．コオビハナノミ *Glipa fasciata* Kôno は体長約11 mm．朽木にすむ．

ヒラタナガクチキムシ科 (p.18, 27)
Synchroidae
　体はやや扁平で後方へ細まる．中胸から第5腹節までの背板に硬化した微細突起を散布する．前頭頭盾縫合線を欠き，頭蓋中央縫合線がある．単眼は各側面に5個．気門輪は1対の空気嚢がある．日本にはヒメコメツキガタナガクチキムシ *Synchroa melanotoides* Lewis 1種を産する．体長約16 mm．枯れ木の樹皮下に穿孔する．

クビナガムシ科 (p.15, 27)
Cephaloidae
　クビナガムシ *Cephaloon pallens* (Motschulsky) は体長約14 mm．体はやや扁平で後方へ細まる．前頭頭盾縫合線を欠き，頭蓋中央縫合線がある．単眼は各側面に6個．気門輪は1対の空気嚢がある．ツメボソクビナガムシ *Stenocephaloon metallicum* Pic は体長約25 mm．前種に比して体は円筒形．中胸から第6腹節までの背板に微細突起を散布．第9腹節背板に暗色顆粒を散布．頭蓋中央縫合線を欠く．単眼は各側面に5個．小顎葉片の内縁角はクビナガムシと同様に突出する．高地の枯れ木の樹皮下にすむ．

カミキリモドキ科 (p.15, 29)
Oedemeridae
　体は後方へ細まる．前胸から第2，または第3腹節までの背板と第2，または第3腹節から第4腹節までの腹板に顕著な隆起（移動を助ける隆起）を有するものが少なくない．前頭頭盾縫合線と頭蓋中央縫合線がある．主として枯れ木に穿孔する．*Xanthochroa* 属は体長10～20 mm．アオカミキリモドキ *X. waterhousei* Harold は低地の針葉樹枯れ木に見出される．モモブトカミキリモドキ *Oedemera lucidicollis* Motschulsky は体長約10 mm．体節に隆起がない．主としてススキなどイネ科植物の朽ちた茎の中から見出される．

キカワムシ科 (p.18, 27)
Pythidae
　体は扁平．体節背板の前縁は帯状に硬化し，正中腺（背板中央）で分断される．尾突起は背面と内面に歯がある．日本にはオオキカワムシ *Pytho nivalis* Lewis,

クロキカワムシ P. jezoensis Köno の2種を産するが，いずれも高地の針葉樹の枯れ木樹皮下に生息する．前者は体長約 27 mm．

アカハネムシ科（p.16, 27）
Pyrochroidae

体は扁平．第9腹節は尾突起を含めて全体が茶褐色に硬化する．頭部はしばしば前胸よりも幅広い．朽木の樹皮下に穿孔する．アカハネムシ Pseudopyrochroa vestiflua（Lewis）は体長約 26 mm．尾突起が他種より長い．

アリモドキ科（p.16, 29）
Anthicidae

体の背面（背板）は淡黄褐色．中胸と後胸の背板は前後に2分される（前方は小さい）．前頭頭盾縫合線，頭蓋中央縫合線がない．単眼は各側面に1個．大顎臼状部の基部には膜状の付属物がある．小顎葉片の内縁角は歯状に突出する．腐葉土，枯れ木，キノコなどに見出されるが主として捕食性で活発に歩行する．ヨツボシホソアリモドキ Pseudoleptaleus valgipes（Lewis）は体長約 5 mm．枯れ草の多い地表に見出される．

ニセクビボソムシ科（p.16, 29）
Aderidae

体は白色でやや扁平．前頭頭盾縫合線，頭蓋中央縫合線，単眼を欠く．大顎は臼状部の基部に膜状の付属物がある．小顎葉片の内縁角は歯状に突出する．朽木に穿孔する．ホソニセクビボソムシ Pseudanidorus rubrivestus（Marseul）は体長約 6 mm．

ツチハンミョウ科（p.11, 29）
Meloidae

1齢は胸脚が発達し，爪にある1対の刺毛は刺状や舌状に変形するものがある（三爪幼虫）．大顎は鎌状．マメハンミョウ Epicauta gorhami Marseul の1齢幼虫は土中のバッタの卵塊をさぐりあて寄生する．

ハナノミダマシ科（p.16, 29）
Scraptiidae

前頭頭盾縫合線を欠き，短い頭蓋中央縫合線を有するものと欠くものとがある．触角は第2節が細長い．小顎葉片の内縁角は突出する．Anaspis 属のものは体節背板が褐色．中胸と後胸の背板は正中線によって左右に分断され，さらに前後に分断される（前方は小さい）．頭蓋中央縫合線と各側面に1個の単眼がある．尾突起の内縁に1歯がある．枯れ木や石に生じたウメノキゴケ類を食することが知られる．コフナガタハナノミ A. funagata Köno は体長約 4 mm．Scraptia 属は単眼を欠き，中・後胸の背板は前後に2分しない．尾突起は卵形で他の幼虫からの識別は容易．捕えられると尾突起を脱落させる．体長 3.5 mm 内外．枯れ木に見出される．

クチキムシダマシ科（p.18, 27）
Elacatidae

体はやや扁平．前頭頭盾縫合線と頭蓋中央縫合線を欠く．小顎葉片の内縁角は歯状に突出する．尾突起は内縁に大きい歯がある．気門輪は1対の空気嚢がある．枯れ木の樹皮下に穿孔する．ヒメクチキムシダマシ Elacatis ocularis（Lewis）は体長約 6 mm．カシ類の樹皮下に見出される．

ハネカクシダマシ科（p.17, 27）
Inopeplidae

体は淡褐色でやや扁平．前頭頭盾縫合線と頭蓋中央縫合線を欠く．小顎葉片の内縁角は突出しない．第9腹節腹板に約2対の小歯がある．枯れ木の樹皮下にすむ．日本からは3種知られる．モンシロハネカクシダマシ Inopeplus quadrinotatus（Gorham）は体長 6 mm．カシ類の樹皮下に見出される．

チビキカワムシ科（p.17, 27）
Salpingidae

体はやや扁平．前頭頭盾縫合線のあるものとないものとがある．頭蓋中央縫合線を欠く．大顎は臼状部の内縁に小さい櫛状の付属物がある．小顎葉片の内縁角は突出しない．第9腹節腹板に1対の小歯がある．Lissodema 属は体長 3〜5 mm．広葉樹の枯れ木の樹皮下にすむ．オオアカチビキカワムシ Istrisia urobrunea Lewis は左右の大顎が非相称．細長い尾突起の内縁には大小の歯を生ずる．腹板の小歯は1本の帯状に並び数が多い．体長約 11 mm．高地の朽木から見出される．

ツヤキカワムシ科（p.16, 27）
Boridae

体形はアカハネムシ科に似る．第9腹節は全体が硬化し，1対の尾突起の間が山型に後方へ突出する．中胸背板の前縁の帯は正中線で分断され，1対の小歯となって後方へ突出する．日本にはツヤキカワムシ Boros schneideri Panzer1種を北海道に産する．体長 15 mm．枯れ木の樹皮下にすむ．

コブゴミムシダマシ科（p.15）
Zopheridae

日本からは Usechus 属4種と Phellopsis 属1種が知

られる．いずれも中胸または後胸から第6または第7腹節までの背板に1本の顆粒の横帯を有し，第9腹節背板にはより顕著な顆粒を散在する．気門輪は1対の空気嚢がある．*Usechus* 属は体長3～5 mm．朽木に見出される．*Phellopsis* 属のアトコブゴミムシダマシ *P. suberea* Lewis は体長約25 mm．中胸から第6腹節までの背板に顆粒を密に散布する．多孔菌のキノコに穿孔する．

ゴミムシダマシ科（p.17, 28）
Tenebrionidae

前頭頭盾縫合線と頭蓋中央縫合線を有し，単眼を有するものと欠くものとがある．小顎関節域は2分しない．下唇後基節と咽喉は通常融合しない．前脚はしばしば中，後脚に比して頑強．第9腹節に尾突起を有するものと欠くものとがある．欠くものは通常尾脚が発達する．食性は食腐性，食菌性，食肉性，食植性と多岐にわたる．

テントウゴミムシダマシ亜科 Leiochrinae の体は半球形で他の亜科のものとは顕著に異なる．テントウゴミムシダマシ類 *Derispia* は体長2.5 mm 内外．背面は黄色と暗褐色に彩られる．成虫とともに地衣やコケを食する．土壌に生活するものとしてハムシダマシ亜科 Lagriinae の一部，クチキムシ亜科 Alleculinae の一部，オサムシダマシ亜科 Blaptinae，ゴモクムシダマシ亜科 Pedininae，スナゴミムシダマシ亜科 Opatrinae，ハマベゴミムシダマシ亜科 Phaleriinae などが挙げられる．カクスナゴミムシダマシ *Gonocephalum recticolle* Motschulsky は体長約20 mm．この属には砂地にすむものも少なくない．ハムシダマシ亜科の触角は2節．単眼は明瞭．ハムシダマシ *Lagria nigricollis* Hope は体長約11 mm．落葉層に多い．ナガハムシダマシ *Macrolagria rufobrunnea*（Marseul），アオハムシダマシ *Arthromacra viridissima* Lewis は体長約12 mm．落葉層の朽木に見出される．ヒゲブトハムシダマシ *Luprops orientalis*（Motschulsky）は体長約11 mm．菌類がはびこる枯れ木上に見出される．幼虫は枯れ木，腐植物，菌類を食する．同亜科のチビヒサゴゴミムシダマシ *Laena rotundicollis* Marseul は体長約6.5 mm．落葉層にすむ．クチキムシ亜科は体が滑らかで第9腹節は後方へ細くなり尾突起を欠く．尾脚が顕著に発達する．腐葉土やもろくなった朽木から見出される．オオクチキムシ *Allecula fuliginosa* Möklin は体長約23 mm．キイロクチキムシ *Cteniopinus hypocrita*（Marseul）は体長約21 mm．体節の背板と腹板の間に縫合線を欠き，体は円筒形．小さな1対の尾突起がある．幼虫はいずれも腐植物や菌類を食するが，オオクチキムシなどは食肉性もある．

枯れ木や朽木に生息するものも多く，エグリゴミムシダマシ亜科 Ulominae，ニジゴミムシダマシ亜科 Cnodaloninae，ヒサゴゴミムシダマシ亜科 Misolampinae，キマワリ亜科 Amarygminae，ナガキマワリ亜科 Strongylinae などが挙げられる．ゴミムシダマシ亜科 Tenebrioninae にも枯れ木や朽木に生息するものが少なくない．エグリゴミムシダマシ類 *Uloma* は体長10～20 mm．第9腹節はドーム型．同じ亜科に属するホソゴミムシダマシ類 *Hypophloeus* は枯れ木の樹皮下やキクイムシ類の孔道に見出され，捕食性が強い．アメイロホソゴミムシダマシ *H. gentilis*（Lewis）は体長約4 mm．カシ類の樹皮下にすむ．キマワリ *Plesiophthalmus nigrocyaneus* Motschulsky は体長35 mm 内外．朽木に最も普通にみられる．第9腹節の背板がスプーン状に凹む．

ゴミムシダマシ科には枯れ木や朽木に生じたキノコに生息する（食菌性）のものも多い．代表的なものとしてカブトゴミムシダマシ亜科 Bolitophaginae，キノコゴミムシダマシ亜科 Diaperinae が挙げられる．前者に属するクワガタゴミムシダマシ *Atasthalomorpha dentifrons*（Lewis）は体長約17 mm．多孔菌に穿孔する．

カミキリムシ科（p.10, 30）
Cerambycidae

体は白色，または乳白色で細長い．頭蓋の後方は前胸に埋もれる．体節には移動を助けるための隆起があり，胸脚を有するものと欠くものとがある．胸脚がある場合は著しく小さい．1対の尾突起を欠くものが多いが，認められるものも著しく小さい．主として食材性で枯れ木に穿孔するが，ハナカミキリ亜科 Lepturinae のヒメハナカミキリ類 *Pidonia* には朽木から土中へ潜るものも知られている．

ハムシ科（p.10, 30）
Chrysomelidae

ネクイハムシ亜科 Donaciinae のものは肥満した体の末端に1対の刺状の気門（第8腹節気門）を有し，それを植物組織に刺して呼吸する．泥の中に生息する．ナガツツハムシ亜科 Clytrinae の *Clytra* 属はアリの巣に寄生することで知られている．ツツハムシ亜科 Cryptocephalinae には糞ケースの中に体を入れ地表で枯れ葉を食するものが少なくない．バラルリツツハムシ *Cryptocephalus approximatus* Baly は体長約10 mm．サルハムシ亜科 Eumolpinae は主として土中で根を食する．*Basilepta* 属は各腹節の腹面がやや腹脚状に突出する．体長3～6 mm．ヒゲナガハムシ亜科 Galerucinae，ノミハムシ亜科 Halticinae には根を食害するものが少なくない．

ヒゲナガゾウムシ科 (p.10, 30)
Anthribidae

単眼を1個有するか，または欠く．触角は1節．前頭頭盾縫合線を稀に欠く．大顎臼状部は多少発達する．小顎葉片は外葉と刺状の内葉からなる．小顎鬚は2～3節．下唇鬚は通常1～2節．下咽頭硬皮板を通常そなえる．下唇前基節は後方へV型に突出しない．各腹節背板には通常2本の横襞がある．肛門はX型に裂する．気門輪は1個または2個の突出部（空気嚢）．枯れ木，枯れ木のキノコ，種子などに穿孔するほか，カイガラムシに寄生する種も知られる．キノコヒゲナガゾウムシ *Euparius oculatus* (Sharp) はシュタケなどに，エゴヒゲナガゾウムシ *Exechesops leucopis* (Jordan) はエゴノ種子に穿孔する．後者は体長約6 mm．

オトシブミ科 (p.10)
Attelabidae

単眼は各側面に通常は2個，もしくはそれ以上．小顎鬚は2～3節．各腹節背板はしばしば2本の横襞からなる．肛門は横長に，またはX型に裂する．気門輪は環状，または1対の空気嚢がある．揺籃（ようらん）や果実に産卵（一部の種は潜葉性），いずれも腐植，またはそれに近い状態のものが幼虫の食物となる．ルリオトシブミ類 *Euops* は揺籃に植え付けられた菌類を食する．チャイロチョッキリ *Aderorhinus crioceroides* (Roelofs) などの幼虫は冬季に林床の土中から見出される．

ミツギリゾウムシ科 (p.10)
Brentidae

単眼を欠く．触角は1節．下唇前基節の基部は後方へV型に突出しない．下咽頭硬皮板を有する．中胸の各側面近くに微細な歯からなる1個の紋がある．各腹節背板には通常3～4本の横襞がある．気門輪は環状または楕円形．肛門はY型に裂する．アリモドキゾウムシ亜科 Cyladinae のアリモドキゾウムシ *Cylas formicarius* (Fabricius) はサツマイモなどヒルガオ類の塊根を食する．ミツギリゾウムシ亜科 Brentinae は主として枯れ木に穿孔する．

ゾウムシ科 (p.10, 30・31)
Curculionidae

単眼を有するものと欠くものとがある．触角は1～2節．下唇前基節の基部は後方へV型に突出する．上咽頭には1対の硬皮板がある．各腹節の背板には3～4本の横襞がある．気門輪には1～2個の空気嚢がある．肛門はX型に裂するものが多い．枯れ木，土壌，果実，種子などから見出されるほか，潜葉性を含めて食葉性のものも少なくない．クチブトゾウムシ亜科 Otiorhynchinae，コフキゾウムシ亜科 Sitoninae は主として土壌で生活し，茎や根を食する．クチブトゾウムシ亜科のツチゾウムシ類 *Trachyphloeosoma* は落葉層にすむ．コフキゾウムシ亜科のチビコフキゾウムシ類 *Sitona* は体長5 mm内外．クローバの根の付近に多い．タコゾウムシ亜科 Hyperinae の多くは地表付近で茎や葉を食する．ツメクサタコゾウムシ *Hypera nigrirostris* (Fabricius) は体長約7 mm．タコゾウムシ類は体色が緑で腹節の腹面が腹脚状に発達する．

オサゾウムシ科 (p.10, 30)
Rhynchophoridae

オオゾウムシ *Sipalinus gigas* (Fabricius) は体長20 mm内外．広葉樹や針葉樹の枯れ木中に穿孔する．シバオサゾウムシ *Sphenophorus venatus vestitus* Chittenden はシバの地下部を食害することで知られる．

ナガキクイムシ科 (p.10, 30)
Platypodidae

単眼を欠く．触角は1～2節．下唇前基節の基部は後方へV型に突出する．各腹節の背板は弱い2本の横襞からなる．気門輪は楕円形．腹部末端第9腹節の後縁は中央部が後方へ角状に突出する．成虫によって穿たれた孔道内でアンブロシア菌を食べて生育する．カシノナガキクイムシ *Platypus quercivorus* (Murayama) は体長約6 mm．広葉樹やスギの枯れ木から見出される．

キクイムシ科 (p.10, 30)
Scolytidae

ゾウムシ科に似る．単眼を欠く．触角は1～2節．小顎鬚，下唇鬚は，いずれも2節．下唇前基節の基部は後方へV型に突出する．上咽頭に1対の硬皮板がある．各腹節の背板は約3本の横襞がある．気門輪には1～2個の空気嚢がある．枯れ木やドングリなどの種子に穿孔する．前者には食菌性（アンブロシア菌を食する）の種と食材性の種がある．

引用・参考文献

青木淳一 (1973)．土壌動物学．814 pp. 北隆館，東京．
Besuchet, C. (1952). Larves et nymphes de *Plectophloeus* (Col. Pselaphidae). *Mitt. schweiz. ent. Ges.*, **25**(3) : 251-256.
Böving, A. G. and F. C. Craighead (1931). An illustrated synopsis of the principal larval forms of the order Coleoptera. *Ent. Amer.*, **11** : 1-351.
Crowson, R. A. (1955). The Natural Classification of Coleoptera. 187 pp. Loyd, London.
Crowson, R. A. (1981). The Biology of the Coleoptera. 802 pp. Academic Press. London.

Eisenbeis, G. and W. Wichard (1987). Atlas on the Biology of Soil Arthropods. 437 pp. Springer-Verlag. Berlin.

Emden, F. van (1941). Larvae of British beetles. II. A key to the British lamellicornia larvae. *Ent. mon. Mag.*, **77** : 117-127, 181-192 + 2 pls.

Emden, F. I. van (1942a). A key to the genera of larval Carabidae (Col.). *Trans. R. ent. Soc. London*, **92** : 1-99.

Emden, F. I. van (1942b). Larvae of British beetles. III. Key to families. *Ent. mon. Mag.*, **78** : 206-226, 253-272.

Emden, F. I. van (1943). Larvae of British beetles. IV. Various small families. *Ent. mon. Mag.*, **79** : 209-223, 259-270.

Emden, F. I. van (1950). Eggs, eggs-laying habits and larvae of short-nosed weevils. *Proc. 8th int.Congr. Stokholm*, **1984** : 65-372.

Fukuda, A. (1969). Description of larva of *Aphanocephalus Hemisphericus* Wollaston, with the relationship of the related genera (Coleoptera : Notiophygidae). *Kontyû*, **37**(1) : 20-26.

福田　彰・林　長閑・黒佐和義（1959）．甲虫．日本幼虫図鑑（素木編），392-545. 北隆館，東京．

Gilýarov, M. S. (ed.)(1964). Key to Larvae of Soil Insects. 920 pp. Nauka, Mscow. (in Russian)

後閑暢夫（1964）．森林害虫としてのコガネムシ類（1, 2）．森林防疫ニュース，**13**(3) : 46-51 ; **13**(10) : 242-245.

後閑暢夫（1980a）．害虫としてのコガネムシ幼虫．芝草農薬に関するシンポジウム（日本植物防疫協会）：22-30.

後閑暢夫（1980b）．ヒラタコガネ *Anomala octiescostata* Burmeister について．応動昆，**24**(2) : 112-114.

Greathead, D. J. (1963). A review of the insect enemies of Acridoidea (Orthoptera). Trans. R. ent. Soc. London, **114** : 437-517.

土生昶申・貞永仁恵（1961-1965）．畑や水田付近に見られるゴミムシ類（オサムシ科）の幼虫の同定手びき（I-III）．農業技術研究所報告 Series C, (13) : 207-248 ; (16) : 151-179 ; (19) : 81-216.

芳賀昭治（1953）．糞虫の幼虫と生態．新昆虫，**6**(2) : 15-18.

Hayashi, N. (1964). On the larvae of Lagriidae occurring in Japan (Coleoptera : Cucujoidea). *Ins. Mats.*, **27**(1) : 24-30.

Hayashi, N. (1966). A contribution to the knowledge of the larvae of Tenebrionidae occurring in Japan (Coleoptera: Cucujoidea). *Ins. Mats., Supplement*, **1** : 1-41 + 32 pls.

Hayashi, N. (1968). Additional notes on the larvae of Lagriidae and Tenebrionedae occurring in Japan (Coleoptera : Cucujoidea). *Ins. Mats., Supplement*, **1** : 1-12.

Hayashi, N. (1971). On the larvae of Mycetophagidae occurring in Japan (Coleoptera : Cucujoidea). *Kontyû*, **39**(4) : 36-367.

Hayashi, N. (1972). On the larvae of some species of Colydiidae, Tetratomidae and Aderidae occurring in Japan (Coleoptera : Cucujoidea). *Kontyû*, **40**(2) : 100-111.

Hayashi, N. (1975). On the larvae of Melandryidae (Coleoptera : Cucujoidea) and some related families occurring in Japan. *Kontyû*, **43**(2) : 147-169.

Hayashi, N. (1978). A contribution to the knowledge of the larvae of Nitidulidae occurring in Japan (Coleptera : Cucujoidea). *Ins. Matsum. n. s.*, **14** : 1-97.

Hayashi, N. (1989). On the larvae of Sphindidae (Coleoptera, Cucujoidea) occurring in Japan. *Kanagawa-Chûhô Yokohama*, (90) : 218-222.

林　長閑（1962）．ドウガネチビマルトゲムシの幼期について（鞘翅目幼虫の研究 XI）．昆虫学評論，**14**(2) : 48-50 + 2pls.

林　長閑（1979）．日本における始原亜目 Micromalthidae の発見－その生態と形態－．甲虫ニュース，(44) : 1-4.

林　長閑（1980）．枯木に生息するヒラタムシ上科（鞘翅目）の幼虫の同定手びき．日本私学教育研究所調査資料，(72) : 95-147. + 53pls.

林　長閑（1981a）．枯木に生息する鞘翅目の幼虫の手びき．日本私学教育研究所調査資料，(81) : 83-95 + 12pls.

林　長閑（1981b）．甲虫の幼虫の見分け方．グリーンブックス 64．79 pp. 北隆館，東京．

林　長閑（1985）．落葉層に棲む甲虫の幼虫．昆虫と自然，**20**(12) : 9-13.

Hinton, H. E. (1945). A Monograph of the Beetles Associated with Stored Products. Vol. 1. 443pp. British Museum (Natural History). London.

細辻豊二・吉田正義（1979）．芝生の病虫害と雑草．298pp. 全国農村教育協会，東京

Ishikawa, R. (1978). A revision of higher taxa of the subtribe Carabina (Coleoptera, Carabidae). *Bull. Natn. Sci. Mus., Tokyo*, **4**(2) : 45-68.

Kasule, F. K. (1966). The subfamillies of the larvae of Staphylinidae (Coleoptera) with keys to the larvae of British genera of Stenidae and Proteininae. *Trans. R. ent. Soc. London*, **118** : 261-283.

Kasule, F. K. (1968). The larval characters of some subfamillies of British Staphylinidae (Coleoptera) with keys of the known genera. *Trans. R. ent. Soc. London*, **120** : 115-138.

Kasule, F. K. (1970). The larvae of Paederinae and Staphylinae (Coleoptera, Staphylinidae) with key to the known Britsh genera. *Trans. R. ent. Soc. London*, **122** : 49-80.

気賀澤和男（編）(1985)．原色図鑑土壌害虫．271 pp. 全国農村教育協会，東京．

Klausnitzer, B. (ed.)(1978). Ordnung Coleoptera (Larven). 378 pp. Akademie-Verlag. Berlin.

小島圭三（1959）．日本産カミキリムシの幼虫の形態学研究　附2・3のカミキリムシの生態．高知大学紀要，(6), 1-72 + 23 pla.

小島圭三・林　匡夫（1969）．原色日本昆虫生態図鑑（I）カミキリムシ編．302 pp. 保育社，大阪．

越知鬼志夫・小島圭三（1961）．苗畑害虫の防除に関する研究 I．土壌中におけるコガネムシ類幼虫とコメツキムシ類幼虫の生態．林業試験場研究報告，(130) : ?51-70.

窪木幹夫（1989）．ヒメハナカミキリの幼生期の生活－ミミズといっしょに採れたカミキリ幼虫－．昆虫と自然，**24**(9) : 13-17.

黒佐和義（1958）．アオバアリガタハネカクシの生活史に関する研究（有毒甲虫の研究，III）．衛生動物，**9**(4) : 245-276.

Lawrence, J. F. (1981). Notes on larval Lucanidae (Coleoptera). *J. Aust. ent. Soc.*, **20** : 213-219.

Lawrence, J. F. (1982). Coleoptera. *In* "Synopsis and Classification of Living Organisms (S. P. Parker ed.)", 485-554. McGraw-Hill Book Co. New York.

MacSwain, J. W. (1956). A Classification of the First Instar Larvae of the Meloidae (Coleoptera). 182 pp. Unuv. California Press. California.

Mamaev, B. M. (ed.)(1976). Evolutional Morphology of Insect Larvae. 204 pp. Nauka. Moscow. (in Russian)

Mamaev, B. M., N. P. Krivosheina and V. A. Potockaja (1977). A Key to the Larvae of Insects Injurious to Wood Stems, and of their Predatory Insects. 392 pp. Nauka, Moscow. (in Russian).

益本仁雄（1973）．フン虫の採集と観察．95pp．ニュー・サイエンス社．東京．

望月　進（1980）．コツヤエンマムシとルリエンマムシの生活史について．昆虫と自然，**15**(3)：13-17.

森本　桂（1970）．ゾウムシ類研究入門(2)．昆虫と自然，**5**(1)：30-34.

森本　桂（1975）．ゾウムシ類の生活．インセクタリゥム，**12**：148-151.

森本　桂・林　長閑（編著）．原色日本甲虫図鑑(I)．323 pp．保育社，大阪．

中村慎吾・小島圭三（1981）．カミキリムシ幼生期の分類と生態．昆虫と自然，**16**(10)：12-16.

大平仁夫（1968）．日本産コメツキムシ科の幼虫概説，I-V. 昆虫と自然，**3**(1)：30-34；**3**(2)：24-29；**3**(5)：20-26；**3**(7)：16-21；**3**(10)：12-18.

大場信義（1976a）．ヒメボタル Hotaria parvula の生活史(II)．横須賀市博物館館報，(22)：12-17.

大場信義（1976b）．ムネクリイロボタルの形態と活動習性について．横須賀市博物館研究報告，(23)：35-43＋3pls.

大場信義（1979）．沖縄産ホタル類の形態と生態予報．横須賀市博物館館報，(25)：20-23.

Peterson, A. (1951). Larvae of Insects II. 416 pp. Columbus. Ohio.

Potockaja, V. A. (1971). Morpho-ecological types of larvae in Staphylinidae Zool. Zh., **50**(11)：1665-1673. (in Russian).

澤田玄正（1967）．圃場にみられるコガネムシ類幼虫の図解検索．植物防疫，**21**(7)：21-24＋5 pls.

柴田泰利(1985)．土壌中に生活するハネカクシ．昆虫と自然，**20**(12)：18-22.

Smith, K. G. V. (1986). A Manual of Forensic Entomology. 205 pp. British Museum (Natural History). London.

Szujecki, A. (1987). Ecology of Forest Insects. 601 pp. PWN-Polish Scientific Publishers. Warsaw.

竹中秀雄(1982)．ツツハムシ類の生活．インセクタリゥム，**19**：258-262.

滝沢春雄（1981）．ハムシの生活様式．インセクタリゥム，**18**：304-309.

田中和夫（1956）．アオゴミムシ属数種の生態．昆虫，**24**(2)：87-96＋2pls.

Tomas, J. B. (1957). The use of larval anatomy in the study of bark-beetles (Coleoptera : Scolytidae) 9. Canad. Ent., 90, Supplement, **5**：1-45.

Wilding, N., N. M. Collihs, P. M. Hammond and J. F. Webber (eds.)(1989). Insect-Fungus Interactions. 344pp. Academic Press. London.

Wheeler, Q. and M. Blackwell (eds.)(1984). Fungus-Insect Relationships, Perspectives in Ecology and Evolution. 514 pp. Columbia Univ. Press, New York.

山下　泉・小島圭三・細木康彦（1978）．高知県内のふん虫，ふん虫利用の基礎研究 I．げんせい，(34)：1-16.

山下　泉・小島圭三・三宅義一（1978）．ふん虫類13種の幼虫とさなぎの形態，フン虫利用に関する基礎研究 II．げんせい，(35)：1-24.

節足動物門
ARTHROPODA

昆虫亜門（六脚亜門） HEXAPODA
外顎綱（狭義の昆虫綱） Entognatha
ハエ目（双翅目）幼虫 Diptera - Larvae

三井偉由　H. Mitsui

昆虫亜門 Hexapoda・ハエ目（双翅目）Diptera 幼虫

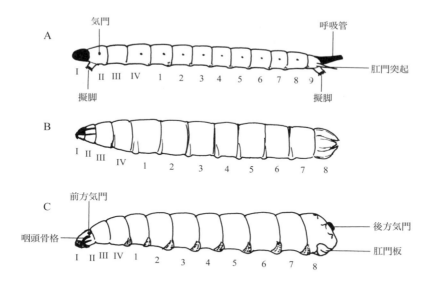

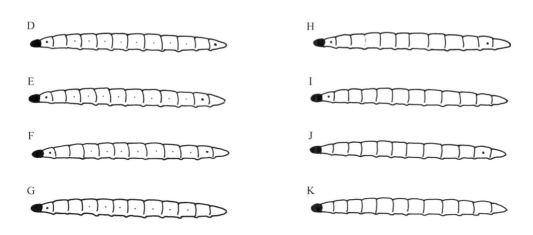

ハエ目（双翅目）Diptera 幼虫形態用語図解（1）

A：カ亜目 Nematocera（長角亜目．カの仲間．頭部は完全で固定的に突出する．ただしガガンボ科では頭部後方はさまざまな程度に退化し，胸部に引き込まれる．大顎は水平に動く）側面，B：アブ亜目 Brachycera（短角亜目．アブの仲間．頭部はさまざまな程度に退化し，少なくとも後半部は胸部に引き込まれる．大顎は垂直に動く）側面，C：ハエ亜目 Cyclorrhapha（環縫亜目．ハエの仲間．頭部は小さく膜質で，胸部内に咽頭骨格がある．大顎は垂直に動く）側面，D〜E：完気門型幼虫（前胸，後胸および腹部の 8 環節に気門がある），F：側気門型幼虫（前胸および腹部の 8 環節に気門がある），G：半気門型幼虫（前胸および腹部の 7 環節に気門がある），H：双気門型幼虫（前胸および腹部の 1 環節に気門がある），I：前気門型幼虫（前胸のみに気門がある），J：後気門型幼虫（腹部の 1 環節のみに気門がある），K：無気門型幼虫（気門を欠く），I：頭部，II：前胸，III：中胸，IV：後胸，1〜9：腹部第 1 節〜第 9 節

2 昆虫亜門・ハエ目 幼虫

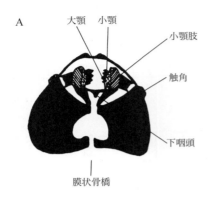
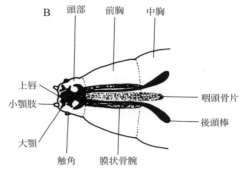
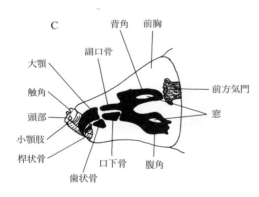
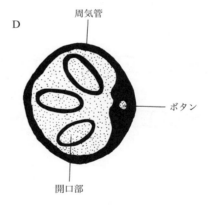

ハエ目（双翅目）Diptera 幼虫形態用語図解（2）
A：カ亜目（長角亜目）Nematocera の頭部腹面，B：アブ亜目（短角亜目）Brachycera の頭・胸部背面，C：ハエ亜目（環縫亜目）Cyclorrhapha の頭・胸部側面，D：ハエ亜目（環縫亜目）Cyclorrhapha の後方気門

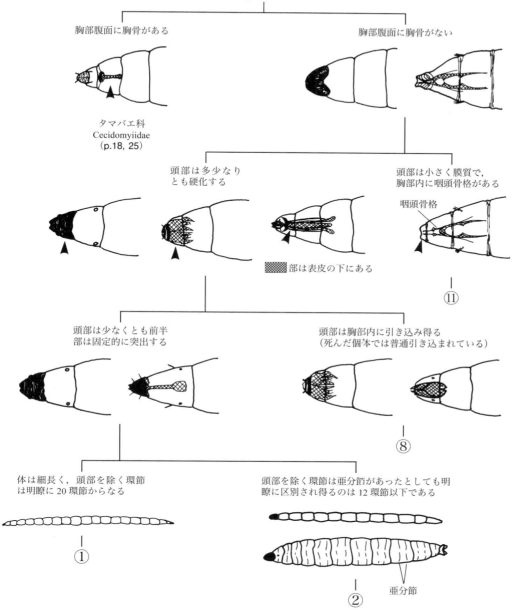

4 昆虫亜門・ハエ目 幼虫

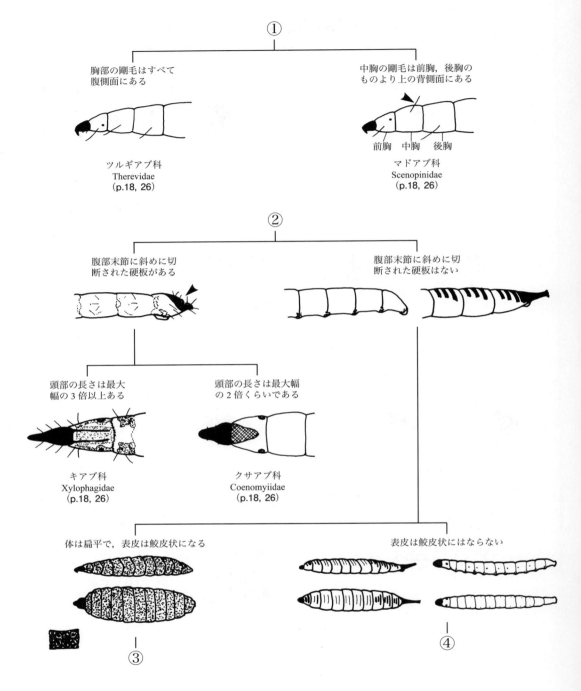

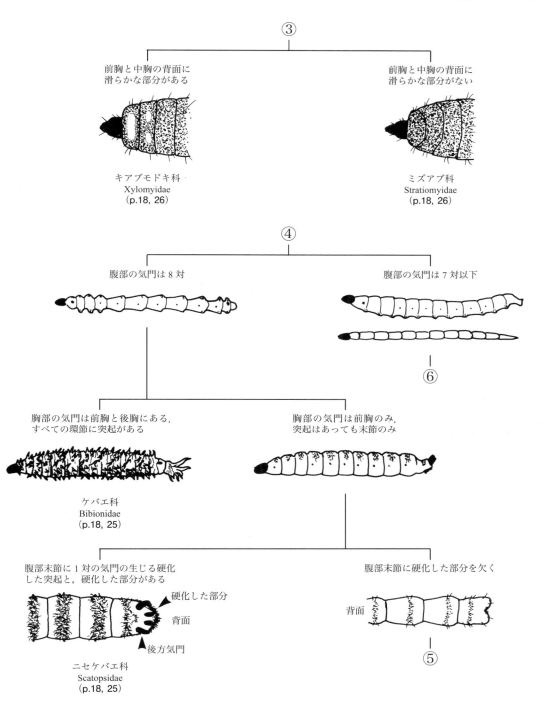

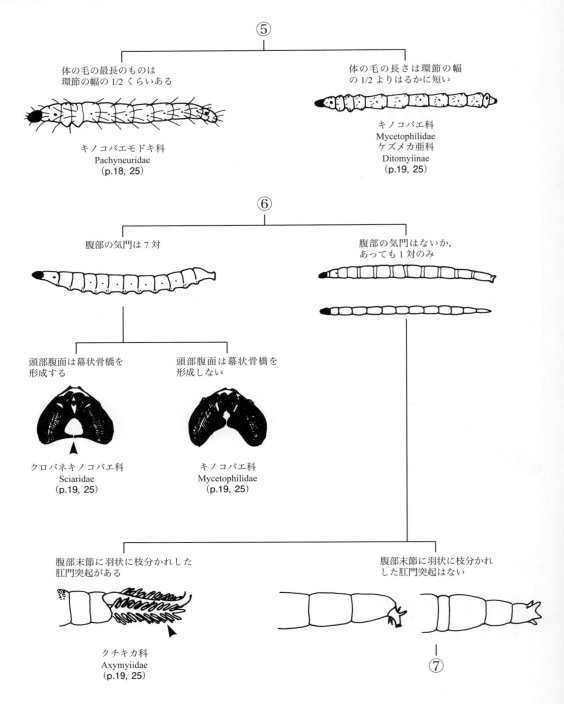

昆虫亜門・ハエ目 幼虫

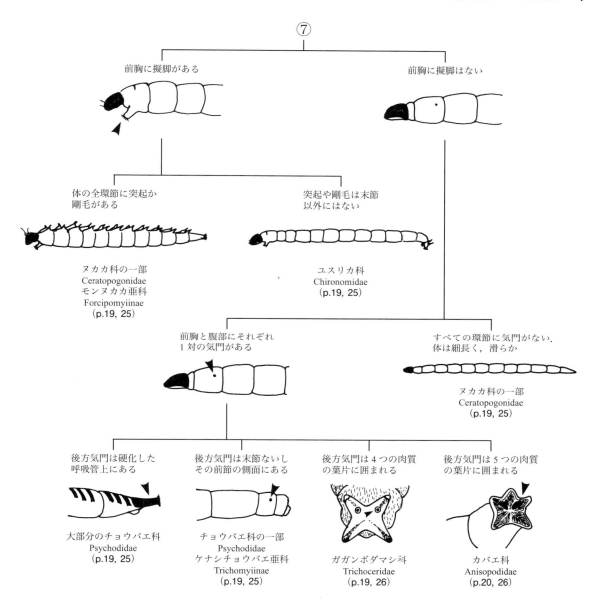

8 昆虫亜門・ハエ目 幼虫

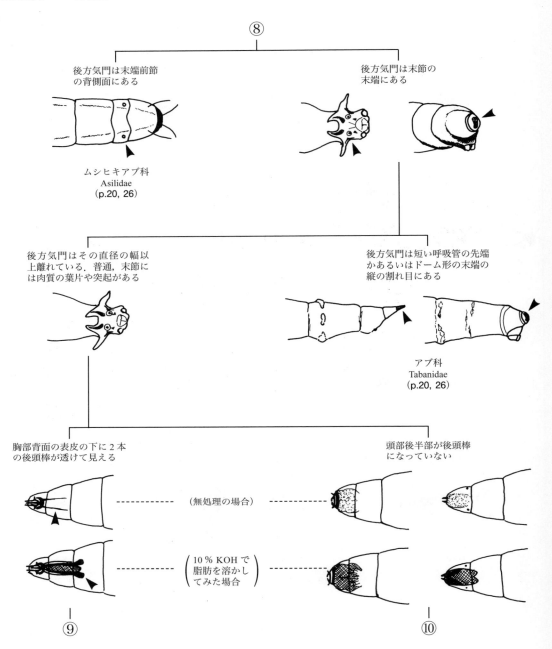

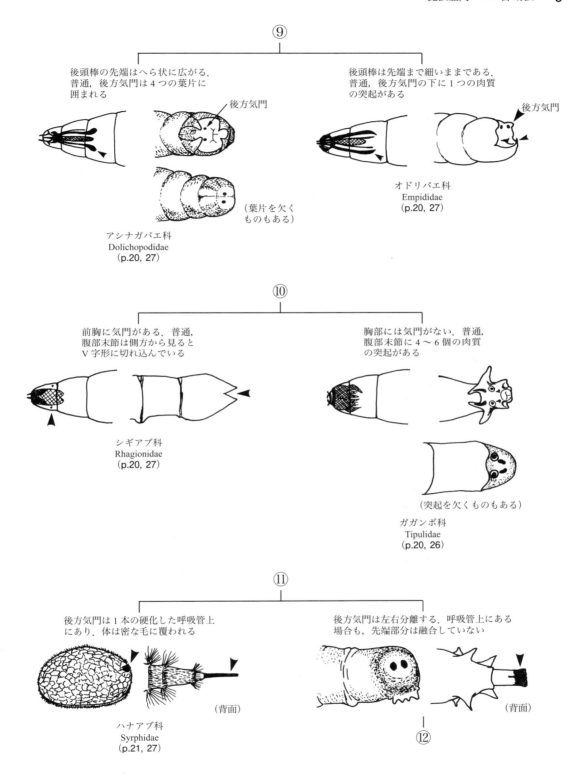

10 　昆虫亜門・ハエ目 幼虫

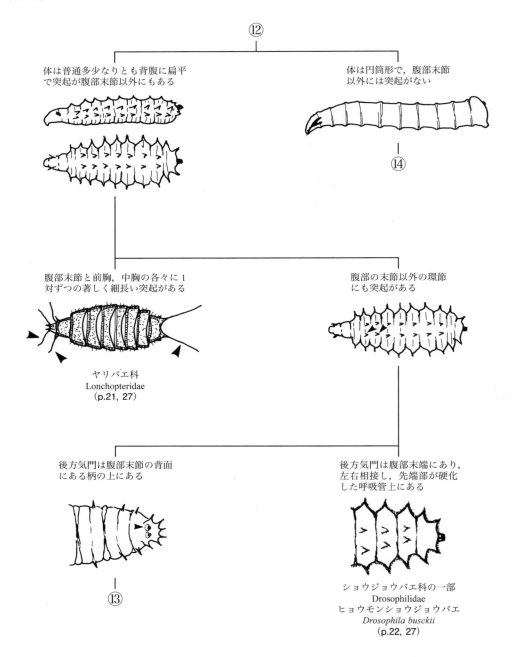

昆虫亜門・ハエ目 幼虫

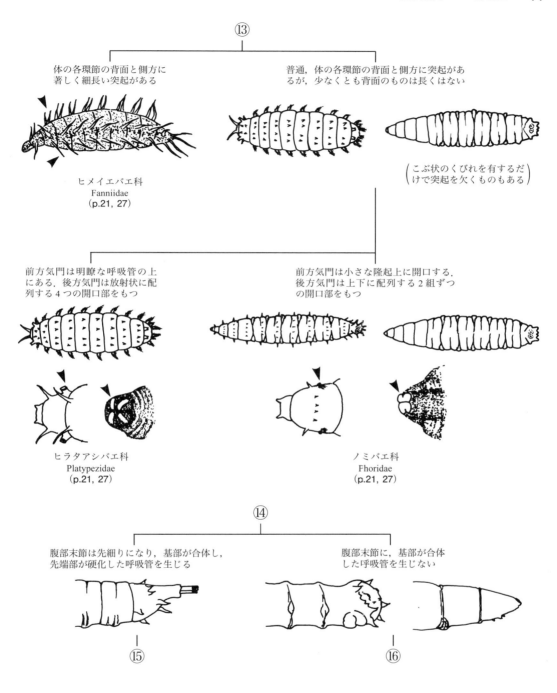

12 昆虫亜門・ハエ目 幼虫

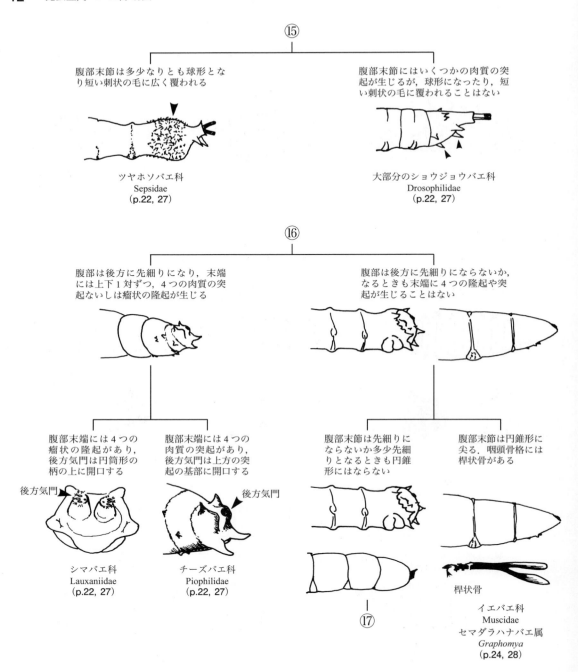

昆虫亜門・ハエ目 幼虫 **13**

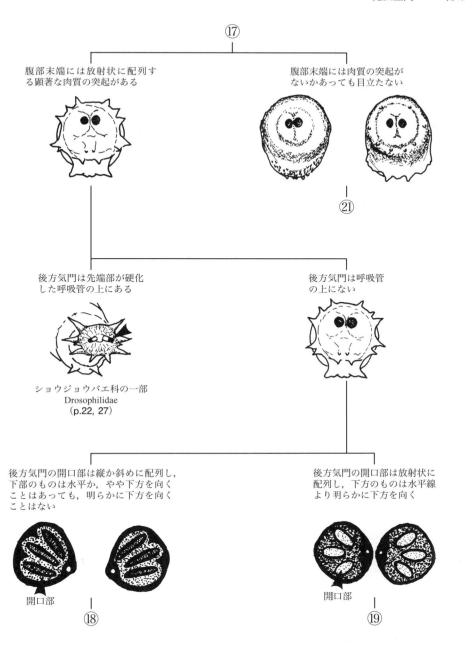

― 1757 ―

14　昆虫亜門・ハエ目 幼虫

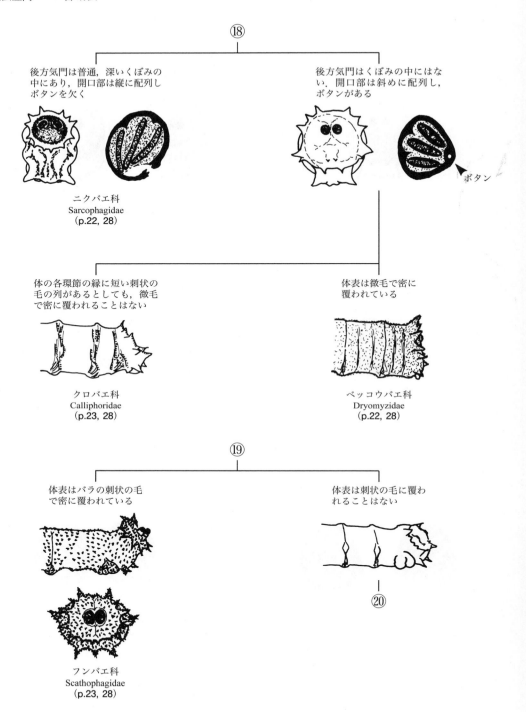

昆虫亜門・ハエ目 幼虫

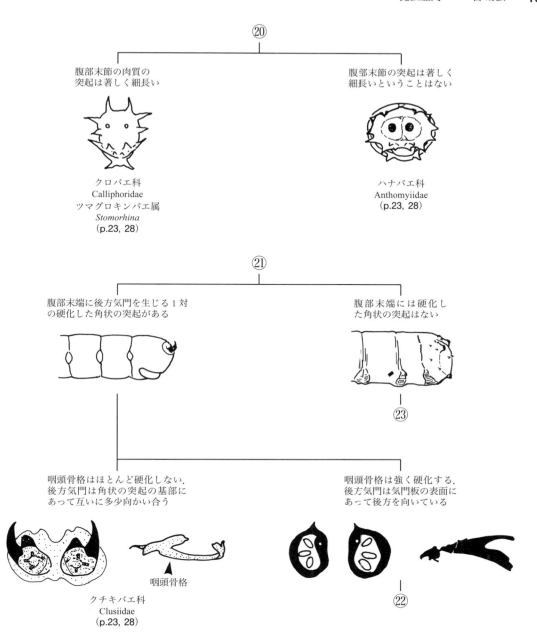

16　昆虫亜門・ハエ目 幼虫

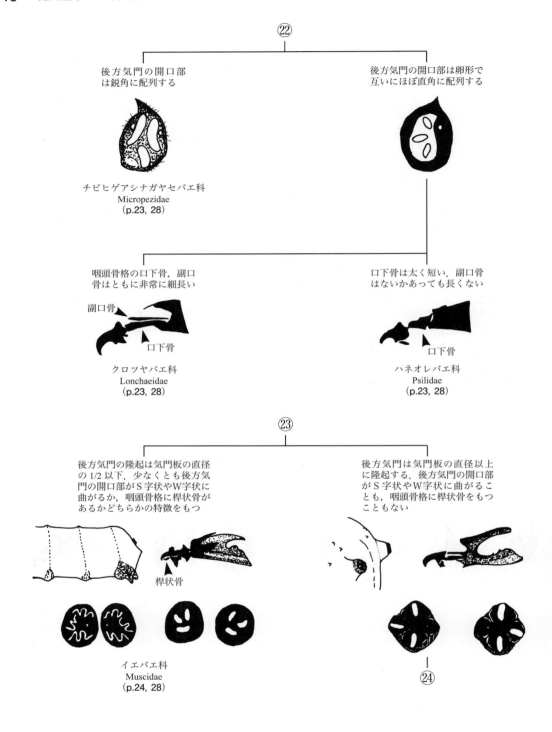

昆虫亜門・ハエ目 幼虫

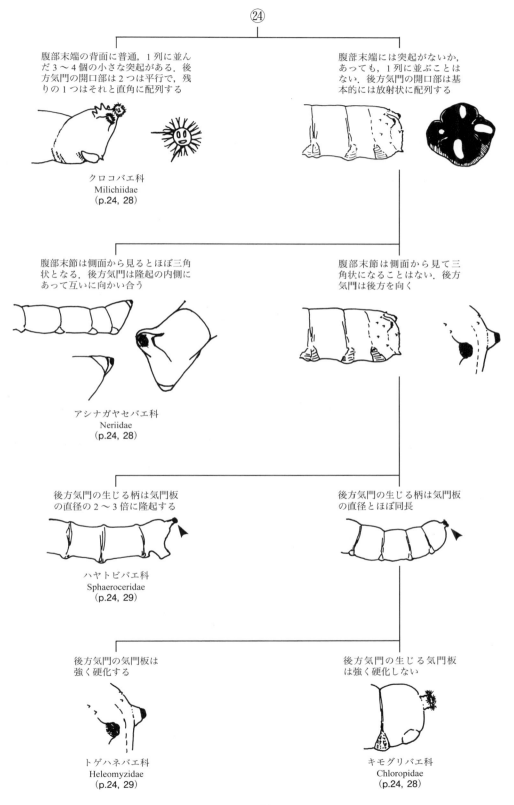

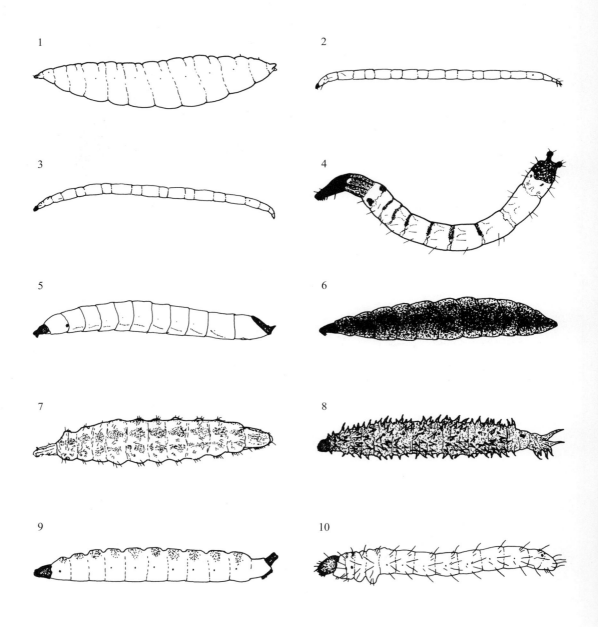

ハエ目(双翅目)Diptera 幼虫全形図 (1)
1：タマバエ科 Cecidomyiidae, 2：ツルギアブ科 Therevidae, 3：マドアブ科 Scenopinidae, 4：キアブ科 Xylophagidae, 5：クサアブ科 Coenomyiidae, 6：ミズアブ科 Stratiomyidae, 7：キアブモドキ科 Xylomyidae, 8：ケバエ科 Bibionidae, 9：ニセケバエ科 Scatopsidae, 10：キノコバエモドキ科 Pachyneuridae
(5：James, 1981 から略写；7：Brauns, 1954 から略写；10：Wood, 1981 から略写)

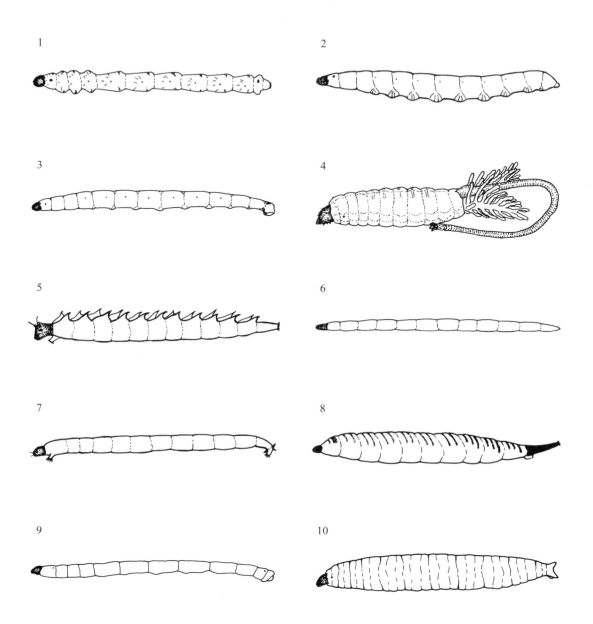

ハエ目(双翅目)Diptera 幼虫全形図 (2)
1：キノコバエ科ケズメカ亜科 Mycetophilidae Ditomyiinae，2：キノコバエ科 Mycetophilidae，3：クロバネキノコバエ科 Sciaridae，4：クチキカ科 Axymyiidae，5：ヌカカ科モンヌカカ亜科 Ceratopogonidae Forcipomyiinae，6：ヌカカ科 Ceratopogonidae，7：ユスリカ科 Chironomidae，8：チョウバエ科 Psychodidae，9：チョウバエ科ケナシチョウバエ亜科 Psychodidae Trichomyiinae，10：ガガンボダマシ科 Trichoceridae
(4：Wood, 1981 から略写；9：Qate and Vockeroth, 1981 から略写)

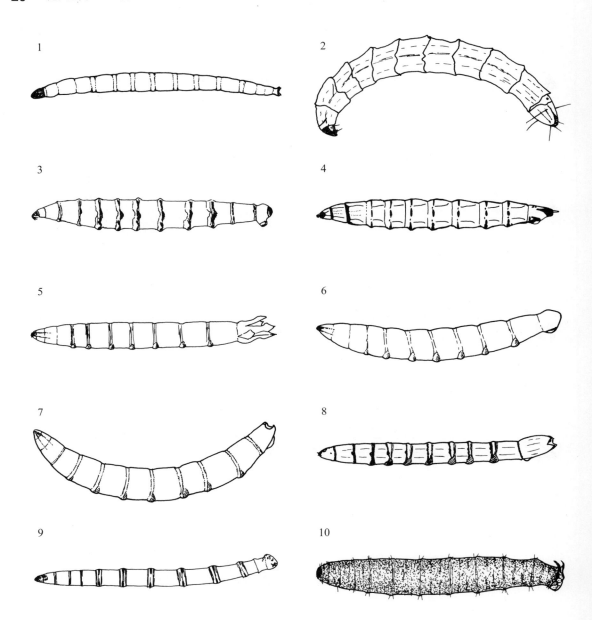

ハエ目(双翅目)Diptera 幼虫全形図 (3)

1：カバエ科 Anisopodidae, 2：ムシヒキアブ科 Asilidae, 3・4：アブ科 Tabanidae, 5・6：アシナガバエ科 Dolichopodidae, 7：オドリバエ科 Empididae, 8：シギアブ科 Rhagionidae, 9・10：ガガンボ科 Tipulidae
(4：早川, 1985 から略写)

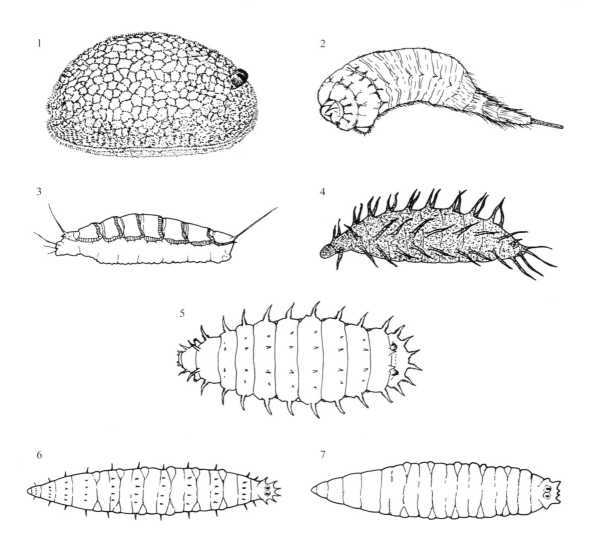

ハエ目(双翅目)Diptera 幼虫全形図 (4)
1・2：ハナアブ科 Syrphidae，3：ヤリバエ科 Lonchopteridae，4：ヒメイエバエ科 Fanniidae，5：ヒラタアシバエ科 Platypezidae，
6・7：ノミバエ科 Phoridae
(1：Vockeroth and Thompson, 1987 から略写；3：Brauns, 1954 から略写；5：Kessel, 1987 より略写)

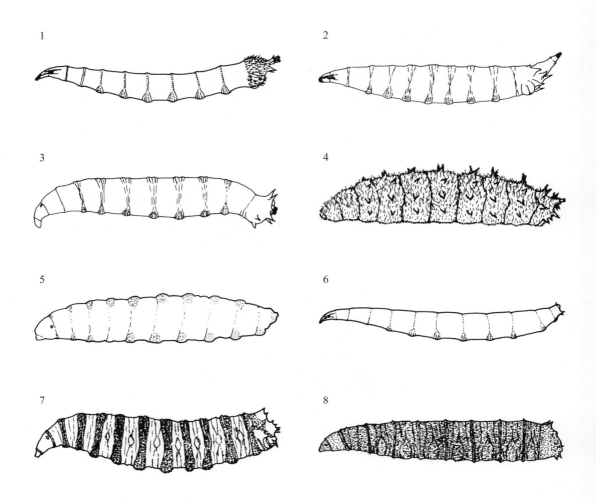

ハエ目(双翅目)Diptera 幼虫全形図 (5)
1：ツヤホソバエ科 Sepsidae, 2・3：ショウジョウバエ科 Drosophilidae, 4：ショウジョウバエ科ヒョウモンショウジョウバエ Drosophilidae *Drosophila busckii* Coquillett, 5：シマバエ科 Lauxaniidae, 6：チーズバエ科 Piophilidae, 7：ニクバエ科 Sarcophagidae, 8：ベッコウバエ科 Dryomyzidae
(5：Shewel, 1987 から略写)

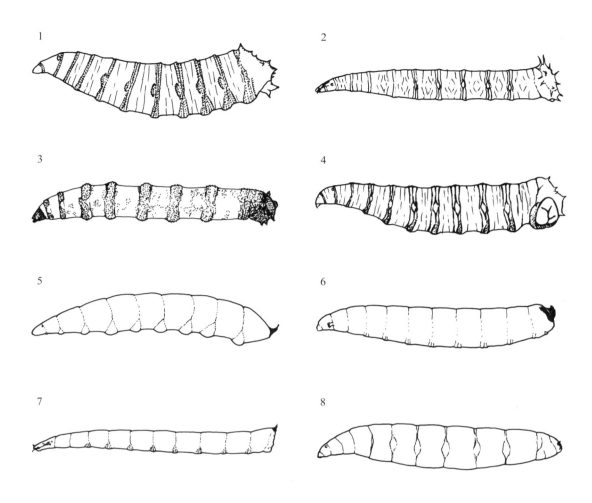

ハエ目(双翅目)Diptera 幼虫全形図 (6)
1:クロバエ科 Calliphoridae, 2:クロバエ科ツマグロキンバエ属 Calliphoridae *Stomorhina*, 3:フンバエ科 Scathophagidae, 4:ハナバエ科 Anthomyiidae, 5:クチキバエ科 Clusiidae, 6:チビヒゲアシナガヤセバエ科 Micropezidae, 7:クロツヤバエ科 Lonchaeidae, 8:ハネオレバエ科 Psilidae
(6:Steyskal, 1987 から略写;7:Brauns, 1954 から略写)

24 昆虫亜門・ハエ目 幼虫

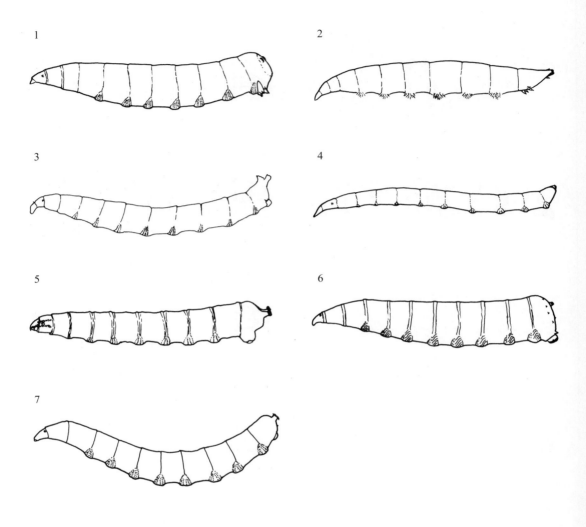

ハエ目（双翅目）Diptera 幼虫全形図（7）
1：イエバエ科 Muscidae，2：イエバエ科セマダラハナバエ属 Muscidae *Graphomya*，3：クロコバエ科 Milichiidae，4：アシナガヤセバエ科 Neriidae，5：ハヤトビバエ科 Sphaeroceridae，6：トゲハネバエ科 Heleomyzidae，7：キモグリバエ科 Chloropidae
（2：Keilin, 1917 から略写；3：Hennig, 1956 から略写）

ハエ目（双翅目）Diptera 幼虫

ハエ目（双翅目）は成虫の翅が2枚の昆虫の仲間で，日本からは2500種ほど知られ，カ亜目，アブ亜目，ハエ亜目の3亜目に分けられる．幼虫の形態は非常に変化に富むが，環節のある真の脚をもつことはない．

カ亜目（長角亜目）Nematocera

広義のカの仲間で，成虫の触角は多数の環節からなる．幼虫は水平に動く大顎をもち，ガガンボ科を除き，頭部は完全で固定的に突出している．

タマバエ科（p.3, 18）Cecidomyiidae

体長2〜10 mm前後．頭部は極めて小さくわずかに硬化する．一見するとハエ類（ハエ亜目）の幼虫に似るが，この小さなわずかに硬化した頭部と胸部覆面にある胸骨の存在によって容易に識別できる．日本各地に分布し，キノコ，朽木，土壌中に生息する．

ケバエ科（p.5, 18）Bibionidae

体長6〜24 mm前後．完気門型で，すべての環節に突起があることにより他の科とは容易に識別できる．日本各地に分布し，土壌中（特に木の株元）に生息するほか，堆積したケヤキの落花から見つかったことがある．

ニセケバエ科（p.5, 18）Scatopsidae

体長5 mm前後．側気門型で，腹部末端に硬化した部分がある．日本各地に分布し，堆肥，腐植質や人家周辺のさまざまな腐った有機質に生息する．

キノコバエモドキ科（p.6, 18）Pachyneuridae

体長20〜25 mm前後．キノコバエ科のケズメカ亜科とともに側気門型で，胸部の環節が腹部の環節より太く，腹面が丸く突出する．日本からは北海道に産するモイワキノコバエモドキ *Pachyneura fasciata* Zetterstedt 1種が知られ，朽木に生息する．ほかにハルカ科 Cramptonomyiidae（1科1種でハマダラハルカ *Haruka elegans* Okada が本州，四国，九州に産する）を本科に含めることもあるが，幼虫の形態は不明．

キノコバエ科（p.6, 19）Mycetophilidae

体長8〜10 mm前後．ケズメカ亜科 Ditomyiinae（側気門型）を除き半気門型．クロバネキノコバエ科に似るが，頭部腹面後方が左右広く離れることにより容易に識別される．日本各地に分布し，キノコに最も普通に見られるほか，朽木中にも見られる．ケズメカ亜科は体長15 mm以下で日本各地に分布し，朽木中に生息する．

クロバネキノコバエ科（p.6, 19）Sciaridae

体長5〜12 mm前後．キノコバエ科に似るが，頭部腹面後方が左右相接して幕状骨橋を形成することで識別される．日本各地に分布し，朽木中，有機質に富んだ土壌中に普通に見られる．

クチキカ科（p.6, 19）Axymyiidae

体長（呼吸管を除く）は10 mm前後．腹部末端のホース状の著しく長い呼吸管と顕著な羽状の肛門突起があることにより，他の科とは容易に識別できる．日本からは日本各地に分布するヤマトクチキカ *Axymyia japonica* Ishida 1種が知られ，朽木中に生息する．

ヌカカ科（p.7, 19）Ceratopogonidae

体長3〜7 mm前後．ユスリカ科の幼虫に似るが，ヌカカ亜科（新称）Ceratopogoninae，ツヤヌカカ亜科（新称）Dasyheleinae では擬脚を欠くことにより識別され，モンヌカカ亜科（新称）Forcipomyiinae では体の全環節に突起か剛毛があることにより識別される．日本各地に分布し，主に朽木中および土壌中に生息するが，コンクリート上に生えたコケの中からも見つかる．

ユスリカ科（p.7, 19）Chironomidae

体長4〜10 mm前後．前胸に擬脚があり，体の環節は末節を除き突起や剛毛を欠く．日本各地に分布し，朽木中および土壌中に生息する．

チョウバエ科（p.7, 19）Psychodidae

体長4〜9 mm前後．チョウバエ亜科（新称）Psychodinae に属するものが大部分で，腹部末端が硬化した呼吸管になり，体の環節の背面に硬化した額板がある．日本各地に分布し，獣糞や腐った有機質に生息する．ケナシチョウバエ亜科（新称）Trichomyiinae

では後方気門が腹部末節ないしその前節の側面にあり，額板を欠く．日本各地に分布し，朽木中に生息する．

ガガンボダマシ科（p.7, 19）
Trichoceridae
体長 6〜8 mm 前後．体の各環節は各々3つの亜分節に分かれる．腹部末端には後方気門を囲む4つの葉片があり，硬化した部分がある．日本各地に分布し，主に森林および草原の有機質の多い土壌中に生息するほか，人家周辺の腐った植物質からも発生する．

カバエ科（p.7, 20）
Anisopodidae
体長 10〜16 mm 前後．前胸および腹部の環節の前半の 1/3 ぐらいのところに亜分節があることにより他の類似の科と識別できる．日本各地に分布し，水分の多い腐った植物質に生息する．

ガガンボ科（p.9, 20）
Tipulidae
体長 10〜40 mm 前後．腹部末端には1対以上の硬化した部分があり，普通，4〜6個の肉質の突起か葉片がある．頭蓋はカ亜目として唯一，後方がさまざまな程度に退化（後縁が切れ込んでいて，直線状にならない）し，胸部内に引き込み得る．日本各地に分布し，主に土壌中，朽木，キノコ，堆肥などに生息するほか，カモシカの糞から見つかったことがある．

アブ亜目（短角亜目）Brachycera
広義のアブの仲間で，成虫の触角は3節からなり，蛹殻に縦の割れ目が生じて羽化する．幼虫は垂直に動く大顎をもち，頭部はさまざまな程度に退化している．

ツルギアブ科（p.4, 18）
Therevidae
体長 25〜30 mm 前後．体は細長く，頭部を除く体節が 20 環節あることにより次のマドアブ科とともに他の科とは容易に識別できる．日本各地に分布し，土壌中（特に木の株元），朽木の樹皮下などに生息する．

マドアブ科（p.4, 18）
Scenopinidae
体長 20 mm 前後．ツルギアブ科の幼虫に酷似するが，中胸の剛毛がツルギアブ科では腹側面にあるのに対し本科では背側面にあることと，頭部の後頭棒の末端がツルギアブ科ではオールの先端状に広がるのに対し本科では最後までほとんど太さが変わらないことにより識別できる．本州，四国，小笠原に分布し，朽木，キノコ，シロアリの巣，哺乳類の巣などに生息するものと思われる．

キアブ科（p.4, 18）
Xylophagidae
体長 20 mm 前後．頭部（前半の固定的に突出している部分）は細長く幅の3倍くらいある．腹部末端に硬板が形成されるほか，胸部背面も弱く硬化する．日本各地に分布し，朽木中，土壌中に生息する．

クサアブ科（p.4, 18）
Coenomyiidae
体長 40 mm 以下．キアブ科に含められることもあるが，頭部（前半の固定的に突出した部分）が幅の2倍とキアブ科の幼虫ほど細長くないことと，胸部背面が硬化しないことにより識別される．日本各地に分布し，朽木中，土壌中に生息する．

ミズアブ科（p.5, 18）
Stratiomyidae
体長 5〜50 mm 前後．体は扁平で，表面は次のキアブモドキ科とともに炭酸カルシウムの沈着により鮫皮状になることにより他の科とは容易に識別できる．日本各地に分布し，腐った動植物質，堆肥，キノコ，朽木の樹皮下，土壌中などに生息する．

キアブモドキ科（p.5, 18）
Xylomyidae
体長 16 mm 以下．ミズアブ科の幼虫に似るが，前胸と中胸の背面に炭酸カルシウムの沈着を欠いた滑らかな部分があることにより識別される．日本各地に分布し，朽木中に生息する．

ムシヒキアブ科（p.8, 20）
Asilidae
体長 12〜24 mm 前後．腹部末端前節（腹部第8節）の長さは幅の 1/2 以下で，後方気門はその背側面にあり，腹部末端部は硬化する．日本各地に分布し，土壌中に生息する．

アブ科（p.8, 20）
Tabanidae
体長 15〜40 mm 前後．腹部末端はドーム形になるか呼吸管になるかどちらか．腹部の環節は末節を除き，瘤状の突起が環状に分布する．日本各地に分布し，水分の多い土壌中に生息する．

アシナガバエ科 (p.9, 20)
Dolichopodidae
体長 6 〜 8 mm 前後．頭蓋は次のオドリバエ科とともに著しく退化する．頭蓋前方は小さく不完全で，後方は 2 本の細長い後頭棒になる．腹部末端には普通後方気門を囲む 4 つの葉片がある．日本各地に分布し，土壌中，朽木中に生息する．

オドリバエ科 (p.9, 20)
Empididae
体長 6 〜 8 mm 前後．アシナガバエ科に酷似するが，腹部末端下方に 1 つの突起があることと，後頭棒がアシナガバエ科では末広がりになるのに対し，本科では最後まで太さが変わらないことで識別される．日本各地に分布し，土壌中，朽木中に生息する．

シギアブ科 (p.9, 20)
Rhagionidae
体長 10 〜 12 mm 前後．腹部末端は横から見るとV字形に切れ込んでいることにより容易に他の科と識別できる．日本各地に分布し，土壌中，朽木の樹皮下に生息する．

ハエ亜目（環縫亜目）Cyclorrhapha
いわゆるハエの仲間で，成虫の触角は 3 節からなり，蛹殻の先端部が環状に割れて羽化する．幼虫は垂直に動く大顎をもち，頭部はまったく硬化せず咽頭骨格が発達している．

ハナアブ科 (p.9, 21)
Syrphidae
体長 6 〜 25 mm 前後．後方気門は短い柄か呼吸管上にあり，左右の気門は中央の線に沿って結合する．体は密な微毛か規則的に配列する針状突起に覆われる．日本各地に分布し，獣糞，腐った植物質，キノコ，蟻の巣などに生息する．

ヤリバエ科 (p.10, 21)
Lonchopteridae
体長 4 mm 前後．極めて特徴のある幼虫で，前胸，中胸と腹部末端に各々 1 対ずつの著しく細長い繊維状の突起がある．日本各地に分布し，落葉下に生息する．

ショウジョウバエ科 (p.10・12・13, 22)
Drosophilidae
体長 3 〜 9 mm 前後．後方気門は先端が硬化した呼吸管上にあり，左右の呼吸管は普通相接するが，カブトショウジョウバエ亜科 Steganinae，ショウジョウバエ亜科 Drosophilinae のハシリショウジョウバエ属 Chymomyza，ヒメショウジョウバエ属 Scaptomyza では広く離れる．腹部末節には数対の肉質の突起があるが，ヒョウモンショウジョウバエ Drosophila buschii Coquillett では体全体が瘤状の突起と微毛で覆われる．日本各地に分布し，落果，落花，キノコ，腐った植物質などに生息する．

ヒメイエバエ科 (p.11, 21)
Fanniidae
体長 2.3 〜 10 mm 前後．体の各環節の背面および背側面，腹側面に各々 1 対ずつの細長い繊維状の突起がある．日本各地に分布し，腐った植物質，獣糞，キノコなどに生息する．

ノミバエ科 (p.11, 21)
Phoridae
体長 2 〜 9 mm．普通，体の各環節の背面と側面に刺状の突起がある．突起を欠く場合も，末節には 6 個の瘤状の突起が平面状に並ぶ．後方気門は末節背面の隆起上にある．日本各地に分布し，腐った植物質，獣糞，キノコ，死肉，朽木中に生息する．

ヒラタアシバエ科 (p.11, 21)
Platypezidae
体長 4 〜 6 mm 前後．ヒメイエバエ科の幼虫に似るが，前方気門が呼吸管上にあることと，背面の突起が短いことにより識別される．北海道，本州，九州に分布し，キノコに生息する．

ツヤホソバエ科 (p.12, 22)
Sepsidae
体長 3.5 〜 7 mm 前後．腹部末節は多少なりとも球形となり，刺状の毛に広く覆われる．後方気門は先端が硬化した呼吸管上にあり，左右の呼吸管の後方は明瞭に離れる．日本各地に分布し，主に獣糞に生息する．

シマバエ科 (p.12, 22)
Lauxaniidae
体長 3 〜 7 mm 前後．腹部末節は前節より小さく，4 つの瘤状の隆起があり，後方気門は円筒形の柄の上に開口する．すべての環節の背面に刺状の短毛の列がある．日本全国に分布し，主に落葉下に生息する．

チーズバエ科 (p.12, 22)
Piophilidae
体長 8 〜 11 mm 前後．腹部末節は前節より小さく，

4つの細長い肉質の突起があることで識別は容易．本州，九州に分布し，死肉や腐った動物質に生息する．

ニクバエ科（p.14, 22）
Sarcophagidae
体長 8～23 mm 前後．腹部末端に開閉可能な深いくぼみがあり，後方気門はその上面にある．後方気門はボタンを欠き，周気管は不完全で，開口部は縦に配列する．咽頭骨格の背角と腹角に窓が開く．日本各地に分布し，死肉，獣糞に生息する．

クロバエ科（p.14・15, 23）
Calliphoridae
体長 13～20 mm 前後．腹部末端には顕著な肉質の突起が環状に配列し，普通，体の各環節の縁には刺状の短毛が環状に配列する．後方気門には普通ボタンがあるがオビキンバエ亜科 Chrysomyiinae では欠く，開口部の最下部のものは水平か，水平近くに位置するが，ツマグロキンバエ属 Stomorhina では下方を向く，日本各地に分布し，普通，死肉，獣糞に生息するが，ツマグロキンバエ Stomorhina obsoleta（Wiedemann）は体長 10 mm 前後で，アリの巣より見つかる．

ベッコウバエ科（p.14, 22）
Dryomyzidae
体長 17 mm 以下．クロバエ科の幼虫に酷似するが，体全体が微毛で密に覆われていることで識別できる．日本各地に分布し，獣糞，キノコ，腐った有機質に生息する．

フンバエ科（p.14, 23）
Scathophagidae
体長 16 mm 前後．後方気門は顕著に隆起した柄の上にある．体表はバラの刺状の短剛毛に広く覆われる．日本各地に分布し，主に牛馬糞に生息する．

ハナバエ科（p.15, 23）
Anthomyiidae
体長 3～13 mm 前後．クロバエ科の幼虫に似るが，後方気門がわずかな柄状の隆起にあることと，最下方の開口部が明瞭に下方を向くことで識別できる．日本各地に分布し，獣糞，キノコ，腐った有機質に生息する．

クチキバエ科（p.15, 23）
Clusiidae
体長 3.5～7 mm 前後．後方気門が硬化した角状の突起の内側の基部にあって互いに向き合うことと，咽頭骨格がほとんど硬化せず，塩基性フクシンなどで染色しないと観察が困難であることにより同定は容易．日本各地に分布し，朽木中に生息する．

チビヒゲアシナガヤセバエ科（p.16, 23）
Micropezidae
体長 4～15 mm 前後．後方気門の開口部は細長く，互いに鋭角に配列する．日本各地に分布し，腐った植物質，獣糞に生息する．

クロツヤバエ科（p.16, 23）
Lonchaeidae
体長 3.6～9 mm 前後．後方気門はハネオレバエ科とともに強く硬化し（角状の突起を欠くものもある），開口部は卵形で放射状に配列するが，ハネオレバエ科では咽頭骨格の副口骨がないか，あっても短いが，本科では細長く，口下骨とほぼ同長であるので識別できる．日本各地に分布し，朽木の樹皮下，腐った植物質に生息する．

ハネオレバエ科（p.16, 23）
Psilidae
体長 5～10 mm 前後．クロツヤバエ科の幼虫に似るが，咽頭骨格の違いによって識別される．植物の生きた組織に食入するものが多いが，クロハネオレバエ属 Chyliza には樹液食のものが知られている．

イエバエ科（p.12・16, 24）
Muscidae
体長 5～15 mm 前後．後方気門はわずかに隆起する．開口部はS字状やW字状に曲がるか，楕円形．ただし，楕円形のときは咽頭骨格に桿状骨がある．体はセマダラハナバエ属 Graphomya では前後に先細になるが他のものは普通，後方は円筒形になる．体表はセジロハナバエ属 Morellia では小刺で覆われるが，他のものは普通滑らか．日本各地に分布し，腐った動植物質，獣糞，キノコ，朽木などに生息する．

クロコバエ科（p.17, 24）
Milichiidae
体長 4～8 mm 前後．後方気門は基部が膨らんだ，太くて長い円筒形の隆起の上にあり，開口部は2つは平行に，他の1つはそれと直角に位置する．末節後背面には3～4個の肉質の突起がある．日本各地に分布し，畜舎の周辺に多く，獣糞，腐った有機質に生息する．

アシナガヤセバエ科（p.17, 24）
Neriidae
体長 10 mm 前後．体は細長く，腹部末節は背面近

くに後方気門の生じる隆起があり，その隆起から腹面に向かって斜め前方に切断状になるので，側面から見ると末端が三角形に見える．後方気門は隆起の内側に面し，互いに多少向き合う．本州，四国，九州に分布し，朽木中に生息する．

ハヤトビバエ科 (p.17, 24)
Sphaeroceridae
体長2～6 mm前後．後方気門の生じる隆起は直径の2～3倍と長く，先端部は強く硬化する．日本各地に分布し，やや乾きぎみの獣糞，腐った有機質に生息する．

トゲハネバエ科 (p.17, 24)
Heleomyzidae
体長4～14 mm前後．腹部末端には微細な突起が環状に配列し，後方気門の生じる隆起の高さは直径と同じくらい．気門板は強く硬化し，開口部を囲むようにくびれる．日本各地に分布し，腐った有機質，獣糞，キノコに生息する．

キモグリバエ科 (p.17, 24)
Chloropidae
体長3.5～10 mm前後．後方気門の生じる隆起は円筒形で，直径とほぼ同長．気門板はあまり硬化しない．日本各地に分布し，植物の組織を食害するものが多いが，腐った植物質，獣糞からも見つかる．

引用・参考文献

Brauns, A. (1954). Untersuchungen zur Angewandten Bodenbiologie Band 1. Terricole Dipterenl arven. 179 pp. + 74 pls.,"Musterschmidt", Wissenschaftlicher Verlag, Göttingen. Frankfurt, Berlin.

Ferrar. H (1987). A Guide to the Breeding Habits and Immature Stages of Diptera Cyclorrhapha (Part 1 : text), (Part 2 : figures). 478 pp., 429 pp. Scandinavian Science Press. Leiden, Copenhagen.

早川博文 (1985). アブ科. 日本産水生昆虫検索図説 (川合禎次編), 357-363. 東海大学出版会, 東京.

林 晃史・篠永 哲 (1979). ハエー生態と防除. 210 pp. 文永堂. 東京.

Hennig, W. (1956). Beitrag zur kenntnis der Milichiiden-larven. *Beitr. Ent.*, **6** : 138-145.

平嶋義宏監修 (1989). ハエ目. 日本産昆虫総目録 II (九州大学農学部昆虫学教室・日本野生生物研究センター共同編集). 699-873. 九州大学農学部昆虫教室, 福岡.

Ishijima. H. (1967). Revision of the third stage larvae of Synanthropic files of Japan. 衛生動物, 18(2/3) : 47-100.

Iwasa. M., T. Hanada and Y. Kajino (1987). A New Psilid Species from Japan Injurious to the Root of Carrot. *Appl. Ent. Zool.*, **22**(3) : 310-315.

James, M. T. (1981). Xylophagidae. Manual of Nearctic Diptera, **1**, 489-492. Biosystematics Research Institute Ottawa, Ontario.

Keilin, D. (1917). Recherches sur les Anthomyides a larves carnivores. *Parasitology. Cambridge.*, **9** : 325-450.

Kessel, E. L. (1987) Platypezidae. Manual of Nearctic Diptera, **2**, 681-688. Biosystematics Research Centre (formerly Institute) Ottawa, Ontario.

Qate, L. W. and J. R. Vockeroth (1981). Psychodidae. Manual of Nearctic Diptera, **1**, 293-300. Biosystematics Research Institute Ottawa, Ontario.

Shewell, G. E. (1987). Lauxaniidae. Manual of Nearctic Diptera, **2**, 951-964. Biosystematics Research Centre (formerly Institute) Ottawa, Ontario.

Steyskal, G. C. (1987). Micropezidae. Manual of Nearctic Diptera, **2**, 761-767. Biosystematics Research Center (formerly Institute) Ottawa, Ontario.

Vockeroth, J. R. and F. C. Thompson (1987). Syrphidae. Manual of Nearctic Diptera, **2**, 713-743. Biosystematics Research Center (formerly Institue) Ottawa, Ontario.

Wood, D. M. (1981a). Axymyiidae. Manual of Nearctic Diptera, **1**, 209-212. Biosystematics Research Institue Ottawa, Ontario.

Wood, D. M. (1981b). Pachyneuridae. Manual of Nearctic Diptera, **1**, 213-216. Biosystematics Research Institue Ottawa, Ontario.

節足動物門
ARTHROPODA

昆虫亜門（六脚亜門）HEXAPODA
外顎綱（狭義の昆虫綱）Entognatha
ハチ目（膜翅目）Hymenoptera
アリ科 Formicidae

寺山　守 M. Terayama・江口克之 K. Eguchi・吉村正志 M. Yoshimura

昆虫亜門 Hexapoda・ハチ目 Hymenoptera・アリ科 Formicidae

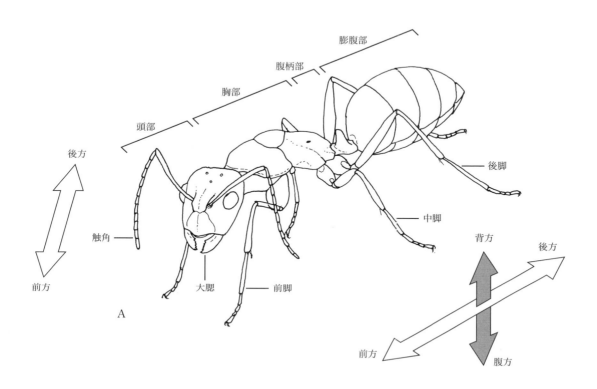

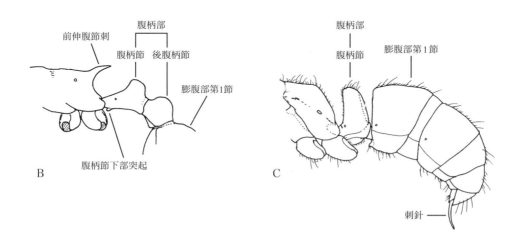

アリ科 Formicidae　形態用語図解（1）
A：全形図，B：腹柄(2節のもの)，C：腹柄(1節のもの)

2 昆虫亜門・ハチ目・アリ科

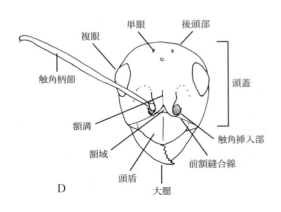

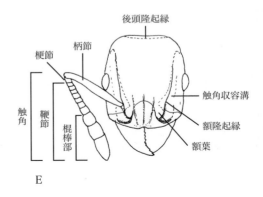

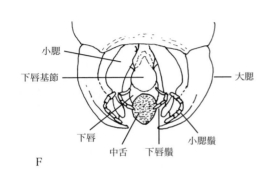

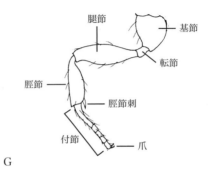

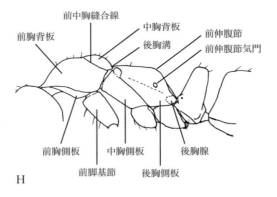

アリ科 Formicidae　形態用語図解（2）
D, E：頭部，F：口器（腹方からの図），G：前脚，H：胸部

昆虫亜門・ハチ目・アリ科　3

アリ科 Formicidae の亜科への検索

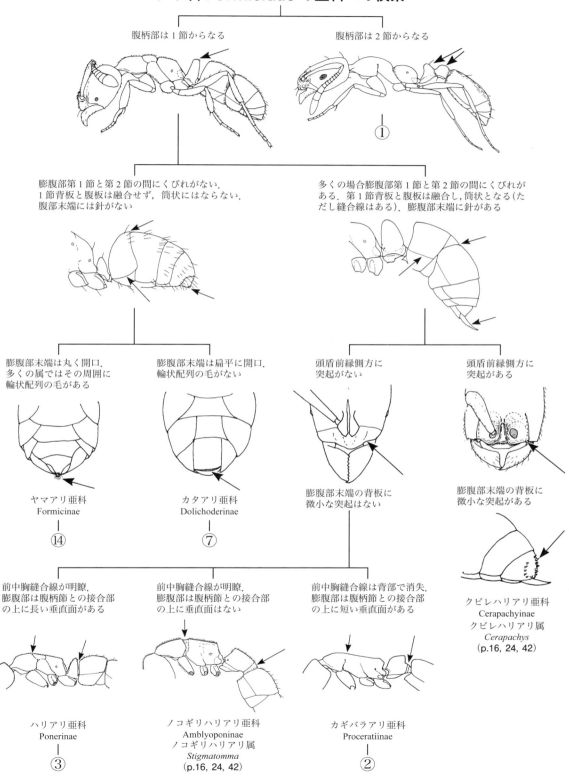

昆虫亜門・ハチ目・アリ科

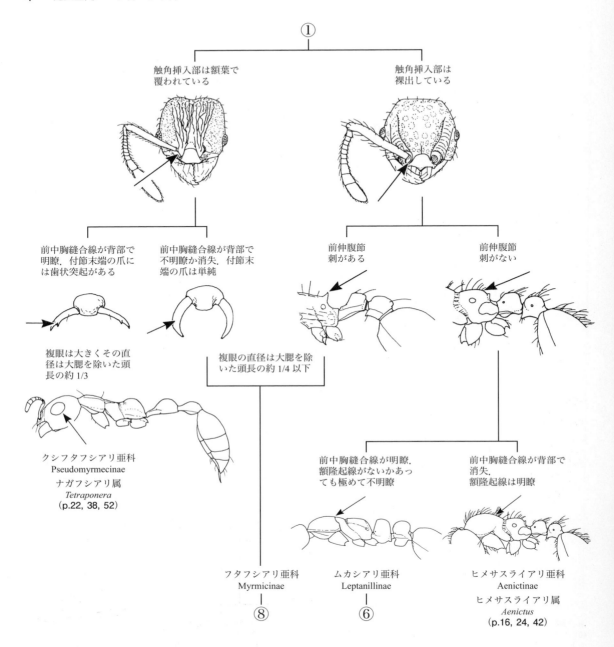

昆虫亜門・ハチ目・アリ科 5

カギバラアリ亜科 Proceratiinae の属への検索

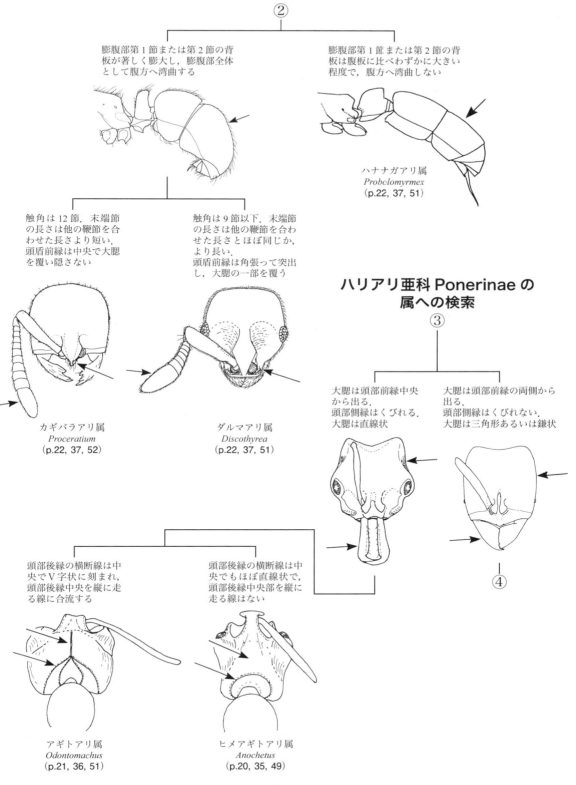

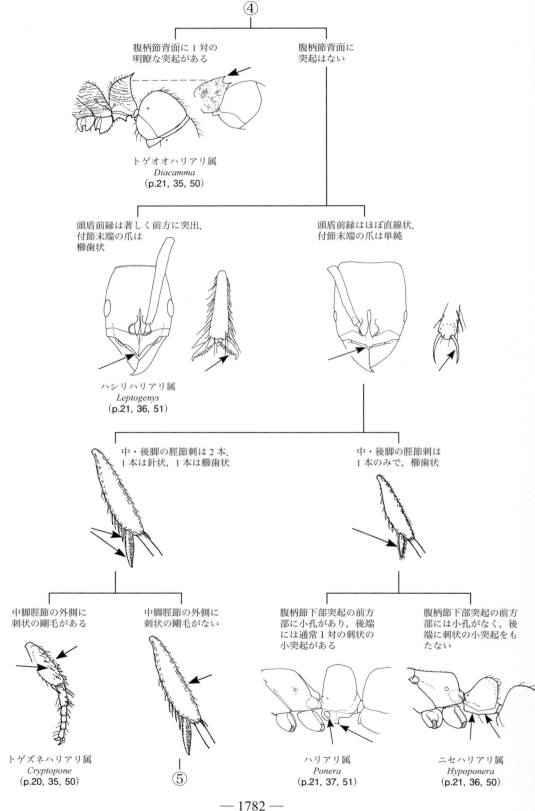

昆虫亜門・ハチ目・アリ科 7

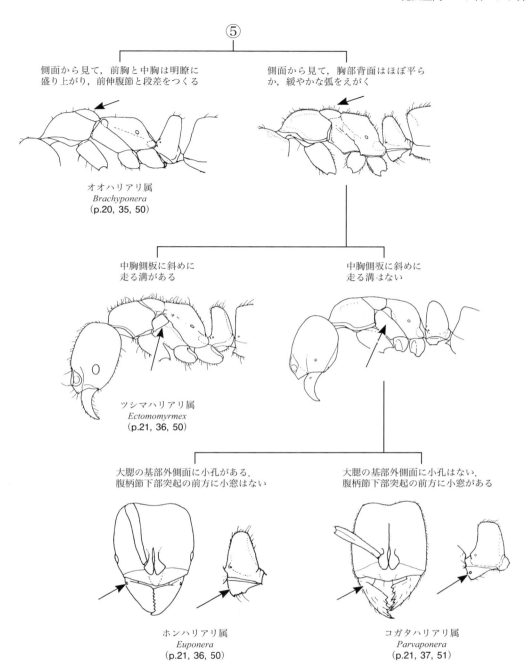

ムカシアリ亜科 Leptanillinae の属への検索

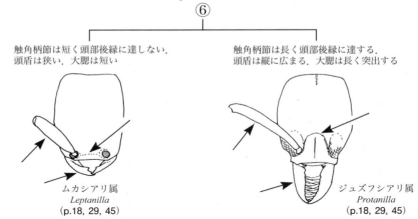

カタアリ亜科 Dolichoderinae の属への検索

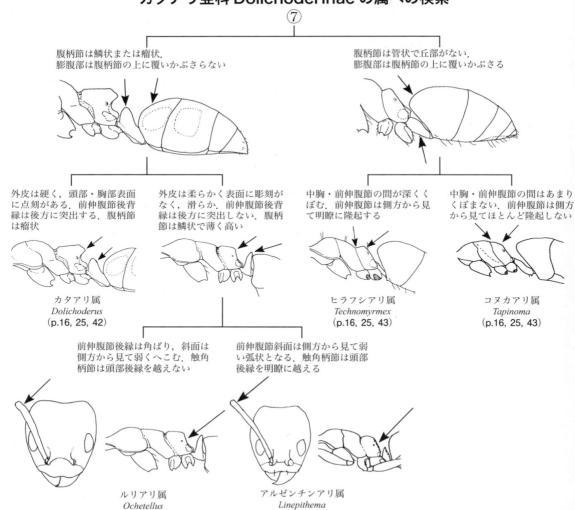

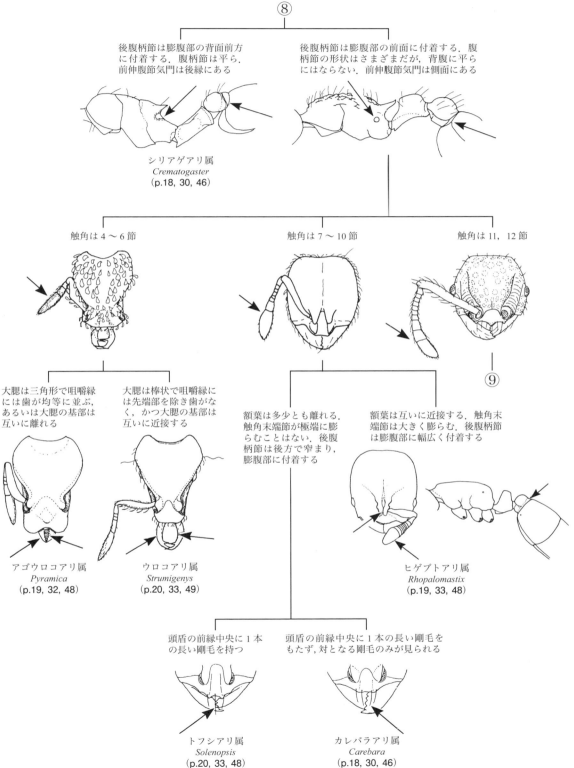

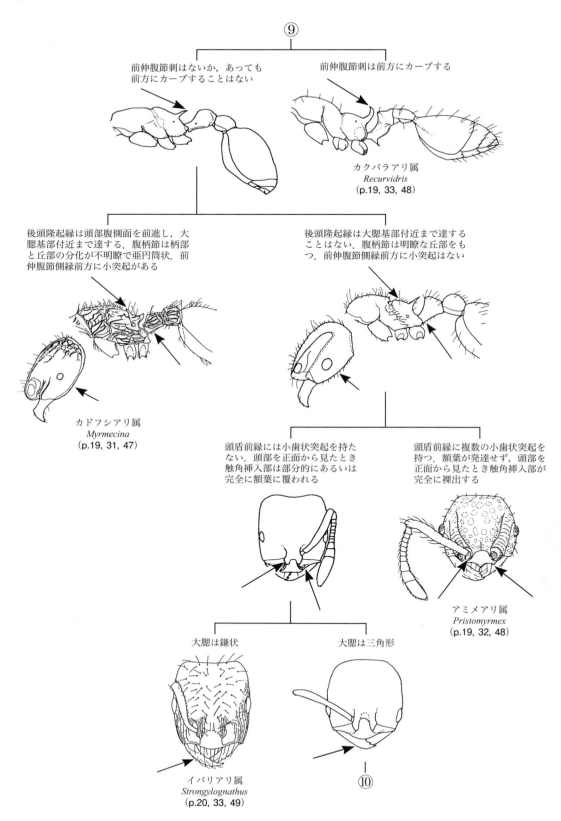

昆虫亜門・ハチ目・アリ科

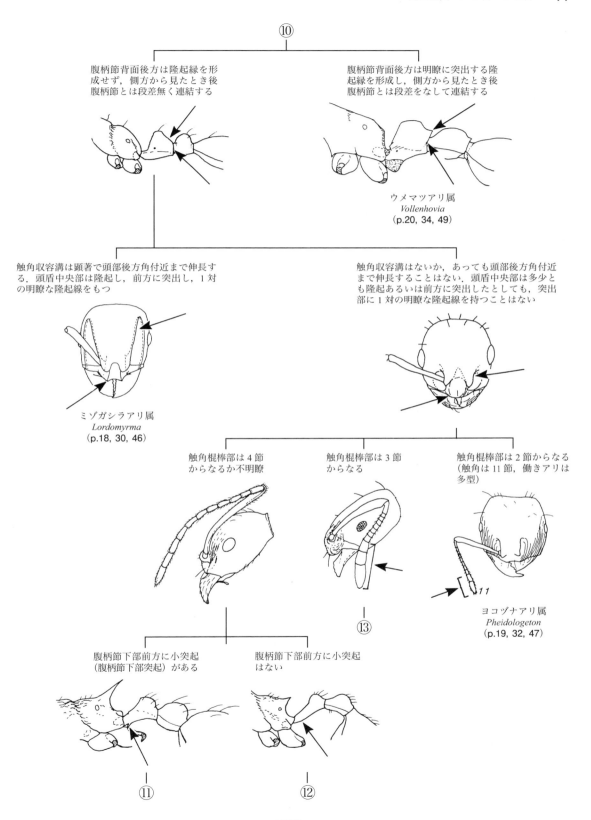

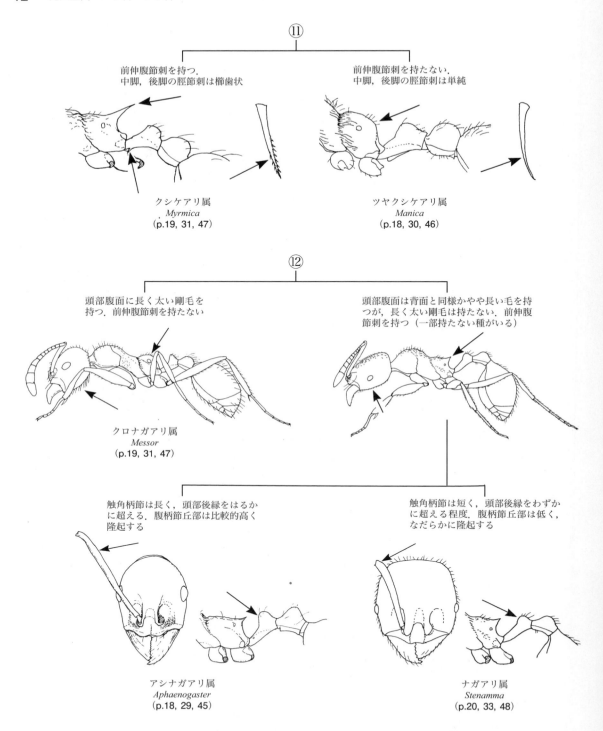

昆虫亜門・ハチ目・アリ科

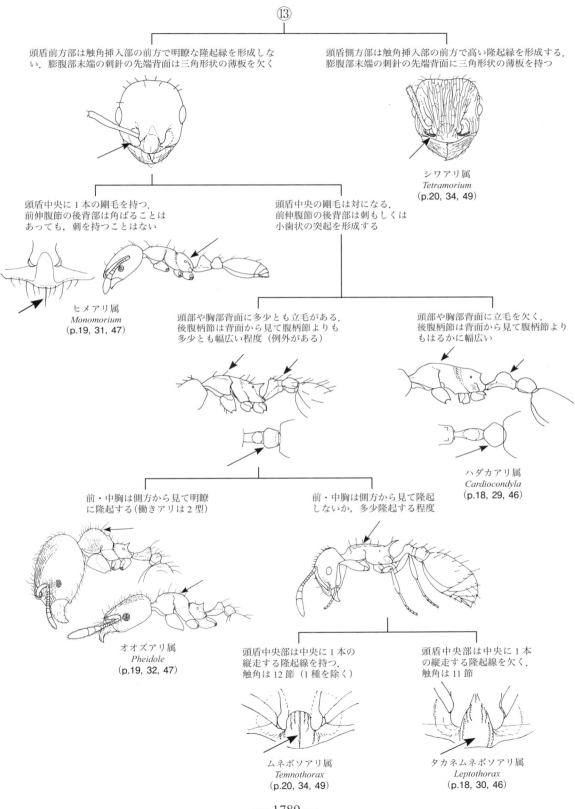

ヤマアリ亜科 Formicinae の属への検索

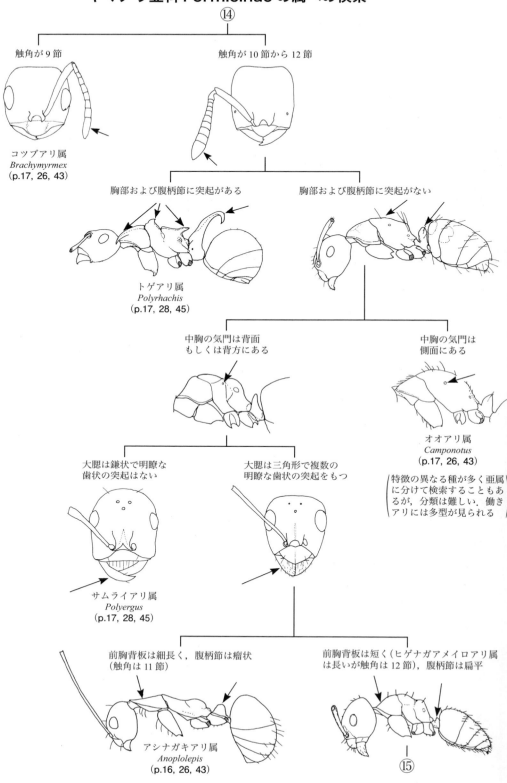

昆虫亜門・ハチ目・アリ科 **15**

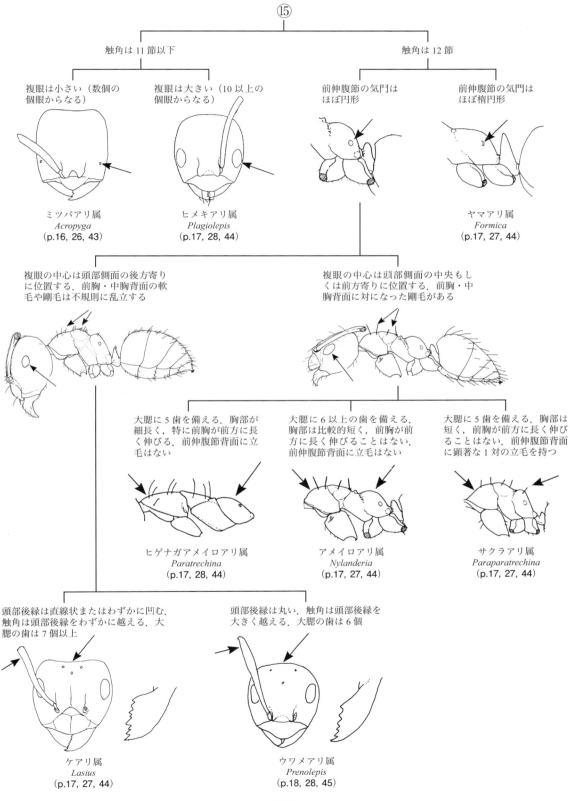

16 昆虫亜門・ハチ目・アリ科

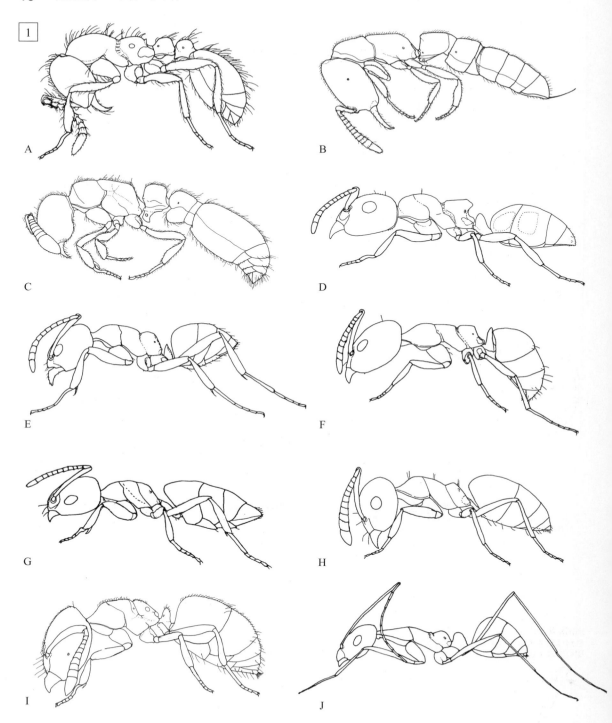

日本産アリ類の各属の側面図（1）
A：ヒメサスライアリ亜科 Aenictinae，B：ノコギリハリアリ亜科 Amblyoponinae，C：クビレハリアリ亜科 Cerapachyinae，D～H：カタアリ亜科 Dolichoderinae，I, J：ヤマアリ亜科 Formicinae（体毛については概略を示した図と省略した図がある）
A：ヒメサスライアリ属 *Aenictus*，B：ノコギリハリアリ属 *Stigmatomma*，C：クビレハリアリ属 *Cerapachys*，D：カタアリ属 *Dolichoderus*，E：アルゼンチンアリ属 *Linepithema*，F：ルリアリ属 *Ochetellus*，G：コヌカアリ属 *Tapinoma*，H：ヒラフシアリ属 *Technomyrmex*，I：ミツバアリ属 *Acropyga*，J：アシナガキアリ属 *Anoplolepis*

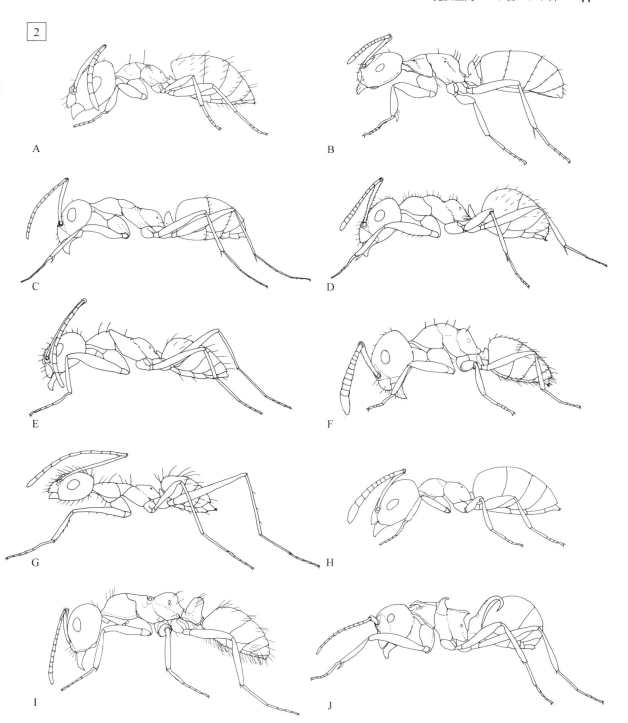

日本産アリ類の各属の側面図（2）
ヤマアリ亜科 Formicinae（体毛については概略を示した図と省略した図がある）
A：コツブアリ属 *Brachymyrmex*，B：オオアリ属 *Camponotus*，C：ヤマアリ属 *Formica*，D：ケアリ属 *Lasius*，E：アメイロアリ属 *Nylanderia*，F：サクラアリ属 *Paraparatrechina*，G：ヒゲナガアメイロアリ属 *Paratrechina*，H：ヒメキアリ属 *Plagiolepis*，I：サムライアリ属 *Polyergus*，J：トゲアリ属 *Polyrhachis*

18 昆虫亜門・ハチ目・アリ科

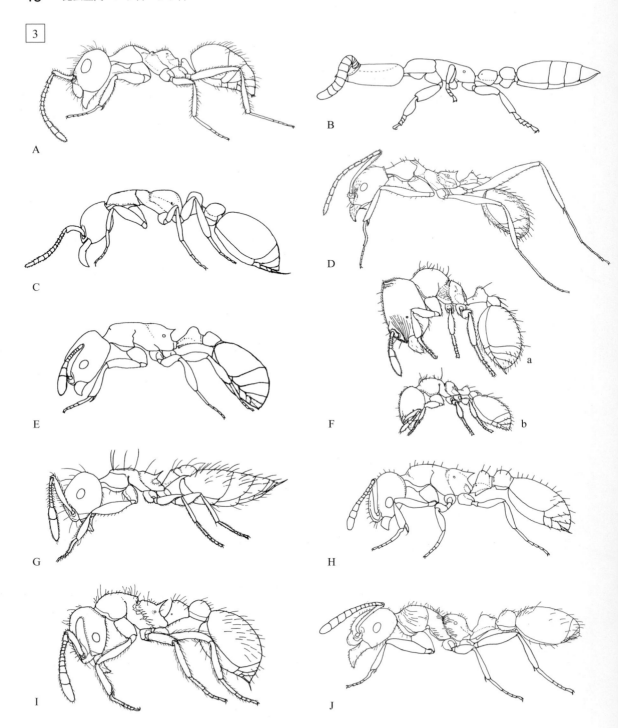

日本産アリ類の各属の側面図（3）
A：ヤマアリ亜科 Formicinae，B, C：ムカシアリ亜科 Leptanillinae，D～J：フタフシアリ亜科 Myrmicinae（体毛については概略を示した図と省略した図がある）
A：ウワメアリ属 *Prenolepis*，B：ムカシアリ属 *Leptanilla*，C：ジュズフシアリ属 *Protanilla*，D：アシナガアリ属 *Aphaenogaster*，E：ハダカアリ属 *Cardiocondyla*，F：カレバラアリ属 *Carebara*（a：兵アリ，b：働きアリ），G：シリアゲアリ属 *Cerematogaster*，H：タカネムネボソアリ属 *Leptothorax*，I：ミゾガシラアリ属 *Lordomyrma*，J：ツヤクシケアリ属 *Manica*

昆虫亜門・ハチ目・アリ科　19

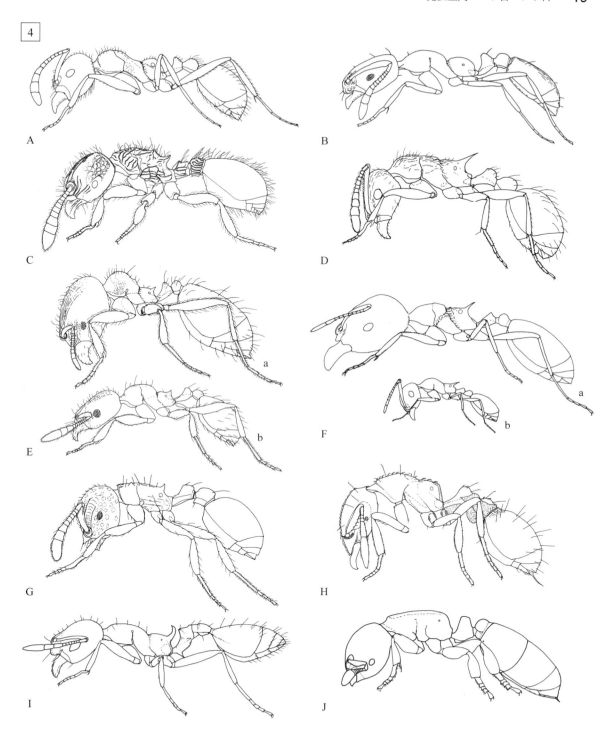

日本産アリ類の各属の側面図（4）
フタフシアリ亜科 Myrmicinae（体毛については概略を示した図と省略した図がある）
A：クロナガアリ属 *Messor*，B：ヒメアリ属 *Monomorium*，C：カドフシアリ属 *Myrmecina*，D：クシケアリ属 *Myrmica*，E：オオズアリ属 *Pheidole*（a：兵アリ，b：働きアリ），F：ヨコヅナアリ属 *Pheidologeton*（a：兵アリ，b：働きアリ），G：アミメアリ属 *Pristomyrmex*，H：アゴウロコアリ属 *Pyramica*，I：カクバラアリ属 *Recurvidris*，J：ヒゲブトアリ属 *Rhopalomastix*

20　昆虫亜門・ハチ目・アリ科

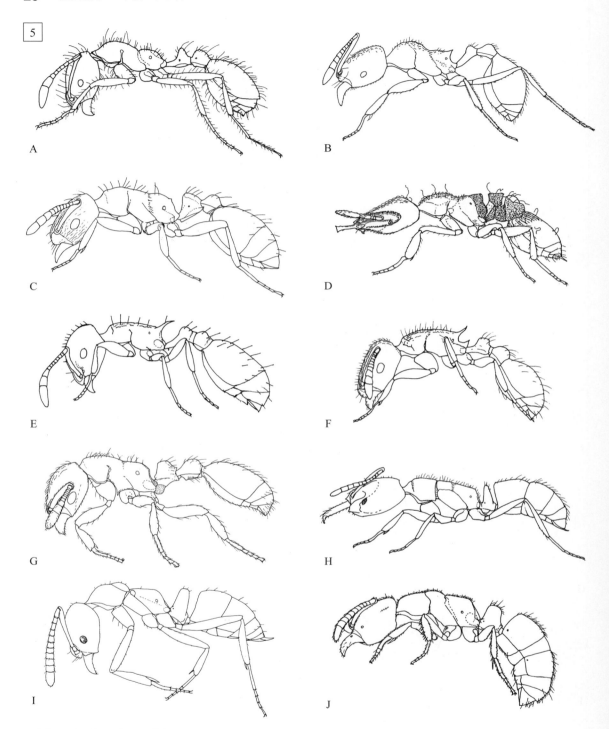

日本産アリ類の各属の側面図（5）
A～G：フタフシアリ亜科 Myrmicinae，H～J：ハリアリ亜科 Ponerinae（体毛については概略を示した図と省略した図がある）
A：トフシアリ属 *Solenopsis*，B：ナガアリ属 *Stenamma*，C：イバリアリ属 *Strongylognathus*，D：ウロコアリ属 *Strumigenys*，E：ムネボソアリ属 *Temnothorax*，F：シワアリ属 *Tetramorium*，G：ウメマツアリ属 *Vellenhovia*，H：ヒメアギトアリ属 *Anochetus*，I：オオハリアリ属 *Brachyponera*，J：トゲズネハリアリ属 *Cryptopone*

昆虫亜門・ハチ目・アリ科 21

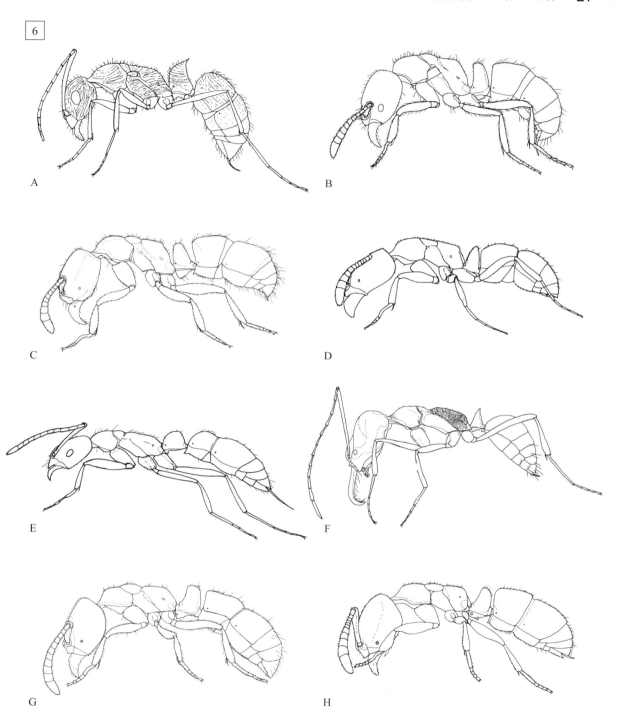

日本産アリ類の各属の側面図 (6)
ハリアリ亜科 Ponerinae (体毛については概略を示した図と省略した図がある)
A：トゲオオハリアリ属 *Diacamma*, B：ツシマハリアリ属 *Ectomomyrmex*, C：ホンハリアリ属 *Euponera*, D：ニセハリアリ属 *Hypoponera*, E：ハシリハリアリ属 *Leptogenys*, F：アギトアリ属 *Odontomachus*, G：コガタハリアリ属 *Parvaponera*, H：ハリアリ属 *Ponera*

22 昆虫亜門・ハチ目・アリ科

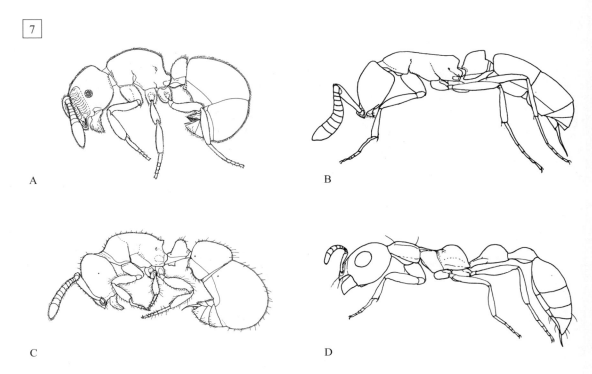

日本産アリ類の各属の側面図（7）
A〜C：カギバラアリ亜科 Proceratiinae，D：クシフタフシアリ亜科 Pseudomyrmecinae（体毛については概略を示した図と省略した図がある）
A：ダルマアリ属 *Discothyrea*，B：ハナナガアリ属 *Probolomyrmex*，C：カギバラアリ属 *Proceratium*，D：ナガフシアリ属 *Tetraponera*

ハチ目 Hymenoptera

アリ科
Formicidae

アリ類は膜翅目（ハチ目）アリ科に属する昆虫の総称である．基本的に女王を中心に，複数個体が巣の中で集団生活をおくる．膜翅目昆虫の中には翅を退化させて一見アリのように見えるものも少なくないが，アリ類は，これらのハチとは，後胸側面の後端下部に後胸腺と呼ばれる部分があること，胸部と膨腹部との間にこれらをつなぐ独立した節（腹柄部）が1節または2節存在し，かつこれらの節の背面が普通，山状に盛り上がることで形態的に区別される．ただし一部の種で，腹柄部と膨腹部とのくびれがやや不明瞭なことや，腹柄節の背面と腹面がほぼ平行なこと，後胸腺開口部を欠くことがある．2013年1月の段階で，世界で21亜科308属12,908種が報告されており（Bolton, 2013），日本では2014年7月の段階で学名未決定の未公表種を含めて10亜科62属296種（研究の不十分な状態にある同胞種を除く．アルゼンチンアリ，アカカミアリ等の人為的移入定着種を含む）が得られている．

女王を中心としたまとまった集団（家族）をコロニー（colony）と呼び，コロニーが定住する場所を巣（nest）と呼ぶ．コロニーの構成員は雄と2つの階級（カースト）からなる雌（すなわち女王と働きアリ）に分けられる．これら3つの構成員は通常形態的に大きく異なっている．女王（雌アリ）は通常最も大きく，交尾前には翅をもつ．働きアリは性的には雌であるが，無翅で，産卵能力がないか，あるいは著しく劣り，コロニー内外のさまざまな仕事に従事する．このように，複数世代にわたる個体がコロニーを構成し，繁殖における分業（生殖カーストと労働カースト）がみられる社会構造を真社会性，そしてそのような生活を送る昆虫を真社会性昆虫と呼ぶ．野外で最も頻繁に見かけるのが働きアリである．同一コロニー内であっても働きアリのサイズには変異が見られることがあり，極端な場合には2つ，あるいはいくつかの亜階級（サブカースト）が認められる．大型の働きアリは，巣や餌場の防衛に関する仕事を行う場合が多く，特に兵アリとも呼ばれる．アリの中には女王が見られないものや，逆に働きアリを持たず女王単独で社会寄生をする種もいるが，これらは真社会性を獲得した後に二次的に生じた特徴である．雄は一般的に繁殖期にのみ生産され，翅をもち，飛翔のために発達した胸部と大きな複眼および単眼をもつ．

多くの種では，処女女王は母巣から飛び出して結婚飛行を行い，雄との交尾を終えると脱翅して物陰にひそみ，そこから新たなコロニーを創設していく．コロニーの大きさは種によってさまざまで，働きアリ数十個体から構成されるものから，数百万個体になるものまで存在する．コロニーが次世代の女王を生産できる大きさになるまでには通常数年かかる．また，巣の様式も種によってさまざまで，まとまったひとつの巣で生活するもの（単巣性）や，小さな巣を複数箇所に分散させて，巣と巣の間を働きアリが行き交うもの（多巣性）がある．コロニーあたりの構成個体数が小さい種では単巣性が，その構成個体数が大きい種では多巣性が一般的である．また，アミメアリやヒメサスライアリのように永住的な巣を持たない種も見られる．

コロニーあたりの女王数は1個体（単雌性）とは限らず，複数個体（多雌性（制）・多女王性）である場合も多く見られる．顕著な多巣性の種は同時に多雌性でもある．女王の寿命は通常長く，働きアリの寿命がせいぜい1年であるのに対して，10年以上生存するものも珍しくない．

アリ類は陸上のさまざまな環境に適応して繁栄しており，とくに熱帯や亜熱帯地域では，種数のみならず現存量においても非常に大きい．有名な例では，南米の熱帯多雨林での全動物の現存量のうちの6分の1がアリであると見積もられたとの報告がある（Hölldobler & Wilson, 1990）．さまざまな食性を持つアリ類は，生物群集の構造に広範に，かつ大きな影響度をもって関わっており，他の昆虫類にとっては強力な捕食者でもある．

以下の形態学的記述は，特にことわりがない限り，働きアリのものである．

ヒメサスライアリ亜科
Aenictinae

腹柄部が腹柄節と後腹柄節の2節からなること，板状の額隆起縁をもち，触角の挿入部が裸出すること，前中胸縫合線は背面で消失すること，膨腹部末端節背板の後方に刺状の突起列を持たないこと，複眼を欠くことで他亜科と区別できる．雌と雄の腹柄部は腹柄節1節からなり，腹柄節と後腹柄節の2節からなる働きアリとは異なる．本亜科はヒメサスライアリ属の1属のみからなる．

本亜科はサスライアリ亜科やグンタイアリ亜科とともに"軍隊アリ"として良く知られている．永住的な巣をつくらない放浪性のアリで，他種のアリの巣を襲い幼虫や蛹を略奪する．雄アリはしばしば灯火に飛来する．

東洋区の熱帯・亜熱帯に広く分布し，一部がエチオピア区とオーストラリア区にも見られる．現在約150種が記載されている．

ヒメサスライアリ属（p.4, 16, 42）
Aenictus

　体長1.5～4 mmの小型から中型のアリで，触角が8～10節からなり，働きアリは複眼を欠く．女王は無翅．体の全形は，ムカシアリ亜科のムカシアリ属 *Leptanilla* と類似するが，後者では前中胸縫線が背部においても非常に顕著であることにより，容易に区別できる．

　永住的な巣を作らず，コロニーは放浪しながら生活する．他種のアリの巣を襲い，幼虫，蛹や成虫を餌とする．女王は無翅でコロニー外へ飛出しない．雄個体がコロニー内に入り込み，新女王を探し，交尾を行う．その後，分封によって新しいコロニーが創設される．沖縄島では8月に飛出した雄アリが得られている．

　約150種が記載されており，東南アジアとニューギニアに種数が多い．日本では1種が琉球列島に生息する．

ノコギリハリアリ亜科
Amblyoponinae

　働きアリでは，腹柄節の後面全体が膨腹部背側に接続していることと，頭盾前縁に顕著な歯状の突起列を持つことで他の亜科と容易に区別される（頭盾前縁の歯列に関しては，外国産の種では例外もある）．

　従来，ノコギリハリアリ族 Amblyoponini としてハリアリ亜科の一群に位置づけられていたが，Ward (1994) は系統解析の結果から，ノコギリハリアリ族 Amblyoponini を含んだ従来のハリアリ亜科の単系統性に疑問を呈し，Bolton (2003) は Amblyoponini を独立したノコギリハリアリ亜科 Amblyoponinae へと昇格させた．

　肉食性で，主に土中の節足動物を捕らえて餌としている．

　2008年に創設された *Opamyrma* 属を含めて，世界に13属約120種が記載されており，日本にはノコギリハリアリ属のみが生息する．

ノコギリハリアリ属（p.3, 16, 42）
Stigmatomma

　体長1～13 mm．体は細長く，腹柄節の後端部は広く膨腹部に接続すること，大腮が鎌状で細長く，歯列を持つが咀嚼縁が分化しないこと，頭盾前縁に数個の歯状の突起が並ぶことで日本産の他属と区別される．

　日本産の種には長く *Amblyopone* の属名が適用されてきたが，Yoshimura & Fisher (2012) により，本属は *Amblyopone*, *Xymmer*, *Stigmatomma* に分割された．それに伴い日本産の種は全て *Stigmatomma* に配置された．

　林床性のアリで，土中や腐倒木，腐切株等に営巣し，土中の節足動物を捕食する．日本のノコギリハリアリ *S. silvestrii* はジムカデを主な餌資源として狩るが，海外には，広く昆虫類を狩る種も見られる．

　世界から約65種が記載されており，日本にはそのうち4種が分布する．

クビレハリアリ亜科
Cerapachyinae

　体の細長いアリで，膨腹部末端節背板の後方に棘状の突起列があること，前中胸縫合線は背面で消失すること，頭盾前縁側方に小突起があることで他亜科と区別される．腹柄部は腹柄節1節のみからなる種と腹柄節と後腹柄節の2節からなる種が混在する．

　肉食性で他のアリやシロアリ類を襲って餌とする．

　世界で7属約260種が記載されており，熱帯・亜熱帯を中心に分布する．日本にはクビレハリアリ属 *Cerapachys* のみが分布する．

クビレハリアリ属（p.3, 16, 42）
Cerapachys

　体長2.5～3.5 mmの小型のアリ．触角は9～12節で柄節は太い．触角柄節の基部は露出し，その挿入部前部と側部は隆起縁で縁取られる．種によっては複眼が消失する場合がある．胸部は側方からみて背縁がほぼ水平で，前中胸縫合線は消失し，後胸溝も深く刻まれることはない．腹柄節には明瞭な柄をもたない．腹柄部が腹柄節のみからなる場合は，膨腹部第1節と第2節との間に明瞭なくびれがある．

　肉食性で，地表活動性の種が多いが，一部樹上性の種も見られる．クロクビレハリアリ *C. daikoku* は樹上性で，中空の枝等に営巣し，枝上で行列を組んで進む行動が観察されている．

　本亜科の属で最も種数が多く，熱帯・亜熱帯を中心に約155種が記載されている．日本からは4種が報告されている．

カタアリ亜科
Dolichoderinae

　働きアリでは普通，複眼が発達するが単眼はない．触角は通常12節だが，稀に11節かそれ以下のものもみられる．腹柄部は腹柄節1節のみからなるが，形態は多様で，こぶ状もしくは鱗片状のものから筒状で丘部を欠くものまである．膨腹部は卵形で，その第1節と第2節の境界はくびれない．第1節背板と腹板は融合せず，筒状にはならない．末端に刺針はない．腹部末端の孔は偏平でスリット状となり，周毛をもたない．一般形態はヤマアリ亜科に似るが，腹部末端の形状で区別される．

　一般に地中あるいは地表の石や倒木下などに営巣

し，地上徘徊性のものが多いが，植物体の空洞，枯れ枝，樹皮下などに営巣し，樹上生活を行なうものも多い．海外では植物と強い共生関係を結び，特定の植物体の一部を巣として利用する種も知られている．

世界で28属約700種が記載されている．熱帯・亜熱帯を中心に分布するが，亜寒帯地域にも分布する．日本には5属7種が記録されている．

カタアリ属（p.8, 16, 42）
Dolichoderus

体長2.5～5 mmの中型のアリ．複眼は発達し，やや突出する．触角は12節からなる．前伸腹節後背縁は角ばるものから突起となるものまで様々である．腹柄節はこぶ状で，膨腹部前縁はこれに覆いかぶさらない．体表面は硬く，点刻などの表面構造が発達している種が多い．

樹上営巣性で，朽ち木や枯れ枝中に営巣する種が多い．働きアリは頻繁に樹上で探餌活動を行ない，甘露を求めてアブラムシやカイガラムシ類を訪れる．

世界から約125種が記載されている．日本にはシベリアカタアリ *D. sibiricus* 1種のみが分布する．

アルゼンチンアリ属（p.8, 16, 42）
Linepithema

体長2.5～4 mmの小型から中型のアリ．複眼は発達し，頭部のやや前方に位置する．頭盾前縁はほぼ平らか中央部が若干へこむ．触角柄節は長く，頭部後縁を明瞭に越える．後胸溝は明瞭．前伸腹節後背縁は弱く角ばるものから，丸みを帯び明瞭な角とならないものまである．斜面は側方から見て弧状となる．腹柄節は鱗片状で薄く高い．膨腹部はこれに覆いかぶさらない．ルリアリ属 *Ochetellus* に似るが，触角柄節が長いことと，前伸腹節の斜面がへこまず，弧状となることで容易に区別される．

土中に営巣する種が多いが，一部樹上性の種が見られる．雑食性であるが，植物の蜜やアブラムシの甘露などの液体成分を好んで集める．

アルゼンチンアリ *L. humile* は侵略的外来種として世界的に著名な種である．女王は巣外へ飛出せず，巣内で交尾し産卵をはじめる．極端な多雌性で，巨大なスーパーコロニーを形成する．本種が侵入し，密度が高くなった場所では，在来のアリ類は駆逐されほとんど消滅し，他の節足動物等も被害を受ける．行列を作って行動し，頻繁に家屋にも侵入する．

新熱帯区原産の属で，世界から20種が記載されている．アルゼンチンアリ *L. humile* は人為的移入により世界に分布を拡大させた．また，*L. iniquum* も人為的に分布を広げる種で，ヨーロッパなどで記録されている．

ルリアリ属（p.8, 16, 42）
Ochetellus

小型のアリ．複眼は発達し，頭部のやや前方に位置する．頭盾前縁は多少ともへこむ．後胸溝は明瞭．前伸腹節後縁は角ばり，斜面は側方から見て弱くへこむ．腹柄節は鱗片状で薄く高い．

比較的乾燥した環境を好み，森林から草地に生息し，乾いた倒木や枯れ枝，あるいは土中の営巣する．

東洋区・オーストラリア区を中心に7種が記載されている．日本からはルリアリ *O. glaber* 1種のみが報告されている．

コヌカアリ属（p.8, 16, 43）
Tapinoma

体長は1.5～5 mmで，小型種が多い．複眼の大きさは中程度で，頭部のほぼ中央か少し前方に位置する．後胸溝は明瞭．前伸腹節の背面部は短い．腹柄節は管状でかつ膨腹部第1節が覆いかぶさる．通常，膨腹部は外見上第4節までが認められる．

開けた環境を好み，種によっては頻繁に家屋に侵入する．巣は土中や石下，樹皮下や枯れ枝中に見られる．働きアリは素早く動き回る．

世界から約65種が記載されている．日本からは2種が報告されている．

ヒラフシアリ属（p.8, 16, 43）
Technomyrmex

体長2～4 mmの小型から中型のアリ．頭盾前縁は中央部が弱くへこむ（外国産の種ではしばしば中央部に非常に明瞭な切れ込みを持つ）．後胸溝は明瞭に刻みつけられる．前伸腹節は背方に強く隆起する．腹柄節は管状で，かつ膨腹部第1節がその上に覆いかぶさる．膨腹部はふつう外見上第5節までが認められる．コヌカアリ属 *Tapinoma* に似るが，日本産の種では中胸と前伸腹節の間が深くくぼみ，かつ前伸腹節が隆起することで容易に区別される．また，コヌカアリ属の種とくらべて体サイズも通常大きい．

樹上性の種が多く，枯れ枝や枯れ竹に巣をつくり，主に樹上で活動する．ただし，土中に営巣する種も見られる．生息場所は多様で，林内から乾燥した土地にまで見られる．アシジロヒラフシアリ *T. brunneus* は，大きなコロニーを構成する．

世界から95種が記載されている．日本には2種が分布し，上記アシジロヒラフシアリ *T. brunneus* は，南九州以南に見られる．

ヤマアリ亜科
Formicinae

腹柄部は腹柄節1節のみからなり，腹部末端は針を欠く．膨腹部第1節背板は腹板とは融合しないか，融合したとしても基部のみで，膨腹部第1節全体が筒状になることはない．また末端は円錐形に突出し，その先端にある丸い開口部にはふつう周縁毛が見られる（日本産の属ではトゲアリ属が周縁毛を欠く）．額域は明瞭．多くの属で複眼が発達するが，一部の属では複眼が小さいかあるいは消失する種が含まれる．いくつかの属では働きアリにも単眼が見られる．

地上活動性の種が多く，人目にふれる機会の多いアリである．植物の蜜やアブラムシなどの同翅類昆虫からの分泌物をもっぱらの餌源としている種，あるいは雑食性の種が多い．社会寄生や奴隷狩りを行なうものも知られている．

世界から51属約2,920種が記載されている大きなグループである．日本からは13属84種が知られる．

ミツバアリ属 (p.15, 16, 43)
Acropyga

体長4mm以下の小型のアリ．触角は7～11節．複眼は小さく，触角柄節の幅より小さいか，あるいは欠失する．大腮には3～5歯をそなえる．小腮鬚は5節以下から，下唇鬚は3節以下からなる．胸部は前後に短く，膨腹部は大きく膨らむ．従来，4つの亜属に区分されて来たが，現在はLaPolla (2004) の見解に従い，亜属の区分は採用されていない．

本属はカイガラムシのPseudococcidae科，特に*Eumyrmococcus*, *Xenococcus*, *Neochavesia*属の種と強い共生関係を結んでいる．そして，これらのカイガラムシが出す分泌物を主要な食物としているようで，地表にはほとんど姿を現さない．

世界の温帯から熱帯にかけて約40種が記載されている．日本では4種が報告されている．

アシナガキアリ属 (p.14, 16, 43)
Anoplolepis

体長4～6mmの中型のアリで，発達した複眼と頭部後縁をはるかに越える長い触角柄節をもつ．触角は11節からなり，鞭節もすべて幅より長さが長い．前胸は長く前方に伸び，背面はほぼ平ら．後胸溝をもたない．脚は長い．

開けた環境に生息し，土中や石下に営巣する．日本で見られるアシナガキアリ *A. gracilipes* は，多雌性かつ多巣性で，スーパーコロニーを形成する．

アフリカを中心に9種が記載されている．日本や東南アジアにはアシナガキアリ *A. gracilipes* 1種のみが分布する．

コツブアリ属 (p.14, 17, 43)
Brachymyrmex

体長3mm以下の小型のアリ．触角が9節からなることで，本亜科の他属との区別は容易である．頭部は短く，正面から見て，長さと幅はほぼ等しいか，若干長い程度で，亜四角形を呈す．触角柄節は短く，頭部後縁を少し越える程度．複眼は比較的大きい．前胸および中胸背面にいくつかの明瞭な立毛がある．

土中や落葉層，石下等に巣をつくる．雑食性であるが液体食を好み，アブラムシの甘露や植物の蜜に良く集まる．いくつかの種は，放浪種として世界中に分布を広げている．北米に侵入している種の中で，特にクロコツブアリ *B. patagonicus* が分布を拡大させつつあり，家屋へ頻繁に侵入する衛生・不快害虫として"rover ants"と呼ばれている．

新世界の属で，現在約40種が記載されている．日本では，黒褐色の人為的移入種であるクロコツブアリ *B. patagonicus* のみが兵庫県神戸市から得られている．

オオアリ属 (p.14, 17, 43)
Camponotus

体長2.5mmから25mmを越すものまで様々なサイズの種を含むが，概して体長4mm以上の中型から大型の種が多い．複眼は発達し，単眼はない．触角挿入部は頭盾後縁から離れた位置にある．触角は12節からなる．日本産の種では胸部背縁は側方から見て前胸から前伸腹節にかけて弧をえがく．後胸腺の開口部は認められない．腹柄節は厚い鱗片状．働きアリはコロニー内でのサイズの変異が大きく，小型個体と大型個体とでは形態的特徴も異なる場合が多い．とくに大きさの差が著しい場合，大型のものを兵アリと呼ぶこともある．

従来，多くの亜属に分割されてきたが，亜属間の境界は明瞭ではない．日本産の種は暫定的に6亜属に配置されている．そのうち *Colobopsis* 亜属は，独立した属として扱われることもあるが，ここではオオアリ属の一亜属として位置づけた．

さまざまな生活様式が見られる．営巣場所は多様で，地中性のものから樹上性のものまである．活動時間も種によってまちまちで，昼行性のものから夜行性のものまでが見られる．基本的に雑食性で，動物の死骸に群がるとともに，植物の蜜腺やアブラムシ，カイガラムシ類の分泌物を餌として集める．

世界の熱帯から寒帯まで広く分布する．形態的に多様な属でこれまでに約1,090種が記載されているが，さらに約480の亜種名が記載されており，分類は混乱

した状態にある．日本では 29 種が得られており，最も多くの種を含む属である．

ヤマアリ属（p.15, 17, 44）
Formica

　体長 3.5〜7 mm の中型のアリ．脚は比較的長く，敏捷に活動する．複眼は比較的大きく，単眼は働きアリでも明瞭に認められる．触角は 12 節からなる．大腮は三角形で 5〜12 歯をそなえる．後胸溝は明瞭．前伸腹節は側方から見て前・中胸背縁の高さよりも明らかに低い．前伸腹節気門は後縁から離れて位置し，スリット状．腹柄節は高く，横に広がる鱗片状．

　本属は複数の亜属が設定されていたが，Agosti (1994) はそれらの亜属をヤマアリ属 *Formica* の新参異名とした．

　土中に営巣し，種によっては，地上部に枯れ葉や枯枝を集めて大きな塚をつくる．半裸地の開けた環境に生息する種から，林内に生息する種までが見られる．広食性で，昆虫の死骸などに集まるほか，植物の花蜜やアブラムシの甘露を集めるために，樹上や草本にも良く登る．エゾアカヤマアリ類では，ガの幼虫等も積極的に襲って餌とする．日本のアカヤマアリ *F. sanguinea* は奴隷狩りを行ない，クロヤマアリ *F. japonica* やヤマクロヤマアリ *F. lemani* などを奴隷として利用する．

　北方系の属で，旧北区と新北区に分布し，約 190 種が記載されている．日本には 12 種が分布しており，本土では山地で種数が多くなる．タカネクロヤマアリ *F. gagatoides* は高山帯のハイマツ林内に営巣する真高山性種である．

ケアリ属（p.15, 17, 44）
Lasius

　体長 2〜5 mm の中型のアリ．複眼は発達したものから，数個の個眼しかないものまで見られる．働きアリでも 3 個の単眼をもつ．顕著な額稜がある．大腮には 7〜12 歯をそなえる．触角は 12 節からなり，触角第 3〜7 節の各節は 8〜12 節のそれよりも短い．側方から見て胸部背縁は，前・中胸と前伸腹節の背縁によりふた山型になる．前伸腹節気門はほぼ円形．前・中胸背板には軟毛や剛毛が不規則に乱立する．

　河川や河口の裸地的な環境から草地，森林にまで生息する．コロニーは大きくなり，単雌性の種が多いが，多雌性の種も見られる．地表活動のほか，植物にも良く登り，アブラムシやカイガラムシを頻繁に訪れる．特定のアブラムシと強い共生関係をもつものも多い．アメイロケアリ亜属 *Chthonolasius* とクサアリ亜属 *Dendrolasius* の種は，本属の他種へ一時的社会寄生を行なう．

　旧北区，新北区を中心に分布し，約 100 種が記載されている．日本からは 4 亜属 18 種が記録されている．

アメイロアリ属（p.15, 17, 44）
Nylanderia

　体長 1.5〜4 mm 程度の小型のアリ．複眼は中程度の大きさで，頭部の中央よりも前方に位置する．触角は 12 節からなる．触角柄節は，長いものから短く頭部後縁を少し越える程度のものまである．柄節には立毛をそなえる．大腮には 6 歯あるいは稀に 7 歯をそなえる（日本産の種では全て 6 歯）．腹柄節丘部は低く前傾し，前方に張り出した膨腹部によって隠され，背方からは見えないことが多い．働きアリの単眼は無いか，あっても不明瞭．胸部背面には対になった立毛をそなえる．脚脛節には通常立毛あるいは半立毛が見られるが，立毛はなく軟毛のみをもつ種も見られる．

　日本産の種は長く *Paratrechina* 属に位置づけられて来たが，LaPolla et al. (2010, 2011) は分子系統解析の結果から，ヒゲナガアメイロアリ *Paratrechina longicornis* が *Euprenolepis* 属と姉妹群関係となるなど，従来の *Paratrechina* 属が 3 つのグループに分かれ，単系統群ではないことを明らかにした．この結果から，従来の *Paratrechina* 属は 3 つの属へと再編され，ヒゲナガアメイロアリは *Paratrechina* 属に，それ以外の日本産種は *Nylanderia* 属と *Paraparatrechina* 属へと移属された．

　土中や落枝，腐倒木等に営巣し，働きアリは樹上や草上，落葉土層で活動する．花蜜等の液体成分を主な食物とし，頻繁に植物を訪れる．

　全世界に広く分布し，約 105 種が記載されている．日本からは 8 種が知られているが，さらに多くの種が生息するものと推定される．

サクラアリ属（p.15, 17, 44）
Paraparatrechina

　体長 1〜3 mm の小型のアリ．前伸腹節背面に 1 対の立毛をもち，大腮に 5 歯をそなえる．触角柄節は通常短く，頭部後縁を多少越える程度で，顕著な立毛をもたない．日本産の種では触角第 3, 4 節が短く，幅が長さより大きい．前胸背板，中胸背板および前伸腹節に対となる立毛をもつ．脚の腿節と脛節には立毛あるいは斜めに生える剛毛がない．胸部は前後に圧縮されて小さい（アフリカには細長い胸部を持つ種が存在する）．

　従来 *Paratrechina* 属であったものが，近年の分子系統解析の結果により 3 属に分割され，日本産の種は *Paratrechina* 属，*Nylanderia* 属および *Paraparatrechina* 属に区分された．形態的にはアメイロアリ属

Nylanderia の種に近似するが，前伸腹節背面に 1 対の立毛をもつこと，触角柄節に顕著な立毛がないこと，大腮に 5 歯をそなえることで区別される．

土中や石下に営巣し，半裸地や路傍などの撹乱された環境に生息する種も多い．液体の餌資源を良く集め，植物体にも登り花蜜などを集める．働きアリは多くの種で単型であるが，アフリカには多型となる種が見られる．

世界の熱帯・亜熱帯を中心に分布し，一部旧北区や新北区にも生息する．約 30 種から構成され，日本には 2 種が分布する．

ヒゲナガアメイロアリ属 (p.15, 17, 44)
Paratrechina

体長 2.5 ～ 3 mm．褐色から黒色．触角柄節は長く，その長さの半分以上が頭部後縁を越える．大腮には 5 歯をそなえる．前胸背板に数本，中胸背板に 3 対程度の剛毛があり，前伸腹節背面に立毛はない．後脚の腿節と脛節には斜めに生える剛毛列がある．アメイロアリ属 *Nylanderia* とは，胸部が細長く，特に前胸が前方に長く伸びていること，大腮に 5 歯を備えることで区別できる．

草地や路傍の乾燥した環境に普通に見られ，動きは敏速である．家屋にもしばしば侵入する．多雌性．

日本にはヒゲナガアメイロアリ *P. longicornis* 1 種のみが生息する．本種は，東南アジア原産の可能性のある放浪種である．熱帯地方に広く分布し，日本では九州（南部），小笠原諸島，北琉球（屋久島）以南の南西諸島各島に生息する．

ヒメキアリ属 (p.15, 17, 44)
Plagiolepis

体長 1.5 ～ 3 mm の小型のアリ．触角は 11 節．触角柄節は短く，頭部後縁を少し越える程度の長さ．複眼は比較的大きく，頭部側面中央もしくはやや前方よりに位置する．頭部後縁に 1 対の短毛をもつ．前胸背板は比較的短く，中胸背板は非常に短い．側板および後胸との間には複数の短い隆起が縦走する．

開けた環境に見られ，草地から林縁の石下や倒木に営巣する．働きアリは，地表部のほか，蜜を集めるために植物体上でもよく見られる．

旧世界の熱帯から温帯域に約 60 種が記載され，一部の種は北米等に人為的に移入している．日本では 2 種が報告されている．

サムライアリ属 (p.14, 17, 45)
Polyergus

体長 5 ～ 8 mm の中型のアリ．ヤマアリ属 *Formica* に似るが，大腮が鎌状であることから区別は容易である．前伸腹節の後背部はやや角ばり，いくぶん上方へ突出する．腹柄節もヤマアリ属よりも大きく高い．

本属の全ての種は奴隷狩りの習性をもち，ヤマアリ属の種を奴隷として使う．日本のサムライアリ *P. samurai* の場合，夏期にクロヤマアリ *F. japonica* やハヤシクロヤマアリ *F. hayashi* を働きアリが集団で襲い，巣中からマユ（サナギ）と大きくなった幼虫を持ち帰る．サムライアリの巣の中で成虫となったクロヤマアリやハヤシクロヤマアリの働きアリは，サムライアリのコロニーの一員として振る舞い，労働に従事する．

旧北区と新北区から 5 種が記載されている．日本にはサムライアリ *P. samurai* 1 種が分布している．

トゲアリ属 (p.14, 17, 45)
Polyrhachis

体長 5 ～ 10 mm 程度の中型から大型のアリ．複眼は発達し，単眼を欠く．触角は 12 節からなり，触角挿入孔は頭盾後縁から離れた場所にある．前胸，前伸腹節，腹柄節のいずれか 1 か所以上の部位に刺状あるいは歯状の突起をもつ．膨腹部第 1 節は大きく，膨腹部全体の半分を占める．腹部末端の開口部に周毛を欠く．

多くの種は樹上性であるが，樹木の根元や石下，土中に営巣するものも見られる．クロトゲアリ *P. dives* では，カートン製の巣を樹上に造る．また，トゲアリ *P. lamellidens* のように一時的社会寄生を行う種も見られる．

南北アメリカを除く世界の熱帯・亜熱帯から約 640 種が記載されており，ヤマアリ亜科の中ではオオアリ属 *Camponotus* に次いで大きな属である．日本からは 3 亜属 4 種が知られている．

ウワメアリ属 (p.15, 18, 45)
Prenolepis

体長 2 ～ 4 mm の小型から中型のアリ．複眼は中程度の大きさで，頭部の中央よりも後方に位置する．大腮には 5 歯あるいは 6 歯をそなえる．触角は 12 節からなる．触角柄節は比較的長く，立毛を欠くが，長くて斜めに生える軟毛を密にもつ．脚脛節も触角柄節と同様の軟毛をそなえ，立毛はもたない．背面から見て，前胸と前伸腹節は幅広く球状であるが，中胸の幅は前胸の 2 分の 1 以下と狭くなる．後胸溝背部は幅広く明瞭で，気門を持つ．

一般に土中に営巣し，植物の蜜やアブラムシの甘露を良く集める．

旧北区，東洋区にから約 15 種が記載されているが，分類研究は不十分である．日本からは，学名未決定の

ウメアリ *Prenolepis* sp. 1 種のみが四国，九州から記録されている．本種は樹上営巣性である．

ムカシアリ亜科
Leptanillinae

腹柄部が腹柄節と後腹柄節の2節からなること，額隆起縁を欠くこと，複眼を欠くこと，明瞭な前中胸縫合線が認められることで他亜科と区別される．

野外での詳しい生態はほとんど未知であるが，ムカシアリ属の種は小型のジムカデ類を専門に襲って餌としているようである．

6属55種が記載されており，旧世界の温帯から熱帯地域に分布する．ただし，*Phaulomyrma* 属と *Yavnella* 属では雄しか知られていない．日本では2属8種が得られており，さらに八重山諸島等からムカシアリ属 *Leptanilla* の学名不詳の雄個体が得られている．

ムカシアリ属（p.8, 18, 45）
Leptanilla

多くの種において働きアリは微小で，体長1 mm前後．体は偏平でかつ細長い．複眼，額隆起縁はなく，触角の基部は露出する．大腮の咀嚼縁は短く，3〜4歯を備える．働きアリの腹柄部は腹柄節と後腹柄節の2節からなるが，女王アリと雄アリでは腹柄節1節のみからなる．また，女王は無翅で，巣から外へ飛出することはない．

土中に生息し，ジムカデ類を捕らえて餌とする．幼虫の胸部には体液が浸出する孔状の特別な器官があり，女王はここから幼虫の体液を栄養分として取り込む．働きアリは触角を細かく振動させながら歩行する．

旧世界から43種が記載されている．日本からは6種が得られている．さらに，屋久島や石垣島，西表島などから，複数種を含む学名不詳の雄アリが報告されている．

ジュズフシアリ属（p.8, 18, 45）
Protanilla

体長2〜4 mm程度の小型のアリ．触角柄節は長く，頭部後縁を越える．大腮の形態は特徴的で，側方から見て細く発達し，腹面には杭状の突起を複数そなえる．種によっては，椀状に背方に大きく膨らむ．頭盾は台形で後縁の境界は明瞭である．ムカシアリ属 *Leptanilla* に比べて本属の種の方が大型で，体長は2 mm以上．腹柄節は働きアリ，雌アリ（女王）ともに2節からなる．

日本産のキバジュズフシアリは，従来 *Anomalomyrma* 属に位置づけられていたが，近年の本属についての再検討（Borowiec et al., 2011）の結果，*Protanilla* 属の種とみなされた．

発達した大腮は180度まで開き，その状態で地表部を歩行する個体が観察されている．

東洋区に6種が記録されているが，分類研究は不十分な状態にある．日本ではジュズフシアリ *P. lini* とキバジュズフシアリ *P. izanagi* の2種が生息する．

フタフシアリ亜科
Myrmicinae

腹柄部は腹柄節と後腹柄節の2節からなる．複眼は時に著しく退化するが，ごく一部の属をのぞいて存在する．ほとんどの種で，頭部の額隆起縁は触角挿入部を部分的あるいは全体的におおう．触角は4〜12節からなり節数，形状ともに変化に富む．触角先端の2〜5節は棍棒部を形成するものが多い．前中胸縫合線は背面で消失するか，痕跡的．腹部末端には針をもつものから，それが消失したものまである．

種数が多く，土中に生息するものから，地表活動性のもの，樹上性のものまで様々である．食性も多様に分化している．

アリ科の中で最多の141属を含み，形態的にも生態的にも多様性に富むグループである．世界で約6,160種が記載されている．日本からは24属148種が記録されている．

アシナガアリ属（p.12, 18, 45）
Aphaenogaster

体長3〜8 mmで比較的中型のものから大型のものまでが見られるアリ．体は一般に細長く，脚や触角も長い．触角は12節からなり，先端の4節はややふくらみ棍棒部を形成する．

多くの種は森林に生息し，土中や倒木，石下に営巣する．種によっては海岸付近の裸地的な環境に生息するものもある．

エチオピア区を除く（マダガスカルには生息）全世界に分布し，約180種がこれまでに記載されている．東南アジアにも多くの種が生息しているようであるが，分類研究は進んでいない．日本からは17種が確認されており，南西諸島に多くの種が生息する．

ハダカアリ属（p.13, 18, 46）
Cardiocondyla

体長3.5 mm以下の小型のアリ．複眼は発達し，触角は12節（一部の種で11節，日本産のものはすべて12節）からなり，先端の3節は棍棒部を形成する．頭盾前縁中央は多少とも突出し，大腮の一部にかかる．頭部，胸部背面に体毛を欠く．胸部背面は比較的平ら．腹柄節は下部突起をもち，柄部は細長いものが多い．

後腹柄節は平らなものが多く，背方から見て長さよりも幅が広い．

裸地や草地等の開けた環境に生息するものが多く，土中に営巣するものから樹上性のものまで見られる．

旧世界の熱帯，亜熱帯を中心に約70種が記載されている．新世界からも記録されているが，これらはすべて旧世界からの移入種であると考えられている．日本からは7種が得られている．

カレバラアリ属（p.9, 18, 46）
Carebara

体長1〜5mm程度の小型のアリ．日本産のすべての種では，働きアリは大型の兵アリ（大型働きアリ）と小型の働きアリ（小型働きアリ）の明瞭な2型を示す．触角は8〜11節からなり，先端の2節は棍棒部を形成する．複眼は小さい．後胸溝は明瞭．兵アリの頭部は顕著に発達し，しばしば頭頂部に1対の突起をもつ．働きアリは体長2mm以下で，頭頂部に突起をもつことはない．近年，Fernandez (2004) はコツノアリ属 *Oligomyrmex* を本属の新参異名とみなした．一方で，*Oligomyrmex* の属としての独立性を主張する見解もある．本報では，暫定的に Fernandez (2004) の分類様式を採用し，日本産の種を *Carebara* 属として扱うが，分子系統解析を含む今後の詳細な検討を待ちたい．

土中に営巣する．大型働きアリは巣の防衛や食物の噛み砕きの他，巣内で液体の栄養分の貯蔵の役を担っている．

熱帯・亜熱帯を中心に約160種が記載されている．日本からは5種が記録されている．

シリアゲアリ属（p.9, 18, 46）
Crematogaster

体長2〜4mmの小型から中型のアリで，後腹柄節は膨腹部背面に接続することと，前伸腹節気門が大きく，かつ前伸腹節の後面にかかって位置することで他属と区別される．触角は11節（一部の種で10節）．日本産の種には，触角棍棒部が2節からなるものと3節からなるものがあり，それぞれキイロシリアゲアリ亜属 *Orthocrema* とシリアゲアリ亜属 *Crematogaster* に所属する．

樹上営巣性の種が多く，特に熱帯・亜熱帯での樹上での現存量が大きい．また，石下や土中等に営巣する種も見られる．日本産の種ではキイロシリアゲアリ亜属 *Orthocrema* の3種とツヤシリアゲアリ *C. nawai* が石下や土中に営巣し，残りのシリアゲアリ亜属 *Crematogaster* の種は樹上営巣性である．

世界で最も繁栄しているグループのひとつで，現在約475種が記載されている．ただし，300近い亜種名が存在し，分類は混乱した状態にある．日本からは8種が報告されている．

タカネムネボソアリ属（p.13, 18, 46）
Leptothorax

体長3〜4mmの小型のアリ．触角は11節からなる．シワアリ属 *Tetramorium* と似るが，触角挿入部の前方に狭い隆起縁がないこと，腹部末端刺針の先端付近は単純な構造である（背側に三角形の薄い板が付属しない）ことで区別できる．大腮の歯は5歯からなる．前伸腹節気門はより前方に位置する．ムネボソアリ属 *Temnothorax* とは，頭盾中央に隆起線がないことと触角が11節であること（*Temnothorax* 属の一部の種では11節）により区別される．

樹林内から林縁に見られ，朽ち木や木の根元付近に巣がつくられる．一つの巣は数十から100個体程度で構成される．日本の種では，多女王の巣が多く見られるが（これまでの最大は28個体），卵巣を発達させ，産卵を行なっているのは1個体のみである．

旧北区から19種が記載されている．日本ではタカネムネボソアリ *L. acervorum* 1種のみが北海道と本州，四国の山地に分布する．

ミゾガシラアリ属（p.11, 18, 46）
Lordomyrma

体長3〜5mm程度のアリ．頭盾中央部が隆起し，1対の隆起線が縦走する．触角は12節からなり，末端の3節は棍棒部を形成する．前・中胸背面は隆起し，後胸溝が顕著．日本産のものは触角収容溝が顕著で，複眼は触角収容溝の下部に位置する．

生態情報の乏しい属であるが，日本産の種では，単雌性でかつ単巣性である．巣は小さく，通常働きアリ30〜40個体からなる（最大90個体の記録がある）．おそらくセンチュウ類や双翅目の幼虫を餌としている．照葉樹林の林床の湿度の高い環境に生息し，土中，石下や落枝中に営巣する．

ニューギニア，北東オーストラリアを中心にこれまでに33種が記載されている．日本からはミゾガシラアリ *L. azumai* 1種が知られている．

ツヤクシケアリ属（p.12, 18, 46）
Manica

体長4〜7mmの中型のアリ．触角は12節からなり，先端の5節は棍棒部を形成する．複眼は中程度の大きさでやや突出する．胸部背面は平らだが，明瞭な後胸溝が見られる．前伸腹節刺を欠く．腹柄節下部突起をもつが，小さく，腹柄節の前方に位置する．中脚，後脚の脛節刺は櫛歯状となるものから単純なものまでが

ある（日本産の種では単純）．
　山地の瓦礫地帯や河原のような荒れ地に生息する．昆虫の死骸や甘露を餌とするようである．北米では，社会寄生種と推定されるものも知られている．
　旧北区，新北区から6種が記載されている．日本ではツヤクシケアリ *M. yessensis* 1種のみが本州中部以北の山地に分布する．

クロナガアリ属（p.12, 19, 47）
Messor

　中型から体長10 mmを越える大型のアリ．頭部下面に長い毛列を持つことで，アシナガアリ属 *Aphaenogaster* やナガアリ属 *Stenamma* などの近似の属と区別できる．触角柄節は比較的短く，頭部後縁をわずかに越える程度．触角鞭節の先端部は棍棒部を形成しない．頭部は幅広い．複眼は中程度の大きさ．前中胸背板は隆起し，後胸溝が認められる．前伸腹節に突起は通常ないが，一部弱い突起をもつ種がある．腹柄節下部突起を欠く．働きアリは多くの種で顕著な多型を示す．
　本属のアリは，幼虫の餌として種子を巣に運ぶ収穫アリとして良く知られる．日本のクロナガアリ *M. aciculatus* の場合，夏場は活動せず巣口を閉ざす．10～11月になって地表に現れ活動し，イネ科植物の種子を主な餌として集める．その他，シソ科，タデ科，アカザ科などの種子の利用も見られる．したがって，それらの植物が多く見られる裸地や開けた草地の土中に営巣する．巣はほぼ垂直な縦抗と多数の部屋からなり，縦抗の深さは通常3～4 m，時には5 mに達することもある．結婚飛行は4月下旬から5月の午前中に行なわれ，この時には巣口を開く．
　世界で115種が記載され，多くはユーラシアに分布するが，北米，熱帯アフリカにも分布する．日本にはクロナガアリ *M. aciculatus* 1種だけが分布する．

ヒメアリ属（p.13, 19, 47）
Monomorium

　体長4 mm以下の小型で細長いアリ．大腮に3～5歯をもつ．頭盾前縁中央は多少とも突出し，1本の顕著な剛毛をもつ．触角は通常12節（一部の種で11または10節．ただし日本産の種はすべて12節）で，3節からなる棍棒部をもつ．前胸と中胸は完全に融合し，側面からみると多少隆起する程度．前伸腹節刺はない．腹柄節下部突起は小さいか不明瞭．働きアリに連続多型がみられる種もいる．
　裸地や草地，林縁などの開けた環境に生息する種が多く，一部森林内に生息する種が見られる．土中や石下に営巣するものから樹上性の種までが知られる．イエヒメアリ *M. pharaonis* は有名な家屋害虫で，しばしば家屋内に営巣する．
　汎世界的に分布し，これまでに約390種が記載されている．日本からは9種が記録されている．

カドフシアリ属（p.10, 19, 47）
Myrmecina

　体長2 mmの小型から中型のアリ．頭盾は中央部が隆起し，前縁は前方へ突出する．後頭隆起縁は頭部腹側面を前進し，大腮基部付近まで達する．前伸腹節側縁前部に小突起がある．前伸腹節刺は顕著．腹柄節は柄部と丘部の分化が不明瞭で亜円筒状．
　森林内の土中や倒木下，石下に営巣する．林床部に活動し，土壌性のダニ類を捕らえて餌としている．コロニーは小さく，通常100個体以下の働きアリで構成される．
　世界で51種が記載されており，特に東南アジアやニューギニアからの記載種が多い．日本からは4種が記録されている．

クシケアリ属（p.12, 19, 47）
Myrmica

　体長3.5～5.5 mmの中型のアリ．触角は12節からなり，先端の3～4節は棍棒部を形成する．複眼は中程度の大きさで突出する．胸部背面は平らだが，後胸溝が見られる種が多い．前伸腹節には発達した刺をそなえる（ただし，オモビロクシケアリ *M. luteola* の女王は小型で，明瞭な前伸腹節を欠く）．腹柄節下部突起をもつが，小さく，腹柄節の前方に位置する．中脚，後脚の脛節刺は櫛歯状となる．
　近年，極東産のキイロクシケアリ *M. rubra* は全て *M. kotokui* か *M. ruginodis* の誤同定とされた一方，日本にも *M. ruginodis* が生息するとされた（Radchenko & Elmes, 2010; Wetterer & Radchenko, 2011）．しかし，分子系統解析の結果，日本で *M. kotokui* あるいは *M. ruginodis* とされていたものに，少なくとも4種が存在することが示唆された（Ueda et al., 2012）．
　温帯から寒帯に生息し，倒木や土中，石下に巣をつくる．コロニーは数百個体から構成され，1,000個体を越える場合もある．単雌性のものと多雌性のものが見られ，社会寄生種も知られている．日本産のオモビロクシケアリ *M. luteola* は社会寄生種と推定される．
　旧北区，新北区を中心に約175種が記載されている．日本では少なくとも12種が生息するが，外部形態による分類の難しい複数種を含んでいる．北方性の種が多く，北海道や東北地方などの北方の地域や関東・中部地方の山地では普通に見られる一方，琉球列島では屋久島の山地に1種のみが分布する．

オオズアリ属 (p.13, 19, 47)
Pheidole

働きアリ階級は兵アリと働きアリの顕著な2型を示す．触角は9〜12節からなり，先端の3〜5節は棍棒部となる（日本産の種は全て触角は12節，棍棒部は3節）．複眼は発達し，前・中胸背縁は側方から見て弧状に盛り上がる．前伸腹節刺を持つ．腹柄節は柄部と丘部が明瞭に認められ（外国産の種では例外もある），腹柄節下部突起はないか不明瞭（東南アジアには兵アリが非常に発達した下部突起を持つ種もいる）．

巣から餌場までアリ道をつくり，しばしば家屋内にも侵入する．地理的分布の広さ，種数の豊富さ，そして現存量の大きさを考慮すると，アリ類の中で，オオアリ属 *Camponotus* やシリアゲアリ属 *Crematogaster* と並んで特に繁栄している属の一つである．

熱帯・亜熱帯で特に多く見られ，現在約990種が記載されているが，今後さらに多くの種が記載されるものと思われる．日本には9種が分布している．ナンヨウテンコクオオズアリ *Pheidole parva* として報告されてきた種は広域分布種で，東南アジアから南アジアでは開けた環境（農地，攪乱地，裸地，住宅地など）で普通にみられる種とされてきた．日本では1990年代後半から沖縄本島中南部や小笠原諸島の父島で採集されるようになり，沖縄本島では住宅地やその周辺で普通に見られるようになった．しかし，分子系統解析の結果，形態的に識別の困難な複数の種からなることが示唆された（Eguchi et al., 2012）．日本に侵入したものはスリランカから記載された真の *P. parva* ではない可能性が高い．

ヨコヅナアリ属 (p.11, 19, 47)
Pheidologeton

体長は2〜15 mmで，働きアリは顕著で連続的な多型を示す．触角は11節からなり，先端の2節は棍棒部をなす．大腮は5〜6歯をもつ（大型働きアリでは不明瞭）．複眼は比較的小さい．大型働きアリでは単眼，中胸小盾板，後胸背板が見られる．小型働きアリでは前・中胸背は山型で，後胸溝は明瞭に刻まれ，前伸腹節刺をもつ．

東南アジアの熱帯では普通に見られ，大きなコロニーを作り，顕著な行列を作って行動する．

東南アジア，オーストラリア，アフリカの熱帯，亜熱帯から32種が記載されている．日本ではヨコヅナアリ *P. diversus* 1種が報告されている．本種は，小笠原群島（父島）と琉球列島（沖縄島）から記録されているほか，東南アジアから貨物とともに人為的に運ばれてきたものが神奈川県座間市の米軍基地から発見されている．

アミメアリ属 (p.10, 19, 48)
Pristomyrmex

体長2〜4 mm程度の比較的小型のアリ．触角は11節からなり，先端の3節は棍棒部を形成する．本亜科のものとしては例外的に，額隆起縁がほとんど張り出さず，そのため触角挿入部が裸出する．胸部は短く高い．大半の種では背面は平ら．前伸腹節刺をもつ．

樹林内の倒木や石下に巣が見られ，多くの種ではひとつのコロニーの構成個体数が，十数個体から数十個体と少ない．しかし日本を含む東アジアから東南アジアに生息し，日本では普通に見られるアミメアリ *P. punctatus* は，本属のアリとしては例外的に大きなコロニーとなり，十万個体を超す場合もある．本種は定常的な巣を持たず，また有翅の女王もおらず，働きアリ様の個体がもっぱら産卵することで，新しい働きアリが作り出される．

世界で約60種が記載されており，それらのうちの半数が東洋区からのものである．日本には2種が分布している．

アゴウロコアリ属 (p.9, 19, 48)
Pyramica

体長1〜3 mmの小型のアリ．頭部は前方から見て亜三角形で後縁中央はくぼむ．大腮は三角形状で一部の種では棒軸状，挿入部は左右に離れる．大腮内側背縁に連続した小歯列を通常もつ（一部の種ではもたない）．触角は4節か6節からなり，棍棒部は2節からなる．腹柄節，後腹柄節に海綿状の付属物が発達する．

かつてのトカラウロコアリ属 *Trichoscapa*，ヒラタウロコアリ属 *Pentastruma*，ヌカウロコアリ属 *Kyidris*，セダカウロコアリ属 *Epitritus* およびノコバウロコアリ属 *Smithistruma* は本属の新参異名とみなされた（Bolton, 1999）．

Baroni Urbani & De Andrade (2007) により，本属とその新参異名はすべてウロコアリ属 *Strumigenys* の新参異名とされた．しかし，*Strumigenys* を800以上の種を内包する巨大な1属として取り扱うことへの抵抗感からか，世界的にみても未だこれに従う例は少ない．最近，再編の動きは進むものの，本書では暫定的にBolton (1999) の見解を採用し，アゴウロコアリ属 *Pyramica* はウロコアリ属 *Strumigenys* とは独立した属として扱うこととする．

林床性の種が多く，トビムシやコムシ，ササラダニ，ムカデ等の土壌動物を狩って餌としている．また一次的社会寄生や盗食共生を行なう種も知られている．日本産種では，ヌカウロコアリ *P. mutica* がウロコアリ *Strumigenys lewisi* やキタウロコアリ *S. kumadori* への一時的社会寄生種であり，ノコバウロコアリ *P. incerta* は

トゲズネハリアリ Cryptopone sauteri への盗食共生者である可能性が指摘されている．

大きな属で，オーストラリアを除く世界の熱帯から温帯にかけて分布し，344 種が記載されている．日本には 19 種が生息している．

カクバラアリ属 (p.10, 19, 48)
Recurvidris

体長 2 〜 3 mm の小型のアリ．触角は 11 節からなり，先端の 3 節は棍棒部を形成する．前伸腹節刺が細く，先端が前方に向かって背側に反り返る．発達した腹柄節下部突起をもち，後腹柄節は後端部で背腹方に平たくなり，後端は膨腹部に広く接続する．

林内や林縁部，竹林などの土中や石下に巣が見られる．働きアリは，林床部で活動する他，頻繁に植物にも登り，葉上で見かける．

東洋区のみに生息し，10 種が記載されている．日本では，カクバラアリ *R. recurvispinosa* 1 種が八重山諸島から報告されている．

ヒゲブトアリ属 (p.9, 19, 48)
Rhopalomastix

体長 1.5 〜 3 mm の小型のアリ．触角が 10 節からなり，柄節・鞭節ともに著しく短く，かつ鞭節は平たくつぶれた特徴的な形態をもつ．額葉は互いに接近する．前伸腹節刺はない．後腹柄節は後方で絞り込まれずに，後面全体で膨腹部と連結している．脚は短く，腿節・脛節ともに偏平．

本属のアリは，樹木の根元付近の樹皮下に巣を作る．東洋区に限って見られ，これまでに 6 種が記載されている．日本ではヒゲブトアリ *R. omotoensis* 1 種が石垣島から得られている．

トフシアリ属 (p.9, 20, 48)
Solenopsis

体長は 1 mm から 10 mm 程度のものまで変化にとみ，単型のものから多型のものまでが見られる．触角は 9 〜 10 節からなり（日本産の種では 10 節），先端の 2 節は棍棒部を形成する．頭盾に 1 対の発達した縦走隆起縁があり，前縁中央に 1 本の剛毛が見られる（働きアリが多型を示す種では，大型働きアリはしばしば中央の剛毛を欠く）．後胸溝は明瞭．前伸腹節刺はない．

土中や石下に営巣する．中には大きなコロニーを作るものもある．本属には "fire ants" と呼ばれる中・南米原産の一群が含まれる．これらの種のいくつかは，人為的移入により，世界各地へ広がり，人に刺咬被害を与える衛生害虫，農畜産害虫，生態系攪乱者となり，大きな問題を引き起こしている．日本にはアカカミアリ *S. geminata* が侵入している．

小型の種では，他種のアリの巣に坑道をつなぎ，そこから他種アリの巣に侵入し，餌を奪う盗食の習性をもつものが知られている．

世界で約 185 種が記載されている．日本ではアカカミアリを含めて 3 種が記録されている．

ナガアリ属 (p.12, 20, 48)
Stenamma

体長 2.5 〜 4 mm 程度．触角柄節は比較的短く，頭部後縁をわずかに越える程度．触角は 12 節からなり，触角鞭節の先端部は 4 節からなる棍棒部を形成するか，あるいは棍棒部は不明瞭．額葉は比較的近接し，その間隔は額葉の幅を超えない．複眼は比較的小さい．前中胸背板は隆起する．腹柄節はしばしば下部突起を持つ（日本産の全種では欠く）．

林縁から林内に見られ，林床の土中に営巣する．種子食性と思われる．日本のハヤシナガアリ *S. owstoni* では，巣内に大量の種子（リョウブ）が蓄えられていたとする報告がある．

温帯系の属でほとんどは旧北区と新北区に分布し，約 50 種が記載されている．日本には千島列島の国後島から記録されたチシマナガアリ *S. kurilense* を含めて 3 種が生息する．

イバリアリ属 (p.10, 20, 49)
Strongylognathus

体長 2 〜 4 mm の小型から中型のアリ．体色は，黄色から黄褐色．触角は 12 節からなり，先端の 3 節は棍棒部を形成する．大腮は顕著な鎌状で，近似のシワアリ属 *Tetramorium* との区別は容易である．触角挿入部の前縁は隆起縁を形成する．前中胸背面は平らで隆起しない．前伸腹節の後縁には，通常小さな刺状突起をもつ．前伸腹節気門は前伸腹節刺の根元よりも前方に位置する．

シワアリ属 *Tetramorium* の種に社会寄生を行い，奴隷制から恒久的社会寄生に近いものまでが見られる．

旧北区に 23 種が知られ，日本ではイバリアリ *S. koreanus* 1 種のみが記録されている．本種はトビイロシワアリ *Tetramorium tsushimae* の巣に社会寄生（おそらく恒久的社会寄生）する．

ウロコアリ属 (p.9, 20, 49)
Strumigenys

体長 4 mm 以下の小型のアリ．大腮は細い棒軸状で，特徴的である（海外の種では例外もある）．左右の挿入部は近接する．先端部は 2 個の針状の歯が 2 又になって存在する．また，歯の間に小歯がある場合が多い．

亜先端部には1～2本の歯をもつ場合が多い．複眼は触角収容溝の下縁に位置する．触角は4節か6節からなる．腹柄節，後腹柄節には海綿状の付属物をそなえる．

触角が4節からなるヨフシウロコアリ属 *Quadristruma* は，Baroni Urbani & De Andrade (1994) によって本属の新参異名とみなされた．

多くの種は樹林の林床の落葉層や朽木中に生息し，長い大腮を使ってトビムシ類などを狩って餌としている．

既知種487種を含む大きなグループで，熱帯・亜熱帯で種数が多い．日本からは10種が知られている．

ムネボソアリ属 (p.13, 20, 49)
Temnothorax

体長2～3.5 mmの小型から中型のアリ．体形はシワアリ属 *Tetramorium* に似るが，本属では触角挿入部の前方に狭い隆起縁がないか，または盾状の壁となって隆起することがないこと，大腮の歯は通常5歯，まれに6歯であること，前伸腹節気門がより前方に位置すること，腹部末端刺針の先端付近は単純な構造である（背側に三角形の薄い板が付属しない）ことで区別される．触角は通常12節で，一部の種で11節（日本産の種ではカドムネボソアリ *T. koreanus*）．頭盾中央に隆起線がある．

Bolton (2003) は，従来の *Leptothorax* 属を *Leptothorax*, *Temnothorax*, *Nesomyrmex* の3属に再編した．そのうち日本にはタカネムネボソアリ属 *Leptothorax* とムネボソアリ属 *Temnothorax* が分布する．Bolton (2003) によれば，前者は小腮の蝶鉸節に横走する稜を持つが，後者は持たないとされるが，この特徴は口器を頭蓋から引き出さないと観察しにくい．日本産の種に関しては，より簡便な識別形質として，タカネムネボソアリ属は頭盾中央部に隆起線がないのに対し，ムネボソアリ属は隆起線があることがあげられる．また，前者は触角が11節であるのに対し，後者では12節の種が多い．

日本産の種ではタカネムネボソアリ *L. acervorum* のみがタカネムネボソアリ属となり，残りの16種はムネボソアリ属に位置づけられる．

土中に営巣する種から樹上営巣種までが見られ，生態は変化に富む．また，奴隷狩りを行なうものや，他種の巣中へ社会寄生を行なうものも知られている．日本産の種では，ヤドリムネボソアリ *T. bikara* が奴隷狩りを行ない，キノムラヤドリムネボソアリ *T. kinomurai* が特殊な社会寄生を行う．特に後者は，女王と職蟻型女王のみによって構成され，働きアリは知られていない．

全世界に広く分布する．約340種が記載されている大きな属で，旧北区と新北区で種数が多い．日本では16種が得られている．

シワアリ属 (p.13, 20, 49)
Tetramorium

体長2～4 mm程度の小型から中型のアリ．触角は12節か11節からなり（海外では10節の種も存在する），先端の3節は棍棒部を形成する．大腮は三角形で多数の歯をもち，とくに先端の3歯は比較的大きい．複眼は比較的大きい．触角挿入部の前縁は隆起縁を形成する．前・中胸背面は平らで隆起しない．前伸腹節刺は通常よく発達する（一部の種ではこれを欠く）．前伸腹節気門は前伸腹節刺の挿入部位よりも前方に位置する．腹部末端の刺針の先端付近の背側には三角形の薄い板が付属する（刺針が腹部に引き込まれているときは観察できない）．

森林から裸地や草地に生息するものまで見られる．また，単雌性の種が見られる一方，多雌性の種も少なくない．家屋周辺にも見られ，その地域の普通種となっているものもいる．

大きな属で世界に約470種が記録されており，日本からは8種が知られている．

ウメマツアリ属 (p.11, 20, 49)
Vollenhovia

体長2～3.5 mmの小型から中型の細長いアリ．頭部は縦長の長方形で，頭盾に1対の縦走隆起線をもつ．明瞭な額隆起縁はなく，額葉は比較的小さい．触角収容溝はない．大腮は三角形で4～7歯をもつ．触角は12節（まれに11節）からなり，先端の3節は棍棒部を形成する（一部に例外がある）．触角柄節は短く，頭部後縁に達しない．小腮鬚は1～3節からなるが，通常は2節である．複眼は発達する．腹柄節は柄部をもたないかもっても短い．腹柄節の後縁は比較的明瞭な隆起縁を形成する．通常，葉状の腹柄節下部突起をもつ．後腹柄節は腹柄節よりも小さい．脚は短く，中脚，後脚に脛節刺を欠く．また，中胸腹板と後胸腹板の中央にはそれぞれ突起がある．日本産のものは形態的に比較的良くまとまっており，ひとつの種群を形成するものと思われる．

多くの種は，林内や林縁部に生息し，倒木や落枝中に営巣するが，樹上性の種も見られる．本州と九州から記録されているヤドリウメマツアリ *V. nipponica* のように，働きアリを欠き，ヒメウメマツアリ *V. sp.* の巣内に生息する社会寄生種も知られる．

アジア北東部，東南アジアからインド，ニューギニアを中心に，オーストラリア，オセアニアにかけてから58種が記載されている．日本では8種が得られている．

ハリアリ亜科
Ponerinae

腹柄部が腹柄節1節のみからなること，腹部末端に刺針をもつこと，膨腹部第1・2節の間がくびれること（アギトアリ属とヒメアギトアリ属をのぞく），膨腹部第1節の背板と腹板が癒合し，筒状になることで他の亜科と区別される．世界で47属約1,100の種が記載されており，熱帯雨林地帯に多くの種が分布する．日本からはそのうち11属31種が記録されている．

近年，Schmidt (2013) および Schmidt & Shattuck (2014) による本亜科の分子系統解析の研究結果が発表され，系統・分類体系が大きく変わった．とりわけ200種以上の種を含めていたフトハリアリ属 Pachycondyla は極端な多系統群であることが判明し，19属に細分された．この結果 Pachycondyla 属そのものは，南米のみに生息し，11種のみからなる小さな属と位置づけられるに到った．また，これまで Pachycondyla 属の新参異名とされていたオオハリアリ属 Brachyponera とツシマハリアリ属 Ectomomyrmex は独立属と見なされ，さらにホンハリアリ属 Euponera とコガタハリアリ属 Parvaponera の種が日本に生息することとなった．

肉食性の種が多く，また数十から数百個体程度の小さなコロニーをつくる種が多い．腹端の針は機能的で，種によっては刺されるとかなりの痛みを感じる．

ヒメアギトアリ属（p.5, 20, 49）
Anochetus

体長3～6mmの中型から比較的小型のアリ．大腮はアギトアリ属 Odontomachus と同様に長く直線状で，先端部で急激に内側に折れ曲がり，かつ基部は頭部前縁の中央部に位置する．ただし，頭頂から後頭部にかけて正中線がないことでアギトアリ属と区別される．また，腹柄節は背方に強く隆起するが，鋭く尖ることはない．膨腹部第1節と第2節の間のくびれはないか不明瞭．

森林内の土中や石下に営巣する．一部の種では草地や裸地的な環境にも見られる．日本産の種は，やや開けた環境に生息し，登山道の道路脇や海岸付近の石下などから得られている．

世界の熱帯・亜熱帯から約100種が記載されている．日本では琉球列島の宮古島と石垣島からヒメアギトアリ *A. shohki* 1種が得られている．

オオハリアリ属（p.7, 20, 50）
Brachyponera

体長3～7mmの小型から中型のアリ．体表は平滑で光沢をもつ部分が多い．大腮の基部背側面に小孔をもつ．複眼は比較的小さく大腮の基部近くに位置する．前・中胸背面は弧状に隆起し，前伸腹節背縁より高い所に位置する．明瞭な後胸溝をもつ．中胸側板側面域の後背部に小さな丸い葉片部がある．前伸腹節気門は円状．腹柄節は側方から見て高く薄い．中脚脛節の外側に，刺状の剛毛列はない．また，脛節刺は2本存在し，1本は針状で，もう1本は櫛歯状．ハリアリ亜科の中では，女王と働きアリのサイズ差が大きい属である．

土中や倒木等に営巣する．広食性の捕食者および腐食者と考えられているが，ツヤオオハリアリ *B. luteipes* のようにシロアリを専食する種も知られている．

アフリカからアジア，オーストラリアにかけて分布し，約20種が記録されている．日本には3種が生息する．

トゲズネハリアリ属（p.6, 20, 50）
Cryptopone

体長2～6mmの小型から中型のアリ．複眼は非常に小さいか，あるいはない（日本産のものには眼がある）．大腮の基部背側面に小孔がある．中脚脛節の外側に多くの頑強な刺状の剛毛をもつ．中脚および後脚の脛節にそれぞれ針状と櫛歯状の2つの脛節棘をもつ．本属は Mackay & Mackay (2010) により，*Pachycondyla* 属の新参シノニムとされた．しかしその後，Schmidt & Shattuck (2014) によって *Pachycondyla* 属が単系統ではないことが示され，複数の属に分割された．本書では最新の系統仮説に従い，*Cryptopone* を独立属として扱う．

森林内の倒木中や土中に巣をつくる．日本の種では，双翅目や鞘翅目の幼虫を捕らえて餌としている．

熱帯・亜熱帯アジアを中心に旧世界から24種が知られており，日本からは2種が記録されている．

トゲオオハリアリ属（p.6, 21, 50）
Diacamma

体長8mm以上の大型のアリ．頭部は正面から見て卵形，頭盾前縁は三角形状に突出する．複眼は大きく発達する．中胸側板の背方に明瞭なくぼみを持つ．腹柄節は大きく，後背に1対の棘状突起をもつ．頭部，胸部，腹柄節表面には線状や指紋状の強い条溝がある．

日本産の種では，比較的日当りのよい林縁部の土中，木の空洞，石垣の間隙等に営巣する．巣には翅をもつ一般的な女王が存在せず，かわりに職蟻型の女王が見られる．

東洋区およびオーストラリア区から26種が記載されているが，亜種として記載されているものも多く，分類学的に混乱した状態にある．日本にはトゲオオハリアリ *Diacamma indicum* 1種のみが分布する．

ツシマハリアリ属 (p.7, 21, 50)
Ectomomyrmex

　中型から大型のアリで体長5〜13 mm．頭部や胸部に細かな条刻をもつ．大腮に10以上の歯をそなえる．大腮基部背側面に小孔はない．複眼は比較的小さく，側面のやや前方に位置する．前胸から腹柄節後背部にかけての胸部背縁は，側方から見て概して平ら．中胸側板の側面域は斜行する溝によって明瞭に二分される．前伸腹節気門はスリット状．後脚の脛節刺は2本存在し，1本は針状で，もう1本は櫛歯状．

　林床を徘徊し，広範に節足動物を捕食する．種によってはシロアリ類を好んで補食する．コロニーは小さく，通常100個体以下の働きアリからなる．

　アジアとオーストラリアに限って分布し，約30種からなる．日本には2種が生息する．

ホンハリアリ属 (p.7, 21, 50)
Euponera

　体長4〜10 mmの中型から大型のアリ．大腮は三角形状で，基部背側面に小孔をもつ．複眼は小型で，長径に個眼が3〜4個並ぶ程度のものから中程度の大きさまである．前胸から腹柄節後背縁にかけての胸部背縁は，側方から見て概して平ら．前伸腹節気門はスリット状．腹柄節は方形で，一部の種で鱗片状．腹柄節下部突起に小窓はない．中脚脛節の外側に，刺状の剛毛列はない．また，後脚の脛節刺は2本存在し，1本は針状で，もう1本は櫛歯状．頭部や胸部背面に多くの立毛や軟毛をもつ種（日本産の種が該当）がいる一方で，体毛は粗である種も見られる．

　樹林内に生息し，土中や落葉下，倒木等に営巣する．コロニーサイズは小さく，十数頭から数十頭程度からなる．南アフリカ産の*E. fossigera*ではコロニーに1個体の職蟻型女王のみが見られ，この女王によってコロニーが維持されている．日本産のケブカハリアリ *E. pilosior*では，土中に営巣し，通常形態の女王が見られ，地中性のアリ類を主な餌として生活している．

　熱帯アフリカから東アジア・東南アジアにかけて25種ほどが分布し，日本には2種が生息する．

ニセハリアリ属 (p.6, 21, 50)
Hypoponera

　黄色から黒褐色の小型のアリで体長は1.5〜3 mm程度．複眼は小さく，これを欠く種もある．大腮の歯は先端部に3〜4個で，それに続いて数個の小歯がある．大腮の基部背側面に小孔はない．中脚と後脚の脛節にそれぞれ1本の櫛歯状の脛節棘がある．腹柄節下部突起の前方部には小孔がなく，後端に刺状の小突起をもたない．ハリアリ属*Ponera*に似るが，腹柄節下部突起の形態で通常は区別される．また，ハリアリ属に比べて本属の方が小型の種が多い．無翅の職蟻型雄が報告されている．

　森林性のものが多く，土中に営巣する．種によっては開けた環境に生息する．トビムシを狩って餌とするようである．単雌性の種と多雌性の種とが見られる．

　世界の熱帯・亜熱帯を中心に広く分布し，これまでに約145種が記載されている．日本には8種が分布する．

ハシリハリアリ属 (p.6, 21, 51)
Leptogenys

　体長4 mm以上の中型から大型のアリで，体長10 mmを超す大型種も見られる．頭盾前縁は著しく前方に突出する．触角柄節は一般に長く，頭部後縁をゆうに越えるものが多い．複眼が発達する．大腮は頭盾におおわれず，鎌型となるものが多い．一般に歯は発達しない．多くの種では前・中胸背板は多少とも隆起する．中脚と後脚には針状と櫛歯状の脛節棘がそれぞれ2本ずつあり，付節末端の爪が櫛歯状になる種が多い．

　肉食性で，敏捷に林床を動きまわり，倍脚類や等脚類，シロアリなどの林床性節足動物を餌とする．コロニーサイズは種によってさまざまであるが，有翅の女王は知られておらず，1コロニーに1個体の職蟻型女王がいる．日本産の種（ハシリハリアリ）は，照葉樹林の石下，落葉下，倒木下などに営巣し，1コロニー当りの働きアリ数は数十個体と少ない．

　世界の熱帯・亜熱帯に広く分布し，約260種が記載されている．日本にはハシリハリアリ *L. confucii* 1種のみが分布する．

アギトアリ属 (p.5, 21, 51)
Odontomachus

　体長7 mm以上の大型のアリ．大腮は特徴的に長く直線状で，先端部で急激に内側に折れ曲がる．また，大腮は頭部前縁の中央部付近に接続する．触角は細長い．複眼は発達し，前方の背面よりに位置する．頭部後縁の横断線は頭部後背面中央で正中線となり前方に向かって走る．腹柄節は背方に強く隆起し，鋭く尖る．膨腹部第1背板と第2背板の間にくびれがない．

　日本産の種では，働きアリが頻繁に単独で林床を歩行する．巣は林内の倒木下や石下，土中に見られる．単雌性．日本産の種は比較的広食性で，生きている昆虫のほか，昆虫の死骸や有機物の付着した小石までを巣に運ぶ．

　世界の熱帯・亜熱帯を中心に66種が記載されている．日本には，本州，九州および北琉球に生息するアギトアリ *Odontomachus monticola*と，沖永良部島と沖縄諸島に生息するオキナワアギトアリ *O. kuroiwae*の2種

が分布する．

コガタハリアリ属（p.7, 21, 51）
Parvaponera

体長 3〜6 mm の小型から中型のアリ．複眼は小さく，2〜4個の個眼からなり，眼を欠く種も見られる．大腮は三角形状で，基部背側面に小孔はない．前胸から腹柄節後背部にかけての胸部背縁は，側方から見て概して平ら．前伸腹節気門はスリット状．腹柄節下部突起は三角形状で大きく，前方に小窓をもつ，あるいは下縁部に 1 対の刺状突起をもつ．トゲズネハリアリ属 *Cryptopone* と異なり，中脚脛節の外側に刺状の剛毛列はない．また，脛節刺は 2 本存在し，1 本は針状で，もう 1 本は櫛歯状．

働きアリの退化的な複眼から，地中あるいは林床部に生活する属である可能性が指摘されている．ダーウィンハリアリ *P. darwinii* の有翅女王は灯火に飛来することが知られ，さらに沖縄島で腐倒木中に本種の巣が見い出されている．

熱帯アフリカから東南アジア，オーストラリアにかけて 4 種が知られる．日本からはダーウィンハリアリ 1 種が得られている．

ハリアリ属（p.6, 21, 51）
Ponera

体長 2〜4 mm の小型から中型のアリ．複眼は通常小さい．大腮の基部背側面に小孔はない．中脚と後脚の脛節に 1 本の櫛歯状の脛節棘がある．腹柄節下部突起の前方部に小孔があり，後端には通常 1 対の棘状の小突起がある．

森林の林床部に生息し，土中に営巣する．コロニーは小さく，働きアリ数は十数個体から数十個体程度．

東洋区，オーストラリア区を中心に約 55 種が記載されている．日本からは 2009 年に屋久島から記録されたコダマハリアリ *P. alisana* を加えて，現在 8 種が知られている．

カギバラアリ亜科
Proceratiinae

腹柄部は腹柄節 1 節のみからなる．前・中胸縫合線は背面で消失する．額隆起縁は小さいか，あるいは左右の隆起縁が融合し，うすい垂直の仕切りを形成するか台地状に隆起する．そのため，頭部を正面から見たとき，触角挿入部は全部あるいは大部分が露出する．腹端に針を持つ．Bolton (2003) によってハリアリ亜科から独立した亜科へと昇格された．

肉食性で，他の節足動物あるいはその卵を餌としている．

世界で 3 属約 130 種が記載され，日本には 3 属全てが分布し 8 種が知られる．

ダルマアリ属（p.5, 22, 51）
Discothyrea

体長 1〜3 mm の小型でずんぐりとしたアリ．頭盾が前方に突出し，大腮にかかる．左右の額隆起縁が融合し台地状に隆起する．触角先端節が著しく膨らみ，他の鞭節を合わせた長さよりも長い．日本産の種では触角が 8〜9 節からなる．膨腹部はカギバラアリ属 *Proceratium* 同様に第 1・2 節が肥大し，第 3 節以降は腹方から前方を向く．ただし，第 1 節が第 2 節よりも大きい点でカギバラアリ属とは異なる．

林床に生息し，腐倒木，土中に営巣する．節足動物の卵を餌にして生活する．

世界の温帯から熱帯にかけて 32 種が記載されている．日本から 2 種が知られている．

ハナナガアリ属（p.5, 22, 51）
Probolomyrmex

体長 3 mm 以下の小型の細長いアリで，頭盾が著しく前方に突出し，大腮を完全におおいかくす．また，触角の基部は裸出し，左右は接近して中央の垂直な隆起板によって仕切られる．働きアリに複眼はなく，大腮などの一部の場所をのぞいて明瞭な立毛をもたない．

林縁を中心に生息し，竹林からも得られる．十数個体から数十程度の小さなコロニーを土中に作って生活する．東南アジア産の種でフサヤスデを狩って餌とする報告がある．

世界の熱帯・亜熱帯地域から 20 種が記載されており，日本では琉球列島から 2 種が得られている．

カギバラアリ属（p.5, 22, 52）
Proceratium

体長 2.5〜3.5 mm．膨腹部が特異な形態をしたアリで，膨腹部第 1・2 節の背板が肥大し，第 3 節以降が腹方ないし前方を向く．触角は 12 節で棍棒部をもたない．また頭盾前縁は大腮にはかからない．

腐倒木や土中に営巣し，ムカデやクモなどの節足動物の卵を餌とすることが知られている．コロニーサイズは小さく，働きアリ 200 個体以下からなる．

世界の温帯から熱帯より 78 種が記載されており，日本からは 4 種が得られている．

ナガフシアリ亜科
Pseudomyrmecinae

付節の爪が櫛歯状になること，大きく発達した複眼をもつこと，頭盾後縁中央部が直線的で，背方に向け

て大きな弧をえがかないこと，明瞭な前中胸縫合線が認められることで他の亜科とは区別される．アジア産の種では細長い腹柄節と後腹柄節をもつものが多い．系統的には，オーストラリアに主に生息するキバハリアリ亜科 Myrmeciinae に最も近縁であるとされる．

多くの種は樹上性で，植物体の空洞等に営巣する．また，種によっては特定の植物種と強い共生関係をもち，植物が巣として用いる事のできる空間を提供する．一方，そこで生活する本亜科のアリは，植物にやってくる植食性昆虫を撃退する．

世界の熱帯から亜熱帯にかけて 3 属約 230 種が記載されている．日本からはナガフシアリ属 Tetraponera のオオナガフシアリ T. attenuata 1 種のみが見つかっている．

ナガフシアリ属（p.4, 22, 52）

Tetraponera

体長 3〜7 mm の細長いアリ．発達した複眼と 2 節からなる長い腹柄節をもち，かつ体全体が著しく細長いことから野外でも他属との区別は容易である．

樹上性で，立木の枯れ枝や枯れ竹等に営巣する．東南アジアでは普通に見られ，木の枝や葉上，または地上を徘徊しており，潅木のすくい取り採集や叩き網でよく採集されるが，日本国内での採集記録は非常に限られている．基本的に広食性で，他の昆虫類を捕食するほか，植物の蜜や同翅類昆虫の甘露等の液体を餌とする．

旧世界の熱帯・亜熱帯から約 95 種が記載されている．日本ではオオナガフシアリ T. attenuata の脱翅女王 1 個体のみが，沖縄島北部の与那覇岳で樹木でのスイーピングによって採集されている．この記録については，海外に生息しているものが一時的に飛来したものか，土着のものかの確認が必要であるが，ここでは「日本産」として暫定的に扱った．一方，東京都内から，東南アジアに広く分布するナガフシアリ T. allaborans が得られたことがある．発見時の状況から海外から人為的に持ち込まれたと推測され，定着はしていないので，「日本産種」とは見なさない．

引用・参考文献

Agosti, D. (1994). The phylogeny of the ant tribe Formicini (Hymenoptera : Formicidae) with the description of a new genus. *Syst. Ent.*, **19** : 93-117.

Akino, T., M. Terayama, S. Wakayama & R. Yamaoka (2002). Intraspecific variation of cuticular hydrocarbon composition in *Formica japonica* Motschoulsky (Hymenoptera : Formicidae). *Zool. Sci.*, **19** : 1155-1165.

Baroni Urbani, C. (1977). Materiali per una revisione della sottofamiglia Leptanillinae Emery (Hymenoptera : Formicidae). *Ent. Basil.*, **2** : 427-488.

Baroni Urbani, C. & M. L. de Andrade (1994). First description of fossil Dacetini ants with a critical analysis of the current classification of the tribe. Stuttga. Beitr. *Naturkunde, Ser. B*, **198** : 1-65.

Baroni Urbani, C. & M. L. de Andrade (2003). The ant genus *Proceratium* in the extant and fossil record. Museo Regio. Sci. Nat., Mon., **36** : 1-492.

Baroni Urbani, C. & M. L. de Andrade (2007). The ant tribe Dacetini : limits and constituent genera, with descriptions of new species (Hymenoptera, Formicidae). *Ann. Mus. Civ. St. Nat. Genova*, **99** : 1-191.

Baroni Urbani, C., B. Bolton & P. S. Ward (1992). The internal phylogeny of ants (Hymenoptera : Formicidae). *Syst. Ent.*, **17** : 301-329.

Bolton, B. (1976). The ant tribe Tetramoriini (Hymenoptera : Formicidae). Constituent genera, review of smaller genera and revision of *Triglyphothrix* Forel. *Bull. Br. Mus. Nat. Hist. (Ent.)*, **34** : 281-379.

Bolton, B. (1977). The ant tribe Tetramoriini (Hymenoptera : Formicidae). The genus *Tetramorium* Mayr in the Oriental and Indo-Australian regions, and in Australia. *Bull. Br. Mus. Nat. Hist. (Ent.)*, **36** : 67-151.

Bolton, B. (1990). The higher classification of the ant subfamily Leptanillinae (Hymenoptera : Formicidae). *Syst. Ent.*, **15** : 267-282.

Bolton, B. (1992). A review of the ant genus *Recurvidris* (Hym. : Formicidae), a new name for *Trigonogaster* Forel. *Psyche*, **99** : 35-48.

Bolton, B. (1994). Identification guide to the ant genera of the World. 222 pp. Harvard University Press, Cambridge, Mass.

Bolton, B. (1995a). A taxonomic and zoogeographical census of the extant ant taxa. (Hymenoptera : Formicidae). *Jour. Nat. Hist.*, **29** : 1037-1056.

Bolton, B. (1995b). A new general catalogue of the ants of the world. Harvard University Press, Cambridge, Mass., 504 pp.

Bolton, B. (1999). Ant genera of the tribe Dacetonini (Hymenoptera : Formicidae). *Jour. Nat. Hist.*, **33** : 1639-1689.

Bolton, B. (2003). Synopsis and classification of Formicidae. *Mem. Amer. Ent. Soc.*, **71** : 1-370.

Bolton, B. (2007). Taxonomy of the dolichoderinae ant genus *Technomyrmex* Mayr (Hymenoptera : Formicidae) based on the worker cast. *Cont. Amer. Ent. Inst.*, **35** : 1-150.

Bolton, B. (2013). Bolton World Catalog Ants. [http://www.antweb.org/world.jsp]

Bolton, B., G. Alpert, P. S. Ward & P. Naskrecki (2006). Bolton's catalogue of ants of the world. 1758-2005. Harvard Univ. Press. [CD article.]

Borowiec, M. L., A. Schulz, G. D. Alpert & P. Banar (2011). Discovery of the worker caste and descriptions of two new species on *Anomalomyrma* (Hymenoptera : Formicidae : Leptanillinae) with unique abdominal morphology. *Zootaxa*, **2810** : 1-14,

Brady, S. G., T. R. Schultz, B. L. Fisher & P. S. Ward (2006). Evaluating alternative hypotheses for the early evolution and diversification of ants. *PNAS*, **103** : 18172-18177.

Branstetter, M. G. (2009). The ant genus *Stenamma* Westwood (Hymenoptera : Formicidae) redefined, with a description of a new genus *Propodilobus*. *Zootaxa*, **2221**, 41-57.

Brown, W. L. Jr. (1975). Contributions toward a reclassification of the Formicidae. V. Ponerinae, thibes Platythyreini, Carapachyini, Cylindromyrmecini, Acanthostichini, and Aenictogitini. *Search (Ithaca)*, **15** : 1-115.

Brown, W. L. Jr. (1976). Contributions toward a reclassification of the Formicidae. Part VI. Ponerinae, tribe Ponerini, subtribe Odontomachiti. Section A. Introduction, subtribal characters, genus *Odontomachus*. *Stud. Ent.*, **19** : 67-171.

Chapman, J. W. & S. R. Capco (1951). Check list of the ants (Hymenoptera : Formicidae) of Asia. *Mon. Inst. Sci. Tech.* (Manila), **1** : 1-327.

Dahbi, A. & P. Jaisson (1995). An analysis of polyethism in the queenless ant *Diacamma* sp. (Formicidae : Ponerinae). *Sociobiology*, **26** : 69-81.

Dlussky, G. M. (1967). Ants of the genus *Formica*. Nauka, Moscow. 236 pp. (In Russian.)

Eguchi, K., M. Yoshimura & Sk. Yamane (2006). The Oriental species of the ant genus *Probolomyrmex* (Insecta : Hymenoptera; Formicidae Proceratiinae). *Zootaxa*, **1376** : 1-35.

Eguchi, K., Sk Yamane & S.-Y. Zhou (2007). Taxonomic revision of the *Pheidole rinae* Emery complex. *Sociobiology*, **50** : 257-284.

Eguchi, K., B. T. Viet & Sk. Yamane (2011). Generic synopsis of the Formicidae of Vietnam (Insecta : Hymenoptera), Part I – Myrmicinae and Pseudomyrmecinae. *Zootaxa*, **2878** : 1-61.

Eguchi, K., M. Widmer, E. Oguri, B. Fisher & N. Murakami (2013). Discovery of cryptic species within *Pheidole parva* Mayr, 1865 (Insecta : Hymenoptera : Formicidae) widespread in the Indo-West Pacific. *Ari*, (35) : 16-26.

Etterschank, G. (1966). A generic revision of the world Myrmicinae related to *Solenopsis* and *Pheidologeton* (Hymenoptera : Formicidae). *Aust. J. Zool.*, **14** : 73-171.

Fernandez, F. (2004). The American species of the myrmicine ant genus *Carebara* (Hymenoptera : Formicidae). *Caldasia*, **26** : 191-238.

Fernandez, F. (2007). Two new South American species of *Monomorium* Mayr with taxonomic notes on the genus. *Mem. Amer. Ent. Inst*, **80** : 128-145.

Heinze, J., A. Bottcher & S. Cremer (2004). Production of winged and wingless males in the ant, *Cardiocondyla minutior*. *Ins. Soc.*, **52** : 275-278.

Heinze, J., S. Cremer, N. Eckl & A. Schrempf (2006). Steal invaders : the biology of *Cardiocondyla* tramps species. *Ins. Soc.*, **53** : 1-7.

Hölldobler, B. & E. O. Wilson (1990). The ants. 732 pp. The Belknap Press of Harvard University Press, Cambridge.

Japanese ant database group (2003). Ants of Japan. 224 pp. Gakken.

Kubota, M. & M. Terayama (1999). A description of a new species of the genus *Discothyrea* Roger from the Ryukyus, Japan (Hymenoptera; Formicidae). *Mem. Myrmecol. Soc. Jpn.*, **1** : 1-5.

LaPolla J. S. (2004). *Acropyga* (Hymenoptera Formicidae) of the world. *Amer. Ent. Inst.*, **33** : 1-130.

LaPolla, J. S., S. G. Brady & S. O. Shattuk (2010). Phylogeny and taxonomy of the *Prenolepis* geuns-group of ants (Hymenoptera : Formicidae). *Syst. Ent.*, **35** : 118-131.

LaPolla, J. S., S. G. Brady & S. O. Shattuk (2011). Monograph of *Nylanderia* (Hymenoptera : Formicidae) of the world : an introduction to the systematics and biology of the genus. *Zootaxa*, **31110** : 1-9.

Lin, C.-C. & W.-J. Wu (2003). The ant fauna of Taiwan (Hymenoptera : Formicidae), with the keys to subfamilies and genera. *Ann. Nat. Mus. Taiwan*, **46** : 5-69. (In Chinese with English abstract.)

日本産アリ類データベースグループ (2003). 日本産アリ類全種図鑑. 196 pp. 学習研究社.

Mackay, W. P. & E. E. Mackay (2010). The systematics and biology of the New World ants of the genus *Pachycondyla* (Hymenoptera : Formicidae). 642 pp. Edwin Mellen Press, New York.

Moreau, C. S., C. D. Bell, R. Vila, S. B. Archibald, & N. E. Pierce (2006). Phylogeny of the ants : diversification in the age of angiosperms. *Science*, **312**, 101-104.

Ogata, K. (1987). A generic synopsis of the poneroid complex of the family Formicidae in Japan (Hymenoptera, Formicidae). Part- I. Subfamilies Ponerinae and Cerapachyinae. *Esakia*, (25) : 97-132.

Ogata, K. (1991). A generic synopsis of the poneroid complex of the family Formicidae in Japan (Hymenoptera). Part II. Subfamily Myrmicinae. *Bulletin of the Institute of Tropical Agriculture*, Kyushu University, **14** : 61-149.

Ogata, K. & K. Onoyama (1998). A revision of the ant genus *Smithistruma* Brown of Japan, with descriptions of four new species. *Ent. Sci.*, **1** : 277-287.

Ogata, K., M. Terayama & K. Masuko (1995). The ant genus *Leptanilla* : discovery of the worker-associated male of *L. japonica*, and a description of a new species from Taiwan (Hymenoptera : Formicidae ; Leptanillinae). *Syst. Ent.*, **20** : 27-34.

Onoyama, K. (1976). A preliminary study on the ant fauna of Okinawa-Ken, with taxonomic notes (Japan ; Hymenoptera : Formicidae). In S. Ikehara, ed., "Ecological studites of nature conservation of the Ryukyu Islands - (II)" : 121-141. University of the Ryukyus.

Onoyama, K. (1980). An introduction to the ant fauna of Japan, with a check list (Hymenoptera, Formicidae). *Kontyû*, **48** : 193-212.

Onoyama, K. (1989). Notes on the ants of the genus *Hypoponera* in Japan (Hymenoptera : Formocidae). *Edaphologia*, (41) : 1-10.

Onoyama, K. (1998). Taxonomic notes on the ant genus *Crematogaster* in Japan (Hymenoptera : Formicidae). *Ent. Sci.*, **1** : 227-232.

Onoyama, K. (1999). A new and newly recorded species of the ant genus *Amblyopone* (Hymenoptera : Formicidae) from Japan. *Ent. Sci.*, **2** : 157-161.

Onoyama, K. & M. Terayama (1999). A new species of the ant genus *Pheidole* Westwood from Japan (Hymenoptera; Formicidae). *Mem. Myrmecol. Soc. Jpn.*, **1** : 5-69.

Onoyama, K. & M. Yoshimura (2002). The ants of the genus *Proceratium* (Hymenoptera; Formicidae) in Japan. *Ent. Sci.*, **5** : 29-49.

Peeters, C. & K. Tsuji (1993). Reproductive conflict among ant workers in *Diacamma* sp. from Japan : dominance and oviposition in the absence of the gamergate. *Ins. Soc.*, **40** : 119-136.

Rabeling, C., J. M. Brown & M. Verhaagh (2008). Newly discovered sister lineage sheds light on early ant evolution. PNAS : www.pnas.org/cgi/doi/10.1073/pnas.0806187105

Radchenko, A., G. W. Elmes & A. Alicata (2006). Taxonomic revision of the *scencki*-group of the ant genus *Myrmica* Latraille (Hymenoptera : Formicidae) from the Palaearctic region. *Annales Zoologici*, **56** : 499-538.

Radchenko, A. G. & G. W. Elmes (2010). *Myrmica* ants (Hymenoptera : Formicidae) of the Old World. 789 pp. Mus. Inst. Zool.

Schlick-Steiner, B. C., F. M. Steiner, K. Moder, B. Seifert, M. Sanetra, E. Dyreson, C. Stauffer & E. Christian (2006). A multidisciplinary approach reveals cryptic diversity in Western Palearctic *Tetramorium* ants (Hymenoptera : Formicidae). *Molec. Phylo. & Evol.*, **40** : 259-273.

Schmidt, C. (2013). Molecular phylogenetics of ponerine ants (Hymenoptera : Formicidae : Ponerinae). *Zootaxa*, **3647** : 201-250.

Schmidt, C. A. & S. O. Shattuck (2014). The higher classification of the ant subfamily Ponerinae (Hymenoptera : Formicidae), with a review of ponerine ecology and behavior. *Zootaxa*, **3817** : 1-242.

Seifert, B. (1992). A taxonomic revision of the Palaearctic members of the ant subgenus *Lasius* s. str. (Hymenoptera : Formicidae). *Abh. Ber. Naturkundemus. Görlitz*, **66** : 1-67.

Seifert, B. (2003). The ant genus *Cardiocondyla* (Insecta : Hymenoptera : Formicidae) –a taxonomic revision of the *C. elegans C. bulgarica C. batesii, C. nuda, C. shuckardi, C. stambuloffii, C. wrougtonii, C. emeryi,* and *C. minutior* species groups. *Ann. Naturhist. Mus. Wien*, **104B** : 203-338.

Shattuck, S. O. (1992a), Review of the dolichoderine ant genus *Iridomyrmex* Mayr with descriptions of three new genera (Hymenoptera : Formicidae). *Jour. Aust. Ent. Soc.*, **31** : 13-18.

Shattuck, S. O. (1992b). Generic revision of the ant subfamily Dolichoderinae (Hymenoptera : Formicidae). *Sociobiology*, **21** : 1-181.

Shattuck, S. O. (1992c). Higher classification of the ant subfamilies Aneuretinae, Dolichoderinae and Formicinae (Hymenoptera : Formicidae). *Syst. Ent.*, **17** : 199-206.

Shattuck, S. O. (1994). Taxonomic catalog of the ant subfamilies Aneuretinae and Dolichoderinae (Hymenoptera : Formicidae). *Univ. California Publ., Ent.,* **112** : 1-241.

Taylor, R. W. (1967). A monographic revision of the ant genus *Ponera* Latreille (Hymenoptera : Formicidae). *Pacif. Ins. Monogr.*, **13** : 1-112.

Taylor, R. W. (2009). Ants of the genus *Lordomyrma* Emery (1) Generic synonymy, composition and distribution, with notes on *Ancyridris* Wheeler and *Cyphoidris* Weber (Hymenoptera : Formicidae : Myrmicinae). *Zootaxa*, **1979** : 16-28.

Terayama, M. (1990). Discovery of worker caste in *Trachymesopus darwinii* (Forel, 1893). *Jpn. J. Ent.*, **58** : 897-898.

Terayama, M. (1991). The subgenus *Paramyrmamblys* of the genus *Camponotus* (Insecta : Hymenoptera : Formicidae) from Japan, with a description of a new species. *Bull. Biogeogr. Soc. Jpn.*, **46** : 165-169.

Terayama, M. (1996). Taxonomic studies on the Japanese Formicidae. Part 2. Seven genera of Ponerinae, Cerapachyinae and Myrmicinae. *Nature and Human Activities*, **1** : 9-32.

Terayama, M. (1999a). The ant genus *Camponotus* Mayr (Hymenoptera : Formicidae) in Japan. *Mem. Myrmecol. Soc. Jpn.*, **1** : 25-48.

Terayama, M. (1999b). Taxonomic studies of the Japanese Formicidae. Part 5. Genus *Paratrechina* Motschoulsky. *Mem. Myrmecol. Soc. Jpn.*, **1** : 49-64.

Terayama, M. (1999c). Taxonomic studies of the Japanese Formicidae. Part 6. Genus *Cardiocondyla* Emery. *Mem. Myrmecol. Soc. Jpn.*, **1** : 99-107.

Terayama, M. (1999d). Taxonomic studies of the Japanese Formicidae. Part 7. Supplment to the genus *Vollenhovia* Mayr. *Mem. Myrmecol. Soc. Jpn.*, **1** : 109-112.

Terayama, M. (1999e). Keys and descriptions : subfamily Formicidae. *In* Sk. Yamane, S. Ikudome and M. Terayama eds., "Identification Guide to the Aculeata of the Nansei Islands, Japan" : 138-317. Hokkaido University Press, Sapporo.

Terayama, M. (2009). A synopsis of the Family Formicidae of Taiwan (Insecta, Hymenoptera). *Liberal Arts. Bull. Kanto Gakuen Univ.*, **17** : 81-266.

Terayama, M. & Y. Hashimoto (1996). Taxonomic studies of the Japanese Formicidae. Part 1. Introduction to this series and descriptions of four new species of the genera *Hypoponera, Formica* and *Acropyga. Nature and Human Activities*, **1** : 1-8.

Terayama, M. & K. Kinomura (1998 (1997)). Taxonomic studies of Japanese Formicidae. Part 3 : Genus *Vollenhovia* Mayr. *Nature and Human Activities*, **2** : 1-8.

Terayama, M. & S. Kubota (1989). The ant tribe Dacetini (Hymenoptera, Formicidae) of Taiwan, with descriptions of three new species. *Jpn. J. Ent.*, **57** : 778-692.

Terayama, M., C.-C. Lin & W.-J. Wu (1996). The Taiwanese species of the ant genus *Smithistruma* (Hymenoptera, Formicidae). *Jpn. J. Ent.*, **64** : 327-339.

Terayama, M. & K. Ogata (1988). Two new species of the ant genus *Probolomyrmex* (Hymenoptera, Formicidae) from Japan. *Kontyû*, **56** : 590-594.

Terayama, M., & K. Onoyama (1999). The ant genus *Leptothorax* Mayr (Hymenoptera; Formicidae). *Mem. Myrmecol. Soc. Jpn.*, **1** : 71-97.

The Myrmecological Society of Japan (ed.) (1989). A Guide for the Identification of Japanese Ants (I) — Ponerinae, Cerapachyinae, Pseudomyrmecinae, Dorylinae and Leptanillinae (Hymenoptera : Formicidae). 42 pp. The Myrmecological Society of Japan.

The Myrmecological Society of Japan (ed.) (1991). A Guide for the Identification of Japanese Ants (II) — Dolichoderinae and Formicinae (Hymenoptera : Formicidae). 56 pp. The Myrmecological Society of Japan.

The Myrmecological Society of Japan (ed.) (1992). A Guide for the Identification of Japanese Ants (III) — Myrmicinae and supplement to Leptanillinae (Hymenoptera : Formicidae). T 94 pp. he Myrmecological Society of Japan.

Trager, J. C. (1984). A revision of the genus *Paratrechina* (Hymenoptera : Formicidae) of the continental United States. *Sociobiology*, **9** : 51-162.

Ueda, S., T. Nozawa, T. Matsuzaki, R. Seki, S. Shimamoto & T. Itino (2012). Phylogeny and phylogeography of *Myrmica rubra* complex (Myrmicinae) in the Japanese Alps. Psyche, 2012 : Article ID 319097. DOI : 10.1155/2012/319097

Wang, M.-S. (2003). A monographic revision of the ant genus *Pristomyrmex* (Hymenoptera : Formicidae). *Bull. Mus. Comp. Zool.*, **157** : 383-542.

Ward, P. S. (2001). Tanonomy, phylogeny and biogeography of the ant genus *Tetraponera* (Hymenoptera : Formicidae) in the Oriental and Australian regions. *Invertebrate Taxonomy*, **15** : 589-665.

Ward, P. S. (1990). The ant subfamily Pseudomyrmecinae : generic revision and relationship to other formicids. *Syst. Ent.*, **15** : 449-489.

Ward, P. S. (1994). *Adetomyrma*, an enigmatic new ant genus from Madagascar, and its implications for ant phylogeny. *Syst. Ent.*, **19** : 159-175.

Watanabe, H. & Sk. Yamane (1999). New species and new status in the genus *Aphaenogaster* (Formicidae) from Japan. *In* Sk. Yamane, S. Ikudome and M. Terayama eds., "Identification Guide to the Aculeata of the Nansei Islands, Japan" : 728-736. Hokkaido University Press, Sapporo.

Wettere, J. K. & A. G. Radchenko (2011). Worldwide spread on the ruby ant, *Myrmica rubra* (Hymenoptera : Formicidae). *Myrmecol. News*, **14** : 87-96.

Wild, A. L. (2007). Taxonomic revision of the ant genus *Linepithema* (Hymenoptera : Formicidae). *Univ. of California Publ., Ent.*, **126** : 1-151.

Wilson, E. O. (1955). A monographic revision of the ant genus *Lasius*. *Bull. Mus. Comp. Zool. Harv.*, **113** : 1-201.

Wilson, E. O. (1971). The insect societies. 548 pp. Harvard Univ. Press.

Wilson, E. O. & R. W. Taylor (1967). The ants of Polynesia. *Pacif. Ins. Monogr.*, **14** : 1-109.

山根正気・原田　豊・江口克之 (2010). アリの生態と分類 —南九州のアリの自然史. 200 pp. 南方新社.

Yamane, Sk. (2007). *Pachycondyla nigrita* and related species in Southeast Asia. *In* R. R. Sneling, B. L. Fisher & P. S. Ward (eds.). Advances in ant systematics (Hymenoptera : Formicidae) : homage to E. O. Wilson – 50 years of contributions. *Mem. Amer. Ent. Inst.*, **80** : 650-663.

Yamane, Sk., T. V. Bui & K. Eguchi (2008). *Opamyrma hungvuong*, a new genus and species of ant related to *Apomyrma* (Hymenoptera : Formicidae : Amblyoponinae). *Zootaxa*, **1767** : 55-63.

Yamane, Sk. & M. Terayama (1999). A new species of the genus *Pristomyrmex* Mayr from Japan, and a proposal of a new synonym of species in the genus *Camponotus* Mayr (Hymenoptera; Formicidae). *Mem. Myrmecol. Soc. Jpn.*, **1** : 17-24.

Yamauchi, K. (1980a (1979)). Taxonomical and ecological studies on the ant genus *Lasius* in Japan (Hymenoptera : Formicidae). I. Taxonomy. *Sci. Rep. Fac. Educ. Gifu Univ. (Nat. Sci.)*, **6** : 147-181.

Yamauchi, K. (1980b (1979)). Taxonomical and ecological studies on the ant genus *Lasius* in Japan (Hymenoptera : Formicidae). II. Geographical distribution, habitat and nest site preferences and nest structure. *Sci. Rep. Fac. Educ. Gifu Univ. (Nat. Sci.)*, **6** : 420-433.

Yamauchi, K., Y. Asano, B. Lautenschlager, A. Trindl & J. Heinze (2005). A new type of male dimorphism with ergatoid and short-winged males in *Cardiocondyla* cf. *kagutsuchi*. *Ins. Soc.*, **52** : 274-281.

Yamauchi, K., T. Furukawa, K. Kinomura, H. Takamine & K. Tsuji (1991). Secondary polygyny by inbred wingless sexuals in the dolichoderine ant *Technomyrmex albipes*. *Behav. Ecol. Sociobiol.*, **29** : 313-319.

Yamauchi, K., Y. Ito, K. Kinomura & H. Takamine (1987). Polycalic colonies of the weaver ant *Polyrhachis dives*. *Kontyû*, **55** : 410-420.

Yamauchi, K. & N. Kawase (1992). Pheromonal manipulation of workers by a fighting male to kill his rival males in the ant *Cardiocondyla wroughtonii*. *Naturwissenschaften*, **79** : 274-276.

Yashiro, T., K. Matsuura, B. Guenard, M. Terayama, & R. R. Dunn (2010). On the evolution of the species complex *Pachycondyla chinensis* (Hymenoptera : Formicidae : Ponerinae), including the origin of its invasive form and description of a new species. *Zootaxa*, **2685** : 39-50.

Yoshimura, M. & B. L. Fisher (2012). A revision of male ants of the Malagasy Amblyoponinae (Hymenoptera : Formicidae) with resurrection of the genera *Stigmatomma* and *Xymmer*. PLoS ONE, 7(3) : e33325.DOI:10.1371/JOURNAL.PONE.0033325

Yoshimura, M. & K. Onoyama (2002). Male-based keys to the subfamilies and genera of Japanese ants (Hymenoptera : Formicidae). *Ent. Sci.*, **4** : 421-443.

Yoshimura, M. & K. Onoyama (2007). A new sibling species of the genus *Strumigenys*, with a redefinition of *S. lewisi* Cameron. *In* Snelling, R. R., B. L. Fisher & P. S. Ward (eds.), Advances in ant systematics (Hymenoptera : Formicidae) : homage to E. O. Wilson – 50 years of contributions, *Mem. Amer. Ent. Inst.*, **80** : 664-690.

Yoshimura, M., K. Onoyama & K. Ogata (2007). The ants of the genus *Odontomachus* (Insecta : Hymenoptera : Formicidae) in Japan. *Species Diversity*, **12** : 89-112.

昆虫亜門・ハチ目・アリ科　42

ヒメサスライアリ　*Aenictus lifuiae*

ノコギリハリアリ　*Stigmatomma silvestrii*

クビレハリアリ　*Cerapachys biroi*

シベリアカタアリ　*Dolichoderus sibiricus*

アルゼンチンアリ　*Linepithema humile*

ルリアリ　*Ochetellus glaber*

43　昆虫亜門・ハチ目・アリ科

コヌカアリ　*Tapinoma saohime*

アシジロヒラフシアリ　*Technomyrmex brunneus*

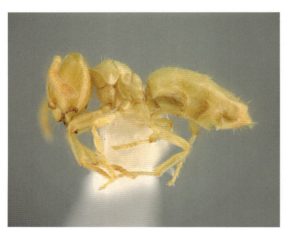
イツツバアリ　*Acropyga nipponensis*

アシナガキアリ　*Anoplolepis gracilipes*

クロコツブアリ　*Brachymyrmex patagonicus*

ナワヨツボシオオアリ　*Camponotus nawai*

昆虫亜門・ハチ目・アリ科　　44

ハヤシクロヤマアリ　*Formica hayashi*

アメイロケアリ　*Lasius umbratus*

アメイロアリ　*Nylanderia flavipes*

サクラアリ　*Paraparatrechina sakurae*

ヒゲナガアメイロアリ　*Paratrechina longicornis*

ウスヒメキアリ　*Plagiolepis alluaudi*

サムライアリ　*Polyergus samurai*

トゲアリ　*Polyrhachis lamellidens*

ウワメアリ　*Prenolepis*

ヤマトムカシアリ　*Leptanilla japonica*

キバジュズフシアリ　*Protanilla izanagi*

サワアシナガアリ　*Aphaenogaster irrigua*

昆虫亜門・ハチ目・アリ科　**46**

トゲハダカアリ　*Cardiocondyla* sp.

コツノアリ　*Carebara yamatonis*

テラニシシリアゲアリ　*Crematogaster teranishii*

タカネムネボソアリ　*Leptothorax acervorum*

ミゾガシラアリ　*Lordomyrma azumai*

ツヤクシケアリ　*Manica yessensis*

47　昆虫亜門・ハチ目・アリ科

クロナガアリ　*Messor aciculatus*

ヒメアリ　*Monomorium intrudens*

キイロカドフシアリ　*Myrmecina flava*

アレチクシケアリ　*Myrmica* sp.

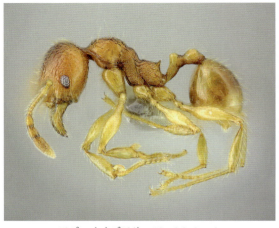
アズマオオズアリ　*Pheidole fervida*

ヨコヅナアリ　*Pheidologeton diversus*

昆虫亜門・ハチ目・アリ科　**48**

アミメアリ　*Pristomyrmex punctatus*

ヒラタウココアリ　*Pyramica canina*

カクバラアリ　*Recurvidris recurvispinosa*

ヒゲブトアリ　*Rhopalomastix omotoensis*

トフシアリ　*Solenopsis japonica*

ハヤシナガアリ　*Stenamma owstoni*

49　昆虫亜門・ハチ目・アリ科

イバリアリ　*Strongylognathus koreanus*

ウロコアリ　*Strumigenys lewisi*

ヒラセムネボソアリ　*Temnothorax anira*

オオシワアリ　*Tetramorium bicarinatum*

ウメマツアリ　*Vollenhovia emeryi*

ヒメアギトアリ　*Anochetus shohki*

昆虫亜門・ハチ目・アリ科　50

ナカスジハリアリ　*Brachyponera nakasujii*

トゲズネハリアリ　*Cryptopone sauteri*

トゲオオハリアリ　*Diacamma indicum*

ミナミフトハリアリ　*Ectomomyrmex* sp.

ケブカハリアリ　*Euponera pilosior*

ベッピンニセハリアリ　*Hypoponera beppin*

昆虫亜門・ハチ目・アリ科

ハシリハリアリ　*Leptogenys confucii*

アギトアリ　*Odontomachus monticola*

ダーウィンハリアリ　*Parvaponera darwinii*

マナコハリアリ　*Ponera kohmoku*

ダルマアリ　*Discothyrea sauteri*

ホソハナナガアリ　*Probolomyrmex longinodus*

昆虫亜門・ハチ目・アリ科　52

イトウカギバラアリ　*Proceratium itoi*

オオナガフシアリ　*Tetraponera attenuata*

軟体動物門
MOLLUSCA

マキガイ綱（腹足綱）Gastropoda

湊 宏 H. Minato

マキガイ綱（腹足綱）Gastropoda

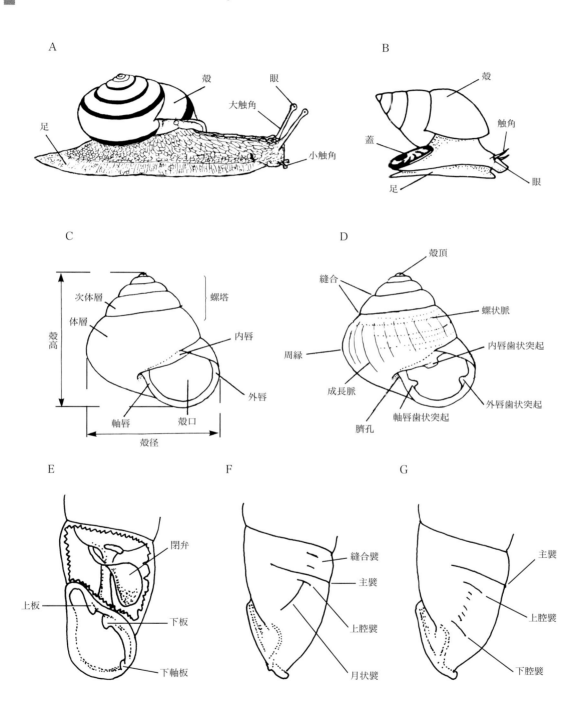

マキガイ綱（腹足綱）Gastropoda 形態用語図解
A：柄眼目（マイマイ類）の生体，B：真腹足亜綱の生体，C～D：側面，E：キセルガイ科の体層の前面とその内部，F～G：キセルガイ科の腔襞

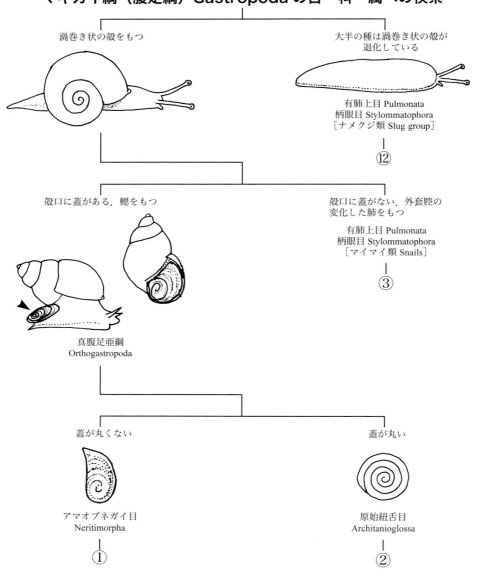

マキガイ綱　3

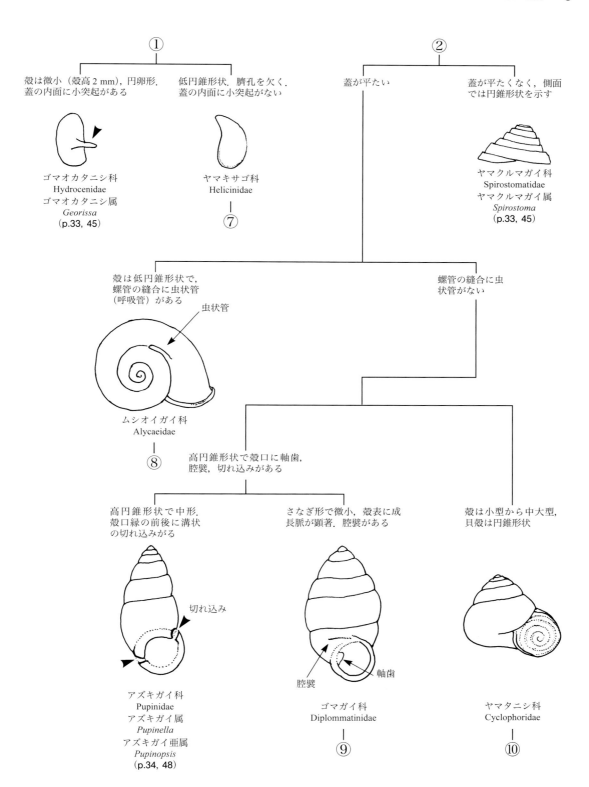

有肺上目 Pulmonata [マイマイ類 Snails] の目・科・属への検索

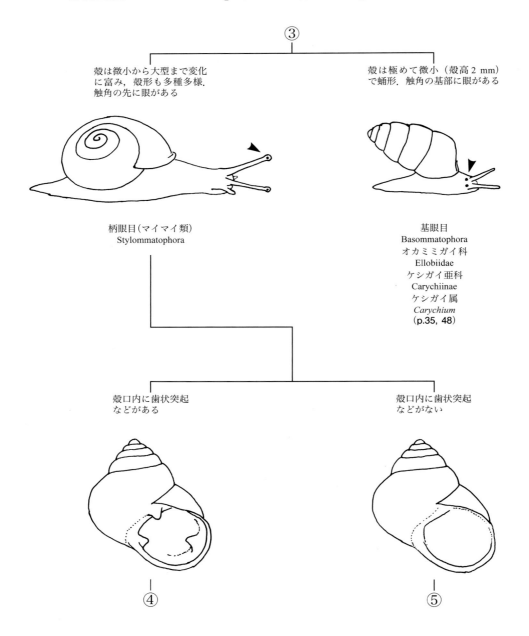

③ ─┬─ 殻は微小から大型まで変化に富み，殻形も多種多様．触角の先に眼がある → 柄眼目（マイマイ類）Stylommatophora
   └─ 殻は極めて微小（殻高 2 mm）で蛹形．触角の基部に眼がある → 基眼目 Basommatophora オカミミガイ科 Ellobiidae ケシガイ亜科 Carychiinae ケシガイ属 *Carychium* (p.35, 48)

柄眼目から：
- 殻口内に歯状突起などがある → ④
- 殻口内に歯状突起などがない → ⑤

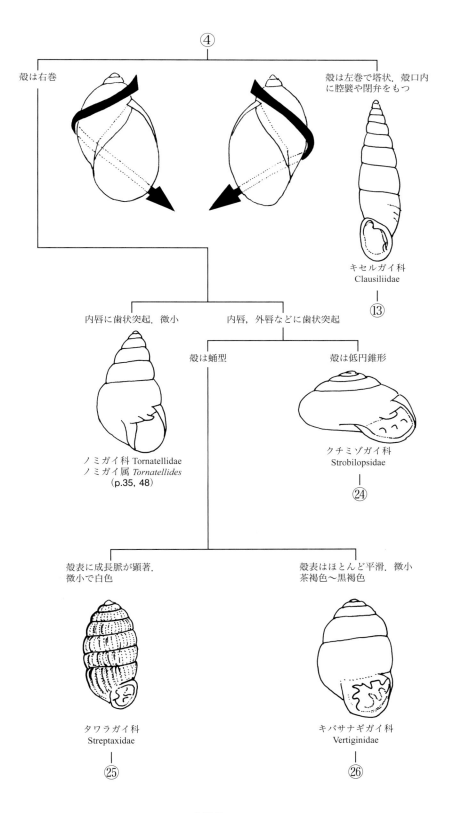

6　マキガイ綱

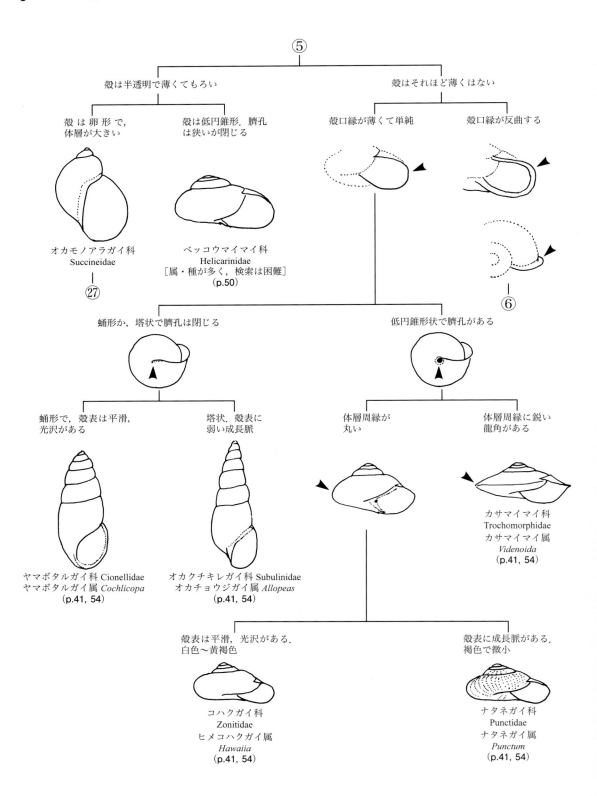

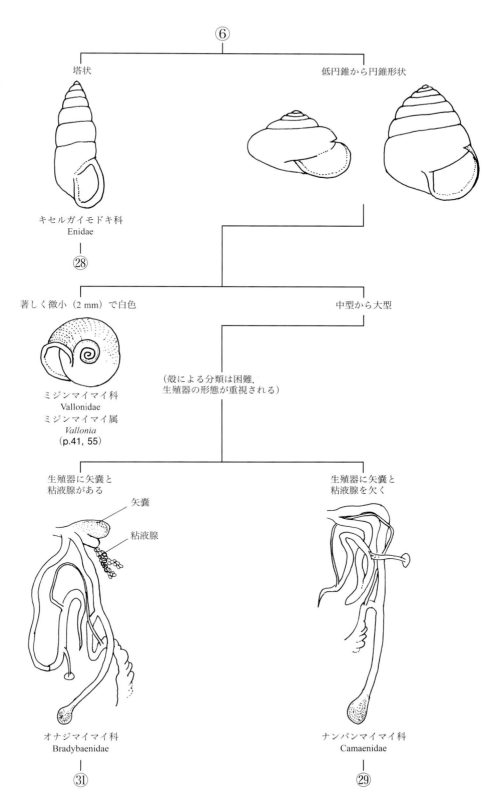

ヤマキサゴ科 Helicinidae の属への検索

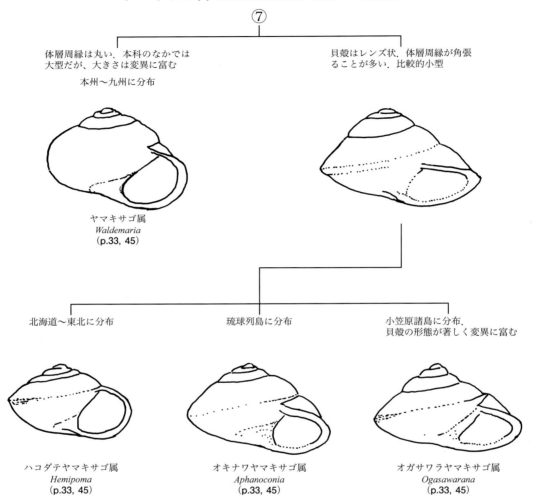

マキガイ綱　9

ムシオイガイ科 Alycaeidae の属・亜属への検索

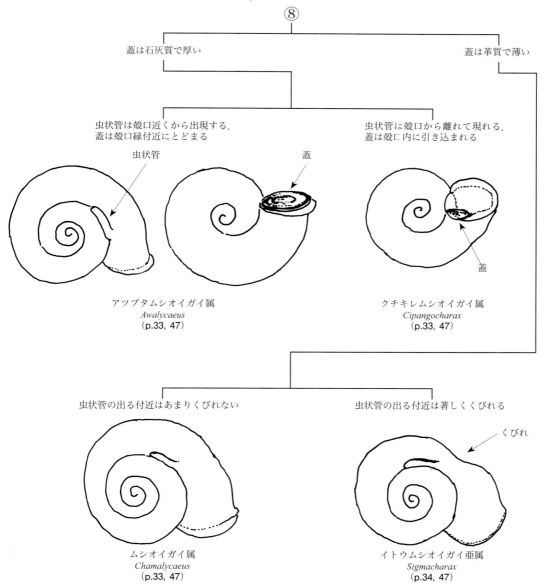

⑧

蓋は石灰質で厚い　　　　　　　　　　　　　　蓋は革質で薄い

虫状管は殻口近くから出現する．
蓋は殻口縁付近にとどまる

虫状管に殻口から離れて現れる．
蓋は殻口内に引き込まれる

虫状管　　　　　　　　蓋　　　　　　　　　　　　　　　　　　　　蓋

アツブタムシオイガイ属
Awalycaeus
(p.33, 47)

クチキレムシオイガイ属
Cipangocharax
(p.33, 47)

虫状管の出る付近はあまりくびれない　　　　　虫状管の出る付近は著しくくびれる

くびれ

ムシオイガイ属
Chamalycaeus
(p.33, 47)

イトウムシオイガイ亜属
Sigmacharax
(p.34, 47)

ゴマガイ科 Diplommatinidae の属・亜属への検索

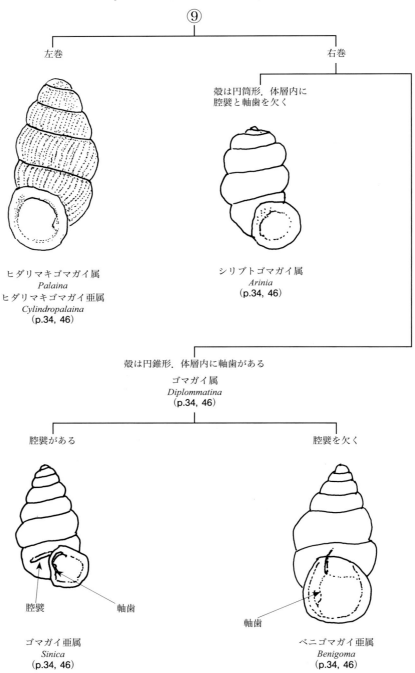

ヤマタニシ科 Cyclophoridae の属・亜属への検索

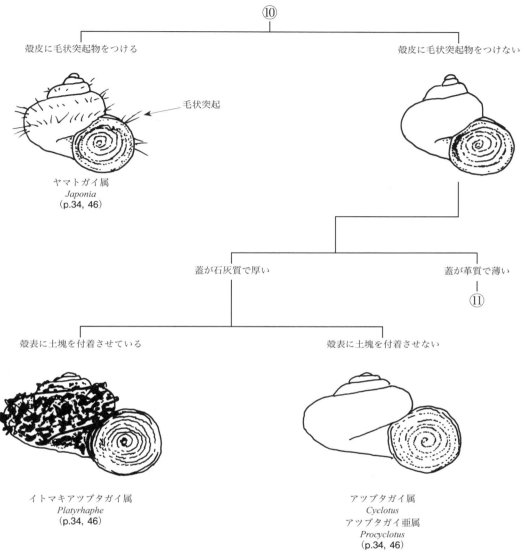

12　マキガイ綱

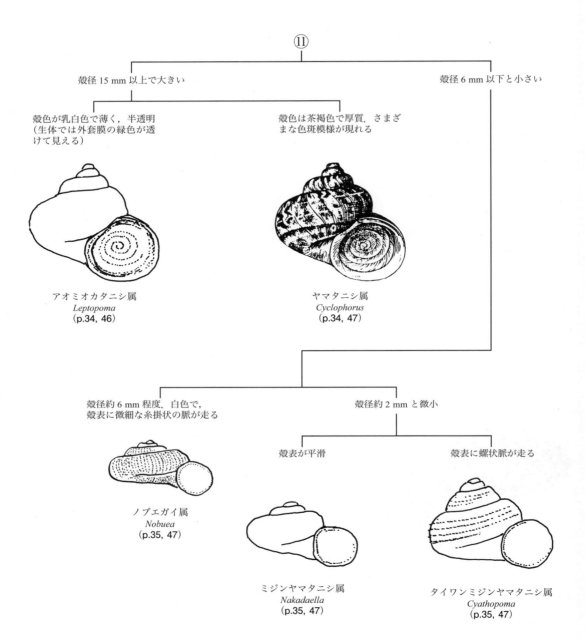

ナメクジ類 Slug group の科・属への検索

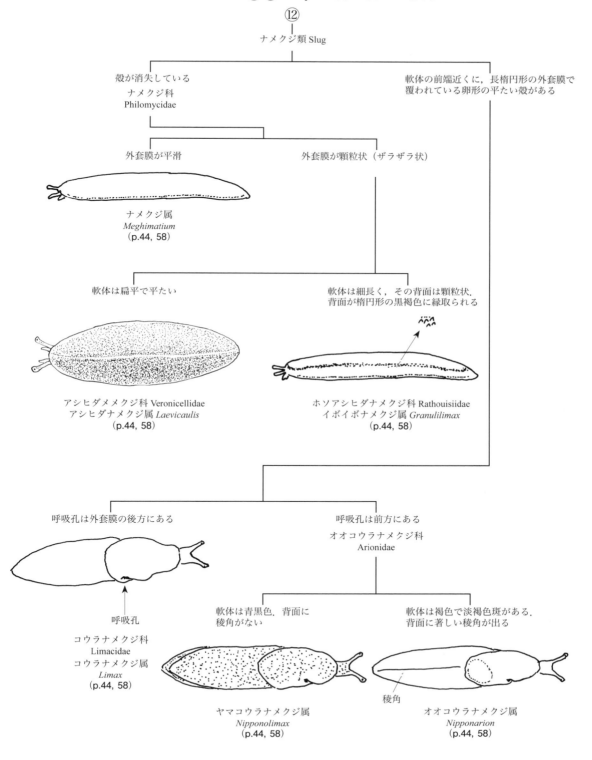

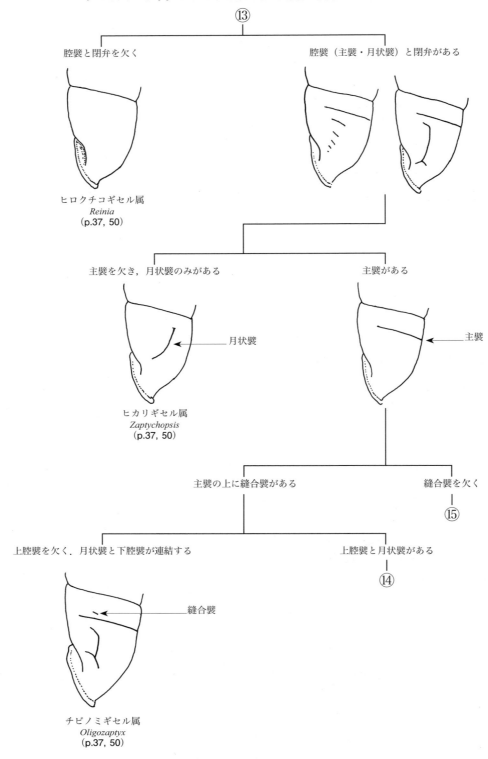

マキガイ綱 15

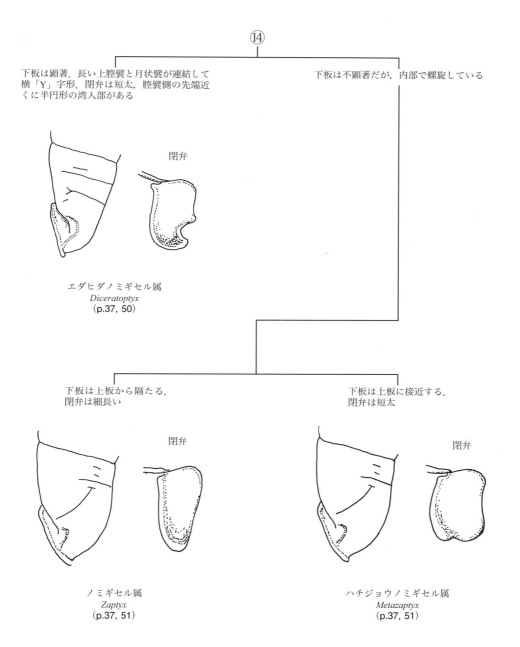

16 マキガイ綱

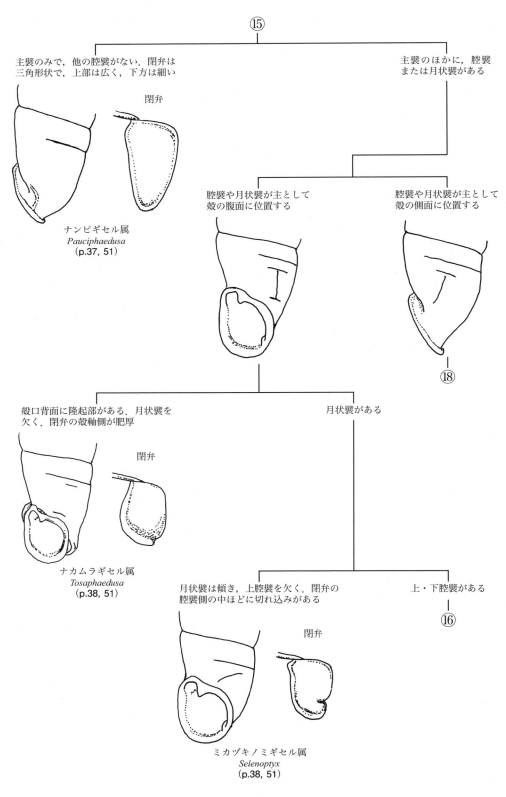

マキガイ綱 17

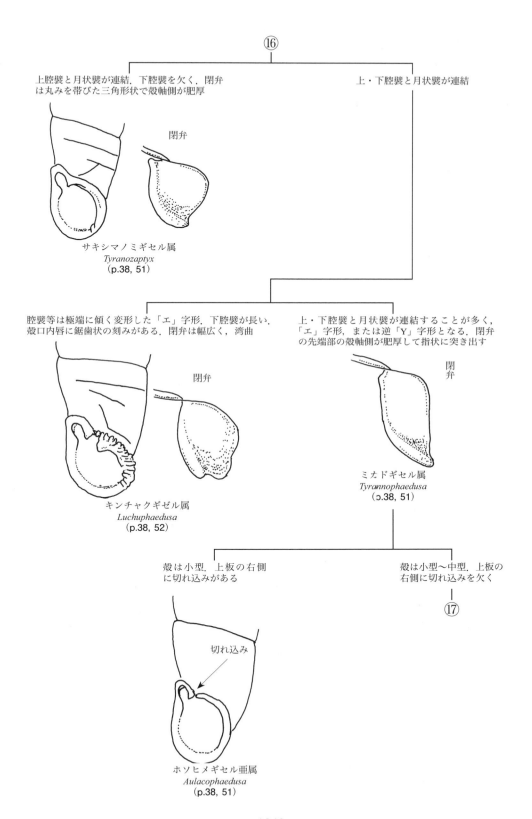

18 マキガイ綱

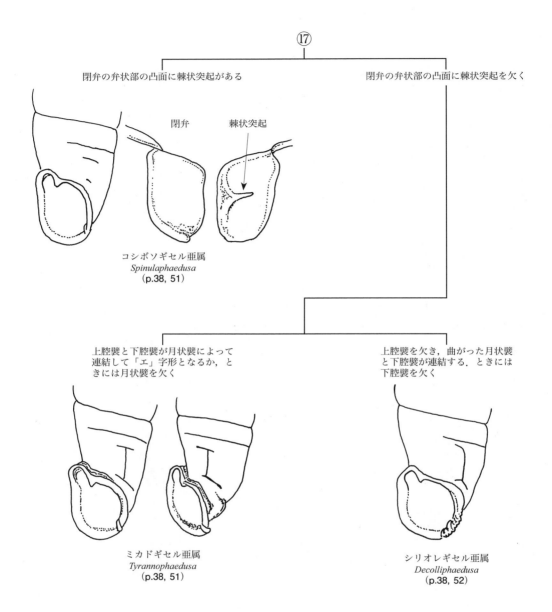

マキガイ綱 19

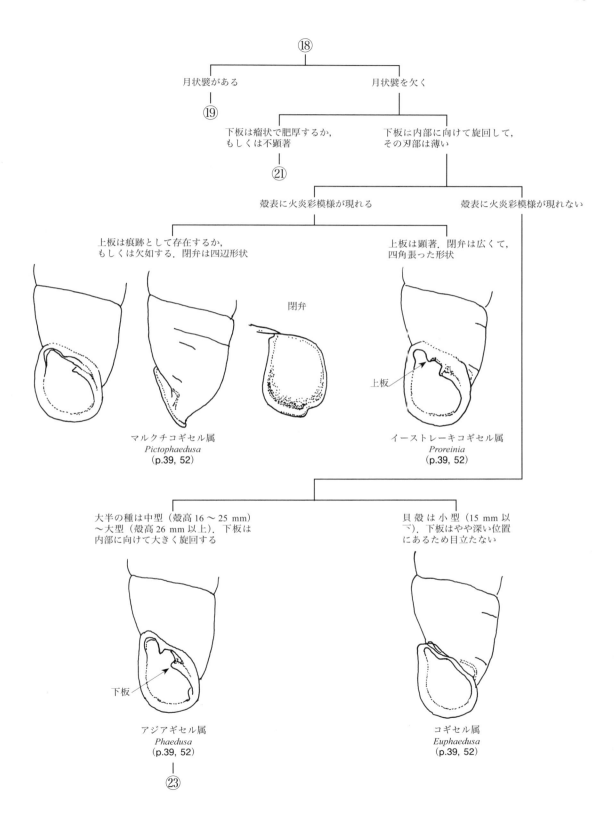

20　マキガイ綱

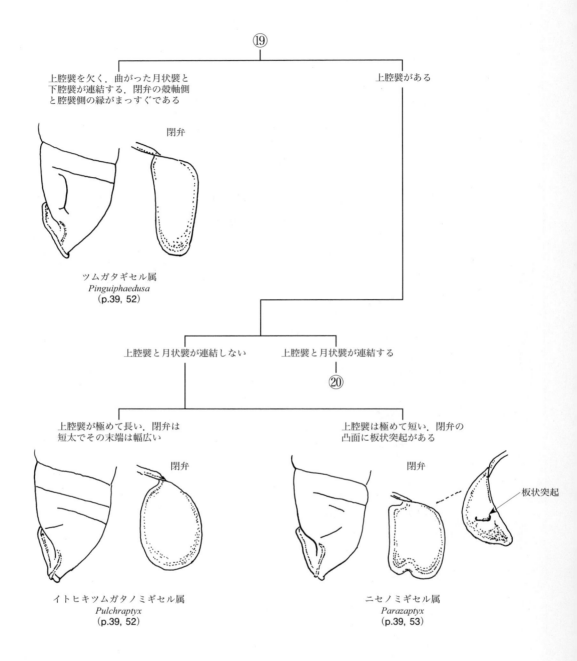

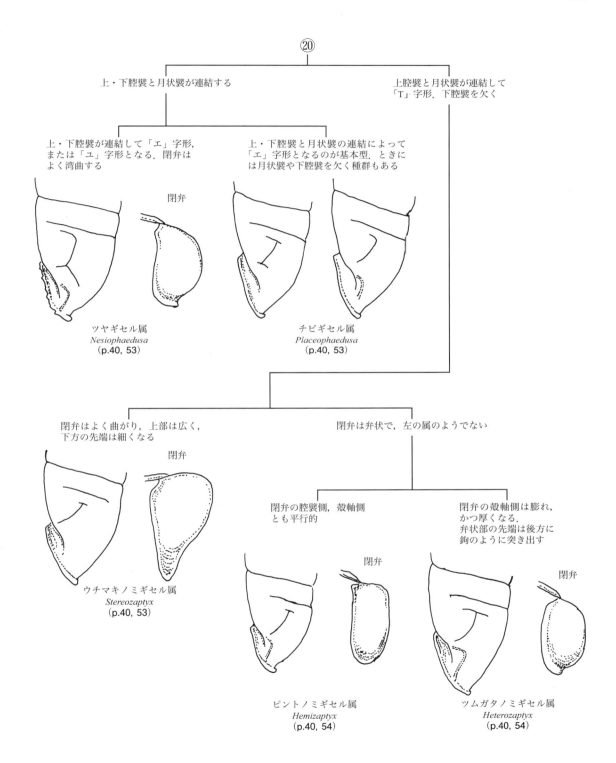

22 マキガイ綱

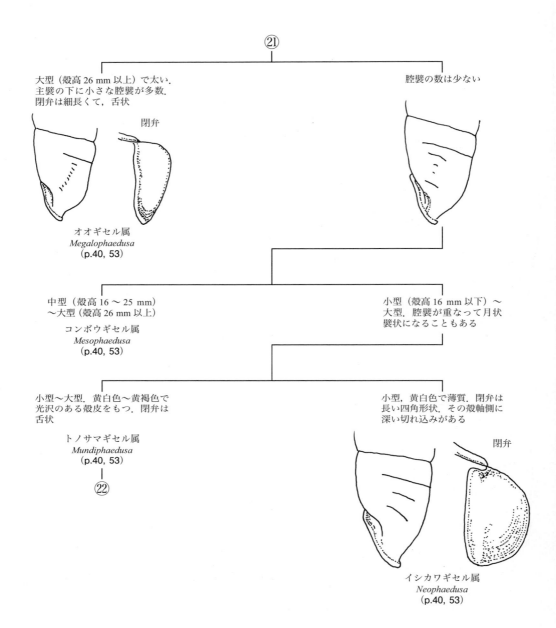

㉑

大型（殻高 26 mm 以上）で太い．
主襞の下に小さな腔襞が多数．
閉弁は細長くて，舌状

閉弁

オオギセル属
Megalophaedusa
(p.40, 53)

腔襞の数は少ない

中型（殻高 16～25 mm）
～大型（殻高 26 mm 以上）

コンボウギセル属
Mesophaedusa
(p.40, 53)

小型（殻高 16 mm 以下）～
大型．腔襞が重なって月状
襞状になることもある

小型～大型．黄白色～黄褐色で
光沢のある殻皮をもつ．閉弁は
舌状

トノサマギセル属
Mundiphaedusa
(p.40, 53)

㉒

小型，黄白色で薄質．閉弁は
長い四角形状．その殻軸側に
深い切れ込みがある

閉弁

イシカワギセル属
Neophaedusa
(p.40, 53)

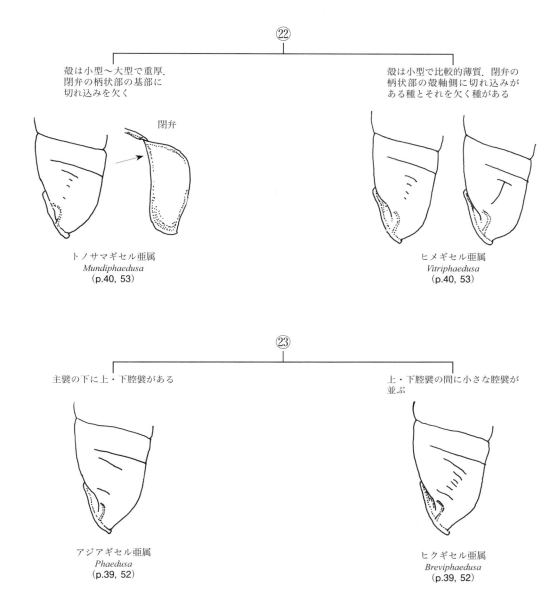

クチミゾガイ科 Strobilopsidae の属への検索

㉔

殻径 3.5 mm．殻表の成長脈が顕著でない．本州（東北～近畿）に分布

殻径 2.2 mm．殻表の成長脈が殻底でも目立つ．石垣島・西表島に分布

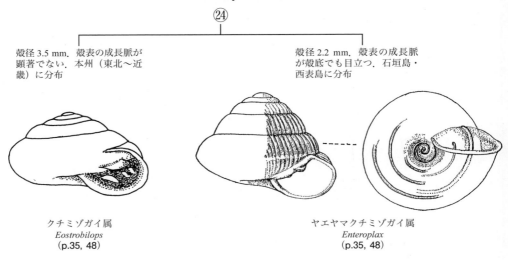

クチミゾガイ属
Eostrobilops
(p.35, 48)

ヤエヤマクチミゾガイ属
Enteroplax
(p.35, 48)

タワラガイ科 Streptaxidae の属への検索

㉕

殻形は俵状，殻表の大半は縦肋をめぐらす

殻表は平滑，半透明で縫合部にかすかな縦肋が並ぶ．生体時は内部の赤い肝臓が透けて見える

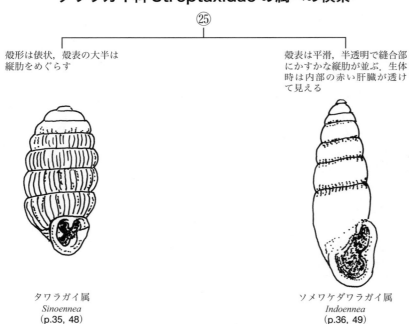

タワラガイ属
Sinoennea
(p.35, 48)

ソメワケダワラガイ属
Indoennea
(p.36, 49)

マキガイ綱 25

キバサナギガイ科 Vertiginidae の属への検索

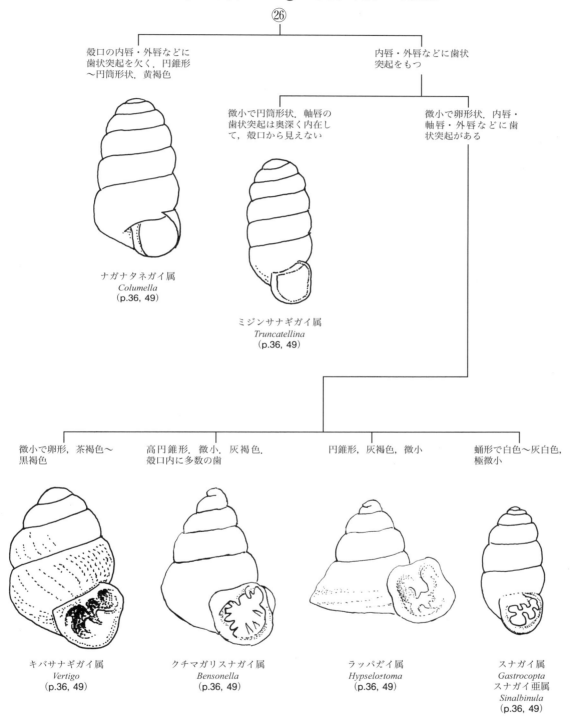

オカモノアラガイ科 Succineidae の属への検索

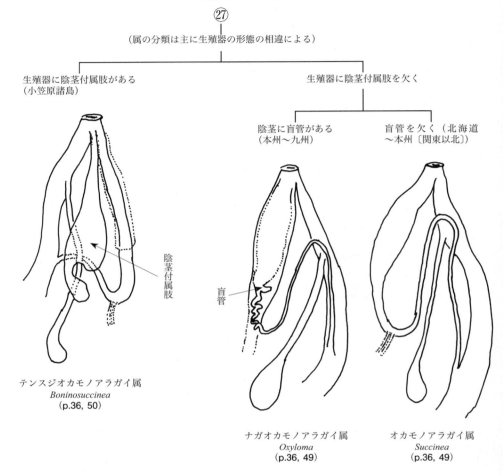

キセルガイモドキ科 Enidae の属への検索

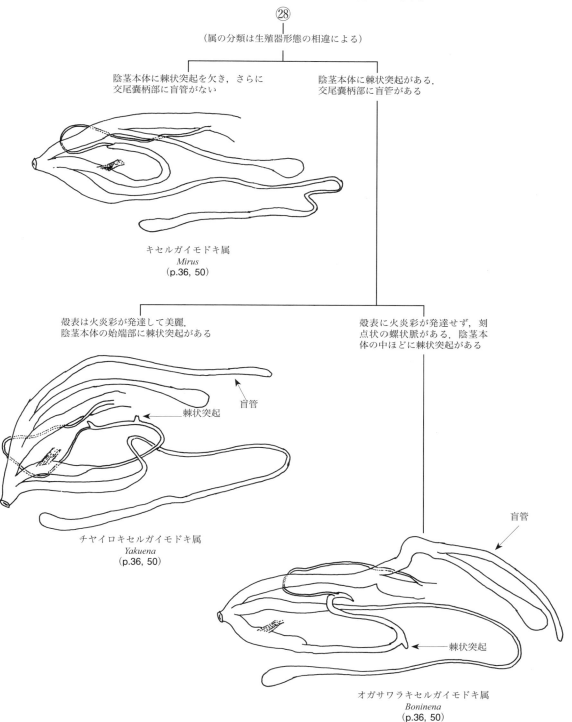

ナンバンマイマイ科 Camaenidae の属・亜属への検索

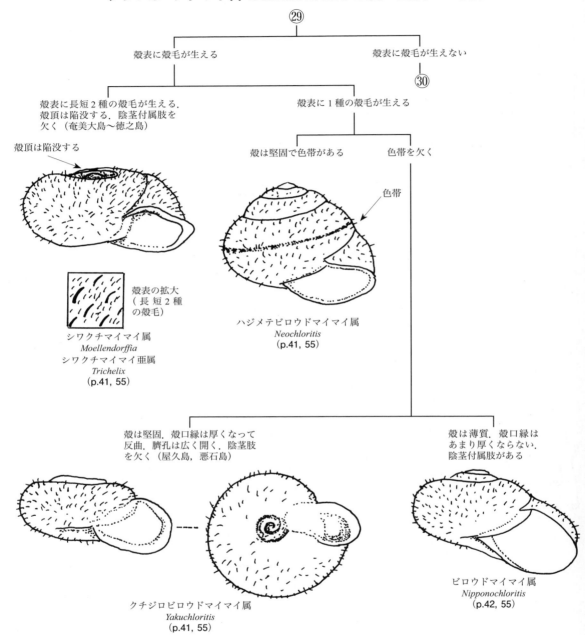

マキガイ綱 29

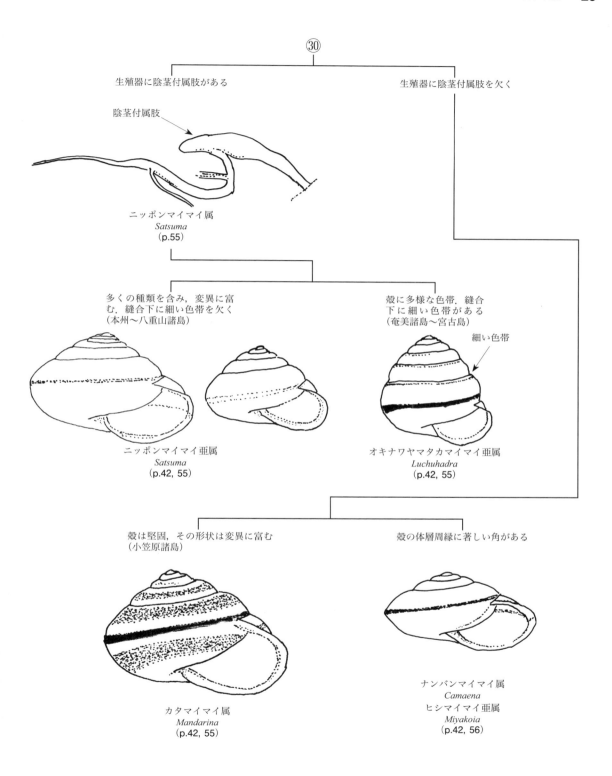

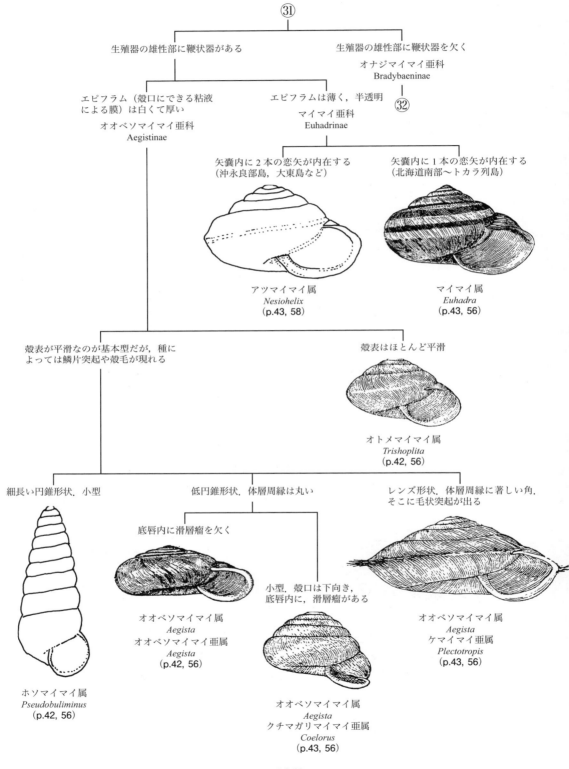

マキガイ綱 31

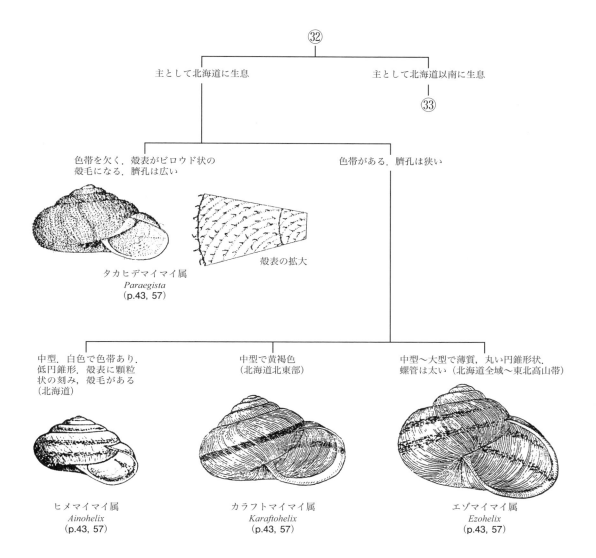

32　マキガイ綱

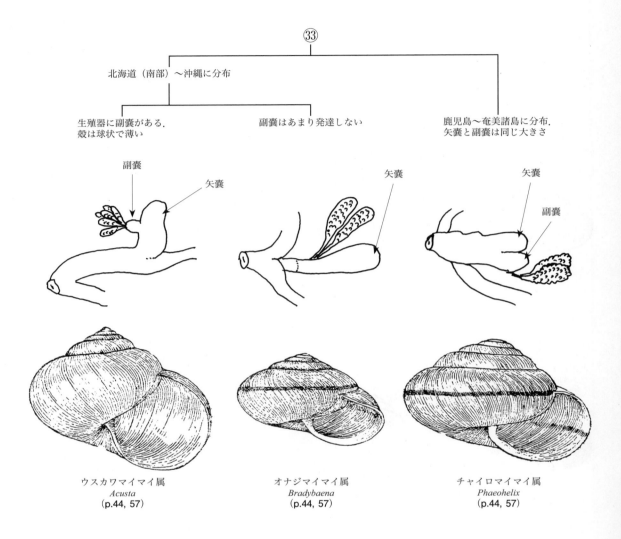

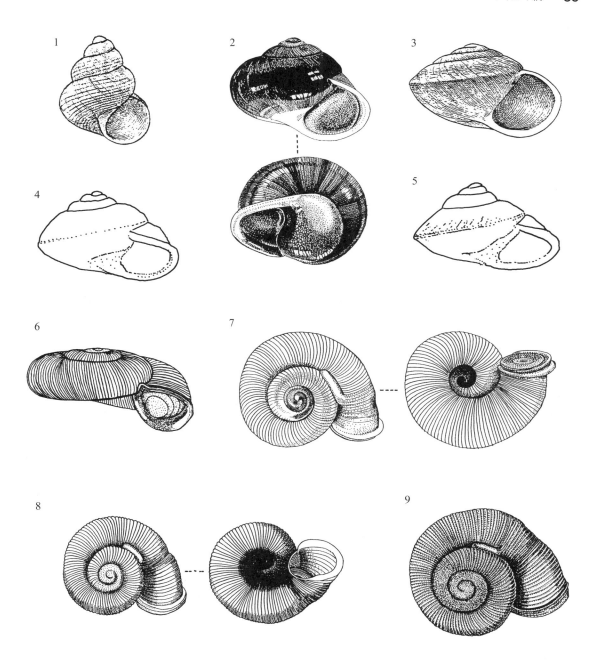

マキガイ綱(腹足綱)Gastropoda 代表図 (1)
1：ゴマオカタニシ *Georissa japonica* Pilsbry, 2：ヤマキサゴ *Waldemaria japonica* (A. Adams), 3：ハコダテヤマキサゴ *Hemipoma hakodadiense* (Hartmann), 4：オキナワヤマキサゴ *Aphanoconia osumiense* (Pilsbry), 5：オガサワラヤマキサゴ *Ogasawarana ogasawarana* (Pilsbry), 6：ヤマクルマガイ *Spirostoma japonicum japonicum* (A. Adams), 7：アツブタムシオイガイ *Awalycaeus abei* Kuroda, 8：クチキレムシオイガイ *Cipangocharax biexcisus* (Pilsbry), 9：ハリマムシオイガイ *Chamalycaeus harimensis* (Pilsbry)
(1, 3：波部, 1958；2：阿部, 1981；6〜9：阿部, 1981)

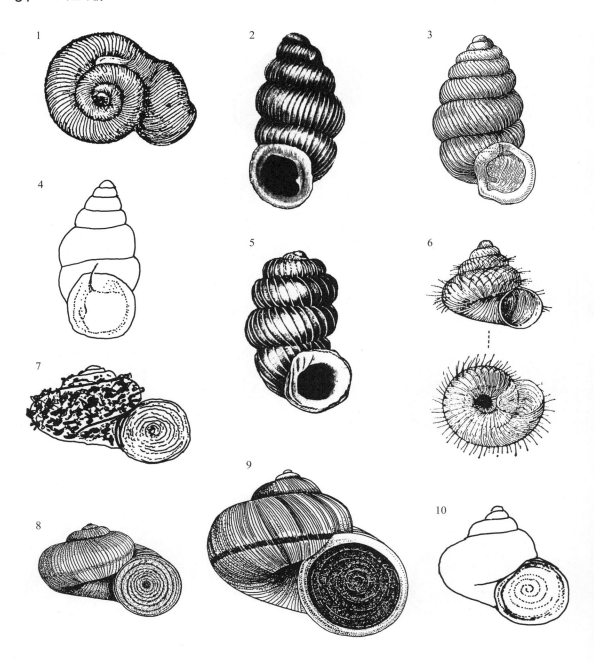

マキガイ綱(腹足綱)Gastropoda 代表図 (2)

1：イトウムシオイガイ *Chamalycaeus (Sigmacharax) itonis itonis* Kuroda, 2：ヒダリマキゴマガイ *Palaina (Cylindropalaina) pusila pusila* (Martens), 3：シコクゴマガイ *Diplommatina (Sinica) shikokuensis* Kuroda, Abe & Habe, 4：ベニゴマガイ *Diplommatina (Benigoma) pudica* Pilsbry, 5：シリブトゴマガイ *Arinia japonica* Pilsbry & Hirase, 6：サドヤマトガイ *Japonia sadoensis* Pilsbry & Hirase, 7：ヒラセアツブタガイ *Platyrhaphe hirasei hirasei* (Pilsbry), 8：アツブタガイ *Cyclotus (Procyclotus) campanulatus campanulatus* Hirase, 9：ヤマタニシ *Cyclophorus herklotsi* Martens, 10：アオミオカタニシ *Leptopoma nitidum* Pfeiffer
(1：黒田, 1943；2, 5：平瀬・瀧, 1951；3, 8, 9：阿部, 1981；6：黒田・波部, 1965)

マキガイ綱(腹足綱)Gastropoda 代表図 (3)

1：ニッポンノブエガイ *Nobuea kurodai* Minato & Tada, 2：ミジンヤマタニシ *Nakadaella micron* (Pilsbry), 3：イトマキミジンヤマタニシ *Cyathopoma nishinoi* Minato, 4：アズキガイ *Pupinella* (*Pupinopsis*) *rufa* (Sowerby), 5：スジケンガイ *Carychium noduliferum* Reinhardt, 6：ノミガイ *Tornatellides boeningi* (Schmacker & Boettger), 7：マツシマクチミゾガイ *Eostrobilops nipponica nipponica* (Pilsbry), 8：ヤエヤマクチミゾガイ *Enteroplax yaeyamensis* Habe & Chinen, 9：タワラガイ *Sinoennea iwakawai* (Pilsbry)
(2：神田, 1992；4, 5, 9：阿部, 1981；8：湊, 1982)

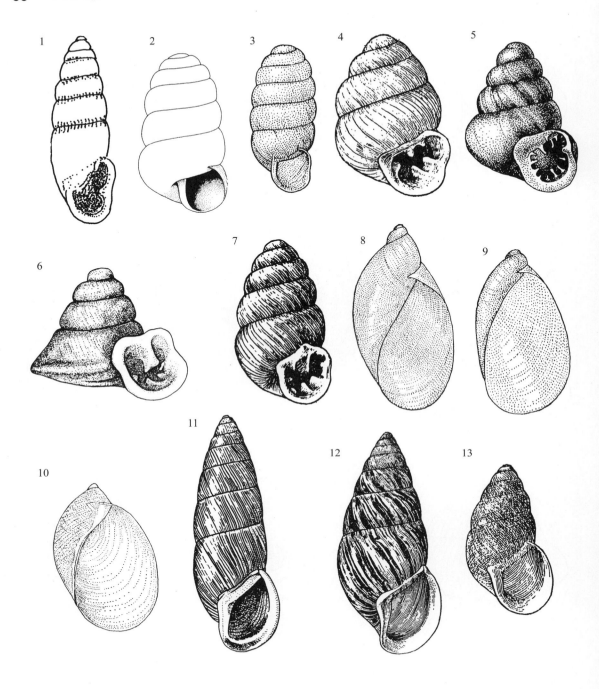

マキガイ綱(腹足綱)Gastropoda 代表図 (4)

1：ソメワケダワラガイ *Indoennea bicolor* (Hutton), 2：ナガナタネガイ *Columella edentula* (Draparnaud), 3：ミジンサナギガイ *Truncatellina insulivaga* (Pilsbry & Hirase), 4：ナタネキバサナギガイ *Vertigo eogea eogea* Pilsbry, 5：クチマガリスナガイ *Bensonella plicidens* (Benson), 6：ラッパガイ *Hypselostoma insularum* Pilsbry, 7：スナガイ *Gastrocopta* (*Sinalbinula*) *armigerella* (Reinhardt), 8：オカモノアラガイ *Succinea lauta* Gould, 9：ナガオカモノアラガイ *Oxyloma hirasei* (Pilsbry), 10：テンスジオカモノアラガイ *Boninosuccinea punctulispira* (Pilsbry), 11：キセルガイモドキ *Mirus reinianus* (Kobelt), 12：ニシキキセルガイモドキ *Yakuena eucharista* (Pilsbry), 13：ハハジマキセルガイモドキ *Boninena callistoderma* Pilsbry

(3：黒田, 1960；4, 7〜9：黒田・波部, 1965；5：Schileyko, 1998；6：湊, 1976；10：湊, 1977；11：阿部, 1981；12, 13：黒田, 1945)

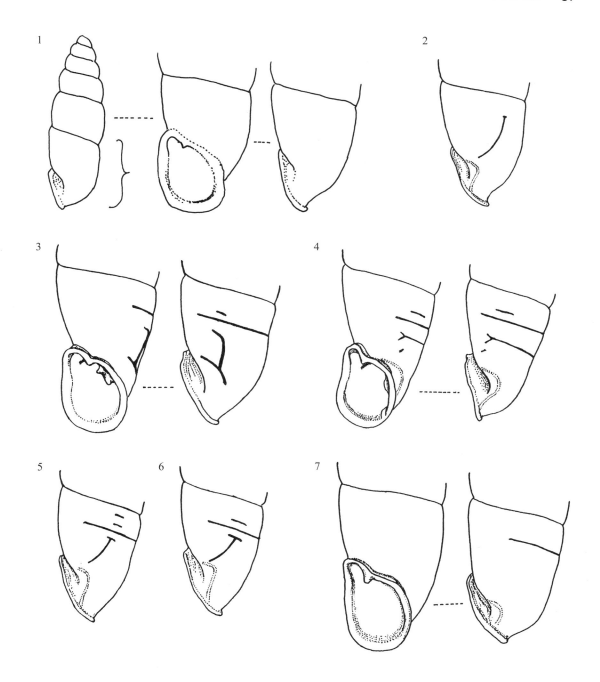

マキガイ綱（腹足綱）Gastropoda 代表図（5）
1：ヒロクチコギセル *Reinia variegata* (A. Adams)，2：ヒカリギセル *Zaptychopsis buschii* (Küster)，3：チビノミギセル *Oligozaptyx hedleyi* (Pilsbry)，4：エダヒダノミギセル *Diceratoptyx cladoptyx* (Pilsbry)，5：カゴシマノミギセル *Zaptyx hirasei* (Pilsbry)，6：タラマノミギセル *Metazaptyx pattalus* (Pilsbry)，7：ナンピギセル *Pauciphaedusa toshiyukii* Minato & Habe
（1〜7：湊, 1994）

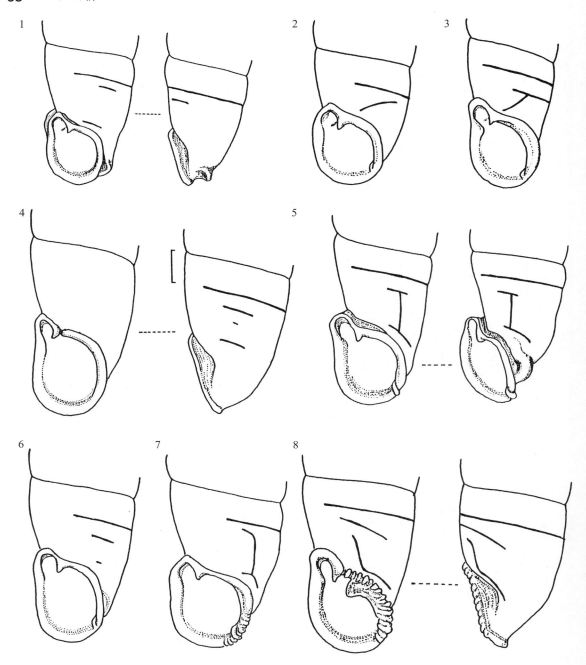

マキガイ綱(腹足綱)Gastropoda 代表図 (6)
1：ナカムラギセル *Tosaphaedusa cincticollis* (Ehrmann), 2：ミカヅキノミギセル *Selenoptyx noviluna* (Pilsbry), 3：サキシマノミギセル *Tyranozaptyx adulta* Kaüfel, 4：ホソヒメギセル *Tyrannophaedusa* (*Aulacophaedusa*) *gracilispira* (Moellendorff), 5：ミカドギセル *Tyrannophaedusa* (*Tyrannophaedusa*) *mikado* (Pilsbry), 6：コシボソギセル *Tyrannophaedusa* (*Spinulaphaedusa*) *nankaidoensis nankaidoensis* Kuroda, 7：シリオレギセル *Tyrannophaedusa* (*Decolliphaedusa*) *bilabrata* (Smith), 8：キンチャクギセル *Luchuphaedusa callistochila* (Pilsbry) (1〜8：湊, 1994)

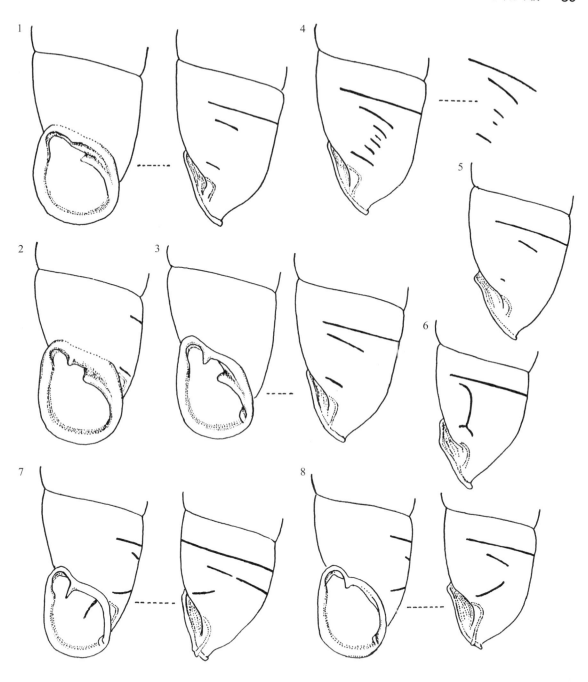

マキガイ綱(腹足綱)Gastropoda 代表図 (7)
1：マルクチコギセル *Pictophaedusa holotrema* (Pilsbry), 2：トカラコギセル *Proreinia vaga* (Pilsbry), 3：ナミギセル *Phaedusa* (*Phaedusa*) *japonica* (Crosse), 4：ヒクギセル *Phaedusa* (*Breviphaedusa*) *gouldi* (A. Adams), 5：ナミコギセル *Euphaedusa tau* (Boettger), 6：ツムガタギセル *Pinguiphaedusa pinguis platydera* (Martens), 7：イトヒキツムガタノミギセル *Pulchraptyx longiplicata* (Pilsbry), 8：ニセノミギセル *Parazaptyx thaumatopoma* (Pilsbry)
(1〜8：湊, 1994)

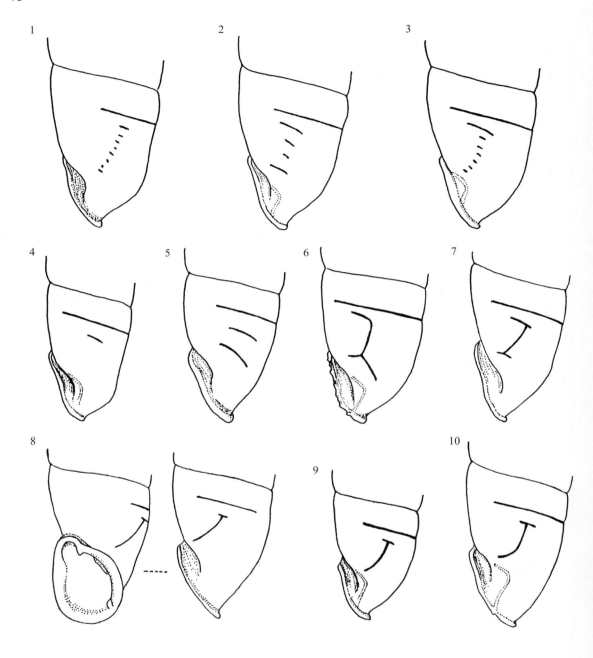

マキガイ綱(腹足綱)Gastropoda 代表図 (8)
1：オオギセル *Megalophaedusa martensi* (Martens), 2：コンボウギセル *Mesophaedusa hickonis* (Boettger), 3：トノサマギセル *Mundiphaedusa* (*Mundiphaedusa*) *ducalis* (Kobelt), 4：ヒメギセル *Mundiphaedusa* (*Vitriphaedusa*) *micropeas* (Moellendorff), 5：イシカワギセル *Neophaedusa ishikawai* Kuroda & Minato, 6：ツヤギセル *Nesiophaedusa praeclara* (Gould), 7：チビギセル *Placeophaedusa expansilabris* (Boettger), 8：ウチマキノミギセル *Stereozaptyx entospira* (Pilsbry), 9：ピントノミギセル *Hemizaptyx pinto* (Pilsbry), 10：ツムガタノミギセル *Heterozaptyx munus* (Pilsbry)
(1〜10：湊, 1994)

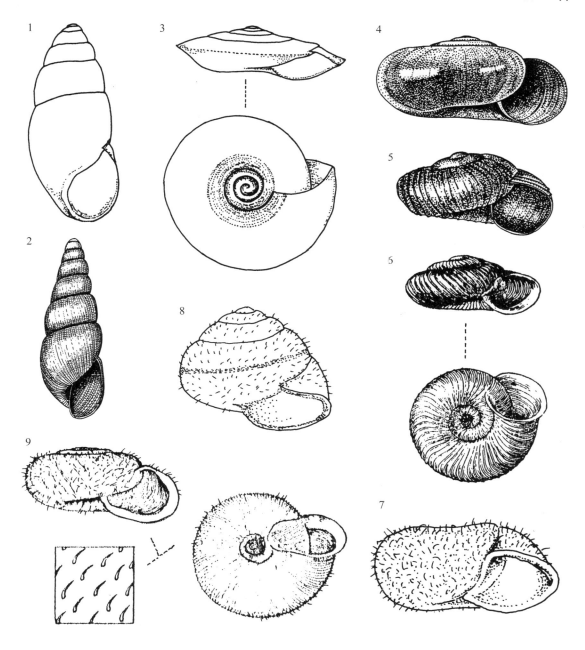

マキガイ綱(腹足綱)Gastropoda 代表図 (9)
1：ヤマボタルガイ Cochlicopa lubrica (Müller)，2：オカチョウジガイ Allopeas clavulinum kyotoensis (Pilsbry & Hirase)，3：オオカサマイマイ Videnoida horiomphala (Pfeiffer)，4：ヒメコハクガイ Hawaiia minuscula (Binney)，5：ナタネガイ Punctum amblygonum (Reinhardt)，6：ミジンマイマイ Vallonia pulchellula (Heude)，7：ケハダシワクチマイマイ Moellendorffia (Trichelix) eucharistus (Pilsbry)，8：ハジメテビロウドマイマイ Neochloritis tomiyamai Minato，9：クチジロビロウドマイマイ Yakuchloritis albolabris (Pilsbry & Hirase)
(2, 4, 5：阿部，1981；6, 9：黒田・波部，1965)

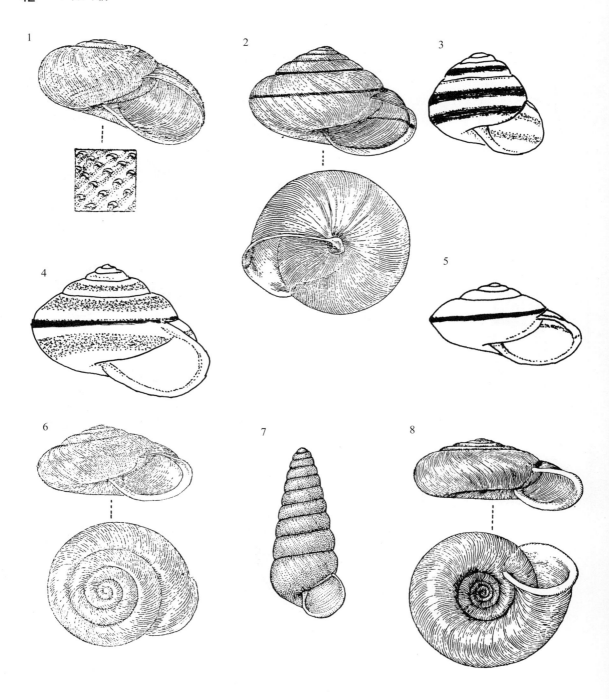

マキガイ綱（腹足綱）Gastropoda 代表図（10）
1：ケハダビロウドマイマイ *Nipponochloritis fragilis* (Gude)，2：コベソマイマイ *Satsuma* (*Satsuma*) *myomphala* (Martens)，3：シラユキヤマタカマイマイ *Satsuma* (*Luchuhadra*) *largillirti* (Pfeiffer)，4：カタマイマイ *Mandarina mandarina* (Sowerby)，5：サキシマヒシマイマイ *Camaena* (*Miyakoia*) *sakishimana* Kuroda，6：シロマイマイ *Trishoplita pallens* Jacobi，7：ナガシリマルホソマイマイ *Pseudobuliminus meiacoshimensis* Adams & Reeve，8：コウベマイマイ *Aegista* (*Aegista*) *kobensis* (Schmacker & Boettger)
（1, 2, 6, 8：黒田・波部，1949；7：黒田，1960）

マキガイ綱 43

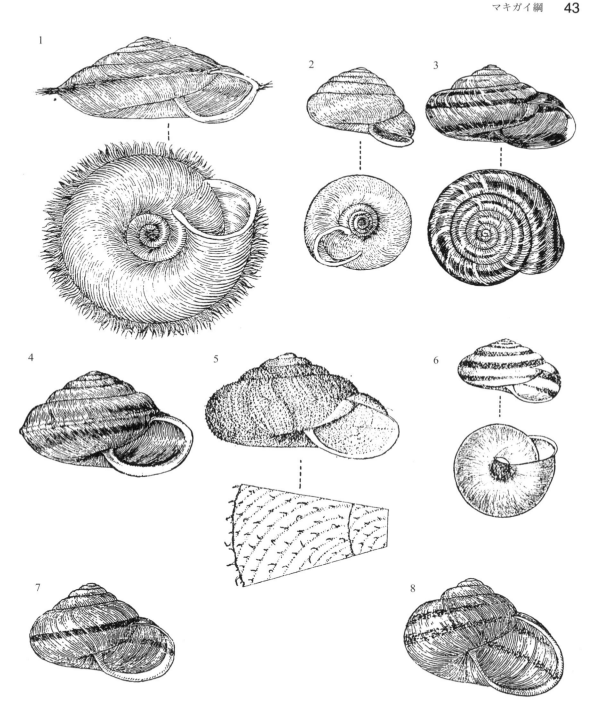

マキガイ綱(腹足綱)Gastropoda 代表図 (11)
1：オオケマイマイ *Aegista* (*Plectotropis*) *vulgivaga* (Schmacker & Boettger), 2：クチマガリマイマイ *Aegista* (*Coelorus*) *cavicollis* (Pilsbry),
3：ミスジマイマイ *Euhadra peliomphala* (Pfeiffer), 4：ヘソアキアツマイマイ *Nesiohelix omphalina* Kuroda & Emura, 5：タカヒデマイマイ *Paraegista takahidei* Kuroda & Azuma, 6：ヒメマイマイ *Ainohelix editha* (A. Adams), 7：ホンブレイキマイマイ *Karaftohelix blakeana* (Newcomb), 8：エゾマイマイ *Ezohelix gainesi* (Pilsbry)
(1, 2, 7, 8：黒田・波部, 1949；3：波部, 1958；4：黒田・江村, 1943；5：黒田・東, 1951；6：飯島, 1892)

44 マキガイ綱

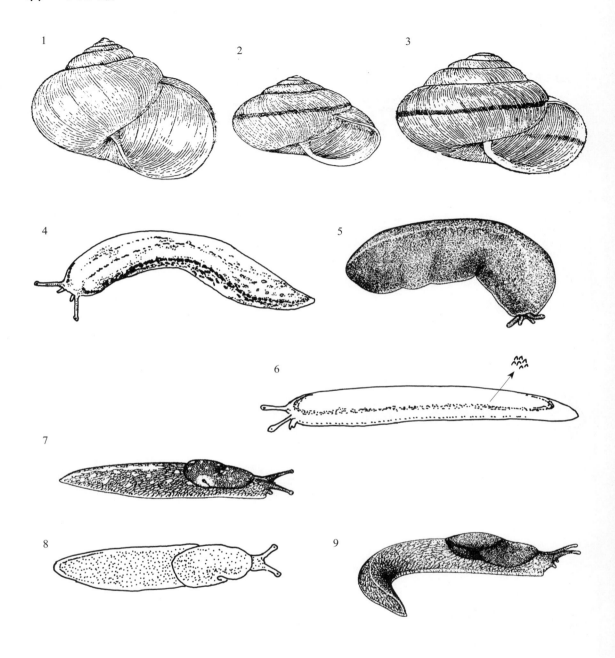

マキガイ綱(腹足綱)Gastropoda 代表図 (12)
1：ウスカワマイマイ *Acusta despecta sieboldiana* (Pfeiffer)，2：オナジマイマイ *Bradybaena similaris* (Férussac)，3：チャイロマイマイ *Phaeohelix submandarina* (Pilsbry)，4：ヤマナメクジ *Meghimatium fruhstorferi* (Collinge)，5：アシヒダナメクジ *Laevicaulis alte* (Férussac)，6：イボイボナメクジ *Granulilimax fuscicornis* Minato，7：コウラナメクジ *Limax flavus* (Linne)，8：ヤマコウラナメクジ *Nipponolimax monticola* Yamaguchi & Habe，9：オオコウラナメクジ *Nipponarion carinatus* Yamaguchi & Habe
（1～3：黒田・波部，1949）

マキガイ綱（腹足綱）Gastropoda

　通常，体の背部に巻いた貝殻をもつ軟体動物．体は眼，触角，口をそなえた頭部と筋肉質の広い足でもって移動する．腹足類といわれるのはそのためである．軟体動物のなかで84%を占める大きなグループである．この綱にはアマオブネガイ目と原始紐舌目の一部（蓋をもつグループ）と有肺上目の大半が含まれて，陸上で生活し，いわゆる"陸産貝類"あるいは"陸貝類"と呼ばれる．

真腹足亜綱 Orthogastropoda

アマオブネガイ目
Neritosina (= Neritimorpha)

ゴマオカタニシ科
Hydrocenidae

　貝殻約2mmで円卵形．臍孔は閉じる．蓋は石灰質で，その内側に小突起があるのが特徴．

ゴマオカタニシ属（p.3, 33）
Georissa

　1属4種．関東以西の本州から八重山諸島に広く分布する．4種のうち3種は常に殻表に螺状脈をめぐらす．代表種・ゴマオカタニシ *G. japonica* Pilsbry は関東以西に広く分布し，他の2種は琉球列島の固有種である．本州・四国・九州の石灰岩地に限って分布するベニゴマオカタニシ *G. shikokuensis* Amano は螺状脈を欠くので前3種との区別は容易である．

ヤマキサゴ科
Helicinidae

　貝殻はレンズ状，または低い円錐形で殻径3～15mm．臍孔はない．螺層数は少なく，殻内の内壁は失われていることが特徴．4属が知られ，それぞれ地理的分布が分かれる．

ヤマキサゴ属（p.8, 33）
Waldemaria

　この属にはヤマキサゴ *W. japonica* (A. Adams) 1種が知られるが，貝殻の殻表の光沢・殻色，顕著な成長脈の有無，貝殻の大小など変異に富むため，いくつかの型が存在する．体層周縁は丸い．模式型は山形県飛島に分布し，本州の各地産に比べて小型．

ハコダテヤマキサゴ属（p.8, 33）
Hemipoma

　本科は主に熱帯地域に分布するが，本属はその最北限に分布する属．貝殻はレンズ形状で，体層周縁が明瞭に角張る．殻表に成長脈と微小な螺状脈が出る．北海道全域と東北の一部，佐渡島に分布するハコダテヤマキサゴ *H. hakodadiense* (Hartmann) がただ1種記録されている．

オキナワヤマキサゴ属（p.8, 33）
Aphanoconia

　九州南部から八重山諸島にかけてオオスミヤマキサゴ *A. osumiense* (Pilsbry)，オキナワヤマキサゴ *A. verecunda verecunda* (Gould) など2種2亜種が分布する．貝殻は体層周縁がかすかに角ばって，レンズ形状になる．殻色が淡黄色～橙褐色で美しい．

オガサワラヤマキサゴ属（p.8, 33）
Ogasawarana

　小笠原諸島の固有種で，絶滅種を含めて13種が分布し，諸島で種分化が著しい．貝殻は堅固，低円錐形から高円錐形状，さらに体層周縁に角をもつものが多く，また殻表に螺肋があるグループ（オガサワラヤマキサゴ *O. ogasawarana* (Pilsbry)，チチジマヤマキサゴ *O. chichijimana* Minato など）と殻表がほとんど平滑なグループ（ハハジマヤマキサゴ *O. capsula* (Pilsbry)，アカビシヤマキサゴ *O. rex* Minato）などがあって著しく変異に富む．

原始紐舌目 Architaenioglossa

ヤマクルマガイ科
Spirostomatidae

　貝殻はかなり低平で，殻径10～14mm．その殻表は平滑，かつ光沢がある．臍孔は広く開く．蓋は平たくなく，側面観では円錐形状に外側へ突き出している．日本産は1属．

ヤマクルマガイ属（p.3, 33）
Spirostoma

　体層は大きくて丸い．臍孔は広く開く．本属はわが国に2亜種が分布する．すなわち近畿以西の本州・四国・九州にヤマクルマガイ *S. japonicum japonicum* (A. Adams)，やや小型のヒメヤマクルマガイ *S. japonicum nakadai* (Pilsbry) が屋久島・種子島に分布し，主に落ち葉の中に生息する．

ゴマガイ科
Diplommatinidae

貝殻は概して微小で，蛹形が多く，右巻，または左巻．殻表に縦肋がある．臍孔は裂け目状．殻口は通常丸くて，体層内部に腔襞や軸歯をそなえるグループが多く，種類は豊富．

ヒダリマキゴマガイ属 (p.10)
Palaina

ヒダリマキゴマガイ亜属 (p.10, 34)
Cylindropalaina

殻色が黄白色，殻高 2 mm ほどの小型で左巻．殻口内に極めて小さい軸歯がある．本州・四国・九州には，ヒダリマキゴマガイ *P. (C.) pusila pusila* (Martens)，北海道にはオジマヒダリマキゴマガイ *P. (C.) pusila paucicostata* Pilsbry & Hirase の 2 亜種に分類されるが，後の亜種の方が貝殻が大きい．

ゴマガイ属 (p.10, 34)
Diplommatina

貝殻は微小，右巻，円錐形状．体層内に殻口から見える軸歯がある．

ゴマガイ亜属 (p.10, 34)
Sinica

本亜属に所属する大半の種には，体層内に腔壁がある．北海道南部から琉球列島までゴマガイ *D. (S.) cassa* Pilsbry（本州），シコクゴマガイ *D. (S.) shikokuensis* Kuroda & Habe（四国）など多くの種類が分布するが，それぞれ分類が難しい．

ベニゴマガイ亜属 (p.10, 34)
Benigoma

貝殻は淡赤色．殻表の成長脈は次体層や体層では細かく，それより上部の螺層では粗い．腔壁を欠く．この亜属には，ベニゴマガイ *D. (B.) pudica* Pilsbry（伊豆半島，紀伊半島），オオシマゴマガイ *D. (B.) oshimae* Pilsbry（奄美大島以南）の 2 種が知られる．

シリブトゴマガイ属 (p.10, 34)
Arinia

貝殻は殻高 2 mm と微小．円筒形で体層は次体層よりも細くなる．体層内に腔壁と軸歯を欠く．わが国にはただ 1 種シリブトゴマガイ *Ar. japonica* Pilsbry & Hirase が九州（長崎県・熊本県・鹿児島県）に分布するが，その生息地は局限される．

ヤマタニシ科
Cyclophoridae

貝殻は通常円錐形状で，稀に塔状または円盤状．右巻の種が多い．殻表は平滑，または殻皮質の板状の襞や殻皮毛が出る．殻口は丸く，殻口縁は単純か，または肥厚する．日本産は 8 属が知られ，西日本に多い．

ヤマトガイ属 (p.11, 34)
Japonia

貝殻は円錐形状．体層や次体層の殻表には殻皮質の板状の襞や殻皮毛（毛状のようなものや，スプーン状のものなど）が見られるが，老成個体では磨滅していることが多い．本属には稀少種が多く，サドヤマトガイ *J. sadoensis* Pilsbry & Hirase（本州・四国・九州），トウカイヤマトガイ *J. katorii* Minato（静岡県・三重県），ケハダヤマトガイ *J. barbata* (Gould)（奄美諸島～沖縄本島），モジャモジャヤマトガイ *J. shigetai* Minato（トカラ列島）など 9 種が主に関東以西に分布する．

イトマキアツブタガイ属 (p.11, 34)
Platyrhaphe

貝殻は低円錐形．殻表には粗い成長脈が現れて，生体時にはそこに土塊を付着させていることが多いので，見つけにくい．殻口縁は単純で肥厚しない．蓋は石灰質で多旋型．ヒラセアツブタガイ *P. hirasei hirasei* (Pilsbry)（沖縄本島），ハダカアツブタガイ *P. h. nudus* (Pilsbry & Hirase)（宮古島）など琉球列島に 4 亜種が知られる．

アツブタガイ属 (p.11)
Cyclotus

アツブタガイ亜属 (p.11, 34)
Procyclotus

貝殻は低円錐形．体層周縁は丸い．殻表に土塊を付着させることがないので，平滑で光沢が強くて黄褐色．殻口縁は多少肥厚する．蓋は石灰質で厚く，多旋型．臍孔は広い．近畿以西・四国・九州にはアツブタガイ *Cy. (P.) campanulatus campanulatus* Hirase，種子島にタネガシマアツブタガイ *Cy. (P.) c. tanegashimanus* Pilsbry & Hirase，八重山諸島にはヤエヤマヒラセアツブタガイ *Cy. (P.) taivanus perffinis* Pilsbry & Hirase が分布する．

アオミオカタニシ属 (p.12, 34)
Leptopoma

貝殻は円錐形状．体層は大きくて，その周縁は丸い．殻色は乳白色，薄く半透明だが，生体時は軟体部の外套膜の緑色が透けて見えるので，和名の由来になっている．徳之島以南の琉球列島に分布し，ただ 1 種アオ

ミオカタニシ *L. nitidum* Pfeiffer が知られる．夏季には樹幹や植物の葉に付着する．

ヤマタニシ属 (p.12, 34)
Cyclophorus

円錐形の厚質の貝殻をもっている日本産前鰓類の代表的な陸貝．体層は大きい．主に殻表は黄褐色であるが，種々の色斑模様が現れる．本州（関東以西）・四国・九州に普通に分布するヤマタニシ *Cyc. herklotsi* Martens と琉球列島に分布するオキナワヤマタニシ *Cyc. turgidus* (Pfeiffer) など 4 種が知られる．

ノブエガイ属 (p.12, 35)
Nobuea

殻径 6 mm 程度で低円錐形状．殻色は黄白色．殻表に微細な糸掛状の脈がある．体層周縁は丸い．殻口縁は単純で肥厚しない．蓋は円形，革質で薄く，多旋型．模式種は朝鮮半島に産するが，近年愛媛県で本属の第 2 種・ニッポンノブエガイ *N. kurodai* Minato & Tada が発見された．この種は 1996 年，宮崎県西都市でも採集されたが極めて稀産で絶滅危惧種である．

ミジンヤマタニシ属 (p.12, 35)
Nakadaella

殻径 2 mm と著しく微小．貝殻は低い円錐形，黄白色，半透明で，その殻表は平滑，かつ光沢がある．殻口縁は薄くて肥厚しない．湿った落ち葉に付着していることが多い．ミジンヤマタニシ *Na. micron* (Pilsbry) が北海道（南部）から沖縄まで広く分布する．

タイワンミジンヤマタニシ属 (p.12, 35)
Cyathopoma

殻径 2 mm と微小，低円錐形を呈し，半透明で黄白色．体層や次体層には 5～6 条の螺状脈が殻表をめぐらしている（底面では螺状脈を欠く）．日本産として熊本県天草島の角山から日本新記録種として記載されたイトマキミジンヤマタニシ *Cya. nishinoi* Minato がただ 1 種知られる．

ムシオイガイ科
Alycaeidae

貝殻は通常，低い円錐形で，広く開いた臍孔と殻口の背部で縫合に沿って虫状管（虫状呼吸管）が横たわるのが特徴．殻径 2.2～4.5 mm と小型．日本産は 3 属 1 亜属に分類されるが，西日本の石灰岩地には固有種が多い．

アツブタムシオイガイ属 (p.9, 33)
Awalycaeus

体層背面の虫状管は殻口近くから出現するとともに，和名のように蓋は石灰質で厚くて殻口縁にとどまって殻口内に引き込まれないのが特徴．石灰岩地の固有．属名が示すごとく徳島県（阿波）の固有属と考えられていたが，愛媛県の瀬戸内海の小島でも新たな 1 種が見つかって，いまのところ，本属には 2 種（アツブタムシオイガイ *A. abei* Kuroda（徳島県），タダアツブタムシオイガイ *A. akiratadai* Minato（愛媛県））が知られる．両種は殻表の成長脈の粗密などによって明らかに区別される．

クチキレムシオイガイ属 (p.9, 33)
Cipangocharax

蓋は石灰質で厚いが，殻口内に引き込まれる．四国・中国地方から模式種・クチキレムシオイガイ *Ci. biexcisus* (Pilsbry)（徳島県），クビナガムシオイガイ *Ci. placeonovitas* Minato（高知県），トウゲンムシオイガイ *Ci. kiuchii* Minato & Abe（徳島県），コウツムシオイガイ *Ci. akioi* Kuroda & Abe（徳島県・香川県），オカムラムシオイガイ *Ci. okamurai* (Azuma)（島根県・広島県）の 5 種が記録されている．

ムシオイガイ属 (p.9, 33)
Chamalycaeus

殻口の近くの背部に縫合に沿って虫状管があるが，その付近はくびれが著しくない．蓋は革質で薄い．日本に最も普通に見られるムシオイガイ科の属．本州～八重山諸島まで見られ，種類は多い．代表的な種類はムシオイガイ *Ch. nipponensis* (Reinhardt)（関東），ハリマムシオイガイ *Ch. harimensis* (Pilsbry)（本州～九州），ミヤコムシオイガイ *Ch. hirasei* (Pilsbry)（近畿）など．

イトウムシオイガイ亜属 (p.9, 34)
Sigmacharax

虫状管が出現する付近の螺管は著しくくびれる．中国・四国地方に分布するが，生息地が局限されるとともに個体数が少ない．本亜属には，イトウムシオイガイ *Ch. (S.) itonis itonis* Kuroda（岡山県・広島県・山口県・愛媛県），ヤサガタイトウムシオイガイ *Ch. (S.) itonis shiotai* Minato & Yano（山口県）クビレイトウムシオイガイ *Ch. (S.) nakashimai nakanishii* Minato（鳥取県），などの 4 亜種が知られる．

アズキガイ科
Pupinidae

貝殻は高円錐形状，その殻表は光沢の強いもの，光沢のないものなどがある．殻口は円形で，殻口縁で肥

厚する．軸唇の下端と内唇の上端に溝がある．臍孔は閉じる．

アズキガイ属（p.3）
Pupinella
アズキガイ亜属（p.3, 34）
Pupinopsis

貝殻は高円錐形状．殻口は丸く反曲した白色の殻口縁の上下に1対の明瞭な溝状の切れ込みがある．本州（長野県以南）から種子島まで分布するアズキガイ *Pu. (Pu.) rufa* (Sowerby)，屋久島・種子島に分布する小型のフナトアズキガイ *Pu. (Pu.) funatoi* Pilsbry，奄美大島などのオオシマアズキガイ *Pu. (Pu.) oshimae oshimae* Pilsbry などがある．殻形と殻色からアズキ（小豆）を連想させるのでこの名がある．

有肺上目 Pulmonata

基眼目 Basommatophora
[マイマイ類 Snails]

オカミミガイ科
Ellobiidae
ケシガイ亜科
Carychiinae

貝殻は極めて微小（殻高 1.5〜2.5 mm），白色，半透明，円筒形で螺塔は高い．殻表は平滑，または細かい成長脈がある．殻口外唇は肥厚し，歯状突起，または内唇と軸唇上にも歯状突起が見られる．軟体部の触角の基部に眼があるので基眼目に所属する．ヨーロッパ，アジア，アメリカの温帯・亜寒帯に広く分布する．

ケシガイ属（p.4, 35）
Carychium

科の定義と同様であるが，貝殻の大きさ，殻表の彫刻の状況，殻内軸螺状板などから種を識別できる．主に湿った落ち葉堆積中に生息する．日本産として，ニホンケシガイ *Ca. nipponense* Pilsbry & Hirase（本州，四国），ケシガイ *Ca. pessimum* Pilsbry（北海道〜琉球列島），スジケシガイ *Ca. noduliferum* Reinhardt（本州，四国）など5種が知られる．

柄眼目 Stylommatophora
[マイマイ類 Snails]

ノミガイ科
Tornatellidae

貝殻は微小で高円錐形．殻口の外唇は薄くて鋭い．内唇と軸唇に歯状突起がある．日本産は本州〜琉球列島にノミガイ属 *Tornatellides* Pilsbry が知られるほか，小笠原諸島に2属1亜属が分布する．

ノミガイ属（p.5, 35）
Tornatellides

殻高 3 mm と微小．貝殻は卵形，または長卵形で円錐形状の螺塔をもつ．殻口の外唇は鋭くて薄く，肥厚しない．殻口内唇に1条の螺状の歯状突起がある．本州の伊豆半島・紀伊半島の海岸から琉球列島にかけて，ノミガイ *T. boeningi* (Schmacker & Boettger)，小笠原諸島にトライオンノミガイ *T. tryoni* Pilsbry & Cooke が分布する．

クチミゾガイ科
Strobilopsidae

貝殻は低い円錐形．体層周縁は丸いか，または多少角張る．殻口縁は厚くなる．臍孔は明瞭に開く．殻口内唇に2個の板と殻底の内部に3個の板がある．

クチミゾガイ属（p.24, 35）
Eostrobilops

殻径 3.5 mm と小型．低円錐形で褐色を呈する．殻口縁は肥厚して反曲する．マツシマクチミゾガイ *E. nipponica* (Pilsbry) が東北南部〜中部にかけて分布する．さらにこの亜種である小型のナニワクチミゾガイ *E. nipponica reikoae* Matsumura & Minato が大阪府（北部）の丘陵地帯と東海地方に分布していることが，近年知られるようになった．

ヤエヤマクチミゾガイ属（p.24, 35）
Enteroplax

前属よりもはるかに小型で，上部螺管の殻表には成長脈があるが，殻底では欠く．本属には，ヤエヤマクチミゾガイ *En. yaeyamensis* Habe & Chinen のただ1種のみが石垣島，西表島から記録されている．

タワラガイ科
Streptaxidae

貝殻は蛹形で，微小．通常，殻表に成長脈（縦肋）をめぐらすか，または平滑のグループがある．殻口内に襞状の結節歯がある．日本産2属．

タワラガイ属（p.24, 35）
Sinoennea

貝殻は微小で堅固，米俵状，殻表に粗い縦肋をめぐらす．殻口外唇に1〜2個の結節歯がある．日本産はタワラガイ *S. iwakawai* (Pilsbry)（関東以西の本州〜九

州), コメツブタワラガイ *S. densecostata* (Boettger)(沖縄本島北部)など5種が分布する.

ソメワケダワラガイ属 (p.24, 36)
Indoennea

貝殻は円筒形状,その殻表は光沢があって半透明.縫合部に微小な縦肋が並ぶ.軟体が殻内に退縮すると,上部は黄褐色,下部は朱色を呈し,和名の由来となる.移入種ソメワケダワラガイ *I. bicolor* (Hutton) が鹿児島県,沖縄県などで知られる.

キバサナギガイ科
Vertiginidae

貝殻は微小,卵形〜円筒形状.殻口縁は多少厚くなって反曲する.通常は内唇上に1個,軸唇や外唇内壁にも1〜2個の歯状突起がある.日本産は3属.

ナガナタネガイ属 (p.25, 36)
Columella

貝殻は円錐形〜円筒形状.内唇,外唇の内壁などに歯状突起を欠く.北方系のグループで,わが国では北海道・本州(主に高山帯)からナガナタネガイ *Co. edentula* (Draparnaud) ただ1種が知られる.

ミジンサナギガイ属 (p.25, 36)
Truncatellina

貝殻は微小で円筒形状.軸唇の歯状突起は奥深く内在しているため殻口から見えない.ミジンサナギガイ *Tr. insulivaga* (Pilsbry & Hirase) が沖縄諸島,奄美諸島から知られるが,稀産である.

キバサナギガイ属 (p.25, 36)
Vertigo

蛹形から円筒形状まで多様.殻口の内唇(1〜2個),軸唇(1個),外唇(1〜2個)などに明瞭な歯状突起がある.これらの歯状突起の位置や長さなどは分類上重要な標徴となる.キバサナギガイ *V. hirasei* Pilsbry(本州〜琉球列島),ナタネキバサナギガイ *V. eogea eogea* Pilsbry(北海道〜四国)など7種(亜種)が記録されているが,個体数も少なく,検討は進んでいない.

スナガイ科
Chondrinidae

貝殻は通常微小,蛹形から円錐形まで変化に富む.キバサナギガイ Vertiginidae によく似るが,殻口内に多くの歯状の板や襞があることで異なる.日本にスナガイ属 *Gastrocopta*,クチマガリスナガイ属 *Bensonella*,ラッパガイ属 *Hypselostoma* の3属が分布する.

クチマガリスナガイ属 (p.25, 36)
Bensonella

貝殻は微小で高円錐形状,褐色.殻口はやや突き出し気味に出る.殻口内に多数の歯がある.クチマガリスナガイ *B. plicidens* (Benson) が本州〜九州の石灰岩地に分布する.

ラッパガイ属 (p.25, 36)
Hypselostoma

貝殻は極く微小で円錐形状,灰褐色.殻口は螺層から離れて横向く.殻口内に6歯がある.日本ではただ1種ラッパガイ *H. insularum* Pilsbry が宮古島〜与那国島に分布し,湿った石灰岩壁に付着している.

スナガイ属 (p.25)
Gastrocopta
スナガイ亜属 (p.36)
Sinalbinula

貝殻は白色から灰褐色,蛹形で極めて微小.殻口の内唇に1〜2個の板,軸唇に1個の板,殻底に1個の襞,外唇の内側に2〜3個の腔襞があって,殻口は複雑である.スナガイ *G. (S.) armigerella* (Reinhardt) のほか,小笠原諸島などに3〜4種が分布する.

オカモノアラガイ科
Succineidae

貝殻は半透明で薄く,極めてもろい.通常は卵形で,その体層は大きい.殻口縁は単純,肥厚しない.本科は3属に分かれるが,属を貝殻から分類することは困難で,主に生殖器によって識別される.

オカモノアラガイ属 (p.26, 36)
Succinea

貝殻は薄質,その体層は著しく大きくて螺塔の大半を占める.生殖器の陰茎本体の始端は屈曲せず,盲管を欠く.北海道,本州(関東以北),佐渡島にオカモノアラガイ *S. lauta* Gould,本州〜琉球列島にリュウキュウオカモノアラガイ *S. lyrata* (Gould) などが分布する.

ナガオカモノアラガイ属 (p.26, 36)
Oxyloma

前属に似るが,貝殻ははるかに小型で,やや細長い.生殖器は屈曲している陰茎本体と小さな鉤状の盲管があることによって特徴づけられる.ナガオカモノアラガイ *O. hirasei* (Pilsbry) が本州〜九州に唯一分布し,主に水辺の湿ったコケや水草の間に生息している.

テンスジオカモノアラガイ属（p.26, 36）
Boninosuccinea

貝殻の殻表に点刻状の螺状脈を有するので，「テンスジ」の属名となる．日本産他の2属と相違するのは，生殖器に陰茎付属肢を有することである．小笠原諸島固有属．この属に2種（テンスジオカモノアラガイ *B. punctulispira* (Pilsbry) とオガサワラオカモノアラガイ *B. ogasawarae* (Pilsbry)）が記録されている．両種は貝殻と生殖器の陰茎付属肢の形態によって識別される．

ベッコウマイマイ科（p.6）
Helicarinidae

貝殻は殻径2〜18 mm，薄質で多くは黄褐色を呈し，光沢がある．殻口縁は単純で薄い．軟体部が大きく，活動するときは外套葉で殻を被覆する．日本産として記録されているのは22属約100種であるが，貝殻の特徴からの分類に加えて，生殖器形態を重視しなければならず，本科の分類学的検討が遅れている．そのため，ここでは本科の属までの検索は割愛する．

キセルガイモドキ科
Enidae

貝殻は蛹形〜円筒形状．右巻で，殻口縁は外に向かって反曲する．殻口の内部には板や襞を欠く．日本産は貝殻による属の識別は困難で，生殖器の形態から3属に分けられる．生殖器に長い陰茎付属肢があるのが本科の特徴である．

キセルガイモドキ属（p.27, 50）
Mirus

殻表に火炎彩模様がほとんど現れない．生殖器の陰茎本体に棘状突起を欠き，さらに交尾嚢柄部に盲管を欠く．北海道（中・東部）〜九州に分布．主な種は，キセルガイモドキ *Mi. reinianus* (Kobelt)，クリイロキセルガイモドキ *Mi. andersonianus* (Moellendorff) などで，貝殻の形態や殻色から識別される．

チャイロキセルガイモドキ属（p.27, 36）
Yakuena

殻表に火炎彩がよく発達し，美しい種類が多い．生殖器の陰茎の始端部（鞭状器の近く）に棘状突起がある．さらに交尾嚢から盲管を派生している．琉球列島と八丈島に分布し，主な種は，ニシキキセルガイモドキ *Y. eucharista* (Pilsbry)（八重山諸島），ウスチャイロキセルガイモドキ *Y. fulva* Minato（沖永良部島〜沖縄本島），ハチジョウキセルガイモドキ *Y. hachijoensis* (Kuroda)（八丈島）など．

オガサワラキセルガイモドキ属（p.27, 36）
Boninena

貝殻は本科のなかでは小型．殻表に火炎彩がほとんど発達せず，刻点状の螺状脈が認められる．生殖器の陰茎本体の中ほどに棘状突起があるとともに，交尾嚢部柄部から盲管が派生する．小笠原諸島の固有属で，ハハジマキセルガイモドキ *B. callistoderma* Pilsbry など3種1亜種が知られる．

キセルガイ科
Clausiliidae

貝殻は細長く，左巻，多くは塔状または紡錘形，螺層が多い．殻口内に腔襞や閉弁が存在し，この形態が本科の分類上の重要な形質になる．北海道南部以南に分布し，28属8亜属149種25亜種が知られるが，主に西日本や琉球列島で種類が多い．

ヒロクチコギセル属（p.14, 37）
Reinia

貝殻は小型（殻高15 mm以下）．螺層は少なく，その殻皮に縞状の模様をめぐらす．上板が微小のために，殻口は広卵形状で広い．殻口内に主襞や月状襞などの腔襞がない．また閉弁を欠く．関東以西の太平洋側にヒロクチコギセル *R. variegata* (A. Adams) が分布し，樹幹に付着していることが多い．

ヒカリギセル属（p.14, 37）
Zaptychopsis

貝殻は中型（殻高16〜25 mm），厚質．殻表は光沢があって平滑である．下板は深く引っ込む．下軸板は唇縁に出るために顕著．月状襞が存在するのみで，他の腔襞を欠く．岩手県南部〜関東，信越，東海，神津島以北の伊豆諸島にヒカリギセル *Z. buschii* (Küster) がただ1種のみ知られる．

チビノミギセル属（p.14, 37）
Oligozaptyx

貝殻は小型．殻口内の上板は退行的で低い．下板は四角形状で顕著に突き出す．上腔襞を欠く．月状襞と下腔襞が連結する．閉弁は短太，その先端付近の腔襞側に湾入部があるのが特徴．チビノミギセル *O. hedleyi* (Pilsbry) のみがトカラ列島，奄美大島，徳之島に分布する．

エダヒダノミギセル属（p.15, 37）
Diceratoptyx

貝殻は細長い紡錘形で小型．上板は小さくて低い．上腔襞と短い月状襞と連結して横「Y」字形とな

る．閉弁は短太で幅広く，腔襞側の先端近くで半円形の湾曲部がある．ただ1種エダヒダノミギセル D. cladoptyx (Pilsbry) が徳之島から報告されている．

ノミギセル属（p.15, 37）
Zaptyx

貝殻は小型，紡錘形状．殻表が平滑である．下板は顕著ではないが，殻口を傾けてみると，螺旋している．主襞のほかに，上腔襞，月状襞，縫合襞が存在する．閉弁は舌状で細長く，幅の2倍ほどの長さになる．本属にはカゴシマノミギセル Za. hirasei (Pilsbry)（トカラ列島～奄美諸島）ほか，琉球列島に6種が知られる．

ハチジョウノミギセル属（p.15, 37）
Metazaptyx

貝殻は小型，茶褐色～濃褐色を呈し，光沢がある．下板は上板に接近しつつ内部に向けて旋回して上昇している．短太な上腔襞とよく傾いて湾曲した月状襞とが連なる．閉弁は幅広くて短太．模式種タラマノミギセル M. pattalus (Pilsbry)（宮古諸島）のほか，3種が伊豆諸島，トカラ列島，奄美諸島から記録されている．

ナンピギセル属（p.16, 37）
Pauciphaedusa

貝殻は小型，薄質，細長い棍棒状で淡黄白色．殻表は平滑で光沢がある．殻口の外唇背部に弱い隆起部が認められる．下軸板は内在して見えない．主襞のみ存在し，他の腔襞や月状襞を欠く．閉弁は三角形状で，その上部は広く，下方は細くなる．九州（中・南部）にナンピギセル P. toshiyukii Minato & Habe がただ1種知られる．

ナカムラギセル属（p.16, 38）
Tosaphaedusa

貝殻は中型で細長い棍棒形状．殻口背面に高くて鋭い隆起部をめぐらす．下軸板は見えない．主襞は長くて，ほぼ半周する．月状襞を欠く．閉弁の弁状部は下方に向かって著しく広がり，その殻軸側は肥厚して膨らんだ縁となる．ナカムラギセル To. cincticollis (Ehrmann) ただ1種が高知県中部の石灰岩地帯に限って分布する．

ミカヅキノミギセル属（p.16, 38）
Selenoptyx

貝殻は小型．殻表に細かい成長脈をもち，光沢がある．上板は傾く．下板は退行的で深く潜在する．主襞は長いが，上腔襞を欠く．月状襞は傾いて逆三日月状となって腹面に位置する．閉弁の腔襞側中ほどが切れ込み，その周辺が反り上がる．ミカヅキノミギセル S.

noviluna (Pilsbry) が沖縄県伊平屋島，沖縄本島などに，サカヅキノミギセル S. inversiluna (Pilsbry) が久米島などに分布する．

サキシマノミギセル属（p.17, 38）
Tyranozaptyx

貝殻は小型，棍棒状で黄褐色～褐色．殻表はほとんど平滑．殻口外唇部で斜位の上板と対比するように，その唇縁が内側へ突き出す．主襞は長い．上腔襞と月状襞が腹面に位置し連結する．閉弁は丸みを帯びた三角形状で，その殻軸側の周縁はよく肥厚する．石垣島などにサキシマノミギセル T. adulta Käufel が分布するほか，あと1種が知られる．

ミカドギセル属（p.17, 38）
Tyrannophaedusa

貝殻は小型～中型．殻形は紡錘形から細長い棍棒状まで変異に富む．螺層は比較的に多い．上板は小さく，内部の螺状板とは連結したり，または離れたりする．下板は前面観では見えない．本属は貝殻や閉弁の形態によって次の4亜属に分かれる．

ミカドギセル亜属（p.18, 38）
Tyrannophaedusa

貝殻は小型～中型．主襞の下に上腔襞と下腔襞があって，その間は月状襞が連結するため，通常「エ」字形状となる．しかし，種類によっては月状襞を欠くこともある．ミカドギセル Ty. (Ty.) mikado (Pilsbry) が伊吹山系の石灰岩地帯に分布するほか，8種が記録されている．

ホソヒメギセル亜属（p.17, 38）
Aulacophaedusa

貝殻は小型．殻口の上板右側に1個の切れ込み（刻み）がある．下板と下軸板は前面観では見えない．主襞の下に上・下腔襞がある種，上・下腔襞の間に月状襞がある種，また上腔襞を欠いて月状襞と下腔襞だけの種など変異に富む．近畿～九州北部にホソヒメギセル Ty. (Au.) gracilispira (Moellendorff) が分布し，他に3種が知られる．

コシボソギセル亜属（p.18, 38）
Spinulaphaedusa

貝殻は小型，淡黄白色．主襞は腹面の中ほどから始まって背部に至るが，短い．上腔襞と下腔襞が平行的に位置する．閉弁の殻軸側から底部にかけて少し肥厚する．また弁状部の凸面の中央近くに1本の棘状突起がある．本属にはコシボソギセル Ty. (S.) *nankaidoensis*

nankaidoensis Kuroda が和歌山県・四国東部に分布する．

シリオレギセル亜属（p.18, 38）
Decolliphaedusa

　貝殻は小型〜中型．主襞の下に内側に曲がった月状襞が縦に走り，下腔襞と連結する．上腔襞を欠く．種類によっては下腔襞を欠くこともある．模式種・シリオレギセル *Ty. (D.) bilabrata* (Smith) が本州（近畿以西）・四国・九州に分布するほか，本亜属には 9 種が記録されている．

キンチャクギセル属（p.17, 38）
Luchuphaedusa

　貝殻は小型〜大型（殻高 26 mm 以上）で堅固．殻口の右側，すなわち内唇に通常鋸歯状の刻みがある．下軸板は唇縁に出る．月状襞がよく発達して下腔襞と連なる．また上腔襞とも連結する種類があって，極端にくずれた「エ」字形となって傾く．閉弁は広くて湾曲し，腔襞側の先端に向かって指状に突き出す．九州西南部の甑島から沖縄本島まで 8 種が記録されている．模式種は沖縄本島産のキンチャクギセル *L. callistochila* (Pilsbry)．

マルクチコギセル属（p.19, 39）
Pictophaedusa

　貝殻は小型で紡錘形．殻表には縞模様や火炎彩模様を現す．上板は唇縁上に小さな痕跡として存在するか，もしくは欠如する．下板は内部に向けて強く旋回する．主襞の下に上・下腔襞がある．閉弁は広い四辺形状．マルクチコギセル *P. holotrema* (Pilsbry)（近畿南部・九州）のほか，4 種が記録されている．

イーストレーキコギセル属（p.19, 39）
Proreinia

　貝殻は小さくて薄質，紡錘形．種類によっては殻皮に黄白色の火炎彩模様が現れることがある．下板は明らかで，内部に向かって強く旋回する．下板は唇縁に達しない．通常，上・下腔襞があるか，稀には欠如する．閉弁は四角張った形状でよく湾曲する．トカラコギセル *Pr. vaga* (Pilsbry) が本州の一部，四国西南部，九州南部〜奄美諸島まで点々と分布するほか，3 種が報告されている．

アジアギセル属（p.19, 39）
Phaedusa

　貝殻は小型〜大型．上板はよく発達し，さらに下板は大きく旋回する．下軸板は大半の種において唇縁に現れる．閉弁の殻軸側はやや直線的だが，腔襞側は緩やかに弧を描く．本属は 2 亜属に分かれる．

アジアギセル亜属（p.23, 39）
Phaedusa

　主襞は側位で，その下に上・下腔襞がある．模式種オキナワギセル *Ph. (Ph.) valida* (Pfeiffer) が沖縄本島に，ナミギセル *Ph. (Ph.) japonica* (Crosse) は本州〜九州北部に分布するほか，7 種が知られる．

ヒクギセル亜属（p.23, 39）
Breviphaedusa

　大半の種はずんぐりとした紡錘形状を呈する．主襞の下に上・下腔襞があって，その間に小さな腔襞が数多く並ぶ．ヒクギセル *Ph. (B.) gouldi* (A. Adams) が関東，伊豆諸島に分布するほか，九州に 8 種が記録されている．

コギセル属（p.19, 39）
Euphaedusa

　貝殻は小型，細長い紡錘形，薄質．上板は小さいか，やや痕跡的である．下板はあまり目立たない．主襞の下に上腔襞がある．下腔襞は種類によって存在するか，または欠く．月状襞はない．閉弁は舌状でよく湾曲し，その弁状部の末端は丸い．ナミコギセル *E. tau* (Boettger) は関東〜四国に分布するほか，6 種が記録されている．

ツムガタギセル属（p.20, 39）
Pinguiphaedusa

　貝殻は小型〜大型．上板は板状ではっきり現れる．下軸板も唇縁に出るか，または潜在する．上腔襞を欠く．曲がった月状襞の先は主襞に近づく．下腔襞はその中ほどで月状襞と連結する．閉弁は舌状で，殻軸側，腔襞側の縁ともまっすぐである．ツムガタギセル *Pi. pinguis platydera* (Martens) が東北〜近畿，四国東部まで広く分布するほか，6 種の記録がある．

イトヒキツムガタノミギセル属（p.20, 39）
Pulchraptyx

　貝殻は小型，円筒状紡錘形で，その殻表は平滑である．上板は圧縮されて板状となって高い．主襞は極めて長い．また上腔襞も非常に長いために，殻口からその先端部が明瞭に見える．上腔襞と月状襞は連結しない．閉弁は卵形．その下方は幅広い．イトヒキツムガタノミギセル *Pu. longiplicata* (Pilsbry) がただ 1 種，沖縄県慶良間諸島に分布するが，稀産種である．

ニセノミギセル属（p.20, 39）
Parazaptyx

　貝殻は小型，螺塔の下部は円筒形状．下板は深く潜在するため，殻口から見えない．上腔襞は極めて短い．上腔襞と月状襞とは連結しない．閉弁は短太で幅広く，よく湾曲する．弁状部の先端は多少尖るが，その凸面に板状突起が存在する．久米島などからただ1種ニセノミギセル *Pa. thaumatopoma* (Pilsbry) のみが知られる．

オオギセル属（p.22, 40）
Megalophaedusa

　本属はキセルガイ科貝類のなかでは世界最大（殻高 27～45 mm）になるグループである．貝殻は重厚で，殻頂は太く尖らない．上板は顕著．下板は殻口から見えるが，弱い．主襞の下に多くの小さな腔襞が並ぶ．閉弁は細長くて舌状．本属にはオオギセル *Meg. martensi* (Martens)（関東西部〜中国東部，四国東部）とミツクリギセル *Meg. mitsukurii* (Pilsbry)（和歌山県南部）の2種が所属する．

コンボウギセル属（p.22, 40）
Mesophaedusa

　貝殻は中型〜大型で棍棒状紡錘形，もしくは塔状を呈する．上板はよく発達し，内部の螺状板と連結する．大半の種では下軸板は唇縁に出る．主襞の下に上・下腔襞含めて3〜4個の腔襞がある．閉弁は細長くて舌状，下方に向かうにつれてしだいに細くなる．模式種コンボウギセル *Me. hickonis* (Boettger)（中部〜近畿，四国）のほか，14種が記録されていて，西日本で種分化が著しい．

トノサマギセル属（p.22, 40）
Mundiphaedusa

　貝殻は小型〜大型．殻皮は黄白色，黄褐色，赤褐色を呈し，大半の種では光沢がある．殻頂は鈍い．上板は顕著だが，下板はあまり発達しない．主襞と上腔襞の下に1〜5個の腔襞が並ぶ．ときには月状襞状となることもある．閉弁は舌状で，先端は丸い．本属は次の2亜属に分かれる．

トノサマギセル亜属（p.23, 40）
Mundiphaedusa

　貝殻は小型〜大型で重厚．閉弁の柄状部の基部に切れ込みがない．模式種トノサマギセル *Mu. (Mu.) ducalis* (Kobelt) が北陸の山岳地帯に分布するほか，18種が記録されている．

ヒメギセル亜属（p.23, 40）
Vitriphaedusa

　貝殻は小型で比較的薄質．殻口の唇縁は螺層から突き出る．上板が殻口縁にあるが，下板や下軸板を欠く．主襞は短い．上腔襞の下に2〜3の腔襞か，または月状襞がある．北海道（西南部）〜本州中部にヒメギセル *Mu. (V.) micropeas* (Moellendorff) が，四国にタビトギセル *Mu. (V.) aratorum* (Pilsbry) が分布する．

イシカワギセル属（p.22, 40）
Neophaedusa

　貝殻は小型，薄質，円筒状紡錘形，白色から淡黄白色の殻皮をもつ．胎殻は大きい．下軸板は通常唇縁に達しない．主襞は長く，その下に2〜3の腔襞があるが，稀に月状襞となることもある．閉弁は多少長い四角形状から舌状を呈し，殻軸側基部に深い切れ込みがある．模式種イシカワギセル *N. ishikawai* Kuroda & Minato は好洞窟性で，熊本県の石灰岩地帯に分布するほか，九州と四国から4種が知られる．

ツヤギセル属（p.21, 40）
Nesiophaedusa

　貝殻は中型〜大型，堅固で重厚．光沢のある殻表には明瞭な成長脈をめぐらす．殻口の唇縁は白色でよく反曲する．上板の右側の唇縁には小さな刻みが少し認められる．主襞は長い．上・下腔襞と月状襞が連結して，「エ」字形，あるいは「ユ」字形となる．閉弁はよく湾曲する．弁状部の基部はかすかに切れ込む．沖永良部島，沖縄本島などにツヤギセル *Nes. praeclara* (Gould) が分布する．

チビギセル属（p.21, 40）
Placeophaedusa

　貝殻は小型〜中型，紡錘形状．下軸板はほとんど唇縁に出ない．主襞は側位で比較的長い．上・下腔襞と月状襞が結ばれて「エ」字形となる種群のほか，稀に月状襞を欠く種群など著しく変異に富む．閉弁は舌状で，腔襞側は多少膨れる．東北から中国・四国に分布するチビギセル *Pl. expansilabris* (Boettger) など4種が所属する．

ウチマキノミギセル属（p.21, 40）
Stereozaptyx

　貝殻は小型，淡黄褐色，円筒状紡錘形．殻表は平滑で光沢がある．下板は前面観では見えない．下軸板は唇縁に出ているか，または深く潜在する．短い上腔襞と月状襞が連結して「T」字形となる．閉弁の弁状部はよく曲がる．そして弁の上部は広いが，先端に向か

って細くなる．屋久島，種子島にウチマキノミギセル *St. entospira* (Pilsbry)，奄美大島にホソウチマキノミギセル *St. exulans* (Pilsbry) などが記録されている．

ピントノミギセル属（p.21, 40）
Hemizaptyx

貝殻は小型で紡錘形．下板は不顕著のため殻口から見えにくい．主襞の下に通常上腔襞があって，傾いた月状襞と連結する．上腔襞の長短に変異がある．閉弁の弁状部の腔襞側の縁と殻軸側の縁ともまっすぐで平たい．種子島などにピントノミギセル *H. pinto* (Pilsbry) が分布するほか，10種が知られる．

ツムガタノミギセル属（p.21, 40）
Heterozaptyx

貝殻は小型，紡錘形である．殻表に微細な成長脈をめぐらす．上板は顕著．下板は深く位置しているために見えにくい．下軸板は唇縁に出る．主襞はやや長い．上腔襞は種類によっては，短い種，少し長い種などがある．上腔襞と月状襞は連結する．閉弁は多少長く，その殻軸側は膨れる．弁状部の先端は後方に鉤のように突き出して，少し尖る．奄美大島にツムガタノミギセル *He. munus* (Pilsbry) のほか，奄美諸島に2種の記録がある．

ヤマボタルガイ科
Cionellidae

貝殻は蛹形で，その殻表は平滑で光沢がある．軸唇はほとんど垂直で白い．臍孔は閉じる．殻口縁は肥厚しない．現生種は1属1種．

ヤマボタルガイ属（p.6, 41）
Cochlicopa

属の特徴はほとんど科と同じ．ヤマボタルガイ *C. lubrica* (Müler) が北海道～長野県，八丈島などに分布するほか，化石種が喜界島などから知られる．

オカクチキレガイ科
Subulinidae

貝殻は細長い円錐形状，または塔状で薄質，殻口縁は単純で肥厚しない．殻表に弱い成長脈が走る．臍孔は開くが狭い．

オカチョウジガイ属（p.6, 41）
Allopeas

属の特徴は科とほぼ同様．本属に属する種としては，オカチョウジガイ *A. clavulinum kyotoensis* (Pilsbry & Hirase) が北海道～九州まで広く分布するとともに，他にホソオカチョウジガイ *A. pyrgula* (Schmacker & Boettger) など4種が知られる．

カサマイマイ科
Trochomorphidae

貝殻は中型．螺塔は低平で多少円錐形状．体層周縁は鋭い龍角をめぐらす．殻口は薄くて単純．臍孔は大きく開く．

カサマイマイ属（p.6, 41）
Videnoida

本属の特徴は科にほとんど同じ．日本には本属のみ分布し，3種が記録されている．すべて鹿児島県以南に分布する．タカカサマイマイ *V. gouldiana* (Pilsbry) は他の2種よりも螺塔が高くて小型，屋久島～奄美大島に分布する．オオカサマイマイ *V. horiomphala* (Pfeiffer) は和名のごとく大きく，鹿児島県～沖縄本島に，ツヤカサマイマイ *V. carthcartae* (Reeve) は八重山諸島に知られる．

コハクガイ科
Zonitidae

貝殻は小型，通常半透明，白色または黄褐色を呈する．螺塔は低平で，臍孔がある．殻表は平滑で光沢が認められる．殻口縁は薄くて鋭く，反曲しない．数属が日本産として記録されているが，属の識別は困難．大半は移入属・種である．

ヒメコハクガイ属（p.6, 41）
Hawaiia

本科の代表的な属でほとんど科の特徴に同じ．ヒメコハクガイ *H. minuscula* (Binney) など3種が記録されているが，すべて移入種である．

ナタネガイ科
Punctidae

貝殻は小型に属し，通常の殻色は褐色．螺塔は低い臍孔が開く．殻表には明瞭な成長脈が糸掛状になる種がある．殻口縁は単純で薄く，肥厚しない．日本産は1属．

ナタネガイ属（p.6, 41）
Punctum

本属は微小な貝殻を有する種が多く，上記の科の特徴と同じ．10種が本属に所属する種として記録されているが，分類は極めて困難である．代表種としてナタネガイ *P. amblygonum* (Reinhardt) が本州～四国に分布する．

ミジンマイマイ科
Vallonidae

貝殻は微小（殻径 2 mm 程度），低平で臍孔が開く．殻表には細かい成長脈が糸掛状にできるグループとそれを欠くグループがある．殻口縁は多少広がって反曲する．

ミジンマイマイ属 (p.7, 41)
Vallonia

属の特徴は上記の科の特徴とほぼ同じ．3種が知られ，代表種ミジンマイマイ *Va. pulchellula* (Heude) が本州〜九州に広く分布していて，主に海岸の砂地などから見つかる．

ナンバンマイマイ科
Camaenidae

貝殻は中型〜大型．螺塔は円錐形から平巻状のものまで多種多様．通常は殻口が肥厚して反曲するが，属種によっては単純で薄いのもある．殻表が平滑か，または殻毛が密生する．生殖器に矢嚢，粘液腺を欠く．西日本で種分化が著しい．

シワクチマイマイ属 (p.28)
Moellendorffia
シワクチマイマイ亜属 (p.28, 41)
Trichelix

貝殻は堅固で，その螺塔は低平で，殻頂部が多少陥没する．殻表に長短（粗密）の2種類の殻毛が密生することが著しい特徴．殻口縁は肥厚して外に向かって反曲する．生殖器に陰茎付属肢を欠く．本亜属は奄美大島〜徳之島に限って分布し，主として朽ちた木などに付着していることが多い．ケハダシワクチマイマイ *Mo. (T.) eucharistus* (Pilsbry) が奄美大島から知られるほか，他に2種が記録されていて，貝殻の大きさと生殖器によって識別される．

ハジメテビロウドマイマイ属 (p.28, 41)
Neochloritis

貝殻は球状の円錐形状で臍孔がなくて堅固．体層は大きく，その周縁上に暗赤褐色帯をめぐらす．殻表には殻毛が密生する．生殖器に陰茎付属肢を欠く．属の模式種であるハジメテビロウドマイマイ *N. tomiyamai* Minato のみ鹿児島県宇治群島から記録された．

クチジロビロウドマイマイ属 (p.28, 41)
Yakuchloritis

貝殻は低平で平巻状で堅固．和名のように殻口縁は白色で肥厚する．殻表には殻毛が密生している．生殖器に陰茎付属肢を欠くが，鞭状器が顕著である．本属は屋久島にクチジロビロウドマイマイ *Y. albolabris* (Pilsbry & Hirase)，悪石島にホシヤマビロウドマイマイ *Y. hoshiyamai* Kuroda & Minato が知られるが，両種は貝殻の大小や生殖器の形態などによって識別される．

ビロウドマイマイ属 (p.28, 42)
Nipponochloritis

貝殻は薄質でもろい．殻口縁は単純で肥厚はしない．殻表には殻毛が密生するが，その粗密の状況などから種類の識別がされる．生殖器に陰茎付属肢と鞭状器がある．本属は本州〜九州まで広く分布する．代表的な種類は本州に分布するケハダビロウドマイマイ *Ni. fragilis* (Gude)，ヒメビロウドマイマイ *Ni. perpunctatus* (Pilsbry)，南紀に分布するヒラマキビロウドマイマイ *Ni. hirasei* (Pilsbry) など．

ニッポンマイマイ属 (p.29)
Satsuma
ニッポンマイマイ亜属 (p.29, 42)
Satsuma

貝殻は多くの種類を含むため変異に富む．殻表はほとんど平滑だが，稀にビロウド状の殻皮をつける種もある．殻口縁は反曲する．生殖器に陰茎付属肢と鞭状器が発達して顕著である．代表的な種としては，ニッポンマイマイ *S. (S.) japonica* (Pfeiffer)（本州），コベソマイマイ *S. (S.) myomphala* (Martens)（本州中部以西〜九州），シュリマイマイ *S. (S.) mercatoria* (Pfeiffer)（沖縄本島）など多くの種類が記録されている．

オキナワヤマタカマイマイ亜属 (p.29, 42)
Luchuhadra

貝殻は中型で高い円錐形状．殻色は黄〜白色系が多く，体層周縁に色帯をめぐらす（縫合下に細い色帯がある）．生殖器に顕著な陰茎付属肢がある．本亜属は奄美諸島〜宮古島に分布し，島ごとに種分化している．主な種はシラユキヤマタカマイマイ *S. (L.) largillirti* (Pfeiffer)（沖縄本島），オモロヤマタカマイマイ *S. (L.) omoro* Minato（久米島），クマドリヤマタカマイマイ *S. (L.) adelinae* (Pilsbry)（奄美大島）など，貝殻，生殖器の形態や地理的分布などをもとにして識別される．

カタマイマイ属 (p.29, 42)
Mandarina

貝殻は中型で堅固（属名のごとく）．臍孔が閉じている種，あるいは開いている種などがあって変異に富む．生殖器に陰茎付属肢を欠く．小笠原諸島の固有種で，カタマイマイ *M. mandarina* (Sowerby)（父島など），

キノボリカタマイマイ *M. suenoae* Minato（父島など），ヒメカタマイマイ *M. hahajimana* Pilsbry（母島）など17種（化石種を含む）が記録され，主に貝殻の特徴によって識別される．

ナンバンマイマイ属（p.29）
Camaena

ヒシマイマイ亜属（p.29, 42）
Miyakoia

貝殻は低いソロバン玉形状．体層周縁は著しく角張って，その周縁角の上部に褐色帯がある．生殖器の陰茎が著しく長いが，鞭状器は短い．また陰茎付属肢を欠く．本亜属には宮古島に分布するサキシマヒシマイマイ *C. (M.) sakishimana* Kuroda ただ1種のみ所属する．

オナジマイマイ科
Bradybaenidae

貝殻の大半は中型～大型．低円錐形状のカタツムリ形からレンズ形状，または高円錐形と種類によって変異に富む．殻表は通常，黒褐色帯をめぐらすが，ときには色帯を欠く種もある．生殖器に矢嚢，副嚢，粘液腺をもつので，ナンバンマイマイ科とは生殖器の構造から区別される．日本産は生殖器の形態から3亜科に分かれる．

オオベソマイマイ亜科
Aegistinae

生殖器の雄性部に鞭状器がある．エピフラム（乾燥時に殻口にできる粘液による膜）は厚くて，「障子紙」のごとく白い．

オトメマイマイ属（p.30, 42）
Trishoplita

貝殻は小型～中型．円錐形状で螺塔は多少高くなるが，多少種類によって変異に富む．殻表はほとんど平滑で滑らかである．臍孔は狭く開く．本属に所属する種は模式種・シロマイマイ *T. pallens* Jacobi（四国），オトメマイマイ *T. goodwini*（Smith）（近畿～中国，四国）など約30種ほど記録されているが，それぞれの分類が極めて難しい．

ホソマイマイ属（p.30, 42）
Pseudobuliminus

貝殻は小型で細長い円錐形状．螺管は多く巻き，約10層．新鮮な個体では微細な鱗片状殻毛突起が殻表を覆う．臍孔はほとんど閉じる．中国大陸に多いグループであるが，わが国にはナガシリマルホソマイマイ *Ps. meiacoshimensis* Adams & Reeve（八重山群島）ほか3種が琉球列島に分布している．

オオベソマイマイ属（p.30）
Aegista

オオベソマイマイ亜属（p.30, 42）
Aegista

貝殻は低い円錐形状で，その体層周縁は丸い．殻表は平滑なものを基本とするが，種によっては鱗片状殻毛突起や殻毛が密生することがある．和名のごとく，臍孔は広く開く．殻口内に滑層瘤を欠く．代表的な種としてコウベマイマイ *A. (A.) kobensis*（Schmacker & Boettger）（近畿以西～九州），オオベソマイマイ *A. (A.) vermis*（Reeve）（八重山諸島）などがあるが，種類は極めて多い．

ケマイマイ亜属（p.30, 43）
Plectotropis

貝殻は低平でレンズ形状．体層周縁に著しい角があり，その周縁上に毛状突起が出ていることが多い．殻表は大半の種では平滑であるが，種類によっては鱗片状殻毛突起を密生することがある．殻口縁は反曲する．また，臍孔は広く開く．オオケマイマイ *A. (P.) vulgivaga*（Schmacker& Boettger）（本州～四国），シュリケマイマイ *A. (P.) elegantissima*（Pfeiffer）（沖縄本島），オモイガケナマイマイ *A. (P.) inexpectata* Kuroda & Minato（愛知県，埼玉県の石灰岩地帯）など多くの種類が記録されている．

クチマガリマイマイ亜属（p.30, 43）
Coelorus

貝殻は低い円錐形から笠形の円錐形状．体層周縁は丸い種から，周縁角をもつ種まで変異に富む．殻口付近の体層が著しく下降するため，殻口は下向きになる．底唇内に滑層瘤をもつ種類が多い．本亜属には模式種クチマガリマイマイ *A. (C.) cavicollis*（Pilsbry）（近畿），ヤギヅノマイマイ *A. (C.) caviconus*（Pilsbry）ほか4種が四国，九州，五島列島などから知られる．周縁角の有無，滑層瘤の状況，殻径の大きさから，種を識別することができる．

マイマイ亜科
Euhadrinae

生殖器の雄性部に鞭状器がある．エピフラムは薄く，半透明である．

マイマイ属（p.30, 43）
Euhadra

貝殻は中型～大型，低円錐形状，右巻種と左巻種（中

部以北）がある．通常，貝殻に色帯をめぐらすが，同一種でも色帯のない（無帯）個体が出ることがある（色帯の現れ方には特徴があるが，これで種を分かつことはできないので注意を要する）．また軟体部の背面の色模様も種ごとに特徴をもつことに注目したい．生殖器のなかで，よく発達した矢嚢と副嚢の形態，粘液腺の出る位置とその数などは種群ごとに異なるので，解剖して摘出しなければならない．なお矢嚢の中にある1本の恋矢の形態も種群の識別するときに役立つ．本属は日本産陸貝の代表であって，北海道南部〜トカラ列島宝島まで分布し，種分化している．主な種はミスジマイマイ *E. peliomphala* (Pfeiffer)（関東〜中部），クチベニマイマイ *E. amaliae* (Kobelt)（中部〜近畿）など．

アツマイマイ属（p.30, 43）
Nesiohelix

貝殻は中型〜大型で低円錐形状．大半の種が極めて堅固で厚質．体層周縁は丸い種，角のある種，龍角のある種など，種によって異なる．生殖器の矢嚢と副嚢の派生位置と矢嚢の中に長さの異なる2本の恋矢が内在することが特徴．日本産はエラブマイマイ *N. irrediviva* (Pilsbry & Hirase)（沖永良部島），ヘソアキアツマイマイ *N. omphalina* Kuroda & Emura（北・南大東島）などが知られる．

オナジマイマイ亜科
Bradybaeninae

生殖器の雄性部に鞭状器を欠く．

タカヒデマイマイ属（p.31, 43）
Paraegista

貝殻は小型，低円錐形，光沢がなく，色帯もない．殻表に殻毛状が密生している．殻口は下降するとともに横にやや広がる．殻口縁は広くなって反曲する．臍孔は広い．主に北海道で生息していて，北海道南部からタカヒデマイマイ *Pa. takahidei* Kuroda & Azuma，北海道日高地方のアポイ岳からアポイマイマイ *Pa. apoiensis* Habe が知られる．

ヒメマイマイ属（p.31, 43）
Ainohelix

貝殻は中型，低平で薄質．その殻表は平滑で，色帯をめぐらす．殻表は顆粒状の刻みやときには殻毛が出ることがある．北海道全域にヒメマイマイ *Ai. editha* (A. Adams)，北海道中・北部にはアケボノマイマイ *Ai. io* Minato が記録されているが，後種は殻毛をつけているので前種とは識別される．

カラフトマイマイ属（p.31, 43）
Karaftohelix

貝殻は中型で多少薄質．低円錐形状で，その体層周縁は丸く，通常1〜2本の褐色帯をめぐらす．臍孔は開くがやや狭い．属名のように，カラフト（サハリン）方面に広く分布し，日本では北海道の中・北東部にホンブレイキマイマイ *K. blakeana* (Newcomb) が知られる．

エゾマイマイ属（p.31, 43）
Ezohelix

貝殻は大型，薄質で球状の円錐形状を呈する．螺管は太い．体層は著しく大きくて，その周縁は丸い．色帯をもつ個体，それを欠く個体がある．殻口縁は多少厚くなって反曲する．北海道（全域）にエゾマイマイ *E. gainesi* (Pilsbry) が，またエゾマイマイの型であるブドウマイマイ *E. gainesi* forma *flexibilis* (Fulton) が北海道〜東北（高山帯）から知られる．

ウスカワマイマイ属（p.32, 44）
Acusta

貝殻は中型，薄質で球状，色帯を欠く．体層は大きく，その螺管は太い．螺層は少ない．殻口縁は肥厚しない．生殖器に副嚢がある．人家のまわりで普通に見られるカタツムリである．ウスカワマイマイ *A. despecta sieboldiana* (Pfeiffer) などが本州〜九州に分布する．

オナジマイマイ属（p.32, 44）
Bradybaena

貝殻はやや小型〜中型で円錐形状．体層周縁は丸く（多少鈍い角をもつことがある），そこに細い色帯を現すことが多い．殻口縁は肥厚する．生殖器の副嚢はあまり発達しない．オナジマイマイ *B. similaris* (Ferussac) は外来種で都市近郊に生息し，山地などには生息しない．

チャイロマイマイ属（p.32, 44）
Phaeohelix

貝殻は中型．体層の周縁が丸くて，そこに細い色帯がある．前属に似ているが，本属は堅固であること，生殖器の矢嚢と副嚢が同じ大きさで並ぶことなどから異なる．チャイコマイマイ *P. submandarina* (Pilsbry) が九州（佐多岬）〜奄美諸島（喜界島）に，タメトモマイマイ *P. phaeogramma* (Ancey) が奄美諸島〜沖縄に分布する．

柄眼目 Stylommatophora
[ナメクジ類 Slugs]

ナメクジ科
Philomycidae

貝殻がまったく消失している．平滑な外套膜は大きく，背面，側面ともほとんどを覆う．頭部には1対の大触角と小触角がある．移動のときは，外套膜の下から頭部と足の後端が出る．呼吸孔は外套膜の前端から体長の約1/8の位置のところにある．日本には2属が記録されている．

ナメクジ属 (p.13, 44)
Meghimatium

貝殻を欠き，軟体部は淡褐色の外套膜で覆われる．頭部から濃褐色の縦線が走るほか，黒褐色の小さな斑点がある．代表的な種としてナメクジ *Meh. bilineatus* (Benson)，ヤマナメクジ *Meh. fruhstorferi* (Collinge) が知られる．本属の分類・分布的な研究にはまだ多くの課題が残されている．

コウラナメクジ科
Limacidae

軟体の前端近くに長楕円形の外套膜で覆われている非対称な卵形の薄い殻がある．呼吸孔は外套膜の後方に開いている．外国に広く分布していて，人為的に移入されて各地に広まった．

コウラナメクジ属 (p.13, 44)
Limax

軟体は黄緑色から黄褐色，体表には暗褐色の斑点模様がある．軟体の前端背面に外套膜があって，その下に小さい卵形の殻がある．移入種コウラナメクジ *Li. flavus* (Linne) などが知られる．

オオコウラナメクジ科
Arionidae

楕円形の外套膜が軟体の前端を覆うなど，外観はコウラナメクジ科に似るが，呼吸孔が外套膜の前方右側に開く．日本には固有の2属が知られる．

ヤマコウラナメクジ属 (p.13, 44)
Nipponolimax

軟体部は全体が青黒色．前方背面の外套膜の中に小さな殻がある．背面に稜角がない．ヤマコウラナメクジ *Nil. monticola* Yamaguchi & Habe が本州（近畿以北〜東北）の山岳地帯に分布するが，個体数が少ない．

オオコウラナメクジ属 (p.13, 44)
Nipponarion

軟体部は褐色で淡褐色の斑点がある．体の前方，頭部，触角は青黒色．外套膜が体の前方を覆い，それより後方の背面には稜角が見られる．模式種オオコウラナメクジ *Nia. carinatus* Yamaguchi & Habe は体長30〜40 mmで，本州〜九州に分布するが稀産種である．

収眼目（足襞目）Systellommatophora
[ナメクジ類 Slugs]

アシヒダナメクジ科
Veronicellidae (=Vaginulidae)

体は扁平，その背面は微細な顆粒状の突起のある革状の外套膜でおおわれる．足裏は足溝によって明らかに分離しているため，足襞目とも呼ばれることがある．草食性．南アメリカ，東南アジア，アフリカなどの熱帯地方に広く分布する．

アシヒダナメクジ属 (p.13, 44)
Laevicaulis

体の背面は革状のザラザラした黒い微細な突起におおわれ，きわめて扁平．背面中央に黄褐色の縦線がある．雄の生殖腔は別々に開く．腹面は襞によって3分され，中央部で歩行するので属名になっている．日本ではアシヒダナメクジ *L. alte* (Férussac) が徳之島以南に移入されて繁殖し，主に夜間に活動する．

ホソアシヒダナメクジ科
Rathouisiidae

体の背面に顆粒状の突起が無数にあって，きわめて細長い．活動は鈍く，肉食性．オーストラリア東部，ニューギニア，インドから中国南部に分布しているが，近年は日本（南部）からも確認された．きわめて稀産．

イボイボナメクジ属 (p.13, 44)
Granulilimax

軟体の背面（外套膜）が褐色であるが，黒褐色の縦線に細長い楕円形状に縁取られている．外套膜は微細な顆粒によっておおわれ，和名もこれにちなむ．触角が灰黒色で目立つ．イボイボナメクジ *G. fuscicornis* Minato が唯一知られるが，西日本にはまだ未記載種が少数知られている．個体数が少なく，肉食性の珍奇なナメクジである．

引用・参考文献

阿部近一 (1981). 徳島県陸産ならびに淡水貝類誌．1-88 + Photo pls.10 + pls.19．教育出版センター．徳島．

波部忠重（1958）．楽しい理科教室（46），かたつむりの研究．87pp．恒星社厚生閣．東京．

波部忠重・奥谷喬司・西脇三郎（共編）（1994）．軟体動物学概説（上巻）．273pp．サイエンティスト社．東京．

平瀬信太郎・瀧　庸（1951）．天然色写真版　日本貝類図鑑―日本列島及びその附近産―．pls.134＋46pp．文教閣．（東京）．

飯島　魁（1892）．北海道の蝸牛（一）．動物学雑誌，(41)：136-139．

神田正人（1992）．大分県陸産貝類誌．1-84＋Photo pls.17＋pls.16〔161pp〕．

黒田徳米（1943）．中国地方の新陸産貝類（1），ムシオイガヒの新亜属新種．Venus, **13**(1-4)：7-11．

黒田徳米（1945）．キセルガイモドキ属について．貝類学雑誌(Venus), **14**(1-4)：43-62．

黒田徳米（1960）．沖縄産貝類目録．1-104, pls.3．琉球大学．

黒田徳米・東　正雄（1951）．新属新種タカヒデマイマイ．Venus, **16**(5-8)：75-77．

黒田徳米・江村重雄（1943）．新属アツマイマイ属について．Venus, 13(1-4)：18-34．

黒田徳米・波部忠重（1949）．貝類研究叢書　?,かたつむり．129pp．三明社．大阪．

黒田徳米・波部忠重ほか（1965）．軟体動物．in「新日本動物図鑑〔中巻〕，1-326．北陸館．東京．

湊　宏（1971）．奄美群島産シワクチマイマイ属の再検討．Venus, **30**(1)：35-39．

湊　宏（1977）．沖永良部島産キセルモドキ科の新種とリュウキュウキセルモドキ属の再検討．Venus, **36**(1)：14-18．

湊　宏（1977）．小笠原諸島のオカモノアラガイ科．国立科博専報, (10)：83-87．

湊　宏（1978）．小笠原諸島産カタマイマイ属貝類の種分化．国立科博専報, (11)：37-48, pls.3-5．

湊　宏（1980）．陸産貝類の観察と研究．85pp．ニューサイエンス社．東京．

湊　宏（1982）．日本のクチミゾガイ類．ちりぼたん, **13**(2)：28-32．

湊　宏（1985）．日本産陸棲貝類の生殖器の研究―XXIII. キセルガイ科（9）：ピントノミギセル属の4種．Venus, **44**(4)：278-284．

湊　宏（1986）．有肺亜綱ほか．決定版生物大図鑑　貝類．234-271．世界文化社．東京．

湊　宏（1987）．日本産陸棲貝類の生殖器の研究―XXIV. ニッポンマイマイ亜属とオキナワヤマタカマイマイ亜属の新種．Venus, **46**(1)：35-41．

湊　宏（1988）．日本産陸産貝類総目録．249pp．同刊行会．白浜．

湊　宏（1991）．小笠原諸島兄島のオガサワラキセルガイ類．ちりぼたん, **21**(4)：77-81．

湊　宏（1994）．日本産キセルガイ科貝類の分類と分布に関する研究．貝類学雑誌〔別巻2〕(Venus, Supplement 2), 1-212＋Tables 2-6＋Plates 1-74．日本貝類学会．

阿部近一（1981）．徳島県陸産ならびに淡水貝類誌．1-88＋Photo pls.10＋pls.19．教育出版センター．徳島．

環形動物門
ANNELIDA

ミミズ綱（貧毛綱）Oligochaeta

中村好男　Y. Nakamura

ミミズ綱(貧毛綱) Oligochaeta

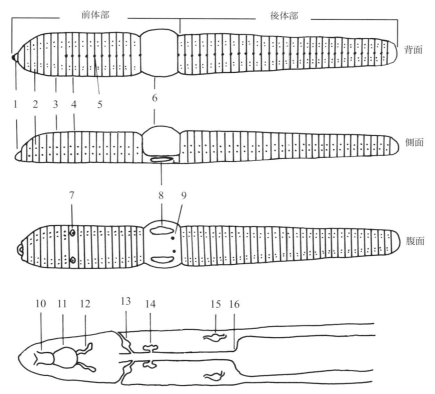

前体部内部 (ヒメミミズ科 Enchytraeidae)

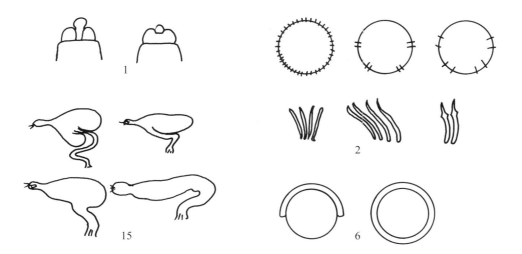

ミミズ綱(貧毛綱)Oligochaeta 形態用語図解
1：口前葉，2：剛毛，3：体節，4：体節間溝，5：背孔，6：環帯，7：雌性孔，8：隆起(思春期隆起)，9：雄性孔，10：脳，11：咽頭，12：唾腺(消化腎管)，13：受精嚢，14：食道盲嚢，15：腎管，16：食道・腸接合部

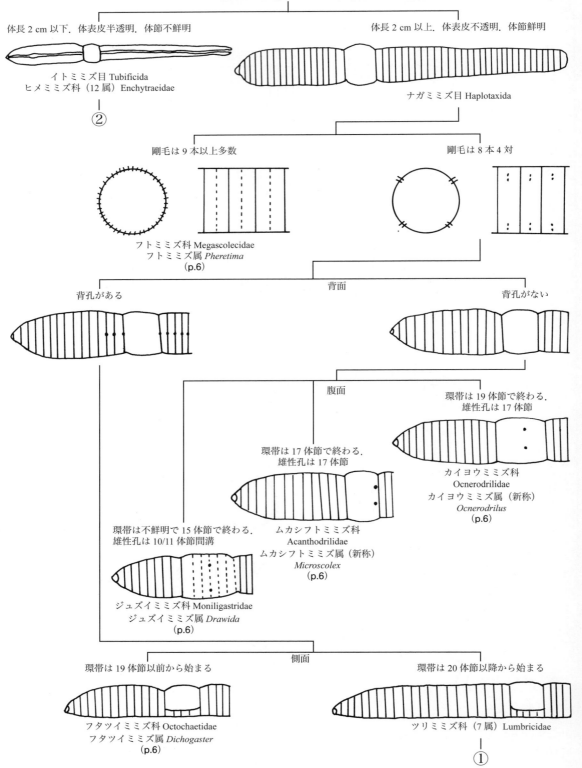

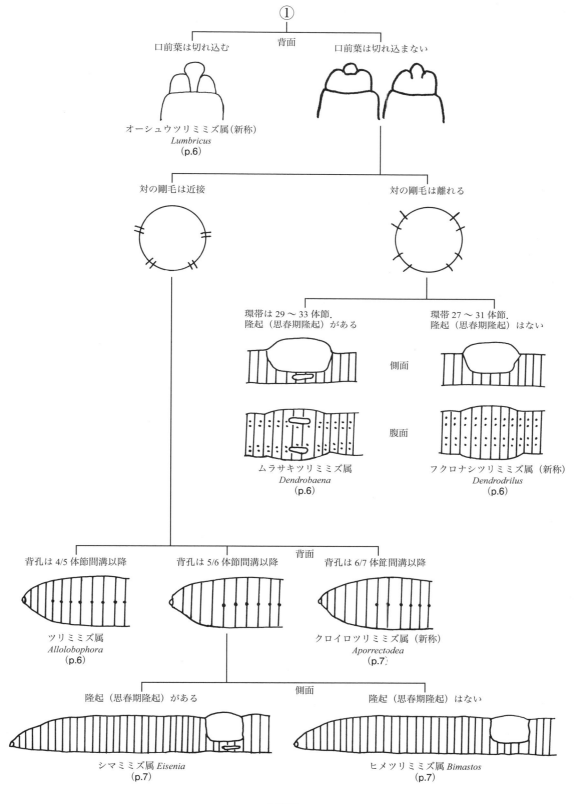

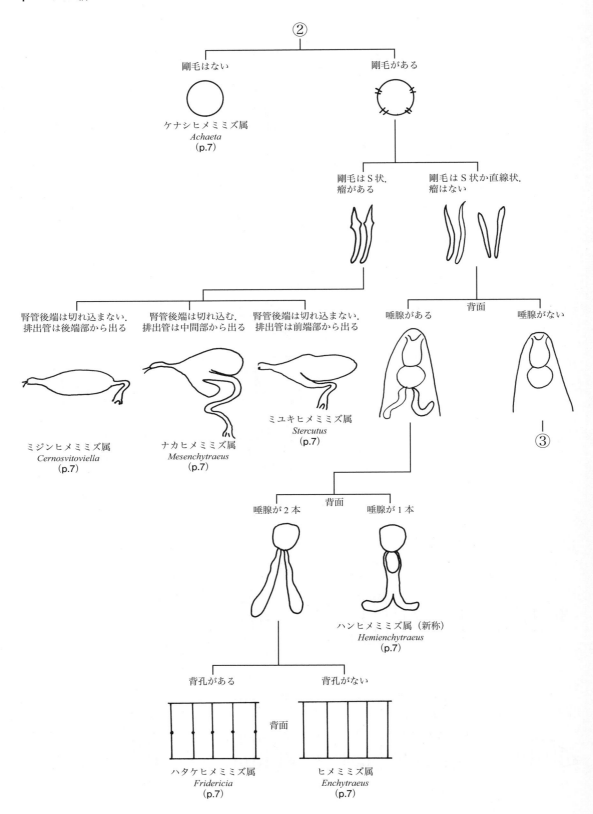

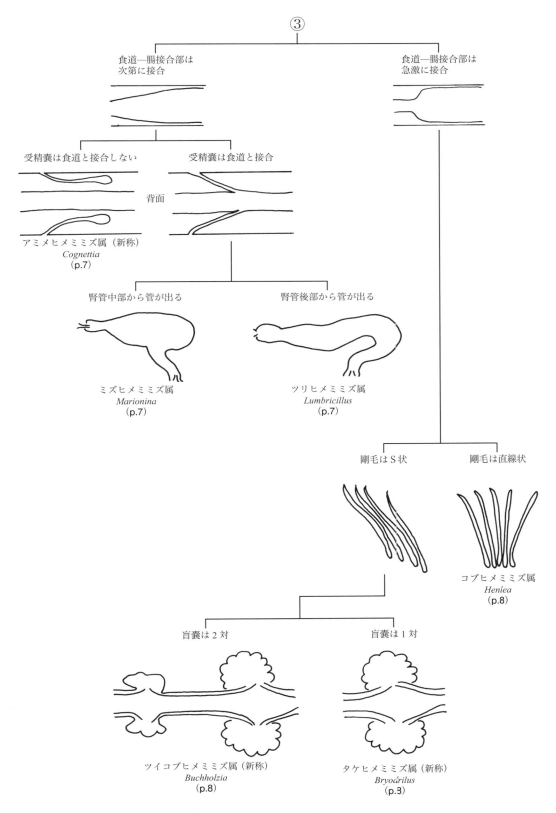

ミミズ綱（貧毛綱）Oligochaeta

体は多数の規則正しい環状の体節からなり，体表に短い剛毛が並列する．成熟個体は前体部に肥厚した部分（環帯）がある．土壌種はナガミミズ目とイトミミズ目に含まれる．前者は体長 2 cm 以上で通称"ミミズ"といわれ，日本にはフトミミズ科など 6 科が分布し，多数の種類が分布する．後者は体長 2 cm 以下で，日本では通称"エンキ"といわれるヒメミミズ科である．しかし日本では種まで同定されたものは少なく未研究である．

ナガミミズ目 Haplotaxida

フトミミズ科 Megascolecidae
フトミミズ属 (p.2)
Pheretima

体長 40～300 mm．剛毛が 1 体節に 9 本以上多数あるので，一見して他の大型のミミズ類と識別できる．環帯は 16 体節で終わり環状である．日本各地の土壌中に生息する．日本には 50 種以上が知られ，少数を除いては種の同定は困難である．

カイヨウミミズ科 Ocnerodrilidae
カイヨウミミズ属（新称）(p.2)
Ocnerodrilus

体長 40～50 mm．剛毛は 1 体節に 4 対 8 本で，背孔がなく，環帯は 19 体節で終わる．日本にはカイヨウミミズ（新称）*O. occidentalis* Eisen のみが知られ，本州や南西諸島に分布する．

ムカシフトミミズ科 Acanthodrilidae
ムカシフトミミズ属（新称）(p.2)
Microscolex

体長 30～50 mm．剛毛は 1 体節に 4 対 8 本で，背孔がなく，環帯は 17 体節で終わり，環状である．日本にはホタルミミズ *M. phosphoreus* (Dugès) のみが知られ，本州，四国，九州に分布する．発光する．

ジュズイミミズ科 Moniligastridae
ジュズイミミズ属 (p.2)
Drawida

体長 32～300 mm．剛毛が 1 体節に 4 対 8 本で，背孔がなく，環帯は 15 体節で終わり環状であるが，不鮮明である．日本各地の土壌中に生息する．日本には 8 種が知られ，ハッタミミズ *D. hattamimizu* Hatai のみが北海道にも分布する．

フタツイミミズ科 Octochaetidae
フタツイミミズ属 (p.2)
Dichogaster

体長 40～60 mm．剛毛が 1 体節に 4 対 8 本で，背孔があり，環帯は 19 体節（14～18 体節）以降にない．日本には 2 種のみが知られ，どちらも南西諸島に分布する．

ツリミミズ科 Lumbricidae
オーシュウツリミミズ属（新称）(p.3)
Lumbricus

体長 80～120 mm．剛毛が 1 体節に 4 対 8 本で，背孔がある．口前葉が切れ込み，一見して他のツリミミズ科と識別できる．環帯は鞍状である．日本にはアカミミズ（新称）*L. rubellus* Hoffmeister のみが知られるが，養殖用に導入され（？），分布は不明である．

ムラサキツリミミズ属 (p.3)
Dendrobaena

体長 15～90 mm．剛毛が 1 体節に 4 対 8 本で，対の剛毛はかなり離れる．背孔がある．環帯は 29～33 体節で鞍状である．体色は背面全体黒褐色である．日本にはムラサキツリミミズ *D. octaedra* Savigny 1 種のみが知られ，各地に分布し，腐植に富む土壌の表層や落葉中に生息する．

フクロナシツリミミズ属（新称）(p.3)
Dendrodrilus

体長 20～70 mm．剛毛が 1 体節に 4 対 8 本で，対の剛毛はかなり離れる．背孔がある．環帯は 27～31 体節で鞍状である．体色は背面全体赤褐色である．日本には 2 種のみが知られ，各地に分布し，落葉中に多く生息する．

ツリミミズ属 (p.3)
Allolobophora

体長 20～110 mm．剛毛が 1 体節に 4 対 8 本で，対の剛毛は近接する．背孔が体節間溝 4/5 から始まる．環帯は鞍状である．日本各地の土壌中に生息する．日本には 2 種のみが知られる．

クロイロツリミミズ属（新称）(p.3)
Aporrectodea

体長 60〜140 mm. 剛毛が1体節に4対8本で，対の剛毛は近接する．背孔が体節間溝 6/7 以降から始まる．環帯は鞍状である．日本各地の土壌中に生息する．日本には2種のみが知られる．

シマミミズ属 (p.3)
Eisenia

体長 15〜130 mm. 剛毛が1体節に4対8本で，対の剛毛は近接する．背孔が体節間溝 5/6 から始まる．環帯は鞍状で，側面に隆起がある．全体が赤〜黄の縞模様で，一見して他のツリミミズ科と識別できる．日本各地のごみ捨場や堆肥の中に生息する．日本にはシマミミズ *E. fetida* (Savigny) のみが知られる．

ヒメツリミミズ属 (p.3)
Bimastos

体長 20〜70 mm. 剛毛が1体節に4対8本で，対の剛毛は近接する．背孔が体節間溝 5/6 から始まる．環帯は鞍状である．日本にはキタフクロナシツリミミズ *B. parvus* Eisen のみが知られ，各地の落葉中に生息する．

イトミミズ目 Tubificida

ヒメミミズ科
Enchytraeidae

ケナシヒメミミズ属 (p.4)
Achaeta

体長 1〜3 mm. 剛毛がないので，一見して他のヒメミミズ科と識別できる．日本にはナミケナシヒメミミズ *A. camerani* (Cognetti) のみが知られ，北海道，本州に生息する．

ナカヒメミミズ属（新称）(p.4)
Mesenchytraeus

やや大型．剛毛はS字状で，中間に瘤状の隆起がある．腎管の後端がやや切れ込む．日本には 2〜3 種以上分布すると思われるが，まだ研究されていない．

ミユキヒメミミズ属 (p.4)
Stercutus

体長 3〜4 mm. 剛毛はS字状で，中間が瘤状にやや隆起する．腎管後端が切れ込まず，その排出管は前腹部から出る．日本にはミユキヒメミミズ *S. niveus* Michaelsen のみが知られ，北海道の畑地土壌中に生息する．

ハンヒメミミズ属（新称）(p.4)
Hemienchytraeus

体長 8〜10 mm. 剛毛は直線状であり，唾腺が1本あり後端が2つに分かれる．日本にはフタオレヒメミミズ *H. bifurcatus* Nielsen & Christensen とミツオレヒメミミズ *H. stephensoni* (Cognetti) が知られ，本州の芝生土壌中に生息する．

ヒメミミズ属 (p.4)
Enchytraeus

体長 7〜35 mm. 剛毛は直線状であり，唾腺が2本ある．背孔がない．日本には3種が知られ，シロヒメミミズ *E. albidus* Henle は堆肥によく見出される．

ハタケヒメミミズ属 (p.4)
Fridericia

体長 6〜25 mm. 剛毛は直線状であり，唾腺が2本ある．背孔がある．日本には3種が知られ，ハタケヒメミミズ *F. perrieri* (Vejdovsky) は畑地土壌中によく見出される．

アミメヒメミミズ属（新称）(p.5)
Cognettia

剛毛は直線状で，唾腺がない．食道と腸の接合部は膨らまず，受精嚢は食道と接合していない．日本では1種が知られ，北海道の森林土壌に生息する．

ミズヒメミミズ属 (p.5)
Marionina

剛毛は直線状で，唾腺がない．食道と腸の接合部は膨らまず，受精嚢は食道と接合している．腎管の排出管は腹部中央付近から出る．日本には 2〜3 種以上分布していると思われるが，未研究．

ミジンヒメミミズ属 (p.4)
Cernosvitoviella

体長 3〜5 mm. 剛毛はS字状で，中間が瘤状にやや隆起する．腎管後端が切れ込まず，その排出管は後端部から出る．日本にはミジンヒメミミズ *C. minor* Torii のみが知られ，山地渓流沿いの河床に生息する．

ツリヒメミミズ属 (p.5)
Lumbricillus

体長 10〜30 mm. 剛毛はS字状または直線状で，唾腺がない．食道と腸の接合部は膨らまず，受精嚢は食道と接合する．腎管の排出管は腹部後端から出る．日本にはイソヒメミミズ *L. nipponica* (Yamaguchi) とツヤヒメミミズ *L. iineatus* (O. F. Müler) が知られ，水分

の多い土壌に生息する．

コブヒメミミズ属 (p.5)
Henlea

体長 10〜15 mm．剛毛は直線状でほぼ長さが等しい．唾腺がない．食道と腸の接合部は膨らむ．日本にはマルコブヒメミミズ *H. ventriculosa* (Udekem) など 2 種が知られ，北海道の森林土壌に生息する．

ツイコブヒメミミズ属（新称）(p.5)
Buchholzia

剛毛は S 字状で，唾腺がない．盲嚢が 2 対，4 体節と 7/8 体節間溝にある．日本では 1 種が知られ，北海道の森林土壌に生息する．

タケヒメミミズ属（新称）(p.5)
Bryodrilus

剛毛は S 字状で，唾腺がない．盲嚢が 1 対，6 体節にある．日本では 1 種が知られ，北海道の森林土壌に生息する．

引用・参考文献

Easton, E. G. (1981). Japanese earthworms : a synopsis of the Megadrile species (Oligochaeta). *Bull. Br. Mus. nat. Hist. (Zool)*, **40**(2) : 33-65.

Gates, G. E. (1972). Burmese earthworms. *Trans. Amer. Philosphical Soc.*, **62**(7) : 1-326.

Hatai, S. (1930). On Drawida hattamimizu, Sp. Nov. *Science Reports Tohoku Imp. Univ., Ser. IV, Biol.*, **5**(3) : 485-508.

Hatai, S. and S. Ohfuchi (1936). Description of one new species of the genus Pheretima. *Science Reports Tohoku Imp. Univ., Ser. IV, Biol.*, **10**(4), : 767-772.

上平幸好（1973）．日本産陸棲貧毛類フトミミズ属（Genus Pheretima），種の検索表．函館大学論究，**7** : 53-69.

中村好男（1972）．ツリミミズ科の卵包，幼体ならびに成体の形態（Lumbricidae : Oligochaeta）．草地試研報，(1), 6-16.

Nakamura, Y. (1983). Enchytraeids in Japan (2). *Edaphologia*, (28) : 1-5.

Nakamura, Y. (1984). Enchytraeids in Japan (3). *Edaphologia*, (31) : 31-34.

Nakamura, Y. (1986). Enchytraeids in Japan (4). *Edaphologia*, (35) : 1-4.

Nakamura, Y. and B. Christensen (1978). Enchytraeids in Japan (I). *Bull. Natl. Grassl. Ros. Inst.*, (12) : 32-37.

Ohfuchi, S. (1957). On a collection of the terrestrial Oligochaeta obtained from the various localities in Ri 枳 i Islands, together with the consideration of their geographical distribution (Part II). *J. Agr. Sci. Tokyo Nogyo Daigaku*, **3**(2) : 243-261.

Yamaguchi, H. (1935). Occurrence of the luminous Oligochaeta, Microscolex phosphoreus (Dug.) in Japan. *Annot. Zool. Japon*, **15**(2) : 200-202.

Yamaguchi, H. (1937). The faura of Akkeshi bay. III. Oligochaeta. *J. Fac. Sci. Hokkaido Imp. Univ., Ser. VI, Zool.*, **5**(3) :?137-143.

山口英二（1962）．北海道産の陸棲みみずについて．生物教材の開拓，(2) : 16-35.

Yamaguchi, H. (1962). On earthworms belonging to the genus Pheretima, collected from the southern part of Hokkaido. 北海道学芸大紀要（第二部），**13**(1) :?1-21.

学名索引

[A]

abdominalis, Hydatothrips 1598
abdominalis, Microcephalothrips 1598
abei, Awalycaeus 1865
abei, Leptophloeus 1680
abei, Nipponopsalis 130, 135, 141
abei, Sminthurus 1411, 1434
abietis, Neanura (*Deutonura*) 1193, 1232
Ablemma 734, 839
Ablemma shimojanai 810
Abrolophus 244, 305
Abrolophus sp. 278
abscondita, Cryptoplophora 348, 517, 600
abukumensis, Monotarsobius 891, 896, 899
acaciae, Parapronematus 267
Acallurothrips nogutii 1599
Acallurothrips spinurus 1599
Acalypta tsurugisana 1659
Acantheis 795, 860
Acanthobelba 378, 623
Acanthobelba tortuosa 437, 534, 624
Acanthodrilidae 1896, 1900
Acanthosomatidae 1653
Acari 149, 153, 189, 203, 288, 317, 339, 347, 391
Acaridae 318, 340
Acaronychidae 350, 591
Acarus 321, 340
Acarus chaetoxysilos 322
Acarus immobilis 322, 329, 340
Acarus siro 330
acauda, Xenylla 1112, 1120
Acephalodorylaimus 26, 64
Acerentomidae 1487, 1489, 1524
Acerentulus 1489, 1503, 1524
Acerentulus keikoae 1503, 1515, 1525
Acerentulus kisonis 1503, 1515, 1524
Acerentulus omoi 1503, 1515, 1524
acervorum, Leptothorax 1823
Achaeta 1898, 1901
Achiptera 409, 480, 669
Achiptera coleoptrata 480, 570, 670
Achiptera curta 480, 570, 669
Achiptera serrata 480, 570, 669
Achipteriidae 367, 409, 669
achipteroides, Anachipteria 480, 570, 669
Achromadora 46, 59
Achromadoridae 46, 59
achromata, Micrisotoma 1262, 1288
aciculatus, Messor 1824
aciculatus, Mucroseius 185
Acridoidea 1559
Acrobeles 54
acromios, Eupelops 478, 568, 667
Acroppia 396, 644
Acroppia clavata 396, 548, 644, 712
Acropsopilio 128, 142
Acropsopilio boopis 128, 136, 142
Acropsopilionidae 128, 142
Acropyga 1791, 1792, 1802
Acropyga nipponensis 1820
Acrotocepheus 393, 470, 658
Acrotocepheus brevisetiger 470, 561, 658
Acrotocepheus curvisetiger 470, 561, 658
Acrotocepheus duplicornutus 470, 561, 658
Acrotocepheus gracilis 470, 561, 658
Acrotrichis grandicollis 1679
Acrotritia 370, 502, 604
Acrotritia aokii 502, 519, 604
Acrotritia ardua 502, 519, 604, 717
Acrotritia simile 502, 519, 604
Acrotritia sinensis 502, 519, 604, 717
Actinca 23, 65
Actinedida s. str. 207, 288
Actinolaimidae 21, 23, 51, 65

Actinolaimoidea 21, 65
Actinolaimus 23, 65
actirostrata, Medioxyoppia 451, 549, 646
Actus 42, 71
Acusta 1864, 1889
Acusta despecta sieboldiana 1876
acuta, Hafenrefferia 445, 543, 636
acuta, Medioxyoppia 451, 549, 646
acuta, Suctobelbella 464, 557, 655
acutidens, Liacarus 443, 542, 635
Acutozetes 401, 688
Acutozetes formosus 401, 584, 688
acutus, Grypoceramerus 384, 546, 641, 712
acutus, Peloribates 492, 583, 686
Adamystidae 212, 300
Adamystis 212, 300
Adamystis sp. 270
Adenodictyna 749
Adephaga 1668, 1700
Aderidae 1714, 1738
adjecta, Phaulopia 487, 577, 677
Adorybiotus 86, 94
Adorybiotus granulatus 89
adpressus, Adrodamaeus 434, 534, 623
Adrodamaeus 376, 434, 623
Adrodamaeus adpressus 434, 534, 623
Adrodamaeus haradai 434, 534, 623
Adrodamaeus striatus 434, 534, 623, 710
adulta, Tyranozaptyx 1870
advena, Ahasverus 1680
Aegista (*Aegista*) *kobensis* 1874
Aegista (*Coelorus*) *cavicollis* 1875
Aegista (*Plectotropis*) *vulgivaga* 1875
Aegista 1862, 1888
Aegistinae 1862, 1888
Aemodogryllinae 1561
Aenictinae 1780, 1792, 1799
Aenictus 1780, 1792, 1800
Aenictus lifuiae 1819
aestuari, Olibrinus 1008, 1038, 1055
Aetholaimidae 32, 67
Aetholaiminae 32, 67
Aetholaimus 32, 67
affine, Hypomma 818
affinis, Salina 1349
Afronothrus 379, 610
Afronothrus javanus 379, 525, 610, 708
Afronygus 33, 67
Afrotydeus 236, 299
Afrotydeus kenyensis 268
Agabiformis 1029, 1062
Agabiformis lentus 1048, 1062
agataensis, Spherillo 1034, 1050, 1064
Agelena 751, 844
Agelenidae 739, 741, 751, 752, 843
aggenitalis, Euphthiracarus 501, 519, 603
agilis, Agrenia cf. 1264, 1296
agilis, Caddo 128, 136, 143
Agistemus 240, 303
Agistemus terminalis 273
Agnara 1020, 1027, 1061
Agnara awaensis 1027, 1047, 1061
Agnara biwakoensis 1027, 1048, 1062
Agnara gotoensis 1028, 1047, 1061
Agnara izuharaensis 1027, 1048, 1061
Agnara luridus 1027, 1047, 1061
Agnara nebulosus 1028, 1048, 1062
Agnara nishikawai 1027, 1047, 1061
Agnara pannuosus 1027, 1047, 1061
Agnara ryukyuensis 1028, 1048, 1062
Agnaridae 999, 1020, 1059
agoriformis, Synagelides 835
Agrenia 1264, 1294
Agrenia cf. *agilis* 1264, 1296
Agrenia pilosa 1264, 1294

agricola, Edaphoribates 402, 581, 684
Agroeca 804, 864
Agroeca montana 833
Agyneta 779, 780, 846
Agyrtidae 1670, 1684, 1703, 1731
Ahasverus advena 1680
Ainerigone 767, 770, 847
Ainerigone saitoi 819
aino, Entomobrya 1365, 1378
Ainohelix 1863, 1889
Ainohelix editha 1875
ainu, Ceratophysella 1117, 1132
ainu, Damaeus 436, 535, 624
Akabosia 1349
Akabosia matsudoensis 1349
akamai, Kainonychus 132, 139
Akansilvanus 375, 620
Akansilvanus parvus 375, 620
akitaensis, Pergalumna 500, 588, 692
akiyamae, Campodea 1533, 1535, 1537
akiyamae, Idzubius 123, 132, 139
akiyamae, Occasjapyx 1534, 1536, 1538
akiyoshiana, Coecobrya 1364, 1376
akiyoshiensis, Sabacon 131, 136, 142
Akrostomma 226, 295
Akrostomma grandjeani 263
Alaimidae 46, 56, 59
Alaimina 59
Alaimus 56
alata, Morulina 1188, 1224, 1475, 1480
alatus, Neolioides 433, 532, 621
alatus, Tectocepheus 476, 566, 663
alba, Papuaphiloscia 1014, 1042, 1057
alba, Proisotoma 1263, 1290
albaria, Evarcha 835
albella, Desoria 1270, 1308
albimaculata, Kishidaia 831
albivannata, Platypleura 1616, 1624
albofasciata, Nurscia 812
albolabris, Yakuchloritis 1873
albolimbata, Neriene 826
albolineata, Hydrometra 1658
albus, Armadilloniscus 1010, 1040, 1056
albus, Spherillo 1030, 1050, 1064
Aletopauropus 928, 938
Aletopauropus tanakai 928, 932, 938
alexanderi, Paratydeus 264
Alicorhagia 253, 310
Alicorhagiidae 251, 253, 310
alius, Liochthonius 418, 514, 596
Allagelena 751, 844
Allagelena opulenta 814
Allecula fuliginosa 1726
Alleculinae 1673, 1695
Alliphis 192
Alliphis geotrupes 179
Allochernes japonicus 106, 116, 118
Allochthonius borealis 107, 112, 117, 118
Allochthonius kinkaiensis 108
Allochthonius montanus 107
Allochthonius opticus 107, 112, 117
Allochthonius shintoisticus 107
Allochthonius tamurai 108
Alloclubionoides 753, 843
Allodorylaimus 30, 63
Allogalumna 410, 689
Allogalumna rotundiceps 410, 585, 689
Alloionematidae 48, 73
Allolobophora 1897, 1900
Allomengea 779, 780, 847
Allomengoa dentisetis 824
Allomycobates 400, 675
Allomycobates lichenis 400, 575, 675
allomyrinatus, Hypoaspis (*Hypoaspis*) 186
Alloniscidae 1001, 1011, 1056
Alloniscus 1011, 1056

Alloniscus balssi 1011, 1040, 1056
Alloniscus boninensis 1011, 1040, 1056
Alloniscus maculatus 1011, 1040, 1056
Alloniscus ryukyuensis 1011, 1040, 1056
Alloniscus sp. 1011, 1040, 1056
Allonothrus 380, 423, 610
Allonothrus russeolus 423, 525, 610
Allonothrus sinicus 423, 525, 610, 708
Allonychiurus 1148, 1162
Allonychiurus flavescens 1148, 1162
Allopauropus 923, 924, 934
Allopauropus danicus 924, 930, 934
Allopauropus loligoformis 924, 934
Allopauropus sphaeruliger 924, 934
Allopeas 1838, 1886
Allopeas clavulinum kyotoensis 1873
Alloscopus 1371, 1394
Allosuctobelba 394, 456, 651
Allosuctobelba bicuspidata 456, 553, 652
Allosuctobelba grandis 456, 553, 651
Allosuctobelba satsumaensis 456, 553, 651
Allosuctobelba tricuspidata 456, 553, 651
Allothrips 1594, 1602
Allothrips brasilianus 1603
Allothrips japonicus 1599
Allothrombium 249, 307
Allothrombium sp. 280
Allozetes 407, 671
Allozetes levis 407, 572, 672
alluaudi, Plagiolepis 1821
alokosternum, Strigamia 894
Alopecosa 758, 846
Alopecosa pulverulenta 816
alpestris, Hokkachipteria 409, 570, 670
alpina, Suctobelba 466, 559, 656
Alpinanoplophilus 1561
alpinus, Trichoribates 483, 574, 674
alte, Laevicaulis 1876
alticeps, Bolyphantes 822
alticolus, Arrhopalites 1406, 1422
Alycaeidae 1835, 1841, 1879
Alycidae 251, 253, 309
Alycosmesis 253, 310
Alycosmesis retiformis 286
Alycus 253, 309
Alycus ornithorhynchus 287
Alydidae 1656
amabilis, Fissicepheus 468, 560, 657
amabilis, Mycetina 1723
amakusaensis, Armadilloniscus 1010, 1040, 1056
amamiana, Neanura (Metanura) 1190, 1228
amamiensis, Pergalumna 500, 589, 692
amamiensis, Trichotocepheus 470, 562, 659
amamiensis, Trichotocepheus 715
Amaurobiidae 734, 748, 749, 840
amblygonum, Punctum 1873
Amblyoponinae 1779, 1792, 1800
americana, Periplaneta 1558, 1570
americanum, Neonothrothrombium 280
Ameridae 358, 384, 640
Ameroseiidae 160, 195
Ameroseius 195
Ameroseius variolarius 184
amethystinoides, Homidia 1368, 1386
Ametroproctidae 665
Ametroproctus 356, 665
Ametroproctus reticulatus 356, 567, 665, 715
amnicus, Limnozetes 479, 569, 668
Ampelodesmus 957, 975
Ampelodesmus granulosus 965
Amphiareus obsuriceps 1659
amphibius, Nanorchestes 287
Amphibolus 85, 96
Amphibolus weglarskae 91
Amphipauropodidae 921, 937

Amphipauropus 921, 937
Amphipauropus sp. 932
Amphipoda 1069, 1070, 1076-1087
Anachipteria 409, 480, 669
Anachipteria achipteroides 480, 570, 669
Anachipteria grandis 480, 570, 669
Anaclubiona 804, 864
Anaclubiona zilla 832
anagamidensis, Parobisium 110, 114, 117
Anahita 795, 860
Anahita fauna 829
anahuacensis, Pronecupulatus 267
Anamorphinae 1677
ananthakrishnani, Terthrothrips 1597, 1600, 1606
Anapidae 735, 736, 738, 741, 859
Anapistula 734, 859
Anaplecta japonica 1557, 1571
Anaplectella ruficollis 1557, 1571
Anaplectinae 50, 74
Anaplectus 50, 55, 74
Anaspis funagata 1727
anatolicus, Sanitubius 831
Anatonchidae 41, 43, 71
Anatonchinae 43, 44, 71
Anatonchoidea 41, 71
Anatonchus 44, 72
Anaulaciulus 953, 971
Anaulaciulus okinawaensis 982
Anaulaciulus pinetorum 943
Anaulaciulus takakuwai takakuwai 964
anauniensis, Nothrus 428, 528, 614
ancorhina, Suctobelbella 465, 558, 655
Ancylopus pictus 1723
Ancyrona haroldi 1721
Anderemaeidae 361
Andrognathidae 948, 956, 973
Anechura (Odontopsalis) harmandi 1568, 1577
Angelothrombium 249, 308
Angelothrombium pandorae 283
angelus, Pterochthonius 516, 599
angelus, terochthonius 349
Anguinidae 37, 68
angulata, Cultroribula 439, 539, 630
angulata, Nanhermannia 431, 531, 617
angulata, Suctobelbella 466, 656
angulatus, Cosmopirnodus 403
angulatus, Cosmopirnodus 580, 681
angulatus, Trimalaconothrus 426, 527, 613
angulifera, Neolinyphia 825
angulituberis, Ummeliata 819
angustata, Platicrista 91
angusticollis, Stephostethus 1681
angustipennis spadica, Panesthia 1557, 1570
anira, Temnothorax 1826
Anisodactylus signatus 1679
Anisolabididae 1566, 1576
Anisolabis maritima 1567, 1577
Anisolabis ryukyuensis 1567, 1577
Anisopodidae 1751, 1764, 1770
annulipes, Euborellia 1567, 1577
Anobiidae 1707, 1729, 1734
Anochetus 1781, 1796, 1811
Anochetus shohki 1826
Anoecia 1638, 1644
Anoecia corni 1642
Anoeciidae 1638, 1644
Anonchinae 49, 74
Anonchus 49, 74
anophthalma, Willemia 1111, 1120
Anoplolepis 1790, 1792, 1802
Anoplolepis gracilipes 1820
Anoplophilus 1561
Anopsobiinae 875, 902
antennalis, Pentagonothrips 1596, 1599, 1605
Antennoseius 194

Antennoseius imbricatus 183
Anthicidae 1673, 1694, 1714, 1738
Anthocoridae 1651, 1662
Anthomyiidae 1759, 1767, 1772
Anthribidae 1708, 1740
Anthribinae 1678, 1695
antrobius, Arrhopalites 1406, 1422
Antrodiaetidae 732, 837
Antrodiaetus 732, 837
Antrodiaetus roretzi 809
Antrokoreana 954, 971
Antrokoreana takakuwai takakuwai 964
Anurida (Anurida) 1183
Anurida (Anurida) papillosoides 1183, 1216
Anurida (Anurida) trioculata 1183, 1216
Anurida (Aphoromma) vicaria 1184
Anurida (Aphoromma) assimilis 1185
Anurida (Aphoromma) assimilis assimilis 1185, 1220
Anurida (Aphoromma) assimilis persimilis 1185, 1220
Anurida (Aphoromma) desnuda 1185, 1220
Anurida (Aphoromma) diabolica 1185, 1222
Anurida (Aphoromma) iriei 1185, 1220
Anurida (Aphoromma) nuda 1184, 1218
Anurida (Aphoromma) okamotoi 1185, 1222
Anurida (Aphoromma) setosa 1184, 1218
Anurida (Aphoromma) speobia 1184, 1218
Anurida (Aphoromma) vicaria 1218
Anurida 1183, 1216
Anurophorinae 1258, 1272
Anurophorus 1258, 1272
Anurophorus cf. *laricis* 1258, 1272, 1474
Anurophorus rarus 1258, 1272
Anyphaena 744, 864
Anyphaena pugil 833
Anyphaenidae 744, 864
Anystidae 212, 300
Anystis 212, 300
Anystis baccarum 270
aokii, Acrotritia 502, 519, 604
aokii, Burmoniscus 1015, 1043, 1058
aokii, Eremaeozetes 479, 569, 667
aokii, Erythraeus 276
aokii, Gracilentulus 1504, 1515, 1525
aokii, Pergalumna 500
aokii, Pergalumna 588, 692
aokii, Podocinum 185
aokii, Sellnickochthonius 416, 513, 595
aokii, Symbioribates 365, 403
aokii, Symbioribates 578, 679
aokii, Tomocerus (Tomocerina) 1315, 1322
aokii, Zetorchestes 387, 538, 629, 711
aominensis, Gustavia 440, 540, 633, 711
Apelaunothrips 1595, 1603
Apelaunothrips japonicus 1603
Apelaunothrips medioflavus 1603
Apelaunothrips montanus 1600, 1603
Aphaenogaster 1788, 1794, 1805
Aphaenogaster irrigua 1822
Aphaenomurus 1317, 1328
Aphaenomurus interpositus 1317
Aphaenomurus interpositus denticulatus 1317, 1328
Aphaenomurus interpositus interpositus 1317, 1328
Aphanocephalus 1692
Aphanocephalus hemisphericus 1681, 1723
Aphanoconia 1840, 1877
Aphanoconia osumiense 1865
Aphanolaimidae 49, 55, 74
Aphanolaiminae 49, 74
Aphanolaimus 49, 74
Aphanolaimus seshadrii 55

Aphantaulax 800, 863
Aphelenchidae 34, 70
Aphelenchina 34, 70
Aphelenchoidea 34, 70
Aphelenchoididae 34, 53, 70
Aphelenchoidoidea 34, 70
Aphididae 1638, 1641, 1645
aphidinus, *Parhypochthonius* 351, 510, 592
Aphidoidea 1611, 1637, 1638, 1642-1644
Aphidounguis 1640, 1644
Aphidounguis mali 1642
Aphis 1641, 1645
Aphis craccivora 1643
Aphoromma 1218
aphoruroides, *Yuukianura* 1197, 1240
apicalis apicalis, *Atachycines* 1562, 1575
Apochela 82, 93
Apolohmannia 380, 602
Apolohmannia gigantea 380, 518, 602, 707
Apolorryia 236, 299
Apolorryia congoensis 268
Aponedyopus 959, 977
Aponedyopus maculatus 983
Apoplophora 370, 601
Apoplophora pantotrema 370, 517, 601
Apopronematus 232, 298
Apopronematus bareri 267
Aporcelaimidae 25, 64
Aporcelaiminae 25, 64
Aporrectodea 1897, 1901
Apostigmaeus 240, 302
Apostigmaeus navicella 272
Apotriophtydeus 229, 296
Apotriophtydeus erebus 264
Appendisotoma 1262, 1290
Appendisotoma mitra 1262, 1290
approximatus, *Cryptocephalus* 1728
Aprifrontalia 765, 847
Aprifrontalia mascula 820
Aprifrontaria 768
apterus, *Terthrothrips* 1597, 1606
Apterygothrips 1595, 1603
Apterygothrips semiflavus 1603
Apterygothrips sp. 1600
aquatica, *Argyroneta* 813
aquatica, *Podura* 1105
aquaticus, *Mainothrus* 509, 526, 611
aquaticus, *Sminthurides* 1405, 1420
Aquatides 33, 67
Arachnida 99, 105, 121, 317, 347, 721, 725, 731
Aradidae 1655, 1662
Aradus orientalis 1660
Araeolaimida 48
Araeoncus 777, 778, 847
aramosus, *Donzelotauropus* 927, 936
Araneae 731, 732, 809-836
Araneidae 740, 860
araneola, *Ctenacarus* 351, 510, 591
Araneomorphae 732, 838
araujoae, *Schwiebea* 327, 336, 342
arborea, *Desoria* 1270, 1306
arborea, *Mullederia* 272
arborea, *Trichogalumna* 498, 587, 691
arborea, *Uleiota* 1722
arborealis, *Spatulosminthurus* 1411, 1436
Arborichthoniidae 350, 593
Arborichthonius 350, 593
Arborichthonius styosetosus 350, 511, 593
arbosignis, *Histiogaster* 324, 338, 343
Archaeoglenes orientalis 1682
Archaeognatha 1542, 1549
Archiphthiracarus 亜属 369, 508
Archisotoma 1260, 1284
Archisotoma utinomii 1260, 1284
Architaenioglossa 1877, 1834
Archoplophora 370, 601
Archoplophora rostralis 370, 517, 601
Archos-temata 1700

Arcoppia 398, 451, 645
Arcoppia curtispinosa 451, 549, 646
Arcoppia interrupta 451, 549, 646
Arcoppia viperea 451, 549, 646, 713
arcticus, *Pseudanurophorus* cf. 1258, 1272
Arctidorylaiminae 28, 63
Arctidorylaimus 28, 63
Arctorhagidia 222, 292
Arctorhagidia sp. 259
Arctosa 758, 759, 845
Arctosa depectinata 816
Arctoseius 195
Arctoseius sp. 184
arcuata, *Coecobrya* 1364, 1376
Arcuphantes 785, 789, 847
Arcuphantes tamaensis 822
ardua, *Acrotritia* 502, 519, 604, 717
arenaria, *Graptoppia* 454, 552, 649
arenosa, *Xenylla* 1112, 1122
areolata, *Phyllhermannia* 383, 531, 618
argus, *Epuraea* 1722
Argyroneta 741, 842
Argyroneta aquatica 813
Argyronetidae 741, 842
Ariadna 745, 838
Ariadna lateralis 809
arimaense, *Gonatium* 817
Arinia 1842, 1878
Arinia japonica 1866
Arionidae 1845, 1890
aristosa, *Hermanniella* 432, 532, 620
Armadillidae 998, 1030, 1063
Armadillidiidae 998, 1030, 1062
Armadillidium 1030, 1062
Armadillidium nasatum 1030, 1048, 1062
Armadillidium vulgare 1030, 1048, 1062
Armadilloniscus 1009, 1010, 1056
Armadilloniscus albus 1010, 1040, 1056
Armadilloniscus amakusaensis 1010, 1040, 1056
Armadilloniscus brevinaseus 1010, 1040, 1056
Armadilloniscus hoshikawai 1010, 1040, 1056
Armadilloniscus japonicus 1010, 1039, 1056
Armadilloniscus notojimensis 1010, 1040, 1056
armaghensis, *Metalorryia* 268
Armascirus 220, 291
Armascirus multiculus 258
armatus, *Eupterotegaeus* 389, 537, 627
armatus, *Eutrichodesmus* 950, 983
armatus, *Tectodamaeus* 435, 535, 624
armatus, *Xenyllodes* 1176, 1202
armigera, *Preeriella* 1605
armigerella, *Gastrocopta* (*Sinalbinula*) 1868
Arrhopalites 1403, 1420
Arrhopalites alticolus 1406, 1422
Arrhopalites antrobius 1406, 1422
Arrhopalites habei 1406, 1422
Arrhopalites japonicus 1406, 1424
Arrhopalites minutus 1406, 1422
Arrhopalites octacanthus 1422
Arrhopalites uenoi 1424
Arrhopalitidae 1403, 1406, 1420
Arrup 885, 904
Arrup holstii 895
Arthrolips sp. 1723
Arthropleona 1101, 1102, 1105
Arthrotardigrada 82, 92
articristata, *Lauroppia* 452, 550, 647
artiodactylus, *Atopochthonius* 349, 516, 599
arvus, *Mongoloniscus* 1026, 1047, 1061
asahi, *Eosentomon* 1496, 1510, 1521
asahinai, *Tomocerus* (*Tomocerus*) 1316, 1324

asakawaense, *Eosentomon* 1499, 1511, 1522
asakawaensis, *Pseudomicrargus* 820
Asca 195
Asca nubes 183
Ascidae 161, 194
ashiuensis, *Lucasioides* 1023, 1045, 1060
ashizuriensis, *Malaconothrus* 424, 612
Asianellus 806, 865
Asianellus festivus 834
asiatica, *Oribotritia* 504, 521, 606
asiatica, *Oripoda* 489, 580, 682, 716
asiaticum, *Eutrombidium* 281
asiaticus, *Hypselistes* 817
asiaticus, *Nothrus* 428, 528, 614
asiaticus, *Plasmobates* 352, 532, 620, 710
asiaticus, *Zelotes* 831
Asilidae 1752, 1764, 1770
Asiomorpha 960, 976
Asiomorpha coarctata 966
Asiphonella 1640, 1645
Asiphonella dactylonii 1643
asper asper, *Dolichoglyphius* 981
asper, *Liochthonius* 419, 514, 597
aspersus, *Odiellus* 143
Asperthorax 773, 774, 847
Asperthorax communis 818
asperulus, *Trichiorhyssemus* 1719
Aspidiphoridae 1675, 1686
Aspidiphorinae 1675
Aspidiphorus 1687
Aspidiphorus japonicus 1723
Aspidiphorus sakaii 1680
Assamiidae 124, 139
assimilis assimilis, *Anurida* (*Aphoromma*) 1185, 1220
assimilis persimilis, *Anurida* (*Aphoromma*) 1185, 1220
assimilis, *Anurida* (*Aphoromma*) 1185
Astegistes 388, 630
Astegistes pilosus 388, 538, 630
Astegistidae 360, 388, 630
astenus, *Otostigmus* 878, 904
Asthenargus 777, 778, 847
Asthenargus matsudae 820
Astigmata 317, 318, 328-339
Astrothrips 1593, 1601
Astrothrips aucubae 1598
Atachycines 1562
Atachycines apicalis apicalis 1562, 1575
Atasthalomorpha dentifrons 1726
Atelurinae 1545
ater, *Cyllodes* 1722
ater, *Mycetophagus* 1727
aterrima, *Hypogastrura* 1118, 1136
ateruii, *Ceratophysella* 1116, 1130
ateruii, *Eosentomon* 1494, 1509, 1520
Athemus suturellus 1721
Atheta sp. 1718
Atomarinae 1689
Atomarops lewisi 1681
Atopochthoniidae 349, 599
Atopochthonius 349, 599
Atopochthonius artiodactylus 349, 516, 599
atrata, *Cryptotympana* 1622, 1625
Atropacarus 368, 505, 607
Atropacarus clavatus 505, 522, 607
Atropacarus cucullatus 505, 522, 607
Atropacarus hamatus 505, 522, 607
Atropacarus striculus 505, 522, 607, 717
Atropacarus 亜属 368
Attalus japonicus 1721
Attelabidae 1708, 1740
attenuata, *Tetraponera* 1829
Atyeonella 226, 295
Atyeonella simplex 263
Atypidae 733, 837
Atypus 733, 837
Atypus karschi 809
Auchenorrhyncha 1611, 1612, 1624

aucubae, Astrothrips 1598
Aulacaspis trifolium 1633
Aulacophaedusa 1849, 1883
Aulolaimoididae 31, 66
aureus, Sminthurinus 1407, 1426
Austrachipteria 405, 669
Austrachipteria pulla 405, 569, 669
Austrachipteriidae 366, 405, 668
australasiae, Liocheles 100, 101, 102
australis, Gymnodampia 448, 546, 641
australis, Morulina 1188, 1224
australis, Phthiracarus 508, 524, 609
Australomimetus japonicus 816
Australotydeus 234, 298
Australotydeus kirsteneae 266
Austrocarabodes 386, 473, 661
Austrocarabodes bituberculatus 474, 564, 661
Austrocarabodes boninensis 473, 564, 661
Austrocarabodes curvisetiger 473, 564, 661
Austrocarabodes haradai 473, 564
Austrocarabodes lepidus 474, 564, 661
Austrocarabodes obscurus 473, 564, 661
Austrocarabodes szentivanyi 474, 564, 661
Austroceratoppia 391, 631
Austroceratoppia japonica 539, 631
Austrophthiracarus 368, 505, 607
Austrophthiracarus comosus 505, 522, 607
Austrophthiracarus mitratus 505, 522, 607
Austroteneriffia 238, 301
Austroteneriffia littorina 271
Austrotritia 371, 503, 604
Austrotritia dentata 503, 520, 605, 717
Austrotritia saraburiensis 503, 520, 605
Austrotritia unicarinata 503, 520, 605
Autogneta 393, 448, 642
Autogneta hamata 448, 546, 642
Autogneta japonica 448, 642
Autognetidae 361, 393, 642
avernus, Pseudospirobolellus 964
awaensis, Agnara 1027, 1047, 1061
Awalycaeus 1841, 1879
Awalycaeus abei 1865
Axelsonia 1264, 1302
Axelsonia nitida 1264, 1302
Axenyllodes 1176, 1202
Axenyllodes japonicus 1176, 1202
Axonchium 22, 61
Axymyiidae 1750, 1763, 1769
azumaensis, Scheloribates 488, 579, 680
azumaensis, Trimalaconothrus 426, 527, 613
azumai, Dimidiogalumna 410, 586, 690
azumai, Lordomyrma 1823

[B]
babai, Hippasa 815
babai, Pseudanisentomon 1503, 1514, 1523
babai, Pteronychella 1266, 1296, 1474
baccarum, Anystis 270
bacillatus, Liacarus (Rhaphidosus) 392, 542, 635
bacilliseta, Multioppia 450, 548, 644
bacilliseta, Nothrus 428, 615
bacillum, Epidamaeus 437, 625
Baculentulus 1505, 1525
Baculentulus densus 1505, 1516, 1525
Baculentulus loxoglenus 1505, 1516, 1526
Baculentulus morikawai 1505, 1517, 1526
Baculentulus nipponicus 1517, 1526
Baculentulus nitidus 1505, 1516, 1525
Baculentulus sakayorii 1505, 1517, 1526
Baculentulus tosanus 1505, 1517, 1526
Badumna 750, 840
Badumna insignis 812
bahamensis, Mochloribatula 401, 575,

676
Balaustium 243, 304
Balaustium sp. 276
baliensis, Eremulus 446, 544, 638
Ballistura 1261, 1284
Ballistura japonica 1261, 1286
Ballistura stricta 1261, 1284
Ballistura takeshitai 1261, 1286
Ballistura yasakaensis 1261, 1286
Ballistura yosii 1261, 1286
Ballophilidae 882, 906
baloghi, Dolicheremaeus 467, 560, 657
balssi, Alloniscus 1011, 1040, 1056
balteatus, Isotomurus cf. 1267, 1300
Bandona 124, 139
Bandona boninensis 124, 133, 139
Banksinoma 390, 449, 642
Banksinoma japonica 449, 642
Banksinoma tamayura 449, 642
Banksinoma watanabei 449, 547, 642
Banksinomidae 362, 390
barbatus, Peloribates 494, 583, 687
barbatus, Trimalaconothrus 426, 527, 613
Barbutia 213, 303
Barbutia sp. 273
Barbutiidae 213, 303
bareri, Apopronematus 267
Barphyma kulczynskii 821
Barphymula kamakuraensis 821
Baryphyma 769, 847
Baryphymula 767, 769, 847
Basilepta sp. 1728
Basilobelba 352, 640
Basilobelba parmata 447, 545, 640, 712
Basilobelba retiarius 447, 545, 640
Basilobelbidae 352, 640
Basitrodes kasaharai 1679
Basommatophora 1836, 1880
Bassaniana 801, 863
Bassaniana decorata 832
Bastianiidae 40, 60
Bathocepheus 386, 660
Bathocepheus concavus 386, 563, 660
Bathylinyphia 787, 789, 847
Bathylinyphia major 824
Bathyodontidae 45, 72
Bathyodontina 41, 72
Bathyodontus 45, 72
Bathyphantes 787, 789, 847
Bathyphantes gracilis 824
Bathyphantes robustus 824
Bathyphantes yodoensis 824
baumanni, Ramazzottius 90
Bdella 216, 289
Bdella muscorum 255
Bdellidae 210, 216, 289
bdelliformis, Parabonzia 256
Bdellodes 216, 289
Bdellodes japonicus 255
beckeri, Pogonognathellus 1314, 1320
bedfordiensis, Tydeus 267
beijingensis, Odontocepheus 386, 565, 662
Belba 378, 624
Belba japonica 435, 535, 624, 710
Belba sasakawai 435, 534, 624
Belba unicornis 435, 534, 624
bellus, Carabodes 472, 562, 659
Belondira 22, 61
Belondiridae 21, 22, 61
Belondirinae 22, 61
Belondiroidea 21, 61
Belonolaimidae 37, 68
Belonolaiminae 37, 68
Belostomatidae 1650
belozerovi, Plutomurus 1317, 1328
beneserratus, Occasjapyx 1534, 1536, 1537
Benigoma 1842, 1878
Bensonella 1857, 1881
Bensonella plicidens 1868

beppin, Hypoponera 1827
berlesei, Oribotritia 504, 520, 605
berlesei, Sancassania 326, 334, 341
berlesei, Trichoribates 483, 574, 674
Berlesezetes 387, 628
Berlesezetes ornatissimus 387, 538, 628
berndhauseri, Multipulchroppia 449, 548, 644
Berytidae 1654
betae, Smynthurodes 1642
Bibionidae 1749, 1762, 1769
bicarinatum, Tetramorium 1826
bicillata, Ramusella 453, 551, 648
bicincta, Salina 1349
bicinctus, Deuterosminthurus 1408, 1428
bicolor, Indoennea 1868
bicultrata, Cultroribula 439, 539, 630
bicurvatus, Diplocephalus 819
bicuspidata, Allosuctobelba 456, 553, 652
bidentata, Folsomia 1259, 1276
biexcisus, Cipangocharax 1865
bifoliata, Holostaspella 180
bifurcata, Nanhermannia 431, 530, 617
bifurcatus, Tanaupodus 281
bihamatus, Lyristes 1621, 1625
bilabrata, Tyrannophaedusa (Decolliphaedusa) 1870
billitonensis, Pseudanurida 1208
bimaculata, Graptopsaltria 1619, 1624
bimaculatus, Kilungius 126, 134, 140
Bimastos 1897, 1901
Bimichaelia 253, 309
Bimichaelia sp. 287
binoculatus, Pseudanurophorus 1258, 1272
Bipaliinae 5, 7
Bipalium 3, 4
Bipalium fuscatum 4, 6, 7
Bipalium kewense 3, 7
Bipalium nobile 3, 4, 6, 7
Bipalium sp. 3
Bipassalozetes 359, 666
Bipassalozetes perforatus 359, 568, 666
Biphyllidae 1674, 1689, 1711, 1735
Biphyllus 1689
Biphyllus loochooanus 1681
Biphyllus rufopictus 1724
bipunctis, Tmeticus 821
Birobates 403, 681
Birobates nasutus 403, 579, 681
biroi, Cerapachys 1819
Birsteinius 392, 444, 635
Birsteinius neonominatus 444, 542, 635, 711
Birsteinius variolosus 444, 635
Biscirus 217, 290
Biscirus silvaticus 256
Bisetocreagris japonica 111, 114, 118
Bisetocreagris macropalpus 111, 115, 118
Bisetocreagris pygmaea 111, 115, 118
bituberculatus, Austrocarabodes 474, 564, 661
biurus, Camisia 429, 529, 615
biverrucata, Camisia 429, 529, 615
biwae, Sminthurides 1405, 1420
biwakoensis, Agnara 1027, 1048, 1062
blakeana, Karaftohelix 1875
blaptoides, Damaster 1717
Blattella nipponica 1558, 1571
Blattellidae 1557, 1558, 1571
Blattidae 1557, 1570
Blattisociidae 161, 196
Blattisocius 196
Blattisocius dentriticus 186
Blattodea 1555, 1556, 1557, 1570
boeningi, Tornatellides 1867
bokusi, Hypogastrura 1119, 1138
Boletoglyphus 323, 342
Boletoglyphus extremiorientalis 323, 336, 342

Boliscus 801, 864
Boliscus tuberculatus 832
Bolyphantes 786, 790, 847
Bolyphantes alticeps 822
Boninena 1859, 1882
Boninena callistoderma 1868
boninensis, *Alloniscus* 1011, 1040, 1056
boninensis, *Austrocarabodes* 473, 564, 661
boninensis, *Bandona* 124, 133, 139
boninensis, *Burmoniscus* 1016, 1042, 1058
boninensis, *Ligia* 1003, 1035, 1052
boninensis, *Meimuna* 1619, 1626
boninensis, *Spherillo* 1032, 1050, 1063
boninensis, *Subiasella* 454, 552, 649
Boninosuccinea 1858, 1882
Boninosuccinea punctulispira 1868
boninshimensis, *Lucasioides* 1021, 1045, 1059
Bonzia 218, 290
Bonzia halacaroides 257
boopis, *Acropsopilio* 128, 136, 142
borealis, *Allochthonius* 107, 112, 117
borealis, *Pogonognathellus* 1314, 1320
borhidii, *Microtegeus* 439, 538, 628
Boridae 1714, 1738
Boros schneideri 1725
borussicus, *Nothrus* 428, 528, 615
Bostrychidae 1707, 1721, 1734
Bothrideridae 1676, 1693
Bothropolys 875, 898
Bothropolys rugosus 893
Bourletiella 1408, 1428
Bourletiella hortensis 1408, 1428
Bourletiellidae 1403, 1408, 1428
Bousfieldia 1071, 1074, 1088
Bousfieldia omoto 1074, 1083, 1088
bouvieri, *Terpnacarus* 286
braccatus, *Phaeocedus* 831
Brachinidae 1700, 1731
Brachycera 1745, 1746, 1770
Brachychaeteumatidae 949, 974
brachychaetum, *Eosentomon* 1498, 1511, 1522
Brachychthoniidae 350, 373, 593
Brachychthonius 373, 594
Brachychthonius pius 373, 511, 594
Brachycybe 956, 973
Brachycybe nodulosa 965
Brachygeophilus 884, 907
Brachygeophilus dentatus 894
Brachymyrmex 1790, 1793, 1802
Brachymyrmex patagonicus 1820
Brachyoripoda 403, 681
Brachyoripoda punctata 403, 580, 681
Brachypauropodidae 920, 928, 937
Brachypauropus 928, 938
Brachypauropus sp. 932
Brachyponera 1783, 1796, 1811
Brachyponera nakasujii 1827
Brachypylina 619, 665
Brachystomella 1176, 1202
Brachystomella hiemalis 1176, 1202
Brachystomellidae 1172, 1176, 1202
Bradybaena 1864, 1889
Bradybaena similaris 1876
Bradybaenidae 1839, 1862, 1888
Bradybaeninae 1862, 1889
brasilianus, *Allothrips* 1603
brasiliensis, *Sellnickiella* 263
Brassiella 389, 678
Brassiella brevisetigera 389, 577, 678
Brentidae 1708, 1740
Brevibuccidae 48, 73
breviclava, *Carabodes* 472, 563, 660
breviclavata, *Mexicoppia* 388, 539, 631
breviclavatus, *Liacarus* 444, 542, 635
brevicornis, *Panamomus* 1681
brevicornuta, *Oribatella* 481, 572, 671
brevicristatum, *Myrmicotrombium* 277

brevilabiatus, *Orphnaeus* 894
brevinaseus, *Armadilloniscus* 1010, 1040, 1056
brevipalma, *Spherillo* 1031, 1051, 1064
Brevipalpia 222, 292
Brevipalpia sp. 259
Brevipalpus 212, 301
Brevipalpus sp. 270
brevipectinata, *Multioppia* 450, 547, 643, 712
brevipes, *Ceratinella* 817
brevipes, *Nesticella* 827
Breviphaedusa 1855, 1884
brevis, *Liochthonius* 417, 513, 595
brevis, *Sphindus* 1723
brevis, *Zetomimus* 408, 574, 674
brevisetiger, *Acrotocepheus* 470, 561, 658
brevisetiger, *Nippobodes* 475, 565, 662
brevisetigera, *Brassiella* 389, 577, 678
brevisetosus, *Leioseius* 183
brevisetus, *Trhypochthoniellus* 379, 525, 609
brevispina, *Xenylla* 1112, 1122
brevis グループ 595
Bristowia 806, 866
Bristowia heterospinosa 835
Brommella 748, 841
brongersmai, *Neriene* 826
bruneiensis, *Maculobates* 402, 581, 683
brunneus, *Technomyrmex* 1820
bryobius, *Phthiracarus* 508, 524, 609
Bryocamptus 989, 993
Bryocamptus zschokkei 989, 991, 993
Bryodrilus 1899, 1902
Buchholzia 1899, 1902
Bunabodes 386, 662
Bunabodes truncatus 386, 662
bunaensis, *Incabates* 492, 582, 685
bundi, *Charadracarus* 280
Bunonematidae 47, 73
Bunonematoidea 47
Buprestidae 1703, 1733
Burmoniscus 1012, 1015, 1057
Burmoniscus aokii 1015, 1043, 1058
Burmoniscus boninensis 1016, 1042, 1058
Burmoniscus daitoensis 1018, 1042, 1057
Burmoniscus dasystylus 1016, 1043, 1058
Burmoniscus hachijoensis 1017, 1043, 1058
Burmoniscus japonicus 1016, 1042, 1057
Burmoniscus kagoshimaensis 1017, 1043, 1058
Burmoniscus meeusi 1016, 1043, 1058
Burmoniscus murotoensis 1018, 1042, 1057
Burmoniscus ocellatus 1015, 1043, 1058
Burmoniscus okinawaensis 1017, 1042, 1057
Burmoniscus shibatai 1016, 1042, 1058
Burmoniscus tanabensis 1018, 1043, 1058
Burmoniscus watanabei 1017, 1042, 1058
bursarius, *Selenops* 829
buschii, *Zaptychopsis* 1869
busckii, *Drosophila* 1754, 1766
Buthidae 100, 102
Byrrhidae 1671, 1686, 1707, 1729, 1733

[C]

Cachoplistinae 1560
Caddidae 126, 128, 143
Caddo 128, 143
Caddo agilis 128, 136, 143
Caddo pepperella 128, 143
Caddoidea 143
caecigenus, *Monotarsobius* 887, 899
Caeculidae 211, 300
Caeculisoma 244, 305
Caeculisoma sp. 277
Caeculus 211, 300
Caeculus uchidai 269

Caenosamerus 384, 640
Caenosamerus spatiosus 384, 545, 641
Caenothrombium 250, 308
Caenothrombium unisetum 284
calcarata, *Oribatella* 481, 572, 671
Caleremaeidae 641
Californidorus 27, 65
Californiphilus 876, 906
Californiphilus japonicus 894
Caligonella 213
Caligonella sp. 271
Caligonellidae 213, 301
Calipteremaeus 354, 622
Calipteremaeus yaginumai 354, 533, 622
Callidosoma 244, 305
Callidosoma sp. 277
Calligonella 301
Callilepis 796, 862
Callilepis schuszteri 830
Calliphoridae 1758, 1759, 1767, 1772
Callirhipidae 1707, 1729, 1733
callistochila, *Luchuphaedusa* 1870
callistoderma, *Boninena* 1868
Callitrichia 763, 764, 848
Callobius 750, 840
Callobius hokkaido 812
Callyntrura 1349
Callyntrura japonica 1349
Calohypsibiidae 84, 95
Calohypsibius 84, 95
Calohypsibius ornatus 91
Calommata 733, 837
Calommata signata 809
Calommatidae 733, 837
Caloppiidae 362, 389, 678
Calorema 242, 304
Calorema ezteka 275
calvum, *Eosentomon* 1498, 1511, 1522
Calyptostoma 214, 303
Calyptostoma sp. 273, 285
Calyptostomatidae 214, 215, 303
Camaena (Miyakoia) sakishimana 1874
Camaena 1861, 1888
Camaenidae 1839, 1860, 1887
Cambalidae 945, 970
Cambalopsidae 945, 953, 970
Camerotrombidium 249, 307
Camerotrombidium takii 283
Camisia 377, 429, 615
Camisia biurus 429, 529, 615
Camisia biverrucata 429, 529, 615
Camisia heterospinifer 429, 615
Camisia horrida 429, 529, 615
Camisia invenusta 429, 529, 615
Camisia segnis 429, 529, 615
Camisia solhoeyi 429, 529, 615
Camisiidae 353, 377, 615
campanulatus campanulatus, *Cyclotus* (*Procyclotus*) 1866
Campodea 1532, 1533, 1537
Campodea akiyamae 1533, 1535, 1537
Campodea ishii 1533, 1535, 1537
Campodea staphylinus 1533, 1535, 1537
Campodeidae 1532, 1537
Camponotus 1790, 1793, 1802
Camponotus nawai 1820
Campylothrombium 249, 307
Campylothrombium dobrogiacum 283
canaliculatus, *Stylopauropus* 926, 936
candida, *Folsomia* 1259, 1278
canina, *Pyramica* 1825
Cantharidae 1704, 1734
Cantharoidia 1668
Canthocamptidae 988, 993
capillatus, *Capillonothrus* 430, 530, 616
Capillonothrus 377, 430, 616
Capillonothrus capillatus 430, 530, 616
Capillonothrus meakanensis 430, 530, 616
Capillonothrus thori 430, 530, 616
Capillonothrus yamasakii 430, 530, 616, 709

capitata, Eskimania 260
cappilipedatus, Scolopocryptops 881, 906
carabi, Poecilochirus 177
Carabidae 1668, 1683, 1700, 1731
Carabodes 386, 471, 659
Carabodes bellus 472, 562, 659
Carabodes breviclava 472, 563, 660
Carabodes ikeharai 472, 563, 660
Carabodes labyrinthicus 471, 563, 660
Carabodes minusculus 471, 563, 660
Carabodes palmifer 472, 563, 660
Carabodes prunum 471, 563, 660
Carabodes rimosus 471, 562, 659, 715
Carabodes transversarius 471, 562, 660
Carabodes tsushimaensis 471, 562, 659
Carabodidae 359, 362, 386, 659
Caracladus 763, 764, 848
Caracladus tsurusakii 818
Carcharolaimus 23, 65
Carcinops pumili 1679
cardamomi, Criconema 53
Cardiocondyla 1789, 1794, 1805
Cardiocondyla sp. 1823
Cardiophorus sp. 1720
Carebara 1785, 1794, 1806
Carebara yamatonis 1823
caricis, Enoplognatha 827
carinatus, Nipponarion 1876
carinatus, Penthaloides 261
carinipes, Monotarsobius 889, 897, 900
carpenteri, Isotoma 1271, 1308
Carpoglyphidae 319, 339
Carpoglyphus 319, 339
Carpoglyphus lactis 319, 328, 339
Carychiinae 1836, 1880
Carychium 1836, 1880
Carychium noduliferum 1867
Castianeira 802, 864
Castianeira shaxianensis 833
cataphracta, Gamasomorpha 810
Catopidae 1670
Caucasiozetes 387, 629
Caucasiozetes lunaris 387, 538, 629
caudatus, Dendrozetes 391, 540, 632
caudatus, Parabeloniscus 140
cavernatus, Ereynetes 269
cavernicola, Pachyseius 182
cavicola, Lobella (Lobella) 1200, 1246
cavicollis, Aegista (Coelorus) 1875
Caviphantes 777, 778, 848
Caviphantes samensis 820
Cawjeekelia 960, 976
Cecidomyiidae 1747, 1762, 1769
Cecidopus 244, 305
Cecidopus shyamae 278
cedarus, Trichodorus 54
celebensis, Salina 1349
celtarum, Strandtmannia 258
Centromerus 781, 784, 848
Centromerus sylvaticus 823
Centrotrombidium 245, 306
Centrotrombidium sp. 279
Cephaennium japonicum 1719
Cephalobidae 48, 54, 73
Cephalobina 73
Cephalodorylaiminae 26, 64
Cephalodorylaimus 26, 64
Cephaloidae 1713, 1737
Cephaloon 1713
Cephaloon pallens 1725
Cepheidae 360, 362, 388, 626
cepheiformis, Cepheus 438, 536, 626
Cephennini 1702
Cepheus 388, 438, 626
Cepheus cepheiformis 438, 536, 626
Cepheus kurosawai 438, 536, 626, 711
Cepheus latus 438, 536, 626
Cepheus similis 438, 536, 626
Cerambycidae 1708, 1739
Cerapachyinae 1779, 1792, 1800

Cerapachys 1779, 1792, 1800
Cerapachys biroi 1819
Ceratinella 761, 848
Ceratinella brevipes 817
Ceratinopsis 773, 775, 848
Ceratinopsis setoensis 817
Ceratocombidae 1651, 1661
Ceratocombus sp. 1658
Ceratokalummidae 364, 671
Ceratolasmatidae 127, 141
Ceratophysella 1113, 1126
Ceratophysella ainu 1117, 1132
Ceratophysella ateruii 1116, 1130
Ceratophysella communis 1117, 1134
Ceratophysella comosa 1115, 1128
Ceratophysella denisana 1117, 1132
Ceratophysella denticulata 1117, 1134, 1477
Ceratophysella duplicispinosa 1116, 1130
Ceratophysella fujisana 1116, 1128
Ceratophysella horrida 1115, 1126
Ceratophysella pilosa 1115, 1128
Ceratophysella proserpinae 1117, 1132
Ceratophysella sakayorii 1116, 1130
Ceratophysella tergilobata 1116, 1130
Ceratophysella troglodites 1117, 1134
Ceratophysella wrayia 1116, 1132, 1477
Ceratophysella yakushimana 1115, 1128
Ceratopogonidae 1751, 1763, 1769
Ceratoppia 391, 440, 631
Ceratoppia incisa 440, 539, 631
Ceratoppia quadridentata 440, 539, 631
Ceratoppia rara 440, 539, 631
Ceratoppia sexpilosa 440, 539, 632
Ceratorimeria sp. 1475
Ceratotenuiala 410, 637
Ceratotenuiala echigoensis 410, 543, 637
Ceratozetella 408, 482, 672
Ceratozetella imperatoria 482, 572, 672
Ceratozetella yezoensis 482, 572, 672
Ceratozetes 408, 482, 672
Ceratozetes japonicus 482, 572, 672
Ceratozetes mediocris 482, 573, 672
Ceratozetes sp. 482, 572, 672
Ceratozetidae 366, 406, 671
Ceratrimeria 1181, 1210
Ceratrimeria takaoensis 1181, 1210
Ceratrimeria yasumatsui 1181, 1210
Cercyon laminatus 1717
Cerematogaster 1794
cericeus, Herbiphantes 823
Cernosvitoviella 1898, 1901
Cerylon crassipes 1723
Cerylonidae 1677, 1690, 1712, 1736
Ceryloninae 1691
chaetoxysilos, Acarus 322
Chalcophora japonica 1720
Challia fletcheri 1576
Chamalycaeus (Sigmacharax) itonis itonis 1866
Chamalycaeus 1841, 1879
Chamalycaeus harimensis 1865
Chamberlinius 959, 977
Chamberlinius hualienensis 966, 983
Chambersiellidae 48, 72
Chamobates 366, 675
Chamobates geminus 366, 575, 675
Chamobatidae 366, 675
Charadracarus 245, 306
Charadracarus bundi 280
Charassobatidae 356, 360
Cheiletha 883, 908
Cheiletha viridicans 894
Cheiroseius 196
Cheiroseius tosanus 185
Chelacheles 237, 300
Chelacheles sp. 269
Cheletomimus 237, 300
Cheletomimus (Hemicheyletia) gracilis 269
Chelisochidae 1566, 1578

Chernetidae 106, 118
Cheyletidae 212, 237, 300
Cheylostigmaeus 239, 302
Cheylostigmaeus pannonicus 272
chibensis, Euterpnosia 1620, 1625
chibenus, Monotarsobius 888, 897, 901
chichibuensis, Gracilentulus 1504, 1516, 1525
chichijimensis, Oribotritia 504, 521, 605
chiebunensis, Liacarus 443, 542, 635
chihayanus, Tyrannochthonius 109
chikunii, Weintrauboa 826
Chilenophilidae 883, 908
chiliensis, Diplothrombium 279
Chilopoda 873, 874, 893-898
Chilothrips 1593, 1602
Chilothrips yamatensis 1598
chimaera, Trichogalumna 498, 587, 691
chinensis japonica, Cicindela 1717
Chiracanthiidae 744, 802, 803, 860
Chiracanthium 803, 860
Chiracanthium unicum 829
Chironomidae 1751, 1763, 1769
Chloropidae 1761, 1768, 1773
Cholerinae 1684
Chondrinidae 1881
Chondromorpha 960, 976
Chordeumatida 944, 974
choreutes, Lophognathella 1145, 1150, 1476
Choreutinula 1122
Choreutinula inermis 1113, 1124
Chromadorida 46, 59
Chronogaster 50, 74
Chronogasteridae 50, 74
Chrosiothes 792, 858
Chrosiothes sudabides 827
Chrysodorus 29, 62
Chrysomelidae 1708, 1739
Chrysonema 29, 64
Chrysonema holsaticum 52
Chrysonematinae 29, 64
chrysothrix, Homidia 1368, 1386
Chthoniidae 106, 117
Chthonioidea 106
chujoi, Galloisiana 1564
chujoi, Galumna 497, 586, 690
chujoi, Usechus 1682
Cicadidae 1611-1613, 1623, 1624
Cicadoidea 1611
Cicindela chinensis japonica 1717
Cicindelidae 1700, 1731
Cicurina 751, 843
Cicurina japonica 814
Ciidae 1677, 1693, 1707, 1729, 1737
ciliatus, Limnozetes 479, 569, 668, 715
Cimicidae 1652
cimiciformis, Paracletus 1642
cincta, Orchesella 1371, 1396, 1471
cincticollis, Tosaphaedusa 1870
cinerascens, Ligia 1002, 1035, 1052
cingulata, Steatoda 827
Cionellidae 1838, 1886
Cipangocharax 1841, 1879
Cipangocharax biexcisus 1865
circacaudatus, Mongoloniscus 1025, 1046, 1060
cirratus, Plectus 55
Cis sp. 1727
Cladolasma 127, 141
Cladolasma parvulum 141, 127, 134
cladonicola, Trhypochthonius 423, 526, 611
cladoptyx, Diceratoptyx 1869
Cladothela 799, 862
Cladothela oculinotata 830
Clambidae 1671, 1685
Clarkus 42, 71
Clarkus papillatus 56
clathrata, Neriene 826
Clausiliidae 1837, 1846, 1882

clavata, Acroppia   396, 548, 644, 712
clavatus, Atropacarus   505, 522, 607
clavatus, Fissicephus   469, 561, 658
clavatus, Hemileius   487, 578, 678
clavatus, Liacarus   444, 635
clavatus, Ommatocepheus   388, 537, 627
clavatus, Perscheloribates   404, 578, 679
clavatus, Unguizetes   486, 576, 676
Clavicaudoides   33, 67
claviger, Dolicheremaeus   467, 560, 657
claviger, Eupelops   478
Clavismaris   241, 304
Clavismaris conifera   274
clavulinum kyotoensis, Allopeas   1873
clemens, Phthiracarus   507, 524, 608
clercki, Pachygnatha   828
Cleridae   1705, 1734
Cleroidea   1705
Clubiona   804, 864
Clubiona kurilensis   832
Clubionidae   744, 802, 803, 864
clunifera, Thereuopoda   874, 893
Clusiidae   1759, 1767, 1772
clypeator, Xenillus   444, 542, 636
coarctata, Asiomorpha   966
Cobbonchinae   42, 71
Cobbonchus   42, 71
Cocceupodes   225, 295
Cocceupodes planiticus   203, 262
coccinatus, Cucujus   1722
Coccoidea   1611, 1631-1634
Coccorhagidia   221, 293
Coccorhagidia pittardi   260
Coccotydaeolus   233, 298
Coccotydaeolus krantzi   265
Cochlicopa   1838, 1886
Cochlicopa lubrica   1873
Coecobrya   1362, 1374
Coecobrya akiyoshiana   1364, 1376
Coecobrya arcuata   1364, 1376
Coecobrya dubiosa   1364, 1376
Coecobrya ishikawai   1363, 1374
Coecobrya spinidentata   1364, 1376
Coecobrya tibiotarsalis   1363, 1374
coelestis, Lycosa   816
Coelorus   1862, 1888
Coelotes   753, 754, 755, 843
Coelotes musashiensis   814
Coelotidae   741, 751, 842
Coenomyiidae   1748, 1762, 1770
coerulea, Oudemansia   1180, 1208
Cognettia   1899, 1901
coiffaiti, Perlohmannia   380, 602
coineaui, Dicastriella   263
Coleoptera   1667, 1668, 1679-1683, 1699, 1700, 1717-1728, 1730
coleoptrata, Achiptera   480, 570, 670
Coleoscirus   219, 291
Coleoscirus mizunoi   258
Colinauropodidae   920, 937
Colinauropus   920, 937
Colinauropus schelleri   920, 931, 937
Collembola   1101
Collinsia   771, 848
Collinsia japonica   821
color, Omosita   1680
coloratus, Thrips   1598
Columella   1857, 1881
Columella edentula   1868
Colydiidae   1715, 1736
Comaroma   735, 738, 859
Comaroma maculosa   828
Comiconchus   42, 71
communis, Asperthorax   818
communis, Ceratophysella   1117, 1134
communis, Gamasholaspis   181
comosa, Ceratophysella   1115, 1128
comosus, Austrophthiracarus   505, 522, 607
compactilis, Uroctea   813
concavus, Bathocepheus   386, 563, 660

concavus, Lepthyphantes   823
concavus, Mixochthonius   375, 515, 597
concolor, Nicrophorus   1718
Conculus   738, 859
Conculus lyugadinus   828
confucii, Leptogenys   1828
confusa, Glyptholaspis   180
confusum, Tribolium   1682
congoensis, Apolorryia   268
conicus, Papillacarus   422, 518, 601
conifera, Clavismaris   274
conjungens, Paronychiurus cf.   1148, 1160
Conoppia   389, 627
Conoppia palmicincta   389, 537, 627
Conotelsa   1206
Conothele   745, 837
Conothele fragaria   809
Conotylidae   949, 956, 974
consanguineus, Parasitus   177
consimilis, Psalidothrips   1596, 1605
consociatus, Mycterothrips   1598
contiguus, Liacarus   441, 541, 634
Continenticola   5
contortipes, Weintrauboa   826
convexa, Hermannia   432, 531, 618
Coomansus   42, 71
Copriphis   192
Copriphis disciformis   180
Copriphis hogai   180
Coptotermes formosanus   1581, 1582, 1584, 1587
coracinus, Plateros   1720
corallinus, Trigoniulus   964
corallium, Lohmannia   422, 517, 600
coreana, Suisha   1613, 1624
coreanus, Epidamaeus   436, 535, 625
Coreidae   1656, 1663
Coreodrassus   799, 861
Corinnidae   744, 802, 803, 804, 864
Coriomeris scabricornis   1660
Corixidae   1650
Cornechiniscus   83, 93
Cornechiniscus lobatus   88
corni, Anoecia   1642
corniculatus, Fissicepheus   469, 561, 658
cornuta, Superodontella   1177, 1204
cornutus, Nippononethes   1006, 1037, 1054
coronarius, Fissicepheus   469, 561, 658
Coronilla   755, 843
Coronoquadroppia   396, 455, 650
Coronoquadroppia expansa   455, 552, 650
Coronoquadroppia parallela   455, 552, 650, 714
corticicola, Hahnia   813
corticis, Spinibdella   256
cortii, Exalloniscus   1018, 1043, 1058
Corylophidae   1677, 1691, 1712, 1736
corynophora, Ptenothrix   1414, 1444, 1469
Corypholophus   951, 978
Corypholophus ryukyuensis   967, 984
Coscinida   794, 858
Coslenchus   52
Cosmochthoniidae   350, 372, 598
Cosmochthonius   372, 420, 598
Cosmochthonius imperfectus   420, 516, 598
Cosmochthonius nayoroensis   420, 598
Cosmochthonius reticulatus   420, 516, 598, 707
Cosmogalumna   411, 496, 689
Cosmogalumna hiroyoshii   496, 585, 689, 716
Cosmogalumna ornata   496, 689
Cosmogalumna yonaguniensis   496, 585, 689
Cosmoglyphus   322, 341
Cosmoglyphus hughesi   322, 333, 341
Cosmohermannia   382, 617
Cosmohermannia frondosa   382, 530, 617

Cosmopirnodus   403, 681
Cosmopirnodus angulatus   403, 580, 681
Costeremus   382, 447, 639
Costeremus ornatus   447, 545, 639, 712
Costeremus yezoensis   447, 639
cottonae, Glyghesis   818
craccivora, Aphis   1643
Crasocheles   223, 293
Crasocheles sp.   260
Craspedonotus tibialis   1717
crassipes, Cerylon   1723
crassisetiger, Eohypochthonius   413, 510, 592
crassisetiger, Gymnodampia   448, 546, 641
crassisetiger, Protoribates   491, 581, 684
crassus, Liochthonius   417, 513, 596
Crematogaster   1785, 1806
Crematogaster teranishii   1823
crenata, Parafontaria   984
crenulatus, Synchthonius   414, 515, 598
Cresmatoneta   781, 848
Cresmatoneta nipponensis   823
Creugas   804, 864
Creugas gulosus   833
cribrarius, Euphthiracarus   501, 519, 604
Criconema   36, 69
Criconema cardamomi   53
Criconematidae   35, 36, 53, 69
Criconematoidea   35, 69
Criconemoides   36, 69
Criotettix japonicus   1563, 1569, 1573
crispirhina, Suctobelbella   466, 558, 656
crista, Graptoppia   454, 552, 649, 714
cristatus, Hoplophthiracarus   506, 523, 607
cristatus, Tanytydeus   264
Cristonothrus 亜属   381, 424
crocata, Dysdera   810
croceus, Cunaxoides   257
Crocodorylaimus   29, 62
Crosbycus   127, 141
Crosbycus dasycnemus   127, 135, 141
Crossodonthina   1195, 1236
Crossodonthina koreana   1195
Crossodonthina nipponica   1195
crucifer, Typopeltis   721, 722, 723
crucifera, Orthobula   833
Crustacea   987, 997, 1069
Crustulina   793, 858
Crustulina sticta   827
Cryphoeca   739, 751, 843
Cryphoeca shinkaii   814
crypticolens, Pholcus   811
Cryptocephalus approximatus   1728
Cryptocorypha   957, 975
Cryptocorypha sp.   982
Cryptodesmidae   950, 956, 976
Cryptognathidae   213, 302
Cryptognathus   213, 302
Cryptognathus maritimus   271
Cryptolestes turcicus   1680
Cryptonchidae   45, 72
Cryptonchoidea   41, 45
Cryptonchus   45, 72
Cryptonoidea   72
Cryptophagidae   1676, 1688, 1711, 1729, 1735
Cryptophaginii   1688
Cryptophagus enormis   1724
Cryptophilidae   1711, 1735
Cryptophilus hiranoi   1681
Cryptophilus propinquus   1724
Cryptopidae   876, 904
Cryptoplophora   348, 600
Cryptoplophora abscondita   348, 517, 600
Cryptopone   1782, 1796, 1811
Cryptopone sauteri   1827
Cryptops   876, 905
Cryptops japonicus   879, 893, 905
Cryptops nigropictus   879, 905

Cryptops striatus 879, 905
Cryptopygus 1262, 1290
Cryptopygus thermophilus 1262, 1290
Cryptostemma japonicum 1658
Cryptotympana 1615, 1622, 1625
Cryptotympana atrata 1622, 1625
Cryptotympana facialis 1622, 1623, 1625
Cryptotympana yaeyamana 1622, 1625
Ctenacaridae 351, 591
Ctenacarus 351, 591
Ctenacarus araneola 351, 510, 591
Ctenidae 742, 795, 860
ctenisetiger, Gamasolaelaps 178
Ctenizidae 732, 745, 837
Ctenobelba 356, 446, 638
Ctenobelba longisetosa 446, 544, 638
Ctenobelba nakatamarii 446, 544, 638, 711
Ctenobelbidae 356, 637
Ctenolepisma 1544, 1550
Ctenolepisma longicaudata 1548
Ctenus 795, 860
Cubaris 1030, 1063
Cubaris murina 1030, 1049, 1063
Cucujidae 1710, 1711, 1729, 1735
Cucujinae 1711
Cucujoidae 1705
Cucujoidea 1672, 1705
Cucujus coccinatus 1722
cucullatus, Atropacarus 505, 522, 607
cucullatus, Gongylidioides 820
Cultrobates 364, 671
Cultrobates nipponicus 364, 572, 671
Cultroribula 388, 439, 630
Cultroribula angulata 439, 539, 630
Cultroribula bicultrata 439, 539, 630
Cultroribula elongata 439, 630
Cultroribula lata 439, 538, 630
Cultroribula shukuminensis 439, 539, 630
cumbrensis, Homeotydeus 268
Cunaxa 219, 291
Cunaxa veracruzana 257
Cunaxidae 210, 218, 290
Cunaxoides 220, 290
Cunaxoides croceus 257
cuneata, Galumna 497, 586, 690
Cupedidae 1700, 1730
Curculionidae 1672, 1695, 1708, 1729, 1740
Curculioninae 1678, 1695
curta, Achipteria 480, 570, 669
curtispinosa, Arcoppia 451, 549, 646
curtus, Scolopocryptops 879, 905
curvicollis, Lepidocyrtus (Lepidocyrtus) 1370
curviseta, Sinella 1363, 1372
curvisetiger, Acrotocepheus 470, 561, 658
curvisetiger, Austrocarabodes 473, 564, 661
curvisetosus, Fissicepheus 469, 561, 657
cuspidatus, Podoribates 401, 576, 676
cuspidatus, Tomocerus (Tomocerus) 1316, 1324, 1472
cyaneus, Lepidocyrtus (Lanocyrtus) 1370, 1392
Cyathopoma 1844, 1879
Cyathopoma nishinoi 1867
Cybaeidae 741, 751, 842
Cybaeopsis 750, 840
Cybaeopsis typica 812
Cybaeus 751, 842
Cybaeus kunashirensis 813
Cyclophoridae 1835, 1843, 1878
Cyclophorus 1844, 1879
Cyclophorus herklotsi 1866
Cycloppia 399, 454, 648
Cycloppia granulata 454, 551, 648, 714
Cycloppia restata 454, 551, 648
Cycloppia simplex 454, 551, 648
Cyclorrhapha 1745, 1746, 1771
Cyclotus (Procyclotus) campanulatus

campanulatus 1866
Cyclotus 1843, 1878
Cydnidae 1653, 1663
cylindricum, Priobium 1721
Cylindrocaulus patalis 1719
Cylindrocorporidae 47
Cylindrolaimidae 48
Cylindropalaina 1842, 1878
Cylister lineicollis 1717
Cyllodes ater 1722
Cymbaeremaeidae 356, 385, 665
Cymbaeremaeus 356, 385, 665
Cymbaeremaeus silva 356, 385, 567, 665
Cyparium mikado 1719
Cyphoderidae 1104, 1343, 1345, 1346, 1472
Cyphoderus 1345, 1346
Cyphoderus javanus 1345, 1346, 1472
Cyphonocerus ruficollis 1720
Cyphophthalmi 122, 140
Cyrtozetes 408, 483, 672
Cyrtozetes minor 483, 573, 672
Cyrtozetes shiranensis 483, 573, 673, 715
Cyta 217, 289
Cyta latirastris 256

[D]

Dacne picta 1724
dactylonii, Asiphonella 1643
Dactyloscirus 220, 291
Dactyloscirus inermis 258
Dagamaea 1262, 1288
Dagamaea fragilis 1262, 1288
Dagamaea japonica 1262, 1288
Dagamaea morei 1262, 1288
daisetsuzanus, Spatulosminthurus 1411, 1436
daitoensis, Burmoniscus 1018, 1042, 1057
daitoensis, Ligia 1002, 1036, 1053
daitoensis, Papuaphiloscia 1014, 1042, 1057
daitoensis, Spherillo 1032, 1050, 1063
daitoensis, Trithyreus 726, 727, 728
Damaeidae 352, 354, 378, 435, 436, 623
Damaeolidae 356, 382, 639
Damaeus 378, 624
Damaeus ainu 436, 535, 624
Damaeus striatus 436, 535, 624
Damaster blaptoides 1717
Danae 1691
danicus, Allopauropus 924, 930, 934
danicus, Haplophthalmus 1005, 1038, 1054
darwinii, Parvaponera 1828
dashidorzsi, Lepidozetes 481, 571, 670
dasycnemus, Crosbycus 127, 135, 141
Dasynemasoma 954, 971
dasystylus, Burmoniscus 1016, 1043, 1058
davisi, Pronematus 266
Decapauropus 923, 924, 935
Decapauropus dendriformis 924, 935
Decapauropus fortisus 925, 935
Decapauropus ibarakiensis 925, 935
Decapauropus infurcatus 924, 935
Decapauropus intonsus 925, 935
Decapauropus ligulosus 924, 930, 935
Decapauropus pseudokoreanus 926, 935
Decapauropus tetraramosus 925, 935
Decapauropus toshiyuki 925, 935
Decapauropus yamizo 926, 935
decarinatus, Protoschelobates 404, 578, 680
decemoculata, Schaefferia 1114, 1126
decempectinata, Oppiella 452, 647
decipiens, Lobella (Lobellina) 1198, 1242
Decolliphaedusa 1850, 1884
decorata, Bassaniana 832
defectus, Fissicepheus 468, 560, 657
Deltopauropus 928, 938
Deltopauropus reticulatus 928, 932, 938
dendriformis, Decapauropus 924, 935

Dendrobaena 1897, 1900
Dendrodrilus 1897, 1900
Dendrolaelaps 158, 191
Dendrolaelaps unispinatus 179
Dendrothrips 1593, 1601
Dendrothrips utari 1598
Dendrozetes 391, 632
Dendrozetes caudatus 391, 540, 632
Denheyernaxoides 218, 290
Denheyernaxoides martini 257
denisana, Ceratophysella 1117, 1132
densipunctata, Suctobelbila 455, 553, 651
densus, Baculentulus 1505, 1516, 1525
dentata, Austrotritia 503, 520, 605, 717
dentatus, Brachygeophilus 894
dentatus, Incabates 492, 582, 685
dentatus, Nemacepheus 385, 566, 664
dentatus, Sphodrocepheus 628
denticulata, Ceratophysella 1117, 1134, 1477
denticulata, Nicoletiella 263
denticulata, Ptenothrix 1416, 1448
dentifrons, Atasthalomorpha 1726
dentilamellata, Prionoribatella 481, 571, 670
dentipalpis, Sabacon 131, 136, 142
dentipile, Holcotrombidium 283
dentisetis, Allomengoa 824
dentriticus, Blattisocius 186
depectinata, Arctosa 816
Derispia japonicola 1726
Dermaptera 1555, 1556, 1566, 1576
Dermestes maculatus 1721
Dermestidae 1707, 1729, 1734
dermestoides, Hylecoetus 1721
Desidae 741, 841
Desis 741, 841
Desis japonica 813
Desmoscolecida 39, 68
Desmoscolecidae 39, 54, 68
Desmoscolex 39, 68
Desmoscolex sp. 54
desnuda, Anurida (Aphoromma) 1185, 1220
Desoria 1268, 1302
Desoria albella 1270, 1308
Desoria arborea 1270, 1306
Desoria dichaeta 1269, 1304
Desoria gracilliseta 1270, 1304
Desoria hyonosenensis 1269, 1304
Desoria notabilis (f. pallida) 1269
Desoria notabilis 1269, 1302
Desoria occulta 1270, 1306
Desoria sensibilis 1270, 1304
Desoria trispinata 1270, 1306
Desoria yukinomi 1270, 1306
despecta sieboldiana, Acusta 1876
destructor, Glycyphagus 320, 330, 340
Detonella 1009, 1055
Detonella japonica 1009, 1039, 1055
Deuterosminthurus 1408, 1428
Deuterosminthurus bicinctus 1408, 1428
Deuterosminthurus ezoensis 1408, 1430
Deuterosminthurus okinawanus 1408, 1430
Dexiothrips 1594, 1603
Dexiothrips madrasensis 1600, 1603
diabolica, Anurida (Aphoromma) 1185, 1222
Diacamma 1782, 1797, 1811
Diacamma indicum 1827
Dianemobius fascipes 1569
Dianemobius nigrofasciatus 1572
Diapterobates 407, 484, 673
Diapterobates honshuensis 484, 573, 673
Diapterobates izuensis 484, 573, 673
Diapterobates japonicus 484, 573, 673
Diapterobates nayoroensis 484, 573, 673
Diapterobates pusillus 484, 573, 673
Diapterobates variabilis 484, 573, 673
Diaspididae 1631, 1633, 1634

Dicastriella 227, 295
Dicastriella coineaui 263
Dicellophilus 886, 909
Dicellophilus pulcher 895
Diceratoptyx 1847, 1882
Diceratoptyx cladoptyx 1869
dichaeta, Desoria 1269, 1304
Dichogaster 1896, 1900
Dichosomata 601
Dicornua 772, 774, 848
Dicornua hikosanensis 817
dicrocerus, Pedetontinus 1547
Dictis 748, 840
Dictyna 749
Dictynidae 734, 748, 749, 841
Dicymbium 765, 769, 848
Dicymbium salaputium 818
Dicyrtoma 1412, 1438
Dicyrtoma pallens 1412, 1438
Dicyrtomidae 1402, 1412, 1438
Dicyrtomina 1412, 1438
Dicyrtomina leptothrix 1412, 1440, 1469
Dicyrtomina yaeyamensis 1412, 1438
Dicyrtominae 1412, 1438
Diestrammena 1561
Diestrammena (Diestrammena) japanica 1561, 1574
Digamasellidae 158, 191
dilatatus, Porcellio 1029, 1048, 1062
Dimidiogalumna 410, 690
Dimidiogalumna azumai 410, 586, 690
Dinidoridae 1654, 1663
Diphascon 86, 94
Diphascon pingue 90
Diphtherophora 20, 59
Diphtherophoridae 20, 54, 59
Diphtherophorina 19, 20, 39, 59
Diphtherophorinae 40
Diphtherophoroidea 20, 59
Diplatyidae 1566, 1576
Diplatys flavicollis 1576
Diplobodes 386, 474, 661
Diplobodes kanekoi 474, 564, 661
Diplobodes karubei 474, 564, 661
Diplocephaloides 766, 769, 848
Diplocephaloides saganus 818
Diplocephalus 776, 778, 849
Diplocephalus bicurvatus 819
Diplocephalus gravidus 819
Diplogasteridae 47, 73
Diplogasterina 46, 47, 73
Diplogasteroididae 47, 73
Diplogyniidae 156, 198
Diplomaragna 949, 974
Diplomaragna gracilipes 965
Diplomaragnidae 949, 974
Diplommatina (Benigoma) pudica 1866
Diplommatina (Sinica) shikokuensis 1866
Diplommatina 1842, 1878
Diplommatinidae 1835, 1842, 1878
Diplopoda 943, 944, 968
Diplothrombium 245, 305
Diplothrombium chiliensis 279
Diplura 1531, 1532, 1535, 1537
Dipsocoridae 1651, 1661
Diptera 1745-1747, 1762-1769
discalis, Hoplocheylus 255
disciformis, Copriphis 180
Discocriconemella 36, 69
Discocriconemella hengsungica 53
Discocriconemella sp. 17
Discolaiminae 29, 64
Discolaimium 29, 64
Discolaimoides 29, 64
Discolaimus 29, 51, 64
Discolomatidae 1677, 1692
Discolomidae 1712, 1736
Discothyrea 1781, 1798, 1813
Discothyrea sauteri 1828
dispar, Heterolepisma 1547
Disparagalumna 410, 689

Disparagalumna rostrata 410, 689
distincta, Gonolabis 1567, 1576
distincta, Parachipteria 480, 570, 669
distincta, Superodontella 1177, 1204
distinctus, Dolicheremaeus 467, 559, 656
distinctus, Sabacon 142
Ditha ogasawarensis 106, 112, 117
ditmari, Traskorchestia 1075, 1085, 1089
Ditomyiinae 1750, 1763
diversicolor, Rhagidia 261
diversisternus, Mecistocephalus 895
diversus, Pheidologeton 1824
dobrogiacum, Campylothrombium 283
doderleini, Platyliodes 433, 533, 622
Doenitzius 782, 783, 849
Doenitzius peniculus 822
Dolicheremaeus 393, 467, 656
Dolicheremaeus baloghi 467, 560, 657
Dolicheremaeus claviger 467, 560, 657
Dolicheremaeus distinctus 467, 559, 656
Dolicheremaeus elongatus 467, 560, 657
Dolicheremaeus imadatei 467
Dolicheremaeus imadatei 559, 656
Dolicheremaeus infrequens 467, 559, 657
Dolicheremaeus junichiaokii 467, 559, 656
Dolicheremaeus ohmensis 467, 559, 657
Dolichoderinae 1779, 1792, 1800
Dolichoderus 1784, 1792, 1801
Dolichoderus sibiricus 1819
Dolichodoridae 37, 68
Dolichoglyphius 953, 970
Dolichoglyphius asper asper 981
Dolichopodidae 1753, 1764, 1771
Dolichothrombium 250, 308
Dolichothrombium faurnierae 284
Dolomedes 757, 844
Dolomedes sulfureus 814
domestica, Thermobia 1548
domesticus, Glycyphagus 320, 329, 340
Dometorina 390, 678
Dometorina tuberculata 390, 578, 678
donan, Pseudanisentomon 1503, 1514, 1524
donanensis, Pseudophiloscia 1013, 1041, 1057
donanensis, Spherillo 1032, 1049, 1063
Donzelotauropus 923, 927, 936
Donzelotauropus aramosus 927, 936
Donzelotauropus nakamurai 927, 936
Donzelotauropus nudisetus 927, 936
Donzelotauropus peniculatus 927, 931, 936
Donzelotauropus undulatus 927, 936
dorcoides, Nipponophloeus 1680
dorsalis, Nanhermannia 431, 617
dorsalis, Scirtothrips 1598
dorsalis, Spherillo 1033, 1049, 1063
Dorycranosus 392, 443
Dorylaimellinae 22, 61
Dorylaimellus 22, 61
Dorylaimida 19, 60
Dorylaimidae 25, 28, 61
Dorylaimina 19, 21, 61
Dorylaiminae 28, 62
Dorylaimoidea 21, 25, 61
Dorylaimus 28, 62
Doryphoribius 85, 95
dounanense, Eosentomon 1502, 1513, 1523
Drapetisca 779, 849
Drapetisca socialis 822
Drassodes 796, 861
Drassodes serratidens 830
Drassyllus 798, 862
Drawida 1896, 1900
Dromeothrombium 248, 307
Dromeothrombium sp. 282
Drosophila busckii 1754, 1766
Drosophilidae 1754, 1756, 1757, 1766, 1771

Dryomyzidae 1758, 1766, 1772
dryum, Ogma 53
dubiosa, Coecobrya 1364, 1376
dubium, Eosentomon 1495, 1510, 1521
ducalis, Mundiphaedusa (Mundiphaedusa) 1872
duplicispinosa, Ceratophysella 1116, 1130
duplicornutus, Acrotocephalus 470, 561, 658
Durenia 247, 306
Durenia glandurosa 280
Dyobelba 378, 625
Dyobelba kushiroensis 437, 536, 626, 710
Dysaphis 1641, 1645
Dysaphis tulipae 1643
Dyschiriognatha 795, 859
Dysdera 736, 838
Dysdera crocata 810
Dysderidae 736, 838
Dyspnoi 122, 126, 141
Dytiscidae 1668, 1683

[E]
ebinoensis, Saaristoa 822
echigoensis, Ceratotenuiala 410, 543, 637
Echiniscidae 83, 92
Echiniscoidea 79, 82, 83, 92
Echiniscoididae 83, 92
Echiniscus 83, 87, 92
Echiniscus japonicus 87, 88
Echiniscus lapponicus 87
Echiniscus viridissimus 87
echinopus, Rhizoglyphus 326, 335, 342
Ectomomyrmex 1783, 1797, 1812
Ectomomyrmex sp. 1827
Ecumenicus 30, 63
edaphicus, Plutomurus 1317, 1330
Edaphoribates 402, 684
Edaphoribates agricola 402, 581, 684
Edbakerella 229, 296
Edbakerella marshalli 264
edentata, Erigone 821
edentula, Columella 1868
editha, Ainohelix 1875
Egtitus 23, 65
ehimensis, Plutomurus 1318, 1330
Eidmannella 792, 857
Eisenia 1897, 1901
Elacatidae 1716, 1738
Elacatis ocularis 1725
Elateridae 1671, 1686, 1704, 1733
Eldonia 781, 783, 849
elegans, Eutrichodesmus 957, 966
elegans, Scolopocryptops 880, 905
elegans, Spherillo 1031, 1049, 1063
elegans, Synchthonius 414, 515, 598
elegans, Tectocepheus 476, 566, 663
elegantula, Flagrosuctobelba 460, 556, 654, 714
eleganus, Monotarsobius 889, 900
Elliotta 223, 293
Elliotta hawarthi 261
Ellobiidae 1836, 1880
elongata, Cultroribula 439, 630
elongatum, Protokalumma 495, 584, 688
elongatus, Dolicheremaeus 467, 560, 657
elongatus, Euremaeus 445, 544, 637
elongatus, Olibrinus 1007, 1038, 1054
eloquens, Tyndareus 265
elsosneadensis, Sellnickochthonius 416, 512, 595, 707
Embioptera 1556, 1565, 1576
emeryanus, Parajapyx 1534, 1536, 1538
emeryi, Microzetorchestes 387, 538, 629
emeryi, Vollenhovia 1826
emma, Teleogryllus 1569, 1572
emphana, Prolinyphia 825
Empididae 1753, 1764, 1771
Enarthronota 592
Enchodelus 27, 65
Enchodorus 27, 65

Enchytraeidae 1895, 1896, 1901
Enchytraeus 1898, 1901
Endeostigmata 207, 251, 308
Endomychidae 1676, 1677, 1691, 1712, 1736
Endomychus gorhami 1723
Eneopteridae 1560, 1572
Enicocephalidae 1652, 1661
Enidae 1839, 1859, 1882
Eniochthoniidae 349, 593
Eniochthonius 349, 414, 593
Eniochthonius fukushimaensis 414, 511, 593
Eniochthonius minutissimus 414, 511, 593
Eniochthonius paludicola 414, 593
Enoplida 39, 46, 58
Enoplognatha 794, 857
Enoplognatha caricis 827
enormis, Cryptophagus 1724
enoshimaensis, Nipponogarypus 111, 115, 118
ensifer, Protoribotritia 371, 522, 606
Entelecara 767, 768, 849
Entelegynae 840
Enteroplax 1856, 1880
Enteroplax yaeyamensis 1867
Entomobrya 1364, 1378
Entomobrya aino 1365, 1378
Entomobrya japonica 1366, 1382
Entomobrya nivalis 1366, 1382
Entomobrya ozeana 1365, 1378
Entomobrya proxima 1366, 1382
Entomobrya pulcherrima 1365, 1380
Entomobrya striatella 1366, 1380
Entomobrya thalassicola 1365, 1378
Entomobrya tokunagai 1366, 1380
Entomobrya unostrigata 1366, 1380, 1471
Entomobryidae 1104, 1354, 1362, 1372, 1470
Entomobryidae sp. 1471
Entomobryomorpha 1101, 1103, 1104, 1249
entospira, Stereozaptyx 1872
Eobrachychthonius 373, 414, 593
Eobrachychthonius oudemansi 414, 511, 594
Eobrachychthonius sanukiensis 414, 511, 594
eogea eogea, Vertigo 1868
Eohypochthonius 375, 413, 592
Eohypochthonius crassisetiger 413, 510, 592
Eohypochthonius magnus 413, 511, 592
Eohypochthonius parvus 413, 510, 592
Eohypsibiidae 85, 96
Eohypsibius 85, 96
Eohypsibius terrestris 90
Eomyzus 1641, 1645
Eomyzus nipponicus 1643
Eosentomidae 1486, 1487, 1488, 1520
Eosentomon 1488, 1493, 1520
Eosentomon asahi 1496, 1510, 1521
Eosentomon asakawaense 1499, 1511, 1522
Eosentomon ateruii 1494, 1509, 1520
Eosentomon brachychaetum 1498, 1511, 1522
Eosentomon calvum 1498, 1511, 1522
Eosentomon dounanense 1502, 1513, 1523
Eosentomon dubium 1495, 1510, 1521
Eosentomon furunoi 1497, 1511, 1521
Eosentomon hiroshianum 1498, 1511, 1522
Eosentomon hitakami 1494, 1509, 1521
Eosentomon impar 1496, 1510, 1521
Eosentomon imperiale 1494, 1509, 1520
Eosentomon inconditum 1495, 1510, 1521
Eosentomon juni 1497, 1510, 1521
Eosentomon kantoense 1498, 1511, 1521
Eosentomon kimum 1499, 1512, 1522

Eosentomon konsenense 1496, 1510, 1521
Eosentomon kubotai 1494, 1509, 1521
Eosentomon kumei 1500, 1512, 1522
Eosentomon longispine 1494, 1509, 1520
Eosentomon mizushimai 1501, 1512, 1522
Eosentomon morei 1501, 1513, 1523
Eosentomon nupri 1500, 1512, 1522
Eosentomon ornatum 1500, 1512, 1522
Eosentomon pacificum 1499, 1511, 1522
Eosentomon rishiri 1500, 1512, 1522
Eosentomon sakura 1500, 1512, 1522
Eosentomon simulans 1494, 1509, 1520
Eosentomon spatulatum 1498, 1511, 1522
Eosentomon toi 1501, 1513, 1523
Eosentomon tokiokai 1502, 1513, 1523
Eosentomon tokui 1495, 1510, 1521
Eosentomon topochi 1501, 1513, 1523
Eosentomon udagawai 1495, 1510, 1521
Eosentomon yambaru 1502, 1513, 1523
Eosentomon yezoense 1501, 1512, 1523
Eosentomon zhanjiangense 1502, 1513, 1523
Eostrobilops 1856, 1880
Eostrobilops nipponica nipponica 1867
Eotydeus 235, 299
Eotydeus mirabilis 267
Epactophanes 988, 993
Epactophanes richardi 988, 990, 991, 993
Epanerchodus 963, 978
Epanerchodus lacteus 967
Epanerchodus mammillatus 943
Epanerchodus orientalis 967
Epanerchodus subterraneus 984
Eparchus yezoensis 1568, 1578
Epedanellus 125, 140
Epedanellus tuberculatus 125, 134, 140
Epedanidae 124, 139
epeiroides, Theridiosoma 828
Epibellowia 787, 789, 849
Epibellowia septentrionalis 823
Epicauta gorhami 1727
Epicriidae 157, 189
Epicriopsis 195
Epicriopsis stellata 184
Epicrius 157, 189
Epicrius omogoensis 177
Epidamaeus 378, 625
Epidamaeus bacillum 437, 625
Epidamaeus coreanus 436, 535, 625
Epidamaeus flexus 437, 535, 625, 710
Epidamaeus folium 437, 535, 625
Epidamaeus fortisensillus 437, 536, 625
Epidamaeus fragilis 436, 535, 625
Epidamaeus variabilis 437, 536, 625
Epidamaeus verrucatus 436, 535, 625
Epidorylaimus 30, 63
Epieremulus 361, 641
Epieremulus humeratus 361, 546, 641
Epilampridae 1557, 1558, 1570
Epilohmaniidae 355
Epilohmannia 381, 421, 602
Epilohmannia minuta 421, 518, 603, 708
Epilohmannia ovata 421, 518, 603
Epilohmannia serrata 421, 603
Epilohmannia spathuloides 603
Epilohmannia spatulata 421, 518, 603
Epilohmannia spatuloides 421, 518
Epilohmanniidae 381, 602
Epilohmannoides 381, 422, 603
Epilohmannoides esulcatus 422, 519, 603
Epilohmannoides kishidai 422, 519, 603
Episymploce 1558
Episymploce spp. 1571
eplenyensis, Isohypsibius 91
Epuraea argus 1722
erabuensis, Trichotocepheus 470, 562, 658
erebus, Apotriophtydeus 264
erectus, Idiozetes 351, 569, 668, 715
Eremaeidae 357, 384, 637
Eremaeozetes 359, 479, 667

Eremaeozetes aokii 479, 569, 667
Eremaeozetes octomaculatus 479, 667
Eremaeozetidae 359, 667
Eremaeus 384, 637
Eremaeus tenuisetiger 384, 544, 637
Eremella 359, 641
Eremella induta 359, 546, 641
Eremellidae 359, 641
Eremobelba 356, 447, 639
Eremobelba japonica 447, 545, 639
Eremobelba minuta 447, 545, 640
Eremobelba okinawa 447, 545, 640
Eremobelbidae 356, 639
Eremulidae 356, 383, 638
Eremulus 383, 446, 638
Eremulus baliensis 446, 544, 638
Eremulus hastatus 446, 544, 638
Eremulus monstrosus 446, 544, 638
Eremulus tsurutomiensis 446, 544, 638
Ereynetes 211, 299
Ereynetes cavernatus 269
Ereynetidae 211, 299
Erigone 771, 849
Erigone edentata 821
Erigone koshiensis 821
Eriosoma 1639, 1644
Eriosoma harunire 1642
Erotylidae 1676, 1690, 1710, 1729, 1736
Erotylinae 1676, 1690
errans, Johnstoniana 279, 285
Eryngiopus 240, 303
Eryngiopus sp. 272
Erythraeidae 214, 215, 242, 304
Erythraeus 242, 304
Erythraeus aokii 276
Erythraeus nipponicus 285
erythrinae, Helicotylenchus 52
Erythroides 242, 304
Erythroides sp. 276
esakii, Lyristes 1621, 1625
esakii, Oudemansia 1180, 1208
esakii, Thermozodium 82
Esastigmatobius 875, 902
Esastigmatobius japonicus 893
Escaryus 882, 907
Escaryus japonicus 894
Eskimania 222, 292
Eskimania capitata 260
estradai, Schwiebea 327, 337, 342
Estrandia 786, 790, 849
Estrandia grandaeva 824
esulcatus, Epilohmannoides 422, 519, 603
Ethopolidae 875, 898
Euborellia annulipes 1567, 1577
Euborellia plebeja 1567, 1577
eucharista, Yakuena 1868
eucharistus, Moellendorffia (Trichelix) 1873
Eucinetidae 1671, 1685
Eucnemidae 1702, 1733
Eudigraphis 953, 969
Eudigraphis sp. 981
Eudigraphis takakuwai 964
Eudorylaimus 30, 51, 63
Eueremaeus 384, 445, 637
Eueremaeus elongatus 445, 544, 637
Eueremaeus hokkaiensis 445, 637
Euhadra 1862, 1888
Euhadra peliomphala 1875
Euhadrinae 1862, 1888
Eulohmannia 355, 602
Eulohmannia ribagai 355, 518, 602
Eulohmanniidae 355, 602
Eumenotes 1654, 1663
Eumenotes obscura 1660
Eunicolina 227, 295
Eunicolina sp. 263
Euophrys 808, 866
Eupalopsellidae 213, 302
Euparatettix insularis 1563, 1573
Euparholaspulus 193

Euparholaspulus primoris 181
Eupelops 364, 478, 666
Eupelops acromios 478, 568, 667
Eupelops claviger 478
Eupelops japonensis 478, 568, 667
Eupelops kumaensis 478, 568, 667
Eupelops kumayaensis 478, 667
Eupelops miyamaensis 478, 568, 667
Eupelops sp. 478, 568, 667
Euphaedusa 1851, 1884
Euphaedusa tau 1871
Euphthiracaridae 348, 370, 603
Euphthiracarus 370, 501, 603
Euphthiracarus aggenitalis 501, 519, 603
Euphthiracarus cribrarius 501, 519, 604
Euphthiracarus takahashii 501, 519, 604
Eupnoi 122, 126, 128, 143
Eupodes 225, 295
Eupodes temperatus 262
Eupodidae 210, 225, 294
Euponera 1783, 1797, 1812
Euponera pilosior 1827
Eupterotegaeus 389, 627
Eupterotegaeus armatus 389, 537, 627
Euptyctima 603
europaeus, Isometrus 100, 101, 102
Euryopis 794, 858
Euryopis flavomaculata 828
Euryparasitus 164, 191
Euryparasitus pagumae 178
Eurypauropodidae 917, 921, 938
Eurypauropus 929, 938
Eurypauropus japonicus 929, 933, 938
Eusilpha japonica 1718
Eustigmaeus 239, 302
Eustigmaeus segnis 272
Eutardigrada 80, 81, 82, 93
Euterpnosia 1614, 1620, 1625
Euterpnosia chibensis 1620, 1625
Euterpnosia iwasakii 1620, 1625
Euterpnosia okinawana 1620, 1625
Eutogenes 237, 300
Eutogenes narashinoensis 269
Eutrichodesmus 950, 957, 977
Eutrichodesmus armatus 950, 983
Eutrichodesmus elegans 957, 966
Eutrichodesmus nodulosus 957
Eutrichodesmus peculiaris 957
Eutrichodesmus silvaticus 957
Eutrombidiidae 215, 246, 247, 306
Eutrombidium 247, 306
Eutrombidium asiaticum 281
eutypus, Scotinotylus 819
Evadorhagidia 222, 292
Evadorhagidia sp. 259
evansi, Liochthonius 418, 514, 596
Evansia 773, 775, 849
Evarcha 806, 866
Evarcha albaria 835
Evimirus 192
Evimirus uropodinus 179
Eviphididae 160, 192
Exallonicus 1001, 1018, 1058
Exalloniscus cortii 1018, 1043, 1058
Exalloniscus tuberculatus 1018, 1059
Exechesops leucopis 1728
exilis, Mixacarus 422, 517, 600
exornata, Floronia 822
Exothorhis 213, 302
Exothorhis okinawana 271
exotica, Ligia 1002, 1035, 1052
expansa, Coronoquadroppia 455, 552, 650
expansilabris, Placeophaedusa 1872
expansus, Megeremaeus 357, 543, 637
experta, Tallusia 822
externus, Liacarus 441, 541, 633
extremiorientalis, Boletoglyphus 323, 336, 342
ezoensis, Deuterosminthurus 1408, 1430
ezoensis, Folsomia 1259, 1276

ezoensis, Himalanura 1369, 1388
ezoensis, Mahunkiella 263
ezoensis, Nothrus 428, 528, 614, 709
ezoensis, Pteronychella 1266, 1298
ezoensis, Punctoribates 400, 575, 675
Ezohelix 1863, 1889
Ezohelix gainesi 1875
ezomontana, Neanura (Deutonura) 1192, 1230
ezteka, Calorema 275

[F]

facialis, Cryptotympana 1622, 1623, 1625
Fagepauropus 928, 937
Fagepauropus ishii 928, 931, 937
Falcaryus 882, 907
Falcaryus nipponicus 894
falcifera, Riukiaria 984
Falcileptoneta 747, 839
Falcileptoneta sp. 811
Fanniidae 1755, 1765, 1771
farinosus, Phroliodes 533
farinosus, Poroliodes 376, 621
fasciata, Glipa 1725
fasciata, Ramusella 453, 551, 649
fasciatum, Prostemma 1659
fasciatus, Gephyrazetes 407, 574, 674
fascipes, Dianemobius 1569
fauna, Anahita 829
faurnierae, Dolichothrombium 284
favus, Neocypholaelaps 184
feminea, Ummeliata 819
fennica, Oribotritia 504, 521, 606
Feroxides 33, 67
ferrugineum, Pachymerium 894
fervida, Pheidole 1824
Fessonia 242, 304
Fessonia taylori 275
festivus, Asianellus 834
Filientomon 1491, 1506, 1526
Filientomon gentaroanum 1506, 1518, 1526
Filientomon kurosai 1506, 1518, 1526
Filientomon lubricum 1506, 1518, 1526
Filientomon takanawanum 1506, 1517, 1526
filiformis, Parapyroppia 391, 540, 632
Filistata 733, 840
Filistata marginata 811
Filistatidae 733, 840
fimetaria, Folsomia 1259, 1278
fimetarius, Stylochirus 178
finitimus, Lethemurus 1314, 1334
fiscus, Isotomodes 1260, 1284
Fissicepheus 393, 468, 657
Fissicepheus amabilis 468, 560, 657
Fissicepheus clavatus 469, 561, 658
Fissicepheus corniculatus 469, 561, 658
Fissicepheus coronarius 469, 561, 658
Fissicepheus curvisetosus 469, 561, 657
Fissicepheus defectus 468, 560, 657
Fissicepheus gracilis 469, 561, 658, 714
Fissicepheus haradai 468, 560, 657
Fissicepheus mitis 468, 560, 657
Fissicepheus nakanei 468, 560, 657
Fissicepheus vicins 469, 560, 657
fissuricola, Stigmaeus 273
flabellifera, Galumna 497, 586, 690
Flabellorhagidia 222, 293
Flabellorhagidia pecki 260
flagellaris, Ramusella 453, 551, 648
flagellata, Nannolene 964, 981
flagellifera, Suctobelbella 465, 558, 655
Flagroscutobelba 459, 395, 653
Flagrosuctobelba elegantula 460, 556, 654, 714
Flagrosuctobelba hastata 459, 555, 654
Flagrosuctobelba ibarakiensis 459, 555, 653
Flagrosuctobelba kantoensis 460, 556, 654

Flagrosuctobelba lata 460, 556, 654
Flagrosuctobelba naginata 460, 556, 654
Flagrosuctobelba nipponica 459, 653
Flagrosuctobelba plumosa 459, 555, 653
Flagrosuctobelba solita 460, 556, 654
Flagrosuctobelba verrucosa 459, 555, 653
flammatus, Lyristes 1621, 1623, 1625
flammeus, Liacarus 441, 541, 634
flava, Myrmecina 1824
flavescens, Allonychiurus 1148, 1162
flavescens, Pogonognathellus 1314, 1320
flaviceps amamianus, Reticulitermes 1581, 1585, 1587
flavicollis, Diplatys 1576
flavidorsalis, Taira 812
flavidus, Mystrothrips 1596, 1604
flavillus, Temenothrips 1606
flavipes, Nylanderia 1821
flavocapitatus, Paratimomenus 1568, 1578
flavomaculata, Euryopis 828
flavus, Holothrips 1604
flavus, Limax 1876
fletcheri, Challia 1576
flexifemoratum, Parobisium 110, 113, 117
flexus, Epidamaeus 437, 535, 625, 710
floralis, Momonalis 1682
floralis, Pseudoamerioppia 399, 550, 648
floridensis, Merothrips 1598
Floronia 786, 790, 849
Floronia exornata 822
fodinarum, Neanura (Deutonura) 1193, 1232
folium, Epidamaeus 437, 535, 625
folsomi, Orthonychiurus 1148, 1160
Folsomia 1259, 1276
Folsomia bidentata 1259, 1276
Folsomia candida 1259, 1278
Folsomia ezoensis 1259, 1276
Folsomia fimetaria 1259, 1278
Folsomia hidakana 1259, 1278
Folsomia inoculata 1259, 1276
Folsomia kuramotoi 1260, 1282
Folsomia minipunctata 1259, 1278
Folsomia octoculata 1260, 1282, 1474
Folsomia ozeana 1260, 1280
Folsomia quadrioculata 1280
Folsomia quadrioculata complex 1260
Folsomia riozoyoshiii 1260, 1280
Folsomia similis 1260, 1280
Folsomides 1261, 1282
Folsomides cf. *petiti* 1261, 1282
Folsomides parvulus 1261, 1282, 1474
Folsomides pusillus 1261, 1284
Folsomina 1259, 1276
Folsomina onychiurina 1259, 1276
forcipata, Sinopoda 829
Forcipomyiinae 1751, 1763
Forficula hiromasai 1568, 1578
Forficula mikado 1568, 1577
Forficula scudderi 1568, 1569, 1578
Forficulidae 1566, 1577
Formica 1791, 1793, 1803
Formica hayashi 1821
Formicidae 1777-1779, 1799
Formiciinae 1779, 1790, 1792-1794, 1802
formosana, Paranura 1194, 1232
formosana, Quinquoppia 397, 549, 645, 713
formosana, Willowsia 1369, 1388
Formosanochiurus 1148, 1160
Formosanochiurus nipponicus 1148, 1160
formosanus, Coptotermes 1581, 1582, 1584, 1587
formosanus, Odontotermes 1581, 1583, 1584, 1587
Formosatettix larvatus 1563, 1573
formosus, Acutozetes 401, 584, 688
Fornax nipponicus 1720
fortisensillus, Epidamaeus 437, 536, 625
fortisus, Decapauropus 925, 935

fortunei, *Pectocera* 1720
Fosseremus 382, 639
Fosseremus laciniatus 382, 545, 639
Foveacheles 221, 293
Foveacheles osloensis 261
foveolatus, *Hoplophthiracarus* 506, 523, 608
foveolatus, *Mixacarus* 422, 517, 600
fragaria, *Conothele* 809
fragilis, *Alicorhagia* 286
fragilis, *Dagamaea* 1262, 1288
fragilis, *Epidamaeus* 436, 535, 625
fragilis, *Nipponochloritis* 1874
Fridericia 1898, 1901
Friesea (*Conotelsa*) 1179
Friesea (*Conotelsa*) *oshoro* 1179, 1208
Friesea (*Conotelsa*) *pacifica* 1179, 1206
Friesea (*Friesea*) 1179
Friesea (*Friesea*) *japonica* 1179, 1206
Friesea 1206
Friesea japonica 1475
Frieseinae 1172, 1178, 1179, 1206
frondifer, *Gehypochthonius* 413, 510, 592
frondosa, *Cosmohermannia* 382, 530, 617
frondosa, *Suctobelbella* 463, 557, 655
frondosus, *Gibbicepheus* 474, 565, 661
fruhstorferi, *Meghimatium* 1876
Fujientomon 1487, 1524
Fujientomon primum 1487, 1515
fujiformis, *Tenuialodes* 445
fujikawae, *Oripoda* 489, 580, 682
fujisana, *Ceratophysella* 1116, 1128
fujisana, *Isotomiella* 1263, 1292
fujisanum, *Yamatentomon* 1506, 1518, 1527
fujisanus, *Vulgarogamasus* 177
fujiyamai, *Homidia* 1368, 1386
fukugakuchiana, *Schaefferia* 1114, 1124
fukushimaensis, *Eniochthonius* 414, 511, 593
fuliginosa, *Allecula* 1726
funagata, *Anaspis* 1727
fungivorus, *Mycetoglyphus* 321, 333, 341
furunoi, *Eosentomon* 1497, 1511, 1521
fusca, *Gymnodampia* 448, 546, 641
fusca, *Neolinyphia* 825
fuscatum, *Bipalium* 4, 6, 7
fuscicornis, *Granulilimax* 1876
Fusciphantes 785, 789, 849
Fusciphantes longiscapus 822
fuscus, *Paranonychus* 132, 139
fusiformis, *Tenuialoides* 543, 637

[G]
Gagrellinae 129, 144
gainesi, *Ezohelix* 1875
galba, *Liochthonius* 419, 515, 597
Galloisiana chujoi 1564
Galloisiana kiyosawai 1564, 1575
Galloisiana nipponensis 1564, 1569, 1575
Galloisiana notabilis 1564
Galloisiana yazoensis 1564, 1575
Galloisiana yuasai 1564, 1575
Galumna 411, 497, 690
Galumna chujoi 497, 586, 690
Galumna cuneata 497, 586, 690
Galumna flabellifera 497, 586, 690
Galumna granalata 497, 586, 690
Galumna longiporosa 497, 586, 690
Galumna planiclava 497, 586, 690
Galumna tokyoensis 497, 586, 690
Galumna triquetra 497, 586, 690
Galumnella 367, 500, 692
Galumnella nipponica 500, 589, 692
Galumnella okinawana 500, 589, 692
Galumnellidae 367, 692
Galumnidae 367, 410, 689
Gamasellodes 195
Gamasellodes insignis 184
Gamasellus 164, 191
Gamasellus plumosus 178

Gamasholaspis 193
Gamasholaspis communis 181
Gamasida 153-156, 177-189
Gamasiphis 164, 191
Gamasiphis sp. 178
Gamasolaelaps 163, 190
Gamasolaelaps ctenisetiger 178
Gamasomorpha 746, 747, 838
Gamasomorpha cataphracta 810
gammatus, *Liacarus* 442, 541, 634
Garypidae 111, 118
Garypus japonicus 111, 115, 118
Gastrocopta (*Sinalbinula*) *armigerella* 1868
Gastrocopta 1857, 1881
Gastropoda 1833, 1834, 1865-1877
Gastrotheellus notabilis 1548
Gastrotheellus 属 1545, 1550
Gehypochthoniidae 351, 592
Gehypochthonius 351, 413, 592
Gehypochthonius frondifer 413, 510, 592
Gehypochthonius rhadamanthus 413, 510, 592
Gelastocoridae 1650, 1661
geminus, *Chamobates* 366, 575, 675
gentaroanum, *Filientomon* 1506, 1518, 1526
gentilis, *Hypophloeus* 1726
Geocoris proteus 1660
Geoica 1639, 1645
Geoica lucifuga 1642
Geonemertes pelaensis 13, 14
Geophilidae 873, 907
Geophilomorpha 873, 874, 906
Geophilus 884, 907
Geophilus sp. 895
Geoplana 3
Geoplana mixopulla 3
Geoplanidae 5
Geoplaninae 5, 8
Geoplanoidea 5
Georgia 248, 307
Georgia sp. 282
Georissa 1835, 1877
Georissa japonica 1865
Georissidae 1669, 1683
geotrupes, *Alliphis* 179
Geotrupidae 1669, 1685
Gephyrazetes 407, 674, 407
Gephyrazetes fasciatus 574, 674
Gerridae 1657
Ghilarovus 387, 629
Ghilarovus saxicola 387, 538, 629
gibba, *Hermannia* 432, 531, 618
gibber, *Phthiracarus* 508, 524, 609
Gibberathrix 1412, 1440
Gibberathrix tsugaensis 1412, 1440
gibberum, *Gnathonarium* 820
Gibbicepheus 386, 474, 661
Gibbicepheus frondosus 474, 565, 661
Gibbicepheus micheli 474, 565, 662
gibbifer, *Tmeticodes* 821
gigantea, *Apolohmannia* 380, 518, 602, 707
gigantea, *Lepidosira* 1369, 1390
gigas, *Sipalinus* 1728
gigliotosi, *Lucasioides* 1023, 1045, 1059
gilvipes, *Hafenrefferia* 445, 543, 636
gilvipunctata gilvipunctata, *Morulina* 1187, 1222
gilvipunctata irrorata, *Morulina* 1187, 1222
gilvipunctata, *Morulina* 1187
glaber, *Ochetellus* 1819
glaber, *Otostigmus* 878, 904
gladiator, *Hypechiniscus* 88
glandurosa, *Durenia* 280
glandurosa, *Trombella* 280
Glipa fasciata 1725
glomerans, *Thaumatopauropus* 921, 933
Glomerida 944, 969

Glomeridae 944, 969
Glycyphagidae 318, 339
Glycyphagus 318, 340
Glycyphagus destructor 320, 330, 340
Glycyphagus domesticus 320, 329, 340
Glyghesis cottonae 818
Glyphesis 777, 778, 850
Glyphiulus 953, 970
Glyphiulus septentrionalis 964, 981
Glyptholaspis 192
Glyptholaspis confusa 180
Gnaphosa 796, 862
Gnaphosa komprensis 830
Gnaphosidae 743, 744, 796, 802, 804, 861
Gnathonarium 765, 768, 850
Gnathonarium gibberum 820
golosovae, *Gozmanyina* 372, 516, 598
Gonatium 763, 764, 850
Gonatium arimaense 817
Gongylidiellum 777, 778, 850
Gongylidioides 766, 768, 850
Gongylidioides cucullatus 820
Gonocephalum recticolle 1726
Gonolabis distincta 1567, 1576
Gonolabis marginalis 1567, 1577
gorhami, *Endomychus* 1723
gorhami, *Epicauta* 1727
gotoensis, *Agnara* 1028, 1047, 1061
gouldi, *Phaedusa* (*Breviphaedusa*) 1871
Goyoppia 397, 644
Goyoppia sagami 397, 548, 645, 712
gozennyamensis, *Stylopauropus* 926, 936
Gozmanyina 372, 598
Gozmanyina golosovae 372, 516, 598
Gracilentulus 1504, 1525
Gracilentulus aokii 1504, 1515, 1525
Gracilentulus chichibuensis 1504, 1516, 1525
gracilipes, *Anoplolepis* 1820
gracilipes, *Diplomaragna* 965
gracilis, *Acrotocepheus* 470, 561, 658
gracilis, *Bathyphantes* 824
gracilis, *Cheletomimus* (*Hemicheyletia*) 269
gracilis, *Fissicepheus* 469, 561, 658, 714
gracilis, *Hypogastrura* 1118, 1136, 1477
gracilis, *Multioppia* 450, 547, 643
gracilis, *Oxidus* 943, 966, 983
gracilis, *Protoribates* 490, 581, 684, 716
gracilis, *Sellnickochthonius* 416, 513, 595
gracilispira, *Tyrannophaedusa* (*Aulacophaedusa*) 1870
gracilliseta, *Desoria* 1270, 1304
graminicola, *Hylyphantes* 821
granalata, *Galumna* 497, 586, 690
Grananurida 1214
Grananurida tuberculata 1214
granarius, *Sitophilus* 1682
grandaeva, *Estrandia* 824
grandicollis, *Acrotrichis* 1679
grandis, *Allosuctobelba* 456, 553, 651
grandis, *Anachipteria* 480, 570, 669
grandis, *Melanopa* 137, 144
grandis, *Peloribates* 492, 582, 686
Grandjeanella 227, 295
Grandjeanellina nova 263
grandjeani, *Akrostomma* 263
grandjeani, *Smaris* 275
Grandjeanicidae 252, 308
Grandjeanicus 252, 308
Grandjeanicus sp. 286
Granisotoma 1264, 1296
Granisotoma rainieri 1264, 1296
Granisotoma sadoana 1264, 1296
Granonchulus 44, 71
granulata, *Cycloppia* 454, 551, 648, 714
granulata, *Kalaphorura* 1146, 1154
granulata, *Pergalumna* 499, 588, 691
granulatus, *Adorybiotus* 89
granuliala, *Trichogalumna* 498, 587, 691
granuliferus, *Tylos* 998, 1051, 1065

Granulilimax 1845, 1890
Granulilimax fuscicornis 1876
granulosus, Ampelodesmus 965
Graphomya 1756, 1768
Graptoppia 399, 454, 649
Graptoppia arenaria 454, 552, 649
Graptoppia crista 454, 552, 649, 714
Graptopsaltria 1614, 1619, 1624
Graptopsaltria bimaculata 1619, 1624
Graptopsaltria nigrofuscata 1619, 1623, 1624
Grassatores 123, 139
gravidus, Diplocephalus 819
gressiti, Tuberostoma 259
grewia, Krantzlorryia 268
Gryllacridoidea 1559
Gryllidae 1560, 1572
Grylloblattidae 1564, 1575
Grylloblattodea 1555, 1556, 1564, 1575
Grylloidea 1559, 1560
Gryllotalpa orientalis 1569
Gryllotalpidae 1559, 1572
Gryllotalpoidea 1559
Grypoceramerus 384, 641
Grypoceramerus acutus 384, 546, 641, 712
guadarramicus, Niphocepheus 360, 537, 628
guamus koshiyamai, Lamyctes 893
gul, Plutomurus 1318, 1330
gulosus, Creugas 833
Gustavia 357, 440, 633
Gustavia aominensis 440, 540, 633, 711
Gustavia microcephala 440, 540, 633
Gustaviidae 357, 632
guttata, Tapinopa 822
guttigera, Rhabdoblatta 1558, 1570
Gymnodamaeidae 354, 376, 623
Gymnodampia 384, 448, 641
Gymnodampia australis 448, 546, 641
Gymnodampia crassisetiger 448, 546, 641
Gymnodampia fusca 448, 546, 641
Gymnodampia insularis 448, 546, 641

[H]
habei, Arrhopalites 1406, 1422
hachijoensis, Burmoniscus 1017, 1043, 1058
hachijoensis, Ligia 1003, 1035
hachijoensis, Lucasioides 1023, 1045, 1059
hachijoensis, Olibrinus 1007, 1039, 1055
hachijoensis, Spherillo 1034, 1051, 1064
Haematoloecha nigrorufa 1659
haemorrhoidalis, Heliothrips 1598
Hafenrefferia 410, 445, 636
Hafenrefferia acuta 445, 543, 636
Hafenrefferia gilvipes 445, 543, 636
hahajimensis, Spherillo 1032, 1051, 1064
Hahnia 756, 842
Hahnia corticicola 813
Hahniidae 737, 756, 842
hajijoensis, Ligia 1053
hakodadiense, Hemipoma 1865
hakonensis, Protoribates 491, 581, 684
hakonensis, Trimalaconothrus 425, 528, 613
halacaroides, Bonzia 257
Halisotoma 1268, 1302
Halisotoma maritima 1268, 1302
Halofriesea 1179, 1206
Halofriesea kuroshio 1179, 1206
halophila, Yuukianura 1197, 1240
Halophilosciidae 1001, 1056
Halotydeus 225, 294
Halotydeus sp. 262
hamata, Autogneta 448, 546, 642
hamatus, Atropacarus 505, 522, 607
hamatus, Hoplophthiracarus 506, 523, 608
Hammenia 221, 291
Hammenia sp. 259
hammerae, Quadroppia 455, 552, 650
Hammerella 397, 645
Hammerella pectinata 397, 548, 645
Hammeroppia 亜属 450
Haplochthoniidae 350, 598
Haplochthonius 350, 598
Haplochthonius muscicola 350, 516, 599
Haplodesmidae 950, 957, 977
Haplodrassus 799, 861
Haplodrassus kanenoi 830
Haplogonosoma 959, 977
Haplogynae 838
Haplophthalmus 1005, 1054
Haplophthalmus danicus 1005, 1038, 1054
Haplotaxida 1896, 1900
Haplothrips 1595, 1603
Haplothrips kurdjumovi 1600
Haplothrips nipponicus 1604
Haplozetidae 364, 365, 400, 685
haradai, Adrodamaeus 434, 534, 623
haradai, Austrocarabodes 473, 564, 661
haradai, Fissicepheus 468, 560, 657
haradai, Pseudophiloscia 1013, 1041, 1057
haramachiensis, Peloribates 493, 583, 686
hardyi, Pedrocortesella 434, 533, 622
harimensis, Chamalycaeus 1865
Harlomillsia 1339, 1342
Harlomillsia oculata 1339, 1342
harmandi, Anechura (Odontopsalis) 1568, 1577
Harmochirus 805, 866
Harmochirus insulanus 835
haroldi, Ancyrona 1721
Harpacticoida 987, 988, 990-993
harunaensis, Pergalumna 500, 588, 692
harunire, Eriosoma 1642
hasegawai, Spherillo 1033, 1050, 1063
Haslundichilis 1543, 1549
Haslundichilis sp. 1546
hastata, Flagrosuctobelba 459, 555, 654
hastata, Pergalumna 500, 588, 692
hastatus, Eremulus 446, 544, 638
Hawaiia 1838, 1886
Hawaiia minuscula 1873
hawarthi, Elliotta 261
hayashi, Formica 1821
hayashii, Lamprobyrrhulus 1719
hayashii, Synchita 1724
hebescens, Porrhomma 824
Hebridae 1657, 1661
Hebrus nipponicus 1659
hedleyi, Oligozaptyx 1869
Heleomyzidae 1761, 1768, 1773
Helicarinidae 1838, 1882
Helicinidae 1835, 1840, 1877
Helicius 808, 865
Helicius yaginumai 834
Helicorthomorpha 958, 976
Helicorthomorpha holstii holstii 966, 983
Helicotylenchus erythrinae 52
Heliophanus 808, 866
Heliophanus ussuricus 834
Heliothrips 1593, 1601
Heliothrips haemorrhoidalis 1598
Helminthomorpha 944, 969
Hemicriconemoides 36, 70
Hemicycliophora 35, 36
Hemicycliophoridae 35, 36, 70
Hemienchytraeus 1898, 1901
Hemileiidae 360, 390, 678
Hemileius 390, 487, 678
Hemileius clavatus 487, 578, 678
Hemileius tenuis 487, 578, 679
Heminothrus 377, 430, 616
Heminothrus minor 430, 529, 616
Heminothrus similis 430, 529, 616, 709
Heminothrus targionii 430, 530, 616
Hemipoma 1840, 1877
Hemipoma hakodadiense 1865
Hemiptera 1611, 1612, 1624, 1631, 1637, 1649
hemipterus, Togo 1660
hemisphericus, Aphanocephalus 1681, 1723
Hemizaptyx 1853, 1886
Hemizaptyx pinto 1872
hengsungica, Discroconemella 53
Henicopidae 874, 902
Henicopinae 875, 902
Henlea 1899, 1902
Heptathela 745, 837
Heptathela kimurai 809
Herbiphantes 786, 789, 850
Herbiphantes cericeus 823
herbosa, Neriene 826
herklotsi, Cyclophorus 1866
Hermannia 383, 432, 618
Hermannia convexa 432, 531, 618
Hermannia gibba 432, 531, 618
Hermannia hokkaidensis 432, 531, 618, 709
Hermanniella 375, 432, 619, 620
Hermanniella aristosa 432, 532, 620
Hermanniella sp. 432, 532, 619, 710
Hermanniella todori 432, 532, 619
Hermanniella yasumai 432, 532, 620
Hermanniellidae 352, 375, 619
Hermanniidae 354, 383, 618
Hermatobatidae 1657
Hersilia 737, 841
Hersilia sp. 813
Hersiliidae 737, 841
Hesperentomon 1493, 1524
Hesperentomon kuratai 1493, 1515
Heterobelba 352, 640
Heterobelba stellifera 352, 545, 640
Heterobelbidae 352, 640
Heteroderidae 37, 38, 53, 68
Heteroderinae 38, 68
Heteroleius 390, 678
Heteroleius planus 390, 577, 678
Heterolepisma 1544, 1550
Heterolepisma dispar 1547
Heteromurus (Alloscopus) tenuicornis 1371, 1394
Heteromurus 1371, 1394
Heteromurus tenuicornis 1471
Heteroonopus 746, 838
Heteroonopus spinimanus 810
Heteropoda 795, 861
Heteroptera 1611, 1649, 1650, 1658-1661
heterosetiger, Neoxenillus 392, 543, 636
Heterosminthurus 1408, 1430
Heterosminthurus insignis 1409, 1430
Heterosminthurus itakoensis 1409, 1430
Heterosminthurus kiianus 1409, 1432
Heterosminthurus nymphes 1409, 1432
Heterosminthurus pirika 1409, 1432
heterospinifer, Camisia 429, 615
heterospinosa, Bristowia 835
Heterostigmatina 209, 288
Heterotardigrada 79, 82, 92
Heteroteneriffia 238, 301
Heteroteneriffia marina 271
Heterozaptyx 1853, 1886
Heterozaptyx munus 1872
Hexamerocerata 919
Hexapoda 1485, 1531, 1541, 1555, 1581, 1591, 1611, 1612, 1631, 1637, 1649, 1667, 1699, 1745, 1777
Hexathelidae 732, 837
Hexatylina 34, 70
hickonis, Mesophaedusa 1872
hidakana, Folsomia 1259, 1278
hidana, Lobella (Coecoloba) 1201, 1248
hiemalis, Brachystomella 1176, 1202
higashihirajii, Ptenothrix 1415, 1446
higenaga, Hygropoda 814
higoensis, Triautogneta 448, 547, 642
higumai, Ptenothrix 1414, 1442
hikosanensis, Dicornua 817

Hilaira 779, 780, 850	*Homaloproctus* 1145, 1150	*Hybalicus peraltus* 208, 254, 288
hilleri, Pseudocolenis 1718	*Homaloproctus sauteri* 1145, 1150, 1476	*Hybalicus silvicolous* 208, 254, 288
Himalanura 1369, 1388	*Homeopronematus* 231, 232, 297	*Hybodillo* 1030, 1063
Himalanura ezoensis 1369, 1388	*Homeopronematus vidae* 266	*Hybodillo ishiii* 1030, 1049, 1063
Himalaphantes 779, 850	*Homeotydeus* 236, 299	*Hydatothrips* 1593, 1602
Himalphalangium 143	*Homeotydeus cumbrensis* 268	*Hydatothrips abdominalis* 1598
Himalphalangium spinulatum 137, 143	*Homidia* 1382	Hydrocenidae 1835, 1877
Himantariidae 876, 906	*Homidia amethystinoides* 1368, 1386	*Hydrometra albolineata* 1658
Hinomotentomon 1493, 1524	*Homidia chrysothrix* 1368, 1386	Hydrometridae 1657, 1661
Hinomotentomon nipponicum 1493, 1515	*Homidia fujiyamai* 1368, 1386	*Hydronothrus* 379, 423, 609
Hippasa 759, 845	*Homidia munda* 1367, 1384	*Hydronothrus longisetus* 423, 525, 610
Hippasa babai 815	*Homidia nigrocephala* 1368, 1384	*Hydronothrus taisetsuensis* 423, 525, 610
hiranoi, Cryptophilus 1681	*Homidia rosannae* 1368, 1388	Hydrophilidae 1669, 1683, 1701, 1731
hirasei hirasei, Platyrhaphe 1866	*Homidia sauteri* 1368, 1386	Hydrophiloidea 1669
hirasei, Oxyloma 1868	*Homidia socia* 1367, 1384	*Hygrolycosa* 757, 845
hirasei, Zaptyx 1869	*Homidia sotoi* 1367, 1382	*Hygrolycosa umidicola* 815
hirashimai, Hypselosoma 1658	*Homidia yoshiii* 1367, 1384	*hygrophila, Trichogalumna* 498, 587, 690
hirashimai, Oudemansia 1180, 1210	*hondoensis, Odontodrassus* 830	*Hygropoda* 756, 844
hirauchiae, Suctobelbata 457, 554, 652	*Hondoniscus* 1005, 1054	*Hygropoda higenaga* 814
hirokous, Protoribates 490, 683	*Hondoniscus kitakamiensis* 1005, 1037, 1054	*Hyidiothrips* 1594, 1604
hiromasai, Forficula 1568, 1578	*Hondoniscus mogamiensis* 1005, 1037, 1054	*Hyidiothrips japonicus* 1599, 1604
hiroshianum, Eosentomon 1498, 1511, 1522	*honshuensis, Diapterobates* 484, 573, 673	*Hyidiothrips nirasawai* 1604
hiroyoshii, Cosmogalumna 496, 585, 689, 716	*hoosi, Mallinella* 814	*Hylecoetus dermestoides* 1721
Hirstiosoma 241, 303	*Hoplandrothrips* 1595, 1604	*Hyleoglomeris* 944, 969
Hirstiosoma sp. 274	*Hoplandrothrips ochraceus* 1600, 1604	*Hyleoglomeris insularum* 964
Hirstiothrombium 245, 305	*Hoplitocoris lewisi* 1658	*Hyleoglomeris* sp. 981
Hirstiothrombium sp. 279	*Hoplocheylus* 209, 289	*Hylurgops* sp. 1728
hirsuta, Masthermannia 382	*Hoplocheylus discalis* 255	*Hylyphantes* 766, 769, 850
hirsutus, Papillacarus 422, 517, 601, 708	Hoplolaimidae 37, 52, 69	*Hylyphantes graminicola* 821
hirticornis, Quedius 1679	Hoplonemertea 13, 14	*Hymenaphorura* 1145, 1152
Hirudisomatidae 948, 955, 973	*Hoplophorella* 亜属 368	*Hymenaphorura* spp. 1145, 1152
Histeridae 1669, 1683, 1701, 1729, 1731	*Hoplophthiracarus* 368, 506, 607	*Hymenaphorura watanabei* 1145, 1152
Histerinae 1671	*Hoplophthiracarus cristatus* 506, 523, 607	Hymenoptera 1777, 1799
Histiogaster 324, 343	*Hoplophthiracarus foveolatus* 506, 523, 608	*hyonosenensis, Desoria* 1269, 1304
Histiogaster arbosignis 324, 338, 343	*Hoplophthiracarus hamatus* 506, 523, 608	*Hypechiniscus* 83, 92
Histiogaster robustus 324, 338, 343	*Hoplophthiracarus illinoisensis* 506, 523, 608	*Hypechiniscus gladiator* 88
Histiogaster rotundus 324, 343	*Hoplophthiracarus inoueae* 506, 523, 608	*Hypera nigrirostris* 1728
Histiostoma 318, 339	*Hoplophthiracarus insularis* 506, 523, 607	*Hypoaspis (Coleolaelaps)* 197
Histiostoma humidiatus 318, 328, 339	*Horatocera niponica* 1720	*Hypoaspis (Coleolaelaps) longisetatus* 186
Histiostomatidae 318, 339	*horazumi, Tachycines* 1569	*Hypoaspis (Cosmolaelaps)* 197
hitakami, Eosentomon 1494, 1509, 1521	*horiomphala, Videnoida* 1873	*Hypoaspis (Cosmolaelaps) hortensis* 186
hitakamiensis, Pseudachorutes 1182, 1212	*horrida, Camisia* 429, 529, 615	*Hypoaspis (Euandrolaelaps)* 197
Hitobia 800, 862	*horrida, Ceratophysella* 1115, 1126	*Hypoaspis (Euandrolaelaps) yamauchii* 186
Hitobia unifascigera 831	*horridus* グループ 417, 596	*Hypoaspis (Gaeolaelaps)* 197
hiurai, Spherillo 1032, 1050, 1063	*hortensis, Bourletiella* 1408, 1428	*Hypoaspis (Gaeolaelaps) mohrii* 187
Hodotermopsis japonica 1582, 1584, 1586	*hortensis, Hypoaspis (Cosmolaelaps)* 186	*Hypoaspis (Hypoaspis)* 197
Hoffmaneumatidae 949, 975	*horvathi, Scotinophara* 1660	*Hypoaspis (Hypoaspis) allomyrinatus* 186
hogai, Copriphis 180	*hoshikawai, Armadilloniscus* 1010, 1040, 1056	*Hypoaspis (Julolaelaps)* 198
hojoensis, Neoteneriffiola 271	*hosiziro, Sergiolus* 831	*Hypoaspis (Julolaelaps) parvitergalis* 187
Hokkachipteria 409, 670	*hozawai, Serroderus* 1345, 1346	*Hypoaspis (Pneumolaelaps)* 198
Hokkachipteria alpestris 409, 570, 670	*hualienensis, Chamberlinius* 966, 983	*Hypoaspis (Pneumolaelaps)* sp. 187
hokkaidensis, Hermannia 432, 531, 618, 709	*hufelandi, Macrobiotus* 89	*Hypoaspis (Stratiolaelaps)* 198
hokkaido, Callobius 812	*hughesi, Cosmoglyphus* 322, 333, 341	*Hypoaspis (Stratiolaelaps) miles* 187
hokkaidoensis, Suctobelbella 466, 558, 656	*Huhentomon* 1492, 1524	Hypochthoniidae 351, 375, 592
hokkaiensis, Eueremaeus 445, 637	*Huhentomon plicantunguis* 1514	*Hypochthonius* 375, 413, 592
hokurikuensis, Mongoloniscus 1025, 1046, 1061	*Huhentomon plicantunguis haradai* 1492	*Hypochthonius luteus* 413
Holaspina 193	*humeratus, Epieremulus* 361, 546, 641	*Hypochthonius montanus* 413, 593
Holaspina trifurcatus 182	*Humerobates* 366, 675	*Hypochthonius rufulus* 511, 593
Holaspulus 193	*Humerobates varius* 366, 575, 675	*Hypocoelotes* 753, 842
Holaspulus omogoensis 181	Humerobatidae 366, 675	*Hypogastrura* 1113, 1134
Holcotrombidium 249, 307	*humicola, Platorchestia* 1072, 1079, 1087	*Hypogastrura aterrima* 1118, 1136
Holcotrombidium dentipile 283	*humidiatus, Histiostoma* 318, 328, 339	*Hypogastrura bokusi* 1119, 1138
Holocompsa nitidula 1557, 1570	*humile, Linepithema* 1819	*Hypogastrura gracilis* 1118, 1136, 1477
holosericeum, Trombidium 284	*Humua* 802, 864	*Hypogastrura itaya* 1118, 1136
Holosomata 609	*Humua takeuchii* 833	*Hypogastrura iwamurai* 1119, 1138
Holostaspella 192	*hungaricus, Sellnickochthonius* 415, 512, 594	*Hypogastrura manubrialis* 1119, 1140
Holostaspella bifoliata 180	*hutan, Silvestridia* 1489, 1515	*Hypogastrura nemoralis* 1118, 1138
Holostrophus orientalis 1724	*Hyadesia* sp. 328	*Hypogastrura paradoxa* 1118, 1134
Holothrips 1594, 1604	*Hyalessa* 1614, 1626	*Hypogastrura reticulata* 1118, 1136
Holothrips flavus 1604	*Hyalessa maculaticollis* 1614, 1626	*Hypogastrura* sp. 1477, 1478
holotrema, Pictophaedusa 1871	*Hybalicus* 207, 208, 288	*Hypogastrura theeli* 1119, 1140
holsaticum, Chrysonema 52	*Hybalicus lateritius* 208, 254, 288	*Hypogastrura tsukubaensis* 1118, 1138
holstii holstii, Helicorthomorpha 966, 983	*Hybalicus multifurcatus* 208, 254, 288	Hypogastruridae 1102, 1106, 1111, 1120, 1477
holstii, Arrup 895		*Hypomma* 762, 763, 850
Holurothrips 1594, 1603		*Hypomma affine* 818
Holurothrips morikawai 1599, 1603		*Hypophloeus gentilis* 1726

— 1916 —

Hypoponera 1782, 1797, 1812	*inermis, Choreutinula* 1113, 1124	*ishii, Occasjapyx* 1534, 1536, 1538
Hypoponera beppin 1827	*inermis, Dactyloscirus* 258	*ishii, Pedetontinus* 1547
Hypselistes 762, 764, 850	*infrequens, Dolicheremaeus* 467, 559, 657	*ishii, Hybodillo* 1030, 1049, 1063
Hypselistes asiaticus 817	*infurcatus, Decapauropus* 924, 935	*ishiii, Pseudanisentomon* 1503, 1514, 1523
Hypselosoma hirashimai 1658	*infuscata, Pseudachorutes* 1182, 1212	*ishikawai, Coecobrya* 1363, 1374
Hypselostoma 1857, 1881	*infuscatus, Isotomurus* 1267, 1300	*ishikawai, Neophaedusa* 1872
Hypselostoma insularum 1868	*inoculata, Folsomia* 1259, 1276	*ishikawai, Plonaphacarus* 507, 523, 607
Hypsibiidae 85, 94	Inopeplidae 1715, 1738	*ishikawai, Protaphorura* 1147, 1158
Hypsibius 85, 94	*Inopeplus quadrinotatus* 1725	*ishikawai, Zepedanulus* 140
hystricinus, Palaeacarus 372, 510, 591, 707	*inoueae, Hoplophthiracarus* 506, 523, 608	*ishizuchiensis, Pachylaelaps* 182
	Insculptoppia 亜属 453	*Isohypsibius* 85, 95
[I]	*Insculptoppiella* 亜属 453	*Isohypsibius eplenyensis* 91
Iibarakiensis, Decapauropus 925, 935	*insecticeps, Ummeliata* 819	*Isohypsibius myrops* 89
ibarakiensis, Flagrosuctobelba 459, 555, 653	*insensus, Paratanaupodus* 281	Isolaimida 39, 67
ichifusaensis, Walckenaeria 820	Insidiatores 123, 138	Isolaimidae 39, 56, 67
ichigomensis, Orsiboe 965	*insigne, Xiphinema* 51	*Isolaimium* 39, 67
Idiolorryia 235, 298	*insignis, Badumna* 812	*Isolaimium* sp. 56
Idiolorryia macquillani 267	*insignis, Gamasellodes* 184	*Isolepisma* 1544, 1550
Idiozetes 351, 668	*insignis, Heterosminthurus* 1409, 1430	*Isolepisma japonica* 1547
Idiozetes erectus 351, 569, 668, 715	*insolitus, Nippobodes* 475, 565, 662	Isometopinae 1651
Idiozetidae 351, 668	*insulana, Papuaphiloscia* 1014, 1041, 1057	*Isometrus* 100, 102
Idyophyes niponensis 1681	*insulana, Protrinemura* 1548	*Isometrus europaeus* 100, 101, 102
Idzubius 123, 139	*insulanus, Harmochirus* 835	Isopoda 997, 998, 1035-1052
Idzubius akiyamae 123, 132, 139	*insulanus, Kilungius* 126, 134, 140	Isoptera 1556, 1581-1583, 1586
ieti, Propeanura 1196, 1236	*insularis, Euparatettix* 1563, 1573	*Isotoma* 1268, 1308
igniceps, Sminthurinus 1407, 1428	*insularis, Gymnodampia* 448, 546, 641	*Isotoma carpenteri* 1271, 1308
iheyaensis, Neoliodes 433, 532, 621	*insularis, Hoplophthiracarus* 506, 523, 607	*Isotoma nishihirai* 1271, 1310
iheyaensis, Tectocepheus 476, 566, 664	*insularis, Neozercon* 177	*Isotoma ohtanii* 1271, 1308
Ikahoiulus 955, 972	*insularis, Pseudachorutes* 1181, 1212	*Isotoma pinnata* 1271, 1310
Ikahoiulus leucosoma 964	*insularis, Weintrauboa* 826	*Isotoma* sp. 1481
ikeharai, Carabodes 472, 563, 660	*insularum, Hyleoglomeris* 964	*Isotoma virgata* 1271, 1310
illinoisensis, Hoplophthiracarus 506, 523, 608	*insularum, Hypselostoma* 1868	*Isotoma viridis* 1271, 1308, 1474
imadatei, Dolicheremaeus 467, 559, 656	*insulata, Lasiobelba* 450, 549, 645, 713	Isotomidae 1103, 1249, 1257, 1474
imadatei, Oia 818	*insulivaga, Truncatellina* 1868	*Isotomiella* 1262, 1292
imadatei, Paronychiurus 1148, 1162	*integrum, Labidostoma* 263	*Isotomiella fujisana* 1263, 1292
Imadateiella 1491, 1507, 1527	*intermedia, Pergalumna* 499, 588, 691	*Isotomiella japonica* 1263, 1294
Imadateiella shideiana 1507, 1519, 1527	*intermedius, Liochthonius* 418, 514, 596	*Isotomiella tamurai* 1263, 1294
Imadateiella shiria 1507, 1519, 1527	*interpositus denticulatus, Aphaenomurus* 1317, 1328	Isotominae 1257, 1264, 1294
Imadateiella yosiiana 1507, 1519, 1527	*interpositus interpositus, Aphaenomurus* 1317, 1328	*Isotomodes* 1260, 1284
imamurai, Sabacon 131, 136, 142	*interpositus, Aphaenomurus* 1317	*Isotomodes fiscus* 1260, 1284
imbricatus, Antennoseius 183	*interrupta, Arcoppia* 451, 549, 646	*Isotomurus* 1265, 1298
immaculatus, Sellnickochthonius 416, 513, 595	*intonsus, Decapauropus* 925, 935	*Isotomurus* cf. *balteatus* 1267, 1300
immobilis, Acarus 322, 329, 340	*intrudens, Monomorium* 1824	*Isotomurus infuscatus* 1267, 1300
impar, Eosentomon 1496, 1510, 1521	*invenusta, Camisia* 429, 529, 615	*Isotomurus prasinus* 1267, 1300
impar, Prionoribatella 481, 571, 671	Iolinidae 211, 297	*Isotomurus punctiferus* 1267, 1298
imperatoria, Ceratozetella 482, 572, 672	Iotonchinae 43, 72	*Isotomurus* sp. 1474
imperfecta, Izuachipteria 409, 571, 670	*Iotonchulus* 43, 72	*Isotomurus takahashii* 1267, 1300
imperfecta, Trichogalumna 498, 587, 691	*Iotonchus* 43, 72	*itakoensis, Heterosminthurus* 1409, 1430
imperfectus, Cosmochthonius 420, 516, 598	*Iphidozercon* 194	*Itaquascon* 85, 95
imperiale, Eosentomon 1494, 1509, 1520	*Iphidozercon variolatus* 183	*Itaquascon pawlowskii* 90
Implophantes 785	*iriei, Anurida (Aphoromma)* 1185, 1220	*itaya, Hypogastrura* 1118, 1136
impressa, Scirula 257	*iriei, Paikiniana* 820	*itohi, Monotarsobius* 887, 899
Improphantes 789, 851	*iriei, Sabacon* 142	*itohi, Mundochthonius* 108
Incabates 365, 400, 492, 685	*iriomotejimana, Tubarama* 1569, 1572	*itoi, Proceratium* 1829
Incabates bunaensis 492, 582, 685	*iriomotensis, Malaconothrus* 424, 527, 612	*itoi, Yambaramerus* 384, 546, 642
Incabates dentatus 492, 582, 685	*iriomotensis, Neanura (Deutonura)* 1192, 1230	*itonis itonis, Chamalycaeus (Sigmocharax)* 1866
Incabates major 492, 582, 685	*iriomotensis, Ptenothrix* 1416, 1448	*itsukushima, Licnodamaeus* 434, 534, 623
Incabates pinicola 492, 582, 685	Ironidae 39, 56, 58	*Ityphilus* 882, 906
incisa, Ceratoppia 440, 539, 631	Ironina 58	*Ityphilus tenuicollis* 894
inconditum, Eosentomon 1495, 1510, 1521	*Ironus* 39, 58	*iwakawai, Sinoennea* 1867
incurva, Subiasella 454, 552, 649, 714	*Ironus longicaudatus* 56	*iwamurai, Hypogastrura* 1119, 1138
indentatus, Liacarus 443, 542, 634	*irrigua, Aphaenogaster* 1822	*iwasakii, Euterpnosia* 1620, 1625
indicum, Diacamma 1827	*isabellae, Parajapyx* 1534, 1536, 1538	*iwasakii, Meimuna* 1618, 1626
indioensis, Prelorryia 267	*isawaensis, Pseudachorutes* 1182, 1214	*iwatensis, Plutomurus* 1318, 1330
Indoennea 1856, 1881	Ischeloribates 404, 679	*Iwogumoa* 754, 755, 843
Indoennea bicolor 1868	*Ischeloribates lanceolatus* 404, 578, 679	*iyoense, Ligidium (Ligidium)* 1004, 1037, 1053
Indoribates 400, 685	*Ischiodorylaimus* 28, 62	*izanagi, Protanilla* 1822
Indoribates japonicus 400, 582, 685	*Ischnothyreus* 746, 838	*Izuachipteria* 409, 670
Indotritia 371, 503, 605	*Ischnothyreus narutomii* 810	*Izuachipteria imperfecta* 409, 571, 670
Indotritia javensis 503, 520, 605	*ishibashii, Tomocerus (Tomocerus)* 1316, 1324	*izuensis, Diapterobates* 484, 573, 673
Indotritia lanceolata 503, 520, 605	*ishidai, Spherillo* 1033, 1051, 1065	*izuharaensis, Agnara* 1027, 1048, 1061
Indotritia nunomurai 503, 520, 605	*ishigakiana, Tanna* 1614, 1626	*izumi, Neobaculentulus* 1517
indra, Seira 1369, 1390	*ishii, Campodea* 1533, 1535, 1537	*izuruensis, Orthonychiurus* 1148, 1160
induta, Eremella 359, 546, 641	*ishii, Fagepauropus* 928, 931, 937	
inecola, Minguezetes 400, 575, 675		**[J]**
		jabanicum, Microtrombidium 282
		jacobsoni, Papirioides 1413, 1440

jamashinai, Riukiupeltis 966, 983
janthina, Ptenothrix 1414, 1442
japanense, Leiobunum 137, 144
japanica, Diestrammena 1561
japanica, Dietrammena (*Diestrammena*) 1574
Japanioiulus 953, 971
Japanioiulus lobatus 982
Japanoparvus 949, 975
Japanosoma 956, 974
japonensis, Eupelops 478, 568, 667
japonensis, Macroscytus 1660
japonensis, Tanna 1614, 1623, 1626
Japonia 1843, 1878
Japonia sadoensis 1866
japonica, Anaplecta 1557, 1571
japonica, Arinia 1866
japonica, Austroceratoppia 539, 631
japonica, Autogneta 448, 642
japonica, Ballistura 1261, 1286
japonica, Banksinoma 449, 642
japonica, Belba 435, 535, 624, 710
japonica, Bisetocreagris 111, 114, 118
japonica, Callyntrura 1349
japonica, Chalcophora 1720
japonica, Cicurina 814
japonica, Collinsia 821
japonica, Dagamaea 1262, 1288
japonica, Desis 813
japonica, Detonella 1009, 1039, 1055
japonica, Entomobrya 1366, 1382
japonica, Eremobelba 447, 545, 639
japonica, Eusilpha 1718
japonica, Friesea (*Friesea*) 1179, 1206
japonica, Friesea 1475
japonica, Georissa 1865
japonica, Hodotermopsis 1582, 1584, 1586
japonica, Isolepisma 1547
japonica, Isotomiella 1263, 1294
japonica, Labidura 1577
japonica, Leptanilla 1822
japonica, Lipothrix 1410, 1438
japonica, Mahunkana 383, 544, 639, 711
japonica, Melanophthalma 1723
japonica, Meloimorpha 1569, 1572
japonica, Mesoplophora 370, 517, 601
japonica, Micaria 831
japonica, Micranurida 1183, 1216
japonica, Myrmarachne 834
japonica, Neolinyphia 825
japonica, Oligotoma 1565, 1569, 1576
japonica, Oncopodura 1339, 1340
japonica, Pedrocortesella 434, 533, 622
japonica, Phaedusa (*Phaedusa*) 1871
japonica, Platorchestia 1072, 1078, 1087
japonica, Ramusella 453, 551, 648
japonica, Rhynchobelba 456, 553, 651
japonica, Scolopendra 877, 903
japonica, Solenopsis 1825
japonica, Superodontella 1177, 1204
japonica, Tetrix 1563, 1573
japonica, Traegaardhia 259
japonica, Tricca 816
japonica, Trogossita 1721
japonica, Tuckerella 270
japonica, Waldemaria 1865
japonica, Willemia 1111, 1120
japonica, Willowsia 1369, 1388, 1471
japonica, Xya 1563, 1569, 1573
japonicola, Derispia 1726
japonicum japonicum, Spirostoma 1865
japonicum, Cephaennium 1719
japonicum, Cryptostemma 1658
japonicum, Ligidium (*Nipponoligidium*) 1004, 1036, 1053
japonicum, Neocondeellum 1492, 1514, 1524
japonicum, Osientomon 1488, 1509
japonicus, Allochernes 106, 116, 118
japonicus, Allothrips 1599
japonicus, Apelaunothrips 1603
japonicus, Armadilloniscus 1010, 1039, 1056
japonicus, Arrhopalites 1406, 1424
japonicus, Aspidiphorus 1723
japonicus, Attalus 1721
japonicus, Australomimetus 816
japonicus, Axenyllodes 1176, 1202
japonicus, Bdellodes 255
japonicus, Burmoniscus 1016, 1042, 1057
japonicus, Californihilus 894
japonicus, Ceratozetes 482, 572, 672
japonicus, Criotettix 1563, 1569, 1573
japonicus, Cryptops 879, 893, 905
japonicus, Diapterobates 484, 573, 673
japonicus, Echiniscus 87, 88
japonicus, Esastigmatobius 893
japonicus, Escaryus 894
japonicus, Eurypauropus 929, 933, 938
japonicus, Garypus 111, 115, 118
japonicus, Hyidiothrips 1599, 1604
japonicus, Indoribates 400, 582, 685
japonicus, Kenyentulus 1504, 1516, 1525
japonicus, Lepthyphantes 823
japonicus, Lyristes 1622, 1623, 1624
japonicus, Malaconothrus 424, 526, 612
japonicus, Megalotocepheus 393, 562, 658
japonicus, Mundochthonius 108, 112, 117
japonicus, Occasjapyx 1534, 1536, 1538
japonicus, Pararoncus 110, 113, 117
japonicus, Paronychiurus 1148, 1162, 1476, 1479
japonicus, Phthiracarus 507, 524, 608
japonicus, Platyliodes 433, 533, 622
japonicus, Pseudachorutes 1182, 1214
japonicus, Pseudobiantes 125, 134, 140
japonicus, Rhizophagus 1722
japonicus, Sabacarus 371, 522, 606
japonicus, Scutovertex 359, 568, 666
japonicus, Sellnickochthonius 416, 512, 595
japonicus, Shikokuobius 875, 893
japonicus, Sinostemmiulus 982
japonicus, Stephanothrips 1597, 1599, 1605
japonicus, Styloniscus 1000, 1038, 1054
japonicus, Systenocentrus 129, 137, 144
japonicus, Trachelas 833
japonicus, Trhypochthonius 423, 525, 610
japonicus, Tyrannochthonius 109, 113, 117
japonicus, Zercon 177
Japygidae 1532, 1537
javanus, Afronothrus 379, 525, 610, 708
javanus, Cyphoderus 1345, 1346, 1472
javensis, Indotritia 503, 520, 605
Jensenonchus 43, 72
jesonicus, Tomocerus (*Tomocerus*) 1316, 1324, 1482
jessoensis, Pheropsophus 1717
jinjooensis, Neriene 826
joannis, Metatydaeolus 265
Johnstoniana 245, 305
Johnstoniana errans 279, 285
Johnstonianidae 214, 215, 245, 305
Joshuella 376, 623
Joshuella transitus 376, 534, 623, 710
Jugatala 406, 673
Jugatala tuberosa 406, 673
Julida 945, 971
Julidae 945, 953, 971
juni, Eosentomon 1497, 1510, 1521
junichiaokii, Dolicheremaeus 467, 559, 656

[K]

kaempferi, Platypleura 1617, 1623, 1624
Kaestneria 782, 783, 851
Kaestneria pullata 824
kagoshimaensis, Burmoniscus 1017, 1043, 1058
Kagurargus 776, 851
Kagurargus kikuyai 820
Kainonychus 138
Kainonychus akamai 132, 139
Kalaphorura 1146, 1154
Kalaphorura granulata 1146, 1154
Kalotermitidae 1582, 1584, 1586
Kaltenbachiella 1640, 1644
Kaltenbachiella nirecola 1642
kamakuraensis, Barphymula 821
kamui, Nipponentomon 1507, 1518, 1527
kanekoi, Diplobodes 474, 564, 661
kanekoi, Liacarus 443, 541, 634
kanenoi, Haplodrassus 830
kanoi, Lawrencoppia 432, 531, 619, 709
kantoense, Eosentomon 1498, 1511, 1521
kantoensis, Flagrosuctobelba 460, 556, 654
kanzawai, Tetranychus 270
Karaftohelix 1863, 1889
Karaftohelix blakeana 1875
karschi, Atypus 809
Karteroiulus 947, 972
Karteroiulus niger 964
karubei, Diplobodes 474, 564, 661
kasaharai, Basitrodes 1679
katakurai, Mongoloniscus 1025, 1046, 1060
katakurai, Styloniscus 1000, 1038, 1054
Katiannidae 1403, 1407, 1424
kawachiensis, Savignia 818
kawaguchikonis, Saitonia 819
kawakatsui, Verrucoentomon 1508, 1519, 1528
kawanoi, Steganacarus 507, 523, 608
kawasawai kawasawai, Plutomurus 1318, 1332
kawasawai kyushuensis, Plutomurus 1318, 1332
kawasawai, Plutomurus 1318
keikoae, Acerentulus 1503, 1515, 1525
kele, Sahacanthella cf. 1274
kenyensis, Afrotydeus 268
Kenyentulus 1504, 1525
Kenyentulus japonicus 1504, 1516, 1525
Kenyentulus monticola 1504, 1516, 1525
Kenyentulus sakimori 1504, 1516, 1525
kevani, Pretydeus 267
kewense, Bipalium 3, 7
kiianus, Heterosminthurus 1409, 1432
kiiensis, Leptophiloscia 1012, 1041, 1057
kiiensis, Malaconothrus 424, 527, 612
kiiensis, Nippononethes 1006, 1037, 1054
kikuyai, Kagurargus 820
Kilungius 125, 140
Kilungius bimaculatus 126, 134, 140
Kilungius insulanus 126, 134, 140
kimum, Eosentomon 1499, 1512, 1522
kimurai, Heptathela 809
kinkaiensis, Allochthonius 108
kinoshitai, Tomocerus (*Tomocerus*) 1316, 1326, 1473
Kionopauropus 923, 937
Kionopauropus sp. 931
kirsteneae, Australotydeus 266
kishidai, Epilohmannoides 422, 519, 603
kishidai, Maerkelotritia 371, 521, 606
kishidai, Patu 828
Kishidaia 800, 863
Kishidaia albimaculata 831
kisonis, Acerentulus 1503, 1515, 1524
kitakamiana, Schaefferia 1114, 1126
kitakamiensis, Hondoniscus 1005, 1037, 1054
kitayamana, Neanura (*Metanura*) 1191, 1228
kitazawai, Lobella (*Lobellina*) 1199, 1244
Kiusiozonium 955, 973
Kiusiozonium okai 965
Kiusiunum 956, 976

Kiusiunum melancholicum 965
Kiusiunum sekii 982
kiyosawai, Galloisiana 1564, 1575
kiyoshii, Mundochthonius 108
kiyosumiense, Ligidium (Ligidium) 1004, 1037, 1053
kiyosumiensis, Suctobelbila 455, 553, 651
kobarii, Lucasioides 1024, 1059
kobensis, Aegista (Aegista) 1874
Kochinema 27, 65
kohmoku, Ponera 1828
kojimai, Monotarsobius 889, 900
kojimai, Petrobius 1546
kokuboi, "Orchestia" 1071, 1076, 1087
komarovi, Timomenus 1568, 1578
kompirensis, Gnaphosa 830
komurai, Otacilia 834
konsenense, Eosentomon 1496, 1510, 1521
Kopidoiulus 955, 972
Kopidoiulus ocellatus 943, 964
koreana, Crossodonthina 1195
koreanum, Ligidium (Nipponoligidium) 1004, 1036, 1053
koreanus, Mongoloniscus 1026, 1047, 1061
koreanus, Polyxenus 964
koreanus, Strongylognathus 1826
Koreozetes 407, 483, 673
Koreozetes maruyamai 483, 574, 674
Koreozetes parvisetiger 483, 574, 674
kornhuberi, Neoliodes 533, 621
Kosemia 1613, 1617, 1627
Kosemia radiator 1617, 1623, 1627
Kosemia yezoensis 1617, 1627
koshiense, Parakalumma 495, 584, 688
koshiensis, Erigone 821
koshunensis, Neotermes 1582, 1584
kosugei, Olibrinus 1008, 1038, 1055
kotozenus, Malaconothrus 424, 612
krantzi, Coccotydaeolus 265
krantzi, Lasiotydeus 265
Krantzlorryia 236, 299
Krantzlorryia grewia 268
krausbaueri, Mesaphorura 1149, 1164
Kraussiana 242, 304
Kraussiana mitsukoae 275
kubotai, Eosentomon 1494, 1509, 1521
kugohi, Plonaphacarus 507, 522, 607
kujuensis, Separatoribates 403, 580, 683, 716
Kuklosuctobelba 395, 457, 652
Kuklosuctobelba perbella 457, 554, 652
Kuklosuctobelba tenuis 457, 554, 652
Kuklosuctobelba yamizoensis 457, 554, 653
kulczynskii, Barphyma 821
kumadai, Ocesobates 408, 574, 674
kumadai, Paratapinocyba 818
kumadai, Stertinius 835
kumaensis, Eupelops 478, 568, 667
kumaensis, Ramusella 453, 649
kumayaensis, Eupelops 478, 667
kumei, Eosentomon 1500, 1512, 1522
kunashirensis, Cybaeus 813
kunigamiensis, Nagurus 1019, 1059
kunigamiensis, Spherillo 1033, 1050, 1063
kunigamiensis, Vitronura 1295
kunnepchupi, Yamatentomon 1506, 1518, 1527
kuramotoi, Folsomia 1260, 1282
kuramotoi, Nippononethes 1006, 1037, 1054
kuramotoi, Oncopodura 1339, 1340
kurasawana, Lobella (Coecoloba) 1201, 1246
kuratai, Hesperentomon 1493, 1515
kurdjumovi, Haplothrips 1600
kurilensis, Clubiona 832
kurodai, Nobuea 1867

kuroiwae, Meimuna 1619, 1626
kuroiwae, Muda 1615, 1627
kuroiwae, Platypleura 1617, 1624
kurosai, Filientomon 1506, 1518, 1526
kurosai, Nipponatelurina 1548
kurosawai, Cepheus 438, 536, 626, 711
kurosawai, Wenyingia 1517
kuroshio, Halofriesea 1179, 1206
kushimotoensis, Olibrinus 1007, 1038, 1055
kushiroensis, Dyobelba 437, 536, 626, 710
kushiroensis, Oribellopsis 390, 547, 643, 712
kuwanae, Occasjapyx 1534, 1536, 1538
kuwayamae, Metriocampa 1533, 1535, 1537
kuzuuensis, Mesogastrura 1113, 1124
kyushyuensis, Lyristes 1622, 1625

[L]
Labidostoma 227, 295
Labidostoma integrum 263
Labidostomatidae 210, 295
Labidostomidae 226
Labidura japonica 1577
Labidura riparia japonica 1566
Labiduridae 1566, 1577
Labiidae 1566
Labronema 30, 63
Labronemella 30, 64
labyrinthicus, Carabodes 471, 563, 660
laciniatus, Fosseremius 382, 545, 639
lactea, Ptenothrix 1413, 1442
lacteus, Epanerchodus 967
lactis, Carpoglyphus 319, 328, 339
Laelapidae 160, 197
Laemophloeidae 1674, 1687
Laemophloeinae 1710
Laemophloeus sp. 1722
Laena rotundicollis 1726
Laevicaulis 1845, 1890
Laevicaulis alte 1876
Laevides 33, 67
laevigatus, Scheloribates 579, 680
laevis, Porcellio 1029, 1048, 1062
Lagria nigricollis 1726
Lagriinae 1673, 1695, 1715
Lagynochthonius nagaminei 109, 113, 117
Laimydorinae 28, 29, 62
Laimydorus 29, 62
lama, Pisaura 815
lamellidens, Polyrhachis 1822
lamelliferus, Tomocerus (Tomocerina) 1315, 1322
Lamellobates 405, 479
Lamellobates 669
Lamellobates molecula 479, 569, 669, 715
Lamellobates orientalis 479, 569, 669
laminatus, Cercyon 1717
Lamprobyrrhulus hayashii 1719
Lampyridae 1704, 1734
Lamyctes 875, 902
Lamyctes guamus koshiyamai 893
lanceolata, Indotritia 503, 520, 605
lanceolatus, Ischeloribates 404, 578, 679
lanceolatus, Scutozetes 405, 571, 670
Languriidae 1676
Languriinae 1690
Laniatores 122, 123, 138
lapponicus, Echiniscus 87
lapponicus, Liochthonius 419, 515, 597
lapponicus グループ 417, 596
Largidae 1655
largillirti, Satsuma (Luchuhadra) 1874
laricis, Anurophorus cf. 1258, 1272, 1474
larvatus, Formosatettix 1563, 1573
Lasaeola 794, 858
Lasiobelba 397, 450, 645
Lasiobelba insulata 450, 549, 645, 713
Lasiobelba remota 450, 549, 645

lasiodactyli, Lasioseius 186
Lasioseius 197
Lasioseius lasiodactyli 186
Lasiotydeus 230, 297
Lasiotydeus krantzi 265
Lasius 1791, 1793, 1803
Lasius umbratus 1821
Lassenia 247, 306
Lassenia spinifera 280
lata, Cultroribula 439, 538, 630
lata, Flagrosuctobelba 460, 556, 654
lata, Lederia 1682
lateralis, Ariadna 809
lateralis, Sericoderus 1723
lateritius, Hybalicus 208, 254, 288
Lathridiidae 1677, 1692, 1712, 1736
Lathys 748, 749, 841
Lathys sexoculata 812
laticeps, Verachthonius 374, 515, 598
latilamellatus, Liacarus 442, 541, 634
latipectoralis, Suctobelbella 464, 558, 655
latipes, Scheloribates 579, 680
latirastris, Cyta 256
latirostrata, Novosuctobelba 458, 555, 653
Latoempodia 223, 293
Latoempodia sp. 260
latoris, Prostomis 1725
Latouchia 745, 837
Latouchia typica 809
latus, Cepheus 438, 536, 626
latus, Nippobodes 475, 565, 662
latus, Peloribates 494, 687
laura, Pardosa 816
laureata, Speocera 811
Lauroppia 398, 452, 647
Lauroppia articristata 452, 550, 647
Lauroppia nagasatoensis 452, 550, 647, 713
lauta, Novosuctobelba 458, 555, 653
lauta, Succinea 1868
Lauxaniidae 1756, 1766, 1771
Lawrencoppia 383, 432, 618
Lawrencoppia kanoi 432, 531, 619, 709
Lawrencoppia pulchra 432, 532, 619
Ldolothripinae 1602
lebruni, Metatriophtydeus 266
lebruni, Schwiebea 327, 338, 343
Lederia lata 1682
Ledermulleriopsis 239, 302
Ledermulleriopsis plumosa 272
legatus, Melanotus 1720
Leiobuninae 129, 144
Leiobunum japanense 137, 144
Leiochrinae 1715
Leiodidae 1670, 1683, 1703, 1731
Leioseius 194
Leioseius brevisetosus 183
Lenonchium 27, 64
lentus, Agabiformis 1029, 1048, 1062
lentus, Liochthonius 417, 513, 595
Lepidocampa 1532, 1537
Lepidocampa weberi 1532, 1535
Lepidocyrtus (Lanocyrtus) 1370, 1392
Lepidocyrtus (Lanocyrtus) cyaneus 1370, 1392
Lepidocyrtus (Lepidocyrtus) 1370, 1392
Lepidocyrtus (Lepidocyrtus) curvicollis 1370
Lepidocyrtus (Lepidocyrtus) lignorum 1370, 1392
Lepidocyrtus 1370, 1392
Lepidosira 1369, 1390
Lepidosira gigantea 1369, 1390
Lepidozetes 405, 481, 670
Lepidozetes dashidorzsi 481, 571, 670
Lepidozetes singularis 481, 571
lepidus, Austrocarabodes 474, 564, 661
lepidus, Spherillo 1034, 1051, 1065
Lepisma 1544, 1550
Lepisma saccharina 1547
Lepismatidae 1542, 1544, 1550

Leptanilla 1784, 1794, 1805
Leptanilla japonica 1822
Leptanillinae 1780, 1784, 1794, 1805
Lepthyphantes 785, 789, 851
Lepthyphantes concavus 823
Lepthyphantes japonicus 823
Leptogenys 1782, 1797, 1812
Leptogenys confucii 1828
Leptolaimidae 49, 74
Leptolaimoidea 48, 49, 74
Leptonchidae 31, 51, 66
Leptonetidae 735, 747, 839
Leptophiloscia 1012, 1057
Leptophiloscia kiiensis 1012, 1041, 1057
Leptophloeus abei 1680
leptopilus, Sphaerotarsus 274
Leptopoma 1844, 1878
Leptopoma nitidum 1866
Leptorhoptrum 779, 780, 851
Leptorhoptrum robustum 821
Leptothorax 1789, 1794, 1806
Leptothorax acervorum 1823
leptothrix, Dicyrtomina 1412, 1440, 1469
Leptothrombium 247, 306
Leptothrombium pyrenaicum 281
Leptotrombidium sp. 285
Leptus 243, 305
Leptus sp. 277
Lethemurus 1314, 1334
Lethemurus finitimus 1314, 1334
leucohippens, Metapronematus 266
leucopis, Exechesops 1728
leucosoma, Ikahoiulus 964
levipunctatus, Peloribates 493, 583, 686
levis, Allozetes 407, 572, 672
Levizonus 962, 977
Levizonus takakuwai 966
lewisi, Atomarops 1681
lewisi, Hoplitocoris 1658
lewisi, Litargus 1681
lewisi, Psalidothrips 1596, 1600, 1605
lewisi, Strumigenys 1826
lewisii, Neotriplax 1724
lewisii, Piestoneus 1718
Liacaridae 360, 633
Liacarus (Rhaphidosus) bacillatus 392
Liacarus 392, 441, 633
Liacarus acutidens 443, 542, 635
Liacarus bacillatus 542, 635
Liacarus breviclavatus 444, 542, 635
Liacarus chiebunensis 443, 542, 635
Liacarus clavatus 444, 635
Liacarus contiguus 441, 541, 634
Liacarus externus 441, 541, 633
Liacarus flammeus 441, 541, 634
Liacarus gammatus 442, 541, 634
Liacarus indentatus 443, 542, 634
Liacarus kanekoi 443, 541, 634
Liacarus latilamellatus 442, 541, 634
Liacarus montanus 442, 541, 634
Liacarus murotensis 442, 541, 634
Liacarus nitens 441, 541, 633
Liacarus ocellatus 442, 541, 634
Liacarus orthogonios 441, 540, 633, 711
Liacarus tenuilamellatus 443, 542, 635
Liacarus yayeyamensis 441, 540, 633
Liacarus yezoensis 443, 634
Liatongus phanaeoides 1719
lichenis, Allomycobates 400, 575, 675
Licneremaeidae 359, 666
Licneremaeus 359, 477
Licneremaeus 666
Licneremaeus licnophorus 477, 567, 666
Licneremaeus novaeguineae 477, 567, 666
Licnodamaeidae 354, 376, 622
Licnodamaeus 376, 434, 622
Licnodamaeus itsukushima 434, 534, 623
Licnodamaeus pulcherrimus 434, 534, 623
licnophorus, Licneremaeus 477, 567, 666
Liebstadia 402, 683

Liebstadia similis 402, 581, 683, 716
lifuiae, Aenictus 1819
Ligia 1002, 1052
Ligia boninensis 1003, 1035, 1052
Ligia cinerascens 1002, 1035, 1052
Ligia daitoensis 1002, 1036, 1053
Ligia exotica 1002, 1035, 1052
Ligia hachijoensis 1003, 1035
Ligia hajijoensis 1053
Ligia miyakensis 1003, 1036, 1053
Ligia ryukyuensis 1003, 1035, 1052
Ligia shinjiensis 1002, 1035, 1053
Ligia torrenticola 1003, 1036, 1053
Ligia yamanishii 1003, 1035, 1053
Ligidium 1002, 1004, 1053
Ligidium (Ligidium) iyoense 1004, 1037, 1053
Ligidium (Ligidium) kiyosumiense 1004, 1037, 1053
Ligidium (Ligidium) paulum 1004, 1036, 1053
Ligidium (Nipponoligidium) japonicum 1004, 1036, 1053
Ligidium (Nipponoligidium) koreanum 1004, 1036, 1053
Ligidium (Nipponoligidium) ryukyuense 1004, 1036, 1053
Ligiidae 1002, 1052
lignorum, Lepidocyrtus (Lepidocyrtus) 1370, 1392
ligulosus, Decapauropus 924, 930, 935
liliputanus, Tomocerus (Tomocerina) 1315, 1322
Limacidae 1845, 1890
Limax 1845, 1890
Limax flavus 1876
limbatinella, Prolinyphia 825
Limnozetes 364, 479, 668
Limnozetes amnicus 479, 569, 668
Limnozetes ciliatus 479, 569, 668, 715
Limnozetes rugosus 479, 569, 668
Limnozetidae 364, 668
lindquist, Orthotydeus 268
lineata, Trichogalumna 498, 587, 691, 716
lineatus, Nagurus 1019, 1059
lineatus, Peloribates 492, 686
lineatus, Spherillo 1034, 1050, 1064
lineicollis, Cylister 1717
Linepithema 1784, 1792, 1801
Linepithema humile 1819
Linopenthaleus 224, 294
Linopenthaleus sp. 261
Linopodes 225, 294
Linopodes pubescens 262
Linotaeniidae 883, 907
Linyphiidae 741, 760, 846
Liocheles 100, 102
Liocheles australasiae 100, 101, 102
Liochthonius 374, 375, 417, 595
Liochthonius alius 418, 514, 596
Liochthonius asper 419, 514, 597
Liochthonius brevis 417, 513, 595
Liochthonius crassus 417, 513, 596
Liochthonius evansi 418, 514, 596
Liochthonius galba 419, 515, 597
Liochthonius intermedius 418, 514, 596
Liochthonius lapponicus 419, 515, 597
Liochthonius lentus 417, 513, 595
Liochthonius moritzi 417, 513, 595
Liochthonius muscorum 419, 515, 597
Liochthonius ohnishii 419, 514, 597
Liochthonius penicillus 418, 514, 596
Liochthonius pseudohystricinus 417, 513, 596
Liochthonius pusillus 417, 513, 596
Liochthonius sellnicki 418, 514, 596, 707
Liochthonius simplex 418, 514, 596
Liochthonius strenzkei 418, 514, 596
Liocranidae 744, 802, 804, 864
Liodidae 352, 376
Liothrips sp. 1600

Liphistiidae 732, 745, 836
Lipothrix 1410, 1436
Lipothrix japonica 1410, 1438
Lissodema sp. 1725
Litargus lewisi 1681
Lithobiidae 873, 875, 898
Lithobiomorpha 873, 874, 898
Lithobius 875, 898
Lithobius pachypedatus 893
litoralis, Mabulatrichus 387, 538, 629
Litotetothrips roberti 1599
littoralis, Nesogeophilus 895
littoralis, Xenylla 1112, 1122
littorina, Austroteneriffia 271
Littorophiloscia 1056
Littorophiloscia nipponensis 1001, 1040, 1056
lobatus, Cornechiniscus 88
lobatus, Japanioiulus 982
Lobella 1197, 1240
Lobella (Coecoloba) 1200, 1246
Lobella (Coecoloba) hidana 1201, 1248
Lobella (Coecoloba) kurasawana 1201, 1246
Lobella (Coecoloba) lobella 1201, 1246
Lobella (Coecoloba) odai 1201, 1248
Lobella (Coecoloba) wakasana 1201, 1246
Lobella (Lobella) 1200, 1244
Lobella (Lobella) cavicola 1200, 1246
Lobella (Lobella) nomurai 1200, 1244
Lobella (Lobella) similis 1200, 1244
Lobella (Lobella) uozumii 1200, 1244
Lobella (Lobellina) 1198, 1240
Lobella (Lobellina) decipiens 1198, 1242
Lobella (Lobellina) kitazawai 1199, 1244
Lobella (Lobellina) mizunashiana 1199, 1242
Lobella (Lobellina) roseola 1199, 1242
Lobella (Lobellina) sauteri 1199, 1242
Lobella (Lobellina) stachi 1198, 1240
Lobella sp. 1475
lobella, Lobella (Coecoloba) 1201, 1246
Lobocriconema 36, 69
Lobogynium 156, 198
Lobogynium pascuum 187
Lohmannia 377, 422, 600
Lohmannia coralliun 422, 517, 600
Lohmannia unsui 422, 517, 600
Lohmanniidae 353, 377, 600
loligoformis, Allopauropus 924, 934
Lonchaeidae 1760, 1767, 1772
Lonchopteridae 1754, 1765, 1771
longa, Parafontaria 967
longicauda, Xenylla 1112, 1122
longicaudata, Ctenolepisma 1548
longicaudatus, Ironus 56
longicephala, Saitonia 819
Longicoelotes 753, 843
longicornis, Paratrechina 1821
longicornis, Petralycus 287
longidentata, Suctobelbella 466, 559, 656
Longidorella 26, 64
Longidoridae 24, 51, 65
Longidorinae 24
Longidoroidea 21, 24, 65
Longidoroides 24, 66
Longidorus 24, 65
longinodus, Probolomyrmex 1828
longior, Tyrophagus 325
longipedella, Prolinyphia 825
longipennis, Mesosa 1728
longipes brevicornis, Rhysida 877, 904
longiplicata, Pulchraptyx 1871
longiporosa, Galumna 497, 586, 690
longiporosa, Pergalumna 500, 588, 692
longiscapus, Fusciphantes 822
longisensilla, Shibaia 259
longisensillata, Protaphorura 1147, 1156
longisensillata, Ptiloppia 397, 548, 644, 712

longisensillata, Suctobelbella   462, 557, 655
longisetatus, Hypoaspis (Coleolaelaps)   186
longisetis, Pseudachorutes   1181, 1212
longisetosa, Ctenobelba   446, 544, 638
longisetosa, Micropia   452, 550, 646
longisetosus, Peloribates   493, 583, 686
longisetus, Hydronothrus   423, 525, 610
longispine, Eosentomon   1494, 1509, 1520
longispinus, Spherillo   1033, 1051, 1064
loochooanus, Biphyllus   1681
lootsi, Sacotydeus   264
Lophognathella   1145, 1150
Lophognathella choreutes   1145, 1150, 1476
Lophognathellinae   1145, 1150
Lophoproctidae   951, 969
lophothrichus, Protoribates   684
Lophoturus   951, 969
Lordalychidae   207, 288
Lordomyrma   1787, 1794, 1806
Lordomyrma azumai   1823
Loricula pillosella   1659
loxoglenus, Baculentulus   1505, 1516, 1526
Loxosceles   736, 839
Loxosceles rufescens   811
lubrica, Cochlicopa   1873
lubricum, Filientomon   1506, 1518, 1526
Lucanidae   1669, 1685, 1706, 1729, 1732
Lucasioides   1020, 1021, 1059
Lucasioides ashiuensis   1023, 1045, 1060
Lucasioides boninshimensis   1021, 1045, 1059
Lucasioides gigliotosi   1023, 1045, 1059
Lucasioides hachijoensis   1023, 1045, 1059
Lucasioides kobarii   1024, 1059
Lucasioides minakatai   1024, 1045, 1060
Lucasioides minatoi   1024, 1045, 1059
Lucasioides nakadoriensis   1023, 1045, 1059
Lucasioides nichinanensis   1023, 1045, 1060
Lucasioides nishimurai   1023, 1045, 1059
Lucasioides sagarai   1022, 1046, 1060
Lucasioides sakimori   1023, 1045, 1059
Lucasioides sinuosus   1021, 1059
Lucasioides tokyoensis   1023, 1045, 1060
Lucasioides toyamaensis   1022, 1046, 1060
Lucasioides yokohatai   1022, 1046, 1060
Luchuhadra   1861, 1887
Luchuphaedusa   1849, 1884
Luchuphaedusa callistochila   1870
lucifuga, Geoica   1642
lucifugus, Paraspirobolus   981
luctuosa, Pireneitega   813
Lumbricidae   1896, 1900
Lumbricillus   1899, 1901
Lumbricus   1897, 1900
lunaris, Caucasiozetes   387, 538, 629
Luprops orientalis   1726
luridus, Agnara   1027, 1047, 1061
luteus, Hypochthonius   413
Lycidae   1704, 1733
Lycosa   759, 845
Lycosa coelestis   816
Lycosidae   737, 757, 845
lydiae, Sellnickochthonius   416, 512, 595
Lygaeidae   1655, 1662
Lymexylidae   1703, 1734
Lyponia quadricollis   1720
Lyristes   1615, 1621, 1624
Lyristes bihamatus   1621, 1625
Lyristes esakii   1621, 1625
Lyristes flammatus   1621, 1623, 1625
Lyristes japonicus   1622, 1623, 1624
Lyristes kyushyuensis   1622, 1625
Lysiteles   801, 864
Lysiteles okumae   832

lyugadinus, Conculus   828

[M]

Mabulatrichus   387, 629
Mabulatrichus litoralis   387, 538, 629
Machilidae   1542, 1543, 1549, 1543
Machuella   363, 649
Machuella ventrisetosa   363, 552, 650, 714
Machuellidae   363, 649
macquillani, Idiolorryia   267
Macrobiotidae   84, 94
Macrobiotus   86, 94
Macrobiotus hufelandi   89
macrochaeta, Mesaphorura   1149, 1164
Macrochaeteuma   949, 974
Macrocheles   192
Macrocheles morikawai   180
Macrochelidae   159, 192
Macrodorcas rectus   1719
Macrolagria rufobrunnea   1726
macropalpus, Bisetocreagris   111, 115, 118
macrosacculatus, Neoribates   496, 585, 689
Macrosaldula miyamotoi   1659
Macroscytus japonensis   1660
Macrothele   732, 837
Macrothele yaginumai   809
macrothorax, Nerthra   1658
maculaticollis, Hyalessa   1614, 1626
maculatus, Alloniscus   1011, 1040, 1056
maculatus, Aponedyopus   983
maculatus, Dermestes   1721
maculatus, Mongoloniscus   1026, 1046, 1060
Maculobates   402, 683
Maculobates bruneiensis   402, 581, 683
maculosa, Comaroma   828
maculosa, Ptenothrix   1417, 1450
madrasensis, Dexiothrips   1600, 1603
maerkeli, Mesotritia   505, 521, 606
Maerkelotritia   371, 606
Maerkelotritia kishidai   371, 521, 606
magdalenae, Naudea   267
magnicava, Suctobelbella   465, 558, 655
magnilamellatus, Trimalaconothrus   427, 528, 614
magnipora, Pergalumna   499, 588, 691
magnum, Parobisium   110, 114, 117
magnus, Eohypochthonius   413, 511, 592
magnus, Neobrachychthonius   374, 515, 597
magnus, Triaungius   491, 582, 684
Mahunkana   383, 639
Mahunkana japonica   383, 544, 639, 711
Mahunkiella   226, 296
Mahunkiella ezoensis   263
Mainothrus   380, 509, 611
Mainothrus aquaticus   509, 526, 611
Mainothrus sp.   509, 526, 611, 708
major, Bathylinyphia   824
major, Incabates   492, 582, 685
major, Penthaleus   261
makarcevi, Sucteremaeus   394, 554, 652
makinoi, Sabacon   131, 135, 142
Malacoangelia   375, 593
Malacoangelia remigera   375, 511, 593, 707
Malaconothridae   353, 381, 611
Malaconothrus   381, 612
Malaconothrus ashizuriensis   424, 612
Malaconothrus iriomotensis   424, 527, 612
Malaconothrus japonicus   424, 526, 612
Malaconothrus kiiensis   424, 527, 612
Malaconothrus kotozenus   424, 612
Malaconothrus margaritae   424, 612
Malaconothrus marginatus   424, 526, 612
Malaconothrus minutus   424, 612
Malaconothrus pygmaeus   424, 526, 612, 708
Malaconothrus 亜属   381, 424

Malcidae   1655
mali, Aphidounguis   1642
Mallinella   737, 844
Mallinella hoosi   814
malmgreni, Sminthurides   1405, 1420
mammillatus, Epanerchodus   943
Mandarina   1861, 1887
Mandarina mandarina   1874
mandarina, Mandarina   1874
mandarina, Vitronura   1195, 1234
Manica   1788, 1794, 1806
Manica yessensis   1823
maniculatus, Trimalaconothrus   426, 527, 613
manokwari, Platydemus   8
manubrialis, Hypogastrura   1119, 1140
Maraenobiotus   989, 994
Maraenobiotus vejdovskyi   989, 990, 991, 994
margaritae, Malaconothrus   424, 612
marginalis, Gonolabis   1567, 1577
marginata, Filistata   811
marginatus, Malaconothrus   424, 526, 612
marginatus, Ochterus   1658
marginella, Prolinyphia   825
marginifera, Marginobrya   1364, 1378
Marginobrya   1364, 1378
Marginobrya marginifera   1364, 1378
marina, Heteroteneriffia   271
marina, Zygoribatula   486, 577, 677
Marionina   1899, 1901
maritima, Anisolabis   1567, 1577
maritima, Halisotoma   1268, 1302
Maritimosoma   949, 974
maritimus, Cryptognathus   271
marmorarius, Plutomurus   1318, 1332
marmorata, Ptenothrix   1448
Maro   782, 784, 851
Marpissa   807, 866
Marpissa pulla   835
marshalli, Edbakerella   264
martensi, Megalophaedusa   1872
martensii, Xystodesmus   967, 984
martini, Denheyernaxoides   257
maruyamai, Koreozetes   483, 574, 674
masahitoi, Mongoloniscus   1025, 1046, 1061
masahitoi, Triautogneta   448, 547, 642
mascula, Aprifrontalia   820
Masirana   747, 839
Maso   762, 851
Maso sundevalli   817
Masthermannia   382, 617
Masthermannia hirsuta   382
Masthermannia multiciliata   530, 617, 709
Mastothrombium   249, 307
Mastothrombium sp.   283
masumii, Sugaentulus   1516
matobai, Neocondeellum   1492, 1514, 1524
matsudae, Asthenargus   820
matsudoensis, Akabosia   1349
matsumotoi, Protaphorura   1147, 1156
matsumurae, Metriocampa   1533, 1535, 1537
matsumurai, Pemphigus   1643
Maxillae   1729
maxoshurni, Monotrichobdella   256
meakanensis, Capillonothrus   430, 530, 616
meakanensis, Nothrus   428, 614
Mecistocephalidae   876, 908
Mecistocephalus   885, 908
Mecistocephalus diversisternus   895
Mecopisthes   773, 775, 851
Mecopisthes tokumotoi   817
medialis, Tenuialoides   445, 543, 637
mediocris, Ceratozetes   482, 573, 672
medioflavus, Apelaunothrips   1603

Mediolata 238, 302	*Mesozercon* 162, 189	*Microtegeus reticulatus* 439, 537, 628
Mediolata pini 272	*Mesozercon plumatus* 177	*Microtritia* 370, 501, 604
Medioxyoppia 398, 451, 646	*Messor* 1788, 1795, 1807	*Microtritia minima* 501, 520, 604
Medioxyoppia actirostrata 451, 549, 646	*Messor aciculatus* 1824	*Microtritia tropica* 501, 520, 604
Medioxyoppia acuta 451, 646	*metaleucus, Stephanothrips* 1597, 1605	Microtrombidiidae 215, 246, 248, 307
Medioxyoppia nagoyae 451, 550, 646, 713	*Metalorryia* 236, 299	*Microtrombidium* 248, 307
Medioxyoppia yuwana 451, 549, 646	*Metalorryia armaghensis* 268	*Microtrombidium jabanicum* 282
meeusi, Burmoniscus 1016, 1043, 1058	*Metaphthiracarus* 亜属 369	*Microtrombidium* sp. 285
Megachernes ryugadensis 106, 116, 118	*Metapronematus* 232, 298	*Microtydeus* 230, 297
Megalophaedusa 1854, 1885	*Metapronematus leucohippens* 266	*Microtydeus* sp. 264
Megalophaedusa martensi 1872	*Metatriophtydeus* 229, 296	Microzetidae 364, 387, 628
Megalothorax 1404, 1418	*Metatriophtydeus lebruni* 266	*Microzetorchestes* 387, 629
Megalothorax minimus 1404, 1418	*Metatydaeolus* 233, 298	*Microzetorchestes emeryi* 387, 538, 629
Megalotocepheus 393, 658	*Metatydaeolus joannis* 265	*mikado, Cyparium* 1719
Megalotocepheus japonicus 393, 562, 658	*Metazaptyx* 1847, 1883	*mikado, Forficula* 1568, 1577
Megascolecidae 1896, 1900	*Metazaptyx pattalus* 1869	*mikado, Tyrannophaedusa*
Megeremaeidae 357, 637	*Metisotoma* 1264, 1294	(*Tyrannophaedusa*) 1870
Megeremaeus 357, 637	*Metisotoma ursi* 1264, 1294	*miles, Hypoaspis* (*Stratiolaelaps*) 187
Megeremaeus expansus 357, 543, 637	Metopidiotrichidae 949, 975	Milichiidae 1761, 1768, 1772
Meghimatium 1845, 1890	*Metopobactrus* 763, 764, 851	Millotauropodidae 919, 934
Meghimatium fruhstorferi 1876	*Metopobactrus prominulus* 818	*Millotauropus* 919, 934
meiacoshimensis, Pseudobuliminus 1874	*Metriocampa* 1532, 1533, 1537	*Millotauropus* sp. 930
Meimuna 1613, 1618, 1626	*Metriocampa kuwayamae* 1533, 1535, 1537	Milnesiidae 82, 93
Meimuna boninensis 1619, 1626	*Metriocampa matsumurae* 1533, 1535, 1537	*Milnesium* 82, 93
Meimuna iwasakii 1618, 1626	*Metrioppia* 391, 632	*Milnesium tardigradum* 89
Meimuna kuroiwae 1619, 1626	*Metrioppia tricuspidata* 391, 540, 632	*Mimemodes monstrosus* 1722
Meimuna opalifera 1618, 1623, 1626	Metrioppiidae 361, 391	Mimetidae 738, 846
Meimuna oshimensis 1618, 1626	*Mexicoppia* 388	*minakatai, Lucasioides* 1024, 1045, 1060
Meioneta 781, 784, 851	*Mexicoppia breviclavata* 388, 539, 631	Minamitalitrus 1088
Meioneta mollis 823	*Mexicoppia* stat. nov. 631	*Minamitalitrus zoltani* 1070, 1082, 1088
melancholicum, Kiusiunum 965	*meyerae, Perafrotydeus* 268	*minatoi, Lucasioides* 1024, 1045, 1059
Melandryidae 1673, 1694, 1715, 1737	*Micaria* 743, 796, 804, 863	*Minguezetes* 400, 675
melanonotus, Sminthurus 1411, 1434	*Micaria japonica* 831	*Minguezetes inecola* 400, 575, 675
Melanopa 144	*Micatonchus* 44, 71	*miniaceus, Thanatus* 829
Melanopa grandis 137, 144	*micheli, Gibbicepheus* 474, 565, 662	*Minibiotus* 86, 94
Melanophthalma japonica 1723	*michikoae, Tegecoelotes* 813	*minima, Microtritia* 501, 520, 604
melanopygius, Ostearius 821	Miconchinae 43, 72	*minima, Proisotoma* 1263, 1290
melanotoides, Synchroa 1725	*Miconchus* 43, 72	*minimus, Megalothorax* 1404, 1418
Melanotus legatus 1720	*Micranurida* 1183, 1216	*minipunctata, Folsomia* 1259, 1278
Melanozetes 407, 674	*Micranurida japonica* 1183, 1216	*minor, Cyrtozetes* 483, 573, 672
Melanozetes montanus 407, 574, 674	*Micranurida pygmaea* 1183, 1216	*minor, Heminothrus* 430, 529, 616
Melicharidae 161, 195	*Micrargus* 777, 778, 852	*minor, Micropia* 452, 550, 647, 713
Meloidae 1709, 1738	*Micrargus niveoventris* 820	*minor, Monotarsobius* 888, 901
Meloidogyne 53	Micreremidae 356, 665	*minor, Tectocepheus* 476, 565, 663
Meloidogyninae 38, 68	*Micreremus* 356, 666	*minuscula, Hawaiia* 1873
Meloimorpha japonica 1569, 1572	*Micreremus subglaber* 356, 567, 666	*minusculum, Neocondeellum* 1492, 1514, 1524
Melyridae 1705, 1734	*Micrisotoma* 1262, 1288	*minusculus, Carabodes* 471, 563, 660
mercator, Oruzaephilus 1680	*Micrisotoma achromata* 1262, 1288	*minusculus, Yoronoribates* 404, 578, 679
Meriocepheus 386, 660	Microbathyphantes 785, 789, 852	*minuta, Epilohmannia* 421, 518, 603, 708
Meriocepheus peregrinus 386, 563, 660	*Microbathyphantes tateyamaensis* 824	*minuta, Eremobelba* 447, 545, 640
Mermessus 761, 851	*Microbisium pygmaeum* 110, 114, 118	*minuta, Mogannia* 1615, 1627
Mermessus naniwaensis 820	*microcephala, Gustavia* 440, 540, 633	*minuta, Proisotoma* 1263, 1292
Merothripidae 1592, 1601	*Microcephalothrips* 1593, 1602	*minutissima, Microgastrura* 1113, 1124, 1477
Merothrips 1592, 1601	*Microcephalothrips abdominalis* 1598	*minutissimus, Eniochthonius* 414, 511, 593
Merothrips floridensis 1598	*Microdorylaimus* 30, 63	*minutus, Arrhopalites* 1406, 1422
Mesaphorura 1145, 1164	*Microgastrura* 1113	*minutus, Malaconothrus* 424, 612
Mesaphorura krausbaueri 1149, 1164	*Microgastrura minutissima* 1113, 1124, 1477	*minutus, Neelides* 1404, 1418, 1482
Mesaphorura macrochaeta 1149, 1164	*Microhypsibius* 84, 96	*minutus, Neon* 835
Mesaphorura silvicola 1149, 1164	*Microlinyphia* 787, 790, 852	*minutus, Protereunetes* 262
Mesaphorura yosiii 1149, 1164, 1476	Micromalthidae 1700, 1730	*mirabilis, Eotydeus* 267
Mesenchytraeus 1898, 1901	*micron, Nakadaella* 1867	*mirabilis, Neosminthurus* 1410, 1438
Mesocriconema 36, 69	*Microneta* 779, 780, 852	Miridae 1650, 1651
Mesocrista 86, 95	*Microneta viaria* 823	*Mirus* 1859, 1882
Mesodorylaimus 29, 62	*micropeas, Mundiphaedusa* (*Vitriphaedusa*) 1872	*Mirus reinianus* 1868
Mesogastrura 1113, 1124	Micropeplinae 1702	*misella, Paralamellobates* 405, 569, 668
Mesogastrura kuzuuensis 1113, 1124	Micropezidae 1760, 1767, 1772	*mistinensus, Monotarsobius* 888, 897, 901
Mesogeophilus 884, 907	Microphysidae 1651, 1662	*mitakensis, Phauloppia* 487, 577, 677
Mesogeophilus monoporus 894	Microplaninae 5, 7	*mitis, Fissicepheus* 468, 560, 657
mesoophtalmus, Umakefeq 323, 342	*Micropia* 398, 452, 646	*Mitopus* 143
Mesophaedusa 1854, 1884	*Micropia longisetosa* 452, 550, 646	*Mitopus morio* 143
Mesophaedusa hickonis 1872	*Micropia minor* 452, 550, 647, 713	*mitra, Appendisotoma* 1262, 1290
Mesoplophora 370, 601	*Microscolex* 1896, 1900	*mitratus, Austrophthiracarus* 505, 522, 607
Mesoplophora japonica 370, 517, 601	Microtegaeidae 362	*mitratus, Sphodrocepheus* 389, 537, 628
Mesoplophoridae 348, 370, 601	*Microtegaeus* 362	*mitsukoae, Kraussiana* 275
Mesosa longipennis 1728	Microtegeidae 628	Miturgidae 744, 802, 804, 860
Mesotardigrada 81, 82, 93	*Microtegeus* 439, 628	*Mixacarus* 377, 422, 600
Mesothelae 732, 836	*Microtegeus borhidii* 439, 538, 628	*Mixacarus exilis* 422, 517, 600
Mesotritia 371, 505, 606		*Mixacarus foveolatus* 422, 517, 600
Mesotritia maerkeli 505, 521, 606		
Mesotritia okuyamai 505, 521, 606		
Mesoveliidae 1657		

Mixochthonius 375, 597	653	*moritzi, Liochthonius* 417, 513, 595
Mixochthonius concavus 375, 515, 597	*Monodontocerus* 1320	*morrisoni, Paracolopha* 1642
Mixonomata 601, 603	*monofenestella, Novosuctobelba* 458, 555, 653	*morsitans, Scolopendra* 877, 903
mixopulla, Geoplana 3	*Monomorium* 1789, 1795, 1807	*Morulina* 1186, 1222
Mixozercon 162, 189	*Monomorium intrudens* 1824	*Morulina alata* 1188, 1224, 1475, 1480
Mixozercon stellifer 177	Mononchida 39, 41, 70	*Morulina australis* 1188, 1224
miyakensis, Ligia 1003, 1036, 1053	Mononchidae 41, 42, 56, 71	*Morulina gilvipunctata* 1187
miyakensis, Olibrinus 1007, 1039, 1055	Mononchina 41, 70	*Morulina gilvipunctata gilvipunctata* 1187, 1222
miyakoensis, Nagurus 1019, 1059	Mononchinae 42, 71	*Morulina gilvipunctata irrorata* 1187, 1222
Miyakoia 1861, 1888	Mononchoidea 41, 70	*Morulina orientis* 1188
miyakona, Platypleura 1616, 1624	Mononchulidae 41, 72	*Morulina orientis orientis* 1188, 1224
miyamaensis, Eupelops 478, 568, 667	Mononchuloidea 41, 72	*Morulina orientis pallida* 1188, 1226
miyamotoi, Macrosaldula 1659	*Mononchulus* 41, 72	*Morulina triverrucosa* 1187, 1224
miyatakei, Reticulitermes 1585, 1587	*Mononchus* 42, 71	Morulininae 1173, 1186, 1222
Mizuhorchestia 1071, 1074, 1088	*monoporus, Mesogeophilus* 894	*Morulodes* 1189, 1226
Mizuhorchestia urospina 1074, 1084, 1088	Monostilifera 13, 14	*Morulodes rishiriana* 1189, 1226
mizunashiana, Lobella (Lobellina) 1199, 1242	*Monotarsobius* 875, 899	*moseri, Nebonzia* 257
mizunoi, Coleoscirus 258	*Monotarsobius abukumensis* 891, 896, 899	*mucida, Tenomerga* 1717
mizusawai, Tokunocepheus 363, 562, 659	*Monotarsobius caecigenus* 887, 899	*mucronata, Robustocheles* 260
mizushimai, Eosentomon 1501, 1512, 1522	*Monotarsobius carinipes* 889, 897, 900	*Mucronothrus* 379, 609
Mochloribatula 401, 676	*Monotarsobius chibenus* 888, 897, 901	*Mucronothrus nasalis* 379, 525, 609
Mochloribatula bahamensis 401, 575, 676	*Monotarsobius eleganus* 889, 900	*Mucroseius* 196
Mochlozetes 485, 576, 676	*Monotarsobius itohi* 887, 899	*Mucroseius aciculatus* 185
Mochlozetes penetrabilis 485, 576, 676	*Monotarsobius kojimai* 889, 900	*Muda* 1615, 1627
Mochlozetes ryukyuensis 485, 576, 676	*Monotarsobius minor* 888, 901	*Muda kuroiwae* 1615, 1627
Mochlozetidae 364, 401, 676	*Monotarsobius mistinensus* 888, 897, 901	*Mullederia* 239, 302
moderata, Oripoda 489, 580, 682	*Monotarsobius montanus* 889, 896, 900	*Mullederia arborea* 272
moderatus, Peloribates 493, 583, 686	*Monotarsobius nasuensis* 891, 899	*multiciliata, Masthermannia* 530, 617, 709
modestus, Sminthurinus 1407, 1426	*Monotarsobius nihamensis* 892, 902	*multiculus, Armascirus* 258
modificatus, Tomocerus (Monodontocerus) 1315, 1320	*Monotarsobius nikkonus* 890, 896, 900	*multifasciata, Sphyrotheca* 1410, 1436
Moellendorffia (Trichelix) eucharistus 1873	*Monotarsobius nunomurai* 888, 897, 901	*multifurcatus, Hybalicus* 208, 254, 288
Moellendorffia 1860, 1887	*Monotarsobius primrosus* 892, 897, 902	*multiguttata, Stelidota* 1722
mogamiensis, Hondoniscus 1005, 1037, 1054	*Monotarsobius purpureus* 888, 901	*Multioppia* 396, 450, 643
Mogannia 1615, 1627	*Monotarsobius sakayorii* 890, 896, 900	*Multioppia* 亜属 450
Mogannia minuta 1615, 1627	*Monotarsobius sasanus* 892, 902	*Multioppia bacilliseta* 450, 548, 644
Mogoplistidae 1560, 1572	*Monotarsobius shinoharai* 890, 900	*Multioppia brevipectinata* 450, 547, 643, 712
mohrii, Hypoaspis (Gaeolaelaps) 187	*Monotarsobius subdivisus* 892, 902	*Multioppia gracilis* 450, 547, 643
moiwaensis, Partygarrupius 895	*Monotarsobius sunagawai* 891, 896, 899	*Multioppia shinanoensis* 450, 547, 643
molecula, Lamellobates 479, 569, 669, 715	*Monotarsobius takahagiensis* 889, 897, 901	*Multioppia yamatogracilis* 450, 547, 643
mollis, Meioneta 823	*Monotarsobius tamurai* 890, 896, 899	*Multipulchroppia* 396, 449, 644
Momonalis floralis 1682	*Monotarsobius tuberculatus* 889, 901	*Multipulchroppia berndhauseri* 449, 548, 644
Momophilus 882, 907	*Monotarsobius watanabei* 888, 897, 901	*Multipulchroppia shauenbergi* 449, 548, 644
Mongoliulidae 947, 955, 972	*Monotarsobius yasunorii* 891, 896, 899	*multispinata, Semicerura* cf. 1268, 1302
Mongoloniscus 1020, 1025, 1060	*Monotarsobius yuraensis* 889, 896, 900	*multispinosus, Otostigmus* 878, 893, 903
Mongoloniscus arvus 1026, 1047, 1061	*Monotoma picipes* 1680	*munda, Homidia* 1367, 1384
Mongoloniscus circacaudatus 1025, 1046, 1060	Monotomidae 1674, 1675, 1686	*Mundiphaedusa (Mundiphaedusa) ducalis* 1872
Mongoloniscus hokurikuensis 1025, 1046, 1061	Monotominae 1675	*Mundiphaedusa (Vitriphaedusa) micropeas* 1872
Mongoloniscus katakurai 1025, 1046, 1060	*Monotrichobdella* 217, 290	*Mundiphaedusa* 1854, 1855, 1885
Mongoloniscus koreanus 1026, 1047, 1061	*Monotrichobdella maxoshurni* 256	*Mundochthonius itohi* 108
Mongoloniscus maculatus 1026, 1046, 1060	*monstrosus, Eremulus* 446, 544, 638	*Mundochthonius japonicus* 108, 112, 117
Mongoloniscus masahitoi 1025, 1046, 1061	*monstrosus, Mimemodes* 1722	*Mundochthonius kiyoshii* 108
Mongoloniscus nipponicus 1026, 1047, 1061	*montana, Agroeca* 833	*munus, Heterozaptyx* 1872
Mongoloniscus oumiensis 1025, 1047, 1061	*montana, Neriene* 826	*murina, Cubaris* 1030, 1049, 1063
Mongoloniscus satsumaensis 1026, 1047, 1061	*montanum, Speophilosoma* 965	*Murmidius ovalis* 1681
Mongoloniscus tangoensis 1026, 1046, 1061	*montanus, Allochthonius* 107	*murotensis, Liacarus* 442, 541, 634
Mongoloniscus vannamei 1025, 1046, 1060	*montanus, Apelaunothrips* 1600, 1603	*murotoensis, Burmoniscus* 1018, 1042, 1057
Monhystera 40, 56	*montanus, Hypochthonius* 593, 413	*musashiensis, Coelotes* 814
Monhystera stagnalis 54	*montanus, Liacarus* 442, 541, 634	*musashiensis, Scolopocryptops* 881, 906
Monhysterida 39, 40, 60	*montanus, Melanozetes* 407, 574, 674	*muscarum, Trichotrombidium* 282
Monhysteridae 40, 54, 56, 60	*montanus, Monotarsobius* 889, 896, 900	*muscicola, Haplochthonius* 350, 516, 599
Moniligastridae 1896, 1900	*montanus, Platyliodes* 433, 622	Muscidae 1756, 1760, 1768, 1772
monobina, Suctobelba 457, 652	*monticola, Kenyentulus* 1504, 1516, 1525	*muscorum, Bdella* 255
monocornis, Mycobates 485, 575, 676	*monticola, Nipponilimax* 1876	*muscorum, Liochthonius* 419, 515, 597
monodentis, Novosuctobelba 458, 555,	*monticola, Odontomachus* 1828	*mustelinum, Phycosoma* 827
	Moraria 988, 989, 993	*mutilans, Scolopendra* 877, 893, 903
	Moraria terrula 988, 990, 991, 993	*Mycetina amabilis* 1723
	Moraria tsukubaensis 987, 989, 990, 991, 993	*Mycetoglyphus* 321, 341
	Moraria varica 987, 989, 991, 992, 993	*Mycetoglyphus fungivorus* 321, 333, 341
	mordax, Parholaspis 182	Mycetophagidae 1676, 1693, 1713, 1737
	Mordellidae 1709, 1737	*Mycetophagus ater* 1727
	morei, Dagamaea 1262, 1288	Mycetophilidae 1750, 1763, 1769
	morei, Eosentomon 1501, 1513, 1523	*Mycobates* 400, 485, 676
	morikawai, Baculentulus 1505, 1517, 1526	
	morikawai, Holurothrips 1599, 1603	
	morikawai, Macrocheles 180	
	morikawai, Niponiosoma 965	
	morio, Mitopus 143	

— 1923 —

Mycobates monocornis 485, 575, 676
Mycobates parmeliae 485, 575, 676
Mycobates tricostatus 485, 575, 676
Mycobatidae 366
mycophagus, Sancassania 326, 334, 341
Mycteridae 1672, 1695
Mycterothrips 1593, 1602
Mycterothrips consociatus 1598
Mygalomorphae 732, 837
Mylonchulidae 41, 44, 71
Mylonchulinae 41
Mylonchulus 44, 71
Mylonchulus sp. 18
myomphala, Satsuma (Satsuma) 1874
Myrmarachne 805, 865
Myrmarachne japonica 834
Myrmecina 1786, 1795, 1807
Myrmecina flava 1824
Myrmecophilidae 1560, 1573
Myrmecophilus sapporensis 1569, 1573
Myrmica 1788, 1795, 1807
Myrmica sp. 1824
Myrmicinae 1780, 1785, 1794, 1795, 1796, 1805
Myrmicotrombium 243, 304
Myrmicotrombium brevicristatum 277
myrops, Isohypsibius 89
Mysmena 741, 859
Mysmenella 741, 859
Mysmenella pseudojobi 828
Mystrothrips 1596, 1604
Mystrothrips flavidus 1596, 1604
Mystrothrips nipponicus 1596, 1604

[N]
Nabidae 1652, 1662
nagaminei, Lagynochthonius 109, 113, 117
naganoensis, Protoribates 490, 581, 683
nagasatoensis, Lauroppia 452, 550, 647, 713
nagatonis, Neanura (Metanura) 1190, 1226
naginata, Flagrosuctobelba 460, 556, 654
nagoyae, Medioxyoppia 451, 550, 646, 713
Nagurus 999, 1019, 1059
Nagurus kunigamiensis 1019, 1059
Nagurus lineatus 1019, 1059
Nagurus miyakoensis 1019, 1059
Nagurus okinawaensis 1019, 1059
"*Nagurus?*" *tokunoshimaensis* 1019, 1059
Nakadaella 1844, 1879
Nakadaella micron 1867
nakadoriensis, Lucasioides 1023, 1045, 1059
nakajimai, Proisotoma 1263, 1292
nakamurai, Donzelotauropus 927, 936
nakanei, Fissicepheus 468, 560, 657
nakasujii, Brachyponera 1827
nakatamarii, Ctenobelba 446, 544, 638, 711
nakatamarii, Yoshiobodes 386, 563, 660
Nanhermannia 382, 431, 617
Nanhermannia angulata 431, 531, 617
Nanhermannia bifurcata 431, 530, 617
Nanhermannia dorsalis 431, 617
Nanhermannia tokara 431, 531, 617
Nanhermannia triangula 431, 617
Nanhermannia verna 431, 531, 618
Nanhermanniidae 355, 382, 616
naniwaensis, Mermessus 820
nankaidoensis nankaidoensis, Tyrannophaedusa (Spinulaphaedusa) 1870
Nannolene 945, 970
Nannolene flagellata 964, 981
Nanorchestes 252, 309
Nanorchestes amphibius 287
Nanorchestidae 251, 252, 309

naraense, Parhypomma 817
narashinoensis, Eutogenes 269
narutomii, Ischnothyreus 810
nasalis, Mucronothrus 379, 525, 609
nasatum, Armadillidium 1030, 1048, 1062
nashiroi, Scapheremaeus 477, 567, 665
nasuensis, Monotarsobius 891, 899
nasuorum, Oribatella 481, 572, 671
Nasutitermes takasagoensis 1583, 1587
nasutus, Birobates 403, 579, 681
Naudea 231, 297
Naudea magdalenae 267
navicella, Apostigmaeus 272
navus, Oecobius 811
nawai, Camponotus 1820
nayoroensis, Cosmochthonius 420, 598
nayoroensis, Diapterobates 484, 573, 673
nayoroensis, Oribatula 487, 576, 677
nayoroensis, Suctobelbella 465, 558, 656
Neanura (Deutonura) 1189, 1230
Neanura (Deutonura) abietis 1193, 1232
Neanura (Deutonura) ezomontana 1192, 1230
Neanura (Deutonura) fodinarum 1193, 1232
Neanura (Deutonura) iriomotensis 1192, 1230
Neanura (Deutonura) niijimae 1193, 1232
Neanura (Deutonura) piceae 1192, 1230
Neanura (Metanura) 1189
Neanura (Metanura) amamiana 1190, 1228
Neanura (Metanura) kitayamana 1191, 1228
Neanura (Metanura) nagatonis 1190, 1226
Neanura (Metanura) okinawana 1190, 1228
Neanura (Metanura) sanctisebastiani 1189, 1226
Neanura (Metanura) yamashironis 1191, 1230
Neanura (Metanura) yonana 1191, 1228
Neanura 1226
Neanuridae 1172, 1176, 1178, 1206, 1475
Neanurinae 1173, 1186, 1189, 1226
Neanuroidea 1102, 1166, 1176
Nebonzia moseri 257
nebulosus, Agnara 1028, 1048, 1062
Nedyopus 958, 976
Nedyopus tambanus tambanus 966
Neelidae 1101, 1402, 1404, 1418, 1482
Neelides 1404, 1418
Neelides minutus 1404, 1418, 1482
Neelipleona 1101, 1397, 1402, 1418
Nehypochthoniidae 350, 601
Nehypochthonius 350, 601
Nehypochthonius yanoi 350, 518, 602
neiswanderi, Tyrophagus 325, 331, 340
Nemacepheus 385, 664
Nemacepheus dentatus 385, 566, 664
Nemasomatidae 946, 954, 971
Nemastomatidae 127, 141
Nemathelminthes 17
Nematocera 1745, 1746, 1769
Nematoda 17, 18, 19
Nematogmus 772, 774, 852
Nematogmus sanguinolentus 817
Nemesiidae 732, 838
nemoralis, Hypogastrura 1118, 1138
nemoralis, Xerolycosa 815
Neoactinolaimus 23, 65
Neoamerioppia 399, 647
Neoamerioppia ventrosquamosa 399, 550, 648, 713
Neoantistea 756, 842
Neobaculentulus 1526
Neobaculentulus izumi 1517
Neobisiidae 110, 117
Neobonzia 219, 291
Neobrachychthonius 374, 597

Neobrachychthonius magnus 374, 515, 597
Neochloritis 1860, 1887
Neochloritis tomiyamai 1873
Neocondeellum 1487, 1492, 1524
Neocondeellum japonicum 1492, 1514, 1524
Neocondeellum matobai 1492, 1514, 1524
Neocondeellum minusculum 1492, 1514, 1524
Neocunaxoides 220, 290
Neocunaxoides sp. 257
Neocypholaelaps 195
Neocypholaelaps favus 184
Neojordensia 194
Neojordensia planata 183
Neolinyphia 788, 791, 852
Neolinyphia angulifera 825
Neolinyphia fusca 825
Neolinyphia japonica 825
Neolinyphia nigripectoris 825
Neoliochthonius 374, 597
Neoliochthonius piluliferus 374, 515, 597
Neoliodes 376, 433, 621
Neoliodes alatus 433, 532, 621
Neoliodes iheyaensis 433, 532, 621
Neoliodes kornhuberi 533, 621
Neoliodes striatus 433, 532, 621
Neoliodes zimmermanni 433, 533, 621, 710
Neoliodidae 621
Neolorryia 236, 299
Neolorryia pandana 268
Neomolgus 216, 289
Neomolgus pygmaeus 255
Neon 808, 867
Neon minutus 835
Neonanorchestes 252, 309
Neonanorchestes sp. 287
neonominatus, Birsteinius 444, 542, 635, 711
Neonothrothrombium 247, 306
Neonothrothrombium americanum 280
Neophaedusa 1854, 1885
Neophaedusa ishikawai 1872
Neoribates 412, 495
Neoribates 688
Neoribates macrosacculatus 496, 585, 689
Neoribates pallidus 495, 585, 689
Neoribates rimosus 496, 585, 689
Neoribates rotundus 495, 585, 689
Neoribates similis 496, 585, 689
Neoscirula 218, 290
Neoscirula sp. 256
Neoscona scylla 829
Neosminthurus 1410, 1438
Neosminthurus mirabilis 1410, 1438
Neotachycines 1562
Neoteneriffiola 238, 301
Neoteneriffiola hojoensis 271
Neotermes koshunensis 1582, 1584
Neotriplax lewisii 1724
Neotylenchidae 34, 70
Neoxenillus 392, 636
Neoxenillus heterosetiger 392, 543, 636
Neozercon 162, 189
Neozercon insularis 177
Nepalmatoiulus 953, 971
Neparholaspis 193
Neparholaspis shinanonis 181
Nephila 859
Nephilidae 740, 859
Nepidae 1650
neptuna, Yaetakaria 984
Neriene 788, 791, 852
Neriene albolimbata 826
Neriene brongersmai 826
Neriene clathrata 826
Neriene herbosa 826
Neriene jinjooensis 826
Neriene montana 826

Neriene oidedicata   826
Neriidae   1761, 1768, 1772
Neritimorpha   1834, 1877
Neritosina   1877
Nerthra macrothorax   1658
Neserigone   766, 770, 852
Neserigone nigriterminorum   821
Nesiacarus   377, 601
Nesiacarus sp.   377, 518, 601
Nesiohelix   1862, 1889
Nesiohelix omphalina   1875
Nesiophaedusa   1853, 1885
Nesiophaedusa praeclara   1872
Nesogeophilus   884, 907
Nesogeophilus littoralis   895
Nesticella   792, 857
Nesticella brevipes   827
Nesticidae   739, 792, 857
Nesticus   792, 857
newxealandicus, Paracunaxoides   257
nichinanensis, Lucasioides   1023, 1045, 1060
Nicoletiella   226, 296
Nicoletiella denticulata   263
Nicoletiidae   1542, 1545, 1550, 1545
Nicrophorus concolor   1718
niger, Karteroiulus   964
nigerrinus, Trachymolgus   256
nigricollis, Lagria   1726
nigricosta, Terpnosia   1620, 1625
nigripectoris, Neolinyphia   825
nigrirostris, Hypera   1728
nigriterminorum, Neserigone   821
nigriventris, Tenuiphantes   823
nigrocephala, Homidia   1368, 1384
nigrocyaneus, Plesiophthalmus   1667, 1726
nigrofasciatus, Dianemobius   1572
nigrofuscata, Graptopsaltria   1619, 1623, 1624
nigropictus, Cryptops   879, 905
nigrorufa, Haematoloecha   1659
nihamensis, Monotarsobius   892, 902
niijimae, Neanura (*Deutonura*)   1193, 1232
nikkonus, Monotarsobius   890, 896, 900
Niosuctobelba   395, 653
Niosuctobelba ruga   395, 554, 653
Niphocepheidae   360, 628
Niphocepheus   360, 628
Niphocepheus guadarramicus   360, 537, 628
niponensis, Idyophyes   1681
Niponia   956, 976
Niponia nodulosa   965, 983
niponica, Horatocera   1720
Niponiinae   1671
Niponiosoma   949, 975
Niponiosoma morikawai   965
Niponiosomatidae   949, 975
Nippobodes   358, 475, 662
Nippobodes brevisetiger   475, 565, 662
Nippobodes insolitus   475, 565, 662
Nippobodes latus   475, 565, 662
Nippobodes tokaraensis   475, 565, 662
Nippobodes yuwanensis   475, 565, 662
Nippobodidae   358, 662
Nippohermannia   382, 618
Nippohermannia parallela   382, 531, 618
nippon, Nipponentomon   1507, 1519, 1527
Nipponarion   1845, 1890
Nipponarion carinatus   1876
Nipponatelura   1545, 1550
Nipponatelura shirozui   1548
Nipponatelurina   1545, 1550
Nipponatelurina kurosai   1548
nipponensis, Acropyga   1820
nipponensis, Cresmatoneta   823
nipponensis, Galloisiana   1564, 1569, 1575
nipponensis, Littorophiloscia   1001, 1040, 1056
nipponensis, Quelpartoniscus   1009, 1039, 1055
nipponensis, Sinorchestia   1073, 1081, 1088
Nipponentomon   1491, 1507, 1527
Nipponentomon kamui   1507, 1518, 1527
Nipponentomon nippon   1507, 1519, 1527
Nipponentomon uenoi   1507, 1518, 1527
Nipponesmus   963, 978
nipponica nipponica, Eostrobilops   1867
nipponica, Blattella   1558, 1571
nipponica, Crossodonthina   1195
nipponica, Flagrosuctobelba   459, 653
nipponica, Galumnella   500, 589, 692
nipponica, Oxyptila   832
nipponica, Segestria   810
nipponica, Telema   811
nipponica, Trichogalumna   498, 587, 690
nipponica, Zachvatkinella   350, 510, 591
nipponicum, Hinomotentomon   1493, 1515
nipponicus, Baculentulus   1517, 1526
nipponicus, Cultrobates   364, 572, 671
nipponicus, Eomyzus   1643
nipponicus, Erythraeus   285
nipponicus, Falcaryus   894
nipponicus, Formosanochiurus   1148, 1160
nipponicus, Fornax   1720
nipponicus, Haplothrips   1604
nipponicus, Hebrus   1659
nipponicus, Mongoloniscus   1026, 1047, 1061
nipponicus, Mystrothrips   1596, 1604
nipponicus, Odontoscirus   255
nipponicus, Parabeloniscus   133, 140
nipponicus, Pedetontus   1541, 1546
nipponicus, Phrurolithus   834
nipponicus, Plator   830
nipponicus, Proctolaelaps   185
nipponicus, Scolopocryptops   880, 905
nipponicus, Stemmops   827
nipponicus, Trimalaconothrus   427, 528, 613, 708
Nipponiella   372, 598
Nipponiella simplex   372, 516, 598
Nipponocercyon shibatai   1679
Nipponochloritis   1860, 1887
Nipponochloritis fragilis   1874
Nipponogarypus enoshimaensis   111, 115, 118
Nipponoligidium   1004
Nipponolimax   1845, 1890
Nipponolimax monticola   1876
Nippononeta   787, 789, 852
Nippononeta projecta   822
Nippononethekuramotois   1006
Nippononethes   1005, 1006, 1053
Nippononethes cornutus   1006, 1037, 1054
Nippononethes kiiensis   1006, 1037, 1054
Nippononethes kuramotoi   1037, 1054
Nippononethes nishikawai   1006, 1037, 1054
Nippononethes uenoi   1006, 1037, 1053
Nippononethes unidentatus   1006, 1037, 1054
Nipponophloeus dorcoides   1680
Nipponopsalididae   127, 141
Nipponopsalis   127, 130, 141
Nipponopsalis abei   130, 135, 141
Nipponopsalis yezoensis   130, 135, 141
Nipponosemia   1615, 1626
Nipponosemia terminalis   1615, 1626
Nipponothrix   949, 975
Nipponotusukuru   766, 767, 769, 852
nirasawai, Hyidiothrips   1604
nirecola, Kaltenbachiella   1642
nishihirai, Isotoma   1271, 1310
nishikawai, Agnara   1027, 1047, 1061
nishikawai, Nippononethes   1006, 1037, 1054
nishimurai, Lucasioides   1023, 1045, 1059
nishimurai, Takeoa   812
nishinoi, Cyathopoma   1867
nishinoi, Peloribates   493, 583, 686
Nispa   765, 769, 853
nitens, Liacarus   441, 540, 633
nitida, Axelsonia   1264, 1302
nitidula, Holocompsa   1557, 1570
Nitidulidae   1674, 1686, 1710, 1729, 1735
nitidum, Leptopoma   1866
nitidus, Baculentulus   1505, 1516, 1525
nitobei, Pericapritermes   1581, 1583, 1587
nivalis, Entomobrya   1366, 1382
nivalis, Pytho   1725
niveoventris, Micrargus   820
nobile, Bipalium   3, 4, 6, 7
Nobuea   1844, 1879
Nobuea kurodai   1867
Nocticola uenoi   1557, 1571
Nocticolidae   1557, 1571
nodosus, Trimalaconothrus   425, 527, 613
noduliferum, Carychium   1867
nodulosa, Brachycybe   965
nodulosa, Niponia   965, 983
nodulosus, Eutrichodesmus   957
nogutii, Acallurothrips   1599
nomurai, Lobella (*Lobella*)   1200, 1244
nomurai, Olibrinus   1008, 1039, 1055
Nordiidae   25, 26, 64
Nordiinae   26, 64
Nosekiella   1491, 1527
Nosekiella urasi   1491, 1519
notabilis (f. pallida), Desoria   1269
notabilis, Desoria   1269, 1302
notabilis, Galloisiana   1564
notabilis, Gastrotheellus   1548
Nothridae   614
Nothrothrombium   247, 306
Nothrothrombium otiorum   280
Nothrus   353, 428, 614
Nothrus anauniensis   428, 528, 614
Nothrus asiaticus   428, 528, 614
Nothrus bacilliseta   428, 615
Nothrus borussicus   428, 528, 615
Nothrus ezoensis   428, 528, 614, 709
Nothrus meakanensis   428, 614
Nothrus undulatus   428, 529, 615
notojimensis, Armadilloniscus   1010, 1040, 1056
Notonectidae   1650
Notridae   353
nova, Grandjeanellina   263
nova, Oppiella   452, 550, 647, 713
novaeguineae, Licneremaeus   477, 567, 666
noviluna, Selenoptyx   1870
Novosuctobelba   395, 458, 653
Novosuctobelba latirostrata   458, 555, 653
Novosuctobelba lauta   458, 555, 653
Novosuctobelba monodentis   458, 555, 653
Novosuctobelba monofenestrata   458, 555, 653
Novosuctobelba vulgaris   458, 555, 653
nubatamae, Tegeocranellus   362, 567, 664
nubes, Asca   183
nuda, Anurida (*Aphoromma*)   1184, 1218
nuda, Tenuiala   410, 543, 636
nudisetus, Donzelotauropus   927, 936
Nullonchus   43, 72
nunomurai, Indotritia   503, 520, 605
nunomurai, Monotarsobius   888, 897, 901
nupri, Eosentomon   1500, 1512, 1522
Nurscia   750, 841
Nurscia albofasciata   812
nutak, Protaphorura   1147, 1156, 1476
Nygellidae   32, 67
Nygellinae   32, 67
Nygellus   32, 67
Nygolaimellidae   32, 51, 67
Nygolaimellinae   32, 67

Nygolaimellus 32, 67
Nygolaimidae 32, 33, 66
Nygolaimina 19, 66
Nygolaiminae 33, 66
Nygolaimoidea 19, 32, 66
Nygolaimus 33, 67
Nylanderia 1791, 1793, 1803
Nylanderia flavipes 1821
nymphes, Heterosminthurus 1409, 1432

[O]
obliquus, Truncopes 403, 580, 682
obscura, Eumenotes 1660
obscuriceps, Amphiareus 1659
obscurus, Austrocarabodes 473, 564, 661
obscurus, Spherillo 1033, 1049, 1063
Occasjapyx 1532, 1534, 1537
Occasjapyx akiyamae 1534, 1536, 1538
Occasjapyx beneserratus 1534, 1536, 1537
Occasjapyx ishii 1534, 1536, 1538
Occasjapyx japonicus 1534, 1536, 1538
Occasjapyx kuwanae 1534, 1536, 1538
occidentalis, Ryojius 822
occulta, Desoria 1270, 1306
ocellatus, Burmoniscus 1015, 1043, 1058
ocellatus, Kopidoiulus 943, 964
ocellatus, Liacarus 442, 541, 634
Ocesobates 408, 674
Ocesobates kumadai 408, 574, 674
Ochetellus 1784, 1792, 1801
Ochetellus glaber 1819
ochotensis, Traskorchestia 1075, 1085, 1088
ochraceus, Hoplandrothrips 1600, 1604
Ochteridae 1650, 1661
Ochterus marginatus 1658
Ochyroceratidae 735, 839
Ocnerodrilidae 1896, 1900
Ocnerodrilus 1896, 1900
ocreatus, Tomocerus (Tomocerus) 1316, 1326, 1473
octacanthus, Arrhopalites 1422
Octochaetidae 1896, 1900
octoculata, Folsomia 1260, 1282, 1474
octomaculatus, Eremaeozetes 479, 568, 667
Octonoba varians 812
octopunctata, Protaphorura 1147, 1154, 1479
octopunctata, Pseudosinella 1370, 1394
ocularis, Elacatis 1725
ocularis, Orchesia 1724
oculata, Harlomillsia 1339, 1342
oculinotata, Cladothela 830
odai, Lobella (Coecoloba) 1201, 1248
Odiellus 143
Odiellus aspersus 143
Odontellidae 1172, 1176, 1202
Odontocepheus 386, 662
Odontocepheus beijingensis 386, 565, 662
Odontodrassus 798, 862
Odontodrassus hondoensis 830
Odontomachus 1781, 1797, 1812
Odontomachus monticola 1828
Odontopharyngidae 46, 73
Odontorhabditidae 47, 73
Odontoscirus 216, 289
Odontoscirus nipponicus 255
Odontotermes formosanus 1581, 1583, 1584, 1587
Oecobiidae 734, 840
Oecobius 734, 840
Oecobius navus 811
Oedemeridae 1713, 1737
Oedothorax 766, 770, 853
Oedothorax sexmaculatus 820
Oehserchestes 252, 308
Oehserchestes sp. 286
Oehserchestidae 252, 308
Ogasawarana 1840, 1877

Ogasawarana ogasawarana 1865
ogasawarana, Ogasawarana 1865
ogasawarensis, Ditha 106, 112, 117
ogatai, Robertus 827
ogawai, Scolopocryptops 881, 906
Ogma 36, 69
Ogma dryum 53
oharaensis, Spherillo 1032, 1049, 1063
ohbai, Tuxenentulus 1517
ohmensis, Dolicheremaeus 467, 559, 657
ohnishii, Liochthonius 419, 514, 597
ohtanii, Isotoma 1271, 1308
Oia 765, 769, 853
Oia imadatei 818
oidedicata, Neriene 826
oii, Syedra 823
Oilinyphia 782, 784, 853
Oilinyphia peculiaris 826
Oionchus 41, 72
okabei, Rhinotus 965
okadai, Pygobunus 129, 137, 145
okafujii, Supraphorura 1146, 1152
okai, Kiusiozonium 965
okajimae, Pedetontus 1547
okamotoi, Anurida (Aphoromma) 1185, 1222
okazakii, Symphyopleurium 965
Okeanobates 954, 972
Okeanobatidae 947, 954, 972
Okhotigone 762, 764, 853
Okhotigone sounkyoensis 818
okinawa, Eremobelba 447, 545, 640
okinawaensis, Anaulaciulus 982
okinawaensis, Burmoniscus 1017, 1042, 1057
okinawaensis, Nagurus 1019, 1059
okinawaensis, Pseudophiloscia 1013, 1041, 1057
okinawana, Euterpnosia 1620, 1625
okinawana, Exothorhis 271
okinawana, Galumnella 500, 589, 692
okinawana, Neanura (Metanura) 1190, 1228
okinawana, Salina 1349
okinawanus, Deuterosminthurus 1408, 1430
okinawensis, Wadicosa 815
okumae, Lysiteles 832
okuyamai, Mesotritia 505, 521, 606
Olibrinidae 1001, 1007, 1054
Olibrinus 1007
Olibrinus aestuari 1008, 1038, 1055
Olibrinus elongatus 1007, 1038, 1054
Olibrinus hachijoensis 1007, 1039, 1055
Olibrinus kosugei 1008, 1038, 1055
Olibrinus kushimotoensis 1007, 1038, 1055
Olibrinus miyakensis 1007, 1039, 1055
Olibrinus nomurai 1008, 1039, 1055
Olibrinus pacificus 1008, 1038, 1055
Olibrinus sp. 1008, 1039, 1055
Olibrinus tomiokaensis 1007, 1038, 1055
Oligaphorura 1145, 1150
Oligaphorura cf. schoetti 1145, 1150
Oligaphorura tottabetsuensis 1145, 1152
Oligochaeta 1895, 1896, 1900
Oligotoma japonica 1565, 1569, 1576
Oligotoma saundersii 1565, 1576
Oligotomidae 1565, 1576
Oligozaptyx 1846, 1882
Oligozaptyx hedleyi 1869
Olios 795, 860
Ologamasidae 158, 164, 191
Ololaelaps 197
Ololaelaps sp. 186
Olpiidae 111, 118
Omaniidae 1657
ominei, Peloribates 494, 584, 687
Ommatocepheus 388, 627
Ommatocepheus clavatus 388, 537, 627
omogoensis, Epicrius 177

omogoensis, Holaspulus 181
omoi, Acerentulus 1503, 1515, 1524
Omophronidae 1700, 1730
Omosita color 1680
omoto, Bousfieldia 1074, 1083, 1088
omotoensis, Rhopalomastix 1825
omphalina, Nesiohelix 1875
Oncopodura 1339, 1340
Oncopodura japonica 1339, 1340
Oncopodura kuramotoi 1339, 1340
Oncopodura puncteola 1339, 1340
Oncopodura yosiiana 1339, 1340
Oncopoduridae 1103, 1104, 1336, 1339, 1340
Oniscidae 1001, 1018, 1058
onoi, Ummeliata 819
Onychiuridae 1102, 1141, 1145, 1476
onychiurina, Folsomina 1259, 1276
Onychiurinae 1145, 1150, 1479
Onychiurinae sp. 1476
Oonopidae 736, 746, 838
opalifera, Meimuna 1618, 1623, 1626
operosus, Platystethus 1719
Ophidiotrichus 406, 671
Ophidiotrichus ussuricus 406, 571, 671
ophthalmus, Paramystrothrips 1596, 1604
Opiliones 121, 122, 138
Opisotretidae 951, 978
Opisthoplatia orientalis 1558, 1570
Opisthothelae 732, 837
Opopaea 747, 839
Opopaea syarakui 810
Oppiella 398, 452, 647
Oppiella decempectinata 452, 647
Oppiella nova 452, 550, 647, 713
Oppiella zushi 452, 550, 647
Oppiidae 363, 396, 643
opticus, Allochthonius 107, 112, 117
opulenta, Allagelena 814
opuntiseta, Striatoppia 396, 548, 644
Orangescirula 218, 290
Orangescirula youngchaunesis 256
orbiculata, Peltenuiala 410, 543, 636
Orchesella 1371, 1396
Orchesella cincta 1371, 1396, 1471
Orchesellidae 1103, 1354, 1371, 1394, 1471
Orchesellides 1371, 1394
Orchesellides sinensis 1371, 1394
Orchesia ocularis 1724
"Orchestia" 1071, 1087
"Orchestia" kokuboi 1071, 1076, 1087
"Orchestia" solifuga 1071, 1076, 1087
Orchestina 746, 838
Orchestina sanguinea 810
Oreoneta 779, 853
Oreonetides 785, 853
Oreonetides shimizui 822
Oribatella 406, 481, 671
Oribatella brevicornuta 481, 572, 671
Oribatella calcarata 481, 572, 671
Oribatella nasuorum 481, 572, 671
Oribatella similis 481, 571, 671
Oribatellidae 366, 406, 670
Oribatida 347, 510-590
Oribatula 389, 487, 677
Oribatula nayoroensis 487, 576, 677
Oribatula sakamorii 487, 576, 677, 716
Oribatulidae 360, 362, 363, 389, 677
Oribella 390, 643
Oribella pectinata 390, 547, 643
Oribellopsis 390, 643
Oribellopsis kushiroensis 390, 547, 643, 712
Oribotritia 371, 504, 605
Oribotritia asiatica 504, 521, 606
Oribotritia berlesei 504, 520, 605
Oribotritia chichijimensis 504, 521, 605
Oribotritia fennica 504, 521, 606
Oribotritia ryukyuensis 504, 521, 605

Oribotritia shikoku 504, 521, 605
Oribotritia tokukoae 504, 521, 605
Oribotritiidae 348, 371, 604
oriens, Prociphilus 1643
orientalis, Aradus 1660
orientalis, Archaeoglenes 1682
orientalis, Epanerchodus 967
orientalis, Gryllotalpa 1569
orientalis, Holostrophus 1724
orientalis, Lamellobates 479, 569, 669
orientalis, Luprops 1726
orientalis, Opisthoplatia 1558, 1570
orientalis, Paramystrothrips 1596, 1604
orientalis, Shinobius 815
orientis orientis, Morulina 1188, 1224
orientis pallida, Morulina 1188, 1226
orientis, Morulina 1188
Orientopus 776, 853
Orientopus yodoensis 817
Oripoda 403, 489, 682
Oripoda asiatica 489, 580, 682, 716
Oripoda fujikawae 489, 580, 682
Oripoda moderata 489, 580, 682
Oripoda variabilis 489, 580, 682
Oripoda yoshidai 489, 580, 682
Oripodidae 365, 403, 681
ornata, Cosmogalumna 496, 585, 689
ornatissimus, Berlesezetes 387, 538, 628
ornatum, Eosentomon 1500, 1512, 1522
ornatus, Calohypsibius 91
ornatus, Costeremus 447, 545, 639, 712
ornithorhynchus, Alycus 287
Orphnaeus 876, 906
Orphnaeus brevilabiatus 894
Orsiboe 955, 973
Orsiboe ichigomensis 965
orthacantha, Protaphorura 1147, 1156
Ortheziidae 1631, 1634
Orthobula 803, 865
Orthobula crucifera 833
Orthogalumna 411, 691
Orthogalumna saeva 411, 587, 691
Orthogastropoda 1834, 1877
orthogonios, Liacarus 441, 540, 633, 711
Orthonychiurus 1148, 1160
Orthonychiurus folsomi 1148, 1160
Orthonychiurus izuruensis 1148, 1160
Orthoptera 1556, 1559, 1560, 1563, 1572
Orthoptera（Acrididae） 1555
Orthoptera（Grylloidea） 1555
Orthopteroidea 1555
Orthopteroids 1555, 1556
Orthotydeus 236, 299
Orthotydeus lindquist 268
Orumcekia 754, 843
Oruzaephilus mercator 1680
Oryidae 876, 906
osakaensis, Ummeliata 819
oshimensis, Meimuna 1618, 1626
oshoro, Friesea (Conotelsa) 1179, 1208
Osientomon 1488, 1520
Osientomon japonicum 1488, 1509
osloensis, Foveacheles 261
Ostearius 781, 853
Ostearius melanopygius 821
osumiense, Aphanoconia 1865
Otacilia 802, 865
Otacilia komurai 834
otiorum, Nothrothrombium 280
Otocepheidae 361, 393, 658
Otostigminae 876, 903
Otostigmus 877, 903
Otostigmus astenus 878, 904
Otostigmus glaber 878, 904
Otostigmus multispinosus 878, 893, 903
Otostigmus politus 878, 904
Otostigmus scaber 878, 904
Otostigmus striatus 878, 904
oudemansi, Eobrachychthonius 414, 511, 594
Oudemansia 1180, 1208

Oudemansia coerulea 1180, 1208
Oudemansia esakii 1180, 1208
Oudemansia hirashimai 1180, 1210
Oudemansia subcoerulea 1180, 1210
oumiensis, Mongoloniscus 1025, 1047, 1061
ovalis, Murmidius 1681
ovata, Epilohmannia 421, 518, 603
ovulum, Rostrozetes 364, 584, 688
owstoni, Stenamma 1825
Oxidus 960, 976
Oxidus gracilis 943, 966, 983
Oxidus riukiaria 983
Oxyameridae 357, 656
Oxyamerus 357, 656
Oxyamerus spathulatus 357, 559, 656
Oxydirus 22, 61
Oxyloma 1858, 1881
Oxyloma hirasei 1868
Oxyopes 737, 846
Oxyopes sertatus 816
Oxyopidae 737, 846
Oxyptila 801, 863
Oxyptila nipponica 832
ozeana, Entomobrya 1365, 1378
ozeana, Folsomia 1260, 1280

[P]
Pachybolidae 952
Pachygnatha 795, 859
Pachygnatha clercki 828
Pachygnatha tenera 828
Pachylaelapidae 159, 194
Pachylaelaps 194
Pachylaelaps ishizuchiensis 182
Pachymerium 883, 908
Pachymerium ferrugineum 894
Pachyneuridae 1750, 1762, 1769
pachypedatus, Lithobius 893
pachypus, Platorchestia 1072, 1078, 1087
Pachyseius 194
Pachyseius cavernicola 182
pacifica, Friesea (Conotelsa) 1179, 1206
pacifica, Yuukianura 1197, 1238
pacificum, Eosentomon 1499, 1511, 1522
pacificus, Olibrinus 1008, 1038, 1055
pacificus, Palaeacaroides 372, 510, 591
Paciforchestia 1070, 1073, 1087
Paciforchestia pyatakovi 1073, 1079, 1087
Paciforchestia sp. 1 1073, 1080, 1087
Paciforchestia sp. 2 1073, 1080, 1088
padi, Rhopalosiphum 1643
pagumae, Euryparasitus 178
Paikiniana 767, 768, 853
Paikiniana iriei 820
Palaeacaridae 350, 372, 591
Palaeacaroides 372, 591
Palaeacaroides pacificus 372, 510, 591
Palaeacarus 372, 591
Palaeacarus hystricinus 372, 510, 591
Palaeacarus hystricinus 707
Palaeosomata 591
Palaina (Cylindropalaina) pusila pusila 1866
Palaina 1842, 1878
pallens, Cephaloon 1725
pallens, Dicyrtoma 1412, 1438
pallens, Trishoplita 1874
pallescens, Sminthurinus 1407, 1426
pallidipatellis, Sernokorba 831
pallidulus, Scheloribates 488, 579, 680
pallidus, Neoribates 495, 585, 689
palmicincta, Conoppia 389, 537, 627
palmifer, Carabodes 472, 563, 660
paludicola, Eniochthonius 414, 593
Panagrolaimidae 48, 73
Panamomus brevicornis 1681
Panchaetothripinae 1593, 1601
Panclus parvulus 1680

pandana, Neolorryia 268
Pandava 750, 841
pandorae, Angelothrombium 283
Panesthia angustipennis spadica 1557, 1570
Panesthiidae 1557, 1570
pannonicus, Cheylostigmaeus 272
pannuosus, Agnara 1027, 1047, 1061
pantotrema, Apoplophora 370, 517, 601
Papillacarus 422, 600
Papillacarus conicus 422, 518, 601
Papillacarus hirsutus 422, 517, 601, 708
papillatus, Clarkus 56
papillosoides, Anurida (Anurida) 1183, 1216
Papirinus 1407, 1424
Papirinus prodigiosus 1407, 1424
Papirioides 1413, 1440
Papirioides jacobsoni 1413, 1440
Papirioides uenoi 1413, 1440, 1469
Papuaphiloscia 1012, 1014, 1057
Papuaphiloscia alba 1014, 1042, 1057
Papuaphiloscia daitoensis 1014, 1042, 1057
Papuaphiloscia insulana 1014, 1041, 1057
Papuaphiloscia terukubiensis 1014, 1041, 1057
Parabeloniscus 125, 139
Parabeloniscus caudatus 140
Parabeloniscus nipponicus 133, 140
Parabeloniscus shimojanai 140
Parabonzia 218, 290
Parabonzia bdelliformis 256
Parabonzia sp. 203
Paraceratoppia 391, 632
Paraceratoppia quadrisetosa 391, 632
Paracerella 1491, 1528
Paracerella shiratki 1491, 1519
Parachela 82, 84, 93
Paracheyletia 237, 300
Paracheyletia sp. 269
Parachipteria 409, 480, 669
Parachipteria distincta 480, 570, 669
Parachipteria punctata 480, 570, 669
Parachipteria truncata 480, 570, 669
Paracletus 1640, 1645
Paracletus cimiciformis 1642
Paracolopha 1639, 1644
Paracolopha morrisoni 1642
Paracrassibucca 43, 72
Paractinolaimus 23, 65
Paracunaxoides 218, 290
Paracunaxoides newxealandicus 257
paradoxa, Hypogastrura 1118, 1134
Paradoxosomatidae 950, 958, 976
Paraegista 1863, 1889
Paraegista takahidei 1875
Parafontaria 962, 977
Parafontaria crenata 984
Parafontaria longa 967
Parafontaria tonominea 984
Parajapygidae 1532, 1538
Parajapyx 1532, 1534, 1538
Parajapyx emeryanus 1534, 1536, 1538
Parajapyx isabellae 1534, 1536, 1538
Parajulidae 947, 972
Parakalumma 412, 495, 688
Parakalumma koshiense 495, 584, 688
Parakalumma robustum 495, 584, 688
Parakalummidae 367, 412, 688
Paralamellobates 405, 668
Paralamellobates misella 405, 569, 668
parallela, Coronoquadroppia 455, 552, 650, 714
parallela, Nippohermannia 382, 531, 618, 709
Parallelorhagidia 223, 293
Parallelorhagidia sp. 260
Paralongidorus 24, 66
Paramystrothrips 1596, 1604

Paramystrothrips ophthalmus　　　1596, 1604
Paramystrothrips orientalis　　　1596, 1604
Paranisentomon　　　1488, 1523
Paranisentomon tuxeni　　　1488, 1513
Paranonychus　　　139
Paranonychus fuscus　　　132, 139
Paranura　　　1232
Paranura formosana　　　1194, 1232
Paranura sexpunctata　　　1194, 1234
Paranura suenoi　　　1194, 1234
Paranurophorus　　　1258, 1274
Paranurophorus simplex　　　1258, 1274
Paraparatrechina　　　1791, 1793, 1803
Paraparatrechina sakurae　　　1821
Paraphanolaimus　　　49, 74
Paraphauloppia　　　389, 677
Paraphauloppia variabilis　　　389, 576, 677
Paraphelenchidae　　　34, 70
Paraplectonema　　　49, 74
Paraplothrombium　　　245, 305
Paraplothrombium problematicum　　　279
Parapronematus　　　232, 298
Parapronematus acaciae　　　267
Parapyroppia　　　391, 632
Parapyroppia filiformis　　　391, 540, 632
Pararoncus japonicus　　　110, 113, 117
Parasisis　　　771, 853
Parasitengona　　　209, 214, 215, 303
Parasitidae　　　157, 163, 190
Parasitus　　　163, 190
Parasitus consanguineus　　　177
Paraspirobolus　　　952, 970
Paraspirobolus lucifugus　　　981
Parasteatoda　　　794, 858
Paratachycines　　　1562
Paratanaupodus　　　247, 306
Paratanaupodus insensus　　　281
Paratapinocyba　　　773, 774, 853
Paratapinocyba kumadai　　　818
Paratheuma　　　739, 751, 844
Paratheuma shirahamaensis　　　814
Parathrombium　　　250, 308
Parathrombium sp.　　　284
Paratimomenus flavocapitatus　　　1568, 1578
Paratrechina　　　1791, 1793, 1804
Paratrechina longicornis　　　1821
Paratrichodorus　　　20, 60
Paratriophtydeus　　　233, 298
Paratriophtydeus protydeus　　　265
Paratydaeolus　　　233, 298
Paratydaeolus sp.　　　265
Paratydeidae　　　211, 228, 296
Paratydeus　　　228, 296
Paratydeus alexanderi　　　264
Paraumbogrella　　　129, 144
Paraumbogrella pumilio　　　129, 137, 144
Paravulvus　　　33, 66
Parazaptyx　　　1852, 1885
Parazaptyx thaumatopoma　　　1871
Pardosa　　　758, 759, 846
Pardosa laura　　　816
Parerythraeus　　　242, 304
Parerythraeus sp.　　　276
Parholaspididae　　　159, 193
Parholaspis　　　193
Parholaspis mordax　　　182
Parhypochthoniidae　　　351, 592
Parhypochthonius　　　351, 592
Parhypochthonius aphidinus　　　351, 510, 592
Parhypomma　　　772, 774, 854
Parhypomma naraense　　　817
Parhyposomata　　　591
parmata, Basilobelba　　　447, 545, 640, 712
parmatus, Phthiracarus　　　508, 524, 609
parmeliae, Mycobates　　　575, 676
Parobisium anagamidensis　　　110, 114, 117
Parobisium flexifemoratum　　　110, 113, 117
Parobisium magnum　　　110, 114, 117
Paronellidae　　　1104, 1347, 1349, 1472

Paronychiurus　　　1148, 1160
Paronychiurus cf. *conjungens*　　　1148, 1160
Paronychiurus imadatei　　　1148, 1162
Paronychiurus japonicus　　　1148, 1162, 1476, 1479
"*Parorchestia*"　　　1071, 1074, 1088
"*Parorchestia*" sp. 1　　　1074, 1082, 1088
"*Parorchestia*" sp. 3　　　1074, 1083, 1088
partibilis, Solenysa　　　823
Partygarrupius　　　886, 908
Partygarrupius moiwaensis　　　895
parva, Suctobelbella　　　464, 558, 655
Parvaponera　　　1783, 1797, 1813
Parvaponera darwinii　　　1828
parvisetiger, Koreozetes　　　483, 574, 674
parvisetigerum, Protokalumma　　　495, 584, 688
parvitergalis, Hypoaspis (*Julolaelaps*)　　　187
parvituberculata, Propeanura　　　1196, 1238
parvulum, Cladolasma　　　127, 134, 141
parvulus, Folsomides　　　1261, 1282, 1474
parvulus, Panclus　　　1680
parvum, Pseudanisentomon　　　1503, 1514, 1523
parvus, Akansilvanus　　　375, 620
parvus, Eohypochthonius　　　413, 510, 592
parvus, Terthrothrips　　　1597, 1606
parvus, Trichotocepheus　　　470, 562, 659
parvus, Umbellozetes　　　405, 571, 670
pascuum, Lobogynium　　　187
Passalidae　　　1706, 1732
Passalozetidae　　　359, 666
patagonicus, Brachymyrmex　　　1820
patalis, Cylindrocaulus　　　1719
pattalus, Metazaptyx　　　1869
Patu　　　736, 859
Patu kishidai　　　828
Pauciphaedusa　　　1848, 1883
Pauciphaedusa toshiyukii　　　1869
paucus, Phthiracarus　　　508, 524, 609
paulum, Ligidium (*Ligidium*)　　　1004, 1036, 1053
Pauropoda　　　917–919, 930–934
Pauropodidae　　　917, 921, 922, 929, 934
Pauropus　　　922, 924, 934
Pauropus tamurai　　　924, 930, 934
Pausia　　　231, 297
Pausia taurica　　　267
Paussidae　　　1700, 1730
pawlowskii, Itaquascon　　　90
pecki, Flabellorhagidia　　　260
pectinata, Hammerella　　　397, 548, 645
pectinata, Oribella　　　390, 547, 643
Pectocera fortunei　　　1720
peculiaris, Eutrichodesmus　　　957
peculiaris, Oilinyphia　　　826
Pedetontinus　　　1543, 1549
Pedetontinus dicrocerus　　　1547
Pedetontinus ishii　　　1547
Pedetontus　　　1543, 1549
Pedetontus nipponicus　　　1541, 1546
Pedetontus okajimae　　　1547
Pedetontus unimaculatus　　　1541, 1546
Pedrocortesella　　　376, 434, 622
Pedrocortesella hardyi　　　434, 533, 622
Pedrocortesella japonica　　　434, 533, 622
peduncularius グループ　　　417, 596
pedunculatus, Stylopauropus　　　926, 930, 936
pelaensis, Geonemertes　　　13, 14
Pelecopsis　　　772, 775, 854
peliomphala, Euhadra　　　1875
Peloppiidae　　　631
Peloptulus　　　364, 667
Peloptulus wadatsumi　　　364, 568, 667
Peloribates　　　401, 492, 685
Peloribates acutus　　　492, 583, 686
Peloribates barbatus　　　494, 583, 687
Peloribates grandis　　　492, 582, 686

Peloribates haramachiensis　　　493, 583, 686
Peloribates latus　　　494, 687
Peloribates levipunctatus　　　493, 583, 686
Peloribates lineatus　　　492, 686
Peloribates longisetosus　　　493, 583, 686
Peloribates moderatus　　　493, 583, 686
Peloribates nishinoi　　　493, 583, 686
Peloribates ominei　　　494, 584, 687
Peloribates prominens　　　493, 583, 687
Peloribates rangiroaensis　　　494, 584, 687
Peloribates ryukyuensis　　　493, 583, 686
Peloribates yezoensis　　　494, 584, 687
Peltenuiala　　　410, 636
Peltenuiala orbiculata　　　410, 543, 636
peltifer, Platynothrus　　　377, 530, 616, 709
Pemphigidae　　　1638, 1639, 1644
Pemphigus　　　1640, 1645
Pemphigus matsumurai　　　1643
penetrabilis, Mochlozetes　　　485, 576, 676
penetrans, Pratylenchus　　　52
Penicillata　　　944, 968
penicillatus, Sitticus　　　834
penicillus, Liochthonius　　　418, 514, 596
peniculatus, Donzelotauropus　　　927, 931, 936
peniculus, Doenitzius　　　822
penniseta, Suctobelbila　　　455, 553, 651
Pentagonothrips　　　1594, 1604
Pentagonothrips antennalis　　　1596, 1599, 1605
Pentatomidae　　　1653, 1663
Pentazonia　　　944, 969
Penthaleidae　　　210, 224, 294
Penthaleus　　　224, 294
Penthaleus major　　　261
Penthalodes　　　224, 294
Penthalodes carinatus　　　261
Penthalodidae　　　210, 224, 294
pepperella, Caddo　　　128, 143
Perafrotydeus　　　236, 299
Perafrotydeus meyerae　　　268
peraltus, Hybalicus　　　208, 254, 288
perbella, Kuklosuctobelba　　　457, 554, 652
peregrinus, Meriocepheus　　　386, 563, 660
Perenethis　　　756, 844
Perenethis venusta　　　815
perforatus, Bipassalozetes　　　359, 568, 666
Pergalumna　　　411, 499, 691
Pergalumna akitaensis　　　500, 588, 692
Pergalumna amamiensis　　　500, 589, 692
Pergalumna aokii　　　500, 588, 692
Pergalumna granulata　　　499, 588, 691
Pergalumna harunaensis　　　500, 588, 692
Pergalumna hastata　　　500, 588, 692
Pergalumna intermedia　　　499, 588, 691
Pergalumna longiporosa　　　500, 588, 692
Pergalumna magnipora　　　499, 588, 691
Pergalumna rotunda　　　499, 587, 691
Pergalumna tsurusakii　　　499, 588, 692
Pergalumna virga　　　500, 692
Pericapritermes nitobei　　　1581, 1583, 1587
Periplaneta americana　　　1558, 1570
Periplaneta suzukii　　　1558, 1570
Perlohmannia　　　380, 602
Perlohmannia coiffaiti　　　380, 602
Perlohmanniidae　　　353, 380, 602
permeliae, Mycobates　　　485
perniciosus, Tyrophagus　　　325, 332, 340
perplexus, Pseudotydeus　　　264
perpulchra, Pteronychella　　　1266, 1298
Perscheloribates　　　404
Perscheloribates clavatus　　　404, 578, 679
Persheloribates　　　679
persimplex, Phthiracarus　　　507, 524, 608
petiti, Folsomides cf.　　　1261, 1282
Petralycus　　　253, 309
Petralycus longicornis　　　287
Petrobiellus　　　1543, 1549
Petrobiellus tokunagae　　　1546

Petrobiinae 1543	pini, Mediolata 272	Pleurogeophilus procerus 895
Petrobius 1543, 1549	pinicola, Incabates 492, 582, 685	plicantunguis haradai, Huhentomon 1492
Petrobius kojimai 1546	pinnata, Isotoma 1271, 1310	plicantunguis, Huhentomon 1514
Phaedusa (Breviphaedusa) gouldi 1871	pinto, Hemizaptyx 1872	plicidens, Bensonella 1868
Phaedusa (Phaedusa) japonica 1871	Piophilidae 1756, 1766, 1771	*Plonaphacarus* 368, 507, 607
Phaedusa 1851, 1855, 1884	*Pirata* 758, 845	*Plonaphacarus ishikawai* 507, 523, 607
Phaeocedus 799, 863	*Pirata piraticus* 815	*Plonaphacarus kugohi* 507, 522, 607
Phaeocedus braccatus 831	piraticus, Pirata 815	plumatus, Mesozercon 177
Phaeohelix 1864, 1889	*Pireneitega* 752, 842	plumosa, Flagrosuctobelba 459, 555, 653
Phaeohelix submandarina 1876	*Pireneitega luctuosa* 813	plumosa, Ledermuelleriopsis 272
Phalangiidae 128, 143	piri, Sappaphis 1643	plumosus, Gamasellus 178
Phalangioidea 143	pirika, Heterosminthurus 1409, 1432	*Plutomurus* 1328
Phalangodidae 124, 139	*Pisaura* 757, 844	*Plutomurus belozerovi* 1317, 1328
phanaeoides, Liatongus 1719	*Pisaura lama* 815	*Plutomurus edaphicus* 1317, 1330
Phauloppia 363, 389, 487, 677	Pisauridae 737, 756, 757, 844	*Plutomurus ehimensis* 1318, 1330
Phauloppia adjecta 487, 577, 677	*Pisenus* 1693	*Plutomurus gul* 1318, 1330
Phauloppia mitakensis 487, 577, 677	*Pisenus rufitarsis* 1727	*Plutomurus iwatensis* 1318, 1330
Phauloppia tuberosa 487, 576, 677	pittardi, Coccorhagidia 260	*Plutomurus kawasawai* 1318
Pheidole 1789, 1795, 1808	Pityohyphantes 786, 790, 854	*Plutomurus kawasawai kawasawai* 1318, 1332
Pheidole fervida 1824	pius, Brachychthonius 373, 511, 594	*Plutomurus kawasawai kyushuensis* 1318, 1332
Pheidologeton 1787, 1795, 1808	*Placeophaedusa* 1853, 1885	*Plutomurus marmorarius* 1318, 1332
Pheidologeton diversus 1824	*Placeophaedusa expansilabris* 1872	*Plutomurus riugadoensis* 1319, 1332
Phenopelopidae 364, 666	*Plagiolepis* 1791, 1793, 1804	*Plutomurus suzukaensis* 1319, 1334
Pheretima 1896, 1900	*Plagiolepis alluaudi* 1821	*Plutomurus yamatensis* 1319, 1334
Pheropsophus jessoensis 1717	planata, Neojordensia 183	*Pocadicnemis* 762, 854
Philodromidae 743, 796, 861	planiclava, Galumna 497, 586, 690	*Pocadicnemis pumila* 817
Philodromus 796, 861	planiticus, Cocceupodes 203, 262	Podocinidae 161, 196
Philodromus spinitarsis 830	planus グループ 415	*Podocinum* 161, 196
Philomycidae 1845, 1890	planus, Heteroleius 390, 577, 678	*Podocinum aokii* 185
Philosciidae 1012, 1057	planus, Sellnickochthonius 415, 512, 594	Podoctidae 123, 139
Phintella 808, 866	*Plasmobates* 352, 620	Podopterotegaeidae 359, 626
Phlaeothripidae 1592, 1594, 1602	*Plasmobates asiaticus* 352, 532, 620, 710	*Podopterotegaeus* 359, 626
Phlaeothripinae 1603	Plasmobatidae 352, 620	*Podopterotegaeus tectus* 359, 536, 626
Phloeotrya rugicollis 1724	Plataspidae 1653	*Podoribates* 401, 676
Pholcidae 735, 737, 839	platensis, Platorchestia 1072, 1077, 1087	*Podoribates cuspidatus* 401, 576, 676
Pholcus crypticolens 811	Plateremaeidae 354, 622	*Podothrombium* 250, 308
Phoridae 1755, 1765, 1771	*Plateros coracinus* 1720	*Podothrombium* sp. 283
Phroliodes farinosus 533	*Platicrista* 86, 95	Podromorpha 1105
Phrurolithus 802, 865	*Platicrista angustata* 91	*Podura* 1102, 1105
Phrurolithus nipponicus 834	*Plator* 742, 861	*Podura aquatica* 1105
Phthiracaridae 348, 368, 606	*Plator nipponicus* 830	Poduridae 1102, 1105
Phthiracarus 368, 369, 507, 508, 608	*Platorchestia* 1070, 1072, 1087	Poduromorpha 1102
Phthiracarus australis 508, 524, 609	*Platorchestia humicola* 1072, 1079, 1087	*Poecilochirus* 163, 190
Phthiracarus bryobius 508, 524, 609	*Platorchestia japonica* 1072, 1078, 1087	*Poecilochirus carabi* 177
Phthiracarus clemens 507, 524, 608	*Platorchestia pachypus* 1072, 1078, 1087	*Poecilochthonius* 373, 594
Phthiracarus gibber 508, 524, 609	*Platorchestia platensis* 1072, 1077, 1087	*Poecilochthonius spiciger* 373, 512, 594, 707
Phthiracarus japonicus 507, 524, 608	*Platorchestia* sp. 1072, 1077, 1087	*Poecilophysis* 223, 293
Phthiracarus parmatus 508, 524, 609	*Platydemus manokwari* 8	*Poecilophysis pratensis* 261
Phthiracarus paucus 508, 524, 609	Platydesmida 948, 973	*Poecilophysis* sp. 203
Phthiracarus persimplex 507, 524, 608	*Platyliodes* 376, 433, 622	*Pogonognathellus* 1314, 1320
Phthiracarus setosus 369, 524, 609, 717	*Platyliodes doderleini* 433, 533, 622	*Pogonognathellus beckeri* 1314, 1320
Phthiracarus 亜属 369, 507	*Platyliodes japonicus* 433, 533, 622	*Pogonognathellus borealis* 1314, 1320
Phycosoma 794, 858	*Platyliodes montanus* 433, 622	*Pogonognathellus flavescens* 1314, 1320
Phycosoma mustelinum 827	*Platynothrus* 377, 616	politus, Otostigmus 878, 904
Phyllhermannia 383, 618	*Platynothrus peltifer* 377, 530, 616, 709	Polydesmida 975
Phyllhermannia areolata 383, 531, 618	Platypezidae 1755, 1765, 1771	Polydesmidae 951, 963, 978
Phyllognathopodidae 988, 993	*Platypleura* 1613, 1616, 1624	*Polydesmus* 963, 978
Phyllognathopus 988, 993	*Platypleura albivannata* 1616, 1624	*Polydesmus tanakai* 984
Phyllognathopus viguieri 988, 991, 993	*Platypleura kaempferi* 1617, 1623, 1624	*Polyergus* 1790, 1793, 1804
piceae, Neanura (Deutonura) 1192, 1230	*Platypleura kuroiwae* 1617, 1624	*Polyergus samurai* 1822
picipes, Monotoma 1680	*Platypleura miyakona* 1616, 1624	Polypauropodidae 920, 928, 937
picta, Dacne 1679	*Platypleura yayeyamana* 1616, 1624	*Polypauropoides* 928, 937
Pictophaedusa 1851, 1884	Platypodidae 1708, 1740	*Polypauropoides* sp. 932
Pictophaedusa holotrema 1871	*Platypus quercivorus* 1728	Polyphaga 1668, 1700, 1701
pictus, Ancylopus 1723	*Platyrhaphe* 1843, 1878	Polyphagidae 1557, 1570
pictus, Sympanotus 1724	*Platyrhaphe hirasei hirasei* 1866	*Polyrhachis* 1790, 1793, 1804
Piesmatidae 1651	*Platyseius* 196	*Polyrhachis lamellidens* 1822
Piestoneus lewisii 1718	*Platyseius triangralis* 185	polyscutosus, Scutascirus 258
pillosella, Loricula 1659	*Platystethus operosus* 1719	Polyxenida 944, 968
pilosa, Agrenia 1264, 1294	*Platytrombidium* 248, 307	Polyxenidae 951, 953, 968
pilosa, Ceratophysella 1115, 1128	*Platytrombidium* sp. 282	*Polyxenus* 953, 969
pilosior, Euponera 1827	plebeja, Euborellia 1567, 1577	*Polyxenus koreanus* 964
pilosus, Astegistes 388, 538, 630	Plectida 48, 73	Polyzoniida 948, 973
piluliferus, Neoliochthonius 374, 515, 597	Plectidae 50, 55, 74	*Pomponia* 1614, 1626
Pimoidae 741, 760, 856	Plectinae 50, 74	*Pomponia yayeyamana* 1614, 1626
pinetorum, Anaulaciulus 943	Plectoidea 48, 50, 74	*Ponera* 1782, 1797, 1813
pingue, Diphascon 90	*Plectotropis* 1862, 1888	*Ponera kohmoku* 1828
Pinguiphaedusa 1852, 1884	*Plectus* 50, 74	Ponerinae 1779, 1781, 1796, 1797, 1811
Pinguiphaedusa pinguis platydera 1871	*Plectus cirratus* 55	
pinguis platydera, Pinguiphaedusa 1871	*Plesiophthalmus nigrocyaneus* 1667, 1726	
	Pleurogeophilus 884, 907	

Porcellio 1029, 1062
Porcellio dilatatus 1029, 1048, 1062
Porcellio laevis 1029, 1048, 1062
Porcellio scaber 1029, 1048, 1062
Porcellionidae 999, 1029, 1062
Porcellionides 1029, 1062
Porcellionides pruinosus 1029, 1048, 1062
Porobelba 378, 626
Porobelba spinosa 437, 536, 626
Poroliodes 376, 621
Poroliodes farinosus 376, 621
Poronoticae 665
Porrhomma 782, 784, 854
Porrhomma hebescens 824
potamobius, Sminthurides 1405, 1420
praeclara, Nesiophaedusa 1872
Praestigia 766
prasinus, Isotomurus 1267, 1300
pratensis, Poecilophysis 261
praticola, Prochora 829
Pratylenchidae 37, 52, 69
Pratylenchus penetrans 52
Preeriella 1595, 1605
Preeriella armigera 1605
Prelorryia 234, 298
Prelorryia indioensis 267
Prenolepis 1791, 1794, 1804, 1822
Pretriophtydeus 229, 296
Pretriophtydeus tilbrooki 264
Pretydeus 234, 298
Pretydeus kevani 267
primoris, Euparholaspulus 181
Primotydeus 230, 297
Primotydeus strandtmanni 265
primrosus, Monotarsobius 892, 897, 902
primum, Fujientomon 1487, 1515
Priobium cylindricum 1721
Prionchulus 42, 71
Prionomatis 963, 978
Prionomatis tetsuoi 967
Prionoribatella 406, 481, 670
Prionoribatella dentilamellata 481, 571, 670
Prionoribatella impar 481, 571, 671
Prismatolaimidae 60
Prismatolaimos 60
Prisomatolaimidae 40
Prisomatolaimus 40
Pristomyrmex 1786, 1795, 1808
Pristomyrmex punctatus 1825
problematicum, Paraplothrombium 279
Probolaphorura 1146, 1152
Probolaphorura cf. *sachalinensis* 1146, 1152
Probolaphorura cf. *sachalinensis* 1476
Probolomyrmex 1781, 1798, 1813
Probolomyrmex longinodus 1828
Proceratiinae 1779, 1781, 1798, 1813
Proceratium 1781, 1798, 1813
Proceratium itoi 1829
procerus, Pleurogeophilus 895
processus, Scheloribates 488, 579, 680
Prochora 804, 860
Prochora praticola 829
Prociphilus 1640, 1645
Prociphilus oriens 1643
Procorynetes 392, 444
Proctolaelaps 196
Proctolaelaps nipponicus 185
Proctotydeus 231, 297
Proctotydeus pyrobippeus 266
Procyclotus 1843, 1878
Prodidomidae 743, 863
Prodidomus 743, 863
Prodidomus rufus 832
prodigiosus, Papirinus 1407, 1424
Prodorylaiminae 28, 62
Prodorylaimium 28, 62
Prodorylaimus 28, 62
Proisotoma 1262

Proisotoma alba 1263, 1290
Proisotoma minima 1263, 1290
Proisotoma minuta 1263, 1292
Proisotoma nakajimai 1263, 1292
Proisotoma subminuta 1263, 1292
Proisotominae 1257, 1259, 1276
projecta, Nippononeta 822
Proleus simulans 1566, 1578
Prolinyphia 788, 791, 854
Prolinyphia emphana 825
Prolinyphia limbatinella 825
Prolinyphia longipedella 825
Prolinyphia marginella 825
Prolinyphia radiata 825
Promata 209, 210, 289
prominens, Peloribates 493, 583, 687
prominulus, Metopobactrus 818
Pronecupulatus 231, 297
Pronecupulatus anahuacensis 267
Pronematulus 232, 298
Pronematulus vandus 266
Pronematus 232, 298
Pronematus davisi 266
Proparholaspulus 193
Proparholaspulus suzukii 181
Propeanura 1196, 1236
Propeanura ieti 1196, 1236
Propeanura parvituberculata 1196, 1238
Propeanura pterothrix 1196, 1238
Propeanura yambaru 1196, 1238
propinquus, Cryptophilus 1724
Proreinia 1851, 1884
Proreinia vaga 1871
Proscotolemon 124, 139
Proscotolemon sauteri 124, 133, 139
proserpinae, Ceratophysella 1117, 1132
Prosopodesmus 957, 977
Prosorhochmidae 14
Prostemma fasciatum 1659
Prostigmata 203, 207, 254-288
Prostomidae 1714, 1736
Prostomis latoris 1725
Protanilla 1787, 1794, 1805
Protanilla izanagi 1822
Protaphorura 1146, 1154
Protaphorura ishikawai 1147, 1158
Protaphorura longisensillata 1147, 1156
Protaphorura matsumotoi 1147, 1156
Protaphorura nutak 1147, 1156, 1476
Protaphorura octopunctata 1147, 1154, 1479
Protaphorura orthacantha 1147, 1156
Protaphorura teres 1147, 1158
Protaphorura yagii 1147, 1158
Protaphorura yodai 1147, 1158
Protaphorurodes 1146, 1154
Protaphorurodes tomuraushiensis 1146, 1154
Protentomidae 1487, 1492, 1493, 1524
Protereunetes 225, 295
Protereunetes minutus 262
Proterorhagia 251, 309
Proterorhagia sp. 287
Proterorhagiidae 251, 309
Proterotaiwanella 886, 908
Proterotaiwanella sp. 895
proteus, Geocoris 1660
Protogamasellus 195
Protokalumma 412, 495, 688
Protokalumma elongatum 495, 584, 688
Protokalumma parvisetigerum 495, 584, 688
Protopenthalodes 224, 294
Protopenthalodes sp. 262
Protoplophoridae 348, 599
Protoribates 402, 490, 683
Protoribates crassisetiger 491, 581, 684
Protoribates gracilis 490, 581, 684, 716
Protoribates hakonensis 491, 581, 684
Protoribates hirokous 490, 683
Protoribates lophothrichus 684

Protoribates naganoensis 490, 581, 683
Protoribates shirakamiensis 490, 683
Protoribates taira 490, 581, 684
Protoribates tohokuensis 490, 581, 683
Protoribates yezoensis 490, 684
Protoribatidae 365, 402, 683
Protoribotritia 371, 606
Protoribotritia ensifer 371, 522, 606
Protoschelobates 404, 679
Protoschelobates decarinatus 404, 578, 680
Protrinemura 1545, 1550
Protrinemura insulana 1548
Protroglophilinae 1561
Protura 1485, 1487, 1509-1520
protydeus, Paratriophtydeus 265
proxima, Entomobrya 1366, 1382
proximum, Trypodendron 1682
pruinosus, Porcellionides 1029, 1048, 1062
prunum, Carabodes 471, 563, 660
Psalidothrips 1595, 1605
Psalidothrips consimilis 1596, 1605
Psalidothrips lewisi 1596, 1600, 1605
Psalidothrips simplus 1596, 1605
Psammocepheus 468
Psammoecus triguttatus 1722
Pselaphinae 1670, 1684, 1702
Pseudacherontides 1111, 1120
Pseudacherontides vivax 1111, 1120
Pseudachorutes 1181, 1212
Pseudachorutes hitakamiensis 1182, 1212
Pseudachorutes infuscata 1182, 1212
Pseudachorutes insularis 1181, 1212
Pseudachorutes isawaensis 1182, 1214
Pseudachorutes japonicus 1182, 1214
Pseudachorutes longisetis 1181, 1212
Pseudachorutes shiragamiensis 1182, 1214
Pseudachorutinae 1173, 1178, 1180, 1208
Pseudanapis 736, 859
Pseudanidorus rubrivestus 1727
Pseudanisentomon 1488, 1503, 1523
Pseudanisentomon babai 1503, 1514, 1523
Pseudanisentomon donan 1503, 1514, 1524
Pseudanisentomon ishiii 1503, 1514, 1523
Pseudanisentomon parvum 1503, 1514, 1523
Pseudanurida 1208
Pseudanurida billitonensis 1208
Pseudanurophorus 1258, 1272
Pseudanurophorus binoculatus 1258, 1272
Pseudanurophorus cf. *arcticus* 1258, 1272
Pseudechiniscus 83, 93
Pseudechiniscus suillus 88
Pseudoamerioppia 399, 648
Pseudoamerioppia floralis 399, 550, 648
Pseudobiantes 125, 140
Pseudobiantes japonicus 125, 134, 140
Pseudobonzia 219, 291
Pseudobonzia snowi 258
Pseudobuliminus 1862, 1888
Pseudobuliminus meiacoshimensis 1874
Pseudocatapyrgodesmus 957, 975
Pseudococcidae 1631, 1632, 1634
Pseudocolenis hilleri 1718
Pseudodiphascon 86, 94
Pseudogagrella 129
pseudohystricinus, Liochthonius 417, 513, 596
pseudojobi, Mysmenella 828
pseudokoreanus, Decapauropus 926, 935
pseudolanuginosa, Pseudosinella 1370, 1392
Pseudoleptaleus valgipes 1727
Pseudomicrargus 777, 778, 854

Pseudomicrargus asakawaensis 820
Pseudomyrmecinae 1780, 1798, 1813
Pseudonemasoma 946, 971
Pseudonemasomatidae 946, 971
Pseudophiloscia 1012, 1013, 1057
Pseudophiloscia donanensis 1013, 1041, 1057
Pseudophiloscia haradai 1013, 1041, 1057
Pseudophiloscia okinawaensis 1013, 1041, 1057
Pseudophiloscia shimojanai 1013, 1041, 1057
Pseudophiloscia tsukamotoi 1013, 1041, 1057
Pseudopoda 795, 861
Pseudopyrochroa vestiflua 1725
Pseudopyroppia 391, 632
Pseudopyroppia rotunda 391, 540, 632
Pseudoscorpiones 105, 106, 117
Pseudosinella 1370, 1392
Pseudosinella octopunctata 1370, 1394
Pseudosinella pseudolanuginosa 1370, 1392
Pseudosinella sp. 1471
Pseudosinella tridentifera 1370, 1394, 1471
Pseudospirobolellidae 952, 970
Pseudospirobolellus 952, 970
Pseudospirobolellus avernus 964
Pseudostigmaeus 240, 303
Pseudostigmaeus striatus 273
Pseudotriaeris 746, 838
Pseudotriophtydeus 229, 297
Pseudotriophtydeus vegei 266
Pseudotydeus 230, 297
Pseudotydeus perplexus 264
Pseudotyrannochthoniidae 106, 117
Psilidae 1760, 1767, 1772
Psychodidae 1751, 1763, 1769
Ptenothricinae 1412, 1413, 1440
Ptenothrix 1413, 1442
Ptenothrix corynophora 1414, 1444, 1469
Ptenothrix denticulata 1416, 1448
Ptenothrix higashihirajii 1415, 1446
Ptenothrix higumai 1414, 1442
Ptenothrix iriomotensis 1416, 1448
Ptenothrix janthina 1414, 1442
Ptenothrix lactea 1413, 1442
Ptenothrix maculosa 1417, 1450
Ptenothrix marmorata 1417, 1448
Ptenothrix ryoheii 1413, 1442
Ptenothrix sp. 1469
Ptenothrix tateyamana 1414, 1444
Ptenothrix tokarensis 1414, 1444
Ptenothrix tricycla 1415, 1446
Ptenothrix tsutsuii 1414, 1444
Ptenothrix vinnula 1417, 1448
Ptenothrix vittata 1416, 1446
Ptenothrix yakushimana 1415, 1446
Pterochthoniidae 349, 599
Pterochthonius 349, 599
Pterochthonius angelus 349, 516, 599
Pteroneta 804, 864
Pteroneta ultramarina 833
Pteronychella 1265, 1296
Pteronychella babai 1266, 1296, 1474
Pteronychella ezoensis 1266, 1298
Pteronychella perpulchra 1266, 1298
Pteronychella spatiosa 1266, 1298
pterothrix, Propeanura 1196, 1238
Pterygorhabditidae 47, 73
Pterygostegia 949, 974
Ptiliidae 1670, 1683, 1703, 1731
Ptilodactyla ramae 1720
Ptilodactylidae 1707, 1729, 1733
Ptiloppia 397, 644
Ptiloppia longisensillata 397, 548, 644, 712
pubescens, Linopodes 262

pudica, Diplommatina (Benigoma) 1866
pugil, Anyphaena 833
Pulaeus 220, 291
Pulaeus sp. 257
pulchellula, Vallonia 1873
pulcher, Dicellophilus 895
pulcherrima, Entomobrya 1365, 1380
pulcherrimus, Licnodamaeus 434, 534, 623
pulchra, Lawrencoppia 432, 532, 619
Pulchraptyx 1852, 1884
Pulchraptyx longiplicata 1871
pulcra, Yuria 123, 132, 138
pulla, Austrachiptera 405, 569, 669
pulla, Marpissa 835
pullata, Kaestneria 824
pullus, Sibianor 835
Pulmonata 1834, 1836, 1880
pulverulenta, Alopecosa 816
pumia, Pocadicnemis 817
pumila, Suctobelbella 463, 557, 655
pumili, Carcinops 1679
pumilio, Paraumbogrella 129, 137, 144
punctata, Brachyoripoda 403, 580, 681
punctata, Parachiptera 480
punctata, Parachiptera 570, 669
punctata, Suctobelbata 457. 554, 652
punctatus, Pristomyrmex 1825
punctatus, Sclerogryllus 1573
punctatus, Spherillo 1031, 1051, 1064
punctatus, Tomocerus (Tomocerus) 1316, 1326
puncteola, Oncopodura 1339, 1340
Punctidae 1838, 1886
punctiferus, Isotomurus 1267, 1298
Punctoribates 400, 675
Punctoribates ezoensis 400, 575, 675
Punctoribatidae 364, 400, 675
punctulispira, Boninosuccinea 1868
Punctum 1838, 1886
Punctum amblygonum 1873
Pungentinae 26, 27, 64
Pungentus 27, 64
Pupinella (Pupinopsis) rufa 1867
Pupinella 1835, 1880
Pupinidae 1835, 1879
Pupinopsis 1835, 1880
purpureus, Monotarsobius 888, 901
pusila pusila, Palaina (Cylindropalaina) 1866
pusillus, Diapterobates 484, 573, 673
pusillus, Folsomides 1261, 1284
pusillus, Liochthonius 417, 513, 596
putrescentiae, Tyrophagus 325, 331, 340
pyatakovi, Paciforchestia 1073, 1079, 1087
Pycnomerus yoshidai 1682
Pycnonoticae 619
Pycnoscelidae 1557, 1570
Pycnoscelis surinamensis 1557, 1569, 1570
Pygidicranidae 1566, 1576
pygmaea, Bisetocreagris 111, 115, 118
pygmaea, Micranurida 1183, 1216
pygmaea, Vitronura 1195, 1234
pygmaeum, Microbisium 110, 114, 118
pygmaeus, Malaconothrus 424, 526, 612, 708
pygmaeus, Neomolgus 255
pygmaeus, Sabacon 131, 135, 142
Pygmephoridae 209, 288
Pygmephorus 209, 288
Pygmephorus sp. 255
Pygobunus 129, 144
Pygobunus okadai 129, 137, 145
Pyramica 1785, 1795, 1808
Pyramica canina 1825
pyrenaicum, Leptothrombium 281
Pyrgodesmidae 957, 975
pyrobippeus, Proctotydeus 266
Pyrochroidae 1714, 1738

pyrostigmata, Zygoribatula 486, 577, 678
Pyrrhocoridae 1655, 1663
Pyrrhocoris sibiricus 1660
Pythidae 1716, 1737
Pytho nivalis 1725

[Q]
quadricarinata, Quadroppia 455, 552, 650
quadricollis, Lyponia 1720
quadridentata, Ceratoppia 440, 539, 631
quadrinaculata, Strandella 821
quadrinotatus, Inopeplus 1725
quadrioculata complex, Folsomia 1260
quadrioculata, Folsomia 1280
quadrisetosa, Paraceratoppia 391, 632
quadristriatus, Scolopocryptops 880, 906
Quadroppia 396, 455, 650
Quadroppia hammerae 455, 552, 650
Quadroppia quadricarinata 455, 552, 650
Quadroppiidae 363, 396, 650
Qudsianematidae 25, 29, 51, 52, 63
Qudsianematinae 29, 30, 63
Quedius hirticornis 1679
Quedius sp. 1718
Quedius umbratus 1679
Quelpartoniscus 1009, 1055
Quelpartoniscus nipponensis 1009, 1039, 1055
Quelpartoniscus setoensis 1009, 1039, 1055
Quelpartoniscus toyamaensis 1009, 1039, 1056
Quelpartoniscus tsushimaensis 1009, 1039, 1055
quercivorus, Platypus 1728
quinqueoculata, Schaefferia 1114, 1126, 1477
Quinquoppia 397, 645
Quinquoppia formosana 397, 549, 645, 713

[R]
Rabaudauropus 922, 937
Rabaudauropus sp. 931
radiata, Prolinyphia 825
radiator, Kosemia 1617, 1623, 1627
rainieri, Granisotoma 1264, 1296
ramae, Ptilodactyla 1720
Ramazzottius 85, 94
Ramazzottius baumanni 90
ramosus, Teleioliodes 376, 533, 622
ramungula, Takashimaia 895
Ramusella 399, 453, 648
Ramusella 亜属 453
Ramusella bicillata 453, 551, 648
Ramusella fasciata 453, 551, 649
Ramusella flagellaris 453, 551, 648
Ramusella japonica 453, 551, 648
Ramusella kumaensis 453, 649
Ramusella sengbuschi 453, 551, 649, 714
Ramusella tokyoensis 453, 551, 648
rangiroaensis, Peloribates 494, 584, 687
Raphidophoridae 1574
Raphignathidae 213, 302
Raphignathus 213, 302
Raphignathus sp. 203, 271
rara, Ceratoppia 440, 539, 631
rarus, Anurophorus 1258, 1272
Rathouisiidae 1845, 1890
rausensis, Trichoribates 483, 574, 674
recticolle, Gonocephalum 1726
Rectoppia 亜属 453
rectus, Macrodorcas 1719
Recurvidris 1786, 1795, 1809
Recurvidris recurvispinosa 1825
recurvispinosa, Recurvidris 1825
Reduviidae 1652, 1662
Reinia 1846, 1882
Reinia variegata 1869

reinianus, Mirus 1868
remigera, Malacoangelia 375, 511, 593, 707
remota, Lasiobelba 450, 549, 645
repetitus, Trimalaconothrus 425
repetitus, Trimalaconothrus 527, 613
restata, Cycloppia 454, 551, 648
retiarius, Basilobelba 447, 545, 640
reticulata, Hypogastrura 1118, 1136
reticulata, Ussuribata 461, 556, 654
reticulatoides, Suctobelbella 463, 557, 655
reticulatus, Ametroproctus 356, 567, 665, 715
reticulatus, Cosmochthonius 420, 516, 598, 707
reticulatus, Deltopauropus 928, 932, 938
reticulatus, Microtegeus 439, 537, 628
Reticulitermes 1582, 1584
Reticulitermes flaviceps amamianus 1581, 1585, 1587
Reticulitermes miyatakei 1585, 1587
Reticulitermes speratus 1581, 1585, 1586
Reticulitermes speratus kyushuensis 1585, 1586
Reticulitermes speratus leptolabralis 1585, 1586
Reticulitermes speratus okinawanus 1585, 1587
Reticulitermes speratus speratus 1585, 1586
Reticulitermes speratus yaeyamanus 1585, 1587
retiformis, Alycosmesis 286
Rhabditida 46, 47, 48, 72
Rhabditidae 47, 54, 73
Rhabditina 47, 73
Rhabditonematidae 48, 73
Rhabdoblatta guttigera 1558, 1570
rhadamanthus, Gehypochthonius 413, 510, 592
Rhagidia 223, 293
Rhagidia diversicolor 261
Rhagidiidae 210, 221, 291
Rhagionidae 1753, 1764, 1771
Rhaphidophoridae 1559, 1573
Rhaphidophorinae 1561
Rhaphidophorus 1561
Rhaphidosus 392
Rhinotermitidae 1582, 1584, 1586
Rhinothrombium 247, 306
Rhinothrombium sp. 281
Rhinotus 948, 973
Rhinotus okabei 965
Rhizoecus sasae 1632
Rhizoglyphus 323, 341
Rhizoglyphus echinopus 326, 335, 342
Rhizoglyphus robini 326, 335, 342
Rhizoglyphus setosus 326, 342
Rhizophagidae 1711, 1735
Rhizophaginae 1674
Rhizophagus japonicus 1722
Rhodacarellus 165, 191
Rhodacarellus sp. 179
Rhodacaridae 158, 165, 191
Rhodacarus 165, 191
Rhodacarus sp. 179
Rhopalidae 1656
Rhopalomastix 1785, 1795, 1809
Rhopalomastix omotoensis 1825
Rhopalosiphum 1641, 1646
Rhopalosiphum padi 1643
Rhynchobelba 394, 456, 651
Rhynchobelba japonica 456, 553, 651
Rhynchobelba simplex 456, 651
Rhynchodeminae 5, 7
Rhynchophoridae 1708, 1740
Rhynchophorinae 1678, 1695
Rhysida 877, 904
Rhysida longipes brevicornis 877, 904
Rhysida yanagiharai 877, 904

Rhysodidae 1700, 1730
Rhyssocolpus 27, 65
ribagai, Eulohmannia 355, 518, 602
richardi, Epactophanes 988, 990, 991, 993
rigidisetosus, Scheloribates 488, 579, 681
rimosus, Carabodes 471, 562, 659, 715
rimosus, Neoribates 496, 585, 689
riozoyoshiii, Folsomia 1260, 1280
riparia japonica, Labidura 1566
rishir, Eosentomon 1500, 1512, 1522
rishiriana, Morulodes 1189, 1226
riugadoensis, Plutomurus 1319, 1332
Riukiaria 962, 977
Riukiaria falcifera 984
Riukiaria semicircularis 943
Riukiaria semicircularis semicircularis 967
riukiaria, Oxidus 983
Riukiupeltis 959, 977
Riukiupeltis jamashinai 966, 983
roberti, Litotetothrips 1599
Robertus 794, 857
Robertus ogatai 827
robini, Rhizoglyphus 326, 335, 342
Robustocheles 223, 293
Robustocheles mucronata 260
robustum, Leptorhoptrum 821
robustum, Parakalumma 495, 584, 688
robustus, Bathyphantes 824
robustus, Histiogaster 324, 338, 343
Roqueus 22, 61
roretzi, Antrodiaetus 809
rosannae, Homidia 1368, 1388
roseola, Lobella (Lobellina) 1199, 1242
rostralis, Archoplophora 370, 517, 601
rostrata, Disparagalumna 410, 689
rostratus グループ 415
rostratus, Sellnickochthonius 415, 512, 594
Rostrozetes 364, 688
Rostrozetes ovulum 364, 584, 688
rotunda, Pergalumna 499, 587, 691
rotunda, Pseudopyroppia 391, 540, 632
rotunda, Suctobelbella 462, 557, 655
rotundiceps, Allogalumna 410, 585, 689
rotundicollis, Laena 1726
rotundus, Histiogaster 324, 343
rotundus, Neoribates 495, 585, 689
rotundus, Triaungius 491, 582, 685
rubiginosus kasimensis, Scolopocryptops 880, 905
rubiginosus rubiginosus, Scolopocryptops 880, 893, 905
rubrivestus, Pseudanidorus 1727
rufa, Pupinella (Pupinopsis) 1867
rufescens, Loxosceles 811
rufescens, Sphaerolioides 1718
ruficollis, Anaplectella 1557, 1571
ruficollis, Cyphonocerus 1720
rufitarsis, Pisenus 1727
rufobrunnea, Macrolagria 1726
rufopictus, Biphyllus 1724
rufulus, Hypochthonius 511, 593
rufus, Prodidomus 832
ruga, Niosuctobelba 395, 554, 653
rugicollis, Phloeotrya 1724
rugosus, Bothropolys 893
rugosus, Limnozetes 479, 569, 668
ruricola, Trochosa 816
russatus, Stigmothrips 1597, 1600, 1606
russeolus, Allonothrus 423, 525, 610
russoi, Spherillo 1034, 1050, 1064
ryoheii, Ptenothrix 1413, 1442
Ryojius 777, 778, 854
Ryojius occidentalis 822
ryugadensis, Megachernes 106, 116, 118
ryukyuense, Ligidium (Nipponoligidium) 1004, 1036, 1053
ryukyuensis, Agnara 1028, 1048, 1062
ryukyuensis, Alloniscus 1011, 1040, 1056

ryukyuensis, Anisolabis 1567, 1577
ryukyuensis, Corypholophus 967, 984
ryukyuensis, Ligia 1003, 1035, 1052
ryukyuensis, Mochlozetes 485, 576, 676
ryukyuensis, Oribotritia 504, 521, 605
ryukyuensis, Peloribates 493, 583, 686
Ryuthela 745, 836

[S]
Saaristoa 787, 789, 854
Saaristoa ebinoensis 822
Sabacarus 371, 606
Sabacarus japonicus 371, 522, 606
Sabacon 127, 130, 142
Sabacon akiyoshiensis 131, 136, 142
Sabacon dentipalpis 131, 136, 142
Sabacon distinctus 142
Sabacon imamurai 131, 136, 142
Sabacon iriei 142
Sabacon makinoi 131, 135, 142
Sabacon pygmaeus 131, 135, 142
Sabacon satoikioi 142
Sabaconidae 127, 142
saccharina, Lepisma 1547
sachalinensis, Probolaphorura cf. 1146, 1152, 1476
sachalinensis, Sachaliphantes 823
sachalinensis, Silometopus 818
Sachaliphantes 854
Sachaliphantes sachalinensis 823
Sacotydeus 228, 296
Sacotydeus lootsi 264
sadoana, Granisotoma 1264, 1296
Sadocepheus 388, 438, 627
Sadocepheus setiger 438, 537, 627, 711
Sadocepheus undulatus 438, 537, 627
Sadocepheus yakuensis 438, 537, 628
sadoensis, Japonia 1866
saeva, Orthogalumna 411, 587, 691
sagami, Goyoppia 397, 548, 645, 712
saganus, Diplocephaloides 818
saganus, Xysticus 832
sagarai, Lucasioides 1022, 1046, 1060
Sahacanthella 1274
Sahacanthella cf. *kele* 1274
saitoi, Ainerigone 819
Saitonia 776, 778, 854
Saitonia kawaguchikonis 819
Saitonia longicephala 819
sakaii, Aspidiphorus 1680
sakamorii, Oribatula 487, 576, 677, 716
sakayorii, Baculentulus 1505, 1517, 1526
sakayorii, Ceratophysella 1116, 1130
sakayorii, Monotarsobius 890, 896, 900
sakimori, Kenyentulus 1504, 1516, 1525
sakimori, Lucasioides 1023, 1045, 1059
sakishimana, Camaena (Miyakoia) 1874
sakura, Eosentomon 1500, 1512, 1522
sakurae, Paraparatrechina 1821
salaputium, Dicymbium 818
Saldidae 1657, 1662
Salganea 1557
Salganea spp. 1570
Salina 1349
Salina affinis 1349
Salina bicincta 1349
Salina celebensis 1349
Salina okinawana 1349
Salina speciosa 1349
Salpingidae 1672, 1694, 1715, 1738
Salticidae 742, 805, 865
Samarangopus 929, 939
Samarangopus sp. 933
samensis, Caviphantes 820
samurai, Polyergus 1822
Sancassania 322, 341
Sancassania berlesei 326, 334, 341
Sancassania mycophagus 326, 334, 341
Sancassania shanghaiensis 326, 334, 341
Sancassania spinitarsus 326

sanctisebastiani, Neanura (*Metanura*) 1189, 1226
sanguinea, Orchestina 810
sanguinolentus, Nematogmus 817
Sanitubius 800, 862
Sanitubius anatolicus 831
sanukiensis, Eobrachychthonius 414, 511, 594
saohime, Tapinoma 1820
Sappaphis 1641, 1645
Sappaphis piri 1643
sapporensis, Myrmecophilus 1569, 1573
Saprinus splendens 1717
Saproglyphus 319, 339
saraburiensis, Austrotritia 503, 520, 605
Sarcophagidae 1758, 1766, 1772
sarekensis, Tectocepheus 476, 566, 664
sasae, Rhizoecus 1632
sasakawai, Belba 435, 534, 624
sasanus, Monotarsobius 892, 902
satoikioi, Sabacon 142
Satsuma (*Luchuhadra*) *largillirti* 1874
Satsuma (*Satsuma*) *myomphala* 1874
Satsuma 1861, 1887
satsumaensis, Allosuctobelba 456, 553, 651
satsumaensis, Mongoloniscus 1026, 1047, 1061
saundersii, Oligotoma 1565, 1576
sauteri, Cryptopone 1827
sauteri, Discothyrea 1828
sauteri, Homaloproctus 1145, 1150, 1476
sauteri, Homidia 1368, 1386
sauteri, Lobella (*Lobellina*) 1199, 1242
sauteri, Proscotolemon 124, 133, 139
sauteri, Schizomus 726, 727, 728
sauteri, Suzukielus 122, 134, 141
Savignia 776, 778, 855
Savignia kawachiensis 818
sawadai, Trithyreus 726, 727, 728
saxicola, Ghilarovus 387, 538, 629
scaber, Otostigmus 878, 904
scaber, Porcellio 1029, 1048, 1062
scabricornis, Coriomeris 1660
Scapheremaeus 385, 477, 665
Scapheremaeus nashiroi 477, 567, 665
Scapheremaeus trirugis 477, 567, 665
Scapheremaeus yamashitai 477, 567, 665
Scaphidiinae 1670, 1684
Scaphidium sp. 1719
Scaphidium tsushimense 1679
Scapidens 32, 51, 67
Scarabaeidae 1669, 1685, 1706, 1732
Scarabaspis 192
Scarabaspis spinosus 179
Scarabeoidea 1669
Scathophagidae 1758, 1767, 1772
Scatopsidae 1749, 1762, 1769
Scenopinidae 1748, 1762, 1770
Schaefferia 1113, 1124
Schaefferia decemoculata 1114, 1126
Schaefferia fukugakuchiana 1114, 1124
Schaefferia kitakamiana 1114, 1126
Schaefferia quinqueoculata 1114, 1126, 1477
schelleri, Colinauropus 920, 931, 937
Scheloribates 404, 488, 680
Scheloribates azumaensis 488, 579, 680
Scheloribates laevigatus 579, 680
Scheloribates latipes 579, 680
Scheloribates pallidulus 488, 579, 680
Scheloribates processus 488, 579, 680
Scheloribates rigidisetosus 488, 579, 681
Scheloribates shigerus 488, 579, 680
Scheloribates yezoensis 488, 579, 680
Scheloribatidae 365, 404, 679
Schendylidae 882, 906
Schizomida 725, 726, 727, 728
Schizomidae 726, 728
Schizomus 726, 728
Schizomus sauteri 726, 727, 728

Schizopteridae 1651, 1661
schneideri, Boros 1725
schoetti, Oligaphorura cf. 1145, 1150
schuszteri, Callilepis 830
Schwiebea 324, 342
Schwiebea araujoae 327, 336, 342
Schwiebea estradai 327, 337, 342
Schwiebea lebruni 327, 338, 343
Schwiebea similis 327, 337, 342
Sciaridae 1750, 1763, 1769
Scirtothrips 1593, 1601
Scirtothrips dorsalis 1598
Scirula 218, 290
Scirula impressa 257
Sclerogryllus 1560
Sclerogryllus punctatus 1573
Scleropterus sp. 1569
Sclerosomatidae 128, 144
Sclerosomatinae 129, 144
Scolopendra 876, 903
Scolopendra japonica 877, 903
Scolopendra morsitans 877, 903
Scolopendra mutilans 877, 893, 903
Scolopendra subspinipes 877, 903
Scolopendridae 876, 903
Scolopendrinae 876, 903
Scolopendromorpha 873, 874, 903
Scolopocryptopidae 876, 905
Scolopocryptops 876, 905
Scolopocryptops cappilipedatus 881, 906
Scolopocryptops curtus 879, 905
Scolopocryptops elegans 880, 905
Scolopocryptops musashiensis 881, 906
Scolopocryptops nipponicus 880, 905
Scolopocryptops ogawai 881, 906
Scolopocryptops quadristriatus 880, 906
Scolopocryptops rubiginosus kasimensis 880, 905
Scolopocryptops rubiginosus rubiginosus 880, 893, 905
Scolotydeus 228, 296
Scolotydeus simplex 264
Scolytidae 1708, 1740
Scolytinae 1678, 1695
Scorpionida 99, 100, 102
Scorpionidae 100, 102
Scotinophara horvathi 1660
Scotinotylus 771, 772, 774, 855
Scotinotylus eutypus 819
Scotophaeus 800, 862
Scraptia sp. 1727
Scraptiidae 1673, 1694, 1714, 1738
scudderi, Forficula 1568, 1569, 1578
Scutacaridae 209, 289
Scutacarus 209, 289
Scutacarus sp. 255
Scutascirus 219, 291
Scutascirus polyscutosus 258
Scutelleridae 1653
Scutigera 874, 898
Scutigeridae 874, 898
Scutigeromorpha 874, 898
Scutobelbata 457
Scutovertex 359, 666
Scutovertex japonicus 359, 568, 666
Scutoverticidae 359, 666
Scutozetes 405, 670
Scutozetes lanceolatus 405, 571, 670
Scydmaeninae 1670, 1684, 1702, 1732
scylla, Neoscona 829
Scyphacidae 1001, 1009, 1055
Scytodes 748, 840
Scytodes thoracica 811
Scytodidae 736, 748, 839
Sectonema 25, 64
Sectonematinae 25, 64
Segestria 745, 838
Segestria nipponica 810
Segestriidae 736, 745, 838
segnis, Camisia 429, 529, 615
segnis, Eustigmaeus 272
Seira 1369, 1390

Seira indra 1369, 1390
Seira taeniata 1369, 1390
Sejidae 156, 198
Sejus 156, 198
Sejus sp. 188
sekii, Kiusiunum 982
Selenopidae 742, 860
Selenops 742, 860
Selenops bursarius 829
Selenoptyx 1848, 1883
Selenoptyx noviluna 1870
sellnicki, Liochthonius 418, 514, 596, 707
Sellnickiella 226, 295
Sellnickiella brasiliensis 263
Sellnickochthonius 373, 415, 594
Sellnickochthonius aokii 416, 513, 595
Sellnickochthonius elsosneadensis 416, 512, 595, 707
Sellnickochthonius gracilis 416, 513, 595
Sellnickochthonius hungaricus 415, 512, 594
Sellnickochthonius immaculatus 416, 513, 595
Sellnickochthonius japonicus 416, 512, 595
Sellnickochthonius lydiae 416, 512, 595
Sellnickochthonius planus 415, 512, 594
Sellnickochthonius rostratus 415, 512, 594
Sellnickochthonius sp. 415, 512, 594
Sellnickochthonius zelawaiensis 416, 512, 595
Semicerura 1268, 1302
Semicerura cf. *multispinata* 1268, 1302
semicircularis semicircularis, Riukiaria 967
semicircularis, Riukiaria 943
semiflavus, Apterygothrips 1603
Senbutudoiulus 955, 972
sengbuschi, Ramusella 453, 551, 649, 714
sensibilis, Desoria 1270, 1304
sensibilis, Spatulosminthurus 1411, 1436
Separatoribates 403, 682
Separatoribates kujuensis 403, 580, 683, 716
Sepsidae 1756, 1766, 1771
septentrionalis, Epibellowia 823
septentrionalis, Glyphiulus 964, 981
septentrionalis, Trhypochthonius 423, 525, 611
Sergiolus 800, 863
Sergiolus hosiziro 831
Sericoderus lateralis 1723
Sernokorba 800, 863
Sernokorba pallidipatellis 831
serrata, Achiptera 480, 570, 669
serrata, Epilohmannia 421, 603
serrata, Suctobelba 457, 554, 652
serratidens, Drassodes 830
Serroderus 1345, 1346
Serroderus hozawai 1345, 1346
serrulatus, Sminthurus 1411, 1434
sertatus, Oxyopes 816
seshadrii, Aphanolaimus 55
setifera japonica, Uzelia 1258, 1274
setiger, Sadocepheus 438, 537, 627, 711
setigera, Taiwanoppia 397, 548, 645
setoensis, Ceratinopsis 817
setoensis, Quelpartoniscus 1009, 1039, 1055
setosa, Anurida (*Aphoromma*) 1184, 1218
setosus, Phthiracarus 369, 524, 609, 717
setosus, Rhizoglyphus 326, 342
setosus, Stigmothrips 1597, 1606
sexmaculatus, Oedothorax 820
sexoculata, Lathys 812
sexpilosa, Ceratoppia 440, 539, 632
sexpunctata, Paranura 1194, 1234
shanghaiensis, Sancassania 326, 334, 341

shauenbergi, Multipulchroppia 449, 548, 644
shaxianensis, Castianeira 833
Shibaia 221, 292
Shibaia longisensilla 259
shibatai, Burmoniscus 1016, 1042, 1058
shibatai, Nipponocercyon 1679
shideiana, Imadateiella 1507, 1519, 1527
shigeruus, Scheloribates 488, 579, 680
shikoku, Oribotritia 504, 521, 605
shikokuensis, Diplommatina (Sinica) 1866
Shikokuobius 875, 902
Shikokuobius japonicus 875, 893
shimizui, Oreonetides 822
shimojanai, Ablemma 810
shimojanai, Parabeloniscus 140
shimojanai, Pseudophiloscia 1013, 1041, 1057
shinanoensis, Multioppia 450, 547, 643
shinanonis, Neparholaspis 181
shinjiensis, Ligia 1002, 1035, 1053
shinkaii, Cryphoeca 814
Shinobius 757, 845
Shinobius orientalis 815
shinoharai, Monotarsobius 890, 900
shintoisticus, Allochthonius 107
shiragamiensis, Pseudochorutes 1182, 1214
shirahamaensis, Paratheuma 814
shirakamiensis, Protoribates 490, 683
shirakamiensis, Tectocepheus 476, 566, 664, 715
shirampa, Verrucoentomon 1508, 1519, 1528
shiranensis, Cyrtozetes 483, 573, 673, 715
shiratki, Paracerella 1491, 1519
shiria, Imadateiella 1507, 1519, 1527
shirozui, Nipponatelura 1548
shirozui, Synommatoides 1682
shobuensis, Sinella 1362, 1372
shohki, Anochetus 1826
shoupi, Stereotydeus 262
shukuminensis, Cultroribula 439, 539, 630
shuriensis, Spherillo 1034, 1050, 1064
shyamae, Cecidopus 278
siamensis, Trithyreus 726, 727, 728
Sibianor 807, 866
Sibianor pullus 835
sibiricus, Dolichoderus 1819
sibiricus, Pyrrhocoris 1660
Sicariidae 736, 839
Sigmacharax 1841, 1879
signata, Calommata 809
signatus, Anisodactylus 1679
Siler 805, 865
Siler vittatus 834
Silometopoides 773, 775
Silometopus 855
Silometopus sachalinensis 818
Silphidae 1670, 1684, 1702, 1731
silva, Cymbaeremaeus 356, 385, 567, 665
silva, Ussuribata 461, 556, 654
Silvanidae 1675, 1687, 1711, 1735
silvaticus, Biscirus 256
silvaticus, Eutrichodesmus 957
Silvestridia 1489, 1525
Silvestridia hutan 1489, 1515
silvestrii, Stigmatomma 1819
silvicola, Mesaphorura 1149, 1164
silvicola, Zetzellia 273
silvicolous, Hybalicus 208, 254, 288
similaris, Bradybaena 1876
simile, Acrotritia 502, 519, 604
similidentatus, Tyrannochthonius 109
similis, Cepheus 438, 536, 626
similis, Folsomia 1260, 1280
similis, Heminothrus 430, 529, 616, 709

similis, Liebstadia 402, 581, 683, 716
similis, Lobella (Lobella) 1200, 1244
similis, Neoribates 496, 585, 689
similis, Oribatella 481, 571, 671
similis, Schwiebea 327, 337, 342
similis, Superodontella 1177, 1204
similis, Tyrophagus 325, 332, 340
simplex, Atyeonella 263
simplex, Cycloppia 454, 551, 648
simplex, Liochthonius 418, 514, 596
simplex, Nipponiella 372, 516, 598
simplex, Paranurophorus 1258, 1274
simplex, Rhynchobelba 456, 651
simplex, Scolotydeus 264
simplex, Suctobelba 457, 554, 652
simplus, Psalidothrips 1596, 1605
simulans, Eosentomon 1494, 1509, 1520
simulans, Proleus 1566, 1578
Sinalbinula 1857, 1881
Sinella 1362, 1372
Sinella curviseta 1363, 1372
Sinella shobuensis 1362, 1372
Sinella stalagmitorum 1363, 1374
Sinella straminea 1363, 1372
Sinella subquadrioculata 1363, 1374
Sinella umesaoi 1363, 1372
sinensis, Acrotritia 502, 519, 604, 717
sinensis, Orchesellides 1371, 1394
sinensis, Sinorchestia 1073, 1081, 1088
Sinentomidae 1487, 1520
Sinentomon 1487, 1520
Sinentomon yoroi 1487, 1509
singularis, Lepidozetes 481, 571, 670
singularis, Suctobelbella 462, 557, 655
Sinica 1842, 1878
sinicus, Allonothrus 423, 525, 610, 708
Sinoennea 1856, 1880
Sinoennea iwakawai 1867
Sinopesa 732, 838
Sinopoda 795, 861
Sinopoda forcipata 829
Sinorchestia 1070, 1073, 1088
Sinorchestia nipponensis 1073, 1081, 1088
Sinorchestia sinensis 1073, 1081, 1088
Sinostemmiulus 954, 971
Sinostemmiulus japonicus 982
sinuata, Zerconopsis 183
sinuosus, Lucasioides 1021, 1059
Sipalinus gigas 1728
Siphonophoridae 948, 973
Siphonophorida sp. 965, 982
Siphonotidae 948, 973
siro, Acarus 330
Sironidae 122, 141
Sitona sp. 1728
Sitophilus granarius 1682
Sitticus 805, 865
Sitticus penicillatus 834
Skleroprotopus 955, 972
Slug group 1834, 1845
Slugs 1890
Smarididae 214, 215, 241, 303
Smaris 242, 304
Smaris grandjeani 275
Smaris sp. 285
Sminthuridae 1403, 1410, 1432
Sminthurides 1404, 1420
Sminthurides aquaticus 1405, 1420
Sminthurides biwae 1405, 1420
Sminthurides malmgreni 1405, 1420
Sminthurides potamobius 1405, 1420
Sminthurides sp. 1469
Sminthurididae 1402, 1404, 1418
Sminthurinus 1407, 1424
Sminthurinus aureus 1407, 1426
Sminthurinus igniceps 1407, 1428
Sminthurinus modestus 1407, 1426
Sminthurinus pallescens 1407, 1426
Sminthurinus speciosus 1407, 1426
Sminthurinus subalpinus 1407, 1424

Sminthurinus trinotatus 1407, 1428
Sminthurus 1410, 1434
Sminthurus abei 1411, 1434
Sminthurus melanonotus 1411, 1434
Sminthurus serrulatus 1411, 1434
Sminthurus viridis 1434
Sminthurus viridis annulatus 1411
Smynthurodes 1640, 1645
Smynthurodes betae 1642
Snails 1834, 1836, 1880
snowi, Pseudobonzia 258
socia, Homidia 1367, 1384
socialis, Drapetisca 822
soleiformis, Spherillo 1031, 1049, 1063
Solenopsis 1785, 1796, 1809
Solenopsis japonica 1825
Solenysa 761, 855
Solenysa partibilis 823
solhoeyi, Camisia 429, 529, 615
Solididens 33, 67
Solididentinae 33, 67
solifuga, "Orchestia" 1071, 1076, 1087
solita, Flagrosuctobelba 460, 556, 654
sotoi, Homidia 1367, 1382
sottoetgarciai, Zetorchella 389, 577, 678
sounkyoensis, Okhotigone 818
Sparassidae 744, 795, 860
spathulatus, Oxyamerus 357, 559, 656
spathuloides, Epilohmannia 603
spatiosa, Pteronychella 1266, 1298
spatiosus, Caenosamerus 384, 545, 641
spatulata, Epilohmannia 421, 518, 603
spatulatum, Eosentomon 1498, 1511, 1522
spatuloides, Epilohmannia 421, 518
Spatulosminthurus 1410, 1436
Spatulosminthurus arborealis 1411, 1436
Spatulosminthurus daisetsuzanus 1411, 1436
Spatulosminthurus sensibilis 1411, 1436
speciosa, Salina 1349
speciosus, Sminthurinus 1407, 1426
Speleorchestes 252, 309
Speleorchestes sp. 287
speobia, Anurida (Aphoromma) 1184, 1218
Speocera 735, 839
Speocera laureata 811
Speophilosoma 948, 974
Speophilosoma montanum 965
Speophilosomatidae 948, 974
speratus kyushuensis, Reticulitermes 1585, 1586
speratus leptolabralis, Reticulitermes 1585, 1586
speratus okinawanus, Reticulitermes 1585, 1587
speratus speratus, Reticulitermes 1585, 1586
speratus yaeyamanus, Reticulitermes 1585, 1587
speratus, Reticulitermes 1581, 1585, 1586
Sphaeridia 1404, 1418
Sphaeridia tunicata 1404, 1418
Sphaeroceridae 1761, 1768, 1773
Sphaerochthoniidae 351, 599
Sphaerochthonius 351, 420, 599
Sphaerochthonius splendidus 420, 516, 599, 707
Sphaerochthonius suzukii 420, 516, 599
Sphaerolichida 207, 288
Sphaerolichidae 207, 288
Sphaerolichus 207, 288
Sphaerolichus sp. 254
Sphaeroliodes rufescens 1718
Sphaerolophus 244, 305
Sphaerolophus sp. 278
Sphaeropauropodidae 921, 939
Sphaeropauropus 921, 939
Sphaeropauropus sp. 933

Sphaerotarsus 241, 304
Sphaerotarsus leptopilus 274
sphaerula, Unguizetes 486, 576, 677
sphaeruliger, Allopauropus 924, 934
sphagnicola, Trhypochthonius 423, 526, 611
Spherillo 1030, 1063
Spherillo agataensis 1034, 1050, 1064
Spherillo albus 1030, 1050, 1064
Spherillo boninensis 1032, 1050, 1063
Spherillo brevipalma 1031, 1051, 1064
Spherillo daitoensis 1032, 1050, 1063
Spherillo donanensis 1032, 1049, 1063
Spherillo dorsalis 1033, 1049, 1063
Spherillo elegans 1031, 1049, 1063
Spherillo hachijoensis 1034, 1051, 1064
Spherillo hahajimensis 1032, 1051, 1064
Spherillo hasegawai 1033, 1050, 1063
Spherillo hiurai 1032, 1050, 1063
Spherillo ishidai 1033, 1051, 1065
Spherillo kunigamiensis 1033, 1050, 1063
Spherillo lepidus 1034, 1051, 1065
Spherillo lineatus 1034, 1050, 1064
Spherillo longispinus 1033, 1051, 1064
Spherillo obscurus 1033, 1049, 1063
Spherillo oharaensis 1032, 1049, 1063
Spherillo punctatus 1031, 1051, 1064
Spherillo russoi 1034, 1050, 1064
Spherillo shuriensis 1034, 1050, 1064
Spherillo soleiformis 1031, 1049, 1063
Spherillo sp. 1033, 1051, 1065
Spherillo tomiyamai 1033, 1049, 1063
Spherillo ufuagarijimensis 1032, 1051, 1064
Spherillo yaeyamanus 1034, 1051, 1064
Spherillo yonaguniensis 1034, 1051, 1064
Spherillo zonalis 1031, 1049, 1063
Sphindidae 1712, 1735
Sphindinae 1675
Sphindus brevis 1723
Sphodrocepheus 389, 628
Sphodrocepheus dentatus 628
Sphodrocepheus mitratus 389, 537, 628
Sphyrotheca 1410, 1436
Sphyrotheca multifasciata 1410, 1436
spiciger, Poecilochthonius 373, 512, 594, 707
Spinibdella 217, 289
Spinibdella corticis 256
spinidentata, Coecobrya 1364, 1376
spinifera, Lassenia 280
spiniger, Steganacarus 507, 523, 608
spinimana, Zora 829
spinimanus, Heteroonopus 810
spinitarsis, Philodromus 830
spinitarsus, Sancassania 326
spinosa, Porobelba 437, 536, 626
spinosus, Scarabaspis 179
Spinozetidae 358, 384, 641
Spinulaphaedusa 1850, 1883
spinulatum, Himalphalangium 137, 143
spinurus, Acallurothrips 1599
Spiricoelotes 754, 755, 843
Spirobolellidae 952, 970
Spirobolida 945, 969
Spirobolidae 952, 970
Spirobolus 952, 970
Spirobolus sp. 981
Spirostoma 1835, 1877
Spirostoma japonicum japonicum 1865
Spirostomatidae 1835, 1877
Spirostreptida 945, 970
splendens, Saprinus 1717
splendidus, Sphaerochthonius 420, 516, 599, 707
Spongiphoridae 1577
stachi, Lobella (*Lobellina*) 1198, 1240
stagnalis, Monhystera 54
stalagmitorum, Sinella 1363, 1374

Staphylinidae 1670, 1684, 1702, 1731
Staphylininae 1670, 1685, 1702
staphylinus, Campodea 1533, 1535, 1537
Steatoda 793, 858
Steatoda cingulata 827
Steganacarus 368, 507, 608
Steganacarus kawanoi 507, 523, 608
Steganacarus spiniger 507, 523, 608
Stelidota multiguttata 1722
stellata, Epicriopsis 184
stellifer, Mixozercon 177
stellifera, Heterobelba 352, 545, 640
Stemmops 794, 858
Stemmops nipponicus 827
Stenamma 1788, 1796, 1809
Stenamma owstoni 1825
Stenocephalidae 1656
Stenocephaloon 1713
Stenus sp. 1719
Stephanothrips 1594, 1605
Stephanothrips japonicus 1597, 1599, 1605
Stephanothrips metaleucus 1597, 1605
Stephanothrips yaeyamensis 1597, 1605
Stephostethus angusticollis 1681
stercus, Trhypochthonius 423, 526, 611, 708
Stercutus 1898, 1901
Stereotydeus 224, 294
Stereotydeus shoupi 262
Stereozaptyx 1853, 1885
Stereozaptyx entospira 1872
Sternorrhyncha 1611, 1631, 1637
Stertinius 806, 866
Stertinius kumadai 835
sticta, Crustulina 827
Stigmaeidae 213, 238, 302
Stigmaeus 240, 303
Stigmaeus fissuricola 273
Stigmalychus 253, 310
Stigmalychus veretrum 286
Stigmatomma 1779, 1792, 1800
Stigmatomma silvestrii 1819
Stigmothrips 1595, 1606
Stigmothrips russatus 1597, 1600, 1606
Stigmothrips setosus 1597, 1606
stimpsonii, Typopeltis 722, 723
Stomorhina 1759, 1767
straminea, Sinella 1363, 1372
Strandella 779, 855
Strandella quadrinaculata 821
strandtmanni, Primotydeus 265
Strandtmannia 210, 291
Strandtmannia celtarum 258
Strandtmanniidae 210, 291
Stratiomyidae 1749, 1762, 1770
strenzkei, Liochthonius 418, 514, 596
Streptaxidae 1837, 1880
striatella, Entomobrya 1366, 1380
Striatoppia 396, 644
Striatoppia opuntiseta 396, 548, 644
striatus, Adrodamaeus 434, 534, 623, 710
striatus, Cryptops 879, 905
striatus, Damaeus 436, 535, 624
striatus, Neoliodes 433, 532, 621
striatus, Otostigmus 878, 904
striatus, Pseudostigmaeus 273
striatus, Unguizetes 486, 676
stricta, Ballistura 1261, 1284
striculus, Atropacarus 505, 522, 607, 717
Strigamia 883, 907
Strigamia alokosternum 894
Strobilopsidae 1837, 1856, 1880
Strongylognathus 1786, 1796, 1809
Strongylognathus koreanus 1826
Strumigenys 1785, 1796, 1809
Strumigenys lewisi 1826
Stylochirus 164, 191
Stylochirus fimetarius 178
Stylommatophora 1834, 1836, 1880, 1890

Styloniscidae 1000, 1054
Styloniscus japonicus 1000, 1038, 1054
Styloniscus katakurai 1000, 1038, 1054
Stylopauropus 923, 926, 935
Stylopauropus canaliculatus 926, 936
Stylopauropus gozennyamensis 926, 936
Stylopauropus pedunculatus 926, 930, 936
styosetosus, Arborichthonius 350, 511, 593
subalpinus, Sminthurinus 1407, 1424
subcoerulea, Oudemansia 1180, 1210
subcornigera, Suctobelbella 465, 558, 655
subdivisus, Monotarsobius 892, 902
subglaber, Micreremus 356, 567, 666
Subiasella 399, 454, 649
Subiasella boninensis 454, 552, 649
Subiasella incurva 454, 552, 649, 714
submandarina, Phaeohelix 1876
subminuta, Proisotoma 1263, 1292
subquadrioculata, Sinella 1363, 1374
subspinipes, Scolopendra 877, 903
substriatus, Thanassimus 1721
subterraneus, Epanerchodus 984
Subulinidae 1838, 1886
Succinea 1858, 1881
Succinea lauta 1868
Succineidae 1838, 1858, 1881
Sucteremaeus 394, 652
Sucteremaeus makarcevi 394, 554, 652
Suctobelba 394, 457, 652
Suctobelba monobina 457, 652
Suctobelba serrata 457, 554, 652
Suctobelba simplex 457, 554, 652
Suctobelbata 394, 652
Suctobelbata hirauchiae 457, 554, 652
Suctobelbata punctata 457, 554, 652
Suctobelbella 395, 462, 654
Suctobelbella acuta 464, 557, 655
Suctobelbella alpina 466, 558, 656
Suctobelbella ancorhina 465, 558, 655
Suctobelbella angulata 466, 656
Suctobelbella crispirhina 466, 558, 656
Suctobelbella flagellifera 465, 558, 655
Suctobelbella frondosa 463, 557, 655
Suctobelbella hokkaidoensis 466, 558, 656
Suctobelbella latipectoralis 464, 558, 655
Suctobelbella longidentata 466, 559, 656
Suctobelbella longisensillata 462, 557, 655
Suctobelbella magnicava 465, 558, 655
Suctobelbella nayoroensis 465, 558, 656
Suctobelbella parva 464, 558, 655
Suctobelbella pumila 463, 557, 655
Suctobelbella reticulatoides 463, 557, 655
Suctobelbella rotunda 462, 557, 655
Suctobelbella singularis 462, 557, 655
Suctobelbella subcornigera 465, 558, 655
Suctobelbella tohokuensis 464, 557, 655
Suctobelbella tumida 463, 557, 655
Suctobelbella yezoensis 466, 559, 656
Suctobelbidae 363, 394, 650
Suctobelbila 394, 455, 651
Suctobelbila densipunctata 455, 553, 651
Suctobelbila kiyosumiensis 455, 553, 651
Suctobelbila penniseta 455, 553, 651
Suctobelbila tuberculata 455, 553, 651
sudabides, Chrosiothes 827
suenoi, Paranura 1194, 1234
Sugaentulus 1525
Sugaentulus masumii 1516
suganamii, Tapinocyba 817
suillus, Pseudechiniscus 88
Suisha 1613, 1624
Suisha coreana 1613, 1624
sulfureus, Dolomedes 814
summelongicornis, Temeritas 1410, 1432
sunagawai, Monotarsobius 891, 896, 899
sundevalli, Maso 817
Superodontella 1202
Superodontella cornuta 1177, 1204

Superodontella distincta 1177, 1204
Superodontella japonica 1177, 1204
Superodontella similis 1177, 1204
Superodontella sp. 1475
Superodontella thauma 1177, 1202
Superodontella tsukuba 1177, 1204
Supraphorura 1146, 1152
Supraphorura okafujii 1146, 1152
Supraphorura uenoi 1146, 1154
surinamensis, *Pycnoscelis* 1557, 1569, 1570
suturellus, *Athemus* 1721
suzukaensis, *Plutomurus* 1319, 1334
Suzukielus 122, 141
Suzukielus sauteri 122, 134, 141
suzukii, *Periplaneta* 1558, 1570
suzukii, *Proparholaspulus* 181
suzukii, *Sphaerochthonius* 420, 516, 599
Swangeriinae 22, 61
syarakui, *Opopaea* 810
Syarinidae 110, 117
Syedra 782, 784, 855
Syedra oii 823
sylvatica, *Tetracanthella* 1258, 1274
sylvaticus, *Centromerus* 823
Symbioribates 365, 403, 679
Symbioribates aokii 365, 403, 578, 679
Symbioribates yukiguni 716
Symbioribatidae 365, 403, 679
Sympanotus pictus 1724
Symphyla 913
Symphyopleurium 956, 973
Symphyopleurium okazakii 965
Symphyopleurium sp. 982
Symphypleona 1101. 1397, 1402, 1418, 1469
Symphytognathidae 734, 736, 858
Symploce 1558
Symploce spp. 1571
Synageles 807, 867
Synagelides 806, 867
Synagelides agoriformis 835
Synchita hayashii 1724
Synchroa melanotoides 1725
Synchroidae 1716, 1737
Synchthonius 374, 414, 597
Synchthonius crenulatus 414, 515, 598
Synchthonius elegans 414, 515, 598
Syndicus yaeyamensis 1679
Synommatoides shirozui 1682
Syrphidae 1753, 1765, 1771
Systellommatophora 1890
Systenocentrus 129, 144
Systenocentrus japonicus 129, 137, 144
szentivanyi, *Austrocarabodes* 474, 564, 661
szeptyckii, *Yuukianura* 1197, 1240

[T]
Tabanidae 1752, 1764, 1770
Tachycines horazumi 1569
Tachyporus sp. 1718
taeniata, *Seira* 1369, 1390
Taira 749, 840
Taira flavidorsalis 812
taira, *Protoribates* 490, 581, 684
taisetsuensis, *Hydronothrus* 423, 525, 610
Taiwanoppia 397, 645
Taiwanoppia setigera 397, 548, 645
takahagiensis, *Monotarsobius* 889, 897, 901
takahashii, *Euphthiracarus* 501, 519, 604
takahashii, *Isotomurus* 1267, 1300
takahidei, *Paraegista* 1875
takakuwai takakuwai, *Anaulaciulus* 964
takakuwai takakuwai, *Antrokoreana* 964
takakuwai, *Eudigraphis* 964
takakuwai, *Levizonus* 966
Takamangai 30, 63
takanawanum, *Filientomon* 1506, 1517, 1526
takaoensis, *Ceratrimeria* 1181, 1210
takasagoensis, *Nasutitermes* 1583, 1587
Takashimaia 885, 908
Takashimaia ramungula 895
Takeoa 733, 841
Takeoa nishimurai 812
takeshitai, *Ballistura* 1261, 1286
takeuchii, *Humua* 833
takii, *Camerotrombidium* 283
Talavera 806, 866
Talitridae 1070, 1087
Talitroides 1088
Talitroides topitotum 1071, 1084, 1088
Tallusia 782, 784, 855
Tallusia experta 822
tamaensis, *Arcuphantes* 822
tamayura, *Banksinoma* 449
tamayura, *Banksinoma* 642
tambanus tambanus, *Nedyopus* 966
tamurai, *Allochthonius* 108
tamurai, *Isotomiella* 1263, 1294
tamurai, *Monotarsobius* 890, 896, 899
tamurai, *Pauropus* 924, 930, 934
tamurai, *Ussuribata* 461, 556, 654
tanabensis, *Burmoniscus* 1018, 1043, 1058
tanakai, *Aletopauropus* 928, 932, 938
tanakai, *Polydesmus* 984
Tanaupodidae 215, 246, 247, 306
Tanaupodus 247, 306
Tanaupodus bifurcatus 281
tangoensis, *Mongoloniscus* 1026, 1046, 1061
Tanna 1614, 1626
Tanna ishigakiana 1614, 1626
Tanna japonensis 1614, 1623, 1626
Tanytydeus 228, 296
Tanytydeus cristatus 264
Tapinocyba 773, 774, 855
Tapinocyba suganamii 817
Tapinoma 1784, 1792, 1801
Tapinoma saohime 1820
Tapinopa 786, 790, 855
Tapinopa guttata 822
Taranucnus 787, 788, 855
Tardigrada 79, 82, 92
tardigradum, *Milnesium* 89
targionii, *Heminothrus* 430, 530, 616
Tarsocheylidae 209, 289
Tarsonemida 209, 288
Tarsonemus 209, 288
Tarsonemus sp. 255
tateyamaensis, *Microbathyphantes* 824
tateyamana, *Ptenothrix* 1414, 1444
tau, *Euphaedusa* 1871
taurica, *Pausia* 267
taylori, *Fessonia* 275
Technomyrmex 1784, 1792, 1801
Technomyrmex brunneus 1820
Tectocepheidae 358, 385, 663
Tectocepheus 385, 476, 663
Tectocepheus alatus 476, 566, 663
Tectocepheus elegans 476, 566, 663
Tectocepheus iheyaensis 476, 566, 664
Tectocepheus minor 476, 565, 663
Tectocepheus sarekensis 476, 566, 664
Tectocepheus shirakamiensis 476, 566, 664, 715
Tectocepheus sp. 476, 566, 663
Tectocepheus titanius 476, 566, 663
Tectodamaeus 378, 624
Tectodamaeus armatus 435, 535, 624
tectus, *Podopterotegaeus* 359, 536, 626
Tegecoelotes 754, 755, 842
Tegecoelotes michikoae 813
Tegenaria 752, 844
Tegeocranellidae 362, 664
Tegeocranellus 362, 664
Tegeocranellus nubatamae 362, 567, 664
tegeocranus, *Xenillus* 444, 542, 636
Tegeozetes 385, 664
Tegeozetes tunicatus 385, 566, 664
Tegoribatidae 366, 405, 670
Teleioliodes 376, 622
Teleioliodes ramosus 376, 533, 622
Telema 735, 839
Telema nipponica 811
Telemidae 735, 839
Teleogryllus emma 1569, 1572
Teletriophtydeus 229, 296
Teletriophtydeus wadei 266
Temenothrips 1595, 1606
Temenothrips flavillus 1606
Temeritas 1410, 1432
Temeritas summelongicornis 1410, 1432
Temnothorax 1789, 1796, 1810
Temnothorax anira 1826
temperatus, *Eupodes* 262
Tenebrionidae 1672, 1673, 1695, 1715, 1739
Tenebrionoidea 1705
tenera, *Pachygnatha* 828
Teneriffiidae 212, 238, 301
Tenomerga mucida 1717
Tenuiala 410, 636
Tenuiala nuda 410, 543, 636
Tenuialidae 367, 410, 636
Tenuialoides 410, 445, 637
Tenuialoides fusiformis 445, 543, 637
Tenuialoides medialis 445, 543, 637
tenuiclaviger, *Tydaeolus* 265
tenuicollis, *Ityphilus* 894
tenuicornis, *Heteromurus* (*Alloscopus*) 1371, 1394, 1471
tenuilamellatus, *Liacarus* 443, 542, 635
Tenuipalpidae 212, 301
tenuipes, *Tokunosia* 125, 133, 140
Tenuiphantes 785, 789, 855
Tenuiphantes nigriventris 823
tenuis, *Hemileius* 487, 578, 679
tenuis, *Kuklosuctobelba* 457, 554, 652
tenuisetiger, *Eremaeus* 384, 544, 637
teranishii, *Crematogaster* 1823
Teratocephalidae 48, 54, 72
Teratocephalina 72
Teratocephalus 54
Terebrantia 1592, 1601
teres, *Protaphorura* 1147, 1158
tergilobata, *Ceratophysella* 1116, 1130
terminalis, *Agistemus* 273
terminalis, *Nipponosemia* 1615, 1626
Termitidae 1582, 1584, 1587
Termopsidae 1582, 1584, 1586
Terpnacaridae 251, 253, 309
Terpnacarus 253, 310
Terpnacarus bouvieri 286
Terpnosia 1614, 1620
Terpnosia nigricosta 1620, 1625
Terpnosia vacua 1620, 1625
Terponosia 1625
terrestris, *Eohypsibius* 90
terrula, *Moraria* 988, 990, 991, 993
Terthrothrips 1594, 1606
Terthrothrips ananthakrishnani 1597, 1600, 1606
Terthrothrips apterus 1597, 1606
Terthrothrips parvus 1597, 1606
tertius, *Trigoniulus* 981
terukubiensis, *Papuaphiloscia* 1014, 1041, 1057
Tetrablemmidae 734, 839
Tetracanthella 1258, 1274
Tetracanthella sylvatica 1258, 1274
Tetracondylidae 361, 393, 656
Tetragnatha 795
Tetragnathidae 740, 795, 859
Tetramerocerata 919
Tetramorium 1789, 1796, 1810
Tetramorium bicarinatum 1826
Tetraneura 1639, 1644
Tetraneura yezoensis 1642

Tetranychidae 212, 301
Tetranychus 212, 301
Tetranychus kanzawai 270
Tetraponera 1780, 1798, 1814
Tetraponera attenuata 1829
tetraramosus, Decapauropus 925, 935
Tetratomidae 1673, 1693, 1713, 1737
Tetrigidae 1559, 1563, 1573
Tetrix japonica 1563, 1573
Tetrodontophorinae 1145, 1150
tetsuoi, Prionomatis 967
thalassicola, Entomobrya 1365, 1378
Thanassimus substriatus 1721
Thanatus 796, 861
Thanatus miniaceus 829
thauma, Superodontella 1177, 1202
Thaumatopauropus 921, 939
Thaumatopauropus glomerans 921, 933
thaumatopoma, Parazaptyx 1871
theeli, Hypogastrura 1119, 1140
Thelyphonida 721, 722, 723
Thelyphonidae 722, 723
Thereuonema 874, 898
Thereuonema tuberculata 874, 893
Thereuopoda 874, 898
Thereuopoda clunifera 874, 893
Therevidae 1748, 1762, 1770
Theridiidae 739, 792, 857
Theridiosoma epeiroides 828
Theridiosomatidae 739, 858
Thermobia 1544, 1550
Thermobia domestica 1548
thermophilus, Cryptopygus 1262, 1290
Thermozodia 81, 82, 93
Thermozodiidae 82, 93
Thermozodium 82, 93
Thermozodium esakii 82
Thomisidae 743, 801, 863
thoracica, Scytodes 811
thori, Capillonothrus 430
thori, Capillonothrus 530, 616
Thoria 221, 292
Thoria uniseta 259
Thripidae 1592, 1593, 1601
Thripinae 1593, 1601
Thrips 1593, 1602
Thrips coloratus 1598
Throscidae 1704, 1733
Thyreophagus 324, 343
Thyreosthenius 775, 855
Thyrisomidae 642
Thysanoptera 1591, 1592, 1598-1601
Thysanura 1541, 1542, 1546-1549
tibialis, Craspedonotus 1717
Tibioploides 782, 784, 856
tibiotarsalis, Coecobrya 1363, 1374
Tigronchoides 44, 72
tilbrooki, Pretriophtydeus 264
Timomenus komarovi 1568, 1578
Tingidae 1651, 1662
Tipulidae 1753, 1764, 1770
Tiso 773, 775, 856
titanius, Tectocepheus 476, 566, 663
Titanoecidae 748, 749, 841
Tmeticodes 765, 770, 856
Tmeticodes gibbifer 821
Tmeticus 765, 770, 856
Tmeticus bipunctis 821
Tobrilidae 40, 54, 60
Tobrilina 60
Tobrilus 54
todori, Hermanniella 432, 532, 619
Togo hemipterus 1660
tohokuensis, Protoribates 490, 581, 683
tohokuensis, Suctobelbella 464, 557, 655
toi, Eosentomon 1501, 1513, 1523
Tojinium 765, 770, 856
tokara, Nanhermannia 431, 531, 617
tokaraensis, Nippobodes 475, 565, 662
tokarensis, Ptenothrix 1414, 1444
tokiokai, Eosentomon 1502, 1513, 1523

tokui, Eosentomon 1495, 1510, 1521
tokukoae, Oribotritia 504, 521, 605
tokumotoi, Mecopisthes 817
tokunagae, Petrobiellus 1546
tokunagai, Entomobrya 1366, 1380
Tokunocepheidae 363, 659
Tokunocepheus 363, 659
Tokunocepheus mizusawai 363, 562, 659
tokunoshimaensis, "Nagurus?" 1019, 1059
Tokunosia 125, 140
Tokunosia tenuipes 125, 133, 140
tokyoensis, Galumna 497, 586, 690
tokyoensis, Lucasioides 1023, 1045, 1060
tokyoensis, Ramusella 453, 551, 648
Tokyosoma 949, 974
tomiokaensis, Olibrinus 1007, 1038, 1055
tomiyamai, Neochloritis 1873
tomiyamai, Spherillo 1033, 1049, 1063
Tomoceridae 1103, 1312, 1314, 1320, 1472, 1473, 1482
Tomocerina 1322
Tomocerus (Monodontocerus) 1315
Tomocerus (Monodontocerus) modificatus 1315, 1320
Tomocerus (Tomocerina) 1315
Tomocerus (Tomocerina) aokii 1315, 1322
Tomocerus (Tomocerina) lamelliferus 1315, 1322
Tomocerus (Tomocerina) liliputanus 1315, 1322
Tomocerus (Tomocerina) varius 1315, 1322, 1472
Tomocerus (Tomocerus) 1315
Tomocerus (Tomocerus) asahinai 1316, 1324
Tomocerus (Tomocerus) cuspidatus 1316, 1324, 1472
Tomocerus (Tomocerus) ishibashii 1316, 1324
Tomocerus (Tomocerus) jesonicus 1316, 1324, 1482
Tomocerus (Tomocerus) Kinoshitai 1316
Tomocerus (Tomocerus) kinoshitai 1326, 1473
Tomocerus (Tomocerus) ocreatus 1316, 1326, 1473
Tomocerus (Tomocerus) punctatus 1316, 1326
Tomocerus (Tomocerus) violaceus 1316, 1326
Tomocerus (Tomocerus) viridis 1316, 1328
Tomocerus 1314, 1320, 1324
tomuraushiensis, Protaphorurodes 1146, 1154
tonominea, Parafontaria 984
topitotum, Talitroides 1071, 1084, 1088
topochi, Eosentomon 1501, 1513, 1523
Tornatellidae 1837, 1880
Tornatellides 1837, 1880
Tornatellides boeningi 1867
torrenticola, Ligia 1003, 1036, 1053
tortuosa, Acanthobelba 437, 534, 624
tosanus, Baculentulus 1505, 1517, 1526
tosanus, Cheiroseius 185
Tosaphaedusa 1848, 1883
Tosaphaedusa cincticollis 1870
toshiyukii, Decapauropus 925, 935
toshiyukii, Pauciphaedusa 1869
tottabetsuensis, Oligaphorura 1145, 1152
toyamaensis, Lucasioides 1022, 1046, 1060
toyamaensis, Quelpartoniscus 1009, 1039, 1056
Trachelas 803, 865
Trachelas japonicus 833
Trachelipodidae 999, 1019, 1059

Trachymolgus 217, 289
Trachymolgus nigerrinus 256
Trachypauropus 929, 938
Trachypauropus sp. 933
Trachyzelotes 797, 862
Traegaardhia 221, 292
Traegaardhia japonica 259
transitus, Joshuella 376, 534, 623, 710
transversarius, Carabodes 471, 562, 660
Traskorchestia 1075, 1088
Traskorchestia ditmari 1075, 1085, 1089
Traskorchestia ochotensis 1075, 1085, 1088
Travuniidae 123, 138
Trechaleidae 737, 756, 757, 845
Trhypochthoniellidae 609
Trhypochthoniellus 379, 609
Trhypochthoniellus brevisetus 379, 525, 609
Trhypochthoniidae 353, 379
Trhypochthonius 380, 423, 610
Trhypochthonius cladonicola 423, 526, 611
Trhypochthonius japonicus 423, 525, 610
Trhypochthonius septentrionalis 423, 525, 611
Trhypochthonius sphagnicola 423, 526, 611
Trhypochthonius stercus 423, 526, 611, 708
Trhypochthonius triangulum 423, 526, 611
Triaenonychidae 123, 138
triangralis, Platyseius 185
triangula, Nanhermannia 431, 617
triangulum, Trhypochthonius 423, 526, 611
Triaungius 402, 491, 684
Triaungius magnus 491, 582, 684
Triaungius rotundus 491, 582, 685
Triaungius varisetiger 491, 582, 684
Triautogneta 393, 448, 642
Triautogneta higoensis 448, 547, 642
Triautogneta masahitoi 448, 547, 642
Tribolium confusum 1682
Tricalamus 733, 840
Tricca 759, 845
Tricca japonica 816
Trichelix 1860, 1887
Trichiorhyssemus asperulus 1719
Trichoceridae 1751, 1763, 1770
Trichodoridae 20, 54, 59
Trichodoroidea 20, 59
Trichodorus 20, 60
Trichodorus cedarus 54
Trichogalumna 411, 498, 690
Trichogalumna arborea 498, 587, 691
Trichogalumna chimaera 498, 587, 691
Trichogalumna granuliala 498, 587, 691
Trichogalumna hygrophila 498, 587, 690
Trichogalumna imperfecta 498, 587, 691
Trichogalumna lineata 498, 587, 691, 716
Trichogalumna nipponica 498, 587, 690
Trichomyiinae 1751, 1763
Trichoniscidae 1000, 1005, 1053
Trichoniscus 1005, 1054
Trichoniscus sp. 1005, 1038, 1054
Trichoribates 408, 483, 674
Trichoribates alpinus 483, 574, 674
Trichoribates berlesei 483, 574, 674
Trichoribates rausensis 483, 574, 674
Trichosmaris 241, 303
Trichosmaris sp. 274
Trichotocepheus 393, 470, 658
Trichotocepheus amamiensis 470, 562, 659, 715
Trichotocepheus erabuensis 470, 562, 658
Trichotocepheus parvus 470, 562, 659
Trichotrombidium 248, 307
Trichotrombidium muscarum 282

Tricladida 3, 5, 7
tricostatus, Mycobates 485, 575, 676
tricuspidata, Allosuctobelba 456, 553, 651
tricuspidata, Metrioppia 391, 540, 632
tricycla, Ptenothrix 1415, 1446
Tridactylidae 1559, 1563, 1573
Tridenchthoniidae 106, 117
tridentifera, Pseudosinella 1370, 1394, 1471
trifolium, Aulacaspis 1633
trifurcatus, Holaspina 182
Trigoniulidae 969
Trigoniulus 952, 969
Trigoniulus corallinus 964
Trigoniulus tertius 981
triguttatus, Psammoecus 1722
Trimalaconothrus 381, 613
Trimalaconothrus angulatus 426, 527, 613
Trimalaconothrus azumaensis 426, 527, 613
Trimalaconothrus barbatus 426, 527, 613
Trimalaconothrus hakonensis 425, 528, 613
Trimalaconothrus magnilamellatus 427, 528, 614
Trimalaconothrus maniculatus 426, 527, 613
Trimalaconothrus nipponicus 427, 528, 613
Trimalaconothrus nipponicus 708
Trimalaconothrus nodosus 425, 527, 613
Trimalaconothrus repetitus 425, 527, 613
Trimalaconothrus undulatus 427, 528, 614
Trimalaconothrus wuyanensis 427, 528, 613
Trimalaconothrus yachidairaensis 426, 527, 613
Trimalaconothrus 亜属 381, 425
trinitatis, Trinorchestia 1075, 1086, 1089
Trinorchestia 1075, 1089
Trinorchestia trinitatis 1075, 1086, 1089
trinotatus, Sminthurinus 1407, 1428
trioculata, Anurida (*Anurida*) 1183, 1216
Triophtydeidae 211, 229, 296
Triplonchida 19, 39, 40, 59
Triplonchium 19
Tripylidae 40, 60
Tripylina 60
triquetra, Galumna 497, 586, 690
trirugis, Scapheremaeus 477, 567, 665
Trishoplita 1862, 1888
Trishoplita pallens 1874
trispinata, Desoria 1270, 1306
Trithyreus 726, 728
Trithyreus daitoensis 726, 727, 728
Trithyreus sawadai 726, 727, 728
Trithyreus siamensis 726, 727, 728
triverrucosa, Morulina 1187, 1224
Trochanteriidae 742, 861
Trochomorphidae 1838, 1886
Trochosa 758, 846
Trochosa ruricola 816
Trogidae 1669, 1685, 1706, 1733
Troglocheles 222, 292
Troglocheles vornatscheri 260
troglodites, Ceratophysella 1117, 1134
Trogossita japonica 1721
Trogossitidae 1705, 1734
Trombella 247, 306
Trombella glandurosa 280
Trombellidae 215, 246, 247, 306
Trombiculidae 214, 215, 305
Trombidiidae 215, 246, 249, 307
Trombidium 250, 308
Trombidium holosericeum 284
tropica, Microtritia 501, 520, 604
truncata, Parachipteria 480, 570, 669
truncata, Zygoribatula 486, 577, 677

Truncatellina 1857, 1881
Truncatellina insulivaga 1868
truncatus, Bunabodes 386, 662
Truncopes 403, 681
Truncopes obliquus 403, 580, 682
Truxonchus 44, 72
Trypodendron proximum 1682
tsugarensis, Gibberathrix 1412, 1440
tsukamotoi, Pseudophiloscia 1013, 1041, 1057
tsukuba, Superodontella 1177, 1204
tsukubaensis, Hypogastrura 1118, 1138
tsukubaensis, Moraria 987, 989, 990, 991, 993
tsurugisana, Acalypta 1659
tsurusakii, Caracladus 818
tsurusakii, Pergalumna 499, 588, 692
tsurutomiensis, Eremulus 446, 544, 638
tsushimaensis, Carabodes 471, 562, 659
tsushimaensis, Quelpartoniscus 1009, 1039, 1055
tsushimense, Scaphidium 1679
tsutsuii, Ptenothrix 1414, 1444
Tubarama iriomotejimana 1569, 1572
tuberculata, Dometorina 390, 578, 678
tuberculata, Grananurida 1214
tuberculata, Suctobelbila 455, 553, 651
tuberculata, Thereuonema 874, 893
tuberculatus, Boliscus 832
tuberculatus, Epedanellus 125, 134, 140
tuberculatus, Exalloniscus 1018, 1059
tuberculatus, Monotarsobius 889, 901
tuberosa, Jugatala 406, 673
tuberosa, Phauloppia 487, 576, 677
Tuberostoma 221, 292
Tuberostoma gressiti 259
Tubificida 1896, 1901
Tubulifera 1592, 1602
Tuckerella 212, 301
Tuckerella japonica 270
Tuckerellidae 212, 301
tulipae, Dysaphis 1643
Tullbergiinae 1145, 1164
tumida, Suctobelbella 463, 557, 655
tunicata, Sphaeridia 1404, 1418
tunicatus, Tegeozetes 385, 566, 664
Turbellaria 3, 7
turcicus, Cryptolestes 1680
Turinyphia 787, 789, 856
Turinyphia yunohamensis 824
Tuxenentulus 1526
Tuxenentulus ohbai 1517
tuxeni, Paranisentomon 1488, 1513
Tydaeolus 230, 297
Tydaeolus tenuiclaviger 265
Tydeidae 211, 298
Tydeus 235, 299
Tydeus bedfordiensis 267
Tydides 235, 299
Tydides ulter 268
Tygarrup 886, 909
Tylenchida 19, 34, 68
Tylenchidae 37, 52, 68
Tylenchina 34, 35, 68
Tylenchoidea 35, 37, 68
Tylencholaimellidae 31, 51, 66
Tylencholaimellus 51
Tylencholaimidae 31, 52, 66
Tylencholaimoidea 21, 31, 66
Tylencholaimus 52
Tylenchorhynchinae 37
Tylenchorhynchininae 68
Tylenchulidae 35, 70
Tylidae 998, 1065
Tylocephalus 50, 55, 74
Tylolaimophorus 20, 54, 59
Tylos 1065
Tylos granuliferus 998, 1051, 1065
Tyndareus 230, 297
Tyndareus eloquens 265
typica, Cybaeopsis 812

typica, Latouchia 809
Typopeltis crucifer 721, 722, 723
Typopeltis stimpsonii 722, 723
Tyrannochthonius chihayanus 109
Tyrannochthonius japonicus 109, 113, 117
Tyrannochthonius similidentatus 109
Tyrannophaedusa (*Aulacophaedusa*) *gracilispira* 1870
Tyrannophaedusa (*Decolliphaedusa*) *bilabrata* 1870
Tyrannophaedusa (*Spinulaphaedusa*) *nankaidoensis nankaidoensis* 1870
Tyrannophaedusa (*Tyrannophaedusa*) *mikado* 1870
Tyrannophaedusa 1849, 1850, 1883
Tyranozaptyx 1849, 1883
Tyranozaptyx adulta 1870
Tyrophagus 321, 340
Tyrophagus longior 325
Tyrophagus neiswanderi 325, 331, 340
Tyrophagus perniciosus 325, 332, 340
Tyrophagus putrescentiae 325, 331, 340
Tyrophagus similis 325, 332, 340
Tyrphonothrus 亜属 381, 427

[U]

uchidai, Caeculus 269
uchinomii, Archisotoma 1260
udagawai, Eosentomon 1495, 1510, 1521
uenoi, Arrhopalites 1406, 1424
uenoi, Nipponentomon 1507, 1518, 1527
uenoi, Nippononethes 1006, 1037, 1053
uenoi, Nocticola 1557, 1571
uenoi, Papirioides 1413, 1440, 1469
uenoi, Supraphorura 1146, 1154
uenoi, Veigaia 178
Uenoiulus 955, 972
ufuagarijimensis, Spherillo 1032, 1051, 1064
Uleiota arborea 1722
Uloboridae 734, 841
Uloma sp. 1726
ulter, Tydides 268
ultramarina, Pteroneta 833
Umakefeq 323, 342
Umakefeq mesoophtalmus 323, 342
Umbellozetes 405, 670
Umbellozetes parvus 405, 571, 670
umbratus, Lasius 1821
umbratus, Quedius 1679
umesaoi, Sinella 1363, 1372
umidicola, Hygrolycosa 815
Ummeliata 767, 770, 856
Ummeliata angulituberis 819
Ummeliata feminea 819
Ummeliata insecticeps 819
Ummeliata onoi 819
Ummeliata osakaensis 819
undulatus, Donzelotauropus 927, 936
undulatus, Nothrus 428, 529, 615
undulatus, Sadocepheus 438, 537, 627
undulatus, Trimalaconothrus 427, 528, 614
Unguizetes 401, 486, 676
Unguizetes clavatus 486, 576, 676
Unguizetes sphaerula 486, 576, 677
Unguizetes striatus 486, 676
unicarinata, Austrotritia 503, 520, 605
unicornis, Belba 435, 534, 624
unicum, Chiracanthium 829
unidentatus, Nippononethes 1006, 1037, 1054
unifascigera, Hitobia 831
unimaculatus, Pedetontus 1541, 1546
uniseta, Thoria 259
unisetum, Caenothrombium 284
unispinatus, Dendrolaelaps 179
unostrigata, Entomobrya 1366, 1380, 1471
unsui, Lohmannia 422, 517, 600

uozumii, Lobella (Lobella)   1200, 1244
urasi, Nosekiella   1491, 1519
Uroctea   737, 841
Uroctea compactilis   813
Urocteidae   737, 841
Uropodidae   156, 198
Uropodidae sp.   187
uropodinus, Evimirus   179
urospina, Mizuhorchestia   1074, 1084, 1088
Urostylidae   1653
Urozelotes   798, 862
ursi, Metisotoma   1264, 1294
Usechus chujoi   1682
Ussuribata   395, 461, 654
Ussuribata reticulata   461, 556, 654
Ussuribata silva   461, 556, 654
Ussuribata tamurai   461, 556, 654
Ussuribata variosetosa   461, 556, 654
ussuricus, Heliophanus   834
ussuricus, Ophidiotrichus   406, 571, 671
utari, Dendrothrips   1598
utinomii, Archisotoma   1284
Uzelia   1258, 1274
Uzelia setifera japonica   1258, 1274

[V]

vacua, Terpnosia   1620, 1625
vaga, Proreinia   1871
Vaginulidae   1890
valgipes, Pseudoleptaleus   1727
Valgothrombium   248, 307
Valgothrombium sp.   281
Vallonia   1839, 1887
Vallonia pulchellana   1873
Vallonidae   1839, 1887
vandus, Pronematulus   266
vannamei, Mongoloniscus   1025, 1046, 1060
variabilis, Diapterobates   484, 573, 673
variabilis, Epidamaeus   437, 536, 625
variabilis, Oripoda   489, 580, 682
variabilis, Paraphauloppia   389, 576, 677
varians, Octonoba   812
varica, Moraria   987, 989, 991, 992, 993
variegata, Reinia   1869
variolarius, Ameroseius   184
variolatus, Iphidozercon   183
variolosus, Birsteinius   444, 635
variosetosa, Ussuribata   461, 556, 654
varisetiger, Triaungius   491, 582, 684
varius, Humerobates   366, 575, 675
varius, Tomocerus (Tomocerina)   1315, 1322, 1472
vegei, Pseudotriophtydeus   266
Veigaia   163, 190
Veigaia uenoi   178
Veigaiidae   157, 163, 190
vejdovskyi, Maraenobiotus   989, 990, 991, 994
Veliidae   1657
Vellenhovia   1796
ventrisetosa, Machuella   363, 552, 650, 714
ventrosquamosa, Neoamerioppia   399, 550, 648, 713
venusta, Perenethis   815
Vepracarus   377
Verachthonius   374, 598
Verachthonius laticeps   374, 515, 598
veracruzana, Cunaxa   257
veretrum, Stigmalychus   286
verna, Nanhermannia   431, 531, 618
Veronicellidae   1845, 1890
verrucatus, Epidamaeus   436, 535, 625
Verrucoentomon   1491, 1508, 1528
Verrucoentomon kawakatsui   1508, 1519, 1528
Verrucoentomon shirampa   1508, 1519, 1528
verrucosa, Flagrosuctobelba   459, 555,

653
Vertiginidae   1837, 1857, 1881
Vertigo   1857, 1881
Vertigo eogea eogea   1868
vestiflua, Pseudopyrochroa   1725
viaria, Microneta   823
vicaria, Anurida (Aphoromma)   1184, 1218
vicina, Zygoribatula   486, 577, 678
vicinus, Fissicepheus   469, 560, 657
vidae, Homeopronematus   266
Videnoida   1838, 1886
Videnoida horiomphala   1873
viguieri, Phyllognathopus   988, 991, 993
vinnula, Ptenothrix   1417, 1448
violaceus, Tomocerus (Tomocerus)   1316, 1326
viperea, Arcoppia   451, 549, 646, 713
virga, Pergalumna   500, 692
virgata, Isotoma   1271, 1310
viridicans, Cheiletha   894
viridis annulatus, Sminthurus   1411
viridis, Isotoma   1271, 1308, 1474
viridis, Sminthurus   1434
viridis, Tomocerus (Tomocerus)   1316, 1328
viridissimus, Echiniscus   87
Vitriphaedusa   1855, 1885
Vitronura   1195, 1234
Vitronura kunigamiensis   1195
Vitronura mandarina   1195, 1234
Vitronura pygmaea   1195, 1234
vittata, Ptenothrix   1416, 1446
vittatus, Siler   834
vivax, Pseudacherontides   1111, 1120
Vollenhovia   1787, 1810
Vollenhovia emeryi   1826
vornatscheri, Trogloscheles   260
vulgare, Armadillidium   1030, 1048, 1062
vulgaris, Novosuctobelba   458, 555, 653
Vulgarogamasus   163, 190
Vulgarogamasus fujisanus   177
vulgivaga, Aegista (Plectotropis)   1875

[W]

wadatsumi, Peloptulus   364, 568, 667
wadei, Teletriophtydeus   266
Wadicosa   759, 845
Wadicosa okinawensis   815
wakasana, Lobella (Coecoloba)   1201, 1246
Walckenaeria   766, 767, 768, 856
Walckenaeria ichifusaensis   820
Waldemaria   1840, 1877
Waldemaria japonica   1865
watanabei, Banksinoma   449, 547, 642
watanabei, Burmoniscus   1017, 1042, 1058
watanabei, Hymenaphorura   1145, 1152
watanabei, Monotarsobius   888, 897, 901
weberi, Lepidocampa   1532, 1535
weglarskae, Amphibolus   91
Weintrauboa   786, 789, 857
Weintrauboa chikunii   826
Weintrauboa contortipes   826
Weintrauboa insularis   826
Wenyingia   1526
Wenyingia kurosawai   1517
Willemia   1120
Willemia anophthalma   1111, 1120
Willemia japonica   1111, 1120
Willowsia   1369, 1388
Willowsia formosana   1369, 1388
Willowsia japonica   1369, 1388, 1471
Willowsia yamashitai   1369, 1390
Wilsonema   50, 74
Wilsonematinae   50, 74
Winterschmidtiidae   319, 339
wrayia, Ceratophysella   1116, 1132, 1477
Wubanoides   781, 783, 856
wuyanensis, Trimalaconothrus   427, 528,

613

[X]

Xanthochroa sp.   1727
Xenillidae   360, 392, 636
Xenillus   392, 444, 636
Xenillus clypeator   444, 542, 636
Xenillus tegeocranus   444, 542, 636
Xenocriconemella   36, 69
Xenylla   1111, 1120
Xenylla acauda   1112, 1120
Xenylla arenosa   1112, 1122
Xenylla brevispina   1112, 1122
Xenylla littoralis   1112, 1122
Xenylla longicauda   1112, 1122
Xenylla sp.   1477
Xenyllodes   1176, 1202
Xenyllodes armatus   1176, 1202
Xerolycosa   758, 845
Xerolycosa nemoralis   815
Xiphinema   24, 66
Xiphinema insigne   51
Xiphinematidae   24, 66
Xya japonica   1563, 1569, 1573
Xylomyidae   1749, 1762, 1770
Xylophagidae   1748, 1762, 1770
Xysticus   801, 863
Xysticus saganus   832
Xystodesmidae   951, 961, 977
Xystodesmus   962, 978
Xystodesmus martensii   967, 984

[Y]

yachidairaensis, Trimalaconothrus   426, 527, 613
Yaetakaria   962, 978
Yaetakaria neptuna   984
yaeyamana, Cryptotympana   1622, 1625
yaeyamanus, Spherillo   1034, 1051, 1064
yaeyamensis, Dicyrtomina   1412, 1438
yaeyamensis, Enteroplax   1867
yaeyamensis, Stephanothrips   1597, 1605
yaeyamensis, Syndicus   1679
yagii, Protaphorura   1147, 1158
yaginumai, Calipteremaeus   354, 533, 622
yaginumai, Helicius   834
yaginumai, Macrothele   809
Yaginumena   794, 858
Yakuchloritis   1860, 1887
Yakuchloritis albolabris   1873
Yakuena   1859, 1882
Yakuena eucharista   1868
yakuensis, Sadocepheus   438, 537, 628
yakushimana, Ceratophysella   1115, 1128
yakushimana, Ptenothrix   1415, 1446
yamanishii, Ligia   1003, 1035, 1053
yamasakii, Capillonothrus   430, 530, 616, 709
yamashironis, Neanura (Metanura)   1191, 1230
yamashitai, Scapheremaeus   477, 567, 665
yamashitai, Willowsia   1369, 1390
Yamasinaium   956, 974
Yamasinaium sp.   982
yamatensis, Chilothrips   1598
yamatensis, Plutomurus   1319, 1334
Yamatentomon   1491, 1506, 1527
Yamatentomon fujisanum   1506, 1518, 1527
Yamatentomon kunnepchupi   1506, 1518, 1527
Yamatentomon yamato   1506, 1518, 1527
yamato, Yamatentomon   1506, 1518, 1527
yamatogracilis, Multioppia   450, 547, 643
yamatonis, Carebara   1823
yamauchii, Hypoaspis (Euandrolaelaps)   186
Yambaramerus   384, 641
Yambaramerus itoi   384, 546, 642
yambaru, Eosentomon   1502, 1513, 1523
yambaru, Propeanura   1196, 1238

yamizo, Decapauropus 926, 935
yamizoensis, Kuklosuctobelba 457, 554, 653
yanagiharai, Rhysida 877, 904
yanoi, Nehypochthonius 518, 602
yasakaensis, Ballistura 1261, 1286
Yasudatyla 956, 975
yasumai, Hermanniella 432, 532, 620
yasumatsui, Ceratrimeria 1181, 1210
yasunorii, Monotarsobius 891, 896, 899
yayeyamana, Platypleura 1616, 1624
yayeyamana, Pomponia 1614, 1626
yayeyamensis, Liacarus 441, 540, 633
yazoensis, Galloisiana 1564
yessensis, Manica 1823
yezoense, Eosentomon 1501, 1512, 1523
yezoensis, Ceratozetella 482, 572, 672
yezoensis, Costeremus 447, 639
yezoensis, Eparchus 1568, 1578
yezoensis, Galloisiana 1575
yezoensis, Kosemia 1617, 1627
yezoensis, Liacarus 443, 634
yezoensis, Nipponopsalis 130, 135, 141
yezoensis, Peloribates 494
yezoensis, Peloribates 584, 687
yezoensis, Protoribates 490, 684
yezoensis, Scheloribates 488, 579, 680
yezoensis, Suctobelbella 466, 559, 656
yezoensis, Tetraneura 1642
yodai, Protaphorura 1147, 1158
yodoensis, Bathyphantes 824
yodoensis, Orientopus 817
yokohatai, Lucasioides 1022, 1046, 1060
yonaguniensis, Cosmogalumna 496, 585, 689
yonaguniensis, Spherillo 1034, 1051, 1064
yonana, Neanura (Metanura) 1191, 1228
yoroi, Sinentomon 1487, 1509
Yoronoribates 404, 679
Yoronoribates minusculus 404, 578, 679
yoshidai, Oripoda 489, 580, 682
yoshidai, Pycnomerus 1682
yoshiii, Homidia 1367, 1384
Yoshiobodes 386, 660
Yoshiobodes nakatamarii 386, 563, 660
Yosidaiulus 954, 972
yosii, Ballistura 1261, 1286
yosiiana, Imadateiella 1507, 1519, 1527
yosiiana, Oncopodura 1339, 1340
yosiiii, Mesaphorura 1149, 1164, 1476
youngchaunesis, Orangescirula 256
yuasai, Galloisiana 1564, 1575
yukiguni, Symbioribates 716
yukinomi, Desoria 1270, 1306
yunohamensis, Turinyphia 824
yuraensis, Monotarsobius 889, 896, 900
Yuria 123, 138
Yuria pulcra 123, 132, 138
Yuukianura 1197, 1238
Yuukianura aphoruroides 1197, 1240
Yuukianura halophila 1197, 1240
Yuukianura pacifica 1197, 1238
Yuukianura szeptyckii 1197, 1240
yuwana, Medioxyoppia 451, 549, 646
yuwanensis, Nippobodes 475, 565, 662
[Z]
Zachvatkinella 350, 591
Zachvatkinella nipponica 350, 510, 591
Zaptychopsis 1846, 1882
Zaptychopsis buschii 1869
Zaptyx 1847, 1883
Zaptyx hirasei 1869
zelawaiensis グループ 415
zelawaiensis, Sellnickochthonius 416, 512, 595
Zelotes 797, 862
Zelotes asiaticus 831
Zepedanulus 140
Zepedanulus ishikawai 140
Zercon 162, 190
Zercon japonicus 177
Zerconidae 157, 162, 189
Zerconopsis 194
Zerconopsis sinuata 183
Zetomimus 408, 674
Zetomimus brevis 408, 574, 674
Zetomotrichidae 358, 387, 629
Zetorchella 389, 678
Zetorchella sottoetgarciai 389, 577, 678
Zetorchestes 387, 629
Zetorchestes aokii 387, 538, 629, 711
Zetorchestidae 357, 387, 629
Zetzellia 240, 303
Zetzellia silvicola 273
zhanjiangense, Eosentomon 1502, 1513, 1523
zilla, Anaclubiona 832
zimmermanni, Neoliodes 433, 533, 621, 710
Zodariidae 737, 844
zoltani, Minamitalitrus 1070, 1082, 1088
zonalis, Spherillo 1031, 1049, 1063
Zonitidae 1838, 1886
Zopheridae 1672, 1695, 1713, 1738
Zora 744, 860
Zora spinimana 829
Zoridae 744, 860
Zoropsidae 733, 841
zschokkei, Bryocamptus 989, 991, 993
zushi, Oppiella 452, 550, 647
Zygentoma 1542, 1549
Zygoribatula 389, 486, 677
Zygoribatula marina 486, 577, 677
Zygoribatula pyrostigmata 486, 577, 678
Zygoribatula truncata 486, 577, 677
Zygoribatula vicina 486, 577, 678

和名索引

[ア]

アイイロハゴロモトビムシ　1370, 1392, 1393
アイイロヤマトビムシ　1174, 1182, 1212, 1213
アイチミジングモ属　794, 858
アイヌコサラグモ属　767, 770, 847
アイヌジュズダニ　436, 535, 624
アイノダニ属　164, 191
アウロライモイデス科　31, 66
アオイボトビムシ亜科　1173, 1175, 1186, 1222
アオイボトビムシ属　1186, 1187, 1188, 1222
アオオビハエトリ　834
アオカザリゲッチトビムシ　1267, 1300, 1301
アオキアリマキタカラダニ　276
アオキウデナガダニ　185
アオキカマアシムシ　1504, 1515, 1525
アオキカマアシムシ属　1504, 1525
アオキダルマヒワダニ　416, 513, 595
アオキヒメトゲトビムシ　1315, 1322, 1323
アオキヒメヘソイレコダニ　502, 519, 604
アオキフタカタダニ　365, 403, 578, 679
アオキフリソデダニ　500, 588, 692
アオキマドハリ　460, 556, 654
アオキモリワラジムシ　1015, 1043, 1058
アオジロツチトビムシ　1269, 1302
アオジロツチトビムシ（一眼型）　1303
アオズムカデ　877, 903
アオダモアザミウマ　1598
アオフサイボトビムシ属　1189, 1226
アオミオカタニシ　1866
アオミオカタニシ属　1844, 1878
アオミネイトノコダニ　440. 540, 633, 711
アオミフクログモ　833
アオミフクログモ属　804, 864
アオムカデ亜科　876, 903
アオムカデ属　877, 903
アカイボトビムシ亜属　1244
アカイボトビムシ属　1197, 1198, 1200, 1240
アカイボトビムシ属の一種　1475
アカウミマルトビムシ　1409, 1432, 1433
アカエゾゼミ　1621, 1623, 1625
アカオタイコチビダニ　208, 254, 288
アカケダニ　284
アカザトウムシ亜目　122, 123, 138
アカザトウムシ科　124, 139
アカザラグモ属　795
アカシマサシガメ　1659
アカシロカグラグモ　820
アカスジナガムクゲキスイ　1681
アガタコシビロダンゴムシ　1034, 1050, 1064
アカツノカニムシ　110, 113, 117
アカテングダニ　255
アカハネグモ　810
アカハネムシ　1725
アカハネムシ科　1714, 1738
アカハバピロオオキノコ　1724
アカバマルタマキノコムシ　1718
アカヒラタヤスデ属　956, 973
アカヒラタヤスデ属の一種　982
アカフサイボトビムシ属　1195, 1236
アカボシトビムシ　1348, 1349
アカボシトビムシ属　1349
アカホソイボトビムシ　1197, 1240, 1241
アカマダラマルトビムシ　1414, 1442, 1443
アカマニセタテヅメザトウムシ　132, 139
アカマニセタテヅメザトウムシ属　138
アカムカデ　880, 905
アカムカデ科　876, 905
アカムカデ属　876, 905
アカムネグモ属　767, 770, 856

アカヤスデ　966
アカヤスデ属　958, 976
アキタフリソデダニ　500, 588, 692
アギトアリ　1828
アギトアリ属　1781, 1797, 1812
アギトダニ科　203, 210, 221, 291
アギトダニ属　223, 261, 293
アキヤマアカザトウムシ　123, 132, 139
アキヤマアカザトウムシ属　123, 139
アキヤマナガハシ　1533, 1535, 1537
アキヤマハサミコムシ　1534, 1536, 1538
アキヨシシロアヤトビムシ　1364, 1376, 1377
アキシブラシザトウムシ　131, 136, 142
アクアティデス属　33, 67
アクソンキウム属　22, 61
アクチノネマ科　21, 23, 51, 65
アクチノネマ上科　21, 65
アクチノネマ属　23, 65
アクチンカ属　23, 65
アクトゥス属　42, 71
アクロベレス属　54
アクロマドラ科　46, 59
アクロマドラ属　46, 59
アケファロドリネマ属　26, 64
アゴウロコアリ属　1785, 1795, 1808
アゴヒゲサラグモ属　765, 769, 853
アゴブトグモ　828
アゴブトグモ属　795, 859
アサカワゴマグモ　820
アサヒカマアシムシ　1496, 1510, 1521
アサヒナゲトビムシ　1316, 1324, 1325
アザミウマ亜科　1593, 1601
アザミウマ亜目　1592, 1601
アザミウマ科　1591, 1592, 1593, 1601
アザミウマ目　1591, 1592, 1598, 1599, 1600, 1601
アジアオニダニ　428, 528, 614
アジアギセル亜属　1855, 1884
アジアギセル属　1851, 1884
アジアシボグモ属　795, 860
アシジロヒラフシアリ　1820
アシズリコナダニモドキ　424, 612
アシダカグモ科　744, 795, 860
アシダカグモ属　795, 861
アシナガアリ属　1788, 1794, 1805
アシナガキアリ　1820
アシナガキアリ属　1790, 1792, 1802
アシナガグモ科　740, 795, 859
アシナガグモ属　795
アシナガサラグモ属　825
アシナガダニ科　322, 341
アシナガバエ科　1753, 1764, 1771
アシナガフナムシ　1003, 1035, 1053
アシナガヤセバエ科　1761, 1768, 1772
アシヒダナメクジ　1876
アシヒダナメクジ科　1890
アシヒダナメクジ属　1845, 1890
アシヒダメクジ科　1845
アシブトカクホソカタムシ　1723
アシブトコナダニ　330
アシブトコナダニ属　321, 340
アシブトヒラタダニ属　194
アシブトメミズムシ　1658
アシブトメミズムシ科　1650, 1661
アシボソアカザトウムシ　125, 133, 140
アシボソアカザトウムシ属　125, 140
アシボソトゲダニ亜属　197
アシュウタマゴダニ　442, 541, 634
アシロハヤシワラジムシ　1023, 1045, 1060
アショレグモ　826
アショレグモ属　786, 789, 857
アショロオニダニ　429, 615
アズキガイ　1867
アズキガイ亜属　1835, 1880
アズキガイ科　1835, 1879

アズキガイ属　1835, 1880
アズマオオズアリ　1824
アズマオトヒメダニ　488, 579, 680
アズマキシダグモ　815
アズマクモマルトビムシ　1401, 1415, 1446, 1447
アズマコナダニモドキ　426, 527, 613
アズマフリソデダニ　410, 586, 690
アズマフリソデダニ属　410, 690
アズマスジカマアシムシ　1503, 1515, 1525
アツゲアギトダニ　259
アツゲアミメコハリダニ属　234, 267, 298
アツゲスジコハリダニ属　236, 268, 299
アツゲタマコハリダニ属　233, 265, 298
アツブタガイ　1866
アツブタガイ亜属　1843, 1878
アツブタガイ属　1843, 1878
アツブタムシオイガイ　1865
アツブタムシオイガイ属　1841, 1879
アツマイマイ属　1862, 1889
アティエオヨロイダニ　226, 263, 295
アテツホラトゲトビムシ　1318, 1332, 1333
アテルイキュウモウカマアシムシ　1494, 1509, 1520
アテルイヒメトビムシ　1110, 1116, 1130, 1131
アトグロアカムネグモ　819
アトクロホソアリモドキ　1682
アトコブオニダニ　429, 529, 615
アトツツオニダニ　429, 529, 615
アトツノダニ属　195
アトミツメコハリダニ属　229, 266, 296
アナガミコケカニムシ　110, 114, 117
アナタカラダニ　243, 304
アナタカラダニ属の一種　276
アナトンクス亜科　43, 44, 71
アナトンクス科　41, 43, 71
アナトンクス上科　41, 71
アナトンクス属　44, 72
アナプレクトゥス亜科　50, 74
アナプレクトゥス属　50, 55, 74
アナマルノコダニ　177
アナメウズタカダニ　376, 533, 621
アナメウズタカダニ属　376, 621
アナメダニ　434, 533, 622
アナンタテルスロクダアザミウマ　1597, 1600, 1606
アノンクス亜科　49, 74
アノンクス属　49, 74
アバタムナキグモ　817
アバタムナキグモ属　776, 853
アファノネマ亜科　49, 74
アファノネマ科　49, 55, 74
アファノネマ属　49, 74
アファノライムス属の一種　55
アフェレンクス亜目　34, 70
アフェレンクス科　34, 70
アフェレンクス上科　34, 70
アフェレンコイデス科　34, 53, 70
アフェレンコイデス上科　34, 70
アブクマヒトフシムカデ　891, 896, 899
アプテリゴクダアザミウマ　1603
アプテリゴクダアザミウマ属　1595, 1603
アプテリゴクダアザミウマ属の一種　1600
アブラゼミ　1619, 1623, 1624
アブラゼミ属　1614, 1619, 1624
アブラムシ科　1638, 1641, 1645
アブラムシ上科　1611, 1637, 1638, 1642, 1643, 1644
アブラムシ属　1641, 1645
アフロニグス属　33, 67
アブ亜目　1745, 1746, 1770
アブ科　1752, 1764, 1770
アベマルトビムシ　1411, 1434, 1435

アベルクダアザミウマ属　1595, 1603	アラメマブカダニ　403, 580, 681	イシイカブトッチカニムシ　108
アポヒシダニ　272	アラメマブカダニ科　403, 681	イシイカワリモロタマエダヒゲムシ
アポヒシダニ属　240, 272, 302	アラメヨロイエダヒゲムシ　929, 938	928, 931, 937
アポルケネマ亜科　25, 64	アラメヨロイエダヒゲムシ属の一種　933	イシイコブコシビロダンゴムシ　1030,
アポルケネマ科　25, 64	アリガタハエトリグモ属　807, 867	1049, 1063
アマオブネガイ目　1834, 1877	アリクイタカラダニ属　243, 277, 304	イシイナガコムシ　1533, 1535, 1537
アマギツノハネダニ　409, 571, 670	アリグモ　834	イシイハサミコムシ　1534, 1536, 1538
アマギツノハネダニ属　409, 670	アリグモ属　805, 865	イシイムシ　1564
アマクサトゲアヤトビムシ　1367, 1382,	アリサラグモ　823	イシオドリネマ属　28, 62
1383	アリサラグモ属　781, 848	イシガキイレコダニ　503, 520, 605
アマクサハマワラジムシ　1010, 1040,	アリシミ亜科　1545	イシガキニイニイ　1616, 1624
1056	アリヅカコオロギ　1569, 1573	イシガキヒグラシ　1614, 1626
アマビコヤスデ　943, 967	アリヅカコオロギ科　1560, 1573	イシカリコイタダニ　486, 577, 677
アマビコヤスデ属　962, 977	アリヅカムシ亜科　1670, 1684, 1702	イシカワアカザトウムシ　140
アマミアナワラジムシ　1019, 1059	アリノストビムシ科　1104, 1343-1346,	イシカワアカザトウムシ属　140
アマミイカダニ　470, 562, 659, 715	1472	イシカワイレコダニ　507, 523, 607
アマミイボトビムシ　1190, 1228, 1229	アリノストビムシ属　1345, 1346	イシカワギセル　1872
アマミイレコダニ　501, 519, 603	アリノスヌカグモ属　773, 775, 849	イシカワサシガメ　1854, 1885
アマミオオメオオカメムシ　1658	アリハエトリグモ属　806, 867	イシカワシロアヤトビムシ　1363, 1374,
アマミサソリモドキ　722, 723	アリマキタカラダニ　285	1375
アマミシロアリ　1585, 1587	アリマキタカラダニ属　242, 276, 304	イシカワシロトビムシ　1144, 1147, 1158,
アマミフリソデダニ　500, 589, 692	アリマケズモ　817	1159
アマミアザミウマ亜科　1593, 1601	アリマネグモ属　761, 855	イシダコシビロダンゴムシ　1033, 1051,
アミメアリ　1825	アリミネアミメオニダニ　428, 529, 615	1065
アミメアリ属　1786, 1795, 1808	アリモドキ科　1673, 1694, 1714, 1738	イシヅチダルマダニ　182
アミメイボトビムシ　1175	アリ科　1777, 1778, 1779, 1793	イシノミ亜科　1543
アミメイボトビムシ属　1195, 1234	アルキソコミジンコ　987, 989, 991-993	イシノミ亜目　1542, 1549
アミメウロコエダヒゲムシ　928, 932, 938	アルゼンチンアリ　1819	イシノミ科　1542, 1543, 1549
アミメウロコエダヒゲムシ属　928, 938	アルゼンチンアリ属　1784, 1792, 1801	イシバシトゲトビムシ　1316, 1324, 1325
アミメオニダニ科　353, 614	アルプスノドヤマクマムシ　90	イシムカデ科　873, 875, 898
アミメオニダニ属　353, 428, 614	アレオライムス目　48	イシムカデ属　875, 898
アミメカタハシリダニ　261	アレチクシケアリ　1824	イシムカデ目　873, 874, 898
アミメコナダニモドキ　425, 527, 613	アロイオネマ科　48, 73	イシュンカマアシムシ　1505, 1516, 1526
アミメコハリダニ　267	アロオオアザミウマ属　1594, 1602	イズコバネダニ　484, 573, 673
アミメサラグモ　826	アロドリネマ属　30, 63	イズハラハヤシワラジムシ　1027, 1048,
アミメタワシマドダニ　461, 556, 654	アワケナガハダニ　270	1061
アミメチビビブシダニ　439, 537, 628	アワサトワラジムシ　1027, 1047, 1061	イズミカマアシムシ　1517
アミメハエダニ属　192	アワセグモ　829	イズミカマアシムシ属　1526
アミメハケゲダニ　389, 577, 678	アワセグモ科　742, 860	イズルトゲナシシロトビムシ　1148,
アミメヒメミミズ属　1899, 1901	アワセグモ属　742, 860	1160, 1161
アミメマルチビダニ　253, 287, 309	アワヒトフシムカデ　888, 897, 901	イソカニムシ　111, 115, 118
アミメマントダニ　352, 545, 640	アワマメザトウムシ　128, 136, 142	イソカニムシ科　111, 118
アミメマントダニ科　352, 640	アワメクラワラジムシ　1006, 1037, 1053	イソシマジムカデ　895
アミメマントダニ属　352, 640	アングイナ科　37, 68	イソタナグモ　814
アミメムラサキトビムシ　1110, 1118,		イソタナグモ属　739, 751, 844
1136, 1137	[イ]	イソツチトビムシ属　1260, 1284
アメイロアリ　1821	イーストレーキコギセル属　1851, 1884	イソトゲクマムシ科　83, 92
アメイロアリ属　1791, 1793, 1803	イエササラダニ科　350, 598	イソヌカグモ　817
アメイロケアリ　1821	イエササラダニ属　350, 598	イソヌカグモ属　773, 775, 848
アメイロハエトリ　835	イエシロアリ　1581, 1582, 1584, 1587	イソハモリダニ科　212, 300
アメイロホソゴミムシダマシ　1726	イエティフクロイボトビムシ　1196,	イソハモリダニ属　212, 300
アメリカカブトダニ　481, 572, 671	1236, 1237	イソハモリダニ属の一種　270
アメリカダルマヒワダニ　415, 512, 594	イエニクダニ　320, 329, 340	イソホソイボトビムシ　1197, 1240, 1241
アメリカナンキングモ属　761, 851	イエバエ科　1756, 1760, 1768, 1772	イソユピダニ　271
アメリカホラヒメグモ属　792, 857	イオウイロハシリグモ　814	イソユピダニ属　238, 271, 301
アメンボ科　1657	イオウゲケダニ　400, 575, 675	イソライミウム科　39, 56, 67
アヤトビムシ科　1104, 1354, 1360, 1362,	イオウゲケダニ属　400, 675	イソライミウム属　39, 56, 67
1372, 1470, 1471	イオトンクス亜科　43, 72	イソライミウム目　39, 67
アヤトビムシ科の一種　1470, 1471	イオトンクス属　43, 72	イタコマルトビムシ　1409, 1430, 1431
アヤトビムシ上科　1101, 1103, 1104,	イオトンクルス属　43, 72	イタチグモ　829
1249	イカダニモドキ　363, 562, 659	イタチグモ属　804, 860
アヤトビムシ属　1364, 1365, 1366, 1378	イカダニモドキ科　363, 659	イタヤムラサキトビムシ　1136, 1137
アヤノマルコソデダニ　492, 686	イカダニモドキ属　363, 659	イチゴイボトビムシ　1196, 1238, 1239
アヤヒゲナガトビムシ　1349	イカダニ科　361, 393, 658	イチハシヤスデ属　954, 971
アヤモンヒメナガクチキ　1724	イカホヒメヤスデ　964	イチフサチョビヒゲヌカグモ　820
アライトコモリグモ　816	イカホヒメヤスデ属　955, 972	イチモンジダニ　356, 383, 638
アライムス亜目　59	イカリガタホオカムリダニ　489, 580, 682	イチモンジダニ属　383, 446, 638
アライムス科　46, 56, 59	イカリダニ　387, 538, 629	イックシマオオギホソダニ　434, 534, 623
アライムス属　56	イカリダニ科　358, 387, 629	イッスンムカデ　893
アラゲオニダニ　430, 530, 616	イカリダニ属　387, 629	イッスンムカデ科　875, 898
アラゲオニダニ属　377, 430, 616	イカリハナマダニ　465, 558, 655	イッスンムカデ属　875, 898
アラゲコナダニモドキ　426, 527, 613	イクドダニ属　402, 684	イツツグモ　833
アラゲフリソデダニ　499, 588, 691	異クマムシ綱　79, 82, 92	イツツグモ科　744, 864
アラゲモンツキダニ　423, 526, 611, 708	イゲタスネナガダニ　376, 534, 623, 710	イツツグモ属　744, 864
アラタマコナダニモドキ　424, 612	イゲタスネナガダニ属　376, 623	イツツバアリ　1820
アラップシロトビムシ属　1145, 1152	イケハライブダニ　472, 563, 660	イツツメカギハゴロモトビムシ　1370,
アラップシロトビムシ属複合種　1152,	イサワヤマトビムシ　1174, 1182, 1214,	1392, 1393
1153	1215	イツツメドウナガツチトビムシ　1255,
アラメイレコダニ　505, 522, 607, 717	異翅亜目　1611, 1649, 1650, 1658, 1659,	1261, 1282
アラメイレコダニ属　368, 505, 607	1660, 1661	イツツメヒメトゲトビムシ　1315, 1322,
アラメクワガタダニ　476, 566, 663	イシイイシノミ　1547	1323

— 1942 —

イトアメンボ　　　1658
イトアメンボ科　　　1657, 1661
イトウカギバラアリ　　　1829
イトウカブトツチカニムシ　　　108
イトウクビナガダニ　　　384, 546, 642
イトウヒトフシムカデ　　　887, 899
イトウムシオイガイ　　　1866
イトウムシオイガイ亜属　　　1841, 1879
イトカメムシ科　　　1654
イトクチザトウムシ科　　　127, 141
イトグモ　　　811
イトグモ科　　　736, 839
イトグモ属　　　736, 839
イトシロトビムシ科　　　1145, 1149, 1164
イトダニモドキ科　　　156, 198
イトダニモドキ属　　　156, 198
イトダニ科　　　156, 198
イトダニ科の1種　　　187
イトノコダニ　　　440, 540, 633
イトノコダニ科　　　357, 632
イトノコダニ属　　　357, 440, 633
イトヒキツムガタノミギセル　　　1871
イトヒキツムガタノミギセル属　　　1852, 1884
イトマキアツブタガイ属　　　1843, 1878
イトマキジンヤマタニシ　　　1867
イトミミズ目　　　1896, 1901
イトヤスデ　　　965
イトヤスデ科　　　948, 955, 973
イトヤスデ属　　　955, 973
イナヅマダルマヒワダニ　　　373, 512, 594, 707
イナヅマダルマヒワダニ属　　　373, 594
イネマルヤハズダニ　　　400, 575, 675
イノウエイレコダニ　　　506, 523, 608
イノシシグモ　　　810
イノシシグモ科　　　736, 838
イノシシグモ属　　　736, 838
イバラキホンエダヒゲムシ　　　925, 935
イバリアリ　　　1826
イバリアリ属　　　1786, 1796, 1809
イブシダニ科　　　359, 362, 386, 659
イブシダニ属　　　386, 471, 659
イブリダニ　　　422, 519, 603
イブリダニ属　　　381, 422, 603
イヘヤウズタカダニ　　　433, 532, 621
イヘヤクワガタダニ　　　476, 566, 664
イボイボナメクジ　　　1876
イボイボナメクジ属　　　1845, 1890
イボカニグモ　　　832
イボカニグモ属　　　801, 864
イボチビマダニ　　　459,555, 653
イボトビムシ亜科　　　1173, 1175, 1186, 1189, 1226
イボトビムシ科　　　1172, 1176, 1178, 1186, 1206,1475
イボトビムシ上科　　　1102, 1166, 1176
イボトビムシ属　　　1189, 1226
イボナシトビムシ　　　1194, 1234, 1235
イボナシトビムシ属　　　1186, 1194, 1232
イボブトグモ科　　　732, 838
イボヤマクマムシ属　　　85, 95
イマダテイカダニ　　　467,559, 656
イマダテシロトビムシ　　　1144, 1148, 1162, 1163
イマダテテングヌカグモ　　　818
イマムラブラシザトウムシ　　　131, 136, 142
イムラフクロコイタダニ　　　487,578, 678
イヨグモ　　　832
イヨグモ科　　　743, 863
イヨグモ属　　　743, 863
イヨチビヒメフナムシ　　　1004, 1037, 1053
イヨノコギリヤスデ　　　967
イヨヤチグモ　　　753
イリエブラシザトウムシ　　　142
イリエミギワラジムシ　　　1008, 1038, 1055
イリオモテイボトビムシ　　　1230, 1231
イリオモテクモマルトビムシ　　　1448, 1449
イリオモテコナダニモドキ　　　424,527, 612
イリオモテマルトビムシ　　　1416

イレコダニ科　　　348, 368, 606
イレコダニ属　　　368, 369, 507, 508, 608
イロヌス亜科　　　58
イロヌス科　　　39, 56, 58
イロヌス属　　　39, 58
イロヌス属の一種　　　56
イワイズミホラズミトビムシ　　　1184, 1218, 1219
イワサキクサゼミ　　　1615, 1627
イワサキゼミ　　　1618, 1626
イワサキヒメハルゼミ　　　1620, 1625
イワテホラトゲトビムシ　　　1318, 1330, 1331
イワムラムラサキトビムシ　　　1119, 1138, 1139
イワヤトビムシ属　　　1070, 1088
インドカマガタウロコトビムシ　　　1360
インドカマガタトビムシ　　　1361, 1369, 1390, 1391
インドケヤスデ属　　　960, 976

[ウ]
ウィルソネマ亜科　　　50, 74
ウィルソネマ属　　　50, 74
ヴェグラルスカオオヤマクマムシ　　　91
ウエノイボナシトビムシ　　　1194, 1234, 1235
ウエノカマアシムシ　　　1507, 1518, 1527
ウエノキツネダニ　　　178
ウエノコンボウマルトビムシ　　　1413, 1440, 1441, 1469
ウエノシロトビムシ　　　1146, 1154, 1155
ウエノヒトツメマルトビムシ　　　1406, 1424, 1425
ウエノヤスデ属　　　955, 972
ウエムラグモ科　　　744, 802, 804, 864
ウオズミアカイボトビムシ　　　1244, 1245
ウコンエリナシダニ　　　448, 546, 641
ウコンフクログモ　　　832
ウコンフクログモ科　　　804, 864
ウシオグモ科　　　741, 841
ウシオグモ属　　　741, 841
ウシオヒラタトビムシ　　　1112, 1122, 1123
ウシオワラジムシ科　　　1001, 1056
ウジニセコハリダニ　　　264
ウジニセコハリダニ属　　　228, 264, 296
ウスアオイボトビムシ　　　1188, 1226, 1227
ウスアカフサヤスデ　　　964
ウスイタナガカラダニ属　　　275
ウスイタナガタカラダニ属　　　242, 304
ウスイロイブシダニ　　　474, 564, 661
ウスイロカワリヅメマルトビムシ　　　1409, 1430, 1431
ウスイロサメハダトビムシ　　　1177, 1204, 1205
ウスイロサラグモ属　　　777, 778, 847
ウスイロダルマヒワダニ　　　418, 514, 596
ウスイロデバダニ　　　350, 510, 591
ウスイロデバダニ属　　　350, 591
ウスイロトゲアヤトビムシ　　　1368, 1388, 1389
ウスイロヒメタマキノコムシ　　　1718
ウスイロヒメヘソイレコダニ　　　502, 519, 604, 717
ウスイロマヨイダニ属　　　194
ウスイロヤチグモ　　　753
ウスイロユアギグモ属　　　734, 859
ウスカワマイマイ　　　1876
ウスカワマイマイ属　　　1864, 1889
ウスギヌダニ　　　413, 510, 592
ウスギヌダニ科　　　351, 592
ウスギヌダニ属　　　351, 413, 592
ウスキホブランドロクダアザミウマ　　　1600, 1604
ウズグモ科　　　734, 841
ウスゲユビダニ属　　　271, 301
ウスゲヨロイダニ　　　263
ウスゲリユビダニ属　　　238
ウスズミトビムシ　　　1117, 1134, 1135, 1477
ウスタカダニ科　　　352, 376, 621
ウスタカダニ属　　　376, 433, 621

ウスチャパラミストロクダアザミウマ　　　1596, 1604
ウスナガヒシダニ属　　　240, 303
ウスナガヒシダニ属の一種　　　272
ウスヒメアリ　　　1821
ウズムシ類　　　3, 7
ウスモンケシダニ　　　1717
ウスモンヒメコキノコムシ　　　1681
ウスモンモンガラダニ　　　477, 567, 666
ウスリーカマドウマ属　　　1562
ウスリーハエトリ　　　834
ウダガワカマアシムシ　　　1495, 1510, 1521
ウチカケヤスデ　　　957, 966
ウチガワダニ　　　269
ウチノミイソツチトビムシ　　　1260, 1284, 1285
ウチマキノミギセル　　　1872
ウチマキノミギセル属　　　1853, 1885
ウデナガサワダムシ　　　726, 727, 728
ウデナガダニ科　　　161, 196
ウデナガダニ属　　　161, 196
ウデブトハエトリ　　　835
ウデブトハエトリグモ属　　　805, 866
ウネリコナダニモドキ　　　427, 528, 614
ウバタマムシ　　　1720
ウファガリコシビロダンゴムシ　　　1032, 1051, 1064
ウブゲテナガハシリダニ　　　262
ウミトビムシ属　　　1180, 1208
ウミヒシダニ　　　273
ウミベアヤトビムシ　　　1361, 1365, 1378, 1379
ウミベヒラタトビムシ　　　1112, 1122, 1123
ウミベワラジムシ科　　　1001, 1009, 1055
ウメサオカギヅメトビムシ　　　1363, 1372, 1373
ウメボシトビムシ　　　1196, 1238, 1239
ウメマツアリ　　　1826
ウメマツアリ属　　　1787, 1796, 1810
ウモウダルマヒワダニ　　　418, 514, 596
ウモウチビマダニ　　　459, 555, 653
ウモウマドダニモドキ　　　455, 553, 651
ウラシカマアシムシ　　　1491, 1519
ウラシカマアシムシ属　　　1491, 1527
ウラシマグモ　　　834
ウラシマグモ属　　　802, 865
ウルマヤチグモ　　　754, 755, 843
ウルワシヒメマルトビムシ　　　1407, 1426, 1427
ウロコアリ　　　1826
ウロコアリ属　　　1785, 1796, 1809
ウロコエダヒゲムシ科　　　920, 928, 937
ウロコエダヒゲムシ属　　　928, 938
ウロコエダヒゲムシ属の一種　　　932
ウロコサヤクチダニ　　　271
ウロコトビムシ属　　　1369, 1388
ウロコナガコムシ　　　1532, 1535
ウロコナガコムシ属　　　1532, 1537
ウロコニシキトビムシ属　　　1371, 1394
ウロヤチグモ　　　753
ウワメアリ　　　1822
ウワメアリ属　　　1791, 1794, 1804
ウンスイツツハラダニ　　　422, 517, 600

[エ]
エイツキノワダニ　　　431, 530, 617
エグティトウス属　　　23, 65
エクメニクス属　　　30, 63
エグリゴミムシダマシの一種　　　1726
エグリヌダニ　　　386, 563, 660
エグリダニ属　　　386, 660
エグリダルマヒワダニ　　　416, 512, 595
エゴヒゲナガゾウムシ　　　1728
エサキウミトビムシ　　　1174, 1180, 1208, 1209
エスカリジムカデ属　　　882, 907
エスキモーアギトダニ　　　260
エゾアショレグモ　　　826
エゾアミメオニダニ　　　428, 528, 614, 709
エゾアヤトビムシ　　　1369, 1388, 1389
エゾイブシダニ　　　471, 563, 660

エゾイボトビムシ 1192, 1230, 1231
エゾウズタカダニ 533, 621
エゾエンマダニ 478, 568, 667
エゾオオマドダニ 456, 651
エゾオオマドダニ属 394, 456, 651
エゾオトヒメダニ 488, 579, 680
エゾガケジグモ 812
エゾガケジグモ属 750, 840
エゾカマアシムシ 1501, 1512, 1523
エゾガロアムシ 1564, 1575
エゾコバネダニ 484, 573, 673
エゾサヤツメトビムシ 1266, 1298, 1299
エゾザラタマゴダニ 444, 542, 636
エゾシダレコソデダニ 490, 684
エゾゼミ 1622, 1623, 1624
エゾゼミ属 1615, 1621, 1624
エゾソロイヅメマルトビムシ 1408, 1430, 1431
エゾタマゴダニ 443, 634
エゾダルマヒワダニ 417, 513, 596
エゾチッチゼミ 1617, 1627
エゾツトゲトビムシ 1316, 1324, 1325, 1482
エゾニオウダニ 432, 531, 618, 709
エゾハサミムシ 1568, 1578
エゾハネツナギダニ 485, 575, 676
エゾハルゼミ 1620, 1625
エゾヒメトゲトビムシ 1315, 1322, 1323
エゾヒメヤスデ科 946, 971
エゾヒメヤスデ属 946, 971
エゾヒワダニモドキ 414, 593
エゾフォルソムトビムシ 1255, 1259, 1276, 1277
エゾホラトゲトビムシ属 1314, 1334
エゾマイマイ 1875
エゾマイマイ属 1863, 1889
エゾマドダニ 466, 559, 656
エゾマルコソデダニ 494, 584, 687
エゾミコシヤスデ属 949, 974
エゾムラサキトビムシ 1110, 1118, 1137
エゾメカシダニ 447, 639
エゾモリダニ 445, 544, 637
エゾモリダニ属 384, 445, 637
エゾモンツキダニ 509, 526, 611, 708
エゾモンツキダニ属 380, 509, 611
エゾヤマサラグモ 824
エゾヤマサラグモ属 782, 784, 854
エゾヨスジワタムシ 1642
エゾヨロイダニ 263
エダイボグモ属 799, 862
エダゲツトビムシ属 1268, 1302
エダゲツプダニ 453, 551, 648
エダゲムシクイダニ 177
エダゲヨロイダニ属 226, 263, 295
エダケトゲトビムシ 1316, 1326, 1327
エダヒゲムシ科 917, 921, 922, 934
エダヒゲムシ綱 917-919, 930-934
エダヒゲムシ属 922, 924, 934
エダヒゲムシ目 919
エダヒダノミギセル 1869
エダヒダノミギセル属 1847, 1882
エチゴマルトゲダニ 410, 543, 637
エチゴマルトゲダニ属 410, 637
エッチュウヒトフシムカデ 888, 897, 901
エトネマ亜科 32, 67
エトネマ科 32, 67
エトネマ属 32, 67
エナガエダヒゲムシ 926, 930, 936
エナガエダヒゲムシ属 923, 926, 935
エナガマドダニ 462, 557, 655
エノプルス目 39, 46, 58
エパクトファネス属 988, 993
エビガラトビムシ 1144, 1145, 1150, 1151, 1476
エビガラトビムシ亜科 1145, 1150
エビガラトビムシ属 1145, 1150
エビグモ科 743, 796, 861
エビグモ属 796, 861
エビスグモ属 801, 864
エビスダニ 486, 576, 676
エビスダニ属 401, 486, 676

エピドリネマ属 30, 63
エビノマルサラグモ 822
エヒメホラトゲトビムシ 1318, 1330, 1331
エプレニイボヤマクマムシ 91
エボシダニ 351, 569, 668, 715
エボシダニ科 351, 668
エボシダニ属 351, 668
エミシカマアシムシ 1501, 1513, 1523
エメリーヒメハサミコムシ 1534, 1536, 1538
エラバダニ属 386, 662
エラブイカダニ 470, 562, 658
エラブイカダニ属 393, 470, 658
エラブミナミワラジムシ 1014, 1041, 1057
エラブモトオビヤスデ 984
エリオットアギトダニ属 223, 261, 293
エリカドコイタダニ 487, 578, 679
エリカドコイタダニ科 360, 390, 678
エリカドコイタダニ属 390, 487, 678
エリナシダニ科 358, 384, 640
エリナシダニ属 384, 448, 641
エリヤスデ科 950, 957, 977
エリヤスデ属 950, 957, 977
エンコウグモ科 735, 839
エンコデルス属 27, 65
エンコドルス属 27
エンバンダニ 410, 543, 636
エンバンダニ属 410, 636
エンビシロトビムシ属 1146, 1152
エンマグモ科 736, 745, 838
エンマグモ属 745, 838
エンマコオロギ 1569, 1572
エンマダニ 478, 568, 667
エンマダニ科 364, 666
エンマダニ属 364, 478, 666
エンマムシ亜科 1671
エンマムシ科 1669, 1683, 1701, 1729, 1731

[オ]
オイオンクス属 41, 72
オウギツチカニムシ 107, 112, 117
オウギツチカニムシ科 106, 117
オウギトビムシ科 1104, 1347, 1348, 1349, 1472
オウギトビムシ科の一種 1472
オウギトビムシ属 1349
オウギマルトビムシ 1410, 1438, 1439
オウギマルトビムシ属 1410, 1438
オウギヤスデ科 957, 975
オウギヤスデ属の一種 982
オウギヨスジダニ 455, 552, 650
オウケカニムシ 110, 114, 117
オウミサトワラジムシ 1025, 1047, 1061
オウメイカダニ 467, 559, 657
オオアオイボトビムシ 1188, 1224, 1225, 1475, 1480
オオアカザトウムシ 125, 134, 140
オオアカザトウムシ属 125, 140
オオアザミウマ亜科 1602
オオアシコモリグモ科 758, 759, 846
オオアナダニ 449, 642
オオアナダニ科 362, 390, 642
オオアナダニ属 390, 449, 642
オオアミメオニダニ 428, 528, 615
オオアラゲフリソデダニ 499, 588, 692
オオアリ属 1790, 1793, 1802
オオアリヒメサラグモ 823
オオイカダニ属 393, 658
オオイサラグモ属 765, 769, 853
オオイボジュズダニ 436, 535, 625
オオイマナキグモ属 766, 769, 848
オオイヤマケシグモ属 777, 778, 854
オオイレコダニ 369, 524, 609, 717
オオウロコトビムシ 1369, 1390, 1391
オオウロコトビムシ属 1369, 1390
オオオニムラサキトビムシ 1110, 1115, 1128, 1129
オオカサマイマイ 1873

オオカブトダニモドキ 480, 570, 669
オオカマアシムシ 1499, 1511, 1522
オオガロアムシ 1564, 1575
オオギアギトダニ属 222, 260, 293
オオキカワムシ 1725
オオギセル 1872
オオギセル属 1854, 1885
オオギダニ科 252
オオギダニ属 252, 286
オオギチビダニ科 308
オオギチビダニ属 308
オオギツメダニ属 237, 300
オオキノコムシ亜科 1676, 1690
オオキノコムシ科 1676, 1690, 1710, 1729, 1736
オオキバチビヒラタムシ 1680
オオギホソダニ 434, 534, 623
オオギホソダニ科 354, 376, 622
オオギホソダニ属 376, 434, 622
オオクシゲダニ 446, 544, 638
オオクチキムシ 1726
オオクマエビスグモ 832
オオクロカメムシ 1660
オオクワガタダニ 476, 566, 663
オオゲジ 874, 893
オオケシグモ属 779, 780, 846
オオゲジ属 874, 898
オオケナガコナダニ 325, 332, 340
オオケマイマイ 1875
オオコウラナメクジ 1876
オオコウラナメクジ科 1845, 1890
オオコウラナメクジ属 1845, 1890
オオゴキブリ 1557, 1570
オオゴキブリ科 1557, 1570
オオコクヌスト 1721
オオコナダニモドキ 427, 528, 613, 708
オオサカアカムネグモ 819
オオシダレコソデダニ 491, 582, 684
オオシマゼミ 1618, 1626
オーシュウツリミミズ 1897, 1900
オオシロアリ 1582, 1584, 1586
オオシロアリ科 1582, 1584, 1586
オオシロトビムシ 1147, 1156, 1157
オオシロトビムシ属 1146, 1147, 1154
オオシロマルトビムシ 1413, 1442, 1443
オオシワアリ 1826
オオズアリ 1789, 1795, 1808
オオスネナガダニ 434, 534, 623, 710
オオスミダイコクダニ 475, 565, 662
オオゾウムシ 1728
オオタニツチトビムシ 1271, 1308, 1309
オオダルマヒワダニ 414, 511, 594
オオダルマヒワダニ属 373, 414, 593
オオツノヒトツメマルトビムシ 1401, 1406, 1422, 1423
オオツバオソイダニ属 220, 258, 291
オオツブダニ 450, 549, 645
オオツブダニ属 397, 450, 645
オオトゲトビムシ 1314, 1320, 1321
オオトゲトビムシ属 1320
オオトゲヤスデ科 949, 974
オオナガキスイ 1724
オオナガザトウムシ 137, 144
オオナガザトウムシ属 144
オオナガシバンムシ 1721
オオナガヒワダニ 413, 511, 592
オオナガフシアリ 1829
オオニオウダニ 432, 531, 618
オオニシダルマヒワダニ 419, 514, 597
オオノヒメグモ 827
オオノヒメグモ属 793, 858
オオハエトリグモ属 807, 866
オオバカマアシムシ 1517
オオバカマアシムシ属 1526
オオハサミコムシ 1534, 1536, 1537
オオハサミムシ 1566, 1577
オオハサミムシ科 1566, 1577
オオハマキワタムシ 1640, 1645
オオハマトビムシ 1075, 1085, 1088
オオハマトビムシ属 1075, 1088
オオハヤシワラジムシ属 1020, 1021,

オオハラコシビロダンゴムシ　1032, 1049, 1063
オオハラミゾダニ　421, 518, 603
オオハリアリ属　1783, 1796, 1811
オオヒメグモ属　794, 858
オオヒョウタンイカダニ　467, 559, 656
オオヒラタオニダニ　430, 530, 616
オオヒラタザトウムシ　137, 144
オオヒラタシデムシ　1718
オオヒラタハネカクシ　1718
オオフォルソムトビムシ　1259, 1278, 1279
オオフクロフリソデダニ　496, 585, 689
オオフサゲモンツキダニ　423, 525, 610
オオベソマイマイ亜科　1862, 1888
オオベソマイマイ亜属　1862, 1888
オオベソマイマイ属　1862, 1888
オオホシカメムシ科　1655
オオマドダニ　456, 553, 651
オオマドダニ属　394, 456, 651
オオマルコソデダニ　492, 582, 686
オオマルシダレコソデダニ　491, 582, 685
オオマルタマゴダニ属　392, 444, 635
オオマルツヤダニ　445, 543, 637
オオマルツヤダニ属　410, 445, 637
オオマンジュウダニ　438, 536, 626
オオミスジコウガイビル　3, 4, 6, 7
オオミネマルコソデダニ　494, 584, 687
オオムカデ　877, 903
オオムカデ亜科　876, 903
オオムカデ科　876, 903
オオムカデ属　876, 903
オオムカデ目　873, 874, 903
オオムクゲカメムシ科　1651, 1661
オオムクゲカメムシ属の一種　1658
オオメノコギリヒラタムシ　1680
オオヤドリカニムシ　106, 116, 118
オオヤマクマムシ科　85, 96
オオヤマクマムシ属　85, 96
オオヤマトビムシ属　1181, 1210
オオヤマトビムシ属の一種　1475
オオヨツジダニ　455, 552, 650
オカクチキレガイ科　1838, 1886
オカコズメヤマクマムシ　90
オガサワライブシダニ　473, 564, 661
オガサワラキセルガイモドキ属　1859, 1882
オガサワラゴキブリ　1557, 1569, 1570
オガサワラゴキブリ科　1557, 1570
オガサワラズキンクダアザミウマ　1597, 1605
オガサワラゼミ　1619, 1626
オガサワラタマワラジムシ　1011, 1040, 1056
オガサワラツブダニ　454, 552, 649
オガサワラトゲッチカニムシ　109
オガサワラハヤシワラジムシ　1021, 1045, 1059
オガサワラフナムシ　1003, 1035, 1052
オガサワラホソハマトビムシ　1073, 1080, 1087
オガサワラミストロクダアザミウマ　1596, 1604
オガサワラモリワラジムシ　1016, 1042, 1058
オガサワラヤマキサゴ　1865
オガサワラヤマキサゴ属　1840, 1877
オガサワラリクヒモムシ　13, 14
オカジマイシノミ　1547
オガタモリヒメグモ　827
オカダンゴムシ　1030, 1048, 1062
オカダンゴムシ科　998, 1030, 1062
オカダンゴムシ属　1030, 1062
オカチョウジガイ　1873
オカチョウジガイ属　1838, 1886
オカツクシヤスデ　965
オカトビムシ　1072, 1079, 1087
オカフジシロトビムシ　1144, 1146, 1153
オカミミガイ科　1836, 1880
オカメワラジムシ　1018, 1043, 1058

オカメワラジムシ属　1001, 1018, 1058
オカモトホラズミトビムシ　1185, 1222, 1223
オカモノアラガイ　1868
オカモノアラガイ科　1838, 1858, 1881
オカモノアラガイ属　1858, 1881
オガワアカムカデ　881, 906
オキイレコダニ　501, 519, 604
オキナワイブシダニ　474, 564, 661
オキナワイボトビムシ　1190, 1228, 1229
オキナワキムラグモ属　745, 836
オキナワコンボウイカダニ　469, 561, 658
オキナワコンボウイカダニ　714
オキナワツツダニ　271
オキナワニセヒメワラジムシ　1013, 1041, 1057
オキナワハヤシワラジムシ　1019, 1059
オキナワヒゲナガトビムシ　1348, 1349
オキナワヒメハルゼミ　1620, 1625
オキナワフォルソムトビムシ　1259, 1278, 1279
オキナワフジヤスデ　982
オキナワフリソデダニモドキ　500, 589, 692
オキナワマルトビムシ　1408, 1430, 1431
オキナワモリワラジムシ　1017, 1042, 1057
オキナワヤマキサゴ　1865
オキナワヤマタカマイマイ亜属　1861, 1887
オクシディルス属　22, 61
オクノヨシイムシモドキ　1507, 1519, 1527
オグマ属　69
オグマ属の一種　53
オクヤマイレコダニ　505, 521, 606
オクヤマイレコダニ属　371, 505, 606
オケサコバネダニ　408, 574, 674
オケサコバネダニ属　408, 674
オサゾウムシ亜科　1678, 1695
オサゾウムシ科　1708, 1740
オサムシマルツヤトゲダニ　178
オサムシモドキ　1717
オサムシ亜目　1668, 1700
オサムシ科　1668, 1683, 1700, 1731
オゼフォルソムトビムシ　1260, 1280, 1281
オソアシブトコナダニ　322, 329, 340
オソイダニ科　203, 210, 218, 290
オソイダニ属　219, 257, 291
オタイコチビダニ科　207, 288
オタイコチビダニ属　207, 208, 288
オタフクダルマヒワダニ　415, 512, 594
オチフクマドダニ　463, 557, 655
オチバカニグモ属　801, 863
オチバカネタタキ　1569, 1572
オチバクダアザミウマ属　1595, 1605
オチバヒメグモ属　794, 858
オトシブミ科　1708, 1740
オトヒメグモ　833
オトヒメグモ属　803, 865
オトヒメダニ科　365, 404, 679
オトヒメダニ属　404, 488, 680
オトメマイマイ属　1862, 1888
オトメミズコナダニ　327, 337, 342
オドリコトビムシ科　1401, 1402, 1404, 1418
オドリコトビムシ属　1404, 1405, 1420
オドリコトビムシ属の一種　1469
オドリバエ科　1753, 1764, 1771
オドントファリンクス科　46, 73
オドントラブディティス科　47, 73
オナガオニダニ　429, 529, 615
オナガシオトビムシ　1255, 1264, 1302, 1303
オナガシオトビムシ属　1264, 1302
オナガシミ　1548
オナガヨコスジムシダニ　179
オナシヒラタトビムシ　1112, 1120, 1121
オナジマイマイ　1876

オナジマイマイ亜科　1862, 1889
オナジマイマイ科　1839, 1862, 1888
オナジマイマイ属　1864, 1889
オナシヤマトビムシ亜属　1183, 1216
オナシヤマトビムシ属　1183, 1216
オニイカダニ　469, 561, 658
オニクマムシ　89
オニクマムシ科　82, 93
オニクマムシ属　82, 93
オニダニ　429, 529, 615
オニダニ科　353, 377, 615
オニダニ属　377, 429, 615
オニホンエダヒゲムシ　925, 935
オニマルトビムシ　1410, 1436, 1437
オニマルトビムシ属　1410, 1436
オニムラサキトビムシ　1115, 1126, 1127
オノアカメネグモ　819
オノツノサラグモ　781, 783, 849
オバケツノワダニ　382, 617
オバケツノワダニ属　382, 617
オバケデオネスイ　1722
オバネダニ属　324, 343
オヒキコシビロザトウムシ　140
オビコシビロダンゴムシ　1034, 1050, 1064
オビコバネダニ　407, 574, 674
オビコバネダニ属　407, 674
オビジガバチグモ　833
オビジムカデ科　876, 906
オビソロイズメマルトビムシ　1408, 1428, 1429
オビニシキトビムシ　1360, 1371, 1396, 1471
オビニセアギトダニ属　253, 286, 310
オビハエトリグモ　805, 865
オビヤスデ科　951, 963, 978
オビヤスデ属　963, 978
オビヤスデ目　944, 975
オビヤドリダニ属　163, 190
オビワラジムシ　1029, 1048, 1062
オボロハヤシワラジムシ　1028, 1048, 1062
オモゴヘラゲホコダニ　181
オモゴユメダニ　177
オリジムカデ科　876, 906
オリヒメサラグモ　782, 784, 855
オレンジイボトビムシ　1195, 1234, 1235
オレンジオソイダニ属　218, 256, 290
オンシツケナガコナダニ　325, 331, 340
オンセンクマムシ　82
オンセンクマムシ科　82, 93
オンセンクマムシ属　82, 93
オンセンクマムシ目　81, 82, 93
オンタイアカザトウムシ下目　123, 138
オンタケカマアシムシ　1517
オンタケカマアシムシ属　1526
オンリシダムカデ　877, 904

[カ]
カイガラムシ上科　1611, 1631, 1632, 1633, 1634
カイキザトウムシ亜目　122, 126, 128, 143
カイゼルオソイダニ　257
カイゼルオソイダニ属　218, 257, 290
カイゾクコモリグモ　815
カイゾクコモリグモ属　758, 845
カイナンカマアシムシ　1499, 1511, 1522
カイヨウミミズ科　1896, 1900
カイヨウミミズ属　1896, 1900
カガリグモ属　793, 858
カガリビコモリグモ　816
ガガンボダマシ科　1751, 1763, 1770
ガガンボ科　1753, 1764, 1770
カギヌトビムシ　1338, 1339, 1342
カギヌトビムシ属　1338, 1339, 1342
カギサメハダトビムシ　1176, 1202
カギヅメアヤトビムシ属　1362, 1363, 1372
カギヅメカマアヤトビムシ属　1362, 1363, 1364, 1374

カギヅメハゴロモトビムシ　1370, 1394, 1395
カギヅメハゴロモトビムシ属　1360, 1370, 1392
カギヅメハゴロモトビムシ属の一種　1471
カギバラアリ亜科　1779, 1781, 1798, 1813
カギバラアリ属　1781, 1798, 1813
カクオニダニ　429, 529, 615
カクスナゴミムシダマシ　1726
カクバラアリ　1825
カクバラアリ属　1786, 1795, 1809
カクホソカタムシ亜科　1691
カクホソカタムシ科　1677, 1690, 1712, 1736
カクムネベニボタル　1720
カグヤカマアシムシ　1489, 1515
カグヤカマアシムシ属　1489, 1525
カグヤヤスデ科　952, 970
カグヤヤスデ属　952, 970
カグラゴマグモ　820
カグラゴマグモ属　776, 851
カクレトゲトビムシ　1317, 1328, 1329
カクレトゲトビムシ属　1317, 1328
カケザトウムシ科　124, 139
ガケジグモ科　734, 748, 749, 840
カコイクワガタダニ　476, 566, 663
カゴシマノミギセル　1869
カゴシマモリワラジムシ　1017, 1043, 1058
カゴセオイダニ　447, 545, 640
カゴセオイダニ科　352, 640
カゴセオイダニ属　352, 447, 640
カゴメダルマヒワダニ　415, 512, 594
カザアナアシプトヒラタダニ　182
カザアナヤスデ　964
カザアナヤスデ科　946, 954, 971
カサドツツハラダニ　377, 518, 601
カサネマキバネダニ　366, 575, 675
カサハラツノアリヅカムシ　1679
カサマイマイ科　1838, 1886
カサマイマイ属　1838, 1886
カザリゲアミメコハリダニ属　236, 268, 299
カザリゲッチトビムシ　1267, 1300, 1301
カザリゲッチトビムシ属　1265, 1267, 1298
カザリゲッチトビムシ属の一種　1474
カザリダニ科　160, 195
カザリダニ属　195
カザリダルマヒワダニ属　414
カザリヅメクマムシ属　86, 94
カザリヅメチョウメイムシ　89
カザリヒワダニ　420, 516, 598, 707
カザリヒワダニ科　350, 372, 598
カザリヒワダニ属　372, 420, 598
カザリフリソデダニ　496, 585, 689
カザリフリソデダニ属　411, 496, 689
カザリマヨイダニ属　197
カザリメカマアシムシ　1500, 1512, 1522
カシノナガキクイ　1728
カシマセスジアカムカデ　880, 905
カズサハイタカグモ　830
カスミカメムシ科　1650, 1651
カタアリ亜科　1779, 1792, 1800
カタアリ属　1784, 1792, 1801
カタオカハエトリグモ属　808, 866
カタオソイダニ　219, 258, 291
カタクラクキワラジムシ　1000, 1038, 1054
カタコブコナダニモドキ　425, 527, 613
カタコブダニ　357, 543, 637
カタコブダニ科　357, 637
カタコブダニ属　357, 637
カタスジスナツブダニ　454, 552, 649, 714
カタスジダニ科　361, 641
カタスジツブダニ　397, 548, 645
カタスジツブダニ属　397, 645
カタツノダニ　384, 546, 641, 712

カタツノダニ属　384, 641
カタトゲキュウモウカマアシムシ　1494, 1509, 1520
カタハシリダニ科　210, 224, 294
カタハシリダニ属　224, 261, 294
カタビロアメンボ科　1657
カタビロシダレコソデダニ　490, 581, 684, 716
カタマイマイ　1874
カタマイマイ属　1861, 1887
カツオブシムシ科　1707, 1729, 1734
カッコウムシ科　1705, 1734
カッコウムシ上科　1705
カッショウヒメトビムシ　1117, 1132, 1133
カッチュウダニ科　366, 405, 668
カッチュウダニ属　405, 669
カドコブホソヒラタムシ　1680
カドツキノワダニ　431, 531, 617
カドフシアリ属　1786, 1795, 1807
カドフリソデダニ　495, 584, 688
カドフリソデダニ属　412, 495, 688
カナコキグモ　822
カナコキグモ属　786, 790, 855
カナダサラグモ　824
カナダサラグモ属　779, 780, 847
カナボウジュズダニ　437, 536, 625
カニグモ科　743, 801, 863
カニグモ属　801, 863
カニミジングモ　827
カニムシ目　105, 106, 117
カネツヤマダニ属　443, 541, 634
カネコトタテグモ　809
カネコトタテグモ科　732, 837
カネコトタテグモ属　732, 837
カネコフタエイプシダニ　474, 564, 661
カネタタキ科　1560, 1572
カノウニオウダニ　432, 531, 619, 709
ガノコハリダニ属　232, 266, 298
カバイロニセハナノミ　1724
カバイロユキノミ　1264, 1296, 1297
カバイロユキノミ属　1264, 1296
カバエ科　1751, 1764, 1770
カバキケムリグモ属　798, 862
カビゴミコナダニ　326, 334, 341
カブトザトウムシ　127, 134, 141
カブトザトウムシ属　127, 141
カブトダニモドキ　480, 570, 669
カブトダニモドキ属　409, 480, 669
カブトダニ科　366, 406, 670
カブトダニ属　406, 481, 671
カブトヒオラヤスデ　957
カブトホソトゲダニ　186
カブトムシ亜目　1668, 1700, 1701
カフンダニ属　195
カマアカザトウムシ科　124, 139
カマアシムシ　1500, 1512, 1522
カマアシムシ科　1486, 1487, 1488, 1520
カマアシムシ属　1488, 1493, 1520
カマアシムシ目　1485, 1487, 1509-1520
カマガタウロコトビムシ属　1369, 1390
カマガタミズギワトビムシ　1261, 1284, 1285
カマクラヌカグモ　821
カマクラヌカグモ属　767, 769, 847
ガマゲケダニ属　245, 280, 306
カマゲホコダニ属　193
カマドウマ　1562, 1575
カマドウマ亜科　1561
カマドウマ科　1559, 1561, 1573, 1574
カマドウマ属　1562
カミキリムシ科　1708, 1739
カミキリモドキの一種　1727
カミキリモドキ科　1713, 1737
カムイカマアシムシ　1507, 1518, 1527
ガムシ科　1669, 1683, 1701, 1731
ガムシ上科　1669
カメノコデオキノコムシ　1719
カメムシ亜目　1611, 1649, 1650, 1658, 1659, 1660, 1661
カメムシ科　1653, 1663

カメムシ目　1611, 1612, 1624, 1631, 1637, 1649
カメンダニ　481, 571, 670
カメンダニ属　405, 481, 670
カメンヤチグモ　753
カヤシマグモ　811
カヤシマグモ科　733, 840
カヤシマグモ属　733, 840
カラカラグモ　828
カラカラグモ科　739, 858
カラスヌカグモ属　779, 780, 850
カラフトコサラグモ　818
カラフトコサラグモ属　773, 775, 855
カラフトマイマイ　1863, 1889
カラフトヤセサラグモ　823
カラフトヤセサラグモ属　854
カリフォルニドルス属　27, 65
カルカロネマ属　23, 65
カルベイブシダニ　474, 564, 661
カレハグモ属　748, 749, 841
カレバラアリ属　1785, 1794, 1806
ガロアムシ　1564, 1569, 1575
ガロアムシ科　1564, 1575
ガロアムシ目　1555, 1556, 1564, 1575
カワカツコブクシカマアシムシ　1508, 1519, 1528
カワグチココヌカグモ　819
カワザトウムシ亜科　129, 144
カワザトウムシ科　128, 144
カワサワホラトゲトビムシ　1318, 1332, 1333
カワダニ科　211, 300
カワダニ属　211, 269, 300
カワノイチモンジダニ　446, 544, 638
カワノイレコダニ　507, 523, 608
カワベリオドリコトビムシ　1405, 1420, 1421
カワラゴミムシ科　1700, 1730
カワラタカラダニ属　242, 304
カワラタカラダニ属の一種　276
カワラムクゲカメムシ　1658
カワラモンツエモチダニ　183
カワリアシダカグモ科　795, 861
カワリクダアザミウマ属　1594, 1604
カワリコイタダニ　389, 576, 677
カワリコイタダニ属　389, 677
カワリジュズダニ　437, 536, 625
カワリダルマヒワダニ　414, 515, 598
カワリダルマヒワダニ属　374, 597
カワリヅメマルトビムシ属　1408, 1409, 1430
カワリノコギリグモ　821
カワリマルサラグモ属　787, 789, 854
カワリモロタマエダヒゲムシ　928, 937
カンサイアリマネグモ　823
カンザシカフンダニ　184
カンザワハダニ　270
完性域類　840
カントウカマアシムシ　1498, 1511, 1521
カントウチビイレコダニ　501, 520, 604
カントウハヤシワラジムシ　1024, 1059
カントウマドダニ　460, 556, 654
カントカンプタス科　988, 993
カンナガワホラズミトビムシ　1185, 1220, 1221
環縫亜科　1746, 1771
緩歩動物門　79, 82, 92
カンムリイカダニ　469, 561, 658
カンムリグモ　811
カンムリグモ属　735, 839
カンムリヨスジダニ属　396, 455, 650
力亜目　1745, 1746, 1769

[キ]
キアシシロアリ　1581, 1585, 1587
キアブモドキ科　1749, 1762, 1770
キアブ科　1749, 1762, 1770
キイコナダニモドキ　424, 527, 612
キイホラワラジムシ　1006, 1037, 1054
キイヤセワラジムシ　1012, 1041, 1057
キイロオオトゲトビムシ　1314, 1320,

1321	1338-1340	キレコミリキシダニ　440, 539, 631
キイロカドフシアリ　1824	キヌトビムシ属　1338, 1339, 1340	キレワハエトリ　835
キイロコナダニモドキ　110, 113, 117	，319	キンカイツチカニムシ　108
キイロチビコクヌストモドキ　1682	キノカワオバネダニ　324, 338, 343	キンカメムシ科　1653
キイロヒメマルトビムシ　1407, 1426, 1427	キノコオバネダニ　324, 343	キンチャクギセル　1870
キイロホロクダアザミウマ　1604	キノコダニ属　194	キンチャクギセル属　1849, 1884
キイロヨロイダニ　263	キノコバエモドキ科　1750, 1762, 1769	
キウロコトビムシ　1369, 1388, 1389	キノコバエ科　1750, 1763, 1769	[ク]
キガシラハサミムシ　1568, 1578	キノコムシダマシ科　1673, 1693, 1713, 1737	クーマンスス属　42, 71
キカワムシ科　1716, 1737	キノシタトゲトビムシ　1316, 1326, 1327, 1473	クギヌキハサミムシ　1568, 1569, 1578
キカンダニ属　196	キノボリササラダニ　391, 540, 632	クギヌキハサミムシ科　1566, 1577
基眼目　1836, 1880	キノボリササラダニ属　391, 632	クキワラジムシ科　1000, 1054
キクイムシの一種　1728	キノボリツチトビムシ　1270, 1306, 1307	クキワラジムシ属　1054
キクイムシ亜科　1678, 1695	キノボリツノバネダニ　480, 570, 669	クゴウイレコダニ　507, 522, 607
キクイムシ科　1708, 1740	キノボリトタテグモ　809	クゴウイレコダニ属　368, 507, 607
キシダイレコダニ　371, 521, 606	キノボリトタテグモ属　745, 837	クゴウシロイボトビムシ　1201, 1248
キシダイレコダニ属　371, 606	キノボリヒラタトビムシ　1112, 1122, 1123	クゴウホラズミトビムシ　1184, 1218, 1219
キシダグモ科　737, 756, 757, 844	キノボリフリソデダニ　498, 587, 691	クサアブ科　1748, 1762, 1770
キシダグモ属　757, 844	キノボリマルトビムシ　1411, 1436, 1437	クサグモ属　751, 844
キシノウエトタテグモ　809	キバサナギガイ科　1837, 1857, 1881	クサゼミ属　1615, 1627
キシノウエトタテグモ属　745, 837	キバサナギガイ属　1857, 1881	クサタカラダニ属　244, 305
キシベホソイボトビムシ　1197, 1240, 1241	キバシダレコソデダニ　491, 581, 684	クサタカラダニの一種　278
キシュウハヤシワラジムシ　1024, 1045, 1059	キバジュズフシアリ　1822	クサチヒメグモ属　794, 858
キスイムシ科　1676, 1688, 1711, 1729, 1735	キハダエビグモ　830	クサビフリソデダニ　497, 586, 690
キスイムシ族　1688	キハダカニグモ　832	クシカマアシムシ科　1487, 1489, 1524
キスジアオイボトビムシ　1187, 1222, 1223	キハダカニグモ属　801, 863	クシケアリ属　1788, 1795, 1807
キスジゴキブリ属　1558, 1571	キバダニ　389, 537, 627	クシゲキツネダニ　178
キセルガイモドキ　1868	キバダニ属　389, 627	クシゲキツネダニ属　163, 190
キセルガイモドキ科　1839, 1859, 1882	キバネハサミムシ　1568, 1577	クシゲダニ科　356, 637
キセルガイモドキ属　1859, 1882	キバマドダニ　466, 559, 656	クシゲダニ上団　207, 288
キセルガイ科　1833, 1837, 1846, 1882	キバラオオヤマトビムシ　1181, 1210, 1211	クシゲダニ属　356, 446, 638
キタアギトダニ属　222, 260, 292	ギフツブダニ　399, 550, 648	クシゲチビダニ科　207, 288
キタオオバネダニ　324, 338, 343	キブネブラシザトウムシ　131, 136, 142	クシゲチビダニ属　207, 254, 288
キタオカトビムシ　1071, 1076, 1087	キベリヤケヤスデ　966	クシコメツキ　1720
キタオカトビムシ属　1071, 1087	キベリヤケヤスデ属　960, 976	クシドンゼロエダヒゲムシ　927, 931, 936
キタカマアシムシ　1493, 1515	ギボウシヤスデ　948, 973	クシフタフシアリ亜科　1780, 1798
キタカマアシムシ属　1493, 1524	ギボウシヤスデ目の一種　965, 982	クシミミフォルソムトビムシ　1255, 1260, 1280, 1281
キタカミマダラムラサキトビムシ　1114, 1126, 1127	キボシアオイボトビムシ　1187, 1222, 1223	クシモトヒゲナガワラジムシ　1007, 1038, 1055
キタキノコダニ属　323, 342	キボシテントウダマシ　1723	クジュウコエリササラダニ　403, 580, 683, 716
キタクシカマアシムシ　1491, 1519	キボシヒラタケシキスイ　1680	クシロジュズダニ　437, 536, 626, 710
キタクシカマアシムシ属　1491, 1528	キボシマルトビムシ　1408, 1428, 1429	クシロフジカワダニ　390, 547, 643, 712
キタケナガオニダニ　430, 529, 616, 709	キマダラウマ属　1562	クズウホラムラサキトビムシ　1110, 1113, 1124, 1125
キタケントビムシ　1264, 1294, 1295	キマダラヒラタヒメグモ　828	クスミサラグモ　825
キタコバネダニ　483, 574, 674	キマルトビムシ　1411, 1434, 1435	クダアザミウマ亜科　1603
キタコモリグモ属　758, 846	キマワリ　1667, 1726	クダアザミウマ亜目　1592, 1602
キタサラグモ属　786, 790, 849	キムラグモ　809	クダアザミウマ科　1591, 1592, 1594, 1602
キタザワヒメアカイボトビムシ　1199, 1244, 1245	キムラグモ属　745, 837	クチウマ亜科　1561
キタツチカニムシ属　107, 112, 117	キムンカマアシムシ　1499, 1512, 1522	クチキウマ　1561
キタツノバネダニ　480, 570, 669	キメラチビゲフリソデダニ　498	クチキカ科　1750, 1763, 1769
キタトゲトビムシ　1317, 1328, 1329	キメラチビゲフリソデダニ　587, 691	クチキゴキブリ属　1557
キタネグサレセンチュウ　52	キモグリバエ科　1761, 1768, 1773	クチキコナダニ属　319, 339
キタノオオトゲトビムシ　1314, 1320, 1321	キュウコンネアブラムシ属　1641, 1645	クチキバエ科　1759, 1767, 1772
キタノシリトゲトビムシ　1174, 1179, 1208, 1209	キュウシュウゾゼミ　1622, 1625	クチキムシダマシ科　1716, 1738
キタフクロムラサキトビムシ　1117, 1132, 1133	キュウシュウツノヌカグモ　820	クチキムシ亜科　1673, 1695
キタフタガタカメムシ　1659	キュウシュウホラトゲトビムシ　1318, 1332, 1333	クチレムシオイガイ　1865
キタフナムシ　1002, 1035, 1052	キュウジョウキュウモウカマアシムシ　1494, 1509, 1520	クチレムシオイガイ属　1841, 1879
キタマドダニ　466, 558, 656	キュウジョウコバネダニ　482, 572, 672	クチジロビロウドマイマイ　1873
キタマルノコダニ　177	キューバチビイプシダニ　439, 538, 628	クチジロビロウドマイマイ属　1860, 1887
キタマルノコダニ属　162, 189	キョウトイボトビムシ　1191, 1230, 1231	クチナガアザミウマ　1598
キタモンヒキダニ　423, 525, 611	キョクトウサソリ科　100, 102	クチナガアザミウマ属　1593, 1602
キタヤスデ　966	キョクトウツキノコダニ　323, 336, 342	クチナガハエダニ属　192
キタヤマイボトビムシ　1191, 1228, 1229	キョクトウヤチグモ属　753, 843	クチバシダニ　357, 559, 656
キタヤミサラグモ　823	キョジン属　380, 518, 602, 707	クチバシダニ科　357, 656
キタヤミサラグモ属　787, 789, 849	キョジンダニ属　380, 602	クチバシダニ属　357, 656
キツネダニ科　157, 163, 190	キヨスミチビヒメフナムシ　1004, 1037, 1053	クチバシツブダニ　451, 549, 646
キツネダニ属　163, 190	キヨスミマドダニモドキ　455, 553, 651	クチヒゲトゲアヤトビムシ　1367, 1384, 1385
キテナガグモ　822	キリハイボトビムシ　1193, 1232, 1233	クチヒゲマルトビムシ　1409, 1432, 1433
キテナガグモ属　786, 790, 847	キリフリヒトフシムカデ　888, 897, 901	クチマガリスナガイ　1868
キヌキリグモ　823	キレコブヒゲツブダニ　451, 549, 646	クチマガリスナガイ科　1857, 1881
キヌキリグモ属　786, 789, 850	キレコミイレコダニ　505, 521, 606	クチマガリマイマイ　1875
キヌトビムシ科　1103, 1104, 1336,	キレコミダニ　406, 571, 671	クチマガリマイマイ亜属　1862, 1888
	キレコミダニ属　406, 671	クチミゾガイ科　1837, 1856, 1880
	キレコミヤスデ属　957, 977	クチミゾガイ属　1856, 1880

— 1947 —

クツゾココシビロダンゴムシ　1031, 1049, 1063
クドシアネマ亜科　29, 30, 63
クドシアネマ科　25, 29, 51, 52, 63
クナシリナミハグモ　813
クニガミイボトビムシ　1195, 1236, 1237
クヌギカメムシ科　1653
クネゲイカダニ　469, 561, 657
クネゲコナダニモドキ　379, 525, 609
クネゲダルマヒワダニ　417, 513, 595
クネゲマドダニ　465, 558, 655
クネゲモンツキダニ属　379, 609
クビナガカメムシ科　1652, 1661
クビナガダニ属　384, 641
クビナガムシ　1725
クビナガムシ科　1713, 1737
クビボソゴミムシ科　1700, 1731
クビレアブラムシ　1641, 1646
クビレコハリダニ属　230, 265, 297
クビレハリアリ　1819
クビレハリアリ亜科　1779, 1792, 1800
クビレハリアリ属　1779, 1792, 1800
クビレマヨイダニ属　195
クビレモンツキダニ属　379, 610
クボタキュウモウカマアシムシ　1494, 1509, 1521
クボミケシグモ　823
クマエンマダニ　478, 568, 667
クマスズムシ　1569, 1573
クマスズムシ属　1560
クマゼミ　1622, 1623, 1625
クマゼミ属　1615, 1622, 1625
クマダヤマトコナグモ　818
クマツブダニ　453, 649
クマムシ類　79, 92
クマヤエンマダニ　478, 667
クマワラジムシ　1029, 1048, 1062
クメカマアシムシ　1500, 1512, 1522
クメコシビロザトウムシ　140
クモガタダルマヒワダニ　416, 512, 595, 707
クモガタ綱　99, 105, 121, 203, 317, 347, 721, 725, 731
クモスケダニ科　356, 639
クモスケダニ属　356, 447, 639
クモタカラダニ属　243, 305
クモタカラダニ属の一種　277
クモマアトツノダニ　183
クモマルトビムシ亜科　1412, 1438
クモマルトビムシ科　1401, 1402, 1412, 1438
クモマルトビムシ属　1412, 1438
クモ亜目　732, 837
クモ下目　732, 838
クモ目　731, 732, 809-836
クラサワシロイボトビムシ　1201, 1246, 1247
クラサワツヤムネハネカクシ　1679
クラサワトゲヤスデ科　949, 975
クラサワトゲヤスデ属　949, 975
クラタカマアシムシ　1493, 1515
グラナリアコクゾウムシ　1682
グラノンクルス属　44, 71
クラビカウドイデス属　33, 67
クラモトキヌトビムシ　1338, 1339, 1340, 1341
クラモトフォルソムトビムシ　1260, 1282
クラモトホラワラジムシ　1006, 1037, 1054
クラルクス属　42, 71
クラルクス属の一種　56
グランジャンダニ科　308
グランジャンダニ属　286
グランジャンチビダニ属　308
グランジャンヨロイダニ属　227, 263, 295
クリキコナダニモドキ　426, 527, 613
クリコネマ科　35, 36, 53, 69
クリコネマ上科　35, 69
クリコネマ属　69
クリコネマ属の一種　53

クリコネモイデス属　69
クリソドルス属　29, 62
クリソネマ亜科　29, 64
クリソネマ属　29, 64
クリソネマ属の一種　52
クリプトンクス　45, 72
クリプトンクス上科　41, 45, 72
クリプトンクス属　45, 72
クレナイイボトビムシ　1244, 1245
クロイロコウガイビル　4, 6, 7
クロイロツリミミズ属　1897, 1901
クロイワゼミ　1615, 1627
クロイワゼミ属　1615, 1627
クロイワツツク　1619, 1626
クロイワニイニイ　1617, 1624
クロイワヤスデ属　949, 974
クロオキナワアマビコヤスデ　984
クロオナガヒメヤスデ属　953, 971
クロオビヤドリダニ　177
クロガケジグモ　812
クロガケジグモ科　750, 840
クロカッチュウダニ　405, 569, 669
クロカブトダニ　481, 572, 671
クロキノコムシ　1727
クロコキノコムシダマシ　1727
クロコツブアリ　1820
クロコドリネマ属　29, 62
クロコバエ科　1761, 1768, 1772
クロコバネダニ　407, 574, 674
クロコバネダニ属　407, 674
クロサアリシミ　1548
クロサラグモ属　782, 784, 856
クロサワマンジュウダニ　438, 536, 626, 711
クロシオカマアシムシ　1502, 1513, 1523
クロシオミギワワラジムシ　1008, 1038, 1055
クロシッチサラグモ　824
クロシッチサラグモ属　782, 783, 851
クロシデムシ　1718
クロスジアカムネグモ　820
クロチビエンマムシ　1679
クロチャケムリグモ　831
クロヅアヤトビムシ　1368, 1384, 1385
クロツヤキクイムシ　1682
クロツヤバエ科　1760, 1767, 1772
クロツヤムシ科　1706, 1732
クロテナガグモ　824
クロテンチビゴキブリ　1557, 1571
クロテンヒラタケシキスイ　1722
クロトゲナシツチトビムシ　1270, 1306, 1307
クロトンアザミウマ　1598
クロトンアザミウマ属　1593, 1601
クロナガアリ　1824
クロナガアリ属　1788, 1795, 1807
クロナンキングモ　821
クロナンキングモ属　766, 769, 850
クロノガスター科　50, 74
クロノガスター属　50, 74
クロバエ科　1758, 1759, 1767, 1772
クロハサミムシ科　1577
クロハナボタル　1720
クロバネキノコバエ科　1750, 1763, 1769
クロヒゲトゲトビムシ　1316, 1326, 1327
クロヒメカワベハネカクシ　1719
クロヒメマルトビムシ　1407, 1428, 1429
クロヒメヤスデ　964
クロヒメヤスデ科　947, 972
クロヒメヤスデ属　947, 972
クロヒラタトビムシ　1112, 1122, 1123
クロフヒゲナガトビムシ　1348, 1349
クロホシツチトビムシ　1267, 1298, 1299
クロホソナガクチキ　1724
クロマドラ目　46, 59
クロマルケシキスイ　1722
クロマルトビムシ　1401, 1411, 1434, 1435
クロミジンムシダマシ　1681, 1723
クロミズフリソデダニ　498, 587, 690

クロメナシムカデ　879, 905
クロユキノミ　1270, 1306, 1307
クワガタゴミムシダマシ　1726
クワガタダニ　476, 566, 663
クワガタダニ科　358, 385, 663
クワガタダニ属　385, 476, 663
クワガタムシ　1669, 1685, 1706, 1729, 1732
クワナハサミコムシ　1534, 1536, 1538
クワヤマナガコムシ　1533, 1535, 1537
クワヤマナガコムシ属　1532, 1533, 1537
グンバイヌカグモ　821
グンバイヌカグモ属　766, 769, 847
グンバイムシ科　1651, 1662

[ケ]
ケアカムカデ　880, 905
ケアシザトウムシ　127, 135, 141
ケアシザトウムシ属　127, 141
ケアナアギトダニ属　221, 261, 293
ケアリ属　1791, 1793, 1803
頸吻亜目　1612, 1624
ゲオプラナ　3
ゲオプラナの一種　3
ゲオプラナ亜科　5, 8
ゲジ　874, 893
ケシイレコダニ　508, 524, 609
ケシガイ亜科　1836, 1880
ケシガイ科　1836, 1880
ケシキスイマヨイダニ　186
ケシキスイ科　1674, 1686, 1710, 1729, 1735
ケシグモ属　781, 784, 851
ケシトビムシ　1404, 1418, 1419
ケシトビムシ属　1404, 1418
ケシマキムシ亜科　1692
ケシミズカメムシ　1659
ケシミズカメムシ科　1657, 1661
ゲジムカデ　893
ゲジムカデ科　875, 902
ゲジ科　874, 898
ゲジ属　874, 898
ゲジ目　874, 898
ゲスイクマムシ　89
ケズネグモ属　763, 764, 850
ケズメカ亜科　1750, 1763
ケタウズタカダニ科　376, 622
ケタカムリダニ科　366, 405, 670
ケタカムリダニ属　405, 670
ケタナシコイタダニ　487, 577, 677
ケダニ亜目　203, 207, 254-288
ケダニ上団　207, 288
ケダニ団　209, 214, 215, 303
ケダニ類　206
ケタバネダニ　364, 572, 671
ケタバネダニ属　364, 671
ケタビロマルタマゴダニ　388, 539, 631
ケタブトコナダニモドキ　427, 528, 614
ケタフリソデダニ科　367, 412, 688
ケタボソタマゴダニ　443, 542, 635
ケダママルソコデダニ　493, 583, 686
ケタヨセダニ科　356, 665
結合綱　913
ケツゴウサンキチョウ亜目　5
ケナガアシヒコナダニ　322
ケナガイカダニ　467, 559, 657
ケナガオオアナダニ　390, 547, 643
ケナガオオアナダニ属　390, 643
ケナガコウチュウトゲダニ　186
ケナガコシビロダンゴムシ　1033, 1051, 1064
ケナガコナダニ　325, 331, 340
ケナガコナダニ属　321, 340
ケナガコバネダニ　484, 573, 673
ケナガコハリダニ属　230, 265, 297
ケナガサラグモ　826
ケナガサラグモ属　782, 784, 853
ケナガチビツブダニ　452, 550, 646
ケナガツブダニ　397, 548, 645
ケナガツブダニ属　397, 645
ケナガツメナシコハリダニ属　232, 267,

298
ケナガトウキョウツブダニ　453, 551, 649, 714
ケナガドンゼロエダヒゲムシ　927, 936
ケナガニイニイ属　1613, 1624
ケナガニセアギトダニ　286
ケナガニセシカツブダニ　453, 551, 648
ケナガネダニ　326, 335, 342
ケナガハシリダニ　262
ケナガハダニ科　212, 301
ケナガハダニ属　212, 270, 301
ケナガヒシダニ科　213, 303
ケナガヒシダニ属　213, 303
ケナガヒシダニ属の一種　273
ケナガヒワダニ　372, 516, 598
ケナガヒワダニ属　372, 598
ケナガフクロムラサキトビムシ　1110, 1117, 1132, 1133
ケナガホソトゲダニ亜属　197
ケナガミドリダニ属　224, 294
ケナガミドリダニ属の一種　261
ケナガヤマトビムシ　1181, 1212, 1213
ケナシチョウバエ亜科　1751, 1763
ケナシヒメミミズ属　1898, 1901
ケバエ科　1749, 1762, 1769
ケハダシワクチマイマイ　1873
ケハダビロウドマイマイ　1874
ケバヒワダニ　350, 511, 593
ケバヒワダニ科　350, 593
ケバヒワダニ属　350, 593
ケバマルコソデダニ　494, 583, 687
ケバマルノコダニ　177
ケファロドリネマ亜科　26, 64
ケファロドリネマ属　26, 64
ケファロブス亜目　73
ケファロブス科　48, 54, 73
ケブカアギトダニ　258
ケブカアギトダニ科　210, 291
ケブカアギトダニ属　210, 258, 291
ケブカイレコダニ　505, 522, 607
ケブカチュウワタムシ　1642
ケブカチュウワタムシ属　1640, 1645
ケブカツチカニムシ　106, 112, 117
ケブカツチカニムシ科　106, 112
ケブカツツハラダニ　422, 517, 601, 708
ケブカツツハラダニ属　377, 422, 600
ケブカハリアリ　1827
ケブカモリワラジムシ　1016, 1043, 1058
ケブトアミメコハリダニ属　235, 267, 298
ケボソナガヒシダニ　273
ケマイマイ亜科　1862, 1888
ケマガリイカダニ　470, 561, 658
ケマガリブシダニ　473, 564, 661
ケムリグモ属　797, 862
ケムリダニグモ属　746, 838
ケモチコハリダニ属　230, 264, 297
ケモチテングダニ　216, 255, 289
ケモチヒゲダニ属　247, 280, 306
ケヤキフシアブラムシ　1642
ケヤキフシアブラムシ属　1639, 1644
ケラ　1569, 1572
ケラ属　1559, 1572
ケラ上科　1559
ケワレミツメコハリダニ属　229, 266, 297
ケンアミメコハリダニ属　236, 268, 299
ゲンゴロウ科　1668, 1683
原始紐舌目　1834, 1877
ケンショウダニ　402, 581, 683, 716
ケンショウダニ属　402, 683
ケントゲダニ　187
ケントゲダニ亜属　198
ケントビムシ属　1264, 1294

[コ]

コアカザトウムシ　124, 133, 139
コアカザトウムシ属　124, 139
コアシダカグモ　829
コアシダカグモ属　795, 861
コイソカニムシ　111, 115, 118
コイタオソイダニ属　219, 258, 291

コイタダニ科　360, 362, 363, 389, 677
コイタダニ属　389, 487, 677
コイチャパラミストロクダアザミウマ　1596, 1604
コウガイビル（ビパリウム）亜科　5, 7
コウガイビルの一種　3
コウガイビル属　4
甲殻亜門　987, 997, 1069
コウシサラグモ　826
コウシサラグモ属　788, 791, 852
コウシュンシロアリ　1582, 1584
コウズコシビロダンゴムシ　1033, 1050, 1063
コウチュウトゲダニ亜属　197
甲虫目　1667, 1668, 1679-1683, 1699, 1700, 1730
コウチュウ目　1667, 1668, 1679-1683, 1699, 1700, 1717-1728, 1730
コウナンカマアシムシ　1492, 1514
コウナンカマアシムシ属　1492, 1524
コウベマイマイ　1874
コウラナメクジ　1876
コウラナメクジ科　1845, 1890
コウラナメクジ属　1845, 1890
コエゾゼミ　1619, 1625
コエゾモンツキダニ　509, 526, 611
コエリササラダニ属　403, 682
コオイムシ科　1650
コオニムラサキトビムシ　1110, 1116, 1132, 1133
コオニムラサキトビムシ　1477
コオビハナノミ　1725
コオラソイダニ　258
コオラニセコハリダニ属　228, 264, 296
コオロギ科　1560, 1572
コオロギ上科　1559, 1560
ゴカククダアザミウマ　1596, 1599, 1605
ゴカククダアザミウマ属　1594, 1604
コガタイブシダニ　472, 563, 660
コガタイレコダニ　506, 523, 608
コガタクモスケダニ　447, 545, 640
コガタコハリダニ科　211, 297
コガタチョウメイムシ属　86, 94
コガタテルスロクダアザミウマ　1597, 1606
コガタドウナガツチトビムシ　1255, 1261, 1282, 1307
コガタネオンハエトリ　835
コガタハヤシワラジムシ　1025, 1046, 1060
コガタハリアリ属　1783, 1797, 1813
コガタマヨイダニ属　195
コガタマヨイダニ属の1種　184
コガネグモ科　740, 860
コガネサソリ属　100, 102
コガネムシダニ　180
コガネムシ科　1669, 1685, 1706, 1732
　食糞群　1706
　食葉群　1706
コガネムシ上科　1669
コガネヤリダニ属　192
コギセル属　1851, 1884
コキノコムシダマシ属　1693
コキノコムシ科　1676, 1693, 1713, 1737
ゴキブリ科　1557, 1570
ゴキブリ目　1555, 1556, 1557, 1570
コキレコミケタカムリダニ　405, 571, 670
コクサグモ　814
コクサグモ属　751, 844
コクヌスト科　1705, 1734
コクボオカトビムシ　1071, 1076, 1087
コクワガタ　1719
コケアギトダニ　260
コケアギトダニ科　221, 260, 293
コケカニムシ科　110, 117
コケコハリダニ属　229, 266, 296
コケシロアリモドキ　1565, 1569, 1576
コケソコミジンコ　989, 991, 993
コケダルマヒワダニ　419, 515, 597
コケムシの一種　1679
コケムシ亜科　1670, 1684, 1702, 1732

コケモリイエササラダニ　350, 516, 599
ココクヒナワラジムシ　1027, 1048, 1062
ココナダニモドキ　424, 612
コサヤツメトビムシ　1266, 1298, 1299
コサラグモ　820
コサラグモ属　765, 768, 847
コシグロアヤトビムシ　1361, 1365, 1378, 1379
コシジマルトビムシ　1401, 1412, 1440, 1441, 1469
コシダカマルトビムシ　1412, 1440, 1441
コシダカマルトビムシ属　1412, 1440
コシビロザトウムシ　133, 140
コシビロザトウムシ属　125, 139
コシビロダンゴムシ科　998, 1030, 1063
コシビロホコダニ属　193
コシフリソデダニ　495, 584, 688
コシボソギセル　1870
コシボソギセル亜科　1850, 1883
コシボソダニ科　158, 165, 191
コシボソダニ属　165, 191
コシボソダニ属の1種　179
コジマイシノミ　1546
コジマヒトフシムカデ　889, 900
コシミノダニ　372, 516, 598
コシミノダニ属　372, 598
コシロブチサラグモ　825
コズエダニ科　356, 665
コズエダニ属　356, 666
コスゲミギワラジムシ　1008, 1038, 1055
コスモスアザミウマ　1598
コスモスアザミウマ属　1593, 1602
コスモヨロイダニ属　226, 263, 296
コスレンクス属　52
ゴゼンヤマエナガエダヒゲムシ　926, 936
コソデダニ科　364, 365, 400, 685
コタナグモ　814
コタナグモ属　751, 843
コチャイロコメツキダマシ　1720
コッチトビムシ　1263, 1290, 1291
コツノアリ　1823
コツバオソイダニ属　220, 258, 291
コツブアリ属　1790, 1793, 1802
コツブグモ属　741, 859
コツブコハリダニ属　233, 265, 298
コッホネマ属　27, 65
コツメダニ　255
コツメダニ科　209, 289
コツメダニ属　209, 255, 289
コツメナシコハリダニ属　231, 232, 266, 297
コヅメヤマクマムシ属　85, 96
コドウナガツチトビムシ　1261, 1284, 1285
ゴトウハヤシワラジムシ　1028, 1047, 1061
コトガリアカムネグモ　819
コトゼンコナダニモドキ　424, 612
コナカイガラムシ科　1631, 1632, 1634
コナダニモドキ科　353
コナダニモドキ科　381, 611
コナダニモドキ属　381, 424, 612
コナダニ亜目　317, 318, 328-338, 339
コナダニ科　318, 340
コナラマルクダアザミウマ　1599
コニシキトビムシ　1371, 1394
コヌカアリ　1820
コヌカアリ属　1784, 1792, 1801
コノハアゴソコミジンコ　988, 991, 993
コノハイブシダニ　474, 565, 661
コノハイブシダニ属　386, 474, 661
コノハウスギヌダニ　413, 510, 592
コノハウスタカダニ　376, 533, 622
コノハサラグモ　823
コノハサラグモ属　779, 780, 852
コノハジュズダニ　437, 535, 625
コノハツキノワダニ　382, 530, 617
コノハツキノワダニ属　382, 617
コノハニオウダニ　432, 532, 619

— 1949 —

コノハマドニ 463, 557, 655	コムカデ綱 913	サキブトジムカデ科 882, 906
コハクガイ科 1838, 1886	コムシ目 1531, 1532, 1535-1537	サキブトジムカデ属 882, 906
コハシリダニ属 225, 262, 295	コムラウラシマグモ 834	サキモリハヤシワラジムシ 1023, 1045, 1059
コバナケダニ属 247, 306	コメツキダマシ科 1702, 1733	サキモリフタフシカマアシムシ 1504, 1516, 1525
コバナケダニ属の一種 281	コメツキムシ科 1671, 1686, 1704, 1733	サクラアリ 1821
コバネダニ科 366, 406, 671	コメツキモドキ亜科 1676, 1690	サクラアリ属 1791, 1793, 1803
コバネダニ属 408, 482, 672	コモリグモ科 737, 757, 845	ササカワジュズダニ 435, 534, 624
コバネハサミムシ 1567, 1577	コモリグモ属 759, 845	ササグモ 816
コバネヒシバッタ 1563, 1573	コヤマクマムシ属 84, 96	ササグモ科 737, 846
コバネヒョウタンナガカメムシ 1660	ゴリンシロヒメトビムシ 1111, 1120, 1121	ササグモ属 737, 846
コハリダニ科 211, 298	コロギス上科 1559	ササネコナカイガラムシ 1632
コハリダニ属 235, 267, 299	コロトビムシ属 1113, 1124	ササバダルマヒワダニ 418, 514, 596
コヒゲジロハサミムシ 1567, 1577	コロポックルコサラグモ 817	ササヒトフシムカデ 892, 902
コヒゲナガハナノミ 1720	コロポックルコサラグモ属 762, 854	ササラダニ亜目 347, 348, 510-590
コブアカムネグモ属 766, 770, 853	コロポックルダニ 356, 567, 665, 715	サシアシグモ科 737, 756, 757, 845
コブアゴアギトダニ属 221, 259, 292	コロポックルダニ属 356, 665	サシガメ科 1652, 1662
コブアミメアザミウマ 1598	コワゲダルマヒワダニ 417, 513, 595	サジゲカマアシムシ 1498, 1511, 1522
コブアミメアザミウマ属 1593, 1601	コンジキトゲアヤトビムシ 1368, 1386, 1387	サスマタアゴザトウムシ 130, 135, 141
コブイカダニ 467, 559, 656	コンセンカマアシムシ 1496, 1510, 1521	サソリモドキ科 722, 723
コブオンクス属 42, 71	昆虫亜門 1485, 1531, 1541, 1555, 1581, 1591, 1611, 1612, 1631, 1637, 1649, 1667, 1699, 1745, 1777	サソリモドキ目 721, 722, 723
コブクシカマアシムシ 1508, 1519, 1528	コンボウオニダニ 428, 615	サソリ目 99, 100, 102
コブクシカマアシムシ属 1491, 1508, 1528	コンボウアラメイレコダニ 522, 607	サダエミナミヤスデ 981
コブクス亜科 42, 71	コンボウイカダニ 469, 561, 658	サツキツキノワダニ 431, 531, 618
コブコシビロダンゴムシ属 1030, 1063	コンボウイカダニ属 393, 468, 657	サツマオオマドダニ 456, 553, 651
コブコバネダニ 406, 673	コンボウイレコダニ 505	サツマゴキブリ 1558, 1570
コブコバネダニ属 406, 673	コンボウオオアナダニ 449, 547, 642	サツマサトワラジムシ 1026, 1047, 1061
コブゴミムシダマシ科 1672, 1695, 1713, 1738	コンボウオトヒメダニ 579, 680	サトアギトダニ 261
コブジュズダニ 435, 535, 624, 710	コンボウギセル 1872	サトウキビネワタムシ 1642
コブスジコガネ科 1669, 1685, 1706, 1733	コンボウギセル属 1854, 1885	サトウダニ 319, 328, 339
コブソコミジンコ 988, 990, 991, 993	コンボウジュズダニ 437, 625	サトウダニ科 319, 339
コブタカラダニ属 244, 305	コンボウタマゴダニ 444, 542, 635	サトウダニ属 319, 339
コブタカラダニ属の一種 277	コンボウタマゴダニ亜属 392, 444	サトウホンエダヒゲムシ 925, 935
コブダルマヒワダニ 418, 514, 596	コンボウフリソデダニ 497, 500, 586, 690, 692	ザトウムシ目 121, 122, 138
コブツブダニ 451, 549, 646	コンボウマドダニ 462, 557, 655	サドカバイロユキノミ 1255, 1264, 1296, 1297
コブツメエリダニ 390, 578, 678	コンボウマルツヤダニ 445, 543, 636	サトカマアシムシ 1488, 1513
コブドテラダニ 479, 569, 667	コンボウマルトビムシ 1413, 1440, 1441	サトカマアシムシ属 1488, 1523
コフナガタハナノミ 1727	コンボウマルトビムシ属 1413	サドマンジュウダニ 438, 537, 627
コブナシイカダニ 468, 560, 657		サドマンジュウダニ属 388, 438, 627
コブナデガタダニ 487, 576, 677	[サ]	サドヤマトガイ 1866
コブヌカグモ属 772, 775, 854	サイイキカマアシムシ属 1493, 1524	サトヤマワラジムシ 1023, 1045, 1059
コブネダニ属 356, 385, 665	サイカイタカナワカマアシムシ 1506, 1518, 1526	サナダグモ属 772, 774, 852
コブハサミムシ 1568, 1577	サイコクカマアシムシ 1505, 1516, 1525	サヌキオオダルマヒワダニ 414, 511, 594
コブヒゲツブダニ 451, 549, 646, 713	サイゴクヤチグモ 753	サバクニニムシ科 111, 118
コブヒゲツブダニ属 398, 451, 645	サイシュウウミベワラジムシ属 1009, 1055	サハツトビムシ 1256, 1258, 1274, 1275
コブヒメグモ属 792, 858	サイトウヌカグモ 819	サハツトビムシ属 1258, 1274
コブヒメミミズ属 1899, 1902	ザウテルアカイボトビムシ 1199, 1242, 1243	サハリンシロトビムシ 1146, 1152, 1153, 1476
コブヤスデ属 957, 975	ザウテルアヤトビムシ 1360, 1368, 1386, 1387	ザマミフクロフリソデダニ 495, 584, 688
コブヨロイダニ属 227, 295	サオタマゴダニ 392, 542, 635	サムライアリ 1822
コブヨロイダニ属の一種 263	サオタマゴダニ亜属 392	サムライアリ属 1790, 1793, 1804
コブラシザトウムシ 131, 135, 142	サカイマルヒメキノコムシ 1680	サメシロイボトビムシ 1201, 1246, 1247
コベソマイマイ 1874	サカズキサラグモ 822	サメハダトビムシ科 1172, 1174, 1176, 1202
コホラヒメグモ 827	サカズキサラグモ属 782, 784, 855	サメハダトビムシ属 1176, 1202
コホラヒメグモ属 792, 857	サカタヤスデ 965	サヤアシニクダニ 320, 330, 340
ゴホントゲザトウムシ 137, 143	サガミツブダニ 397, 548, 645, 712	サヤクチダニ科 213, 302
ゴホンヤリザトウムシ 129, 137, 144	サガミツブダニ属 397, 644	サヤクチダニ属 213, 271, 302
ゴホンヤリザトウムシ属 129, 144	サカモリコイタダニ 487, 576, 677, 716	サヤクリコ科 35, 36, 70
ゴマオカタニシ 1865	サカヨリカマアシムシ 1505, 1517, 1526	サヤクリコ属 35, 70
ゴマオカタニシ科 1835, 1877	サカヨリチビヒトフシムカデ 890, 896, 900	サヤゲヒシダニ 272
ゴマオカタニシ属 1835, 1877	サカヨリフクロムラサキトビムシ 1110, 1116, 1130, 1131	サヤツメトビムシ 1255, 1266, 1298, 1299
ゴマガイ亜属 1842, 1878	サキアミメコハリダニ属 236, 268, 299	サヤツメトビムシ属 1265, 1266, 1296
ゴマガイ科 1835, 1842, 1878	サキシマイレコダニ 508, 524, 609	ザラアカムネグモ 818
ゴマガイ属 1842, 1878	サキシマオチバクダアザミウマ 1596, 1605	ザラアカムネグモ属 773, 774, 847
ゴマグモ属 777, 778, 852	サキシマノミギセル 1870	サラアゴブラシザトウムシ 142
コマチグモ科 744, 802, 803, 860	サキシマノミギセル属 1849, 1883	サラグモ科 741, 760, 846
コマチグモ属 803, 860	サキシマヒシマイマイ 1874	ザラタマゴダニ 444, 542, 636
コマツエンマグモ 810	サキシマミストロクダアザミウマ 1596, 1604	ザラタマゴダニ科 360, 392, 636
ゴマフリマドダニ 457, 554, 652	サキブトケダニ属 249, 283, 308	ザラタマゴダニ属 392, 444, 636
ゴマフリマドダニ属 394, 457, 652	サキブトジムカデ 894	ザラツチトビムシ 1255, 1258, 1274, 1275
コマルガタテントウダマシ 1681		ザラツチトビムシ属 1258, 1274
コミコンクス属 42, 71		ザラヒロズツブダニ 454, 551, 648, 714
コミタメヒゲダニ 318, 328, 339		ザラメニオウダニ 432, 531, 618
ゴミツケタカラダニ属 244, 305		ザラメフリソデダニ 499, 588, 691
ゴミツケタカラダニ属の一種 277		ザラメマドダニモドキ 455, 553, 651
コミナミツヤハエトリ 835		
ゴミムシ 1679		
ゴミムシダマシ科 1672, 1673, 1695, 1715, 1739		
ゴミムシダマシ上科 1705		

— 1950 —

サルハムシの一種　1728
サワアシナガアリ　1822
サワダムシ　726, 727, 728
サワダムシ属　726, 728
サンインハヤシワラジムシ　1023, 1045, 1059
サンキチョウウズムシ目　3, 5, 7
サンゴアメンボ科　1657
サンゴカメムシ科　1657
サンゴツツハラダニ　422, 517, 600
サンゴホンエダヒゲムシ　924, 935
サンボンムラサキトビムシ　1110, 1116, 1130, 1131

[シ]
シイオソイダニ　258
ジーケルヤスデ属　960, 976
ジェンセノンクス属　43, 72
シガキノコダニ　183
ジガバチグモ属　802, 864
シギアブ科　1753, 1764, 1771
ジグモ　809
ジグモ科　733, 837
ジグモ属　733, 837
シゲルオトヒメダニ　488, 579, 680
シコクイレコダニ　504, 521, 605
シコクゴマガイ　1866
シコクツブダニ　452, 550, 647
シストネマ亜科　38, 68
シストネマ科　37, 38, 53, 68
シソコブアブラムシ　1643
シソコブアブラムシ属　1641, 1645
シタガタサヤサラグモ属　785, 853
シダレツブダニ　397, 548, 644, 712
シダレツブダニ属　397, 644
シッコクコシビロダンゴムシ　1033, 1051, 1065
シッチコモリグモ　815
シッチサラグモ属　779, 780, 851
シッチヌカグモ属　777, 850
シデイカマアシムシ　1507, 1519, 1527
シデムシ科　1670, 1684, 1702, 1731
シナニシキトビムシ　1360, 1371, 1394, 1395
シナノコシビロホコダニ　181
シナノタカナワカマアシムシ　1506, 1518, 1526
シナノタモウツブダニ　450, 547, 643
シノハラヒトフシムカデ　890, 900
シノハラフサヤスデ属　953, 969
シノハラフサヤスデ属の一種　964
シノビグモ　815
シノビグモ属　757, 845
シバアギトダニ属　221, 259, 292
シバサラグモ　826
シバタモリワラジムシ　1016, 1042, 1058
シバンムシ科　1707, 1729, 1734
ジフィネマ科　24, 66
ジフィネマ属　24, 66
シベリアカタアリ　1819
シベリアカマゲホコダニ　181
シボグモ　829
シボグモモドキ　829
シボグモモドキ属　744, 860
シボグモ科　742, 795, 860
シボグモ属　795, 860
シボリセナホソスカシダニ　183
シホンムラサキトビムシ　1116, 1130, 1131
シマアカザトウムシ　126, 134, 140
シマアザミウマ科　1592
シマアミメコハリダニ属　268, 299
シマイレコダニ　506, 523, 607
シマエリナシダニ　448, 546, 641
シマオオツブダニ　450, 549, 645, 713
シマコサラグモ属　766, 770, 852
シマサラグモもどき　826
シマジムカデ属　884, 907
シマツノトビムシ　1366, 1382, 1383
シマバエ科　1756, 1766, 1771
シママルトビムシ　1416, 1448, 1449

シマミミズ属　1897, 1901
シマヤマトビムシ　1181, 1212, 1213
シミズサラグモ　822
シミ亜目　1542, 1549
シミ科　1542, 1544, 1550
シミ目　1541, 1542, 1546-1549
ジムカデ科　873, 874, 906
シモジャナグモ　810
シモジャナグモ属　734, 839
シモジャナニセヒメワラジムシ　1013, 1041, 1057
シモフリヤチグモ属　754, 755, 843
シモヨツキノワダニ　431, 617
ジヤスデ科　948, 973
ジヤスデ属　948, 973
ジヤスデ目　948, 973
シャチヌカグモ属　778
ジャバラグモ科　734, 839
ジャバラハエトリ　834
ジャバラハエトリグモ属　808, 865
シャモジイレコダニ　508, 524, 609
シャラクダニグモ　810
シャラクダニグモ属　747, 839
ジャワアリノストビムシ　1344, 1345, 1346, 1472
ジャワイレコダニ　503, 520, 605
ジャワイレコダニ属　371, 503, 605
ジャワエビスダニ　486, 576, 677
ジャワモンツキダニ　379, 525, 610, 708
シャンハイゴミコナダニ　326, 334, 341
収眼目　1890
シュクミネマルタマゴダニ　439, 539, 630
ジュズイミミズ科　1896, 1900
ジュズイミミズ属　1896, 1900
ジュズダニ科　352, 354, 378, 435, 436, 623
ジュズダニ属　378, 624
ジュズツブダニ属　397, 645
ジュズフシアリ属　1784, 1794, 1805
主前気門ダニ団　209, 210, 289
シュリコシビロダンゴムシ　1034, 1050, 1064
ジュンカマアシムシ　1497, 1510, 1521
ジョウカイボン　1721
ジョウカイボン科　1704, 1734
ジョウカイモドキ科　1705, 1734
少脚綱　917, 934
ジョウゴグモ科　732, 837
ジョウゴグモ属　732, 837
ジョウザンマルトビムシ　1417, 1448, 1449
鞘翅目　1667, 1668, 1679, 1680-1683, 1699, 1700, 1730
ショウジョウバエ科　1754, 1756, 1757, 1766, 1771
ショウブカギズメアヤトビムシ　1361, 1362, 1372, 1373
ジョージアケダニ　248, 307
ジョージアケダニ属の一種　282
ジョロウグモ科　740, 859
ジョロウグモ属　859
ジョンストン器　279, 285
ジョンストンダニ科　214, 215, 245, 305
ジョンストンダニ属　245, 279, 305
シラカミイレコダニ　507, 524, 608
シラカミナガコソデダニ　490, 683
シラガミヤマトビムシ　1182, 1214, 1215
シラネコバネダニ属　483, 573, 673, 715
シラハマネダニ属　408, 483, 672
シラハマウミトビムシ　1180, 1210, 1211
シラヒゲヒメイシノミ　1547
シラホシコゲチャハエトリ　834
シラユキハヤシワラジムシ　1027, 1047, 1061
シラユキヤマタカマイマイ　1874
シリアゲアリ　1785, 1794, 1806
シリオレギセル　1870
シリオレギセル亜属　1850, 1884
シリキレツチトビムシ　1262, 1290, 1291
シリキレツチトビムシ属　1262, 1290

シリケンダニ　351, 510, 591
シリケンダニ科　351, 591
シリケンダニ属　351, 591
シリトゲトビムシ亜科　1172, 1174, 1178, 1179, 1206
シリトゲトビムシ亜属　1179, 1206
シリトゲトビムシ科　1206
シリブトゴマガイ　1866
シリブトゴマガイ属　1842, 1878
シリホソハネカクシの一種　1718
シリンドロコルプス科　47
シリンドロライムス科　48
シロアヤトビムシ　1361, 1364, 1376, 1377
シロアリモドキ　1565, 1576
シロアリモドキ科　1565, 1576
シロアリモドキ目　1556, 1565, 1576
シロアリ科　1582, 1584, 1587
シロアリ目　1556, 1581, 1582, 1583, 1586
シロウズアリシミ　1548
シロカイガラムシ科　1631, 1633, 1634
シロカイギラム属　-
シロケヤスデ科　949, 975
シロケヤスデ属　949, 975
シロコシビロダンゴムシ　1030, 1050, 1064
シロズキクイサビゾウムシ　1682
シロタビタカラダニ　275
シロツチトビムシ　1255, 1271, 1308, 1309
シロツノトビムシ　1361, 1363, 1372, 1373
シロトゲナシツチトビムシ　1270, 1308, 1309
シロトビムシ亜科　1144, 1145, 1150, 1479
シロトビムシ亜科の一種　1476
シロトビムシ科　1102, 1141, 1144, 1145, 1476
シロハゴロモトビムシ　1370, 1392, 1393
シロハダヤスデ科　950, 956, 976
シロハダヤスデ属　956, 976
シロハマワラジムシ　1010, 1040, 1056
シロヒゲハヤシワラジムシ　1019, 1059
シロヒメツチトビムシ　1255, 1263, 1290, 1291
シロヒメトビムシ属　1111, 1120
シロフォルソムトビムシ　1259, 1276, 1277
シロブチサラグモ　825
シロブチサラグモ属　788, 791, 854
シロマイマイ　1874
シワアリ　1789, 1796, 1810
シワイブシダニ　471, 563, 660
シワイボダニ　359, 568, 666
シワイボダニ科　359, 666
シワイボダニ属　359, 666
シワウズタカダニ　433, 533, 621, 710
シワクチマイマイ亜属　1860, 1887
シワクチマイマイ属　1860, 1887
シワハナマダニ　466, 558, 656
シワフリソデダニ　411, 587, 691
シワフリソデダニ属　411, 691
唇脚綱　873, 874, 898
真クマムシ綱　80, 81, 82, 93
シンジコフナムシ　1002, 1035, 1053
真腹足亜綱　1834, 1877

[ス]
スオウグモ科　733, 841
スガエカマアシムシ　1516
スガエカマアシムシ属　1525
スカシダニモドキ　184
スカシダニモドキ属　195
スカシマドカザリダニ　184
スガナミヤマジコナグモ　817
スカピデンス属　32
スカピデンス属　51, 67
スカラベダニ　179
スギユミハリネマ　54
ズキンイレコダニ　505, 522, 607
ズキンイレコダニ属　368, 505, 607
ズキンクダアザミウマ属　1594, 1605

ズキンヌカグモ 820	セイヨウイシノミモドキ属　1543, 1549	ダイトウサワダムシ 726, 727, 728
ズキンヌカグモ属　766, 768, 850	セイヨウイシノミ属　1543, 1549	ダイトウフナムシ 1002, 1036, 1053
スジアオムカデ 878, 904	セイヨウシミ 1547	ダイトウミナミワラジムシ 1014, 1042, 1057
スジアカクマゼミ 1622, 1625	セイヨウシミ属　1544, 1550	
スジウズタカダニ 433, 532, 621	セクトネマ亜科　25, 64	ダイトウモリワラジムシ 1018, 1042, 1057
スジオソイダニ 257	セクトネマ属　25, 64	
スジガシラアヤトビムシ 1366, 1380, 1381	セグロコシビロダンゴムシ 1033, 1049, 1063	タイライブシダニ 386, 662
		タイライブシダニ属 386, 662
スジカワラハリダニ 185	セグロマルトビムシ 1414, 1444, 1445, 1469	タイラナガコソデダニ 490, 581, 684
スジクワガタダニ 476, 566, 664		タイリクイボアツグモ 732, 838
スジケシガイ 1867	セグロヤマシログモ属 748, 840	タイリクケムリグモ 797, 862
スジコハリダニ属　236, 268, 299	セスジアカムカデ 880, 893, 905	タイリクコサラグモ属 771, 853
スジコモリグモ属　758, 846	セスジアカムネグモ 819	タイリクサラグモ 825
スジザトウムシ 143	セスジガケジグモ 812	タイリクスナハマトビムシ 1073, 1081, 1088
スジザトウムシ属 143	セスジガケジグモ属 749, 840	
スジチビゲフリソデダニ 498, 587, 691, 716	セスジジュズダニ 436, 535, 624	タイリクツノサラグモ属 781, 783, 856
	セスジムシ科 1700, 1730	タイリクトガリヌカグモ 818
スジツブダニ 396, 452, 548, 644	セダカヌカグモ 821	タイリクトガリヌカグモ属 763, 764, 851
ズシップダニ 550, 647	セダカヌカグモ属 765, 770, 856	タイワンアシブトマキバサシガメ 1659
スジツブダニ属　396, 644	セトウミベワラジムシ 1009, 1039, 1055	タイワンイボナシトビムシ 1194, 1232, 1233
スジハサミムシ 1566, 1578	セトシミ 1547	
スジバネエピスダニ 486, 676	セトシミ属 1544, 1550	タイワンエリナシダニ 448, 546, 641
スジメナシムカデ 879, 905	セマダラハナバエ属 1756, 1768	タイワンオムカデ 877, 903
スズカホラズミトビムシ 1174, 1185, 1220, 1221	セマルキスイムシ亜科 1689	タイワンケナガツブダニ 397, 549, 645
	セマルダニ 391, 540, 632	タイワンケナガツブダニ属 713
スズカホラトゲトビムシ 1319, 1334, 1335	セマルダニ科 361, 391, 631	タイワンコブヌカグモ属 763, 764, 848
	セマルダニ属 391, 632	タイワンサソリモドキ 721, 722, 723
スズキゴキブリ 1558, 1570	セマルヤリダニ 179	タイワンジムカデ属 886, 908
スズキダニザトウムシ 122, 134, 141	セマルヤリダニ属 192	タイワンジムカデの一種 895
スズキダニザトウムシ属 122, 141	セミ亜目 1611, 1612, 1624	タイワンシロアリ 1581, 1583, 1584, 1587
スズキチョウチンダニ 420, 516, 599	セミ科 1611-1613, 1623, 1624	
スズムシ 1569, 1572	セミ上科 1611	タイワンシロトビムシ 1144, 1148, 1160, 1161
スズムシ亜科 1560	セモンホソオオキノコ 1724	
スソグロサラグモ 821	セルニックヨロイダニ属 226, 263, 295	タイワンシロトビムシ属 1148, 1160
スソグロサラグモ属 781, 853	センカクヤチグモ属 753, 843	タイワンヒグラシ 1614, 1626
スタックアカイボトビムシ 1198, 1240, 1241	線形動物門 17	タイワンヒグラシ属 1614, 1626
	穿孔亜目 1601	タイワンミジンヤマタニシ 1844, 1879
スッポンダニ科 356, 360, 385, 665	センショウグモ科 738, 846	タクワカグヤヤスデ 981
スッポンダニ属 385, 477, 665	センスギトダニ属 223, 293	タカクワヤスデ 967, 984
スティグモクダアザミウマ 1595, 1606	センスアギトダニ属の一種 260	タカクワヤスデ属 962, 978
ズナガアペルクダアザミウマ 1603	センダンササラダニ 487, 577, 677	タカサゴシロアリ 1583, 1587
スナガイ 1868	センチコガネ科 1669, 1685	タカシマジムカデ 895
スナガイ亜科 1857, 1881	線虫綱 17, 18	タカシマジムカデ属 885, 908
スナガイ科 1881	センブツヤスデ属 955, 972	タカナガズジムカデ 895
スナガイ属 1857, 1881	センロダニ科 361, 393, 642	タカナワカマアシムシ 1506, 1517, 1526
ズナガコヌカグモ 819	センロダニ属 393, 448, 642	タカナワカマアシムシ属 1491, 1506, 1526
スナガツブダニ 449, 548, 644		
スナガツブダニ属 396, 449, 644	[ソ]	タカネコバネダニ 483, 574, 674
ズナガヌカグモ 818	ゾウイレコダニ 370, 517, 601	タカネコバネダニ属 408, 483, 674
ズナガヌカグモ属 776, 778, 855	ゾウイレコダニ属 370, 601	タカネシワダニ 360, 537, 628
スナップグモ属 736, 859	ゾウシキカニグモ 832	タカネシワダニ科 360, 628
スナップダニ 454, 552, 649	総翅目 1591, 1592, 1601	タカネシワダニ属 360, 628
スナップダニ科 399, 454, 649	双翅目 1745-1747, 1762-1769	タカネムネボソアリ 1823
スナハマトビムシ科 1070, 1073, 1088	総尾目 1541, 1546-1549	タカネムネボソアリ属 1789, 1794, 1806
スネグロオチバヒメグモ 827	ゾウムシ亜科 1678, 1695	タカネヤリヤスデ属 956, 975
スネガダニ 434, 534, 623	ゾウムシ科 1672, 1695, 1708, 1729, 1740	タカハギヒトフシムカデ 889, 897, 901
スネガダニ科 354, 376, 623	ソールアギトダニ属 221, 259, 292	タカハシイレコダニ 501, 519, 604
スネガダニ属 376, 434, 623	足嚢目	タカハシカザリゲッチトビムシ 1267, 1300, 1301
スビアスツブダニ属 399, 454, 649	ソコミジンコ目 987, 988, 990-993	
スプーンオソイダニ 258	ソトアギトダニ属 222, 292	タカヒデマイマイ 1875
ズブトヌカグモ属 776, 778, 854	ソトアギトダニ属の一種 259	タカヒデマイマイ 1863, 1889
スベザトウムシ亜科 129, 144	ソメワケダワラガイ 1868	タカマンガイ属 30, 63
スベスベマンジュウダニ 389, 537, 627	ソメワケダワラガイ属 1856, 1881	タカミヒトフシムカデ 892, 902
スベスベマンジュウダニ属 389, 627	ソリディデンス亜科 33, 67	タカラカマアヤトビムシ 1364, 1376, 1377
スベドンゼロエダヒゲムシ 927, 936	ソリディデンス属 33, 67	
スマトラアヤトビムシ 1361, 1366, 1382, 1383	ソルホイオニダニ 429, 529, 615	タカラジマジムカデ属 886, 909
	ソロイヅメマルトビムシ属 1408, 1428	タカラダニ科 214, 215, 242, 304
スミジムカデ 894		タキケダニ 283
スミジムカデ科 884, 907	[タ]	タケオグモ属 733, 841
スミタナグモ属 739, 751, 843	ダーウィンハリアリ 1828	タケシタクロトビムシ 1261, 1286, 1287
スリプスアザミウマ属 1593, 1602	タイコウチ科 1650	タケヒメミミズ属 1899, 1902
スルメナミエダヒゲムシ 924, 934	ダイコクダニ 475, 565, 662	ダケヤスデ 983
スワンゲリア亜科 22, 61	ダイコクダニ科 358, 662	ダケヤスデ科 959, 977
ズングリウマ亜科 1561	ダイコクダニ属 358, 475, 662	タジマガハラババカマアシムシ 1503, 1514, 1523
ズングリウマ属 1561	ダイセツサラグモ 824	
スンデファルコサラグモ 817	ダイセツマルトビムシ 1411, 1436, 1437	タジマガハラヒトフシムカデ 892, 897, 902
スンデファルコサラグモ属 762, 851	ダイセツヤチモンツキダニ 423, 525, 610	
	ダイダイヒトフシムカデ 889, 900	タソガレトンビグモ 831
[セ]	ダイトウイワヤトビムシ 1082, 1088	タソガレトンビグモ属 799, 863
セイシェルイブシダニ 474, 565, 662	ダイトウコシビロダンゴムシ 1032, 1050, 1063	タチトゲシロトビムシ 1147, 1156, 1157
セイヨウイシノミモドキ 1546		タテイレコダニ科 348, 371, 604

タテイレコダニ属　371, 504, 605	ダランジャンダニ属　252	チビサメハダトビムシ属　1176, 1202
タテウネホラヤスデ　954, 971	ダルマアリ　1828	チビサラグモ　826
タテオオソイダニ属　219, 258, 291	ダルマアリ属　1781, 1798, 1813	チビシデムシ亜科　1670, 1684
タテジマアヤトビムシ　1361, 1384, 1385	ダルマカメムシ亜科　1651	チビソコミジンコ　988, 990, 991, 993
タテジマコシビロダンゴムシ　1034, 1050, 1064	ダルマダニ　475, 565, 662	チビッコツチトビムシ　1263, 1292, 1293
タテスジツメダニ属　237, 269, 300	ダルマダニ科　159, 194	チビテングダニ　256
タテスジハヤシワラジムシ　1019, 1059	ダルマダニ属　194	チビテングダニ属　217, 256, 289
タテツメザトウムシ科　123, 138	ダルマタマゴダニ　388, 538, 630	チビナガタカラダニ　275
タテヤマツノバネダニ　483, 573, 672	ダルマタマゴダニ科　360, 388, 630	チビナガヒラタムシ科　1700, 1730
タテヤマツノバネダニ　480, 570, 669	ダルマタマゴダニ属　388, 630	チビミギセル　1869
タテヤマテナガグモ　824	ダルマヒワダニ科　350, 373, 593	チビノミギセル属　1846, 1882
タテヤママルトビムシ　1414, 1444, 1445	ダルマヒワダニ属　373, 594	チビノミナガクチキ　1682
タナアミコモリグモ属　759, 845	ダルマホコダニ属　193	チビハサミムシ科　1566
ダナエテントウダマシ属　1691	タワシマドダニ属　395, 461, 654	チビハシリダニ　262
タナグモ科　739, 741, 751, 752, 843	タワラガイ　1867	チビハネアシダニ　387, 538, 629
タナグモ属　752, 844	タワラガイ科　1837, 1880	チビハネアシダニ属　387, 629
タナベモリワラジムシ　1018, 1043, 1058	タワラガイ属　1856, 1880	チビハネカクシの一種　1718
タニガワミズギワカメムシ　1659	短角亜目　1746, 1770	チビハネカクシ亜科　1702
ダニグモ　810	タンカクムラサキトビムシ　1118, 1138, 1139	チビヒゲアシナガヤセバエ科　1760, 1767, 1772
ダニグモ属　746, 747, 838	端脚目　1069	チビヒサゴゴミムシダマシ　1726
ダニザトウムシ亜目　122, 140	タンコウカマアシムシ　1502, 1513, 1523	チビヒラタムシの一種　1722
ダニザトウムシ科　122, 141	タンゴサトワラジムシ　1026, 1046, 1061	チビヒラタムシ亜科　1710
ダニ目　149, 153, 189, 203, 288, 317, 339, 347, 590	タンコブヒゲツブダニ　451, 549, 646	チビヒラタムシ科　1674, 1687
タヒチタモウツブダニ　450, 547, 643	ダンゴムシ　1030, 1062	チビマドダニ　464, 558, 655
タマイカダニ　468, 560, 657	単針亜綱　13, 14	チビマルコソデダニ　493, 583, 686
タマイコダニ亜科　468	単性域類　838	チビマルホソカタムシ　1681
タマイブシダニ　472, 563, 660	タンソクオソイダニ属　219, 257, 291	チビヤマトビムシ　1183, 1216, 1217
タマキノコムシモドキ科　1671, 1685	タンバツケダニ属　248, 307	チビヤマトビムシ属　1183, 1216
タマキノコムシ科　1670, 1683, 1703, 1731	タンバツケダニ属の一種　282	チビワラジムシ属　1005, 1054
タマキビユビダニ　271	タンボグモ属　804, 864	チビワラジムシ属の一種　1005, 1038, 1054
タマケダニ属　249, 283, 307	タンモウカマアシムシ　1498, 1511, 1522	チャイロキセルガイモドキ属　1859, 1882
タマゲハシリダニ属　203, 225, 262, 295	タンモウコハリダニ属　231, 267, 297	チャイロマイマイ　1876
タマゴグモ科　736, 746, 838		チャイロマイマイ属　1864, 1889
タマコシビロダンゴムシ属　1030, 1063	[チ]	チャイロモンツキダニ　423, 526, 611
タマコハリダニ属　233, 298	チーズバエ科　1756, 1766, 1771	チャクロワシグモ　830
タマコハリダニ属の一種　265	チエブンタマゴダニ　443	チャセンヒトフシムカデ　889, 901
タマダルマヒワダニ　374, 515, 597	チエブンタマゴダニ　542, 635	チャノキイロアザミウマ　1598
タマダルマヒワダニ属　374, 597	チェンバーシエラ科　48, 72	チャノキイロアザミウマ属　1593, 1601
タマトビムシ　1412, 1438, 1439	チギレソコミジンコ　989, 990, 991, 994	チャバネゴキブリ科　1557, 1558, 1571
タマトビムシ属　1412, 1438	チジョウセイウズムシ上科　5	チャマダラマルトビムシ　1417, 1450
タマバエ科　1747, 1762, 1769	チビジマイレコダニ　504, 521, 605	中クマムシ綱　81, 82, 93
タマハネトビダニ属　252, 287, 309	チチブジムカデ　894	チュウジョウフリソデダニ　497, 586, 690
タマヒシダニ科　213, 301	チチブジムカデ属　882, 907	チュウブヤチグモ属　754, 755, 843
タマヒシダニ属　213, 301	チデレジュズダニ　436, 535, 625	チューリップネアブラムシ　1643
タマヒシダニ属の一種　271	チッチゼミ　1617, 1623, 1627	長角亜目　1745, 1746, 1769
タマヒョウタンイカダニ　467, 560, 657	チッチゼミ属　1613, 1617, 1627	チョウセンアオイボトビムシ　1175, 1224, 1225
タマムシ科　1703, 1733	チハヤトゲツチカニムシ　109	チョウセンアカフサイボトビムシ　1175, 1195, 1236, 1237
タマモヒラタヤスデ　965	チピアカサラグモ　817	チョウセンケナガニイニイ　1613, 1624
タマヤスデ亜綱　944, 969	チビアミメイボトビムシ　1195, 1234, 1235	チョウセンコバネダニ　483, 574, 674
タマヤスデ科　944, 969	チビイブシダニ科　362, 628	チョウセンコバネダニ属　407, 483, 673
タマヤスデ属　944, 969	チビイブシダニ属　362, 439, 628	チョウセンヒメフナムシ　1004, 1036, 1053
タマヤスデ属の一種　981	チビイレコダニ　501, 520, 604	チョウセンホラトゲトビムシ　1318, 1330, 1331
タマヤスデ目　944, 969	チビイレコダニ属　370, 501, 604	チョウセンムカデ　878, 904
タマヤミサラグモ　822	チビカギカニムシ　111, 115, 118	チョウチンダニ　420, 516, 599, 707
タマユラアナダニ　449, 642	チビカメムシ科　1651	チョウチンダニ科　351, 599
タマワタムシ属　1640, 1645	チビキカワムシの一種　1725	チョウチンダニ属　351, 420, 599
タマワラジムシ科　1001, 1011, 1056	チビキカワムシ科　1672, 1694, 1715, 1738	チョウバエ科　1751, 1763, 1769
タマワラジムシ属　1011, 1056	チビギセル　1872	チョウメイムシ　84, 94
タマワラジムシ属の一種　1011, 1040, 1056	チビギセル属　1853, 1885	チョウメイムシ属　86, 94
タマワレイブシダニ　474, 564, 661	チビクロマルハラカタグモ　817	直翅系昆虫　1555, 1556, 1570
タムラエダヒゲトビムシ　924, 930, 934	チビゲアミメコハリダニ属　236, 268, 299	直翅目　1559, 1572
タムラカマアシムシ　1498, 1511, 1522	チビゲイカダニ　470, 561, 658	チョビヒゲワラジムシ　1029, 1062
タムラッチカニムシ　108	チビゲコハリダニ属　230, 265, 297	チリグモ　811
タムラヒトフシムカデ　890, 896, 899	チビゲダルマヒワダニ　418, 514, 596, 707	チリグモ科　734, 840
タムラモヤスデ　461, 556, 654	チビゲナガタカラダニ属　241, 303	チリグモ属　734, 840
タムラメナシツチトビムシ　1263, 1294, 1295	チビゲナガタカラダニ属の一種　274	チリコモリグモ　816
タメトモヤスデ　957	チビゲフリソデダニ属　411, 498, 690	
タモウウダガワカマアシムシ　1495, 1510, 1521	チビゴキブリ　1557, 1571	[ツ]
タモウオバケツキノワダニ　530, 709	チビゴキブリ亜科　1557	ツイコブヒメミミズ属　1899, 1902
タモウツブダニ　450, 547, 643, 712	チビコケカニムシ　110, 114, 118	ツエモチダニ属　194
タモウツブダニ属　396, 450, 643	チビコズエダニ　356, 567, 666	ツカモトニセヒメワラジムシ　1013, 1041, 1057
タモウマトバカマアシムシ　1492, 1514, 1524	チビコケニモドキ　424, 526, 612, 708	ツキノワダニ科　355, 382, 616
タラマノミギセル　1869	チビコバネダニ　484, 573, 673	ツキノワダニ属　382, 431, 617
ダランジャンダニ科　252	チビコフキゾウムシの一種　1728	
	チビサメハダトビムシ　1174, 1176, 1202, 1203	

ツクイムカデ　878, 893, 903
ツクシヤスデ属　955, 973
ツクツクボウシ　1618, 1623, 1626
ツクツクボウシ科　1613, 1618, 1626
ツクバソコミジンコ　987, 989, 990, 991, 993
ツクバハタケダニ　402, 581, 684
ツクバヒシガタトビムシ　1174, 1177, 1204, 1205
ツクバムラサキトビムシ　1118, 1138, 1139
ツシマイカダニ　468, 560, 657
ツシマウミベワラジムシ　1009, 1039, 1055
ツシマデオキノコムシ　1679
ツシマハリアリ属　1783, 1797, 1812
ツシマヒビワレイブシダニ　471, 562, 659
ツシマワラジムシ　1026, 1047, 1061
ツチカニムシ科　106, 117
ツチカニムシ上科　106
ツチカメゴキブリ　1557, 1570
ツチカメムシ　1660
ツチカメムシ科　1653, 1663
ツチトビムシ亜科　1257, 1264, 1294
ツチトビムシ科　1103, 1249, 1255, 1257, 1474
ツチトビムシ属　1268, 1271, 1308
ツチトビムシ属の一種　1481
ツチハンミョウ科　1709, 1738
ツチフクログモ科　744, 802, 804, 860
ツチホソカタムシ　1682
ツチムカデ科　873, 907
ツチムカデ属　884, 907
ツチムカデ属の一種　895
ツツイマルトビムシ　1414, 1444, 1445
ツツガタツチトビムシ属　1262, 1288
ツツガムシ科　214, 215, 278, 305
ツツガムシ科の一種　285
ツツキノコダニ科　323, 342
ツツキノコムシの一種　1727
ツツキノコムシ科　1677, 1693, 1707, 1729, 1737
ツツグロアヤトビムシ　1360, 1365, 1378, 1379
ツツシンキムシ科　1703, 1734
ツツダニ科　213, 302
ツツダニ属　213, 271, 302
ツツヅメベニジムカデ　894
ツツハラダニ科　353, 377, 600
ツツハラダニ属　377, 422, 600
ツツミジングモ科　794, 858
ツヅレツメダニ属　237, 269, 300
ツナギナガタカラダニ属　242, 275, 304
ツノウデヤセサラグモ科　785, 789, 851
ツノカクシダニ　352, 532, 620, 710
ツノカクシダニ科　352, 620
ツノカクシダニ属　352, 620
ツノカタハシリダニ属　224, 262, 294
ツノカニムシ科　110, 117, 1653
ツノクロツヤムシ　1719
ツノケシグモ　822
ツノゲハゴロモトビムシ亜属　1370, 1392
ツノコガネ　1719
ツノコソデダニ　364, 584, 688
ツノコソデダニ属　364, 688
ツノコナダニモドキ　427, 528, 613
ツノザトウムシ科　127, 141
ツノタテグモ　817
ツノタテグモ属　762, 764, 850
ツノツキタマゴダニ　441, 540, 633
ツノトゲクマムシ　88
ツノトゲクマムシ属　83, 93
ツノナガヒシガタトビムシ　1174, 1177, 1204, 1205
ツノヌカグモ属　766, 767, 768, 856
ツノバネダニ科　367, 409, 669
ツノバネダニ属　409, 480, 669
ツノヒゲツヤムネハネカクシ　1679
ツノフリソデダニ科　364, 671
ツノヘリカメムシ科　1656
ツノホラワラジムシ　1006, 1037, 1054
ツノマドダニ　466, 656
ツノマルコソデダニ　493, 583, 687
ツバキオニヒメトビムシ　1110, 1115, 1128, 1129
ツバサクワガタダニ　385, 566, 664
ツバサクワガタダニ属　385, 664
ツブオシロトビムシ　1146, 1154, 1155
ツブコメツキモドキ　1681
ツブシロトビムシ属　1154
ツブダニ科　363, 396, 643
ツブダルマヒワダニ　417, 513, 596
ツブチビゲフリソデダニ　498, 587, 691
ツブツブトビムシ　1214, 1215
ツブツブトビムシ属　1214
ツブトゲダニ科　158, 164, 191
ツブフリソデダニ　497, 586, 690
ツブホソシロトビムシ　1144, 1149, 1164, 1165
ツボウズタカダニ　433, 532, 621
ツマグロキンバエ属　1759, 1767
ツマグロゼミ　1615, 1626
ツマグロゼミ属　1615, 1626
ツマグロツツシンクイ　1721
ツムガタアゴザトウムシ　130, 135, 141
ツムガタギセル　1871
ツムガタギセル属　1852, 1884
ツムガタノミギセル　1872
ツムガタノミギセル属　1853, 1886
ツムギヤスデ目　944, 974
ツメエリダニ属　390, 678
ツメオカトビムシ　1084, 1088
ツメオカトビムシ属　1071, 1088
ツメキリコハリダニ属　231, 267, 297
ツメクサシロカイガラムシ　1633
ツメクコサツウウムシ　1728
ツメジムカデ　895
ツメジムカデ属　885, 908
ツメダニ科　212, 237, 300
ツメナガケントビムシ　1264, 1296, 1297
ツメナガヒシダニ属　239, 272, 302
ツメナシコハリダニ　266
ツメナシコハリダニ属　232, 266, 298
ツメボソクピナガムシ属　1713
ツメボソヤマクマムシ属　85, 94
ツヤキカワムシ　1725
ツヤキカワムシ科　1714, 1738
ツヤギセル　1872
ツヤギセル属　1853, 1885
ツヤクシケアリ　1823
ツヤクシケアリ属　1788, 1794, 1806
ツヤグモ属　743, 796, 804, 863
ツヤシデムシ科　1670, 1684, 1703, 1731
ツヤタマゴダニ　441, 540, 633, 711
ツヤタマゴダニ亜科　392, 441
ツヤタマゴダニ科　360, 633
ツヤタマゴダニ属　392, 633
ツヤトゲダニ科　164, 191
ツヤトゲダニ属の1種　178
ツヤハエトリグモ科　807, 866
ツヤヒメキノコムシ　1723
ツヤホソバエ科　1756, 1766, 1771
ツヤムネハネカクシの一種　1718
ツヨヒワダニ　375, 511, 593, 707
ツヨヒワダニ属　375, 593
ツリガネジュズダニ　435
ツリガネジュズダニ属　534, 624
ツリサラグモ　825
ツリサラグモ属　788, 791, 852
ツリバリジュズダニ　437, 534, 624
ツリバリジュズダニ属　378, 623
ツリヒメミミズ属　1899, 1901
ツリミミズ科　1896, 1900
ツリミミズ属　1897, 1900
ツルギアブ科　1748, 1762, 1770
ツルギイレコダニ　507, 524, 608
ツルギトゲクマムシ　88
ツルギトゲクマムシ属　83, 92
ツルギヒシダニ属　239, 272, 302
ツルギマイコダニ　349, 516, 599
ツルギマイコダニ科　349, 599
ツルギマイコダニ属　349, 599
ツルギマルグンバイ　1659
ツルトミイチモンジダニ　446, 544, 638
ツルマキケブカツツハラダニ　422, 518, 601

[テ]
ティグロンコイデス属　44, 72
デイゴラセンネマ　52
ディスコクリコネマ属　69
ディスコクリコネマ属の一種　53
ディスコドリネマ亜科　29, 64
ディスコドリネマ属　29, 51, 64
ディスコライミウム属　29, 64
ディスコライモイデス属　29, 64
ディフテロフォラ亜目　19, 20, 40, 59
ディフテロフォラ科　20, 54, 59
ディフテロフォラ上科　20, 59
ディフテロフォラ属　20, 59
ディプロガスター亜目　46, 47, 73
ディプロガスター科　47, 73
ディプロガステロイデス科　47, 73
ティレンクス亜目　34, 35, 68
ティレンクス科　37, 52, 68
ティレンクス上科　35, 37, 68
ティレンクス目　19, 34, 68
ティレンクルス科　35, 70
ティレンコドリネマ科　31, 52, 66
ティレンコドリネマ上科　21, 31, 66
ティレンコライムス属　52
ティレンコライメルス科　31, 51, 66
ティレンコライメルス属　51
ティレンコリンクス亜科　37, 68
ティロケファルス属　50, 55, 74
ティロライモフォルス属　20, 54, 59
デーニッツサラグモ　822
デーニッツサラグモ属　782, 783, 849
デオキノコムシの一種　1719
デオキノコムシ亜科　1670, 1684
デオネスイ亜科　1675
デオネスイ科　1686
テオノグモ属　796, 862
テカギワシグモ属　799, 861
デカトゲトビムシ　1316, 1324, 1325, 1472
デキシオクダアザミウマ属　1594, 1603
デスモスコレクス科　39, 54, 68
デスモスコレクス属　39, 68
デスモスコレクス属の一種　54
デスモスコレクス目　39, 68
テトラコハリダニ　268
テナガグモ　824
テナガグモ属　787, 789, 847
テナガハシリダニ属　225, 262, 294
デバクワガタダニ　385, 566, 664
デバクワガタダニ属　385, 664
デバヒラタムシ　1725
デバヒラタムシ科　1714, 1736
デベソヤチグモ属　753, 842
テマリエダヒゲムシ科　921, 939
テマリエダヒゲムシ属　921, 939
テマリエダヒゲムシ属の一種　933
テマリヨロイエダヒゲムシ　921, 933
テマリヨロイエダヒゲムシ科　921, 939
テメノクダアザミウマ属　1595, 1606
テラトケファルス亜科　72
テラトケファルス科　48, 54, 72
テラトケファルス属　54
テラニシシリアゲアリ　1823
テルスロクダアザミウマ属　1594, 1606
テングザトウムシ　129, 137, 145
テングザトウムシ属　129, 144
テングダニダマシ　256
テングダニモドキ属　203, 218, 256, 290
テングダニ科　210, 216, 289
テングダニ属　216, 255, 289
テングナミエダヒゲムシ　924, 934
テングヌカグモ属　767, 768, 853
テンコクコハリダニ属　235, 268, 299
テンスジオカモノアラガイ　1868
テンスジオカモノアラガイ属　1858, 1882

— 1954 —

テントウゴミムシダマシ亜科　1715
テントウムシダマシ科　1676, 1677, 1691, 1712, 1736
デンドロアザミウマ属　1593, 1601
デンヘイヤーオソイダニ属　218, 257, 290

[ト]
トイカマアシムシ　1501, 1513, 1523
トウアヒゲナガトビムシ　1348, 1349
ドウガネツヤマルトゲムシ　1719
等脚目　997, 998, 1052
トウキョウコシビロダンゴムシ　1033, 1049, 1063
トウキョウツブダニ　453, 551, 648
トウキョウツブダニ属　399, 453, 648
トウキョウハヤシワラジムシ　1023, 1045, 1060
トウキョウフリソデダニ　497, 586, 690
ドウクツヒトフシムカデ　888, 901
ドウケツヒメトビムシ属　1111, 1120
ドウケツフクロムラサキトビムシ　1110, 1117, 1134, 1135
トウゲナガヒシダニ属　240, 273, 303
トウゴクタカナワカマアシムシ　1506, 1518, 1526
トウジヌカグモ属　765, 770, 856
等翅目　1581, 1582, 1583, 1586
ドウナガダニ属　253, 287, 309
ドウナガツチビムシ属　1261, 1282
トウヒイボトビムシ　1192, 1230, 1231
トウホクナガコソデダニ　490, 581, 683
トウホクマドダニ　464, 557, 655
ドウボソハサミムシ　1576
ドウボソハサミムシ科　1566, 1576
トウヨウカッチュウダニ　479, 569, 669
トウヨウフリソデダニ　497, 586, 690
トウヨウヨロイダニ属　226, 263, 296
トゥリピラ亜目　60
トゥリピラ科　40, 60
トゥリプロンキウム目　19, 39, 40, 59
トゥルックソンクス属　44, 72
トールオニダニ　430, 530, 616
トールオニダニ属　377, 430, 616
トカライレコダニ　503, 520, 605
トカラコギセル　1871
トカラダイコクダニ　475, 565, 662
トカラツキノワダニ　431, 531, 617
トカラマルトビムシ　1414, 1444, 1445
トガリツキノワダニ　431, 617
トガリハナマドダニ　464, 557, 655
トガリモリダニ科亜科　358
トガリモリダニ科　384, 641
トガリモンツキダニ　423, 526, 611
トギレコバネダニ　407, 572, 672
トギレコバネダニ科　407, 671
トクコイレコダニ　504, 521, 605
トクトウカマアシムシ　1498, 1511, 1522
トクナガアヤトビムシ　1366, 1380, 1381
トクモトコサラグモ　817
トクモトコサラグモ属　773, 775, 851
ドクロケダニ属　249, 307
ドクロケダニ属の一種　280
トゲアカザトウムシ科　123, 139
トゲアギトダニ属　223, 260, 293
トゲアシオトヒメダニ　492, 582, 685
トゲアシヌカグモ属　326
トゲアヤトビムシ　1364, 1367, 1368, 1382
トゲアリ　1822
トゲアリ属　1790, 1793, 1804
トゲイシムカデ亜科　875, 902
トゲイシムカデ科　874, 902
トゲイシムカデ属　875, 902
トゲイレコダニ　507, 523, 608
トゲイレコダニ属　368, 507, 608
トゲウロコニシキトビムシ　1361, 1371, 1394, 1395, 1471
トゲウロコニシキトビムシ亜属　1371, 1394
トゲオオハリアリ　1827
トゲオオハリアリ属　1782, 1797, 1811

トゲオカトビムシ　1074, 1084, 1088
トゲオクダモドキオオアザミウマ　1599
トゲクマムシ　83, 87, 92
トゲクマムシ目　79, 82, 83, 92
トゲクワガタダニ　476, 565, 663
トゲケダニ科　215, 246, 247, 306
トゲケダニ属　247, 280, 306
トゲザトウムシ　143
トゲザトウムシ属　143
トゲジュズダニ属　378, 625
トゲズネハリアリ　1827
トゲズネハリアリ属　1782, 1796, 1811
トゲダニ亜目　153-156, 177-189
トゲダニ科　160, 197
トゲダニ団　153
トゲチビマドダニ　465, 558, 655
トゲッチトビムシ　1268, 1302, 1303
トゲッチトビムシ属　1268, 1302
トゲツブダニ属　396, 644
トゲトビムシ　1316, 1326, 1327, 1473
トゲトビムシ亜属　1315, 1316, 1324
トゲトビムシ科　1103, 1312, 1314, 1320, 1472, 1473, 1482
トゲトビムシ科の一種　1473
トゲトビムシ属　1314, 1315, 1320
トゲナシウダガワカマアシムシ　1496, 1510, 1521
トゲナシオカトビムシ　1074, 1083, 1088
トゲナシシロトビムシ　1144, 1148, 1160, 1161
トゲナシシロトビムシ属　1148, 1160
トゲナシタカラダニ属　242, 304
トゲナシタカラダニ属の一種　276
トゲナシツチトビムシ　1268, 1269, 1270, 1302
トゲネダニ　326, 342
トゲハダカアリ　1823
トゲハネバエ科　1761, 1768, 1773
トゲヒシガタトビムシ　1174, 1177, 1204, 1205
トゲヒシバッタ　1563, 1569, 1573
トゲマドダニ属　395, 462, 654
トゲモリワラジムシ属　1012, 1015, 1057
トゲヤデ科　949, 974
トゲヤマクマムシ　91
トゲヤマクマムシ科　84, 95
トゲヤマクマムシ属　84, 95
トゲユウレイトビムシ　1361, 1364, 1376, 1377
トコジラミ科　1652
トサカイレコダニ　506, 523, 607
トサカマアシムシ　1505, 1517, 1526
トサカヤスデ属　959, 977
トサキカンダニ　185
トサノヤチグモ　753
トタテグモ下目　732, 837
トタテグモ科　732, 745, 837
トッタベツシロトビムシ　1145, 1151, 1152
ドテラダニ　479, 568, 667
ドテラダニ科　359, 667
ドテラダニ属　359, 479, 667
トドヌカグモ　819
トドヌカグモ属　771, 772, 774, 855
トドネオオワタムシ　1643
トドリドビンダニ　432, 532, 619
トナキイブシダニ　473, 564, 661
ドナンコシビロダンゴムシ　1032, 1049, 1063
ドナンニセヒメワラジムシ　1013, 1041, 1057
トノサマギセル　1872
トノサマギセル亜属　1855, 1885
トノサマギセル科　1854, 1885
トノサマダニ　380, 602
トノサマダニ科　353, 380, 602
トノサマダニ属　380, 602
トビイシケダニ　280
トビイロデオネスイ　1680
トビズムカデ　877, 893, 903
トビムシ目　1101

ドビンダニ　432, 532, 619, 710
ドビンダニ科　352, 375, 619
ドビンダニ属　375, 432, 619
トフシアリ　1825
トフシアリ属　1785, 1796, 1809
トブリルス亜目　60
トブリルス科　40, 54, 60
トブリルス属　54
トポチカマアシムシ　1501, 1513, 1523
トミオカミギワラジムシ　1007, 1038, 1055
トミヤマコシビロダンゴムシ　1033, 1049, 1063
トムラウシシロトビムシ　1146, 1154, 1155
トムラウシシロトビムシ属　1146, 1154
トヤマウミベワラジムシ　1009, 1039, 1056
トヤマハヤシワラジムシ　1022, 1046, 1060
ドヨウヌカグモ属　773, 775, 856
トラガルアギトダニ科　221, 259, 292
トラフワシグモ　830
ドリコドルス科　37, 68
ドリネマ亜科　28, 62
ドリネマ亜目　19, 21, 61
ドリネマ科　25, 28, 61
ドリネマ上科　21, 25, 61
ドリネマ属　28, 62
ドリネマ目　19, 21, 32, 60
トリプロンキウム目　19
ドリライメルス亜科　22, 61
ドリライメルス属　22, 61
トルコカクムネチビヒラタムシ　1680
ドロトゲトビムシ　1317, 1330, 1331
ドンゼロエダヒゲムシ属　923, 927, 936

[ナ]
ナエバツノバネダニ　480, 570, 670
ナガアシゲムラサキトビムシ　1119, 1140
ナガアナフリソデダニ　500, 588, 692
ナガアリ属　1788, 1796, 1809
ナガイボグモ科　737, 841
ナガイボグモ属　737, 841
ナガイボグモ属の一種　813
ナガエヤミサラグモ　822
ナガエヤミサラグモ属　785, 789, 849
ナガエンマムシ　1717
ナガオカモノアラガイ　1868
ナガオカモノアラガイ属　1858, 1881
ナガカメムシ　1655, 1662
ナガキクイムシ科　1708, 1740
ナガクチキムシ科　1673, 1694, 1715, 1737
ナガコソデダニ　684
ナガコソデダニ科　365, 402, 683
ナガコソデダニ属　402, 490, 683
ナガゴマフカミキリ　1728
ナガコムシ　1533, 1535, 1537
ナガコムシ科　1532, 1537
ナガコムシ属　1532, 1533, 1537
ナガサトツブダニ　452, 550, 647, 713
ナガジマヒメッチトビムシ　1263, 1292, 1293
ナガシリマルホソマイマイ　1874
ナガシロトビムシ　1147, 1158, 1159
ナガシンクイムシの一種　1721
ナガシンクイムシ科　1707, 1734
ナカスジハリアリ　1827
ナガズジムカデ科　876, 908
ナガズジムカデ属　885, 908
ナガタカラダニ科　214, 215, 241, 303
ナガタカラダニ属　242, 275, 304
ナガタカラダニ属の一種　285
ナガタマリイブシダニ　386, 563, 660
ナガタマリクシゲダニ　446, 544, 638, 711
ナガチョウメイムシ　89
ナガツチトビムシ　1258, 1272, 1273, 1474
ナガツチトビムシ亜科　1257, 1258, 1272
ナガツチトビムシ属　1258, 1272
ナガテングダニ属　217, 256, 290

ナガトイボトビムシ 1190, 1226, 1227	ナミコバネダニ 482, 572, 672	1391
ナカドウリハヤシワラジムシ 1023, 1045, 1059	ナミダルマヒワダニ 418, 514, 596	ニシカワハヤシワラジムシ 1027, 1047, 1061
ナガトケアシアカムカデ 881, 906	ナミダルマヒワダニ属 374, 375, 417, 595	ニシカワホラワラジムシ 1006, 1037, 1054
ナガトゲカマアシムシ 1509	ナミツブダニ 452, 550, 647, 713	ニシキキセルガイモドキ 1868
ナガトゲキュウモウカマアシムシ 1494, 1520	ナミツブダニ属 398, 452, 647	ニシキサラグモ属 787, 788, 855
ナガトヒトフシムカデ 887, 899	ナミトゲアギトダニ 260	ニシキトビムシ科 1103, 1354, 1360, 1371, 1394, 1471
ナカトンベツホラトゲトビムシ 1314, 1334, 1335	ナミトンビグモ 831	ニシキトビムシ属 1371, 1396
ナガナタネガイ 1868	ナミナガマドダニ 458, 555, 653	ニシキマルトビムシ亜科 1412, 1413
ナガナタネガイ属 1857, 1881	ナミハエトリグモ属 805, 865	ニシキマルトビムシ属 1413, 1414, 1415, 1416, 1417, 1442
ナカネイカダニ 468, 560, 657	ナミハガケジグモ 812	ニシキマルトビムシ属の一種 1469
ナガノシダレコソデダニ 490, 581, 683	ナミハガケジグモ属 750, 840	ニシノマルコソデダニ 493, 583, 686
ナカノシマイカダニ 470, 562, 659	ナミハグモ科 741, 751, 842	ニシヒラツチトビムシ 1271, 1310, 1311
ナガハナノミ科 1707, 1729, 1733	ナミハグモ属 751, 842	ニセアカオタイコチビダニ 254, 288
ナガハネトビダニ属 252, 287, 309	ナミハプロクダアザミウマ 1604	ニセアカムネグモ属 765, 768, 850
ナガハムシダマシ 1726	ナミヒゲマダニ 457, 554, 652	ニセアギトダニ科 251, 253, 310
ナガハリクリコネマ属 69	ナミヒシガタトビムシ 1174, 1177, 1204, 1207	ニセアギトダニ属 253, 286, 310
ナガハリネマ亜科 24	ナミヒメハサミコムシ 1534, 1536, 1538	ニセアミメマダニ 463, 557, 655
ナガハリネマ 24, 51, 65	ナミヒロズツブダニ 454, 551, 648	ニセイレコダニ 370, 517, 601
ナガハリネマ上科 21, 24, 65	ナミベリハヤシワラジムシ 1021, 1059	ニセイレコダニ科 348, 370, 601
ナガハリネマ属 24, 65	ナミマダニ 460, 556, 654	ニセイレコダニ属 370, 601
ナガヒシダニモドキ属 240, 273, 303	ナミマルタマゴダニ 444, 635	ニセエナガエダヒゲムシ 923, 937
ナガヒシダニ科 213, 238, 302	ナミマルトビムシ 1411, 1434, 1435	ニセエナガエダヒゲムシ属の一種 931
ナガヒシダニ属 240, 273, 303	ナミマルノコダニ 162, 189	ニセオオタイコチビダニ 208
ナカヒメミミズ属 1898, 1901	ナミヤドリダニ属 163, 190	ニセカタハシリダニ属 224, 294
ナガヒラタムシ 1717	ナミヤリダニ属 192	ニセカタハシリダニ属の一種 262
ナガヒラタムシ亜目 1700	ナミヨスジダニ 455, 552, 650, 714	ニセカブトダニ 405, 569, 668
ナガヒラタムシ科 1700, 1730	ナメクジ科 1845, 1890	ニセカブトダニ属 405, 668
ナガヒワダニ属 375, 413, 592	ナメクジ属 1845, 1890	ニセクビボソムシ科 1714, 1738
ナガフシアリ亜科 1813	ナメクジ類 1834, 1845, 1890	ニセコロホシテントウゴミムシダマシ 1726
ナガフシアリ属 1780, 1798, 1814	ナメラゲコハリダニ属 232, 266, 298	ニセケナガコナダニ 321, 333, 341
ナガマドダニ属 394, 395, 458, 653	ナヨロカザリヒワダニ 420, 598	ニセケナガコナダニ属 321, 341
ナガマルタマゴダニ 439, 630	ナヨロコイタダニ 487, 576, 677	ニセケバエ科 1749, 1762, 1769
ナガミズ目 1896, 1900	ナヨロコバネダニ 484, 573, 673	ニセコイタダニ 486, 577, 677
ナガムクゲキスイムシ科 1735	ナヨロハネツナギダニ 575	ニセコイタダニ属 389, 486, 677
ナガムクゲキスイ科 1711	ナヨロマダニ 465, 558, 656	ニセコハリダニ科 211, 228, 296
ナカムラギセル 1870	ナヨロマルヤハズダニ 400, 675	ニセコハリダニ属 228, 264, 296
ナカムラギセル属 1848, 1883	ナラシノメクラツメダニ 269	ニセササラダニ上団 207, 251, 308
ナカムラドンゼロエダヒゲムシ 927, 936	ナラヌカグモ 817	ニセシカツブダニ 453, 551, 648
ナガモンフリソデダニ 497, 586, 690	ナラヌカグモ属 772, 774, 854	ニセセマルダニ 391, 540, 632
ナカヤマヒシガタトビムシ 1177	ナルトミダニグモ 810	ニセセマルダニ属 391, 632
ナガレフナムシ 1003, 1036, 1053	ナワヨツボシオオアリ 1820	ニセチョウセンホンエダヒゲムシ 926, 935
ナガワラジムシ 1005, 1038, 1054	ナンカイマイマイ 400, 582, 685	ニセトゲクマムシ 88
ナガワラジムシ科 1000, 1005, 1053	ナンカイコソデダニ属 400, 685	ニセトゲクマムシ属 83, 93
ナガワラジムシ属 1005, 1054	ナンゴクウラシマグモ属 802, 865	ニセナミコバネダニ 482, 573, 672
ナギナタマドダニ 460, 556, 654	ナンバンマイマイ 1839, 1860, 1887	ニセナミツブダニ 398, 452, 647
ナギナタマドダニ 714	ナンバンマイマイ属 1861, 1888	ニセノドヤマクマムシ属 86, 94
ナギナタマドダニ属 395, 459, 653	ナンピギセル 1869	ニセノミギセル 1871
ナゴヤコブツブダニ 451, 550, 646, 713	ナンピギセル属 1848, 1883	ニセノミギセル属 1852, 1885
ナシジカレハグモ科 748, 841	ナンプコツブグモ 828	ニセハリアリ属 1782, 1797, 1812
ナシマルアブラムシ 1643	ナンヨウタマゴグモ 810	ニセヒメヘソイレコダニ 502, 519, 604
ナシマルアブラムシ属 1641, 1645	ナンヨウタマゴグモ属 746, 838	ニセヒメワラジムシ属 1012, 1013, 1057
ナシロスッポンダニ 417, 567, 665	ナンヨウヒメケダニ 282	ニセフシザトウムシ 129
ナスカブトダニ 481, 572, 671		ニセフタゲジョンストンダニ属 245, 279, 305
ナスヒトフシムカデ 891, 899	[ニ]	
ナタネガイ 1873	ニイカワサトワラジムシ 1026, 1047, 1061	ニセヘラゲハラミゾダニ 421, 518, 603
ナタネガイ科 1838, 1886	ニイジマイボトビムシ 1232, 1233	ニセマダラケダニ 247, 281, 306
ナタネガイ属 1838, 1886	ニイニイゼミ 1617, 1623, 1624	ニセマルカタツブダニ 399, 648
ナタネキバサナギガイ 1868	ニイニイゼミ属 1613, 1616, 1624	ニセマルコバネダニ 485, 576, 676
ナデガタダニ科 363, 389, 487, 677	ニオウダニ科 354, 383, 618	ニセミツメコハリダニ属 229, 264, 296
ナデガタマブカダニ 403, 580, 682	ニオウダニ属 383, 432, 618	ニセムカシササラダニ 372, 510, 591
ナデツメナシコハリダニ属 231, 267, 297	ニオウマダニ 395, 554, 653	ニセムカシササラダニ属 372, 591
ナニワナンキングモ 820	ニオウマダニ属 395, 653	ニセモロタマエダヒゲムシ 928, 937
ナマズゲオソイダニ属 218, 290	ニクダニ 318, 339	ニセモロタマエダヒゲムシ属の一種 932
ナマズゲオソイダニの一種 256	ニクダニ属 318, 340	ニチナンハヤシワラジムシ 1023, 1045, 1060
ナミアギトダニ属 203, 223, 261, 293	ニクバエ科 1758, 1766, 1772	ニッコウダルマヒワダニ 419, 514, 597
ナミイソコナダニ 328	ニゲルス亜科 32, 67	ニッコウヒトフシムカデ 890, 896, 900
ナミエダヒゲムシ属 923, 924, 934	ニゲルス科 32, 67	ニッポンアペルクダアザミウマ 1603
ナミカブトダニ 481, 571, 671	ニゲルス属 32, 67	ニッポンアロオオアザミウマ 1599
ナミギセル 1871	ニゴネマ亜科 33, 66	ニッポンウミベワラジムシ 1009, 1039, 1055
ナミキタキノコダニ 323, 342	ニゴネマ亜目 19, 21, 66	ニッポンオチバカニグモ 832
ナミケダニ科 215, 246, 249, 307	ニゴネマ科 32, 33, 66	ニッポンオナガクダアザミウマ 1597, 1599, 1605
ナミケダニ属 250, 284, 308	ニゴネマ上科 19, 32, 66	
ナミケホンエダヒゲムシ 924, 935	ニゴネマ属 33, 67	
ナミコギセル 1871	ニゴライムス科 33	
ナミコシボソダニ属 165, 191	ニゴライムス亜科 32, 67	
ナミコシボソダニ属の1種 179	ニゴライムス科 32, 51, 67	
ナミコツブグモ属 741, 859	ニゴライムス属 32, 67	
	ニジイロカマガタトビムシ 1361, 1369,	

ニッポンカマアシムシ属　1527
ニッポンカワリクダアザミウマ　1599, 1604
ニッポンケシグモ属　787, 789, 852
ニッポンシロトビムシ　1148, 1162, 1163, 1476, 1479
ニッポンチビヤマトビムシ　1183, 1216, 1217
ニッポントゲトビムシ　1317, 1328, 1329
ニッポンノブエガイ　1867
ニッポンヒイロワラジムシ　1001, 1040, 1056
ニッポンヒメフナムシ亜属　1004
ニッポンマイマイ亜属　1861, 1887
ニッポンマイマイ属　1861, 1887
ニッポンマルトビムシ　1411, 1436, 1437
ニッポンワラジムシ属　1005, 1006, 1053
ニトベシロアリ　1581, 1583, 1587
ニホンアカザトウムシ　125, 134, 140
ニホンアカザトウムシ属　125, 140
ニホンアゴザトウムシ科　127, 141
ニホンアゴザトウムシ属　127, 130, 141
ニホンエスカリジムカデ　894
ニホンオカトビムシ　1072, 1078, 1087
ニホンオビヤスデ属　963, 978
ニホンカブトツチカニムシ　108, 112, 117
ニホンスナハマトビムシ　1073, 1081, 1088
ニホンタマワラジムシ　1011, 1040, 1056
ニホンチビヒメフナムシ　1004, 1036, 1053
ニホントゲイシムカデ　893
ニホントゲクマムシ　87, 88
ニホンハマワラジムシ　1010, 1039, 1056
ニホンヒメハマトビムシ　1072, 1078, 1087
ニホンヒメフナムシ　1004, 1036, 1053
ニホンフイリエダヒゲムシ　920, 931, 937
ニホンヤスデ属　953, 969
ニホンメナシムカデ　879, 893, 905
ニホンヨロイエダヒゲムシ　929, 933, 938
ニモウジュズダニ　378, 625
ニューギニアヤリガタリクウズムシ　8
ニュージーランドオソイダニ属　257, 290
ニュージーランドオソイダニ属　218
ニラサワカワリクダアザミウマ　1604
ニレイボフシ　1642
ニレタマフシ属　1640, 1644

[ヌ]
ヌカカ科　1751, 1763, 1769
ヌカグモ　821
ヌカグモ属　765, 770, 856
ヌノムライレコダニ　503, 520, 605
ヌバタマササラダニ　362, 567, 664
ヌバタマダニ科　362, 664
ヌバタマダニ属　362, 664
ヌプリカマアシムシ　1500, 1512, 1522
ヌロンクス属　43, 72

[ネ]
ネオアクチノネマ属　23, 65
ネオティレンクス科　34, 70
ネオンハエトリグモ属　808, 867
ネグサレネマ　37, 52, 69
ネグセケダニ　283
ネグセケダニ属　249, 283, 307
ネコグモ　833
ネコグモ科　744, 802, 803, 804, 864
ネコグモ属　803, 865
ネコゼイレコダニ　508, 524, 609
ネコゼハゴロモトビムシ　1360, 1361, 1370, 1393
ネコブネマ　53
ネコブネマ亜科　38, 68
ネジヤスデ科　958, 976
ネシアツツハラダニ属　377, 601
ネジレオトヒメダニ　404, 578, 679
ネジレオトヒメダニ属　404, 679
ネスイムシ亜科　1674

ネスイムシ科　1674, 1675, 1686, 1711, 1735
ネダニモドキ属　322, 341
ネダニ属　323, 341
ネッタイアカザトウムシ下目　123, 139
ネッタイエダヒゲムシ科　919, 934
ネッタイエダヒゲムシ属　919, 934
ネッタイエダヒゲムシ属の一種　930
ネッタイエダヒゲムシ目　919
ネッタイガケジグモ属　750, 841
ネッタイコシビロダンゴムシ　1030, 1049, 1063
ネッタイコシビロダンゴムシ属　1030, 1063
ネッタイダニ科　156, 198
ネッタイダニ属　156, 198
ネッタイダニ属の1種　188
ネッタイハサミムシ科　1566, 1578
ネワタムシ属　1639, 1645
ネンジュヤスデ　982
ネンジュヤスデ属　954, 971
ネンネコダニ属　364, 667

[ノ]
ノグチクダモドキオオアザミウマ　1599
ノゲツブダニ　451, 549, 646
ノゲツブダニ属　398, 451, 646
ノコギリカメムシ科　1654, 1663
ノコギリダニ　481, 571, 670
ノコギリダニ属　406, 481, 670
ノコギリタマゴダニ　444, 635
ノコギリハリアリ　1819
ノコギリハリアリ亜科　1779, 1792, 1800
ノコギリハリアリ属　1779, 1792, 1800
ノコギリヒラタカメムシ　1660
ノコギリマドダニ　457, 554, 652
ノコギリマンジュウダニ　628
ノコギリヤスデ科　963, 978
ノコバシロハダヤスデ　965
ノコバゼムカデ　878, 904
ノコバトンビグモ属　800, 863
ノコメダニ　387, 538, 629
ノコメダニ属　387, 629
ノシダニ　384, 545, 641
ノシダニ属　384, 640
ノトダルマヒワダニ　416, 513, 595
ノトチョウチンワラジムシ　1010, 1040, 1056
ノドブトヤマクマムシ属　86, 95
ノドヤマクマムシ属　86, 94
ノブエガイ属　1844, 1879
ノベオトヒメダニ　488, 579, 680
ノベヒワダニモドキ　414, 511, 593
ノミガイ　1867
ノミガイ　1837, 1880
ノミガイ属　1837, 1880
ノミカメムシ科　1651, 1661
ノミギセル属　1847, 1883
ノミバエ科　1755, 1765, 1771
ノミバッタ　1563, 1569, 1573
ノミバッタ科　1559, 1563, 1573
ノムラアカイボトリダニ　1244, 1245
ノムラミギワワラジムシ　1008, 1039, 1055
ノリコイレコダニ　504, 521, 606
ノルディア亜科　26, 64
ノルディア科　25, 26, 64

[ハ]
ハイイロカザリゲツチトビムシ　1267, 1300, 1301
ハイイロツチトビムシ　1269, 1304, 1305
ハイイロヒトツメマルトビムシ　1406, 1422, 1423
倍脚綱　943, 944, 964, 965, 966, 967, 968
ハイタカグモ属　799, 861
バウマンヤマクマムシ　90
ハエダニ科　159, 192
ハエダニ属　192
ハエトリグモ科　742, 805, 865

ハエ亜目　1745, 1746, 1771
ハエ目　1745, -1747, 1762-1769
ハガタグモ属　794, 857
ハカマカイガラムシ科　1631, 1634
ハガヤスデ　965
ハガヤスデ科　957, 975
ハガヤスデ属　957, 975
ハギノヒトフシムカデ　891, 896, 899
ハクサンコサラグモ　821
ハクサンコサラグモ属　771, 848
ハクタイワラジムシ科　999, 1019, 1059
ハクバドウホラズミトビムシ　1184, 1218, 1219
ハクビヤドリダニ　178
ハグモ科　734, 748, 749, 841
ハグモ属　749
ハゲケダニ属　248, 282, 307
ハゲケダニ属　389, 678
ハゲコバネダニ属　408, 482, 672
ハケツメマルトビムシ　1407, 1424, 1425
ハケヅメマルトビムシ属　1407, 1424
ハゲフリソデダニ属　411, 499, 691
ハケマルタマゴダニ　439, 539, 630
ハコダテヤマキサゴ　1865
ハコダテヤマキサゴ属　1840, 1877
ハコネナガコソデダニ　491, 581, 684
ハゴロモトビムシ亜属　1370, 1392
ハゴロモトビムシ属　1360, 1370, 1392
ハサミコムシ科　1532, 1537
ハサミコムシ属　1532, 1534, 1537
ハサミムシ　1567, 1577
ハサミムシ目　1555, 1556, 1566, 1576
ハシグロナンキングモ　821
ハシゴコバネダニ属　407, 484, 673
ハジメテビロウドマイマイ　1873
ハジメテビロウドマイマイ属　1860, 1887
ハシリグモ属　757, 844
ハシリダニ科　203, 210, 225, 294
ハシリダニ属　225, 262, 295
ハシリハリアリ　1828
ハシリハリアリ属　1782, 1797, 1812
バスチアニア科　60
ハスモンムケギスイ　1724
ハスロンドイシノミ属　1543, 1549
ハスロンドイシノミ属の一種　1546
ハタアギトダニ　261
ハダカアリ属　1789, 1794, 1805
ハタケグモ　813
ハタケグモ科　737, 756, 842
ハタケグモ属　756, 842
ハタケチビツブダニ　452, 550, 647, 713
ハタケヒメミミズ属　1898, 1901
ハタケマルチビダニ　287
ハタケミズコナダニ　327, 337, 342
ハダニ科　212, 301
ハダニ属　212, 270, 301
バチオドントゥス亜目　41, 72
バチオドントゥス科　45, 72
バチオドントゥス属　45, 72
ハチジョウコシビロダンゴムシ　1034, 1051, 1064
ハチジョウノミギセル属　1847, 1883
ハチジョウハヤシワラジムシ　1023, 1045, 1059
ハチジョウフナムシ　1003, 1035, 1053
ハチジョウミギワワラジムシ　1007, 1039, 1055
ハチジョウモリワラジムシ　1017, 1043, 1058
ハチ目　1777, 1799
ハツエムカデ　878, 904
ハッカイマルトゲダニ　410, 543, 636
バッタケダニ　215, 246, 247, 306
バッタケダニ属　247, 281, 306
バッタ型昆虫　1555, 1556, 1569, 1570
バッタ上科　1559
バッタ目　1555, 1559, 1560, 1563, 1572
（コオロギ）　1555
（バッタ）　1555
ハナアブ科　1753, 1765, 1771
ハナカメムシ科　1651, 1662

ハナクダアザミウマ　1600
ハナクダアザミウマ属　1595, 1603
パナグロネマ科　48
パナグロライムス科　73
ハナケダニ属　248, 307
ハナケダニ属の一種　281
ハナゴケモンツキダニ　423, 526, 611
ハナコメツキの一種　1720
ハナサキダニ　403, 579, 681
ハナサキダニ属　403, 681
ハナサラグモ　822
ハナサラグモ属　786, 790, 849
ハナスジダニ　366, 575, 675
ハナスジダニ科　366, 675
ハナスジダニ属　366, 675
ハナダカダンゴムシ　1030, 1048, 1062
ハナナガアリ属　1781, 1798, 1813
ハナノミダマシの一種　1727
ハナノミダマシ科　1673, 1694, 1714, 1738
ハナノミ科　1709, 1737
ハナバエ科　1759, 1767, 1772
ハナバチトゲダニ亜属　198
ハナバチトゲダニ亜属の一種　187
ハナビライブシダニ　472, 562, 659
ハナビライレコダニ　505, 522, 607
ハナビラオニダニ　428, 528, 614
ハナビロハマワラジムシ　1010, 1040, 1056
ハナレヅメ目　82, 93
ハナレナガタカラダニ属　242, 275, 304
ハネアシダニ　387, 538, 629, 711
ハネアシダニ科　357, 387, 629
ハネアシダニ属　387, 629
ハネオレバエ科　1760, 1767, 1772
ハネカクシダマシ科　1715, 1738
ハネカクシ亜科　1670, 1685, 1702
ハネカクシ科　1670, 1684, 1702, 1731
ハネグモ属　746, 838
ハネツナギダニ　485, 575, 676
ハネツナギダニ科　364, 366, 400, 675
ハネツナギダニ属　400, 485, 676
ハネトビダニ科　251, 252, 309
ハネトビダニ属　252, 287, 309
ハネナガヒシバッタ　1563, 1573
ハネナシオチバクダアザミウマ　1596, 1605
ハネナシテルスロクダアザミウマ　1597, 1606
ババカマアシムシ　1503, 1514, 1523
ババカマアシムシ属　1488, 1503, 1523
ババコモリグモ　815
ハハジマキセルガイモドキ　1868
ハハジマコシビロダンゴムシ　1032, 1051, 1064
ハバビロオトヒメダニ　579, 680
ハバビロマヨイダニ　185
ハバビロマヨイダニ属　196
バハママルコバネダニ　401, 575, 676
バハママルコバネダニ属　401, 676
ババヤスデ科　951, 961, 977
ババヤスデ属　962, 977
ババユキノミ　1266, 1296, 1297, 1474
ハベマルトビムシ　1406, 1422, 1423
ハマエダゲッチトビムシ　1255, 1268, 1302, 1303
ハマカゼハチグモ　833
ハマキワタムシ属　1639, 1644
ハマダンゴムシ　998, 1051, 1065
ハマダンゴムシ科　998, 1065
ハマテングダニ　256
ハマトビムシ科　1070, 1087
ハマハネトビダニ　287
ハマベシリトゲトビムシ　1174, 1179, 1206, 1207
ハマベシリトゲトビムシ亜属　1179, 1206
ハマベツメダニ　269
ハマベワラジムシ　1009, 1039, 1055
ハマベワラジムシ属　1009, 1055
ハマルタマゴダニ属　388, 631

ハマワラジムシ属　1009, 1010, 1056
ハムシダマシ　1726
ハムシダマシ亜科　1673, 1695, 1715
ハムシ科　1708, 1739
ハモリダニ　270
ハモリダニ科　212, 300
ハモリダニ属　212, 270, 300
ハヤシクロヤマアリ　1821
ハヤシチビゲフリソデダニ　498, 587, 691
ハヤシアガアリ　1825
ハヤシヒメヒラタホソカタムシ　1724
ハヤシワラジムシ科　999, 1020, 1059
ハヤテグモ属　756, 844
ハヤトコシビロダンゴムシ　1034, 1051, 1065
ハヤトビバエ科　1761, 1768, 1773
パラアクチノネマ属　23, 65
パラアファノネマ属　49, 74
バライボトビムシ　1199, 1242, 1243
ハラオビアザミウマ　1598
ハラオビアザミウマ属　1593, 1602
ハラオビオチバクダアザミウマ　1596, 1600, 1605
ハラカタグモ属　761, 848
パラクラシブッカ　43, 72
ハラクロコモリグモ　816
ハラクロヤセサラグモ　823
ハラクロヤセサラグモ属　785, 789, 855
ハラゲカゼオイダミ　447, 545, 640, 712
ハラゲダニ　363, 552, 650, 714
ハラゲダニ科　363, 649
ハラゲダニ属　363, 649
ハラジロカツオブシムシ　1721
ハラジロムナキグモ　818
ハラダイブシダニ　473, 564, 661
ハラダスネナガダニ　434, 534, 623
ハラダタマイカダニ　468, 560, 657
ハラダニセヒメワラジムシ　1013, 1041, 1057
ハラビロセンショウグモ　816
ハラビロダニ属　164, 191
ハラビロムナキグモ　819
パラフェレンクス科　34, 70
ハラフシグモ亜目　732, 836
ハラフシグモ科　732, 745, 836
パラブルプス属　33, 66
パラプレクトネマ属　49, 74
ハラマチマルコソデダニ　493, 583, 686
パラミストロクダアザミウマ属　1596, 1604
ハラミゾダニ科　355, 381, 602
ハラミゾダニ属　381, 421, 602
パラユミハリネマ属　20, 60
バラルリツツハムシ　1728
パラロンギドルス属　24, 66
ハリアナマルコソデダニ　493, 583, 686
ハリアリ亜科　1779, 1781, 1796, 1797, 1811
ハリアリ属　1782, 1797, 1813
ハリクチダニ科　203, 213, 302
ハリクチダニ属　203, 213, 302
ハリクチダニの一種　271
ハリゲカマアシムシ　1488, 1509
ハリゲカマアシムシ属　1488, 1520
ハリゲコハリダニ属　232, 267, 298
ハリゲコモリグモ　816
ハリゲダルマヒワダニ　417, 513, 596
ハリゲニシキマルトビムシ　1417, 1448, 1449
ハリダシオカメワラジムシ　1018, 1059
ハリダニ属　196
針紐虫綱　13, 14
ハリマムシオイガイ　1865
ハリヤマツブダニ　453, 551, 649
ハルカワネアブラムシ　1642
ハルカワネアブラムシ属　1640, 1645
ハルゼミ　1620, 1625
ハルゼミ属　1614, 1620, 1625
ハルナフリソデダニ　500, 588, 692
ハルニレハマキワタムシ　1642

ハルパクチクス目　987, 988, 993
ハレギクダアザミウマ　1597, 1600, 1606
バローイカダニ　467, 560, 657
ハロルドヒメコクヌスト　1721
ハンゲツオスナキグモ　827
半翅目　1611, 1612, 1624, 1631, 1637, 1649
ハンセンナミエダヒゲムシ　924, 930, 934
ハンテンコシビロダンゴムシ　1031, 1051, 1064
ハンヒメミミズ属　1898, 1901
ハンミョウ　1717
ハンミョウ科　1700, 1731
ハンモックサラグモ　825

[ヒ]
ビーズクダアザミウマ　1606
ヒイロワラジムシ属　1056
ヒウラコシビロダンゴムシ　1032, 1050, 1063
ヒカゲヤリダニ　179
ヒガシオビヤスデ　967
ヒカリギセル　1869
ヒカリギセル属　1846, 1882
ヒキツリヤスデ目　945, 970
ヒクギセル　1871
ヒクギセル亜属　1855, 1884
ヒグマツチトビムシ　1255, 1264, 1294, 1295
ヒグマツチトビムシ属　1264, 1294
ヒグママルトビムシ　1414, 1442, 1443
ヒグラシ　1614, 1623, 1626
ヒグラシ属　1614, 1626
ヒグロコモリグモ属　757, 845
ヒゲウダガワカマアシムシ　1495, 1510, 1521
ヒゲコメツキ　1720
ヒゲジロハサミムシ　1567, 1577
ヒゲダニ　318, 339
ヒゲダニ属　318, 339
ヒゲツダニ　351, 510, 592
ヒゲツダニ科　351, 592
ヒゲツダニ属　351, 592
ヒゲナガアメイロアリ　1821
ヒゲナガアメイロアリ属　1791, 1793, 1804
ヒゲナガコサラグモ　818
ヒゲナガコサラグモ属　765, 769, 848
ヒゲナガゾウムシ亜科　1678, 1695
ヒゲナガゾウムシ科　1708, 1740
ヒゲナガトビムシ　1348, 1349
ヒゲナガトビムシ属　1349
ヒゲナガハシリグモ　814
ヒゲナガハシリグモ属　756, 844
ヒゲナガハマトビムシ　1075, 1086, 1089
ヒゲナガハマトビムシ属　1075, 1089
ヒゲナガホソチビヒラタムシ　1680
ヒゲナガマルトビムシ　1410, 1432, 1433
ヒゲナガマルトビムシ属　1410, 1432
ヒゲナガワラジムシ　1001, 1007, 1054
ヒゲナガワラジムシ属　1007, 1054
ヒゲブトアリ　1825
ヒゲブトアリ属　1785, 1795, 1809
ヒゲブトオサムシ科　1700, 1730
ヒゲブトコメツキ科　1704, 1733
ヒゲブトハムシダマシ　1726
ヒゲヤスデ　964, 981
ヒゲヤスデ科　945, 970
ヒゲヤスデ属　945, 970
ヒコサンヌカグモ　817
ヒコサンヌカグモ属　772, 774, 848
ヒゴホラズミトビムシ　1185, 1220, 1221
ヒゴミツセンロダニ　448, 547, 642
ヒザグモ属　771, 849
ヒサゴトビムシ　1144, 1145, 1150, 1151, 1476
ヒサゴトビムシ亜科　1145, 1150
ヒサゴトビムシ属　1145, 1150
ヒサシダニ科　209, 289
ヒサシダニ属　209, 289

— 1958 —

ヒサシダニ属の一種　255	ヒメオカトビムシ　1074, 1082, 1088	ヒメフナムシ属　1002, 1004, 1053
ヒシガタトビムシ科　1172, 1174, 1176, 1202	ヒメオカトビムシ属　1071, 1074, 1088	ヒメヘソイレコダニ　502, 519, 604, 717
ヒシガタトビムシ属　1176, 1177, 1202	ヒメオソイダニ属　220, 257, 290	ヒメヘソイレコダニ属　370, 502, 604
ヒシガタトビムシ属の一種　1475	ヒメオドリコトビムシ　1404, 1418, 1419	ヒメヘリカメムシ科　1656
ヒシバッタ　1563, 1573	ヒメオドリコトビムシ属　1404, 1418	ヒメマイマイ　1875
ヒシバッタ科　1559, 1563, 1573	ヒメオビヤスデ科　951, 978	ヒメマイマイ属　1863, 1889
ヒシマイマイ亜属　1861, 1888	ヒメオビヤスデ属　951, 978	ヒメマキムシ亜科　1692
ヒダカフォルソムトビムシ　1255, 1259, 1278, 1279	ヒメカギヅメハゴロモトビムシ　1370, 1394, 1395, 1471	ヒメマキムシ科　1677, 1692, 1712, 1736
ヒタカミキュウモウカマアシムシ　1494, 1509, 1521	ヒメカマアシムシ科　1487, 1492, 1493, 1524	ヒメマトバカマアシムシ　1492, 1514, 1524
ヒタカミヤマトビムシ　1182, 1212, 1213	ヒメカメンダニ　481, 571, 670	ヒメマメザトウムシ　128, 136, 143
ヒダシロイボトビムシ　1201, 1248	ヒメカヤシマグモ属　733, 840	ヒメマルツヤダニ　445, 543, 637
ヒタチチビマドダニ　459, 555, 653	ヒメガロアムシ　1564, 1575	ヒメマルトビムシ　1407, 1426, 1427
ヒダババヤスデ　967	ヒメキアリ属　1791, 1793, 1804	ヒメマルトビムシ科　1401, 1403, 1407, 1424
ヒダヒメトビムシ　1114, 1126, 1127, 1477	ヒメギセル　1872	ヒメマルトビムシ属　1407, 1424
ヒダホラズミトビムシ　1185, 1222, 1223	ヒメギセル亜属　1855, 1885	ヒメミズコナダニ　327, 336, 342
ヒドリマキゴマガイ　1866	ヒメキノコムシ亜科　1675	ヒメミミズ科　1895, 1896, 1901
ヒダリマキゴマガイ亜属　1842, 1878	ヒメキノコムシ科　1675, 1686, 1687, 1712, 1735	ヒメミミズ属　1898, 1901
ヒダリマキゴマガイ属　1842, 1878	ヒメクチキムシダマシ　1725	ヒメヤスデ科　945, 953, 971
ヒトエグモ　830	ヒメクビナガカメムシ　1658	ヒメヤスデ目　945, 971
ヒトエグモ科　742, 861	ヒメグモ科　739, 792, 857	ヒメヤマトカマアシムシ　1506, 1518, 1527
ヒトエグモ属　742, 861	ヒメケシグモ　823	ヒメヤマヤチグモ　813
ヒトエマダニ　457, 652	ヒメケダニ科　215, 246, 248, 307	ヒメヨスジダニ　455, 552, 650
ヒトオビトンビグモ　831	ヒメケダニ属　248, 282, 307	ヒメヨロイヤスデ　950, 983
ヒトオビトンビグモ属　800, 862	ヒメケダニ属の一種　285	ヒメリキシダニ　440, 539, 631
ヒトゲアギトダニ　259	ヒメケヤスデ科　949, 975	ヒメワラジムシ科　1012, 1057
ヒトゲテングダニ　217, 256, 290	ヒメケヤスデ属　949, 975	ピモサラグモ科　741, 760, 856
ヒトゲヒシダニ属　238, 272, 302	ヒメコハクガイ　1873	ヒモニセコハリダニ　228, 264, 296
ヒトザトワラジムシ属　1020, 1025, 1060	ヒメコハクガイ属　1838, 1886	ヒモヤスデ　981
ヒトスジアヤトビムシ　1360, 1361, 1366, 1380, 1381, 1471	ヒメコメツキガタナガクチキ　1725	ヒモヤスデ科　945, 953, 970
ヒトツトゲホラワラジムシ　1006, 1037, 1054	ヒメコロトビムシ　1113, 1124, 1125, 1477	ヒモヤスデ属　953, 970
ヒトツバカタハリマドダニ　458, 555, 653	ヒメササライアリ　1819	ヒョウタンイカダニ　467, 560, 657
ヒトツバトゲトビムシ　1315, 1320, 1321	ヒメササライアリ亜科　1780, 1792, 1799	ヒョウタンイカダニ科　361, 393, 656
ヒトツバトゲトビムシ亜属　1315, 1320	ヒメササライアリ属　1780, 1792, 1800	ヒョウタンイカダニ属　393, 467, 656
ヒトツメセマルダニ　391, 540, 632	ヒメジョウカイモドキ　1721	ヒョウタンダニ　264
ヒトツメセマルダニ属　391, 632	ヒメシロオビヤスデ　967	ヒョウノセンツチトビムシ　1269, 1304, 1305
ヒトツメマルトビムシ科　1401, 1403, 1406, 1420	ヒメスジハエトリグモ属　806, 866	ヒョウモンショウジョウバエ　1754, 1766
ヒトツメマルトビムシ属　1403, 1406, 1420	ヒメズナガツブダニ　449, 548, 644	ヒラウチマドダニ　457, 554, 652
ヒトツモンイシノミ　1541, 1546	ヒメタテヅメザトウムシ　123, 132, 138	ヒラオヤスデ　957
ヒトフシムカデ属　875, 899	ヒメタテヅメザトウムシ属　123, 138	ヒラキヅメクマムシ属　85, 95
ヒナダニ科　209, 288	ヒメダルマホコダニ　181	ヒラシウミトビムシ　1180, 1210, 1211
ヒナダニ属　209, 288	ヒメチュウワタムシ　1643	ヒラセアツブタガイ　1866
ヒナダニ属の一種　255	ヒメチュウワタムシ属　1640, 1645	ヒラセナダニ科　354, 622
ヒナタハエトリグモ属　808, 866	ヒメツチトビムシ　1263, 1292, 1293	ヒラセムネボソアリ　1826
ヒナマシラグモ属　747, 839	ヒメツチトビムシ亜科　1257, 1259, 1276	ヒラタアシバエ科　1755, 1765, 1771
ヒナワラジムシ属　1020, 1027, 1061	ヒメツチトビムシ属　1262, 1263, 1290	ヒラタウスイロマヨイダニ　183
ヒノマルコモリグモ　816	ヒメツメダニ属　269	ヒラタウズタカダニ　433, 533, 622
ヒノマルコモリグモ属　759, 845	ヒメツリミミズ属　1897, 1901	ヒラタウズタカダニ属　376, 433, 622
ピパリュウ　3	ヒメトゲトビムシ　1315, 1322, 1323, 1472	ヒラタウロコアリ　1825
ヒビフクロフリソデダニ　496, 585, 689	ヒメトゲトビムシ亜属　1315, 1322	ヒラタオニダニ　377, 530, 616, 709
ヒビレイブシダニ　471, 562, 659, 715	ヒメトゲヘリカメムシ　1660	ヒラタオニダニ属　377, 616
ヒマラヤトゲザトウムシ属　143	ヒメナガヒワダニ　413, 510, 592	ヒラタカメムシ　1655, 1662
ヒマラヤトビムシ科　1360, 1369, 1388	ヒメナガムクダニ　458, 555, 653	ヒラタクチキウマ属　1561
ヒマラヤセサラグモ属　779, 850	ヒメナガムクゲキスイ　1724	ヒラタグモ　813
ヒメアカイボトビムシ亜属　1198, 1199, 1240	ヒメハサミコムシ科　1532, 1538	ヒラタグモ科　737, 841
ヒメアギトアリ　1826	ヒメハサミコムシ属　1532, 1534, 1538	ヒラタグモ属　737, 841
ヒメアギトアリ属　1781, 1796, 1811	ヒメハダニ科　212, 301	ヒラタコクヌストモドキ　1682
ヒメアギトダニ属　222, 292	ヒメハダニ属　212, 301	ヒラタトビムシ科　1111, 1120
ヒメアギトダニ属の一種　259	ヒメハダニ属の一種　270	ヒラタトビムシ科の一種　1477
ヒメアシナガグモ　828	ヒメハチグモ　833	ヒラタナガクチキムシ科　1716, 1737
ヒメアシナガグモ属　795, 859	ヒメハチグモ属　802, 864	ヒラタヒゲジムカデ　894
ヒメアラゲオニダニ　430, 529, 616	ヒメハバカマアシムシ　1503, 1514, 1523	ヒラタヒゲジムカデ属　876, 906
ヒメアリ　1824	ヒメハマトビムシ　1072, 1077, 1087	ヒラタヒメグモ科　794, 858
ヒメアリ属　1789, 1795, 1807	ヒメハマトビムシ属　1070, 1072, 1087	ヒラタマヨイダニ　183
ヒメイエバエ科　1755, 1765, 1771	ヒメハラミゾダニ　421, 518, 603, 708	ヒラタマヨイダニ属　194
ヒメイシノミ属　1543, 1549	ヒメハルゼミ　1620, 1625	ヒラタムシ亜科　1711
ヒメイブシダニ　471, 563, 660	ヒメハルゼミ属　1614, 1620, 1625	ヒラタムシ科　1710, 1711, 1729, 1735
ヒメイブリダニ　422, 519, 603	ヒメヒトツメマルトビムシ　1401, 1406, 1421, 1422	ヒラタムシ上科　1672, 1705
ヒメイボトビムシ亜属　1175, 1189, 1192, 1193, 1230	ヒメヒラタトビムシ　1110, 1113, 1124, 1125	ヒラタヤスデ　965
ヒメウスイロサラグモ　820	ヒメヒラタトビムシ属　1113, 1122	ヒラタヤスデ科　948, 956, 973
ヒメエダヒゲムシ科　921, 937	ヒメヒラタムシ　1722	ヒラタヤスデ属　956, 973
ヒメエダヒゲムシ属　921, 932, 937	ヒメフォルソムトビムシ　1259, 1276, 1277	ヒラタヤスデ目　948, 973
ヒメオオメカメムシ　1660	ヒメフォルソムトビムシ属　1259, 1276	ヒラヌカグモ属　777, 778, 847
	ヒメフクログモ　832	ヒラフシアリ　1784, 1792, 1801
	ヒメフナムシ亜属　1004	ピリカマルトビムシ　1409, 1432, 1433
		ヒルストケダニ属　245, 279, 305
		ヒルスナガタカラダニ属　241, 303

ヒルスナガタカラダニ属の一種　274
ヒレアシダニ　359, 536, 626
ヒレアシダニ科　359, 626
ヒレアシダニ属　359, 626
ヒロイタオソイダニ属　220, 290
ヒロイタオソイダニ属の一種　257
ビロウドマイマイ属　1860, 1887
ヒロウミヤスデ科　947, 954, 972
ヒロウミヤスデ属　954, 972
ヒロクチコギセル　1869
ヒロクチコギセル属　1846, 1882
ヒロココソデダニ　490, 683
ヒロズカタハリマドダニ　458, 555, 653
ヒロズカメムシ　1660
ヒロズカメムシ属　1654, 1663
ヒロズジムカデ　895
ヒロズジムカデ属　886, 909
ヒロズダルマヒワダニ　374, 515, 598
ヒロズダルマヒワダニ属　374, 598
ヒロズツブダニ属　399, 454, 648
ヒロテコシビロダンゴムシ　1031, 1051, 1064
ヒロナガマドダニ　458, 555, 653
ヒロムネマドダニ　464, 558, 655
ヒロヨシカザリフリソデダニ　496, 585, 689, 716
ビワコミズマルトビムシ　1405, 1420, 1421
ヒワダニ　413, 511, 593
ヒワダニモドキ　414, 511, 593
ヒワダニモドキ科　349, 593
ヒワダニモドキ属　349, 414, 593
ヒワダニ科　351, 375, 592
ヒワダニ属　375, 413, 592
ビワハナアザミウマ　1598
ピントノミギセル　1872
ピントノミギセル属　1853, 1886
貧毛綱　1895, 1896, 1900

[フ]
フイリエダヒゲムシ科　920, 937
フイリエダヒゲムシ属　920, 937
フイリマルトビムシ　1416, 1446, 1447
フイリワラジムシ　1026, 1046, 1060
フィログナソプス科　988, 993
フィログナソプス属　988, 993
プールコナダニモドキ　426, 527, 613
フェルヘフフジヤスデ　943
フェロクシデス属　33, 67
フォルソムトビムシ　1259, 1278, 1279
フォルソムトビムシ属　1259, 1260, 1276
フクガクチヒメトビムシ　1114, 1124, 1125
腹足綱　1833, 1834, 1865-1877
腹吻亜目　1611, 1631, 1637
フクレマドダニ　394, 554, 652
フクレマドダニ属　394, 652
フクロイボトビムシ属　1196, 1236
フクログモ科　744, 802, 803, 864
フクログモ属　804, 864
フクロツチトビムシ　1255, 1262, 1290, 1291
フクロツチトビムシ属　1262, 1290
フクロナシツリミミズ属　1897, 1900
フクロフリソデダニ属　412, 495, 688
フクロムラサキトビムシ　1117, 1134, 1135
フクロムラサキトビムシ属　1113, 1115, 1126
フサゲアイノダニ　178
フサゲイブシダニ　361, 546, 641
フサゲイブシダニ属　361, 641
フサゲタワシマドダニ　461, 556, 654
フサゲケゲダニ　247, 280, 306
フサゲドビンダニ　432, 532, 620
フサゲヒシダニ属　239, 272, 302
フサゲモンツキダニ　423, 525, 610
フサゲモンツキダニ　708
フサゲモンツキダニ属　380, 423, 610
フサチビダニ属　253, 286, 310
フサヤスデ亜綱　944, 968

フサヤスデ科　951, 953, 968
フサヤスデ科の一種　981
フサヤスデ目　944, 968
フジイレコダニ　371, 522, 606
フシイレコダニ科　348, 599
フジイレコダニ属　371, 606
フジオビヤスデ　943
フジカマアシムシ　1487, 1515
フジカマアシムシ属　1487, 1524
フジカワダニ属　390, 643
フジカワホオカムリダニ　489, 580, 682
フシクマムシ目　82, 92
フジザトウムシ亜科　129, 144
フジサンムシクイダニ　177
フシトビムシ亜目　1101, 1102, 1105
フジニオウダニ　383, 531, 618
フジニオウダニ属　383, 618
フジフクロムラサキトビムシ　1116, 1128, 1129
フジマンジダニ　269
フジメナシツチトビムシ　1263, 1292, 1293
フジヤスデモドキ　982
フジヤスデモドキ属　953, 971
フジヤスデ属　953, 971
フジヤマトゲアヤトビムシ　1361, 1368, 1386, 1387
フセブラシザトウムシ　142
フタエイカダニ　470, 561, 658
フタエイシダニ属　386, 474, 661
フタガタカメムシ科　1651, 1662
フタカタダニ科　365, 403, 679
フタカタダニ属　365, 403, 679
フタケエダヒゲムシ属　922, 937
フタケエダヒゲムシ属の一種　931
フタゲオソイダニ属　220, 291
フタゲオソイダニ属の一種　257
フタゲジョンストンダニ属　245, 279, 305
フタコブザトウムシ　129, 137, 144
フタコブザトウムシ属　129, 144
フタコブヌカグモ　818
フタコブヌカグモ属　762, 763, 850
フタスジサラグモ　825
フタツイミミズ科　1896, 1900
フタツイミミズ属　1896, 1900
フタットゲッチトビムシ属　1258, 1274
フタツノケダニ属　250, 284, 308
フタツメノコギリダニ　481, 571, 671
フタツメフォルソムトビムシ複合種　1260, 1280, 1281
フタツメヨロイダニ属　227, 263, 295
フタツワダニ　383, 544, 639, 711
フタツワダニ属　383, 639
フタバオオマドダニ　456, 553, 652
フタバクチナガハエダニ　180
フタバヤチグモ　753
フタフシアリ亜科　1780, 1785, 1794, 1795, 1796, 1805
フタフシカマアシムシ　1504, 1516, 1525
フタフシカマアシムシ属　1504, 1525
フタホシテオノグモ　830
フタマドジムカデ　894
フタマドジムカデ属　883, 908
フタモンアカザトウムシ　126, 134, 140
フタモンアカザトウムシ属　125, 140
フタモンホシカメムシ　1660
フダンギクダアザミウマ　1597, 1606
フチカザリダニ　359, 546, 641
フチカザリダニ科　359, 641
フチカザリダニ属　359, 641
フチドリアヤトビムシ　1360, 1364, 1378, 1379
フチドリアヤトビムシ属　1364, 1378
フチドリマルトビムシ　1401, 1407, 1426, 1427
ブチトンビグモ属　800, 863
フチバイレコダニ　503, 520, 605, 717
ブチワシグモ属　800, 863
フツウテングダニ属　216, 255, 289
フツウホンエダヒゲムシ　924, 930, 935

フツウマヨイダニ　186
フツウマヨイダニ属　196
プテリゴグラブディティス科　47, 73
フトアシナガタカラダニ属　241, 274, 304
フトウデカギカニムシ　111, 115, 118
フトゲアカイボトビムシ　1198, 1242, 1243
フトゲイチモンジダニ　446, 544, 638
フトゲイレコダニ　504, 521, 606
フトゲケダニ　248, 307
フトゲケダニ属の一種　282
フトゲツブダニ　396, 548, 644, 712
フトゲナガタカラダニ属　241, 274, 304
フトゲナガヒワダニ　413, 510, 592
フトゲマルトビムシ属　1410, 1436
フトゲマンジュウダニ属　438, 537, 627, 711
フトケヤスデ属　949, 974
フトコバネダニ　408, 574, 674
フトコバネダニ属　408, 674
フトスジコハリダニ属　236, 268, 299
フトツツハラダニ　422, 517, 600
フトツツハラダニ属　377, 422, 600
フトテングダニ　255
フトテングダニ属　216, 255, 289
フトトゲダニ亜属　197
フトハサミアギトダニ属　223, 293
フトハサミアギトダニ属の一種　260
フトバワシグモ　798, 862
フトマルヤスデ目　945, 969
フトミズコソデダニ　479, 569, 668
フトミミズ科　1896, 1900
フトミミズ属　1896, 1900
ブナオトヒメダニ　492, 582, 685
フナムシ　1002, 1035, 1052
フナムシ科　1002, 1052
フナムシ属　1002, 1052
ブノネマ科　47, 73
ブノネマ上科　47
ブラシザトウムシ科　127, 142
ブラシザトウムシ属　127, 130, 142
ブラシダルマヒワダニ　418, 514, 596
ブラジルアロオオアザミウマ　1603
ブラジルシダレコソデダニ　491, 582, 684
ブラジルシダレコソデダニ属　402, 491, 684
ブリオカンプタス属　989, 993
プリオンクルス属　42, 71
プリスマトネマ科　40, 60
プリスマトネマ属　40, 60
フリソデダニモドキ　500, 589, 692
フリソデダニモドキ科　367, 692
フリソデダニモドキ属　367, 500, 692
フリソデダニ科　367, 410, 689
フリソデダニ属　411, 497, 690
フルノカマアシムシ　1497, 1511, 1521
ブレウィブッカ科　73
プレクトゥス亜科　50, 74
プレクトゥス科　50, 55, 74
プレクトゥス上科　48, 50, 74
プレクトゥス科　50, 74
プレクトゥス属の一種　55
プレクトゥス目　48, 73
ブレビブッカ科　48
プレリエラクダアザミウマ　1605
プレリエラクダアザミウマ属　1595, 1605
プロドリネマ亜科　28, 62
プロドリネマ属　28, 62
プロドリライミウム属　28, 62
フロリダメロアザミウマ　1598
プンゲントゥス亜科　26, 27, 64
プンゲントゥス属　27, 64
フンバエ科　1758, 1767, 1772

[ヘ]
柄眼目　1834, 1836, 1880, 1890
ヘイキザトウムシ亜目　122, 126, 128, 141

ヘイレツアギトダニ属　223, 293
ヘイレツアギトダニ属の一種　260
ヘキサティルス亜目　34, 70
ヘコイブシダニ　386, 563, 660
ヘコイブシダニ属　386, 660
ヘコダルマヒワダニ　375, 515, 597
ヘコダルマヒワダニ属　375, 597
ヘソアキアツマイマイ　1875
ヘソイレコダニ科　348, 370, 603
ヘソイレコダニ属　370, 501, 603
ベソッカキトビムシ　1255, 1260, 1282, 1474
ヘチマケダニ属　249, 307
ヘチマケダニ属の一種　283
ベッコウバエ科　1758, 1766, 1772
ベッコウマイマイ科　1838, 1882
ベッピンニセハリアリ　1827
ペトロバヤリゲホコダニ　182
ベニゴマガイ　1866
ベニゴマガイ亜属　1842, 1878
ベニジムカデ科　883, 907
ベニジムカデ科　883, 907
ベニヒラタムシ　1722
ベニボタル科　1704, 1733
ヘミクリコ属　70
ヘラウロコエダヒゲムシ　928, 932, 938
ヘラウロコエダヒゲムシ属　928, 938
ヘラゲアシナガダニ　322, 333, 341
ヘラゲダルマヒワダニ　416, 512, 595
ヘラゲハラミゾダニ　421, 518, 603
ヘラゲホコダニ属　193
ヘラマルトビムシ属　1410, 1411, 1436
ヘリカメムシ科　1656, 1663
ヘリジロコシビロダンゴムシ　1031, 1049, 1063
ヘリジロサラグモ　826
ヘリジロワラジムシ　1029, 1048, 1062
ヘリダカコナダニモドキ　424, 526, 612
ヘリダルマヒワダニ　374, 515, 597
ヘリダルマヒワダニ属　374, 597
ベルナシロトビムシ　1144, 1148, 1160, 1161
ベルレーゼイレコダニ　504, 520, 605
ベルレーゼゴミコナダニ　326, 334, 341
ベロノライムス亜科　37, 68
ベロノライムス科　37, 68
ベロンディラ亜科　22, 61
ベロンディラ科　21, 22, 61
ベロンディラ上科　21, 61
ベロンディラ属　22, 61

[ホ]
ボウゲタモウツブダニ　450, 548, 644
ホウザワアリノストビムシ　1344, 1345, 1346
ホウザワアリノストビムシ属　1345, 1346
ホウシグモ　814
ホウシグモ科　737, 844
ホウシグモ属　737, 844
ホウセキタマゴダニ　442, 541, 634
ボウニンジヤスデ　965
ボウヒゲアザミウマ　1598
ボウヒゲアザミウマ属　1593, 1602
ホウレンソウケナガコナダニ　325, 332, 340
ホオカムリダニ　489, 580, 682, 716
ホオカムリダニ属　403, 489, 682
ホガケナガヤリダニ　180
ボクシヒメトビムシ　1110, 1119, 1138, 1139
ホクリクサトワラジムシ　1025, 1046, 1061
ホコダニモドキ　181
ホコダニモドキ属　193
ホコダニ科　159, 193
ホコダニ属　193
ポコックヤエタケヤスデ　984
ホコリダニ　209, 288
ホコリダニ属　209, 288
ホコリダニ属の一種　255
ホシカメムシ科　1655, 1663
ホシカワハマワラジムシ　1010, 1040, 1056
ホシジロトンビグモ　831
ホシモンカザリダニ　184
ホシモンカザリダニ属　195
ホシモンマルノコダニ　177
ホシモンマルノコダニ属　162, 189
ホソアシケナガコナダニ　325
ホソアシダナメクジ科　1845, 1890
ホソイソヒメトビムシ　1179, 1206, 1207
ホソイヌヒメトビムシ　1179, 1206
ホソイチモンジダニ　446, 544, 638
ホソイボトビムシ属　1197, 1238
ホソエンマムシ亜科　1671
ホソオオドリコトビムシ　1405, 1420, 1421
ホソオトヒメダニ　488, 579, 680
ホソカタムシ科　1715, 1736
ホソキカワムシ科　1672, 1695
ホソクシヒゲムシ科　1707, 1729, 1733
ホソクビナガムシ属　1713
ホソクモスケダニ　356, 382, 639
ホソゲオタイコチビダニ　208, 254, 288
ホソケシマグソコガネ　1719
ホソケダニ属　247, 281, 306
ホソゲツチトビムシ　1270, 1304, 1305
ホソゲマヨイダニ科　161, 195
ホソゲモリダニ　384, 544, 637
ホソコイタダニ　492, 582, 685
ホソコイタダニ属　365, 400, 492, 685
ホソコナダニモドキ　425, 528, 613
ホソシロトビムシ　1144, 1149, 1164, 1165
ホソシロトビムシ亜科　1144, 1145, 1164
ホソスカシダニ属　194
ホソチビツブダニ属　398, 452, 646
ホソツキノワダニ　382, 531, 618, 709
ホソツキノワダニ属　382, 618
ホソツチムカデ　894
ホソツチムカデ科　884, 907
ホソテゴマグモ属　777, 778, 854
ホソテッチカニムシ　109, 113, 117
ホソテントウダマシ　1681
ホソトゲダニ属　197
ホソトゲダニ属　187
ホソトゲツブダニ　454, 552, 649, 714
ホソナミケダニ　250, 284, 308
ホソニセクビボソムシ　1727
ホソニセコイタダニ　486, 577, 678
ホソハナナガアリ　1828
ホソハナビラィレコダニ　505, 522, 607
ホソハマトビムシ　1073, 1079, 1087
ホソハマトビムシ属　1070, 1073, 1087
ホソハリテングダニ　256
ホソヒゲナガワラジムシ　1007, 1038, 1054
ホソヒメギセル　1870
ホソヒメギセル亜属　1849, 1883
ホソヒラタダニ　390, 577, 678
ホソヒラタダニ属　390, 678
ホソヒラタムシ科　1675, 1687, 1688, 1711, 1735
ホソフリソデダニ　495, 584, 688
ホソフリソデダニ属　412, 495, 688
ホソヘリカメムシ科　1656
ホソマイマイ　1862, 1888
ホソマダラホソカタムシ　1724
ホソミズソデダニ　479, 569, 668, 715
ホソミトンビグモ　800, 863
ホソムラサキトビムシ　1118, 1136, 1137, 1477
ホソメガネマドダニ　457, 554, 652
ホソヤリダニ属　192
ホソワラジムシ　1029, 1048, 1062
ホソワラジムシ科　1029, 1062
ホタルヒメヤスデ属　955, 972
ホタルヤスデ　943, 964
ホタルヤスデ科　947, 955, 972
ホタル科　1704, 1734
ホタル上科　1668
ホッカイコバネダニ　482
ホッカイコバネダニ　572, 672
ホッカイハマトビムシ　1075, 1085, 1089
ホッカイモリダニ　445, 637
ホッキョクアギトダニ　222, 292
ホッキョクアギトダニ属の一種　259
ホッキョクドリネマ亜科　28, 63
ホッキョクドリネマ属　28, 63
ホッキョクミヤマツチトビムシ　1258, 1272, 1273
ホッポウムラサキトビムシ　1119, 1140
ホテイヌカグモ　767, 768, 849
ホトリマルコソデダニ　494, 687
ホノオタマゴダニ　441, 541, 634
ホプランドロクダアザミウマ属　1595, 1604
ホラアカイボトビムシ　1246, 1247
ホラアナゴキブリ　1557, 1571
ホラアナキブリ科　1557, 1571
ホラアナヒトツメマルトビムシ　1401, 1406, 1422, 1423
ホライボトビムシ亜属　1200, 1201, 1246
ホラオビヤスデ　984
ホラカガヅメアヤトビムシ　1363, 1374, 1375
ホラキヌトビムシ　1338, 1339, 1340, 1341
ホラケヤスデ　965
ホラケヤスデ科　948, 974
ホラケヤスデ属　948, 974
ホラシロトビムシ属　1146, 1152
ホラズミウマ　1569
ホラズミトビムシ　1184, 1218, 1219
ホラズミヤマトビムシ亜属　1184, 1185, 1218
ホラトゲトビムシ属　1317, 1318, 1319, 1328
ホラヌカグモ　820
ホラヌカグモ属　777, 778, 848
ホラヒメグモ　739, 792, 857
ホラヒメグモ属　792, 857
ホラヒメトビムシ　1110, 1111, 1120, 1121
ホラムラサキトビムシ　1113, 1124
ホリダルマヒワダニ　414, 515, 598
ホルストネジアシヤスデ　966, 983
ホルロオアザミウマ属　1594, 1603
ボレーマルトビムシ科　1401, 1403, 1408, 1428
ボレーマルトビムシ属　1408, 1428
ホロクダアザミウマ属　1594, 1604
ポロシリシロトビムシ　1147, 1156, 1157, 1476
ポロシリタマゴダニ　443, 542, 634
ホンエダヒゲムシ科　923, 924, 935
ホンシュウコバネダニ　484, 573, 673
ホンドワラジムシ　1005, 1037, 1054
ホンドワラジムシ科　1005, 1054
ホンハリアリ属　1783, 1797, 1812
ホンプレイキマイマイ　1875
ホンワラジムシ科　1001, 1018, 1058

[マ]
マイコダニ　349, 516, 599
マイコダニ科　349, 599
マイコダニ属　349, 599
マイマイカブリ　1717
マイマイ亜科　1862, 1888
マイマイ属　1862, 1888
マイマイ類　1833, 1836, 1880
マエイレコダニ　370, 517, 601
マエイレコダニ属　370, 601
マエキグモ属　763, 764, 848
マエトビケムリグモ　831
マガイマルヤスデ　964
マガイマルヤスデ科　952, 970
マガイマルヤスデ属　952, 970
マガタマオトヒメダニ　488, 579, 681
マガリゲケダニ属　249, 283, 307
マガリジュズダニ　437, 535, 625, 710
マキガイ綱　1833, 1834, 1865-1877
マキゲトビムシ　1270, 1304, 1305

マキノブラシザトウムシ　131, 135, 142
マキバイトダニモドキ　187
マキバサシガメ科　1652, 1662
マキバネダニ科　366, 675
マキバネダニ属　366, 675
マクラギヤスデ　965, 983
マクラギヤスデ科　956, 976
マザトウムシ科　128, 143
マザトウムシ上科　143
マサヒトサトワラジムシ　1025, 1046, 1061
マサヒトセンロダニ　448, 547, 642
マジナイケシグモ属　766, 767, 769, 852
マシラグモ科　735, 747, 839
マタゲコハリダニ属　229, 264, 296
マダラウミトビムシ　1180, 1208, 1209
マダラカマドウマ　1561, 1574
マダラカマドウマ属　1561
マダラケダニ科　215, 246, 247, 306
マダラケダニ属　247, 281, 306
マダラゴキブリ　1558, 1570
マダラゴキブリ科　1557, 1558, 1570
マダラサソリ　100, 101, 102
マダラサソリ属　100, 102
マダラサトワラジムシ　1027, 1047, 1061
マダラシミ　1548
マダラシミ属　1544, 1550
マダラスズ　1569, 1572
マダラタマワラジムシ　1011, 1040, 1056
マダラムラサキトビムシ　1114, 1126, 1127
マダラムラサキトビムシ属　1113, 1114, 1124
マチダヒトフシムカデ　889, 897, 900
マツウスゲユビダニ　271
マツシマクチミゾガイ　1867
マツジムカデ科　882, 906
マツノキダニ　492, 582, 685
マツムシ科　1560, 1572
マツムラタマワタムシ　1643
マツムラナガコムシ　1533, 1535, 1537
マツモトシロトビムシ　1144, 1147, 1156, 1157
マツモトハエトリ　835
マツモトハエトリグモ属　806, 866
マツモムシ科　1650
マドアキマドダニ　460, 556, 654
マドアブ科　1748, 1762, 1770
マドカイレコダニ　508, 524, 609
マドジムカデ科　883, 908
マドダニモドキ　455, 553, 651
マドダニモドキ属　394, 455, 651
マドダニ科　363, 394, 650
マドダニ属　394, 457, 652
マドダルマヒワダニ属　373, 415, 594
マドツチトビムシ　1255, 1262, 1288, 1289
マドツチトビムシ属　1262, 1288
マトバカマアシムシ　1492, 1514, 1524
マトバカマアシムシ属　1487, 1492, 1524
マドラスデキシオクダアザミウマ　1600, 1603
マナコハリアリ　1828
マブカダニ科　365, 403, 681
マブカダニ属　403, 681
マフンカツブダニ　452, 647
マミジロハエトリ　835
マミジロハエトリグモ属　806, 866
マメアブラムシ　1643
マメイレコダニ　371, 522, 606
マメイレコダニ属　371, 606
マメザトウムシ　128, 136, 143
マメザトウムシ科　126, 128, 143
マメザトウムシ上科　143
マメザトウムシ系　128, 143
マメサラグモ属　787, 790, 852
マメダルマコガネ　1680
マメハンミョウ　1727
マユゲハシリダニ　203, 262
マヨイダニモドキ科　161, 196
マヨイダニ科　161, 194

マヨイハエダニ　180
マラエノビオタス属　989, 994
マルイタトゲダニ　197
マルイタトゲダニ属の1種　186
マルオサトワラジムシ　1025, 1046, 1060
マルオドンゼロエダヒゲムシ　927, 936
マルガオフクロフリソデダニ　495, 585, 689
マルカザリダニ　389, 577, 678
マルカザリダニ科　362, 389, 678
マルカザリダニ属　389, 678
マルカタツブダニ　399, 550, 648, 713
マルカタツブダニ属　399, 647
マルカメムシ科　1653
マルキマダラケシキスイ　1722
マルクチコギセル　1871
マルクチコギセル属　1851, 1884
マルコソデダニ　492, 583, 686
マルコソデダニ属　401, 492, 685
マルコバネダニ　485, 576, 676
マルコバネダニ科　364, 401, 676
マルコバネダニ属　401, 485, 676
マルコブヌカグモ　818
マルコブヌカグモ属　762, 764, 853
マルサラグモ　823
マルサラグモ属　781, 784, 848
マルジュズダニ属　378, 624
マルタマゴダニ　439, 538, 630
マルタマゴダニ属　388, 439, 630
マルチビダニ科　251, 253, 309
マルチビダニ属　253, 287, 309
マルツチダニ　401, 576, 676
マルツチダニ属　401, 676
マルツヤダニ　445, 543, 636
マルツヤダニ属　410, 445, 636
マルツヤトゲダニ属　164, 191
マルテントウダマシ亜科　1677
マルトゲダニ科　367, 410, 636
マルトゲダニ属　410, 636
マルトゲムシ科　1671, 1686, 1707, 1729, 1733
マルトビムシ亜目　1101, 1397, 1402, 1418, 1469
マルトビムシ科　1401, 1403, 1410, 1432
マルトビムシ属　1410, 1411, 1434
マルトビムシ類　1401
マルノコダニ科　1669, 1683
マルノコダニ科　157, 162, 189
マルノコダニ属　162, 190
マルハゲフリソデダニ　499, 587, 691
マルハナナガダマシ科　1671, 1685
マルヒシダニ属　239, 272, 302
マルヒメキノコムシ　1723
マルヒメキノコムシ属　1687
マルヒメキノコ亜科　1675
マルフクロフリソデダニ　495, 585, 689
マルマドダニ　462, 557, 655
マルマンジュウダニ　438, 536, 626
マルムネハサミムシ科　1566, 1576
マルムネヒザグモ　821
マルヤスデ科　952, 970
マルヤスデ属　952, 970
マルヤハズダニ属　400, 675
マルヤマコバネダニ　483, 574, 674
マングローブダニ　402, 581, 683
マングローブダニ属　402, 683
マンジュウダニ　438, 536, 626
マンジュウダニ科　360, 362, 388, 626
マンジュウダニ属　388, 438, 626

[ミ]

ミイツヤスデ　966, 983
ミイツヤスデ属　959, 977
ミイデラゴミムシ　1717
ミカヅキノミギセル　1870
ミカヅキノミギセル属　1848, 1883
ミカヅキヤッコダニ　387, 538, 629
ミカヅキヤッコダニ属　387, 629
ミカドカザリヒワダニ　420, 516, 598
ミカドギセル　1870
ミカドギセル亜属　1850, 1883

ミカドギセル属　1849, 1883
ミカトンクス属　44, 71
ミカワババヤスデ　984
ミギワラジムシ属の一種　1008, 1039, 1055
ミクサヤチグモ　753
ミクニタマヤスデ　964
ミクロドリネマ属　30, 63
ミクロブラナ亜科　5, 7
ミコシヤスデ　965
ミコシヤスデ科　949, 974
ミコシヤスデ属　949, 974
ミコンクス亜科　43, 72
ミコンクス属　43, 72
ミサキハラミゾダニ　421, 603
ミジカアカムカデ　879, 905
ミジンイレコダニ　348, 517, 600
ミジンイレコダニ属　348, 600
ミジンサナギガイ　1868
ミジンサナギガイ属　1857, 1881
ミジントビムシ　1404, 1418, 1419, 1482
ミジントビムシ亜目　1101, 1397, 1402, 1418
ミジントビムシ科　1101, 1402, 1404, 1418, 1482
ミジントビムシ属　1404, 1418
ミジンヒメミミズ属　1898, 1901
ミジンマイマイ　1873
ミジンマイマイ科　1839, 1887
ミジンマイマイ属　1839, 1887
ミジンムシダマシ科　1677, 1692, 1712, 1736
ミジンムシの一種　1723
ミジンムシ科　1677, 1691, 1712, 1736
ミジンヤマタニシ　1867
ミジンヤマタニシ属　1844, 1879
ミズアブ　1749, 1762, 1770
ミズカメムシ科　1657
ミズキヒラタアブラムシ　1642
ミズキヒラタアブラムシ科　1638, 1644
ミズキヒラタアブラムシ属　1638, 1644
ミズギワカメムシ科　1657, 1662
ミズギワトビムシ属　1261, 1284
ミズグモ　813
ミズグモ科　741, 842
ミズグモ属　741, 842
ミズゴケコサラグモ　818
ミズゴケコサラグモ属　777, 778, 850
ミズコソデダニ　479, 569, 668
ミズコソデダニ科　364, 668
ミズコソデダニ属　364, 479, 668
ミズコナダニ属　324, 342
ミズコモリグモ属　758, 759, 845
ミスジカマアシムシ　1503, 1515, 1524
ミスジカマアシムシ属　1489, 1503, 1524
ミスジスッポンダニ　477, 567, 665
ミスジハネツナギダニ　485, 575, 676
ミスジマイマイ　1875
ミズタマダルマヒワダニ　415, 512, 594
ミズトビムシ　1105
ミズトビムシ科　1102, 1105
ミズトビムシ上科　1102, 1105
ミズトビムシ属　1102, 1105
ミストロクダアザミウマ属　1596, 1604
ミズナシアカイボトビムシ　1199, 1242, 1243
ミズヒメミミズ属　1899, 1901
ミズフシトビムシ　1271, 1310, 1311
ミズフリソデダニ　498, 587, 690
ミズホトビムシ属　1071, 1074, 1088
ミズマルトビムシ　1405, 1419, 1420
ミズムシ科　1650
ミズモンツキダニ　423, 525, 610
ミズモンツキダニ属　379, 423, 609
ミゾエナガエダヒゲムシ　936
ミゾガシラアリ　1823
ミゾガシラアリ属　1787, 1794, 1806
ミゾガシラシロアリ科　1582, 1584, 1586
ミゾナガエダヒゲムシ　926
ミダガハラサラグモ　821
ミダレコハリダニ属　235, 267, 299

— 1962 —

ミチノクミスジカマアシムシ 1503, 1515, 1524	ミナミリキシダニ 391, 539, 631	ムシオイガイ属 1841, 1879
ミツアナアギトダニ属 222, 260, 292	ミナミリキシダニ属 391, 631	ムシクイコナダニ属 324, 343
ミツギリゾウムシ科 1708, 1740	ミナミワラジムシ属 1012, 1014, 1057	ムシコハリダニ属 231, 266, 297
ミツセンロダニ属 393, 448, 642	ミニアギトダニ属 221, 291	ムシツキダニ団 209, 288
ミツヅメザトウムシ科 123, 138	ミニアギトダニ属の一種 259	ムシヒキアブ科 1752, 1764, 1770
ミツバアリ属 1791, 1792, 1802	ミニコハリダニ属 230, 297	ムチゲダルマヒワダニ 417, 513, 595
ミツバオオマドダニ 456, 553, 651	ミニコハリダニ属の一種 264	ムチサソリ目 721, 722, 723
ミツハッチトビムシ 1270, 1306, 1307	ミネコヒトフシムカデ 892, 902	ムチフリソデダニ 499, 588, 691
ミツハナダニ 403, 580, 681	ミホトケフジヤスデ 964	ムツゲゴマムクゲノコムシ 1679
ミツハナダニ属 403, 681	ミミカキイレコダニ 506, 523, 608	ムツゲリキシダニ 440, 539, 632
ミツバマルタマゴダニ 444, 542, 635, 711	ミミズ綱 1895, 1896, 1900	ムツコブホンエダヒゲムシ 925, 935
ミツマタカギカニムシ 111, 114, 118	ミヤグモ 809	ムツニセタテツメザトウムシ 132, 139
ミツマタホコダニ 182	ミヤグモ属 745, 838	ムツニセタテツメザトウムシ属 139
ミツメアカトビムシ 1174, 1183, 1216, 1217	ミヤケナムシ 1003, 1036, 1053	ムツボシミヤマアカムアケグモ 820
ミツメコナダニモドキ属 381, 425, 427, 613	ミヤケミギワラジムシ 1007, 1039, 1055	ムツメカレハグモ 812
ミツメコハリダニ科 211, 229, 296	ミヤコアヤトビムシ 1361, 1365, 1380, 1381	ムナキグモ 819
ミツメコハリダニ属 229, 264, 296	ミヤコトンビグモ属 800, 862	ムナキグモ属 776, 778, 849
ミツモンセマルヒラタムシ 1722	ミヤコニイニイ 1616, 1624	ムナビロコケムシ 1566
ミツワマルトビムシ 1415, 1446, 1447	ミヤヒロズツブダニ 454, 551, 648	ムナビロコケムシ族 1702
ミトゲオソイダニ 258	ミヤマエンマダニ 478, 568, 667	ムナボソハサミムシ科 1566, 1576
ミドリジムカデ 894	ミヤマカラスヌカグモ属 779, 853	ムナボソヒメマキムシ 1681
ミドリジムカデ属 883, 908	ミヤマケシグモ属 782, 784, 851	ムニンカケザトウムシ 124, 133, 139
ミドリトゲクマムシ 87	ミヤマコブダニ 356, 385, 567, 665	ムニンカケザトウムシ属 124, 139
ミドリトゲトビムシ 1316, 1328, 1329	ミヤマシボグモ科 744, 860	ムニンコシビロダンゴムシ 1032, 1050, 1063
ミドリトビムシ 1271, 1308, 1309, 1474	ミヤマタマゴダニ 441, 541, 634	ムネアカアリモドキカッコウムシ 1721
ミドリハシリダニ科 210, 224, 294	ミヤマダルマヒワダニ 373, 511, 594	ムネアカクシヒゲムシ 1720
ミドリハツエムカデ 878, 904	ミヤマタンボグモ 833	ムネアナマドダニ 465, 558, 655
ミドリババヤスデ 984	ミヤマツチカニムシ 107	ムネクリイロボタル 1720
ミナカタハヤシワラジムシ 1024, 1045, 1060	ミヤマツチトビムシ 1258, 1272, 1273	ムネグロサラグモ 825
ミナミアオイボトビムシ 1188, 1224, 1225	ミヤマツチトビムシ属 1258, 1272	ムネゲッチカニムシ 109, 113, 117
ミナミアシダカグモ属 795, 860	ミヤマツノハネダニ 409, 570, 670	ムネボソアリ属 1789, 1796, 1810
ミナミアナメダニ 434, 533, 622	ミヤマツノハネダニ属 409, 670	ムネモンダルマヒワダニ 416, 513, 595
ミナミアナメダニ属 376, 434, 622	ミヤマヒメマルトビムシ 1407, 1424, 1425	ムネトンビグモ属 800, 862
ミナミイブシダニ 386, 473, 661	ミヤマヒラタウズタカダニ 433, 622	ムラサキツリミミズ属 1897, 1900
ミナミイレコダニ 503, 520, 605	ミヤマヒワダニ 413, 593	ムラサキトビムシ科 1102, 1106, 1110, 1111, 1120
ミナミイレコダニ属 371, 503, 604	ミヤママドダニ 466, 559, 656	ムラサキトビムシ科 1477
ミナミエリナシダニ 448, 546, 641	ミヤマヤマトカマアシムシ 1506, 1518, 1527	ムラサキトビムシ属 1113, 1118, 1134
ミナミオカトビムシ 1072, 1077, 1087	ミユキヒメミミズ属 1898, 1901	ムラサキトビムシ属の一種 1477, 1478
ミナミオタイコチビダニ 208, 254, 288	ミョウトナミケダニ 250, 284, 308	ムラサキヒトフシムカデ 888, 901
ミナミオトヒメダニ 404, 578, 680	ミロンクルス亜科 41	ムレサラグモ 822
ミナミオトヒメダニ属 404, 679	ミロンクルス科 41, 44, 71	ムレサラグモ属 779, 849
ミナミオナガトビムシ 1208, 1209	ミロンクルス属 44, 71	ムロズミソレグモ 812
ミナミオナガトビムシ属 1208	ミンミンゼミ 1614, 1626	ムロトイカダニ 469, 560, 657
ミナミカマアシムシ 1505, 1516, 1525	ミンミンゼミ属 1614, 1626	ムロトタマゴダニ 442, 541, 634
ミナミカギヌキハサミムシ 1568, 1578		ムロトモリワラジムシ 1018, 1042, 1057
ミナミクモスケダニ 447, 545, 640	**[ム]**	
ミナミコハリダニ属 234, 266, 298	ムカイカギセンロダニ 448, 546, 642	**[メ]**
ミナミシボグモ属 795, 860	ムカシアギトダニ科 251, 309	メアカンアミメオニダニ 428, 614
ミナミシミ属 1544, 1550	ムカシアギトダニ属 251, 287, 309	メアカンオニダニ 430, 530, 616
ミナミツヤハエトリグモ属 806, 866	ムカシアリ亜科 1780, 1784, 1794, 1805	メイロコハリダニ属 234, 267, 298
ミナミテナガグモ属 785, 789, 852	ムカシアリ属 1784, 1794, 1805	メーウスモリワラジムシ 1016, 1043, 1058
ミナミハグモ属 749	ムカシゴキブリ科 1557, 1570	メカシダニ 447, 545, 639, 712
ミナミババカマアシムシ 1503, 1514, 1524	ムカシササラダニ 372, 510, 591, 707	メカシダニ属 382, 447, 639
ミナミハヤシワラジムシ属 999, 1019, 1059	ムカシササラダニ科 350, 372, 591	メガネケダニ属 250, 308
ミナミハヤテグモ 815	ムカシササラダニ属 372, 591	メガネケダニ属の一種 283
ミナミヒラタウズタカダニ 433, 533, 622	ムカシハサミムシ 1576	メガネマドダニ 457, 554, 652
ミナミフクロフリソデダニ 496, 585, 689	ムカシフトミミズ科 1896, 1900	メガネマドダニ属 395, 457, 652
ミナミフトハリアリ 1827	ムカシフトミミズ属 1896, 1900	メガネヤチグモ 813
ミナミホオカムリダニ 489, 580, 682	ムカデ綱 873, 874, 893-898	メガネヤチグモ科 752, 842
ミナミホソイボトビムシ 1197, 1238, 1239	ムギクビレアブラムシ 1643	メギシマガロアムシ 1564
ミナミホソハマトビムシ 1073, 1080, 1088	ムギダニ 261	メキリグモ 830
ミナミマメザトウムシ科 128, 142	ムギダニ属 224, 261, 294	メキリグモ科 796, 862
ミナミマメザトウムシ属 128, 142	ムキヒゲホソカタムシ科 1676, 1693	メクライシムカデ 875, 893
ミナミマルコソデダニ 494, 584, 687	ムクゲカメムシ科 1651, 1661	メクライシムカデ亜科 875, 902
ミナミマルムネハサミムシ 1567, 1576	ムクゲキスイムシ科 1711, 1735	メクライシムカデ属 875, 902
ミナミヤスデ 964	ムクゲキスイ科 1674, 1689	メソクリコ属 69
ミナミヤスデ科 952, 969	ムクゲキスイ属 1689	メソドリネマ属 29, 62
ミナミヤスデ属 952, 969	ムクゲノコムシ 1670, 1683, 1703, 1731	メダカナガカメムシ科 1655
ミナミユビダニ属 238, 271, 301	ムクゲミジンムシ 1723	メダカハネカクシの一種 1719
ミナミヨロイエダヒゲムシ 929, 939	ムクロダニ属 196	メダマダニ 388, 537, 627
ミナミヨロイエダヒゲムシ属の一種 933	ムコウズネタカラダニ属 244, 278, 305	メダマダニ属 388, 627
	ムサシアカムカデ 881, 906	メダマタマゴダニ 442, 541, 634
	ムサシカマアシムシ 1517, 1526	メナシカマアヤトビムシ 1361, 1363, 1374, 1375
	ムサシスミタナグモ 814	メナシコハリダニ属 233, 265, 298
	ムサシヤチグモ 814	メナシシミ 1548
	ムシオイガイ科 1835, 1841, 1879	メナシシミ亜科 1545
		メナシシミ科 1542, 1545, 1550

— 1963 —

メナシシミ属　1545, 1550
メナシツチトビムシ科　1262, 1263, 1292
メナシツメダニ科　237, 269, 300
メナシドウナガトビムシ　1260, 1284, 1285
メナシドウナガトビムシ属　1260, 1284
メナシフォルソムトビムシ　1259, 1276, 1277
メナシムカデ科　876, 904
メナシムカデ属　876, 905
メミズムシ　1658
メミズムシ科　1650, 1661
メロアザミウマ科　1591, 1592, 1601
メロアザミウマ属　1592, 1601
メンカクシダニ　405, 571, 670
メンカクシダニ属　405, 670

[モ]
モイワジムカデ　895
モイワジムカデ属　886, 908
モウリホソトゲダニ　187
モガミワラジムシ　1005, 1037, 1054
モグラアナワラジムシ　1022, 1046, 1060
モトオビヤスデ属　963, 978
モノンクス亜科　42, 71
モノンクス亜目　41, 70
モノンクス科　41, 42, 71
モノンクス上科　41, 70
モノンクス属　42, 71
モノンクス目　39, 41, 70
モノンクルス科　41, 72
モノンクルス上科　41, 72
モノンクルス属　41, 72
モノンスク科　56
モミイボトビムシ　1193, 1232, 1233
モモジムカデ属　882, 907
モモブトイシムカデ　893
モモブトハサミムシ　1568, 1578
モラリア属　988, 989, 993
モリアミメテングダニ　255
モリカワエラバダニ　386, 565, 662
モリカワオオアザミウマ　1599, 1603
モリカワカアマシムシ　1517
モリカワカアマシムシ属　1505
モリカワカマアシムシ　1505, 1526
モリカワカマアシムシ属　1525
モリカワハエダニ　180
モリゴキブリ属　1558, 1571
モリコモリグモ　815
モリコモリグモ属　758, 845
モリダニ科　357, 384, 637
モリダニ属　384, 637
モリチャバネゴキブリ　1558, 1571
モリドビンダニ　375, 620
モリドビンダニ属　375, 620
モリノマドダニ　461, 556, 654
モリノミズコナダニ　327, 338, 343
モリヒメグモ属　794, 857
モリヤスデ属　959, 977
モリヤドリカニムシ　106, 116, 118
モレツツガタタッチトビムシ　1262, 1288, 1289
モロタマエダヒゲムシ科　920, 928, 937
モロハジョンストンダニ　280
モンガラダニ　477, 567, 666
モンガラダニ科　359, 666
モンガラダニ属　359, 477, 666
モンケシガムシ　1679
モンジュズダニ　437, 536, 626
モンジュズダニ属　378, 626
モンシロハネカクシダマシ　1725
モンツキダニ科　353, 379, 609
モンツキダニ属　380, 423, 610
モンツキヒメマルトビムシ　1407, 1428, 1429
モンツノバネダニ属　409, 480, 669
モンヌカカ亜科　1751, 1763
モンヒステラ科　40, 54, 56, 60
モンヒステラ属の一種　54, 56
モンヒステラ目　40, 60

[ヤ]
ヤイトムシ　726, 727, 728
ヤイトムシ科　726, 728
ヤイトムシ属　726, 728
ヤイトムシ目　725, 726, 727, 728
ヤエタケヤスデ属　962, 978
ヤエヤマオカトビムシ　1074, 1083, 1088
ヤエヤマオカトビムシ属　1071, 1074, 1088
ヤエヤマカマアシムシ　1501, 1512, 1522
ヤエヤマクチミゾガイ　1867
ヤエヤマクチミゾガイ属　1856, 1880
ヤエヤマクマゼミ　1622, 1625
ヤエヤマコシビロダンゴムシ　1034, 1051, 1064
ヤエヤマサソリ　100, 101, 102
ヤエヤマサソリ属　100, 102
ヤエヤマジョウゴグモ　809
ヤエヤマズキンクダアザミウマ　1597, 1605
ヤエヤマタマゴダニ　441, 540, 633
ヤエヤマニイニイ　1616, 1624
ヤエヤマヒトフシムカデ　891, 896, 899
ヤエヤママルトビムシ　1412, 1438, 1439
ヤエヤマヤスデ　981
ヤエヤマモリワラジムシ　1015, 1043, 1058
ヤオイイボトビムシ　1189, 1226, 1227
ヤオイサゴイイボトビムシ亜属　1189, 1190, 1191, 1226
ヤガスリサラグモ　826
ヤギシロトビムシ　1144, 1147, 1158, 1159
ヤギヌマグモ科　735, 839
ヤギヌマグモ属　735, 839
ヤギヌマヒラセナダニ　354, 533, 622
ヤギヌマヒラセナダニ属　354, 622
ヤギヌマミジングモ属　794, 858
ヤクシマエゾゼミ　1621, 1625
ヤクシマツチトビムシ　1271, 1310, 1311
ヤクシマツノバネダニ　480, 570, 669
ヤクシマフクロムラサキトビムシ　1115, 1128, 1129
ヤクシママルトビムシ　1415, 1446, 1447
ヤクシママンジュウダニ　438, 537, 628
ヤクシマムラサキトビムシ　1118, 1134, 1135
ヤクシロハダヤスデ　982
ヤケヤスデ　943, 966, 983
ヤケヤスデフトトゲダニ　186
ヤケヤスデ科　950, 958, 976
ヤケヤスデ属　960, 976
ヤサガタシロトビムシ　1145, 1150, 1151
ヤサガタシロトビムシ属　1145, 1150
ヤサカミズギワトビムシ　1261, 1286, 1287
ヤサゲコハリダニ属　230, 265, 297
ヤサコマチグモ　829
ヤサツツガタタッチトビムシ　1262, 1288, 1289
ヤサハナカメムシ　1659
ヤスデトゲダニ亜科　198
ヤスデ亜綱　944, 969
ヤスデ綱　943, 944, 964, 965, 966, 967, 968
ヤスマツオオヤマトビムシ　1181, 1210, 1211
ヤスマドビンダニ　432, 532, 620
ヤセサラグモ　823
ヤセサラグモ属　785, 789, 851
ヤセワラジムシ属　1012, 1057
ヤチグモ科　741, 751, 842
ヤチグモ属　753, 754, 755, 843
ヤチコナダニモドキ　426, 527, 613
ヤチナガツチトビムシ　1256, 1258, 1272, 1273
ヤチモンツキダニ　379, 525, 609
ヤチモンツキダニ属　379, 609
ヤツゲナガヒシダニ属　240, 273, 303
ヤッコダニ　387, 538, 628

ヤッコダニ科　364, 387, 628
ヤッコダニ属　387, 628
ヤツメシロトビムシ　1144, 1147, 1154, 1155, 1479
ヤドカリグモ　829
ヤドカリグモ属　796, 861
ヤドリカニムシ科　106, 118
ヤドリサラグモ属　775, 855
ヤドリダニ科　157, 163, 190
ヤドリダニ属　163, 190
ヤナギリシダムカデ　877, 904
ヤノワラカダニ　350, 518, 602
ヤハズザラタマゴダニ　392, 543, 636
ヤハズザラタマゴダニ属　392
ヤハズダニ属　400, 675
ヤハズツノバネダニ　480, 570, 669
ヤハズマンジュウダニ　389, 537, 628
ヤハズマンジュウダニ属　389, 628
ヤハズヤスデ属　953, 970
ヤマアベルクダアザミウマ　1600, 1603
ヤマアリ亜科　1779, 1790, 1792, 1793, 1794, 1802
ヤマアリ属　1791, 1793, 1803
ヤマウズグモ　812
ヤマウチアシポソトゲダニ　186
ヤマオソイダニ　257
ヤマキサゴ　1865
ヤマキサゴ科　1835, 1840, 1877
ヤマキサゴ属　1840, 1877
ヤマクマムシモドキ　90
ヤマクマムシモドキ属　85, 95
ヤマクマムシ科　85, 94
ヤマクマムシ属　85, 94
ヤマクルマガイ　1865
ヤマクルマガイ科　1835, 1877
ヤマクルマガイ属　1835, 1877
ヤマコウラナメクジ　1876
ヤマコウラナメクジ属　1845, 1890
ヤマサキオニダニ　430, 530, 616, 709
ヤマザトカブトダニ属　479, 569, 669, 715
ヤマザトカブトダニ属　405, 479, 669
ヤマジコナグモ属　773, 774, 855
ヤマジサラグモ　826
ヤマジタスッポンダニ　477, 567, 665
ヤマシタホソウロコトビムシ　1369, 1390, 1391
ヤマシナヒラタヤスデ属　956, 974
ヤマシナヒラタヤスデ属の一種　982
ヤマジハエトリ　834
ヤマジハエトリグモ属　806, 865
ヤマシロオニグモ　829
ヤマシログモ科　736, 748, 839
ヤマシログモ属　748, 840
ヤマシロトビムシ　1148, 1162, 1163
ヤマシロトビムシ属　1148, 1162
ヤマタニシ　1866
ヤマタニシ科　1835, 1843, 1878
ヤマタニシ属　1844, 1879
ヤマダルマヒワダニ　419, 515, 597
ヤマトアオイボトビムシ　1175, 1188, 1224, 1225
ヤマトアカフサイボトビムシ　1195, 1236, 1237
ヤマトアギトダニ　259
ヤマトアリシミモドキ属　1545, 1550
ヤマトアリシミ属　1545, 1550
ヤマトイシノミ　1541, 1546
ヤマトイシノミ亜科　1543
ヤマトイシノミ属　1543, 1549
ヤマトイレコダニ　507, 524, 608
ヤマトウシオグモ　813
ヤマトウロコトビムシ　1360, 1369, 1388, 1389, 1471
ヤマトエンマダニ　478, 568, 667
ヤマトオウギトビムシ　1348
ヤマトオオイカダニ　393, 562, 658
ヤマトオオイヤマケシグモ　822
ヤマトオオアマドダニ　456, 553, 651
ヤマトカアマシムシ属　1506
ヤマトガイ属　1843, 1878
ヤマトカギサメハダトビムシ　1174,

1176, 1202, 1203	ヤマホソシロトビムシ 1149, 1164, 1165	ヨコシマチビダニ属 253, 286, 310
ヤマトガケジグモ 812	ヤマボタルガイ 1873	ヨコジムカデ 895
ヤマトガケジグモ科 734, 748, 749, 841	ヤマボタルガイ科 1838, 1886	ヨコジムカデ属 884, 907
ヤマトガケジグモ属 750, 841	ヤマボタルガイ属 1838, 1886	ヨコスジコシビロダンゴムシ 1031, 1049, 1063
ヤマトカマアシムシ 1506, 1518, 1527	ヤマヤチグモ属 754, 755, 842	ヨコスジムシダニ科 158, 191
ヤマトカマアシムシ属 1491, 1527	ヤマユリジフィネマ 51	ヨコスジムシダニ属 158, 191
ヤマトキヌトビムシ 1339, 1340, 1341	ヤマンバヤスデ属 962, 977	ヨコヅナアリ 1824
ヤマトクキワラジムシ 1000, 1038, 1054	ヤミサラグモ属 785, 789, 847	ヨコヅナアリ属 1787, 1795, 1808
ヤマトクビナガコサラグモ 818	ヤミゾホンエダヒゲムシ 926, 935	ヨコヅナヤマクマムシ 91
ヤマトクモスケダニ 447, 545, 639	ヤミゾメガネマダニ 457, 554, 653	ヨコヅナヤマクマムシ属 86, 95
ヤマトケシマキムシ 1723	ヤリイカダニ 470, 561, 658	ヨコナガマルコソデダニ 401, 584, 688
ヤマトコナグモ属 773, 774, 853	ヤリイカダニ属 393, 470, 658	ヨコナガマルコソデダニ属 401, 688
ヤマトコナダニモドキ 424, 526, 612	ヤリオトヒメダニ 404, 578, 679	ヨコハタモグラワラジムシ 1022, 1046, 1060
ヤマトコノハグモ 827	ヤリオトヒメダニ属 404, 679	ヨコハマコイタダニ 486, 577, 678
ヤマトコバネダニ 482, 572, 672	ヤリクチマルタマゴダニ 439, 539, 630	ヨコフマシラグモ属 747, 839
ヤマトサトワラジムシ 1026, 1047, 1061	ヤリゲチビマドダニ 459, 555, 654	ヨコフマシラグモ属の一種 811
ヤマトサメハダトビムシ 1174, 1176, 1202, 1203	ヤリゲホコダニ属 193	ヨコミゾコブゴミムシダマシ 1682
ヤマトシミ属 1544, 1550	ヤリタカラダニ科 214, 215, 303	ヨシイキヌトビムシ 1338, 1339, 1340, 1341
ヤマトシリトゲトビムシ 1174, 1179, 1206, 1207	ヤリタカラダニ属 214, 303	ヨシイトゲアヤトビムシ 1367, 1384, 1385
ヤマトシリトゲトビムシ 1475	ヤリタカラダニ属の一種 273, 285	ヨシイフォルソムトビムシ 1255, 1260, 1280, 1281
ヤマトシロアリ 1581, 1585, 1586	ヤリダニ科 160, 192	ヨシイホソシロトビムシ 1149, 1164, 1165, 1476
沖縄亜種 1585, 1587	ヤリタマゴダニ 443, 542, 635	
基亜種 1585, 1586	ヤリタマゴダニ亜科 392, 443	ヨシイミズギワトビムシ 1255, 1261, 1286, 1287
九州亜種 1585, 1586	ヤリトゲケダニ属 247, 280, 306	
四国亜種 1585, 1586	ヤリバエ科 1754, 1765, 1771	ヨシイムシ 1507, 1519, 1527
八重山亜種 1585, 1587	ヤリヤスデ科 949, 956, 974	ヨシイムシモドキ 1507, 1519, 1527
ヤマトシロアリ属 1582, 1584	ヤリヤスデ属 956, 974	ヨシイムシモドキ属 1491, 1507, 1527
ヤマトシロヒメトビムシ 1110, 1111, 1120, 1121	ヤワスジダニ科 211, 299	ヨシイムシ属 1491, 1507, 1527
ヤマトセンロウダニ 448, 642	ヤワスジダニ属 211, 269, 299	ヨシオイブシダニ属 386, 660
ヤマトダモウツブダニ 450, 547, 643	ヤワラカダニ科 350, 601	ヨシダヒメヤスデ 954, 972
ヤマトダルマヒワダニ 416, 512, 595	ヤワラカダニ属 350, 601	ヨシダホオカムリダニ 489, 580, 682
ヤマトチビッチトビムシ 1261, 1286, 1287	ヤンバルイボトビムシ 1196, 1238, 1239	ヨシヤジムカデ 894
ヤマトチビマドダニ 463, 557, 655	ヤンバルカマアシムシ 1502, 1513, 1523	ヨシヤジムカデ属 876, 906
ヤマトツチカニムシ 107	ヤンバルコシビロダンゴムシ 1033, 1050, 1063	ヨスジアカムカデ 880, 906
ヤマトツツガタツチトビムシ 1262, 1288, 1289		ヨスジダニ科 363, 396, 650
	ヤンバルトサカヤスデ 966, 983	ヨスジダニ属 396, 455, 650
ヤマトツヤグモ 831	ヤンバルハヤシワラジムシ 1019, 1059	ヨスジワタムシ属 1639, 1644
ヤマトテナガグモ 824	ヤンバルフリソデダニ 410, 585, 689	ヨダシロトビムシ 1144, 1147, 1158, 1159
ヤマトテナガグモ属 787, 789, 847	ヤンバルフリソデダニ属 410, 689	
ヤマトテングダニ 255	ヤンバルミナミワラジムシ 1014, 1041, 1057	ヨダンハエトリ 835
ヤマトネスイ 1722		ヨツエダホンエダヒゲムシ 925, 935
ヤマトハエトリグモ属 808, 866	[ユ]	ヨックボダニ 382, 545, 639
ヤマトハサミコムシ 1534, 1536, 1538	ユアギグモ 828	ヨックボダニ属 382, 639
ヤマトハヤシワラジムシ 1025, 1046, 1060	ユアギグモ科 734, 736, 858	ヨツゲアオキカマアシムシ 1504, 1516, 1525
	ユアギグモ属 736, 859	
ヤマトハリダニ 185	有管亜目 1602	ヨツゲセマルダニ 391, 632
ヤマトヒトツメマルトビムシ 1406, 1424, 1425	有肺上目 1834, 1836, 1880	ヨツゲセマルダニ属 391, 632
	ユウドリネマ属 30, 51, 63	ヨツコブヒメグモ 827
ヤマトビムシ亜科 1173, 1174, 1178, 1180, 1181, 1183, 1208	ユウレイグモ 811	ヨツゲツチトビムシ 1255, 1256, 1258, 1274, 1275
	ユウレイグモ科 735, 737, 839	
ヤマトビムシ属 1181, 1212	ユウレイダニ 355, 518, 602	ヨツゲツチトビムシ属 1258, 1274
ヤマトフタツトゲッチトビムシ 1256, 1258, 1274, 1275	ユウレイダニ科 355, 602	ヨツボシサラグモ 821
	ユウレイダニ属 355, 602	ヨツボシサラグモ属 779, 855
ヤマトフトゲマルトビムシ 1401, 1410, 1438, 1439	ユカタヤマシログモ 811	ヨツボシテントウダマシ 1723
	ユキアヤトビムシ 1366, 1382, 1383	ヨツボシホソアリモドキ 1727
ヤマトフトパワシグモ 830	ユキグニフタカタダニ 716	ヨツボシワシグモ 831
ヤマトフリソデダニ 410, 689	ユキシロトビムシ属 1148, 1160	ヨツメオナシヤマトビムシ 1183, 1216, 1217
ヤマトフリソデダニ属 410, 689	ユスリカ科 1751, 1763, 1769	
ヤマトホラトゲトビムシ 1319, 1334, 1335	ユノハマサラグモ 824	ヨドテナガグモ 824
	ユノハマサラグモ属 787, 789, 856	ヨナイボトビムシ 1191, 1228, 1229
ヤマトマダニ 459, 653	ユビタカラダニ 244, 305	ヨナグニカザリフリソデダニ 496, 585, 689
ヤマトミナミシミ 1547	ユビタカラダニ属の一種 278	
ヤマトミナミワラジムシ 1014, 1042, 1057	ユビダニ科 212, 238, 301	ヨナグニカマアシムシ 1502, 1513, 1523
	ユミゲカギヅメアヤトビムシ 1363, 1372, 1373	ヨナグニコシビロダンゴムシ 1034, 1051, 1063
ヤマトムカシアリ 1822		
ヤマトメナシツチトビムシ 1256, 1263, 1294, 1295	ユミニオウダニ属 383, 432, 618	ヨリゲジョンストンダニ属 245, 306
	ユミハリネマ科 20, 54, 59	ヨリゲジョンストンダニ属の一種 279
ヤマトモリワラジムシ 1016, 1042, 1057	ユミハリネマ上科 20, 59	ヨリヅメ目 82, 84, 93
ヤマトモンツキダニ 423, 525, 610	ユミハリネマ属 20, 60	ヨリメグモ 828
ヤマトヤギヌマグモ 811	ユメダニ科 157, 189	ヨリメグモ科 735, 736, 738, 741, 859
ヤマトヤマトビムシ 1182, 1214, 1215	ユメダニ属 157, 189	ヨリメグモ属 738, 859
ヤマナカヒシガタトビムシ 1202, 1203	ユラヒトフシムカデ 889, 896, 900	ヨリメケムリグモ 798, 862
ヤマナメクジ 1876	ユワンダイコクダニ 475, 565, 662	ヨリメシロアヤトビムシ 1363, 1374, 1375
ヤマハタケグモ属 756, 842	ユワンタマゴダニ 442, 541, 634	
ヤマヒトフシムカデ 889, 896, 900		ヨロイイレコダニ 506, 523, 608
ヤマフタフシカマアシムシ 1504, 1516, 1525	[ヨ]	ヨロイイレコダニ属 368, 506, 607
	ヨコエビ目 1069, 1070, 1076-1087	
	ヨコシマイブシダニ 471, 562, 660	
	ヨコシマチビダニ 286	
	ヨコシマチビダニ科 251, 253, 309	

— 1965 —

ヨロイエダヒゲムシ科　917, 921, 929, 938
ヨロイエダヒゲムシ属　929, 938
ヨロイオソイダニ属　218, 257, 290
ヨロイカマアシムシ　1487, 1509
ヨロイカマアシムシ科　1487, 1520
ヨロイカマアシムシ属　1487, 1520
ヨロイジュズダニ　435, 535, 624
ヨロイジュズダニ属　378, 624
ヨロイダニグモ属　746, 838
ヨロイダニ科　210, 226, 295
ヨロイダニ属　227, 263, 295
ヨロイテングダニ属　217, 256, 289
ヨロイトゲクマムシ科　83, 88, 92
ヨロイヒメグモ　828
ヨロイヒメグモ属　735, 738, 859
ヨロンオトヒメダニ　404, 578, 679
ヨロンオトヒメダニ属　404, 679
ヨロンタマゴダニ　441, 541, 633
ヨロンフリソデダニ　500, 588, 692

［ラ］
ライミネマ亜科　28, 29, 62
ライミネマ属　29, 62
ラウスコバネダニ　483, 574, 674
ラセンネマ科　37, 52, 69
ラッセンケダニ属　247, 280, 306
ラッパガイ　1868
ラッパガイ属　1857, 1881
ラップランドダルマヒワダニ　419, 515, 597
ラップランドトゲクマムシ　87
ラブディティス亜目　47, 73
ラブディティス科　47, 54, 73
ラブディティス目　46, 47, 48, 72
ラブディトネマ科　48, 73
ラブロネマ属　30, 63
ラブロネメラ属　30, 64

［リ］
リオクダアザミウマ属の一種　1600
リキシダニ　440, 539, 631
リキシダニ属　391, 440, 631
リクウズムシ科　5
リクヒモムシ科　14
リシダムカデ属　877, 904

リシリアオフサイボトビムシ　1189, 1226, 1227
リシリカマアシムシ　1500, 1512, 1522
リソコルプス属　27, 65
リュウガトゲトビムシ　1319, 1332, 1333
リュウガヤスデ属　955, 972
リュウキュウアブラゼミ　1619, 1624
リュウキュウイレコダニ　504, 521, 605
リュウキュウクロムクゲキスイ　1681
リュウキュウコモリグモ　815
リュウキュウタマワラジムシ　1011, 1040, 1056
リュウキュウツツハラダニ　422, 517, 600
リュウキュウハヤシワラジムシ　1028, 1048, 1062
リュウキュウヒゲジロハサミムシ　1567, 1577
リュウキュウヒメオビヤスデ　967, 984
リュウキュウヒメフナムシ　1004, 1036, 1053
リュウキュウフサヤスデ科　951, 969
リュウキュウフサヤスデ属　951, 969
リュウキュウフナムシ　1003, 1035, 1052
リュウキュウフリソデダニ　497, 586, 690
リュウキュウマルコソデダニ　493, 583, 686
リュウキュウヤケヤスデ　983
リュウキュウヤハズヤスデ　964, 981
リュキュウヤスデトゲダニ　187
リョウヘイマルトビムシ　1413, 1442, 1443
リンコデムス亜科　5, 7
リンゴネアブラゼミ　1642
リンゴネアブラムシ属　1640, 1644

［ル］
ルリアリ　1819
ルリアリ属　1784, 1792, 1801
ルリエンマムシ　1717
ルリテントウダマシ　1723
ルリトゲアヤトビムシ　1368, 1386, 1387

［レ］
レイビシロアリ科　1582, 1584, 1586
レノンキウム属　27, 64

レピデス属　33, 67
レプトネマ科　49, 74
レプトネマ上科　48, 49, 74
レプトンクス科　31, 51, 66
レンズダニ　359, 568, 666
レンズダニ科　359, 666
レンズダニ属　359, 666

［ロ］
ロクエウス属　22, 61
ロッキーハシリダニ属　225, 294
ロッキーハシリダニ属の一種　262
ロビンネダニ　326, 335, 342
ロボクリコ属　69
ロンギドレラ属　26, 64
ロンギドロイデス属　24, 66

［ワ］
ワートンアギトダニ　261
ワカサホライボトビムシ　1201, 1246, 1247
ワカサホラズミトビムシ　1174, 1185, 1220, 1221
ワカレサラグモ属　786, 790, 854
ワシグモ科　743, 744, 796, 802, 804, 861
ワシグモ属　796, 861
ワスレナグモ　809
ワスレナグモ科　733, 837
ワスレナグモ属　733, 837
ワタゲジュズダニ　436, 535, 625
ワダツミネネコダニ　364, 568, 667
ワタナベカマアシムシ　1495, 1510, 1521
ワタナベシロトビムシ　1144, 1145, 1152, 1153
ワタナベヒトフシムカデ　888, 897, 901
ワタナベモリワラジムシ　1017, 1042, 1058
ワタムシ科　1638, 1639, 1644
ワタリコウガイビル　3, 7
ワドコモリグモ属　759, 845
ワモンゴキブリ　1558, 1570
ワラジムシ　1029, 1048, 1062
ワラジムシ科　999, 1029, 1062
ワラジムシ属　1029, 1062
ワラジムシ目　997, 998, 1035-1052

執筆者一覧 （†印：故人）

青木淳一　あおき じゅんいち　Jun-ichi AOKI
1935 年生
東京大学大学院生物系研究科博士課程修了
横浜国立大学名誉教授　農学博士
土壌動物全般・ダニ目ササラダニ亜目・コムカデ綱執筆

秋元信一　あきもと しんいち　Shin-ichi AKIMOTO
1956 年生
北海道大学大学院農学研究科博士課程単位取得退学
北海道大学大学院農学研究科教授　農学博士
カメムシ目アブラムシ上科執筆

石井　清　いしい きよし　Kiyoshi ISHII
1948 年生
玉川大学文学部（中退）
独協医科大学名誉教授，学長補佐，特任教授；昭和大学客員教授
ムカデ綱執筆

石川和男　いしかわ かずお　Kazuo ISHIKAWA
1938 年生
愛媛大学文理学部卒業
松山東雲女子大学名誉教授　理学博士
ダニ目トゲダニ亜目執筆

一澤　圭　いちさわ けい　Kei ICHISAWA
1973 年生
横浜国立大学大学院工学研究科博士後期課程修了
鳥取県立博物館学芸員　学術博士
トビムシ目執筆

伊藤良作　いとう りょうさく　Ryosaku ITO †
1946 年生
茨城大学理学部卒業
昭和大学教養学部助教授　医学博士
トビムシ目執筆

宇津木和夫　うつぎ かずお　Kazuo UTSUGI
1932 年生
千葉大学文理学部卒業
東京女子医科大学名誉教授　理学博士
財団法人平岡環境科学研究所監事
緩歩動物門執筆

江口克之　えぐち かつゆき　Katsuyuki EGUCHI
1974 年生
鹿児島大学大学院理工学研究科博士後期課程修了
首都大学東京大学院理工学研究科准教授　博士（理学）
アリ科執筆

大久保憲秀　おおくぼ のりひで　Norihide OHKUBO
1950 年生
三重大学大学院農学研究科修士課程修了
元 三重県病虫防除所
ダニ目ササラダニ亜目執筆

岡部貴美子　おかべ きみこ　Kimiko OKABE
1961 年生
千葉大学園芸学部卒業
森林総合研究所森林昆虫研究領域昆虫多様性担当チーム長　博士（学術）
ダニ目コナダニ亜目執筆

小野展嗣　おの ひろつぐ　Hirotsugu ONO
1954 年生
学習院大学法学部卒業
国立科学博物館動物研究部研究主幹　理学博士
九州大学大学院地球社会統合科学府客員教授
クモ目執筆

加村隆英　かむら たかひで　Takahide KAMURA
1957 年生
京都府立大学大学院農学研究科博士課程修了
追手門学院大学基礎教育機構教授　農学博士
クモ目執筆

川勝正治　かわかつ まさはる　Masaharu KAWAKATSU
1929 年生
京都学芸大学理学科卒業
元 藤女子大学教授　理学博士
ウズムシ綱・ハリヒモムシ綱執筆

菊地義昭　きくち よしあき　Yoshiaki KIKUCHI
1941 年生
北海道大学理学部卒業
元 茨城大学理学部生物科学コース准教授　理学博士
ソコミジンコ目執筆

ゾルタン・コルソス　Zoltán KORSÓS
1958 年生
エトヴェシュ・ロラーンド大学自然科学学部卒業
ハンガリー自然史博物館長　博士
ヤスデ綱執筆

坂寄　廣　さかより ひろし　Hiroshi SAKAYORI
1951 年生
茨城大学理学部生物学科卒業
元 茨城県立水海道第二高等学校教諭
カニムシ目執筆

佐々治寛之　ささじ ひろゆき　Hiroyuki SASAJI †
1935 年生
九州大学大学院農学研究科博士課程修了
福井大学教育学部教授　農学博士
コウチュウ目成虫執筆

佐藤英文　さとう ひでぶみ　Hidebumi SATO
1948 年生
鳥取大学大学院農学研究科修士課程修了
東京家政大学兒童学科准教授　農学博士
カニムシ目執筆

宍田幸男　ししだ ゆきお　Yukio SHISHIDA
　1947 年生
　東京大学大学院農学系研究科博士課程修了
　群馬県立女子大学非常勤講師　農学博士
　線虫綱執筆

篠原圭三郎　しのはら けいざぶろう　Keizaburo SHINOHARA
　1931 年生
　東京教育大学東京高等師範学校理科卒業
　元 都立小岩高等学校教諭
　ヤスデ綱・ムカデ綱執筆

芝　実　しば みのる　Minoru SHIBA
　1941 年生
　愛媛大学文理学部卒業
　松山東雲短期大学名誉教授
　ダニ目ケダニ亜目執筆

島野智之　しまの さとし　Satoshi SHIMANO
　1968 年生
　横浜国立大学大学院工学研究科修了
　法政大学自然科学センター教授　博士（学術）
　ダニ目・ササラダニ亜目執筆

下謝名松栄　しもじゃな まつえい　Matsuei SHIMOJANA
　1939 年生
　琉球大学文理学部卒業
　琉球大学教育学部教授　理学博士
　サソリ目・サソリモドキ目・ヤイトムシ目執筆

鈴木正將　すずき せいしょう　Seisho SUZUKI †
　1914 年生
　広島文理科大学生物学科（動物学専攻）卒業
　広島大学名誉教授　理学博士
　ザトウムシ目執筆

須摩靖彦　すま やすひこ　Yasuhiko SUMA
　1943 年生
　弘前大学文理学部卒業
　元 北海道釧路商業高等学校教諭
　トビムシ目執筆

高木貞夫　たかぎ さだお　Sadao TAKAGI
　1932 年生
　北海道大学農学部卒業
　北海道大学名誉教授　農学博士
　カメムシ目カイガラムシ上科執筆

高久　元　たかく げん　Gen TAKAKU
　1966 年生
　北海道大学大学院理学研究科修士課程動物学専攻修了
　北海道教育大学教育学部札幌校教授　博士（理学）
　ダニ目トゲダニ亜目執筆

高野光男　たかの みつお　Mitsuo TAKANO
　1950 年生
　玉川大学農学部卒業
　元 鶴見女子中・高等学校教諭
　ムカデ綱執筆

田中真悟　たなか しんご　Shingo TANAKA
　1949 年生
　九州大学大学院理学研究科博士課程単位取得退学
　代々木ゼミナール講師
　トビムシ目執筆

田辺　力　たなべ つとむ　Tsutomu TANABE
　1962 年生
　北海道大学大学院理学研究科動物学専攻博士課程中退
　熊本大学教育学部教授　理学博士
　ヤスデ綱執筆

田村浩志　たむら ひろし　Hiroshi TAMURA
　1937 年生
　北海道大学大学院理学研究科博士課程中退
　茨城大学名誉教授　理学博士
　トビムシ目執筆

鶴崎展巨　つるさき のぶお　Nobuo TSURUSAKI
　1956 年生
　北海道大学大学院理学研究科博士課程修了
　鳥取大学地域学部教授　理学博士
　ザトウムシ目執筆

寺山　守　てらやま まもる　Mamoru TERAYAMA
　1958 年生
　宇都宮大学大学院農学研究科修士課程修了
　東京大学農学部講師　博士（理学）
　アリ科執筆

友国雅章　ともくに まさあき　Masaaki TOMOKUNI
　1946 年生
　愛媛大学大学院農学研究科修士課程修了
　元 国立科学博物館動物研究部長　博士（学術）
　カメムシ目カメムシ亜目執筆

中村修美　なかむら おさみ　Osami NAKAMURA
　1956 年生
　北海道大学大学院環境科学研究科修士課程修了
　埼玉県立自然の博物館副館長
　カマアシムシ目・コムシ目執筆

中村好男　なかむら よしお　Yoshio NAKAMURA
　1942 年生
　北海道大学大学院農学研究科博士課程修了
　愛媛大学名誉教授　農学博士
　ミミズ綱（貧毛綱）執筆

中森泰三　なかもり たいぞう　Taizo NAKAMORI
　1976 年生
　千葉大学大学院自然科学研究科博士課程修了
　横浜国立大学大学院環境情報研究院准教授　学術博士
　トビムシ目執筆

新島溪子　にいじま けいこ　Keiko NIIJIMA
　1942 年生
　東京都立大学理学研究科博士課程単位取得退学
　元 森林総合研究所多摩森林科学園主任研究員　理学博士
　トビムシ目執筆, トビムシ目の編集

西川喜朗　にしかわ よしあき　Yoshiaki Nishikawa
1940 年生
大阪府立大学大学院農学研究科修士課程修了
追手門学院大学名誉教授　農学博士
クモ目執筆

布村　昇　ぬのむら のぼる　Noboru Nunomura
1948 年生
京都大学大学院理学研究科修士課程修了
元 富山市科学文化センター館長　金沢大学環日本海域環境研究センター臨界実験施設連携研究員
ワラジムシ目執筆

野村周平　のむら しゅうへい　Shuhei Nomura
1962 年生
九州大学大学院農学研究科博士後期課程単位取得退学
国立科学博物館動物研究部研究主幹　農学博士
コウチュウ目執筆

芳賀和夫　はが かずお　Kazuo Haga
1934 年生
東京教育大学理学部卒業
元 筑波大学教授（生物科学系／学校教育部）　理学博士
芳賀サイエンスラボ室長
アザミウマ目執筆

萩野康則　はぎの やすのり　Yasunori Hagino
1961 年生
筑波大学大学院生物科学研究科博士課程中退
千葉県立中央博物館学芸研究員
エダヒゲムシ綱執筆

長谷川真紀子　はせがわ まきこ　Makiko Hasegawa
1956 年生
昭和大学薬学部薬学科卒業
昭和大学富士吉田教育部教授　医学博士
トビムシ目執筆

長谷川元洋　はせがわ もとひろ　Motohiro Hasegawa
1967 年生
京都大学大学院農学研究科修士課程修了
森林総合研究所森林昆虫研究領域主任研究員　博士（農学）
トビムシ目執筆，図の編集

林　長閑　はやし のどか　Nodoka Hayashi †
1928 年生
東京農業大学農学部卒業
東洋大学講師　農学博士
コウチュウ目幼虫執筆

林　正美　はやし まさみ　Masami Hayashi
1949 年生
九州大学大学院農学研究科博士課程修了
埼玉大学教育学部教授　農学博士
カメムシ目セミ科幼虫執筆

平野幸彦　ひらの ゆきひこ　Yukihiko Hirano
1934 年生
東北大学農学部卒業
神奈川昆虫談話会名誉会員
コウチュウ目執筆

古野勝久　ふるの かつひさ　Katsuhisa Furuno
1951 年生
北海道大学大学院環境科学研究科博士過程中退
元 栃木県立博物館学芸部長
トビムシ目執筆

町田龍一郎　まちだ りゅういちろう　Ryuichiro Machida
1953 年生
筑波大学大学院生物科学研究科博士課程修了
筑波大学生物環境系菅平高原実験センター教授　理学博士
シミ目執筆

三井偉由　みつい ひでゆき　Hideyuki Mitsui
1951 年生
早稲田大学教育学部卒業
東京都立山崎高等学校教諭
ハエ目執筆

湊　宏　みなと ひろし　Hiroshi Minato
1939 年生
同志社大学文学部卒業
元 和歌山県立日高高等学校校長　日本貝類学会評議員　博士（理学）
日本貝類学会評議員
マキガイ綱執筆

森野　浩　もりの ひろし　Hiroshi Morimo
1947 年生
京都大学大学院理学研究科博士課程修了
茨城大学名誉教授　国立科学博物館客員研究員　理学博士
国立科学博物館客員研究員
ヨコエビ目執筆

森本　桂　もりもと かつら　Katsura Morimoto
1934 年生
九州大学大学院農学研究科博士課程修了
九州大学名誉教授　農学博士
シロアリ目執筆

山崎柄根　やまさき つかね　Tsukane Yamasaki
1939 年生
東京教育大学大学院理学研究科博士課程修了
東京都立大学理学部名誉教授　理学博士
ゴキブリ目・シロアリモドキ目・バッタ目・ガロアムシ目・ハサミムシ目執筆

吉村正志　よしむら まさし　Masashi Yoshimura
1971 年生
岩手大学連合農学研究科（帯広畜産大学）修了
沖縄科学技術大学院大学（OIST）スタッフサイエンティスト　博士（農学）
アリ科執筆

編著者紹介

青木　淳一（あおき　じゅんいち）

1935年	京都市に生まれる
1958年3月	東京大学農学部卒業
1963年3月	東京大学大学院生物系研究科博士課程修了
	農学博士
1965年2月	国立科学博物館動物研究部研究官
1977年4月	横浜国立大学環境科学研究センター教授
2000年4月	神奈川県立生命の星・地球博物館館長
現在	横浜国立大学名誉教授

「ダニの話」（北隆館），「きみのそばにダニがいる」（ポプラ社），「土壌動物学」（北隆館），「日本産土壌動物―分類のための図解検索」（東海大学出版会），「自然の中の宝探し」（有隣堂），「むし学」（東海大学出版会），「日本産ホソカタムシ類図説」（昆虫文献六本脚）など著書多数．ササラダニ類の分類学的研究の業績により，日本動物学会賞，日本土壌動物学会賞，南方熊楠賞などを受賞．停年退官後は昔日のホソカタムシ類（甲虫）の研究を再開．

日本産土壌動物 分類のための図解検索【第二版】

2015年2月20日　第1版第1刷発行

編　者	青木淳一
発行者	安達建夫
発行所	東海大学出版部
	〒257-0003 神奈川県秦野市南矢名3-10-35 東海大学同窓会館内
	電話 0463-79-3921　FAX 0463-69-5087
	振替 00100-5-46614
	URL http://www.press.tokai.ac.jp/
印　刷	港北出版印刷株式会社
製　本	誠製本株式会社

Ⓒ Jun-ichi AOKI, 2015　　　　　　　　　　　　　　ISBN978-4-486-01945-9
Ⓡ〈日本複製権センター委託出版物〉
本書の全部または一部を無断で複写複製（コピー）することは，著作権法上の例外を除き，禁じられています．本書から複写複製する場合は，日本複製権センターへご連絡の上，許諾を得てください．
日本複製権センター（03-3401-2382）